Die neueren Arzneimittel
und die pharmakologischen Grundlagen ihrer Anwendung in der ärztlichen Praxis

Von

Dr. A. Skutetzky   und   **Dr. E. Starkenstein**

k. u. k. Stabsarzt, Vorstand der Abteilung für innere Krankheiten am k. u. k. Garnisonsspitale, Privatdozent für innere Medizin
    Privatdozent für Pharmakologie u. Pharmakognosie

an der deutschen Universität in Prag

Zweite, gänzlich umgearbeitete Auflage

Springer-Verlag Berlin Heidelberg GmbH

1914

Alle Rechte, insbesondere das der Übersetzung
in fremde Sprachen, vorbehalten.

ISBN 978-3-642-89461-9   ISBN 978-3-642-91317-4 (eBook)
DOI 10.1007/978-3-642-91317-4

Softcover reprint of the hardcover 2nd edition 1914

Zur Einführung.

Ein Buch, das nur über neue Arzneimittel berichtet, stellt nicht mehr dar als ein Nachschlagewerk, dem keine größere praktische Bedeutung zukommt, als den von verschiedenen Fabriken herausgegebenen Jahresberichten, Codices etc. Diese sind an sich recht wertvoll, dem praktischen Bedürfnis jedoch genügen sie nur soweit, als sie über die Neuerscheinungen auf dem Arzneimittelmarkt sowie über die Indikationen der neuen Arzneimittel orientieren. In dieser Hinsicht jedoch sind sie meist so ausgezeichnet brauchbar, daß eine jede Neuerscheinung, die nicht mehr bietet, als diese, vollkommen überflüssig ist. Ein Buch über neue Arzneimittel muß in erster Linie dem Bedürfnis des praktischen Arztes Rechnung tragen. Es gibt aber keinen Arzt, der nur neue Arzneimittel verschreiben würde, und da außerdem eine Abgrenzung derselben von den neuen vielfach auf Schwierigkeiten stößt, so erscheint es bei Besprechung der neuen Arzneimittel zweckmäßig, auch eine kurze Darstellung der alten zu geben, ihre Vor- und Nachteile kurz zu erläutern und jene Momente hervorzuheben, welche den notwendigen Anlaß zur Schaffung der neuen Mittel darstellen.

Für die Auswahl dieser soll dem Arzte eine nach Möglichkeit brauchbare Richtschnur gegeben werden. Die experimentelle Pharmakologie ist die Grundlage der modernen Arzneibehandlung, experimentell pharmakologische Erfahrungen sind daher auch vielfach in dieser Richtung verwertbar. Klinische Erfahrungen werden dies noch ausgiebig unterstützen. Im allgemeinen jedoch ist es nicht möglich, aus der großen Zahl des Vorhandenen, dies oder jenes als das einzig Brauchbare hinzustellen. In solchem Falle muß alles Bekannte berichtet werden, die guten wie die schlechten Erfahrungen und durch richtige Abschätzung dieser Berichte wird der praktische Arzt oft die richtige Wahl treffen können. Hieraus dürfte sich wohl die Berechtigung ableiten lassen, möglichst ausführlich die bekannte Literatur zu erwähnen.

Alle die angeführten Momente waren im allgemeinen Richtschnur bei der Verarbeitung des vorliegenden Materials. Da aber der Hauptzweck des Buches darin liegen soll, dem praktischen Arzte als brauchbares Hilfswerk zu dienen, so mußte ganz besonders der Einteilung des Stoffes größte Bedeutung beigelegt werden.

Eine bloße kalendermäßige Aufzählung der Arzneimittel erschien aus den bereits einleitend angeführten Gründen ausgeschlossen. Verlockender waren die Einteilungsprinzipien, wie sie für viele Lehrbücher der Pharmakologie maßgebend sind: die Einteilung nach pharmakologischen Systemen. Diese bewährt sich ausgezeichnet für ein Lehrbuch dieser Disziplin, sie erweist sich jedoch in einem häufig verwendeten Nachschlagebuch als nicht brauchbar. Vorbildlich für jede pharmako-therapeutische Arbeit nach Art der vorliegenden ist das klassische Werk von Meyer und Gottlieb geworden: „Die experimentelle Pharmakologie als Grundlage der Arzneibehandlung." Eines jedoch ist hierbei zu berücksichtigen: Die experimentelle Pharmakologie dient wohl als Grundlage der Arzneibehandlung und lehrt, wie sich pathologische Änderungen von Organfunktionen durch Arzneimittel beeinflussen und zur Norm zurückführen lassen. Bei der Besprechung neuer Arzneimittel haben wir aber vielfach den umgekehrten Weg zu betreten. Es gibt gar viele darunter, deren experimentelle Prüfung vielfach fehlt, die sogar vorläufig einer experimentell pharmakologischen Prüfung gar nicht zugänglich sind. Es wäre verfehlt, diese aus dem genannten Grunde beiseite zu lassen. Die Empirie hat uns zu manchem wertvollen Arzneimittel verholfen, dessen experimentelle Prüfung den tatsächlich therapeutischen Wert desselben bestätigt hat. Wir haben so zunächst eine Gruppe von Arzneimitteln zu berücksichtigen, deren klinisch erkannter therapeutischer Wert experimentell bestätigt wurde, dann eine zweite Gruppe, für die die experimentelle Untersuchung noch aussteht, schließlich eine dritte Gruppe, für deren therapeutische Verwendbarkeit die experimentell pharmakologischen Untersuchungen vorläufig keine Aufklärung gebracht haben. Die Erfahrungen, die mit solchen Mitteln am Krankenbette gemacht wurden, sind aber trotzdem vielfach derartig, daß die bisherigen negativen Untersuchungen nicht als Ausschließungsgrund angesehen werden können.

Um allen diesen drei Gruppen bei der Besprechung der neuen Arzneimittel nach Möglichkeit Rechnung tragen zu können, wurden in der Hauptsache die Krankheitsindikationen als Einteilungsprinzip verwendet.

Es erschien unnötig, möglichst vollständig die Indikationen anzuführen, da es sich ja hier um kein Lehrbuch der Therapie, sondern um einen therapeutischen Behelf unter besonderer Berücksichtigung der neuen Arzneimittel handelt. So konnte eine Reihe seltener Indikationen weggelassen werden; weiter solche, bei denen mehr oder weniger nur physikalische oder andere Behelfe in therapeutischer Verwendung stehen, schließlich alle jene Indikationen, für die nur allgemein Giltiges, Altbekanntes, nicht aber neue Arzneimittel in Betracht kommen.

Ein Hauptaugenmerk wurde dagegen darauf gelegt, einleitend bei jeder größeren Krankheitsgruppe zusammenfassend jene Tatsachen aus der experimentellen Pharmakologie anzuführen, die als Grundlage für die Arzneibehandlung von Bedeutung sind. In kurzer Übersicht wurden ferner alle jene Arzneimittel angeführt, welche unter den „alten" in Verwendung stehen und auch heute noch als wertvolle vollkommen ausreichende Heilbehelfe in Frage kommen. Ebenso wurden anderseits deren Nachteile hervorgehoben, sowie jene Momente, welche für die Schaffung neuer Arzneimittel auf dem betreffenden Gebiete maßgebend waren. Die neuen Arzneimittel schließlich wurden so vollständig als möglich behandelt, ihre chemischen und physiologischen Eigenschaften, Zusammensetzung, Indikationen, Haupt- und Nebenwirkung, Dosierung und Art der Originalpackung und Preis. Sind für Vergiftungssymptome, die bei einzelnen Arzneimitteln auftreten können, irgendwelche besonders wirksame antagonistische Maßnahmen bekannt, so wurden diese ebenfalls angeführt.

Um der objektiven Beurteilung der experimentellen und klinischen Erfahrungen möglichst weiten Spielraum zu lassen, wurde, wie bereits erwähnt, die Literatur soweit als möglich im speziellen angeführt und auch auf eigene klinische und experimentelle Erfahrungen verwiesen. Bei gewissen Arzneimitteln dagegen mußten wir uns darauf beschränken, nur jene Arbeiten anzuführen, welche selbst eine übersichtliche Zusammenstellung, sowie ausführliche Verzeichnisse der bisherigen Literatur über das betreffende Arzneimittel enthalten.

Die ausgiebige Literatur, ja sogar nur die zahlreichen Prospekte, die den Ärzten von seiten der Fabriken zugesendet werden, dürften hinlänglich beweisen, wie sehr das Bestreben vorwaltet, einem Mittel ein möglichst weites Indikationsgebiet zu verschaffen. Obwohl es sich dabei vielfach um ganz unberechtigte Reklame handelt, mußte doch anderseits in dieser Beziehung den tatsächlichen klinischen Erfahrungen Rechnung getragen werden. In solchen Fällen wurde das betreffende Arzneimittel bei jenen Krankheiten abgehandelt, bei denen es therapeutisch am meisten in Verwendung steht. Dabei werden aber auch die anderen Indikationsgebiete des Mittels besprochen. Bei jenen Krankheiten, bei denen das Mittel ebenfalls verwendet wird, jedoch von untergeordneter Bedeutung ist, wurde es ebenfalls angeführt und auf den Ort der ausführlichen Besprechung verwiesen.

In der alltäglichen Rezeptverschreibung, speziell der offizinellen Arzneimittel, spielt die ökonomische Verschreibungsweise, besonders in der Krankenkassen- und Armenpraxis, eine große Rolle. Es besteht dort sogar vielfach der Grundsatz, daß es zu den Regeln der ökonomischen Verschreibungsweise gehört, neue Arzneimittel und Spezialitäten bei der Verordnung zu vermeiden.

Eine absolute Berechtigung für solche Grundsätze besteht natürlich nicht; denn wir besitzen gerade unter den neuen Arzneimitteln gar manches wertvolle, durch das der Heilungsprozeß abgekürzt werden kann. Besonders in der Kassenpraxis kann man beobachten, daß die Verordnung derartiger neuer Mittel häufig verboten wird, daß dagegen andere billigere Mittel derart oft hintereinander verordnet werden müssen, daß der schließliche Preis des alten bedeutend höher ist, als der der notwendigen Heildosis des neuen. Anderseits aber bestehen selbstverständlich auch bei Verordnung der neuen Mittel gewisse Regeln, die bei einer ökonomischen Verschreibungsweise Beachtung finden sollten.

Arzneimittel mit geschützten Namen sind im allgemeinen teurer als jene für deren Bezeichnung die chemische Zusammensetzung gewählt wird. Es läßt sich daraus nicht der allgemeine Satz ableiten, daß man von der Verordnung der geschützten Präparate absehen sollte, denn vielfach bieten gerade diese gegenüber anderen „Ersatzpräparaten" eine gewisse Garantie für die konstante chemische Zusammensetzung, Reinheit des Präparates etc. Außerdem werden oft die geschützten Präparate in einer Form in den Handel gebracht, die für den Patienten gewisse Vorteile bringt, wie leichtere Löslichkeit, leichtere Suspendierbarkeit in Flüssigkeiten u. a. m.

So gibt es denn eine Reihe von Tatsachen, die ebenso für wie gegen die Verwendung von billigeren Ersatzpräparaten sprechen. Um all dem Rechnung zu tragen, haben wir überall die Originalpräparate ausführlich behandelt, aber auch die Ersatzpräparate hinsichtlich Eigenschaften, Wirkung und den damit gemachten Erfahrungen ausführlich besprochen.

Die Frage, ob man die neuen Arzneimittel immer nur in Tablettenform verordnen, oder auch magistraliter verschreiben soll, als Pulver, Lösung etc., läßt sich natürlich nur nach denjenigen Grundsätzen beantworten, die überhaupt für diesen Punkt der Arzneiverordnung maßgebend sind. Zweifellos bietet die Tablettenform eine äußerst gut brauchbare, handliche und, was nicht zu unterschätzen ist, billige Arzneiform und diese Gründe dürften eben die Ursache dafür sein, daß fast alle neuen Arzneimittel in Tablettenform in den Handel kommen. Dasselbe gilt von den fabriksmäßig hergestellten Lösungen zur subkutanen Injektion. Selbstverständlich sind andererseits Arzneiformen, die erst durch den Apotheker bereitet werden müssen, nicht zu umgehen und die Wahl derselben muß der individuellen Entscheidung des Arztes überlassen werden.

Für die ökonomische Verordnungsweise kommt weiterhin auch bei den neuen Arzneimitteln die Art der Aufmachung in Frage. Feine Ausstattung des Verpackungsmaterials erhöht natürlich oft wesentlich den Preis des Arzneimittels, desgleichen der Zusatz gewisser Geschmackskorrigentien, die die eigentliche Arzneiwirkung in keiner Weise beeinflussen. In jenen Kreisen, für die eine ökonomische Verschreibungsweise in Frage kommt, wird man natürlich auch diesem Umstande Rechnung tragen müssen, was übrigens schon dadurch erleichtert wird, daß bei vielen neuen Arzneimitteln auf die Art der Aufmachung, speziell auf die Krankenkassenpackung, hingewiesen wird. Auch wir haben dies, soweit es bekannt ist, bei den verschiedenen Arzneimitteln vermerkt.

Ein und dasselbe Arzneimittel wird oft von mehreren Fabriken unter verschiedenem Namen in den Handel gebracht. Wir haben dieselben nach Möglichkeit angeführt und überall dort, wo durch die experimentellen oder klinischen Untersuchungen ein Unterschied in der Wirkung dieser Präparate bekannt wurde, dies erwähnt.

Die rigoroseste Behandlung mußte schließlich die Bezeichnung eines Präparates als „neues Arzneimittel" erfahren. Eine genaue Durchsicht und entsprechende kritische Beurteilung der Neuerscheinungen auf dem Arzneimittelmarkte zeigte, daß der weitaus größte Teil keine neuen Arzneimittel darstellt, sondern nur einen Namen ev. eine neue Form für Altbekanntes. Dies gilt besonders von den Arzneimischungen, die unter den merkwürdigsten, meist ganz unverständlichen Locknamen als neue Arzneimittel auf den Markt gebracht werden. Es erscheint unmöglich, alle diese unter die neuen Arzneimittel aufzunehmen. Arzneikombinationen haben gewiß ihre Berechtigung. Die experimentellen Untersuchungen auf diesem Gebiete haben vielfach interessante Tatsachen ergeben, die eine sichtliche Befruchtung der Pharmakotherapie mit sich brachten. Zeigten diese Versuche einerseits, daß durch unzweckmäßige Arzneikombination die beabsichtigte Heilwirkung illusorisch gemacht wird, so ließ sich anderseits wieder demonstrieren, daß sich durch geeignete Kombination zweier oder mehrerer Arzneimittel bisweilen nicht nur eine Addierung, sondern sogar eine Potenzierung der Wirkungen erzielen ließ.

Wir verdanken diesen Untersuchungen manches wertvolle Arzneimittel, einheitliche chemische Körper, die durch Kombination zweier oder mehrerer wirksamer Komponenten dargestellt wurden (s. Morphium).

Der materielle Wettbewerb führte aber auch dazu, daß eine große Reihe von einfachen Gemischen alter Arzneimittel als „Neuheit" in den Handel gebracht wurde. Es handelt sich hier um eine Arzneikombination, die jeder Arzt durch einfache Rezeptverschreibung bereiten kann. Auf die Art dieser Kombinationen und ihrer therapeutischen Bedeutung haben wir selbstverständlich überall an entsprechender Stelle hingewiesen und haben dort auch im textlichen Zusammenhange gelegentlich einige dieser fertigen mit geschütztem Namen versehenen Arzneigemische erwähnt. Es geht jedoch nicht an, alle diese in der Liste der neuen Arzneimittel zu führen.

Müssen wir so auf diese Weise alte Mittel, die nur unter neuem Gewande auftauchen, aus den neuen Arzneimitteln ausschalten, so müssen wir anderseits darunter jene alten Mittel aufnehmen, für welche experimentelle und klinische Untersuchungen neue Indikationsgebiete erschlossen haben. Wir haben Beispiele dafür, daß mancher altbekannte Stoff oft erst auf diese Weise große Bedeutung erlangt hat und mit vollem Recht als neues Arzneimittel bezeichnet wird. Die Kalziumsalze mögen hierfür als Beispiele dienen.

Wie aus all dem ersichtlich ist, handelt es sich uns stets darum, in Kürze die thoeretischen und praktischen Erfahrungen mitzuteilen, die als Basis für die Arzneibehandlung eines bestimmten Krankheitsgebietes in Frage kommen und die die spezielle Anwendung eines neuen Mittels begründen. Es lag in unserem Bemühen, alles in möglichst zusammenhängender einheitlicher Darstellung zu bringen unter Berücksichtigung des eigentlichen Zieles dieses Buches, der Schaffung eines brauchbaren, praktisch verwendbaren Nachschlagewerkes.

Der Erreichung dieses Zweckes dienen zwei Wege: der Arzt muß die Möglichkeit haben, im Falle der gestellten Diagnose, Angaben zu finden, was von den neuen Arzneimitteln in den speziellen Fällen indiziert erscheint und diesem Zwecke dient das Einteilungsprinzip des Buches: die Einteilung der neuen Arzneimittel nach Indikationen und das am Schlusse angeführte entsprechende Verzeichnis der Krankheiten und Indikationen. Weiterhin aber soll dem Arzte auch die Möglichkeit geboten sein, sich über ein Arzneimittel, das er nur dem Namen nach kennt, rasch und möglichst vollständig orientieren zu können. Wir hoffen, daß das äußerst ausführliche Sachregister und Verzeichnis der neuen Arzneimittel auch in diesem Sinne seinem Zwecke gerecht wird.

Inhaltsverzeichnis.

	Seite
Zur Einführung	III
Erkrankungen des Herzens und des Kreislaufes	1
Erkrankungen des Blutes und der blutbereitenden Organe	14
Eisen- und Blutpräparate	17
Arsen- und Eisenarsenpräparate	28
Leukämie	29
Blutstillung. Mittel mit spezifischer Uteruswirkung	35
Erkrankungen des Verdauungsapparates	59
1. Erkrankungen der Mundhöhle	59
2. Magenkrankheiten	65
3. Darmerkrankungen	70
A. Cholagoga	71
B. Abführmittel	74
C. Obstipantia-Darmadstringentia	81
D. Mittel gegen Darmparasiten	89
Erkrankungen der Niere, Blase und Harnröhre	90
1. Diuretika	92
2. Mittel gegen Uratsteine	97
3. Entzündungshemmende und desinfizierende Mittel	98
Erkrankungen der Geschlechtsorgane	117
Erkrankungen der Atmungsorgane	121
Hautkrankheiten	132
Augenkrankheiten	167
Stoffwechselkrankheiten	171
a) Gicht	171
b) Rachitis, Osteomalacie	181
c) Diabetes mellitus	186
Künstliche Nährpräparate	189
I. Eiweißpräparate	189
A. Fleischeiweißpräparate	189
B. Pflanzeneiweißpräparate	193
C. Milcheiweißpräparate	195
D. Eiereiweißpräparate	198
II. Kohlehydratpräparate	199
III. Mischnährpräparate	202

	Seite
IV. Milchpräparate	204
V. Fettpräparate	207

Organtherapie 208
Herabsetzung der Schmerzempfindung 225
  1. Periphere Anästhesie 225
  2. Zentrallähmende Mittel 248
     a) Narkotika 254
     b) Hypnotika 265
     c) Sedativa 285

Analgetika, Antipyretika 298

Antiseptika 328

Infektionskrankheiten 361
  Serumtherapie 361
  Bakterienpräparate 376
  Vakzintherapie 380
  Tuberkulose 380
    Spezifische Therapie der Tuberkulose 381
    Nicht spezifische Mittel zur Tuberkulosebehandlung 394
  Chemotherapie 407

Vergiftungen 439

Nachtrag 443

Arzneimittelverzeichnis 447

Krankheiten und Indikationen 454

Erkrankungen des Herzens und des Kreislaufes.

Die spezielle klinische Diagnostik wird hinsichtlich der Diagnosenstellung, hinsichtlich der ätiologischen Momente und allgemeinen therapeutischen Maßnahmen zwischen den Erkrankungen des Herzens und des Kreislaufes im speziellen eine genauere Differenzierung und Abgrenzung vornehmen und auch weitestgehend berücksichtigen müssen. Für die pharmakologische Beurteilung der medikamentösen Therapie dieser Krankheiten ist aber zu erwägen, daß wohl jedes der hierbei in Anwendung kommenden Medikamente hinsichtlich seiner Wirkung auf Herz und Gefäße genau analysiert ist, daß es sich aber bei Anwendung der Herz- und Gefäßmittel stets um die pharmakologische Beeinflussung des gesamten Kreislaufes handelt, insofern als die Tätigkeit des Herzens den Kontraktionszustand der Gefäße und damit die Blutverteilung in den Organen beeinflußt und umgekehrt Erweiterung und Verengerung der Blutgefäße einen wesentlichen Einfluß auf die Herzarbeit nehmen müssen. Die Feststellung der primären Krankheitsursache — Störung der Herztätigkeit oder Störung der Blutverteilung — ist daher von großer Wichtigkeit; denn danach wird sich die Wahl des Arzneimittels aus der Gruppe der Herz- oder der Gefäßmittel richten. Für die sekundären Erkrankungen wird aber eben aus den angeführten Gründen eine spezielle Therapie überflüssig sein.

Ohne Rücksicht auf spezielle klinische Diagnosen innerhalb des ganzen Gebietes können wir hinsichtlich der medikamentösen Therapie hier folgende Einteilung treffen: 1. Akute Herzschwäche, meist in Kombination mit Gefäßlähmung: Kollaps. 2. Gefäßkrämpfe. 3. Inkompensierte Insuffizienz der Herztätigkeit.

I. Kollapsmittel. Der gesamte Symptomenkomplex der Herzschwäche spielt als Teilerscheinung zahlreicher Krankheitsbilder, ganz besonders aber bei exogenen und endogenen Vergiftungen (Infektionskrankheiten), eine große Rolle. Die seit langem verwendeten Kollapsmittel haben fast durchwegs eine ausgezeichnete Wirkung und finden nach wie vor ausgiebige Anwendung.

An erster Stelle steht der Kampfer, der in Form des Ol. camphorat. zur subkutanen Injektion verwendet wird. Kampfer erweist sich als pathologisch geschwächten Herzen als ein ausgezeichnetes Erregungsmittel für Reizerzeugung und steigert die Frequenz und Leistungsfähigkeit der Herzschläge. Dazu kommt noch seine erregende Wirkung auf die Vasomotorenzentren.

Eine neuere Form der Verabreichung des Kampfers stellt die intravenöse Injektion dar. Zu diesem Zwecke wird der Kampfer in wässeriger Lösung nach Leo verabreicht (von Merck in Packung zu 25, 40, 100 und 200 ccm), oder in ätherischer Lösung (Schüle). Eine besondere angeblich spezifische Wirkung sollen die intravenösen Kampferinjektionen bei der Pneumonie besitzen.

Koffein ist als Erregungsmittel des gesamten Zentralnervensystems ebenfalls ein wertvolles Kollapsmittel. Die darniederliegende Funktion des Zentralnervensystems erholt sich, der Blutdruck steigt, die Blutverteilung wird gebessert und dabei wird durch Änderungen der Vasomotorenverhältnisse auch die Herzarbeit indirekt gesteigert. In Verwendung stehen starker schwarzer Kaffee, ferner das Koffein in einem seiner Doppelsalze.

Alkohol in Form starker Weine muß löffelweise verabreicht werden, wirkt bei Kollaps durch Vasokonstriktion und dadurch bedingte Verbesserung des Kreislaufes besonders durch bessere Durchblutung des Herzens. Gemeinsam mit dem ähnlich wirkenden Äther findet er als Kollapsmittel ausgiebige Verwendung in Form des Spiritus Aetheris, (Hoffmannstropfen). Von neueren Kollapsmitteln bzw. neueren therapeutischen Verfahren ist die Kochsalzinfusion zu erwähnen, die am besten mit einem unserer wirksamsten Mittel verbunden wird, mit dem Adrenalin. Bei Gefäßlähmung und der dadurch hervorgerufenen Gefahr der inneren Verblutung setzt man ca. 8 Tropfen der Adrenalinlösung 1 : 1000 einem Liter der zur Infusion verwendeten NaCl-Lösung zu (intravenös). Auch direkt wird Adrenalin intravenös bei Kollaps injiziert. Hierbei erfolgt ebenfalls momentane Veränderung der Blutverteilung durch die periphere Wirkung auf den Gefäßtonus, Verengerung der Aortenbahn und Erhöhung des Tonus der Splanchnikusgefäße.

Direkt lebensrettend wirkt Adrenalin bei primärer Herzschwäche. Bei Herztod nach Chloroformvergiftung und ähnlichem kann selbst das bereits stillstehende Herz durch Adrenalin wieder zum Schlagen gebracht werden. Führt intravenöse Injektion wegen der darniederliegenden Zirkulation nicht mehr zum Ziele, so kann das Adrenalin oft direkt ins Herz mit Erfolg injiziert werden (ca. 1 ccm der Lösung 1 : 1000).

Wie weiter unten besprochen werden soll, gehören schließlich zu den Kollapsmitteln noch die Körper der Digitalisgruppe, doch kommt für diesen Zweck nur die intravenöse Injektion derselben in Betracht, da ihre Wirkung bei andersartiger Einverleibung nicht rasch genug in Erscheinung tritt.

Eine weitere Gruppe von Arzneimitteln, die ebenfalls vasokonstriktorisch wirken, sind die Stoffe, die eben wegen der vasokonstriktorischen Wirkung zur Blutstillung verwendet werden. Ihr Hauptanwendungsgebiet ist die Gynäkologie, speziell die Beeinflussung der Uterusbewegungen. Sie sollen daher auch in dem betreffenden Kapitel besprochen werden.

2. Gefäßkrämpfe. Sie können als Symptom verschiedener Vergiftungen auftreten (Strychnin, Adrenalin etc.), ferner in bestimmten Gefäßgebieten (Haut, Meningen, Koronargefäße, Stenokardie, Angina pectoris). Die medikamentöse Therapie wird sich im allgemeinen darauf erstrecken, zentral durch Herabsetzung der Vasomotorenerregbarkeit antagonistisch zu wirken oder peripher den Gefäßtonus herabzusetzen. Zentral wirken vor allem die Narkotika. Gefäßkrämpfe im meningealen Gebiet, welche als ätiologische Momente für Migräne in Betracht kommen, werden am besten durch die entsprechenden Gruppen der Antipyretika beeinflußt (Antipyringruppe), die eine deutliche Erweiterung der intrakraniellen Gefäße hervorrufen (Wiechowski). Peripheren Angriffspunkt auf die Gefäßwand haben gewisse Xanthinderivate (Koffein, Theobromin etc.), welche von hier aus erschlaffend auf die Gefäße wirken, während sie durch zentralen Angriffspunkt Gefäßverengerung hervorrufen. Diese periphere Koffeinwirkung äußert sich besonders im Gefäßgebiet der Nieren (Bedeutung für die Diurese s. d.) sowie im Gebiete der Hirngefäße (Bedeutung als Kopfschmerzmittel

[Wiechowski]) und schließlich im Gebiete der Koronargefäße (Bedeutung bei stenokardischen Anfällen).

Die stärkste pharmakologische Beeinflussung von Gefäßkrämpfen erfolgt durch Amylnitrit (Amylium nitrosum) und einige andere Nitrite (Natrium nitrosum, Spiritus aetheris nitrosi, Nitroglyzerin, Erythrolum tetranitricum), deren Angriffspunkt sowohl zentral als auch peripher gelegen ist. Die Gefäßerweiterung ist äußerst stark. Amylnitrit wird inhaliert (einige Tropfen aufs Taschentuch), Nitroglyzerin innerlich in Dosen von Dezimilligrammen gegeben.

3. Inkompensierte Insuffizienz der Herztätigkeit. Medikamentöse Therapie der Herzkrankheiten (Myodegeneratio, Klappenfehler) erscheint erst bei bestehender Inkompensation indiziert. Für diesen Fall ist das souveräne Mittel die Digitalis bzw. die Körper der Digitalisgruppe. Als solche bezeichnen wir eine Reihe von Substanzen, welche die gleiche pharmakologische Wirkung hervorrufen wie die Glykoside der Digitalis purpurea. Weiterhin ist die Digitalis auch das souveräne Mittel für Dyspnoe, Zyanose, Aszites, Ödeme und Oligurie, wenn diese als Folge von Erkrankungen des Herzens erkannt wurden.

An der pharmakologischen Digitaliswirkung läßt sich deutlich ein therapeutisches und ein toxisches Stadium unterscheiden. Das therapeutische besteht in Pulsverlangsamung als Ausdruck der Vaguserregung, dann Vergrößerung des Pulsvolumens, vorwiegend durch Verstärkung der Systolen bedingt, gleichzeitig Verengerung der großen Gefäßgebiete. Die beiden letzten Momente zusammen bedingen Blutdrucksteigerung. Dieser entgegen wirkt die bereits erwähnte Pulsverlangsamung. Deshalb fehlt die Drucksteigerung bisweilen im Anfang der Digitaliswirkung und ist auch sonst vom Grade der Pulsverlangsamung abhängig. Die Blutdrucksteigerung kann trotz des sichtlichen therapeutischen Erfolges ganz ausbleiben. Sie ist daher nicht die eigentliche Ursache des therapeutischen Effektes, ebensowenig ist die dadurch bedingte bessere Füllung der Arterien allein dafür verantwortlich zu machen, auch nicht — was früher vermutet wurde — die Pulsverlangsamung und die gleichzeitig stärkere systolische Herztätigkeit. Nur das Zusammenwirken aller dieser Momente bedingt den therapeutischen Effekt. Die durch die Inkompensation hervorgerufene Blutstauung und ihre Folgeerscheinungen werden aufgehoben. Die Herztätigkeit wird reguliert: Die pathologische Blutverteilung wird zur Norm zurückgeführt (Meyer-Gottlieb).

Die gebräuchlichsten Anwendungsformen der Digitalis bestanden seit jeher in Form des Pulv. foliorum Digitalis und der daraus dargestellten Infuses. Beide zeigten eine Reihe von Nachteilen, denen man durch Schaffung neuer Arzneiformen zu begegnen suchte. Die Hauptfehler der offizinellen Digitalisblätter bestehen darin, daß sie hinsichtlich ihrer physiologischen Wirkung sowohl qualitativ als auch quantitativ stark variieren. Die Folge davon ist Ungleichmäßigkeit in der therapeutischen Wirkung. Derselbe Fehler muß naturgemäß auch bei den aus den Blättern dargestellten Arzneiformen, also vor allem beim Infus, zum Ausdruck kommen. Um den Anforderungen in dieser Hinsicht gerecht zu werden, wurden die Folia Digitalis titrata eingeführt, deren Wirkungswert bereits physiologisch festgestellt ist und die daher den Vorteil der gleichmäßigen Wirkung bieten. Aus ihnen lassen sich mit gleichem Vorteile alle übrigen Arzneiformen: Infus, Mazeration, Pulver, Pillen, Tabletten etc. darstellen (s. d. im speziellen Teile).

Dem Infus haftet nun wiederum der Nachteil an, daß eine in den Digitalisblättern enthaltene Säure in denselben übergeht und dadurch den Wirkungswert schon innerhalb einiger Stunden stark herabdrückt (J. Löwy). Aus diesem Grunde empfiehlt es sich, das Infus stets mit Natrium bicarbonicum neutralisieren zu lassen.

Die Inhaltsstoffe der natürlichen Pflanzendrogen beeinflussen vielfach die gesamte Wirkungsweise und sind häufig die Ursache von Störungen der Resorption, Ursache von Magenbeschwerden etc. Man suchte daher, wie überall bei den Pflanzendrogen, so besonders bei der Digitalis, die wirksamen Stoffe zu isolieren, die stets den Vorteil der gleichmäßigen unbeeinflußten Wirkung haben und besser und gleichmäßiger dosierbar sind.

Aus der Digitalispflanze konnten eine Reihe von Glykosiden sowie eine Anzahl von Saponinen isoliert werden. An Glykosiden fand Schmiedeberg das in Wasser unlösliche, stark wirkende Digitoxin (in Alkohol löslich). Ferner konnten das Digitophyllin und das schwerlösliche Digitalin isoliert werden. Alle diese gehen wegen ihrer schweren Löslichkeit in Wasser möglicherweise nicht in das Infus über. Schmiedeberg konnte ferner einen amorphen, leicht wasserlöslichen Körper isolieren, das Digitalein, das sich aber nach den Untersuchungen von Krafft nicht als ein einheitlicher Körper erwies, sondern als ein Gemenge aus dem stark wirksamen Gitalin mit anderen Glykosiden. Das Gitalin scheint der eigentlich wirksame Körper des Infuses zu sein. Von Saponinen finden sich das Digitonin, das Digitosaponin, das Gitin und das Gitonin. Dieselben besitzen keine Herzwirkung, sondern sind im Gegenteil häufige Ursache von Magenstörungen.

Es zeigte sich aber bald, daß die reindargestellten Körper nicht imstande sind, die Droge zu ersetzen, da die verschiedenen Glykoside meist das Optimum der Arzneikombination darstellen. Es ging daher das Bestreben dahin, die Gesamtsumme der wirksamen Digitalisglykoside zu isolieren, befreit von den störenden Beimengungen, besonders von den Saponinen. Verschiedene Verfahren, wie Dialyse, Bindung der Glykoside an Tannin (Digipurat) suchen diesem Zwecke zu dienen. All dieses und die dadurch gewonnenen Digitalispräparate sind im speziellen Teile besprochen.

Die kumulative Wirkung der Digitaliskörper ist bedingt durch das Verhältnis von Resorption und Ausscheidung der Glykoside. Sie gehört also zum Wesen der Digitaliswirkung, ist aber bei den verschiedenen Präparaten verschieden stark vorhanden und kann außerdem durch absteigende Verabreichung ganz vermieden werden. Bestehende, durch kumulative Wirkung bedingte bedrohliche Erscheinungen, lassen sich durch gleichzeitige Verabreichung von Chininum hydrochloricum (in schweren Fällen ev. intravenös) beheben. Chinin beeinflußt die Digitaliswirkung antagonistisch, schwächt also bei gleichzeitiger Verabreichung den therapeutischen Erfolg, dient aber eben wegen der antagonistischen Beeinflussung zur Beseitigung von Vergiftungssymptomen, die durch Digitalis hervorgerufen wurden (Starkenstein).

Die Verabreichung der offizinellen Digitalispräparate kann nur per os erfolgen, da bei subkutaner Injektion Nekrosen entstehen. Die neueren, rein dargestellten Präparate besitzen dagegen diesen Nachteil nicht. Zur Erzielung einer möglichst raschen Wirkung wurde die intravenöse Injektion eingeführt. Die meisten der neuen Digitalispräparate sind zu diesem Zwecke daher auch in sterilen Ampullen erhältlich (s. den speziellen Teil).

Was von der Digitalis und ihren Präparaten gesagt wurde, gilt ebenso von den übrigen Pflanzendrogen der Digitalisgruppe, und zwar von Strophantus, Scilla, Adonis vernalis, Convallaria majalis und einer Reihe anderer, therapeutisch weniger verwendeter Drogen.

Adonidin ist das aus dem Kraute von Adonis vernalis gewonnene Glykosid und stellt ein amorphes, hellbraunes Pulver dar, das sich leicht in Wasser und Alkohol löst. Das Mittel wird ähnlich wie Digitalis als Herzstimulans und Diuretikum verwendet, nach Schidlowski auch als Lokal-

anästhetikum in der Ophthalmologie. 3 Tropfen der 1%igen wäßrigen Lösung sollen genügen, um schwere Glaukomschmerzen zu beseitigen, 2 Tropfen der 2%igen Lösung nach 25 Minuten eine Anästhesie erzeugen, die 3—4 Stunden anhält. Nach der Einträufelung entsteht eine ungefähr 1 Stunde dauernde Reizung, deren Verlauf erst abgewartet werden muß, ehe man zur Operation schreitet.
Literatur: Schidlowski, Dissertation, Petersburg, 1907.

Cymarin, eine aus dem Extrakte Apocyni cannabis indicae hergestellte kristallisierte Substanz, welche nach Tierversuchen Schuberts eine der Digitalis sehr ähnliche Wirkung besitzt. Die diuretische Wirkung tritt nach 0,2 mg, die Herzwirkung nach 0,3—0,4 mg ein. Man kann das Mittel intravenös, intramuskulär und stomachal verabreichen, nicht aber subkutan.
Literatur: Schubert, Deutsch. med. Wochenschr., 540, 1913. — Impens, E., Pflügers Arch., Bd. 153, 239, 1913.
Fabr.: Farbenfabriken vorm. Friedrich Bayer & Co., Leverkusen/Rh.
Preis: 50 Tabletten à 0,3 mg Mk. 2,50. K. 3.—.

Dialysatum Herbae Adonidis vernalis bewährte sich als gutes Herztonikum, nur ist der erzielte Effekt nicht so nachhaltig und energisch wie beim Digitalisdialysat. Dafür bietet es aber den Vorteil, daß man es längere Zeit ohne Schaden geben kann.
Dosierung: 5—8—25 Tropfen pro dosi, 150 Tropfen pro die.

Digitalispräparate.

1. Digalen. Die Ansicht Cloëttas, daß Digalen und Digitoxin. cristallisatum gewissermaßen identische Körper seien, deren amorphe und kristallisierte Form nur von einer verschiedenen Molekulargröße abhängig ist, wird von Kiliani und Hildebrandt bestritten.

Kiliani vermutet in Digalen nichts anderes als ein hochprozentiges Digitalein. Nach dem heutigen Stande unserer Kenntnisse ist das Digalen als eine Lösung unreinen Digitaleins aufzufassen (Heubner).

Wirkung: Das Präparat besitzt mannigfache Vorzüge, so die genaue Dosierbarkeit, die nahezu absolute Reizlosigkeit, die anscheinend unbegrenzte Haltbarkeit und bequeme Handhabung und den nach großen Dosen in kürzester Zeit erfolgenden Eintritt der Maximalwirkung (Naunyn, Weinberger, Kollick, Sasaki, Livierato, Klemperer, Mendel, Habermann, Maaß, Treupel, Graßmann, Friedländer). Es hat sich als ein gutes Kardiotonikum bewährt, da es den Blutdruck erhöht, auf die Arhytmie regulierend wirkt und bei Stauungszuständen einen starken diuretischen Effekt entfaltet (Kottmann, Hochheim, Winkelmann, Freund, Cleckas, Reitter). Während nach vielen Autoren keine kumulative Wirkung zu fürchten ist (Bibergeil, v. Kétly, Reneau, Marini, Cloëtta, Zaeslein), behauptet Heubner, daß es unter geeigneten Bedingungen ebenso kumulativ wirkt, wie alle in dieser Hinsicht genauer studierten Substanzen der Digitalisgruppe und daß nur quantitative, praktisch sehr bedeutsame Differenzen bestehen bleiben. Auch Fränkel und Montandon konnten die kumulative Wirkung des Digalens nachweisen. — Digalen wird gut vertragen, selbst dort, wo das Digitalisinfus Übelkeit und Erbrechen erzeugte (Kollick).

Nebenwirkung: Nach subkutaner und intramuskulärer Applikation treten manchmal örtliche Schmerzhaftigkeit, Fieber und tagelang anhaltendes Ödem des Armes, an dem die Injektion vorgenommen wurde (Kottmann, Walti, Hochheim, v. Kétly, Reneau, Stadelmann) sowie Kopfschmerzen (Hochheim), nach intravenöser Injektion ganz vereinzelt Übelkeit und Erbrechen auf (Marini). Erscheinungen von Kumulation, wie Appetitlosigkeit, Übelkeit, unregelmäßige Herztätigkeit, Sehschwäche Chloropsie und allgemeine Schwäche nach längerer Verabreichung kleine Dosen sahen Montandon, Müller und Heydner.

Indikationen: Es kommt überall dort in Frage, wo die Digitali selbst per os oder per rectum nicht vertragen wird (Kottmann, v. Kétly Marini). Besonders gut ist der Effekt bei dekompensierten Herzfehlern (Eychmüller) und bei Myokarditis (Pagliano).

Auffallend ist ferner die günstige Einwirkung bei Asthma bronchiale wo sich der Anfall sofort kupieren läßt (Freund), bei Nephritis, Leber zirrhose (Marini), bei Pneumonie der Kinder (Wohrizek), akutem Lungen ödem (Silberstein) und unmittelbar vor der Krisis bei Infektionskrank heiten (Veiel).

Kontraindikationen: Infolge seiner gefäßverengernden Wirkung is die Anwendung des Präparates dort bedenklich, wo der Zustand des Herzen größeren Anstrengungen nicht mehr gewachsen ist (Degenerationen, Atro phie, Dilatationen). Auch bei Lungenemphysem mit Herzstörungen wird es vom Infus übertroffen (Mendel). Vorsicht ist anzuwenden bei Arterio sklerose, speziell bei Sklerose der Koronararterien, wobei es am besten gar nicht gegeben wird (Teichmann, Friedländer).

Dosierung: Das Präparat kommt in Fläschchen mit 15 ccm in der Handel. In 1 ccm sind 0,0003 Digitoxin = 0,1 g Digitalispulver enthalten Angebrochene Fläschchen sollen nicht länger als 14 Tage im Gebrauch stehen. Da das Mittel schlecht schmeckt, empfiehlt sich die Darreichung per os in verschiedenen Vehikeln, am besten in süßem Südwein (Winkel mann, Veiel) oder in Wasser, bzw. Milch (Freund), sowie in Selterswasse (Bibergeil). Die Einzeldosis wird von Cloëtta und Naunyn mit 1 ccm maximal mit 2 ccm, die maximale Tagesdosis mit 4 ccm angegeben, doch wird von Kottmann vor großen Dosen gewarnt und soll bei längeren Gebrauch die Tagesdosis 1 ccm nicht übersteigen. Achert empfiehlt 7—1, Tropfen 1—2 mal täglich. Wird das Mittel per os nicht vertragen, so is die subkutane Applikation empfehlenswert (Cloëtta, Walti, Kottmann Freund, Ceconi und Fornaca), wie auch die intravenöse (Kottmann Hochheim, Pesci, Freund, Umber), die rektale (Cloëtta, Bibergeil und die intramuskuläre (Haffter, Eulenburg). Will man besonder den Harn treiben, so empfiehlt sich die Kombination mit Diuretin, drei mal täglich 1 g (Vlach, Umber), oder mit Theocin (Cleckas).

Literatur: Walti, Deutsch. Ärzteztg., 20, 1904. — Naunyn, Münch. med. Wochen schr., 31, 1904. — Cloëtta, ebendort, 33, 1904. — Bibergeil, Berl. klin Wochenschr. 51, 1904. — Kottmann, Zeitschr. f. klin. Med., 1/2, 1905. — Klemperer, Therap. d Ggw., 1, 1905. — Winckelmann, Therap. Monatsh., 7, 1905. — Mendel, Therap. d Ggw., 9, 1905. — Haffter, Korrespondenzbl. f. Schweiz. Ärzte, 13/14, 1905. — Kollick Prag. med. Wochenschr., 18, 1905. — Hochheim, Zentralbl. f. inn. Med. 22, 1905. — Sasaki, Berl. klin. Wochenschr., 26, 1905. — Weinberger, Zentralbl. f. inn. Med., 27 1905. — Haberfeld, Fortschr. d. Med., 28, 1905. — Maaß, Berl. klin. Wochenschr., 40 1905. — Freund, Münch. med. Wochenschr., 41, 1905. — Treupel, ebendort, 41, 1905 — Pesci, Zentralbl. f. inn. Med., 44/47, 1905. — Reitter, Wien. med. Wochenschr., 47 1905. — Livierato, Wien. klin. therap. Wochenschr., 51/52, 1905. — Ceconi u. For naca, Gazz. degli ospedali, 99, 1905. — Umber, Therap. d. Ggw., 1, 1906. — Graß mann, Münch. med. Wochenschr., 3, 1906. — Vlach, Prag. med. Wochenschr., 4, 1906 — Eulenburg, Med. Klinik, 6, 1906. — v. Kétly, Therap. Monatsh., 6, 1906. — Reneau Revue de thérap., 21, 1906. — Marini, rf. im Zentralbl. f. inn. Med., 40, 1906. — Veiel Münch. med. Wochenschr., 44, 1906. — Cloëtta, ebendort, 47, 1906. — Stadelmann Berl. klin. Wochenschr., 50, 1906. — Cleckas, rf. im Zentralbl. f. inn. Med., 51, 1906. — Zaeslein, Gazz. degli osp., 111, 1906. — Fränkel, experim. Arch. f. Pathol. u. Pharmak. 1—2, 1907. — Wohrizek, Therap. d. Ggw., 3, 1907. — Teichmann, ebendort, 5, 1907 Kollmann, Korrespondenzbl. f. Schweiz. Ärzte, 10, 1907. — Kiliani, Hildebrandt Münch. med. Wochenschr., 18, 1907. — Achert, Berlin. klin. Wochenschr., 35, 1907. — Friedländer, Therap. Monatsh., 173, 1907. — Heubner, ebendort, 437, 1908. — Eychmüller, Berlin. klin. Wochenschr., 37, 1909. — Montaudon, Deutsch. med Wochenschr., 321, 1911. — Müller, Münch. med. Wochenschr., 904, 1911. — Heydner ebendort, 1511, 1911. — Silberstein, Therap. Monatsh., 120, 1912.

Fabr.: Hoffmann - La Roche & Co., Basel-Grenzach.

Preis: 1 Fl. 15 ccm m. Pipette Mk. 3,20. K. 4,—. 15 ccm Spitalpackung ohne Pipette Mk. 2,40. K. 3,—. 7 ccm Spitalpackung ohne Pipette Mk. 1,25. Gläschen mit 25 Tabletten à 0,5 ccm Digalen Mk. 2,40. K. 3,—. Röhrchen mit 12 Tabletten à 0,5 ccm Digalen Mk. 1,—. K. 1,25. Karton mit 3, 6 und 12 Ampullen à 1,1 ccm Mk. 1,20, 2,40, 4,—.

2. Digifolin ist nach Hartung ein wasserlösliches Präparat aus Digitalisblättern, das bei der chemischen und pharmakologischen Prüfung keine störenden Nebensubstanzen wie Saponine oder Kaliumsalze aufwies. Es enthält also die Hauptglykoside. Über günstige klinische Erfahrungen berichten Zurhelle und Grabs. Eigene umfangreiche Versuche an den Kranken der Abteilung waren ebenfalls von ausgezeichnetem Erfolge begleitet, die darniederliegende Diurese, die Stauungserscheinungen, das Allgemeinbefinden bei nicht kompensierten Vitien, bei Nephritis, Pneumonie etc. erfahren eine ausgiebige und rasche Besserung. Nebenwirkungen haben wir nie feststellen können. Der Effekt war vortrefflich, gleichviel ob das Mittel per os oder subkutan gegeben wurde. Die übliche Dosis betrug 2—3 Tabletten, bzw. Ampullen, täglich durch 3—4 Tage. Im Handel erscheint es in Ampullen, welche in der Stärke der Wirkung ungefähr 0,1 g Fol. Digitalis entsprechen und in Tabletten derselben Stärke.

Literatur: Hartung, Münch. med. Wochenschr., 1944, 1912. — Zurhelle, Therap. Monatsh., 7, 1913. — Grabs, Berl. klin. Wochenschr., 5, 1914.
Fabr.: Ges. f. chem. Industrie (Ciba) Basel.
Preis: Gläschen mit 12 und 25 Tabletten Mk. 1,—. und 2,—. K. 1,25 und 2,50. Schachtel mit 5 Ampullen à 1 ccm = 0,1 g Fol. digit. Mk. 2,—. K. 2,50.

3. Digipuratum ist ein nach besonderem Verfahren hergestelltes und gereinigtes Extr. Digitalis. Es ist auf einen bestimmten Wirkungswert eingestellt, daher von stets gleichmäßiger Wirkung. Da es die gesamten Digitalisstoffe, mit Ausnahme der im gewöhnlichen Digitalisextrakt vorkommenden Ballaststoffe, wie Digitonin, als Gerbsäureverbindungen (Gottlieb) in dem Verhältnis enthält, wie es die frischen Blätter aufweisen, belästigt es weniger den Magen als der Infus.

Mit 0,4 g erreicht man in 24 Stunden volle Digitaliswirkung, die man weiterhin mit 0,3 g und 0,2 g festhalten kann (Hoepffner und Fränkel). Die Gefahr der Kumulation ist ebenso groß wie bei Digitalis (van Westenreijk, Rose). Allgemein wurden aber die energische, selbst in verzweifelten Fällen noch einsetzende Wirksamkeit und die relativ geringen Nebenwirkungen hervorgehoben (Hoepffner und Fränkel, Müller, Schüttler, Tissot, Buttersack, Szinnyei, Boos, Gottlieb und Tambach, Braitmaier, Hail). Daß solche aber auch bei vorsichtiger Dosierung vorkommen können beweist ein Fall von Veiel, wobei bei einem 44jährigem Manne nach 5 in 4 Tagen gereichten Tabletten à 0,1 g eine schwere Intoxikation mit Zyanose, hochgradiger Pulsspannung, Anstieg des systolischen Druckes und Bradykardie beobachtet wurde.

Das Digipuratum wird besonders in Fällen von Herzschwäche sehr gerühmt, weniger wirkt es bei Aorteninsuffizienz und veralteter Myokarditis (van Westenreijk).

Will man bei Koronarsklerose mit Neigung zu Angina pectoris die vasokonstriktorische Wirkung ausschalten, dann gibt man Digip. 0,1 g + Natr. nitrosi 0,12, 3 Pulver täglich, oder: Digip. 0,1 + Diuretin. 0,6, 3 Stück täglich. Zur Beseitigung von Dyspnoe mit mangelnder Diurese empfiehlt Braitmaier Dionin 0,015—0,03 + Digipurat. 0,1 + Diuret. 1,0, 3 Stück täglich. — Tissot verabreichte das Präparat überall, wo das Herz unterernährt ist, ungewöhnliche Arbeit zu leisten hat und eine Entgiftung des Blutes vor sich gehen soll, also z. B. bei Pneumonie, Bronchiolitis, Diphtherie, Influenza, Puerperalinfektionen, Chlorose, Anämien unbekannten Ursprunges, Polyarthritis, Erysipel. Bei Nephritis und Urämie wird es, um sehr starke diuretische Wirkung zu erzeugen, mit Diuretin kombiniert (Hail, Hedinger).

Das Digipuratum kommt in Form von Tabletten à 0,1 und in Form eines mit Milchzucker eingestellten Pulvers (1 g = 0,1 g Fol. digital. im Handel vor und kann per os, intravenös und intramuskulär gereicht werden. Die subkutane Anwendung, welche vereinzelt geübt wird (Rose) und für welche das Mittel in Ampullen zu 1 ccm mit 0,1 g Digipuratum erhältlich ist, ist wegen ihrer Reizwirkung zu vermeiden (von Siebenrock)
Literatur: Van Westenreijk, Wien. med. Wochenschr., 29, 1908. — Hoepffne und Fränkel, Münch. med. Wochenschr., 34, 1908. — Müller, ebendort, 51, 1908. — Tissot, Fol. serolog., 1, 1909. — Schüttler, Dissertation, Berlin, 1909. — Buttersack Deutsch. mil.-ärztl. Zeitschr., 18, 1909. — Boos, Boston med. and surgical Journ., 6, 1910 — Szinnyei, Therap. Monatsh., 8—9, 1910. — Veiel, Münch. med. Wochenschr., 39 1910. — Gottlieb und Tambach, ebendort, 10, 1911. — Rose, Berlin. klin. Wochenschr. 2031, 1911. — Braitmaier, Deutsch. med. Wochenschr., 2376, 1911. — Hedinger Münch. med. Wochenschr., 2353, 1911. — Hail, Dissertation Erlangen, 1912. — v. Siebenrock, Klin. therap. Wochenschr., 261, 1912.
Fabr.: Knoll & Co., Ludwigshafen.
Preis: Röhrchen mit 12 Tabletten à 0,1 g Mk. 1,50. K. 1,80. Tropfglas 10 ccm Mk. 1,50. — Schachtel mit 6 Ampullen à 1 ccm zur intrav. Injekt. Mk. 2,50. K. 3,—.

4. Digistrophan ist eine Digitalis-Strophantus-Kombination, die nach Boelke bei exakter Dosierbarkeit und absoluter Haltbarkeit schnell und relativ lange anhaltend volle Digitalis-Strophantuswirkung erzeugt, ohne besondere Störungen seitens der Verdauungsorgane zu bewirken. Das Mittel kommt in Tabletten, die 0,1 g Fol. Digitalis und 0,05 g Semen Strophanti entsprechen, in den Handel. Die übliche Dosis beträgt 3 bis 4 Tabletten täglich. Zur Erzielung hoher diuretischer Wirkung sind auch Digistrophantabletten mit 0,2 g Natriumazetat, resp. 0,35 g Coffein natriosalicyl. im Handel.
Literatur: Boelke, Therap. d. Ggw., 4, 1910.
Fabr.: Goedecke & Co., Leipzig.
Pieis: 20 Tabletten Mk. 2,—. K. 2,50. Karton mit 6 und 12 Ampullen à 1 ccm Mk. 2,— und Mk. 3,60.

5. Digitalinum verum (Kiliani) ist ein Digitalisglykosid, das wegen seiner geringen kumulativen Wirkung längere Zeit als Digitoxin gegeben wurde (Reichold, Gottlieb und Magnus), aber niemals die volle Digitaliswirkung erreicht (Deucher). Eine Beeinflussung des Pulses ist nicht zu konstatieren (Pick). Gewöhnlich wird das Mittel gut vertragen, nur manchmal treten nicht unerwünschte Diarrhöen auf (Reichold). Nach subkutanen Injektionen scheint bessere Wirkung als nach innerlicher Darreichung zu erfolgen, doch sind die Injektionen öfters von lokalen Reizerscheinungen und Fieber begleitet (Deucher, Reichold). Von Radcliffe wird über eine Vergiftung bei einem fast 2 jährigen Kinde nach Gebrauch von 0,00125 g berichtet, wobei lebhafte Unruhe, heftige Schweiße, Erbrechen, kleiner Puls, Pupillenerweiterung und Koma auftraten und erst nach langsamer Rekonvaleszenz Heilung erfolgte. Gingeot und Deguy verwenden das Digitalin mit ausgezeichnetem Erfolge bei Pneumonie und Influenza, doch darf man mit der Dosis nicht zu sparsam sein.
Im allgemeinen gibt man mindestens 0,001 g durch 5—6 Tage, soll aber in 7 Tagen eine Menge von 0,012 g nicht übersteigen.
Literatur: Reichold, Inaug.-Diss., Würzburg 1895, rf. im Zentralbl. f. inn. Med., 9, 1896. — Deucher, Deutsch. Arch. f. klin. Med., 1/2, 1896. — Pick, Prag. med. Wochenschr., 39/41, 1896. — Gingeot und Deguy, Revue de méd., 3, 1897, rf. im Zentralbl. f. inn. Med., 41, 1898. — Radcliffe, Brit. med. journ., Febr. 1901, rf. ebendort, 15, 1901. — Gottlieb und Magnus, Therap. d. Ggw., 2, 1904.

6. Digitalisdialysat (Golaz). Dieses ist wie andere Dialysata non toxica und composita aus frischen Pflanzen durch ein besonderes Dialysierungsverfahren gewonnen, so daß einem Gewichtsteile der Pflanze genau ein Gewichtsteil des Dialysates entspricht. Die bei schönem Wetter gepflückten Pflanzen werden zerstoßen und durchgerieben und die so gewonnene Pulpa unverzüglich in die Apparate gebracht, wo sie dann während 14 Tagen zunächst mit Wasser, dann mit sehr verdünntem Alkohol von allmählich steigender Konzentration der Dialyse unterworfen werden. Dieses Extraktionsverfahren gestattet, den gesamten Zellinhalt der Pflanze in einem Aggregatzustand zu erhalten, welcher dem der lebenden Pflanze fast unverändert gleich ist, hat aber außerdem noch den Vorteil, daß es ein genau titriertes Präparat liefert, das durch Aufbewahren keinerlei Veränderung erleidet. Von den verschiedenen Tinkturen, Extrakten usw., die an Stelle der einfachen Infuse und Dekokte verwendet werden, unterscheiden sich die Dialysate dadurch, daß sie die wirksamen Stoffe nicht in zersetztem Zustande und in verschiedener Beschaffenheit und Menge enthalten und daß sie stets eine sehr genaue und zuverlässige Dosierung zulassen (Kunz - Krause, Bosse).

Wirkung: Das Digitalisdialysat wirkt vollkommen sicher und gleichmäßig auf das Herz, besitzt gute diuretische Eigenschaften und zeigt fast niemals Nebenwirkungen (Bosse, Brondgeest, Doebert und eigene Erfahrungen). Das Dialysat der Digitalis purpurea ist dem von Digitalis grandiflora an Wirkung ziemlich gleich (Schwarzenbeck). Auch Jacobaeus bestätigt die guten Erfahrungen, doch findet er öfters Strophantus, bzw. Diuretin wirksamer.

Nebenwirkung: Vereinzelt wurden Anorexie, Übelkeit und Erbrechen, sowie nach längerem Gebrauche plötzlich auftretende stenokardische Anfälle beobachtet, welche Erscheinungen mit Aussetzen des Mittels schwanden und bei späterer erneuter Darreichung nicht mehr auftraten (Schwarzenbeck).

Indikationen: Man gibt es überall dort, wo es sich um die Anwendung eines sicheren Herztonikum mit klassischer Digitaliswirkung handelt (Doebert).

Dosierung: Die üblichen Gaben sind 6—10—20 Tropfen pro dosi und 80—100 Tropfen pro die.

Literatur: Kunz-Krause, Therap. Monatsh., 10, 1898. — Bosse, Zentralbl. f. inn. Med., 27, 1899. — Schwarzenbeck, ebendort, 17, 1901. — Brondgeest, ebendort, 37, 1903. — Doebert, Therap. d. Ggw., 4, 1904. — Jacobaeus, Therap. Monatsh. 11, 1904.
Fabr.: La Zyma, A.-G., Sankt Ludwig u. Aigle-Schweiz.
Preis: Fl. à 10 g Mk. 1,25. 3 und 6 Ampullen à 1 ccm Mk. 1,25 und 2,—.

7. Digitalisleim ist eine von Herz hergestellte Digitaliskonserve. Die Droge ist in flüssiger Gelatine mazeriert und zur Verabreichung in geeignete Form gebracht. Das Präparat soll bei geringer Reizwirkung volle Digitaliswirkung entfalten.

Literatur: Herz, Wien. klin. Wochenschr., 821, 1911.

8. Digitalis Winckel „Corvult". Bei der Trocknung der Digitalisblätter wird infolge der Einwirkung von Enzymen ein Teil der wirksamen Stoffe zerstört und andererseits werden wieder Stoffe gebildet, welche schädliche Nebenwirkungen erzeugen. Um diesem Übelstande abzuhelfen, hat Winckel nach einem besonderen Verfahren Tabletten à 0,05 g Fol. Digitalis hergestellt, welche bei stets gleichbleibender Wirkung keine Beschwerden verursachen sollen. Jodlbauer findet aber die Winckelsche Konservierungsmethode im Vergleiche mit nicht präparierter Digitalis belanglos und konnte auch keinen Unterschied in der Reizstärke auf das Gewebe feststellen, was auch eigene Versuche bestätigen.

Literatur: Winckel, Münch. med. Wochenschr., 575, 1911. — Jodlbauer, ebendort, 200, 1912.
Fabr.: Krewel & Co., Köln.
Preis: Röhrchen mit 15 Tabletten à 0,05 g Mk. 1,60.

9. Digitalon ist eine aseptische, alkoholfreie, nicht reizende, haltbare Lösung aller Digitalisstoffe und stellt eine hellgrün gefärbte Flüssigkeit dar, die auf einen konstanten Normalwert eingestellt ist. Um die Zersetzung zu verhindern, ist die Lösung mit 0,6% Chloreton versetzt.

Zur Erzielung der vollen Digitaliswirkung sind 2 ccm = 0,2 g Fol. digitalis nötig. Gewöhnung tritt selbst bei chronischer Digitaliskur (mit 100 Injektionen) nicht ein. Das Mittel ist indiziert (in intravenöser Injektion), wenn die Magenschleimhaut besonders empfindlich ist, wenn infolge mangelhafter Resorption Kumulation zu befürchten ist, wenn man eine besonders schnelle Wirkung wünscht, oder wenn die übrigen Arten der Digitalisdarreichung ihre Wirkung verloren haben (Mendel). Auch bei hypodermatischer, wie interner und rektaler Anwendung bringt das Präparat volle Digitaliswirkung (erhöhten Blutdruck, verstärkte Systole, verlängerte Diastole) hervor. In keiner Applikationsart erzeugt das Mittel irgendwelche Schädigungen. Die gebräuchliche Dosis, welche im Notfalle vorsichtig gesteigert werden kann, beträgt 0,5—1 ccm subkutan oder dreimal täglich 9—12 Tropfen (Zaeslein).

Literatur: Mendel, Therap. d. Ggw., 9, 1905. — Zaeslein, Deutsch. Medizinalztg., 33, 1909.
Fabr.: Parke, Davis & Co., London.
Preis: Fl. (28 g) Mk. 2,90. K. 3,30. Schachtel mit 3 und 6 Ampullen à 2 ccm. Mk. 2,30—4,10. K. 2,70—4,80.

10. Digitalysatum (Bürger) ist ein Digitalispräparat aus frischen Blättern von gleichbleibendem, eingestellten Wirkungswert, welches alle wirksamen Bestandteile der Blätter enthält und den Magen nicht belästigt. In 1 g sind 0,0007 g Rohdigitoxin enthalten, entsprechend 1 g frischer oder 0,2 g getrockneter Blätter (Goliner). Seine Vorzüge sind die einfache, handliche Form, die leichte Dosierbarkeit, die Haltbarkeit und Billigkeit. Der geringe Alkoholzusatz, welcher die Haltbarkeit bedingt, befähigt es, an die Stelle der Digitalistinktur zu treten. Zur subkutanen Injektion erscheint es nicht geeignet, eher zur intravenösen (Focke). Man gibt es in Dosen von 12—15 Tropfen 4 mal täglich. Maximaldosis: 1,0 g p. dos., 5,0 g p. die.

Literatur: Goliner, Reichsmedizinalanz., 25, 1904. — Focke, Med. Klinik, 31, 1905.
Fabr.: Apotheker J. Bürger, Wernigerode.
Preis: Fl. 10 g Mk. 1,20. K. 1,50. Kassenpackung. 15 g Mk. 1,35. K. 1,50. Schachtel mit 3, 6 und 12 Ampullen à 2 ccm Mk. 1,30, 2,25, 3,50. K. 1,50, 2,55, 4,10.

11. Digitoxin. crystallisatum (Merck) ist ein Digitalisglykosid, welches ein wasserunlösliches, weißes Pulver darstellt.

Wirkung: Schon 6—12—24 Stunden (nach Gottlieb und Magnus erst 60 Stunden) nach der ersten Applikation nimmt die Spannung des Pulses zu, die Frequenz desselben wird geringer, die Arhythmie schwindet, gleichzeitig auch die Dyspnöe und das Oppressionsgefühl. Die diuretische Wirkung ist sehr mächtig, die Harnabsonderung steigt manchmal schon nach 24 Stunden auf 6 Liter (v. Wellenhof, Naunyn). Weitere Vorzüge sind die exakte Dosierbarkeit, sowie der Umstand, daß es subkutan auch dort noch anstandslos Erfolge bedingt, wo andere Digitalispräparate nicht vertragen werden oder wirkungslos sind (Unverricht, Naunyn).

Nebenwirkungen: Bei subkutaner Anwendung kann es örtliche Reizung und lokale Schmerzhaftigkeit, sowie Abszesse an der Injektionsstelle erzeugen, welche spezifische Reizwirkung auf das Gewebe wohl in Zusammenhang mit der Unlöslichkeit des Präparates stehen dürfte (Unverricht, Cloëtta, v. Wellenhof). Innerlich genommen ruft das Digitoxin rasch Magenstörungen, besonders Erbrechen hervor (Unverricht, Corin, v. Wellenhof, Cloëtta) und bei rektaler Anwendung mehr weniger starke Diarrhöen (v. Wellenhof). In einzelnen Fällen kommt es zu ausgesprochen kumulativer Wirkung (Zeltner, Cloëtta, Naunyn, Gottlieb und Magnus).

Dosierung: Die Tagesdosis soll 0,002 g (Einzeldosis 0,0005 bis 0,0015!) nicht überschreiten. Zur Darreichung per os eignen sich sehr gut die

Merckschen Tabletten à 0,00025, in Wein aufgelöst und nach dem Essen gegeben. Die Wirkung einer Tablette ist der von 0,235 g Digitalisblättern gleich, das Digitoxin übertrifft also fast um das Tausendfache die Wirkung der Mutterpflanze (Zeltner). Subkutan empfiehlt v. Wellenhof: Digitoxin. 0,01!, Aq. destill. 15,0, Alcohol. absol. 5,0. S. Hievon pro die bis höchstens 0,005 g zu injizieren. Bei rektaler Applikation sollen 0,007 g pro die nicht überschritten werden.

Literatur: Unverricht, Deutsch. Ärzteztg., 22, 1895. — Corin, Therap. Wochenschr., 32, 1895. — v. Wellenhof, Wien. klin. Wochenschr., 42, 1896. — Naunyn, Therap. d. Ggw., 5, 1899. — Zeltner, Münch. med. Wochenschr., 26, 1900. — Gottlieb und Magnus, Therap. d. Ggw., 2, 1904. — Naunyn, Münch. med. Wochenschr., 31, 1904. — Cloëtta, ebendort, 33, 1904.
Fabr.: E. Merck, Darmstadt.
Preis: Gl. m. 20, 50 u. 100 Tabletten Mk. 0,65, 1,20, 2,—. K. 0,80, 1,30, 2,20.

12. Folia Digitalis titrata.

Wie im einleitenden Teile dieses Kapitels erwähnt wurde, handelt es sich bei diesem Präparate um Digitalisblätter, deren Glykosidgehalt durch den physiologischen Versuch am Froschherzen festgestellt wird. Man berechnet dabei den Wirkungswert nach der Fockeschen Formel und bestimmt den Zeitpunkt, bei welchem bei einem Frosche von bestimmtem Gewicht nach einer bestimmten Dosis, die in den Lymphsack injiziert wird, systolischer Herzstillstand eintritt. Die Fockesche Formel lautet: $V = \frac{p}{dt}$, V = Valor, p = Gewicht des Frosches, d = Dosis, t Zeit in Minuten bis zum Herzstillstand. V soll im allgemeinen 4—5 betragen.

Fabr.: Caesar u. Loretz, Halle a. S. C. F. Asche & Co., Hamburg.
Preis: Für 20 Tabletten à 0,06 g Fol. Digit. titrat. Mk. 1,20. 25 g K. 18,—.

Kardiotonin ist ein Konvallariapräparat, das mit 0,025 g Coffein. natriobenzoicum auf 1 ccm in den Handel kommt und in Dosen von 1 g per os erhebliche Blutdrucksteigerung und Pulsverlangsamung erzeugt (Boruttau).

Literatur: Boruttau, Therap. d. Ggw., 12, 1908.
Fabr.: Dr. Degen u. Kuth-Düren.
Preis: Fl. mit Pipette (20 g) Mk. 3,20. K. 4,—.

Strophantin ist ein in den Samen von Strophantus hispidus vorkommendes Glykosid, das ein weißes, amorphes, in Wasser lösliches Pulver bildet und schon 1885 von Fraser als Digitalisersatz empfohlen wurde, namentlich dort, wo es sich um eine rasche Wirkung handelt. Von Fränkel wurden nun, als von anderer Seite (Kottmann, Mendel) die intravenöse Digitalisbehandlung empfohlen wurde, in dieser Hinsicht Versuche mit Strophantin angestellt, die ein glänzendes Resultat gaben, da die volle Digitaliswirkung schon nach einer Injektion in wenig Minuten eintrat. Die Atmung wird freier, die Pulsfrequenz läßt nach, die Pulsamplitude wird erweitert, der Blutdruck vorübergehend leicht gesteigert, die Zyanose schwindet und die Diurese wird vermehrt. Die Wirkung hält 3 Stunden bis zu 8 Tagen an. Diese Ergebnisse wurden von Van den Velden voll bestätigt. Nach dessen Untersuchungen scheint es eine weniger stark prononzierte Gefäßwirkung zu besitzen, als Digitoxin, doch scheint es mit diesem die Nebenwirkungen auf die Gefäße sowie die ungünstige Beeinflussung schwerer Herzmuskelerkrankungen gemein zu haben. Jedenfalls ist Vorsicht wegen möglicher Kumulation am Platze und mit kleinen Dosen zu beginnen (Hornung, Flesch, Catillon). Auch Starck berichtet in günstigstem Sinne über die intravenöse Strophantininjektion. Zur subkutanen Applikation erscheint es wegen starker örtlicher Reizung nicht geeignet (Van den Velden). Die intravenöse Darreichung ist öfters von Frösteln, Zyanose und flüchtiger Temperatursteigerung gefolgt (Fränkel and Schwartz). Im allgemeinen scheint die intravenöse Applikation dort ungezeigt, wo das plötzliche Versagen des Kreislaufes droht, also wo eine bedrohliche Herzschwäche nicht von Insuffizienz der Nieren oder der Gefäße herrührt, sondern kardiale Ursachen hat, dann in allen Fällen von Herzinsuffizienz, in denen der Kranke so leidet, daß man ihm rasche Hilfe zu bringen wünscht, endlich dort wo der Zustand des Magens oder Darmes eine innere Therapie ausschließt (Fränkel und Schwartz).

Im besonderen gibt man Strophantin bei frischer Myokarditis, Myodegeneratio, chronischer Nephritis, Urämie, Perikarditis und bei nichtkompensierten Vitien (Van den Velden, Schönheim, Hedinger, Lust, Hoepffner, Hornung, Flesch, Liebermeister, Vagt) und bei paroxysmaler Tachykardie (Baccelli). Von Kottmann wird über einen Todesfall nach Injektion von 0,6 mg Strophantin berichtet.

Dosierung: Das Strophantin kommt in steriler, wäßriger Lösung (1:1000) in zugeschmolzenen Glastuben in den Handel, welche die optimale Dosis von 1 ccm (= 0,001 g Strophantin) enthalten. Man gibt anfangs $^1/_2$ mg, später $^3/_4$ mg und kann bis auf 1—1,25 mg als Einzeldosis steigen. Am besten wird in eine Armvene injiziert. Vor aufeinanderfolgenden Injektionen ist zu warnen (Liebermeister). Hat der Kranke schon Digitalis erhalten, dann soll Strophantin erst nach 4 tägiger Pause angewendet werden.

Als das vertrauenswürdigste Präparat hält Heffter das kristallisierte Strophantin, Fränkel das amorphe Strophantin Boehringer und Fleischmann das g-Strophantin Thoms, welches aus Strophantus gratus gewonnen wird und ein weißes, kristallinisches Pulver darstellt. Im Tierversuch erwies es sich doppelt so giftig als Strophantin Boehringer, kommt daher in Dosen von 0,0002—0,0005 g zur intravenösen Anwendung.

Literatur: Fränkel, Verhandl. d. Kongr. f. inn. Med. 1906, p. 257. — Van den Velden, Münch. med. Wochenschr., 44, 1906. — Fränkel, Therap. d. Ggw., 2, 1907. — Fränkel u. Schwartz, Arch. f. experim. Pathol. u. Pharm., 1/2, 1907. — Kottmann, Korrespondenzbl. f. Schweiz. Ärzte, 10, 1907. — Starck, Deutsch. med. Wochenschr., 12, 1907. — Schönheim, Wien. med. Presse, 39, 1907. — Hedinger, Münch. med. Wochenschr., 41, 1907. — Baccelli, Gazy. degli ospedali, 80, 1907. — Lust, Deutsch. Arch. f. klin. Med., 282, 1908. — Hoepffner, ebenda, 485, 1908. — Hornung, Münch. med. Wochenschr., 39, 1908. — Flesch, Wien. klin. Wochenschr., 46, 1908. — Liebermeister, Med. klin. Beiheft, 8, 1908. — Heffter, Therap. Monatsh., 1, 1909. — Fraenkel, ebendort, 109, 1909. — Fleischmann, ebendort, 388, 1909. — Vagt, Med. Klinik, 49—51, 1909. — Catillon, Münch. med. Wochenschr., 739, 1909.

Fabr.: C. F. Boehringer & Söhne, Waldhof-Mannheim.
Preis: 12 Ampullen à 1 ccm Mk. 2,60. K. 3,—. E. Merck, Darmstadt. Strophantin. crystallis. puriss. 1 g K. 2.—.

Strophanti-Dialysat (Golaz). Dialysat aus Sem. Strophanti Kombé. 1 g enthält 0,001 g Strophantin.
Fabr.: Zyma, A.-G., Aigle-Schweiz.
Preis: Fl. (10 g) Mk. 1,25. K. 1,50.

Strophanton. Alkoholfreie Lösung der wirksamen Strophantusbestandteile entsprechend einer 5%igen physiologisch eingestellten Strophantustinktur (Zusatz geringer Menge von Chloreton).
Fabr.: Parke, Davis & Co., London.
Preis: Fl. 28 g Mk. 2,90. K. 3,30. Sch. m. 3 Amp. à 0,5 ccm Mk. 2,30. K. 2,70.

Vasotonin ist nach Müller und Fellner eine chemische Verbindung von Yohimbin und Urethan, nach Spiegel nur ein Gemisch von Yohimbinnitrat mit der molekular 20 fachen Menge Urethan.

Wirkung: Durch die Mischung eines leichten Narkotikums mit Yohimbin, dem bekanntlich elektive Wirkung auf die Gefäßweite der Genitalsphäre zukommt, sollen demselben die ihm eigentümlichen aphrodiastischen Wirkungen genommen und auf diese Weise eine allgemeine Gefäßerweiterung erzeugt werden (v. d. Velden). An der Hand von Blutdruckkurven läßt sich auch tatsächlich eine gewisse, allerdings nicht anhaltende blutdruckherabsetzende Wirkung erkennen (Bennecke, Leva).

Nebenwirkungen: Vereinzelt wird nach den ersten Injektionen leichter Kopfschmerz, Blutandrang zum Kopfe (Müller und Fellner),

Kriebeln in den Gliedern, Flimmern vor den Augen, Schweißausbruch, Schwäche- und Angstgefühl, sowie Herzklopfen beobachtet (Rosendorff). Indikationen: Das Mittel wird sowohl bei vorübergehender, als auch bei längerdauernder oder bleibender, bzw. fortschreitender Blutdrucksteigerung empfohlen, also bei Angina pectoris, Asthma bronchiale, Arteriosklerose und chronischer Nephritis (Staehelin, Müller und Fellner, Rosendorff, Hirschfeld, Schattenstein). Keinen Erfolg sahen bei chronischer Nephritis Bennecke und Lippmann, wie denn überhaupt der Erfolg mit Sicherheit nie vorausgesagt werden kann, da vorübergehendes Absinken des Blutdruckes ohne subjektive Besserung beobachtet wurde (Rosendorff).

Dosierung: Man gibt täglich oder jeden 2. Tag 1 ccm des in Ampullen zu 1 ccm (mit 0,06 Vasotonin) im Handel befindlichen Mittels subkutan, bis zu 20—30 Injektionen. Staehelin empfiehlt, mit $^1/_2$ Spritze oder noch weniger zu beginnen. Erst wenn diese Anfangsdosis gut vertragen wird, gehe man zu größeren Dosen über und verabfolge 2—3 mal wöchentlich eine Injektion, gewöhnlich 10 im ganzen. Morphium soll während der Behandlung nicht benützt werden.

Literatur: Müller und Fellner, Therap. Monatsh., 285, 1910. — Spiegel, ebendort, 365, 1910. — Staehelin, ebendort, 477, 521, 1910. — Hirschfeld, Monatschr. f. Psych. u. Neur., 27, 1911. — Rosendorff, Therap. Monatsh., 148, 1911. — Schattenstein, Deutsch. med. Wochenschr., 695, 1911. — Bennecke, Med. Klin., 1196, 1911. — Van den Velden, Therap. Monatsh., 9, 1912. — Leva, ebendort, 241, 1912. — Lippmann, ebendort, 662, 1912.
Fabr.: Th. Teichgräber, Berlin S. 59.
Preis: Sch. m. 10 Amp. à 1,2 ccm Mk. 5,50. K. 6,60.

Antisklerosin, Trunečeks anorganisches Serum zur Behandlung der Arteriosklerose, setzt sich zusammen aus 4,92 g Natrium chloratum, 0,44 g Natr. sulfuric., 0,15 g Natr. phosphoric., 0,21 g Natr. carbonic. und 0,4 g Kal. sulfuric. auf 100 g Wasser und stellt eine klare, salzig schmeckende und alkalisch reagierende Flüssigkeit mit 6,12 % Salzgehalt dar. Wird dieses Serum injiziert, so diffundieren die Salze schnell in die Gewebe und werden durch die Nieren ausgeschieden.

Die **Antisklerosintabletten** (Natterer) enthalten in 25 Stück 10 g Natr. chlorat., 1 g Natr. sulfuric., 0,4 g Natr. carbonic., 0,3 g Natr. phosphoric., 0,4 g Magn. phosphoric. und 0,3 g Calc. glycerinophosph.

Wirkung: Trunečzek ging bei Herstellung seines Serums von der Annahme aus, daß das Wesen der Arteriosklerose darin bestehe, daß Kalkphosphate in den Gefäßwänden abgelagert werden. Das Faktum der Löslichkeit der Kalkphosphate im Blutserum ist vor allem dem Kochsalz und in zweiter Linie den alkalischen Phosphaten zuzuschreiben. Chlornatrium findet sich in allen Geweben des menschlichen Körpers, vermindert sich aber mit zunehmendem Alter. Weiter ist bei alten Leuten der Harn wegen Mangel an Alkalien stark sauer. Trunečzek meint also, durch die Zufuhr dieser Stoffe bei alten Leuten (endovenös oder subkutan, damit sie nicht im Magen zersetzt werden) auf die Arteriosklerose günstig einwirken zu können. Selbstverständlich kann an eine wirkliche Heilung des Krankheitsprozesses nicht gedacht werden, aber die subjektiven Symptome, wie Kopfschmerz, Beklemmungsgefühl, Atemnot, Schwindel, Ohrensausen, Schlaflosigkeit, Magenbeschwerden und Sehstörungen ohne Befund, werden fast ausnahmslos günstig beeinflußt, manchmal auch die objektiven Erscheinungen teilweise zum Schwinden gebracht und ein Fortschreiten des Prozesses verhindert (Levi, Zanoni und Lattes, Goldschmidt, Cosma, Scheffler, v. Zgórski, Fränkel, Björkmann, Burwinkel, Töpfer). In keiner Hinsicht zufrieden äußert sich Pollone über das Mittel, der auch als Nebenwirkungen wesentliche Blutdrucksteigerung und nach größeren Dosen erhebliche Reizungen an den Injektionsstellen beobachtete.

Indikationen: Das Mittel erscheint angezeigt bei allen Fällen von peripherer und zentraler Arteriosklerose, wenn das Blut arm an alkalischen Salzen und der Harn stark sauer ist. Die Erleichterung ist oft schon $1/2$—1 Stunde nach der Einspritzung wahrzunehmen.

Dosierung: Man gibt das Serum subkutan in Dosen von 1 ccm beginnend und um 0,2—0,5 ccm bis zu 5 ccm pro die steigend. Von den Tabletten werden 3 mal täglich 2 Stück 1 Stunde vor dem Essen gereicht.

Literatur: Truneček, Semaine médicale, 18, 1901. — Levi, Gaz. hebd. de méd. et de chir., 80, 1901, rf. Zentralbl. f. inn. Med., 14, 1902. — Zanoni u. Lattes, Gazz. degli osped., 6, 1902, rf. ebendort, 21, 1902. — Pollone, Gazz. med. ital., 28, 1902, rf. ebendort, 43, 1902. — Cosma, Spitalul, 4/5, 1903, rf. ebendort, 35, 1903. — Goldschmidt, Deutsche Praxis, 19, 1903. — Scheffler, Méd. moderne, 51, 1903. — v. Zgórski, Repertor. d. prakt. Med., 7, 1904. — Björkmann, The Medical Examiner and Practitioner, S. A. aus 9, 1905. — Toepfer, New-Yorker med. Monatsh., S. A. aus 9, 1905. — Burwinkel, Berl. klin. Wochenschr., 16, 1905. — Fränkel, Wien. klin. Rundschau, 29/30, 1905.

Fabr.: W. Natterer, München W. 19.

Preis: Gl. m. 25 Tabl. à 0,5 m. 50 Tabl. à 0,25 je Mk. 1,50. K. 2,—.

Erkrankungen des Blutes und der blutbereitenden Organe.

Wir können uns hier auf die Besprechung zweier Hauptgruppen beschränken: **Akute und chronische Anämie und Chlorose** einerseits, **Leukämie** anderseits.

Die Therapie der **akuten Anämie durch Blutverlust** wird sich in medikamentöser Beziehung wohl in erster Linie auf die **Blutstillung** (s. d.) erstrecken, neben welcher dann als notwendige unterstützende Maßnahmen die **Kollapsmittel** und schließlich nachfolgende **Eisen-** oder **Arsenbehandlung** in Betracht kommen.

Für Anämien aller Arten kommt wohl in erster Linie ätiologische Therapie in Frage, soweit die Krankheitsursache bekannt und der Therapie zugänglich ist. Es wird in leichtesten Fällen oft Besserung der Nahrungsaufnahme durch Behandlung von Magenleiden, Verabreichung von Stomachicis, Nährpräparaten, Lebertran, Malzextrakten (Präparate für Rekonvaleszenten) herbeigeführt. Hinsichtlich ätiologischer Momente kommen besonders solche bei perniziösen Anämien in Betracht (Ankylostoma etc.). Bei der Chlorose wäre schließlich noch an die Möglichkeit einer primären Erkrankung des Knochenmarks sowie an Ovarialstörungen zu denken und mit der diesbezüglichen Organtherapie ein Versuch zu machen (s. d.).

Was jedoch für alle Anämien ohne Unterschied der Ursache in Frage kommt, ist die pathologische Beschaffenheit des Blutes sowohl hinsichtlich der Menge selbst sowie bezüglich der Menge und Beschaffenheit der roten Blutkörperchen. Diesem Zustande kann therapeutisch meist mit **bestem Erfolge** Rechnung getragen werden.

Für die Vermehrung der Blutmenge nach großen Blutverlusten und dadurch bedingte akute Anämie kommt therapeutisch nach der Blutstillung die Infusion physiologischer NaCl-Lösung sowie ev. Bluttransfusion in Betracht, weiter, wie erwähnt, Steigerung der Herztätigkeit durch Kollapsmittel.

Die therapeutischen Maßnahmen, die für Besserung der Blutbeschaffung bei Anämie und Chlorose in allen Fällen in Betracht kommen, sind die **Eisen-** und die **Arsentherapie.**

Die Eisentherapie bei der Chlorose und Anämie gehört zu den therapeutischen Maßnahmen, für welche die Empirie und klinische Erfahrungen die Grundlage schufen und die erst durch langwierige experimentelle Untersuchungen ihre Aufklärung gefunden haben. Wir können hier alle die verschiedenen Theorien übergehen, die über die Art der Eisenwirkung aufgestellt wurden. Heute wissen wir, daß dem Eisen eine doppelte therapeutische Bedeutung zukommt. Zunächst dient es zur Synthese des Hämoglobins und zur Bildung von eisenreichen organischen Reservestoffen in der Leber, Milz, Knochenmark und anderen Organen. Diese Bedeutung kommt auch dem mit der Nahrung aufgenommenen Eisen zu. Das Eisen findet sich in salzartiger Bindung, es ist hier „locker gebunden" und kann durch eisenfällende Reagentien nachgewiesen werden (Schwefelammon, Rhodan, Hämatoxylin), oder es ist in fester organischer Bindung vorhanden: „Maskiertes Eisen".

In dieser Form findet sich Eisen in unseren Nahrungsmitteln, sowie in dem von Schmiedeberg dargestellten Ferratin oder im Hämatogen Bunges etc. Auch die locker gebundenen Eisensalze dürften mit dem Eiweiß der Nahrung und der Organe ähnliche Verbindungen eingehen und in dieser Form werden sie wahrscheinlich zur Resorption gelangen.

Zwischen den beiden Eisenformen, locker gebundenem und maskiertem, besteht aber in ihrer Wirkung ein wesentlicher Unterschied. Während die locker gebundenen Eisensalze dissoziiert sind und freie Fe-Ionen abgeben, bleiben die Verbindungen mit maskiertem, organisch gebundenem Eisen (und hierher gehören alle Hämoglobinderivate) nicht dissoziiert. Während sich nun die nicht dissoziierten Eisenverbindungen so wie das Eisen der Nahrung verhalten — d. h. sie werden resorbiert und dienen zum Aufbau des Hämoglobins — entfalten die dissoziierten durch die freien Eiseniomen die zweite oben erwähnte therapeutische Wirkung, die Anregung der Hämoglobinbildung in den dabei in Frage kommenden Organen: Knochenmark, Milz etc. In diesem Sinne haben Eisen- ebenso wie die in dieselbe pharmakologische Gruppe gehörigen Phosphor- und Arsenpräparate die gleiche anregende Wirkung auf die Zellvermehrung.

Daraus ergibt sich schon bezüglich der Wahl des Eisenpräparates, daß man bei Chlorose, Anämie etc., wo es nicht nur auf Zuführung von Material zur Hämoglobinbildung, sondern auch um Anregung derselben ankommt, dissoziierbare Eisenverbindungen wähle. Zu diesen gehören die meisten der alten offizinellen Eisenpräparate. Vor allem die Blaudschen Pillen, Ferrum pomatum, Ferrum lacticum etc., welche auch den meisten therapeutischen Zwecken entsprechen werden. Nun fällen aber die dissoziierten Eisenverbindungen im Magen Eiweiß. Daraus resultieren adstringierende Eigenschaften, die bisweilen auch von therapeutischem Nutzen sein können und denen auch gelegentlich bei der Wahl des Präparates Rechnung getragen wird, anderseits aber können daraus, was häufig geschieht, dyspeptische Störungen entstehen, die meist der rationellen Durchführung der weiteren Eisentherapie im Wege stehen. Eine Verabreichung des Eisenpräparates bei vollem Magen verringert diese Unannehmlichkeit, weil das Eisen mit dem Eiweiß der Nahrung, statt mit dem der Schleimhaut diese Verbindung eingeht. Man kann ferner, wie dies bei den meisten Präparaten, die Magenstörungen hervorrufen, geschieht, auch die Eisenverbindungen in keratinierten Pillen verabreichen, die erst im Darm zur Lösung kommen (s. Geloduratkapseln). Von hier wird dann das Eisen im Dünndarm resorbiert und schließlich wieder in den Dickdarm ausgeschieden.

Ferner gibt es eine Reihe von Eisenverbindungen, bei denen das Eisen bereits mit Eiweiß gesättigt ist. Diesem Zwecke entspricht der offizinelle Liquor ferri albuminati. Andere Eisenpräparate, die ebenso bei bestehenden dyspeptischen Magenerscheinungen zweckdienlich sind, sind derart beschaffen, daß im Magen überhaupt kein Eisen in Lösung geht; dies ist z. B. beim Eisenphytin der Fall, das in der Salzsäure des Magens unlöslich ist, erst im Darm als Eisenhydroxyd abgespalten wird und von dort zur Resorption gelangt.

Aus dem Gesagten ergibt sich ohne weiteres die Richtschnur für die Wahl des Eisenpräparates.

Im vorstehenden wurde erwähnt und wird bei der Besprechung der Phosphorwirkung noch ausführlicher besprochen werden, daß Phosphor, Arsen und Eisen in eine pharmakologische Gruppe gehören. Es scheint, daß der Sauerstoffmangel in geringem Grade eine vorteilhafte Anregung des Stoffwechsels mit regeneratorischem Stoffansatz bedingt. Es dürfte darin die Grundlage der Wirkung des Höhenklimas und auch der des Arsens neben dem Eisen bei der Chlorose und Anämie gelegen sein.

Therapeutisch kommt nur die arsenige Säure in Betracht. Sie findet nicht nur bei Anämien reichliche Verwendung, sondern wird neben Chinin bei Malaria, ferner ausgiebig bei Hautkrankheiten, besonders bei Lichen ruber, bei Psoriasis und chronischen Ekzemen gegeben. Im Vordergrunde ihrer Wirkungen steht die Beeinflussung des Nervensystems, woraus die Indikation bei Chorea und Neurasthenie etc. resultiert.

Im allgemeinen läßt sich die Wirkung wohl nicht im speziellen erklären, doch dürfte bei allen diesen Anwendungsgebieten die Beeinflussung des gesamten Stoffwechsels sicherlich eine wesentliche Rolle spielen.

Was die Wahl des Präparates anlangt, so wird man im allgemeinen mit der arsenigen Säure in Form der Solutio arsenicalis Fowleri oder einer der offizinellen Pillenformen auskommen. Die meisten der neuen Arzneimittel, soweit sie anorganische Arsenpräparate betreffen, stellen in ihrem Wesen nichts Neues dar, sondern sind nur Arzneikombinationen, die gleichzeitig mit Geschmackskorrigentien in Pillenform etc. gebracht wurden, was allerdings vielfach die Medikation erleichtert. Oft eignen sich arsenhaltige Mineralwässer besser als die genannten Präparate. Zu den bekannten Mineralwässern Levico, Roncegno, Guberquelle etc. kommt als neues die Dürkheimer Maxquelle.

Ein weiteres Anwendungsgebiet haben in neuerer Zeit die organischen Arsenpräparate gefunden, die bei der Chemotherapie (s. Infektionskrankheiten) ausführlich besprochen werden sollen.

Im speziellen wäre noch etwas über die kombinierte Arsen-Eisentherapie zu sagen. Dieselbe wurde durch die gleichartige Wirkung beider Präparate eingeführt und die meisten der neuen Arzneiformen, in denen die arsenige Säure in den Handel kommt, stellen Arsen-Eisenkombinationen dar. Für die Beurteilung derselben mögen die Untersuchungen von Kottmann und Schapiro Erwähnung finden. Deren Versuche ergaben, daß Eisensalze imstande sind, die Eiweißautolyse zu steigern.

Nach den Anschauungen Kottmanns ist das Wesen der Chlorose aufs engste verknüpft mit speziellen proteolytischen Insuffizienzerscheinungen, denen zufolge zum Schaden des Eiweißbestandes der Zelle sowie der Hämoglobinbildung zu wenig Eisenfänger gebildet werden. Die proteolytische Insuffizienz, die Kottmann durch den hemmenden Einfluß von Chloroseserum auf die Eiweißautolyse nachweisen konnte, steht mit der inneren Ovarialsekretion im Zusammenhange. Der therapeutische Effekt des Eisens bei der Chlorose wird von Kottmann auf katalysatorische Eisenwirkung bezogen.

Die Wiederherstellung der dem chlorotischen Organismus mangelnden Eigenschaft, Eisen für den Bestand der Zelle und für die Hämoglobinbildung zu verwerten, würde auf Grund der durchgeführten Versuche bei kombinierter Eisen-Arsentherapie zunächst nur durch das Eisen eingeleitet und Arsen allein müßte, im Hinblick auf seine dem Eisen entgegengesetzte autolytische Einwirkung, in diesem ersten Stadium unwirksam und kontraindiziert sein. Im zweiten Stadium dagegen, wenn der Circulus vitiosus mit der Eisenassimilation für die Zelle und Hämoglobinbildung durchbrochen ist, kann dann auch Arsen von Einfluß sein (Eiweißsparende Wirkung für die Assimilationsprozesse bei der Blutkörperchenregeneration).

Eisen- und Blutpräparate.

Alboferrin, eine Eisen-Eiweißverbindung, stellt ein bräunliches, fast geruchloses, leicht salzig schmeckendes Pulver dar, welches mit kaltem Wasser eine neutral reagierende Lösung gibt, in der Siedehitze nicht koaguliert und vollkommen keimfrei, daher unbegrenzt haltbar ist (Fuchs). Es besteht aus 90,14% Eiweiß, 0,68% Eisen und 0,324% Phosphor. Das Mittel wird gerne genommen, erzeugt keine Schwarzfärbung der Zähne, keine Verstopfung und keine Verdauungsbeschwerden. Besonders hervorzuheben ist seine appetitanregende Wirkung. Der Hämoglobingehalt stieg nach Fuchs nach einer vierwöchigen Behandlung um 30%. — Es erwies sich als ein gutes Eisenpräparat, das aber auch zugleich als Nahrungsmittel dienen kann und bei Chlorose, Anämie, Skrofulose, Rachitis, in der Rekonvaleszenz, sowie bei allen mit Appetitlosigkeit und vermehrtem Eiweißverbrauche einhergehenden Zuständen angezeigt ist (Kölbl, Kluck-Kluczycki, Blum, v. Woerz, Reichelt, Fuchs, Grann). Bei an Chorea erkrankten, blassen Kindern schwanden die Erscheinungen vollkommen (Itzkowitz). Man gibt es in Dosen von 1—3 g für Kinder, 3—5 g für Erwachsene, am besten in Tabletten mit Schokoladezusatz (6—9 Stück nach dem Essen).

In Verbindung mit Jodkali kommt das Mittel als **Jodalboferrin** in Tabletten zu 0,025 bzw. 0,05 Jodkali zur Behandlung der Skrofulose in den Handel (Reichelt).

Bei Lungenspitzenkatarrh bewährte sich das **Guajakolalboferrin** (bei Hämoptoe oder Neigung zu Lungenblutungen zu vermeiden!). —

Endlich sei noch das **Arsenalboferrin** in Tabletten zu 0,25 g Alboferrin und 0,1 g Natrium kakodylicum erwähnt, das als Arsen-Eisenpräparat in Dosen von 2—3 Stück dreimal täglich gegeben wird.

Literatur: Kluck-Kluczycki, Med. chir. Zentralbl., 14, 1901. — v. Woerz, Wien. klin. Rundsch., 20, 1901. — Kölbl, Wien. med. Blätter, 364, 1901. — Reichelt, Wien. klin. Rundsch., 23/24, 1901. — Blum, Klin. therap. Wochenschr., 28, 1901. — Fuchs, Wien. klin. Wochenschr., 9, 1902. — Itzkowitz, Allg. Wien. med. Ztg., 24, 1904. — Grann, Prag. med. Wochenschr., 26, 1904. — Reichelt, Klin. therap. Wochenschr., 842, 1909.
Fabr.: Dr. Fritz u. Dr. Sachse, Wien.
Preis: 50 g Mk. 1,70. K. 2,—. Tabl. 50 St. K. 0,80.

Anämin ist ein Eisenpepsinsaccharat in haltbarer Verbindung mit 0,2 % Eisen. Es stellt eine wohlschmeckende, appetitanregende Flüssigkeit dar, bewirkt schnelle Vermehrung der roten Blutzellen und des Hämoglobingehaltes des Blutes. Man gibt es nach Meitner in Dosen von 2—3 Eßlöffeln voll (nach den Mahlzeiten) pro die bei Anämie, allgemeiner Schwäche und nach Blutungen.

Literatur: Meitner, Ärztl. Zentralztg., 18/19, 1903.
Fabr.: J. Paul Liebe, Tetschen.
Preis: Fl. (290 g) Mk. 1,75. K. 500 g. K. 3,—. Kassenpackung: 750 g Mk. 2,75. 375 g Mk. 1,50.

Athensa. S. Tinctura ferri Athenstaedt.

Bioferrin ist eine von Cloëtta aus dem Blute von gesunden Mastochsen dargestellte, von Blutgasen und gewissen Extraktivstoffen befreite, eiweißreiche, gereinigte Hämoglobinlösung (76%), die mit chemisch reinem Glyzerin (20%) und aromatischer Tinktur (4%) vermischt ist. Das Präparat enthält sämtliche Nährsalze des Blutes, sowie die übrigen wirksamen Blutserumstoffe in unveränderter Form. Es stellt eine blutrote Flüssigkeit von angenehmem Geruche und Geschmacke dar mit einem spez. Gew. von 1,0816 bei 15° C. Bei 55° C beginnt es sich zu trüben und erstarrt bei 65° C zu einer schokoladebraunen Gallerte (Zernik). Es soll daher an einem kühlen, dunklen Orte aufbewahrt werden. Das Bioferrin ist eine haltbare Flüssigkeit, die frei ist von pathogenen Bakterien, insbesondere von Tuberkelbazillen (Siegert), aber in ziemlicher Menge den Micrococcus candicans Flügge und ganz vereinzelt die Sarcina flava enthält (Zernik).

Wirkung: Das Mittel wirkt appetitanregend und hämoglobinbildend, ist leicht verdaulich und wird bei richtiger Dosierung sehr gut und vollständig resorbiert. Schon nach 2—3 Wochen findet man eine erhebliche Zunahme des Hämoglobingehaltes des Blutes (Siegert, Laser, Herzog).

Nebenwirkung: Die Entleerungen nehmen eine eigentümliche rotbraune Farbe an, die bei längerem Liegen sich in grauschwarz verwandelt (Klautsch). Als angenehme Nebenerscheinung ist die nach Bioferringaben eintretende Regelung des Stuhlganges bei Frauen zu bezeichnen, bei denen sich nach Geburten Stuhlträgheit eingestellt hatte.

Indikationen: Vor allem ist das Mittel angezeigt bei den verschiedenen Formen der Blutarmut und verwandten, auf Eisenverarmung des Blutes beruhenden Zuständen (nach Blutverlusten, nach Skorbut, Barlowscher Krankheit), bei Neurasthenie der Blutarmen, nach Blutverlusten intra partum und bei Rekonvaleszenten (Cloëtta, Siegert, Weißmann, Klautsch, Nebel, Zwintz, Gerber, Hitys) sowie alimentärer Anämie der Säuglinge (Würtz).

Kontraindiziert ist es bei Magengeschwüren.

Dosierung: Man gibt Erwachsenen 1—2 Eßlöffel voll (15—30 g) ganz kurz vor oder während der Mahlzeit. Kinder, für welche es von Klautsch und Nebel besonders warm empfohlen wird, erhalten 1—2 Tee- oder Kinderlöffel unverdünnt oder warmer, trinkfertiger Milch zugesetzt.

Literatur: Cloëtta, Die Therapie, 8, 1904. — Siegert, Münch. med. Wochenschr., 27, 1904. — Siegert, ebendort, 51, 1904. — Weißmann, Ärztl. Rundsch., 4, 1905. — Klautsch, Zentralbl. f. Kinderheilk., 8, 1905. — Zernik, Apotheker-Ztg., 18, 1905. — Nebel, Deutsch. med. Wochenschr., 24, 1905. — Zwintz, Wien. med. Presse, 28, 1905. — Gerber, Wien. med. Blätter, 28/29, 1905. — Laser, Therap. d. Ggw., 12, 1906. — Hitys, Wien. med. Presse, 14, 1906. — Herzog, Deutsch. med. Wochenschr., 28, 1906. Würtz, Med. Klin., 51. 1906.
Fabr.: Kalle & Co., Biebrich.
Preis: Fl. (200 ccm) Mk. 2,40.

Blutan ist ein alkoholfreier Liquor Ferro-Mangani peptonati mit Azidalbumin (0,6% Eisen, 0,1% Mangan an Azidalbumin und Pepton gebunden), welcher auch in der Kinderpraxis verwendet werden kann. Nach Blümels Berichten aus Brehmers Heilanstalt für Lungenkranke und den Erfahrungen Kaisers ist das Mittel zur Verbesserung der Blutbeschaffenheit sehr zu empfehlen und stellt dasselbe ein wirksames Heilmittel gegen alle Arten der aus Blutarmut und Bleichsucht entspringenden Beschwerden dar, ohne Nebenwirkungen aufzuweisen.

Von Fischer wird es zur Verbesserung der Blutbeschaffenheit stillender Mütter, zur Hebung der Ernährung bei drohender oder schon bestehender Tuberkulose, Skrofulose, Rachitis und hereditärer Syphilis mit Erfolg angewendet.

Man gibt am besten dreimal täglich $^{1}/_{2}$—1 Likörglas voll in Milch. Rohes Obst und saure Speisen sind während der Darreichung zu vermeiden.

Bromblutan ist ein alkoholfreier Liquor Ferro-Mangani bromopeptonati

(0,6% Eisen, 0,1% Mangan, 0,1% Brom in organischer Bindung), welcher die Wirkung des Eisens mit der des Broms verbindet.

Jodblutan, ein alkoholfreier Liquor Ferro-Mangani jodopeptonati (0,6% Eisen, 0,1% Mangan, 0,1% Jod), der dort angezeigt erscheint, wo man sonst Jod und Jodeisenlebertran gibt.

Literatur: Kaiser, Therap. Monatsh., 4, 1906. — Blümel, Med. Klinik, 32, 1906. — Fischer, Therap. Monatsh., 6, 1907.
Fabr.: Chem. Fabr. Helfenberg.
Preis: Fl. (350 g) Mk. 1,25.

Eisenphytin ist das neutrale Eisensalz der Phytinsäure (Inositphosphorsäure) in kolloidaler Form. Es enthält ca. 7,5% Eisen und ca. 6% Phosphor. Das Eisen ist im Eisenphytin in anorganischer Bindung (Salzbindung) enthalten, setzt sich aber erst mit starker Salzsäure um, ist dagegen in Wasser sowie in verdünnter Salzsäure unlöslich. In künstlichem Magensaft kann Eisenphytin bis zur Verdauung des als Schutzkolloid zugesetzten Eiweißes gehalten werden, ohne daß das Eisen dabei in Lösung geht. In einer Lösung dagegen, die der Alkalinität des Darmsaftes entspricht, wird das Eisen in kolloides Eisenhydroxyd übergeführt. Prüfungen dieses Verhaltens am lebenden Versuchstiere ergaben, daß nach Verfütterung größerer Mengen von Eisenphytin 4 Stunden nach der Verfütterung im Magen nur geringe Mengen abgespaltenen Eisens zu finden sind. Dabei ist aber noch ein großer Teil des Eisenphytins ungespalten im Magen vorhanden. Im Darminhalt findet sich dagegen freies, mit Rhodan reagierendes Eisen vor.

Was die Toxizität der Verbindung anlangt, so kann dieselbe weit über die Grenze der therapeutischen Dosen hinaus als ungiftig bezeichnet werden. Von der per os zugeführten Menge werden ungefähr gleich große Mengen wie von anderen Eisensalzen resorbiert.

Der Nachteil vieler Eisenpräparate, daß besonders bei empfindlichem Magen durch die in der Magensalzsäure sich bildenden Eisensalze Magenbeschwerden auftreten können, ist beim Eisenphytin behoben, da die Verbindung auch im vollen Magen ungespalten bleibt und erst im Darme in die resorbierbare Form übergeführt wird.

Die im vorstehenden mitgeteilten experimentellen Angaben beziehen sich auf eigene Versuche.

Eisenphytin kommt in Pillenform zu 0,15 g Eisenphytin (1 Pille etwa 0,01 g Eisen und 0,01 g P_2O_5-Phosphor) sowie granuliert in den Handel. Erwachsene nehmen 2—3 mal täglich 2 Pillen.

Fabr.: Gesellschaft f. chem. Industrie in Basel.
Preis: Originalschachtel mit 40 Pillen Mk. 1,—.

Eisensajodin, s. Jodpräparate.

Eisensomatose, s. Nährpräparate.

Euferrol ist ein Eisenpräparat, welches nach dem Vorbilde des Levikowassers angefertigt, in Kapseln im Handel ist, die 0,012 Eisen in Form einer Oxydulverbindung und 0,00009 arsenige Säure in einer öligen Flüssigkeit, entsprechend 1 Eßlöffel Levico-Starkwasser, enthalten.

Die neueren Forschungen über die Chemie des Blutfarbstoffes, besonders die Mitteilung Küsters, daß der Blutfarbstoff wahrscheinlich ein Derivat des zweiwertigen Eisens sei, brachte W. Heubner zur Erkenntnis, daß den Chlorotischen das Eisen in Form der zweiwertigen Oxydulverbindung zugeführt werden müsse, während das Eisen unserer Nahrung dreiwertig ist. Während der gesunde Organismus zwar auch das dreiwertige Fe aufnimmt, fehlt dem chlorotischen diese Fähigkeit bis zu einem gewissen Grade. Wird ihm jedoch das Fe so zugeführt, daß es in Ferroform bis zu den blutbildenden Zellen vordringen kann, so baut es den Blutfarbstoff in normaler Weise auf. Zugabe von Arsen vermag diesen Prozeß noch zu steigern. — In diesem Sinne ist das Euferrol als ein sehr zweckmäßiges Mittel zur Bekämpfung anämischer und chlorotischer Zustände zu bezeichnen. Steil konnte denn auch subjektive und objektive Besserung bei Blutarmut im Gefolge von funktionellen Neurosen, chronischen Hautleiden, Erschöpfungszuständen und nach schweren Krankheiten feststellen.

Die übliche Dosis beträgt 5—6 Kapseln pro die.

Literatur: Steil, Med. Klin., 28, 1907.
Fabr.: J. D. Riedel-Berlin.
Preis: Sch. m. 100 Gelatineperl. à 0,25 g Mk. 3,—.

Ferratin, Ferrialbuminsäure, ist nach, Schmiedeberg die Eisenverbindung, die unter gewöhnlichen Verhältnissen mit den Nahrungsmitteln aufgenommen wird, die dann anscheinend unter verschiedenen Bedingungen im Darmkanal mehr weniger rasch resorbiert und in den Geweben, namentlich in der Leber, abgelagert wird, woselbst sie zunächst als Reservestoff für die Blutbildung dient. Ferratin stellt eine lichtbraune, fast geschmacklose Masse dar, die 6% Eisen enthält und sich in frischem Zustande äußerst leicht, nach dem Trocknen und Aufbewahren aber nur beim Erwärmen allmählich in Alkalien löst. Es ist eine Säure und bildet mit Erdalkalien, Schwermetallen und auch mit Eisen unlösliche Salze. Da die Schweinsleber, aus welcher Schmiedeberg ursprünglich das Ferratin isoliert hatte, aber nur 6—8 g Ferratin enthält, so wurde von ihm aus Alkalialbuminat mit einem neutralen Eisenoxydsalz durch Erhitzen eine Verbindung hergestellt, die das natürliche Ferratin vollständig ersetzt. Das Mittel kommt als feines, geruch- und geschmackloses Pulver von rotbrauner Eisenoxydfarbe in den Handel. Es ist vollkommen neutral, absolut unschädlich und wirkt nicht ätzend auf die Schleimhäute, weil das Eisen derartig an Eiweißstoffe gebunden ist, daß es mit diesen zusammen reizlos die Epithelialschicht des Darmes passieren kann, ohne an ihr wie das Eisen der Salze haften zu bleiben und die Veränderungen hervorzurufen, die man als Ätzung bezeichnet (Klautsch).

Es findet bei Nervenkrankheiten (Neurasthenie und Epilepsie), vor allem aber bei Chlorose und Anämie in Dosen von 0,1—0,5 g bei Kindern und in solchen von 1,0—1,5 g auf 2—3 Portionen bei Erwachsenen nutzbringende Anwendung (Schmiedeberg, Jaquet und Kündig, Frieser, Marfori, Marcuse, Hirschkron, Laquer).

An Stelle des pulverförmigen Präparates ist auch noch ein flüssiges hergestellt worden, Ferratose (Liquor ferratini), das dieselben Eigenschaften besitzt, wie das trockene, zuerst dargestellte Ferratin. Die Ferratose ist eine klare, dunkelbraune, etwas ölige Lösung von Ferratin mit 20% Glyzerin, $7,5\%$ Weingeist und $0,5\%$ Angosturaessenz, besitzt einen süßlichen, angenehm aromatischen Geschmack und ist dauernd haltbar. Der Eisengehalt beträgt $0,3\%$. — Sie zeichnet sich durch Wohlgeschmack, ausgezeichnete Wirkung auf Appetit und Verdauung aus und findet gleiche Verwendung wie Ferratin (Kölbl, Hirschkron, Klautsch, Laquer).

Arsenferratin und dessen Lösung die Arsenferratose sind neue eigenartige Arseneiweißverbindungen, in denen das Arsen in organischer Bindung mit den Eiweißkörpern vereinigt ist. Es handelt sich hier um die Verbindung eines Tonikum (Ferratin) mit einem Nervinum (Arsen). Die Arsenferratose enthält $0,3\%$ an Albumin gebundenes Eisen und $0,003\%$ Arsen in gleicher Bindung. Es enthält also 1 Eßlöffel voll (15 g) 0,00045 g Arsen und 0,045 g Eisen- und ist somit in der Tagesgabe von 3 Eßlöffeln (0,1 g Eisen und 0,00135 g Arsen = 0,002 arseniger Säure) die übliche Dosis pro die bezüglich beider Komponenten erreicht. Die Arsenferratose ist nach den Mahlzeiten zu geben und Salate, sowie rohes Obst zu meiden (Laquer). Das Präparat findet erfolgreiche Anwendung als Tonikum in der Rekonvaleszenz nach akuten und chronischen Krankheiten, als blutbildendes Mittel bei Anämien jeder Art (Hunaeus, Apostolides), als plastisches Mittel für Dermatosen (Bardach), endlich als Nervinum bei Chorea minor, Morbus Basedowii und Neurasthenie (Laquer, Hunaeus), sowie bei funktionellen Nervenkrankheiten (Eulenburg) und neben Brom-Natrium bei Epilepsie, wenn dieselbe von schwerer Anämie begleitet ist (Joedicke).

Jodferratose ist eine außerordentlich günstige Kombination des Jods mit Eisen und stellt eine wohlschmeckende Lösung von Jodferratin dar, die je 0,3 % organisch gebundenes Eisen und Jod enthält. Sie hat sich als vollkommener Ersatz des schlecht schmeckenden, leicht verderblichen und inkonstant zusammengesetzten Syrupus ferri jodati erwiesen und wird als Antiskrophulosum, insbesondere bei der lymphatisch-anämischen Form der Skrofulose, sowie als Roborans und Tonikum bei Erwachsenen und Kindern z. B. in der Luesrekonvaleszenz oder als Intervallskur zwischen Inunktionsperioden angewendet (Bardach, Manasse).

Man gibt Jodferratose in Dosen von je 1 Eßlöffel dreimal täglich, $1/2$ Stunde nach den Mahlzeiten.

Literatur: Schmiedeberg, Arch. f. experiment. Pathol. u. Pharmakol., Bd. 33, 1893. — Jaquet u. Kündig, Korrespondenzbl. f. Schweizer Ärzte, 11, 1894. — Frieser, Wien. klin. Rundsch., 52, 1894. — Hirschkron, Deutsch. Ärzteztg., 10, 1900. — Kölbl, Allg. Wien. med. Ztg., S.-A. 1900. — Marcuse, Die Heilkunde, 4/5, 1901. — Manasse, Verhandl. d. 20. Kongr. f. inn. Med., 1902. — Bardach, Deutsch. med. Wochenschr., 47, 1903. — Marfori, Gazz. degli ospedal., 97, 1904, rf. Deutsch. med. Wochenschr. 37, 1904. — Klautsch, Zentralbl. f. Kinderheilk., 4, 1905. — Bardach, Therap. Monatsh., 8, 1905. — Laquer, Therap. d. Ggw., 9, 1905. — Eulenburg, Med. Klinik, 9, 1907. — Apostolides, Fol. therap., 3, 1908. — Hunaeus, Therap. Monatsh., 9, 1908. — Joedicke, Psych. neurol. Wochenschr., 35, 1911.

Fabr.: C. F. Boehringer & Söhne, Waldhof-Mannheim.
Preis: Gl. m. 25 g Ferratin od. 100 Tabl. à 0,25 g je Mk. 3,—. K. 4,—. Jod- oder Arsenferratin 50 Tabl. à 0,25 g Mk. 1,50. K. 2,—. Ferratose Fl. (250 g) Mk. 2,—. K. 3,30.

Ferroglidin wurde von Roeder bei Anämie und Chlorose der Kinder mit gutem Erfolge gegeben. Das Allgemeinbefinden besserte sich, Mattigkeit und Reizbarkeit schwanden.

Literatur: Roeder, Arch. f. Kinderheilk., 256, 1911.
Fabr.: Dr. Klopfer, Dresden-Leubnitz.
Preis: Röhrchen mit 25 Tabl. Mk. 0,80.

Fersan ist eine in den Erythrozyten des frischen Rinderblutes enthaltene Eisenverbindung, welche in chemischem Sinne eine Paranukleoproteidverbindung darstellt (Jolles). Es wird aus frischem Rinderblut erzeugt und ist im wesentlichen ein Azidalbumin, welches das gesamte Eisen und den Phosphor der Erythrozyten in organisch gebundener Form enthält (Fölkel). Es stellt ein braunes, in warmem Wasser vollkommen lösliches Pulver dar, dessen Lösung beim Kochen keine Spur von Gerinnung zeigt, geschmacklos ist und einen ganz schwachen, eigenartigen Geruch besitzt. Die wäßrige Lösung reagiert sauer. Fersan enthält 88,8 % Eiweiß in Form von Azidalbumin, ferner Chlornatrium, 0,37 % Eisen und 0,12 % Phosphorsäure, ist aber frei von Peptonen und Albumosen.

Wirkung: Von Winkler wurde mikrochemisch der Nachweis erbracht, daß nach Verfütterung von Fersan das in dem Mittel vorhandene an Nukleine organisch gebundene Eisen durch den Darm zur Aufnahme kommt und in Leber und Milz abgelagert wird. An Ausnützbarkeit kommt es dem Fleische und der Milch gleich (Menzer, Lerner) und wird unter ähnlichen Präparaten hierin nur vom Plasmon übertroffen (Kornauth), hat aber vor demselben den Vorzug, daß es gleichzeitig die Blutbildung günstig beeinflußt (Menzer). An die Resorptionsfähigkeit des Magens stellt es fast gar keine Ansprüche, es reizt weder den Magen, welchen es unverändert passiert, noch den Darm (Silberstein, Kornauth und v. Czadek), von welch letzterem es total resorbiert wird (Jolles, Königstein). Es kann lange Zeit ohne Schädigung des Organismus gegeben werden (Kornauth und v. Czadek) und wird selbst von Nierenkranken (Fölkl) und von Patienten, die an Ulcus rotundum und Hämatemesis leiden, gut vertragen (Hrach). Das Fersan erhöht die Eßlust und bewirkt daher Zunahme des Körpergewichtes. Mit der erhöhten Nahrungsaufnahme schwindet auch die neurasthenische Depression (Ehrmann, Aaron). Der Hämoglobingehalt und die Zahl der roten Blutkörperchen wird erheblich vermehrt (Kornfeld, Fölkel, Buxbaum, Markus). Die Regeneration des Blutes erfolgt um so rascher, je akuter die Anämie ist (Fürst).

Indikationen: Vornehmlich erscheint das Fersan angezeigt bei Anämien jeder Art (Silberstein, Pollak, Stein, Fölkel, Bruner, Baß, Königstein, Lerner, Fürst), sowie als Nährpräparat bei Infektionskrankheiten, wo es der Somatose ebenbürtig ist, speziell infolge seiner leichten Assimilierbarkeit und Resorbierbarkeit bei Tuberkulose (Pollak, Fölkel) und in der Rekonvaleszenz nach akuten fieberhaften Krankheiten (Silberstein, Kornauth und v. Czadek).

Dosierung: Man gibt es in Dosen von 3—6 Kaffeelöffeln täglich oder in Form kleinerer oder größerer Pastillen. Mit Wasser zu einer Emulsion verrührt, läßt es sich unter Zusatz von kalter Milch sehr leicht nehmen (Silberstein).

In letzterer Zeit werden auch Jodfersanpastillen (0,4 Fersan, 0,1 Jodkali pro Pastille) besonders bei Kindern verwendet, ohne daß auch nur leise Anzeichen von Jodismus beobachtet worden wären, trotzdem im Harne die Jodprobe positiv ausfiel (Fürst).

Literatur: Jolles, Ärztl. Zentralztg., 20, 1900. — Kornauth, Zeitschr. f. diätet. u. physik. Therap., 6, 1900. — Silberstein, Therap. Monatsh. 7, 1900. — Therap. d. Ggw., 10, 1900. — Hrach, Wien. med. Wochenschr., 23, 1900. — Pollak, Wien. klin. Wochenschr., 25, 1900. — Kornfeld, Klin. therap. Wochenschr., 29, 1900. — Kornauth u. v. Czadek, Zentralbl. f. inn. Med., 39, 1900. — Stein, Fortschr. d. Med., 40, 1900. — Fölkel, Münch. med. Wochenschr., 44, 1900. — Buxbaum, Prag. med. Wochenschr., 48, 1900. — Menzer, Therap. d. Ggw., 2, 1901. — Markus, Wien. med. Blätter, 3, 1901. — Brunner, Wien. klin. Rundsch., 7, 1901. — Baß, Zentralbl. f. d. ges. Therap., 12, 1901. — Königstein, Wien. med. Presse, 13/15, 1901. — Jolles, Ärztl. Zentralztg. 25, 1901. — Lerner, Wien. klin. Rundsch., 10, 1902. — Ehrmann, Therap. Monatsh., 3, 1904. — Fürst, ebendort, 5, 1904. — Aaron, Deutsch. med. Wochenschr., 45, 1904.

Fabr.: Fersanwerk, Wien IX.

Preis: Karton m. Pulver 25 g Mk. 0,80. K. 1,—. 50 g Mk. 1,60. K. 2,—. 100 g Mk. 3,10. K. 3,70. 250 g Mk. 7,50. K. 9,—. Sch. m. 50 Tabl. à 0,25 g u. 0,5 g Mk. 0,70 u. 1,30. K. 0,85 u. 1,50. 100 Tabl. à 0,25 g u. 0,5 g Mk. 1,30 u. 2,50. K. 1,60 u. 2,80.

Liquor Ferro-Mangani saccharati (Helfenberg) enthält 0,6% Eisen und 0,1% Mangan in organischer Bindung und stellt eine dunkle, sehr angenehm schmeckende Flüssigkeit dar, die selbst von Kindern sehr gerne genommen wird. Verdauungsstörungen, wie Aufstoßen, Erbrechen, Obstipation oder Schwärzung der Zähne trat niemals auf (Fuchs), das schwach alkalische Saccharat hat vielmehr die wertvolle Eigenschaft, auf den Stuhl günstig einzuwirken. Das Präparat wirkt auf die subjektiven Symptome der Blutarmut und Chlorose günstig ein und erzeugt auch eine bedeutende Besserung des Blutbildes, indem es namentlich den Hämoglobingehalt des Blutes erhöht. Auffallend ist ferner die appetitanregende Wirkung des Mittels, die infolge der erhöhten Nahrungsaufnahme Zunahme des Körpergewichtes bedingt (Schürmayer, Fuchs, Silber und Braun). Das Mittel leistet bei Dysmenorrhöe und Amenorrhöe, bei Skorbut, Hysterie und Neurasthenie gute Dienste (Jung).

Die übliche Dosis beträgt für Erwachsene 1 Eßlöffel 3 mal täglich, für Kinder ebenso viele Kaffeelöffel voll.

Literatur: Schürmayer, Allg. med. Zentralztg., 11/12, 1901. — Jung, Therap. Monatsh., 11, 1902. — Fuchs, Med. chir. Zentralbl., 23, 1903. — Silber u. Braun, Wien. med. Blätter, 13, 1905.
Fabr.: Chem. Fabr. Helfenberg.
Preis: (Kassenpackung) 500 g Mk. 1,50. K. 3,—.

Hämatogen (Hommel) ist ein sterilisiertes, völlig reines Hämoglobin, welches noch sämtliche Stoffe des frischen Blutes, insbesondere auch die wichtigen Phosphorsalze, sowie die Eiweißstoffe des Serums in unzersetzter, also nicht verdauter Form enthält und jetzt vollkommen alkoholfrei dargestellt wird. Es kann durch Jahre genommen werden, ohne daß Störungen eintreten und erwies sich als ein spezifisch blutverbesserndes und analeptisches Tonikum, das schnell anämische Zustände zu bessern oder zu beseitigen vermag (Fischer und Beddies). Es wird bei Lungenerkrankungen als Kräftigungsmittel, weiter bei Chlorose, Anämie, Neurasthenie usw. erfolgreich benützt (Koch).

Dosierung: Man reicht es in Dosen von 1—2 Tee-, Kinder- oder Eßlöffel voll — wegen seiner eigentümlichen, stark appetitanregenden Wirkung — stets vor dem Essen.

Literatur: Fischer u. Beddies, Physiol. Belege f. d. therap. Verwendbarkeit des Hämatog. Hommel, Zürich, 1902. — Koch, Berl. klin. Wochenschr., 18, 1904.
Fabr.: Akt.-Ges. Hommel, Zürich.
Preis: Fl. 250 g Mk. 3,—. K. 4,—.

Hämatopan (Hämoptan) ist ein von Wolff aus defibriniertem Blute hergestelltes Hämoglobinpräparat, welches durch Behandlung mit Äther von Zersetzungsprodukten und Mikroorganismen befreit und im Vakuum mit einem Zusatz von 50% Malzextrakt zur Trockne verdampft wird. Es hat eine fein kristallinische Lamellenform von rubinroter Farbe und löst sich leicht in Wasser zu einer weinroten Flüssigkeit. Der Malzextraktzusatz bedingt die leichte Löslichkeit des Hämoglobins und erhöht den Nährwert des angenehm riechenden und wohlschmeckenden Präparates, das auch durch hohen Lezithingehalt ($1,2\%$) ausgezeichnet ist.

Das Mittel bewirkt rasche Körpergewichtszunahme, ist ein energischer Blutbildner, seine Anwendung erscheint daher angezeigt bei allgemeinem Körperverfall, Tuberkulose, Ikterus, Chlorose, Anämie, bei Neurasthenie und Hysterie, Diabetes, sowie bei Magen-Darmkrankheiten (Wolff, Clemm). Man gibt täglich 3—6 Eßlöffel voll durch längere Zeit.

Literatur: Wolff, Therap. Monatsh., 10, 1906. — Clemm, Mediz. Blätter, 1. Dez. 1906.
Fabr.: Nährmittelwerk Dr. Wolff, Bielefeld.
Preis: 100 g Mk. 2. Kassenpackung 50 g Mk. 1,—.

Hämogallol (Kobert) entsteht, wenn man eine stromafreie, konzentrierte Rinderblutlösung mit einer konzentrierten wäßrigen Lösung von Pyrogallol im Überschusse versetzt. Es stellt ein rotbraunes, in Wasser unlösliches Pulver dar, das, ohne Widerwillen zu erzeugen, selbst bei Kindern in zartem Alter mit gutem Erfolge bei Chlorose und Anämie verwendet wird (Borelli, Marcuse, v. Matzner). Bei Patienten mit Neigung zu Gallensteinbildung ist es nicht zu verordnen, da dabei die Galle dickflüssiger wird (Winkler).

Die übliche Dosis ist 0,2—0,5 g dreimal täglich vor den Mahlzeiten.

Literatur: Winkler, Neue Heilmittel etc., Wien 1899. — Borelli, Corriere Sanitario, 36, 1900. — Marcuse, Die Heilkunde, 5, 1901. — v. Matzner, ebendort, 5, 1902.
Fabr.: E. Merck, Darmstadt.
Preis: Dose m. 100 Tabl. à 0,25 g Mk. 3,—. K. 3,70.

Hämol, ein gut resorbierbares Eisenpräparat, ist ein rotbraunes, in Wasser unlösliches Pulver, das aus Hämoglobin durch Reduktion mit Zinkstaub bereitet wird und selbst bei sehr geschwächten Personen die Neubildung der roten Blutkörperchen befördert. Nebenwirkungen wurden nie beobachtet, selbst die den Eisenpräparaten sonst eigentümliche Stuhlverstopfung blieb aus. Die Zähne werden weder schwarz noch kariös (Bartelt). Es findet bei Anämie und Chlorose in Dosen von 0,1 bis 0,5 g dreimal täglich Verwendung. Ganz besonders eignet es sich für die Kinderpraxis, da es schnell, sicher und angenehm wirkt (Marcuse, Fürst).

Literatur: Bartelt, Therap. Monatsh., 10, 1896. — Marcuse, Die Heilkunde 5, 1901. — Fürst, Deutsche Medizinalztg., 67, 1902.

Von Kobert (zitiert bei Arends, Neue Arzneimittel, Springer, Berlin 1905) sind außerdem noch folgende Kombinationen des Hämols mit Metallen empfohlen worden:

a) **Arsenhämol**, ein braunes Pulver mit 1% Acid. arsenicosum, leistet bei verschiedenen Hautleiden nicht mehr als die Solut. Fowleri oder die asiatischen Pillen, doch macht sich hiebei die blutregenerative Wirkung des Hämols angenehm bemerkbar. Es belästigt den Verdauungstrakt weniger als das freie Arsen und wird von Bartelt und Helbich bei Psoriasis und Lichen empfohlen. Zweckmäßig erscheint hiebei die Barteltsche Verordnung: Arsenhaemol. 5,0, Succ. et pulv. rad. Liquir. 1,25, Mucilag. gummi arab. q. s. ut fiant pil. Nr. 50. S. 3 Pillen täglich, jeden 4. Tag um eine Pille bis auf 10 Stück pro Tag zu steigern.

Literatur: Bartelt, Die Heilkunde, 5, 1902. — Helbich, ebendort, 5, 1902.

b) **Bromhämol**, ein braunes Pulver mit $2,7\%$ Brom, das auch bei längerer Einwirkung nicht die unangenehmen Erscheinungen des Bromismus hervorruft und besonders bei Hysterie, Epilepsie und Neurasthenie beruhigend und tonisierend wirkt. Man gibt es in Dosen von 1—2 g dreimal täglich in Oblaten (v. Matzner).

Literatur: v. Matzner, Die Heilkunde, 5, 1902.

c) **Eisenhämol** ist ein braunes, in verdünnten Alkalien lösliches Pulver mit ca. 3% Eisen, das bei Chlorose in Dosen von 0,5 g dreimal täglich, recht gute, mitunter das einfache Hämol an Intensität und Schnelligkeit übertreffende Wirkung zeigt (v. Matzner).

Literatur: v. Matzner, Die Heilkunde, 5, 1902.

d) **Jodhämol**, ein braunes Pulver mit $16,6\%$ Jod, entfaltet alle Jodwirkungen bei tertiärer Syphilis, chronischer Bleivergiftung, Skrofulose, Asthma und Psoriasis in bedeutenderem Grade als Jodkali. Man gibt es in Dosen von 0,2—0,3 g in Pillenform, dreimal täglich (Arends).

e) **Jodquecksilberhämol** ist ein braunes Pulver mit $12,35\%$ Quecksilber und $28,6\%$ Jod, das bei allen Formen der Syphilis, besonders wenn sie durch Skrofulose und Anämie kompliziert sind, volle Quecksilberwirkung ohne nennenswerte Nebenerscheinungen erzeugt (Rohan, v. Matzner). Man gibt es in Pillen zu 0,03—0,06 pro dosi, und zwar 4—6 Pillen täglich. Auch subkutan in Form einer mit $0,6\%$ Kochsalz versetzten 1—2 $\%$ Gelatinelösung, die 6—10 $\%$ des Mittels suspendiert enthält (Arends).

Literatur: Rohan, Deutsche Praxis, 1899, rf. Therap. d. Ggw., 2, 1900. — v. Matzner, Die Heilkunde, 5, 1902.

f) **Kupferhämol** ist ein dunkelschokoladebraunes, wasserlösliches, leicht assimilierbares Pulver mit 2% Kupfer, das bei Tuberkulose, Skrofulose, Lues, Ekzemen und Chlorose in Dosen von 0,1 g dreimal täglich gute Dienste leistet (Arends).

g) **Zinkhämol**, ein dunkelschokoladebraunes, in verdünnten Alkalien schön rot lösliches Pulver mit 1% Zink, das bei Chlorose und chronischer

Diarrhöe, sowie als Nervinum bei Chorea, Hysterie etc. in Dosen von 3 mal täglich 0,5 g gebraucht wird (Winkler).
Literatur: Winkler, Neue Heilmittel u. Heilverfahren, Wien 1899.
Fabr.: E. Merck, Darmstadt.
Preis: 100 Tabl. à 0,25 g Mk. 2,50. K. 3,60. Mit Arsen 50 Pillen Mk. 1,50. K. 2,40. Mit Brom od. Kupfer 100 Tabl. à 0,25 g Mk. 2,25. K. 3,40.

Metaferrin ist ein phosphorsäurehältiges Eiseneiweißpräparat mit 10% Eisengehalt und stellt ein hellbraunes, geruchloses, wenig säuerlich schmeckendes Pulver dar, das von Wasser und Salzsäure in der Verdünnung des Magensaftes nicht gelöst wird, den Magen daher unverändert passiert und erst im Darme gelöst und resorbiert wird.
Man gibt es bei Anämie und Chlorose in Dosen von 3 Tabletten à 0,25 g täglich, steigt jeden 4. Tag um 1 Tablette bis zu 6 Stück pro die und geht dann wieder ebenso zur Anfangsdosis zurück. Das Blutbild und der Appetit werden gebessert (Januszkiewicz).
Arsenmetaferrin ist Metaferrin mit 1% Arsengehalt. Beide Präparate kommen auch in flüssiger Form als **Metaferrose** und **Arsenmetaferrose** in den Handel.
Literatur: Januszkiewicz, Med. Klin., 1123, 1911.
Fabr.: Dr. Wolff & Co., Elberfeld.
Preis: 100 Tabl. à 0,25 g Mk. 2,50. 30 Tabl. à 0,25 g K. 1,—. Metaferrose: 250 g Mk. 2,—. K. 3,30.

Nukleogen ist ein nukleinsaures Eisen in organischer Bindung mit Arsen, enthält also drei sehr wirksame Roborantia: Phosphor, Eisen, Arsen. Es ist in hohem Grade resorbierbar und assimilierbar, erhöht den Hämoglobingehalt des Blutes, vermehrt die Zahl der roten Blutzellen, ermöglicht den Fettansatz und unterstützt das Knochenwachstum. Der Appetit erfährt eine mächtige Steigerung (Ganz). Das Mittel erscheint daher bei Chlorose, Anämie, Neurasthenie, Rachitis, in der Rekonvaleszenz und bei Tuberkulose (Arneth, Schlesinger, Hoppe, Schramm, Weißmann, Dorn, Winkler), ferner bei Thyreoidinkuren angezeigt, um die erhöhte Eiweiß- und Phosphorausfuhr auszugleichen (Hoppe). Von Dammann wurde es bei Paranoia, progressiver Paralyse und Tabes angewendet.
Man gibt es entweder per os in Form von Tabletten à 0,05 g Nukleogen (3 mal täglich 2 Stück) oder subkutan, zu welchem Zwecke es in Phiolen à 1 ccm mit 0,1 g Nukleogen im Handel ist. Hievon wird jeden 2. Tag ½—1 Phiole injiziert.
Literatur: Ganz, Allg. med. Zentralztg., 38, 1906. — Arneth, Deutsch. med. Wochenschr., 672, 1906. — Weißmann, Deutsch. Ärzteztg., 11, 1907. — Dammann, Deutsch. Medizinalztg., 71, 1907. — Hoppe, Therap. d. Ggw., 501, 1907. — Schlesinger, Med. Klin., 1267, 1907. — Dorn, Fortschr. d. Med., 20, 1908. — Schramm, Med. Klin. 670, 1908. — Winkler, Therap. Monatsh., 119, 1910.
Fabr.: H. Rosenberg, Charlottenburg 4.
Preis: Gl. m. 60 Tabl. à 0,05 g Mk. 3,50. K. 3,60. Karton m. 20 Phiolen à 1 ccm à 0,1 g Mk. 4,—. K. 5,—.

Perdynamin ist ein angenehm schmeckendes, vollständig verdauliches und resorbierbares, flüssiges, organisches Eisenpräparat, welches die Zähne nicht angreift, den Appetit vermehrt und von seiten des Magens und Darmes keine unangenehmen Erscheinungen verursacht (Farkas).
Es enthält 0,033 % metallisches an Eiweißkörper gebundenes Eisen, daneben nicht unbeträchtliche Mengen Phosphor (Wischnowitzer) und wird in folgenden Modifikationen in den Handel gebracht:
a) Reines Perdynamin, eine braune, likörartige Flüssigkeit von angenehmem Aroma und Geschmack.
b) Perdynamin-Kakao, ein mit Kakao gemischtes Perdynaminpulver von delikatem Geschmack.
c) Lezithin-Perdynamin, welches sich besonders bei Erschöpfungszuständen des Nervensystems trefflich bewährte (Winterberg).

Wirkung: Unter Perdynaminmedikation vermehrt sich die Zahl der roten Blutkörperchen, sowie die Hämoglobinmenge. Der Hämoglobingehalt stieg nach Liebreichs Untersuchungen um nahezu 20% und hielt sich dann auf dieser Höhe. Dem Mittel ist nach Wischnowitzer und Siefart auch ein beträchtlicher nutritiver Wert zuzusprechen, der ungefähr doppelt so groß ist als der der Hühnereier (Liebreich).

Indikationen: Das Mittel ist überall dort anzuwenden, wo eine Eisenmedikation angezeigt ist, also vor allem bei Chlorose und Anämie, sowie schweren Blutverlusten (Lebbin und Breslauer, v. Kluczycki, Kronheim, Liebreich, Farkas, Siefart, Winterberg, Henschel). Auch als Kräftigungsmittel, überhaupt bei Rekonvaleszenten und verschiedenen organischen Erkrankungen, wie Lues, Skrofulose, Tuberkulose leistet es vortreffliche Dienste (Farkas, Mendl). Den guten Effekt bei Hysterischen und Neurasthenikern bestätigen e i g e n e Erfahrungen.

Dosierung: Man gibt 3—4 mal täglich vor der Mahlzeit 1 Eßlöffel des Präparates rein oder mit Wasser, bzw. Wein gemischt.

Literatur: Lebbin u. Breslauer, Die mediz. Woche, 11, 1901. — v. Kluczycki, Medico, 48/49, 1901. — Liebreich, Therap. Monatsh., 8, 1902. — Kronheim, Deutsch. med. Wochenschr., 27, 1902. — Siefart, Therap. Monatsh., 1, 1903. — Wischnowitzer, Wien. med. Presse, 22, 1903. — Farkas, Pester med. chir. Presse, 25, 1903. — Winterberg, Wien. med. Presse, 19, 1905. — Henschel, Therap. d. Ggw., 11, 1905. — Mendl, Prag. med. Wochenschr., 4, 1907.
Fabr.: A. Jaffé, Berlin O 27.
Preis: Fl. (250 g) Mk. 2,50. K. 3,50. Mit Lezithin Mk. 4,—. K. 5,50. Perd. Kakao Dose 300 g K. 4,—.

Prothämin nach Salkowski ist ein schokoladebraunes, geruch- und geschmackloses Pulver, welches die Gesamteiweißkörper des Blutes, 0,2% Eisen und reichlich organisch gebundenen Phosphor des Blutes enthält. Es ist ohne konservierende Zusätze hergestellt und wird wie ähnliche Präparate bei Anämie und Chorose in Dosen von 1—2 Kaffeelöffel voll, 3 mal täglich, in Milch oder Kakao gereicht (Jüngerich).
Literatur: Jüngerich, Fortschr. d. Med., 1478, 1912.
Fabr.: Goedecke & Co., Berlin N 4.
Preis: 100 g Mk. 1,60. K. 2,20. 250 g Mk. 3,80. K. 5,00.

Sanguinal (Krewel) besteht nach Goldmann neben einer Spur Mangan aus 10 Teilen kristallisierten, chemisch reinen Hämoglobins, 46 Teilen natürlicher Blutsalze und 44 Teilen frisch peptonisierten Muskeleiweißes. Es kommt im Handel in Pillenform vor, von denen jede 5 g frischen Blutes entsprechen soll. — Für Kinder ist das flüssige Präparat, Liquor sanguinalis, mehr zu empfehlen. Dasselbe stellt eine dunkelbraune, süßliche, angenehm schmeckende Flüssigkeit dar, die unbegrenzt haltbar ist, kein Glyzerin enthält und aus 95% flüssigen Hämoglobins, 2,5% natürlicher Blutsalze und 2,5% peptonisierten Muskeleiweißes nebst einer Spur Mangan besteht (Frick). Die Pillen kommen entweder rein oder mit Natr. cinnamyl., Acid. arsenicos., Extr. Rhei, Guajakolkarbonat, Kreosot, Jod und Chinin versetzt vor. Das Präparat wird stets gut vertragen und gerne genommen und findet erfolgreiche Anwendung bei anämischen, chlorotischen und dyspeptischen Zuständen, in der Rekonvaleszenz, bei Hysterie, Neurasthenie und selbst bei Kachexien (Bandelier, Dornblüth, Gerber, Schwarz, Marcuse, Wischnowitzer). Das flüssige Sanguinal wird von Frick in der Kinderpraxis und von Winterberg bei der Behandlung des Ulcus ventriculi empfohlen. Man gibt 3 mal täglich 2—3 Pillen oder 3—4 mal ½ Eßlöffel des Liquors vor der Mahlzeit (Goldmann).

Literatur: Bandelier, Therap. Monatsh., 3, 1899. — Dornblüth, Münch. med. Wochenschr., 3, 1900. — Marcuse, Die Heilkunde, 5, 1901. — Gerber, Wien. klin. Rundsch., 31, 1901. — Schwarz, ebendort, 50, 1901. — Wischnowitzer, Deutsch. Medizinalztg., 100, 1902. — Goldmann. Med. chir. Zentralbl., 37, 1903. — Winterberg, Wien. med. Presse, 25, 1904. — Frick, Therap. Monatsh., 2, 1905.

Fabr.: Krewel & Co., Köln.
Preis: Fl. (Liquor). 300 g Mk. 2,50. K. 4,—. Kassenpackung 100 g Mk. 1,—.
Gl. m. 100 Pillen Mk. 2,—. K. 2,80. Sch. m. 40 Pillen (Kassenpackung) Mk. 0,80.

Syrupus Kolae compositus (Hell) besteht aus Chinin. ferrocitric. 2,5 Strychnin. nitr. 0,075, Extr. Colae fluid. 25,0, Natrium glycerinophosphor. 25,0 in 200 g Syrup. Aurantior. und ist als ein hochzuschätzendes Mittel zur Bekämpfung der Nervosität zu bezeichnen, mit welchem in der Mehrzahl der Fälle günstige Erfolge zu erzielen sind (Siegel). Es wurde von Flesch in die Therapie eingeführt und vor allem bei funktionellen Neurosen empfohlen. Weitere Indikationen für den Gebrauch des Kolasirups sind Chlorose und Anämie mit sekundären Nervenstörungen (Siegel), Kompensationsstörung bei Vitien und Myokarditis (Meitner), verschiedene aus konstitutionellen Neurosen sich ableitende oder durch solche komplizierte Psychosen (Berze) und nervöse Agrypnie (Flesch). Über günstige Erfahrungen bei Hysterie, Neurasthenie und Chorea berichten außerdem noch Goldmann, Suzow und Fiore.

Kontraindiziert ist der Sirup bei sehr erregten Formen von Hysterie, bei schweren Hämoptysen und hoch entwickelter Arteriosklerose (v. Kluczycki), sowie bei depressiven und halluzinatorischen Zuständen, die anfangs unter dem Bilde der Hysterie auftreten, sich später aber als echte Psychosen erweisen (Flesch). Diese Fälle reagieren gewöhnlich gar nicht auf das Präparat, so daß man die negativen Erfolge hiebei als diagnostischen Behelf im Beginne der Erkrankung hinstellen kann.

Dosierung: Man gibt Erwachsenen 3—4 Kaffeelöffel pro die stets nach dem Essen und läßt einen Schluck Milch oder Wasser nachtrinken. Kinder erhalten dreimal täglich sovielmal 5 Tropfen als sie Jahre zählen.

Literatur: Flesch, Wien. klin. Rundsch., 43, 1900. — Siegel, Wien. med. Blätter, 14, 1901. — Goldmann, Med.-chir. Zentralbl., 23, 1901. — Meitner, Reichsmedizinalanz., 17, 1902. — v. Kluczycki, Wien. med. Blätter, 52, 1902. — Suzow, La revue médicale, übers. S.-A. 1902. — Flesch, Wien. klin. therap. Wochenschr., 30, 1903. — Fiore, Corriere sanitario, übers. S.-A. 1903. — Berze, Wien. med. Blätter, 21, 1904.
Fabr.: Hell & Co., Troppau.
Preis: Fl. 130 g Mk. 2,80. 250 g Mk. 4,—. K. 4,—.

Tinctur. ferri (Athenstaedt), ferrum oxydulatum saccharatum solubile verum, enthält das Eisen als alkalifreies Eisenoxydsaccharat, also in leicht verdaulicher, organisch indifferenter, wasserlöslicher Bindung, wird gerne genommen, gut vertragen und ist frei von störenden Nebenwirkungen (Kraus). Der Eisengehalt beträgt $0{,}2\%$ metallisches Eisen, was ungefähr $0{,}4\%$ Eisenhydroxyd entspricht. Das Eisen der Tinktur ist leicht assimilierbar und milde in seiner Wirkung. Die Vorzüge des Mittels sind der gute Geschmack und der eminente appetiterregende Einfluß (Winterberg).

Athensa ist der Handelsname für die alkoholfreie Tct. ferri Athenstaedt. Diese kommt ferner mit $0{,}004\%$ arseniger Säure (Tct. f. A. mit Arsen) sowie mit 4% Cort. Chinae. (Tct. f. A. mit Tinct. Chinae) in den Handel.

Literatur: Kraus, Allg. Wien. med. Ztg., 16, 1901. — Winterberg, Med. chir. Zentralbl., 7, 1905.
Fabr.: Athenstädt u. Redeker, Hemmelingen.
Preis: Fl. 500 g Mk. 2,50. K. 3,—.

Triferrin ist das von Salkowski empfohlene Ferrisalz der aus Nukleoalbuminen hergestellten Paranukleinsäure und repräsentiert sich als ein rotbraunes Pulver, das sich durch hohen Eisen- $(21{,}87\%)$ und Phosphorgehalt $(2{,}55\%)$ auszeichnet. Es ist in Wasser und Salzsäurelösung bis $2^0/_{00}$ (also auch im Magensafte) unlöslich, leicht löslich hingegen in verdünnten wäßrigen Lösungen von Alkalien (Klemperer, Kramm, Halász).

Wirkung: Das Mittel schmeckt angenehm und greift die Zähne nicht an. Es wird vom Darme aus leicht und ausgiebig resorbiert und führt dem Organismus eine große Menge Eisen zu (nach Salkowski wurde der Eisengehalt der Leber von Kaninchen unter Triferrinfütterung verdreifacht, — daher der Name des Präparates — ohne daß hiedurch Verdauungsstörungen entstehen. Der Appetit erfährt eine erhebliche Steigerung, ebenso der Hämoglobingehalt des Blutes und die Zahl der roten Blutkörperchen (Mahrt, Meitner, Halász, Reichelt).

Indikationen: Infolge seines Eisengehaltes ist Triferrin von gutem Einflusse auf Chlorosen und Anämien, selbst solchen sekundärer Natur (Klemperer, Mahrt, Kramm, Meitner, Alexander und Ury, Halász, v. Matzner, Reichelt), infolge seines Phosphorgehaltes auch auf neurasthenische Zustände (v. Matzner).

Dosierung: Man verabreicht das Präparat in Dosen von 0,25 bis 0,30 g, dreimal täglich. Auch kommen im Handel Triferrintabletten à 0,3 g vor, die durch Vanillezusatz sehr wohlschmeckend gemacht sind.

Triferrol oder **Liquor Triferrini compositus**, auch **Essentia Triferrini aromatica**, ist die schwach weingeistige $1^{1}/_{2}\%$ Triferrinlösung, ein aromatischer Likör, von dem man 1—2 Eßlöffel voll dreimal täglich verabfolgt (Kramm, Reichelt, Halász).

Literatur: Salkowski, Zentralbl. f. d. med. Wissensch., 5, 1900. — Klemperer, Therap. d. Ggw., 4, 1901. — Mahrt, Inaug.-Dissert. Göttingen, 1901, rf. Therap. d. Ggw., 5, 1901. — Kramm, Therap. Monatsh., 10, 1903. — Meitner, Wien. med. Blätter, 40, 1904. — Reichelt, Wien. klin. therap. Wochenschr., 44, 1904. — v. Matzner, Die Heilkunde, 4, 1905. — Halász, Reichsmed. Anz., 8, 1905. — Alexander u. Ury, Deutsch. Medizinalztg., 53, 1906.

Fabr.: Knoll & Co., Ludwigshafen.
Preis: Sch. m. 30 Tabl. à 0,3 g Mk. 1,—. K. 1,25.

Arsen- und Eisenarsenpräparate.

Arsan, Arsenglidine, ein Pflanzeneiweiß mit 4% Arsen, ist ein graugelbes, in Wasser unlösliches, in Natronlauge mit gelblicher Farbe lösliches Pulver, welches schon durch Wasser Arsen in Form arseniger Säure abspaltet (Löb). Die Indikationen sind die des Arsens, die übliche Dosis 3 mal täglich 2 Tabletten à 0,002 Arsen.

Literatur: Löb, Med. Klin., 17, 1909.
Fabr.: Dr. Volkm. Klopfer, Dresden.
Preis: 30 Tabl. Mk. 2,—.

Arsenogen ist ein von Salkowski zur Behandlung der Chlorose und Anämie empfohlenes Phosphor-Eisen-Arsenpräparat, welches aus Kasein durch Verdauung mit Pepsinsalzsäure in geeigneter Behandlung mit Arsensäure und Ferriammonsulfat gewonnen wird und 10,38% Eisen, 1,96% Phosphor, 14,1% Arsen und 6,6% Stickstoff enthält.

Eine Lösung von Arsenogen und Triferrin kommt als **Arsentriferrol** in den Handel.

Dieselbe stellt eine alkoholhaltige, aromatisierte und angenehm schmeckende Flüssigkeit dar mit 0,3% Eisen und 0,002% Arsen. In Dosen von 1 Eßlöffel voll, dreimal täglich, bewährte sich das Präparat vortrefflich bei Anämien und Chlorosen, (Salkowski, Mosse, Teubert, Ewald, Gelhausen), bei Neurasthenie und Hysterie, Skrofulose, Rachitis, chronischer Bleivergiftung, Diabetes und Syphilis (Thomas).

Literatur: Salkowski, Berlin. klin. Wochenschr., 4, 1908. — Mosse, ebendort, 4, 1908. — Teubert, ebendort, 28, 1910. — Thomas, Med. Klin., 818, 1911. — Gelhausen, Med. Reform, 10, 1913. — Ewald, Med. Klin. 94, 1913.
Fabr.: Gehe & Co., Dresden.
Preis: Arsentriferol. 300 g Mk. 2,25. K. 3,—.

Arsoferrin, eine organische Eisenverbindung mit 10% Glyzerophosphorsäure und einem Zusatz von 0,5% arseniger Säure, welche in Tablettenform in den Handel kommt. Das Mittel wurde von Gordon in langsam (wöchentlich) steigenden und fallenden Dosen von 3—6—10—12—3 Stück täglich, bei Bluterkrankungen, Magendarmkrankheiten und Tuberkulose mit recht gutem Erfolge angewendet.

Literatur: Gordon, Med. Klin., 20, 1909.
Fabr.: Apoth. z. heilig. Geist, Wien I.
Preis: Sch. m. 50 und 100 Tektoletts Mk. 1,85 u. 3,20. K. 1,70, 3,20.

Asferryl, ein Eisensalz der Arsenweinsäure, stellt ein grünlichgelbes, in Wasser und Säuren schwer, in verdünnten Alkalien leicht lösliches Pulver mit 18% Eisen- und 23% Arsengehalt dar, das in Tabletten à 1 g, enthaltend 0,04 g Asferryl (= 0,01 Arsen), in den Handel kommt.

Nach Bachem erwies es sich im Tierversuch 35 mal weniger giftig als arsenige Säure. Diese geringere Giftigkeit gestattet relativ große Mengen Arsen auf ungefährliche Weise dem Organismus zuzuführen (Fries). Man gibt Asferryl in Dosen von 2 mal täglich $^1/_2$ Tablette, steigt nach 4—5 Tagen um $^1/_2$ Tablette bis auf 2 Stück im Tage und geht dann ebenso mit der Dosis zurück. Verwendet wurde es bei Chlorose, Anämie und Schwächezuständen aller Art (Fries). Nach größeren Dosen kann Appetitlosigkeit, Kratzen im Halse, ev. Magenschmerz und Erbrechen auftreten.

Literatur: Bachem, Therap. Rundsch., 413, 1908. — Fries, Therap. d. Ggw., 401, 1909.
Fabr.: Dr. C. Sorger, Niederlahnstein.
Preis: R. m. 16 Tabl. à 1,0 g Mk. 1,50.

Elarson, das Strontiumsalz der Chlorarsenobehenolsäure, ist ein amorphes, in Wasser unlösliches Pulver mit ca. 13% Arsen und 6% Chlor, welches in Tabletten mit einem Gehalt von 0,5 mg Arsen im Handel ist und von Fischer und Klemperer bei sekundären Anämien als ein gut resorbierbares Präparat empfohlen und selbst in Dosen von 40 Stück pro die wochenlang anstandslos vertragen wurde. Besonders geeignet soll es für die Arsenbehandlung der Hautkrankheiten sein.

Literatur: Fischer u. Klemperer, Therap. d. Ggw., 1, 1913.
Fabr.: Bayer & Co., Elberfeld.
Preis: 60 Tabl. à 0,5 mg Arsen Mk. 3,—. K. 3,60. Eisenelarson. gleicher Preis.

Tinctura ferri Athenstaedt mit Arsen, s. unter den Eisenpräparaten.

Leukämie.

Außer der seit langem geübten Eisen- und Arsentherapie kommt für die medikamentöse Behandlung der Leukämie, von den ergebnislosen, organotherapeutischen Versuchen abgesehen, die Behandlung mit Röntgenstrahlen, sowie die mit radioaktiven Stoffen in Betracht. Auch die Benzolbehandlung ist als neuerer therapeutischer Versuch hierherzuzählen.

Die therapeutische Verwendung der radioaktiven Körper ist eine vielseitige, die Erfolge jedoch sind, soweit sich dies heute überblicken läßt, keine allzu umfassenden. Vor allem sind die einzelnen erzielten Resultate der verschiedenen Autoren, ja selbst die Versuchsergebnisse eines und desselben Autors oft so wenig übereinstimmend, daß eine Aufforderung zur allgemeinen therapeutischen Verwendung dieser Körper nicht gegeben erscheint.

Die Indikationen, bei denen die reichlichsten und auch günstigsten Erfahrungen vorliegen, sind vor allem die Leukämie, dann Gicht und Rheumatismus, endlich die Strahlentherapie bei malignen Geschwülsten. Wir wollen deshalb hier bei Besprechung der Leukämietherapie auch die radioaktiven Stoffe ausführlicher behandeln und bei der Strahlentherapie der malignen Geschwülste sowie bei der Therapie der Gicht nur kurz darauf zurückkommen.

Eben wegen der erwähnten zahlreichen Widersprüche bei den einzelnen Untersuchungen lohnt es sich nicht, die weit über tausend zählenden Arbeiten über dieses Gebiet auch nur übersichtlich zu besprechen. Es sei vielmehr nur auf die zusammenfassenden größeren Arbeiten, ganz besonders aber auf die Handbücher hingewiesen, die im Literaturverzeichnis angeführt sind.

Radium. Sämtliche radioaktiven Elemente besitzen die Eigenschaft, Energie in Form von Strahlen abzugeben. Die Wirkung dieser Strahlen, die imstande sind, an der Haut Haarausfall, Dermatitis und Ulzerationen hervorzurufen, Nekrose des Epithels etc. zu bedingen, sowie weitgehende Veränderungen in allen Organen zur Folge haben können, waren Anlaß dafür, die Strahlenenergie der radioaktiven Substanzen therapeutischen Zwecken zuzuführen. Dabei wurde besonders der Fähigkeit des Radiums, Gewebe zum Zerfall zu bringen, mit Rücksicht auf die Karzinomtherapie große Aufmerksamkeit geschenkt.

Die Strahlen, die das Radium aussendet, sind nicht einheitlicher Natur. Man kann sie in drei verschiedene Gruppen teilen, für welche Einteilung das verschiedene Durchdringungsvermögen, sowie die Ablenkbarkeit im Magnetfelde maßgebend sind. Man unterscheidet:

1. **Alphastrahlen.** Papier, dünnes Aluminiumblech, Glas etc. absorbieren diese vollständig. Sie können auch Luftschichten nur in einem Bereich von etwa 3—9 cm durchdringen, stellen den Hauptteil der gesamten Radiumstrahlung dar und bedingen die starke Ionisierung der Luft. Ein starkes Magnetfeld lenkt die Alphastrahlen um ein geringes aus ihrer Bahn.

2. **Betastrahlen.** Wie bei den Alphastrahlen handelt es sich auch hier um keine eigentlichen Strahlen, sondern um materielle Teilchen, die aus den radioaktiven Atomen fortdauernd ausgeschleudert werden. Die Geschwindigkeit der Betastrahlen ist viel größer als die der Alphastrahlen. Sie nähert sich der Lichtgeschwindigkeit. Sie gehen durch Pappe, Aluminiumblech und dünne Holzbretter mit geringer Schwächung hindurch, werden aber von Eisen- oder Bleiplatten zurückgehalten. Schon ein relativ schwaches Magnetfeld lenkt die Betastrahlen stark aus der Bahn und zwar entgegengesetzt den Alphastrahlen.

3. **Gammastrahlen.** Diese sind imstande, Bleiplatten von über 1 cm Dicke zu durchdringen und werden auch vom menschlichen Körper sowie bei der Passage von mehreren Metern Luft nicht absorbiert. Im Magnetfeld erfolgt keine merkliche Ablenkung.

Alle radioaktiven Stoffe, befinden sich in steter Umwandlung. Bei dieser Umwandlung eines radioaktiven Elementes entsteht ein anderes, dessen Atome einen geringeren Energiegehalt besitzen. Der in der Zeiteinheit sich umwandelnde Bruchteil der radioaktiven Substanz heißt „Zerfallskonstante". Jedes radioaktive Atom zerfällt mit der ihm eigenen Zerfallskonstante und wird vom Mutterelement mit derselben Konstante stets neu erzeugt. Die Zeit, welche ein radioaktives Element beansprucht, bis seine Menge auf die Hälfte sinkt, wird als Halbierungskonstante oder Halbwertzeit bezeichnet.

Die Lebensdauer des Radiums ist eine äußerst lange. Seine Halbwertzeit beträgt etwa 2000 Jahre. Die Muttersubstanz des Radiums ist das Uran, aus dem beim Zerfall mehrere Elemente entstehen, u. a. das Ionium, und erst bei dessen Zerfall entsteht das Radium.

Von großem theoretischem und nunmehr auch therapeutischem Interesse sind die weiteren Zerfallsprodukte des Radiums. Das erste Produkt der Umwandlung des Radiums ist die ebenfalls radioaktive **Radiumemanation**. Diese hat die Eigenschaft eines Gases — wir rechnen sie zu den Edelgasen — und entwickelt sich andauernd aus radiumhaltigen Substanzen. Sie diffundiert wie andere Gase, geht ungehindert durch Baumwollfilter, Papier und poröse Metallplättchen hindurch, löst sich bis zu einer gewissen Verteilungsgrenze in Wasser auf und läßt sich durch Kochen wieder daraus entfernen. Da die Emanation chemisch sehr träge ist, kann man emanationshaltige Luft durch Säuren oder Laugen leiten, ohne daß ihre Radioaktivität dabei eine Veränderung erfährt.

Radiumemanation sendet nur Alphastrahlen aus. Ihre Halbwertzeit beträgt 3 Tage und 18 Stunden, d. h. also in dieser Zeit ist sie um die Hälfte zerfallen. Hält man ein Radiumsalz in wäßriger Lösung in einer Glasflasche, so bildet sie Radiumemanation, welche teils im Wasser absorbiert wird, teils sich im freien Luftraum zwischen Wasseroberfläche und Glaswand ansammelt. Durch Hindurchblasen eines Luftstroms kann man die vorhandene Emanationsmenge zum großen Teile entfernen und in eine andere wäßrige Lösung leiten. Nach kurzer Zeit bildet aber die radiumhaltige Lösung wieder Emanation bis zu einem Maximum. Es wird ein radioaktives Gleichgewicht hergestellt. Wenn dieser Zeitpunkt eingetreten ist, bleibt die Menge der Emanation in der Lösung konstant. Es wird in der Zeiteinheit gerade soviel Emanation gebildet, als wieder zerfällt und dadurch ist eben dieses Gleichgewicht bedingt. Beim Zerfall bildet die Radiumemanation ein anderes Edelgas, das Helium.

Das erste Umwandlungsprodukt, das aus der Radiumemanation entsteht, ist das Radium A (Halbwertzeit 3 Minuten — sendet nur Alphastrahlen aus). Das nun entstehende Unwandlungsprodukt ist Radium B (Halbwertzeit 27 Minuten, sendet nur Betastrahlen aus). Es entsteht daraus das Radium C (Halbwertzeit 19,5 Minuten, Alpha-, Beta- und Gammastrahlen). Es folgt dann Radium D mit einer Halbwertzeit von 12 Jahren (Betastrahlen) schließlich Radium E und Radium F, welch letzteres mit dem Pollonium identisch ist und eine Halbwertzeit von 140 Tagen besitzt. Die weiteren Zerfallsprodukte sind strahlenlose Stoffe. Als schließliches Endprodukt der radioaktiven Umwandlung des Urans wird das Blei angesehen. In emanationshaltigen Gefäßen setzt sich meist ein äußerst dünner Überzug ab, der sog. aktive Niederschlag des Radiums (induzierte Aktivität). Derselbe besteht aus den Zerfallsprodukten der Emanation, Radium A+B+C.

Thorium. Mesothorium. Thorium X. Die Halbwertzeit des Thorium wurde mit ca. 10 Milliarden Jahren berechnet. Es sendet nur Alphastrahlen aus. Die ersten Umwandlungsprodukte sind das Mesothorium I und II. Das erstere emittiert Betastrahlen und Gammastrahlen und verwandelt sich in $5^{1}/_{2}$ Jahren zur Hälfte in das Radiothor (Halbwertzeit 2 Jahre; Alphastrahlen). Aus dem Radiothor entsteht das Thorium X, das in weniger als 4 Tagen auf die Hälfte seiner Wirksamkeit fällt und schon nach einem Monat praktisch verschwunden ist.

Durch den Zerfall von Thorium X bildet sich wiederum ein chemisch indifferentes Gas, die Thoriumemanation. (Radioaktiv, Alphastrahlen.) Ihre Halbwertzeit beträgt nur 45 Sekunden. Ihr Umwandlungsprodukt ist das Thorium A, dessen Aktivität erst in 10 Stunden um die Hälfte abnimmt. Weitere Zerfallprodukte sind das Thorium B; dieses zerfällt in das Thorium C und dieses in das Thorium D. Auch hier bilden Thorium A+B+C+D einen sog. radioaktiven Niederschlag.

Die Aktivität des Mesothoriums, welches aus dem in Brasilien vorkommenden, 4—5% Thoroxyd und 0,3% Uran enthaltenden Monazitsande gewonnen wird, ist 300 mal so stark als die des Radiums. Sie nimmt in den ersten Jahren nach der Darstellung zu, erreicht nach ca. 3 Jahren das Maximum und nimmt dann langsam ab, bis schließlich alles Mesothorium zerfallen ist und nur die im Sande enthalten gewesenen Radiummengen übrig bleiben. Die Lebensdauer des Mesothoriums, dessen Halbwertzeit, wie erwähnt, $5^1/_2$ Jahre beträgt, ist äußerst kurz gegenüber der 2000 Jahre betragende Halbwertzeit des Radiums. Dieser Nachteil wird aber zum Teil ausgeglichen durch die relativ höhere Strahlungsintensität und durch den niedrigeren Preis.

Die Messung radioaktiver Substanzen geschieht durch die Messung ihrer Fähigkeit, die Luft leitfähig zu machen. Die Messung erfolgt mit dem Fontaktoskop, einem auf einer Blechkanne aufgesetzten Elektroskope. Wird das Elektroskop elektrisch geladen, so gehen die beiden Plättchen auseinander. Je nach dem Grad des Leitungsvermögens der Luft geht die Elektrizität langsam durch die Luft zur Erde. Aus der Größe des Spannungsabfalls in der Zeiteinheit, läßt sich die Menge der radioaktiven Substanzen messen. Nach dem Vorschlag von H. Mache rechnet man die Stromstärke in elektrostatischer Maßeinheit aus und multipliziert, um größere Zahlen zu erhalten mit 1000. Diesen Wert (elektrostatische Einheit × 1000) bezeichnet man als Macheeinheit. (ME).

Nach dem Beschluß des Radiologenkongresses in Brüssel 1910 nimmt man als Einheit der Emanation die mit 1 g metallischen Radiums im Gleichgewicht befindliche Emanation an, die man als ein Kurie bezeichnet. Dementsprechend nennt man die mit 1 mg im Gleichgewicht stehende Menge Millikurie, die mit $^1/_{1000}$ mg im Gleichgewicht stehende Menge Mikrokurie, welche Einheit ungefähr der Größenordnung der ME entspricht.

Das Mesothorium sowie das Radium selbst werden heute fast ausschließlich zur Strahlentherapie der malignen Geschwülste verwendet.

Zur Behandlung der Leukämie, der Gicht, des Rheumatismus etc. dagegen dient die Radiumemanation und mehr noch als diese das Thorium X.

Die Verbreitung der radioaktiven Stoffe ist eine äußerst große. Therapeutisch wichtig ist die Radioaktivität vieler Heilquellen, meist von Radiumemanation herrührend. Einige Quellwässer enthalten Radium bzw. Thorium in Substanz. Die an Radiumemanation stärksten Quellen finden sich in St. Joachimsthal und in Brambach im Voigtlande, radioaktive Quellsedimente, die ebenfalls therapeutisch verwendet werden, in Kreuznach, Baden-Baden, Annadorf, Pöstyen, in Battaglia und in Tirol in Form des Fango. Auch Moor in einigen Badeorten ist radioaktiv.

Literatur: Lazarus, Handb. d. Radiumbiol. u. Therapie. Bergmann, Wiesbaden 79, 1913. — Baum, Berlin. klin. Wochenschr., 1594, 1911. — Hahn, Radium in Biolog. u. Heilk., 189, 1912. — Wichmann, Strahlentherapie, 483,9112.

Von den im Handel befindlichen Radiumpräparaten wären anzuführen:

Rademanit. Ein festes radiumemanationshaltiges Produkt, das an Stelle von Radium zu Bestrahlungszwecken empfohlen wurde.

Fabr.: Zentralverkaufsbureau für Rad.-Präparate, Wien.

Radiogen. Haltbares bariumfreies Radiumchlorid enthaltendes radioaktives Präparat. Radiogentrinkkur (1000 EM pro dosi), Badekur (5000 ME), Injektionen (1000 ME), Kompressen, Schlamm, Karbo-Radiogen.

RE-Präparate (Radiumemanation enthaltende Badepräparate bis zu 300 000 ME. — Trinkpräparate bis zu 100 000 EM, ferner Auflegepräparate (Radiumkarbonat auf Leinwand fixiert).

Fabr.: Radiogengesellschaft m. b. H. Charlottenburg-Wien.
Preis: 25 Radiogenkapseln für Trinkkuren, 1 Fläschchen K. 10,—.

Leukämie.

Radiumpräparate. Radiumkarbon-(radioaktivierte Fermentkohle); Radiozitin-(radioaktiviertes Lezithin); Radiopyrin-(radioaktivierte Azetylsalizylsäure); Radiozontabletten, Radiobadekapseln.
Fabr.: Radiumzentrale Berlin SW. 47.

Allradium. Radiumlösung zum Trinken, Baden, Umschlägen. Schlamm. Kompressen.
Fabr.: Allg. Radium-Akt.-Ges., Amsterdam.
Preis: Für Trinkkur 25 Kartons à 3 Fläschchen, Karton K. 3,—. Für Bäder: 1 Bad K. 4,—. 1 Kiste Radiumschlamm K. 4,—. Ampullen mit ca. 0,01 mg Ra. K. 12,—. 0,05 mg Ra. K. 48,—.

Radiumkeiltabletten.
Preis: 1 Tube m. 8 Tabl., ca. 2000 ME., K. 4,80.

Thorium X, im Jahre 1902 von Rutherford entdeckt, findet vielseits therapeutische Anwendung. Die verwendeten Dosen sollen pro dosi 1000 EE (elektrostatische Einheit) gewöhnlich nicht übersteigen, da höhere Gaben gefährlich werden können. So beobachtete Orth nach 3 Injektionen von 900, 550 und 3000 EE 3 Tage nach der letzten Injektion Übelkeit, Leibschmerzen, in weiterem Verlaufe Kräfteverfall der Patienten, worauf am 10. Tage nach der letzten Einspritzung der Tod eintrat.

Czerny und Caan sahen nach intravenöser Applikation von Gaben von 3 Millionen ME (Macheeinheiten) zuweilen Brechreiz, Appetitlosigkeit und Schwindel. — Günstig beeinflußt werden Fettsucht, wobei Plesch, Karczag und Keetmann nach 2—3 maliger Anwendung von 0,05 bis 100 EE im Laufe von 8—10 Wochen beträchtliche Gewichtsabnahme bewirkten, die sie auf Einschmelzung des Körperfettes zurückführen, ferner Arthritis urica (Plesch, Karczag und Keetmann, Falta und Zehner), wobei nach Verabreichung von je 30 EE dreimal täglich, Schmerzen und Schwellungen zum größten Teile schwanden. Gute Resultate wurden auch erzielt bei Leukämie und perniziöser Anämie (Plesch, Klemperer und Hirschfeld, Bickel, Prado-Tagle), bei Hautkrankheiten wie Mycosis fungoides und Psoriasis (Wagner), bei bösartigen Neubildungen und Lymphogranulomatose (Czerny und Caan, Falta, Krieser und Zehner, Herxheimer, Pinkus), endlich bei Angina pectoris (Plesch), wobei das Präparat eine bessere Dehnbarkeit des Herzens und des Gefäßsystems hervorruft und daher dauernde Blutdruckerniedrigung erzeugt. — Bei Karzinom und Sarkom empfehlen Czerny und Caan die intravenöse, bzw. intratumorale Injektion in Kombination mit äußerlicher Mesothoriumbestrahlung, Pinkuß neben der intravenösen Injektion wochenlange Trinkkuren von täglich 50000 ME. Bei Leukämie erzielten Klemperer und Hirschfeld und Prado-Tagle) in 75% der Fälle außerordentlich gute Erfolge. Die Leukozytenzahl ging zur Norm zurück, Milz und Drüsen verkleinerten sich, das Allgemeinbefinden wurde günstig beeinflußt. Bei perniziöser Anämie soll es erst angewendet werden, wenn die Arsen- und Antimontherapie versagt hat. Man gibt bei Leukämie in 2—3 Tagen 50—1000 EE subkutan oder intramuskulär.

Literatur: Plesch, Karczag u. Keetmann, Zeitschr. f. experim. Path. u. Therap., 14, 1912. — Orth, Allg. med. Zentralztg., 223, 1912. — Klemperer u. Hirschfeld, Therap. d. Gegenw., 337, 1912. — Czerny u. Caan, Münch. med. Wochenschr., 741, 1912. — Bickel, Berlin. klin. Wochenschr. 777, 1322, 1912. — Plesch, ebendort, 930, 1912. — Wagner, Dermat. Zeitschr., 988, 1912. — Falta, Krieser u. Zehner, Med. Klin., 1504, 1912. — Pinkuß, Deutsch. med. Wochenschr., 1779, 1912. — Falta u. Zehner, Wien. klin. Wochenschr., 1969, 1912. — Plesch, Berlin. klin. Wochenschr., 2305, 1912. — Prado-Tagle, ebendort, 2446, 1912. — Herxheimer, Münch. med. Wochenschr., 2563, 1912.

Radium und besonders Mesothorium dienen heute den weitausgedehnten Versuchen zur Behandlung maligner Geschwülste mittelst der Strahlentherapie. Naturgemäß kann über dieses so äußerst wichtige Gebiet ein abschließendes Urteil erst nach Jahren gegeben werden, wenn die

Frage: Dauerheilung oder nicht? ihre Beantwortung gefunden haben wird. Heute sind wir wohl über die ersten Vorversuche hinaus und nach dem übereinstimmenden Urteil der meisten Forscher auf diesem Gebiete muß dem Radium und dem Mesothorium der erste Platz in der Behandlung der malignen Tumoren angewiesen werden.

Aktinium ist in den Rückständen bei der Verarbeitung des Uranpecherzes entdeckt und bei der immer schwieriger werdenden Beschaffung von Radiumsalzen als Ersatzpräparat für diese herangezogen worden. In bezug auf seine Radioaktivität steht es dem Thorium nahe. Es kommt in Form eines bräunlich roten, feinkörnigen Pulvers in den Handel, das in Salz- oder Salpetersäure, aber nicht in Wasser löslich ist.

Das Aktinium wurde von Czerny und Caan in Form einer Emulsion in physiologischer Kochsalzlösung (0,5 : 10) jeden 2. Tag in Dosen, welche von 0,01 bis 0,1—0,2 g anstiegen, bei bösartigen Neubildungen injiziert und hiebei vereinzelt subjektive und objektive Besserung erzielt. 8 bis 10 Stunden nach den Injektionen stellte sich öfter stärkere Lokalreaktion, einmal auch Schüttelfrost ein. Stein verwendet mit aktiniumhaltigen Massen getränkte Kompressen (Radiofirmkompressen) bei Rheumatismen, Gicht, Neuralgien und Ohrensausen. Lazarus injiziert das Mittel bei perniziöser Anämie intramuskulär und läßt gleichzeitig eine Trinkkur durchmachen.

Literatur: Czerny u. Caan, Münch. med. Wochenschr., 34, 1911. — Lazarus, Allg. med. Zentralztg., 607, 1912. — Stein, Berlin. klin. Wochenschr., 784, 1912.

Radiofirmkompressen bestehen aus einem bandartigen Geflecht, das mit einer aktiniumhaltigen Masse — neben anderen radioaktiven Stoffen in geringerer Menge — getränkt wird.

Fabr.: L. Marcus, Berlin.

Benzol. Von v. Kóranyi wurde die Behandlung der Leukämie mit Benzol angeregt und damit von ihm und verschiedenen anderen Autoren (Királyfi, Stein, Wachtel, Kardos, Tedesco) günstige Erfahrungen gemacht. Die Benzolmedikation geht im wesentlichen mit einer Abnahme der Zahl der weißen und einer nach einiger Zeit einsetzenden Zunahme der roten Blutkörperchen, mit Abnahme der Milzschwellung und Besserung des Allgemeinbefindens einher. Die Zahl der weißen Blutkörperchen beginnt von der 2.—3. Behandlungswoche an langsam zu sinken, der hauptsächlichste Leukozytensturz tritt jedoch erst in der 4. Woche ein (v. Kóranyi, Wachtel). Der Erfolg scheint nach v. Kóranyi in allen Fällen von Leukämie einzutreten, setzt noch ein, wenn Röntgenbestrahlung versagt hat, erfolgt aber im allgemeinen langsamer als bei dieser. Dagegen scheinen bereits mit Röntgenstrahlen vorbehandelte Fälle rascher zu reagieren.

Da kleine Dosen von Benzol die Leukopoese anzuregen scheinen, hat v. Kóranyi die Behandlung mit großen Dosen empfohlen und gefunden, daß Tagesgaben von 3—4 g meist monatelang anstandslos vertragen wurden. Mitunter klagen die Patienten über Magenbrennen, Aufstoßen, vorübergehende Tracheobronchitis und Schwindel, namentlich wenn die Blutzellenzerstörung sehr rasch vor sich geht (Királyfi). — Die Magenstörungen können aber vermieden werden, wenn man das Mittel in Gelatinekapseln, mit der gleichen Menge Olivenöl versetzt, gibt. Man steigt langsam von der Anfangsdosis von 4 Stück Kapseln à 0,5 g auf 10 Stück im Tage. Stets sollen die Kapseln auf vollen Magen genommen werden.

Literatur: Kiralyfi, Wien. klin. Wochenschr., 1311, 1912. — v. Kóranyi, Berlin. klin. Wochenschr., 1357, 1912. — Stein, Wien. klin. Wochenschr., 1938, 1912. — Tedesco, Münch. med. Wochenschr., 2653, 1912. — Wachtel, Deutsch. med. Wochenschr., 307, 1913. — Kardos, Therap. Monatsh., 321, 1913. (Ref.)

Was die Therapie der übrigen Erkrankungen des Blutes und der blutbildenden Organe betrifft, vor allem die Pseudoleukämie, so kommen hier wiederum die bereits ausführlich behandelten therapeutischen Maßnahmen, dann Arsen-, Eisen- und Phosphortherapie, ev. Jodkali in Frage. Für die hämorrhagischen Diathesen, die Barlowsche Krankheit, Hämophilie, Purpura haemorrhagica, kann ebenfalls keine spezifische medikamentöse Therapie angegeben werden, ebensowenig wie die üblichen therapeutischen Maßnahmen eine experimentelle pharmakologische Erklärung finden können. Die für die Konstitutionskrankheiten erwähnte Arsen- und Eisenmedikation kommt jedenfalls auch hier in Frage.

Pflanzliches Alkali, Gerbsäurepräparate, Hefe etc. werden als neuere Medikationen genannt.

Blutstillung. Mittel mit spezifischer Uteruswirkung.

Blutstillung: Für äußere, zugängliche Blutungen kommen natürlich in erster Linie chirurgische, bzw. mechanische Maßnahmen in Frage. Die Verwendung der offizinellen Paleae haemostaticae (Pennawar-Jamby) u. a. ist heute wohl sehr eingeschränkt. Unter allen Umständen wird der Asepsis hier weitestgehende Rechnung getragen werden müssen. Eisenchlorid als Hämostatikum wird wegen der ätzenden Wirkung auch nur im Notfalle verwendet.

Größere Bedeutung haben in letzter Zeit jene Mittel erlangt, welche imstande sind, die Gerinnbarkeit des Blutes zu erhöhen und dadurch blutstillend zu wirken. Es ist eine empirische Tatsache, daß reichliche Salzzufuhr in diesem Sinne wirkt, und die in der Volksmedizin gebräuchliche löffelweise Zufuhr von NaCl, besonders bei Lungenblutungen, entbehrt auch heute noch nicht einer sachlichen Begründung. Auch Kalksalze, welche die Gerinnungsfähigkeit erhöhen, gehören hierher.

Unter den neueren Arzneimitteln kommt ferner für diese Frage die Gelatine in Betracht, die in Form der Gelatina sterilisata allen Anforderungen entspricht (s. d.). Auch die Injektion von Serum soll blutstillende Wirkung haben.

Eine andere Gruppe von Arzneimitteln wirkt blutstillend infolge ihrer vasokonstriktorischen Eigenschaft. Hiebei ist zu berücksichtigen, daß es sich um eine Wirkung auf die glatte Muskulatur handelt und daß dadurch eine große Reihe von Nebenwirkungen in Frage kommt, auf die gegebenenfalls Bedacht zu nehmen ist. Namentlich ist es die Wirkung auf den Uterus, die wir bei den meisten Mitteln dieser Gruppe in Betracht ziehen müssen und die selbstverständlich besonders bei graviden Frauen zu berücksichtigen ist.

Als Hämostatikum erster Ordnung kommt das Adrenalin in Frage. Die Art seiner pharmakologischen Wirkung und die dadurch bedingte vielseitige Verwendbarkeit sollen im speziellen Teil näher ausgeführt werden. Als Hämostatikum wird es durch lokale Vasokonstriktion nur bei zugänglichen Blutungen, bei Zahnextraktion etc., mit Vorteil verwendet werden können.

Im allgemeinen werden die Blutungen verschiedener Organe eine verschiedene Behandlung erfahren müssen, soweit man von den allgemein erwähnten Maßnahmen absieht. Ebenso ist zu berücksichtigen, daß die so wichtigen Uterusblutungen durch spezifische Uterusmittel behandelt werden müssen. Diese stellen wegen ihrer spezifischen Wirkung auf den Uterus eine Klasse für sich dar. Für Lungenblutungen dagegen scheint ihre Verwendbarkeit nicht gegeben zu sein.

Adrenalin. Nebennierenpräparate. Die Erkenntnis, daß gewisse pathologische Veränderungen der Nebennieren die Ursache eines Symptomenkomplexes seien, der Addisonschen Krankheit, war Anlaß für die Erforschung der Physiologie dieses Organes, die seit der Mitte des vorigen Jahrhunderts datiert und mit der Entdeckung von Oliver und Schäfer (1894) daß Nebennierenextrakt blutdrucksteigernd wirkt, in ein neues Stadium trat. Seither bemühte man sich, diesen wirksamen Bestandteil zu isolieren. In Erkenntnis der außerordentlich starken Wirksamkeit desselben hatte man zunächst die ganzen Nebennieren therapeutisch verwendet (siehe auch unter Organtherapie), dann Extrakte derselben, Stoffe, die auch heute noch erhalten sind. Ihre Bedeutung trat zurück, seit die Untersuchungen Abels, v. Fürths und schließlich Takamines (1901) zur Entdeckung des chemischen Charakters des Adrenalins führten. Adrenalin ist ein Derivat eines 2 wertigen Phenols, es ist Brenzkatechinmethylaminoäthanol.

Die pharmakologische Wirkung des Adrenalins ist charakterisiert durch seine erregende Wirkung auf die Endigungen des Sympathikus. Es werden daher in jenen Organen, in denen der Sympathikus fördernde Wirkungen hat, die betreffenden Organfunktionen gesteigert, dagegen in Organen mit hemmenden Sympathikusfasern gehemmt. So wirkt das Adrenalin vasokonstriktorisch durch die Wirkung auf die glatte Muskulatur der Gefäßwand. Die Folge davon ist eine eminente Blutdrucksteigerung. Was die Verwendung des Adrenalins als Hämostyptikum anlangt, so wurde bereits erwähnt, daß es bei zugänglichen Blutungen lokal durch die starke Vasokonstriktion mit gutem Erfolg verwendet werden kann, doch immer dabei zu bedenken ist — und dies gilt besonders für Injektionen, daß oft der Vasokonstriktion eine Vasodilatation folgt und daß, zumal meist nur die kleinsten Arterien verengt werden, bei Blutungen aus größeren Gefäßen starke Nachblutungen auftreten können, was immerhin gewisse Vorsicht notwendig macht. Weiterhin läßt sich eine sichtliche Wirkung auf das Herz wahrnehmen. (Akzeleranswirkung.) Uterusbewegungen werden durch Adrenalin ausgelöst und verstärkt, der Darm dagegen, nachdem der Sympathikus hier hemmende Fasern besitzt, ruhiggestellt. Dasselbe gilt von der Bronchialmuskulatur. Sämtliche vom Sympathikus innervierten Drüsen, mit Ausnahme der Schweißdrüsen, werden durch Adrenalin in ihrer Funktion gesteigert. Schließlich sei noch erwähnt, daß die unter dem Einfluß des Sympathikus vor sich gehende Zuckerbildung in der Leber eine Vermehrung erfährt, wodurch es zur Glykosurie kommt.

Aus diesen pharmakologischen Wirkungen des Adrenalins ergaben sich seine therapeutischen Indikationen. Als Zusatz zu Lokalanästheticis bedingt es einerseits lokale Anämisierung, wodurch eine Verzögerung der Resorption des Anästhetikums und Verstärkung seiner Wirkung erfolgt. Auch die entzündungshemmende Wirkung des Adrenalins ist hiebei von Bedeutung. Die Wirkung auf den Blutdruck und die spezifische Wirkung des Adrenalins auf das Herz machen es zu einem der besten Kollapsmittel. Zu diesem Zwecke ist meist intravenöse Injektion, ja sogar direkte Injektion ins Herz indiziert, da selbst ein bereits stillstehendes Herz wiederum zum Schlagen gebracht werden kann, wenn das Mittel sofort angewendet wird. Infolge der Wirkung auf die Bronchialmuskulatur, deren Krämpfe es zu lösen imstande ist, eignet es sich auch als glänzendes Asthmamittel.

Die Basis einer Anzahl neuer Hämostyptika sind das Mutterkorn und die Hydrastiswurzel.

Das Mutterkorn (Fungus secalis) wird sowohl in toto als auch in Form seines Extrakts verwendet. Wie bei allen Drogen so bemühte man sich auch hier den wirksamen Körper in reiner Form darzustellen und man erkannte bald, besonders aus dem komplizierten Bild der Mutterkornvergiftung (Ergotismus spasmodicus, convulsivus, gangraenosus), daß mehrere verschiedenartige Substanzen die eigentliche Wirkung bedingen müssen. Erst die letzten Jahre haben in dieser Frage Aufklärung gebracht. Wir können hier die Besprechung all der vielen Körper, die als Träger der Mutterkornwirkung angesehen wurden, übergehen und beschränken uns zunächst auf die Erwähnung des Ergotoxins (Barger, Carr, Dale, Krafft). Dies ist das Hydrat des an sich unwirksamen kristallinischen Alkaloids Ergotinin. Außerdem wurden eine Reihe von Aminen dargestellt, von denen das β-Imidazolyl-Äthylamin (Histamin) zu den Wirkungen der Sekalepräparate gewiß in Beziehung stehen dürfte und vielleicht auch noch direkte therapeutische Bedeutung erlangen wird. Die verschiedenen Sekalewirkungen verteilen sich auf die reindargestellten Präparate etwa derart, daß dem Ergotoxin durch Einwirkung auf die Gefäßwand Arterienkontraktion, Blutdrucksteigerung, Uterusbewegung und Gangrän zukommt. Eine genaue Analyse der Ergotoxinwirkung ergab, daß es wie das Adrenalin auf die Sympathikus-Endigungen wirkt, aber nur auf die fördernden, so daß Blutdrucksteigerung etc., wie beim Adrenalin, auftreten, die hemmende Wirkung auf den Darm aber ausbleibt. Das Tyramin (p-Oxyphenyläthylamin), das in wässerigen Sekalextrakten enthalten ist, steht sowohl chemisch ,als physiologisch dem Adrenalin nahe. Histamin (β-Imidazolyläthylamin) äußert zahlreiche, dem Symptomenkomplex der Anaphylaxie angehörende Wirkungen, speziell Gefäßerweiterung und dadurch bedingte Blutdrucksenkung, vorübergehenden Atemstillstand etc. Im Vordergrund aber steht gerade bei diesem Präparate die äußerst intensive Wirkung auf den Uterus, die im Tierversuche noch bei Verwendung von Lösungen von 1 : 250000000 auftritt.

Von den im Handel befindlichen Mutterkornpräparaten ist zu sagen, daß sie selbstverständlich inkonstant zusammengesetzte Gemenge der wirksamen Substanzen darstellen. Diesen Nachteil, der besonders den aus Drogen dargestellten Präparaten anhaftet, suchte man durch fabrikmäßige Darstellung nach Möglichkeit zu umgehen, und dies war der Grund für die Entstehung so vieler Handelspräparate.

Die frühere Verwendung der Mutterkornpräparate zur Verstärkung der Wehen in der Geburtsperiode ist gegenwärtig aus dem Grunde verlassen worden, weil eben wegen der unsicheren Dosierung die Gefahr einer tetanischen Uteruskontraktion besteht, was Verzögerung der Geburt und Absterben der Frucht zur Folge haben kann. Mit gutem Erfolge werden dagegen die Mutterkornpräparate in der Nachgeburtsperiode nach Ablösung und Ausstoßung der Plazenta zur Förderung der Uteruskontraktion sowie zur Stillung der Uterusblutungen verwendet. Ihre Hauptindikationen sind überhaupt nur die Uterusblutungen verschiedenster Art, während, wie bereits erwähnt, Blutungen aus anderen Organen kaum beeinflußt werden. Im Gegenteil kann z. B. durch die Vasokonstriktion im Uterusgebiet bei bestehender Lungenblutung durch abnorme Blutverteilung die Lungenblutung sogar ungünstig beeinflußt werden.

Hydrastisalkaloide. Von den Hydrastisalkaloiden, die im offizinellen Extractum Hydrastidis fluidum enthalten sind, kommt dem Hydrastin eine allgemeine Wirkung auf die Gefäße (Gefäßkontraktion und Blutdrucksteigerung) zu, daneben aber auch wieder eine peripher erregende Wirkung auf den Uterus. Auf diese Weise sind die Hydrastisalkaloide wiederum in erster Linie Hämostyptika für Uterusblutungen. Deutlicher und anhaltender ist die Gefäßkontraktion beim Hydrastinin, das durch oxydative Spaltung aus dem Hydrastin entsteht. Seine Verordnung wird dem der Extrakte vorgezogen, zumal es gegenwärtig bereits synthetisch dargestellt ist.

Auch das Spaltungsprodukt des im Opium enthaltenen Narkotins, das Alkaloid Kotarnin, ist Methoxyhydrastinin und gehört sowohl chemisch als auch hinsichtlich seiner gefäß- und kontraktionserregenden Wirkung auf den Uterus in die Gruppe der Hydrastisalkaloide. Von den Salzen des Kotarnins stehen das salzsaure Kotarnin (Stypticin) und das phthalsaure (Styptol) in therapeutischer Verwendung.

Alle in, diesem Kapitel genannten Präparate gehören wohl wegen ihrer spezifischen Wirkung zu den Hämostaticis, sie stellen aber wegen ihrer Wirkung auf den Uterus auch eine Gruppe für sich dar und es seien daher in direktem Anschluß daran ergänzend noch die übrigen Mittel besprochen, welche für die pharmakologische Beeinflußung des Uterus speziell seiner Bewegungen in Frage kommen. Es handelt sich dabei um Mittel zur Anregung der Wehentätigkeit.

Wie beim Mutterkorn ausgeführt wurde, steht die Unsicherheit seiner Dosierung und die Gefahr der tetanischen Uteruskontraktion seiner Verwendung als Wehenmittel entgegen. Der Vollständigkeit halber sei das Pilokarpin erwähnt, das wegen seiner erregenden Wirkung Anwendung als Wehenmittel gefunden hat. Ebenfalls peripheren Angriffspunkt hat das noch als wehenbeförderndes Mittel verwendete Chinin. Auch das Adrenalin kam für diesen Zweck in Betracht, doch wurden alle diese Mittel zurückgedrängt durch die ähnlich aber schwächer wirkenden, als Uterusmittel aber mit bestem Erfolg verwendeten Hypophysenpräparate, deren ausführliche Besprechung deshalb hier eingereiht wird.

Von neueren Mitteln aller erwähnter Gruppen seien angeführt:

Amenyl, ein Derivat des Hydrastins, und zwar das Chlorhydrat des Methyl-hydrastimid, bildet schwach gelbgefärbte Nadeln, die sich in heißem Wasser und Alkohol lösen. Aus der wäßrigen Lösung wird die freie Base durch Alkalien gefällt (Freund). Die Wirkung des Mittels bei funktioneller Amenorrhoe und bei den in den Entwickelungsjahren bei Virgine auftretenden Menstruationsstörungen, bei denen eine Lokalbehandlung kontraindiziert ist, beruht auf seiner Eigenschaft, den Blutdruck infolge der Gefäßerschlaffung herabzusetzen (Falk). Ohne Wirkung ist das Präparat bei Menstruationsstörungen infolge von Genitalerkrankungen und bei klimakterischen Störungen. — Als Nebenwirkung tritt vereinzelt Kopfschmerz auf (Falk).

Die übliche Dosis beträgt täglich 2 Tabletten à 0,05 g.
Literatur: Falk, Therap. Monatsh., 581, 1909. — Freund, ebendort, 586, 1909.
Fabr.: E. Merck, Darmstadt.
Preis: R. m. 20 Tabl. à 0,025 g Mk. 5,—. K. 6,50.

Clavin. Mit diesem Namen ist ein wechselndes Gemisch von Aminosäuren bezeichnet worden, wie sie aus vielen Pflanzenmaterialien zusammenkristallisierend erhalten werden. Eine tatsächliche Unterlage besitzt der Begriff „Clavin" nicht (Heubner).

Clavin ist bei Wehenschwäche und Abortus von Vahlen und Labhardt mit Erfolg in Dosen von 0,02—0,06 g subkutan appliziert worden.

Es kommt in Tabletten (zu 0,02 g Clavin und 0,08 g Kochsalz), die sich in 1 ccm Wasser lösen, in den Handel.
Literatur: Vahlen, Deutsch. med. Wochenschr., 32, 1905. — Labhardt, Münch. med. Wochenschr., 3, 1906. — Heubner, Therap. Monatsh., 660, 1909.

Dialysatum secalis cornuti, Secalan, (Golaz) ist ein hellbraunrotes, durchsichtiges, dünnflüssiges Medikament von angenehmem Geruch und Geschmack, das sowohl per os, wie auch in subkutaner Injektion gut vertragen wird und sich als ein erfolgreiches Styptikum in der Geburtshilfe erwiesen hat (Niebergall, Knapp). Bezüglich der Darstellung sei auf Artikel „Digitalisdialysat" verwiesen. Die gebräuchliche Dosis beträgt per os 20 Tropfen 3—5 mal täglich, subkutan 2 Pravazspritzen à 1 ccm.

Nachdem das Mutterkorn auch im Dialysat im Verlaufe eines Jahres ungefähr 10—15% seines wirksamen Prinzipes einbüßt, gelangen alle drei Monate frisch bereitete Präparate in den Handel.

Literatur: Niebergall, Zentralbl. f. Gynäkol., 19, 1901. — Knapp, Der Frauenarzt, 6, 1903.
Fabr.: Zyma, A.-G., Aigle-Schweiz.
Preis: Fl. 10 g Mk. 1,80. K. 2,25. Sch. m. 6 Amp. à 1 ccm Mk. 2,—. K. 2,50.

Ergotinol ist ein flüssiges Mutterkornextrakt, bei welchem 1 ccm 0,5 g des offizinellen Extraktes entspricht.

Es stellt eine klare, rotbraune Flüssigkeit von spezifischem Mutterkorngeruch dar und findet in der gynäkologischen und geburtshilflichen Praxis vorteilhafte Verwendung (Silberstein).

Literatur: Silberstein, Reichsmedizinalanz., 15, 1906.
Fabr.: Dr. Voßwinkel, Berlin W. 57.
Preis: Gl. m. 20 Dragées Mk. 1,50. K. 1,75.

Erystyptikum, eine Kombination von Sekakornin mit Extractum Hydrastidis canadensis und Hydrastinin. syntheticum, welche von Hirschberg in Dosen von 20 Tropfen, 3—4 mal täglich, mit Erfolg bei Menorrhagien, Metrorrhagien und zur Nachbehandlung von Abortus in den ersten Schwangerschaftsmonaten gegeben wurde.

Literatur: Hirschberg, Med. Klin., 1629, 1912.
Fabr.: F. Hoffmann-La Roche & Co., Grenzach-Basel.
Preis: Gl. 10 g Mk. 1,—. K. 1,50. 20 g Mk. 3,—. K. 3,75. Fest. 40 g = 20 g Erystipt. Flüssig. Mk. 3,—. K. 4,50.

Ferripyrin, Ferropyrin, Eisenchlorid-Antipyrin, ist ein gelbrotes Pulver, das 64% Antipyrin, 12% Eisen und 24% Chlor enthält, leicht in kaltem, schwer in heißem Wasser löslich ist und von Alkalien in seine Bestandteile zerlegt wird.

Wirkung, Indikationen und Dosierung: Das Mittel besitzt adstringierende und schwach anästhesierende Eigenschaften. Es wird äußerlich in 10—20% Lösung oder als Pulver, innerlich in Mengen von 0,05—0,1 g pro dosi als Hämostatikum verwendet (Hedderich). In der gynäkologischen Praxis empfiehlt es Schäffer bei allen unkomplizierten Blutungen aus den Genitalien, wobei man nicht ätzen will, in 1—2% Lösung bei gonorrhoischer Endometritis gegen die Hyperämie des Uterus, sowie bei vorgeschrittenem Portiokarzinom. Toff benützte das Präparat bei unstillbaren Blutungen nach ritueller Zirkumzision, Frohmann und Herreknecht bei Nachblutung nach Zahnextraktion; hiebei wird auch ein weit geringerer Nachschmerz als sonst beobachtet. Per os wird dasselbe bei Melaena neonatorum und Magen-Darmblutungen (Schäffer), sowie bei chlorotischen und anämischen Zuständen versucht (Cubasch). Nach Pewnizky bewährte es sich schließlich bei akuten, katarrhalischen und eitrigen perforativen Mittelohrentzündungen, chronischer Otitis media, sowie in Fällen, bei denen außer chronischer Otorrhöe Granulationen oder Polypen der Trommelhöhle bestehen. Hiebei wird es in 1—20% wäßriger Lösung eingeträufelt.

Literatur: Hedderich, Münch. med. Wochenschr., 1, 1895. — Frohmann, Therap. Monatsh., 7, 1895. — Cubasch, Wien. med. Presse, 7, 1895. — Schäffer, Münch. med. Wochenschr., 53, 1895. — Toff, Wien. klin. Wochenschr., 30, 1900. — Pewnizky, rf. in Mercks Jahresber. 1900. — Herrenknecht, Deutsch. zahnärztl. Ztg., 45, 1908.
Fabr.: Knoll & Co., Ludwigshafen.
Preis: In Kartons à 25, 50 u. 100 g 100 g Mk. 20,—.

Gelatina sterilisata pro injectione (Merck) wird durch stundenlanges Auskochen frischer Kalbsfüße in gespanntem Dampf bei 120° C gewonnen, rasch filtriert und in Gläser gefüllt, welche zugeschmolzen und bei 120° C nochmals sterilisiert werden. Nach 24 Stunden erfolgt eine neuerliche Sterilisation bei 120° C und schließlich wird die so gewonnene Gelatine vor ihrer Abgabe noch durch Tierversuche auf ihr Unschädlichkeit geprüft. Die Mercksche Gelatine ist 10%ig. In einer Glastube sind 40 ccm enthalten.

Wirkung: Die Gelatine, welche durch das oben beschriebene Verfahren sowohl keimfrei als auch toxinfrei gemacht ist, stellt ein ausgezeichnetes Hämostatikum dar, welches die Eigenschaft besitzt, die Gerinnungsfähigkeit des Blutes wesentlich zu erhöhen (Grau).

Die früher verwendete käufliche Gelatine enthielt durchaus nicht selten Tetanuskeime, wie Levy und Bruns durch Tierversuche nachgewiesen haben. Die vielen Tetanuserkrankungen nach Gelatineverwendung waren fast stets auf schlechte Beschaffenheit der Gelatine oder ungenügendes Sterilisieren der gebrauchten Lösung zurückzuführen (Lancereaux, Regnier, Gley). Es erscheint daher nur selbstverständlich, von der Anwendung der Gelatine abzusehen, wenn man sie nicht einwandfrei sterilisieren kann (Krug, Curschmann, Krause, v. Boltenstern).

Ein einstündiges Kochen macht die Gelatine wohl keimfrei, aber nicht toxinfrei (Doerfler). Es ist mindestens eine je einstündige Sterilisierung an drei aufeinanderfolgenden Tagen nötig, um ein einwandfreies Präparat herzustellen (Klemperer). Dazu fehlt es aber in den meisten Fällen an Zeit und Gelegenheit. Durch die Mercksche Darstellung des Präparates sind diese Schwierigkeiten beseitigt. Die styptische Wirkung der Gelatine, die unzweifelhaft feststeht, hat verschiedene Begründung gefunden. So hat Gebele nachgewiesen, daß für die prompte Gelatinewirkung eine starke Verminderung der Blutmenge eine unerläßliche Bedingung sei, der Blutverlust daher ein Fünftel bis ein Viertel des Gesamtblutes betragen müsse. Zibell hat durch Aschenanalysen gefunden, daß die käufliche Gelatine einen Kalkgehalt von 0,6% (der lufttrockenen Substanz) besitzt und schließt aus der bekannten Tatsache, daß das entkalkte Blut seine Gerinnungsfähigkeit eingebüßt hat, daß die Gelatine ihre Leistungsfähigkeit in erster Linie ihrem Kalkgehalte verdanke. Nach v. Boltenstern übt die Gelatine eine verändernde agglutinierende Wirkung auf die roten Blutkörperchen aus und gibt dadurch Veranlassung zu intravitalen Gefäßverlegungen und zu sekundären Gerinnungen. Moll führt die lokale styptische Wirkung der Gelatine ebenfalls auf ihre Fähigkeit zurück, Blutkörperchen zu agglutinieren. Die Wirkung bei subkutaner Applikation beruht nach demselben Autor auf Fibrinogenvermehrung. Forlanini, der die Einwirkung der Gelatine auf Aneurysmen untersuchte, stellte fest, daß die Subkutaninjektionen eine Herabsetzung des pathologisch erhöhten arteriellen Blutdruckes bewirken, welche schon einige Stunden nach der Applikation eintritt und mehrere Stunden anhält. Durch Verabreichung zu geeigneten Zeitpunkten kann man die erzielte Herabsetzung konstant erhalten. Eine Besserung der Krankheitserscheinungen bei Aneurysmen ist demnach nur bei erhöhtem Blutdruck zu erwarten. Da die blutdruckherabsetzende Wirkung nur eine vorübergehende ist, kann auch der Effekt kein dauernder sein.

Nebenwirkungen: Am meisten gefürchtet, heute aber durch das von Merck, wie auch das von Hell hergestellte Präparat als ausgeschaltet zu betrachten, sind die Tetanuserkrankungen nach Gelatinegebrauch (Meitner). Bis Ende Juni 1903 waren nachweislich 23 tödliche Fälle aufgetreten (Kuhn, Gerulanos und Georgi, Lorenz, Eigenbrodt, Zupnik, Krug, Margoniner und Hirsch, Doerfler, Heddaeus). Kuhn und Rößler konnten in ihrer Zusammenstellung 1907 bereits über 12 Fälle aus der deutschen und 23 Fälle aus der französischen Literatur berichten, weshalb die unbedingte Forderung gerechtfertigt erscheint, nur Gelatine vom gesunden Schlachttier zu verwenden.

Sonst wurden noch beobachtet im Anschlusse an Injektionen auftretende intensive Hämaturie und Hämoglobinurie, sowie Verstärkung bestehender Albuminurie (Freudweiler), Auftreten von Kopfschmerzen und typischer Urämie mit tödlichem Ende bei einer Metrorrhagie, welche mit chronischer Nephritis kombiniert war (Bauermeister), lokale Reizsymptome wie Röte und Härte in der Umgebung der Injektionsstellen (Nichols, Goßner, Grunow, Halpern, v. Boltenstern, Jacobaeus), in fast allen Fällen leichteres oder schwereres Fieber bis zu 39⁰ C, mitunter auch Schüttelfrost (Grunow, v. Boltenstern), hie und da urtikariaartige Ausschläge (Grunow, Komárek), sowie geringe Übelkeit und häufiges Gähnen mehrere Stunden nach der Injektion (Neitzke), endlich leichte Albuminurie (Goldschmidt). Die Injektionen, die bei vorsichtiger Ausführung völlig unschädlich sind (Wagner), können manchmal recht schmerzhaft sein und Jucken in der Umgebung der Injektionsstelle erzeugen (Goldschmidt, Fricke).

Indikationen: Das Anwendungsgebiet der Gelatine ist sehr ausgedehnt. Das Mittel wird bei Blutungen verschiedenster Provenienz intern, lokal, subkutan, rektal und auch intravenös erfolgreich benützt, speziell bei Blutungen, deren Quelle nicht ohne weiteres erreichbar ist und für deren Aufhören keine sicheren Anhaltspunkte zu gewinnen sind (Heddaeus). Überhaupt erfolglose Versuche sind bisher nur von Golubinin angestellt worden. Im besonderen findet die Gelatine Empfehlung bei Lungenblutungen (Nichols, Wagner, Thieme, Margoniner und Hirsch, v. Boltenstern, Hochhaus), bei Magen- und Darmblutungen (Doerfler, Einhorn, Senator, speziell bei Typhus abdominalis (Wagner, Pfibram, Skutetzky, Witthauer, Michaelis) und bei Magengeschwür (Helbig, Mann, Tollkühn), ferner bei Nierenblutungen (Schwabe, Goßner), bei cholämischen Blutungen nach Operationen am Gallensystem (Kehr, v. Boltenstern), bei Uterusblutungen, profusen Menses (Doerfler, Schulz, Schule, Kroemer), sowie bei Nasenbluten in Form von Tampons, die mit $2^1/_2\%$ Lösung getränkt waren (Helbich, Goldschmidt, Klose) und bei postoperativen Larynxblutungen durch Betupfen der blutenden Stellen (Goldschmidt). Um Zahnextraktionsblutungen geringer zu machen, ist es angezeigt, der Kokainlösung etwas Gelatine zuzusetzen (Hartwig, Zilz). Sehr wirkungsvoll gestaltet sich die Verwendung bei hämorrhagischer Diathese, also vor allem bei Hämophilie (Heymann, Landerer, Heße, Goldschmidt, v. Boltenstern, Zilz), bei Morbus maculosus Werlhofii (Landau), bei Purpura haemorrhagica und Skorbut (Zuppinger, Arnsperger). Bei Melaena neonatorum berichten in günstigem Sinne Holtschmidt, Oswald, Doellner, Schubert, Fuhrmann, Siegert, v. Boltenstern, Neu, Jäger, Grüneberg, Sittler, Engelmann, Vaßmer und Stephan, bei Pachymeningitis haemorrhagica Finkelstein.

Durch Lancereaux wurde die Behandlung der sackförmigen Aneurysmen mit subkutanen Gelatineinjektionen inauguriert, wodurch sehr häufig Besserungen, manchmal sogar Heilungen erzielt werden (Nichols, Neitzke, Sorgo, Mariani, Lancereaux und Paulesco, Klemperer, v. Boltenstern, Doerfler, Forlanini, Grünberger, Dentu, Robin). Keinen Erfolg sahen bei dieser Therapie Halpern und Fricke.

Der Verwendung der Gelatine als Säuglingsnahrung, wofür sie als leicht assimilierbarer und resorbierbarer Nährstoff, sowie durch die Fähigkeit, Nahrungseiweiß zum Körperansatz disponibel zu machen, prädestiniert erscheint, steht die unangenehme Eigenschaft hinderlich im Wege, Diarrhöen hervorzurufen (Gregor). Die von Cohn hergestellte flüssige Gelatine findet hingegen als Antidiarrhoikum, selbst bei Tuberkulose und als Stomachikum erfolgreiche Anwendung (Herzberg, Weil). Bei chronischem Dickdarmkatarrh erzielte v. Aldor durch Eingießen einer heißen Lösung von 40—80 g: 400—500 g Karlsbader Wasser von 45⁰ gute Erfolge. Negative Resultate erzielte Mann.

Kontraindiziert ist die subkutane Applikation der Gelatine bei Nierenerkrankungen, da dieselbe oder ihre Spaltungsprodukte den Körper zum Teil durch die Nieren verlassen und das Organ reizen. Auch können an anderen Stellen gebildete Gerinnsel in die Nieren verschleppt werden (Freudweiler, v. Boltenstern). Für die innerliche Darreichung bilden Nierenerkrankungen keine Gegenanzeige (Sorgo).

Dosierung: Per os wird die Gelatine verhältnismäßig selten als Blutstillungsmittel angewendet (Helbich, Senator). Nichols hält diese Art der Applikation überhaupt für zwecklos, da die Gelatine durch den Magensaft in ihren koagulierenden Eigenschaften verändert wird. Bei Kinderdiarrhöen verabreichte Weil mit günstigem Resultate dreimal täglich 10 g einer 10% Lösung in Milch.

Die intravenöse Applikation, welche nach Mariani wohl gut vertragen wird, ist wegen Gefahr der Embolie bedenklich (Nichols). Am häufigsten wird das Mittel subkutan verabreicht, besonders seitdem das 10% Mercksche Präparat im Handel erschien. Dasselbe kommt in Glastuben zum Vertriebe, welche die wirksame Einzeldosis von 40 g enthalten, während man früher von den 1—2% Lösungen 100—200 g einspritzen mußte. Die Glastube ist geschlossen im Wasserbade auf Körpertemperatur zu erwärmen, bevor ihr Inhalt benützt wird. Bei Melaena genügen 10—20 ccm der 10% Lösung. Bei Darmblutungen im Verlaufe des Typhus applizierte Witthauer neben Kochsalzinfusionen jeden 2. Tag 50 ccm der 10% Lösung.

Auch die Verabreichung per rectum ist empfehlenswert, da hiebei alle unangenehmen Nebenerscheinungen in Wegfall kommen (Nichols, Pfeiffer, Senator).

Die Zunahme der Viskosität des Blutes ist allerdings nach der oralen, wie nach der rektalen Darreichung weit geringer als nach der subkutanen Applikation, was seine Ursache darin hat, daß die Resorption der Gelatine aus dem subkutanen Gewebe viel rascher vor sich geht und das Präparat unverändert bleibt und nicht erst durch Verdauungsferment beeinflußt wird (Cmunt, Umber).

In lokaler Anwendung erzielten durch Betupfen der blutenden Stellen oder (wie bei profusen Menstrualblutungen) durch Tampons, die mit Gelatine getränkt sind, Helbich, Schüle, Goldschmidt und v. Boltenstern sehr gute Erfolge.

Literatur: Neitzke, Therap. d. Ggw., 9, 1899. — Golubinin, ebendort, 12, 1899. — Heymann, Münch. med. Wochenschr., 34, 1899. — Nichols, New York. med. News, Dez. 1899, rf. Zentralbl. f. inn. Med., 45, 1900. — Kehr, Münch. med. Wochenschr., 4, 1900. — Schwabe, Therap. Monatsh., 6, 1900. — Sorgo, Therap. d. Ggw., 9, 1900. — Lancereaux, Semaine médicale, 25, 29, 1900, rf. Therap. d. Ggw., 8, 1900. — Freudweiler, Zentralbl. f. inn. Med., 27, 1900. — Bauermeister, ebendort, 27, 1900. — Landau, Jahrb. f. Kinderheilk., 1, 1901. — Goßner, Deutsch. med. Wochenschr., Vereinsbeil., 3, 1901. — Wagner, Mitteil. aus d. Grenzgeb. d. Med. u. Chir., 4/5, 1901. — Gregor, Zentralbl. f. inn. Med., 8, 1901. — Helbich, Die Heilk., 9, 1901. — Gerulanos und Georgi, rf. Therap. d. Ggw., 12, 1901. — Hartwig, Wien. zahnärztl. Wochenschr., Juni, 1901. — Mariani, Policlinico, Jänner 1901, rf. Zentralbl. f. inn. Med., 23, 1901. — Gebele, Münch. med. Wochenschr., 24, 1901. — Grunow, Berl. klin. Wochenschr., 32, 1901. — Zibell, Münch. med. Wochenschr., 42, 1901. — Kuhn, ebendort, 48, 1901. — Lancereaux und Paulesco, Gaz. des hôpit·, 82, 1901, rf. im Zentralbl. f. inn. Med., 51, 1901. — Lorenz, Deutsch. Zeitschr. f. Chir., Bd. 61, 1901. — Holtschmidt, Münch. med. Wochenschr., 1, 1902. — Halpern, Zeitschr. f. klin. Med., 1, 1902. — Landerer, Württemberg. med. Korresp.-Blatt 1902, rf. Schmidts Jahrb., 1, 1902. — Goldschmidt, Therap. d. Ggw., 2, 1902. — Thieme, Münch. med. Wochenschr., 5, 1902. — Krug, Therap. Monatsh., 6, 1902. — Margoniner u. Hirsch, Therap. d. Ggw., 7, 1902. — Hesse, ebendort, 9, 1902. — Klemperer, Deutsch. med. Wochenschr., Vereinsbeil., 17, 1902. — Doellner, Münch. med. Wochenschr., 21, 1902. — Zupnik, Deutsch. med. Wochenschr., Vereinsbeil., 25, 1902. — Fuhrmann, Münch. med. Wochenschr., 35, 1902. — Oswald, ebendort, 35, 1902. — Siegert, Berl. klin. Wochenschr., 43, 1902. — Mariani, Klin.-therap. Wochenschr., 48, 1902. — Zuppinger, Wien. klin. Wochenschr., 52, 1902. — Doerfler, Therap. d. Ggw., 3, 1903. — v. Boltenstern, Würzburg. Abhandl., 5, 1903. — Eigenbrodt, Mitteil. aus d. Grenzgeb. d. Med. u. Chir., 5, 1903. — Schulz, Berl. klin. Wochenschr., 6, 1903. — Einhorn, Deutsche Praxis, 13, 1903. — Přibram, Prag. med. Wochenschr., 20, 1903. — Schüle, Fortschr. d. Med., 20, 1903. — Pfeiffer, ebendort, 25, 1903. — Krause, Berl. klin. Wochenschr., 29, 1903. — Curschmann, Münch. med. Wochenschr., 34, 1903. — Moll, Wien. klin. Wochenschr., 44, 1903. — Weil, Presse médicale, 71, 1903, rf. in Mercks Jahresber. 1903. — Forlanini, Klin. therap. Wochenschr., 8, 1904. — Jacobaeus, Therap. Monatsh., 12, 1904. — Fuhrmann, Wien. med. Presse, 17, 1904. — Fricke, Deutsch. med. Wochenschr., 20, 1904. — Lancereaux, Bullet. de l'académie de médic., 27, 1904, rf. Münch. med. Wochenschr., 36, 1904. — Regnier, Gley, ebendort, rf. ebendort, 36, 1904. — Senator, Repert. d. prakt. Med., 4, 1905. — Hochhaus, Deutsch. med. Wochenschr., 5, 1905. — Meitner, Ärztl. Zentralztg., 8, 1905. — Cohn, Therap. d. Ggw., 9, 1905. — Mann, ebendort, 11, 1905. — Herzberg, ebendort, 11, 1905. — Skutetzky, Zeitschr. f. Heilk., 2, 1906. — Neu, Med. Klin., 41, 1906. — Klose, Deutsch. med. Wochenschr., 52, 1906. — Mann, Münch. med. Wochenschr., 1, 1907. — Kuhn und Rößler, Therap. Monatsh., 4, 1907. — Schubert, Zentralbl. f. Gynäk., 7, 1907. — Grünberger, Wien. klin. Wochenschr., 7, 1907. — Lancereaux, Med. Klin., 370, 1907. — Komarek, Časapis lék. česk., 1163, 1907. — Michaelis, Med. Klin., 2, 1908. — Heddaeus, Münch. med. Wochenschr., 5, 1908. — Jäger, Gynäk. Rundsch., 15, 1908. — Witthauer, Münch. med. Wochenschr., 18, 1908. — Grüneberg, ebendort, 20, 1908. — Kroener, Deutsch. med. Wochenschr., 2194, 1908. — v. Aldor, Therap. Monatsh., 4, 1910. — Zilz, Österr. Zeitschr. f. Stomat., 6, 1910. — Sittler, Fortschr. d. Med., 8, 1910. — Engelmann, Deutsch. med. Wochenschr., 24, 1910. — Arnsperger, ebendort, 24, 1910. — Vaßmer, Zentralbl. f. Gynäk., 24, 1910. — Grau, Deutsch. med. Wochenschr., 27, 1910. — Studzinski, Zeitschr. f. klin. Med., 4, 1911. — Dentu, Bullet. inédic., 12, 1911. — Finkelstein, Allg. med. Zentralztg., 174, 1911. — Robin, Brit. med. journ., 561, 1911. — Tollkühn, Med. Klin., 1073, 1911. — Umber, Zeitschr., f. ärztl. Fortbildg., 20, 1912. — Cmunt, Med. Klin., 34, 1912. — Stephan, Deutsch. med. Wochenschr., 246, 1912.

Fabr.: E. Merck, Darmstadt.
Preis: Röhrchen zu 40 g Mk. 3,20. K. 4,00. Röhrchen zu 10 g Mk. 1,50. K. 1,80.

Hämostan ist ein Blutstillungsmittel, welches aus je 3 g Extract. Hydrastidis, Gossypii und Hamamelidis, 1 g Chinin. muriat. und 9 g Pulv. rad. Hydrastidis auf 100 Stück Tabletten besteht. Es findet bei Gebärmutterblutungen, profusen Menses usw. Anwendung.

Die übliche Dosis beträgt 3 mal täglich 3 Tabletten nach dem Essen.
Fabr.: Apotheke „zur Austria", Wien IX.
Preis: Fl. m. 60 Tabl. M. 3,20.

Hydrastinin hydrochloricum syntheticum (Bayer), kommt als Liquor Hydrastini, sowie in Form von Tabletten und in Gelatineperlen in den Handel und wird so wie das Fluidextrakt angewendet bei Uterusblutung (bei Blutungen in der Gravidität aber nicht geeignet wegen der Uteruskontraktionen auslösenden Wirkung!) z. B. bei profusen Menses in Dosen von 30 Tropfen alle 3 Stunden.

Für gewöhnlich genügen 3 mal täglich 20 Tropfen oder 4 mal täglich 1 Tablette à 0,025 g (Offergeld, Dührssen, Lehmann). Ferner wird das Mittel empfohlen bei Hämoptoe, Hämatemesis, Epistaxis und Hämorrhoidalblutungen (Freund, Merkel, Ziegenspeck).

Literatur: Freund, Therap. Monatsh., 432, 1912. — Lehmann, Allg. med. Zentralztg., 512, 1912. — Ziegenspeck, Med. Klin., 1742, 1912. — Merkel, Münch. med. Wochenschr., 1934, 1912. — Dührßen, Berlin. klin. Wochenschr., 64, 1913. — Offergeld, ebendort, 66, 1913.
Fabr.: Farbenfabrik. vorm. Fr. Bayer & Co., Leverkusen.
Preis: Liquor. Gl. 10 g Mk. 1,25. K. 1,70. 25 g Mk. 2,50. K. 3,40. Tablett. R. m. 15 versilb. Tabl. à 0,025 Mk. 2,—. K. 2,40.

Histamin, β-Imidazolyläthylamin, wurde von Jäger in Dosen von 30 Tropfen einer $1^0/_{00}$ Lösung, dreimal täglich, an Stelle des Extract. Secalis cornuti fluidum bei Gebärenden versucht. Auch intramuskulär und subkutan wurde es angewendet. Es übt hiebei in Dosen von 0,004 g keinen Einfluß auf die Uteruskontraktionen aus. Gaben von 0,008 g riefen hingegen stärkere Uteruskontraktionen hervor, zweimal wurden sogar durch fünf Minuten Dauerkontraktionen beobachtet. Gleichzeitig stellten sich hiebei aber auch sehr starke Nebenwirkungen ein, wie Kopfschmerzen, Erbrechen, Herzklopfen, Erythem. Das Mittel ist daher, wenn es auch auf das Kind nicht schädigend einwirkt, als Wehenmittel nicht anzuwenden.

Literatur: Jäger, Zentralbl. f. Gynäk., 265, 1913.

Hypophysenpräparate. In der Hypophyse ist ein Stoff vorhanden, welcher dem Adrenalin ähnlich wirkt, daher den Blutdruck erhöht und Glykosurie verursacht, sowie ein den Blutdruck erniedrigender Stoff (Pàl). Ferner besitzen die aus dem infundibularen Anteile der tierischen Hypophyse dargestellten Hypophysisextrakte eine eklatante uteruskontrahierende und die Blasenmuskulatur anregende Wirkung (v. Frankl-Hochwart und Fröhlich).

1. **Hypophysis cerebri siccat. pulv.** wird aus dem Gehirnanhange von Rindern gewonnen und entspricht der $6^{1}/_{2}$ fachen Menge des frischen Organes. Von Parisot wurde nach Einverleibung des Mittels Steigerung der arteriellen Tension beobachtet und nach mehrmaligen Einzelgaben von 0,1—0,3 g in 24 Stunden über gute Erfolge bei Akromegalie und Morbus Basedowii, bei Arteriosklerose und Myokarditis, bei Tetanie (Pàl), endlich bei Typhus, Pleuritis purulenta und Meningitis cerebrospinalis (Rénon und Delille) berichtet.

Fabr.: Dr. Freund u. Dr. Redlich, Berlin.
Preis: 100 Tabl. K. 5,40. 50 Tabl. K. 3,—.
Fabr.: E. Merck, Darmstadt.
Preis: 100 St. à 0,1 K. 14,50. 50 St. 8,50.

2. **Pituitrin** ist ein Hypophysenextrakt, dargestellt aus dem infundibularen Anteil der tierischen Hypophyse, von welchem 1 ccm 0,2 g frischer Hypophysensubstanz entspricht.

Wirkung: Die Wirkung des Pituitrins ist der des Adrenalins ähnlich. Es besitzt eine mäßige, blutdrucksteigernde Wirkung von stundenlanger Dauer (Klotz, Foges und Hofstätter) mit geringer Anforderung an das Herz. Die uteruskontrahierende Wirkung tritt wenige Minuten nach der Injektion ein (v. Frankl-Hochwart, Dale, Klotz) zunächst meist in Form einzelner länger dauernder, krampfartiger Kontraktionen, die aber bald einen rhythmischen Charakter annehmen und meist über eine Stunde anhalten (Fries). Besonders prompt ist der Einfluß auf die Wehentätigkeit in der Austreibungs-, weniger in der Eröffnungsperiode, also bei Wehenschwäche, doch sind bei der Verabreichung gewisse Vorbedingungen zu beachten: Die Geburt muß tatsächlich im Gange sein, dem Eintritte des vorangehenden Kindesteiles ins Becken und seinem weiteren Durchtreten darf kein besonderes Hindernis im Wege stehen (Voigt). Bei zögernder Eröffnung des Muttermundes ist gleichzeitige Kolpeuryse angezeigt (Voigt).

Nebenwirkungen: Vereinzelt wurden Herabsetzung der Herztätigkeit bei Mutter und Kind (Hengge), schwere Ohnmachtsanfälle (Bovermann), Dauerkontraktionen schon nach 0,2 g (Rieck) und intensive Kopfschmerzen im Hinterhaupte (Koch) beobachtet.

Indikationen: Das Hauptanwendungsgebiet bildet die Wehenschwäche (Foges und Hofstätter, Vogt, Roß, Stern, Schiffmann, Bondy, Hoffbauer, Schmid, Krömer, Bagger-Jörensen, Jaeger, Anderes, Hirsch, Voigt, Nagy, Hager, Fries, Roemer, Klotz, Grünbaum, Voll, Hengge, Liepmann, Rübsamen). Über Mißerfolge berichten nur Pfeifer und Gottfried. Für die Nachgeburtsperiode wird das Mittel abgelehnt (Zangemeister). Bezüglich des Nutzens der Anwendung zur Einleitung der Frühgeburt sind die Ansichten geteilt. Stern berichtet hierüber günstig, während Schiffmann das Mittel hiebei als ungeeignet bezeichnet. Prophylaktisch empfiehlt Liepmann das Pituitrin bei jeder Geburtsanomalie, welche zu Atonie prädestiniert, wie z. B. Zwillinge und Hydramnios. Über gute Erfolge bei atonischen Blutungen post partum berichten Foges und Hofstätter, Klotz, Schmid, Liepmann und Rübsamen. Bei Placenta praevia wird nebst Blasensprengung und kombinierter Wendung nach Braxton-Hicks das Mittel von Trapl und

Rieck empfohlen. Nach Hebosteotomie verwenden es Linzenmeier und Stolper. In intramuskulärer Anwendung bewährte es sich nach Neu und Koch bei Osteomalazie. Da das Pituitrin auch auf die Blasenmuskulatur und die motorischen Blasennerven wirkt, kann eine postoperative oder postpartale Harnblasenatonie durch das Mittel ungefährlich und leicht behoben werden. Nach 1 ccm stellt sich Harndrang und ausgiebige Entleerung der Blase ein (Hofstätter, Klotz, Hoffbauer).

Kontraindikationen: Fälle, bei denen eine starke Wehentätigkeit nicht erwünscht ist, also bei bestehender Nephritis und Myokarditis (Steuernagel, Klotz, Malinowsky), sowie Fälle mit gesteigerter Erregbarkeit des Uterus (Voigt). Vorsicht ist geboten in den frühesten Stadien der ersten Geburtsperiode und bei zu erwartender Rigidität des Muttermundes wegen Uteruskrampf (Patek, Hamm, Heil).

Dosierung: Zu beachten ist im allgemeinen, daß das Präparat stets frisch sei und unter Luftabschluß, am besten in Ampullen aufbewahrt werde. Bei rötlicher Farbe ist es als verdorben und nicht mehr vollkommen wirksam anzusehen. Die Spritze soll keinen Alkohol enthalten (Stern, Hoffbauer). Die gewöhnliche Dosis bei Wehenschwäche beträgt 1 ccm und kann, falls nach 10 Minuten keine Wehentätigkeit eingetreten ist, wiederholt werden. Bei atonischen Blutungen gibt man 2 ccm direkt in die Uterusmuskulatur, indem man die Portio herunterzieht, eine lange Kanüle durch das Cavum uteri einführt und von innenher in die Uteruswand einsticht (Schmid). Von Rübsamen wird die langsame intravenöse Applikation empfohlen.

Fabr. Parke, Davis & Co., London.
Preis: Sch. m. 6 Amp. à 0,5 u. à 1 ccm Mk. 3,— u. 5,20. K. 3,60 u. 6,—. Sch. m 12 Amp. à 0,5 u. à 1 ccm Mk. 5,20 u. 8,80. K. 6,00 u. 10,20. Kassenpackung: 3 Amp. à 0,5 ccm Mk. 1,60. K. 2,00.

3. **Pituglandol,** ein Hypophysenextrakt, bei welchem 1 ccm 0,1 g der festen Substanz entspricht. Es besitzt nach Klotz drei Hauptwirkungen: eine blutdruckerniedrigende, darmlähmende und die Diurese anregende. — Von Nebenwirkungen wurde Auftreten von Miliaria cristallina, Schweißausbrüche, sowie fliegende Hitze und Röte beobachtet (Koch). Man gibt es bei Wehenschwäche (Heilbronn, Basset), bei atonischen Blutungen (Eisenbach), bei Eklampsie (Krakauer) und bei Osteomalazie (Koch). Bei Amenorrhoe bewährten sich tägliche durch 10 Tage fortgesetzte Injektionen von 1 ccm (Fromme).

Fabr.: E. Hoffmann-La Roche & Co., Grenzach-Basel.
Preis: Sch. m. 3, 6 u. 12 Amp. à 1,1 ccm Mk. 1,80, 3,20, 6,—. K. 2,25, 4,—, 7,50.

4. **Glanduitrin.** 1 ccm dieses Extraktes entspricht 0,2 g der festen Substanz. Über gute Erfolge berichten Hirsch und R. Cohn bei primärer und sekundärer Wehenschwäche hauptsächlich in der Austreibungsperiode, sowie bei vorzeitigem Blasensprung mit fehlenden Wehen, bei atonischen Blutungen nach Ausstoßung der Plazenta und prophylaktisch bei Entbindung durch Sectio caesarea. Ungeeignet erscheint es zur Abortbehandlung und zu widerraten ist die Darreichung vor Abgang der Plazenta (Hirsch). Man kann bis zu 4 Injektionen à 1 ccm gehen, muß aber zwischen den Injektionen größere Pausen einhalten, da sonst Tetanus uteri erfolgen kann. Derselbe ist gegebenenfalles durch Morphium leicht zu bekämpfen.

Fabr.: G. Richter, Budapest.
Preis: 3 Amp. K. 2,25. 6 Amp. K. 4,—.

5. **Hypophysin** ist ein in seiner Zusammensetzung stets gleichmäßiges Hypophysenextrakt, welches in Dosen von 1 ccm der 1 $^0/_0$ Lösung die gleiche pharmakologische Wirkung hat wie 1 ccm Pituitrin und von Herzberg bei Wehenschwäche und nach Einlegen des Metreurynters bei Placenta praevia mit Nutzen gebraucht wurde.

Eine Lösung, die in 1000 Teilen 1 Teil der aus der Hypophyse gewonnenen schwefelsaueren Base enthält, dient zur muskulären Injektion.
Fabr.: Meister-Lucius & Brünig, Höchst.
Literatur: Rénon u. Delille, Münch. med. Wochenschr., 24, 1907. — Parisot, Semaine medicale, 40, 1907. — Pál, Med. Klin., 1217, 1909. — Dale, Journ. of Physiol., 3, 1910. — v. Frankl-Hochwart, Arch. f. experim. Path. u. Pharmak., 347, 1910. — Foges u. Hofstätter, Zentralbl. f. Gynäk., 1500, 1910. — Gottfried, ebendort, 14, 1911. — Pfeifer, ebendort, 22, 1911. — Hoffbauer, Monatsschr. f. Geburtsh. u. Gynäk., 283, 1911. — Stern, Zentralbl. f. Gynäk., 1113, 1911. — Klotz, Münch. med. Wochenschr., 1119, 1911. — Roß, Zentralbl. f. Gynäk., 1208, 1911. — Neu, ebendort, 1233, 1911. — Bagger, Jörensen, ebendort, 1305, 1911. — Krömer, ebendort, 1361, 1911. — Bondy, Berlin. klin. Wochenschr., 1459, 1911. — Stern, ebendort, 1461, 1911. — Schiffmann, Wien. klin. Wochenschr., 1498, 1911. — Hofstätter, ebendort, 1702, 1911. — Zangemeister, Steuernagel, Med. Klin., 1863, 1911. — Schmid, Münch. med. Wochenschr., 2014, 1911. — Vogt, ebendort, 2743, 1911. — Hamm, ebendort, 77, 1912. — Voigt, Der Frauenarzt, 214, 1912. — Jäger, Münch. med. Wochenschr., 297, 1912. — Nagy, Zentralbl. f. Gynäk., 301, 1912. — Hager, ebendort, 304, 1912. — Trapl, Monatsschr. f. Geburtsh. u. Gynäk., 393, 1912. — Anderes, Korrespondenzblatt f. Schweiz. Ärzte, 454, 1912. — Liepmann, Therap. Monatsh., 569, 1912. — Hirsch, ebendort, 790, 1912. — Rieck, Münch. med. Wochenschr., 816, 1912. — Hirsch, ebendort, 984, 1912. — Koch, Med. Klin., 1022, 1912. — Patek, Zentralbl. f. Gynäk., 1083, 1912. — Hoffbauer, Münch. med. Wochenschr., 1210, 1912. — Fromme, Zentralbl. f. Gynäk., 1366, 1912. — Heil, ebendort, 1398, 1912. — Malinowsky, ebendort, 1425, 1912. — Bovermann, Münch. med. Wochenschr., 1533, 1912. — Fries, Deutsch. med. Wochenschr., 1730, 1912. — Schmid, ebendort, 1933, 1912. — Roemer, Münch. med. Wochenschr., 2046, 1912. — Klotz, ebendort, 2047, 1912. — Grünbaum, ebendort, 2048, 1912. — Voll, ebendort, 2050, 1912. — Cohn, R, Berlin. klin. Wochenschr., 2278, 1912. — Heilbronn, Münch. med. Wochenschr., 2279, 1912. — Krakauer, Berlin. klin. Wochenschr., 2317, 1912. — Eisenbach, Münch. med. Wochenschr., 2445, 1912. — Hengge, ebendort, 2814, 1912. — Rieck, ebendort, 2872, 1912. — Linzenmaier, Zentralbl. f. Gynäk., 159, 1913. — Herzberg, Deutsch. med. Wochenschr., 207, 1913. — Basset, Med. Klin., 457, 1913. — Rübsamen, Münch. med. Wochenschr., 627, 1913.

Kalzine. Da die innerliche Darreichung der Kalziumsalze nur zu einer unzulänglichen und langsamen Resorption führt, die intravenöse zu gefährlich ist und die subkutane stärkere Reizerscheinungen verursachen kann, haben Müller und Saxl zur Vermeidung dieser Reizerscheinungen gleichzeitig mit Kalziumchlorid Gelatine injiziert.

Diese Kombination wird von E. Merck - Darmstadt als Kalzine in den Handel gebracht und mit gutem Erfolge bei Blutungen, bei Asthma bronchiale und Morbus Basedowii verwendet, wenn die Darreichung von Kalziumsalzen per os erfolglos blieb oder wenn schwere Erscheinungen intensivere Maßnahmen erheischten. Die Autoren applizierten das Mittel auch intramuskulär und haben danach nur selten anhaltende mäßige Schmerzen beobachtet.
Literatur: Müller und Saxl, Therap. Monatsh., 777, 1912.
Fabr.: E. Merck, Darmstadt.
Preis: M. 1 Amp. à 10 ccm Mk. 1,95.

Mensan ist ein alkoholischer Extrakt aus entölten Haselnüssen, dessen wirksamer Bestandteil bisher noch nicht isoliert worden ist. Das Mittel besitzt blutstillende und in geringem Grade auch schmerzstillende Eigenschaften und wird in Dosen von 1 Eßlöffel 2 mal täglich bei Uterusblutungen im Gefolge von chronischer Endometritis (Boruttau und Davidsohn), sowie bei dysmenorrhoischen Beschwerden 1—2 Tage vor Beginn der Menses in Dosen von 3 Eßlöffeln täglich in einem Glas Wasser (Keilpflug) verwendet.

Mitunter wird nach der Einnahme über Kopfdruck, Nasenbluten, und andere vasomotorische Störungen geklagt.
Literatur: Boruttau und Davidsohn, Münch. med. Wochenschr., 48, 1909. — Keilpflug, Der Frauenarzt, 242, 1911.
Fabr.: Dr. Gude & Co., Leipzig.
Preis: Fl. (165 ccm) Mk. 3,--. (85 ccm) Mk. 1,75.

Nebennierenextrakt. Der Extrakt wird gewonnen durch Trocknen und Zerreiben der Nebennieren von Hammeln oder durch Zerkleinerung derselben und Bereitung eines wäßrigen Auszuges. Der pulverförmige Extrakt wird zweckmäßig in Form von genau dosierten Tabletten verwendet. Nebenwirkung: Nach Verabreichung per os tritt manchmal Nausea und Erbrechen ein (Murell, Adam, Floersheim), ferner nervöse Reizbarkeit, allgemeiner Tremor der oberen Extremitäten (Boinet) und Herzpalpitationen (Habgood), sowie geringes Brennen nach Einträufeln einer Lösung ins Auge (Landolt). Ausgebildete Urtikaria beobachtete Rosenberg nach Einführung eines halberbsengroßen mit wäßrigem Extrakte getränkten Wattebäuschchens in die Nase, Gangrän nach subkutaner Injektion Neugebauer. Von Blum wurde nach einwandfrei angelegten Tierversuchen der Nachweis erbracht, daß in den Nebennieren eine Substanz enthalten sei, welche, wenn sie in den Kreislauf gebracht wird, Glykosurie hervorruft. Nach Darreichung per os bleibt dieselbe aus.

Indikationen und Dosierung: Zunächst wurde das Präparat bei Morbus Addisonii als Therapeutikum versucht, doch äußert sich Pickard absprechend über diese Organtherapie, da nach Einleitung derselben eine bedeutende Einschmelzung von Körpereiweiß und dementsprechend Gewichtsabnahme eintrat. Auch Murell versuchte es hiebei mit vollem Mißerfolge. In günstigem Sinne hingegen äußern sich Edel, Hirtz, Moody und Gray. Nach Sellier und Verger scheint hiebei die beste Form der Darreichung der Glyzerinextrakt zu sein.

Eine ausgebreitete Verwendung sicherte dem Extract. suprarenale seine gefäßverengernde Wirkung, sowie die Eigenschaft, das Zustandekommen des Effektes von Kokain, Atropin und Eserin zu beschleunigen (Landolt). So lindert es bei entzündeter Bindehaut, ohne ein direktes Heilmittel zu sein, sofort die Beschwerden, ebenso bei Asthma (Solis-Cohen). Douglass rühmt den Nutzen des Extraktes bei Heuschnupfen (entweder intern als Pulver oder extern in Form der 6—12% Lösung). Auch differentialdiagnostisch wird es mit Erfolg, z. B. bei Affektionen der oberen Luftwege, verwendet, um zwischen hyperämischer Schleimhaut und den durch Gewebswucherungen erzeugten Verdickungen zu entscheiden (Mosse, Nieden).

Als ausgezeichnetes Hämostatikum findet es intern Anwendung (2stündl. 1 Eßlöffel voll einer 4% Lösung) bei Magendarmblutungen, besonders bei Ulcus rotundum (Grünbaum, Fenwick), bei Nasenbluten, wobei die Einführung eines mit Lösung getränkten Wattebäuschchens genügt (Cobb), bei Blutungen der Haut und Schleimhäute (längeres Betupfen der blutenden Stellen mit Gaze, die mit gepulvertem Extrakte imprägniert ist) und bei Hämophilie (Thomas, Mc. Kenzie). Prostatablutungen werden durch Verabreichung von Tabletten à 0,3 g, zweimal täglich, oder durch Einträufeln einiger Tropfen einer wäßrigen Lösung (1:12) in die Harnröhre sehr leicht und günstig beeinflußt (Heelas, Habgood). Bei Hämatemesis, bei welcher u. a. Floersheim auch durch interne Verabreichung (1 Tablette à 0,3 g) prompte styptische Wirkung erzielte, empfiehlt Adam die Applikation per clysma (0,6 g, ev. nach 2—4 Stunden zu wiederholen), um den manchmal auftretenden Brechreiz zu umgehen. Bei Zahnextraktionen verwendete es erfolgreich Möller, rein oder mit Kokain und Anästhesin zusammen.

Kontraindikationen: Mit Rücksicht auf die enorme vasokonstriktorische Wirkung ist Vorsicht in erhöhtem Maße bei Einblasung des pulverförmigen Extraktes in den Hals angezeigt (Bloch), ebenso wegen Gefahr der Nachblutung bei starken entzündlichen Erscheinungen, sowie bei älteren Leuten, selbst wenn keine Arteriosklerose vorhanden ist (Oppenheimer). Unter allen Umständen zu unterlassen ist die Verwendung bei Kornealgeschwüren (Bower).

Die verschiedenen Nebennierenpräparate.

1. **Adrenalchlorid** (Poehl) ist ein isolierter, wirksamer Bestandteil der Nebenniere, welcher als Base das salzsaure Salz in kristallinischer Form bildet. Es stellt gelblichweiße, an der Luft infolge ihrer hygroskopischen Eigenschaften leicht zerfließliche Kristalle von bitterem Geschmacke dar und kommt in Röhrchen, welche 0,002 g Adrenalchlorid mit Kochsalz enthalten, oder in $1^0/_{00}$ Lösung in den Handel. Es besitzt bedeutende gefäßverengernde Kraft und wirkt außerdem noch schmerzlindernd. Das Präparat findet, wie das Adrenalin, die weitestgehende Verwendung.
Fabr.: Poehl, Petersburg.
Preis: 5 Amp. à 0,002 K. 1,80. Flac. à 30 g K. 3,60. 10 g K. 1,80.

2. **Adrenalin**, der von Jokichi Takamine dargestellte wirksame Bestandteil der Nebenniere, ist ein leichter, weißer, kristallinischer Körper, von leicht bitterem Geschmack. Es löst sich schwerer in kaltem, leicht in heißem Wasser, in Alkalien und in Säuren und bildet mit letzteren Salze. Die Lösung besitzt leicht alkalische Reaktion und gibt mit Eisenchlorid eine schön grüne, mit Jod eine rötliche Färbung. Außerdem bestehen eine Reihe anderer sehr empfindlicher Farbenreaktionen, die auch zur quantitativen (kolorimetrischen) Bestimmung des Adrenalins verwendet werden. Im Handel erscheint Adrenalin in Form einer $1^0/_{00}$ Lösung (Adrenal. 0,1, Natr. chlor. 0,7, Chloreton 0,5, Aq. dest. 100,0). Die Lösungen sind lange haltbar und lassen sich sterilisieren (Rode).
Wirkung: Das Adrenalin ist reizlos und ungiftig und besitzt eine ganz erstaunlich hohe gefäßverengernde und blutdrucksteigernde Wirkung die ungefähr 625 mal so stark ist als die des Nebennierenextraktes (Takamine). Es erhöht auch die Gerinnungsfähigkeit des Blutes und kann so hämostyptisch wirken (v. d. Velden). Bossi glaubte beobachtet zu haben, daß nach Exstirpation der ganzen Nebenniere oder auch nur eines Teiles derselben nach wenig Tagen eine wahre Osteoporosität entsteht, welche durch Darreichung von Nebennierenextrakt wieder gebessert werden kann. Er gab daher Adrenalin bei Osteomalazie der Frauen.
Schon 1 Tropfen einer Lösung von 1:50000 ruft in einer Minute auf der normalen Konjunktiva Blutleere hervor und die minimale Dosis von 0,000001 g pro kg Körpergewicht vermag noch ganz deutlich den Blutdruck zu steigern. Lösungen von 1:1000 wirken ganz sicher, gewöhnlich genügen solche von 1:5000. Akut entzündete Gewebe reagieren schon auf 1:10000. Anästhesierenden Effekt besitzt Adrenalin selbst nicht, es verträgt sich aber sehr gut mit Kokain, Alypin und Novokain und unterstützt deren Wirkung (Rode, Bukofzer, Esch).
Nebenwirkung: Man muß sich stets bewußt sein, daß beim Nachlassen der physiologischen Wirkung Nachblutungen verschieden starken Grades, die nicht immer durch neuerliche Anwendung des Mittels zu beheben sind, eintreten können (Lange). So sah Greve bei Zahnoperationen, Oppenheimer bei Iritis sehr starke Nachblutungen. Bei subkutaner und intravenöser Injektion kann es zu Glykosurie, bei fortgesetztem Gebrauche zu dauerndem Diabetes kommen (Bukofzer, Paton). Nach intrakutaner Anwendung gibt es mitunter zu Hautgangrän (Lanz) oder Bildung von Phlegmonen (Aronheim) Veranlassung. Von Schücking wurde einmal nach Einspritzung von 1,75 ccm in die hintere Scheidenwand nach 7 Minuten das Auftreten einer tiefdunkelblauen bis schwarzblauen Verfärbung beobachtet, die (nach wiederholtem Erbrechen) bald wieder schwand. Der von Enderlen nach Anwendung von 8 Tropfen Adrenalinlösung beschriebene, unter Lähmungserscheinungen eingetretene Todesfall ist nicht aufgeklärt. Sowohl bei endovenöser wie subkutaner Anwendung tritt wahrscheinlich durch Erkrankung der Muscularis der Gefäße leichte Atheromatose ein (Baduel),

was schon früher durch Tierversuche bei den Nebennierenpräparaten überhaupt festgestellt wurde von Boveri, v. Koranyi und in letzter Zeit von Klieneberger. Bei der Behandlung der Osteomalazie zwangen Fieber und schwere Herzsymptome zum Aussetzen des Mittels (v. Velits). Herzklopfen, Frösteln, Pulsbeschleunigung und Unruhe nach der Subkutaninjektion beobachteten Ephraim und Gaisböck.

Indikationen: Das Adrenalin ist ein starkes Hämostatikum und bringt selbst in verzweifelten Fällen von Nasen-, Lungen-, Blasen- und Gebärmutterblutungen, sowie bei Nachblutungen nach Operationen sicheren Erfolg (Takamine, v. Frisch, Lange, Kirch, Cramer, Voigt, Mamlock, Schücking, Cosma, Hedley, Duncanson, Steinschneider). Vielseits wird sein Nutzen gerühmt bei Zirkulationsstörungen (Myrtle), zur Verhütung von Kollaps besonders während der Narkose, sowie bei Operationen in der Nase, im Rachen und Kehlkopfe (Bukofzer), im Ohre (Baëza), in der Augenheilkunde bei Tränenkanalleiden, Konjunktivalphlyktänen, Frühjahrskatarrh usw. (Green, Ferdinands, Darier, Kirchner, Vignes, Schnaudigl, Schweinitz, Königstein).

Sehr wirksam erwies es sich bei bakteriotoxischer Kreislaufschwäche, z. B. bei Herzschwäche im Gefolge schwerer Pneumonie und Diphtherie (Eckert, Volhard, Kraus, Heubner, Kirchheim, Gaisböck), bei schwerem Kollaps im Gefolge der Lumbalanästhesie, sowie bei schwerem chirurgischen Shok (Kothe, v. d. Velden), in Kombination mit Kochsalzinfusion bei peritonitischer Blutdrucksenkung und Urämie (Kothe, Holzbach, Gaisböck). Im speziellen erscheint das Adrenalin empfohlen zur Blutstillung bei vesikaler Hämaturie und zur Verhütung von Blutungen bei Vornahme von Blasenoperationen (v. Frisch, Rundle), bei sonstigen chirurgischen Eingriffen (Elsberg) und bei Operationen im Leberparenchym (Gualdrini), bei Purpura haemorrhagica mit renaler Hämaturie (Jenner) und bei schwerer Darmblutung im Gefolge von Typhus (Graeser). Ferner bewährte es sich nach Robinson bei Hyperemesis gravidarum (10 Tropfen der $1^0/_{00}$ Lösung subkutan), nach Naamé bei Cholera asiatica (3—5 ccm subkutan oder 2—3 ccm intravenös), weiter bei inoperablem Karzinom des Zungengrundes (Echtermeyer) und bei Dysmenorrhoe besonders bei jugendlicher Personen mit gut entwickelter Schleimhaut (Klein), sowie bei den Magen- und Darmkrisen der Tabiker (Röhmer).

Bei Hämorrhoiden erwies sich das Auflegen von Wattetampons, die mit gut erwärmter Lösung getränkt waren, von wohltätigem Einfluß (Dévillier, Demay de Certenet). Bei Asthma ließen sich die Anfälle dadurch unterdrücken, daß die lebhaft roten Stellen der Nasenschleimhaut mit der $1^0/_{00}$ Lösung betupft oder mit Adrenalinsalbe (Adrenalin. ($1^0/_{00}$) 1,5—5,0, Vaselin., Lanolin. āā 5,0) bestrichen wurden (Aronsohn). Nach v. Jagić, Matthews, Ephraim und Gaisböck kann man durch eine Einspritzung von 0,5 ccm einer $1^0/_{00}$ Lösung den asthmatischen Anfall, speziell den Lufthunger und das Beklemmungsgefühl, fast momentan beseitigen. Die Wirkung hält ungefähr 2 Stunden an. Stäubli empfiehlt die Inhalationsform und gibt zu 18 Tropfen der $1^0/_{00}$ Lösung noch 2 Tropfen folgender Lösung: Atropin 0,1, Cocain. muriatic. 0,25 ad aq. destill. 10,0. —

Über den Wert der von Bossi empfohlenen Adrenalinbehandlung der Osteomalazie sind die Ansichten geteilt. Günstigen Berichten (v. Velits, Neu, Tanturri, Stocker, Kownatzky) stehen zweifelhafte (Kaeßmann) und ganz absprechende Urteile (Engelmann, Engländer) gegenüber. Auch bezüglich der Dosierung gehen die Angaben auseinander. Stocker und Kaeßmann empfehlen sehr kleine Dosen (0,5—1 cg), v. Velits und Neu viel höhere (0,5—1 g).

Bei karzinomatösen Geschwüren wurden Blutungen und Schmerzen behoben und ein Stillstand der Neubildung, sowie Besserung des Allgemienbefindens verursacht (Mahu), bei Glaucoma acutum konnte durch halbstündiges Einträufeln einer Lösung von 1:5000 durch 3 Tage die Iridektomie verhindert werden (Grandclément). Erfolgreich behandelte Rupfle eine Hydrokele, indem er 2 ccm einer 0,02% Adrenalinlösung nach der Punktion einspritzte, worauf sich zuerst brennender Schmerz, später leichtentzündliche Erscheinungen und bald sich resorbierender Erguß einstellte, ohne daß jemals mehr Rezidive des Leidens auftrat. Bei Morbus Addisonii berichtet Raven, bei Pleuritis exsudativa Ewart und Murray, bei Peritonitis und Aszites Pascucci über günstige Erfolge. Bei Pleuritis werden in intraserösen Injektionen alle 3—4 Tage 10 Tropfen einer 1°/$_{00}$ Lösung oder 2—8 ccm einer Lösung von 1:3000 appliziert.

Von größter Bedeutung ist das Mittel für die Lokalanästhesie geworden, deren Grenzen es erweitert und deren Erfolge es bei einfacher Technik sicherer und ungefährlicher gemacht hat. Der Zusatz von Adrenalin zu Kokainlösungen gestattet deren Konzentration und Dosis zu verringern, damit auch die Intoxikationsgefahr bei gesteigertem Anästhesierungsvermögen herabzusetzen (Braun). Die Erhöhung der Dauer der Anästhesie dürfte wohl auf die verlangsamte Resorption in loco zurückzuführen sein (Dill, Klapp). Es lautet daher auch das Urteil über den Wert der Kokain-Adrenalin-Anästhesie fast übereinstimmend günstig (Honigmann, Dönitz, Hartwig, Zeigan, Luniatschek, Bier und Dönitz, Läwen, Stolz). Absprechend äußert sich darüber, soweit das Adrenalin eine Steigerung der Wirkung und Herabsetzung der Giftigkeit des Kokains bezwecken soll, nur Sikemaier, doch gibt er zu, daß Adrenalin allein, subdural appliziert, Anästhesie hervorzurufen imstande ist.

Kontraindikationen: Große Vorsicht ist am Platze bei gleichzeitiger Anwendung von Atropin. Hiebei kann es leichter zu Vergiftungserscheinungen kommen als bei bloßem Atropingebrauch, da die Gefäße der Tränenkanalschleimhaut zur Kontraktion gebracht werden und dadurch der Tränenkanal für die Atropinlösung leichter passierbar wird (Mengelberg). Auch bei stark entzündlichen Symptomen, sowie bei alten Leuten ist erhöhte Vorsicht angezeigt (Oppenheimer, Neugebauer). Abgeraten wird von der Verwendung bei weitvorgeschrittenem Morbus Addisonii (Boinet), sowie bei starker Lungenblutung (Duncanson). Weitere Gegenanzeigen sind schwere Erkrankungen des Herzens (Koronarsklerose, Endaortitis und Aortalgien), weil hiebei die Blutdrucksteigerung auch die Beschwerden steigert, sowie Phlebitis, wobei die Gefahr der Losreißung von Thromben besteht (Gaisböck). Vorsicht ist bei marantischen Individuen und bei mit Tuberkulose kombinierter Osteomalazie zu beobachten (Neu).

Dosierung: Das Adrenalin wird in Lösung verwendet. Zur Verhütung der Zersetzung desselben bei Berührung mit Luft empfiehlt Livon den Zusatz von 6% Salzsäure. Intern gibt man 10—25 Tropfen der 1°/$_{00}$ Stammlösung, subkutan $\frac{1}{2}$ Spritze derselben, also 0,5 mg pro die (Mamlock). Zu Blasenspülungen bei Atonie der Blase verwendet es Moresco in der sehr starken Verdünnung von 1:50000—25000 und erzielte durch Injektionen von 150 ccm dieser Lösung gute Erfolge. Bei bakteriotoxischer Herzschwäche werden 3—4 mal täglich 0,5—3 ccm der 1°/$_{00}$ Lösung subkutan eingespritzt, bei den Magenkrisen der Tabiker 3—4 mal täglich 4—6 Tropfen der 1°/$_{00}$ Lösung per os, bei den Mastdarmkrisen 3—5 Tropfen in 20—40 ccm Wasser per rectum gegeben.

Zu lokalanästhetischen Zwecken nach Schleich gibt man auf 100 ccm einer 0,1% Kokain- oder β-Eukainlösung 2—5 Tropfen einer 1°/$_{00}$ Adrenalinlösung (Braun). Für gewöhnliche Lokalanästhesie empfiehlt Lanz auf 1 ccm einer 1% Kokainlösung 3 Tropfen einer 1°/$_{00}$ Adrenalinlösung. Als höchste zulässige Gabe während einer Operation gibt Müller 20 ccm der

1 ⁰/₀₀ Stammlösung an. Innerlich wird Adrenalin von Kreuzfuchs in Form der Pillen von Clin (à ¹/₄ mg) bei angioparalytischer Migräne, nervöser Dyspepsie und Gastralgie empfohlen.

Fabr.: Parke Davis & Co., London.
Preis: Adrenal. hydrochl. Lösung: 1:1000, hiervon 10 ccm K. 2,90. 30 ccm K. 7,50. 6 Amp. à 0,5 g K. 3,50. 12 Amp. à 0,5 g K. 6,—.

3. **Atrabilin** ist ein aus der Substanz der Nebenniere hergestelltes, licht- und luftbeständiges Präparat, das eine hellgelbe, leicht opalisierende Flüssigkeit von Fleischextrakt ähnlichem Geruche darstellt und rein oder in 20—50⁰/₀ Lösung bei Iritis, Cyclitis, Episcleritis und Trachom verwendet wird. Die Wirkung, welche auf einer energischen Reizung des Sympathikus beruht, besteht hauptsächlich in einer sich auf die größeren und tiefergelegenen, eigentlichen Ziliargefäße erstreckenden Ischämie (Wolfberg).

4. **Epirenan**, Epinephrin, nach Abderhalden und Bergell, Lewin u. a. das reinste aller bisher dargestellten Nebennierenpräparate, ist stets rein weiß und besitzt einen sehr hohen Schmelzpunkt (212⁰ C). Lösungen von 1:1200 bis 1300 entsprechen der blutdrucksteigernden Wirkung einer käuflichen 1⁰/₀₀ Adrenalin- oder Suprareninlösung. Es erscheint wie diese in 1⁰/₀₀ Lösung im Handel, verträgt sehr gut den Zusatz von Kokain oder physiologischer Kochsalzlösung zum Zwecke subkutaner Injektionen oder steril herstellbarer Verdünnungen.

Die anämisierende Wirkung ist gleich der der anderen Nebennierenpräparate (Kornfeld). Es wird analog denselben zur Erzeugung von Ischämie bei Ausführung kleinerer Operationen an Nase und Rachen usw. verwendet (Kassel) und von Kothe zu intravenösen Injektionen (¹/₂—1 ccm der 1⁰/₀₀ Lösung) bei Narkosekollaps, chirurgischem Shock, Blutungen und peritonitischer Blutdrucksenkung empfohlen.

Fabr.: H. Byk, Berlin.
Preis: 10 ccm 1⁰/₀₀ige Lösung K. 1,60.

5. **Ischämin** s. Suprarenalin.

6. **Hämostasin** ein Schweizer Produkt, wird von Naegeli-Ackerblom als wirksames Nebennierenpräparat bei schwerem, kaum stillbaren Nasenbluten gelobt.

7. **Paragangline** (Vassale), ein italienisches Nebennierenpräparat.

8. **Paranephrin** (Merck) ist ein ohne Mithilfe von Laugen und Säuren bereitetes, das wirksame Prinzip der Nebennieren darstellendes Präparat, das so wie die übrigen Nebennierenpräparate bei innerlicher Verwendung Verengerung der peripheren Arterien und infolgedessen Erhöhung des Blutdruckes hervorruft, weshalb es wie dieselben vielseitig zu lokalanästhetischen Zwecken verwendet werden kann. Es bildet eine gelbliche, durchscheinende, leicht zerreibliche und ungemein hygroskopische Masse, die sich leicht in Wasser und Methylalkohol löst, in Alkohol, Äther und Benzin aber unlöslich ist. Es kommt in 1⁰/₀₀ steriler Lösung (mit 0,6⁰/₀ Kochsalz) in den Handel.

Nebenwirkungen: Nach zahnärztlichen Operationen gaben ungefähr 10⁰/₀ der Patienten auf Befragen an, daß sie nach der Injektion etwas Herzklopfen, 3—4⁰/₀, daß sie leichtes Zittern in den Knien gespürt hätten (Römer). Puppel beobachtete nach jeder Injektion bei einer osteomalazischen 34-jährigen Frau Schwindel, Erbrechen, Mattigkeit und Präkordialangst.

Indikationen: Das Paranephrin findet die übliche Verwendung als Hämostatikum bei verschiedenen Blutungen (Müller, Gondesen) und in Verbindung mit Kokain als Lokalanästhetikum analog dem Adrenalin (Hackenbruch). Von Puppel wurde es mit glänzendem Erfolge bei einer

19jährigen Zweitschwangeren bei Osteomalazie benützt. (4 Injektionen von 1 ccm einer Lösung von 1 : 5000). In der Augenheilkunde wird es zur Erzeugung lokaler Anämie, die nach 1—2 Minuten eintritt, 15 Minuten anhält und dann allmählich abklingt, gebraucht (Polte, Greven). Massaglia beseitigte bei Seekrankheit durch dreimalige Darreichung von 25 Tropfen Erbrechen und Schwindelgefühl, Federici rühmt es in der Behandlung des Keuchhustens, zumal wenn schon in der katarrhalischen Periode begonnen wurde. Dosis 2—4 Tropfen bei Kindern, 8—20 bei Erwachsenen. Zur Behandlung des akuten Schnupfens Erwachsener empfiehlt Vohsen Kokain. hydrochl. 1,0, Solut. Paranephrin. ($1^0/_{00}$) 2,0, Aq. dest. 20,0, eine Mischung, die eine halbe Minute nach ihrer Verwendung die Entleerung des Sekretes gestattet und ausgiebige Erleichterung verschafft. In der Chirurgie benützt diese als Conephrin bekannte Lösung Weißmann, in der Zahnheilkunde Jung. Avellis verwendet Paranephrin in Kombination mit löslichem Anästhesin als Pulver oder Salbe (Rhinokulin) bei Heufieber. Vor Adrenalin und Suprarenin hat Paranephrin den Vorzug, die leicht ätzende Wirkung dieser Präparate nicht zu besitzen. Sehr günstige Erfahrungen wurden mit Paranephrin in der Zahnheilkunde gemacht (Peckert, Römer, Schaeffer-Stuckert), wobei es in Lösungen von 1 : 10 000 mit $1^0/_0$ Kokain verwendet wurde.

Fabr.: E. Merck, Darmstadt.
Preis: 10 Phiolen à 1 g K. 6,—.

9. **Rachitol,** ein Nebennierenpräparat, welches von Stoeltzner mit sehr schönen Erfolgen bei rachitischen Kindern angewendet wurde. Am günstigsten wurden beeinflußt die Schweiße, die Kraniotabes, die Verzögerung des Zahndurchbruches, das Sitzen, Stehen und Gehen, die Unruhe der Rachitiker und die Eigentümlichkeit des Urines derselben, stark nach Trimethylamin und Ammoniak zu riechen. Geringer war der Einfluß auf die Weichheit des Thorax und die Lumbalkyphose, am geringsten war derselbe auf die Fontanellen, den Rosenkranz und die Epiphysen; Glottiskrampf und Tetanie blieben ganz unbeeinflußt. Die Besserung, die Stoeltzner auch in komplizierten Fällen wahrnahm, setzte schon in den ersten Wochen deutlich ein. Weniger günstiger lauten die Berichte von Friedmann, Neter, Hönigsberger, Bendix und Langstein, die alle betonen, daß von dem Mittel ein spezifischer Einfluß auf Rachitis nicht ausgeübt wird und die wohltätige Wirkung nur auf Hebung des Appetits und Allgemeinzustandes zu beruhen scheint. Eine Besserung der objektiven Symptome ließ sich nie erkennen.

Fabr.: E. Merck, Darmstadt.
Preis: Gl. m. 100 Tabl. Mk. 1,25. K. 1,60.

10. **Renoform** ist nach Goldschmidt der wirksame Bestandteil der Nebenniere, dem zur besseren Konservierung Glyzerin zugesetzt ist. Es stellt einen flüssigen Extrakt dar, der überall angezeigt erscheint, wo Adrenalin verwendet wird, dem aber die störenden Nebenwirkungen desselben fehlen. Das pulverförmige Renoform wird mit sehr gutem Erfolge als Schnupfenmittel verwendet (Renoform 2,0 g: Milchzucker und Borsäure āā 100,0 g). Auch bei akutem Stirnhöhlenkatarrh, bei Hypersekretion der Schleimhäute, vasomotorischen Rhinitis und als Hämostatikum bei Epistaxis erwies es sich nützlich (Berent, Koch, Theimer). Schließlich wurde es als Diagnostikum benützt, um adenoide Wucherungen als solche festzustellen (Goldschmidt, Theimer).

Als gutes Tamponierungsmittel gilt die $1^0/_0$ Renoformwatte und -gaze.

Fabr.: Dr. Freund und Dr. Redlich, Berlin.
Preis: Renoform-Schnupfpulver 4 g Mk. 0,50. 10 g Mk. 1,—. 12 g M. 1,50.

11. **Suprarenaden,** ein Extrakt der Nebennieren des Rindes, wurde von Janowski bei toxischen Ösophagitiden zur Beseitigung der Dysphagie mit großem Nutzen in üblicher Dosis von 0,3 g in Tablettenform verwendet.

12. **Suprarenalin,** Ischämin, ein Nebennierenpräparat, mit welchem Macdonald und Francis minder gute Erfolge erzielten. Es stellt ein blaßgelbes, haltbares, anhygroskopisches, kristallinisches Pulver dar, das alle Eigenschaften der frischen oder getrockneten Nebennierensubstanz besitzt und wie diese verwendet wird.

13. **Suprareninum hydrochloricum** ist die von den Höchster Farbwerken in den Handel gebrachte, chemisch reine, wirksame Substanz der Nebennieren, die aus den Nebennieren des Rindes durch Auslaugung derselben mit Wasser oder ganz verdünnten Säuren und nachfolgender Einengung und Reinigung gewonnen wird. Es stellt ein grauweißes bis schwach gelblich gefärbtes Pulver von mikrokristallinischer Beschaffenheit dar, das in kaltem und heißem Wasser schwer löslich, in Alkohol und Äther unlöslich ist, in verdünnten Säuren und Alkalien sich aber sehr leicht auflöst. Mit Eisenchlorid geben die Lösungen eine smaragdgrüne Färbung, welche auf Zusatz von etwas Ammoniak in Karminrot umschlägt. Sie vertragen, ohne sich zu zersetzen, den Zusatz von Kokain, Atropin, Eserin usw. Bei Luftzutritt färben sich die Lösungen manchmal rosa, ohne deswegen eine verminderte Wirksamkeit aufzuweisen. Dunkle Färbung der Lösung oder Trübung zeigt eine Zersetzung derselben an und ist eine solche Lösung nicht mehr zu verwenden (Müller). Die Lösungen können durch Kochen sterilisiert werden.

Wirkung: Suprarenin ist ein sehr starkes Hämostatikum und Adstringens, das eine bedeutende blutdrucksteigernde Kraft besitzt. Bei lokaler Anwendung bleibt auch die Einwirkung auf die Arterien nur lokal, es kommt nur zu einer örtlichen Anämie, bzw. Ischämie.

Das Präparat ist bei vorsichtiger Anwendung ganz ungefährlich (Hamm, Müller) und wird am besten direkt in das Gewebe injiziert. Die Wirkung hält bis zu mehreren Stunden an, ohne daß Nachblutungen zu fürchten wären (Müller). Es wirkt schneller als Adrenalin anämisierend und ist auch viel billiger als dieses. Die Ursache der verzögerten Wirkung des Adrenalin liegt nach Müller in der Gegenwart von Chloreton, durch welches wohl auch die beobachteten Wundeiterungen nach Anwendung größerer Mengen erklärt werden können.

Nebenwirkungen: Wenn einem Menschen mit gesundem Herzen $1/4$ Pravazspritze einer $1^0/_{00}$ Suprareninlösung eingespritzt wird, so treten bald danach starkes Herzklopfen, Angstgefühl, Schwindel, Atemnot, Beklemmungen und Parästhesien auf, weshalb man nur sehr starke Verdünnungen verwenden darf (Müller). Hautgangrän kam mehrmals nach den Injektionen zur Beobachtung (Neugebauer), vereinzelt wurden auch anhaltende Zuckungen und Ohnmachtsanfälle gesehen (v. Fürth).

Indikationen: Es wird zur Blutstillung bei Hämophilie, Epistaxis, Hämoptoë und Hämatemesis (Lange), zur Erzeugung von Blutleere behufs Vornahme chirurgischer Eingriffe (Hamm), besonders in der Rhino-Laryngologie (Hecht), und als Zusatz zu den Schleichschen Infiltrationsflüssigkeiten verwendet (Laewen, Salecker). In der Augenheilkunde empfiehlt es Schnaudigl, speziell bei Heufieber-Konjunktivitis Schwarz, in der Urologie Frisch, in der Gynäkologie bei Pruritus vulvae und akuter Vulvitis Peters in Form von mit $1/3-1^0/_{00}$ Suprareninlösung getränkter Wattebäuschchen, die durch 2 Minuten an die betreffenden Stellen gedrückt werden, in der Geburtshilfe als Hämostatikum Neu. Bei schwerem Kollaps, bei dem die üblichen Analeptika versagen, kann man durch intravenöse Injektion von 0,5—1 ccm der käuflichen Lösung, ev. mit 9 ccm physiologischer Kochsalzlösung verdünnt, überraschende Wirkung erzielen (John).

Dosierung: Die Verdünnungen der im Handel erscheinenden $1^0/_{00}$ Lösung sind mit physiologischer Kochsalzlösung vorzunehmen. Man verwendet in der Chirurgie, Oto-, Laryngo- und Rhinologie Lösungen von 1 : 1000

— 1:5000 mit und ohne Zusatz von Kokain oder β-Eukain. In der Augenheilkunde benützt man gewöhnlich die $1^0/_{00}$ Lösung, von welcher schon 1 Tropfen die Konjunktiva blutleer macht. Zu Blasenspülungen genügen Lösungen von 1:10 000. Per os gereicht entfalten einige Tropfen der $1^0/_{00}$ Lösung genügend styptische Wirkung bei Magen- und Darmblutungen. Für die subkutane Applikation gilt als Maximaldosis $1/_2$ mg Suprarenin. Ein empfehlenswertes Schnupfpulver ist nach Hecht: Zinc. sozojodol. 0,3—1,0, Menthol. 0,2—0,5, Suprarenin. crystall. 0,001 bis 0,002, Sacch. lactis 10,0. — Für zahnärztliche Zwecke kommen Tabletten mit Suprareninum boricum in den Handel, welche per Tablette 0,01 Kokain, 0,00013 Supraren. boric. und 0,009 Chlornatr. enthalten und in 1 ccm Flüssigkeit die entsprechende Lösung geben. Dieselbe kann noch ad libitum (1 Tablette: 100 g Kochsalzlösung) verdünnt werden, ist daher auch für Kinder verwertbar (Lewin).

Einen Fortschritt bedeutet die Einführung eines synthetisch hergestellten Suprarenins sowohl für die Lumbal- als auch für die Lokalanästhesie, da dieses Präparat in viel größeren Dosen und ohne Nebenwirkungen zu erzeugen verwendet werden kann (Biberfeld). Es bildet farblose, leicht wasserlösliche Kristalle und kommt in $1^0/_{00}$ Lösung in den Handel. Es wird wie Adrenalin gebraucht (Hoffmann, Kraupa, Lublinski), wirkt kräftig gefäßverengernd, ist sterilisierbar und hält sich in der Lösung vortrefflich. Besonders bewährte sich das synthetische Suprarenin bei schwerer Gefäßlähmung, also in den meisten Fällen von Kreislaufinsuffizienz im Verlaufe von Infektionskrankheiten. Meist wird es hiebei subkutan in Dosen von 1—2 ccm der $1^0/_{00}$ Lösung angewendet, da die intravenöse Applikation wegen ihrer stürmischen Wirkung gefährlich werden kann. Nur bei lebensgefährlicher Gefäßlähmung und Versagen der Subkutaninjektion ist dieselbe zu gebrauchen (Kauert).

Bei Herzschwäche im Verlaufe des Klimakteriums reichte Martin mit Nutzen 1—3 mal täglich 5—8 Tropfen der $1^0/_{00}$ Lösung durch 1—4 Monate, ohne daß hiebei eine kumulative Wirkung hätte festgestellt werden können.

Fabr.: Meister Lucius u. Brünig, Höchst a. M.
Preis: Flak. à 25 ccm K. 3,75; à 10 ccm K. 150. 10 Amp. à 0,5 g K. 1,60. 10 Amp. à 1 ccm K. 1,80.

14. **Tonogen suprarenale** (Richter) ist ein chemisch reines Produkt, das aus den Nebennieren frischgeschlachteter Tiere bereitet wird und eine dem Adrenalin ähnliche Wirkung und gleiches Verwendungsgebiet wie dieses besitzt. Es kommt wie Adrenalin in $1^0/_{00}$ Lösung in den Handel und wird allgemein als Hämostatikum, als Adstringens in der Augenheilkunde, mit β-Eukain gemischt in der Zahnheilkunde und endlich über Empfehlung von Porosz als Anästhetikum und Adstringens in der Urologie und Dermatologie (bei Gonorrhöe, Harndrang der Prostatiker, Ulcus molle usw.) verwendet (Löbl, Sellei, Theimer, Vermes).

Fabr.: G. Richter, Budapest.
Preis: Flak. zu 30, 15 u. 5 g K. 5,—, 3,—, 1,—. Sch. m. 6 Amp. K. 2,—.

15. **Tonocaïn suprarenale** enthält in 1 ccm physiol. Kochsalzlösung 0,02 g β-Eukain und 0,18 Tonogen ($1^0/_{00}$) und ist nach Fischer für die Lokalanästhesie besonders in der kleinen Chirurgie verwendbar.

Fabr.: G. Richter, Budapest.
Preis: Fl. m. 5 g K. 1,—. 6 Phiolen K. 2,—.

Literatur: Oliver u. Schäfer, Journ. of physiol., 18, 1895, (zit. bei Umber, s. unten). — Cybulski u. Szymonowicz, Pflügers Arch., 1896 (zit. ebendort). — Murell, Lancet, Februar 1896, rf. Zentralbl. f. inn. Med., 31, 1896. — Pickardt, Berl. klin. Wochenschr., 33, 1898. — Wolfberg, Münch. med. Wochenschr., 31, 1899. — Stoeltzner, Deutsch. med. Wochenschr., 37, 1899. — Landolt, Zentralbl. f. Augenheilk., p. 321, 1899. — Sellier u. Verger, rf. Zentralbl. f. inn. Med., 42, 1899. — Cobb, Philadelphia med. journ., 1899, rf. in Mercks Jahresber., 1900. — Stoeltzner, Jahrb. f. Kinderheilk., 1/2, 1900. — Mosse, ebendort, 12, 1900. — Boinet, Wien. med. Presse, 17, 1900. — Douglass, New-York med. journ., Mai 1900, rf. in Mercks Jahresber. f.

1900. — Solis-Cohen, Semaine médicale, 23, 1900, rf. in Mercks Jahresber. f. 1900, — Edel, Münch. med. Wochenschr., 52, 1900. — Grünbaum, Brit. med. journ., 1900, rf. in Mercks Jahresber., 1900. — Takamine, The therapeutic gazette, April 1901, rf. Therap. Monatsh., 3, 1902. — Neter, Therap. der Ggw., 2, 1901. — Langstein, Jahrb. f. Kinderheilk., 4, 1901. — Friedmann, Therap. d. Ggw., 6, 1901. — Hönigsberger, Münch. med. Wochenschr., 15, 1901. — Bloch, Semaine médicale, 30, 1901. — Bendix Münch. med. Wochenschr., 45, 1901. — Blum, Deutsch. Arch. f. klin. Med., pag. 146, 1901. — Bower, Brit. med. journ., 2131, 1901, rf. in Mercks Jahresber., 1901. — Mc. Kenzie, ebendort, April 1901, rf. Zentralbl. f. innere Med., 29, 1901. — Habgood, ebendort, Mai 1901, rf. ebendort, 35, 1901. — Heelas, ebendort, Juni 1901, rf. ebendort, 35, 1901. — Fenwick, ebendort, Nov. 1901, rf. ebendort, 4, 1902. — Thomas, ebendort, Nov. 1901, rf. ebendort, 4, 1902. — Takamine, Scottish med. and surg. journ., 2, 1902, rf. Zentralbl. f. inn. Med., 40, 1902. — Adam, Brit. med. journ., Jänner 1902, rf. Zentralbl. f. inn. Med., 14, 1902. — Floersheim, New-York med. News, Jänner 1902, rf. ebendort, 14, 1902. — Moody, Mercks Archives, 3, 1902. — Umber, Therap. d. Ggw., 8, 1902. — Goldschmidt, ebendort, 8, 1902. — Kirchner, Ophthalm. Klinik, 12, 1902. — Hirtz, Revue de therap. méd. chir. 14, 1902, rf. in Mercks Jahresber., 1902. — Darier, Ophthalm. Klinik, 17. 1902. — Gray, Semaine médicale, 17, 1902. — Schweinitz, Therap. gazette, Juli 1902, rf. in Mercks Jahresber., 1902. — v. Frisch, Wien. klin. Wochenschr., 31, 1902. — Vignes, Bulletin médical, 41, 1902, rf. in Mercks Jahresber., 1902. — Nieden, Deutsch. med. Wochenschr., 48, 1902. — Ferdinands, Brit. med. journ., 2151, 1902, rf. in Mercks Jahresber., 1902. — Green, Brit. med. journ., 2158, 1902, rf. in Mercks Jahresber., 1902. — Rode, Wien. klin. Rundsch., 33/34, 1902. — v. Fürth, Deutsch. med. Wochenschr., 43, 1902. — Bukofzer, Allg. med. Zentralztg., 44, 1902. — Baëza, Berl. klin. Wochenschr. 52, 1902. — Elsberg, Gaz. des hôpit., 85, 1902, rf. in Mercks Jahresber., 1902. — Rundle, Brit. med. journ., 2161, 1902, rf. in Mercks Jahresber., 1902. — Dill, Schweiz. Monatsschr. f. Med., 1, 1903. — Lange, Münch. med. Wochenschr., 2, 1903. — Aronsohn, Deutsch. med. Wochenschr., 3, 1903. — Königstein, Wien. med. Presse, 8/9, 1903. — Kassel, Therap. Monatsh., 8, 1903. — Schnaudigl, Ophthalm. Klinik, 13, 1903. — Honigmann, Zentralbl. f. Chir., 25, 1903. — Gualdrini, Gazz. degli osped., 25, 1903, rf. Deutsch. med. Wochenschr., 12, 1904. — Mahu, Presse médicale, 27, 1903. — Graeser, Münch. med. Wochenschr., 30, 1903. — Devillier, Klin. therap. Wochenschr., 33, 1903. — Dönitz, Münch. med. Wochenschr., 34, 1903. — Cramer, Deutsch. med. Wochenschr. 34, 1903. — Braun, Zentralbl. f. Chir., 38, 1903. — Bukofzer, Deutsch. med. Wochenschr., 41, 1903. — Rosenberg, Berl. klin. Wochenschr., 41, 1903. — Hartwig, Allg. Wien. med. Ztg., 46, 1903. — Kirch, Deutsch. med. Wochenschr., 48, 1903. — Boinet, Semaine médicale, 48, 1903. — Schnaudigl, Wien. med. Presse, 51, 1903. — Neugebauer, Zentralbl. f. Chir., 51, 1903. — Enderlen, ebendort, 51 1903. — Möller, Vierteljahresschr. f. Zahnheilk., 294, 1903. — Jenner, Deutsch. Medizinalztg., 75, 1903. — Moresco, Gazz. degli osped., 95, 1903, rf. in Mercks Jahresber., 1903. — Polte, Arch. f. Augenheilk., 1, 1904. — Läwen, Deutsch. Zeitschr. f. Chir., 1/2, 1904. — Peters, Der Frauenarzt, 1/2, 1904. — Raven, Brit. med. journ., Jänner 1904, rf. Zentralbl. f. inn. Med., 26, 1904. — Klapp, Deutsch. Zeitschr. f. Chir., 3/4, 1904. — Zeigan, Therap. Monatsh., 4, 1904. — Schücking, Münch. med. Wochenschr., 5, 1904. — Hecht, ebendort, 5, 1904. — Müller, ebendort, 5/6, 1904. — Römer, Deutsch. zahnärztl. Wochenschr., 7, 1904. — Grandclément, Semaine médicale, 7, 1904. — Schäfer-Stuckardt, Deutsch. Monatsschr. f. Zahnheilk., 9, 1904. — Macdonald, rf. Therap. Monatsh., 10, 1904. — Francis, ebendort, 10, 1904. — Kornfeld, Neue Therapie, 11, 1904. — Livon, Klin. therap. Wochenschr., 11, 1904. — Salecker, Deutsch. militärärztl. Zeitschr., 11, 1904. — Mamlock, Zeitschr. f. diät. u. phys. Therap., 11, 1904. — Peckert, Deutsch. zahnärztl. Wochenschr., 12/13, 1904. — Bier u. Dönitz, Münch. med. Wochenschr., 14, 1904. — Greve, Deutsch. zahnärztl. Wochenschr., 14, 1904. — Aronheim, Münch. med. Wochenschr., 14, 1904. — Voigt, ebendort, 15, 1904. — Müller, ebendort, 17, 1904. — Goldschmidt, Ärztl. Praxis, 18, 1904. — Abderhalden u. Bergell, Münch. med. Wochenschr., 23, 1904. — Myrtle, Brit. med. journ., 2261, 1904, rf. Deutsch. med. Wochenschr., 21, 1904. — Lanz, rf. ebendort, 26, 1904. — Luniatschek, Deutsch. zahnärztl. Wochenschr., 29, 1904. — Stolz, Münch. med. Wochenschr., 31, 1904. — Oppenheimer, Deutsch. med. Wochenschr. 41, 1904. — Rupfle, Münch. med. Wochenschr., 48, 1904. — Janowsky, rf. ebendort, 51, 1904. — Müller, Berl. klin. therap. Wochenschr., 51, 1904. — Hamm, Deutsch. med. Wochenschr., 52, 1904. — Braun, Berl. Klinik, 187, 1904. — Cosma, rf. in Schmidts Jahrb., 250, 1904. — Hedley, Brit. med. journ., Febr., 1904, rf. Zentralbl. f. inn. Med., 2, 1905. — Duncanson, ebendort, März 1904, rf. Zentralbl. f. inn. Med., 2, 1905. — Paton, Scottish medical and surg. journ., Dez. 1904, rf. Münch. med. Wochenschr., 9, 1905. — Lewin, Fortschr. d. Med., 1, 1905. — Steinschneider, Münch. med. Wochenschr., 2, 1905. — Sikemaier, Arch. f. klin. Chirurgie, Bd. 78, 2, 1905. — Koch, Die med. Woche, 4, 1905. — Porosz, Monatsh. f. prakt. Dermat., 11, 1905. — Lewin, Deutsch. zahnärztl. Wochenschr., 16, 1905. — Schwarz, Münch. med. Wochenschr., 22, 1905. — Vohsen, Berl. klin. Wochenschr., 40, 1905. — Gondesen, Klin. therap. Wochenschr. 48, 1905. — Löbl, Pharmakotherap. Rundsch., 3, 1906. — Fischer, ebendort, 3, 1906. — Sellei, ebendort, 3, 1906. — Theimer, ebendort, 3, 1906. — Vermes, ebendort, 3, 1906. — Berent, Therap. d. Ggw., 6, 1906. — Kreuzfuchs, Wien. med. Presse, 17, 1906. — v. Koranyi, Deutsch. med. Wochenschr., 17, 1906. — Boveri, ebendort, 17, 1906. — Ewart u. Murray, Brit. med. journ., 28. April 1906, rf. Zentralbl. f. inn. Med., 44, 1906. — Greven, Med. Klin., 790, 1906. — Bossi, Zentralbl. f. Gynäk., 3, 6, 1907. — Massaglia, Gazz. degli osped., 6, 1907. — Theimer, Med. Klin., 7, 1907. — Baduel,

Clin. med. ital. 7, 1906, rf. Zentralbl. f. inn. Med., 11, 1907. — Neu, Therap. d. Ggw., 9, 1907. — Klieneberger, Zentralbl. f. inn. Med., 11, 1907. — Avellis, Münch. med. Wochenschr., 11, 1907. — Weißmann, Ärztl. Rundsch., 11, 1907. — Bieberfeld, Deutsch. med. Wochenschr., 14, 1907. — v. Velits, Zentralbl. f. Gynäk., 29, 1907. — Tanturri, ebendort, 34, 1907. — Neu, ebendort, 38, 1907. — Hoffmann, Münch. med. Wochenschr., 40, 1907. — Lublinski, Berlin. klin. Wochenschr., 43, 1907. — Kaeßmann, Zentralbl. f. Gynäk., 44, 1907. — Puppel, ebendort. 49, 1907. — Bossi, ebendort, 50, 1907. — Neu, ebendort, 50, 1907. — Naegeli-Ackerblom, Therap. Monatsh., 54, 1907. — Jung, Deutsch. zahnärztl. Ztg., 159, 1907. — Engelmann, Zentralbl. f. Gynäk., 5, 1908. — Federici, Zentralbl. f. d. ges. Therap., 319, 1908. — Kraupa, Med. Klin., 1374, 1908. — Böhmer, Deutsch. Zeitschr. f. Nervenheilk., 1, 2, 1909. — Kothe, Therap. d. Ggw., 2, 1909. — Pascucci, Clin. med. Ital., 7, 1909. — v. Jagic, Berlin. klin. Wochenschr., 13, 1909. — Stocker, Korrespondenzbl. f. Schweiz. Ärzte 13, 1909. — Engländer, Zentralbl. f. Gyn., 13, 1909. — John, Münch. med. Wochenschr., 24, 1909. — Eckert, Therap. Monatsh., 415, 1909. — Volhard, Kraus, Heubner, Verhandl. d. 26. Kongr. f. inn. Med. 1909. — Kauert, Deutsch. Arch. f. klin. Med., 387, 1910. — Kownatzki, Münch. med. Wochenschr., 1549, 1910. — Matthews, Brit. med. journ., 2564, 1910. — Kirchheim, Münch. med. Wochenschr., 2694, 1910. — v. d. Velden, ebendort, 184, 1911. — Holzbach, ebendort, 1122, 1911. — Esch, Med. Klin. 1154, 1911. — Robinson, Münch. med. Wochenschr., 1535, 1911. — Echtermeyer, Berlin. klin. Wochenschr., 1566, 1911. — Naamé, Therap. Monatsh., 376, 1912. — Gaisböck, ebendort, 573, 1912. — Hackenbruch, ärztl. Fortbildg., 637, 1912. — Ephraim, Deutsch. med. Wochenschr., 1453, 1912. — Martin, Berlin. klin. Wochenschr., 1735, 1912. — Stäubli, Münch. med. Wochenschr., 113, 1913. — Klein, Monatsschr. f. Geburtsh. u. Gyn., 169, 1913.

Sekakornin (Roche) ist ein neues Mutterkornpräparat, aus welchem die Sphacelinsäure, die Ursache des Mutterkornbrandes (Gangrän), eliminiert wurde.

Es ist ein brauchbares, prompt wirkendes und haltbares Mittel, sowohl zur internen, als subkutanen und intramuskulären Applikation geeignet, dabei leicht zu dosieren und gut bekömmlich (Walther). Es kommt in zugeschmolzenen Phiolen à 1 ccm in den Handel.

Von Schubert, v. Herff und Hell wird es prophylaktisch nach allen Geburten, nach denen eine stärkere Blutung zu befürchten steht, bei Atonia uteri, nach allen uterinen Eingriffen, bei Zurückhaltung der Eihäute, ungenügender Rückbildung des Uterus und nach Ausräumung von Aborten, kurz überall da verwendet, wo sonst Mutterkorn angezeigt ist. Auch bei Myom und den Menorrhagien anämischer, obstipierter Frauen mit schlaffem Uterus wirkt es günstig (Merkel).

Verboten ist es, wie alle Mutterkornpräparate, bei Blutungen in der Schwangerschaft und vor Beendigung der Geburt.

Die übliche Dosis beträgt 1 ccm subkutan.

Literatur: Walther, Med. Klin., 43, 1906. — Schubert, Münch. med. Wochenschr., 26, 1907. — Merkel, ebendort, 27, 1907. — v. Herff und Hell, Arch. f. Gynäk., 329, 1912.

Fabr.: F. Hoffmann-La Roche & Co., Basel-Grenzach.

Preis: R. m. 10 u. 20 Tabl. à 0,25 g Mk. 1,20 u. 2,—. K. 1,50 u. 2,50. Fl. 10 ccm Mk. 2,20. K. 2,75. Fl. 20 ccm Mk. 4,—. K. 5,—. Karton m. 3, 6 u. 12 Amp. à 1,1 ccm Mk. 1,20, 2,40, 4,—. K. 1,50, 3,—, 5,—.

Stypticin, Cotarninum hydrochloricum, ist ein Derivat des Narkotins, eines Opiumalkaloides, und stellt ein gelbes, außerordentlich bitter schmeckendes, in Wasser leicht lösliches Pulver dar, das am besten in Form überzuckerter Tabletten zu 0,05 g gegeben wird (Freund).

Wirkung: Es ist ein vorzügliches, rasch wirkendes Hämostatikum. Seine styptische Wirkung erklärt Falk durch Verlangsamung des Blutstromes, Jahl durch einen spezifischen Einfluß auf die Vasokonstriktoren. Der Uterus wird nicht zu Kontraktionen angeregt, weshalb es auch in der Schwangerschaft lange Zeit ohne Nachteil gegeben werden kann (Gaertig, Falk, Freund, Zopelli). Neben der hämostatischen Wirkung besitzt das Stypticin noch ausgezeichnete sedative Eigenschaften (Falk, Gottschalk, v. Csiky).

Nebenwirkung: Vereinzelt erzeugte das Mittel Kopfschmerzen, Übelkeit und Diarrhöe (Bakofen).

Indikationen: Stypticin wird vor allem bei Gebärmutterblutungen verschiedenster Ursache mit Erfolg verwendet (Nassauer, Asch). Im besonderen ist es empfohlen worden bei rein klimakterischen, sowie bei solchen Blutungen, die infolge schlechter Involution des Uterus nach Abortus und normaler Geburt eintreten, vorausgesetzt, daß nicht zurückgebliebene Eireste oder Plazentareste an dieser Subinvolution schuld sind; weiter bei Blutungen, welche durch Erkrankung der Adnexe oder des Parametriums ausgelöst sind, ohne daß der Uterus selbst miterkrankt ist, bei kongestiven Blutungen junger Mädchen ohne pathologisch-anatomisches Substrat (hiebei ist es angezeigt, das Mittel schon mehrere Tage prämenstruell zu geben), dann bei Myomen und endlich bei Blutungen in der Schwangerschaft, so lange noch keine Uteruskontraktionen vorhanden sind (Gottschalk, Herzfeld, Freund, Falk, Pinkus, Langes, Schoßberger, Weißbart, v. Csiky, Lichtgarn, Zopelli, Isenburg). Es versagte auch nicht bei bestehender Uterusgonorrhöe (Thumen), hingegen wurden keine Erfolge erzielt bei Blutungen infolge rein fungöser Endometritis (Freund). Bei Hämorrhagien nach Abortus empfiehlt Chase die Kombination mit Hydrastinin. Bei Dysmenorrhöe und Menorrhagie ließen sich dadurch gute Erfolge erzielen, daß man ca. 4—5 Tage vor der zu erwartenden Menstruation morgens und nachmittags 2 Tabletten verabfolgt (Weißbart, Thumen, Zopelli). Auch prophylaktisch erwies es sich wirksam vor dem Curettement, sowie bei Blutungen nach demselben (v. Csiky, Zopelli). Die Stypticin-Watta empfiehlt Uffenrode zur Verhinderung postoperativer Larynxblutungen.

Von weiteren Indikationen sei erwähnt der Gebrauch des Stypticins bei schwer stillbaren Blutungen nach Zahnextraktionen (Munk, Jahl, Dorn, Hulisch, Marcus, Klien), bei Nasenbluten (Jahl, Munk, Krause), bei Lungen- und Darmblutungen (Freund), sowie in der Urologie bei parenchymatösen Blutungen aus der Prostata und bei Blutungen, welche durch Blasenpolypen hervorgerufen wurden oder im Gefolge der Urethritis acuta posterior auftraten (Kögl, Freund, Isenburg), endlich bei venösen Blutungen, wo es durch Muskelerschlaffung die komprimierten Venen befreit, den Abfluß gewährleistet und so die Blutung zum Stehen bringen kann. Auch zur Beseitigung der venösen Stase bei Herzfehlern, Emphysem und Lebererkrankungen ist es geeignet (Asch).

Bei stark blutenden Furunkeln konnte Kaufmann auch die entzündungswidrige Wirkung des Mittels feststellen. Kleinere Furunkel schwanden nach einigen Tagen, bei größeren wurde der Pfropf leichter flüssig und ausdrückbar und Inzision auch bei handtellergroßen Infiltraten nicht nötig.

Ferner erwies sich das Präparat wirksam bei Erysipeloiden, Lymphangitiden und leichten Panaritien (Kaufmann), sowie bei Antrumeiterungen in Form der Stypticingaze (Greve), bei parenchymatösen Blutungen nach Inzision von Abszessen (Thyen), schließlich bei hämorrhagischer Chorioiditis (Peschel). Hiebei unterdrückt es nicht nur die Blutungen, sondern auch die Diapedese der roten Blutkörperchen, die dabei stattfindet und sich häufig mit entzündlichen Zuständen der Chorioidea verbindet. Der Glaskörper hellt sich schnell auf, vorhandene Trübungen werden rasch beseitigt.

Dosierung: Am häufigsten wird das Stypticin per os in Tablettenform in einer Dosis von 5—6 Stück pro die verabreicht. Die subkutane Applikation (in die Glutäalgegend) der 10% Lösung erwies sich ebenfalls stets wirksam. Bei Dysmenorrhöe und profusen Menses gibt man 5 Tage vor Eintritt der letzteren oder am 1. und 2. Tage derselben 5 Tabletten pro die oder 3 mal 30 Tropfen der Tinctura Stypticini. Für die Kombination mit Hydrastinin gibt Chase folgende Verschreibung an: Hydrastinin. hydrochlor. 0,06, Stypticin. 0,36, Syrup. Rub. Idaei 7,5, Elixir. simpl. q. s. ad 30,0, S. 2—3 stündlich 1 Kaffeelöffel voll.

Blutstillung. Mittel mit spezifischer Uteruswirkung.

Bei Nasenbluten bewährte sich die 50% Gaze, bei Blutungen nach Zahnextraktionen die direkte Applikation des Pulvers auf die Wunde (Marcus) oder die Tamponade mit 30% Gaze (Thiesing). In der urologischen Praxis gibt man es intern als Pulver oder in 10% Lösung (Kögl), bei blutenden Furunkeln, Erysipeloiden, Lymphangitiden und leichten Panaritien als 4 bis 5% Salbe mit Lanolin. Bei hämorrhagischer Chorioiditis verabreicht Peschel 4 Stück Tabletten pro die.

Literatur: Falk, Therap. Monatsh., 1, 1896. — Gaertig, ebendort, 2, 1896. — Nassauer, Therap. Wochenschr., 32/33, 1897. — Bakofen, Münch. med. Wochenschr., 14, 1898. — Gottschalk, Therap. d. Ggw., 8, 1899. — Freund, Monatsschr. f. Geburtsh. u. Gynäk., 358, 1899. — Falk, ebendort, 484, 1899. — Munk, Wien. Vierteljahrsschr., f. Zahnheilk., 396, 1900. — Jahl, Ärztl. Zentralztg., 24, 1900. — Herzfeld, Medico, 50, 1900. — Marcus, Deutsch. zahnärztl. Wochenschr., 123, 1900. — Thiesing, ebendort, 136, 1900. — Dorn, ebendort, 144, 1900. — Hulisch, Zahnärztl. Rundsch., 431, 1900. — Schoßberger, Die Heilk., 5, 1901. — Langes, Therap. Monatsh., 7, 1901. — Pincus, Zentralbl. f. Gynäk., 16, 1901. — Thyen, Medico, 29, 1901. — Kaufmann, Monatsh. f. prakt. Dermat., 3, 1903. — Weißbart, Die Heilk., 10, 1903. — v. Csiky, Deutsch. Medizinalztg., 26, 1903. — Kögl, Monatsber. f. Urologie, 2, 1904. — Krause, Therapija, 2, 1904, rf. in Mercks Jahresber. 1904. — Freund, Therap. Monatsh., 8, 1904. — Greve, Deutsch. zahnärztl. Wochenschr., 14, 1904. — Lichtgarn, Allg. med. Zentralztg., 39, 1904. — Thumen, Ärztl. Rundsch., 40, 1904. — Peschel, Deutsch. med. Wochenschr., 44, 1904. — Freund, ebendort, 52, 1904. — Freund, Zentralbl. f. Gynäk., 2, 1905. — Isenburg, Medico, 16, 1905. — Klein, Deutsch. zahnärztl. Wochenschr., 19, 1905. — Chase, Allg. med. Zentralztg., 47, 1905. — Zopelli, Ärztl. Rundsch., 47, 1905. — Uffenrode, Arch. f. Laryng. u. Rhinol., 2, 1906. — Asch, Der Frauenarzt, 8, 1910.

Fabr.: E. Merck, Darmstadt.
Preis: R. m. 20 Tabl. à 0,05 g Mk. 1,20. K. 2,—.

Styptol ist das neutrale phthalsaure Salz des Cotarnins und stellt ein gelbes, mikrokristallinisches Pulver dar, welches in Wasser leicht löslich ist und wie das Stypticin ca. 73% Cotarnin enthält.

Wirkung: Das Mittel besitzt hämostatische und sedative Wirkung, welch erstere auf das Cotarnin und die ebenfalls blutstillende Phthalsäure zurückzuführen ist (Katz). Vor den übrigen Styptizis, wie Sekale und Hydrastis, hat das Styptol aber wohl infolge seiner Zugehörigkeit zur Opiumgruppe (Cotarnin ist nämlich eine Base, welche durch die Oxydation des Opiumalkaloids Narkotin entsteht) den Vorzug, auch sedativ zu wirken (Katz, Fackenheim, Toff, Chiappe und Ravano, Kaufmann). Da das Mittel keine Uteruskontraktionen auslöst (Witthauer, Fackenheim, Abel, Mohr), kann es selbst bei Schwangeren angewendet werden.

Nebenwirkungen wurden bisher nicht wahrgenommen.

Indikationen: Das Styptol wird bei allen Gebärmutterblutungen mit Erfolg angewendet, also bei Hämorrhagien im Anschlusse an das Puerperium, Metrorrhagien, rein klimakterischen Blutungen und solchen infolge von Tumoren (Katz, Toff, Fackenheim, v. Elischer, Carbonelli, Mayer), bei starken menstruellen Blutungen ohne anatomische Veränderungen der Genitalien, sowie bei Dysmenorrhöe (Witthauer, Fackenheim, Weißbart, Jacoby, Lockyer). Besonders bewährte es sich bei Entzündungen und kongestiven Veränderungen am Uterus und auch bei drohendem Abortus der ersten Monate. Auch bei Hämaturie hat es stets prompte Wirkung herbeigeführt (Kaufmann), bei Abortblutungen blieb die Darreichung ohne Erfolg (Toff, Handfield-Jones). Erwähnt sei schließlich noch die günstige Beeinflussung krankhafter Pollutionen durch Darreichung von 1—3 Tabletten durch längere Zeit (Netto, König, Piernig).

Dosierung: Das Mittel kann in 2% Lösung als Gaze, Watte, sowie in Pulverform zur lokalen Behandlung von Uterusblutungen verwendet werden. Für den innerlichen Gebrauch sind die Tabletten à 0,05 g zu empfehlen. Die übliche Tagesdosis ist 3 mal täglich 2 Tabletten, doch kann man unbesorgt bis auf 9 Stück pro die steigen (Abel).

Literatur: Katz, Therap. Monatsh., 6, 1903. — Fackenheim, ebendort, 5, 1904. — Weißbart, Die Heilk., 10, 1904. — Toff, Deutsch. med. Wochenschr., 24, 1904

— v. Elischer, Wien. med. Wochenschr., 32/33, 1904. — Witthauer, Zentralbl. f. Gynäk., 33, 1904. — Mayer, Allg. med. Zentralztg., 49, 1904. — Chiappe u. Ravano, Der Frauenarzt, 3, 1905. — Mohr, Therap. d. Ggw., 8, 1905. — Carbonelli, Ärztl. Zentralztg., 9, 1905. — Kaufmann, Deutsch. Medizinalztg., 19, 1905. — Abel, Berl. klin. Wochenschr., 34, 1905. — Jacoby, Therap. d. Ggw., 6, 1906. — Handfield-Jones, Fol. therapeut. 1, 1907. — Lockyer, ebendort, 3, 1907. — Netto, Deutsch. Medizinalztg., 15, 1909. — König, Wien. klin. Wochenschr., 37, 1909. — Piernig, Zeitschr. f. Urologie, 927, 1911.
Fabr.: Knoll & Co., Ludwigshafen.
Preis: R. m. 20 T. à 0,05 g Mk. 1,—. K. 1,25.

Uteramin, Tyramin, Para-oxyphenyläthylamin, ist ein synthetisches, wasserlösliches Sekale-Ersatzpräparat und stellt eine bei 160° schmelzende Base dar, deren salzsaure Salze am trächtigen Kaninchenuterus in Dosen von 0,01 g starke Kontraktionen auslösten, am Froschherz digitalisartige Effekte herbeiführten (Barger und Dale). Beim Menschen wird es subkutan in Dosen von 1 ccm einer 0,2 % Lösung (= 2 mg) oder in Dosen von 3 ccm pro die per os von Heimann als ungiftiger und sehr guter Sekaleersatz empfohlen.

Literatur: Barger und Dale, Arch. f. experim. Pathol., 113, 1909. — Heimann, Münch. med. Wochenschr., 1370, 1912.
Fabr.: La Zyma, A.-G., Aigle-Schweiz.
Preis: Fl. 10 ccm Mk. 1,80. Sch. m. 6 Amp. Mk. 2,—.

Erkrankungen des Verdauungsapparates.

1. Erkrankungen der Mundhöhle.

Die spezielle Therapie der Erkrankungen, die in dieses Kapitel gehören, erfolgt nach den allgemeinen Grundsätzen, die für die hier häufig vorkommenden Erkrankungen, wie Entzündungen im allgemeinen, Abszesse, Pilzerkrankungen, Ekzeme etc. in Frage kommen. Von mehr speziellem Interesse ist die Frage der Mund- und Zahnpflege, speziell bei bestimmten Erkrankungen.

Das hauptsächlichste Moment des Zahnputzens ist wohl die mechanische Reinigung mit der Zahnbürste. Die zum Zahnputzen verwendeten Stoffe, die meist den Hauptbestandteil des üblichen Zahnpulvers darstellen, wie Kreide, Bimsstein oder Kohle (Pulv. dentifr. alb. und niger), werden oft als für den Zahnschmelz schädlich hingestellt. Die Kohle soll außerdem bei langem Gebrauch durch Eindringen der Kohlepartikelchen in das Zahnfleisch eine gewöhnlich nicht mehr verschwindende Verfärbung und dadurch Verunstaltung des Zahnfleisches zur Folge haben. Anderseits ist jedoch die Kohle und speziell die Tierkohle (s. Vergiftungen) imstande, durch ihre hohe Adsorptionskraft mehr als jedes andere Zahnpulver Infektionskeime an sich zu reißen, besonders stark desodorierend zu wirken, ein Moment, welches gerade für gewisse Erkrankungen, besonders für foetor ex ore in Frage kommen dürfte.

Den Zahnpasten und Zahnseifen ist gewöhnlich eine Reihe solcher Stoffe beigemengt, die adstringierend und desinfizierend wirken und so eigentlich den Mundwässern gleich kommen. Dieselben enthalten als häufigsten Bestandteil Menthol, Kampfer, Tct. Myrrhae oder Ratanhiae, Katechu, Kino etc., dann meist Salol und eine Reihe aromatischer ätherischer Öle, öfters noch schäumende Substanzen etc.

Die durch Oxydation antiseptisch wirkenden chemischen Stoffe finden besonders in der Mundpflege Anwendung, so seit langem das Kaliumpermanganat und das Wasserstoffsuperoxyd, das namentlich durch die Darstellung des ausgezeichneten Perhydrols stark in Anwendung gekommen ist und auch direkt in Form von Mundwässern in den Handel kommt.

Eine Reihe von Superoxyden soll dem gleichen Zwecke dienen, so das **Magnesiumperhydrol**, das deshalb auch mehrfach als Bestandteil von Zahnpulvern verwendet wird. In gleicher Weise wird eine Reihe anderer Superoxyde verwendet. In Pastillenform finden solche auch bei Anginen innerlich Anwendung, wobei sie durch das langsame Zerfallen allein in der Mundhöhle desinfizierend wirken sollen.

Die Erfahrungen über die günstige Wirkung des **Formaldehyds** als Desinfiziens und in spezieller Anwendung des Hexamethylentetramins wurden auch der Mundspülung zu Nutzen gemacht (s. **Formamint**).

Einige Worte wären über das **Kalium chloricum** zu sagen. Es wird immer behauptet, daß Kalium chloricum durch Oxydation antiseptisch wirke, daß jedoch die Sauerstoff-Abgabe in der Mundhöhle eine ganz minimale sei, weshalb dem Mittel jeder Wert abgesprochen wird, zumal es noch wegen seiner Giftigkeit Gefahr mit sich bringt. Letzteres Moment wird jedenfalls im frühen Kindesalter berücksichtigt werden müssen. Was jedoch die Wirkung als solche anlangt, so sind die Effekte des Mittels bei verschiedenen Erkrankungen der Mundhöhle, speziell bei der **Stomatitis mercurialis**, sowie bei einigen Formen von **Angina** so gut, daß man wohl annehmen muß, daß das chlorsaure Kalium als ganzes Molekül eine bisher nicht erforschte Wirkung ausübt. Neuerdings wird Kalium chloricum auch als Bestandteil verschiedener Zahnpasten verwendet.

Schließlich wären noch 2 ältere, stets bewährte Mittel zu nennen, die in der Behandlung von Mundkrankheiten eine große Rolle spielen: **Borax** und ganz besonders **Jodtinktur**.

Die **alveoläre Pyorrhöe**, die meist jeder medikamentösen Behandlung trotzt, wird neuerdings mit **Anomalien des Purinstoffwechsels** in Zusammenhang gebracht und soll demgemäß durch **Radium** und **Atophanbehandlung** günstig beeinflußbar sein.

Formaminttabletten stellen das Produkt zweier Formaldehydverbindungen einer Zucker- und einer Mentholverbindung dar. Dieselben sind 1,0 g schwer und enthalten 0,01 g Formaldehyd. Als Geschmackskorrigens dient acid. citr. — Die Tabletten sind geruchlos und von erfrischendem Geschmacke. Schon nach Einnahme von 6—8 Stück läßt sich freier Formaldehyd im Harn nachweisen (Robert).

Wirkung: Der beim langsamen Zergehen der Tabletten im Munde freiwerdende Formaldehyd kann seine desinfizierende Wirkung auf die Rachengebilde ausüben (Jacobson, Daus). Die Tabletten eignen sich daher sehr zur Behandlung infektiöser Halserkrankungen, wo sie wegen ihrer Doppelwirkung, innerlich auf den Gesamtorganismus und lokal als Ersatz für desinfizierende Gurgelwässer, bei ihrer hohen bakteriziden Fähigkeit ein hervorragendes, therapeutisches Präparat darstellen (Seifert, Rheinboldt, Blumenthal, Wohrizek). So bewährte es sich bei gewöhnlicher und merkurieller Stomatitis, Gingivitis, Foetor ex ore, Glossitis, Pharyngitis, Angina (Weiß, Meißner, Wischnitz, Kropf, Frisch, Kapp), als Adjuvans für die Therapie und Prophylaxe bei Scharlach und Diphtherie (Misch, Frisch), ferner bei Magenatonie, Magendilatation mit Stagnation der Ingesta, Chylitis und Bakteriurie (Weiß) und endlich bei Ozäna in Form von Nasenspülungen mit 1 Liter Wasser, in welchem 9—15 Tabletten gelöst waren (Kapp).

Weiter empfiehlt Seifert dieselben bei Schmierkuren, sowie als Prophylaktikum bei schulpflichtigen Kindern zur Zeit einer Epidemie und Boetticher in der Therapie der Noma. Das Mittel wird gerne genommen.

Über Nebenwirkungen wird von Glaser berichtet, der 4 Stunden nach Einnahme von 2 Tabletten zwei heftig juckende, markstückgroße Quaddeln auf den Armen, am nächsten Tage Kopfschmerzen, Übelkeit und Erbrechen auftreten und durch 8 Tage anhalten sah.

Dosierung: Nach Rosenberg kann man kaum jemals zuviel geben, da nur von einer genügend hohen Dosis der Erfolg abhängt. Er reicht halbstündlich, später stündlich 1 Tablette (pro die 6—8 Stück). Bei dieser Ordination bleibt man, bis die Temperatur normal geworden ist, dann gibt man bis zum 8.—9. Tag noch 2—3 stündlich 1 Tablette. Prophylaktisch läßt Jacobson 2—3 Stück pro die nehmen.

Literatur: Jacobson, Therap. Monatsh., 8, 1904. — Rosenberg, Therap. d. Ggw., 2 u. 4, 1905. — Robert, Deutsch. militärärztl. Zeitschr., 5, 1905. — Boetticher, Therap. d. Ggw., 11, 1906. — Blumenthal, ebendort, 12, 1906. — Seifert, Pharmakolog. u. therap. Rundsch., 14, 1905. — Rheinboldt, Deutsch. med. Wochenschr., 15, 1906. — Daus, Med. Klinik, 16, 1906. — Wohrizek, Therap. d. Ggw., 3, 1907. — Meißner, Therap. d. Ggw., 7, 1907. — Weiß, Wien. med. Presse, 9, 1907. — Glaser, Med. Klin., 953, 1908. — Wischnitz, Therap. d. Ggw., 11, 1909. — Kropf, Wien. med. Wochenschr., 12, 1909. — Kapp, Therap. Monatsh., 270, 1909. — Misch, Fortschr. d. Med., 52, 1910. — Frisch, Jahrb. f. Kinderheilk., 686, 1912.

Fabr.: Bauer & Co., Berlin SW. 48.

Preis: Gl. m. 50 Tabl. à 1,0 g Mk. 1,75. K. 2,50. Für Diabetiker mit Mannit. Mk. 2,50. K. 3,10.

Glvasan s. Hexamethylentetramin.

Pergenol ist eine Mischung von Natriumperborat und saurem weinsaurem Natrium. Es stellt ein weißes, kristallinisches, hygroskopisches, in Wasser unter Bildung von H_2O_2 sich lösendes Pulver dar. Für die Herstellung einer dem H_2O_2 des Handels entsprechenden 3% Lösung sind auf 75 g Wasser 25 g Pergenol zu lösen (Zernik). Im Handel befindet es sich in Form von Pulver und Tabletten à 0,1 und 0,5 g mit Zucker, Pfefferminzöl und anderen Geschmackskorrigentien.

Die Indikationen sind dieselben wie beim Perhydrol. Dementsprechend findet es Anwendung als Wundheilmittel (Richter), als Munddesinfektionsmittel (Lewitt, Meyer, Witthauer, Sachs, Sander, Prochnow, Gollop, Dietrich) und in Form der sog. Kautabletten als Gurgelwasserersatz für Kinder bei Angina, Stomatitis, ja selbst bei Diphtherie und schließlich bei Hyperazidität (Witthauer, Gotthilf).

Literatur: Zernik, Apothekerztg., 664, 1909. — Gollop, Berl. zahnärztl. Halbmonatsschr. 22, 1909. — Prochnow, Deutsch. zahnärztl. Wochenschr., 43, 1909. — Dietrich, Zahnärztl. Rundsch., 47, 1909. — Sander, Deutsch. zahnärztl. Wochenschr., 51, 1909. — Sachs, Deutsch. med. Wochenschr., 3, 1910. — Meyer, Therap. d. Ggw., 4, 1910. — Gotthilf, Med. Klin., 8, 1910. — Lewitt, Allg. med. Zentralztg., 40, 1910. — Richter, Deutsch. med. Wochenschr., 47, 1910. — Witthauer, Therap. Monatsh., 167, 1910.

Fabr.: Chem. Werke vorm. Dr. H. Byk, Lehnitz.

Preis: Pergenol medicinale Tabl. R. m. 25 Tabl. à 0,5 g Mk. 0,60. K. 1,—. Pergenol Mundpastillen. 25 u. 50 Pastillen Mk. 0,60 u. Mk. 1,10. K. 1,—. Pergenol Mundwassertabletten. Gl. m. 75 Tabl. à 0,5 g Mk. 1,50. K. 2,—.

Perhydrol, Hydrogenium peroxydatum, chemisch reines Wasserstoffsuperoxyd (Merck), repräsentiert eine chemisch reine Lösung von 30 Gewichtsprozenten H_2O_2, die bei der Zersetzung 100 Volumina Sauerstoff abgibt. Perhydrol bildet eine wasserhelle, spiegelklare, geruchlose Flüssigkeit, die vollständig säurefrei, ungiftig und reizlos ist (v. Bruns, Ehrenfried). Das hochkonzentrierte Präparat hält sich in gut verschlossenen Gefäßen monatelang (v. Bruns).

Wirkung: Das Wasserstoffsuperoxyd, von Thénard schon im Jahre 1818 entdeckt und von französischen Ärzten bereits seit vielen Jahren (1882 von Pean) in die Therapie eingeführt, ist ein hervorragendes Antiseptikum mit desodorisierenden und hämostatischen Eigenschaften (v. Bruns, Müller, Mankiewicz). Es besitzt eine beträchtliche bakterizide Kraft und nach

v. Bruns eine spezifische Wirkung auf die Anaëroben, also namentlich auf die Fäulnisbakterien. Wichtig ist, daß es neben der chemischen noch eine intensive mechanische Wirkung entfaltet. In dem Momente, in dem das Wasserstoffsuperoxyd mit einer Wunde in Berührung kommt, entsteht durch die Sauerstoffentwicklung eine mächtige Schaumbildung. Der feine Schaum reißt das keimbeladene Sekret, Blutgerinnsel und die abgestoßenen Gewebsteile mit sich in die Höhe und entfernt sie von der Wunde. Auf diese Weise kommt eine Reinigung der Wunde zustande, wie sie gründlicher und schonender zugleich kaum zu denken ist (v. Bruns). Nach Mankiewicz ist es auch das einzig wirksame Gegengift gegen Blausäurepräparate. Als Desinfektionsmittel für Instrumente verdient es Anerkennung, da es entwicklungshemmend auf alle Bakterien einwirkt. Die $3^0/_0$ Lösung ist hinsichtlich der antiseptischen Kraft gleich dem $1^0/_{00}$ Sublimat (Honsell, Daxenberger). Da das Perhydrol Temperaturen über 28^0 R nicht verträgt, ist es im Kriege und im Manöver nicht brauchbar (Herhold).

Nebenwirkung: Nur in konzentrierter Lösung erzeugt es starke Schmerzen, weshalb es bei Gonorrhöe nicht zu verwenden ist (Richter). Bei empfindlichen Personen beobachtete Winternitz nach innerlicher Verabreichung allerlei Magenbeschwerden, Roubitschek leicht abführende Wirkung.

Indikationen und Anwendungsweise: Wie aus der umfangreichen Literatur hervorgeht, ist die Verwendung des Wasserstoffsuperoxydes eine äußerst vielseitige.

Sein hauptsächlichstes Verwendungsgebiet ist wohl die Chirurgie. So verwendet es v. Bruns mit besonders gutem Erfolge bei infizierten Wunden, in Form der Irrigation und Tamponade, Müller, Chauvel, Frank, Winkelmann, Unger, Kozlowski, Richter und Füth bei diffusen Phlegmonen, Osteomyelitis, pyämischen Abszessen, Stolz bei Gasphlegmone und -gangrän. Chanoz und Breitung, wie auch Ravasini machen darauf aufmerksam, daß sich festangeklebte Verbände nach Durchfeuchtung mit $3^0/_0$ Lösung schmerzlos und ohne Blutung abnehmen lassen, was speziell für die Kinderpraxis von Vorteil ist. Für die gynäkologische Praxis empfiehlt das Mittel Torggler und Frank zur Behandlung inoperabler Uteruskarzinome in Form der Tamponade mit Jodoformgaze, die mit $12^0/_0$ H_2O_2-Lösung getränkt ist, Richter bei subakuter und chronischer Endometritis in $15^0/_0$ jedesmal frisch hergestellter Lösung und Walter bei allen eitrigen und geschwürigen Prozessen der Vulva, Vagina und Cervix, sowie bei Erkrankungen des Endometrium. Zum Schutze der Bettwäsche ist Umhüllen derselben mit wasserdichtem Verbandstoffe angezeigt, da das H_2O_2 die Leinwand leicht zerreißen läßt (Frank). In der Augenheilkunde verwendete Daxenberger die $3^0/_0$ Lösung unter dem Namen **Katharol** zu Umschlägen, Morisot zur Bekämpfung der Tränensackblenorrhöe, Brenner bei Ophthalmoblenorrhöe, Konjunktivitis, auch bei Hornhautgeschwüren und Ulcus serpens. Als diagnostisches Mittel empfiehlt Sylla bei Konjunktivitis Meibomiana die Einträufelung einer $1-3^0/_{00}$ Lösung. Die Bindehaut schwillt dabei ab, wird durchsichtig und in das Gewebe eingebettete krankhafte, punktförmige Herde oder weiße Flecke werden sichtbar. In der Otiatrie wird Wasserstoffsuperoxyd zur Entfernung stagnierender Sekrete unter gleichzeitiger Antisepsis, speziell bei Mittelohreiterungen (Blottin, Ehrenfried, Nacht, Neumann) und zur Entfernung von Zeruminalpfröpfen gebraucht (Imhofer, Halasz). Der Pfropf ist erst dann herauszunehmen oder auszuspritzen, wenn reichliche Schaumbildung anzeigt, daß das Mittel genügend eingewirkt hat, was in 5—8 Minuten der Fall ist. Eine Gegenanzeige dieser Medikation bilden Gehörgangekzeme.

Vielseitig ist die Verwendung in der Behandlung der Haut-, und Geschlechtskrankheiten. So verwenden es Ravasini, Oppenheim, Scholtz, Kropil und Bierer bei Stomatitis mercuriális, phagedänischen Geschwüren, weichem Schanker, Richter und Ravasini bei Ulcus cruris, Nowikoff bei Lupus, Simonelli und Cochart bei Favus und Cohn zur Behandlung der Pigmentmäler (zweimal tägliches Betupfen mit 3% Lösung).

Bei Impetigo und Follikulitis bewährten sich nach vorhergehender Reinigung der affizierten Stellen mit Seifenspiritus und Öffnung kleiner Furunkel mit der Schere das energische Betupfen und Ausreiben mit in Perhydrollösung getauchten Wattestäbchen und nachfolgenden Umschlägen mit 3% Lösung (Escherich), bei Pruritus das Besprayen mit 5—8% Lösung (Hynek). In der Urologie benützte es Scholtz zu Spülungen bei Zystitis, wie im Endstadium der Gonorrhöe, Stock zu Eingießungen bei weiblicher Gonorrhöe und Applikation von Perhydroltampons nach Sistieren des Ausflusses. Auch die Zahnheilkunde hat sich das Mittel nutzbar gemacht als vollständig genügendes und unschädliches Antiseptikum bei der Wurzelbehandlung und chirurgischen Eingriffen, sowie als Hämostatikum bei Zahnfleisch- und Pulpablutungen (Römer, Dorn, Daxenberger, Miltenberger, Berten, Wendel, Zilz, Boberg, Ruttloff, Seidel, Fuchs, Lichtwitz, Neuber, Linckersdorff) und zur Verhütung von Reizerscheinungen bei Personen, welche Prothesen tragen (Spitzer), wie zum Bleichen der Zähne (Dürr, Fischer, Kukay, Zielinsky).

Als Gurgelwasser bei Erkrankungen der oberen Luftwege empfiehlt es Sänger, Oehlecker und Schmidt, zur Nachbehandlung von Gaumenmandel-Operationen Baurowicz, zu Nasenspülungen bei Meningokokkenträgern Bethge und in Form von Inhalationen der 3% Lösung als Prophylaktikum bei Masern (3—4 mal täglich) Langer.

Intern wird es besonders für Kinder bei Angina und Diphtherie (nebst der Serumbehandlung) verordnet von Nowikoff, Moller und Bierer und in letzter Zeit bei Hyperazidität und Hyperchlorhydrie von Winternitz und Roubitschek. Man gibt es hier in Form einer Trinkkur und läßt morgens auf nüchternen Magen ungefähr $1/4$ Liter einer angewärmten 0,8% Lösung trinken.

Bei absoluter Inaktivität des unteren Darmabschnittes nach einer Appendizitisoperation erzielte v. Muralt durch Perhydrolklysmen (20 g einer 2% Lösung) vollen Erfolg. Bei stenosierendem Ösophaguskarzinom läßt Liebermeister durch Wochen und Monate jede Stunde einen Schluck einer 1—2% Lösung nehmen.

Bierer empfiehlt das Mittel zur Behandlung von Abszessen und Mastitiden. Er appliziert mittelst einer Injektionsspritze 10—20 ccm einer verdünnten Lösung in den Abszeß, worauf bald Schmerzen, Rötung und Schwellung schwinden. Die Methode erspart einen chirurgischen Eingriff und dürfte somit messerscheuen Individuen sehr erwünscht sein. Zum Schlusse sei noch erwähnt, daß das Mittel auch zur Konservierung der Milch in Anwendung gezogen wurde, da es, in geringen Mengen (0,35 $^0/_{00}$) zugesetzt, den Geschmack der Milch nicht beeinflußt, aber doch die pathogenen Keime tötet und so eine keimfreie Milch für Säuglinge und Kranke liefert (Baumann, Bandini Much und Römer, Böhme).

Dosierung: Zur Herstellung einer 1% Lösung nimmt man 1 Teil Perhydrol auf 29 Teile Wasser. Am häufigsten gebraucht wird die 2% und 3% Lösung, doch kommen, z. B. in der Dermatologie, auch viel stärkere (bis 30%) zur Verwendung. Als Mund- und Gurgelwasser nimmt man 1 bis 2 Eßlöffel einer 1—3% Lösung auf 1 Glas Wasser und zum innerlichen Gebrauche folgendes Rezept: Hydrog. peroxyd. 3,5, Aq. dest. 250,0, Glycerin. 15,0, S. $1/4$ stündlich 1 Kaffeelöffel voll (Moller) oder Hydrogen. peroxyd. 5,0—7,0, Aq. dest. 85,0, S. 1—2 stündlich 1 Teelöffel voll (Nowikoff).

Außer dem Perhydrol sind noch folgende Wasserstoffsuperoxyde im Handel:

a) **Hyperol**, ein H_2O_2 in Tabletten oder Pulverform, das in gut verschlossenen Gefäßen lange haltbar und von starker Wirksamkeit ist. Das Präparat wird von Zweythurm wegen der Bequemlichkeit der Anwendung empfohlen.

b) **Magnesiumperhydrol**. Bei diesem Präparate wird die oxydierende, desodorisierende und antifermentative Wirkung des Perhydrols noch durch Magnesiumoxyd unterstützt. Da das Magnesiumoxyd eine Vermehrung der Peristaltik im Darme veranlaßt und zu einer schmerzlosen Beseitigung der Obstipation führt, verwendet es Gockel bei chronischer Stauungsinsuffizienz des Magens in Dosen von 1 Teelöffel voll auf nüchternen Magen. Ferner wird das Mittel empfohlen bei der Behandlung der Azidosis bei Diabetes mellitus (v. Noorden, Daxenberger, Lenné) in einer Mischung mit Natr. bicarbon. und Calc. carbon. im Verhältnis von 2:1:1 oder mit Kalkkasein āā part. aequal. (täglich 3 mal 1 Kaffeelöffel voll). Endlich wird das Präparat noch gebraucht bei den verschiedenen Formen von Hyperazidität in Gaben von 0,2—0,5 g vor oder nach dem Essen (Winternitz), bei Pylorusstenose und Magenerweiterung, eine halbe Stunde nach dem Essen zweimal täglich 1 g bis $^1/_2$ Teelöffel voll oder zweimal täglich 2 Tabletten à 0,5 g (Stößner), schließlich bei Enteritis follicularis in Dosen von 0,5 g dreimal täglich nach dem Essen (v. Olfers).

c) **Ortizon**, ein luftbeständiges, neutral reagierendes Präparat, das aus 36 Teilen chemisch reinen H_2O_2 und 64 Teilen des völlig ungiftigen Karbamid besteht und in Form von Stiften zum Betupfen von Wundpartien besonders zur Behandlung blutender Zahnalveolen empfohlen wurde (Strauß).

d) **Perhydrit**, ein H_2O_2 in fester Form, welches in Pulverform und in Tabletten im Handel ist und vor dem Gebrauch in Wasser von 40^0 aufgelöst werden muß (Kronecker).

Literatur: Honsell, Beitr. z. klin. Chir., 1, 1900. — v. Bruns, Berl. klin. Wochenschr., 19, 1900. — Simonelli, Semaine, médicale, 24, 1900. — Cochart, ebendort, beide ref. in Mercks Jahresber. pro 1900. — Müller, Deutsch. med. Wochenschr., 46, 1900. — Chauvel, Therap. Monatsh., 7, 1900. — Daxenberger, Therap. d. Ggw., 2, 1901. — Blottini, Journ. de méd., 14, 1901, rf. in Mercks Jahresber. pro 1901. — Torggler, Münch. med. Wochenschr., 30, 1901. — Morisot, Gaz. des hôpitaux, 58, 1901, rf. in Mercks Jahresber. pro 1901. — Chanoz, ebendort, 61, 1901, rf. ebendort. — Römer, Deutsch. zahnärztl. Wochenschr., 157, 1901. — Dorn, Wien. zahnärztl. Wochenschr., 12, 1902. — Berten, Deutsch. Monatsschr. f. Zahnh., 12, 1902. — Miltenberger, Arch. f. Zahnh., 21, 1902. — Ehrenfried, Deutsch. med. Wochenschr., 22, 1902. — Wendel, Deutsch. zahnärztl. Wochenschr., 31, 1902. — Nowikoff, rf. in Therap. d. Ggw., 12, 1902. — Kozlowski, rf. ebendort, 12, 1902. — Moller, Wien. klin. therap. Wochenschr., 13, 1903. — Unger, Therap. d. Ggw., 2, 1903. — Mankiewicz, Allg. med. Zentralztg., 10, 1903. — Stolz, Münch. med. Wochenschr., 10, 1903. — Ravasini, rf. in Deutsch. med. Wochenschr., 14, 1903. — Winkelmann, Deutsch. med. Wochenschr., 27, 1903. — Cohn, Monatsh. f. prakt. Dermat., 7, 1903. — Breitung, Deutsch. Medizinalztg., 100, 1903. — Oppenheim, Wien. med. Wochenschr., 5, 1904. — Scholtz, Arch. f. Dermat. u. Syph., 2. u. 3, 1904. — Brenner, Klin. therap. Wochenschr., 14, 1904. — Nacht, Ärztl. Zentralztg., 21 u. 22, 1904. — Saenger, Deutsch. Ärzteztg., 22, 1904. — Richter, Therap. Monatsh., 5, 1904. — Neumann, Wien. med. Presse, 46, 1904. — Frank, Allg. med. Zentralztg., 47, 1904. — Walter, Med. Klinik, 3, 1905. — Baumann, Münch. med. Wochenschr., 23, 1905. — Bandini, Zentralbl. f. Bakteriol., 2/4, 1906. — Richter, Med. Klinik, 8, 1906. — Schmidt, Hygien. Rundsch., 10, 1906. — Kropil, Ärztl. Mitteil., 10, 1906. — v. Muralt, Korrespondenzbl. f. Schweiz. Ärzte, 13, 1906. — Muck u. Römer, Berl. klin. Wochenschr., 30, 1906. — Füth, Zentralbl. f. Gynäk., 35, 1906. — Oehlecker, Deutsch. zahnärztl. Wochenschr., 38, 1906. — Böhme, Deutsch. med. Wochenschr., 43, 1906. — Bierer, Allg. med. Zentralztg., 49, 1906. — Langer, Münch. med. Wochenschr., 22, 1908. — Herhold, Deutsch. med. Wochenschr., 25, 1908. — Halasz, Arch. f. Ohrenheilk., 112, 1908. — Imhofer, Therap. Monatsh., 247, 1908. — Winternitz, Münch. med. Wochenschr., 2014, 1908. — Bethge, Deutsch. med. Wochenschr., 2, 1910. — Zilz, Österr. ung. Vierteljahresschr. f. Zahnheilk., 3, 1910. — Dürr, Deutsch. Monatsschr. f. Zahnheilk., 9, 1910. — Zielinsky, ebendort, 9, 1910. — Baurowicz, Monatsschr. f. Ohrenheilk., 11, 1910. — Spitzer, Deutsch. Ärzteztg., 17, 1910. — Sylla, Wochenschr. f. Therap. u. Hyg. d. Aug., 18, 1910. — Boberg, Deutsch. zahnärztl. Ztg., 41, 1910. — Kukay, ebendort, 47, 1910. — Fischer, Deutsch. zahnärztl. Wochenschr., 51, 1910. — Lichtwitz, Deutsch. Monatsschr. f. Zahnheilk., 1, 1911. — Escherich, Wien. med. Wochenschr., 5, 1911. — Daxenberger, Medico, 6, 1911. — Stößner, Therap. d. Ggw., 7, 1911. — Fuchs, Zahntechn. Wochenschr., 8, 1911. — v. Olfers, Therap. Monatsh.,

10, 1911. — Stock, Medico, 20, 1911. — Ruttloff, Deutsch. zahnärztl. Ztg., 21, 25, 1911. — Neuber, Zentralbl. f. Chir., 36, 1911. — Seidel, Zahnärztl. Rundsch., 42, 1911. — Linckersdorff, Pharmaz. Ztg., 69, 1911. — Roubitschek, Deutsch. med. Wochenschr., 874, 1911. — Lenné, Med. Klin., 1309, 1911. — Winternitz, Deutsch. med. Wochenschr., 1391, 1911. — Hynek, Münch. med. Wochenschr., 1431, 1911. — Liebermeister, Münch. med. Wochenschr., 2016, 1911. — v. Noorden, Wien. med. Wochenschr., 28, 1912. — Zweythurm, Med. Klin., 527, 1912. — Gockel, Med. Klin., 1231, 1912. — Strauß, Allg. med. Zentralztg., 89, 1913. — Kronecker, ebendort, 139, 1913.
Fabr.: E. Merck, Darmstadt.
Preis: 1 Fl. Perhydrol 50 g Mk. 3,30. K. 3,70. Perhydrol-Mundwasser: Fl. mit Meßgefäß (200 g) Mk. 1,60. K. 2,10. Perhydrol-Zahnpasta (Krewel & Co., Cöln) Tube 30 g Mk. 1,—. K. 2,—. Magnesiumperhydrol, 50 g, 15%iges, Mk. 2,20, 25%iges Mk. 3,20. Tabl. 20 u. 50 St. à 0,5 g (25%/₀) Mk. 1,10. K. 1,70 u. Mk. 2,10. K. 3,60. Ortizon-Mundwasser-Kugeln (Noris, Zahn & Co., Cöln) 50 u. 100 Kugeln à 0,34 g Mk. 1,25 u. 2,—. Hyperol (G. Richter, Budapest) 10 Tabl. à 1 g K. 0,90.

Einige Superoxyde wie Ektogan, Hopogan, Zinkperhydrol finden vorwiegend in der antiseptischen Wundbehandlung Verwendung und werden in diesem Kapitel ausführlicher besprochen werden.

Rhodalzid ist ein Rhodan-Eiweißpräparat von bestimmtem Rhodangehalt, das in Tablettenform in den Handel kommt und bei Arteriosklerose, Tabes, Anämie, Angina, Heufieber, Zahnkaries und Stomatitis verwendet wird (Diena, Scheuer, Wagner, Steinkamm, Nerking, Schubert). Von Brehmer wurde nach Einnahme von 3 Tabletten Magenbeschwerden, Schüttelfrost, Erbrechen und Foetor ex ore beobachtet. Die übliche Dosierung beträgt in der 1. Woche 3 mal täglich 1 Tablette nach dem Essen, dann 1 Woche lang 2 Tabletten pro die, hierauf eine Woche Pause, dann 14 Tage lang 1 Stück täglich.
Literatur: Diena, Biochem. Zeitschr., 1—2, 1912. — Scheuer, Prag. med. Wochenschr., 2, 1912. — Wagner, Zahnärztl. Rundschau, 4, 1912. — Nerking, Med. Klin., 6, 1912. — Schubert, Therap. d. Ggw., 7, 1912. — Brehmer, Zahnärztl. Rundsch., 2, 1913. — Steinkamm, ebendort, 4, 1913.
Fabr.: Chem. Fabr. Reisholz.
Preis: 12 u. 50 Tabl. à 0,25 g Mk. 1,— u. 3,—. K. 1,20 u. 4,—.

2. Magenkrankheiten.

Für die pharmakotherapeutische Beeinflussung der Magen- und Darmfunktion kommt zunächst Regelung der Verdauung in Betracht. Regen Anteil an der Verdauung nehmen eine Reihe von Drüsen, Speicheldrüsen, die Drüsen der Magen- und Darmschleimhaut, schließlich auch die Galle. Neue Arzneimittel auf diesem Gebiete sind nicht bekannt, wenn man von zahlreichen neuen Arzneigemischen absieht. Die Tätigkeit der Speicheldrüsen, die autonom innerviert sind, kann durch die autonomen Nervengifte erregt (Pilokarpin), durch die lähmenden gehemmt werden (Atropin).

Für die Beeinflussung der Magensaftsekretion jedoch wird man nicht die fördernden oder hemmenden Vagusfunktionen in Betracht ziehen, sondern durch direkte chemische Einwirkung auf die Magenschleimhaut reflektorische Erfolge zu erzielen trachten. Die Magensaftsekretion wird durch Extraktivstoffe, durch Bitterstoffe und besonders durch Säuren gefördert, durch Fett sowie durch Alkalien gehemmt. Fürs erstere kommen die verschiedenen Pepsinsalzsäurepräparate, Acidol und Acidolpepsin etc. in Betracht, die der bequemeren Dosierung wegen der offizinellen Salzsäure vorgezogen werden, außerdem die vielen Bittermittel und Gewürze. Auch einem Chinolinderivat, dem Orexin, werden ähnliche Wirkungen zugeschrieben.

Für das noch allgemein verwendete Natrium bicarbonicum finden einige als Antazida empfohlene Ersatzpräparate Anwendung. Es ist jedoch zu diesem Punkte zu sagen, daß fraglos, namentlich in Laisenkreisen, mit der Verwendung der Speisesoda bei Magenindispositionen Fehler begangen werden, daß dieselbe oft sogar bei Salzsäuremangel durch lange Zeit gewohnheitsmäßig verwendet wird, ohne daß eigentlich eine Besserung erzielt wird.

Mehrfache Erfahrungen haben gezeigt, daß der Tierkohle wegen ihrer adsorbierenden Wirkung auch bei Magenerkrankungen ein großer therapeutischer Wert zukommt. (Näheres hierüber s. unter Vergiftungen.)

Für die Steigerung der resorptiven Wirkung der Magen- und Darmschleimhaut lassen sich spezielle neue Arzneimittel nicht anführen. Aus dem Magen werden vorwiegend nur lipoidlösliche Stoffe resorbiert. Normaler Verdauungsvorgang dürfte wohl die beste Basis sein für die normale Resorption. Vielleicht, daß auch die bei Magenkrankheiten verwendeten Fermentpräparate (Takadiastase) in diesem Sinne ihre Wirkung entfalten.

Auch für die 3. Funktion des Verdauungsapparates, für die motorische kommt im allgemeinen eine normale sekretorische Tätigkeit, also geregelte Verdauung, in Betracht. Sonst wäre bei der Magenbewegung noch die Erregung des Brechaktes zu erwähnen, sowie seine Hemmungen. Auch an Brechmitteln hat der Arzneischatz nichts Neues erhalten, was die allgemein üblichen verdrängen könnte. Zur Hemmung der Magenbewegungen wird Atropin verwendet.

Acidol ist ein Betainchlorhydrat, welches von Flatow und Heinsheimer zum innerlichen Gebrauche als Ersatz der Salzsäure empfohlen wird. Es wird aus der Melasse, dem Rückstande bei der Herstellung des Rübenzuckers, gewonnen und enthält 23,78% Salzsäure, während die offizinelle verdünnte Salzsäure 25% enthält. Das Acidol stellt farblose, in Wasser leicht, in Alkohol schwer lösliche Kristalle dar, die in trockenem Zustande gut haltbar sind und selbst beim Erwärmen keine Salzsäure abgeben. Im Handel kommt es in Form leicht löslicher Pastillen zu 0,5 und 2,0 g vor. Der Geschmack der wäßrigen Lösung ist angenehmer als der der Salzsäure. Das Anwendungsgebiet ist dasselbe wie jenes der Salzsäure.

Literatur: Flatow, Deutsch, med. Wochenschr., 44, 1905. — Heinsheimer, Arch. f. Verdauungskrankh., 2, 1906.
Fabr.: Akt.-Ges. f. Anilinfabrikat., Berlin.
Preis: Röhrch. m. 10 Past. à 0,5 g u. à 2,0 g Mk. 0,65 u. 2,25. K. 0,80 u. 3,20.

Acidolpepsin. Das trockene Acidol läßt sich in jedem Verhältnisse mit Pepsin mischen und die Abwesenheit von Feuchtigkeit in den so hergestellten Präparaten bedingt die vollkommene Haltbarkeit derselben. Die eiweißverdauende Kraft zeigt sich noch nach Jahren unverändert, während die mit wäßriger Salzsäure hergestellten Präparate unter Schwarzfärbung eine Zersetzung erleiden. Die Pastillen kommen als stark saure (0,4 g Acidol + 0,1 g Pepsin) und als schwach saure (0,05 g Acidol + 0,2 g Pepsin) in den Handel.

Fabr.: Akt.-Ges. f. Anilinfabr., Berlin.
Preis: R. m. 10 Past. à 0,5 g Stärke I stark sauer Mk. 0,80. K. 1,—. Stärke II schwach sauer Mk. 0,60. K. 0,80.

Chloralbacid, ein Chloreiweißpräparat, ist ein gelbbraunes, wasserlösliches Pulver ohne Geruch und ohne besonderen Geschmack. Es enthält mindestens 3% Chlor in fester intramolekularer Bindung, das es im Körper abzugeben vermag. Es übt einen günstigen Einfluß aus bei Magenkrankheiten, die mit Salzsäuremangel verknüpft sind (chron. Magenkatarrh, Dyspepsien anderer Art) und ist nach Fleiner, da es nicht nur auf den Magen, sondern auch auf den Darm wirkt, als Ersatz der Salzsäure bei denjenigen atonischen Verdauungsstörungen zu verwenden, resp. derselben vorzuziehen, welche mit Appetitlosigkeit, Salzsäuremangel, abnormer Bildung organischer Säuren, mangelhafter Darmresorption und Verstopfung einhergehen. Man gibt es in Dosen von 0,5—1,0 g in Tabletten dreimal täglich.

Literatur: Fleiner, Münch. med. Wochenschr., 1, 1899.
Fabr.: L. W. Glanz, Frankfurt a. M.
Preis: Sch. m. 24 u. 40 Tabl. à 0,5 g Mk. 1,50 u. 2,50. K. 2,— u. 3,—.

Escalin ist eine Verreibung von sehr fein gepulvertem, metallischen Aluminium, die in Form von Pastillen zu 2,5 g Aluminium, 1,5 g Glyzerin und 1 g Wasser in den Handel kommt. Die Pastillen zerfallen in Wasser und liefern beim Umrühren eine gleichmäßige Aufschlämmung des Metalls. Indikationen: Das Mittel wurde in erster Linie von Klemperer zur Verschorfung blutender Magengeschwüre empfohlen. Nach der Einnahme überzieht das Aluminium die Magenschleimhaut mit einem dicken, ziemlich festhaftenden Überzug, der imstande ist, auf mechanischem Wege Magenblutungen zu stillen und Magengeschwüre zu verschorfen. Daneben ist natürlich die entsprechende Diät einzuhalten. Das Escalin stellt sonach einen Ersatz für Bismuthum subnitricum dar, dessen Verabreichung in größeren Dosen bedenklich erscheint, nachdem in neuerer Zeit dadurch eine Reihe von tödlichen Wismutvergiftungen bekannt geworden ist. Die günstigen Ergebnisse Klemperers wurden durch Mai und Jacobson bestätigt, während Steinsberg nur inkonstante Wirkung, Ewald gar keine sah und Bickel die Escalintherapie direkt als schädlich verwirft. — Von weiteren Indikationen sei erwähnt die Verwendung bei Rhagaden und Fissuren, bei Hämorrhoidalblutungen (Sußmann) und bei chronischer Diarrhöe (Klemperer).

Dosierung: Man läßt bei Magengeschwüren an 4 aufeinanderfolgenden Tagen 4 Stück in $^1/_2$ Glas Wasser aufs feinste aufgeschlämmte Pastillen auf nüchternen Magen nehmen. Dauert die Blutung trotzdem fort und ist Karzinom und Leberzirrhose ausgeschlossen, dann erscheint ein chirurgischer Eingriff angezeigt (Klemperer). Bei Hämorrhoidalblutung verabreicht man das Mittel in Suppositorien, einmal nach der Defäkation und einmal Abends kurz vor dem Schlafengehen.

Literatur: Klemperer, Therap. d. Ggw., 207, 1907. — Ewald, Berl. klin. Wochenschr., 12, 1907. — Mai, ebendort, 27, 1907. — Bickel, Klin. therap. Wochenschr., 35, 1907. — Sußmann, Therap. d. Ggw., 240, 1908. — Jacobsohn, ebendort, 117, 1909. — Steinsberg, Berl. klin. Wochenschr., 17, 1909.
Fabr.: Ver. chem. Werke, Charlottenburg.
Preis: R. m. 5 Past. Mk. 1,50. K. 1,80.

Extractum Chinae Nanning ist ein wäßriger, ohne jeden Alkoholzusatz hergestellter Chinaextrakt, der alle wirksamen Bestandteile der roten Chinarinde in vollkommen gelöstem Zustande bei Eliminierung aller wirkungslosen und den Verdauungstrakt nur beschwerenden Substanzen enthält. Der konstante Alkaloidgehalt beträgt 5% (Silberstein). Das Mittel vereinigt die Wirkungen des Chinins mit denen der Amara und findet als ausgezeichnetes Stomachikum bei Appetitlosigkeit aus verschiedenster Ursache Verwendung (Toff). Im besonderen bewährte es sich bei chronischer Dyspepsie, nervöser Dyspepsie, Magenatonie, Gastrektasie, Hyperemesis gravidarum und bei den schweren Dyspepsien während des Gebrauches von Salizyl, Jod und Quecksilber (Thomalla, Goldmann, Bolen, Hönigschmied, Poszvék). Man gibt es in Dosen von 10—15 Tropfen, dreimal täglich in einem Gläschen Portwein, Ungarwein oder auch in Milch $^1/_2$ Stunde vor der Mahlzeit.

Literatur: Thomalla, Therap. Monatsh., 11, 1899. — Bolen, ebendort, 1, 1901. — Silberstein, Ärztl. Zentralztg., 50, 1901. — Poszvék, Heilmittel-Revue, 3, 1904. — Hönigschmied, Die Heilk., 11, 1904. — Goldmann, Ärztl. Zentralztg., 20, 1904. — Toff, Zentralbl. f. Stoffwechsel- u. Verdauungskrankh., 11, 1905.
Fabr.: Dr. H. Nanning, Den Haag.
Preis: Fl. (50 g) Mk. 1,60. K. 2,—.

Gastrosan, Bismuthum bisalicylicum, ist ein weißes, geruchloses und schwach süß schmeckendes Pulver, das bei gewöhnlicher Temperatur in Wasser und Alkohol unlöslich ist und sich beim Erhitzen mit diesen Flüssigkeiten in basisches Wismutsalizylat und freie Salizylsäure zersetzt. Der Gehalt an Wismutoxyd beträgt 48—50%. — Da es ein sehr leicht zusammenballendes Pulver darstellt und daher schwer einzunehmen ist, wird es in Form von

Zeltchen in den Handel gebracht. Es bewährte sich vor allem in der Behandlung der Hyperazidität (Kaufmann, Kris und umfangreiche eigene Beobachtungen), bei Atonien und einfacher Hyperästhesie des Magens (Kaufmann), bei Magenstörungen, die mit zu geringer oder ganz fehlender Salzsäurebildung einhergehen und bei hartnäckigen Durchfällen — auch der Tuberkulosen — (Witthauer, Schröder).

Literatur: Schröder, Med. Klin., 40, 1907. — Kaufmann, Zentralbl. f. d. ges. Physiol. u. Pathol. d. Stoffw., 21, 1908. — Witthauer, Die Heilk., 85, 1909. — Kris, Klin. therap. Wochenschr., 650, 1909.
Fabr.: Chem. Fabr. Heyden, Radebeul.
Preis: Sch. m. 10 u. 20 Zeltchen à 0,75 g Mk. 1, — u. 1,75. K. 1,50 u. 2,60. 20 Tabl. à 0,5 g Mk. 1,20. K. 1,80.

Neutralon ist ein in Wasser unlösliches Aluminiumsilikat, welches die Eigenschaft besitzt, durch die Magensäure teilweise oder ganz in Aluminiumchlorid und Kieselsäure zerlegt zu werden. Das im Magen gebildete Aluminiumchlorid wirkt adstringierend, die gleichzeitig entstandene unlösliche Kieselsäure deckt die Magenschleimhaut und absorbiert dabei mechanisch Säuren, Bakterien, Farbstoffe etc. Das Neutralon bewährte sich bei sekretorischen Reizzuständen (Hyperazidität und Hypersekretion) sowie rein neurogenen Prozessen als säuretilgendes, schmerzlinderndes und die Digestion günstig beeinflussendes Mittel. Es bringt den Kranken Erleichterung, wenn andere fortdauernd gereichte Medikamente, insbesonders Alkalien, wenig oder nichts leisteten (Rosenheim und Ehrmann, Schlesinger, Kühn). Im Vergleiche mit dem Natriumbikarbonat tritt die Wirkung langsamer ein, ist aber dafür anhaltender (Alexander). Von günstigem Einflusse erwies es sich weiter beim Ulcus ventriculi, speziell beim blutenden (Alexander). Man verabfolgt das Mittel dreimal täglich $1/2$—1 Stunde vor den Mahlzeiten in Mengen von $1/2$—1 Teelöffel voll in ca. 100 g lauwarmen Wassers. Bei nervöser Hyperchlorhydrie bewährte sich nach Schlesinger die Kombination mit Atropin (0,01—0,02 Extr. Belladonae in Pillenform nach dem Essen).

Literatur: Rosenheim und Ehrmann, Allg. med. Zentralztg., 48, 1909. — Alexander, Berlin. klin. Wochenschr., 49, 1909. — Kühn, Fortschr. d. Med. 7, 1911. — Schlesinger, Münch. med. Wochenschr., 2163, 1911.
Fabr.: C. A. F. Kahlbaum, Berlin C. 25.
Preis: Sch. (100 g) Mk. 2,—.

Orexin. Darunter verstehen wir heute nur das Tannat des von Paal entdeckten, von Penzoldt zuerst untersuchten Phenyldihydrochinazolin, da das Orexinum hydrochlor. und basicum im Handel nicht mehr vorkommen. Das salzsaure Salz hatte einen unangenehmen bitteren Geschmack, während die freie Base wohl geschmacklos war, aber bei nicht sorgfältiger Aufbewahrung Neigung zu spontaner Zersetzung zeigte. Im gerbsauren Orexin ist nun ein Mittel hergestellt, welches bei mindest gleicher Wirksamkeit sich vor den früheren Präparaten durch unbegrenzte Haltbarkeit, Geruch- und Geschmacklosigkeit auszeichnet. Das Orexintannat bildet ein lockeres, kreideweißes, geruch- und geschmackloses Pulver, das trockenes Erhitzen nicht verträgt. Schon unter 100^0 C bräunt es sich und nimmt einen widerlichen Geschmack an, bei höheren Temperaturen zersetzt es sich vollständig. In reinem Wasser löst es sich nur spurenweise, in Alkohol und Äther auch nur wenig. In sehr verdünnter (0,3 %) Salzsäure, also auch im Magensafte, löst es sich leicht, wird aber durch einen Überschuß an Salzsäure wieder unverändert gefällt, ebenso durch verdünnte, wäßrige Alkalien.

Wirkung: Das Mittel wird als echtes Stomachikum bezeichnet, dessen Wirkung auf einer lokalen Reizung beruht, die nicht nur eine Hyperämie und Steigerung der Salzsäuresekretion und Aufbesserung der Magendrüsenfunktion im Gefolge hat, sondern auch eine reflektorische Beeinflussung zentraler Sphären nach sich zieht (Prüssian). Schon nach 0,5 g des Orexin hydrochlor. und auch des Orexin. tannic. war auffallende Steigerung des Hungergefühles zu beobachten.

Nebenwirkungen: Während nach Gebrauch des salzsauren Orexins häufiger, nach Verabreichung des Orexin. basicum seltener über Erbrechen und brennendes Gefühl im Ösophagus und Magen (Hüfler, Holm, Sconamiglio, Penzoldt), vereinzelt über schmerzhaften Druck auf der Brust, Schwindelgefühl und Ohrensausen (Schmey) geklagt wurde, ist das Orexintannat frei von allen unangenehmen und schädlichen Nebenwirkungen.

Indikationen: Das Orexintannat ist angezeigt bei Magenaffektionen, bei denen funktionelle Störungen ohne tiefergehende Läsionen des Organes vorliegen, bei Anämie und Chlorose, in den ersten Stadien der Tuberkulose, endlich bei Kindern zur Bekämpfung der Anorexie in der Rekonvaleszenz. Bei hysterischen und neurasthenischen Personen kann der Erfolg öfters ausbleiben (Hüfler, Kölbl, Zeltner, Siegert, Prüssian, Kuck, Bodenstein, Laumonier, Matzner). Wunderbar waren die Erfolge selbst in verzweifelten Fällen von Hyperemesis gravidarum (Rech, Frommel, Penzoldt, Sconamiglio, Hermani, Pick, Matzner) und bei Seekrankheit (v. Wild). Unwirksam erwies es sich bei Psychosen (Hüfler).

Kontraindiziert ist es bei Hyperchlorhydrie, Ulcus ventriculi und allen Reizzuständen des Magens (Kölbl, Kionka, Kuck, Laumonier).

Dosierung: Man gibt das Orexintannat in Dosen von 0,3—0,5—1,0 g zweimal täglich 1 Stunde vor dem Essen in Oblaten oder in Wasser mit Zucker oder mit Milch. Kinder erhalten entsprechend weniger. Die gleichzeitige Darreichung von Eisenpräparaten ist zu meiden, da sich sonst Eisentannat-Tinte bildet, welche die Wirkung beeinträchtigt. Zweckmäßig erscheint die Darreichung in Form der Tabletten à 0,25 g. Zur Hintanhaltung der Seekrankheit empfiehlt v. Wild, 0,25 g Orexin. tannic. mit $^1/_4$ Liter Flüssigkeit (Milch, Tee, Fleischbrühe) drei Stunden vor dem Antreten der Fahrt und 2 Stunden nach dem Einnehmen des Mittels eine reichliche Mahlzeit zu nehmen.

Literatur: Penzoldt, Therap. Monatsh., 5, 1893. — Frommel, Zentralbl. f. Gynäk., 16, 1893. — Holm, Therap. Monatsh., 1, 1896. — Hüfler, ebendort, 10, 1896. — Rech, Zentralbl. f. Gynäk., 33, 1896. — Sconamiglio, Wien. med. Blätter, 25, 1897. — Kölbl, Wien. med. Wochenschr., 52, 1897. — Schmey, Allg. med. Zentralztg., 17, 1898. — Hermani, Therap. Monatsh., 1, 1899. — Kionka, Therap. d. Ggw., 9, 1899. — Zeltner, ebendort, 11, 1899. — Siegert, Münch. med. Wochenschr., 20, 1899. — Prüssian, Zeitschr. f. prakt. Ärzte, 16, 1900. — Bodenstein, Wien. med. Presse, 50, 1900. — Penzoldt, Lehrb. d. klin. Arzneibehandl., 5. Aufl., Jena 1900. — Kuck, Der Kinderarzt, 6, 1901. — Pick, Wien. klin. Wochenschr., 36, 1901. — Laumonier, Gaz. des hôpitaux, 103, 1901, rf. Zentralbl. f. inn. Med., 1, 1902. — Matzner, Die Heilk., 9/10, 1902. — v. Wild, Arch. f. Schiffs- u. Tropenhyg., Bd. 6, 1902.

Fabr.: Kalle & Co., Biebrich.
Preis: R. m. 10 Tabl. à 0,25 g Mk. 1,—. Karton m. 20 Schokolade-Tabl. à 0,25 g. Mk. 2,50. K. 4,50.

Papain (Reuß) ist ein tropisches Pflanzenprodukt von Carica papaya und stellt ein weißgelbes, lockeres Pulver von eigentümlich gewürzigem Geruch und einem an Fleischextrakt erinnernden Geschmack dar. Seine wichtigste Eigenschaft besteht darin, daß es Eiweiß auflöst. 0,1 g Papain verwandeln 10,0 g koaguliertes Eiweiß bei 40—45° C in 2 Stunden in eine milchige Flüssigkeit. Es hat vor dem Pepsin den Vorteil, auch in neutraler und alkalischer Flüssigkeit Eiweiß zu verdauen und ist deshalb auch befähigt, im Darme seine peptonisierenden Eigenschaften zu entfalten (Goliner). Das Papain ist ein vorzügliches Digestivum, das nach Pickardt in allen jenen Fällen von vorübergehender oder länger dauernder primärer oder sekundärer Erkrankung der Magenschleimhaut angezeigt ist, in denen mangels genügender Quantitäten Salzsäure das etwa vorhandene Pepsin nicht in Aktion treten kann oder überhaupt nicht produziert wird. So findet es bei atonischen Magenzuständen, Gastroektasie, Tuberkulose und bei Rekonvaleszenten nutzbringende Anwendung und ist den reinen Amaris jedenfalls vorzuziehen

(Violin, Pickardt, Goliner, Lange). Bei Ulcus ventriculi, wie bei Hyper azidität mußte von dem Mittel Abstand genommen werden, da sich heftig Schmerzen nach seiner Anwendung einstellten (Grote). Nach Goline erwies es sich auch noch erfolgreich bei akuten und chronischen Erkrankunge der Rachen- und Kehlkopfschleimhaut, ja selbst bei Diphtherie, da es imstand ist, die diphtheritischen Beläge aufzulösen. Man gibt es in Pastillen, di außer 0,15 g Papain noch Milchzucker und Gummi tragacanth. enthalten oder in Pulverform in einer Menge von 0,15—0,5 g pro dos. am besten währen oder unmittelbar nach der Mahlzeit.

Literatur: Goliner, Reichsmedizinalanz., 24/25, 1894. — Violin, Wien. med Blätter, 21/22, 1895. — Grote, Deutsch. med. Wochenschr., 30, 1896. — Lange, Münch med. Wochenschr., 13, 1899. — Pickardt, Therap. d. Ggw., 5, 1900.
Fabr.: Boehringer & Reuß, Stuttgart-Cannstadt.
Preis: Dose m. 20 Past. à 0,15 g Mk. 1. K. 1,30. — 20 Tabl. à 0,25 g Mk. 1,20 K. 1,50.

Taka-Diastase ist ein zuckerfreies Ferment in konzentrierter Form welches aus Eurotium oryzae, einer Myceliumart der Aspergillusfamilie gewonnen wird und ein schwach bräunlich gefärbtes, leicht lösliches Pulve von indifferentem Geschmacke darstellt, dessen therapeutische Bedeutung in der Fähigkeit liegt, die Verdauung kohlehydratreicher Nahrung energisch zu befördern. Vor anderen Enzymen (Ptyalin, Amylopsin) hat es den Vorteil auch in schwachsaurer Lösung zu wirken. Die Taka-Diastase regt die Funk tionen des Magens an und reguliert die gestörten Verdauungsfunktionen, is daher angezeigt bei allen Krankheiten, bei denen die Eßlust vermindert ode verschwunden ist, wie bei Anämie, Chlorose, Tuberkulose, in der Rekonvales zenz, bei Nervenleiden, Gastritiden usw., sowie bei Stärkedyspepsie, die ar den stark übelriechenden, stärkehaltigen und dünnflüssigen Stühlen kenntlich ist (Alexander, Riehl, Selig). Sie wird in Dosen von 0,06—0,3 g am besten nach den Mahlzeiten verabreicht.

Literatur: Alexander, Therap. d. Ggw., 12, 1910. — Riehl, Münch. med. Wochen schr., 1537, 1910. — Selig, Prager med. Wochenschr., 1913.
Fabr.: Parke, Davis & Co., London.
Preis: Gl. Liquid. (100 g) K. 3,—. Gl. m. 25 Tabl. Mk. 2,50. K. 2,90. Pulver 10 g, K. 5,50. 25 g K. 13,20.

3. Darmerkrankungen.

Für die Funktionsbeeinflussung der Darmtätigkeit kommt das Pankrea sowie die Galle in Betracht. Für das erstgenannte Organ lassen sich spezifisch neue Arzneimittel nicht nennen. Ausgiebige Versuche wurden mit Organpräparaten unternommen (s. d.). Zur Steigerung der Gallen sekretion werden seit langem Galle selbst, gallensaure Salze, Seifen und gewisse Salze empfohlen. Bei Gallensteinleiden findet außer der Balneo therapie (Karlsbader Kuren) häufig ölsaures Natron, das der Hauptbestand teil einer Reihe von neuen Präparaten ist, Anwendung. Experimentel ist für die Anwendung dieser Mittel noch keine Grundlage geschaffen, doch lauten die klinischen Berichte vielfach recht günstig.

Eine große Rolle spielt die Beeinflussung von Sekretion und Motilitä bei der Behandlung von Darmerkrankungen und diese finden in den beiden Kapiteln, Abführmittel und Obstipantien, Berücksichtigung. Hand ir Hand damit geht die Verwendung von entzündungshemmenden, ad stringierenden und antiseptisch wirkenden Stoffen bei den Darm erkrankungen.

Auf diesem Gebiete hat es die pharmazeutische Industrie nie an ausgiebiger Produktion fehlen lassen, jedoch ist gerade hier nur wenig als „neu" zu be zeichnen. Es handelt sich fast durchwegs um Kombination verschiedener längst bekannter Abführstoffe, die unter einem neuen Namen in den Hande kommen.

Es dürfte dem Arzte oft zweckdienlich sein, wenn ihm der Angriffspunkt der Abführmittel bekannt ist und wir lassen deshalb auch hier die einzelnen Mittel in der Einteilung folgen, wie sie von Meyer u. Gottlieb durchgeführt wurde.

A. Cholagoga.

Cholelysin ist die 20% Lösung des Eunatrol (s. d.). Nach Klemperer besteht es aus 10—15 g Eunatrol, 30 Tropfen Ananasessenz, 5 g Validol und 10 g Tctr. Valerianae auf 200 g Aq. Menth. pip. Es wurde von Bolgar, Goldmann und Winterberg mit gutem Erfolge bei Cholelithiasis und Cholezystitis gegeben, ohne daß je Beschwerden infolge der Medikation beobachtet wurden. Negative Ergebnisse verzeichnet Rosenheim. Das Präparat kommt in flüssiger Form (20%) und in fester Form (80%) als Cholelysinum siccum vor und beträgt die gebräuchliche Dosis nach Goldmann $1/2$—1 Teelöffel voll des flüssigen oder 0,6—1,2 g (1—2 Tabletten des festen Cholelysins.

Literatur: Goldmann, Medico, 22, 1904. — Klemperer, Therap. d. Ggw., 9, 1904. — Bolgar, Ärztl. Zentralztg., 46, 1904. — Winterberg, Österr. Ärzteztg., 11, 1905. — Rosenheim, Deutsch. med. Wochenschr. 41, 1905.
Fabr.: J. E. Stroschein, Berlin SO. 36.
Preis: Sch. m. 50 Gelatinekaps. à 0,3 g Cholelys. sicc. od. Röhrchen. m. 25 Tabl. à 0,6 g je Mk. 2,—. K. 2,50. Fl. m. Cholelys. liquid. (20 g) Mk. 1.—, K. 1,50. 50 g Mk. 2,—. K. 2,50.

Chologen ist eine von Glaser in die Therapie eingeführte Kombination von sehr kleinen Dosen Calomel mit aromatischen Pflanzenstoffen aus der Gruppe der abführenden und zugleich gallentreibenden Mittel (Podophyllin), sowie blähungstreibenden und krampfstillenden Substanzen (Melisse, Kampfer, Kümmel).

Wirkung: Die wesentlichen Bestandteile des Mittels sind nicht neu und schon vor langer Zeit einzeln als Cholagoga empfohlen worden, weshalb Klemperer die Vermengung derselben zu einer Patentmedizin perhorresziert. Was im allgemeinen die Wirksamkeit der sog. Cholagoga betrifft, so herrscht in der Verurteilung derselben augenblicklich wohl vollständige Übereinstimmung (Margoniner). Weder Natr. salicyl., noch die Ölkuren haben sich bewährt. Bezüglich der Wirkung des Chologens ist zu bedenken, daß das Kalomel zunächst einen antiseptischen Einfluß auf den durch Bacterium coli hervorgerufenen, gallensteinbildenden Katarrh hat und das Podophyllin der ersten Anforderung, der Entfernung der Steine per vias naturales, entspricht. Wenn der Nutzen der übrigen Bestandteile immerhin ein problematischer sein mag, so können dieselben als krampflösende Mittel doch Bedeutung haben und die glatte Muskulatur der Gallenwege günstig beeinflussen (Margoniner). Die Erfolge der Chologenbehandlung sind sehr oft augenscheinlich und äußern sich darin, daß sich die Kranken freier und wohler fühlen, daß die Koliken ausbleiben und das beständige Druck- und Spannungsgefühl, sowie die oft hochgradige Gemütsdepression schwindet. Ludewig behauptet, daß die Steine während einer Chologenkur ihre scharfen Kanten verlieren und deshalb beim Abgehen weniger Schmerzen machen. Das Mittel wurde von Glaser mit großem Erfolge (78% Heilungen) angewendet und weiter auch von anderen Autoren erfolgreich benützt (Winterberg, Siegmann, Meyer, Margoniner, Jacoby und Fränkel, Elsbergen, Fackenheim, Berg, Engelen, Fink).

Hingegen erfuhr das Präparat teils wegen erfolgloser Anwendung, teils wegen des Umstandes, daß durch die langwierige Kur der geeignete Zeitpunkt zum operativen Eingriff versäumt wird, mehrseits auch eine durchaus ungünstige Beurteilung (Courvoisier, Klemperer, Pfaehler, Kittsteiner,

Kehr). Nach Hecht sind die Erfolge lediglich an die Verordnung kleiner Kalomeldosen gebunden und kann daher jeder Arzt durch dauernde Regulierung des Stuhles des Patienten dasselbe erreichen, wie mit Chologen.

Nebenwirkungen: Schon Glaser teilte mit, daß das Mittel öfters kurzdauernde Diarrhöe, bei bestehendem Dickdarmkatarrh auch ziemlich heftige Leibschmerzen erzeugt, eine Beobachtung, die mehrseits bestätigt wird (Klemperer, Margoniner).

Indikationen: Am geeignetsten für die Chologenbehandlung ist der chronische Choledochusverschluß (Glaser). Nach Winterberg sind die besten Erfolge zu erzielen bei Choledochussteinen bis zur Größe einer Erbse, bei larvierter Cholelithiasis und prophylaktisch in den Fällen, wo die Umstände auf eine erhöhte Disposition zur Erkrankung der Leber oder der Gallenwege hinweisen. Nach Fränkel ist die Anwendung einer Chologenkur vor einem operativen Eingriff empfehlenswert.

Kontraindikationen scheinen nicht zu bestehen, wenn man von den Fällen absieht, bei denen das Mittel naturgemäß unwirksam bleiben muß, wie bei Empyem der Gallenblase, bei ausgedehnten entzündlichen Verwachsungen oder bösartigen Neubildungen (Glaser, Jacoby).

Dosierung: Das Präparat kommt in Tabletten Nr. I, II, III in den Handel. Die beiden ersteren wirken wesentlich eröffnend, gärungs- und entzündungswidrig, letztere infolge ihres Kampfergehaltes anregend und stimulierend. Im allgemeinen gibt man nach der Glaserschen Vorschrift je nach der Konstitution des Patienten 1—2 Stück dreimal täglich und zwar, wenn nach der Anamnese die Anfälle nicht plötzlich auftreten, sondern mit Unbehagen, Druck, Gefühl von Völle und langsam sich steigernden Schmerzen einsetzen und die Papillae fungiformes der Zunge gerötet und angeschwollen sind, die Tabletten Nr. II; wenn sich die Anfälle rasch entwickeln und die Papillae fungiformes nicht hervortreten, die Tabletten Nr. III. Ist die Zunge belegt und besteht nach dem Essen Druck im Epigastrium, so erhalten die Kranken noch 1 Eßlöffel voll nachstehender Mixtur zum Mittag- und Abendessen: Acid. muriat. 2,0, Tctr. Strychni 1,0, Vini Condurango 30,0, Aq. dest. 200,0. Sollte nach Gebrauch der Tabletten Nr. II und III Obstipation weiter fortbestehen, so ist es angezeigt, außerdem noch 1—2 mal täglich je 1 Tablette Nr. 1 zu verabfolgen. Bei Leibschmerzen erweisen sich dann noch Wickel mit Ol. papaveris und Ol. menth. pip. āā von wohltätigem Einflusse. Während der ganzen Kur sind nach Winterberg zu reichliche Mahlzeiten, Bier, Wein, Genuß von Krebsen, starken Gewürzen, Hülsenfrüchten und rohem Obst, sowie starkes Rauchen zu unterlassen.

Literatur: Glaser, Korresp.-Bl. f. Schweiz. Ärzte, 3, 1903. — Pfaehler, ebendort, 4, 1903. — Courvoisier, ebendort, 9, 1903. — Kittsteiner, Therap. Monatsh., 2, 1904. — Meyer, Allg. med. Zentralztg. 2, 1904. — Pfaehler, Korresp.-Bl. d. Schweiz. Ärzte, 3, 1904. — Klemperer, Therap. d. Ggw., 9, 1904. — Siegmann, Ärztl. Zentralztg., 11/12, 1904. — Jacoby, Fortschr. d. Med., 14, 1904. — Winterberg, Wien. klin. Rundsch., 19, 1904. — Margoniner, Allg. med. Zentralztg., 28, 1904. — Fränkel, Klin. therap. Wochenschr., 39/40, 1904. — Hecht, Therap. d. Ggw., 2, 1908. — Jacoby, Fortschr. d. Med., 6/7, 1908. — Berg, Deutsch. med. Wochenschr., 51, 1911. — Ludewig, Allg. med. Zentralztg., 297, 1911. — Kehr, Münch. med. Wochenschr., 609, 1911. — Fackenheim, Deutsch. Medizinalztg., 747, 1911. — Elsbergen, Med. Klin., 884, 1911. — Engelen, Deutsch. med. Wochenschr., 511, 1912. — Fink, Zentralbl. f. d. ges. Therap., 3, 1912.

Fabr.: Hugo Rosenberg, Charlottenburg.
Preis: Gl. m. 100 Tabl. in allen 3 Stärken Mk. 3,—.

Eunatrol, Natrium oleïnicum, ist ein weißes, in Wasser und Alkohol namentlich beim Erwärmen leicht lösliches Pulver von niedrigem Schmelzpunkte, das sich leicht einnehmen läßt und wenig Beschwerden macht. Es kommt in Pillenform mit Schokoladeüberzug und 0,25 g Gehalt an Eunatrol in den Handel. Die 20% Lösung ist unter dem Namen „Cholelysin" bekannt.

Wirkung: Eunatrol ist ein gutes Cholagogum, das unter allen fettsauren Salzen auf die Tätigkeit der Leber und die Gallensekretion am stärksten einwirkt; letztere kann unter Eunatrolbehandlung auf das Dreifache gesteigert werden (Winkler, Clemm). Die Anfälle bei Chlolelithiasis werden schwächer und seltener, die dumpfen Schmerzen im Intervall geringer oder schwinden ganz. Wiederholt wurde das Abgehen von reichlichen Mengen Gries und kleinen Steinchen beobachtet (Blum, Rauchmann). Eine Conditio sine qua non für den guten Erfolg der Eunatrolkur ist die Darreichung von Ölklistieren.

Nebenwirkungen: Dieselben bestanden nach Rauchmann in dyspeptischen Erscheinungen, wie Aufstoßen, Colica flatulenta, Übelkeiten, doch konnte speziell letzteren durch Darreichung von Acid. hydrochl. dilut., den Verdauungsstörungen durch Tctr. amara und Tctr. cort. aur. ää, stündlich 10 bis 15 Tropfen, vorgebeugt werden. Wegen der Magenbeschwerden wurde das Mittel öfters von den Kranken zurückgewiesen (Gerhardt).

Indikationen: Das Eunatrol wird erfolgreich bei Cholelithiasis und Cholezystitis angewendet (Blum, Rauchmann, Gerhardt, Clemm, Kuhn).

Dosierung: Man gibt täglich zweimal 1,0 g (= 4 Pillen), selbstverständlich ist daneben im Anfalle selbst noch Morphium zu verwenden und Diät, sowie Stuhlgang (Ölklistiere) zu regeln.

Literatur: Gerhardt, Therap. d. Ggw., 2, 1899. — Winkler, Neue Heilmittel etc., Wien 1899. — Blum, Die ärztl. Praxis, Sep.-Abd., Sept. 1902. — Kuhn, Berlin. Klinik, 3/6, 1903. — Clemm, Die Gallensteinkrankh., Berlin 1903. — Clemm, Pharmak. u. therap. Rundsch., 14, 1905. — Rauchmann, Die med. Woche, 19, 1905.
Fabr.: Vereinigt. Chininfabr. Zimmer & Co., Frankfurt a. M.
Preis: Gl. m. 50 u. 100 Pillen à 0,1 g Mk. 1,75 u. 3,20 K. 2,70. Gl. m. 50 u. 100 Pillen à 0,25 g Mk. 2,25 u. 4,50. K. 3,40.

Gallisol besteht aus Schwefelleber, Rizinusöl, Birkenteer, Spirit. vini und Pfefferminzöl und wurde von Bock in Dosen von 3 mal täglich 30 Tropfen als erfolgreiches Cholagogum benützt, nachdem Tierversuche ergeben haben, daß die Schwefelleber und die öligen Bestandteile des Mittels gallentreibend und -verflüssigend, Schwefel und Teeröl zugleich desinfizierend wirken.

Literatur: Bock, Deutsch. med. Wochenschr., 45, 1908.
Fabr.: Louis Lasson, Berlin NW. 23.
Preis: Fl. (75 g) Mk. 3,—.

Ovogal ist eine Gallensäureeiweißverbindung, die aus Rindergalle und Hühnereiweiß hergestellt wird und ein grünlichgelbes, schwach nach Galle riechendes, fast geschmackloses Pulver darstellt. Dasselbe ist in Wasser und verdünnten Säuren fast unlöslich, passiert den Magen also ohne Reizung, löst sich hingegen in verdünnten Alkalien unter Zerfall in seine Bestandteile: Eiweiß, Glyko- und Taurocholsäure.

Wirkung: Das Mittel, welches die Pettenkofersche Probe gibt, wird gut vertragen, vermehrt erheblich die Menge der Galle und der gallensauren Salze (Wörner), hebt den Appetit und macht den Stuhlgang ausgiebiger und geschmeidiger (Rahn). Da keine Gewöhnung eintritt, ist auch keine Steigerung der Dosis notwendig (Schürmayer).

Nach Winogradow verdünnt es die Galle nicht, vermehrt aber ihren Cholesteringehalt, was bei Steinbildung gewiß nicht gut ist.

Nebenwirkung: Vereinzelt klagen die Kranken nach Ovogalgebrauch über Magenverstimmung, Leibkneifen, bitteren Geschmack (Wörner) und Diarrhöen (Rahn).

Indikationen: Das Präparat erscheint angezeigt bei Darmdyspepsien, Dünndarmkatarrhen, Fettstühlen, atonischer Obstipation und vor allem bei den akuten und chronischen Katarrhen der Leber- und Gallenwege, vornehmlich bei Gallensteinen. Auch zur prophylaktischen Behandlung erscheint

Ovogal geeignet (Wörner, Zinn und Strauß, Schürmayer, Boltenstern, Rahn, Linhart, Luda, Rosenthal, Eichler und Latz).

Dosierung: Man gibt Ovogal mehrmals täglich messerspitzweise (oder 1—1½—3 Teelöffel tagsüber) mit Wasser, Tee, Kaffee oder sauren Fruchtsäften. Das Pulver soll rasch geschluckt werden, da es sonst durch den alkalischen Mundspeichel gelöst wird und hiebei der unangenehm bittersüße Geschmack der gallensauren Salze zum Vorschein kommt (Wörner, Linhart, Neubauer). Man kann es übrigens auch in Oblaten nehmen. Zweckmäßig scheint eine Verreibung mit Elaeosaccharum menth. piperit. zu sein (10 Teile Elaeosaccharum auf 40 Th. Ovogal).

Literatur: Wörner, Med. Klin., 21, 1906. — Zinn u. Strauß, ebendort, 21, 1906. — Schürmayer, Wien. klin. Rundsch., 46, 1906. — Boltenstern, Klin. therap. Wochenschr., 46, 1906. — Neubauer, Österr. Ärzteztg., 6, 1907. — Luda, Repertor. d. prakt. Med., 6, 1907. — Rahn, Münch. med. Wochenschr., 10, 1907. — Linhart, Allg. med. Zentralztg., 10, 1907. — Rosenthal, Ärztl. Zentralztg., 16, 1907. — Winogradow, Arch. f. Anat. u. Phys., 3, 4, 1908. — Eichler und Latz, Therap. d. Ggw., 4, 1910.

Fabr.: J. D. Riedel, A.-G., Berlin.
Preis: Sch. m. 50 Kapseln à 0,5 g Mk. 3,—. K. 4,—.

Pilulae probilinae (Dr. Bauermeister) bestehen aus einer Kombination von Salizylsäure mit ölsauren Salzen, welcher teils zur milden Anregung des Darmes, teils zur besseren Bekömmlichkeit entsprechende Mengen Phenolphthalein, resp. Menthol zugesetzt sind. Sie werden bei Erkrankungen der Gallenwege in einer Dosis von 3—4 Stück morgens und abends mit ⅓—½ Liter recht warmen Wassers gegeben.

Literatur: Bauermeister, Therap. Monatsh., 3, 1906.
Fabr.: Carl Weinreben, Frankfurt a. M.
Preis: Gl. m. 60 Pillen Mk. 2,—.

B. Abführmittel.

a) Resorptionshindernde Mittel. Hierher gehören zunächst die salinischen Abführmittel, die in hohen Konzentrationen verabreicht werden. Durch die hohe Salzkonzentration wird einerseits die Tätigkeit der Darmdrüsen angeregt, außerdem aber im Lösungswasser festgehalten und die Resorption verhindert. Die Flüssigkeit im Magen und Darm bedingt weiter das Erweichen der Stuhlmassen. Bei häufiger Darreichung eignen sich zur Anregung des Stuhlgangs die abführenden Mineralwässer niedrigerer Salzkonzentration in größerer Flüssigkeitsmenge. In diesem Falle erfolgt das Abführen rascher, jedoch muß die eingeführte Wassermenge groß genug sein, um entsprechend rasch in den Darm zu kommen.

Durch Hemmung der Resorption und Erregung der Drüsensekretion wirkt auch Kalomel abführend, gehört also ebenfalls in diese erste Gruppe.

Calomelol, kolloidales Kalomel, ist ein weißgraues Pulver, das fast geschmack- und geruchlos ist, sich in kaltem Wasser im Verhältnisse 1:50 zu einer milchähnlichen, neutral reagierenden Flüssigkeit löst und 80% Quecksilberchlorür und 20% Eiweißstoffe enthält.

Wirkung: Calomelol wirkt desinfizierend, abführend, darmreinigend. Infolge seiner Wasserlöslichkeit wirkt es schneller und sicherer wie Kalomel, ist auch weniger giftig als dieses, da es sich nicht partiell in Sublimat umwandelt. Nebenwirkungen wurden bisher nicht beobachtet.

Indikationen: Es empfiehlt sich auch als Kalomelolsalbe zur Anwendung der Schmierkur bei empfindlichen Personen oder wo es sich um die Durchführung einer milden Hg-Kur in unauffälliger Form handelt (Galewsky, Neißer und Siebert). In Substanz wird es bei Papeln und ulzerierten Flächen verwendet, ferner zu syphilitischen Zwischenkuren oder Kuren, wenn die Einreibung oder Injektion aus irgend einem Grunde unmöglich ist. Endlich dient es noch an Stelle der manchmal schlecht vertragenen Sublimatumschläge zu Umschlägen auf exulzerierte Schanker.

Dosierung: Als Streupulver, in 20% Lösung zu Umschlägen, als Kalomelolsalbe. Dieselbe enthält 45% Kalomelol und 2% freies Quecksilber, wodurch ihre Wirksamkeit sehr erhöht wird. Die Salbe läßt sich leicht verreiben, hinterläßt nur einen kaum sichtbaren, weißen Überzug und verunreinigt die Wäsche nicht.

Literatur: Galewsky, Münch. med. Wochenschr., 11, 1905. — Neißer und Siebert, Med. Klin., 1, 1905.
Fabr.: Von Heyden, Radebeul.
Preis: R. m. 20 Tabl. Mk. 0,80. K. 1,10.

b) Dünndarmerregende Mittel. Als Vertreter dieser Gruppe sind zu erwähnen das Ol. Ricini und die Tubera Jalappae sowie die starken Drastika, das Skammonium, Koloquintenextrakt, Podophyllin, sowie das Krotonöl. Einige dieser genannten Stoffe (Jalappa, Koloquintenextrakt) sind unter anderem in den Pilulae laxantes enthalten. Außerdem finden wir Podophyllin mit den Stoffen der 3. Gruppe in einer Reihe neuer Arzneigemische. Ol. Ricini wird ebenfalls noch vielfach mit gutem Erfolg verwendet, während von den gefährlichen Drasticis, wie Krotonöl etc., meist kein Gebrauch mehr gemacht wird.

c) Dickdarmerregende Mittel: Vom Schwefel — Flores sulfuris — abgesehen, sind die hierher gehörigen Mittel fast durchwegs Anthrazenderivate. Der wirksame Bestandteil einer Reihe von pflanzlichen Drogen dieser Gruppe ist das Emodin.

Emodin, Trioxymethylantrachinon in Glykosidbindung, der Bestandteil zahlreicher bekannter Abführmittel wie Rhizoma Rhei, Cortex Frangulae und Sagradae, Aloë, Fruct. Rhamni cathartici, ist ein rotgelbes, in Alkohol, Eisessig, Amylalkohol und Alkalien lösliches Pulver. Die alkalische Lösung ist kirschrot gefärbt. Ebstein bezeichnet das Mittel in Dosen von 0,1 g als ein mildes, ohne unangenehme Nebenerscheinungen ziemlich sicher wirkendes Abführmittel, dessen weiterer Verbreitung nur der hohe Preis hinderlich im Wege steht.

Literatur: Ebstein, Therap. d. Ggw., 2, 1902.

Die offizinellen Arzneibücher sind reich an Arzneimitteln aus dieser Gruppe. Was als „neu" in den Handel kam, ist vorwiegend neue Form, bei der außerdem durch Verbesserung des Geschmacks Besseres zu bieten versucht wird.

Von rein chemischen Stoffen gehört hierher das Phenolphthalein, das mit Kakao, Zucker und Vanillin in Pastillenform und in Tabletten zu haben ist und als Hauptbestandteil zahlreicher beliebter Abführmittel, vor allem des Purgens, weite Verbreitung gefunden hat.

Aperitol besteht aus gleichen Teilen Valeryl- und Azetylphenolphthalein, stellt also die Vereinigung eines Laxans mit einem Sedativum dar, um die unangenehmen Nebenerscheinungen des Abführmittels zu beseitigen (Hammer und Vieth).

Das Mittel wirkt angenehm, führt nach 6—7 Stunden weichen und schmerzlosen Stuhl herbei, ist völlig ungiftig, daher auch für die Kinderpraxis geeignet. Von Nebenwirkungen erwähnt nur Herschell manchmal leichtes Unbehagen. Man gibt Aperitol anstatt Ol. Ricini nicht nur bei einfacher und habitueller Obstipation (Miklos, Baedeker, Hirschberg, Pronai, Révész), sondern auch bei hartnäckiger Diarrhöe, bzw. Darmkatarrhen

(Miklos), bei Colitis membranacea (Herschell), bei Fissura ani, Hämorrhoiden und allen mit Tenesmus einhergehenden Erkrankungen, wie Dysenterie (Schereschewski), endlich auch bei pleuritischen Ergüssen und Aszites, sowie gewissen Formen der Fettleibigkeit, da die Aperitolstühle sehr wasserreich sind.

Die wirksame Dosis beträgt 2 Stück der Aperitol-Bonbons à 0,2 g, bei Wöchnerinnen 3 Stück, bei Kindern $1/2$—1 Stück, die am besten abends vor dem Schlafengehen oder morgens genommen werden.

Literatur: Hammer und Vieth, Med. Klin., 37, 1908. — Baedeker, Zentralbl. f. d. ges. Therap., 11, 1909. — Herschell, Fol. therap., April 1909. — Miklos, Klin. therap. Wochenschr., 747, 1909. — Pronai, Wien. klin. Rundschau, 1, 1910. — Schereschewski, Fortschr. d. Med., 43, 1910. — Hirschberg, Therap. d. Ggw., 334, 1910. — Révész, Wien. klin. Rundsch., 637, 1912.
Fabr.: J. D. Riedel, A.-G., Berlin.
Preis: Sch. m. 16 u. 48 Fruchtbonbons Mk. 1,— u. 2,25. R. m. 12 Tabl. M. 0,65.

Califig, kalifornischer Feigensirup, ist eine dunkelbraune Flüssigkeit von angenehmem Geruch und Geschmack und bewährte sich als ein vorzügliches Laxans bei chronischer Obstipation, auch im Kindesalter (Freyhan). Um eine einmalige, reichliche Entleerung zu erzielen, genügt $1/2$—1 Eßlöffel voll, bei habitueller Obstipation gibt man am besten 1—2 Teelöffel voll vor dem Schlafengehen. Die Entleerungen erfolgen schmerzlos meist nach 6 bis 8 Stunden und sind von breiiger Konsistenz, selten diarrhoisch. Angewöhnung wurde nicht beobachtet, ebensowenig unangenehme Nebenwirkungen (Kölbl).

Literatur: Freyhan, Deutsch. med. Wochenschr., 6, 1904. — Kölbl, Wien. med. Presse, 33, 1905.
Fabr.: California Fig Syrup Co., St. Francisco.
Preis: Fl. (180 g) Mk. 2,50. K. 3,—. (100 g) Mk. 1,50.

Exodin, Diazetylrufigallussäuretetramethyläther, ist ein Oxyantrachinonpräparat, das dem Emodin und Purgatin nahesteht. Es stellt ein gelbes, geruch- und geschmackloses Pulver vom Schmelzpunkte 180 bis 190° C dar, das in Wasser gar nicht, in Alkohol nur schwer löslich ist.

Wirkung: Es besitzt milde abführende Wirkung, verursacht im Magen keinerlei Beschwerden und beeinträchtigt in keiner Weise den Appetit. Die Wirkung erfolgt nach 8—12—18 Stunden ohne Schmerzen und ohne das unangenehme Diarrhöegefühl, das viele, sonst gute Abführmittel begleitet (Ebstein, Stauder).

Nebenwirkung: Bei hartnäckigen Koprostasen ruft es manchmal Koliken hervor (Stauder). Der Harn nimmt eine dunkle Farbe an, doch färbt er im Gegensatze zum Purgatinharne die Wäsche nicht.

Indikationen und Dosierung: Am zweckmäßigsten wird es abends, in Form von im Wasser zerfallenden Tabletten à 0,5 g, in einer Menge von 1,0—1,5 g bei einfacher Verstopfung und atonischer Form der Obstipation gegeben (Stauder). In sehr hartnäckigen Fällen der chronischen Verstopfung kann es als „Schiebemittel" neben Öleinläufen von guter Wirkung sein (Ebstein). Besonders gut waren die Erfolge bei Kotstauung in den unteren Darmabschnitten (Maaß).

Literatur: Ebstein, Deutsch. med. Wochenschr., 1, 1904. — Stauder, Therap. d. Ggw., 6, 1904. — Ebstein, Deutsch. med. Wochenschr., 2, 1905. — Maaß, Berl. klin. Wochenschr., 14, 1906.
Fabr.: Chem. Fabr. auf Akt. vorm. E. Schering, Berlin.
Preis: 100 Tabl. Mk. 1.—.

Frangol ist das Fluidextrakt aus Rhamnus frangula. Das Mittel regt die Peristaltik schmerzlos an, beschleunigt also den Stuhlgang. Es kommt in Flaschen zu 100 g in den Handel und wird von Fritsch in Dosen von 3 mal täglich 1 Teelöffel oder auf einmal 1, selten 2 Eßlöffel voll besonders für Wöchnerinnen und Laparatomierte empfohlen.

Literatur: Fritsch, Therap. Monatsh., 529, 1909.
Fabr.: Dr. J. Denzel, Tübingen.
Preis: Fl. (100 g) Mk. 1,—.

Istizin ist 1,8 Dioxyanthrachinon. Man verabreicht nach Ebstein 1—1½ Tabletten.
Literatur: Ebstein, Med. Klinik, 708, 1913.
Fabr.: Farbenfabr. vorm. Bayer & Co., Leverkusen.
Preis: 15 Tabl. à 0,3 g Mk. 0,90. K. 1,10. 30 Tabl. à 0,3 g Mk. 1,50. K. 2,—.

Peristaltin ist ein Glykosid aus der Rinde von Cascara Sagrada und stellt eine in Äther, Benzol und Petroläther unlösliche, in Wasser und verdünntem Alkohol lösliche Substanz dar. Die wäßrige Lösung hat schwach sauere Reaktion. Im Tierversuch wirkt das Mittel per os gleich den Vertretern der Anthrazenderivate erst nach mehreren Stunden, ist aber im Gegensatz zu diesen ohne schädigenden Einfluß auf die Nieren (Pietsch). Die Wirkung ist relativ milde. Es kann mit Erfolg auch subkutan gegeben werden.
Literatur: Pietsch, Therap. Monatsh., 35, 1910.
Fabr.: Ges. f. chem. Industrie „Ciba", Basel.
Preis: R. m. 20 Tabl. à 0,05 g Mk. 1,—. K. 1,25. Sch. m. 1 u. 5 Amp. à 0,5 g Mk. 1,— u. 4,50. K. 1,25 u. 5,60.

Purgatin, Purgatol, synthetisch dargestellter Diazetylester des Antrapurpurins (Trioxyantrachinon), gehört in die Klasse der Oxyantrachinone, welcher die wirksamen Bestandteile der meisten Abführmittel (Aloë, Rhabarber, Senna) angehören. Es stellt ein orangegelbes, kristallinisches, leichtes, geschmackloses Pulver dar, welches in Wasser und verdünnten Säuren unlöslich, in Alkohol schwer, in schwachen Alkalien mit dunkelviolettroter Farbe leicht löslich ist und bei 175—178⁰ C schmilzt. Es passiert den Magen unzersetzt und beeinträchtigt dessen Funktionen in keiner Weise (Ewald).
Wirkung: Purgatin hat nach Vieth, der das Mittel dargestellt hat, die Eigenschaften eines milden Abführmittels, ungefähr gleich der Wirkung des Rhabarbers. Der Stuhlgang erfolgt nach Gaben von 0,5 bis 1,0 g in 12 bis 18 Stunden nach der Einnahme ohne besondere Schmerzen oder Stuhldrang. Der Stuhl ist gewöhnlich von breiiger Konsistenz (Ewald, v. Hoeßlin, Stadelmann). In schweren Fällen von Stuhlverhaltung, bei reichlicher Anhäufung eingedickter Kotmassen, ist die Wirkung des Mittels zu schwach (Ebstein).
Nebenwirkungen: Es teilt mit vielen Abführmitteln die unangenehme Eigenschaft, daß es eine kürzer oder länger dauernde Stuhlträgheit hinterläßt (Ewald, Heß, Strelkow). Übelkeit und Erbrechen beobachtete v. Hoeßlin, kolikartige Leibschmerzen, sowie nach größeren Dosen Nierenreizung Marshall und Stadelmann, Schmerzen bei der Defäkation Kachel. Eine regelmäßige Begleiterscheinung der Purgatinmedikation ist die Rotfärbung des Harnes, hervorgerufen durch Übergehen eines Teiles des in Lösung rotgefärbten Oxyantrachinons (Ewald, v. Hoeßlin, Marshall). Jedenfalls ist es zweckmäßig, die Kranken vorher auf diesen Umstand aufmerksam zu machen. Die in der Wäsche erzeugten Flecke lassen sich leicht entfernen.
Indikationen und Dosierung: Das Mittel wirkt sicher, wenn auch langsam, in Dosen von 0,5—1,0—2,0 g bei vorübergehender Verstopfung (Marshall, Frey, Kachel), doch wurden auch höhere Dosen — bis 5,0 g — ohne Folgeerscheinungen vertragen. Es läßt sich zweckmäßig als Schachtelpulver verordnen (Kachel) und gibt man dann eine Messerspitze bis ½ Teelöffel voll am Abend. Bei chronischer Stuhlverstopfung ist nach Ewald ein Erfolg nicht zu erwarten.
Literatur: Ewald, Therap. d. Ggw., 5, 1901. — Stadelmann, Deutsch. Ärzteztg., 10, 1901. — Vieth, Münch. med. Wochenschr., 35, 1901. — Ebstein, Therap. d. Ggw., 2, 1902. — Heß, ebendort, 6, 1902. — v. Hoeßlin, Deutsch. med. Wochenschr., Vereinsbeil., 28, 1902. — Marshall, Scott. med. and surg. journ., Mai 1902, rf. Zentralbl. f. inn. Med., 49, 1902. — Frey, Die Heilk., 7, 1903. — Kachel, Therap. Monatsh., 8, 1903. — Strelkow, Deutsch. med. Wochenschr., 14, 1904.
Fabr.: Knoll & Co., Ludwigshafen.
Preis: 1 g Mk. 0,10. K. 0,15. Tabl. à 0,25 g, 100 St. K. 3,50.

Purgen, Phenolphthalein, Dihydroxyphthalophenon, gehört in die Gruppe der purgativen Glykoside, deren wirksames Prinzip, Paraphthalein, aus gereinigtem Phenolphthalein dargestellt wird (Blum). Das Purgen ist ein weißes, homogenes, geschmackloses Pulver, das in Wasser unlöslich ist, in 10 Teilen Alkohol sich klar löst und bei 250—253° C schmilzt. Die alkalische Lösung ist durch eine purpurrote Farbe ausgezeichnet, während die saure Lösung farblos ist (Tunnicliffe).

Wirkung: Das Mittel, welches bisher nur als Indikator zu analytischen Zwecken verwendet worden ist, wurde von v. Vamossy auch als treffliches Abführmittel erkannt. Es passiert den Magen unzersetzt, sobald es aber in den Darm gelangt, verwandelt es sich in das leicht lösliche, schwer diffundierende Natriumsalz und wird dadurch ähnlich wie die Sulfate wirksam (Tunnicliffe). Da das Medikament so gut wie gar nicht im Darme zur Resorption gelangt, kommt es nicht in den Kreislauf, also auch nicht in die Nieren, vermag daher speziell keine Reizerscheinungen in denselben hervorzurufen (Blum). Die Ausscheidung erfolgt rasch und fast nur durch den Darm, est ist daher als ein ungefährliches Mittel zu betrachten (Mendelsohn). Die Einwürfe, daß es als Phenolderivat namentlich bei Kindern als schädlich zu bezeichnen sei (Schwarz), entkräftet v. Vamossy durch den Nachweis, daß es im Organismus überhaupt kein Phenol abspalte und nicht zur Resorption gelange. Die Wirkung, welche niemals von den unangenehmen Erscheinungen der erhöhten Peristaltik begleitet ist, tritt gewöhnlich nach 4—6 Stunden ein, die Qualität des erzeugten Stuhles ist meist breiig, öfters auch weich konsistent, nach größeren Dosen wässerig und leicht zerfließlich (Wenhardt, Unterberg). Auch bei längerer Darreichung bleibt die Wirkung die gleiche (Tunnicliffe). Ein Versagen der Wirkung tritt nur ausnahmsweise ein (Dornblüth).

Nebenwirkung: Manchmal klagen die Kranken über Bauchgrimmen (Wenhardt), selten über Tenesmus und Mastdarmbrennen (Unterberg) oder schmerzhaften Durchfall (Schwarz). Nach sehr großen Dosen tritt als Folgeerscheinung gewöhnlich starker Durchfall auf, nur einmal beobachtete Holz nach Verbrauch eines kleinen Schächtelchens innerhalb 6 Wochen heftige krampfartige, von Schüttelfrost begleitete Schmerzen in der linken Regio hypogastrica; daneben bestand Meteorismus, Übelkeit, Erbrechen, sowie Entleerung von blut- und eiweißhaltigem Urin, welche Erscheinungen aber insgesamt nach wenigen Tagen ganz verschwanden. Auch Erdös berichtet über einen ähnlichen Fall bei einem 5 jährigen Kinde, welches nach Einnahme von 8 Tabletten große Erregung, Bewußtseinstrübung, gerötetes und gedunsenes Gesicht, fliegenden Puls, Brechreiz und starke Leibschmerzen zeigte.

Indikationen: Purgen, das nach zahlreichen fremden (Wiesner u. a.) und eigenen Beobachtungen als eines der angenehmsten, wenn auch nicht als das beste der bekannten Purgantia zu bezeichnen ist, bewährte sich bei einfacher, wie habitueller Obstipation (v. Vamossy, Wenhardt, Dornblüth, Unterberg, Gundrum, Blum, Mendelsohn, Wohlmuth, Munk) sowohl bei Erwachsenen, als bei Kindern, ja selbst bei Säuglingen (Filho, Wohrizek). Zweifelhaft ist die Wirkung in Fällen von Enteroptose, bei paretischer Darmmuskulatur, bei Kranken, die mit starken Abführmitteln Mißbrauch getrieben haben, sowie bei Morphium- und Opiumsüchtigen (Unterberg). Ich selbst sah bei Atonie der Darmmuskulatur auch nach 1,0 g (= 10 Pastillen à 0,1 g) ausgesprochenen Mißerfolg (Skutetzky).

Kontraindiziert ist es bei Hämorrhoiden, da es hier durch direkte Reizung der Mastdarmschleimhaut Schmerzen und Blutungen erzeugen kann (Buckley).

Dosierung: Purgen kommt in Form von angenehm schmeckenden verzuckerten Pillen à 0,05 g (Babypurgen), à 0,1 g (für Erwachsene) und à 0,5 g (für Bettlägerige, speziell für schwangere Frauen) in den Handel

und genügen 1—3 Pillen à 0,1 g zur Erzeugung eines angenehmen Stuhlganges. Die Pillen müssen stets gut zerkaut werden.
Literatur: v. Vamossy, Therap. d. Ggw., 5, 1902. — Wenhardt, Die Heilk., 5, 1902. — Unterberg, Therap. d. Ggw., 5, 1902. — Tunnicliffe, übers. S.-A. aus Brit. med. journ., Okt. 1902. — Schwarz, Münch. med. Wochenschr., 1, 1903. — v. Vamossy, ebendort, 26, 1903. — Dornblüth, ebendort, 52, 1903. — Blum, Therap. Monatsheft, 9, 1904. — Gundrum, Wien. klin. Rundsch., 36, 1904. — Mendelsohn, Deutsch. Ärzteztg., 2, 1905. — Filho, Heilmittel-Revue, 9, 1905. — Buckley, Brit. med. journ., Febr. 1905, rf. Zentralbl. f. inn. Med., 20, 1905. — Wiesner, Wien. klin. Rundsch., 28, 1905. — Holz, Berl. klin. Wochenschr., 29, 1905. — Wohlgemuth, Wien. med. Blätter, 15, 1906. — Wohrizek, Therap. d. Ggw., 3, 1907. — Munk, Österr. Ärzteztg., 5, 1907. — Erdös, Therap. Monatsh., 332, 1913.
Fabr.: Dr. Bayer, Budapest.
Preis: Sch. m. 25 T. für Baby od. Erwachsene od. 6 Tabl. f. Bettlägerige K. 1, —. Mk. 1,20.

Regulin ist ein mit 20% wäßrigem Cascaraextrakt versetztes, trockenes und geschmackloses Agar-Agarpräparat, das bei chronischer, habitueller Verstopfung als angenehm wirkendes Ekkoprotikum verwendet wird (Schmid, Lohrisch, Mollweide, Voit, Stauder, Piket, Schellenberg, Frieser, Hoffmann).

Wirkung: Das Agar-Agar (Gelatina japonica Tientjan) wird aus Meeresalgen gewonnen und besteht größtenteils aus der sehr quellungsfähigen Gelose (Pararabin). Im gequollenen Zustande gibt es das Wasser nur sehr schwer wieder ab, auch nicht unter dem Einflusse der Fäulnis, der es sehr lange widersteht. Es quillt also im Munde, noch mehr im Magen, erscheint unverändert wieder in den Fäzes und macht den Kot voluminös und weich. Der Zusatz von wäßrigem Cascaraextrakt, der fest an das trockene Agar gebunden ist, diffundiert erst im Darme aus dem gequollenen Agar und soll nicht als Abführmittel wirken, sondern nur die fehlende Reizwirkung der natürlichen Zersetzungsprodukte des Darminhaltes, die dem Gemische von Kot und unverdaulichem Agar teilweise fehlt, ersetzen (Schmidt).

Nebenwirkungen sind nach dem Genusse des Mittels noch nie beobachtet worden.

Indikationen: Regulin ist nur bei chronischer habitueller Obstipation angezeigt, nicht aber als einmaliges Abführmittel.

Dosierung: Man gibt 1 Tee- bis 2 Eßlöffel voll (1,5—12 g) entweder auf einmal oder in dosi refracta. Diese 12 g Regulin können 200 g Wasser aufnehmen, der Stuhl muß also weicher und flüssiger werden (Voit). Im Anfange der Behandlung muß öfter noch mit Einläufen oder Suppositorien nachgeholfen werden, später treten dann spontane Entleerungen ein, worauf man die gereichte Dosis verringern kann, bis dieselbe auf Null sinkt.
Literatur: Schmidt, Münch. med. Wochenschr., 41, 1905. — Mollweide, Therap. Monatsh., 3, 1906. — Lohrisch, Med. Klin. 11, 1906. — Voit, Münch. med. Wochenschr., 30, 1906. — Stauder, ebendort, 37, 1906. — Piket, Wien, med. Blätter, 46, 1906. — Schellenberg, Deutsch. med. Wochenschr., 48, 1906. — Frieser, Prag. med. Wochenschr., 4, 1907. — Hoffmann, Therap. Monatsschr., 423, 1909.
Fabr.: Chem. Fabr., Helfenberg.
Preis: Kart. 50 g Mk. 1,35. K. 1,60. 100 g Mk. 2,40. K. 3,—. Gl. m. 20 Tabl. à 0,6 g Mk. 0,60. K. 0,80. Sch. m. 20 Regulin-Biskuits à 2,0 g Mk. 0,95. K. 1,40.

Sennatin ist ein aus Sennesblättern gewonnenes Präparat, das alle wirksamen Bestandteile derselben enthält. Es stellt eine dunkle, haltbare und sterile, klare Flüssigkeit dar, welche von Credé subkutan und intramuskulär, ohne Reizerscheinungen zu erzeugen, bei habitueller Obstipation, Darmlähmung bei Peritonitis, Ileus und nach Operationen mit dem Erfolge verwendet wurde, daß bei allen Kranken Entleerung von Darmgasen, bei 40% Stuhl ohne, bei 42% mit geringer Nachhilfe erfolgte.
Literatur: Credé, Münch. med. Wochenschr., 2868, 1912.
Fabr.: Helfenberg.

Sennalysatum = Dialysierter Saft aus Follic. Sennae.
Fabr.: Apoth. J. Bürger, Wernigerode.
Preis: Fl. (60 ccm) Mk. 1,60. K. 2, —.

Hormonal, Peristaltikhormon. Auf Grund von Tierversuchen nimmt Zuelzer an, daß sich während der Verdauung in der Magenschleimhaut ein Peristaltikhormon bildet, dessen Aufstapelungsort die Milz ist und das die Peristaltik in spezifischer Weise beeinflußt. Da bei Gewinnung des Hormonals aus der Magenschleimhaut die Gefahr besteht, daß auch pathogene Krankheitserreger in das Präparat gelangen, welche dessen intravenöse Anwendung gefährlich machen können, geht Zuelzer bei der Herstellung von der Milz aus, die einen verhältnismäßig hohen Gehalt an Hormon aufweist (Zuelzer, Dohrn und Marxer). Die peristaltikerregende Wirkung des Präparates tritt nach intravenöser Darreichung nach 2—36 Stunden bis 3 Tagen ein und hält bis zu einer halben Stunde an. — Von Dittler und Mohr wurde auf die blutdruckherabsetzende Wirkung des Hormonals hingewiesen, welche bedrohlichen Kollaps nach sich ziehen kann. — Von Popielski wird die Wirkung des Hormonals auf ein in allen Organen vorkommendes Vasodilatin zurückgeführt, welches sekundär infolge seines blutdruckerniedrigenden Einflusses auf die Peristaltik wirkt. Infolge der plötzlichen Blutdrucksenkung kommt es nach Mohr zu Gehirnanämie und Ansammlung von Kohlensäure in den Darmgefäßen und dadurch zur Anregung der Peristaltik. Mohr, wie auch v. Sabatowski halten daher das von Popielski isolierte Vasodilatin für den wirksamen Bestandteil nicht nur des Hormonals, sondern aus aller Gewebsextrakte, nach deren Injektion erst sekundär die peristaltikerregende Wirkung eintritt.

Nebenwirkungen: Mehr weniger hohe Temperatursteigerungen (Hormonalfieber) und geringe lokale Schmerzen nach der intravenösen Injektion beobachteten Zuelzer, Pfannmüller, Kauert, Glitsch, Forkel, Jacoby, Mächtle und Groth, Schüttelfrost Voigt, Übelkeit und Erbrechen Rajina, Durchfälle Kausch und Voigt. Ziemlich häufig wird über Auftreten von Kollaps oft schwerer Art berichtet (Groth, Kleinberger, Bovermann, Voigt, Birrenbach, Wolf, Hesse, Frischberg, Rosenkranz, Kretschmer). Von Zuelzer werden diese Kollapse als die Folge einer geringen Albumosenbeimengung, welche sich durch geringfügige Änderung in der Herstellung des Hormonals eingeschlichen hatte, bezeichnet. In Hinkunft will er dieselben durch Herstellung eines albumosefreien Präparates, das erst nach genauer klinischer Prüfung von ihm abgegeben werden wird, hintanhalten. Über einen Todesfall nach Hormonalmedikation berichtet Jurasz.

Indikationen: Über günstige Erfolge bei Hypotonie und Atonie des Darmes, also bei chronischer Obstipation und bei Darmlähmung nach Operationen oder infolge ileusartiger Erkrankungen berichten Zuelzer, Dohrn und Marxer, Henle, Pfannmüller, Kauert, Glitsch, Forkel, Jacoby, Mächtle, Groth, Kleinberger, Bovermann, Rosenkranz, Rajina, Sackur und Schricker. Mit wechselndem Erfolge verwendeten es Saar und Kretschmer. Kein Erfolg ist zu erzielen bei spastischer Obstipation im engeren Sinne, bei Atonie der Ampulle, sowie bei jeder auf mechanischer Ursache (Adhäsionen, Retroflexio uteri, Prostatahypertrophie usw.) beruhenden Obstipation (Pfannmüller, Sackur). Auch bei Peritonitis ist dem Hormonal eine spezifische peristaltikerzeugende Kraft nicht beizumessen (Schönstadt).

Dosierung: Das Präparat wird vornehmlich intravenös, seltener intramuskulär, in einmaliger Injektion in Dosen von 15—20 ccm angewendet. Öfters ist noch als Unterstützungsmittel Rizinus zu verabfolgen (Pfannmüller, Kauert, Glitsch, Forkel, Jacoby, Mächtle, Groth). Am besten gibt man die Injektion morgens (Saar); dieselbe soll langsam, ev. mit hohen Kampferdosen kombiniert, vorgenommen werden (Kausch). Vor intravenöser Anwendung größerer Dosen wird von v. Sabatowski wegen der bedeutenden, wenn auch kurz dauernden Blutdrucksenkung gewarnt. Trotz der zweifellosen Erfolge bei intravenöser Darreichung ist das Hormonal

als ein nicht ungefährliches Mittel zu bezeichnen, das nach Hesse zur Aufnahme in den Arzneischatz noch nicht geeignet erscheint. Die intramuskuläre Anwendung ist wohl ungefährlich, aber auch nutzlos (Mohr).
Literatur: Zuelzer, Dohrn und Marxer, Berlin. klin. Wochenschr., 46, 1908. — Zuelzer, Med. Klin., 11, 1910. — Saar, ebendort, 11, 1910. — Henle, Zentralbl. f. Chir., 42, 1910. — Zuelzer, Therap. d. Ggw., 197, 1911. — Mächtle, Therap. Monatsh., 652, 1911. — Kauert, Münch. med. Wochenschr., 907, 1911. — Glitsch, ebendort, 1243, 1911. — Forkel, ebendort, 1875, 1911. — Jacoby, Deutsch. med. Wochenschr., 2125, 1911. — Pfannmüller, Münch. med. Wochenschr., 2270, 1911. — Dittler und Mohr, ebendort, 2427, 1911. — v. Sabatowski, Wien. klin. Wochenschr., 116, 1912. — Rajna, Therap. Monatsh., 438, 1912. — Kretschmer, Münch. med. Wochenschr., 474, 1912. — Popielski, ebendort, 534, 1912. — Hesse, Deutsch. med. Wochenschr., 643, 1912. — Zuelzer, Münch. med. Wochenschr., 706, 1912. — Voigt, Therap. Monatsh., 708, 1912. — Rosenkranz, Münch. med. Wochenschr., 931, 1912. — Mohr, Fortschr. d. Med., 961, 1912. — Frischberg, Münch. med. Wochenschr., 990, 1912. — Jurasz, Deutsch. med. Wochenschr., 1037, 1912. — Wolf, Münch. med. Wochenschr., 1107, 1912. — Birrenbach, ebendort, 1155, 1912. — Zuelzer, Deutsch. med. Wochenschr., 1233, 1912. — Groth, Med. Klin., 1425, 1912. — Bovermann, Münch. med. Wochenschr., 1553, 1912. — Kausch, Berlin. klin. Wochenschr., 1608, 1912. — Kleinberger, Münch. med. Wochenschr., 1613, 1912. — Schönstadt, Berlin. klin. Wochenschr., 2277, 1912. — Schricker, Klin. therap. Wochenschr., 198, 1913. — Sackur, Deutsch. med. Wochenschr., 401, 1913.
Fabr.: Chem. Fabr. auf Akt. v. E. Schering, Berlin.
Preis: Fl. (20 ccm) Mk. 8,—. K. 10,—.

C. Obstipantia-Darmadstringentia.

Von allgemeiner Giltigkeit für die therapeutische Anwendung bei Magen- und Darmerkrankungen ohne spezielle Indikation ist die Tierkohle, für die hier ebenfalls das bei den Vergiftungen über ihre Adsorptionskraft Gesagte gilt. Wie die exogenen Giftstoffe so werden auch die abnormen Gärungsstoffe des Darms, die Darmflora und die anderen Ursachen der Darmkatarrhe adsorbiert und bei gleichzeitiger Verwendung eines abführenden Mineralwassers rasch aus dem Darm eliminiert (Toxodesmin). Der Erfolg ist bei derartigen Ursachen der Darmstörung meist ein prompter und das Mittel in den meisten Fällen als das indifferenteste allen andern vorzuziehen. Der Versuch, Pflanzenkohle mit abführenden Stoffen zu paaren (Eukarbon), hat nicht zu solch günstigen Resultaten geführt, wie mit Rücksicht auf die mangelhafte Adsorptionskraft der Pflanzenkohle erklärlich erscheint. Wie Tierkohle, findet auch Bolus alba wegen seiner Adsorptionskraft Verwendung bei Magen- und speziell bei Darmerkrankungen.

Vielfach versagt bei anhaltender Diarrhöe die Kohle und man kann dies dann direkt als Beweis dafür ansehen, daß die Ursache der gesteigerten Darmperistaltik nicht durch Anwesenheit von endogenen oder exogenen Giftstoffen bedingt, sondern nervöser Natur ist. Meist wird sie durch einen Erregungszustand des Vagus ausgelöst. In solchen Fällen wird durch Atropin in kleinen Dosen und Belladonnapräparate, Extr. Belladonna etc., guter Erfolg zu erzielen sein und die Ruhigstellung des Darmes, Beseitigung der Diarrhöe etc. erreicht werden.

Die pharmakologische Wirkung des Morphiums, bzw. des Opiums, ist wahrscheinlich dadurch bedingt, daß einerseits der Pylorus in einen krampfartigen Zustand versetzt und dadurch die weitere Beförderung der Speisen äußerst lange verzögert und außerdem der Defäkationsreflex herabgesetzt wird, ferner besitzen diese Stoffe auch die Fähigkeit, die Darmsekretion zu hemmen. Die Wirkung der Tierkohle und auch des Atropins ist gewissermaßen eine ätiologische, insofern als die Krankheitsursache direkt beseitigt wird. Die Hauptmasse der übrigen Stopfmittel dagegen dient mehr der symptomatischen Behandlung und wirkt vor allem adstringierend. Dies gilt besonders von den Gerbsäurepräparaten, die in reichlicher Menge auf dem Arzneimarkt kamen. Dabei war vor allem für die Schaffung neuer Präparate die Absicht maßgebend, die Gerbsäure an Stoffe (insbesonders an Eiweiß) zu binden, die erst im Darm ein Freiwerden der Gerbsäure ermöglichen.

Skutetzky-Starkenstein, Arzneimittel, 2. Auflage.

Die Anwendung von Desinfizientien bei Darmkrankheiten bezweckt wohl auch mehr die Erreichung einer adstringierenden Wirkung, denn eine wirkliche Desinfektion des Darms ist nicht erreichbar. So sind die günstigen Erfolge der Wismutpräparate vorwiegend ihrer adstringierenden Wirkung zuzuschreiben. Ob die als Magen- und Darmdesinfizientien verwendeten Stoffe wie Resorzin, Salol und vor allem Kalomel direkt desinfektorisch wirken, läßt sich nicht sicher behaupten.

Abrotanolpastillen sind mit Schokolade überzogene Pastillen, welche aus einem aus Artemisia abrotanum (Eberraute, Stab- oder Gartenwurz) gewonnenen Extrakte und aus Menthol bestehen.

Wirkung: Dieselben entfalten adstringierende, desinfizierende und magenstärkende Wirkung und setzen die gesteigerte Darmperistaltik, sowie Kolikschmerzen herab (Helfer). Sie finden als Darmadstringens in akuten und chronischen Fällen nach vorhergehender Darreichung von Kalomel (Helfer) oder auch ohne dasselbe (Frieser) Verwendung.

Dosierung: Man gibt durch einige Tage 2—4 Stück pro die.

Literatur: Helfer, Wien. med. Presse, 3, 1903. — Frieser, Ärztl. Zentralztg., 5, 1903.
Fabr.: H. Hell & Co., Troppau.
Preis: Sch. m. 15 u. 30 Past. Mk. 1,20 u. 2,—.

Bismon, Bismuthum oxydatum colloidale, ist eine eigentümliche Zustandsform des Wismutmetahydroxyds, welche durch die Wirkung des protalbin- und lysalbinsauren Natrons entsteht, dessen intramolekulare Beschaffenheit sich aber unserer Kenntnis entzieht. Das Bismon stellt eine gelbliche, amorphe Masse dar, die $20^0/_0$ metallisches Wismut enthält und sich in kaltem und heißem Wasser leicht löst. Die Lösungen bis zu $25^0/_0$ haben eine gelbrote Farbe mit schwacher Opaleszenz, sind geschmacklos und noch hinlänglich leicht beweglich, während die höher konzentrierten Lösungen (bis $50^0/_0$) eine sirup- bis gallertartige Konsistenz annehmen.

Indikationen: Das Mittel wurde von Kinner, Siegert und Wohrizek als Darmadstringens namentlich für Kinder empfohlen und bei akuten und chronischen Darmstörungen, sowie den verschiedenen Formen der Dyspepsie im Säuglingsalter verordnet. Es soll nur in Lösung gegeben werden. Der Verdauungstrakt ist vor der Darreichung zu reinigen.

Bei atrophischen Säuglingen, deren Verdauungsstörungen durch hochgradige Schwellung aller mesenterialen Lymphknoten bedingt ist, läßt das Bismon, wie auch andere Medikamente, im Stiche.

Dosierung: Man gibt nach Kinner drei- bis viermal täglich 5 ccm einer $10^0/_0$ Lösung.

Literatur: Kinner, Münch. med. Wochenschr., 29, 1903. — Siegert, ebendort, 32, 1903. — Wohrizek, Therap. d. Ggw., 3, 1907.
Fabr.: Kalle & Co., Biebrich.
Preis: 1 g Mk. 0,40.

Bismutose, eine Wismutprotein-Verbindung, stellt ein staubfeines, nicht zusammenballendes, geruch- und geschmackloses Pulver dar, das sich am Lichte allmählich schiefergrau färbt. Es kann bis auf 130—140° C erhitzt werden, ohne sich zu zersetzen und ist in Wasser und sonstigen Lösungsmitteln nicht löslich. Nur verdünnte Alkalien vermögen bei längerer Einwirkung allmählich Lösung zu bewirken. Gegen Pepsin-Salzsäure erweist sich die Bismutose sehr widerstandsfähig. Selbst nach mehrstündiger Einwirkung bei Bluttemperatur gehen nur so geringe Mengen von Wismut neben Eiweiß in Lösung, daß man praktisch sagen kann, daß das Mittel den Magen unzersetzt passiert (Laquer, Witthauer). Bismutose enthält $22^0/_0$ Wismut, während der in dem Präparate enthaltene Eiweißköprer ca. $66^0/_0$ beträgt.

Wirkung: Die Bismutose ist ein ausgezeichnetes Darmadstringens und Darmtonikum (Manasse), sowie Protektivum (Starck). In der Wirkung kommt sie dem Magisterium Bismuthi gleich, übertrifft dasselbe aber an adstringierender Kraft (Laquer, Elsner, Cohnheim). Entzündete Schleimhäute stellt sie außerdem noch mechanisch durch Bedecken in Ruhe (Witthauer). Sie ist ein vollkommen unschädliches Präparat, wird gerne genommen und erzeugt selbst in großen Dosen keine Nebenwirkungen (Starck, Manasse, Nathan).

Indikationen: Das Mittel findet Verwendung bei Magendarmerkrankungen infektiösen Charakters, bei Brechdurchfall der Kinder (Kuck), bei subakuten und chronischen Darmstörungen der Flaschenkinder (Wohrizek), bei Geschwürsprozessen des Verdauungstraktes, bei Ulcus ventriculi, Dyspepsie, Typhus, Ruhr (Laquer, Fischer, Starck, Künkler, Lissauer, Maybaum, Biedert, Nathan), bei Hyperazidität ohne Ulkus, sowie nervöser Diarrhöe (Witthauer), bei chronischem Darmkatarrh, auch der Potatoren (Starck, Cohnheim), und endlich bei den sich häufig wiederholenden Diarrhöen der Tuberkulösen, welche nach Art der wahren Enteritis tuberculosa auftreten, ohne deren direkt deletären Charakter zu zeigen. Dort, wo nach Bismutosedarreichung langsamer und dauernder Erfolg eintritt, ist die Vermutung auf Darmtuberkulose ohne weiters als erschüttert anzusehen (Wehmer).

Dosierung: Man gibt Säuglingen mehrmals täglich 1,0 g, älteren Kindern 2,0—4,0 g, Erwachsenen bis zu einem Eßlöffel voll und darüber entweder in Suppe, Wasser, Eiweißwasser oder Milch verrührt, sowie als 5—10—15% Schüttelmixtur mit Syrup. cort. aurant., z. B. Bismutos., Mucil. gummi arab. ää 30,0 Aq. dest. ad 200,0, S. Schüttelmixtur, 1—2 Kaffeelöffel voll stündlich zu nehmen.

Literatur: Laquer, Therap. d. Ggw., 7, 1901. — Kuck, ebendort, 11, 1901. — Manasse, Therap. Monatsh., 1, 1902. — Witthauer, Deutsch. med. Wochenschr., 19, 1902. — Künkler, Allg. med. Zentralztg., 24, 1902. — Lissauer, Deutsch. med. Wochenschr., 33, 1902. — Fischer, Ärztl. Rundsch., 34, 1902. — Maybaum, Deutsch. med. Wochenschr., 44, 1902. — Starck, Münch. med. Wochenschr., 47, 1902. — Elsner, Arch. f. Verd.-Krankh., 8, 1902, rf. Therap. d. Ggw., 3, 1903. — Biedert, Therap. d. Ggw., 9, 1903. — Cohnheim, Berlin. klin. Wochenschr., 52, 1903. — Nathan, Arch. f. Kinderheilk., 4/6, 1904. — Wehmer, Therap. d. Ggw., 8, 1904. — Wohrizek, ebendort, 3, 1907.
Fabr.: Kalle & Co., Biebrich.
Preis: 10 g Mk. 0,95. K. 1,35.

Bolus alba, Ton. Dieses schon den Alten bekannte Mittel wurde durch Stumpf wieder in die Therapie eingeführt und zwar zunächst als Streupulver bei eiternden und nicht eiternden Wunden, sowie bei frischen Operationswunden. Erst später wurde Bolus auch innerlich verwendet und bei einer Reihe von Darmerkrankungen ausgezeichnete Erfolge mit dieser Medikation erzielt.

Die bedeutende austrocknende Kraft ist als die Ursache seiner antiseptischen Wirksamkeit anzusehen (Stumpf, Megele) und die mächtige adsorbierende Kraft bedingt seinen Nutzen bei internem Gebrauch wenigstens dann, wenn der Darminhalt (Intoxikationen, Gase, Bakterien usw.) die Krankheitsursache darstellt. Wichtig ist, daß nur ganz verläßlich reine Präparate (Bolus alba sterilis. Merck) gebraucht werden, da sonst die Darreichung wegen des unangenehmen Geruches und Geschmackes auf Schwierigkeiten stoßen kann.

Indikationen und Dosierung: Als Streupulver bei Wunden aller Art (Stumpf, Zweifel), bei Phlegmonen und tuberkulösen Knocheneiterungen (Schönberger), bei Ozäna, wobei der üble Geruch und die Sekretion bald nachlassen (Stumpf, Schönberger), bei Nasendiphtherie, Ophthalmoblenorrhoea neonatorum, akuter Vulvovaginitis (Trumpp, Zweifel), bei Schnupfen (Trumpp), bei Fluor albus (Nassauer, Gewin, Wille), bei lange bestehendem Zervixkatarrh (Georgii). Die offene Wundbehandlung mit Ton gibt bessere Resultate als die im Okklusivverband, da sich hiebei über der Wunde borkenähnliche Massen bilden, unter welchen es weiter eitert (Höpfel). In Form einer mit Azodermin, Alkohol und Glyzerin kombinierten, gebrauchsfertig in den Handel kommenden „Boluswundpasta" bewährte sich das Mittel bei Ekzem, Herpes, Intertrigo und Hyperhidrosis (Liermann, Schönenberger).

Frische Fälle von Schnupfen können nach Trumpp, in 24 Stunden zum Stillstand gebracht werden, wenn man mit dem Pulver den Bakterienherd erreicht und wenn es in genügender Menge wiederholt eingebracht wird. Der Schwellungszustand der Schleimhaut ist zunächst durch eine Adrenalinsalbe zu beseitigen (Suprarenin 0,03, Paraffin. liquid. 5,0, Unguent. boric. 25,0). Auch bei Ozäna und Nasendiphtherie sollen hiebei gute Erfolge beobachtet worden sein (Trumpp, Schönenberger). Trumpp empfiehlt zur Einbringung des Pulvers den leicht zu reinigenden, von ihm angegebenen Pulverbläser (bei Katsch, München erhältlich, Preis Mk. 2,—).

Zur Applikation des Bolus in den Genitalschlauch der an Fluor albus leidenden Frauen bewährte sich bestens der von Nassauer konstruierte Apparat „Sikkator" (Preis Mk. 4,50, bei Katsch - München), mit dessen Hilfe die Scheide auseinandergefaltet wird, so daß das Pulver überallhin an die Scheidenwände gelangt. Das sich ansammelnde und mit dem Sekret zusammenballende Pulver wird zweimal wöchentlich vom Arzte im Spekulum ausgewischt oder durch eine einfache Spülung herausgeschwemmt.

Innerlich genommen bewährte sich das Mittel vor allem bei Diphtherie (Daxenberger), Hyperazidität (Schönenberger), Brechdurchfall, Cholera nostras und Cholera infantum (Kraus), bei Amöben- und Bazillenruhr (Staby), bei Pilzvergiftung (Schürer) und bei chronischer Urtikaria (Bäumer). Bei Diphtherie gibt man alle 2—3 Minuten 1 kleinen Teelöffel voll der 40—50% Aufschwemmung, bis das Fieber nachläßt, was oft schon nach sehr kurzer Zeit der Fall ist, sodann alle 10 Minuten, bis der Belag geschwunden ist. Der Erfolg zeigt sich schon in wenigen Stunden. Bei Ruhr gibt Staby in den ersten 3 Tagen Kalomel und Rizinus, dann morgens auf nüchternen Magen eine Aufschwemmung von 100 g Ton auf 300 g Wasser. Bei Urtikaria reicht Bäumer dreimal täglich 1 Eßlöffel voll einer solchen Aufschwemmung nach dem Mahlzeiten. Bei Behandlung der Cholera, des Brechdurchfalles, der Pilz-, Fleisch- und Konservenvergiftung hat im allgemeinen der Grundsatz zu gelten, daß stets genügende Mengen möglichst nüchtern genommen werden.

Erwachsene erhalten 50—100—150 g, Kinder 25—30 g, stets auf das doppelte Quantum Wasser verrührt. Von Küster und Geiße wird das Mittel zur Händedesinfektion empfohlen. Vor der Operation werden die Hände mit Bolusseife gereinigt und eine aus Bolus, 65—80% Alkohol und etwas Azodermin bestehende Paste aufgestrichen. Dadurch werden die mit Alkohol beladenen feinsten Bolusteilchen in die Tiefe der Haut eingerieben, wo der Alkohol seine desinfizierende und fixierende Wirkung entfaltet. Nach Abdunsten des Alkohols bleibt Bolus zurück und adsorbiert bei jeder neuen Alkoholwaschung den Alkohol, wodurch dieser in der Tiefe wieder zur Wirkung gelangen kann.

Bolus alba sterilis. Merck kommt in zugelöteten Blechdosen in Form von Pulver, Bolusverbandschläuchen und Boluskompressen in den Handel. Von Aufrecht wird die Verwendung der mit Bolus imprägnierten, ev. noch mit 1% Liquor alumin. acet. oder 1/2% Acid. salicyl. versetzten Gaze empfohlen.

Literatur: Stumpf, Münch. med. Wochenschr., 46, 1898. — Megele, ebendort, 12, 1899. — Georgii, ebendort, 14, 1899. — Höpfel, ebendort, 14, 1899. — Aufrecht, Deutsch. med. Wochenschr., 38, 1905. — Trumpp, Münch. med. Wochenschr., 47, 1909. — Schönenberger, Arch. f. phys. u. diät. Therap., 11, 1910. — Staby, Arch. f. Schiffs- u. Tropenhyg., 12, 1910. — Nassauer, Therap. Monatsh., 295, 1910. — Zweifel, Münch. med. Wochenschr., 1787, 1910. — Kraus, Medico, 76, 1911. — Liermann, Deutsch. med.

Wochenschr., 1829/1884, 1911. — Stumpf, Münch. med. Wochenschr., 576, 1911. — Daxenberger, Medico, 15, 1912. — Bäumer, Deutsch. med. Presse, 126, 1912. — Wille, Med. Klin., 193, 1912. — Gewin, rf. in Mercks Jahresber., 210, 1912. — Schürer, Deutsch. med. Wochenschr., 548, 1912. — Nassauer, Münch. med. Wochenschr., 523/589, 1912. — Küster u. Geiße, Deutsch. med. Wochenschr., 1594, 1912.
Fabr.: E. Merck, Darmstadt.
Preis: Dos. 100 g Mk. 1,85. K. 3,—. 250 g Mk. 2,20. K. 3,50. 500 g Mk. 3,20. K. 5,30. 1000 g Mk. 5,—. K. 8,70.
Dr. Reiß, Charlottenburg: 100 g Mk. 1,—. 500 g 3,75.

Fortoin, ein Kondensationsprodukt von Kotoin, dem wirksamen Prinzipe der echten Kotorinde, und Formaldehyd, ist demnach als ein Methylendikotoin aufzufassen. Es stellt gelbliche, im Geruche schwach an Zimt erinnernde, geschmacklose Kristalle oder ein gelbliches Pulver dar, dessen Schmelzpunkt bei 211—213⁰ C liegt, und das sich leicht in Chloroform, Azeton, Eisessig, schwer in Alkohol, Benzol und Äther, gar nicht in Wasser, hingegen sehr leicht in Alkalien löst.

Wirkung: Es zeigt die gleiche antidiarrhoische Wirkung wie Kotoin, besitzt aber außerdem noch eine bedeutende fäulniswidrige und bakterizide Kraft und findet als Antidiarrhoikum, selbst bei Tuberkulose, in Dosen von 0,25 g, dreimal täglich, erfolgreiche Anwendung (Overlach, Rotschild, Stein, Winterberg). Entgegen diesen günstigen Wahrnehmungen vermag Neter dem Fortoin nur bei chronischen, infantilen Diarrhöen einen bedingten Wert zuzuerkennen, wiewohl es auch hier vor unlöslichen Tanninpräparaten keine Vorzüge aufweist.

Da das Mittel blutgefäßerweiternde Eigenschaften besitzt, erscheint es dort kontraindiziert, wo Neigung zu Darmblutungen besteht, wie überhaupt bei allen Zuständen, die mit erheblicher kongestiver Hyperämie des Darmes einhergehen. Unangenehme Nebenerscheinungen wurden niemals beobachtet.

Literatur: Overlach, Zentralbl. f. inn. Med., 10, 1900. — Neter, Deutsch. med. Wochenschr., 48, 1900. — Stein, Med. chir. Zentralbl., 1, 1901. — Winterberg, Wien. med. Blätter, Febr. 1905.
Fabr.: Chininfabr. Zimmer & Co., Frankfurt a. M.
Preis: 1 g Mk. 2,35. K. 2,—.

Geloduratkapseln (Dr. Rumpel) sind durch alkoholische oder ätherische Formaldehydlösung gehärtete Gelatinekapseln, welche den Glutoidkapseln Sahlis nachgebildet sind, vor diesen aber den Vorzug haben, daß auch wasserlösliche Substanzen darin eingeschlossen werden können (Lingenberg). Sie passieren unversehrt den Magen und lösen sich erst im Darme (im Pankreassaft) auf (Schlecht, Schultze). Besonders geeignet sind sie für die Darreichung von Jodpräparaten, Balsamicis (Thau, Heubach), von Diuretin, das in wäßriger Lösung öfters Erbrechen erzeugt (Lingenberg) und von Salizyl- und Digitalispräparaten (Schlecht).

Literatur: Schlecht, Münch. med. Wochenschr., 34, 1907. — Thau, Therap. Monatsh., 4, 1909. — Lingenberg, Therap. d. Ggw., 4, 1909. — Schultze, ebendort, 8, 1909. — Heubach, Med. Klin., 51, 1909.

Glutoidkapseln sind Gelatinekapseln, welche durch Formol gehärtet sind, sich äußerlich nicht von den Gelatinekapseln unterscheiden und allen Anforderungen entsprechen, um Medikamente nur im Darm wirken zu lassen.

Man verwendet sie dort, wo man das eingeschlossene Medikament vor der Einwirkung des Magensaftes, den Magen vor dem schädigenden Einfluß der Medikamente (Kreosot, ätherische Öle usw.) schützen will (Sahli).

Von Fromme werden die Kapseln zur Diagnostik der Darmerkrankungen, speziell der Pankreasdrüse, verwendet. Zu diesem Zwecke werden sie mit Jodoform gefüllt. Kann man innerhalb $3^1/_2$—5 Stunden (aus ausgehebertem Mageninhalte oder Speichel) nicht den Beweis liefern, daß Jod frei geworden ist, so ist die Motilität des Magens und die Pankreasfunktion als gestört oder insuffizient anzusehen.

Literatur: Sahli, Deutsch. Arch. f. klin. Med., 5/6, 1899. — Fromme, Münch. med. Wochenschr., 15, 1901.

Hämorrhoisid sind Tabletten, welche aus 0,43 g Extr. Pantjasonae und Saccharum bestehen. Die Mutterpflanze Pantjasona gehört zu den Cucurbitaceen und ist in Südasien heimisch. Nach Anwendung der Tabletten schwindet das Jucken im After, auch das Fremdkörpergefühl nimmt ab, der Stuhlgang wird normal, ohne daß das Mittel direkt abführend wirkt, die heftigen Schmerzen bei der Defäkation lassen nach und die strotzend gefüllten Knoten gehen zurück (Goliner, Weißmann und eigene Beobachtungen).
Die gebräuchliche Dosis beträgt 3 Tabletten pro die.
Literatur: Weißmann, Med. Klinik, 12, 1905. — Goliner, Deutsch. Medizinalztg., 13, 1905.
Fabr.: Chem. Fabr. Erfurt-Ilversgehofen.
Preis: Fluid Extr. 100 g Mk. 3,50. 10 u. 30 Tabl. Mk. 1,— u. 3,—. K. 3,60.

Kossam ist der chinesische Name der Samenkörner von Brucca Sumatroma einer Simarubacee, welche als Volksheilmittel längst bekannt sind und als Spezifikum gegen Amöbendysenterie verwendet werden (Axisa). Man erzielt durch Tagesgaben von 8 Tabletten à 0,02 g raschen Nachlaß des Tenesmus und der Blutungen. Bei der bazillären Form der Dysenterie ist das Mittel ganz unwirksam.
Literatur: Axisa, Arch. f. Verdauungskrankh., 667, 1910, rf. in Therap. Monatsh., 187, 1911.

Tanargentan, ein von Mandelbaum hergestelltes und in die Therapie eingeführtes Tannin-Silber-Eiweißpräparat mit 25% an Eiweiß gebundenem Tannin und 6% Silber, welches im Magensafte unlöslich und auch im alkalischen Darmsaft nur schwer löslich ist, daher längere Zeit ohne Gefahr einer toxischen Wirkung gegeben werden kann. Gewöhnliche Brechdurchfälle sistieren nach eintägigem Gebrauch, auch bei den hartnäckigen Durchfällen der Tuberkulösen bewährte es sich in Dosen von 0,5 g dreimal täglich (Mandelbaum, Hoppe). Da das Mittel nach lange fortgesetzter Darreichung eine Einbuße seiner prompten Wirksamkeit erleidet, ist dieselbe zeitweise auf einige Tage zu unterbrechen.
Literatur: Mandelbaum, Therap. Monatsh., 263, 1912. — Hoppe, Med. Klin., 1117, 1912.
Fabr.: Dr. R. u. O. Weil, Frankfurt a. M.
Preis: Sch. m. 12 Stäbchen Mk. 3,—. K. 3,—. Tanargentan-Vaginalkugeln 12 St. Mk. 3,—. K. 3,50.

Tannalbin, Tanninalbuminat, ist eine durch 5—6 stündiges Erhitzen auf 110—120° C gegen die Verdauungssäfte im Munde und Magen völlig resistent gemachte Eiweißverbindung des Tannins, welche ein bräunliches, vollkommen geschmackloses Pulver mit 50% Gerbsäuregehalt darstellt. Es ist im Magensafte unlöslich, dagegen im alkalischen Darmsafte löslich, ist daher ohne schädliche Einwirkung auf den Appetit. Das Mittel wurde von Gottlieb und Vierordt in die Praxis eingeführt und bewährte sich bei akutem und chronischem Dünn- und Dickdarmkatarrh, bei tuberkulösen Diarrhöen (Treumann, Römheld, Sconamiglio, Stein, Preiß, Ratner), bei Darmblutungen im Verlaufe von Abdominaltyphus, die durch Opium nicht gestillt werden konnten (Stein), bei Kinderdiarrhöen, weniger bei Dysenterie und Cholera infantum (Demidow) als ein gutes und unschädliches Darmadstringens. Kein Erfolg war bei septischen und dyspeptischen Diarrhöen zu erzielen (Stein). Man gibt es in Dosen von 0,5—2,0 g pro dosi in 1—2 stündlichen Pausen bis zu 10,0 g pro die.
Literatur: Gottlieb, Deutsch. med. Wochenschr., 11, 1896. — Vierordt, ebendort, 25, 1896. — Sconamiglio, Wien. med. Blätter, 2, 1897. — Treumann, Münch. med. Wochenschr., 8, 1897. — Stein, Wien. med. Presse, 22, 1897. — Römheld, Münch. med. Wochenschr., 36, 1897. — Ratner, Deutsch. Medizinalztg., 70, 1903. — Preiß, Deutsch. Ärzteztg., 5, 1904. — Demidow, Deutsch. Medizinalztg., 52, 1904.
Fabr.: Knoll & Co., Ludwigshafen.
Preis: Sch. m. 20 Tabl. Mk. 0,50. K. 0,65. 40 Tabl. Mk. 1,—. K. 1,25.

Tannigen, Diacetyltannin, ist ein gelblichgraues, nahezu geruch- und geschmackloses, wenig hygroskopisches Pulver, welches bei 180° C noch keine Veränderung erleidet und in kaltem Wasser kaum, in siedendem nur spurenweise, leichter hingegen in Alkohol und verdünnten alkalischen Lösungen löslich ist. Es gelangt daher erst in den alkalischen Darmsekreten zur Lösung und Resorption. Es stört den Appetit nicht und ruft selbst bei andauerndem Gebrauch keine unangenehmen Nebenerscheinungen hervor, so daß es selbst Säuglingen ohne Nachteil gegeben werden kann. Zuverlässig ist seine Wirkung bei akuten Durchfällen, wobei es den quälenden Tenesmus oft schon nach 10—15 Minuten beseitigt (de Buck, Wirz, Bachus, Escherich, Biedert, Kionka, Kraus, Jörg). Auch bei chronischen Katarrhen, hauptsächlich den Durchfällen der Phthisiker (Müller), sowie den Sommerdiarrhöen der Säuglinge (Manasse, Siebold) erwies sich das Mittel von Nutzen. Die übliche Dosis beträgt 0,15—0,3—0,5 g, 3—4 mal täglich, wobei es anstatt in Oblaten zweckmäßig mit gleichen Teilen Milchzucker als Schachtelpulver verordnet wird.

Literatur: Müller, Deutsch. med. Wochenschr., 31, 1894. — de Buck, Wien. klin. Rundsch., 36, 1895. — Escherich, Therap. Wochenschr., 10, 1896. — Bachus, Münch. med. Wochenschr., 11, 1896. — Biedert, Therap. Wochenschr., 12, 1896. — Wirz, Therap. Monatsh., 12, 1896. — Kraus, Allg. Wien. med. Ztg., 27/28, 1897. — Kionka, Therap. d. Ggw., 12, 1899. — Manasse, Therap. Monatsh., 1, 1900. — Jörg, Wien. klin. therap. Wochenschr., 36, 1900. — Siebold, Allg. med. Zentralztg., 30, 1904.
Fabr.: Farbenfabr. vorm. Fr. Bayer & Co., Leverkusen.
Preis: R. m. 10 Tabl. à 0,5 g Mk. 0,75. K. 0,90.

Tannismut, Bismutum bitannicum, ist eine chemische Verbindung von Wismut mit zwei Molekülen Tannin, welche eine prompte und andauernde adstringierende Wirkung auf den Darm entfaltet, mit Sicherheit Durchfälle zum Stillstand bringt und oft den gleichzeitig bestehenden hartnäckigen Meteorismus auf lange Zeit beseitigt (Pickardt und eigene Beobachtungen). Man gibt es bei chronischen Darmkatarrhen in Dosen von 3—5 mal täglich eine Messerspitze (0,3—0,6 g) in Oblaten oder während des Essens. Bei Verwendung von Tabletten läßt man diese in Wasser zerfallen.

Literatur: Pickhardt, Med. Klin., 1907, Nr. 33.
Fabr.: von Heyden, Radebeul.
Preis: Sch. 10 g Mk. 0,65. 25 g Mk. 1,20. Röhrch. m. 20 Tabl. à 0,5 g Mk. 0,90. K. 1,—.

Tannoform, Methylenditannin, ist das Kondensationsprodukt aus Gallusgerbsäure und Formaldehyd und stellt ein leichtes, nahezu geschmackloses, absolut geruchloses, weißrötliches Pulver dar, das in kaltem Wasser unlöslich ist, in heißem sich zusammenballt, in Alkohol und einer Mischung von Alkohol und Äther sich leicht löst.

Wirkung: Es übt adstringierende, schweißwidrige und desodorisierende Wirkung aus. Intern genommen belästigt es den Magen nicht und entfaltet infolge der langsamen Lösung im alkalischen Darmsafte milde adstringierende Eigenschaften, die sich über das ganze Darmrohr erstrecken (Cohn).

Nebenwirkung: Bei äußerlichem Gebrauche erzeugt es manchmal Hautbrennen und Jucken (Nolda, Straßburger), bei innerlicher Anwendung ruft es manchmal Erbrechen hervor (Woronoff). Die Flecke in der Wäsche lassen sich durch Ammonium- (oder Kalium-) supersulfatlösung beseitigen (Grumme).

Indikationen und Dosierung: Das Tannoform ist in Dosen von 0,25—1,0 g pro dosi ein ganz unschädliches und gut wirksames Darmadstringens. Es findet bei Darmerkrankungen von Säuglingen, wie chronischem und akutem Dünndarmkatarrh, Dickdarmkatarrh, Kindercholera und tuberkulöser Diarrhöe (Caselli, Preiß, Löwenstein, Friedländer, Cohn), wie auch bei Diarrhöen Erwachsener (in Dosen von 1,0—1,5 g 4 mal täglich in Milch, Wein oder Tee) erfolgreiche Verwendung (Ssergeew). Äußerlich wird das Mittel als Streupulver gegen die Nachtschweiße der Phthisiker (1:2 Teile Talc. Venetum) und gegen Fußschweiß verwendet (Frank, de Buck, de Moor, Straßburger, Merz, Nolda, Grumme, Ottenfeld). In Form der 10% Salbe oder mit Amylum ää als Streupulver bewährte es sich nach vorhergehender sorgfältiger Reinigung mit 2% Borsäurelösung bei Intertrigo kleiner Kinder (Weljamowitsch, Ostrowsky). Bei gewöhnlichem Wundsein derselben leistet das 10% Tannoformvaselin ebenso gute Dienste als die üblichen Streupulver (Edelheit). Schließlich wird das Mittel in 10% Salbe noch zur Linderung des Juckreizes in der Ekzembehandlung empfohlen (Edelheit, Weljamowitsch, Meyer, Ottenfeld).

Literatur: Frank, Monatsh. f. prakt. Derm., 9, 1896. — de Buck u. de Moor, Therap. Wochenschr., 43, 1896. — Cohn, Therap. d. Ggw., 7, 1900. — Friedländer, Die Heilk., 10, 1900. — Edelheit, Prag. med. Wochenschr., 23, 1900. — Straßburger, Therap. Monatsh., 3, 1901. — Grumme, Deutsch. militärärztl. Zeitschr., 12, 1901. — Nolda, Berl. klin. Wochenschr., 26, 1901. — Merz, Caselli, Preiß, rf. in Mercks Jahresber. 1901. — Weljamowitsch, rf. Therap. d. Ggw., 8, 1902. — Löwenstein, Fortschr. d. Med., 14, 1902. — Ssergeew, Allg. med. Zentralztg., 37, 1903. — Woronoff zit. bei Seifert, Würzb. Abhandl., 1, 1904. — Preiß, Deutsch. Ärzteztg., 8, 1904. — Meyer, Münch. med. Wochenschr., 30, 1904. — Ostrowsky, rf. in Mercks Jahresber. 1904. — Ottenfeld, Deutsch. Medizinalztg., 67, 1906.
Fabr.: E. Merck, Darmstadt.
Preis: 10 g Mk. 0,85. Past. K. 2,40.

Tanocol, ein Kondensationsprodukt von Glutin und Tannin, stellt ein grauweißes, geruch- und geschmackloses, in Wasser schwer, in Alkalien leicht lösliches Leimtannat dar, das sich als wirksames, gut verträgliches Darmadstringens bewährte, ohne irgendwelche Magenbeschwerden (selbst nicht bei Kranken mit Gastritis, Karzinom etc.) zu erzeugen (Rosenheim). Es wird in Dosen von $^{1}/_{2}$ Teelöffel dreimal täglich bei akuten und chronischen Darmkatarrhen verwendet (Rosenheim, Schirokauer). Die Gruppen der rein nervösen, tuberkulösen und typhösen Diarrhöen sind nach Schirokauer für die Tanocolbehandlung nicht geeignet.

Literatur: Rosenheim, Zentralbl. f. d. ges. Therap., 9, 1899. — Schirokauer, Therap. d. Ggw., 6, 1903. — Rosenheim, ebendort, 12, 1904.
Fabr.: Akt.-Ges. f. Anilinfabr., Berlin.
Preis: Sch. (10 g) Mk. 0,75. Karton m. 20 Tabl. à 0,25 g Mk. 1,—. K. 1,50.

Tannyl, die Tanninverbindung des Oxychlorkaseins, enthält 50% Tannin und stellt ein graubraunes, indifferent schmeckendes, geruchloses Pulver dar, das in Wasser und Alkohol nur spurenweise, in Alkalien leicht mit rotbrauner Farbe löslich ist. Das Mittel hat sich bei den verschiedensten, auch tuberkulösen Durchfällen und bei den hartnäckigen Diarrhöen der Achyliker bewährt (Umber, Ury). Man gibt 3 mal täglich 1 Messerspitze voll des Pulvers oder 3—4 mal täglich 2 Tabletten à 0,5 g.

Literatur: Umber, Therap. d. Ggw., 3, 1908. — Ury, Med. Klin., 33, 1909.
Fabr.: Gehe & Co., Dresden.
Preis: R. m. 5 g u. 10 g Pulver Mk. 0,60 u. 1,—. K. 0,75 u. 1,25. R. m. 20 Tabl. à 0,3 g Mk. 0,60. K. 0,75.

Uzara ist der Name einer Droge, die gegen dysenterische Darmstörungen und bei dysmenorrhoischen Beschwerden verwendet wird und nach Hopf von einem in afrikanischen Seengebiet einheimischen Halbstrauche stammt, der vermutlich der Familie der Asklepiadaceen angehört. Die Wurzeln der Pflanze enthalten die noch nicht genauer untersuchten wirksamen Bestandteile. Nach Gürber sind darin 3 Stoffe enthalten, von welchen zwei Glykoside sein dürften, welche stickstoffrei sind und mit konzentrierter Schwefelsäure schöne Farbenreaktionen geben. Das Mittel besitzt eine exquisite, schon einige Stunden nach der Einnahme sich manifestierende, antidiarrhoische Wirkung (Bachem, Loening, Bruns). Außerdem entfaltet es schmerzstillende Eigenschaften bei allen durch eine krampfartige Kontraktion der glatten Muskulatur entstandenen Schmerzen (Hirz). Es kommt als Liquor, in Tabletten und Suppositorien in den Handel. Die übliche Dosis ist 9 Tabletten pro die, oder 2 stündlich 30 Tropfen. Kinder erhalten je nach dem Alter entsprechend weniger.

Literatur: Bachem, Berlin. klin. Wochenschr., 1514, 1911. — Gürber, Münch. med. Wochenschr., 2100, 1911. — Bruns, ebendort, 2250, 1911. — Loening, ebendort, 2354, 1911. — Hirz, ebendort, 2163, 1912.
Fabr.: Uzara-Ges., Melsungen.
Preis: Liquor. (Kassenpackung) 10 g Mk. 0,85. K. 1,10. R. m. 30 Tabl. Mk. 1,25. K. 1,50. Supposit. Schachtel m. 10 St. für Kinder (3 Stärken) Mk. 2,—. K. 2,50. Für Erwachsene Mk. 2,50. K. 3,00.

Die auch für die Behandlung der Darmkrankheiten äußerst wichtigen Opiumalkaloide sind bei den Nervenkrankheiten ausführlich besprochen.

D. Mittel gegen Darmparasiten.

(Anthelmintika.)

Die seit langem bekannten, gegen die Darmparasiten wirkenden Mittel, die Farnkrautwurzel, Flores Kosso und die Kamala, deren wirksame Substanzen auch chemisch einander nahestehen, ferner die Kürbisextrakte sowie die Alkaloide der Granatrinde sind stets noch in ausgiebiger Verwendung, ebenso das Santonin, bzw. die Flores Cinnae gegen Spulwürmer. Die „neuen Mittel" dieser Gruppe sind ebenfalls nur Kombinationen der genannten Stoffe (Bandwurmmittel „Helfenberg"), die allerdings auch hier meist den Vorteil der angenehmen Dosierbarkeit bieten und durch reine Darstellung der wirksamen Präparate oder des gleichartig zusammengesetzten Extraktes eine gleichmäßige Wirkung verbürgen.

Extractum Aspidii spinulosi ist ein braungrüner, dünnflüssiger Extrakt aus den Rhizomen des Aspidium spinulosum, welcher sich in Dosen von 3,0—4,0 g (ohne unangenehme oder schädliche Nebenwirkungen) als ein treffliches Anthelminthikum, besonders bei Botriozephalus, bewährte (Laurén, Poulsson). Nach Poulsson ist dieses Extrakt ebenso wie das von Aspidium dilatatum besser, als das offizinelle.

Literatur: Laurén, Therap. Monatsh., 4, 1899. — Poulsson, rf. im Zentralbl. f. inn. Med., 37, 1899.

Filmaron ist das wirksame Prinzip von Aspidium filix mas, das zu 5 % in einem guten Filixextrakt enthalten ist. Es bildet ein hellbraungelbes, amorphes Pulver, das bei ca. 60° C schmilzt, in Wasser unlöslich ist, in kaltem Methyl- und Äthylalkohol, sowie Petroläther sich schwer, äußerst leicht hingegen in den übrigen Lösungsmitteln löst.

Die wurmtreibende Wirkung wurde durch die Untersuchungen von Jaquet festgestellt, der bei einer Reihe von 30 Bandwurmkranken unter Verwendung von 0,5—0,7 g niemals Mißerfolge sah. Nagel, der das Mittel bei Ankylostomiasis verwendete, gab es in folgenden Verschreibungen: Filmaron. 0,7, Chloroform. 1,5, Ol. Ricini 20,0 oder: Filmaron. 0,7, Thymol. 5,0, Chlorof. 1,5, Ol. Ricin. 20,0. — Als Laxans wurde Kalomel oder Purgatin benützt. Auch Brieger und Bodenstein bestätigen die Erfahrungen Jaquets, doch beobachtete Brieger einmal heftige Koliken und zweimal vorübergehende Leibschmerzen. — Da das Präparat in trockener Form große Neigung zum Zusammenbacken zeigt und infolgedessen die Dispensation für den Apotheker schwierig und verlustbringend sein würde, wird es in 10 % Rizinusöl in den Handel gebracht. Von diesem Filmaronöl genügen 10 g für eine Kur, für Kinder 5—7,5 g. Erfolgt nach einer Stunde kein Stuhl, so gibt man 1 Eßlöffel Rizinusöl (Jaquet, Mendelsohn, Barabaschi).

Namentlich für schwächliche und tuberkulöse Personen ist diese milde Bandwurmkur geeignet (Cavazzani). Das Mittel wird morgens auf nüchternen Magen genommen, nachdem am vorangehenden Abend ein reich gesalzener und gut gezwiebelter Häringssalat gereicht worden ist (Mendelsohn).

Literatur: Jaquet, Pharmaz. Ztg., 27, 1903. — Nagel, Deutsch. med. Wochenschr., 31, 1903. — Jaquet, Therap. Monatsh., 8, 1904. — Brieger, Therap. d. Ggw., 10, 1905. — Bodenstein, Wien. med. Presse, 8, 1906. — Cavazzani, Rivist. crit. di clin. med., 38, 1910. — Barabaschi, Gazz. degli osped. etc., 86, 1910. — Jaquet, Münch. med. Wochenschr., 2564, 1911. — Mendelsohn, Berlin. klin. Wochenschr., 1518, 1912.
Fabr.: C. F. Boehringer & Söhne, Mannheim-Waldhof.
Preis: (m. Abführmittel: 12 Kaps. à 3 g Ol. Ric.) Mk. 2,50. K. 3,—. 3 Kaps. Filmaronöl Mk. 1,75. K. 2,20.

Jungclausens Bandwurmmittel ist ein Extrakt aus Kürbiskernen, der morgens nüchtern in warmer Milch oder Kaffee gegeben wird. 3 Stunden später verabreicht man ein Abführmittel.

Fabr.: C. A. Jungclausen, Hamburg.
Preis: 1 Fl. (25 g) Mk. 3,—.

Täniol enthält als wirksames Prinzip einen noch nicht näher beschriebenen Stoff aus der Rinde von Musenna abyssinica, einer in Persien einheimischen Myrsinacee, in Verbindung mit Thymol. Nach Untersuchungen von Goldmann und Liermberger wirkt es prompt bei Ankylostomiasis und erzeugt keinerlei besondere Nebenwirkungen. Vereinzelt wurde über Schwindelgefühl geklagt, das bald nachließ. Man gibt am Tage vor der Darreichung Kalomel und läßt am Tage der Kur selbst nach einem aus einer Tasse Tee bestehenden Frühstück 13—15 Täniolkapseln in Rotwein in Pausen von 10 Minuten nehmen. In der Mitte der Kur kann man 1 Stunde Pause eintreten lassen. Nach Einnahme aller Kapseln ist abermals Kalomel zu reichen.

Literatur: Goldmann, 77. Versamml. deutsch. Naturforsch. u. Ärzte, Meran 1905, rf. Therap. d. Ggw., 12, 1905. — Liermberger, Berlin. klin. Wochenschr., 14, 1905.
Fabr.: Krewel & Co., Cöln.
Preis: 15 Kaps. à 1,5 g f. Erw. Mk. 1,50. 10 Kaps. à 1,0 g f. Kind. Mk. 1,25 (mit Abführmittel: Phenolphthaleintabl.).

Vermolin ist ein Gemisch, welches in Fläschchen zu 50 g mit 1,5 g Wurmsamenöl (Ol. Chenopodii anthelmintici), Rizinusöl, Saccharin und ätherischen Ölen in den Handel kommt und Kindern teelöffelweise bis eßlöffelweise bei Spulwürmern erfolgreich gegeben wird (Brüning). Erwachsene nehmen ein ganzes Fläschchen in 2 Portionen. Zweckmäßig reicht man hinterher ein Laxans.

Literatur: Brüning, Deutsch. med. Wochenschr., 2368, 1912.
Fabr.: Adler-Apoth. Hilden.
Preis: 50 g Mk. 1,50.

Erkrankungen der Niere, Blase und Harnröhre.

Die medikamentöse Therapie der akuten und zum Teil auch der chronischen Nierenentzündung erstreckt sich wohl vorwiegend auf die Anregung der Diurese. Die einfachsten altbekannten Mittel, die als Diuretika verwendet werden, sind die verschiedenen Teearten, besonders Folia Bucco, Radix Graminis (Triticum repens) und auch bei anderen, wie Folia uvae ursi, handelt es sich weniger um eine angeblich spezifische Wirkung (Arbutin), als vielmehr um die dadurch angeregte Diurese.

Weiter kommen als Diuretika gewisse harnfähige Stoffe, wie der Harnstoff, in Betracht. Die wirksamste Diurese wird erzeugt durch gesteigerte Nierendurchblutung, und Erweiterung der peripheren Blutgefäße. In diesem Sinne wirken vor allem die Xanthinderivate, die heute fast ausschließlich als Diuretika Verwendung finden und alle übrigen Mittel in den Hintergrund gedrängt haben.

Handelt es sich um sekundäre Nierenerkrankung und dadurch bedingtes Ödem, so kommt als Diuretikum nur die Digitalis in Betracht. Die Besserung der Herzarbeit wird hier durch Beseitigung der primären Krankheitsursache die sekundäre Erscheinung rasch zum Verschwinden bringen.

Die zur Therapie von Nierensteinen wie auch Blasensteinen anempfohlenen neuen Arzneimittel werden durchwegs als ausgezeichnete Lösungsmittel der betreffenden Konkrementbildungen bezeichnet. Wir können im allgemeinen Urat-, Oxalat- und Phosphatsteine unterscheiden. In vitro sind diese in den therapeutisch gebräuchlichen Lösungsmitteln meist gut löslich, ob dies jedoch auch im Körper der Fall ist, erscheint keineswegs bewiesen. Es wäre auch hier notwendig, die primäre Ursache der Steinbildung zu bekämpfen, doch ist dies heute noch nicht möglich. Nach Lichtwitz ist die Konzentrierung der Phosphate, Urate, Oxalate etc. in der Nierenzelle als ein Vorgang zu deuten, der sich in Zustandsänderungen des kolloiden Zellinhaltes vollzieht. Die Konzentration dieser Stoffe vollzieht sich mit Hilfe von Kolloiden verschiedenster Art, von denen dann Teile in den Harn gelangen, die in ihrem Lösungszustande ihren eigenen Gesetzen folgen. Für die Löslichkeit aller steinbildenden Stoffe im Harn wäre also die Verteilung der Harnkolloide verantwortlich zu machen. Die hier angeführten neuen Arzneimittel finden auch als Gichtmittel Verwendung, doch dürfte ihre Eigenschaft, in vitro Harnsäure in Lösung zu halten, vorwiegend für ihre Verwendbarkeit bei Uratsteinen sprechen, weshalb sie hier auch angeführt werden. (Siehe auch Stoffwechselkrankheiten: Gicht.)

Eine Desinfektion des Harns, bzw. der Harnwege, besonders der Blase, kommt vor allem bei Zystitis in Betracht, dann bei allen infektiösen Prozessen der harnbereitenden und harnleitenden Organe. Die älteren dabei verwendeten Stoffe, wie die Fol. uvae ursi, deren Wirkung in dem aus dem Glykosid Arbutin in der Niere oder im alkalischen Harn abgespaltenen, antiseptisch wirkenden Hydrochinon gesucht wurde, dürfte indessen keine größere Bedeutung zukommen als den oben erwähnten Teearten. Reichlichere Verwendung finden Salizylsäurepräparate, vor allem das Salol, das im alkalischen Harn gespalten wird.

Wie unter den Desinfektionsmitteln überhaupt, so hat auch für die Desinfektion der Harnwege der Formaldehyd die größte Bedeutung erlangt, seit es gelungen ist, diesen in Form des Hexamethylentetramins in den Organismus einzuführen. Dieses wird in der Niere und im sauren Harn gespalten und dabei wird Formaldehyd frei. Hexamethylentetramin als solches hat sich ausgezeichnet bewährt und ist direkt oder in Form von Derivaten und Verbindungen der Hauptbestandteil der meisten modernen Arzneimittel, die für die antiseptische Behandlung der Erkrankungen der Harnorgane in Frage kommen.

Eine mehr spezifische Anwendung bei Infektionsprozessen der Harnröhre, speziell bei der Gonorrhöe, haben die Balsamica. Ihre Wirkung ist wohl in erster Linie eine antiphlogistische, weniger eine antiseptische und der erstgenannten Wirkung dürften sie wohl auch ihre reichliche Anwendung verdanken. Der schlechte Geschmack der Balsamika, vor allem der des Kopaivabalsams, bedingte die Schaffung neuer Präparate. Im allgemeinen entspricht die Verabreichung in Gelatinekapseln den an sie gestellten Anforderungen. Vor allem kommt für diese Zwecke das Santal in Betracht und eine Reihe von Estern und Derivaten des Santalols.

Pohl, der die experimentelle Prüfung der Santalpräparate mit dem Winternitzschen Verfahren (Messung des nach Aleuronatinjektion entstandenen Exsudats am behandelten und am unbehandelten Tiere) durchgeführt hat, kam zu dem Ergebnis, daß die Handelspräparate physiologisch ganz verschieden sind, daß reines Santalöl energisch wirksam, Kawa-Kawazusatz, als ebenfalls antiphlogistisch wirksam, zulässig ist, daß dagegen von den geprüften Präparaten Gurjumbalsam, Allosan, Arrhovin, Matikoöl und Chlorkalzium ungenügend wirksam, bis unwirksam sind. Doch weist Pohl darauf hin, daß sich die Unwirksamkeit der genannten Präparate nur auf diese Art Prüfung der entzündungshemmenden Fähigkeit bezieht, während dieselben Stoffe, z. B. das Chlorkalzium, bei der Prüfung am Kaninchenauge sich als äußerst wirksam erwiesen. Im übrigen sei auf das Kapitel „Hautkrankheiten" verwiesen, wo das Wesen der Entzündung und Entzündungshemmung noch ausführlicher besprochen werden soll.

Von den hier bei Erkrankungen der Harnröhre verwendeten Präparaten sagt Pohl ferner, daß es ein durchaus ungerechtfertigtes Vorurteil ist, in den genannten Stoffen nur spezifische Mittel gegen gonorrhoische Affektionen zu erblicken, es sollten vielmehr bei allen mit Exsudatbildung einhergehenden Prozessen wie Pleuritis, Pneumonie, Peritonitis, Typhlitis, Meningitis und Bronchitis kritische klinische Versuche damit angestellt werden. (Therap. Monatsh. XXVI. 12. 1912.)

1. Diuretica.

Agurin ist ein von Impens hergestelltes, von Destrée in die Therapie eingeführtes Doppelsalz, bestehend aus Theobrominnatrium und essigsaurem Natrium. Dasselbe bildet ein weißes, kleinkristallinisches, in Wasser leicht lösliches Pulver von alkalischer Reaktion und salzigbitterem Geschmack. Es enthält 60% reines Theobromin, also ungefähr um 10% mehr als Theobromin. natrio-salicylicum. Das Pulver ist hygroskopisch und wird in wäßriger Lösung nach und nach in seine Komponenten zerlegt, weshalb es vor Luftzutritt und Feuchtigkeit zu schützen ist. Durch Säuren, sowie durch Zucker und Gummilösungen wird aus der Lösung Theobromin ausgefällt (Ostrowicz).

Wirkung: Das Agurin ist ein ausgezeichnetes Diuretikum, welches vor dem Diuretin, dem Doppelsalze des Theobromin und salizylsauren Natron, den Vorzug besitzt, daß es anstatt des den Magen belästigenden salizylsauren Salzes Natriumazetat enthält, welches selbst diuretisch wirkt. Es wird ausgezeichnet vertragen, auch dort, wo Diuretin Erbrechen hervorruft (Litten). Die Wirkung tritt rasch ein, stumpft sich dann etwas ab und erlischt gewöhnlich sofort mit Aussetzen des Mittels (Petitti). Bei längerem Gebrauche tritt eine Abschwächung der Wirkung ein (Sonntag). Der Angriffspunkt ist nicht das Herz, wie bei der Digitalis, sondern die Niere (Litten), es wirkt daher nur bei intakter Niere oder wenigstens noch genügend funktionsfähigem Nierenepithel (Destrée, Cerwinka, Holle). Die Kombination mit Digitalis erhöht die Wirkung beträchtlich, weil dadurch der Blutdruck erhöht wird (Sonntag, Holle). Proportional mit der Urinmenge steigt auch die Absonderung der harnsauren Salze, Chloride und Phosphate (Petitti, Destrée).

Nebenwirkungen: Dieselben sind verhältnismäßig selten und gering. Manchmal ruft das Mittel Kopfschmerzen, Übelkeit und Erbrechen hervor (Michaelis, Montag, Reye, v. Kétly, Heß, Jacobi, Heinrichsdorff). Leichte Nierenreizung (Auftreten von hyalinen Zylindern im Harne, sowie Albuminurie geringen Grades) wurde einigemal von Mosauer selbst bei ganz gesunden Personen beobachtet Eine dauernde Schädigung trat dabei aber niemals ein (Belan).

Indikationen: Das Hauptanwendungsgebiet für das Agurin bilden die mit hydropischen Ergüssen verbundenen Herzaffektionen, insbesondere Stauungserscheinungen infolge Myokarditis oder inkompensierter Herzfehler

(Litten, Nusch, Heß, Tausig, Fauser, Wateff, Salomon). Nicht ganz sicher ist der Erfolg bei Nierenerkrankungen (Heß, Nusch, Montag, Petitti), besser bei Hepatitis interstitialis (Tauszk, sehr gering bei Aszites infolge von Leberzirrhose (Tausig, Reche, Salomon). Bei Pleuritis exsudativa wird vereinzelt über recht günstige Wirkung berichtet (Reye, Nusch, Cerwinka), bei Zystitis Verschlimmerung des Leidens beobachtet (Plavec). Von Tauszk wird das Agurin als ausgezeichnetes Antistenokardikum gelobt.

Kontraindiziert ist das Mittel bei allen renalen Affektionen mit ungenügend funktionierendem Nierenepithel, sowie wegen des besonderen Anreizes auf die Phosphatausscheidung bei Phosphaturie (Destrée).

Dosierung: Man gibt pro die entweder 2—3 g in Oblaten oder, falls das Pulver allein Magenbeschwerden machen sollte, eine Lösung von Agurin 6,0: Aq. menth. piperit. 200,0, welches Quantum innerhalb zweier Tage zu verbrauchen ist und zu deren Herstellung auch die sehr leicht zerfallenden Tabletten à 0,5 g verwendet werden können (v. Kétly, Buchwald). Sirupe, Fruchtsäfte oder andere sauer reagierende Zusätze fällen aus dem Agurin einen Teil unlöslichen Theobromins aus, weshalb dieselben nicht als Geschmackskorrigentia verwendet werden sollen (Ostrowicz).

Literatur: Destrée, Bullet. général. de thérap., 24, 1900. — Michaelis, Deutsch. Ärzteztg., 27, 1901. — Litten, Deutsch. med. Wochenschr., 41, 1901. — Ostrowicz, Therap. Monatsh., 1, 1902. — Reye, Die Heilkunde, 6, 1902. — Heß, Therap. d. Ggw., 6, 1902. — v. Kétly, Die Heilkunde, 8, 1902. — Buchwald, Schlesische Ärzte-Korresp., 9, 1902. — Tauszk, Pest. med. Ztr. Zentralbl., 36, 1902. — Cerwinka, Prag. med. Wochenschr., 48, 1902. — Nusch, Münch. med. Wochenschr., 51, 1902. — Holle, Inaug.-Diss., München, 1902. — Fauser, Allg. Wien. med. Ztg., 2, 1903. — Montag, Therap. d. Ggw., 2, 1903. — Belan, Klin. therap. Wochenschr., 7, 1903. — Jacobi, Pester med. chir. Presse, 14, 1903. — Tausig, Allg. Wien. med. Ztg., 20, 1903. — Mosauer, Wien. med. Wochenschr., 27, 1903. — Sonntag, Wien. med. Presse, 28, 1903. — Wateff, Deutsch. med. Wochenschr., 35, 1903. — Reche, Deutsch. Medizinalztg., 6, 1904. — Plavec, Münch. med. Wochenschr., 8, 1904. — Heinrichsdorff, Therap. Monatsh., 10, 1904. — Petitti, Deutsche Praxis, 11, 1904. — Salomon, Wien. med. Presse, 16, 1904.

Fabr.: Farbenfabr. vorm. F. Bayer & Co., Leverkusen.
Preis: R. m. 10 Tabl. à 0,5 g Mk. 1,65. K. 2,20.

Die Kombination mehrerer Theobrominpräparate mit Quebracho (Theobromin. natriosalicyl. 0,25, Theobromin. natrioacetic. 0,1, Extr. Quebracho 0,1 auf 1 Tablette), welche sich als Diuretikum bestens bewährte und lieber als reines Diuretin genommen wurde, da die überzuckerten Tabletten den faden und bitteren Geschmack desselben verdecken, kommt unter dem Namen Dispnon in den Handel. Auch bei Angina pectoris, Asthma und Morphium-Idiosynkrasie hat es sich nach Hirschkron und Weißbart in Dosen von 3—4 mal täglich je 2 Stück bewährt, indem dadurch der Anfall kupiert wurde.

Literatur: Hirschkron, Prag. med. Wochenschr., 26, 1906. — Mandl, Zentralbl. f. d. ges. Med., 24, 1906. — Weißbart, Zentralbl. f. d. ges. Therap., 4, 1907.

Fabr.: Austriaapotheke Wien IX.
Preis: 30 Tabl. K. 3,—.

Digitalis s. Herzkrankheiten.

Euphyllin, eine Verbindung des Theophyllins und Äthylendiamins mit 78% Theophyllin, ist ein in Wasser leicht lösliches, weißes kristallinisches Pulver. Infolge der Wasserlöslichkeit läßt es sich nicht nur per os, sondern auch intramuskulär und rektal verabfolgen (Dessauer, Grüter). Die subkutane Applikation ist nicht zu empfehlen, da sie Schmerzen verursacht. Die Darreichung des Mittels ist angezeigt bei Ödemen, welche auf primärer Herzschwäche, Kompensationsstörungen oder auf Herzinsuffizienz bei Myokarditis beruhen, ferner bei Stauungen, wo es jedoch mit Digitalis zu kombinieren ist (Dessauer).

Kontraindiziert ist es bei Aorteninsuffizienz (Naegeli u. Vernier). Man gibt intramuskulär 3—4 mal 1 ccm der 24% Lösung, welche gebrauchsfertig in Ampullen à 2 ccm erhältlich ist, rektal die gleichfalls fertig käuflichen Suppositorien zu 0,36 g, 2—4 mal täglich, und per os von einer Lösung 1,0:160,0 mit Syr. simpl. und Syr. Cort. aurant. ää 20,0 2 stündlich 1 Eßlöffel voll mit mehrtägigem Intervall nach längerem Gebrauche.

Literatur: Dessauer, Therap. Monatsh., 401, 1908. — Naegeli u. Vernier, Therap. d. Gegenw., 7, 1909. — Grüter, Therap. Monatsh., 613, 1910.
Fabr.: Chem. Werke, vorm. Dr. H. Byk, Lehnitz.
Preis: R. m. 20 Tabl. Mk. 1,10, Sch. m. 10 Suppos. Sch. m. 6 Amp. à 2 ccm je Mk. 3,50.

Eustenin, eine Doppelverbindung von Theobrominnatrium und Natriumjodid mit 51% Theobromin und 42,6% Jodnatrium, stellt ein weißes, hygroskopisches Pulver dar, das sich in Wasser leicht löst. Durch Kohlensäure wird es unter Abscheidung von Theobromin zersetzt, weshalb es vor Luft geschützt aufzubewahren ist. Das Theobromin erhöht die Koronarzirkulation und bewirkt eine bessere Durchblutung der Koronargefäße und des Herzmuskels, das Jodnatrium bewirkt eine Erweiterung der Gefäße und Verminderung der Blutviskosität. Durch Kombination beider Mittel ist eine erhöhte Wirkung in gleicher Richtung zu erwarten. Nach v. Jagić ist die diuretische Wirkung nach 5 g pro die prompt. Man gibt das Präparat ferner in Dosen von 0,5 bis 1,0 g 3 mal täglich per os, oder, falls es (auch unter gleichzeitiger Darreichung von 1 Kaffeelöffel Natr. bicarb.) schlecht vertragen wird, per clysma bei Arteriosklerose mit und ohne Blutdrucksteigerung, bei Angina pectoris und bei Aortenaneurysmen.

Literatur: v. Jagic, Med. Klin., 14, 1908.
Fabr.: Chininfabr. Zimmer & Co., Frankfurt a. M.
Preis: In Tabl. à 0,5 g in Röhrchen à 25 u. 10 St. 1 g = K. 0,55.

Theocin, sowie Theobromin ein Dimethylxanthin und zwar 1,3 Dimethylxanthin, d. h. ein Xanthin (Dioxypurin), das am Stickstoff 1 und 3 je eine Methylgruppe trägt, ist synthetisch dargestelltes **Theophyllin,** welches im Jahre 1888 von Kossel aus Teeextrakt isoliert wurde. Das Theocin bildet ein weißes, geruchloses Kristallpulver, das bei 268° C schmilzt und in Wasser von gewöhnlicher Temperatur schwer (1:180), in warmem leichter (1:75) löslich ist. Ebenso verhalten sich die Lösungsverhältnisse in der Magensalzsäure, etwas besser in Sodalösung. In Alkohol und Äther ist das Theocin schwer löslich.

Wirkung: Das Theocin wird als das stärkste der bisher bekannt gewordenen Diuretika bezeichnet (Suter, Minkowski), das selbst dann noch einen Effekt hervorbringen kann, wenn alle anderen Mittel versagt haben (Schlesinger, Gutmann, Sommer). Die harntreibende Kraft kommt am stärksten beim kardialen Hydrops zum Ausdruck, ist aber auch beim renalen von Bedeutung (Schlesinger). Die Herztätigkeit wird nicht beeinflußt, Pulsfrequenz und Blutdruck bleiben unverändert (Alkan und Arnheim, Sigel), daher es bei Zuständen, die eine Aufbesserung der Herztätigkeit erfordern, mit den bisher gebräuchlichen Mitteln, z. B. Koffein, nicht in Konkurrenz treten kann. Die diuretische Wirkung tritt sehr rasch und außerordentlich stark ein, läßt aber schnell nach, und tritt kaum jemals — auch nicht nach längeren Pausen — in gleicher Stärke wieder ein. Die Fälle, wo es in kleinen Gaben längere Zeit wirkt, scheinen recht selten zu sein (Thienger, Doering, Kramer, Rattner, Schlesinger, Plavec). Wenn die Wirkung einmal nachgelassen hat, nützt es auch nichts, die Dosis zu steigern. In diesen Fällen ist es besser, einige Zeit zu pausieren und dann wieder mit kleinen Gaben zu beginnen (Stroß, Streit, Suter). Die volle Wirkung ist nur in denjenigen Fällen zu erwarten, wo der Puls noch nicht abnorm schwach und abnorm beschleunigt ist (Heß). Die erhöhte Ausscheidung beginnt schon $^3/_4$ Stunden nach der Einverleibung und erreicht oft Werte bis zu $6^1/_2$, ja selbst $7^1/_2$ Liter pro die (Alkan und Arnheim, Schlesinger).

Durch gleichzeitige Dechlorisation läßt sich die Wirkung erhöhen und verlängern (Plavec).
Nebenwirkungen: Das Theocin ist durchaus kein unbedenkliches Mittel. In 35% aller Fälle fand Sommer in seiner Massenstatistik über 855 Fälle verschiedener Autoren Nebenwirkungen. Am häufigsten wurden beobachtet Magen- und Darmbeschwerden, bestehend in Appetitlosigkeit, Übelkeit, Erbrechen und Durchfall (Minkowski, Thienger, Kramer, Schlesinger, Meinertz, Stroß, Rattner, Petretto, Hackl, Hundt, Sigel, Foà, Massalongo und Zambelli, Alkan und Arnheim, Schmiedeberg, Plavec), weiter Kopfschmerzen (Minkowski, Schlesinger, Stroß, Petretto, Foà), Schlaflosigkeit mit allgemeiner Unruhe (Doering, Stroß), Herabsetzung des Blutdruckes (Pineles), Ohnmachtsanfälle mit vorangehender Verwirrtheit, selbst Kollaps (Hundt, Sommer), Gefühl von Jucken und Kriebeln (Doering), endlich allgemeine und epileptiforme Krämpfe, die schon nach Gaben von 0,1 g, dreimal täglich, auftraten (Stroß, Schlesinger, Hundt, Jacobaeus). Diese Krämpfe sind aber nach Schmiedeberg nicht dem Mittel selbst zuzuschreiben, sondern es dürfte sich in den betreffenden Fällen um urämische Zustände gehandelt haben, welche entstehen können, wenn hochgradige hydropische Ergüsse plötzlich resorbiert werden. Über Arzneiexantheme (Urtikaria) berichtet nur Pauli; hingegen verzeichnet die Literatur über Theocin bereits zwei Todesfälle (Allard), welche nach verhältnismäßig auffallend geringen Mengen (0,6 g in zwei durch ein 14 tägiges Intervall geteilten Dosen, bzw. 1,5 g an zwei dem Tode vorangehenden Tagen) erfolgt waren. Ob hier Idiosynkrasie vorlag oder das Mittel an dem Tode beteiligt war, ist nicht entschieden.
Indikationen: Obwohl das Mittel stärker und schneller wirkt als die bisher bekannten Diuretika, besonders Theobromin, stellt es doch keinen vollen Ersatz für dieselben dar, weil die Wirkung nicht nachhaltig ist und bei längerem Gebrauch meist bald ganz aufhört. Auch das Koffein vermag es nicht zu ersetzen, da es keinen Einfluß auf das Herz ausübt. Hingegen ist es in allen Fällen indiziert, wo es sich darum handelt, einen großen Hydrops schnell zu beseitigen (Doering) oder wo die anderen Mittel im Stiche gelassen haben (Schlesinger).
Ganz sicher ist seine Wirkung beim kardialen Hydrops (Minkowski, Meyer, Stein, Streit, Mieses, Gutmann, Dwushilny, Massalongo und Zambelli), weniger sicher bei Ödemen infolge von Nierenkrankheiten (Thienger, Meinertz, Schlesinger, Grodzenski, Pawinski und Korzon, Clerici), zweifelhaft bei entzündlichen Ergüssen (Thienger).
Bei chronisch interstitieller Nephritis ist es angezeigt, wenn nach Digitalisgaben wohl der Blutdruck, aber nicht die Harnmenge gestiegen ist (Alkan und Arnheim).
Von weiteren Indikationen seien erwähnt: Angina pectoris (Pineles), Pleuraexsudate (Massalongo und Zambelli), endlich arteriosklerotische Herzinsuffizienz (Rahn, Plavec), wobei man zuerst Theocin gibt, um das periphere Gefäßsystem zu entlasten und erst später zur Digitalis übergeht.
Kontraindiziert erscheint Theocin bei akuter Nephritis bei welcher ihm, entgegen den Behauptungen von Minkowski, Plavec und Hundt, jede Wirkung abgesprochen wird (Streit, Alkan und Arnheim).
Dosierung: Man kann Theocin in Pulvern oder Tabletten, besser aber noch in Lösung geben, da bei dieser Form der Darreichung seltener Magenbeschwerden auftreten (Rattner). Aus demselben Grunde empfiehlt Sigel den Gebrauch von Suppositorien à 0,3 g.
Man soll mit kleinen Dosen beginnen (0,1 g, 2—3 mal täglich) und kann dieselben im Verlaufe einiger Tage allmählich steigern, um bei dieser Gabe zu verbleiben, welche, ohne Nebenerscheinungen hervorzurufen, genügende diuretische Wirkung hervorbringt (Schmiedeberg, Sommer, Hom-

burger). Bei Eintritt von Übelkeit ist das Mittel sofort auszusetzen. Ist die Herzaktion beschleunigt, so erscheint die Kombination mit Digitalis angezeigt (Minkowski). In Verbindung mit Hedonal (Dreser), Morphium, Belladonna und Opium (Stroß) oder Paraldehyd (Homburger) wird Theocin gebraucht, um die Reizzustände, die es auf das Nervensystem ausübt, hintanzuhalten. Das Brom ist nach Schlesinger dazu nicht geeignet, da dasselbe die diuretische Wirkung beeinträchtigt. Er empfiehlt dafür die Adonis vernalis in folgender Verschreibung: Infus. Adonidis vernalis e 5,0: 180,0, Theocin. 0,6—1,0, Syrup. simpl. 20,0, S. In 24 Stunden zu verbrauchen.

Anstatt des Pulvers verwendet man besser die Tabletten zu 0,25 und 0,1 g, wobei zu bemerken ist, daß dieselben in viel Wasser gelöst und stets nach dem Essen gereicht werden sollen (Streit). Die Maximaldosis pro die beträgt nach Schlesinger 1,5 g.

Fabr.: Boehringer & Söhne, Waldhof-Mannheim.
Preis: R. m. 30 Tabl. à 0,1 g Mk. 1,10. Theophyllin. natr. acet. R. m. 20 Tabl. à 0,15 g Mk. 0,80. K. 1,—.

Theocin-Natrium aceticum, die neuere und besser verträgliche Darreichungsform des Theocins, ist ein leicht lösliches, weißes Doppelsalz, welches aus gleichen Molekülen Theocin-Natrium und Natriumazetat mit 1 Molekül Kristallwasser besteht. Bezüglich der Indikationen und Wirkung gilt das gleiche wie beim Theocin. purum. Es ist ein bei Ödemen und Hydrops kardialen Ursprunges ausgezeichnet wirkendes Diuretikum, vorausgesetzt, daß eine gewisse Höhe des Blutdruckes vorhanden ist (Hackl, Laengner, Homburger, Mitterer, Alkan und Arnheim, Sommer). Nebenwirkungen sind sehr selten. Vereinzelt wurde Übelkeit und Erbrechen beobachtet (Meinertz). Auch hier empfiehlt es sich, mit kleinen Dosen (0,1—0,25 g) zu beginnen und erst allmählich die Dosis zu steigern (Mitterer). Man kann so bis auf 0,4 g 4 mal täglich kommen. Für längeren Gebrauch dürfte sich die Abwechslung mit Agurin empfehlen.

Literatur: Minkowski, Therap. d. Ggw., 11, 1902. — Meinertz, Therap. Monatsh., 2, 1903. — Schlesinger, Therap. d. Ggw., 3, 1903. — Streit, Die Heilk., 4, 1903. — Heß, Therap. Monatsh., 4, 1903. — Doering, Münch. med. Wochenschr., 9, 1903. — Pineles, Die Heilk., 10, 1903. — Mieses, ebendort, 12, 1903. — Kramer, Münch. med. Wochenschr., 13, 1903. — Stein, Prag. med. Wochenschr., 16, 1903. — Petretto, Deutsch. Ärzteztg., 16, 1903. — Stroß, Wien. klin. Rundsch., 20, 1903. — Meyer, Allg. med. Zentralztg., 23, 1903. — Thienger, Münch. med. Wochenschr., 30, 1903. — Dreser, ebendort, 43, 1903. — Rattner, Inaug.-Diss., Würzburg 1903. — Sigel, Berl. klin. Wochenschr., 1, 1904. — Alkan und Arnheim, Therap. Monatsh., 1, 1904. — Pauli, zit. bei Seifert, Würzburger Abhandlung., 1, 1904. — Gutmann, Arch. f. Kinderheilk., 3/4. 1904. — Hackl, Therap. d. Ggw., 4, 1904. — Hundt, Therap. Monatsh., 4, 1904. — Meinertz, ebendort, 6, 1904. — Allard, Deutsch. Arch. f. klin. Med., 5/6, 1904. — Suter, Korresp.-Blatt f. Schweiz. Ärzte, 7, 1904. — Jacobaeus, Therap. Monatsh., 11, 1904. — Hackl, Therap. d. Ggw., 12, 1904. — Dwushilny, rf. Deutsch. med. Wochenschr., 16, 1904. — Foà, Riforma medica, 19, 1904, rf. ebendort, 23, 1904. — Massalongo und Zambelli, Gazz. degli osped., 112, 1904, rf. ebendort, 41, 1904. — Schmiedeberg, Deutsch. Arch. f. klin. Med., 4, 1905. — Sommer, Therap. Monatsh., 6, 1905. — Laengner, ebendort, 6, 1905. — Pawinski und Korzon, Die Heilkunde, 8, 1905. — Homburger, Therap. Monatsh., 9, 1905. — Rahn, Allg. med. Zentralztg., 10, 1905. — Clerici, Deutsch. Praxis, 21, 1905. — Schlesinger, Münch. med. Wochenschr., 23, 1905. — Grodzenski, Die med. Woche, 40, 1905. — Mitterer, Wien. med. Presse, 45, 1905. — Thienger, Münch. med. Wochenschr., 12, 1906. — Plavec, Die Heilk., 6, 1906.

Fabr.: Farbenfabr. vorm. Bayer & Co., Leverkusen.
Preis: R. m. 20 Tabl. à 0,1 g Mk. 1. K. 1,20.

Theolactin ist ein Doppelsalz von Theobrominnatrium und Natrium lacticum und stellt ein weißes bis schmutzig weißes, in Wasser leicht lösliches, hygroskopisches Pulver dar. Nach Auflösung desselben in warmem Wasser und nach vorgenommener Filtration bildet sich ein geringer, weißer Niederschlag, sobald die Flüssigkeit abgekühlt ist und längere Zeit gestanden hat. Der Theobromingehalt beträgt annähernd 57,6%. Der Geschmack des Mittels ist widerlich bitter, weshalb manche Kranke unüberwindlichen Widerwillen dagegen zeigen.

Es wirkt gut diuretisch, bleibt aber in den Fällen, wo andere Diuretika versagen, auch wirkungslos (Krüger). Öfter hat es Übelkeit, Brechreiz, Erbrechen und Appetitlosigkeit im Gefolge.

Von Krüger wurde es mit Erfolg bei Pleuritis exsudativa angewendet.

Dosierung: Man gibt es am besten in Oblaten und läßt viel Wasser nachtrinken oder in Lösung (mit Aq. Menth. piperit. und destill. ää, doch ohne spirituösen Zusatz) in Dosen von 3—4—6 g.

Literatur: Krüger, Therap. d. Ggw., 1, 1907.
Fabr.: Chininfabr. Zimmer & Co., Frankfurt a. M.
Preis: 1 g K. 0,55. 10 g K. 4,20.

Thephorin ist ein Doppelsalz des Theobrominnatriums mit Natrium formicicum, stellt also ein vollkommenes Analogon des Diuretin dar, in welches an Stelle der Salizylsäure Ameisensäure eingeführt ist. Es ist ein weißes, staubförmiges Pulver, das sich besonders leicht in warmem Wasser zu einer schwach alkalisch reagierenden Flüssigkeit löst, welche sich auch bei längerem Stehen nicht trübt. Es lassen sich bis $10^0/_0$ Lösungen herstellen.

Das Thephorin setzt den Blutdruck herab und erhöht gleichzeitig die Pulsfrequenz und die Diurese (Maas). L. Cohn fand es bei kardialem Hydrops sehr wirksam. Bei subakuter Nephritis beobachtete er während des Gebrauches eine akute Exazerbation. Die übliche Dosis beträgt 0,5 g 2 mal täglich. Bei ev. Erbrechen gibt man 10 Minuten vor der Darreichung 10 Tropfen einer Kokainlösung.

Literatur: Maaß, Therap. Monatsh., 4, 1906. — Cohn, L., Deutsch. med. Wochenschr., 35, 1907.
Fabr.: Hoffmann-La Roche & Co., Basel-Grenzach.
Preis: R. m. 20 Tabl. à Mk. 1,60. K. 2,—.

2. Mittel gegen Uratsteine.

Ichthyolidin, Piperazinum ichthyolicum oder thiohydrocarburosulfonicum, ist ein schwarzbraunes, amorphes, an Teer erinnerndes Pulver von unangenehmen, etwas bitterlichem Geschmacke und $70^0/_0$ Piperazingehalt. In Wasser und den üblichen Lösungsmitteln ist es nahezu unlöslich, beim Erhitzen wird es aber zersetzt.

Es kann selbst längere Zeit ohne Schaden für den Organismus in größerer Dosis gereicht werden (Aufrecht). Nach Untersuchungen von Dorn wird unter Einwirkung des Mittels entweder die Harnsäure zerstört oder in weniger schädliche Stickstoffverbindungen umgewandelt, durch die Verhinderung der Harnsäureentwicklung daher ein günstiger Einfluß auf akute und chronische Gicht, nämlich Herabsetzung der Harnsäuremenge um $50^0/_0$ und mehr ausgeübt, Anschauungen, die jedoch jeder tatsächlichen Grundlage entbehren.

Die übliche Tagesdosis beträgt 3 g.

Literatur: Dorn, Therap. Monatsh., 6, 1903. — Aufrecht, Deutsch. Ärzteztg., 31, 1903.
Preis: Sch. m. 40 Tabl. K. 3,—.

Lycetol, Dimethylpiperacinum tartaricum, bildet ein weißes, leicht in Wasser lösliches, geruchloses Pulver von angenehm säuerlichem Geschmacke, welches gegenüber dem Piperazin den Vorzug der Luftbeständigkeit besitzt.

Wirkung: Das Lycetol wird im Organismus in seine Komponenten, Dimethylpiperazin und Weinsäure gespalten. Jenes bildet mit der Harnsäure ein leicht lösliches Salz, während diese zu Kohlensäure verbrennt, dadurch das Blut alkalisch macht und eine weitere Ausscheidung der Harnsäure verhindert. Die Ausscheidung der Urate wird durch die relativ starke diuretische Wirkung des Mittels außerordentlich begünstigt (Anthony, Basile).

Indikationen: Das Mittel findet bei Gicht, harnsaurer Diathese und chronischem Gelenksrheumatismus Verwendung. Es lindert die Schmerzen bei Nierenkolik und verringert die gichtischen Beschwerden, ohne das Allgemeinbefinden zu stören (Wittzack, Anthony, Hoven, Basile).

Dosierung: Man gibt täglich 1—2—3 g mit 1,5 g Magnesia usta morgens und abends nach dem Essen. Zur Erhöhung der Wirkung läßt man zweckmäßig einen Kohlensäuerling ($1/_4$ Liter) nach jeder Dosis nachtrinken.

Literatur: Wittzack, Allg. med. Zentralztg., 7, 1894. — Anthony, Wien. med. Blätter, 50, 1895. — Hoven, Deutsch. Medizinalztg., 54, 1898. — Basile, Zentralbl. f. inn. Med., 17, 1902.
Fabr.: Farbenfabr., vorm. Bayer & Co., Leverkusen.
Preis: 10 Tabl. à 1 g Mk. 4,80. K. 6,—.

Lysidin, Äthylenäthenyldiamin, bildet lange, weiße, sehr hygroskopische Kristallnadeln, welche bei 105—106° C schmelzen und einen eigentümlichen, an Mäuse erinnernden Geruch besitzen (Grawitz). Es ist in Wasser, Alkohol und Äther sehr leicht löslich und bildet mit Säuren gut charakterisierte Salze. So stellt z. B. das saure weinsaure Salz ein weißes, luftbeständiges Kristallpulver dar, welches unter dem Namen Lysidinbitartrat in den Handel kommt und an Stelle des wegen seiner starken Hygroskopizität nur in 50% wäßriger Lösung gebräuchlichen Lysidins verwendet wird.

Das Lysidin zeigte sich bei allen Formen der harnsauren Diathese von günstigem Einflusse (Grawitz, Mendelsohn, Wolff) und wird je nach der Stärke der Affektion und Häufigkeit der Anfälle in Tagesdosen von 1—5 g (2—10 g der 50% Lösung) verabfolgt. Die Dosen des Bitartarates müssen etwas größer sein.

Literatur: Grawitz, Deutsch. med. Wochenschr., 41, 1894. — Mendelsohn, ebendort, 18, 1895. — Wolf, Reichsmedizinalanz., 6/7, 1907.
Fabr.: Meister, Lucius und Brüning, Höchst a. M.
Preis: 10 g K. 2,—.

Piperazin, Diäthylendiamin, bildet einen weißen kristallinischen Körper vom Schmelzpunkte bei 104° C, der sehr hygroskopisch und in Wasser außerordentlich leicht löslich ist. Die wäßrige Lösung zeigt eine starke alkalische Reaktion, ist aber nicht im geringsten ätzend.

Wirkung: Das Mittel ist ungiftig und schädigt selbst bei großen, durch längere Zeit verabfolgten Gaben den Magen nicht. Den Organismus passiert es unzersetzt. Ein großer Teil geht nach wenigen Stunden in den Harn über, doch macht es denselben nie alkalisch. Das Mittel besitzt eine sehr große harnsäurelösende Kraft und diuretische Eigenschaften.

Indikationen: Piperazin wird hauptsächlich verwendet bei Gicht, Nierenkolik, Nieren- und Blasensteinen (Biesenthal, Eshner, Aldrich), sowie bei der antiuratischen Behandlung des Glaukoms (Walter). Nach Klemperer ist es in der Behandlung der Nierensteine wertlos.

Dosierung: Da das Präparat durch die Nieren zur Wirkung kommen soll, wird es nur in Lösung verabreicht und zwar in Dosen von 1 g pro die, am besten in $1/_2$ Liter eines kohlensauren Wassers. Zu Blasenspülungen wird es in 1—2% Lösung verwendet. Biesenthal hat auch die subkutane Applikation (0,1 Piperazin auf 1,0 Wasser) erfolgreich versucht.

Literatur: Biesenthal, Üb. das Piperazin, Berlin 1890. — Eshner, Philadelphia med. journ., 17, 1898. — Walter, Die ophthalmol. Klinik, 21, 1898. — Aldrich, New-York med. journ., Sept. 1900. — Klemperer, Therap. d. Ggw., 1904.
Fabr.: Farbenfabr., vorm. Bayer & Co., Leverkusen. Chem. Fabr. auf Akt., vorm. E. Schering, Berlin.
Preis: R. m. 10 Tabl. à 1 g Mk. 4,80. K. 6,—.

3. Entzündungshemmende und desinfizierende Mittel.

Albargin ist eine von Dr. Liebrecht, dem Entdecker des Argonins, hergestellte Verbindung der Gelatose, einem Spaltprodukte der Gelatine mit salpetersaurem Silber. Es stellt ein voluminöses, schwachgelbliches, glänzendes Pulver dar, das 23,6% Argent. nitric., bzw. 15% Silber enthält und sehr leicht, selbst in kaltem Wasser löslich ist. Die wässerigen Lösungen reagieren neutral und sind, in braunen Flaschen aufbewahrt, unbegrenzt haltbar. Das Silber wird aus den Lösungen weder durch die spezifischen Reagentien noch durch Eiweiß, Harn etc. gefällt. Frische Flecke in der Wäsche können mit Seifenwasser, ältere durch Einlegen in eine warme 10—20% Natriumthiosulfatlösung beseitigt werden.

Wirkung: Albargin ist diejenige Silbereiweißverbindung, welche die größte Durchdringungsfähigkeit (Dialysierbarkeit) gegenüber lebenden Geweben und Membranen besitzt, weshalb es vorzügliche Tiefenwirkung entfaltet, die ja bei der Gonorrhöebehandlung unerläßlich ist (Bornemann, Pick). Die 0,1—0,2% Lösungen entfalten schon eine recht beträchtliche keimtötende Kraft, bleiben aber hinter ebenso starken Höllensteinlösungen zurück (Pfuhl). Die Gonokokken werden unter Albarginmedikation schnell zum Verschwinden gebracht und später auch die Sekretion beruhigt (Pick, Klotz). Die 1% Lösung entfaltet nebstdem noch eine erhebliche adstringierende Wirkung.

Nebenwirkung: Konzentriertere Lösungen (1—2%) verursachen leichtes Brennen in der Harnröhre, das bald vorübergeht (Klotz, Schourp, Chrzelitzer, Fuchs). Sonstige Erscheinungen subjektiver Unverträglichkeit werden nur selten wahrgenommen (de Vignolo-Lutati).

Indikationen und Dosierung: Fast allgemein wird die vorzügliche Eignung des Mittels in 0,1—0,2—0,5—1,0% Lösung zur Behandlung des akuten Trippers des Mannes, wie auch der chronischen Formen anerkannt (Bornemann, v. Zeißl, Pfuhl, Klotz, Pick, Seifert, de Vignolo-Lutati, Meyer, Kornfeld, Seegall). Auch bei der Gonorrhöe der Frauen bewährte es sich in 5% Lösung in Form der vaginalen und in 0,2% Lösung in Form der intrauterinen Spülungen. Auch das Einlegen von Tampons, die mit 0,3% Lösung getränkt sind, erwies sich von Vorteil (Meyer). Zur Abortivbehandlung der Gonorrhöe werden Einträufelungen einer 1—3% Lösung empfohlen (Blaschko, Fuchs, Chrzelitzer, Schourp, Seegall). Bei chronischer Gonorrhöe waren die Erfolge nicht so ausgezeichnet gute, wie bei der akuten, immerhin aber noch 60% Heilungen zu verzeichnen (Meyer). Komplikationen scheinen nach Albargin ebenso häufig wie nach anderen Mitteln aufzutreten (Seifert). Nach Bering sind dem Präparate in keiner Weise Vorzüge gegenüber den üblichen Trippermitteln zuzusprechen. Eine neue Indikation für die Albarginmedikation wurde von Clemm aufgestellt. Er verwendete es in Form von Bleibeklysmen (0,2—0,4 : 250,0 aq.) bei Reizzuständen des Darmes, besonders bei Enteritis membranacea, mit ausgezeichnetem Erfolge, selbst wenn langdauernde Ölkuren versagt hatten.

Literatur: Bornemann, Therap. d. Ggw., 3, 1901. — v. Zeißl, Wien. Klinik, 1, 1902. — Pfuhl, Hygien. Rundsch., 3, 1902. — Klotz, Arch. f. Dermat. u. Syphilis 3., 1902. — Blaschko, Berl. klin. Wochenschr., 19, 1902. — Clemm, Arch. f. Verdauungskrankh., 1, 1903. — Pick, Therap. d. Ggw., 2, 1903. — Seifert, Deutsche Praxis, 7, 1903. — Fuchs, Therap. Monatsh., 10, 1903. — de Vignolo-Lutati, übersetzt. S.-A. aus Giornale Italiano delle Malattie Veneree e della Pelle 1903. — Chrzelitzer, Reichsmedizinalanz., 3, 1904. — Bering, Therap. d. Ggw., 7, 1904. — Meyer, Wien. med. Presse, 21, 1904. — Schourp, Monatsschr. f. Harnkrankh. u. sex. Hygiene, 1, 1905. — Kornfeld, Therap. d. Ggw., 3, 1905. — Seegall, Berlin. klin. Wochenschr.' 478, 1911.
Fabr.: Farbw. vorm. Meister, Lucius u. Brüning, Höchst a. M.
Preis: R. m. 50 Tabl. à 0,5 g Mk. 2,—. K. 2,50. R. m. 20 Tabl. Mk. 1,—. K. 1,20.

Allosan, der Allophansäureester des Santalols, bildet ein weißes, luftbeständiges, geschmackloses Pulver, das im Magen ohne Reizung passiert und im Darme in seine Komponenten gespalten wird.

Wirkung und Indikationen: Das Mittel wirkt bei Gonorrhöe sekretionsvermindernd und beseitigt die quälenden Irritationen und zwar sowohl bei akuten unkomplizierten, als auch komplizierten Fällen. Es kann aber die

Lokalbehandlung nicht ersetzen (Schwersenski). Es wurde mit Erfolg neben der Lokalbehandlung bei Gonorrhöe der Männer und der Frauen angewendet (Regenspurger, Haedicke, Erdös, Wolf, Arenstein, Hirsch). Kontraindiziert ist es bei schweren Magen-Darmerkrankungen und bei Nephritis in jedem Stadium. Die übliche Dosis beträgt 3 mal täglich 1 g oder 4—8—12 Stück Tabletten à 0,5 g.

Literatur: Schwersenski, Berlin. klin. Wochenschr., 43, 1908. — Regenspurger, Med. Klin., 8, 1910. — Erdös, Pester med. chir. Presse, 15, 1910. — Haedicke, Allg. med. Zentralztg., 465, 1910. — Wolf, Therap. d. Ggw., 94, 1912. — Arenstein, Klin. therap. Wochenschr., 1059, 1912. — Hirsch, ebendort, 432, 1913.
Fabr.: Chininfabr. Zimmer & Co., Frankfurt a. M.
Preis: R. m. 10 u. 25 Tabl. à 0,2 g Mk. 2,— u. 4,50.

Alumnol, β-Naphtoldisulfosaures Aluminium, stellt ein fast weißes, feines, nicht hygroskopisches Pulver dar, das sich leicht in kaltem Wasser und Glyzerin, schwer in Alkohol, gar nicht in Äther löst.

Wirkung: Das im Jahre 1892 von Heinz und Liebrecht in die Therapie eingeführte Mittel ist schon in 0,01% Lösung ein wirksames Antiseptiko-Adstringens. In 10% Lösung wirkt es ätzend. Die keimtötende Kraft ist nicht groß, wohl aber die wachstumshemmende gegenüber den meisten pathogenen Bakterien. Gonokokken werden aber immerhin in 1—2% Lösung rasch getötet. Für den menschlichen Organismus ist das Alumnol völlig ungiftig.

Indikationen und Dosierung: Es dient in 0,5%—3% Lösung als Antiseptikum und Spülmittel, in 10%—20% als Ätzmittel bei torpiden Geschwüren und Fistelgängen. Ganz besonders empfiehlt es sich wegen seiner bedeutenden Tiefenwirkung für die Behandlung der Gonorrhöe des Mannes und des Weibes, bei ersterer in 1%—2% Lösung, bei letzterer in Form von 5% Stäbchen (Overlach). Sehr gerühmt wird die Verwendung einer Verbindung des Alumnols mit Zincum aceticum in der Gonorrhöetherapie. Diese Verbindung ist bekannt unter dem Namen Zinol.

Zinol oder β - Naphtoldisulfosaures Aluminiumzinkazetat stellt ein weißes, feines geruchloses Pulver dar, welches sich in kaltem und warmem Wasser fast in jedem Verhältnisse löst, dagegen in Alkohol, Benzol usw. unlöslich ist. Die bakteriziden und adstringierenden Eigenschaften des Alumnols sind durch den Zinkazetatzusatz erheblich gesteigert (Overlach, Günther). Es wird in der kleinen Chirurgie in 3% Lösung zu Spülungen, in 1,5% Lösung zu feuchten Verbänden, in 3‰ Lösung zur Behandlung einfacher oder gonorrhoischer Katarrhe der weiblichen Genitalien verwendet.

Literatur: Heinz und Liebrecht, Berl. klin. Wochenschr., 46, 1892. — Overlach, Deutsch. Medizinalztg., 8, 1899. — Günther, Die med. Woche 51, 1901.
Fabr.: Chem. Inst. Berlin W. 50.
Preis: Sch. m. 5 Pulv. à 3,0 g u. R. m. 30 Tabl. à 0,5 g je Mk. 1,20. K. 1,50.

Amphotropin, kampfersaures Hexamethylentetramin, ein weißes kristallinisches Pulver, das sich in Wasser im Verhältnis 1:10 löst und bei Blasen- und Nierenleiden in Dosen von 3 mal täglich 0,5—1,0 g verwendet wird. Bei akuter Blasenentzündung soll es, wenn überhaupt, nur mit Alkaloiden gegeben werden (Fischer).

Literatur: Fischer, Fol. urolog., 3, 1912.
Fabr.: Farbw., vorm. Meister, Lucius u. Brüning, Höchst a. M.
Preis: R. m. 20 Tabl. à 0,5 g Mk. 1,—. K. 1,20.

Argentamin ist eine Lösung von Äthylendiaminsilbernitrat (anfänglich von -silberphosphat), welche eine klare, farblose, alkalisch reagierende, in Wasser leicht lösliche Flüssigkeit darstellt. Es ist eine starke organische Base, welche weder ätzend noch toxisch wirkt. Die Wirkung ist am stärksten bei frisch bereiteten Lösungen und nimmt mit der Zeit sehr ab (Hoor). 10 Teile flüssigen Argentamins entsprechen 1 Teil Silbernitrat.

Wirkung: Das Präparat stellt einen wirksamen und reizlosen Ersatz für Argent. nitric. dar, besitzt größere Tiefenwirkung als dieses, wirkt sekretionsbeschränkend und gefäßverengernd (Schulhof) und ist an keimtötender Kraft dem Höllenstein überlegen (Hoor). Auch nach längerem Gebrauche ruft es keine Argyrie hervor (Schulhof, Hoor).

Nebenwirkung: Nach längerer Einwirkung zeigt sich manchmal bei Tripperkranken mäßiges Brennen und vermehrter Ausfluß (Bergel), bei Einträufelungen ins Auge Brennen und Schmerzhaftigkeit unmittelbar nach der Applikation (Schulhof, Imre).

Indikationen: Das Mittel ist ein vorzügliches Antigonorrhoikum und erweist sich besonders in chronischen Fällen sehr wirksam (Bergel, Kamen, Daxenberger, Frieser). Bei Leukorrhöe der Kinder, wie der Erwachsenen, gonorrhoischer und anderer Natur, wird es von Cipriani warm empfohlen, da es den Ausfluß verringert und die Beschwerden der Kranken erleichtert. In der Augenheilkunde findet es bei akuten und chronischen Bindehautkatarrhen, bei Conjunctivitis blenorrhoica und vor allem bei Trachom Verwendung und gilt bei gonorrhoischer Ophthalmoblenorrhöe als Spezifikum (Schulhof, Hoor, Imre, Bergel, Daxenberger). Hiebei zeichnet es sich gegenüber Argent. nitric. noch durch einfachere Handhabung aus, da ein Nachspülen mit Kochsalzlösung nicht notwendig ist. In der rhino-laryngologischen Praxis dient es zur Behandlung von Nasen- und Rachenkatarrhen, sowie von Empyem (Bergel). Endlich wurde es noch innerlich mit gutem Erfolge bei Brechdurchfällen, Darmtuberkulose und gewöhnlichen Magen-Darmkatarrhen versucht (Bergel).

Dosierung: Für die Behandlung der Gonorrhoea anterior werden Lösungen von 1,0 : 400—500 Aq. dest., für die Gonorrhoea posterior solche von 1,0 : 50,0—100,0 (mittelst Guyonscher Spritze zu applizieren), für Janetsche Spülungen $1/3$—$1^0/_{00}$ Lösungen verwendet. Die Einspritzungen sind dreimal täglich vorzunehmen und die Flüssigkeit jedesmal 5—10 Minuten lang in der Harnröhre zu behalten. Bei Leukorrhöe, Zervixkatarrhen, Metritiden usw. sind $1/3$—$1^0/_{00}$ Verdünnungen angezeigt (Cipriani). In der Augenheilkunde, wie in der Rhino-Laryngologie wird die $5^0/_0$ Lösung zu Pinselungen, die 1—$5^0/_0$ zu Instillationen benützt. In der internen Medizin wird es $1/2$—$1^0/_0$ig (2—3 stündlich 1 Tee- bis 1 Eßlöffel voll) per os gereicht oder $1^0/_{00}$ig zu Irrigationen verwendet (Bergel).

Literatur: Schulhof, Wien. med. Wochenschr., 33, 1897. — Imre, Ungar. med. Presse, 24, 1897. — Kamen, Die Heilkunde, 6, 1899. — Cipriani, Monatsberichte auf d. Gebiete d. Krankh. d. Harn- und Sexualappar., 7, 1899. — Hoor, Zentralbl. f. Augenh., 225, 1899. — Daxenberger, Wochenschr. f. Therap. u. Hyg. d. Aug., 7, 1900. — Bergel, Therap. Monatsh., 7, 1900. — Frieser, Ärztl. Zentralztg., 24, 1901.

Fabr.: Chem. Fabr., vorm. E. Schering, Berlin.
Preis: 1 g Mk. 0,10. K. 0,20.

Argentum proteinicum ist ein bräunlichgelbes Pulver mit $8,21^0/_0$ Silbergehalt, das in Wasser leicht löslich, in Alkohol und Äther unlöslich ist. Es besitzt gonokokkentötende Kraft, eine gewisse Tiefenwirkung und erzeugt weder mit Chlornatrium noch mit Eiweißstoffen Fällungen. Es entspricht in der Wirkung ungefähr dem Protargol (Junghanns) und erscheint besonders geeignet für die Abortivbehandlung in frischen Fällen von Gonorrhöe in Form von Spülungen der vorderen Harnröhre (Oppenheim). Man beginnt mit Injektionen von $0,25^0/_0$ Lösungen (täglich einmal) und steigt allmählich bis zu $0,75^0/_0$ Lösungen. Gleichzeitig kann man 3 mal täglich durch 5 Minuten eine $0,15^0/_0$ Lösung instillieren.

Literatur: Oppenheim, Med. Klin., 1232, 1911. — Junghanns, Deutsch. med. Wochenschr., 1788, 1912.
Fabr.: von Heyden, Radebeul.

Argonin, Kaseinsilber, ist ein feines, weißes Pulver, welches sich beim Erwärmen leicht mit geringer Opaleszenz in Wasser löst. Durch die gewöhnlichen Silberreagentien läßt sich das Silber im Argonin nicht nachweisen, da es in „maskierter" Form enthalten ist. Es enthält 4,25 % Silber, so daß also ca. 15 g Argonin an Silbergehalt gleich sind 1 g Silbernitrat.

Die Lösungen sind in dunklem Glase aufzubewahren. Die vorschriftsmäßig bereitete Lösung (kalt anzurühren und im Wasserbade unter stetem Umrühren bis zur völligen Lösung zu erwärmen) bildet mit Eiweißkörpern weder Niederschläge, noch übt sie trotz ihrer hohen bakteriziden Kraft irgendwelche Reizwirkungen aus. Es löst sich sogar in Eiweiß und vermag infolgedessen in die Tiefe zu dringen. Der Einfluß auf die Gonokokken ist wohl ein wenig geringer als der des Silbernitrates, dafür aber die Applikation schmerzlos (Nießen). Nur ganz vereinzelt wird in unmittelbarem Anschlusse an die Injektion Brennen und starker Harndrang beobachtet (Gutheil). Adstringierende Wirkungen scheinen dem Mittel zu fehlen (Jadassohn). Es ist mit sehr gutem Erfolge beim akuten Tripper der Männer und Frauen besonders dann anzuwenden, wenn die entzündlichen Erscheinungen stark in den Vordergrund treten. Nach dem Schwinden der Gonokokken sind Adstringentia zu gebrauchen (Lewin, Zydlowicz). Gewöhnlich wird das Argonin in 1—2 % Lösung angewendet (Jadassohn).

Literatur: Jadassohn, Arch. f. Dermat. u. Syphilis, 179, 1895. — Lewin, Berl. klin. Wochenschr., 7, 1896. — Gutheil, Deutsch. med. Wochenschr., 35, 1896. — Zydlowicz, Wien. klin. therap. Wochenschr., 6, 1897. — Nießen, Münch. med. Wochenschr., 12, 1898.

Fabr.: Höchster Farbwerke.
Preis: 1 g Mk. 0,15. K. 0,20.

Arhéol ist ein aus dem Sandelöl gewonnener Alkohol, welcher denselben therapeutischen Wert besitzt, wie das Sandelöl selbst. Dieser Alkohol stellt eine ölige, farblose Flüssigkeit dar, die in Kapseln zu 0,2 g bei der Behandlung der Gonorrhöe und Zystitis benützt wird. Die Blasenbeschwerden werden günstig beeinflußt und der schmerzhafte Harndrang gemildert (Ravasini).

Nebenwirkungen sind nicht beobachtet worden.

Die gebräuchliche Dosis beträgt 6—12 Stück Kapseln pro die.

Literatur: Ravasini, Therap. d. Ggw., 12, 1902.
Fabr.: Laborat. Astier, Paris.

Arhovin ist ein Additionsprodukt des Diphenylamin und der esterifizierten Thymylbenzoësäure. Es stellt eine gelbliche, aromatisch riechende Flüssigkeit von schwach kühlend-brennendem Geschmacke dar, ist in Wasser fast unlöslich, jedoch leicht löslich in Alkohol, Äther und Chloroform. Der Siedepunkt des Arhovins liegt bei 218° C. Im Körper wird die Substanz zerlegt und zwar erscheint das Thymol als Thymolglykuronsäure, die andere Komponente als Phenylhippursäure im Harne.

Wirkung: Das Arhovin bewährte sich als ein wertvolles Antigonorrhoikum und Antizystikum von hoher bakterientötender und desinfizierender Kraft (Strauß, Piorkowski, Burchard und Schlokow, Frank, Zorn). Es erhöht die Azidität des Harnes (Manasse). Selbst dort, wo die ammoniakalische Gärung bereits in der Blase vor sich geht, zeigt der Harn nach Arhovingebrauch in der kürzesten Zeit wieder saure Reaktion. Der saure Harn macht aber die Schleimhäute der Harnröhre und Blase, die Nährböden für Eiterbakterien, unbrauchbar für die Ernährung derselben (Burchard und Schlokow). Unter dem Einflusse des Arhovins wird das schmerzhafte Urinieren der Gonorrhoiker gewöhnlich vollständig schmerzlos, mindestens leichter als vorher, die reichliche Sekretion vermindert sich und der Harn wird klar (Reiner, Weger, Steiner). Auf die Phosphaturie ist das Mittel ganz ohne Einfluß, hingegen wird vereinzelt (Goldmann) auf die prophylaktische Wirkung gegenüber den mit Recht so gefürchteten gonorrhoischen Gelenkserkrankungen und Endokarditiden hingewiesen. Schließlich sei auch einer Arbeit Schneiders gedacht, welcher dem Arhovin jeden Einfluß auf die Gonorrhöe abspricht; es sei wohl besser verträglich als Sandelöl, stünde aber diesem an Wirksamkeit nach. Auch Kaiser und Deutsch waren mit dem Mittel nicht zufrieden, da es weder bei interner, noch bei externer Anwendung nennenswerte Erfolge gab; vielmehr bestünde stets Gefahr, daß die Gonorrhoea anterior in eine posterior übergehe.

Nebenwirkungen wurden bisher nicht wahrgenommen, einstimmig wird die Unschädlichkeit des Mittels betont, besonders daß es Magen und die Nieren in keiner Weise schädlich beeinflußt.

Indikationen: Das Mittel dient vor allem zur Behandlung der Gonorrhöe, sowohl der akuten, wie der chronischen Form derselben (Strauß, Erdös, Hernfeld, Schweitzer, Coblenzer, Süß, Fasano, Ganz, Weinberg, Stock, Schwarz, Dreysel, Knauth). Es wird hiebei entweder für sich allein oder in Verbindung mit den üblichen lokalen Einspritzungen gebraucht (Reiner). Auch Zystitiden bringt es schnell zur Heilung (Goldmann), wie es auch die Heilungsdauer bei Behandlung des Fluor albus und der Vulvovaginitis gonorrhoica abkürzt (Zorn). Auf die prophylaktische Bedeutung wurde schon früher hingewiesen.

Dosierung: Intern wird das Arhovin in der Einzeldosis von 0,25 g in Gelatinekapseln 4—6 Stück pro die gereicht, extern werden vielfach verwendet Urethralstäbchen, 0,05 g Arhovin und 1,0 g Ol. Cacao enthaltend, oder Vaginalkugeln mit 0,1 g, bzw. Einlegen von Tampons, welche mit 5% Arhovinlösung getränkt sind. Endlich wurden auch Einspritzungen von 2% Lösungen des Arhovins in Öl erfolgreich versucht.

Literatur: Burchard u. Schlokow, Die med. Woche, 48, 1903. — Reiner, Die sozialärztl. Presse, 6, 1903. — Goldmann, Monatsh. f. prakt. Dermat., 1, 1904. — Schneider, Wien. klin. therap. Wochenschr., 12, 1904. — Strauß, Therap. med. Wochenschr., 21, 1904. — Weger, Medico, 26, 1904. — Manasse, Therap. Monatsh., 7, 1904. — Steiner, Schmidts Jahrb., 6, 1905. — Piorkowski, Deutsch. med. Wochenschr., 25, 1905. — Deutsch, Wien. klin. Wochenschr., 3, 1906. — Hernfeld, Therap. d. Ggw., 4, 1906. — Coblenzer, Monatschr. f. Harnkrankh. u. sex. Hyg., 10, 1906. — Süß, Allg. Wien. med. Ztg., 10, 1906. — Schweitzer, Monatschr. f. Harnkr. u. sex. Hyg., 11, 1906. — Kaiser, Med. Klinik, 24, 1906. — Fasano, Deutsch. Medizinalztg., 25, 1906. — Frank, Berl. klin. Wochenschr., 31, 1906. — Zorn, Fortschr. d. Med., 34, 1906. — Ganz, Berl. klin. Wochenschr., 38, 1906. — Stock, Medico, 7, 1907. — Schwarz, Wien. klin. Rundschau, 34, 1907. — Weinberg, Wien. med. Presse, 44, 1907. — Dreysel, Fortschr. d. Med., 1, 1908. — Knauth, Münch. med. Wochenschr., 16, 1908.

Fabr.: Goedecke & Co., Berlin N. 4.
Preis: Sch. m. 15, 25 u. 30 Kaps. à 0,25 g Mk. 1,—, 2,—, 3,—. Bacilli Arrh. 10 St. K. 2,—. 20 St. 3,20. Gelonida Arrh. 30 Tabl. K. 2,50.

Bienal ist der Kohlensäureester des Santalols und stellt ein geruch- und geschmackloses Sandelölpräparat dar, das in Alkohol und Äther, aber nicht in Wasser löslich ist und vom Magen und Darm reizlos vertragen und zur internen Behandlung der akuten und chronischen Gonorrhöe verwendet wird (Brenning und Lewitt).

Man gibt es am besten in heißer Milch oder läßt solche nachtrinken in einer Dosis von 3 mal täglich je 15 Tropfen oder je 2 Kapseln à 0,3 g.

Literatur: Brenning und Lewitt, Allg. med. Zeitschr., 17, 1907.
Fabr.: von Heyden, Radebeul.
Preis: Fl. (15 g) Mk. 2,—. K. 2,50. Sch. m. 32 u. 50 Kaps. à 0,3 g Mk. 2,—, 3,— K. 2,50, 3,75.

Blenaphrosin, ein Doppelsalz von Kalium nitricum und Hexamethylentetramin, dem noch Extract. Kawa-Kawa hinzugefügt ist und das in gelatinierten Kapseln und Zäpfchen in den Handel kommt. Das Kawa-Extrakt dient als Anästhetikum, der Salpeter als Anaphrodisiakum. Das Mittel bewährte sich nach Herbst bei Gonorrhöe mit häufigen Pollutionen und schmerzhaften Erektionen, auch bei Prostatitis mit quälendem Tenesmus.

Die gebräuchliche Dosis beträgt 3 mal täglich 2—4 Kapseln innerlich oder 2 mal täglich rektal ein Zäpfchen.

Literatur: Herbst, Allg. med. Zentralztg., 469, 1912.
Fabr.: Apotheker Dr. Bernard Nachf., Berlin C.
Preis: Sch. m. 30 Kaps. à 0,5 g Mk. 3,50. 10 Suppos. à 0,5 g Mk. 3,—.

Borovertin, Hexamethylentetramintriborat, eine Verbindung des Urotropins mit Borsäure, ist ein weißes, kristallinisches, wasserlösliches Pulver, das nach Mankiewicz an desinfizierender Kraft dem Urotropin mindestens gleich steht und für Kranke empfohlen wird, die oft katheterisiert werden müssen. Man gibt es also z. B. bei Prostatahypertrophie und Blasenschwäche in Dosen von 1—2, später 4 g pro die, doch ist mit Rücksicht auf Magen und Darm eine gewisse Vorsicht angezeigt.

Bei eintretenden Störungen (Appetitlosigkeit oder gar Erbrechen) ist die Darreichung sofort auf 1—2 Tage zu unterbrechen (Mankiewicz).

Literatur: Mankiewicz, Berl. klin. Wochenschr., 49, 1906.
Fabr.: Akt.-Ges. f. Anilinfabr. Berlin.
Preis: R. m. 20 Tabl. à 0,5 g Mk. 1,—. K. 1,20.

Camphosan ist eine 15% Lösung von Kampfersäuremethylester in Santalol und stellt eine ölige Flüssigkeit vom spezifischen Gewichte 0,991 dar, welche schwach aromatisch riecht und leicht bitter schmeckt, in Wasser unlöslich ist, sich aber mit Alkohol und fetten Ölen in jedem Verhältnisse mischen läßt.

Es besitzt die Wirkung seiner Bestandteile, kann daher bei Erkrankungen der Harnwege gute Dienste leisten. Das Mittel wurde von Vollmer bei Entzündungen und Katarrhen der Harnröhre, der Blase und des Nierenbeckens, sowie als Prophylaktikum bei dem häufigen Katheterisieren der Prostatiker in Dosen von 2 Kapseln à 0,3 g, 3—5 mal täglich, empfohlen.

Literatur: Vollmer, Deutsch. Madizinalztg., 76, 1908.
Fabr.: Riedel, Berlin.
Preis: Sch. m. 32 Gelatinekapseln à 0,3 g Mk. 2,15. K. 2,50.

Cystopurin ist ein in Form weißer langer Spieße aus einer Lösung von Hexamethylentetramin und Natriumazetat kristallisierendes Doppelsalz. Die Lösung schmeckt angenehm, leicht salzig.

Die Wirkung ist eine verstärkte Urotropinwirkung, insbesondere tritt der diuretische Effekt hervor (Bergell).

Das Präparat findet Verwendung bei Zystitis, Pyelitis, Pyelonephritis, vor allem aber in der internen Behandlung der akuten und chronischen Gonorrhöe (Loose, Peters, Bebert, Haedicke, Walz, Krebs). Hier wird bald das Sekret verflüssigt und das Fortschreiten des Prozesses durch lokale Lymphozytose mit Phagozytenwirkung verhindert, sowie der Eintritt einer Zystitis hintangehalten. Der heilsame Effekt wird durch lokale Behandlung gesteigert, die daher stets weiterzuführen ist (Loose).

Dosis: Man gibt im allgemeinen dreimal täglich 2 g, kann aber nach Haedicke auch ohne Bedenken längere Zeit 10 g täglich reichen. Am besten verordnet man das Mittel in einem Glas Zuckerwasser aufgelöst.

Literatur: Bergell, Deutsch. med. Wochenschr., 2, 1907. — Loose, ebendort, 2, 1907. — Peters, Deutsch. Medizinalztg., 9, 1908. — Haedicke, Deutsch. med. Wochenschr., 13, 1909. — Bebert, Berlin. klin. Wochenschr., 41, 1909. — Walz, Therap. d. Ggw. 287, 1912. — Krebs, Zeitschr. f. Urol., 654, 1912.
Fabr.: Wülfing, Berlin SW. 48.
Preis: R. m. 20 Tabl. à 1,0 g Mk. 1,50. K. 1,80.

Gonosan enthält die aus der Wurzel von Piper methysticum (Kawa-Kawa) extrahierten Harze in reinem ostindischen Sandelöl und stellt eine gelblichgrüne, durchscheinende, stark aromatisch riechende, ölartige Flüssigkeit dar, welche in Alkohol, Äther und Chloroform löslich ist (Boss). Das Mittel enthält 20% Kawaharz und 80% feines ostindisches Sandelholzöl, welches wieder mindestens 96% Santalol (den wirksamen Terpenalkohol des Öles) besitzen muß (Gheorghiu).

Wirkung: Das Präparat ist allen anderen ähnlichen Mitteln vorzuziehen (Gheorghiu, Sokal, Bassicalupo u. v. a.). Es wird leicht genommen und ruft keine schädliche Beeinflussung des Magendarmkanales oder der

Nieren hervor (Sokal, Bloch). Es besitzt hervorragende sekretionsbeschränkende Eigenschaften (Saalfeld, Benninghoven, Zechmeister, Kornfeld, Bloch), hemmt das weitere Wachstum der Gonokokken (Merzbach), zeigt ausgesprochen diuretische Wirkung und hält den Harn stets sauer (Zechmeister, Merzbach, Reiner). Hervorragend ist weiter seine schmerzstillende Kraft, die nach Melun dem kokainartig wirkenden Harzgemische zuzuschreiben ist, welches in der Wurzel von Piper methysticum vorkommt (Saalfeld, Spitzer, Zechmeister, Kornfeld, Rieß, Varges). Endlich wären noch die anaphrodisischen Eigenschaften zu erwähnen, welche die schmerzhaften Erektionen, sowie bis zu einem gewissen Grade die Pollutionen verhindern (Saalfeld, Zechmeister, Benninghoven). Auffallend ist, daß die Zahl der Komplikationen unter Gonosanbehandlung geringer zu sein scheint als sonst (Boss, Spitzer, Bering, Maramaldi).

Nebenwirkungen: In den ersten Tagen der Gonosanmedikation werden öfters Klagen über Appetitlosigkeit, lästiges Aufstoßen, Magendrücken und Leibschmerzen laut (Runge, v. Zeißl, Spitzer, Saalfeld, Zechmeister, Bering, Csillag, Berger). Diese Beschwerden können hintangehalten oder doch verringert werden, wenn man das Mittel $1/2$ Stunde nach der Mahlzeit mit warmer Milch nehmen läßt (Spitzer, Kornfeld). Reizerscheinungen, wie Ödem des Präputiums und der Glans penis, kamen in 10%, Übergreifen des Prozesses auf die hintere Harnröhre in 26% der Fälle zur Beobachtung (Saar). Milde purgative Wirkung sah Schmidt. Urtikaria kam bisher wohl noch nicht zur Beobachtung, doch zweifelt v. Zeißl nicht, daß sie vereinzelt vorkommen kann.

Indikationen: Das Gonosan ist mit gutem Erfolge zur Unterstützung der lokalen Behandlung, wie auch, in vielleicht $3/4$ aller Fälle, allein zur Behandlung des akuten und chronischen Trippers, wie der akuten Zystitis verwendet worden (Boss). Über günstige Erfolge berichten Saalfeld, Schilcher, Friedländer, Reisner, Spitzer, Küsel, Lohnstein, Bering, Steiner, Popper, Tsaranu, Sokal, Bassicalupo, Melun, Hottinger, Maramaldi, Varges, Sarcany, Merzbach, v. Zeißl, Pasarelli, Marcuse, Rahn, Sterian, Bloch, Leszczynski, Deutsch, Zorn, Schädel, Rieß, Ivezič, Ganz, Regenspurger, Reiner, Renault, Altmann und David. Besonders angezeigt ist es bei frischer, akuter Gonorrhöe, wenn starke periurethrale Infiltration, Lymphangitis, Vorhautödem und subjektive Beschwerden eine sofortige Lokalbehandlung unmöglich macht (Waelsch). Für die kombinierte Behandlung sprechen sich in günstigem Sinne aus Boss, Benninghoven, Schmidt, Zechmeister, Kornfeld, Frumusianu, Gheorghiu, Saar, Keil, Sternberg, Neisser, Piorkowski. Von Schindler und Siebert konnte aber der von so zahlreichen Autoren beschriebene, das Wachstum der Gonokokken hemmende Einfluß des Mittels nicht wahrgenommen werden, weshalb sie die lokale Behandlung vorziehen.

Dosierung: Das Gonosan kommt im Handel in Kapseln à 0,3 g vor. Man gibt 3—5 mal täglich je 2 Kapseln bis zum Ende der 3. oder Anfang der 4. Woche des Trippers. Am zweckmäßigsten werden die Kapseln mit warmer Milch nach der Mahlzeit verabreicht.

Literatur: Boos, Deutsch. Medizinalztg., 98, 1902. — Friedländer, Deutsche Ärzteztg., 12, 1903. — Saalfeld, Therap. Monatsh., 12, 1903. — Schilcher, Deutsch. Praxis, 23, 1903. — Benninghoven, Berl. klin. Wochenschr., 28, 1903. — Spitzer, Allg. Wien. med. Ztg., 28, 1903. — Lohnstein, Allg. med. Zentralztg., 33, 1903. — Küsel, Wien. med. Presse, 35, 1903. — Reisner, Deutsch. Medizinalztg., 58, 1903. — Schmidt, Allg. med. Zentralztg., 7, 1904. — Bering, Therap. d. Ggw., 7, 1904. — Kornfeld, ebendort, 8, 1904. — Sokal, Wien. med. Presse, 40, 1904. — Zechmeister, Allg. med. Zentralztg., 46/47, 1904. — Popper, Deutsch. Medizinalztg., 81, 1904. — Steiner, ebendort, 100, 1904. — Boss, Dtsch. Monatsschr. f. Harnkrankh. etc., 1904, rf. in Mercks Jahresber. 1904. — Melun, Monatsber. f. Urologie, 1, 1905. — Sarcany, Deutsch. Medizinalztg., 1, 1905. — Marcuse, Monatsschr. f. Harnkrankh. etc., 4, 1905. — Runge, Münch. med. Wochenschr., 5, 1905. — Merzbach, ebendort, 5, 1905. — v. Zeißl, Wien. med. Presse, 7, 1905. — Frumusianu, Die Heilkunde, 7, 1905. — Pasarelli, Monatsschr. f. Harnkrankh. etc.,

8, 1905. — Rabn, Allgem. med. Zentralztg., 10, 1905. — Bloch, Deutsch. Ärzteztg., 10, 1905. — Maramaldi, Deutsch. Praxis, 15, 1905. — Hottinger, Korrespondenzbl. f. Schweizer Ärzte, 15, 1905. — Csillag, Allg. Wien. med. Ztg., 20, 1905. — Sterian, Fortschr. d. Med., 18, 1905. — Bassicalupo, Wien. med. Presse, 34, 1905. — Gheorghiu, Med. Klinik, 36, 1905. — Leszczynski, Allg. Wien. med. Ztg., 37, 1905. — Tsaranu, Deutsch. Medizinalztg., 45, 1905. — Varges, Med. Klinik, 45, 1905. — Saar, Münch. med. Wochenschr., 46, 1905. — Deutsch, Wien. klin. Wochenschr., 3, 1906. — Zorn, Monatsschr. f. Harnkrankh. u. sex. Hyg., 8, 1906. — Schädel, Deutsch. med. Wochenschr., 10, 1906. — Rieß, Österr. Ärzteztg. 10, 1906. — Ivezic, Deutsch. Praxis, 11, 1906. — Ganz, Allg. med. Zentralztg., 12, 1906. — Keil, Monatsh. f. Urol., 12, 1906. — Regenspurger, Wien. med. Presse, 15, 1906. — Varges, Pharm. Zentralhalle, 16, 1906. — Schindler und Siebert, Deutsch. med. Wochenschr., 27, 1906. — Reiner, Wien. med. Presse, 35, 1906. — Renault, rf. in Münch. med. Wochenschr., 36, 1906. — Saalfeld, Deutsch. med. Wochenschr., 49, 1906. — Altmann, Deutsch. Medizinalztg., 90, 1906. — Neisser, Med. Klin., 14, 1907. — Sternberg, Allg. med. Zentralztg., 15, 1907. — Piorkowski, Med. Klin., 44, 1907. — Boß, Deutsch. Medizinalztg., 46, 1907. — David, Allg. med. Zentralztg., 13, 1908. — Waelsch, Prag. med. Wochenschr., 39, 1909. — Berger, Deutsch. Medizinalztg., 2, 1910.

Fabr.: Riedel, Berlin.

Preis: 32 u. 50 Kapseln à 0,3 g Mk. 2,15, K. 3,25 u. 3,20 Mk., K. 4,50. Kassenpackung 30 Kaps. à 0,3 g u. 0,5 g Mk. 1,35 u. 1,65.

Hegonon ist eine Silbernitrat-Ammoniakalbumose, welche durch Einwirkung von Silbernitrat-Ammoniak auf Albumosen gewonnen wird. Der Silbergehalt beträgt $7^0/_0$. — Das Mittel ist im Verhältnis 1:10 in Wasser löslich. Es wird in $0{,}25^0/_0$ Lösung zu Einspritzungen (4—6 mal täglich) bei Gonorrhöe verwendet, wobei es die schätzenswerte Eigenschaft besitzt, Eiweißstoffe weder in der Kälte, noch in der Wärme zum Gerinnen zu bringen (Klingmüller). Nach Garin ist es den anderen Silberpräparaten etwa ebenbürtig. Zu Spülungen wird die $0{,}025$—$0{,}1^0/_0$ Lösung benützt. Die Lösungen müssen zum Gebrauche stets frisch bereitet werden.

Literatur: Klingmüller, Münch. med. Wochenschr., 1680, 1910. — Garni, Klin. therap. Wochenschr., 111, 1912.

Fabr.: Chem. Fabr., vorm. E. Schering, Berlin.

Helmitol, anhydromethylenzitronensaures Hexamethylentetramin, ist ein farbloses, kristallinisches Pulver von säuerlichem Geschmacke, das sich beim Erhitzen auf 163^0 C zersetzt und sich in Wasser bis zu $70^0/_0$ löst. Es ist fast unlöslich in Alkohol und gänzlich unlöslich in Äther. Durch Alkali wird rasch freier Formaldehyd abgespalten, durch verdünnte Säuren geht diese Abspaltung viel langsamer vor sich (Nicolaier). Vor dem Urotropin (Hexamethylentetramin) hat es den Vorzug, daß es, namentlich in alkalischem Harne, reichlicher Formaldehyd in den Harn übergehen läßt (Rosenthal).

Wirkung: Das Helmitol wirkt als ein energisches Harndesinfiziens, was auf der reichlichen Abspaltung von Formaldehyd beruht. Es übertrifft die Wirkung des Urotropins nach Schütze und Heuß um das 4—6fache. Auch Impens, Müller, Rosenthal und v. Steinbüchel anerkennen die dem Urotropin überlegene Wirkung, während Nicolaier und Posner in dem Mittel keine besonderen Vorzüge vor demselben finden. Seifert, Enrico und Goldberg schreiben dem Helmitol auch eine nicht unbeträchtliche diuretische Wirkung zu. Das Mittel ist ungiftig (Heuß).

Nebenwirkungen: Bei Überschreiten der gewöhnlichen Dosis treten Diarrhöen, Leibschmerzen und Reizerscheinungen seitens der Blase auf (Heuß, Nicolaier, Goldberg, Lewitt). Relativ häufig wurde Hämaturie (Posner, Goldberg, Seifert), manchmal Albuminurie (Behring) beobachtet.

Indikationen: Das Helmitol bewährte sich nach übereinstimmendem Urteile zahlreicher Autoren ausgezeichnet bei Cystitis non gonorrhoica, Urethrozystitis, Prostatitis, Pyelitis, Bakteriurie und Phosphaturie (Heuß, Impens, Rosenthal, Sigmundt, Goldschmidt, Müller, Behring, Kirschner, Lewitt, Kelemen, Geyer, Mayer, Mandrilla), sowie als Desinfiziens bei Typhusrekonvaleszenten, endlich als Prophylaktikum nach zystoskopischen Untersuchungen (v. Steinbüchel, Witthauer) und um die Scharlachnephritis hintanzuhalten (Balasz). Bei chronischen Darmerkrankungen mit Entleerung von stinkenden Stühlen sah Göbl unter Helmitolgebrauch schnellen Erfolg.

Dosierung: Man gibt es per os in Pulverform zu 1,0 g 3—4 mal täglich (maximal 5,0—6,0 g) oder in Tabletten à 0,5 g in entsprechender Anzahl. Auch Einspritzungen von 100—200 ccm einer 1% bis 2% erwärmten, wäßrigen Lösung direkt in die Blase erwiesen sich als wirksam (Heuß, Müller).

Literatur: Rosenthal, Therap. d. Ggw., 12, 1902. — Goldschmidt, Therap. Monatsh., 1, 1903. — Müller, Deutsch. Ärzteztg., 8, 1903. — Heuß, Monatsh. f. prakt. Dermatol., 3, 1903. — Impens, Monatsh. f. Urologie, 5, 1903. — Seifert, Wien. klin. Rundsch., 27, 1903. — Sigmundt, Die med. Woche, 38, 1903. — Schütze, Wien. med. Presse, 2, 1904. — Nicolaier, Deutsch. Arch. f. klin. Med., 1 u. 2, 1904. — Geyer, Therap. Monatsh., 3, 1904. — Lewitt, Deutsch. med. Wochenschr., 29, 1904. — Kelemen, Die Heilk., 6, 1904. — Behring, Therap. d. Ggw., 7, 1904. — Goldberg, Zentralbl. f. inn. Med. 22, 1904. — Posner, Berl. klin. Wochenschr., 2, 1905. — v. Steinbüchel, Wien. med. Presse, 5, 1905. — Kirschner, Neue Therap., 9, 1905. — Mayer, Therap. Monatsh., 3, 1906. — Enrico, Giorn. internaz. delle science med., 14, 1906, rf. im Zentralbl. f. inn. Med., 51, 1906. — Witthauer, Zentralbl. f. Gynäk., 23, 1906. — Balasz, Pester med.-chir. Presse, 7, 1906. — Mandrilla, Wien. med. Presse, 7, 1906. — Göbl, Ärztl. Zentralztg., 34, 1907.

Fabr.: Farbenfabr., vorm. Bayer & Co., Leverkusen.
Preis: 20 Tabl. à 0,5 g Mk. 1,—. K. 1,30.

Hetralin, Dioxybenzolhexamethylentetramin, stellt einen nadelförmig kristallisierenden, schneeweißen Körper dar, welcher äußerst luftbeständig ist und sich erst bei einer Temperatur von 160° C zersetzt. Es ist leicht löslich in Wasser und Alkohol und besitzt einen stark säuerlichen nicht unangenehmen Geschmack. Sein Urotropingehalt beträgt 60%.

Wirkung: Es wirkt stark antiseptisch auf den Harn und erhöht dessen Säuregehalt beträchtlich (Kornfeld). Der trübe Harn wird geklärt, gleichzeitig beseitigt es die subjektiven Beschwerden wie z. B. Harndrang (Ledermann, Lohnstein, Ebstein, Euler, Goldberg u. a.). Goldberg hält das Hetralin eines Versuches wert, namentlich wenn Urotropin im Stiche gelassen hat. Die Ungiftigkeit des Mittels wurde durch Tierversuche erwiesen.

Nebenwirkung: Fränkel berichtet, daß die Kranken nach Gebrauch der Hetralintabletten öfters über unangenehmen, karbolartigen Geschmack im Munde klagen. Schneider mußte einmal die Medikation wegen eingetretener Magenbeschwerden aufgeben. Leichte, schmerzlose Durchfälle, die aber ohne Bedeutung sind, beobachtete Goldberg.

Indikationen: Das Hetralin eignet sich besonders zur Behandlung gonorrhoischer Affektionen, speziell der akuten und chronischen Zystitis mit und ohne Gonokokkenbefund, sowie der Urethritis posterior (Ledermann, Ebstein, Lohnstein, Euler, Misch, Fries), ferner der typhösen Zystitis (Helfer) und der Phosphaturie (Lohnstein, Misch). Prophylaktisch gibt man es bei Rückenmarkskranken gegen Zystitis (Rieger). Bei Urogenitaltuberkulose hat es versagt (Ebstein), hingegen bewährte es sich bei sexueller Neurasthenie (Birnbaum).

Dosierung: Intern 1,5—2,0 g pro die, nach eingetretener Besserung genügt 0,5—1,0 g. Gegen Phosphaturie empfiehlt Lohnstein 0,5 g alle 3 Stunden in Pulvern oder Tabletten.

Literatur: Ledermann, Dermatolog. Zentralbl., 12, 1903. — Schneider, Wien. klin. therap. Wochenschr., 13, 1904. — Lohnstein, Allg. med. Zentralztg., 19, 1904. — Goldberg, Zentralbl. f. inn. Med., 22, 1904. — Helfer, Wien. med. Blätter, 26, 1904. — Euler, Wien. med. Blätter, 26, 1904. — Rieger, Berl. klin. therap. Wochenschr., 27, 1904. — Fränkel, Monatsschr. f. Harnerkrankg. u. sex. Hyg., 6, 1904. — Ebstein, Deutsch. med. Wochenschr., 35, 1904. — Birnbaum, Allg. med. Zentralztg., 5, 1906. — Kornfeld, Deutsch. Ärzteztg., 9, 1906. — Misch, Inaug.-Dissert., Leipzig 1906. — Fries, Inaug.-Dissert., Hamburg 1906.

Fabr.: von Heyden, Radebeul.
Preis: R. m. 20 Tabl. à 0,5 g Mk. 1,20. K. 1,70.

Hexal, eine Verbindung von 1 Molekül Sulfosalizylsäure mit 1 Molekül Hexamethylentetramin, stellt weiße, glänzende, geruchlose und angenehm schmeckende Kristalle dar, die in Wasser leicht löslich sind und in Tabletten à 0,5 g, sowie in Pulverform in den Handel kommen.

Wirkung: Das Mittel wird im Darme in seine Komponenten gespalten, schnell resorbiert und ausgeschieden (Frank). Die antibakterielle Wirkung soll besser sein als die des Hexamethylentetramin (Seegers). Weitere Vorzüge sind die von Kowanitz nach Hexaldarreichung beobachtete Steigerung der Diurese schon nach kleinen Dosen von 1—3 g, die rasche Klärung des Harnes und die sedativen Eigenschaften des Mittels. — Nebenwirkungen sind bisher nicht beobachtet worden.

Indikationen und Dosierung: Das Hauptanwendungsgebiet bilden Infektionen und chronische Reizzustände der Harnwege wie z. B. subakuter Blasenkatarrh, chronische Zystitis, Pyelitis, Pyelonephritis (Frank, Seegers, Boss).

Man gibt 3—4 mal täglich je 1 g nach der Mahlzeit, in einem Glas Wasser aufgelöst.

Literatur: Boß, Deutsch. med. Wochenschr., 1695, 1912. — Seegers, Berl. klin. Wochenschr., 1888, 1912. — Frank, Münch. med. Wochenschr., 2043, 1912. — Kowanitz, Wien. klin. Wochenschr., 19, 1913.
Fabr.: Riedel, Berlin.
Preis: R. m. 20 Tabl. à 0,5 g Mk. 1,20. K. 1,25.

Ichthargan, Argentum thiohydrocarburosulfonicum, eine Verbindung des Ichthyols mit Silber, ist ein braunes, amorphes und beständiges Pulver von schwach aromatischem Geruch und leicht brennendem Geschmack, welches sich leicht in Wasser, Glyzerin und verdünntem Spiritus löst, aber in Alkohol, Äther und Chloroform unlöslich ist. Die wäßrige Lösung färbt sich unter dem Einflusse des Lichtes dunkler, in braunen Gläsern bleibt die Lösung unverändert. Das Pulver enthält 30% Silber und 15% an Ichthyolsulfosäure gebundenen Schwefel (Eberson).

Wirkung: Das Mittel besitzt ausgezeichnet resorbierende, entzündungswidrige und antibakterielle Eigenschaften und ist im Vergleiche zu anderen Silberpräparaten bei weitem weniger giftig. Es übertrifft das Silbernitrat wesentlich an bakterizider Kraft. Von besonders deletärem Einflusse ist es auf den Micrococcus gonorrh. Neisser, den Streptococcus pyogenes, den Löfflerschen Diphtheriebazillus und den Typhusbazillus (Aufrecht). Stärkere Lösungen sind für therapeutische Zwecke nicht zu verwenden, da es in solchen desquamativ wirkt (Goldberg). Es vereinigt das Mittel also die milde, sekretionsbeschränkende Tiefenwirkung des Ichthyols mit der energischen bakteriziden Kraft des Silbers (Leistikow).

Nebenwirkung: Ganz vereinzelt etwas Brennen und Reizung der Schleimhaut (Saalfeld).

Indikationen: Die ausgedehnteste Verwendung findet es in der Behandlung der Gonorrhöe des Mannes und des Weibes (Lohnstein, Fürst, Rietema, Saalfeld, Aisinmann, Weyer, Kronfeld, Tänzer). Unter der Ichthargantherapie wird der Krankheitsverlauf abgekürzt, die Schmerzen gemildert und der Ausfluß verringert; auch treten Komplikationen seltener auf als bei Benützung anderer Trippermittel (Glickmann). Bei akuter und chronischer Kolpitis verwendete es Neuwirth mit Nutzen. Unna rühmt die keratoplastische Wirkung des 1%—5% mit Talk bereiteten Streupulvers bei gereinigten Geschwüren, deren Epithelneubildung aus irgend einem Grunde verzögert wird, sowie bei sehr alten, hartnäckigen, mit kallösen, unverschieblichen Rändern versehenen Geschwüren. Rietema konnte diese Beobachtungen bestätigen. In der Behandlung des Trachoms erzielten gute Erfolge Eberson, Guttmann und Gortaloff. Über günstige Resultate bei Erkrankungen der Nase und des Halses (auch bei syphilitischen und tuberkulösen

Ulzerationen und Infiltraten des Larynx und Pharynx) berichtet Beaman-Douglas, der hiezu die 4% Lösung verwendete. Bei Osteomyelitis tuberculosa benützte es Schütze in Form von Injektionen (1—5 ccm einer 1% Lösung) und bei Pemphigus neonatorum in Form von Einpinselungen Ballin. Die innerliche von Tänzer empfohlene Applikation erwies sich als erfolglos.

Dosierung: Gewöhnlich wird die 0,02—0,2% Lösung bei akuter Gonorrhöe des Mannes in Form der 2—3 mal täglich auszuführenden prolongierten Einspritzung angewendet. Zu Janetschen Spülungen gebrauchte Rietema Lösungen von 1:10,000—5000, bei chronischen Formen gibt Leistikow die 0,1—0,3% Lösung mit und ohne Katheter, bei Mitbeteiligung der Urethraldrüsen wurden Ultzmannsche Pinselungen mit 3%—5%, bei Urethritis posterior Einträufelungen mit 1%—5% Lösung angewendet. In letzterem Falle erwiesen sich auch Salbensonden mit 5% Ichthargansalbe zweckdienlich. Bei Zystitis wurden Spülungen mit 0,1—0,2% Lösung vorgenommen. Kronfeld bediente sich der „tubuli elastici" bei der Behandlung des Trippers (dieselben sind mit 0,2% Ichthargangelatine imprägnierte Drainröhrchen). Bei akuter und chronischer Kolpitis benützt Neuwirth die 1%₀ Lösung oder Tampons, die mit folgender Mischung getränkt sind: Ichthargan, 5,0, Aq. dest. 5,0, Glycerin, 90,0.

Als Streupulver verwendet Unna die 1—5% mit Talk hergestellte Verdünnung, bei Pemphigus verordnete Ballin: Ichthargan 5,0 Tragacanth. 1,5, Aq. dest. ad 50,0 zum Aufstreichen auf die nach Abtragung der Blasen geschaffenen Wundflächen. Bei Trachom sind Pinselungen mit einem an einem Stäbchen zu befestigenden Wattebausche vorzunehmen, der mit einer 1% Lösung getränkt ist. Zum innerlichen Gebrauche hat Tänzer 3 stündlich 1 Eßlöffel einer 0,25%₀ Lösung verordnet.

Literatur: Aufrecht, Deutsch. med. Wochenschr., therap. Beil., 4, 1900. — Leistikow, Monatsh. f. prakt. Dermat., 10, 1900. — Lohnstein, Allg. med. Zentralztg., 80 u. 81, 1900. — Rietema, Monatsh. f. prakt. Dermat., 1, 1901. — Eberson, Therap. Monatsh., 1, 1901. — Fürst, Deutsch. med. Wochenschr., 14, 1901. — Leistikow, Monatsheft f. prakt. Dermat., 10, 1901. — Unna, ebendort, 12, 1901. — Saalfeld, Therap. Monatsh., 3, 1902. — Goldberg, ebendort, 3, 1902. — Gortaloff, Allg. med. Zentralztg., 5, 1902. — Beaman-Douglas, rf. in Mercks Jahresber. pro 1902. — Weyer, Klin.-therap. Wochenschr., 8, 1903. — Aisinmann, Deutsch. Ärzteztg., 10, 1903. — Neuwirth, Therap. Monatsh., 6, 1903. — Leistikow, Monatsh. f. prakt. Derm., 7, 1904. — Schütze, Deutsch. med. Presse, 1, 1904. — Kronfeld, Therap. Monatsh., 1, 1904. — Glückmann, Die med. Woche, 3 u. ff., 1904. — Ballin, Therap. d. Ggw., 7, 1904. — Tänzer, Monatsh. f. prakt. Dermat., 7, 1904.

Fabr.: Ichthyolges. Hamburg.
Preis: 1 g Mk. 0,50. 0,1 g K. 0,10.

Largin, Protalbinsilber, eine Silber-Eiweißverbindung, welche 11% Silbergehalt besitzt, ist ein weißgraues, leicht in Wasser, Glyzerin, Blutserum und nativem Eiweiß, aber nicht in Alkohol oder Äther lösliches Pulver, das sich bei Lichtabschluß nicht verändert. Die wäßrigen Lösungen reagieren schwach alkalisch.

Largin ist ein dem Protargol gleichwertiges Antigonorrhoikum von starker bakterizider Kraft (schon in $^1/_4$%₀ Lösungen findet nach 10 Minuten kein Wachstum der Gonokokken auf den Nährböden statt) und großer Tiefenwirkung (Pezzoli, Kornfeld). Reizerscheinungen werden selten beobachtet (Porges). Das Mittel findet Verwendung bei der akuten Form des Trippers. Man beginnt mit dreimal täglichen Einspritzungen von $^1/_4$% Lösungen und steigt nach Porges von 4 zu 4 Tagen um $^1/_4$%. Zum Schlusse der Behandlung sind Adstringentia angezeigt. Zum Ausspülen der Uterushöhle empfiehlt Fürst die 0,5—1%, bei schwereren Fällen die 2% Lösung. Die Vaginalspülungen werden mit 5% Lösungen vorgenommen. Auch bei Augenblenorrhöe sind mit Largin sehr gute Erfolge zu verzeichnen (Almkvist). Nach Entfernung des Eiters wird der Konjunktivalsack mit 2% Lösung gepinselt, dann ein Schutzverband angelegt und dieser Vorgang 4—5 mal täglich wiederholt. Besonders in frischen Fällen waren die Erfolge eklatant.

Literatur: Pezzoli, Wien. klin. Wochenschr., 11/12, 1898. — Kornfeld, Wien. med. Presse, 33, 1898. — Fürst, Dermatol. Zeitschr., 1, 1899. — Porges, Wien. med. Presse, 44, 1899. — Almkvist, Arch. f. Dermat. u. Syph., 2, 1900.
Fabr.: E. Merck, Darmstadt.
Preis: 1 g Mk. 0,50 Larginstift. 12 St. K. 2,50.

Novargan ist ein Proteinsilberpräparat mit einem Gehalte von 10% Silber in fester organischer Bindung. Es stellt ein gelbliches, feines Pulver dar, welches sich in Wasser außerordentlich leicht (bis zu 50%) löst. Die Lösungen besitzen neutrale Reaktion, sind braun gefärbt, dürfen nicht erwärmt werden und sind in dunklen, am besten schwarzen Flaschen aufzubewahren. Das Silber ist durch die üblichen Reagentien in den Lösungen nicht mehr nachzuweisen, also in „maskierter" Form, ähnlich wie beim Protargol, vorhanden. In Alkohol, Benzol, Äther und Chloroform ist das Novargan unlöslich.

Wirkung und Dosierung: Das Mittel ist ein gutes Desinfiziens und wird in seiner bakteriziden Wirkung nach Aufrecht unter den ähnlichen Präparaten nur vom Ichthargan übertroffen. Es reizt die Schleimhäute weniger als Protargol und zeichnet sich außerdem durch erhöhte Tiefenwirkung aus (v. Hoeßle und Gräter, Schwarz). Nach Lucke sind Installationen einer 15% Lösung zur Abortivbehandlung der Gonorrhöe geeignet. Er konnte auf diese Weise 41% Erstinfizierter in einer Woche gonokokkenfrei machen, selbst wenn die Kur erst am 6. Tage nach der Infektion eingeleitet wurde. Auch Regenspurger berichtet günstig über die Abortivbehandlung, nur sind Fälle mit heftigen Reizerscheinungen (Sphinkterreizung und dgl.) dazu nicht geeignet. Für akuten Tripper empfehlen sich Einspritzungen mit $0,2—0,75\%$ Lösungen. Bei Zervixkatarrh, namentlich gonorrhoischen Ursprungs, tamponiert Schleisick den Zervixkanal mit einem Wattebäuschchen, das in 5% Lösung getränkt ist. — Reizerscheinungen sind nicht bedeutend und verhältnismäßig selten.

Literatur: Lucke, Monatsschr. f. Harnkrankh. etc., 9, 1904. — Lucke, ebendort, 7, 1905. — v. Hoeßle und Gräter, Deutsch. Medizinalztg., 8, 1905. — Aufrecht, Pharm. Ztg., 29, 1905. — Schwarz, Therap. Monatsh., 1, 1906. — Schleisick, Therap. Neuheiten, 1907. — Regenspurger, Med. Klin., 8, 1908.
Fabr.: v. Heyden, Radebeul.
Preis: 30 Tabl. à 0,2 g Mk. 2,—. K. 3,20.

Protargol, eine Silberproteinverbindung mit $8,3\%$ Silber in organischer Bindung, stellt ein staubfeines, hellgelbes Pulver dar, welches sich leicht in Wasser löst, besonders wenn man es zunächst etwas anfeuchtet, zu einem Brei verrührt und dann erst die Hauptmenge kalten Wassers hinzufügt (Neißer). Es lassen sich auf diese Weise Lösungen bis zu 50% herstellen. Dieselben färben sich nach längerem Kochen oder andauernder Belichtung dunkel, sie sind daher vor Licht, Erwärmung und, da auch hiedurch Zersetzung herbeigeführt werden kann, vor Berührung mit Metallen zu schützen. Die Wirkungslosigkeit mancher Lösungen, sowie Reizerscheinungen sind sehr häufig auf den Umstand zurückzuführen, daß die Protargollösung warm bereitet oder gar gekocht worden ist, wobei die rasch Zersetzung (Abspaltung von Silber) einstellte (Goldmann).

Wirkung: Das Mittel besitzt stark antiseptische und spezifisch gonokokkentötende Wirkung (Strauß). Es ruft der Schleimhaut keine Niederschläge hervor und wird, im Gegensatze zu Argentum nitr., aus seinen Lösungen nicht durch die Sekrete gefällt und unwirksam gemacht. Die Lösungen dringen ungehindert in die Tiefe und rufen keinerlei besondere Reizerscheinungen oder Schmerzwirkung hervor (Ruggler). Aus der wäßrigen Lösung wird weder durch Eiweiß, noch durch NaCl, weder durch verdünnte Salzsäure, noch durch Natronlauge Silber abgeschieden.

Nebenwirkungen: Das Protargol ruft öfters, besonders bei prophylaktischer Anwendung gegen Gonorrhöe, starkes Brennen in der Harnröhre und Schmerzen bei der Miktion hervor (Berg, Heilig). Wenn für die Lösung statt Glyzerin Wasser oder eine Glyzerin-Wasser-Mischung verwendet wird, sind die Reizerscheinungen geringer (Bäumer). Nach Chrzelitzer werden die Reizerscheinungen durch Lösungen erzeugt, die infolge längeren Stehens zersetzt sind, weshalb er rät, immer nur frisch bereitete zu benutzen. Beschwerden geringeren Grades beobachtete Engelmann, eine deutliche Argyrosis, zum Zeichen, daß im Körper doch eine wenigstens teilweise Spaltung des Silbereiweißes erfolgt, Ruhemann, allerdings nach Verbrauch einer größeren per os verabreichten Menge.

Indikationen: Im allgemeinen ist es überall dort anzuwenden, wo bisher der Höllenstein gebraucht wurde (Ruhemann). Neißer räumt dem Protargol die Superiorität unter allen anderen Trippermitteln ein. Die subjektiven Symptome schwinden oft schon nach 24 Stunden, die Sekretion läßt nach 2—3 Tagen nach und die Gonokokken schwinden andauernd längstens nach 16 Tagen (Kreißl, Meyer, Buraczynski, Kuhn). Je frühzeitiger die Behandlung begonnen wurde, desto seltener tritt eine Erkrankung der hinteren Harnröhre auf (Barlow, Wentscher, Finger, Somogyi, Scholtz). Bei chronischen Formen erwies sich das Mittel ebenso nützlich als bei akuten Formen (Lohnstein). Bei weiblicher Gonorrhöe appliziert Freund 50 g einer $1/4\%$ Lösung mittelst Katheters in die Blase und berieselt beim Herausnehmen des Instruments damit auch die Harnröhre. Bei gonorrhoischer Zystitis der Frauen gebrauchte es Bierhoff, bei akuter und chronischer Zystitis überhaupt, zumal wenn Argent. nitr. nicht vertragen wurde, Schwerin. Nach Fürst ließ sich bei akuten und subakuten Formen der weiblichen Gonorrhöe die mit Recht so gefürchtete Salpingitis gonorrhoica sicher vermeiden. Auch die Vulvovaginitis kleiner Mädchen wurde sehr günstig durch das Mittel beeinflußt (Siebert, Hirschl). Endlich sei noch der Nutzen des Protargols als Prophylaktikum nach suspektem Koitus erwähnt (Frank, Kopp, v. Zeißl, Fertig), den Ruggler jedoch bestreitet.

Die vorzügliche antiseptische Kraft des Mittels macht es zur Wundbehandlung ebenfalls sehr geeignet. So empfiehlt es Benario und Floret bei Panaritien, Riß- und Quetschwunden, Strauß und Markowicz bei Unterschenkelgeschwüren, bei denen rasche Austrocknung und Vernarbung erzielt wurde, Floret und Müller bei Verbrennungen, chronischem Ekzem, Skrophuloderma, während es sich bei Lupus unwirksam zeigte.

In der Augenheilkunde findet es erfolgreiche Verwendung bei Blenorrhoea neonatorum und Conjunctivitis catarrh. acut. (Leßhaft, Wicherkiewicz, Emmert, Veverka, Rosner, Spiro), bei Trachom, Blepharitis ulcerosa, sowie Frühjahrskatarrh in Form von Abreibungen mit $5-10\%$ Lösung (Wicherkiewicz), endlich als Prophylaktikum bei Neugeborenen (Emmert, Engelmann). Nach Praun scheint es hierin dem Argent. nitr. in vieler Hinsicht überlegen. Bei Hals- und Nasenkranken empfiehlt es Alexander, der mit dem Mittel bei chron. Nasen-Rachenkatarrh, sowie chronische Laryngitis gute Erfolge hatte. Ganz ausgezeichnet wirkt es nach Löwy bei akutem Schnupfen, wie auch bei Wochen alten, verschleppten Fällen mit stärkerer Sekretion, nach Meyer bei chronischer hypertrophischer Rhinitis und nach Berliner in Form von Einstreichung einer Salbe in die Nase bei Angina.

Bei Diphtherie und verschiedenen Ulzerationsformen der Mund- und Pharynxschleimhaut hingegen war das Protargol wirkungslos.

Zum Schlusse sei noch der internen Verabreichung gedacht, welche nach Ruhemann bei geschwürigen Prozessen im Magen und Darme (einschließlich des Krebses), sowie bei Tabes, nach Cohn und Hesky bei durch akuten Darmkatarrh verursachten Durchfällen der Kinder gute Erfolge gab.

Dosierung: Für die Gonorrhöebehandlung ist es nach Neißer in $1/4\%$, langsam bis auf 1% Lösung zu steigernder Konzentration in Form protrahierter Einspritzungen zu verwenden. Gegen Schluß der Behandlung empfiehlt sich aber noch die Anwendung eines Adstringens (Scholtz). Bei chronischen Formen kann man den Konzentrationsgrad unbedenklich bis auf 5% erhöhen. Bei gonorrhoischer Zystitis der Frauen wird die $0,5\%$ Lösung verwendet. Von dieser Lösung sind 75 ccm in die Blase zu bringen und bis zur nächsten Miktion dortselbst zu belassen; gleichzeitig ist ein Gazestreifen in die Vagina einzulegen, der mit 5% glyzerinhaltiger Lösung getränkt ist. Für gewöhnliche Blasenspülungen eignet sich am besten die $1\%_{00}$—$2\%_{00}$ Lösung. Als Prophylaktikum kommt die 20% mit Glyzerin versetzte Lösung in Betracht (Frank). Für die Wundbehandlung wird es entweder in Form von feuchten Verbänden, die mit 5% Lösung getränkt sind, sowie als Streupulver (mit Acid. boric. nach Bedarf vermischt), endlich als 10% Salbe verwendet (Benario). In der Augenheilkunde benützt man 5—10% Lösungen zu Umschlägen, Einträufelungen und Salben (Praun).

Bei akutem Schnupfen bewährte sich das Einbringen von Tampons, die mit 10% Protargollösung getränkt sind, in den vorderen Teil der unteren Muschel (Löwy), bei chronischen Nasen- und Rachenkatarrhen genügt zur Einpinselung die $1/2$—1% Lösung.

Bei Angina empfiehlt Berliner zum Einstreichen in die Nase folgende Salbe: Protargol. 1,5 solve in aq. dest. 2,5, Lanolin. anhydric. 6,0, Menthol. 0,1, Saccharin. 0,3, Vasel. flavi ad 15,0.

Für den internen Gebrauch eignen sich am besten Pillen zu 0,1 g (je 2 Stück 3 mal täglich vor dem Essen) oder für Kinder in zartem Alter 0,05 bis 0,1 ad 50,0 aqua, teelöffelweise vor der Mahlzeit.

Literatur: Neißer, Dermat. Zentralbl., 1, 1897. — Barlow, Münch. med. Wochenschr., 46, 1897. — Benario, Deutsch. med. Wochenschr., 49, 1897. — Strauß, Monatsh. f. prakt. Dermat., 3, 1898. — Fürst, Therap. Monatsh., 4, 1898. — Wentscher, Deutsch. Medizinalztg., 5, 1898. — Finger, Die Heilk., 6, 1898. — Schwerin, Deutsch. med. Wochenschr., 9, 1898. — Ruggler, Therap. Monatsh., 7, 1898. — Kreißl, Dermat. Zentralblatt, 7, 1898. — Leßhaft, Wochenschr. f. Therap. u. Hyg. d. Auges, 11, 1898. — Lohnstein, Allg. med. Zentralztg., 18, 1898. — Wicherkiewicz, Ophthalm. Klinik, 18, 1898. — Meyer, Die ärztl. Praxis, 21, 1898. — Somogyi, Pester med.-chir. Presse, 40, 1898. — Alexander, Arch. f. Laryngolog., 1, 1899. — Praun, Zentralbl. f. Augenheilk., Bd. 23, p. 129, 170, 1899. — Berg, Therap. Monatsh., 5, 1899. — Emmert, Korrespondenzbl. f. Schweiz. Ärzte, 19, 1899. — Frank, Allg. med. Zentralztg., 20, 1899. — Floret, Deutsch. med. Wochenschr., 40, 1899. — Ruhemann, ebendort, 40, 1899. — Wicherkiewicz, Wien. med. Wochenschr., 47, 1899. — Kopp, Münch. med. Wochenschr., 50, 1899. — Bierhoff, Dermat. Zeitschr., 3, 1900. — Cohn, Therap. d. Ggw., 7, 1900. — Siebert, Münch. med. Wochenschr., 43, 1900. — Engelmann, Zentralbl. f. Gynäk., 1, 1901. — Scholtz, Deutsch. Praxis, 2, 1901. — v. Zeißl, Wien. med. Wochenschr., 8, 1901. — Goldmann, rf. in Therap. Monatsh., 4, 1902. — Veverka, Die Heilk., 1, 1903. — Hirschl, Klin. therap. Wochenschr., 13, 1903. — Markovics, Wien. med. Blätter, 13, 1903. — Rosner, Wien. med. Blätter, 16 u. 17, 1903. — Fertig, rf. in Deutsch. med. Wochenschr., 44, 1903. — Müller, Berl. klin. Wochenschr., 11, 1907. — Buraczynski, Allg. militärärztl. Ztg., 26, 1907. — Hesky, Allg. Wien. med. Ztg., 7, 1908. — Berliner, Münch. med. Wochenschr., 13, 1908. — Löwy, ebendort, 29, 1908. — Meyer, Therap. Monatsh., 323, 1909. — Spiro, Münch. med. Wochenschr., 1735, 1909. — Heilig, Med. Klin., 25, 1910. — Bäumer, ebendort, 29, 1910. — Chrzelitzer, Berl. klin. Wochenschr., 37, 1910. — Freund, Klin. therap. Wochenschr., 48, 1910. — Kuhn, Münch. med. Wochenschr., 37, 1911.

Fabr.: Farbenfabr., vorm. Bayer & Co., Leverkusen.
Preis: 10 Tabl. à 0,25 g K. 0,90. 1 g Mk. 0,20. K. 0,50.

Santyl ist ein neutraler, völlig reizloser Salizylsäureester des Sandelöles, ein fast geruch- und geschmackloses, hellgelbes Öl, das 60% esterifiziertes Sandelöl enthält (Vieth). Es reizt weder den Magendarmtrakt noch die Nieren und wird im Organismus in seine Komponenten zerlegt (Kanitz).

Das Santyl dient zur Behandlung akuter und subakuter Gonorrhoea posterior. Es beseitigt hier das Brennen in der Harnröhre und den Harndrang, beschränkt die Sekretion und klärt den trüben Urin (Sachs, Bottstein, Lilienthal, Sklarek, de Meric). Es ist natürlich notwendig, daneben die Gonorrhöe auch noch lokal und diätetisch zu behandeln (Bosellini, Cavalleri, Nicolescu, Kanitz, Edwards). Weiter kann es auch in Verbindung mit Urotropin gute Dienste bei Zystitis leisten (Kaufmann,

Straßmann, Jacoby, Mehlhorn). Von Menier wird über gute Erfolge mit Pinselungen bei Ozäna berichtet und der gute Erfolg der Salizylkomponente zugeschrieben. — In Kombination mit Styptol benützte es Jacoby bei Harndrang im Gefolge der Dysmenorrhöe. Man gibt am besten dreimal täglich 25—30 Tropfen in Milch nach oder während des Essens.
Literatur: Kaufmann, Monatsh. f. prakt. Dermat., 11, 1905. — Vieth, Med. Klinik, 50, 1905. — Sachs, Therap. Monatsh., 6, 1906. — Lilienthal, Dermat. Zeitschr., 7, 1906. — Bottstein, Med. Klinik, 11, 1906. — Sklarek, Deutsch. med. Wochenschr., 36, 1906. — de Meric, Edinburgh med. journ., Dez. 1906, rf. im Zentralbl. f. inn. Med., 16, 1907. — Edwards, Fol. therap., 2, 1907. — Nicolescu, Revist. sanitara milit., 3—4, 1907. — Straßmann, Dermat. Zentralbl., 6, 1907. — Kanitz, Therap. Monatsh., 10, 1907. — Menier, Berlin. klin. Wochenschr., 46, 1907. — Bosellini, Cavalleri, ref. in Schmidts Jahrb. 1, 1908., — Jacoby, Med. Klin., 11, 1908. — Mehlhorn, Zentralbl. f. d. ges. Therap., 396, 1911.
Fabr.: Knoll & Co., Ludwigshafen.
Preis: Sch. m. 15 u. 30 Kaps. à 0,4 g Mk. 1,— u. 2,—. K. 1,50 u. 3,—. Flak. m. 15 g Mk. 2,—.

Syrgol ist eine Kombination von Argentum oxydatum colloidale mit Albumosen und stellt ein wasserlösliches, in feinen glänzenden, schwarzen Blättchen kristallisierendes Präparat dar, das sehr lichtempfindlich ist und in wäßriger Lösung eine kurz dauernde Erhitzung im Wasserbade auf Siedetemperatur verträgt. Es wird von Kollbrunner in 0,1—0,3 % Lösung bei Gonorrhöe (15 Minuten nach jeder Miktion eine Injektion) und von Wolffberg in 3 % Lösung bei Blenorrhoea neonatorum und adultorum, in 2 % Lösung bei trachomverdächtigen Follikularkatarrh und in 1 % Lösung bei chronischer Blepharokonjunktivitis und Dakryozystoblenorrhöe empfohlen.
Literatur: Kollbrunner, Münch. med. Wochenschr., 1024, 1909. — Wolffberg, Wochenschr. f. Therap. u. Hyg. d. Aug., 238, 1912.

Thyresol, Santalolmethyläther, ist ein reines, fast farbloses, wenig riechendes und nicht unangenehm schmeckendes Öl, das in Wasser unlöslich, in Alkohol, Äther, Azeton, Chloroform, Fetten und ätherischen Ölen in jedem Verhältnisse löslich ist.
Wirkung: Das Mittel spaltet kein Santalol ab, wodurch die üblichen Sandelölpräparate oft recht unangenehm werden, da dasselbe reizt, sondern es erscheint im Harne als gepaarte Glykuronsäureverbindung (Knauth, Tarrasch). Es bewirkt bei Gonorrhöe Nachlassen der Sekretion und der begleitenden Reizerscheinungen (Dysurie, Erektionen).
Nebenwirkungen: Einige Male wurde nach den Tabletten leichtes Unbehagen in der Magengegend und geringer Kopfschmerz beobachtet (Vertun).
Indikationen: Es wird neben der Lokalbehandlung, namentlich wenn diese kontraindiziert ist, bei Gonorrhöe, sowohl bei den akuten als chronischen Formen, angewendet (Bornemann, Joachim, v. Leven, Richter, Rosenthal, Knauth, Tarrasch, Vertun, Hirschberg, Arenstein, Bäumer, Cohn, Scheuer, Eckermann, Neuberg, Levin, Eisert).
Dosierung: Das Mittel kann tropfenweise in Milch oder in Form von Gelatineperlen à 0,3 g oder Tabletten à 0,25 g genommen werden. Die Tabletten enthalten zur Beförderung des Stuhlganges noch einen Zusatz von Magnesium carbonicum und sollen unzerkaut mit etwas Wasser geschluckt werden.
Die übliche Dosis ist 2 Stück 3 mal täglich.
Literatur: Joachim, Therap. d. Ggw., 11, 1908. — v. Leven, Monatsh. f. prakt. Dermat., 12, 1908. — Richter, Berlin. klin. Wochenschr., 45, 1908. — Bornemann, Med. Klin., 48, 1908. — Rosenthal, Allg. med. Zentralztg., 51, 1908. — Neuberg, Dermat. Zentralbl., 5, 1909. — Knauth, Deutsch. med. Wochenschr., 6, 1909. — Vertun, Therap. d. Ggw., 8, 1909. — Eisert, Therap. Monatsh., 8, 1909. — Tarrasch, Deutsch. Medizinalztg., 9, 1909. — Hirschberg, Berlin. klin. Wochenschr., 12, 1909. — Arenstein, Deutsch. med. Wochenschr., 14, 1909. — Bäumer, Med. Klin., 21, 1909. — Eckermann, Fortschr. d. Med., 21, 1909. — Cohn, Berlin. klin. Wochenschr., 22, 1909. — Levin, Deutsch. med. Wochenschr., 31, 1909. — Scheuer, Wien. med. Wochenschr., 36, 1909.
Fabr.: Farbenfabr., vorm. Bayer & Co., Leverkusen.
Preis: Sch. m. 20 u. 30 Perlen à 0,3 g Mk. 2,50 u. 3,50. K. 4,20. 1 Tropfflak. à 10 g Mk. 3,50. K. 4,20.

Urotropin, Hexamethylentetramin, ist eine Verbindung von Formaldehyd und Ammoniak. Es bildet farblose, durchsichtige, stark glänzende Rhomboeder oder Prismen und ist, wenn trocken aufbewahrt, unzersetzlich. Bei gewöhnlicher Temperatur im reinen Zustande geruchlos, zeigt es beim Erhitzen einen unangenehmen, an Krebse oder Seefische erinnernden Geruch. Sein Geschmack ist süßlich, später etwas bitter. Das Urotropin ist in Wasser sehr leicht löslich, die wäßrige Lösung geschmacklos. Mit Zunahme der Temperatur scheint seine Wasserlöslichkeit nicht wesentlich größer zu werden (Lubowski). Es löst sich ferner gut in Chloroform, Azeton, Schwefelkohlenstoff und Benzol, schwer in Alkohol, gar nicht in Äther. Durch Säuren und saure Salze wird aus dem Urotropin Formaldehyd abgespalten und auch wäßrige Lösungen geben beim Erwärmen (schon bei Körpertemperatur) Formaldehyd ab, weshalb man die therapeutische Verwendung in warmem Wasser vermeiden soll. Zum Nachweis des Urotropins dient $10^0/_0$ Bromwasser, mit welchem auch sehr verdünnte Lösungen einen orangegelben Niederschlag von Urotropindi- und -tetrabromid geben. Als chemische Verbindung ist das Urotropin nicht neu, (bereits 1860 von Butlerow dargestellt und als Hexamethylenamin bezeichnet), wohl aber als therapeutisches Agens (Lubowski), als welches es im Jahre 1894 von Nicolaier in die Therapie eingeführt wurde. Es verbindet sich nicht nur mit Säuren zu Salzen, sondern bildet auch mit zahlreichen Verbindungen und Atomgruppen eine große Anzahl von Additionsprodukten (Lubowski, Nicolaier).

Wirkung: Die pharmakologische Haupteigenschaft des Urotropins besteht darin, daß es, innerlich verabreicht, in kurzer Zeit in den Harn übergeht und unter dem Einflusse der Körperwärme in den Harnwegen (bereits in der Nieren) Formaldehyd abspaltet, der eine desinfizierende Wirkung auf dieselben ausübt. In kleinen Dosen wirkt Urotropin entwicklungshemmend, in größerer sogar tötend auf Bakterien ein (Nicolaier, Caspar, Fuchs, Götzl und Salus, Reche, Klemperer, Posner, Suppan, Curschmann, Neufeld Petruschky, Skutetzky). Manchmal scheitert diese Kraft des Urotropins an der Beschaffenheit der Bakterien. So werden u. a. Kolibazillen und Staphylokokken sehr günstig beeinflußt, während Tuberkelbazillen und Gonokokken einen starken Widerstand leisten (Posner). Neben der desinfizierenden Wirkung übt das Urotropin auch noch eine schmerzstillende Wirkung aus und verleiht dem Harne harnsäurelösende Eigenschaften. Dieselbe wurden zuerst von Nicolaier konstatiert und veranlaßten ihn zur Einführung des Mittels in die Therapie. In der diesbezüglichen Publikation berichte er noch, wie in neuerer Zeit Goldberg, daß dem Urotropin ein diuretische Effekt zukomme, was von anderer Seite wieder bestritten wird (Cammidge) Löbisch, wie auch Suter konnten endlich noch die fäulnishemmende Wir kung des Mittels im Darmkanale feststellen. Im allgemeinen ist zu erwähnen daß die günstige Wirkung mit dem Aussetzen des Mittels leicht erlischt und das Mittel daher noch längere Zeit nach dem Schwinden der Krankheits erscheinungen zu geben ist.

Nebenwirkungen: Die Toleranz gegen Urotropin scheint bei verschiedenen Menschen sehr ungleich zu sein. Öfters werden Klagen laut übe Reizerscheinungen seitens der Blase, besonders bei größeren Dosen, sowi seitens des Magendarmtraktes, seltener über Hautaffektionen und nervös Erscheinungen. Nicolaier warnte daher schon vor langer Zeit vor der An wendung zu großer Dosen. Als hauptsächlichste Erscheinungen seitens de Blase werden angegeben: Hämaturie, die Reche auf Idiosynkrasie ode besondere Vulnerabilität der Schleimhaut zurückgeführt wissen will (Brown Coleman, Goldberg, v. Karwowski), Strangurie (Coleman, Goldberg) Brennen in der Blase und Urethra (Rosenfeld und Orgler, Schiller) endlich Harndrang (Coleman), und Albuminurie (Coleman, v. Kar wowski, Griffith, Goldberg). Cohn beobachtete nach längerer Dar reichung leichte Magenverstimmung, Rosenfeld und Orgler, Coleman, Goldberg starken Durchfall und Leibschmerzen, sowie lästigen Tenesmus, was eigene Erfahrungen bestätigen. Ein diffuses, masernähnliches Exanthem sahen Cammidge und Coleman, letzterer noch Kopfschmerzen und Ohrenklingen nach verhältnismäßig geringen Dosen auftreten und Hilbert beobachtete nach 1 Eßlöffel einer 5% Lösung am ganzen Körper heftiges Jucken und Brennen und einen aus urtikariaähnlichen Quaddeln zusammengesetzten Ausschlag, der mit Tränenfluß und Kopfschmerzen verbunden war.

Schließlich berichtet Cammidge über das Auftreten rasch sich steigender, zumal nachts lebhafter Parästhesien, die er am 4. Tage nach dreimal täglicher Gabe von 0,66 g bei einem Gesunden konstatierte und Griffith über heftige Rückenschmerzen und Erscheinungen allgemeiner Schwäche, sowie Ödem der Augenlider bei einer Typhusrekonvaleszentin, die dieselbe Dosis erhalten hatte.

Indikationen: Das Urotropin, das übereinstimmend als das wirksamste Harnantiseptikum bezeichnet wird, findet vor allem bei den verschiedenen Erkrankungen der Harnwege Verwendung, mit Ausnahme der karzinomatösen und tuberkulösen Affektionen (Nicolaier). Besonders günstige Erfolge wurden erzielt bei akuter und chronischer Zystitis, speziell der Kinder (Langstein), wenn es sich nicht um eine sekundäre Infektion handelte (Goldberg) und bei Pyelitis (Caspar, Suppan, Wohrizek), bei Prostatahypertrophie mit mehr weniger hohem Grade von Harnverhaltung (Suppan), bei gonorrhoischer Zystitis (Ehrmann, Kutner), bei Pyelitis calculosa urica (Löbisch). Im Gegensatze zu Nicolaier berichtet Ehrmann sogar über guten Erfolg bei tuberkulöser Zystitis. Auch bei harnsaurer Diathese und Phosphaturie erwies sich das Mittel von Nutzen (Suppan). Von großer Bedeutung ist es in der Behandlung der Bakteriurie, speziell der Typhusrekonvaleszenten, die ja Wochen und Monate, selbst Jahre hindurch mit ihrem Harne kolossale Mengen von Typhusbazillen ausscheiden (Petruschky berechnete die tägliche Ausscheidung auf 200 Milliarden), und so eine eminente Gefahr für die Allgemeinheit darstellen (Curschmann, Neufeld, Skutetzky, Schneider).

Absprechend äußert sich hinsichtlich dieser Wirkung des Urotropins nur Schumberg, da dem Mittel nur eine entwicklungshemmende, nicht aber bakterizide Kraft zukomme. Er verlangt, wie dies in der deutschen Armee längst eingeführt ist, die Desinfektion des Harnes Typhöser mit Sublimat. Als Darmantiseptikum wird Urotropin von Suter und Löbisch empfohlen. Bei Scharlach findet es als Prophylaktikum gegen die komplizierende Nephritis vielseits Anempfehlung (Widowitz, Buttersack, Patschkowski, Preisich), doch konnten Schick und Garlipp die Angaben von Widowitz auf Grund ihrer Erfahrungen nicht bestätigen. Von Ibrahim wurde es in Dosen von 0,75—1,5 g pro die bei Kindern mit seröser und eitriger Meningitis, von Mallauah gegen Hemeralopie, welche dieser Autor auf mangelhafte Ernährung und mangelhafte Alkaleszenz des Blutes zurückführt, verwendet. In der Gichttherapie, für welche es Klemperer empfohlen hat, spielt es nach Umber gar keine Rolle mehr.

Als Vorbereitungskur vor jeder Blasensteinoperation verwendete es Casper und v. Frisch.

Nierenerkrankungen geben keine Gegenanzeige für die Urotropinmedikation (Nicolaier).

Im Vergleiche mit den Ersatzprodukten des Urotropins (Hetralin, Helmitol, Neu-Urotropin), deren therapeutischer Effekt ja nur auf ihrem Urotropingehalt beruht, entfaltet es die stärkste antibakterielle Kraft (Klemperer) und verdient entschieden den Vorzug vor diesen (Nicolaier, Vogel, Bruck, Jacobaeus, Weitlaner).

Dosierung: Am zweckmäßigsten ist es in Pulvern oder Tabletten zu 0,5 g zu verordnen. Nicolaier empfiehlt, das Mittel in Wasser oder einem Säuerling gelöst zu geben. Gewöhnlich genügen 3—4 mal täglich 0,5 g, doch werden auch größere Dosen (4,0 pro die) ohne Schaden vertragen. Bei längerem Gebrauche soll man über 1,0—2,0 g pro die nicht hinausgehen. Für Kinder empfiehlt Heubner 0,25—0,4 g 3 mal täglich. Als Prophylaktikum bei Scharlach verabreicht Widowitz u. a. dreimal 0,05—0,5 g je nach dem Alter des Kranken zu Beginn der Erkrankung durch 3 Tage und nochmals am Anfange der 3. Krankheitswoche.

In neuerer Zeit wird eine 4% Hexamethylentetramin enthaltende Zahnpasta — Givasan — wegen ihrer desinfizierenden und desodorisierenden Wirkung zur Zahnpflege und zur Behandlung einfacher Stomatitis catarrhalis und ulcerosa (mercurialis), sowie zur Reinigung von Prothesen empfohlen (Boß, Bernstein, Nobel, Fraenkel, Lamberti, Lewinski, Ritter, Fritzsche).

Literatur: Nicolaier, Zentralbl. f. d. med. Wissensch., 51, 1894. — Rosenfeld u. Orgler, Zentralbl. f. inn. Med., 2, 1896. — Löbisch, Wien. klin. Wochenschr., 12, 1897. — Cohn, Berl. klin. Wochenschr., 42, 1897. — Casper, Deutsch. med. Wochenschr., 45, 1897. — Petruschky, Zentralbl. f. Bakteriol., 14, 1898. — Schiller, Deutsch. med. Wochenschr., 5, 1899. — Heubner, Therap. d. Ggw., 2, 1899. — Ehrmann, Wien. med. Presse, 18, 1899. — Nicolaier, Zeitschr. f. klin. Med., 38, 350, 1899. — Suppan, Wien. med. Blätter, 28, 1900. — Goldberg, Zentralbl. f. inn. Med., 28, 1900. — Curschmann, Münch. med. Wochenschr., 42, 1900. — Neufeld, Deutsch. med. Wochenschr., 51, 1900. — Cammidge, Lancet, Jänner 1901, rf. im Zentralbl. f. inn. Med., 3, 1902. — Suter, Korrespondenzbl. f. Schweiz. Ärzte, 2, 1901. — Schumburg, Deutsch. med. Wochenschr., 9, 1901. — Löbisch, Wien. med. Presse, 27 u. 28, 1901. — Götzl u. Salus, Prag. med. Wochenschr., 31, 1901. — Brown, Brit. med. journ., Juni 1901, rf. Zentralbl. f. inn. Med., 37, 1901. — Griffith, ebendort, rf. Zentralbl. f. inn. Med., 37, 1901. — Fuchs, Wien. klin. Wochenschr., 7, 1902. — v. Frisch, ebendort, 13—15, 1902. — Kutner, Berl. klin. Wochenschr., 20, 1902. — Lubowski, Allg. med. Zentralztg., 39, 1902. — Reche, Inaug.-Diss., Breslau 1902. — Widowitz, Wien. klin. Wochenschr., 40, 1903. — Coleman, New York med. news, Aug. 1903, rf. im Zentralbl. f. inn. Med., 44, 1903. — Bruck, Inaug.-Diss., Breslau 1903. — Nicolaier, Deutsch. Arch. f. klin. Med., 1, 1904. — Buttersack, ebendort, 3—4, 1904. — Goldberg, Zentralbl. f. inn. Med., 22, 1904. — Klemperer, Therap. d. Ggw., 8, 1904. — Weitlaner, Monatsh. f. prakt. Dermat., 10, 1904. — Schick, Deutsch. med. Wochenschr., 48, 1904. — Jacobaeus, Therap. Monatsh., 12, 1904. — Patschkowski, ebendort, 12, 1904. — Vogel, Zentralbl. f. Krankh. d. Harn- u. Sexualorg., 1, 1905. — Posner, Berl. klin. Wochenschr., 2, 1905. — Preisich, Therap. d. Ggw., 5, 1905. — Garlipp, Med. Klinik, 32, 1905. — Skutetzky, Zeitschr. f. Heilk., 2, 1906. — v. Karwowski, Monatsh. f. prakt. Dermat., 1, 1906. — Wohrizek, Therap. d. Ggw., 3, 1907. — Langstein, Therap. Monatsh. 5, 1907. — Mallauah, Brit. med. journ., 2460, 1908. — Umber, Therap. d. Ggw., 2, 1909. — Schneider, Straßburger med. Ztg., 6, 1909. — Boß, Med. Klin., 10, 1909. — Bernstein, Berlin. zahnärztl. Halbmonatsschr., 21, 1909. — Hilbert, Münch. med. Wochenschr., 28, 1910. — Ibrahim, Med. Klin., 48, 1910. — Fritzsche, Deutsch. Monatsschr. f. Zahnheilk., 9, 1911. — Nobel, Deutsch. zahnärztl. Wochenschr., 17, 1911. — Fränkel, ebendort, 22, 1911. — Ritter, ebendort, 26, 1911. — Lewinski, ebendort, 28, 1911. — Lamberti, ebendort, 37, 1911.

Fabr.: Chem. Fabr., vorm. E. Schering, Berlin.
Preis: Sch. m. 20 Tabl. à 0,5 g Mk. 1,—. K. 1,40.

Neu-Urotropin, anhydromethylenzitronensaures Urotropin, ist ein farbloses, kristallinisches Pulver, das einen angenehm säuerlichen Geschmack besitzt und in Wasser zu ca. 7% löslich ist. Sein Urotropingehalt beträgt $40,7\%$. Durch verdünnte Säuren wird langsam Formaldehyd abgespalten, leichter dagegen durch Alkalien.

Wirkung: Infolge seines Urotropingehaltes wirkt es desinfizierend und schmerzstillend auf die Harnwege, außerdem besitzt es diuretische und harnsäurelösende Eigenschaften.

Nebenwirkung: In größeren Dosen erzeugt es Durchfall (Bruck).

Indikationen: dieselben wie beim Urotropin (s. d.).

Dosierung: Am besten in Tabletten (Tabulett. Neu-Urotropin Schering) à 0,5. Dieselben zerfallen sehr leicht in Wasser. Durch Zusatz von

Zucker erhält man eine angenehm schmeckende Limonade. Man gibt 3 bis 4 mal täglich 2 Tabletten nach den Mahlzeiten.
Literatur: Bruck, Inaug.-Diss., Breslau 1903.
Fabr.: Chem. Fabr., vorm. E. Schering, Berlin.
Preis: 20 Past. à 0,5 g Mk. 1,—. K. 1,20.

Erkrankungen der Geschlechtsorgane.

Bei Besprechung der Ursachen der Chlorose wurde bereits erwähnt, daß als solche Störungen in der Ovarialfunktion angenommen wurden und daß aus diesem Grunde auch Ovariensubstanz therapeutisch verwendet wurde. (S. auch Organtherapie.)
Therapeutisch wichtig ist die Frage der Anregung der Milchsekretion. Durch die Untersuchungen von K. Basch wurde festgestellt, daß Plazentaextrakt imstande ist, einerseits die Milchsekretion zu steigern, andererseits diese selbst bei jungfräulichen Individuen auszulösen. Plazentaextrakt soll auf Grund dieser Erfahrungen auch zur Anregung der Milchsekretion praktischer Verwendung zugeführt werden (Basch, R. Lederer u. E. Pŕibram). Für die im folgenden besprochenen Mittel zur Steigerung der Milchabsonderung fehlen experimentelle Erklärungen.

Laktagol ist ein Extrakt aus Baumwollsamen und stellt ein gelblichweißes, feines Pulver dar, welches einen angenehmen Geschmack besitzt und in Wasser unlöslich ist, mit demselben angerührt sich aber emulsionsartig aufschwemmen läßt. Es wird seit längerer Zeit von den Landwirten als Kraftfutter mit ausgesprochen laktagoger Wirkung verwendet, welch letzterer Effekt von Beckmann auch für die humane Medizin festgestellt wurde.
Die Wirkung besteht in einer Vermehrung der Milch (um 30—60%), sowie deren Fett- und Stickstoffgehalt (um 20% bzw. 15%). Die Steigerung der Milchsekretion ist schon nach 3—4 Tagen, längstens in 8—10 Tagen zu konstatieren. Negativ ist der Erfolg natürlich dann, wenn Brustdrüsendegeneration vorhanden ist. Varges konnte sogar eine Zunahme des Fettgehaltes der Milch um mehr als 100% und des Eiweißes um mehr als 60% feststellen. Das Mittel wird übereinstimmend als sicheres Laktagogum bezeichnet (Beckmann, Zlocisti, van den Brink, Mond, Goldmann, Fischer, Varges, Abramoff) und ist frei von allen Nebenwirkungen.
Man gibt 3—4 gehäufte Teelöffel voll pro die in Milch aufgeschwemmt.
Literatur: Beckmann, Deutsch. Medizinalztg., 43, 1903. — Zlocisti, Berl. klin. Wochenschr., 5, 1904. — Van den Brink, Deutsch. med. Wochenschr., 6, 1904. — Goldmann, Therap. Monatsh., 7, 1904. — Mond, Deutsch. med. Wochenschr., 10, 1904. — Fischer, Allg. med. Zentralztg., 15, 1904. — Varges, Med. Klinik, 10, 1905. — Abramoff, Inaug.-Diss., Lausanne 1906.
Fabr.: Pearson & Co., Hamburg.
Preis: Karton 125 g Mk. 2,75. K. 3,50.

Polylaktol enthält außer Eisenalbumosen noch Kohlehydrate, Maltose und Galaktose und soll durch den reichlicheren Eiweißgehalt, besonders durch die Albumosen, die Menge der Milch stillender Frauen vermehren.
Man gibt 2 mal täglich einen gehäuften Kaffeelöffel voll (Hoeber).
Literatur: Hoeber, Allg. med. Zentralztg., 457, 1912.
Fabr.: Farbenfabr., vorm. Bayer & Co., Leverkusen.
Preis: Büchse à 100 g Mk. 2,75. K. 3,60.

Die Mittel, die die Uterusfunktion beeinflussen, dienen auch meist der Blutstillung und sind in diesem Kapitel besprochen.

Für die Desinfektion der Vagina gelten die allgemeinen Regeln, die bei den Antisepticis Besprechung finden. Zwei für diese Zwecke häufig angewendete Mittel sind das hier besprochene Irrigal und Leukrol.

Irrigal ist ein gelblichgraues, die desinfizierenden Bestandteile des Holzessigs (Essigsäure, Methylalkohol, Azeton, Phenol und Kreosot) enthaltendes, geruchloses Pulver, das sich in Wasser zu einer alkalisch reagierenden Flüssigkeit löst und als Ersatzmittel des Holzessigs in der gynäkologischen Praxis dienen soll. Es kommt in Tabletten (1 Stück ungefähr 10 g Holzessig entsprechend) in den Handel und wird in Form von Lösungen von 1—2 Tabletten auf 1 l Wasser zu Spülungen bei Vulvovaginitis diabetica und Vaginalkatarrh verwendet (Abramovski, Weißmann, Moeller).
Literatur: Weißmann, Fortschr. d. Med., 16, 1909. — Abramovski, Deutsch. Ärzteztg., 19, 1909. — Moeller, Therap. Monatsh., 538, 1909.
Fabr.: A. Jaffé, Berlin O. 27.
Preis: 20 u. 40 Tabl. à 1 g Mk. 1,25 u. 3,—.

Leukrol ist das wirksame Prinzip aus dem Extrakte einer ostasiatischen Pflanze aus der Familie der Ranunculaceen. Das Mittel kommt in Pastillen von süßlichem Geschmacke, der durch Zusatz von Zucker, Kakao und Zitronensäure hervorgerufen wird, in den Handel.

Eine befriedigende theoretische Erklärung der pharmakodynamischen Wirkung des Leukrols ist bisher noch nicht gegeben, doch ist empirisch der günstige Einfluß auf Fluor albus bei Colpitis granularis (Goliner, Braun), sowie bei Dysmenorrhöe (Kapp) festgestellt worden. Ausgeschlossen von der Behandlung ist natürlich die weibliche Gonorrhöe, die spezielle Therapie erfordert.

Das Mittel wird gerne genommen, gut vertragen und erzeugt keinerlei Nebenwirkung. Die gebräuchliche Dosis beträgt 3 mal täglich 2 Pillen.
Literatur: Braun, Med. chir. Zentralbl., 46, 1904. — Goliner, Der Frauenarzt, 2, 1905. — Kapp, Deutsch. Medizinalztg., 1905.
Fabr.: Chem. Fabr., Erfurt-Ilversgehofen.
Preis: Dose m. 10 u. 30 Tabl. Mk. 1,— u. 3,—. K. 1,80 u. 3,60. Kassenpackung 12 Tabl. Mk. 1,—. K. 1,20. Extr. Fluid. 100 g Mk. 3,—.

In engem Zusammenhange mit der Frage der Genitaldesinfektion stehen die Mittel, die zur **Verhütung der Konzeption** Verwendung finden. Es sind dies meist die auch zur Scheidendesinfektion verwendeten Stoffe.

Die Notwendigkeit der Anwendung antikonzeptioneller Mittel ergibt sich aus einer Arbeit F. Lehmanns (Berl. klin. Wochenschr.) für eine Reihe von Konstitutionskrankheiten, für Phthise Anaemia gravis, Sehnervenatrophie, Geisteskrankheiten etc. Von den als Arzneistoffe für diesen Zweck verwendeten Mitteln kommen meist Pastillen und Suppositorien, Gelatinekapseln etc. in Betracht, welche in einem leicht löslichen, kolloiden Stoff, in Glyzeringelatine oder Kakaobutter, Desinfizientien, wie Borsäure, Phenole, Sublimat etc. enthalten. Ganz abgesehen von der Gefahr der Resorption solch giftiger Ingredientien erscheinen derartige Applikationsformen unzweckmäßig, weil sich diese Suppositorien und festen Körper meist im hinteren Scheidengewölbe, wohin sie gebracht werden, lösen und von dort aus nicht gleichmäßig verteilt werden können.

Einen Vorteil gegenüber diesen Mitteln scheinen die **Semoritabletten** zu besitzen, welche zwar auch in Tablettenform intravaginal eingeführt werden, die aber neben dem Desinfiziens, Chinosol und Acid. boric., noch Acid. tartaric. und Natrium bicarbonicum enthalten. Die Tabletten entwickeln bei der Lösung Kohlensäure, es entsteht so mit dem Vaginalsekret ein blasiger Schaum, der gewiß für die Verbreitung und Fixierung des Antikonzipiens vorteilhaft ist. — (Bruck, Fortschritte der Medizin 27, 1912.)

Ein Nachteil der Semoritabletten jedoch ist es, daß die Schaumentwicklung und Lösung des Desinfiziens, wie überhaupt bei allen Tabletten, von der jeweiligen Menge des Sekretes und von der Sekretionskraft der Vagina abhängig ist. Dieser Übelstand erscheint bei einem anderen Antikonzipiens, dem Individol, beseitigt zu sein, welches auch noch andere Vorteile gegenüber den bisher erwähnten besitzt. Individol ist ein künstlicher Schleimstoff, der aus einer Tube mit Rohransatz in die Vagina gepreßt wird. In dem Schleime ist Milchsäure zu $1,3\%$ gelöst. Milchsäure ist schon normalerweise zu ca. $0,9\%$ im Vaginalsekret enthalten und bedingt die sauere Reaktion desselben. Nach Untersuchungen von Günther (Pflügers Arch. Bd. 118) ist Milchsäure hinsichtlich ihrer spermatoziden Wirkung anderen Säuren, besonders auch der Borsäure, weit überlegen. Mit dem Individol werden somit keine körperfremden Substanzen eingeführt. Der Schleimstoff, der das „physiologische" Desinfiziens gelöst enthält, bedingt eine sofortige gleichmäßige Verteilung. Muttermund und die hinteren Scheidenpartien sind, wie Untersuchungen ergeben haben, mit einer dicken Decke des Schleims bedeckt. Diese verhindert einerseits die Fortbewegung der Spermatozoen und tötet dieselben andrerseits infolge des entsprechenden Milchsäuregehaltes fast momentan ab. Wegen seiner Desinfektionskraft soll das Individol auch bei der weiblichen Gonorrhöe gute Dienste leisten. — Man verwendet ca. 5 ccm Individol, die an der Tube markiert sind. Die Anwendung ist einfach.

Alle die genannten Mittel dienen aus den angeführten Gründen auch der Scheidendesinfektion.

Individol:
Fabr.: Handkreuzlaborat. Berlin-Charlottenburg, Dahlmannstr.
Preis: Tube mit Rohr Mk. 3,25. Ersatztube (20 Portionen) Mk. 2,—.

Semoritabletten:
Fabr.: Luitpoldwerk, München 25.
Preis: 12 Tabl. à 1 g Mk. 3,—. K. 4,—.

Vaginol:
Fabr.: Austriaapotheke, Wien IX.
Preis: Sch. m. 10 St. K. 3,—.

Für die Beeinflussung der männlichen Geschlechtsfunktion kommen schließlich die sog. Aphrodisiaka in Betracht. Sie dienen zur Erregung der Reflexzentren, von denen aus die Erektion ausgelöst wird. Mehrfach experimentell geprüft ist das Yohimbin, welches die Erregbarkeit des im Lendenmark gelegenen Reflexzentrums zu steigern scheint.

Yohimbin stammt von der Yohimbehe- oder Yumbekoarinde. Die Stammpflanze gehört zur Familie der Apocineen und gilt bei den Eingeborenen von Kamerun als wirksames Mittel gegen männliche Impotenz. Die Rinde enthält zwei Alkaloide, das Yohimbin und Yohimbenin, welch letzteres weniger wirksam ist.

Das Chlorhydrat des Yohimbins kommt als weißes Kristallpulver sowie in Tabletten zu 0,005 g in den Handel.

Wirkung: Aus den von Oberwarth angestellten Tierversuchen geht hervor, daß das Mittel in Dosen von 0,005—0,1 g bei Fröschen auf das Nervensystem und Herz lähmend wirkt und die Erregbarkeit der Ischiadici herabsetzt. Bei Warmblütern wirkt es lähmend auf die Atmung. Wird der Erstickungstod durch künstliche Atmung hintangehalten, so geht das Tier an Herzlähmung zugrunde. Der Blutdruck sinkt vom Augenblicke der Injektion angefangen. Bei Hunden übte es eine zweifellose Wirkung auf die Genitalien aus, welche in anscheinend schmerzhaften Erektionen bestand. Nach größeren Dosen steigert sich die Unruhe, welche nach kleineren Dosen beobachtet wird, bis zu äußerst heftigen Krämpfen. Auch Löwy und Müller fanden, daß das Mittel in kleinen Dosen bei Tieren, namentlich bei Kaninchen, eine schnell eintretende starke Blutüberfüllung der Geschlechtsteile und lebhafte Erektion des Penis bewirkt. Auch scheint die Libido gesteigert zu sein. Da diese Erscheinungen selbst nach Entfernung der Hoden auftreten, scheint nach Löwy der Angriffspunkt entweder das Erektionszentrum oder der Penis selbst zu sein.

Die mit kochendem Wasser hergestellte 2% Lösung entfaltet auch beträchtliche anästhesierende Eigenschaften, besonders auf Schleimhäuten, welche nicht quantitativ, wohl aber qualitativ der Kokainwirkung entsprechen (Löwy und Müller, Haike, Strubell, Maquans, Claiborne). Die Wirkung tritt nach 3—5 Minuten ein und hält 20—30 Minuten an. Schon in mäßiger Dosierung übt das Mittel einen tonisierenden Einfluß auf die Blasenmuskulatur aus. Höhere Dosen führen zu leichter allgemeiner Erregung und lebhafterer Herztätigkeit (Fritsch).

Nebenwirkung: Nach Untersuchungen Krawkoffs beruht die Wirkung des Yohimbins als Aphrodisiakum nur auf Suggestion und werden durch dasselbe fast ausnahmslos nicht unbedeutende Vergiftungserscheinungen, wie Speichelfluß und Unbehagen, hervorgerufen. Weiter wurden beobachtet Koliken, Anschoppungen im Leibe, Magenschmerzen und Appetitstörungen, sowie reichlichere Hämorrhoidalblutungen und Harndrang, besonders bei älteren Leuten (Berger). Bei einem Kranken, der vor 15 Jahren eine einseitige Hodenentzündung durchgemacht hatte, trat nach Yohimbingebrauch Anschwellung dieses Hodens und Nebenhodens, bei einer Frau nach Anwendung des Mittels starke Menstruation auf (Schalenkamp). Nach Schleimhautpinselungen zwecks Anästhesierung war Salivation und Hyperämie, die leicht zu sekundären Blutungen führte, zu beobachten (Claiborne). Nach subkutanen Injektionen konstatierte Eulenburg vereinzelt ein flüchtiges Frostgefühl oder Schweißausbruch mit Schwächegefühl. Einmal stellte sich ein eigenartiger öliger Geschmack im Munde ein.

Indikationen: Ermutigende Erfolge wurden bei reinen, nicht auf konstitutionellen oder organischen Erkrankungen beruhenden Formen der funktionellen Impotenz erzielt. Manchmal traten unmittelbar nach der Darreichung, manchmal allerdings erst nach wochenlangem Gebrauche, Erektionen auf, die nach einer gewissen Karenzzeit einen regelrechten Koitus ermöglichten (Löwy, Mendel, Schalenkamp, Berger, Weiß, Posner, Eulenburg, Kühn, Tausig, Kronfeld, Boß, Hellmer, Seitz, Freyhan, Heß, Toff, Kohn, Dammann). Günstig wirkte es auch noch bei neurasthenischer Impotenz, wenn die hydro- und elektrotherapeutischen Maßnahmen versagt hatten (Euler-Rolle). Die Wirkung bleibt ungefähr 6—9 Wochen bestehen, um dann allmählich wieder zu erlöschen (Posner). Bei Alkoholikern ist die Darreichung zu widerraten (Strubell). Von Toff wird das Mittel auch bei menstruellen Beschwerden und Unregelmäßigkeiten empfohlen, welche auf ungenügender Blutzufuhr zum Uterus beruhen und wo eine eigentliche organische Erkrankung nicht nachweisbar ist, von Löwy bei mangelnder Libido der Frauen, von Fritsch zur Beseitigung des Harndranges und von Inkontinenz der Harnblase.

Kontraindiziert ist die Yohimbinmedikation bei allen akuten und chronischen Entzündungen der Unterleibsorgane (Heß). Jenseits der 50er Jahre versagte das Mittel (Berger).

Als Anästhetikum verwendete es Haike für die Schleimhaut des Ohres, Strubell und Salomonsohn in der Augenheilkunde und Claiborne für kleinere Eingriffe in der Nase und im Kehlkopfe.

Dosierung: Intern gibt man entweder 3 mal täglich 20 Tropfen einer $0,5\%$ oder 5—10 Tropfen einer 1% Lösung des Yohimbin. hydrochlor. (Spiegel) oder 3 Tabletten à 0,005 g pro die. Für die subkutane Injektion empfiehlt Eulenburg eine 2% Lösung, von welcher zuerst $\frac{1}{2}$ Pravazspritze

(= 0,01 g) eingespritzt wird. Die Dosis wird rasch bis auf 1 volle Pravazspritze erhöht. Man kann 2—3 mal wöchentlich injizieren und soll nach 20 Injektionen längere Zeit aussetzen. Bei nervöser Impotenz gab Lißmann epidurale Injektionen mit 30 ccm physiologischer Kochsalzlösung, welcher Menge 10—15 Tropfen einer 2 % Lösung von Yohimbin zugesetzt waren. Zu Anästhesierungszwecken wird die 1—2 % Lösung empfohlen.

Literatur: Oberwarth, Virchows Arch., 292, 1898. — Mendel, Therap. d. Ggw., 7, 1900. — Loewy, Berl. klin. Wochenschr., 42, 1900. — Loewy, Therap. d. Ggw., 7, 1901. — Schalenkamp, Reichsmedizinalanz., 12, 1901. — Berger, Deutsch. med. Wochenschr., 17, 1901. — Krawkoff, Klin. therap. Wochenschr., 22—25, 1901. — Weiß, Wien. med. Wochenschr., 25, 1901. — Posner, Berl. klin. Wochenschr., 44, 1901. — Berger, Münch. med. Wochenschr., 2, 1902. — Kühn, Deutsch. med. Wochenschr., 3, 1902. — Heß, Therap. d. Ggw., 6, 1902. — Freyhan, Deutsch. Ärzteztg., 9, 1902. — Eulenburg, Deutsch. med. Wochenschr., 22, 1902. — Tausig, Wien. med. Presse, 46, 1902. — Seitz, Die med. Woche, 48, 1902. — Haike, Therap. d. Ggw., 5, 1903. — Boß, Deutsch. Medizinalztg., 12, 1903. — Loewy u. Müller, Münch. med. Wochenschr., 15, 1903. — Strubell, Wien. klin. Wochenschr., 24, 1903. — Salomonsohn, Wochenschr. f. Therap. u. Hyg. d. Aug., 28, 1903. — Maquans, Münch. med. Wochenschr., 28, 1903. — Kronfeld, Allg. med. Zentralztg., 35, 1903. — Hellmer, Berl. klin. Wochenschr., 51, 1903. — Euler-Rolle, Wien. med. Blätter 1903, rf. Mercks Jahresber. 1903. — Toff, Deutsch. med. Wochenschr., 43, 1904. — Claiborne, New York. med. News, Juli 1904, rf. Zentralbl. f. inn. Med., 50, 1904. — Müller, Therap. d. Ggw., 10, 1906. — Loewy, ebendorf, 12, 1906. — Strubell, Wien. klin. Wochenschr., 37, 1906. — Kohn, Allg. med. Zentralztg., 10, 1906. — Dammann, Med. Klinik, 52, 1906. — Fritsch, Deutsch. med. Wochenschr., 1266, 1911. — Lißmann, Münch. med. Wochenschr., 1313, 1912. — Müller, Arch. internat. de pharmacodyn. Bd. 17, p. 81, 1907.

Fabr.: Gehe & Co., Dresden, Chem. Fabr. Güstrow, Knoll & Co., Ludwigshafen, E. Merck, Darmstadt, Riedel, Berlin.

Preis: 10 Tabl. à 0,005 g Mk. 2,25. K. 2,65.

Muiracithin ist eine Kombination der Extraktivstoffe des Lignum Muira Puama, des sog. Potenzholzes, mit Ovolezithin. Die Stammpflanze, Lyriosma ovata Miers, wird in ihrer brasilianischen Heimat schon lange als Aphrodisiakum gebraucht. Das Potenzholz enthält neben einer kristallinischen Substanz auch Harze, die bei ihrer Ausscheidung durch den Harn die Schleimhaut der Ausscheidungsorgane reizen und dadurch eine Fluxion des Blutes zu den Geschlechtsorganen, somit auch eine Erektion veranlassen können. Außerdem sind noch Bestandteile enthalten, welche das Lendenmark direkt anregen, ja in größeren Dosen Pollutionen auslösen können.

Durch Tierversuche ist von Nevinny gezeigt worden, daß das Mittel vollkommen unschädlich und ungiftig ist und einen zweifellosen Einfluß auf die Geschlechtsorgane ausübt. Es ist daher angezeigt bei funktioneller Impotenz (Popper, Hirsch, Steinsberg, Wright). Das Präparat kommt in Pillen in den Handel und wird in allmählich steigender Dosis bis zu dreimal 2 Pillen im Tage gegeben. Es kann 4—6 Wochen, ohne Nebenerscheinungen zu erzeugen, genommen werden.

Literatur: Nevinny, Med. chir. Zentralbl., 2, 1905. — Wright, Zeitschr. f. Urologie, 9, 1906. — Steinsberg, Fortschr. d. Med., 13, 1906. — Hirsch, Allg. med. Zentralztg., 21, 1906. — Popper, Berl. klin. Wochenschr., 25, 1906.

Fabr.: Noris, Zahn & Co., Berlin.

Preis: 1 Fl. à 100 P. Mk. 10,—. K. 12,—.

Erkrankungen der Atmungsorgane.

Erkrankungen der Atmungsorgane können zunächst zentrale Ursachen haben: Darniederliegen der Erregbarkeit des Atemzentrums. Dies ist im Koma der Fall und die meisten der früher angeführten Kollapsmittel werden auch hier therapeutisch wertvoll sein. Reize auf der Haut oder an Nervenendigungen (Olfaktorius), Riechen zu Äther, Ammoniak etc. werden diese Therapie noch wirksam unterstützen.

Anderseits können Störungen der Atemtätigkeit durch Übererregung des Atemzentrums bedingt sein, deren Symptome sich in Dyspnoe, Atemkrämpfen, Husten etc. äußern. Arzneimittel, welche zur Herabsetzung der Erregbarkeit des Atemzentrums verwendet werden, gehören der Gruppe der Narkotika an. Vor allem finden für diese Zwecke das Morphin, Kodein, Dionin, Peronin und Heroin Verwendung. Diese Alkaloide wurden auch mit anderen beruhigend wirkenden Stoffen kombiniert und die auf diese Weise entstandenen neuen Arzneistoffe, bzw. Arzneigemische, verstärken vielfach die gewünschte Hauptwirkung unter gleichzeitiger Herabsetzung der unangenehmen Nebenwirkung. (Kodeonal, Oxykampfer.) Die meisten der genannten Arzneimittel sind bei den Nervenkrankheiten ausführlicher besprochen.

Als mehr äußerliche Ursachen der Atemstörungen kommen Behinderung der zirkulierenden Luft in den Atemwegen in Betracht. Hierher gehört die Koryza. Der Schnupfen ist wohl in den meisten Fällen eine Infektionskrankheit und darum finden Desinfektionsmittel als Schnupfenmittel ausgiebigen Gebrauch. In erster Linie erscheint immer eine ätiologische Therapie angezeigt, wofür eine antirheumatische Aspirinkur (ca. 3—4 g pro die), sowie Atophan meist ausreichend entsprechen dürfte. Lokal finden eine Reihe von Schnupfenpulvern Anwendung, sowie als Schnupfenwatte das Forman zur lokalen Desinfektion. Bei der Anwendung der meisten Schnupfenmittel spielt auch die antiphlogistische Therapie eine große Rolle, sowie die Erzielung einer adstringierenden und anästhesierenden Wirkung. (Anästhesin, Renoform, Kokain, Menthol, Thymol, Eston etc.) Auch mit Kalziumsalzen (s. d.) wird bei Schnupfen eine günstige Wirkung erzielt (Januschke).

Das gegen den Heuschnupfen verwendete Pollantin ist nach serologischen Prinzipien dargestellt und auf Grund solcher Erfahrungen in den Arzneischatz aufgenommen worden (s. d.).

Weiter bildet die Verlegung der Atemwege durch Sekrete eine häufige Ursache der Atembehinderung (Bronchialkatarrh). Sie wird durch Expektorantien bekämpft, deren Einführung in den Arzneischatz wir fast ausschließlich klinischen Erfahrungen verdanken. Eine experimentelle Grundlage dieser Arzneibehandlung ist zurzeit noch nicht bekannt. Möglicherweise wirken einige von diesen Mitteln durch Steigerung der Bronchialperistaltik. Der einfachen Empirie verdanken wir auch das, was an neuen Mitteln auf diesem Gebiete geschaffen wurde, vorwiegend Arzneigemische, die vielfach eine sehr günstige klinische Begutachtung erfahren, daher in dieser Zusammenstellung aufgenommen sind.

Durch Förderung der Schleimsekretion durch Salze wird ebenfalls eine Steigerung der Expektoration erreicht. Diesem Zwecke dient eine Reihe von Brunnensalzen und Mineralwässern (Kränchenbrunnen), Chlorammonium und die auch als Brechmittel verwendeten Stoffe wie Apomorphin, Ipekakuanha, Antimonverbindungen etc. in geringerer Dosis.

Für die Therapie der Pertussis kommen unter neuen Arzneimitteln nach dem Nachweis des spezifischen bakteriellen Erregers serotherapeutische Versuche in Betracht. Älterer Erfahrung entsprechend finden als Beruhigungsmittel schwächer wirkende Opiate, Kodein und speziell bei Keuchhusten das Chinin Anwendung; ferner Extractum Thymi (Thymianpräparate in verschiedenster Darstellung). Neuerdings werden mit fast durchwegs anerkanntem Erfolge einige aus fleischfressenden Pflanzen dargestellte Präparate gegen Keuchhusten verwendet (Pilka, Droserin).

Asthma: Es handelt sich hier um eine abnorm starke Reflexerregbarkeit des Bronchiovaguszentrums. Dementsprechend besteht die Therapie in einer narkotischen Betäubung oder Lähmung der Vagusendigungen. Diesem Zwecke dienen Atropin und Lobelin. Verwendung finden die Drogen Folia Hyoscyami, Strammonii und Belladonnae und einige Atropin enthaltende neuere Arzneimischungen, ferner die Lobelia inflata, die in Form von Zigaretten und als Bestandteil der meisten Asthmamittel und Asthmatees Verwendung findet. (S. auch Adrenalin.)

Bromoform, Formylum tribromatum, Tribrommethan, ist eine wasserhelle Flüssigkeit, welche leicht in Alkohol, Fett und Ölen, schwer in Wasser löslich ist.

Wirkung: Das Mittel wurde von Stepp als Spezifikum zur Behandlung des Keuchhustens empfohlen, doch entwickelt es auch bei anderen Erkrankungen der Atmungsorgane und bei Seekrankheit (Desesquelle) einen günstigen Einfluß. Derselbe dürfte darin begründet sein, daß das innerlich genommene Präparat durch die Respirationsorgane zur Ausscheidung gelangt und so in direkter Weise seine Heilwirkung auf die von der Krankheit ergriffenen Organe zu äußern vermag (Winkler).

Nebenwirkungen: Sehr zahlreich sind die Nachrichten über mehr oder weniger schwere, mitunter aber selbst tödlich endende Vergiftungen mit Bromoform, gewöhnlich dadurch hervorgerufen, daß Kinder in unbewachten Augenblicken größere Quantitäten zu sich nahmen (Löwental, Sachs, Pannwitz, Nolden, Platt, Börger, Marfan, Bömmel, Czygan, Resch, Reinecke, Darling, Longhurst, Burton-Fanning, Kiwull, Jessen, Roth, Tresling, Cijfer, Löbl).

Die Höhe der Dosis, welche zu Vergiftungserscheinungen führt, liegt zwischen 15 Tropfen und 6 ccm (Jessen). Um zu vermeiden, daß größere Dosen von Bromoform in die Hände von Laien kommen, empfiehlt Resch die tägliche Dosis von 5—20 Tropfen in wäßriger Lösung stets neu zu verschreiben. Die typische Bromoformvergiftung ruft nach Börger folgende Erscheinungen hervor: Wenig Minuten nach Genuß des Mittels tritt plötzlich Bewußtlosigkeit ein, die Gesichtsfarbe wird blaß, die Lippen werden zyanotisch, die Pupillen sind stecknadelkopfgroß und erweitern sich nicht bei Beschattung, die Muskulatur erschlafft, die Haut wird kühl, die Korneal- und die übrigen Reflexe sind erloschen, der Radialpuls ist kaum fühlbar, die Atmung wird oberflächlich, aussetzend, über den Lungen ist Rasseln hörbar, der Exhalationsluft intensiver Bromgeruch beigemengt und der Harn gibt deutliche Bromreaktion. In den meisten Fällen tritt nach ausgiebigen Magenspülungen (bis die Spülflüssigkeit keinen Bromgeruch mehr aufweist), Anwendung von Analepticis und künstlicher Atmung Heilung ein. Tödlichen Ausgang beobachteten Kiwull und Roth. Vergiftungserscheinungen können auch bei regulärer Darreichung auftreten, wenn das Mittel in ungeeigneter Form verschrieben wurde (Cohn) oder wenn kumulativer Effekt eintritt (Longhurst, Burton-Fanning). Von sonstigen Nebenerscheinungen der Bromoformmedikation ist noch das Auftreten von papulopustulösen Effloreszenzen (Müller) zu erwähnen.

Dosierung: Den wäßrigen Lösungen muß man einige Gramme Spirit. vini hinzufügen, da das Bromoform in Wasser nicht löslich ist (Resch). Die Maximaldosis beträgt für Erwachsene 1 g pro die. Nach Cohn verschreibt man zweckmäßig: Bromoform 0,5—1,0—2,0, solve in Spirit. rectificatissimi aequalibus partibus, tere exactissime cum Gummi arab. 5,0—10,0—20,0, adde paullatim aq. dest. 100,0, Syrup. cort. aurant. 20,0. D. in vitro nigro. S. zweistündlich 1 Tee- oder 1 Kinderlöffel voll. Vor dem Gebrauch gut umzuschütteln. Feer gibt bei Keuchhusten älteren Kindern 4 mal 12 Tropfen, Säuglingen 3 mal 1—2—4 Tropfen nach den Mahlzeiten. Die Wirkung tritt allmählich nach 8—10 Tagen ein. Die Dauer der Kur beträgt 4—6 Wochen. Bei auffallender Schläfrigkeit der Kinder verringert man die Dosis.

Literatur: Löwental, Berl. klin. Wochenschr., 23, 1890. — Pannwitz, Therap. Monatsh., 1, 1891. — Sachs, ebendort, 12, 1891. — Nolden, ebendort, 5, 1892. — Stepp, Münch. med. Wochenschr., 36, 1895. — Müller, Therap. Monatsh., 8, 1896. — Platt, Münch. med. Wochenschr., 10, 1896. — Bömmel, Therap. Monatsh., 10, 1896. — Börger, Münch. med. Wochenschr., 20, 1896. — Marfan, Zentralbl. f. inn. Med., 27, 1896. — Czygan, Deutsch. med. Wochenschr., 52, 1896. — Reinecke, Therap. Monatsh., 7, 1898. — Resch, ebendort, 10, 1898. — Cohn, ebendort, 1, 1899. — Stepp, Münch. med. Wochenschr., 46, 1899. — Winkler, Neue Heilmittel, Wien 1899. — Longhurst, Brit. med. journ., Mai 1900. — Darling, ebendort, Juni 1900, beide rf. Zentralbl. f. inn. Med., 38, 1901. — Burton-Fanning, Brit. med. journ., Mai 1901, rf. Zentralbl. f. inn. Med., 31, 1901. — Kiwull, Zentralbl. f. inn. Med., 50, 1902. — Jessen, Therap. Monatsh., 8, 1903. — Roth, Zeitschr. f. Mediz. Beamte, S.-A. aus 8, 1904. — Tresling, Deutsch. med. Wochenschr., 15, 1906. — Desesquelle, Bullet. medical, 8, 1907. — Cijfer, rf. im Zentralbl. f. inn. Med., 13, 1907. — Löbl, Wien. klin. Wochenschr., 19, 1907. — Feer, Deutsch. med. Wochenschr., 1756, 1908.
Fabr.: E. Merck, Darmstadt.
Preis: 10 g K. 0,50.

Chineonal, das Chininsalz der Diäthylbarbitursäure, stellt farblose Kristalle dar, die in Wasser schwer, in Alkohol und Chloroform leichter löslich sind. Das Mittel, in welchem die Reizwirkung des Chinins auf den Magen (Erbrechen) beträchtlich herabgesetzt erscheint, wird von Winternitz, Armbruster, Fraenkel und Hauptmann mit gutem Erfolge bei Keuchhusten angewendet. Die Anfälle nehmen an Zahl und Intensität ab. Man gibt das Mittel in Dosen von 0,1—0,2 g, dreimal täglich.
Literatur: Armbruster, Deutsch. med. Presse, 22, 1912. — Winternitz, Med. Klin., 614, 1912. — Fraenkel und Hauptmann, ebendort, 1871, 1912.
Fabr.: E. Merck, Darmstadt.
Preis: 10 Tabl. à 0,3 g Mk. 2,—. K. 2,40. 20 Tabl. à 0,1 u. 0,2 g Mk. 1,80 u. 2,70. K. 2,20 u. 3,40.

Convulsin, Extr. saccharat. Eucalypti, wird aus Eucalyptus globulus durch Extraktion mit Alkohol und Eindampfen des Extraktes mit Zucker gewonnen. Es stellt eine schwarzbraune Flüssigkeit von siruppartiger Konsistenz und angenehmem Geschmacke dar und findet infolge seiner hustenreizmildernden und schleimlösenden Wirkung Anwendung bei Keuchhusten, Pneumonien und Bronchitiden (Isenburg, Henschel).
Dosis: Kindern 1—2stündlich tee- oder kaffeelöffelweise, Erwachsenen eßlöffelweise.
Literatur: Isenburg, Medico, 50, 1904. — Henschel, Deutsch. Ärzteztg., 4, 1905.
Fabr.: E. Kowalewski, Berlin O. 27.
Preis: Fl. 230 g Mk. 1,75.

Coryfin, der Äthylglykolsäureester des Menthols, ist ein farbloses Öl, welches frisch dargestellt weder den Geschmack noch den Geruch der alkoholischen Komponente besitzt. In Wasser ist es nur in Spuren löslich, mit Ölen mischt es sich in jedem Verhältnisse. Von verdünnten Säuren und Wasser wird es bei gewöhnlicher Temperatur nicht zersetzt; bei 80° tritt nach einiger Zeit an dem Mentholgeruch wahrnehmbare geringfügige Spaltung ein. Auch gegen schwache kohlensaure Alkalien ist es ziemlich widerstandsfähig. Haut und Schleimhäute zerlegen es in seine Komponenten. Schon wenige Minuten nach der Einreibung macht sich Kältegefühl und ein deutlicher Mentholgeruch bemerkbar (Impens).

Indikationen und Dosierung: Coryfin wird zur Bekämpfung des akuten und chronischen Schnupfens angewendet (Baumgarten, v. Kirchbauer, Hübner, Meyer). Es wird mittelst Haarpinsels oder Wattebausches in das vordere Drittel des Nasenganges eingeführt und dort leicht verrieben. Bald tritt ein erfrischendes Kältegefühl in der Nase auf, die Atmung wird freier, der Kopfschmerz schwindet. Ehrlich empfiehlt bei schlechtem Wetter dreimal täglich Pinselungen mit Coryfin als Prophylaktikum zur Verhütung von Schnupfen. Bei Kindern über 2 Jahren ist das Mittel nur mit Vorsicht in 2% Salbe zu gebrauchen, bei solchen unter 2 Jahren soll es überhaupt nicht angewendet werden. Lublinski sah einmal bei einem 11 Monate alten Kinde nach geringen Mengen der 2% Salbe Glottiskrampf auftreten. Von Nutzen ist das Präparat bei Larynxtuberkulose und akuten Katarrhen der oberen Luftwege (Baumgarten, Saenger, v. Kirchbauer, Hübner), wobei es entweder in Form von Inhalationen (in 10 Minuten 5 Tropfen zu verbrauchen) oder von Einspritzungen mit Coryfin-Anästhesin (25:1) gebraucht wird. Nicht empfehlenswert ist es bei Pharyngitis, da der Geschmack nicht angenehm ist (Baumgarten). Schließlich sei noch die gute Wirkung bei Neuralgien und Migräne (v. Kirchbauer) und bei nervösen Ohrenjucken und Ohrenstechen (Lubinski) erwähnt.

Das Mittel kommt auch in Form von Bonbons à 0,02 g Coryfin in den Handel, welche als Ersatz von Gurgelwässern bei Anginen und Magenverstimmungen in Dosen von 6—8 Stück im Tage gereicht werden.

Literatur: Baumgarten, Klin. therap. Wochenschr., 51, 1907. — Impens, Therap. Monatsh., 1, 1908. — Saenger, ebendort, 6, 1908. — v. Kirchbauer, Deutsch. med. Wochenschr., 51, 1908. — Lubinski, Therap. d. Ggw., 10, 1909. — Ehrlich, Münch. med. Wochenschr., 15, 1909. — Meyer, Deutsch. med. Wochenschr., 41, 1909. — Hübner, Therap. Monatsh., 352, 1909. — Lublinski, Berlin. klin. Wochenschr., 261, 1910.
Fabr.: Farbenfabr., vorm. Bayer & Co., Leverkusen.
Preis: Flakons à Mk. 1,— u. 2.—. K. 1,20 u. 2,40. Coryfinbonbons 1 Dose Mk. 1,50. K. 2,—.

Estoral, Borsäurementholester, stellt ein weißes, geschmackloses, kristallinisches Pulver dar, welches schwach nach Menthol riecht und in trockenem Zustande beständig ist. In Lösung und in Berührung mit Schleimhäuten spaltet es sich rasch in seine Komponenten, welche daher in statu nascendi auf die Schleimhäute wirken können (Seifert). Es ist löslich in Äther, Chloroform und heißen fetten Ölen, aus welchen es beim Erkalten größtenteils wieder kristallinisch abgeschieden wird. Man muß daher bei der Herstellung von Salben die Salbengrundlage vorher erwärmen.

Wirkung: Es ist ein vollkommen ungiftiger und ungefährlicher Körper, der antiseptische, adstringierende und desodorisierende Eigenschaften aufweist (Schweitzer).

Indikationen: Das Estoral wird als Schnupfpulver bei akuten und chronischen Nasenkatarrhen verwendet. Besonders günstig waren die Erfolge bei Rhinitis sicca und atrophica simplex. Bei schwerer akuter Rhinitis war, wenn auch nur vorübergehend, stets Erleichterung der Beschwerden zu beobachten (Seifert). Von Schweitzer wird Estoral auch bei skrofulöser und luetischer Rhinitis empfohlen. Auch bei Ozaena essentialis, bei Rhinopharyngitis chronica atrophica mit starken Ohrgeräuschen erwies es sich von Nutzen (Feldt).

Dosierung: Man verwendet das Pulver rein oder mit gleichen Teilen Milchzucker vermischt und läßt es mittelst eines Glasröhrchens in die Nase einziehen, wobei manchmal ein brennendes Gefühl am Naseneingang auftreten kann.

Literatur: Seifert, Heilmittelrevue, 2, 1906. — Schweitzer, Pester med.-chir. Presse, 47, 1906. — Feldt, Petersburg. med. Wochenschr., 377, 1909.
Fabr.: Chininfabr. Zimmer & Co., Frankfurt a. M.
Preis: Karton m. R. 5 g Mk. 0,90. K. 1,—. 25 g K. 2,50.

Droserin ist ein milchzuckerhaltiges Extrakt von Droseraceen und von v. Muralt als vortreffliches internes Keuchhustenmittel befunden worden.
Literatur: v. Muralt, Korrespondenzbl. f. Schweiz. Ärzte, 1037, 1911.
Fabr.: Dr. K. u. O. Weil, Frankfurt a. M.
Preis: Fl. m. 40 Tabl. à 0,2 g in 2 Stärken Mk. 2,— u. 2,50. K. 3,— u. 4,—.

Forman, ein farbloses, an der Luft stark rauchendes Öl, ist ein Chlormethylmenthyläther, der die Eigenschaft besitzt, in Verbindung mit feuchter Luft (in der Nasenhöhle) oder auch in warmem Wasser oder Öl sich in seine 3 Komponenten, Menthol, Formalin und Salzsäure zu zerlegen. Die Salzsäure wird von dem flüssigen Medium aufgenommen, während die beiden anderen Stoffe auf dem Wege der Einatmung in die oberen Luftwege eindringen. Man kann diese Wirkung schon erzielen, wenn man mit Forman getränkte Watte oder Formansalbe ($33^{1}/_{3}\%$) verwendet. Das Forman ist zunächst empfohlen gegen Coryza acuta (Suchannek, Fuchs, Goliner, Bresgen), ferner bei Bronchitis und Laryngitis und als Prophylaktikum bei Influenza (Winterberg, Goliner). Entweder führt man die Formanwatte in die Nase ein und erneuert sie jedesmal nach Abdunsten des Äthers oder man verwendet Formanlösung in eigens angegebenen Schnupfgläsern. (Man gibt nach Pollatschek und Seifert in das Wasser, das 30—40° C haben soll, 4—6 Tropfen Forman). Bei Herzneurosen ist es nach eigenen Beobachtungen nur mit Vorsicht zu gebrauchen, da sich oft schon nach Benützung der bloßen Watte Aufregungszustände und Präkordialangst einstellen.

Literatur: Seifert, Deutsch. Ärzteztg., 8, 1901. — Suchannek, Fortschr. d. Med., 3, 1902. — Bresgen, Die ärztl. Praxis, 9, 1902. — Goliner, Reichsmedizinalanz., 16, 1902. — Goliner, ebendort, 20, 1902. — Fuchs, Die Heilk., 4, 1904. — Winterberg, Wien. klin. Rundsch., 4, 1905. — Fuchs, Wien. med. Presse, 15, 1905. — Pollatschek, Therap. Leistungen, Bd. 16, p. 88, 1905.
Fabr.: Chem. Labor. Liegner, Dresden.
Preis: 1 Dose Watte K. 0,40. 10 Forman-Past. K. 0,75.

Gomenol ist ein ätherisches Öl (Niaouliöl), das aus den Blättern einer Myrtacee in Neu-Kaledonien, der Melaleuca viridiflora, bereitet wird und in chemischer Beziehung und äußeren Eigenschaften dem Kajeputöl nahesteht. Wegen seiner sekretionsbeschränkenden Wirkung findet es bei Tuberkulose, Bronchitis und Pertussis Anwendung (du Baty, Rousseau). Von du Baty wird es zur Injektion in tuberkulöse Abszesse empfohlen. Bei Beginn der Behandlung stellt sich hiebei oft heftige Lokalreaktion ein. Man verwendet anfangs 5—10 Tropfen und steigt allmählich mit der Dosis, bis die Eiterhöhle ausgeheilt ist. Bei Keuchhusten gab Rousseau bei kleinen Kindern intraglutäal 3—5—10—15 cm^3 einer 20% Lösung in Öl, bei Erwachsenen die 33—50% Lösung in Olivenöl rektal. Brimont versuchte es nach Darreichung eines Laxans bei Ankylostomiasis in folgender Verschreibung: Ol. Niaouli 4,0, Chloroform 3,0, Ol. Ricini 40,0. — In einer Mischung mit Jodtinktur gebraucht es Houdard an Stelle der reinen Jodtinktur zur Desinfektion.

Literatur: Du Baty, Münch. med. Wochenschr., 14, 1910. — Brimont, Presse médicale, 85, 1910. — Houdard, ebendort, 85, 1910. — Rousseau, Klin. therap. Wochenschr., 1188, 1910.
Preis: Flak. K. 4,—.

Heufieberserum, Pollantin (Dunbar), wird aus dem Blutserum von Pferden gewonnen, welche durch Einführung von Pollentoxin immunisiert worden sind. Dieses Pollentoxin, welches von englischen Ärzten und von Dunbar als die Ursache des Heufiebers erkannt wurde, ist die Eiweißsubstanz der Pollenkörner gewisser, in der Mehrzahl der Gruppe der Gramineen zugehöriger Pflanzen. Das Heufieberserum, das Antitoxin dieses giftigen Pollenproteins, ist in flüssiger Form, mit 0,25% Karbolsäure versetzt, und als durch Trocknen im Vakuum bereitetes Pulver im Handel. Dunbar selbst gibt zu, daß das Pollantin kein Mittel sei, das imstande ist, dauernd gegen Heufieber zu immunisieren oder auch nur den alljährlichen Ausbruch der Krankheit oder die einzelnen Anfälle mit Sicherheit zu verhindern. Es müsse vielmehr während der Heufieberperiode täglich und während des Aufenthaltes im Freien fast unausgesetzt in Anwendung gezogen werden.

Die Applikation geschieht lokal (morgens vor dem Aufstehen) durch Einträufeln von 1—2 Tropfen in beide Augen und Nase, bzw. Aufschnupfen des Pulvers in die Nase oder Einstreuen desselben in das abgezogene, untere Augenlid. Unter den zahlreichen Autoren, welche Versuche mit Pollantin anstellten (Dunbar, Semon, Immerwahr, Weichardt, Thost, Kuttner, Zarniko, Fink, Mohr, Lübbert und Praußnitz, Rosenberg und Heindl), sind die Ansichten über die Heilwirkung desselben geteilt. Ziemlich einstimmig wird angegeben, daß eine Erleichterung der Heufieberbeschwerden fast immer erzielt wird (Semon, Lübbert und Praußnitz, Mohr, Rosenberg, Heindl, Kammann u. a.). Ein direkter Gegner des Mittels ist Borrowman, der kurz nach der Einträufelung schweres Ödem des Auges, der Nase und des Gaumens und besonders starkes Wiederauftreten des Heufiebers nach Abklingen dieser Symptome beobachtete.

Unwirksam ist es bei Rhinitis vasomotoria (Rosenberg).

Literatur: Dunbar, Deutsch. med. Wochenschr., 9, 1903. — Thost, Münch. med. Wochenschr., 23, 1903. — Dunbar, Berl. klin. Wochenschr., 24/26, 1903. — Immerwahr, ebendort, 28, 1903. — Semon, Brit. med. journ., Juli 1903, rf. Deutsch. med. Wochenschr., 31, 1903. — Weichardt, Klin. therap. Wochenschr., 51, 1903. — Mohr, Deutsch. med. Wochenschr., 4, 1904. — Fink, Therap. Monatsh., 4, 1904. — Lübbert u. Praußnitz, Berl. klin. Wochenschr., 11/12, 1904. — Kuttner, Zeitschr. f. ärztl. Fortb., 20, 1904. — Rosenberg, Münch. med. Wochenschr., 4, 1905. — Heindl, Wien. klin. Wochenschr., 23, 1905. — Kamman, Berl. klin. Wochenschr., 26, 1906. — Zarniko, ebendort, 37, 1906. — Borrowman, Scott. med. and surg. journ., Sept. 1906, rf. Münch. med. Wochenschr., 47, 1906.

Fabr.: Schimmel & Co., Miltitz.
Preis: Sch. m. 1,7 g Pulver Mk. 6,—. K. 7,25. Fl. 2,6 ccm Mk. 5,—. K. 6,25. Pollantinsalbe 1 Tube Mk. 2,50.

Oxaphor ist die 50% alkoholische Lösung des Oxykampfers, der ein Derivat des Kampfers repräsentiert, in welchem 1 H-Atom desselben durch eine OH-Gruppe ersetzt ist. Das Mittel stellt ein weißes Kristallpulver dar, welches bei 205° C schmilzt, wenig in kaltem, leichter in heißem Wasser, sehr leicht in allen organischen Lösungsmitteln löslich ist. Bei langem Liegen an der Luft zersetzt es sich; in alkoholischer Lösung ist es unbegrenzt haltbar.

Wirkung: Dem Oxykampfer kommt die exzitierende Wirkung des Kampfers auf das Herz nicht mehr zu, er übt vielmehr einen beruhigenden Einfluß auf das Respirationszentrum aus, ist daher als ein Sedativum mit spezifischer Wirkung zu bezeichnen (Ehrlich). Bei jeder dyspnoischen Atmung wird durch Oxaphor die Zahl der Atemzüge schon nach wenig Minuten herabgesetzt. Eine Angewöhnung an das Mittel ist nicht zu befürchten (Fuchs).

Nebenwirkungen: Bei manchen Personen erzeugt das Mittel Magenschmerzen und Brennen im Magen (Neumayer, Meyer), selbst Übelkeit und Erbrechen (Jacobson, Meyer).

Indikationen: Der Oxykampfer bewährte sich als vorzügliches Antidyspnoikum bei Lungenkrankheiten (Tuberkulose), sowie bei allen Formen der Dyspnoe im Anschlusse an Zirkulationsstörungen (Ehrlich, Neumayer) und Nierenerkrankungen (v. Kétly). Bei Emphysem war er wirkungslos. Bei Keuchhusten erwies er sich von günstigem Einflusse auf die Zahl und Intensität der Anfälle, somit auch auf die Krankheitsdauer (Schreiner).

Dosierung: Man kann den Oxykampfer in Pulverform verabreichen in Dosen von 0,5 g dreimal täglich, doch erscheint die 50% alkoholische Lösung — Oxaphor — zweckmäßiger. Hievon entsprechen 20 Tropfen 0,5 g des Pulvers. Nach Jacobson bewährte sich folgende Verschreibung: Solut. oxycamphor. (50%) 10,0, Spir. Vini. 20,0, Succ. Liquiritiae 10,0, Aq. dest. ad. 100,0, S. 3 mal täglich 1 Eßlöffel voll, Kindern die Hälfte. Ein Geschmackskorrigens ist wegen des brennend scharfen, schwach pfefferartigen Geschmackes und kamillenartigen Geruches, der vielen Kranken widerlich ist, notwendig (Fuchs).

Literatur: Ehrlich, Zentralbl. f. d. ges. Therap., 1/2, 1899. — Jacobson, Berl. klin. Wochenschr., 16, 1899. — Meyer, Deutsch. Ärztezig., 5, 1900. — v. Kétly, Therap. d. Ggw., 8, 1900. — Neumayer, Münch. med. Wochenschr., 11, 1900. — Schreiner, Therap. Monatsh., 6, 1903. — Fuchs, Heilmittel-Revue, 3, 1905.

Fabr.: Höchster Farbwerke.
Preis: 1 g K. 0,35.

Pollantin, s. Heufieberserum.

Pilka. Ein Dialysat (Golaz) aus Herba Thymi et Pinguectulae. Es findet bei Keuchhusten Anwendung. Für Kinder bis zu 5 Jahren 1 Tropfen morgens nüchtern, 1 Tropfen abends in einem Eßlöffel voll kalten Wassers bis die Anfälle nachlassen (3—6 Tage). Darauf 2—3 Tropfen morgens und 2—3 Tropfen abends bis zur Heilung. Sollten sich wieder Hustenanfälle zeigen, während man noch 2—3 Tropfen gibt, so gehe man zurück auf 1 Tropfen morgens und 1 Tropfen abends bis zum vollständigen Verschwinden der Krankheit. Für Kinder über 5 Jahren und für Erwachsenere morgens und abends je 2 Tropfen während 3—6 Tagen, dann steigend auf 3—4 Tropfen morgens und abends bis zur Heilung. Sollte während der Zeit, in welcher man 3—4 Tropfen gibt, wieder Hustenanfälle auftreten, so gehe man zurück auf 2 Tropfen morgens und abends bis zur vollständigen Heilung.

Mit dem Präparate wurden am k. k. Franz-Josefskinderspital in Prag sehr günstige Resultate erzielt. (Laut persönlicher Mitteilung.)
Fabr.: La Zyma, Aigle, Schweiz.
Preis: 1 Flak. à 5 g Mk. 1,50. K. 2,10.

Prävalidin ist eine Salbe, die 10% Kampfer, sowie kleine Mengen von Bals. Peruvian., Ol. Eucalypti und Rosmarini (letztere beide als Geruchskorrigentia) enthält. Als Salbengrundlage ist das in Döhren bei Hannover hergestellte Wollfett Perkutilan verwendet. Die Salbe besitzt gelbliche Farbe, riecht nach Kampfer und Perubalsam, und wird, um die Verflüchtigung des Kampfers zu verhindern, in Zinntuben abgegeben.

Wirkung und Indikationen: Prävalidin entfaltet, in die Haut eingerieben, eine kräftige Wirkung als Expektorans und Herzroborans und findet hauptsächlich Anwendung bei Erkrankungen der Atmungsorgane, speziell bei Tuberkulose.

Da die von Alexander empfohlene Behandlung der Lungentuberkulose mit subkutanen Injektionen von Ol. camphoratum aus verschiedenen äußeren Gründen wenig Anklang fand, die Applikation des Kampfers per os und per rectum versagte, blieb noch die perkutane Einverleibung, die nach mehrfachen Versuchen am besten mit Prävalidin bewerkstelligt wurde (Koch). Wenn das Mittel auch absolut kein Spezifikum ist, so stellt es doch ein treffliches Adjuvans in der Phthiseotherapie dar, da es die Expektoration erleichtert und durch Verminderung des Sekretes den Hustenreiz verringert. Auch die Nachtschweiße hören auf, Appetit und Schlaf wird gebessert, das Fieber herabgesetzt, das Allgemeinbefinden in günstigem Sinne beeinflußt (Koch, Walser, Breitung, Braun, Schuppenhauer, Haberfeld). Weiter fand das Präparat Empfehlung bei Pertussis (Koch, Breitung), bei akuter und chronischer Bronchitis, bei Asthma (Schuppenhauer, Braun, Breitung), bei Skrofulose, Anämie, Influenza (Juhl), sowie bei Emphysem und Bronchiektasien (Braun, Koch).

Kontraindiziert ist die Verwendung in den ersten Monaten der Gravidität, da der Kampfer ev. abortive Wirkung auslösen kann, sowie bei geschlossener Tuberkulose (Koch).

Nebenwirkung: Von Juhl wurde einmal ein mäßig juckender, bald wieder verschwindender Hautausschlag nach der Einreibung, sowie ausgesprochene Idiosynkrasie bei einem Asthmatiker beobachtet, welch letztere Erscheinung ich gleichfalls bei einem an Asthma bronchiale Leidenden schon nach der ersten Einreibung gesehen habe (Skutetzky).

Dosierung: Der Inhalt einer in 5 Teile (Tagesdosen) geteilten Tube wird an 5 aufeinander folgenden Tagen auf verschiedenen Körperteilen eingerieben, nachdem die betreffenden Hautpartien vorher gründlich mit Wasser und Seife gereinigt und getrocknet wurden. Die Dauer der Einreibung soll 6—10 Minuten sein. Nach 10—12 tägiger Pause folgt dann ein neuer Turnus.

Bei der Billigkeit des Mittels erscheint dasselbe für die Massenbehandlung besonders geeignet.

Literatur: Alexander, Berl. klin. Wochenschr., 48, 1898. — Koch, ebendort, 18, 1904. — Walser, Medico, 24, 1904. — Koch, Berl. klin. therap. Wochenschr., 41, 1904. — Schuppenhauer, Allg. med. Zentralztg., 6, 1905. — Braun, Österr. Ärzteztg., 14, 1905. — Haberfeld, Deutsch. Medizinalztg., 86, 1905. — Breitung, Therap. Neuheiten, 2, 1906. — Juhl, Fortschr. d. Medizin, 4, 1906. — Koch, Ärztl. Rundsch., 42, 1906.
Fabr.: Wollwäscherei, Döhren.
Preis: Tube 10 g Mk. 0,80. 20 g Mk. 1,20. K. 1,50.

Pyrenol, Pyran, Benzoylthymylnatrium benzoyloxybenzoicum, ein Gemenge von Benzoë-, Salizylsäure und Thymol zu einem schwer löslichen Natronsalz, stellt ein weißes, leichtes, hygroskopisches Kristallpulver von schwach aromatischem Geruche und mild süßlichem Geschmacke dar, das sich leicht in Wasser (1:5) und in Alkohol (1:10) löst (Schlesinger).

Wirkung: Pyrenol ist ein mildes Antifebrile, ein kräftiges Antirheumatikum und ein vorzügliches und zuverlässiges Antineuralgikum, das frei von Nebenwirkungen befunden wurde (Schlesinger). Nach Löb ist es das einzige Salizylpräparat, das die Nieren nicht angreift. In einer Reihe von Fällen rief es Erhöhung des Blutdruckes hervor, stets aber tritt nebenbei eine kräftige, die Expektoration befördernde Wirkung zutage (Lewitt, Frieser, Löb, Frey, Winterberg).

Nebenwirkung: Vereinzelt tritt bei Kranken, die gegen Salizylpräparate überhaupt eine Idiosynkrasie zeigten, Erbrechen auf (Grünfeld). Nicht zu übermäßige Schweißsekretion beobachteten Schlesinger und Komor. Der starke Geruch und der brennende Geschmack wird auf die Dauer lästig und kann dann unbezwingbaren Widerwillen gegen das Präparat erzeugen.

Indikationen: Das Pyrenol gilt als Spezifikum bei Asthma bronchiale und Pertussis. Bei ersterem tritt Erleichterung, bzw. Beseitigung der Dyspnoe, Linderung des Hustenreizes und Beschleunigung der Expektoration (Schlesinger, Sternberg, Isenburg, Lewitt, Frey, Bass), bei Keuchhusten Verminderung der Zahl und Intensität der Anfälle ein (Grünfeld, Schlesinger, Frieser, Manasse, Komor, Goldmann, v. Öfele, Steiner, Burchard), was aber von Reyher in Abrede gestellt wird. Ein wesentlicher Vorteil der Pyrenolmedikation bei Pertussis liegt darin, daß es Komplikationen seitens der Lunge vorbeugt, weil durch die Wirkung des Benzoësäurethymylesters eine Sekretansammlung in den Bronchien verhindert wird (Lewitt). Das Mittel leistet ferner gute Dienste beim kardialen Asthma, bei Emphysem und chronischer Bronchitis (Sternberg, Helfer, Boellke), sowie als Antipyretikum bei Influenza (Manasse, Steiner, Fasano) und bei Typhus abdominalis (Köhler). Bei Pneumonie und Pleuritis, bei katarrhalischen, entzündlichen und exsudativen Vorgängen der Luftwege überhaupt entfaltet es nebst der antipyretischen noch eine vorzügliche analgetische und milde desinfizierende Wirkung (Helfer, Frieser, Löb, Winterberg, Keiner). Weiter ist das Pyrenol angezeigt bei akutem Gelenks- und Muskelrheumatismus, Ischias, Interkostal- und Trigeminusneuralgien (Manasse, Grünfeld, Silber) und endlich auch (nach eigenen Wahrnehmungen) bei verschiedenartigen nervösen, besonders durch Hysterie bedingten Herzaffektionen. Hiebei vereinigte das Präparat die den Brom- und Baldrianmitteln eigentümlichen (zum Teil rein suggestiven) Wirkungen mit den sedativen und analgetischen zu einem starken Gesamteffekt (Burchard).

Ablehnend äußern sich gegen das Mittel Reyher, Harnack und Heubner, der es als wertlos, überflüssig und falsch deklariert bezeichnete. Das Mittel wird in neuester Zeit in Form der Gelonida dargestellt und soll nunmehr der Deklaration entsprechen.

Dosierung: Man gibt das Mittel in Pulvern zu 1—2 g, 1—2 mal täglich, oder in Gelatinekapseln, bzw. Tabletten à 0,5 g, auch in Solution (8—10 : 200 aq. dest., davon zweistündlich ein Eßlöffel voll). Bei Keuchhusten verordnet Lewitt: Pyrenol 5,0, Aq. dest. 75,0, Syr. rub. Idaei 20,0, S. 3—4 mal täglich ein Kinderlöffel voll. Als Antipyretikum (bei Typhus) verabreicht Köhler vierstündlich 0,5—0,75 g. Man vermeide das Pulver trocken auf die Zunge zu schütten, weil der flüchtige Benzoësäurethymylester Brennen verursacht. Aus gleichem Grunde soll man auch kein warmes Wasser benutzen, weil der Ester bereits bei einer Temperatur von 30° verflüchtet. Der brennende Geschmack kann durch Milch oder Kakao verdeckt werden, am besten jedoch wird das Mittel in Oblaten oder Gelatinekapseln genommen (Schlesinger).

Literatur: Schlesinger, Therap. Monatsh., 1, 1903. — Frey, Die Heilk., 9, 1903. — Sternberg, Ärztl. Rundsch., 31, 1903. — Isenburg, Medico, 47, 1903. — Helfer, Med.-chir. Zentralbl., 47, 1903. — Frieser, Wien. med. Blätter, 48, 1903. — Manasse, Allg. med. Zentralztg., 49, 1903. — Grünfeld, Ärztl. Zentralztg., 51, 1903. — Lewitt, Therap. Monatsh., 6, 1904. — Löb, Berl. klin. Wochenschr., 41, 1904. — Komor, Deutsch. Medizinalztg., 91, 1904. — Lewitt, Therap. d. Ggw., 2, 1905. — Goldmann, Zentralbl., f. Kinderheilk., 2, 1905. — Silber, Österr. Ärzteztg., 4, 1905. — Burchard, Therap. d. Ggw., 4, 1905. — Winterberg, Wien. klin. Rundsch., 5, 1905. — Köhler, Schmidts Jahrb., 6, 1905. — Steiner, Fortschr. d. Med., 15, 1905. — Fasano, Wien. med. Presse, 44, 1905. — Baß, Wien. klin. Rundsch., 48, 1905. — Keiner, Inaug.-Dissert., Berlin 1905. — v. Oefele, Deutsch. med. Presse, 15, 1906. — Steiner, Repertor. d. prakt. Med., 3, 1907. — Reyher, Therap. Monatsh., 10, 1907. — Heubner, ebendort, 9, 1908. — Harnack, Deutsch. med. Wochenschr., 36, 1908. — Boellke, Med. Klin., 8, 1909.

Fabr.: Goedecke & Co., Berlin N. 4.
Preis: 20 Tabl. à 0,5 g Mk. 1,—. K. 1,30. 1 g Mk. 0,20. K. 0,30. 10 g Mk. 1,75. K. 2,20.

Thymianpräparate, die seit langer Zeit bei Keuchhusten verwendet werden, lassen sich nach Fischer in zwei Gruppen teilen:

A. Bromfreie Präparate, wie Extract. Thymi Kern, Saurs Fluidextrakt, Schantes Thymiansirup und Serothymin Roth.

B. Bromhaltige Präparate wie Pertussin (Täschner), Solvin (Müller) und Thymobromal.

1. **Extract. Thymi** (Kern) kommt in 3 Stärken im Handel vor: als Extractum concentratum, einer klaren dunkelbraunen Flüssigkeit mit herbem Geschmacke, als 75% Extrakt mit 25% Zuckersirup, von angenehmem Geschmacke, und als 45% Präparat, das wegen seines süßen Geschmackes vornehmlich bei Kindern angewendet werden kann. Man gibt davon bei Keuchhusten dreistündlich einen Kaffeelöffel voll, worauf nach 3—4 Tagen die heftigen Hustenanfälle gemildert und auf ein geringes Maß zurückgeführt werden. Ferner ist das Präparat nach Straßburg auch bei Asthma bronchiale und Emphysem, wo ja die vorhandene Dyspnöe größtenteils von dem begleitenden Bronchialkatarrh abhängt, von Nutzen.

Fabr.: F. Walther, Straßburg.
Preis: 200 ccm Mk. 2,50.

2. **Saurs Fluidextrakt** ist eine hellbraune, klare Flüssigkeit von herbzusammenziehendem Geschmacke und vom spez. Gew. 1,014. Der Gehalt an Alkohol beträgt ca. 19%. — Es ist durch besonders hohen Thymiangehalt ausgezeichnet. Gebräuchliche Dosis für Kinder 3—6 Kaffeelöffel täglich.

3. **Schantes Thymiansirup** ist ein mit Honig versetzter Thymianextrakt, der an Wirkung dem Pertussin (s. d.) gleich kommt.

4. **Serothymin** (Roth), ein alkoholischer Thymianextrakt, ist eine braune, klare Flüssigkeit von schwachem Thymiangeruch und spez. Gew. 1,075. Alkoholgehalt ungefähr 10%. — Es scheint ein besonderes Geschmackskorrigens zu enthalten.

Dosis je nach dem Alter des Kindes 1—10 Kaffeelöffel pro die.

5. **Pertussin,** Extract. Thymi saccharatum (Täschner), zeigt überraschende Wirkung bei Keuchhusten, indem die Erstickungsanfälle nach

wenig Tagen schwinden und die Expektoration sehr leicht wird (Fischer, Blumenthal und eigene Beobachtungen). Es erwies sich auch noch bei akuten und chronischen Katarrhen der oberen Luftwege (Model, Ostrowicz, Kleinmond, Blumenthal), sowie beim Hustenreize Tuberkulöser, bei Emphysem und bei Pneumonien im Stadium der Lösung von günstiger Wirkung (Fischer, Goldmann). Nicht zufriedenstellende Resultate verzeichnete Rahner und Reyher.

Fabr.: Komandantenapotheke, Berlin.
Preis: Fl. (200 ccm) Mk. 2,25. K. 3,—.
Extr. Thymi saccharat. werden außerdem von Merck-Darmstadt und Hell-Troppau in den Handel gebracht.

6. **Solvin** (Müller) ist ein Thymian-Zuckerextrakt, welcher eine dunkelbraune, etwas ins Grünliche schillernde Farbe, dünne Sirupkonsistenz und aromatischen Thymiangeruch und -geschmack besitzt. Das spez. Gew. ist infolge des hohen Sirupgehaltes recht beträchtlich (1,2357), der Alkoholgehalt ca. 8,1% (Hirsch). Es wird bei Keuchhusten (6—8 Eß- oder Kaffeelöffel voll) gegeben, bewährte sich aber auch vorzüglich bei Bronchialkatarrhen, besonders bei quälendem Husten und bei Bronchopneumonien (3—4 mal täglich 1 Eßlöffel).

7. **Thymobromal**, ein Sirup, welcher Extr. castaneae vescae, Extr. Thymi frigid. parat. (sine spiritu) und pro 5 g 3 Tropfen Bromalhydrat enthält. Verwendung und Dosierung wie bei den vorbeschriebenen Präparaten (Wechsler).

Literatur: Fischer, Deutsch. med. Wochenschr., 27, 1898. — Goldmann, Wien. med. Blätter, 17, 1900. — Model, Therap. Monatsh., 7, 1902. — Ostrowicz, ebendort, 11, 1902. — Straßburg, Deutsch. med. Wochenschr., 25, 1903. — Fischer, ebendort, 25, 1903. — Hirsch, Therap. Monatsh., 2, 1904. — Wechsler, Wien. med. Presse, 22, 1905. — Rahner, Münch. med. Wochenschr., 25, 1905. — Kleinmond, Therap. Monatsh., 3, 1906. — Reyher, Therap. Monatsh., 513, 1907. — Blumenthal, ebendort, 143, 1908.

Thymomel Scillae enthält in 100 g die Extraktivstoffe von 0,35 g Bulb. scillae und von 14,3 g Herba Thymi Serpylli mit Bienenhonig zu einem angenehm schmeckenden Mittel vereinigt. Thymus Serpylli ist ein recht brauchbares Expektorans und Sedativum bei Hustenanfällen, das Scillaextrakt ergänzt diese Wirkung insofern, als es einen recht bedeutenden schleimlösenden Effekt entfaltet und der Honig endlich besitzt einen reizmildernden, die Schleimhäute beruhigenden Einfluß (Winterberg). Das Mittel wird bei Pertussis, akuter und chronischer Bronchitis erfolgreich angewendet (Winterberg, Weiß).

Literatur: Winterberg, Wien. klin. Rundsch., 38, 1905. — Weiß, Österr. Ärzteztg., 9, 1906.
Fabr.: Fragner Apotheke, Prag.
Preis: 1 Fl. (250 g) Mk. 2,50.

Tussol, mandelsaures Antipyrin, ist ein weißes, körniges Kristallpulver, das ungenau bei 53—55° C schmilzt, in Wasser schwer und in Alkohol leicht löslich ist.

Wirkung: Es entfaltet neben der antipyretischen noch narkotische Wirkung und findet bei Keuchhusten erfolgreiche Anwendung. Die Krampfanfälle werden schon nach 2—3 Tagen des Gebrauches in bezug auf Häufigkeit und Intensität herabgesetzt, die Krankheitsdauer selbst abgekürzt (Rehn, Rothschild, Urban, Frieser). Auch bei Kehlkopf- und Bronchialkatarrhen leistet Tussol gute Dienste.

Nebenwirkungen wurden nicht beobachtet.

Dosierung: Am besten gibt man das Mittel in wäßriger Lösung mit Syr. Rubi Idaei oder Cort. Aurant. als Korrigens und zwar viermal soviel Zentigramme als das Kind Monate, oder viermal soviel Dezigramme, als es

Jahre zählt, in 60 g Wasser gelöst auf 2 Tage (Urban). Darreichung mit Milch, sowie unmittelbar vor und nach den Mahlzeiten ist zu unterlassen.
Literatur: Rehn, Münch. med. Wochenschr., 46, 1894. — Rothschild, Berl. klin. Wochenschr., 1, 1896. — Urban, Wien. med. Blätter, 40, 1897. — Frieser, Wien. med. Presse, 22, 1900.
Fabr.: Höchster Farbwerke.
Preis: 1 g Mk. 0,25. K. 0,30.

Vaporin, Naphtheneucalyptocamphora, stellt eine rötliche, kristallisierte, eigentümlich riechende Masse dar, welche aus 180 Teilen Naphtalin. purissimum, 20 Teilen Kampfer und je 3 Teilen Ol. Eucalypti und Ol. pini piceae besteht. Es wird mit Wasser verdampft und die sich entwickelnden Dämpfe werden bei Keuchhusten eingeatmet (Staedtler, Itzkowitz).

Es genügt, 1 Eßlöffel täglich zu verdampfen und die Kinder $1/2$ bis $3/4$ Stunden im Verdampfungszimmer zu behalten. Wird dieses Verfahren schon im Inkubationsstadium angewendet, soll der Keuchhusten nicht weiter zum Ausbruch kommen. Bei bereits ausgebrochener Krankheit erfolgt in 10—14 Tagen, in schweren Fällen nach 4—6 Wochen Heilung (Itzkowitz). Kinder, die zugleich mit den Kranken der Einatmung ausgesetzt sind, erkranken nicht.
Literatur: Staedtler, Deutsch. Medizinalztg., 45, 1903. — Itzkowitz, Allg. Wien. med. Ztg., 30, 1904.
Fabr.: Krewell & Co., Köln.
Preis: 100 g Mk 2,—. K. 3,—.

Hautkrankheiten.

In der einleitenden Vorrede wurde darauf hingewiesen, daß bei Besprechung der neuen Arzneimittel nach Krankheitsindikationen nur solche Krankheiten und Krankheitsgruppen eine zusammenfassende Besprechung erfahren können, für welche allgemeine therapeutische Maßnahmen und alte Therapie im Vordergrund stehen. Dies gilt im Speziellen von den Hautkrankheiten. In einem Rezepttaschenbuch und in einem Handbuch der Therapie wird diesen eine besondere Aufmerksamkeit geschenkt werden müssen, schon mit Rücksicht auf die schwierige Differenzierung der einzelnen Indikationen. Die medikamentöse Therapie erstreckt sich aber doch hier mehr auf neue Arzneien, als auf neue Arzneimittel und gerade hier spielt eine zweckmäßige Kombination eine große Rolle. Aus diesem Grunde läßt sich hier nur auf die ausgezeichneten therapeutischen Behelfe für die Klinik der Hautkrankheiten verweisen.

Eine pharmakologische Grundlage für die bei Hautkrankheiten verwendeten Arzneimittel existiert in den wenigsten Fällen. Überall handelt es sich um empirisch eingeführte Stoffe. Wollen wir die Arzneimittel dieses Kapitels nach pharmakologischen Gesichtspunkten besprechen, dann müssen wir innerhalb dieses Kapitels jene Einteilung anwenden, die als Einteilungsprinzip dem ganzen Buche zugrunde liegt. Deshalb genügt hier der Hinweis auf jene Kapitel. Viele Hautkrankheiten sind ganz allgemein Konstitutionskrankheiten, für die ausschließlich Eisen-, Arsenpräparate etc. die wohlbegründete Therapie darstellen. Auf diese sei hier auch verwiesen. Weiter spielt die Desinfektion, die antibakterielle und besonders die antiparasitäre Behandlung auf dem Gebiete der Hautkrankheiten eine große Rolle. Wir haben deshalb hier einen großen Teil der allgemein als Desinfizientia geltenden Mittel besprochen, deren Hauptanwendungsgebot in der Dermatologie gelegen ist. Außerdem kommen für diesen Zweck noch eine ganze Reihe anderer in Betracht, namentlich solcher, deren Hauptindikationsgebiet die antiseptische Wundbehandlung darstellt. Sie mögen dort Erwähnung finden. Dagegen wurde im Zusammenhange mit den Hautkrankheiten die Hefetherapie besprochen, die als inneres Desinfiziens, speziell bei Furunkulose, ausgiebige Verwendung findet. Schließlich kommt als wichtigste Basis für die Therapie der Hautkrankheiten die Entzündungshemmung in Betracht und die oft gleichen Zwecken dienende Entzündungserregung; namentlich bei chronischen Entzündungen und den darauf basierenden Hautkrankheiten wird durch akute Entzündungserregung oft ein guter Erfolg erzielt werden können.

Die entzündungserregenden Stoffe finden wir nach alten Einteilungsprinzipien zusammengefaßt als Rubefacientia, Vesicantia und Suppurantia. Die ersteren sind vorwiegend Stoffe, welche durch lokale Hyperämie und durch lokale Schmerzerzeugung Entzündungen hervorrufen. Die Verwendung der Hyperämie als Heilmittel hat durch Bier eine wissenschaftliche Grundlage erhalten. Wohl die größte Anzahl der „Dermatika" dient mehr oder weniger diesem Zweck. Wir können an erster Stelle das Jod nennen, das trotz seiner alten Existenz und Verwendung in Form der Jodtinktur durch Grossich wieder zu großer Bedeutung gelangt ist und als entzündungshemmendes Agens, als Desinfiziens, eines unserer wertvollsten Arzneimittel darstellt. Ebenfalls durch lokale Entzündungserregung wirken ätherische Öle (Terpentinöl, Kampfer), die direkt in Form von Salben, Linimenten und Pflastern zweckmäßige Anwendung finden.

Die Entzündungserregung und parallel damit gehende Entzündungshemmung durch ätherische Öle findet namentlich bei der Behandlung der Krankheiten der Niere, der Blase und der Harnorgane Verwendung. Es wurde in diesen Kapiteln darüber das Notwendige gesagt. Forcierte Mazeration, Seifenwaschungen, Schwefelalkalien, Alkoholumschläge, Chloroformlinimente u. v. a. dienen ebenfalls dem Zweck der lokalen Entzündungserregung und -hemmung.

Eine mehr spezifische Verwendung als Hautarzneimittel finden die Allylverbindungen. Das Senföl, das bei der Applikation von Senfteig, Senfpflaster etc. auf fermentativem Wege entsteht, ruft rasch lokale Rötung hervor. Die Gefahr der raschen Blasenbildung muß berücksichtigt werden.

Ebenfalls durch die Allylgruppe wirksam ist der Allylthioharnstoff, das Thiosinamin und seine Natriumsalizylverbindung, das Fibrolysin. Dieses vermag die Hydrolyse des Kollagens zu Leim, einen in der Haut stets vor sich gehenden Prozeß, zu fördern (Starkenstein) und scheint auf die kollagenreichsten Stellen, auf Narben, eine elektive Wirkung auszuüben.

Eine Reihe von Hautkrankheiten erfordert die Anwendung energischer wirkender Stoffe, Ätzmittel, die durch ihre zelltötende Eigenschaft kranke Gewebspartien abstoßen und so zur Heilung führen können.

Die Anwendung der meisten Dermatika erfolgte, wie erwähnt, rein empirisch. Die experimentelle Grundlage der Wirkung dieser Mittel zu finden, fällt in den meisten Fällen zusammen mit dem Studium der Entzündungshemmung. Es haben solche Untersuchungen ergeben, daß analog der Entstehung der Entzündung durch periphere sensible Nervenreizung, durch Schmerz, schmerzstillende Mittel auch imstande sind, entzündungshemmend zu wirken (Spieß). Die als periphere Anästhetika und Analgetika verwendeten Stoffe, wie Kokain und seine Ersatzpräparate (Anästhesin), dienen auch vielfach der Entzündungshemmung. Gleichen Zweck verfolgen Alkoholverbände, Deckmittel, Pflaster, Salben, Puder u. a. Nach Bayliß ist die antiphlogistische Wirkung der peripheren Analgesie durch Lähmung der mit den sensiblen Nerven identischen Vasodilatatoren bedingt.

Ein Hauptmoment für die Entstehung der Entzündung ist die abnorme Durchlässigkeit der Gefäße. Fröhlich konnte nur durch Rechtsadrenalin, Januschke durch l-Adrenalin Entzündungshemmung erzeugen, wahrscheinlich infolge der vasokonstriktorischen Wirkung dieser Stoffe.

Es wurde schon erwähnt, daß die meisten bei Hautkrankheiten verwendeten Antiseptika infolge ihrer koagulierenden, gefäßdichtenden Fähigkeit, sowie dadurch, daß sie die Oberfläche mit einem undurchlässigen Häutchen überziehen, auch adstringierend und dadurch entzündungshemmend wirken.

Der Entzündungshemmung durch Balsamika (Winternitz), wurde ebenfalls schon gedacht. Noch nicht vollständig in ihrem Wesen aufgeklärt ist die entzündungshemmende Wirkung zweier Stoffe, die besonders unter den neuen Arzneimitteln weitgehende Verwendung gefunden haben. Von Chiari und Januschke wurde die resorptive, entzündungshemmende Wirkung der Kalziumsalze (s. d.) beobachtet. Die Autoren haben diese Entzündungshemmung als durch Gefäßdichtung bedingt aufgefaßt.

In letzter Zeit schließlich konnte von Wiechowski und Starkenstein noch die entzündungshemmende Eigenschaft des Atophans (s. d.) festgestellt werden. Dieses ist hinsichtlich der entzündungshemmenden Fähigkeit quantitativ dem Kalzium überlegen, verhält sich aber qualitativ wie dieses und weist auch in seinem sonstigen pharmakologischen Verhalten auffallende Übereinstimmung mit diesem auf. Es ist kein Anhaltspunkt vorhanden, die entzündungshemmende Atophanwirkung als durch Gefäßdichtung bedingt zu deuten. Es scheint dieses mit dem Kalzium in eine pharmakologische Gruppe zu gehören, deren entzündungshemmender Angriffspunkt noch nicht ganz aufgeklärt ist (Wiechowski).

Antileprol, der Äthylester der Chaulmoograsäure, ein gereinigtes Chaulmoograöl, das aus den Samen von Gynocardia odorata gewonnen wird. Das Antileprol ist eine klare Flüssigkeit von neutraler Reaktion, nicht unangenehmen Geruch und Geschmack und niedrigem spezifischen Gewichte. Engel-Bey glaubt im Antileprol das Mittel gefunden zu haben, mit dem man Lepra bei 1—2 Jahre dauernder Verabreichung heilen kann.

Man gibt es in Dosen von 2—5 g in warmem Tee, warmer Milch oder in Gelatinekapseln während der Mahlzeiten.

Kupfer sah auch bei subkutaner Applikation sehr schöne Erfolge, nur war diese Darreichungsform von stürmischer Reaktion (hohes Fieber, Abszeßbildung) gefolgt.

Literatur: Engel, Monatsh. f. prakt. Dermat., 290, 1909. — Kupfer, Therap. Monatsh., 141, 1911 (Ref.). — Engel-Bey, Arch. f. Dermat. u. Syph., 147, 1911.

Adhaesol ist eine ziemlich feste, weiße, geruchlose, sterile, klebrige Substanz, die, mittels Spatels auf die Haut gebracht, schon durch die Wärme der Haut auf dieser zu einem fest klebenden Salbenpflaster wird, das ohne Benzin nicht wieder zu entfernen ist. Es bleiben so die Medikamente, die man nach Belieben der Substanz zusetzen kann, in innigem Kontakt mit der Haut und können weder von Verbandstoffen noch von der Kleidung abgerieben werden (Dreuw).

Man verwendet das Adhaesol als Deckmittel für Wunden aller Art und mit Medikamenten zur Behandlung von chronischen Hautkrankheiten in der Weise, daß man auf die aufgetragene Masse eine dünne Wattschicht bringt, die haften bleibt.

Literatur: Dreuw, Allg. med. Zentralztg., 113, 1913.

Afridol, das Oxyquecksilber-o-toluylsaure Natrium, ist eine komplexe Hg-verbindung, welche, an und für sich ein Desinfektionsmittel, die desinfizierende Kraft der Seifen, besonders der an Palmitin, Stearin und Tripalmitin reichen Seifen, zu erhöhen vermag. Das Präparat hat vor dem Quecksilberchlorid den Vorzug, daß es sich bei Gegenwart von alkalischen Seifen nicht zersetzt. Es ist daher zur Bereitung von Hg-seifen geeignet. Eine solche ist als **Afridolseife** im Handel, welche 85% gesättigte Fette und 4% Afridol enthält und als Ersatz für Sublimatseife dient. Da sie weder Metalle angreift, noch die Haut reizt, ist sie nicht nur zur Händedesinfektion, sondern auch zur Desinfektion von Instrumenten geeignet. Die Desinfektionskraft des Afridols ist größer, als die des Lysols, vor dem es noch den Vorzug der Geruchlosigkeit besitzt (Schrauth und Schoeller, Schmid). Die Afridolseife wurde von Müller bei verschiedenen Trichophytien (Herpes tonsurans, Sycosis parasitaria), bei Akne und Furunkulose benützt und von Görl als Rasierseife empfohlen. Bei Akne wäscht man die betreffenden Stellen und läßt den Seifenschaum über Nacht eintrocknen. Auch bei impetiginösem Ekzem wurde sie mit gutem Erfolge an Stelle der weißen Präzipitatsalbe verwendet.

Literatur: Schrauth u. Schoeller, Med. Klin., 1405, 1910. — Görl, Münch. med. Wochenschr., 169, 1912. — Schmid, Therap. d. Gegenw., 271, 1912. — Müller, Deutsch. med. Wochenschr., 563, 1912.
Fabr.: Farbenfabr. vorm. Bayer & Co., Leverkusen.
Preis: 1 St. Afridolseife Mk. 1,50. K. 1,90.

Anthrasol ist ein Teerpräparat, welches von den lästigen Eigenschaften des Teeres (Klebrigkeit, Unlöslichkeit, Verunreinigung der Wäsche) frei ist. Es stellt ein leichtflüssiges, hellgelbes Öl von spezifischem Teergeruche dar und wird aus dem Steinkohlenteer durch ein besonderes Reinigungsverfahren (Eliminierung der Pechbestandteile und der schädlichen Pyridinbasen) gewonnen. Man kann es mit Alkohol und Azeton, fetten Ölen, Vasogen und flüssigem Paraffin verdünnen und zu Salben verarbeiten (Sack und Vieth).
Wirkung: Es durchdringt rasch die Haut und ermöglicht so eine beträchtliche Tiefenwirkung. Reizerscheinungen treten hiebei nach Vieth und Meyer in 2% aller Fälle auf. Den in ihm enthaltenen Phenolen kommt die juckstillende und schmerzlindernde, den Kohlenwasserstoffen die stimulierende Wirkung zu (Edelens).
Indikationen und Dosierung: Das Mittel wirkt bei Pruritus, Ekzem und parasitären Hautleiden eminent juckstillend und keratoplastisch (Sack und Vieth, Herxheimer, Schneider). Es ist als das beste Ersatzmittel des Teers bei denjenigen Ekzemformen anzusehen, bei welchen derselbe angezeigt erscheint (Kromayer, Toff, Richter, Edelens). Es wird hiebei in 10—30% Salben verwendet. Bei Sykosis empfiehlt Meyer eine Mischung von Anthrasol, Schwefel und grüner Seife, bei Pruritus vulvae et ani, Anthrasol., Lanolin. āā 5,0, Unguent. Glycerin. 40,0, bei beginnender Psoriasis endlich den 10—20% Anthrasolspiritus oder die 20% Salbe. Auch die 5—10% „**Anthrasolseifen** (Hell)" werden bei universellem Ekzem und Skabies als sehr brauchbar bezeichnet (Goldmann, Silberstein). Um mit den Seifen eine kräftige Wirkung zu erzielen, läßt man den aufgetragenen Seifenschaum eintrocknen und wäscht ihn erst nach Stunden ab. Bei gewerblichen Dermatosen und bei Urtikaria bewährten sich die 1% Vaselin- und Lanolinsalben, bei Furunkeln Einpinselungen mit der reinen Substanz (Goldmann). Bei nässendem Unterschenkelgeschwür, sowie in leichteren Fällen von Hyperhidrosis leistete das Anthrasolstreupulver (Anthrasol. 5,0, Lenigallol. 1,0, Zinc. oxyd., Talc. Venet. āā ad 100,0) gute Dienste (Schneider, Meitner). Von Sklarek wurden nachstehende Verschreibungen als empfehlenswert bezeichnet: Anthrasol. 10,0, Sulfur. praecip. 20,0, Acid. salicyl. 4,0, Pastae Zinci ad 100,0 — oder: Anthrasol. 5,0, Menthol. 1,0, Bromocoll. 10,0, Pastae Zinci 50,0.
Kontraindiziert ist das Mittel, wie die Teerpräparate überhaupt, beim entzündlichen Stadium des Ekzems, wirkungslos bei Lichen ruber (Schneider).

Literatur: Vieth, Therap. d. Ggw., 12, 1903. — Sack u. Vieth, Münch. med. Wochenschr., 18, 1903. — Herxheimer, Deutsch. med. Wochenschr., 5, 1904. — Goldmann, Deutsch. Ärzteztg., 11, 1904. — Meyer, Deutsch. Praxis, 17, 1904. — Sklarek, Deutsch. med. Wochen-

schr., 25, 1904. — Silberstein, Allg. med. Zentralztg., 27, 1904. — Kromayer, Wien. med.
Wochenschr., 3, 1905. — Schneider, Deutsch. Ärzteztg., 6, 1905. — Meitner, Klin. therap.
Wochenschr., 11, 1905. — Toff, Monatsh. f. prakt. Dermat., 12, 1905. — Richter, Med.
Klinik, 1, 1906. — Edelens, Allg. med. Zentralztg., 158, 1910.
Fabr.: Knoll & Co., Ludwigshafen.
Preis: 10 g Mk. 0,95. K. 1,30. Anthrasolseifen: St. zu Mk. 0,50 u. 0,60.

Bromotan, Bromtanninmethylenharnstoff, ist ein lockeres, staubfeines, gelbbraunes Pulver, das in Wasser unlöslich ist und fast keinen Geschmack und Geruch besitzt. Es wird mit Talk oder Zinkoxyd verdünnt ($10^0/_0$) bei nässendem Ekzem, das durch längeren Reiz von Wundsekret, Darminhalt etc. auf den benachbarten Hautpartien hervorgerufen wurde, verwendet. Vor allem beseitigte der Puder den Juckreiz (Rockstroh). Auch prophylaktisch ist es gegen Hautekzem bei Kot- und Blasenfisteln, sowie in $10^0/_0$ Salbe bei Pruritus vulvae angezeigt (Schäfer).
Literatur: Schäfer, Der Frauenarzt, 1, 1906. — Rockstroh, Therap. Monatsh., 4, 1906.
Fabr.: Dr. Voswinkel, Berlin.
Preis: 1 g Mk. 0,15.

Crurin, Chinolinwismutrhodanat, ist ein von Edinger in die Therapie eingeführtes, feines, ziegelrotes Kristallpulver mit einem leichten Geruch nach Chinolin. Es ist unlöslich in Alkohol und Äther, dagegen löslich in Aceton und ein wenig auch in Glyzerin und schmilzt bei 76^0 C. Die Verbindung ist ziemlich beständig und kann lange Zeit aufbewahrt werden (Steiner).
Wirkung: Das Crurin wirkt durch seine bei Berührung mit Körpersäften entstehenden Spaltungsprodukte stark bakterizid (Jacobi) und infolge der Wismutkomponente adstringierend (sekretionsbeschränkend). Vermöge seiner styptischen Eigenschaften ist es zur sofortigen Stillung kleinerer Blutungen gut zu verwenden (Bering).
Nebenwirkung: Bei empfindlichen Personen tritt nach Bestreuen einer Wunde mit reinem Crurin, oder nach Einspritzung einer $1/_2$—$1^0/_0$ Emulsion in die Harnröhre ein unangenehmes Brennen auf, das 10—15 Minuten anhält (Joseph, Stern, Bering, Honcamp). Zur Vermeidung von Reizerscheinungen bei der Crurinmedikation der Gonorrhöe ist auf sorgfältige Herstellung der Mixtur zu achten und sind Zubereitungen mit rötlichem Satze zurückzuweisen (Schwab). Der Bodensatz erscheint vielmehr in guten Suspensionen weiß, da durch das ausgeschiedene basische Wismutsalz die Flüssigkeit milchig getrübt erscheint.
Indikationen: Seine hauptsächlichste Anwendung hat das Crurin bisher bei Ulcus cruris, Ulcus durum et molle, sowie bei Kondylomen gefunden (Forchheimer, Joseph, Steiner). Weiter leistete es gute Dienste in der Therapie der Impetigines (Honcamp), in der kleinen Chirurgie (Bering) und bei Behandlung der Gonorrhöe, bei welcher es den Verlauf abkürzt und Komplikationen seltener auftreten läßt (Jacobi, Stern, Schwab, Porosz).
Dosierung: Es wird als Streupulver zweckmäßig mit Amylum (5,0 bis 10,0—50,0—100,0:100,0) gemengt verwendet und in dünner Schichte auf die Wunden gebracht (Joseph), wo es bei starker Sekretion einen hellgelben Brei, bei spärlicher einen braunen, festhaftenden Schorf erzeugt, unter welchem die Ulzera heilten (Forchheimer). Für die Gonorrhöebehandlung bewährte sich die von Jacobi und Schwarz angegebene $1/_2^0/_0$ Suspension (Crurin 1,0, contere cum aq. dest., Glycerin. āā 5,0, adde paullatim Aq. dest., q. s. ad 200,0). Von Hartmann wird die $10^0/_0$ und $20^0/_0$ sterilisierte Gaze empfohlen.
Literatur: Edinger, Deutsch. med. Wochenschr., 24, 1895. — Forchheimer, Therap. Monatsh., 8, 1898. — Joseph, ebendort, 1, 1900. — Steiner, ebendort, 1, 1900. — Jacoby, Deutsch. med. Wochenschr., 52, 1901. — Schwab, Die med. Woche, 43, 1902. — Stern, Deutsch. med. Wochenschr., 12, 1903. — Bering, Therap. d. Ggw., 7, 1904. — Porosz, Monatsh. f. prakt. Dermat., 10, 1904. — Honcamp, ebendort, Bd. 39, 1904. — Joseph, Dermat. Zentralbl., 7, 1905. — Hartmann, Therap. d. Ggw., 8, 1906.

Empyroform, ein Kondensationsprodukt von Teer und Formaldehyd, stellt ein graubraunes, trockenes, nicht hygroskopisches Pulver dar, welches in Wasser unlöslich ist, sich dagegen in Azeton, Alkohol, Äther, kaustischen Alkalien und Chloroform leicht löst. Der schwache, nicht mehr an Teer erinnernde Geruch, der dem Mittel anhaftet, verschwindet in Salben und Tinkturen vollständig (Sklarek).

Wirkung: Das Empyroform besitzt hervorragende juckstillende und austrocknende Eigenschaften und hat vor dem Teer den Vorzug, daß es weder lokale Reizungen, noch Intoxikationen hervorruft, die Wäsche nicht beschmutzt und von dem lästigen Teergeruch frei ist (Sklarek, Kornfeld, Bering, Weiß).

Nebenwirkung: In einigen Fällen nimmt der Harn leicht dunkelbraune Färbung an und ist Phenol in Spuren, Eiweiß niemals nachzuweisen. Vereinzelt wurden spärliche, follikuläre, sich spontan zurückbildende Infiltrate gefunden (Kraus).

Indikationen: Das Hauptanwendungsgebiet des Mittels bildet das Ekzem, selbst im nässenden Stadium (Sklarek, Kraus, Bering, Pollitzer, Weiß). Aber auch bei Psoriasis (Kraus), bei Lichen scrophulosorum und Prurigo (Bering), sowie chronisch entzündlichen, parasitären Prozessen (Pollitzer) wurden günstige Erfahrungen gemacht. Nur in schweren chronischen Fällen von Psoriasis und Herpes tonsurans versagte es entweder vollkommen oder wurde vom Teer an Tiefenwirkung übertroffen.

Dosierung: Das Mittel kann als Pulver, sowie in Salben- und Pastenform, wie auch in Form von Tinkturen angewendet werden und zwar als $1-20\%$ Empyroformvaseline, $10-20\%$ Empyroform-Blei-, bzw. Zinkvaseline oder -paste (Empyrof., Amyli āā 25,0, Vaselin 50,0). Für das Anfangsstadium des Ekzems empfiehlt es Sklarek in Form einer Tinktur (Empyrof. 5,0—10,0, Chloroform, Tctr. Benzoës āā ad 50,0) und Meyer in Form einer Schüttelmixtur (Empyrof. 15,0, Talc. Venetum, Glycerin āā 10,0, Aq. dest. 20,0) zur Einpinselung. Für die Behandlung der oberflächlichen Formen der Psoriasis benützte Kraus die $1-5\%$ Azetonlösung zur Pinselung, für die tieferen das $5-15\%$ Liniment (Empyrof. 5,0—15,0, Liniment. exsicc. Pick 100,0).

Literatur: Sklarek, Therap. d. Ggw., 7, 1903. — Kraus, Prag. med. Wochenschr., 33, 1903. — Bering, Therap. d. Ggw., 7, 1904. — Kornfeld, Zentralbl. f. d. ges. Therap., 12, 1904. — Meyer, Münch. med. Wochenschr., 30, 1904. — Pollitzer, Die Heilk., 4, 1905. — Weiß, Neue Therap., 11, 1905.
Fabr.: Chem. Fabr., vorm. E. Schering, Berlin.
Preis: 25 g K. 3,—.

Epicarin, β-Oxynaphthylorthooxymetatoluylsäure, ist ein Kondensationsprodukt der Kreosotinsäure und des β-Naphthols und stellt ein schwach gefärbtes Pulver dar, welches in heißem Wasser, Essigsäure, Benzol und Chloroform schwer, dagegen in Alkohol, Äther, Azeton, Seifen, sowie in einem Gemisch von Ölen und Azeton oder Äther sehr leicht löslich ist und bei 199^0 C schmilzt. Mit Vaselin, Lanolin usw. läßt es sich leicht zu Salben verreiben (Eichengrün).

Wirkung: Das Epicarin stellt ein entgiftetes β-Naphthol unter Erhaltung der spezifischen Wirkungsweise desselben dar. Es bewirkt eine Mortifizierung der oberflächlichen Epidermisschichten, die bisweilen von geringer Exsudation begleitet ist (Kaposi).

Nebenwirkung: Einmal wurde Urtikaria, einmal das Auftreten eines ausgebreiteten, papulösen Ekzems schon nach der ersten Einreibung beobachtet (Siebert).

Indikationen: Es wird vornehmlich zur Behandlung von Dermatomykosen und Skabies gebraucht (Kaposi, Rille, Pfeiffenberger, Iványi), doch hat es hiebei gegenüber β-Naphthol den Nachteil, daß es jeden Einfluß auf die begleitenden, ekzematösen Erscheinungen vermissen läßt (Siebert).

Weiter wird über günstige Wirkung bei Prurigo, Herpes tonsurans (Kaposi, Kraus), sowie bei Seborrhoea capitis, Perniones, endlich bei Lichen ruber planus (Winkler) berichtet. Gegenüber Ekzem und Psoriasis versagte das Mittel (Pfeiffenberger, Kraus, Iványi).

Dosierung: Bei Skabies und Prurigo bewährt sich am besten die zweimal tägliche Applikation einer 10% Salbe, bei Herpes tonsurans eine 10—15% alkoholische Lösung (Kaposi). Gegen Seborrhoea empfiehlt Winkler: Epicarin. 5,0, Aeth. sulf. 15,0,'Spir. Vini Gallic. 80,0, S. Haarspiritus, einmal täglich in nicht zu großer Menge einzureiben; bei Perniones: Epicarin. 3,0, Sapon. viridis 0,5, Unguent. Caseini 30,0, S. Täglich nach einem Reinigungsbade und sorgfältigem Abtrocknen aufzutragen.

Literatur: Eichengrün, Pharm. Zentralhalle, 7, 1900. — Kaposi, Wien. med. Wochenschr., 6, 1900. — Rille, Die Heilk., 12, 1900. — Pfeiffenberger, Klin. therap. Wochenschr., 19, 1900. — Kraus, Allg. Wien. med. Ztg., 24, 1900. — Siebert, Münch. med. Wochenschr., 43, 1900. — Winkler, Monatsh. f. prakt. Dermat., 8, 1901. — Iványi, Orvosok lapja, 11, 1901, rf. in Schmidts Jahrb., Bd. 272, 1, 1901.
Fabr.: Farbenfabr., vorm. Bayer & Co., Leverkusen.
Preis: 1 g Mk. 0,20. 10 g Mk. 1,40.

Eucerin ist eine neue, schneeweiße, sehr geschmeidige Salbengrundlage, die aus einer Schmelze von 1 Teil Liftschützschen Wollfettalkoholen mit 20 Teilen Paraffinsalbe und 20 Teilen Wasser besteht. Der Zusatz der Wollfettalkohole zum Vaselin bewirkt ein großes Wasseraufnahmsvermögen und gibt dem Eucerin seine vorzügliche Eignung als Kühlsalbe, für sich allein oder nach Unnas Vorschlag in Verbindung mit gleichen Teilen Bleiessig oder Aluminiumazetat, Salmiakgeist oder Zinkoxyd, Diachylonsalbe oder Schwefel. Es kann auch zu Teer- und Ichthyolsalben verwendet werden und wurde mit Erfolg bei Ichthyosis, seborrhoischen und juckenden Ekzemen, sowie mit Perhydrol (Eucerin. 20,0, Perhydrol. 5,0—20,0) gegen schmerzhafte Mückenstiche gebraucht (Unna, Philippi).

Literatur: Unna, Med. Klin. 42/43, 1907. — Unna, Monatsh. f. prakt. Dermat., 6, 1909. — Philippi, Münch. med. Wochenschr., 35, 1909. — Unna, Med. Klin., 95, 1911.
Fabr.: Beiersdorf & Co., Hamburg.
Preis: Eucerin-Cold-Cream. Dose 10 g Mk. 0,10. K. 0,20. 100 g Mk. 0,80. K. 1,65. Eucerin-Streupulver. Dose (100 g) Mk. 0,50.

Eudermol, Nicotinum salicylicum, bildet farblose, durchsichtige Kristalle, die leicht in Wasser und den meisten organischen Lösungsmitteln löslich sind und einen leicht brenzlichen Geruch besitzen. Die 0,1% Salbe, welche weder, wie Naphtholsalbe, reizt, noch Albuminurie oder sonstige Intoxikationserscheinungen höheren Grades verursacht, auch die Wäsche nicht angreift, wird von Wolters als Heilmittel gegen Skabies empfohlen. Besonders hervorzuheben ist die juckreizmildernde Eigenschaft des Mittels. Meist genügt eine zweimalige Anwendung zur gänzlichen Beseitigung der Skabies (Marenbach, Wolters). Von Nebenwirkungen wurde einmal von Wolters eine über den ganzen Körper verbreitete Dermatitis mit Ödem des Gesichtes, von Marenbach geringes Herzklopfen, Erbrechen und Übelkeit beobachtet. Nach Wolters bewährte sich das Mittel auch bei akutem und chronischem Ekzem und in 0,1% Traumaticinlösung bei Sykosis, Herpes tonsurans und Lichen chronicus.

Literatur: Wolters, Therap. Monatsh., 8, 1898. — Marenbach, Therap. d. Ggw., 3, 1902.
Fabr.: Dr. Marquart, Beuel a. Rh.
Preis: 1 g Mk. 1,80.

Eugallol, Pyrogallolmonoazetat, ist eine sirupdicke, kaum flüssige, durchsichtige, braungelb gefärbte Masse, die in Wasser und anderen Lösungsmitteln leicht löslich ist. Im Handel kommt es mit 33% Azeton verdünnt vor.

Es wird bei Psoriasis und Lupus, überhaupt bei chronischen Dermatosen in Form von Pinselungen mit der wäßrigen oder öligen Lösung mit Rizinusöl verwendet, doch ist wegen seiner energischen Wirkung Vorsicht angezeigt, da es selbst auf gesunder Haut Entzündungserscheinungen hervorruft (Kromayer und Vieth) und infolge der Reizerscheinungen die Behandlung oft unterbrochen werden muß, ehe noch der Erfolg eingetreten ist (Bottstein). Besonders gute Erfolge sahen Ehrmann und Kaufmann bei chronischen urethralen Schleimhautkatarrhen und Pachydermien. Unangenehm ist die nach Eugallolgebrauch eintretende Schwarzfärbung der Haut, die am meisten ausgesprochen ist bei Anwesenheit von Zinkoxyd, durch Salzsäure und Seife gesteigert und durch Zusatz von Salizylsäure gemildert werden kann (Grüneberg).

Kontraindiziert ist das Mittel bei ausgedehnter Psoriasiserkrankung und akuten Eruptionen.

Literatur: Kromayer u. Vieth, Therap. Monatsh., 8, 1898. — Bottstein, ebendort, 1, 1899. — Grünberg, Dermat. Zeitschr., Bd. 6, 1899. — Ehrmann, Therap. Monatsh., 5, 1910. — Kaufmann, ebendort, 5, 1910.
Fabr.: Knoll & Co., Ludwigshafen.
Preis: 10 g Mk. 1,90.

Euresol, Monoazetylresorzin, ist eine dickflüssige Masse von honiggelber Farbe und angenehmem Geruch, die in Azeton löslich ist. Es ruft ähnlich wie Resorzin eine Kräftigung und Härtung der Epidermis hervor, wodurch infolge des zustande gekommenen Druckes auf das Unterhautzellgewebe die vorhandene Hyperämie beseitigt wird (Joseph). Es wird mit gutem Erfolge in folgender Verschreibung zur Behandlung der Frostbeulen verwendet: Euresol., Eucalyptol., Ol. Terebinthinae ā̄ā 2,0, Collod. ad 20,0; oder Euresol., Eucalytol., Ol. Terebinth., Lanolin ā̄ā 2,0, Sapon. unguinos. 20,0.

Literatur: Joseph, Dermat. Zentralbl., 6, 1905.
Fabr.: Knoll & Co., Ludwigshafen.
Preis: 1 g Mk. 0,20. K. 0,25.

Fermentum cerevisiae, Faex medicalis, gewöhnliche Bierhefe, wird schon seit vielen Dezennien in der Praxis benützt und gilt in manchen Gegenden Frankreichs als Volksmittel.

Wirkung: Das Mittel entfaltet desinfizierende und bakterizide Wirkungen, welche dadurch zustande kommen, daß sein Gärungsenzym, die Zymase, Zucker in Alkohol und Kohlensäure zerlegt (Fränkel). Im Magen wird die Hefe nur wenig angegriffen und gelangt daher im Darm genug gärkräftig an, um die Spaltung des Zuckers vorzunehmen, wobei die im Darme vorhandenen Mikroben den Prozeß kaum beeinträchtigen. Daraus ergibt sich für die Praxis, daß man unter Zuhilfenahme von Hefe dem diabeteskranken Organismus mit Nutzen größere Mengen von Kohlehydraten einverleiben kann (Nobécourt). Die abführende Wirkung der Hefe beruht zu einem erheblichen Teile auf einer in ihr enthaltenen Fettsubstanz (Roos und Hinsberg). Bei Furunkulose und Anthrax ist die Hefe imstande, bereits bestehende Furunkel in ihrer Entwicklung aufzuhalten, die Eiterungen und Komplikationen (Ödem, Lymphangitis) zu reduzieren und die Affektion, wenn nicht vollkommen zu unterdrücken, doch wesentlich in ihrer Dauer abzukürzen (Brocq). Den günstigen Einfluß der Hefe auf Scheidenkatarrhe erklärt Landau durch direkte mechanische Verdrängung (Überwucherung) der den Katarrh unterhaltenden Mikroorganismen (fermentative Wirkung), durch Wasserentziehung oder Entziehung sonstiger für die vorhandenen Keime zum Leben nötiger Stoffe, endlich durch die Wirkung der Stoffwechselprodukte der Hefe, durch welche die Reaktion des Nährbodens verändert wird, so daß den Organismen ein Gedeihen unmöglich gemacht wird.

Nebenwirkungen: Manchmal wird während der Hefedarreichung Magendrücken, saures Aufstoßen oder erhebliche Diarrhöe beobachtet (Brocq, Nobécourt). Nach Applikation von flüssiger Hefe in der Scheide tritt manchmal Juckgefühl in derselben auf (Landau).

Indikationen und Dosierung: Das Mittel wird vor allem innerlich gegen Furunkulose angewendet (Brocq, Roos, Paschkis, Kirchbauer, Czerwenka, Polland), wenn anzunehmen ist, daß die Erkrankung mit gestörter Darmfunktion in Beziehung steht. Nach Mitteilungen einer großen Zahl französischer Autoren bewährte es sich ferner bei der Pockenerkrankung, bei Masern und Scharlach, bei welchen es den Krankheitsverlauf abkürzt, sowie Komplikationen vorbeugt (Kirchbauer), bei Erysipel (Kirchbauer, Bornina), bei Urtikaria (du Bois, Polland), bei Obstipation (Roos), bei fieberhaften Erkrankungen wie Pneumonie (Bornina) und Typhus (Hirtzmann, Kirchbauer), sowie bei Diabetes (Nobécourt, Kirchbauer). In der Augenheilkunde berichtet Terson über gute Erfahrungen bei Hordeolum. In Form von Klysmen (1 Kaffeelöffel trockener Bierhefe in 50—60 g lauen Wassers verrührt) wird es bei subakuten und chronischen Gastroenteritiden, besonders im Kindesalter (Thiercelin und Chevrey), in Form von vaginalen Einspritzungen (10—20 ccm dickflüssiger Hefe) bei Scheidenkatarrhen empfohlen (Landau, Kehrer, Abraham). Es sollte stets frische Bierhefe verwendet werden und ist für den internen Gebrauch bei jeder Mahlzeit ein haselnußgroßes Stück in Wasser verteilt zu verabfolgen (Brocq). Von Hirtzmann wird bei Typhus dreimal täglich eine Dosis von 20 g gegeben, nach Roos empfehlen sich dabei die keratinierten Pillen à 0,5 g (2—3 Stück täglich).

Literatur: Brocq, Presse médicale, 8, 1899. — Landau, Deutsch. med. Wochenschr., 11, 1899. — Thiercelin u. Chevrey, rf. im Zentralbl. f. inn. Med., 26, 1900. — Roos, Münch. med. Wochenschr., 43, 1900. — Terson, rf. in Mercks Jahresber. 1900. — Nobécourt, rf. ebendort 1901. — Paschkis, Wien. klin. Wochenschr., 31, 1902. — du Bois, Presse médicale, 38, 1902. — Roos u. Hinsberg, Münch. med. Wochenschr., 28/29, 1903. — Fränkel, Deutsch. med. Wochenschr., 1, 1904. — Bornina, ebendort, 20, 1904. — Czerwenka, Wien. klin. Wochenschr., 47, 1904. — Hirtzmann, Med. Klinik, 9, 1905. — v. Kirchbauer, Deutsch. med. Wochenschr., 18, 1905. — Kehrer, Münch. med. Wochenschr., 5, 1908. — Polland, ebendort, 1158, 1910.

Fabr.: E. Merck, Darmstadt.
Preis: 100 g Mk. 1,—. K. 1,20.

Hefepräparate:

Außer der gewöhnlichen Bierhefe befindet sich eine ganze Reihe von Hefepräparaten im Handel, unter denen die trockenen Hefen den ersten Platz einnehmen. Als das beste ist hierbei dasjenige Präparat anzusehen, welches keine lebenden Zellen mehr besitzt, dagegen bei geringem Wassergehalte die größte Gärkraft, bakterizide und verdauende Eigenschaften aufweist (Krause).

a) **Biozyme** ist ein Dauerhefepräparat in Form von hellbraunen millimeterlangen fadenförmigen Stängelchen von kräftigem Hefegeruch und angenehmem Geschmack. Jede Flasche ist mit einem Garantieschein versehen, bis zu welchem Tage dieselbe abgegeben werden darf. (Lagerzeit darf 1 Jahr nicht überschreiten). Das Präparat ist nach Stephan bezüglich chemischer Zusammensetzung, Zymasegehalt und Gärkraft der frischen Hefe vollkommen gleichwertig.

Literatur: Stephan, Therap. Monatsh., 356, 1913.

b) **Cerolin,** die wirksame Fettsubstanz der Hefe. Die Hefe enthält eine durch Hitze nicht zerstörbare, also nicht zu den gärungserregenden Fermenten gehörige Substanz, auf welche die abführende Wirkung zurückzuführen ist und welche als Cerolin bezeichnet wird. Das Präparat stellt eine je nach der Temperatur halb- bis zähflüssige Masse von gelblich bis brauner Farbe von nicht unangenehmem Hefegeruche dar und kommt zur handlicheren Dispensation in Form von Pillen mit 0,1 g Cerolin in den Handel. Man gibt davon täglich vor der Mahlzeit 1—3 Pillen. Es bewährte sich bei Obstipation und Hämorrhoiden (Löbl), bei Furunkulose und Akne (Roos und Hinsberg, Meisels und Brauner, v. Zeißl, Toff), wobei nur ausnahmsweise Übelkeit,

Erbrechen und Aufstoßen, niemals Leibschmerzen beobachtet wurden und in der gynäkologischen Praxis, wobei es intrauterin und vaginal in verschiedenen Vehikeln (Gelatinebougies, Vaginalkugeln mit Butyr. Cacao) angewendet wird (Toff). In eigenen Versuchen habe ich bei einem Verbrauche von ca. 4000 Pillen niemals Nebenwirkungen gesehen.

Literatur: Roos u. Hinsberg, Münch. med. Wochenschr., 28/29, 1903. — Meisels u. Brauner, Pharmak. u. therap. Wochenschr., 5, 1905. — v. Zeißl, Wien. med. Presse, 16, 1905. — Löbl, Wien. klin. Rundsch., 25, 1906. — Toff, Med. Klinik, 29, 1906. — v. Zeißl, Wien. med. Presse, 51, 1906.
Fabr.: Böhringer & Söhne, Waldhof-Mannheim.
Preis: Sch. m. 50 u. 100 Pillen à 0,1 g Mk. 1,75 u. 3,—. K. 2,— u. 3,50.

c) **Fermocyl** ist eine Mischung von Trockenhefe, Pankreaspulver und Natriumphosphat in Tablettenform. 1 Tablette entspricht ca. 2 g frischer Hefe.

Das Präparat bewirkt bei leichten und mittelschweren Fällen von Diabetes eine Erhöhung der Toleranzgrenze gegen Kohlehydrate, bei schweren Fällen, Hebung des Allgemeinbefindens, Schwinden der Schlaflosigkeit, der Kopfschmerzen und des Pruritus und Zurückgehen bestehender Furunkulosis (Fränkel). Während von Korczynski, Scherk und Seemann bei Verabreichung von 3 mal täglich 3 Tabletten ebenfalls ein günstiger Einfluß auf das Leiden — Abnahme der Zuckermengen bei gleichbleibender Kohlehydratzufuhr — festgestellt werden konnte, ließ das Mittel nach Blum keine derartige Wirkung erkennen.

Literatur: v. Korczynski, Österr. Ärzteztg., 10, 1911. — Scherk, Klin. therap. Wochenschr., 20, 1911. — Seemann, Fortschr. d. Med., 24, 1911. — Fränkel, Allg. med. Zentralztg., 153, 1911. — Blum, Therap. Monatsh., 237, 1912.
Fabr.: Vial u. Uhlmann, Frankfurt.
Preis: Sch. m. 120 Tabl. à 0,6 g Mk. 5,—. K. 6,—.

d) **Furunculine**, ein Schweizer Präparat, das volle chemische Aktivität besitzt, die Hefezellen intakt geblieben sind und in gleicher Weise wie die gewöhnliche Bierhefe verwendet wird (Krause, Saalfeld).

Literatur: Krause, Therap. d. Ggw., 3, 1904. — Saalfeld, Deutsch. med. Wochenschr., 29, 1906.
Fabr.: La Zyma, Aigle, Schweiz.
Preis: Büchse 100 g Mk. 2,—. K. 2,50. R. m. 20 Tabl. Mk. 1,20. K. 1,50.

e) **Levuretin**, eine Hefepräparat von pulverförmigem Aussehen und gelblicher Farbe, das aus normalen, meist unversehrten Hefezellen besteht. Es ist ein durchaus gärungsfähiges Präparat und wird in Dosen von 2 mal täglich 1 Teelöffel voll in Wasser oder lauwarmer Suppe empfohlen bei Furunkulose, chronischen Ekzemen und Akne, bei Phlegmonen und Panaritien, Leukorrhöe, Erkrankungen der Luftwege und des Darmes, sowie bei allgemeinen Infektionskrankheiten, bei Diabetes (Goliner, Hedrich) und bei Gastroenteritis des Kindesalters (Sittler).

Literatur: Goliner, Therap. Monatsh., 8, 1903. — Hedrich, Deutsch. Ärzteztg., 3, 1904. — Sittler, Münch. med. Wochenschr., 36, 1906.
Fabr.: Feigel, Lutterbach.
Preis: 1 Fl. 200 g Mk. 4,80. K. 6,80. Tabl. à 0,5 g in Packungen zu 65, 100 u. 200 g.

f) **Levurinose** ist durch kalten Luftstrom getrocknete Bierhefe von vollständiger chemischer Aktivität, deren Zellen intakt erhalten sind. Sie stellt ein gelblichweißes Pulver mit nicht unangenehmen Hefegeruch dar. Über günstige Erfahrungen bei Acne vulgaris, Urtikaria, gewissen Ekzemen, Follikulitis und Furunkulosis sowie Diabetes berichten Goliner, v. Kirchbauer, Schweitzer und Spann, welch letzterer bei einzelnen Kranken leichten Durchfall nach längerem Gebrauche konstatierte. Die angewendete Dosis war dreimal täglich 1 Kaffeelöffel voll vor dem Essen.

Literatur: Goliner, Medico, 5, 1905. — v. Kirchbauer, Deutsch. med. Wochenschr., 18, 1905. — Spann, Medico, 8, 1905. — Schweitzer, Allg. med. Zentralztg., 8, 1907.

g) **Mycodermin,** ein Dauerhefepräparat, welches von Atanačkovič mit Zucker oder Bolus bei Typhus mit multiplen Hautabszessen, bei Furunkulose und eitrigem Mittelohrkatarrh erfolgreich angewendet wurde.
Literatur: Atanackovic, Österreich. Ärzteztg., 27, 1911.
Fabr.: Blaes & Co., Lindau.

h) **Rheolstäbchen,** aus Asparagin, Glyzerin und Hefe bestehend, wurden von Abraham und Cronbach zur Behandlung der weiblichen Gonorrhöe verwendet. Nach Plien ist aber das Mittel nicht zu empfehlen, da es ohne Einfluß auf die Gonokokken bleibt und einmal sogar eine Adnexentzündung hervorrief.
Literatur: Abraham, Therap. Monatsh., 12, 1903. — Plien, Zentralbl. f. Gynäk., 47, 1903. — Cronbach, ebendort, 45, 1904.

i) **Trygase,** ein hellbraunes Pulver vom Geruche und Geschmacke der Hefe, wird wegen seiner handlichen Form, bequemen Anwendung, Möglichkeit einer genauen Dosierung und somit gleichmäßigen und zuverlässigen Wirkungsart im menschlichen Körper von Peter in Dosen von 1 Teelöffel voll, 2—3 mal täglich, bei Furunkulose etc. empfohlen.
Literatur: Peter, Allg. med. Zentralztg., 38, 1905.

k) **Xerase,** ein Hefe-Boluspräparat, das aus Hefe, Bolus, Glukose und physiologischen Nährsalzen besteht und sich in der Behandlung des Fluor albus, ferner bei Endometritis, Vulvovaginitis, Erosionen und Proctitis als äußerst wirksam erwies (Abraham, Prager-Heinrich, Samoilow, Cronbach, Bauer).

Nach sorgfältiger Reinigung und Trocknung der Vagina werden mittels eines Gebläses 2—5 g an die Portio und die Vaginalwand eingeblasen oder mit dem Pulver gefüllte elastische Gelatinekapseln mit einer langen Pinzette vor dem Muttermund durch einen Wattebausch fixiert. Unzulänglich erwies sich der Gebrauch der Xerasestäbchen bei männlicher Gonorrhöe (Manasse, Toybin).
Literatur: Abraham, Monatsschr. f. Geburtsh. u. Gynäk., 1, 1910. — Samoilow, Fortschr. d. Mediz., 47, 1911. — Cronbach, Manasse, Bauer, Allgem. ärztl. Zentralztg., 63, 1911. — Toybin, Med. Klin., 378, 1911. — Prager-Heinrich, Therap. d. Gegenw., 537, 1912.
Fabr.: Riedel, Berlin.
Preis: 100 g Mk. 2,—.

l) **Zymin** ist ein fast weißes, staubtrockenes Pulver von intensivem Hefegeschmack, das bei längerem Liegen bei gewöhnlicher Temperatur bis zu 19 % seiner Gärkraft einbüßt und als reines oder mit Rohrzucker gemengtes Pulver sowie in Tabletten im Handel vorkommt. Infolge seines geringen Wassergehaltes (5,5 %) ist das Mittel haltbar als andere ähnliche. Es zeichnet sich durch hohe bakterizide Kraft aus (Geret) und wird besonders für die gynäkologische Praxis empfohlen (Albert, Krause, Fränkel). Albert verwendete das reine Zyminpulver zum Bestreuen von Wunden und Hautausschlägen oder ein Gemenge von Zucker und Zymin āā 8,0:20,0 aq. zu Einspritzungen in den Scheidengrund. Popescul führte das Mittel bei Zervixerosionen, katarrhalischen und blenorrhoischen Erkrankungen in Breiform in die vorher sorgfältig gereinigte Vagina ein, während Fränkel hiebei die Anwendung von Zyminstäbchen (1,6 g Zymin, 1,6 g Rohrzucker, 0,8 g eines wasserlöslichen, indifferenten Konstituens) empfiehlt. Nach Kehrer wirkt es bei Erosionen nicht ganz zuverlässig und soll bei komplizierendem Zervikalkatarrh überhaupt nicht verwendet werden, da daraufhin eine Verschlimmerung, ja ein Aszendieren der Infektion bis zu den Tuben und in das Bauchfell hervorgerufen werden kann. Intern gab es Görl in üblicher Dosis bei Quecksilberproctitis mit gutem Erfolge.
Literatur: Albert, Zentralbl. f. Gynäk., 17, 1901. — Geret, Münch. med. Wochenschr., 46, 1901. — Görl, Monatsh. f. prakt. Dermat., 12, 1903. — Popescul, Wien. klin. Wochenschr.,

26, 1903. — Fränkel, Deutsch. med. Wochenschr., 1, 1904. — Krause, Therap. d. Ggw., 3, 1904. — Kehrer, Münch. med. Wochenschr., 5, 1908.
Fabr.: Schröder, München.
Preis: Gl. m. 25, 50 u. 100 g. Pulv. od. m. 25, 50, u. 100 Tabl. à 1 g je Mk. 1,—, 2,—, 4,—. K. 1,60, 3,—, 5,—.

Fetron (Liebreich) ist eine mäßig weiche, geruchlose Salbe von schwach gelber Farbe, die einen Schmelzpunkt von 68° C besitzt, vollkommen neutral ist und eine Mischung von 97% Vaseline und 3% Stearinsäureanilid darstellt. Fetron ist weder so klebrig wie Lanolin, noch geleeartig wie Vaseline, ist daher geeignet, die Mängel des Vaselins, das eigentlich nur eine Decksalbe ist und wegen seines niedrigen Schmelzpunktes nicht fest genug auf der Haut haftet, sowie die des Lanolins zu beseitigen (Becker). Es mischt sich gut mit allen Arzneistoffen, besonders mit Quecksilberpräparaten, wird nie ranzig und ist unbegrenzt haltbar. Die Fetronpräparate finden erfolgreiche Verwendung in der Dermatologie, namentlich bei Ekzemen verschiedener Art (Liebreich, Saalfeld, Becker), wie auch in der Augenheilkunde bei Ekzem der Augenlider, weil sie von der Bindehaut gut vertragen werden (Nieden). Fetron wird als Seife, Crême, Puder, sowie als Salbengrundlage (Unguent. praecip. flavi oder Unguent. cinereum c. Fetrono parat.) angewendet.
Literatur: Liebreich, Berl. klin. Wochenschr., 12, 1904. — Saalfeld, Therap. Monatsh., 4, 1904. — Nieden, ebendort, 9, 1904. — Becker, ebendort, 6, 1905.
Fabr.: Hansawerke, Hemelingen.
Preis: Fetron-Toilette-Cream: Dose 8 g Mk. 0,10. 16 g Mk. 0,20. 45 g Mk. 0,50. 90 g Mk. 1,—. Fetron-Puder. Dose (75 g) Mk. 0,50.

Fibrolysin ist die von Mendel dargestellte, leicht wasserlösliche Doppelverbindung von Thiosinamin und Natriumsalizylat. Es verbindet sich hiebei 1 Molekül Thiosinamin mit $^1/_2$ Molekül Natr. salicyl. Das Fibrolysin stellt ein weißes, kristallinisches, in Wasser leicht lösliches Pulver dar, doch sind die Lösungen bei Licht- und Luftzutritt nicht haltbar, da sich die Doppelverbindung infolge von Oxydation wieder löst. Das Präparat kommt daher nur in zugeschmolzenen Ampullen in unzersetzlichem, absolut sterilen und gebrauchsfertigen Zustand in den Handel. Jede Ampulle enthält 2,3 ccm einer Lösung von 1,5 g Fibrolysin und 8,5 g Wasser, so daß der Inhalt jeder Ampulle ungefähr 0,2 g Thiosinamin entspricht (Mendel).
Wirkung: Das Mittel besitzt nach Untersuchungen Starkensteins eine deutliche, die Umwandlung von Kollagen in Leim fördernde Wirkung, als deren Träger die Allylgruppe anzusehen ist. Damit dürfte eine Erklärung der in der Therapie beobachteten narbenerweichende Wirkung des Fibrolysins gegeben sein. Brandenburg hebt die hyperämisierende, lymphagoge Wirkung, Schnitter die diuretische Komponente hervor, welche sich über längere Zeit erstreckt und nach erreichtem Höhepunkt nur allmählich sinkt.
Nebenwirkungen: Die subkutanen Injektionen erzeugen ein leichtes Brennen unter der Haut (Doevenspeck) und in Ausnahmsfällen bald schwindende, kleine Infiltrate (Mendel). Die eigentümliche zwiebel- oder senfartige Geruchs- und Geschmacksempfindung, die für den Kranken recht unangenehm ist (Emmerich), tritt schon 10 Sekunden nach der Injektion auf, ein Beweis, wie rasch das Fibrolysin in seine Komponenten zerlegt wird und in die Blutbahn gelangt. — Manche Kranke weisen eine Idiosynkrasie gegen das Mittel, die sich in Kopfschmerzen, Schlafsucht, seltener in Fiebererscheinungen ausdrückt (Mendel). Auch können Exantheme und Anschwellungen im Gesichte auftreten (Santiña). Mendel ist geneigt, diese Erscheinungen, wenn sie nach einigen reaktionslos verlaufenen Injektionen auftreten, als anaphylaktische aufzufassen. Zu ihrer Linderung gab er mit Erfolg 3stündlich 1 Pulver von folgender Zusammensetzung: Codein. phosphor. 0,05, Phenacetin., Aspirin. āā 0,5. — Über Beschwerden seitens des Zirkulationsapparates berichtet Grosse, ferner wurde vereinzelt Frostgefühl, Schweißausbruch, allgemeines Unbehagen und starker Kopfschmerz (Kölliker,

Szanto, Brandenberg), einmal Purpura haemorrhagica beobachtet (Friedmann). Die Fiebererscheinungen, die öfters auftreten, werden von Stocker auf Reaktivierung eingeschlossener Krankheitserreger zurückgeführt.

Indikationen: Das Mittel bewährte sich im allgemeinen gut bei Narben, Strikturen und Adhäsionen (Vogelsanger, Langes, Walterhöfer, Wockenfuß). Ungünstig berichten darüber Sidorenko, Stargardter und Doevenspeck, nach welchem die Mißerfolge wie beim Thiosinamin überwiegen und die positiven Ergebnisse wegen des unverhältnismäßig hohen Salizylgehaltes ($40^0/_0$) nicht eindeutig sind. Im besonderen wurde das Fibrolysin mit Erfolg gebraucht bei Analstriktur (Pollak), bei Harnröhrenstriktur (Schourp, Lange, Trautwein, Nathan), bei Laugenverätzung der Speiseröhre, wenn der Allgemeinzustand günstig war und die Striktur flüssige Nahrung noch passieren ließ, so daß die Behandlung nach Abklingen der akuten Erscheinungen einsetzen konnte (Baß), ferner bei chronischen Arthritiden und Gelenksankylosen (Saalfeld, Gara, Müller, Heeger, Althoff, Knotz), bei Arthritis uratica (Martin, Friedberg, bei Polyarthritis chron. progressiva primitiva, die sonst sehr schwer beeinflußbar ist (Brandenburg), bei Myositis ossificans (Großkurth, Aizner), bei Tendovaginitis crepitans (Oser), bei Dupuytrenscher Kontraktur (Wolf, Langemak, Koch, Becker, Mendel, Schwalbach), bei Narben nach Verbrennung in Kombination mit mechanischer Behandlung und Stauungshyperämie (Hirtler, Mendel, Rusche), bei Pylorus- und Ösophagusstenose (Weißelberg, Michaelis, Kowats, Ploch, v. Kuester), bei perigastrischen Verwachsungen und Verwachsungen in der Blinddarmgegend nach operierter Typhlitis, sowie bei Hepatitis interstitialis (Michael, Emmerich, Bausenbach, Moerlin), bei retroflektiertem, fest am Rektum fixierten Uterus (Althoff), bei pleuritischen Schwarten und Adhäsionen (Mendel, Schnütgen, Rothschild), bei kruppöser Pneumonie mit verzögerter Lösung (Krusinger, Stöltzner), weiter bei Prostatitis gonorrhoica (Lüth), bei Sklerodermie (Ledermann), bei Röntgendermatitis in Form des $10^0/_0$ Pflasters (Mendel) und bei Karzinom, welches durch oft wiederholte Röntgenbestrahlung entstanden ist (Böttcher). In der Augenheilkunde wurde das Mittel angewendet bei Narbentrübung der Hornhaut nach Verätzung und nach Keratitis scrophulosa, Keratitis purulenta und trachomatosa, bei chronischer Uveitis und chronischer retrobulbärer Neuritis (Brandenburg, Windmüller, Ollendorf), bei Lidnarben (Ollendorf), bei hinteren Synechien und Stenosen der Tränenwege (Großmann, Cohn), bei Leukom (Pick), in der Otologie bei fortgeschrittenem, trockenem chronischen Mittelohrkatarrh, bei Adhäsionsprozessen in der Paukenhöhle und im Anfange der Sklerose (Urbantschitsch), in der neurologischen Praxis bei chronischer Neuritis des Nervus ischiadicus (Mendel), bei Neuralgia traumatica (Kob), bei multipler Sklerose (Fränkel) und bei den lanzinierenden Schmerzen der Tabiker (J. Müller). Schließlich sei noch der Verwendung bei Fettsucht gedacht, wobei durch tägliche Injektionen von 2,3—4,6 g Riedel in zwei Fällen pro Woche 1 kg Gewichtsabnahme erzielte. Auf den Nutzen der Fibrolysininjektionen als Vorbehandlung zu Salvarsankuren haben Friedländer, Touton und Tietze hingewiesen. Es werden dadurch die Infiltrate beseitigt und die Resorption des Salvarsans erleichtert, doch muß das Fibrolysin bereits zur Wirkung gelangt sein, bevor das Salvarsan in Aktion tritt.

Kontraindikationen für den Fibrolysingebrauch sind latente Entzündungsherde und Lupus (Wolf), abgeheilte Lungenphthise und abgeheilte geschwürige Prozesse im Magen-Darmkanal (Stocker, Hayn, Neiße), Arteriosklerose älterer Leute und bestehende oder seit kurzem sistierende Otorrhoe (Urbantschitsch).

Dosierung: Am meisten zu empfehlen sind die intramuskulären Injektionen, die ganz schmerzlos sind und vor den intravenösen den Vorzug der Einfachheit in der Ausführung besitzen. Die Wirkung tritt aber am raschesten nach intravenöser Applikation auf, doch besteht hier die Gefahr der Thrombenbildung. Die übliche Dosis beträgt 2,3 cm^3 (= 1 Ampulle) jeden 2. Tag für Erwachsene (Hirtler), 1 cm^3 für Kinder (Hagenbach und Burckhardt). Für die von Althoff bei Arthritis deformans empfohlene rektale Applikation wird 1 Ampulle in 40 cm^3 Wasser gelöst, davon 10 cm^3 viermal in der Woche nach einem Reinigungsklystier in den Darm gebracht. Auch mit Suppositorien kann Erfolg erzielt werden (Mendel). Die vaginale Anwendung bei fixiertem retroflektierten Uterus erfolgt in Form von Tampons mit Ichthyol. Bei Leukom verabreichte Pick wöchentlich einmal $^1/_5$ Ampulle subkonjunktival. Mit dem 10°/₀ Pflaster ist ein Erfolg nur dann zu erwarten, wenn das zu beeinflussende pathologische Gewebe auch bei äußerlicher Anwendung für das Medikament erreichbar ist, also bei Hautnarben und Keloiden, Hühneraugen und Warzen mit leicht mazerierbarer Epitheldecke. Auch bei Röntgendermatitis und Operationsnarben ist es von Nutzen, vor allem aber als Prophylaktikum bei allen Wunden, welche erfahrungsgemäß eine starke Schrumpfung oder keloidartige Entartung ihrer Narben im Gefolge haben.

Literatur: Mendel, Therap. Monatsh., 2, 1905. — Mendel, ebendort, 4, 1905. — Doevenspeck, Therap. d. Ggw., 4, 1905. — Vogelsanger, Korrespondenzbl. f. Schweiz. Ärzte, 2, 1906. — Saalfeld, Therap. Monatsh., 12, 1906. — Schourp, ebendort, 12, 1906. — Weisselberg, Münch. med. Wochenschr., 33, 1906. — Wolf, Arch. f. klin. Chirurg., 1, 1907. — Urbantschitsch, Monatsschr. f. Ohrenheilk., 2, 1907. — Pick, Therap. Monatsh. 4, 1907. — Emmerich, Allg. med. Zentralztg., 6, 1907. — Lüth, Med. Klin., 10, 1907. — Michaelis, ebendort, 10, 1907. — Baß, Wien. klin. Wochenschr., 11, 1907. — Hagenbach und Burckhardt, Med. Klin., 27, 1907. — Langemak, Münch. med. Wochenschr., 28, 1907. — Brandenburg, Med. Klin. 30, 1907. — Koch, Ärztl. Rundsch., 40, 1907. — Hirtler, Med. Klin., 41, 1907. — Becker, Deutsch. med. Wochenschr., 43, 1907. — Lange, ebendort, 48, 1907. — Michael, Berlin. klin. Wochenschr., 50, 1907. — Mendel, Berlin. Klin., 232, 1907. — Kob, Med. Klin., 3, 1908. — Pollak, Wien. med. Wochenschr., 7, 1908. — Gara, Wien. klin. Wochenschr., 12, 1908. — Krusinger, Münch. med. Wochenschr., 14, 1908. — Grosse, ebendort, 17, 1908. — Großkurth, Deutsch. mil.-ärztl. Zeitschr., 15, 1908. — Moerlin, Münch. med. Wochenschr., 27, 1908. — Schnütgen, Berlin. klin. Wochenschr., 51, 1908. — Windmüller, Med. Klin., 293, 1908. — Mendel, Therap. Monatsh., 481, 1908. — Schwalbach, Deutsch. med. Wochenschr., 988, 1908. — Brandenburg, Arch. f. klin. Chirurg., 1, 1909. — Aizner, Münch. med. Wochenschr., 15, 1909. — Stocker, Korrespondenzbl. f. Schweiz. Ärzte, 24, 1909. — Knotz, Med. Klin., 30, 1909. — Rothschild, Münch. med. Wochenschr., 33, 1909. — Trautwein, Dermat. Zentralbl., Mai, 1909. — Müller, Med. Klin. 91, 1909. — Mendel, Therap. d. Ggw., 336, 1909. — Großmann, Wochenschr. f. Therap. u. Hyg. d. Aug., 395, 1909. — Müller, Med. Klin., 769, 1909. — Riedel, Münch. med. Wochenschr., 1429, 1909. — Althoff, ebendort, 1599, 1909. — Martin, Med. Klin., 1818, 1909. — Heeger, Münch. med. Wochenschr., 5, 1910. — Hayn, ebendort, 7, 1910. — Schnitter, ebendort, 19, 1910. — Brandenburg, ebendort, 24, 1910. — Allendorf, Zeitschr. f. Augenheilk., 30, 1910. — Walterhöfer, Deutsch. med. Wochenschr., 38, 1910. — Friedländer, ebendort, 48, 1910. — Bausenbach, Med. Klin., 49, 1910. — Touton, Berl. klin. Wochenschr., 50, 1910. — Starkenstein, Therap. Monatsh., 68, 1910. — Stargardter, Arch. f. Med. Kinderheilk., 164, 1910. — Neisse, Therap. Monatsh., 257, 1910. — Kölliker, Münch. med. Wochenschr., 1550, 1910. — Ledermann, Berl. klin. Wochenschr., 1993, 1910. — Langes, Therap. Monatsh., 2, 1911. — Nathan, Zeitschr. f. Urolog., 2, 1911. — v. Kuester, Med. Klin., 25, 1911. — Szanto, Gyogyaszat, 32, 1911. — Wockenfuß, Deutsch. med. Wochenschr., 36, 1911. — Sidorenko, Deutsch. Zeitschr. f. Chirurg., 89, 1911. — Mendel, Therap. d. Ggw., 155, 1911. — Friedmann, ebendort, 205, 1911. — Ploch, Deutsch. med. Wochenschr., 358, 1911. — Stöltzner, Brit. med. journ., 486, 1911. — Kowats, Therap. Monatsh., 721, 1911. — Oser, Wien. klin. Wochenschr., 1530, 1911. — Tietze, Derm. Zentralbl., 5, 1912. — Friedberg, Fortschr. d. Med., 18, 1912. — Fränkel, Neurol. Zentralbl., 20, 1912. — Rusche, Deutsch. med. Wochenschr., 144, 1912. — Santiña, rf. in Mercks Jahresber., 290, 1912. — Stöltzner, Deutsch. med. Wochenschr., 271, 1912. — Cohn, Wochenschr. f. Therap. u. Hyg. d. Aug., 277, 1912. — Brandenberg, Fortschr. d. Med., 1186, 1912. — Böttcher, Deutsch. med. Wochenschr., 1737, 1912. — Fränkel, Neurol. Zentralbl., 25, 1913.

Fabr.: E. Merck, Darmstadt.
Preis: Karton m. 10 Amp. à 2,3 ccm Mk. 5,—. K. 6,50. Fibrolysinsuppost. Kart. m. 10 St. Mk. 4,—. K. 5,—.

Ichthalbin, Ichthyoleiweiß mit 40°/₀ Ichthyolsulfosäure, stellt ein feines graubraunes, geruch- und geschmackloses Pulver dar, das in sauren Lösungen (also im Magensafte) unlöslich ist. Es passiert den Magen unzersetzt und spaltet sich im alkalischen Darmsaft in Pepton und ichthyolsulfosaures Natron, welches der Träger der Ichthyolwirkung ist (Porcelli).

Wirkung: Das Ichthalbin regelt die Peristaltik, regt den Appetit an und hebt das Allgemeinbefinden. Es wäre demnach als ein mildes Darmantiseptikum und Tonikum zu bezeichnen (Sack, Costa). Ganz eminent ist aber die keratoplastische und juckreizmildernde Wirkung des Mittels (Sack, Binder). Dabei ist das Präparat absolut ungiftig und frei von allen Nebenwirkungen.

Indikationen: Das Ichthalbin ist bei allen mit Darmstörungen verbundenen Dermatosen reflektorischen und trophischen Charakters, wie bei Urtikaria, Pruritus, Lichen strophulus, besonders aber bei Acne rosacea angezeigt (Winkler). Von Magendarmaffektionen werden die subakuten und chronischen Formen, selbst wenn sie mit Tuberkulose kombiniert sind, günstig beeinflußt (Rolly, Rolly und Saam, Marcuse, Costa, Homburger, Porcelli, Schäfer, Fürst). Auch bei Typhus hat sich das Mittel wohl bewährt (Binder, Beldau). Äußerlich wird Ichthalbin bei nässenden Ekzemen (Homburger), bei Hämorrhoiden zur Milderung des Juckreizes (Sack), sowie bei gonorrhoischen und katarrhalischen Entzündungen der Vagina, Erosionen der Portio in Form von Einstäubungen, bei Metritiden und parametritischen Exsudaten in Form von Ichthalbintampons, ferner als Schnupfpulver bei Nasenkatarrh und endlich als Streupulver bei chronischem Unterschenkelgeschwür (Binder) angewendet.

Dosierung: Als wirksame Dosis empfiehlt Marcuse bei Erwachsenen 0,5—1,0 g dreimal täglich, am besten direkt vor dem Essen zu geben. Nach Rolly kann man selbst 8 g pro die ohne Schaden verabreichen. Kinder erhalten 0,3—0,5 g dreimal täglich.

Literatur: Sack, Deutsch. med. Wochenschr., 23, 1897. — Homburger, Therap. Monatsh., 7, 1899. — Winkler, Neue Heilmittel etc., Wien 1899. — Rolly u. Saam, Münch. med. Wochenschr., 14, 1900. — Rolly, ebendort, 17, 1900. — Binder, Wien. med. Wochenschr., 22, 1900. — Marcuse, Therap. d. Ggw., 3, 1903. — Porcelli, Reichsmedizinalanz., 17, 1903. — Schäfer, Wien. med. Presse, 18, 1903. — Costa, Med. Blätter, 43, 1904. — Fürst, Wien. med. Presse, 33, 1905. — Beldau, Münch. med. Wochenschr., 8, 1907.
Fabr.: Knoll & Co., Ludwigshafen.
Preis: R. m. 30 Tabl. à 0,3 g Mk. 1,—. K. 1,30.

Ichthynat ist ein Mineralöl, das aus dem bituminösen Kalkschiefer am Achensee gewonnen wird. Es enthält Schwefel in mäßiger Menge und stellt eine dicke, rotbraune Flüssigkeit dar, die sich leicht in Wasser löst, in Alkohol und Äther aber nur teilweise löslich ist. Der Geruch ist eigenartig empyreumatisch, der Geschmack brenzlich. Physikalisch, chemisch und pharmakodynamisch unterscheidet es sich nicht von Ichthyol. Es wird in 10—20 % glyzeriniger Lösung bei Entzündungen der Adnexe und der Uterusschleimhaut mit Hilfe von Gazetampons appliziert (v. Hayek, Schedlbauer, Nebesky, Oppenheim) und außerdem bei Akne, Furunkulosis, bei Erysipel, Bursitis praepatellaris, Brandwunden und bei Ischias verwendet (Schedlbauer). Innerlich kann es in Dosen von 0,15 g 3—4 mal täglich gegeben werden (Oppenheim).

Literatur: v. Hayek, Wien. klin. Rundsch., 7, 1907. — Schedlbauer, ebendort, 36, 1907. — Nebesky, Med. Klin., 30, 1908. — Oppenheim, Deutsch. med. Wochenschr., 2125, 1912.
Fabr.: v. Heyden, Radebeul.
Preis: 10 g K. 0,50.

Ichthyol, Ammonium sulfoichthyolicum, ist eine rotbraune, klare, sirupdicke Flüssigkeit von eigenartigem Geruche und Geschmacke. Es löst sich in destilliertem Wasser in jedem Verhältnisse, in Weingeist und Äther nur teilweise, in einem Gemische von gleichen Raumteilen Weingeist, Äther und Wasser bis auf wenige Tropfen. Beim Trocknen bei 100° C verliert es höchstens 50 % an Gewicht. Der Trockenrückstand ist in Wasser löslich. Bei höherer Temperatur verbrennt es unter Aufblähen, die zurückbleibende Kohle hinterläßt beim Glühen keinen Rückstand (Merck).

Wirkung: Das Ichthyol entfaltet entzündungswidrige und schmerzstillende Eigenschaften (Leistikow). Die antiphlogistische Wirkung beruht auf der Kontraktion der entzündlich erweiterten Gefäße. Auch übt das Ichthyol u. a. einen spezifischen Einfluß auf den Fehleisenschen Streptokokkus aus, indem es denselben entweder tötet oder die Gewebe derart verändert, daß der Kokkus sich nicht mehr weiter entwickeln kann (Bruck). Nach Schütze und Aufrecht übt das Mittel, besonders das **Ichthyoleisen, Ferrichthol,** einen unzweideutigen Einfluß auf die Erhöhung des Hämoglobingehaltes des Blutes und auf die Vermehrung der Leukozyten aus.

Nebenwirkungen: Der unangenehme Asphaltgeschmack, der lange im Munde haften bleibt, läßt sich am besten dadurch aufheben, daß man ein kleines Stück guten Roggenbrotes nachessen oder den Mund mit stark verdünnten Lösungen von Pfefferminzöl oder Menthol ausspülen läßt (Schäfer). Tritt nach innerer Darreichung Magendrücken oder Brennen im Magen auf (Wertheimber), so ist die Dosis sofort zu verringern. In der Wäsche hinterläßt Ichthyol untilgbare Flecke. Nach äußerer Applikation (bei Brandwunden) tritt kurzdauerndes, heftiges Brennen auf (Müller), nach Instillationen ins Auge öfters ein derartiger Schmerz in den Knochen der Augenhöhle, daß man zum Aussetzen des Mittels gezwungen wird (Popoff). Von Mac Guire wurde zweimal Erythembildung nach Anwendung einer 15% Salbe beobachtet.

Indikationen und Dosierung: Das Ichthyol steht seit mehr als zwei Jahrzehnten in der Dermatologie und Gynäkologie in ausgedehntestem Gebrauche, weshalb hier nur die in letzter Zeit aufgestellten neuen Indikationen und Verbesserungen der alten angeführt seien.

Nach wie vor wird das Mittel häufiger extern als intern angewendet. Letztere Applikationsart empfahl Cohn bei Lungentuberkulose. Unter dieser Therapie läßt Husten und Auswurf nach, das Fieber schwindet, der Appetit und damit der Allgemeinzustand werden erheblich gebessert (Lévay, Jennings, Wertheimber), ja selbst die Bakterien im Auswurfe zum Schwinden gebracht (Schäfer). Günstig berichten darüber, wie über die Beeinflussung chronischer Bronchialkatarrhe noch Rhoden, de Renzi, Astrachan und Kluczycki. Naamé erzielte bei interner Verabreichung von täglich 2 Kaffeelöffel einer Lösung von 2 g Ichthyol, 100 g Syrup. simpl. und Spiritus menthae pip. q. s. ad desodorisationem bei Keuchhusten gute Erfolge, Unna bei Rosacea. Man gibt das Ichthyol entweder mit gleichen Mengen destillierten Wassers verdünnt dreimal täglich in Dosen von 2 bis 50 Tropfen (doch niemals auf nüchternen Magen!) und läßt schwarzen Kaffee oder Limonade nachtrinken (Cohn), oder in einer der folgenden Verschreibungen: Ichthyol. 2,0, Glycerin., Syr. cort. Aurant. ää 8,0, Aq. dest. 60,0. S. Kaffeelöffelweise nach den 3 Mahlzeiten (Jennings) oder Ichthyol. 25,0, Aq. dest., Alcohol. rectific. (80%) ää 60,0, Syrup. citric., Syr. cort. aurant. ää 50,0. S. 1—2 Kaffeelöffel täglich (de Renzi). Bei Scharlach verordnet Nasarow zum internen Gebrauche: Ichthyol. 30,0, Aq. dest. 10,0. S. Kindern 15—35, Erwachsenen bis 60 Tropfen dreimal täglich. Bei angioneurotischem Ödem gab Forster mit Erfolg das Präparat in Pillenform intern (0,1 bis 0,2 g), äußerlich empfiehlt es Jadassohn zur Behandlung der Pernionen (Ichthyol., Resorc. ää 1,0—3,0, Adip. lanae 25,0, Ol. oliv. 10,0, ad Aq. dest. 50,0).

Das Ichthyoleisen, **Ferrichthol,** welches sich nach Aufrecht als ein gut ausnützbares und resorptionsfähiges organisches Eisenpräparat bewährt und den Hämoglobingehalt des Blutes nicht unerheblich vermehrt, wird von Unna bei chronischen Angioneurosen, wie Urticaria, Lichen urticatus der Kinder, Purpura, bei Chlorose, sekundärer Anämie, Lichen und Pemphigus in Pillen oder Kapseln, wie auch in wäßriger Lösung verordnet. Wo es nicht vertragen wird, gibt man **Ichthyolkalzium**, also besonders bei den mit Hautaffektionen verbundenen anämischen und chlorotischen Zuständen.

Extern findet das Ichthyol vornehmlich in der Therapie der Hautkrankheiten Verwendung, so bei Impetigo, Sykosis, Furunkulosis, Genitalherpes, Follikulitis der Kopfhaut (Hodara, Bruch), bei der tuberkulösen Form der Lepra (Lebrun) bei Urticaria symptomatica infantilis (Scharff) und bei Verbrennungen (Müller, Goldmann), wobei es entweder in unverdünntem Zustande, messerrückendick aufgestrichen, auf die Verbrennungsflächen gebracht oder als 5% Ichthyolvaselin appliziert wird. Wenn das unverdünnte Ichthyol zur Anwendung kommt, soll über dasselbe reichlich Talk gestrichen und ein Watteverband über das Ganze gelegt werden. Auch auf akute Exantheme wirkt das Mittel sehr günstig ein. Bei erysipelatösen Prozessen setzt es nach Einreibung des ganzen Körpers (mit $15—30\%$ Ichthyolvaselin) die erhöhte Temperatur nach 2—3 Tagen herab und bringt nach 8 Tagen den Prozeß zur Heilung (Bruck, Besdetnoff, Bragagnolo, Scharff), bei Scharlach nimmt unter Verwendung von 5% Ichthyollanolin die Schwellung der Haut und das Jucken ab, die Temperatur sinkt und die Unruhe und die Schlaflosigkeit wird beseitigt (Seibert, Lawroff). Diese Beobachtungen konnten bei der Nachprüfung durch Kraus aber nicht bestätigt werden. Nach Kolbassenko bewährte sich das Ichthyol auch bei der Pockenbehandlung. In der Augenheilkunde findet es Anempfehlung bei der sukkulenten Form des Trachoms (Eberson), selbst bei Pannus, in Form von Einträufelungen einer $10—20\%$ Lösung in Glyzerinwasser. Besonders gut waren hiebei die Erfolge während des ersten Stadiums der Erkrankung (Belewitsch, Sachanski, Popoff). Weiter bewährte es sich noch bei Blepharitis und ekzematöser Liderkrankung in Form der von Ferro angegebenen Salbe (Ichthyoli, Cupri sulfur. āā 0,5, Vaselin. 25,0), bei Herpes Zoster ophthalmicus (Pagenstecher, Haas), bei Keratitis trachomatosa und bei Blennorrhagien (Fedorow) in Form einer Kokainsalbe (Ichthyol. 0,2, Cocain. muriat. 0,3, Unguent. simpl. 10,0).

Endlich erscheint das Mittel angezeigt bei Metritis und Endometritis (Bragagnolo), bei Gelenkerkrankungen (Edlefsen), Tripper-Rheumatismus (Leistikow) und Ischias (Burnet) in Form des Ichthyolvasogens (s. Vasogen), endlich bei Epididymitis gonorrhoica (Philip) und in Form von Suppositorien bei Prostatitis (Hahn). Als Zusatz zu Bädern (60 g auf ein Bad) zeigte es sich bei Typhus von guter Wirkung, weil dadurch Temperatur, Herz und Atmung günstig beeinflußt wurden (Polacco), in Form von Einspritzungen einer Mischung aus gleichen Teilen Ichthyol und Wasser, die vor dem Gebrauche zum Sieden erhitzt und alle 6—7 Tage in einer Menge von 1—2 ccm injiziert wird, bei Lymphosarkom (Wnukoff), in Form von Tampons, die mit Ichthyol — unter Zusatz von 10% Anästhesin — getränkt sind, bei Otitis externa (Kassel). Für die Behandlung der Fissura ani empfiehlt Katzenstein folgende Salbe: Cocain. muriat. 0,05, Extract. Belladonnae 0,5, Ichthyol. ad 6,0. S. Von dieser Salbe ein Stück auf Watte in den Anus einzubringen. Die Fissur heilt nach 8—10 Tagen.

Literatur: Cohn, Deutsch. med. Wochenschr., 28, 1896. — Mac Guire, Med. record, 16, 1896, rf. Zentralbl. f. inn. Med., 3, 1897. — Wertheimber, Münch. med. Wochenschr., 24, 1899. — Müller, Mediko, 24, 1899. — Edlefsen, Therap. Monatsh., 1, 1900. — Bruck, Therap. d. Ggw., 2, 1900. — Leistikow, Monatsh. f. prakt. Dermat., 2, 1900. — Eberson, Therap. Monatsh., 6, 1900. — Schaefer, Therap. d. Ggw., 11, 1900. — Seibert, Die ärztl. Praxis, 14, 1900. — Kraus, Prag. med. Wochenschr., 25, 1900. — Merck, Originalber. im Jahresber. 1900. — Unna, Monatsh. f. prakt. Dermat., 5, 1901. — Polacco, Wien. med. Presse, 24/26, 1901. — Schütze, Deutsch. Medizinalztg., 32, 1901. — Lebrun, Presse médicale, 33, 1901. — Belewitsch, rf. in Mercks Jahresber. 1901. — Aufrecht, Deutsch. Ärzteztg. 5, 1902. — de Renzi, Nuova rivista clin. terap., 7, 1902, rf. im Zentralbl. f. inn. Med., 45, 1902. — Besdetnoff, rf. Therap. d. Ggw., 8, 1902. — Popoff, ebendort, 8, 1902. — Lévay, Die ärztl. Praxis, 16, 1902. — Jennings, Semaine médicale, 16, 1902. — Rhoden, Klin. therap. Wochenschr., 18, 1902. — de Renzi, Berl. klin. Wochenschr., 18, 1902. — Astrachan, Allg. med. Zentralztg., 18/19, 1902. — Ferro, Gazz. degli ospedali, 21, 1902. — Haas, Wochen-

schr. f. Therap. u. Hyg. d. Aug., 33, 1902. — Fedorow, Semaine médicale 35, 1902. — Pagenstecher, rf. in Mercks Jahresber. 1902. — Hodara, rf. ebendort 1902. — Sachanski, St. Petersb. med. Wochenschr., 4, 1903. — Kolbassenko, Die Heilk., 5, 1903. — Goldmann, Wien. med. Presse, 9, 1903. — Kluczycki, Deutsch. Medizinalztg., 28, 1903. — Bragagnolo, Rivista medica, 6, 1904, rf. Mercks Jahresber. 1904. — Wnukoff, Allg. med. Zentralztg., 29, 1904. — Nasarow, Deutsch. Medizinalztg., 78, 1904. — Burnet, Katzenstein, rf. in Mercks Jahresber. 1904. — Kassel, Therap. Monatsh., 4, 1905. — Lawroff, Deutsch. Medizinalztg., 41, 1905. — Jadassohn, Therap. Monatsh., 2, 1906. — Forster, Brit. med. journ., 28. April 1906, rf. im Zentralbl. f. inn. Med., 44, 1906. — Scharff, Therap. Monatsh., 41, 1907. — Naamé, Revue de therap., 20, 1907. — Unna, Med. Klin., 39, 1907. — Philip, Münch. med. Wochenschr., 41, 1907. — Hahn, Fortschr. d. Med., 2, 1911. — Bruch, Münch. med. Wochenschr., 25, 1911.
Fabr.: Ichthyolges., Hamburg.
Preis: 10 g Mk. 0,85. K. 1,—.

Ichthoform, das Kondensationsprodukt von Ichthyolsulfosäure und Formaldehyd, ist ein schwarzbraunes, fast geruch- und geschmackloses, in den üblichen Lösungsmitteln nahezu unlösliches Pulver.
Wirkung: Es ist dem Jodoform, Jodol und Dermatol um ein Geringes an bakterizider Kraft überlegen (Schäfer, Aufrecht). Seine desinfektorische Kraft liegt in der Abspaltung kleiner Mengen von Formaldehyd. Es drückt die Darmfäulnis herab (Aufrecht) und bewährte sich als ein treffliches Darmantiseptikum (Eschle, Rabow und Galli-Valerio). Es wird auch in größeren Dosen gut vertragen, mindert die Schmerzen und bringt die Diarrhöen zum Stillstande, verhindert auch die weitere Ausbreitung tuberkulöser Darmerkrankungen (Goldmann, Schäfer, Süßmann, de Renzi).
Nebenwirkung: Vorübergehend kann Gefühl von Trockenheit im Halse auftreten (Schäfer).
Indikationen: Bei Darmaffektionen wie Kotstauung, Ileus, diffuser Peritonitis, tuberkulöser Enteritis, besonders bei Typhus (Haller), sowie äußerlich verwendbar als Paste bei Ekzem. capitis (Unna) und psoriasiformen Ekzemen parasitären Ursprunges, ferner bei Geschwüren (Burnet).
Dosierung: Intern in Dosen von 0,3—0,5 g (bei Kindern die Hälfte) in 3 stündlichen Intervallen bis zu 3,0—4,0 g pro die. Eschle empfiehlt die Darreichung in Milch. Bei Typhus gibt Haller 3 mal täglich bis 3 stündig je nach der Schwere des Falles Dosen von 0,5 g. Fälle im Anfangsstadium, selbst solche, die mit hyperpyretischen Temperaturen in Behandlung kommen, sollen sich dadurch geradezu kupieren lassen. — Extern verwendet es Unna als 1 % Zusatz zu seiner Zinkoxyd-Kieselgurpasta an Stelle des Chrysarobins und Burnet an Stelle des Jodoforms als Streupulver und in Salbenform.
Literatur: Eschle, Therap. Monatsh., 12, 1899. — Goldmann, Zentralbl. f. d. ges. Therap., 9, 1900. — Schäfer, Deutsch. med. Wochenschr., therap. Beil., 12, 1900. — Aufrecht, Allg. med. Zentralztg., 28, 1900. — Rabow u. Galli-Valerio, Therap. Monatsh., 4, 1900. — Süßmann, Deutsch. med. Presse, 3, 1901. — Unna, Monatsh. f. prakt. Dermat., 2, 1901. — de Renzi, Berl. klin. Wochenschr., 18, 1902. — Burnet in Mercks Jahresber. pro 1903. — Haller, Therap. d. Ggw., 525, 1912.
Fabr.: Ichthyolges., Hamburg.
Preis: 1 g Mk. 0,20. K. 0,30.

Jodbenzin wurde von Heusner zur Haut- und Händedesinfektion empfohlen. Er gibt folgende Präskription: Tinctura Jodi 10,0, Benzini 750,0, Paraffinöl 250,0. Davon ist pro Person $^{1}/_{4}$ Liter in eine Porzellanschale zu gießen und durch 5 Minuten eine energische Waschung der Hände mit Bürste und Handtuch vorzunehmen. Die Methode ist nach Enderlen entschieden brauchbar, wenn sie auch noch immer nicht das Ideal der Händedesinfektion darstellt. Mängel der Methode sind, daß dadurch die Hände braun gefärbt werden, Ekzem entstehen kann und Gummischürzen und Gummihandschuhe geschädigt werden. Auch in bezug auf die Wundbehandlung werden nicht ganz tadellose Resultate erzielt. Das Verfahren begünstigt jedoch das Aufschießen von Granulationen und übt eine kräftige desinfizierende Wirkung aus (Esau, Meyer). Das Mittel ist außerordentlich billig. Der Gebrauch von Quecksilbersalzen ist wegen der Bildung des stark reizenden Quecksilberjodids zu meiden (Meyer). Ferner ist darauf zu achten, daß die Flüssigkeit nicht an Stellen gelangt, wo sie schlecht verdunsten kann (Nates, Genick), da das Benzin dann unangenehmes Brennen hervorruft (Pürckhauer). Für empfindliche Personen empfiehlt Meyer eine schwächere Lösung als sie Heusner vorschlug (Jod. 0,5, Benzin. 800,0, Paraffin. 200,0). Zur Entfärbung der Haut ist Nachwaschen mit 90% Alkohol vorzunehmen.

Literatur: Enderlen, Münch. med. Wochenschr., 38, 1907. — Esau, Med. Klin., 22, 1909. — Meyer, ebendort, 1329, 1910. — Pürckhauer, Münch. med. Wochenschr., 2186, 1910.

Jodtinktur. Die von Grossich eingeführte Desinfektion der Haut vor Operationen mittelst Jodtinktur — mehrmalige Pinselung mit 10—12%, also verdünnter Jodtinktur — hat im Laufe der letzten Jahre eine große Anzahl begeisterter Anhänger gefunden (Braun, Kausch, Kutscher, Payr, Hofmann, Pickenbach, Brüning, Lardy). Sehr viel leistet die Methode bei Behandlung akzidenteller Verletzungen und geradezu unersetzlich ist sie in dringenden Fällen und bei aseptischen Operationen (Grossich). Von Hofmann wurden durch Jodpinselungen des Peritoneums nach operativer Behandlung der tuberkulösen Peritonitis sehr günstige Resultate erzielt.

Literatur: Grossich, Meine Präparationsmethode des Operationsfeldes mit Jodtinktur, Urban und Schwarzenberg, Berlin-Wien, 1911. — Braun, Deutsch. militärärztl. Zeitschr., 666, 1910. — Kausch, Med. Klin., 978, 1910. — Kutscher, Deutsch. militärärztl. Zeitschr., 5, 1912. — Payr, Zentralbl. f. Chir., 386, 1912. — Hofmann, Münch. med. Wochenschr., 531, 1912. — Pickenbach, Med. Klin., 487, 1912. — Brüning, Zentralbl. f. Chir., 643, 1912. — Lardy, Zentralbl. f. Gynäk., 1599, 1912.

Kalziumsalze (Calc. chloratum, Calc. lacticum). In letzter Zeit haben, gestützt auf die Ergebnisse der experimentellen Forschung, die Kalziumsalze eine weitgehende therapeutische Anwendung gefunden. Von der Annahme ausgehend, daß Kalzium ein Antagonist des Natriums sei und durch seine Einverleibung das gestörte Gleichgewicht zwischen Kalzium- und Natriumsalzen im Organismus wiederhergestellt werde, wurde das Calc. chlorat. bei Nephritis und bei infektiösen, toxischen und orthostatischen Albuminurien mit Erfolg versucht (Rénon, Moncany, Tumminia, Leo). Man gibt hiebei täglich 0,1 g und steigt in Zwischenräumen von 5—6 Tagen allmählich auf 0,5 g. Höhere Dosen sind nicht angezeigt, da dieselben wieder zu einer Verschlimmerung des Leidens führen würden. Nach Leo ist die diuretische Wirkung nach subkutaner Anwendung prompter als nach der intravenösen Injektion, doch auch die Darreichung per os wirksam. Von besonderer Bedeutung sind die Untersuchungen Wrights, aus denen sich ergab, daß die Zufuhr von Kalziumchlorid die Blutgerinnung begünstigt. Diese Erkenntnis führte zur Verwendung dieses Kalksalzes bei Affektionen, die auf mangelnde Gerinnungsfähigkeit des Blutes zurückgeführt werden, wie z. B. Urtikaria und anginoneurotisches Ödem, vor allem aber die Serumkrankheit nach Injektionen von Diphtherieserum. Über günstige Erfolge hiebei berichten Netter, Gewin, Brown u. a. Man gibt hiebei nach 10 ccm Diphtherieserum 0,5, nach 20 ccm 1 g Chlorkalzium per os. Zu beachten ist, daß das Mittel schon nach der 1. Injektion gegeben und wenigstens 3 Tage lang genommen wird. Brown empfiehlt das Kalziumchlorid außerdem bei Aneurysmen, Hämophilie, intestinalen Blutungen, sowie prophylaktisch vor Operationen, die einen größeren Blutverlust voraussehen lassen, Bettmann das Kalziumlaktat in 10% Lösung bei Purpura, Urtikaria, Pruritus senilis und Herpes gestationis in Dosen von 3 mal täglich 1 Eßlöffel durch 3—4 Wochen (eine Stunde vor der Mahlzeit). Gegen Blutungen der oberen Luftwege, z. B. bei dem heftigen Nasenbluten der Hämophilen, zieht Simpson das Calc. lacticum vor, ebenso als Prophylaktikum vor Operationen (Exstirpation von

Rachenmandeln). Er läßt hiebei 3 Tage vorher 1—2 mal täglich 4 g nüchtern oder während der Mahlzeit mit viel Wasser nehmen. — Weiter wurden Kalziumchlorid und Kalziumlaktat versucht bei Melaena neonatorum (Legge) und, gestützt auf gelungene Tierexperimente, bei Tetanie, die durch Insuffizienz der Parathyreoidea verursacht wurde (Mc. Callum und Voegtlin, Stone, Curschmann), ferner bei Epilepsie, Konvulsionen, Neurasthenie, Hysterie und Psychosen (Moncany, Ohlmacher, Litteljohn). Bei Melaena werden $^{1}/_{2}$stündlich in wäßriger Lösung in 24 Stunden 1,2 g Chlorkalzium gegeben, bei Epilepsie 3 mal täglich 0,4—0,6 g Kalziumlaktat, bei Tetanie 3 mal täglich 20 Tropfen bis 1 Kaffeelöffel voll einer 10 % Lösung von Calc. lacticum. Bei Tetania gravidarum verabreichte E. Meyer nebst reichlicher Zufuhr von kalkhaltigem Gemüse und Obst noch täglich 3 Eßlöffel einer Lösung von 8 g Kalziumchlorid auf 200 g Wasser. Die Arbeiten von Chiari und Januschke haben den Beweis erbracht, daß das Kalziumchlorid eine transsudat- und exsudathemmende Wirkung entfaltet. Dieselbe kommt nach 3 Stunden zur Geltung und ist nach 24 Stunden wieder verschwunden. Bei Heufieber konnten diese Autoren, sowie Hoffmann durch 3—4 g Calc. lacticum pro die die Sekretion mildern oder ganz beseitigen, bei jodempfindlichen Personen den Ausbruch der typischen Vergiftungserscheinungen verhüten. Da die Kalziumsalze auch eine die Erregbarkeit des Nervensystems herabsetzende Wirkung entfalten, versuchte Kayser dieselben bei Asthma bronchiale, welche Affektion er als eine Sekretionsneurose oder Urtikaria der Bronchialschleimhaut ansieht. Er gab 2stündlich 1 Eßlöffel voll einer Lösung von Calc. chlorat. 20,0, Syr. simpl. 40,0, Aq. dest. 400,0 in Milch. Hoffmann hatte bei Verwendung von Calc. lacticum bei dieser Affektion weniger gute Erfolge. Nach Wiechowski und Starkenstein hat Kalziumchlorid viele Wirkungen mit dem Atophan gleich: Herabsetzung der Harnsäureausscheidung, Entzündungshemmung, Temperaturherabsetzung.

Kontraindiziert ist die Darreichung der Kalksalze bei Arteriosklerose, Alkoholismus und chronischer Bleivergiftung (Moncany).

Literatur: Wright, Lancet, 807, 1906. — Rénon, Journ. des praticiens, 47, 1907. — Mc. Callum und Voegtlin, Mitt. a. d. Grenzgeb. d. Med. u. Chir., 11, 1908. — Legge, Brit. med. journ., 2472, 1908. — Gewin, Münch. med. Wochenschr., 2670, 1908. — Bettmann, ebendort, 25, 1909. — Brown, ebndort, 156, 1909. — Moncany, Klin. therap. Wochenschr., 584, 1909. — Tumminia, Stone, ebendort, 611, 1909. — Litteljohn, Lancet, 1382, 1909. — Netter, Münch. med. Wochenschr., 1924, 1909. — Ohlmacher, Zit. nach Mercks Jahresber., 163, 1910. — Simpson, Deutsch. Medizinalztg., 256, 1910. — Chiari und Januschke, Wien. klin. Wochenschr., 427, 1910. — Curschmann, Therap. Monatsh., 450, 1910 (Ref.). — Leo, Deutsch. med. Wochenschr., 1, 1911. — Meyer, E., Therap. Monatsh., 411, 1911. — Kayser, ebendort, 167, 1912. — Hoffmann, Münch. med. Wochenschr., 1152, 1912. — Wiechowski und Starkenstein, Prager med. Wochenschr., 2, 1913. Arch. f. exp. Path. u. Pharmak. 1914.

Kohlensäureschnee wurde von Pusley zur Beseitigung auch tiefgelegener Naevi pigmentosi in die Therapie eingeführt. Er brachte dieselben dadurch zum Schwinden, daß er feste Kohlensäure in Gestalt kleiner Schneeballen unter leichtem Druck für einige Sekunden auf dieselben applizierte. Dadurch gefriert das Gewebe in seinen oberflächlichen Schichten und stößt sich schließlich unter Blasenbildung ab. Das kosmetische Resultat ist nach Strauß sehr befriedigend, wenn die Sitzungen nicht über 5—10 Sekunden ausgedehnt werden. Es entsteht keine Narbe, sondern ein pigmentloser, vitiligoähnlicher Fleck. Die Methode bewährte sich ferner noch bei Pigmentmälern, kleinen Warzen, senilen Keratosen und kleinen Epitheliomen (Pusley, Leuring), bei Lupus erythematodes, bei stark vertieften Pocken- und Aknenarben (Nystroem, Merian). Für plexiforme Angiome und eigentliche Kavernome ist die Methode nicht geeignet (Salomon). Man appliziert den Kohlensäureschnee in 8—10tägigen Abständen 10—30 Sekunden lang.

Literatur: Pusley, Journ. of the medical Assoc., 1907, ref. Therap. Monatsh., 427, 1908. — Strauß, Deutsch. med. Wochenschr., 53, 1908. — Leuring, Therap. Monatsh., 139, 1911. — Salomon, Deutsch. Zeitschr. f. Chir., 518, 1911. — Nystroem, ebendort, 6, 1912. — Merian, Med. Klin., 481, 1912.

Leukofermantin (Merck) ist ein normales Tierserum, dessen Antifermentgehalt gegenüber dem tryptischen Leukoferment des Menschen soweit angereichert wird, daß es dem des normalen menschlichen Blutserums mindestens gleichkommt. Von einer großen Reihe Autoren wurde der Nachweis erbracht, daß das im Blutserum kreisende, tryptische Eiter- bzw. Leukozytenferment dort eine therapeutische Anwendung angezeigt erscheinen läßt, wo eine zu ausgiebige und dadurch gefährliche, eitrig-fermentative Gewebseinschmelzung verhindert werden soll (Mercks Jahresber. S. 322, 1908). In erster Linie scheint die Antifermentbehandlung angezeigt bei eitrigen, zur Abszeßbildung führenden Prozessen (E. Müller und Peißer). Dieselbe führt unter Fieberabfall zum Versiegen der Eitersekretion, Begrenzung der Gewebsnekrose und zur Bildung gesunder Granulationen. — Die Behandlungsdauer wird dadurch abgekürzt, der Verbandwechsel gestaltet sich schonend und schmerzlos. Die Anwendung ist einfach. In die offene oder durch Einschnitte eröffnete, umschriebene Eiterhöhle wird das Präparat eingegossen oder eingespritzt, bzw. mit Leukofermantin getränkte Gaze in die Eiterhöhle gelegt. Über den Eiterherd kommt zur Verhütung der Austrocknung ein feuchter Verband. — Die Berichte über die Resultate der Leukofermantinbehandlung bei zirkumskripten Eiterungen (Furunkel, Abszesse, Fisteln, eiternde, tuberkulöse Prozesse) lauten im allgemeinen sehr günstig (Strauß, Borszéky und Tarán, Stocker, Müller, Hesse, Bircher, Hirsch). Nicht aussichtsvoll ist die Behandlung progredienter Eiterungen (Hirsch). Bei Säuglingen ist von dieser Therapie ganz abzusehen (Klotz).

Gute Dienste leistete das Verfahren auch bei Fluor albus (Stocker), wobei nach Anhacken und Reinigen der Portio in Leukofermantin getauchte Gazestreifen täglich einmal in die Vagina eingeführt werden. Bei intakten Virgines wird das Mittel in die Vagina eingespritzt und die Kranke 10 bis 15 Minuten in horizontaler Lage belassen. Von Uthy und Seligmann wird das Präparat bei akuter und chronischer Otitis verwendet. Schließlich sei noch der Verwendung des Leukofermantins in der Behandlung des Diabetes gedacht (Markus). Ausgehend von der Tatsache, daß die Menge des Antitrypsins im Blute steigt, wenn der Zuckergehalt des Harnes sinkt, suchte Markus den Organismus zu gesteigerter Bildung von Antiferment anzuregen, was ihm durch direkte Einverleibung von Leukofermantin gelang. Er injizierte an drei aufeinanderfolgenden Tagen je 1, 2 und 3 ccm subkutan und konnte danach subjektive und objektive Besserung konstatieren.

Literatur: Müller, E., und Peisser, Münch. med. Wochenschr., 17, 18, 1908. — Borszéky und Tarán, Beitr. z. klin. Chir., 2, 1909. — Marcus, Zeitschr. f. experim. Path. u. Therap., 6, 1909. — Stocker, Korrespondenzbl. f. Schweiz. Ärzte, 20, 1909. — Strauß, Münch. med. Wochenschr., 39, 1909. — Klotz, Berl. klin. Wochenschr., 42, 1909. — Hesse, Arch. f. klin. Chir., 1, 1910. — Hirsch, Berlin. klin. Wochenschr., 13, 1910. — Müller, Münch. med. Wochenschr., 16, 1910. — Bircher, Med. Klin., 26, 1910. — Uthy und Seligmann, Monatsschr. f. Ohrenh. u. Laryng., 9, 1911. — Müller, Wien. med. Ztg., 40—42, 1911.
Fabr.: E. Merck, Darmstadt.
Preis: Gl. (20 ccm) Mk. 3,50. 50 ccm Mk. 5,—.

Lenicet ist eine kondensierte, wasserfreie Form des in der essigsauren Tonerdesolution gelösten Aluminiumazetats. Mit Wasser gibt es feine Suspensionen und spaltet langsam geringe Mengen eines sauren Aluminiumazetats ab. Das Präparat wird von Lengefeld und Zobel sowohl rein, als auch mit Talk vermischt als 20—50% Puder bei Hyperidrosis pedum et manuum, von Amende in 10% Salbe bei rhagadenbildenden, trockenen Ekzemen, von Wolffberg bei Blepharitis ulcerosa, wie bei Brandwunden zweiten Grades an den Gliedern empfohlen.

Die 10% Salbe (1 Teil Lenicet und 9 Teile Euvaselin), bekannt unter dem Namen **Blenolenicetsalbe,** wird von Adam, Dölling, Schoeler und Wolffberg in der Behandlung der Blennorrhoea neonatorum und adultorum sehr gerühmt, ebenso bei stärker sezernierenden Bindehaut- und Lidrandentzündungen. Die 5—10% Salbe wird 2 stündlich ohne Unterbrechung, also auch während der Nacht, bis zur deutlichen Abnahme der Sekretion eingerieben. Die Sekretion läßt nach Adam nach 1—3 Tagen nach. Dann wird das Präparat nur mehr 3—4 stündlich eingerieben. Hat die Sekretion ganz aufgehört, dann geht man zu reinem 3% Borvaseline über. Behandlungsdauer ca. 2—3 Wochen. Ungünstig lauten die Berichte über die Blenolenicetbehandlung der Augenblennorrhoe von Spiro, Bayer und Kümmel. Von Liepmann wird das 20% Lenicet gegen Fluor albus erfolgreich benützt. Nachdem das Scheidenrohr mittelst Stiltupfers im Milchglasspekulum sorgfältig von den anhaftenden Sekreten gereinigt ist, wird ca. 1 Teelöffel voll 20% Lenicet dick aufgepulvert. Die feuchten Massen werden dann wieder im Spekulum entfernt und neues Pulver eingeführt.

Literatur: Leistikow, Monatsh. f. prakt. Dermat., 27, 397, 1898. — Beck, ebendort, 453, 1898. — Ledermann, Therap. d. Ggw., 12, 1900. — Bering, ebendort, 7, 1904. — Adam, Münch. med. Wochenschr., 43, 1907. — Adam, Therap. Monatsh., 2, 1908. — Amende, Deutsche med. Wochenschr., 15, 1906. — Spiro, Münch. med. Wochenschr., 34, 1909. — Dölling, Therap. Monatsh., 5, 1910. — Bayer, Münch. med. Wochenschr., 19, 1910. — Kümmel, Münch. med. Wochenschr., 28, 1910. — Liepmann, Therap. Monatsh., 673, 1910. — Schoeler, Münch. med. Wochenschr., 1139, 1911. — Wolffberg, ebendort, 1514, 1911.
Fabr.: Dr. Reiß, Charlottenburg.
Preis: Streupulver 1 Dose 20% Mk. 0,75. K. 1,25. 50% Mk. 1,—. K. 2,—. Salbe 20 g Mk. 0,25. K. 0,40. 100 g Mk. 0,90. K. 1,40. 50 g Mk. 0,75. K. 1,—. Paste 25 g Mk. 0,50.

Lenigallol, das Triazetat des Pyrogallols, ist ein weißes, in Wasser ganz unlösliches Pulver. Erst beim Erwärmen mit wäßrigen Alkalien, also z. B. bei Berührung mit erkrankter Haut, spaltet es sich in seine Komponenten, Essigsäure und Pyrogallussäure, hiebei durch erstere leicht mazerierend, durch letztere leicht ätzend wirkend, ohne aber Schmerzen und Reizerscheinungen hervorzurufen (Kromayer und Vieth, Kromayer). Eine störende Nebenwirkung ist die je nach der Konzentration der Salbe mehr oder weniger starke, graue Verfärbung der Haut über den erkrankten Stellen, welche die Anwendung im Gesichte zweifelhaft erscheinen läßt (Bottstein). Das Feld, auf dem das Lenigallol seine Triumphe feiert, ist und bleibt das Ekzem (Kromayer und Grüneberg). Alle Arten desselben, mit Ausnahme der akuten Reizekzeme, können der Lenigallolmedikation unterworfen werden (Kromayer, Bor, Bottstein, Clemm, Hahn, Wehner). Es wird entweder in Substanz aufgepudert oder als 10% Zinkpasta in Form eines Dauerverbandes (Clemm) wie auch in hochprozentiger Salbenform verwendet. Als Vorkur der Teertherapie empfiehlt Meyer die Lenigallolzinkpaste: Lenigallol., Zinc. oxyd., Amyl. āā 20,0 Vaselin 40,0.

Literatur: Kromayer und Vieth, Therap. Monatsh., 8, 1898. — Bottstein, ebendort, 1, 1899. — Kromayer und Grüneberg, Münch. med. Wochenschr., 6, 1901. — Bor, Orvosi Hetilap, 43, 1901, rf. in Mercks Jahresber. 1901. — Clemm, Therap. Monatsh., 9, 1902. — Meyer, Münch. med. Wochenschr., 30, 1904. — Kromayer, Wien. med. Wochenschr., 3, 1905. — Hahn, Fortschr. d. Med., 45, 1910. — Wehner, Therap. d. Ggw., 9, 1911.
Fabr.: Knoll & Co., Ludwigshafen.
Preis: 1 g Mk. 0,15. K. 0,25. 10 g Mk. 1,35. K. 1,80.

Liantral, ein durch Benzol hergestellter, farbloser, nicht ganz geruchloser Steinkohlenteerextrakt, welcher eine eminente juckstillende Kraft besitzt und pruriginöse Veränderungen schnell und nachhaltig zum Verschwinden bringt (Leistikow). Teerfollikulitis trat dabei sehr selten auf.

Das Mittel ist in reinem Zustande indiziert bei Ekzema psoriasiforme, sowie bei Psoriasis capitis und corporis (Leistikow, Bering), hier besonders nach vorausgeschickter Applikation keratolytischer Präparate und endlich zur Nachbehandlung von Chrysarobin- und Pyrogallolschmierkuren. Bei gewöhnlichen Ekzemformen genügt die 5—10—20% Salbe, wobei als bestes Vehikel das Unguent. Caseini Beiersdorf befunden wurde, da es fast nicht reizt, leicht abwaschbar ist und den Teer in seiner juckstillenden Wirkung

unterstützt (Beck). In Kombination mit Oleum Rusci empfiehlt das Mittel Ledermann bei Behandlung des Stadium squamosum des Ekzems.
Literatur: Leistikow, Monatsh. f. prakt. Dermat., 27, 397, 1898. — Beck, ebendort, 453, 1898. — Ledermann, Therap. d. Ggw., 12, 1900. — Bering, ebendort, 7, 1904.
Fabr.: Beiersdorf & Co., Hamburg.
Preis: 1 g Mk. 0,05. K. 0,10. 10 g Mk. 0,40.

Linoval besteht aus 93 Teilen Vaselin, 5 Teilen einer flüchtigen Fettsäure, die bei der Raffinerie des Leinöles gewonnen wird, 1 Teil Ammoniak zum Fixieren der Säure und 1 Teil Lavendelöl als Geruchskorrigens. Die Salbe nimmt 15% Wasser auf. Als Zusätze eignen sich Salizylsäure, Ichthyol, Teer, Chrysarobin, Metalloxyde, aber keine Metallsäuren und Alkalien. Salomon verwendet das Präparat ohne Zusatz bei Furunkel, auch bei Hordeolum zur Vermeidung von Rezidiven, doch soll man wegen des Reizes auf die Konjunktiven etwas Kokain zusetzen, ferner bei Ulcus cruris, impetiginösem Kopfekzem und mit 10% Salizylsäure bei schweren Fällen von Akne vulgaris.
Literatur: Salomon, Med. Klin., 29, 1908.

Mattan, eine glanzlose, deckende Paste, welche aus 36 Teilen Gleitpuder, 24 Teilen Wasser und 30 Teilen Vaselin besteht und eine gelblichweiße Substanz darstellt, die sich gut verreiben läßt. Die Paste besitzt erhebliche austrocknende Eigenschaften und kann bei Tage anstatt Puder bei Seborrhoea faciei, Akne vulgaris und rosacea angewendet und auch mit einer Reihe anderer Arzneistoffe kombiniert werden (Pinkus).
Literatur: Pinkus, Med. Klin., 14, 1910.
Fabr.: Kripke, Berlin.
Preis: Tube (40 g) Mk. 1,25. Mit Zusätzen: 20 g Mk. 0,75. 40 g Mk. 1,50.

Mitin ist eine weiße, geschmeidige, sehr leicht verreibbare Substanz von Salbenkonsistenz, aus welcher ohne weiteres mit fast allen gangbaren Mitteln Salben und Pasten hergestellt werden können. Das Präparat stellt nach Jessner „eine überfettete Emulsion mit hohem Gehalte an serumähnlicher Flüssigkeit" dar, d. h. eine zu einer flüssigen Emulsion verarbeitete Fettmischung ist durch Überfettung mit nicht emulgiertem Fett in eine Salbenmasse verwandelt, die ca. 50% serumähnlicher Flüssigkeit enthält, trotzdem aber an Haltbarkeit und Mischbarkeit nichts zu wünschen übrig läßt, ja sogar noch für weitere, erhebliche Flüssigkeitsmengen aufnahmsfähig ist.
Das Mitinum purum ist mit geringen Ausnahmen, wie Argent. nitric., für alle Heilmittel als Salbenbasis verwendbar, ebenso die Mitinpaste, während die Mitincrême als parfümierte Hautcrême gebraucht wird.
Da das Mitin sehr geschmeidig ist, völlig in die Haut eindringt, nicht schmutzt und die Haut nicht reizt (Schwarz), erscheint es geeignet, die bisherigen Salbengrundlagen zu verdrängen.
Literatur: Jessner, Deutsch. med. Wochenschr., 38, 1904. — Jessner, Die Heilkunde, 8, 1905. — Schwarz, Wien. klin. Rundsch., 10, 1906.
Fabr.: Krewel & Co., Cöln.
Preis: Mitin-Crême u. Mitin-Paste Tube zu 30 g Mk. 0,50. K. 1,10. Kassenpackung. Dose 25 g Mk. 0,25. Frost-Mitin Tube 30 g Mk. 1,—. K. 1,40.

Nafalan ist eine dem Naftalan nachgebildete Salbengrundlage, welche aus 95% kaukasischem Naphtha und 5% Seife besteht. Es stellt eine schwarzbraune, kaum merklich nach Naphtha riechende, festweiche, bei Körpertemperatur nicht zerfließende Salbe dar, welche sich trotz ihrer Konsistenz außerordentlich gut in die Haut verreiben läßt, leicht in die Gewebe eindringt und daher rasch ihre therapeutische Wirksamkeit entfaltet.
Das Mittel wirkt anämisierend, entzündungswidrig und schmerzstillend (Grünfeld) und ist besonders wirksam bei Hauterkrankungen, die mehr oberflächlicher Natur sind und bei denen eine Überreizung der Haut stattgefunden hat, demnach eine beruhigende Wirkung erwünscht ist (Rohleder). Im besonderen wird es beim subakuten und chronischen Ekzem (Grünfeld,

Meisels, Hönigschmied, Rohleder, Wischnowitzer), sowie bei Intertrigo, stark entzündetem Ulcus cruris, Verbrennungen (Rohleder), bei Nebenhoden- und Venenentzündung (Grünfeld), endlich noch bei Röntgendermatitis, rheumatischen Affektionen und Ischias (Wischnowitzer) empfohlen.

Literatur: Meisels, Med. chir. Zentralbl., 11, 1903. — Hönigschmied, Wien. med. Blätter, 37/38, 1903. — Grünfeld, Ärztl. Zentralztg., 38/39, 1903. — Wischnowitzer, Prag. med. Wochenschr., 49, 1903. — Rohleder, Therap. d. Ggw., 12, 1904.
Fabr.: Nafalanges., Magdeburg.
Preis: Dose 50 g Mk. 0,50. K. 0,70. 100 g Mk. 0,90. K. 1,20. 200 g Mk. 1,65. K. 2,20. Streupulver 50 g Mk. 0,50. 100 g K. 0,90.

Naftalan. Während bei der fraktionierten Destillation des gewöhnlichen Bergöles Petroleumäther, Benzin, Schmieröl, Vaselin und Wachs erhalten wird, enthält das kaukasische Rohöl (Naphtha) in verhältnismäßig geringer Menge eine therapeutisch hochwirksame Substanz, welche auf chemischem Wege zur Ausscheidung gebracht und durch Zusatz von 5% besonders gereinigter Seife in eine konsistente Salbe übergeführt wurde (Weinberg). Diese Salbe wird nach dem einzigen Fundorte des Rohnaphtha — Naftalan im Gouvernement Elisabetpol — Naftalan genannt und stellt eine dunkle, fast geruchlose Salbe von starrer Konsistenz dar, die sich aber leicht verschmieren läßt. Sie ist absolut neutral und erleidet, in geschlossenen Gefäßen aufbewahrt, weder Zersetzung noch eine Einbuße ihrer Wirksamkeit. In Äther, Benzin, Chloroform ist das Naftalan unlöslich. Der Schmelzpunkt liegt bei 65—70° C, weshalb es bei Körpertemperatur nicht abläuft, sondern sicher und gut deckt und auch bei größerer Sonnenwärme seine Konsistenz beibehält. In der Wäsche hinterläßt das Mittel Flecke, die sich leicht durch Waschen mit Seife beseitigen lassen (Weinberg).

Wirkung: Das Naftalan entfaltet schmerzstillende, entzündungswidrige, reduzierende und antiseptische Eigenschaften (Unna, Bloch, Rauch, Auerbach, Meyer), sowie ausgezeichnete juckreizstillende und granulationsbefördernde Wirkung (Goldmann).

Nebenwirkung: Abgesehen von den äußerst seltenen Fällen, in denen es überhaupt nicht vertragen wird (Grünfeld), werden nur ganz vereinzelt Reizerscheinungen der Haut beobachtet (Saalfeld).

Indikationen: Das Mittel zeichnet sich durch seine vielseitige Verwendbarkeit aus. Die Hauptdomäne ist das Ekzem mit allen seinen Formen und Stadien (Unna, Saalfeld, Isaak, Pezzoli, Zikmund, Weinberg, Gernsheim, Friedeberg, Rohleder, Auerbach, Wohrizek, Vogt), ferner übt es sehr günstigen Einfluß aus bei Verbrennungen und Frostbeulen (Petrasko, Meyer, Goldmann), bei Dekubitus (Gernsheim), bei Hämorrhoiden (Rauch), bei Ulcus cruris, Epididymitis, Distorsionen, Pleuritis exsudativa und sicca, bei Pleuralgien, Lumbago und Rheumatismen, bei Erysipel (Grünfeld, Friedeberg, Gernsheim, Meyer, Bloch, Goldmann), bei Prurigo und Herpes Zoster (Bloch), endlich bei Psoriasis und Sycosis parasitaria und vulgaris (Rohleder, Friedeberg, Saalfeld, Merlin). Negativ war der Erfolg bei Akne (Friedeberg).

Dosierung: Durch seine Konsistenz, Emulgierbarkeit, Aufnahmsfähigkeit für wäßrige und weingeistige Lösungen und seine Unveränderlichkeit eignet es sich sehr zur Salbengrundlage und als Verbandmittel (Spiegel und Naphtali). Bei Ekzem und artifiziellen Hautentzündungen wird von Auerbach empfohlen: Naftalan 20,0, Zinc. oxydat., Amyl. titric. puri āā 10,0, Menthol. 0,5—1,0, M. f. l. a. pasta mollis; bei Hämorrhoiden von Rauch die Darreichung von 20% Naftalansuppositorien.

Literatur: Isaak, Deutsch. med. Wochenschr., 52, 1896. — Pezzoli, Therap. Wochenschr., 27, 1897. — Rohleder, Monatsh. f. prakt. Dermat., 3, 1898. — Saalfeld, Dermat. Zeitschr., 168, 1898. — Merlin, Wien. med. Wochenschr., 5, 1899. — Grünfeld, Wien. med. Blätter, 21/22, 1899. — Petrasko, Deutsch. med. Wochenschr., Therap. Beil., 75, 1899. —

Zikmund, übers. S. A. aus Cosop. lek. cesk., 22, 1899. — Friedeberg, Zentralbl. f. inn. Med., 31, 1899. — Gernsheim, Klin. therap. Wochenschr., 39, 1899. — Spiegel und Naphtali, Therap. Monatsh., 3, 1900. — Bloch, Wien. med. Wochenschr., 8/9, 1900. — Unna, Monatsh. f. prakt. Dermat., 321, 1900. — Rauch, Deutsch. med. Wochenschr., Therap. Beil., 5, 1900. — Auerbach, Monatsh. f. prakt. Dermat., 8, 1902. — Meyer, Ärztl. Rundsch., 41, 1904. — Goldmann, Deutsche Ärzteztg., 1, 1905. — Weinberg, Die Heilkunde, 4, 1905. — Wohrizek, Therap. d. Ggw., 3, 1907. — Vogt, Therap. Monatsh., 75, 1911.
Fabr.: Naftalanges., Dresden.
Preise: Dieselben wie bei Nafalan.

Peruscabin, der wirksame Bestandteil des Perubalsams, ist der reine Benzoesäurebenzylester und stellt ein farbloses, dünnflüssiges, fast geruchloses Öl von hoher milbentötender Eigenschaft dar. Es schädigt weder die Haut, noch die Innenorgane in besonderer Weise und beschmutzt die Wäsche nicht (Sachs, Juliusberg). Da es in reinem Zustande aber doch hin und wieder zu Reizerscheinungen Veranlassung gibt, wird für praktische Zwecke die 25% Lösung in Rizinusöl unter dem Namen **Peruol** verwendet. Dasselbe gelangt in Mengen von 30—50 g bei Skabies zur Benützung, ohne daß gleichzeitig bestehendes Ekzem oder Furunkulosis eine Verschlechterung erfährt. Nach Sachs sind innerhalb 36 Stunden 3 Einreibungen vorzunehmen, dann erst Wäschewechsel und nach 3—4 Tagen ein Bad.
Literatur: Sachs, Deutsch. med. Wochenschr., 39, 1900. — Juliusberg, Klin. therap. Wochenschr., 45, 1900.
Fabr.: Akt.-Ges. f. Anilinfabr., Berlin.
Preis: F. Peruscabin: Fl. 25 g Mk. 1,45. 50 g Mk. 2,90. 100 g Mk. 5,80. Peruol Fl. 100 g Mk. 1,25. K. 1,80.

Petrosulfol ist ein in Wasser, Glyzerin, teilweise auch in Alkohol und Äther lösliches Ammonsalz eines aus dem Steinkohlenteere gewonnenen Öles, von eigenartig durchdringendem Geruche, das als Ersatzmittel für Ichthyol verwendet werden kann (Habel). Es wird bei pustulösen Hauterkrankungen, bei Sykosis und pustulösem Ekzem in 10% Lösung zu Umschlägen, sowie als 10% Salbe verwendet. Für die Behandlung stark nässender Ekzeme eignet es sich nicht (Ehrmann). Da es die Wäsche nicht beschmutzt, keine Reizerscheinungen macht und billig ist, erscheint es besonders für den Massengebrauch geeignet.
Literatur: Habel, Wien. klin. Rundsch., 20, 1898. — Ehrmann, ebendort, 18, 1900.
Fabr.: Hell & Co., Troppau.
Preis: 10 g K. 1,70. 100 g K. 5,55.

Pinosol, ein Teerpräparat von gelblicher Farbe und nicht unangenehmen Geruch, das sich allen Salbengrundlagen gut zusetzen läßt. Es besitzt die entzündungswidrige und juckstillende Wirkung des Oleum Rusci, ohne die Haut aber so stark zu reizen, wie dieses (Polland). Zur Herstellung eines Ersatzes für Tinctura Rusci ist es ungeeignet, da es in Alkohol unlöslich ist.
Literatur: Polland, Österr. Ärzteztg., 3, 1913.
Fabr.: Hell & Co., Troppau.

Pittylen, ein Teerersatzmittel, welches durch Einwirkung von Formaldehyd auf Nadelholzteer entsteht. Es stellt ein feines, lockeres, braungelbes Pulver von schwachem, nicht teerartigem Geruche dar, das in Äther, Alkohol, Azeton, Kollodium, Terpinol sowie Laugen löslich ist, wobei die Kondensationsprodukte der Harzsäuren, Phenole und anderer Körper mit dem Alkali wasserlösliche Verbindungen eingehen.

Das Mittel wird von Max Joseph beim subakuten, chronischen und impetiginösen Ekzem, Pityriasis, Lichen chronicus, Akne und bei Herpes tonsurans, von Herzberg bei Pruritus vulvae, von Haedike bei Prurigo, Skabies und Urtikaria empfohlen. Bei akuten Formen ist es zu meiden, da es Nässen und Rötung hervorruft.

Dosierung: Es wird als 2—10% Paste, als Seife, als 5—10% Schüttelmixtur zur Pinselung, als 5—10% Kollodium, wie auch als Streupulver

(10—20 g: 30 g Talc. Venet., 10 g Zinkoxyd ad 100 g Lykopodium) verwendet. Mit Pittylenkaliseife erzielte Berger bei akuter Urtikaria überraschende Erfolge.

Literatur: Max Joseph, Dermat. Zentralbl., 3, 1905. — Max Joseph, ebendort, 3, 1907. — Berger, Therap. Monatsh., 332, 1907. — Haedike, Deutsch. med. Wochenschr., 28, 1909. — Herzberg, Med. Klin., 1870, 1912.
Fabr.: Lingner, Dresden.
Preis: 1 g Mk. 0,10. K. 0,15. Pittylenseifen und Pittylenschwefelseife, Kali- und Natronseifen. |Stück zu Mk. 0,90 u. 1,—. K. 1,— u. 1,20.

Pyraloxin, Acidum pyrogallicum oxydatum, ist ein braunes, luftbeständiges, in Wasser besonders beim Erwärmen leicht lösliches Pulver, das anstatt Pyrogallol bei Behandlung der Psoriasis, Lepra (Unna) und bei chronischer Konjunktivitis und Nasenrachenkatarrh (v. Stein) Anwendung findet. Für Augentropfen bewährte sich folgende Verschreibung: Pyraloxin 0,01—0,05: Aq. foeniculi, Aq. boracis ää 5,0. Bei Epitheliomen ist es nach v. Stein imstande, das Fortschreiten und die Metastasenbildung zu verhindern.

Literatur: Unna, Med. Klin., 40, 1907. — v. Stein, Zeitschr. f. Laryng. und ihre Grenzgeb., 879, 1912. — v. Stein, Therap. Monatsh., 138, 1913 (Ref.).

Resorbin ist eine von Ledermann in die Praxis eingeführte, salbenartige Emulsion von Mandelöl, Wasser, Wachs, Seife und Leimlösung. In Form der $33^{1}/_{3}\%$ Quecksilbersalbe dient sie zur Inunktionskur. Schon nach 8 Minuten langem Einreiben ist die Salbe in der Haut verschwunden. Sehr praktisch ist die Verpackung in graduierten Glasröhren. Nebenwirkungen fehlen (Silberstein).

Literatur: Ledermann, Wien. med. Wochenschr., 8, 1900. — Silberstein, ebendort, 8, 1900.
Fabr.: A.-G. f. Anilinfabr., Berlin.
Preis: 10 g Mk. 0,15. K. 0,20. Hg-Resorbin 1 Tube 30 g Mk. 0,80. K. 1,10.

Ristin, Monobenzoesäureester des Äthylenglykols, bildet eine kristallinische Masse von schwacharomatischem Geruche, die bei 46° schmilzt und bei 165° siedet, in Wasser wenig, in Alkohol, Äther, Benzol, Chloroform und fetten Ölen leicht löslich ist. Als „Ristin" ist die 25% alkoholische, mit Glyzerin versetzte Lösung des Esters im Handel. Das Präparat wird ausschließlich in der Behandlung der Krätze verwendet (Tollens, Neuberger). Es genügen 3—4 Einreibungen mit je 50 g, die an einem Tage vorgenommen werden. Die Milben sind gewöhnlich schon nach der ersten, sicher nach der 2. oder 3. Einreibung getötet, ebenso läßt der Juckreiz bereits nach der 1. Einreibung nach. Dabei ist das Mittel unschädlich, reizlos, geruchlos und sauber in der Anwendung.

Literatur: Tollens, Deutsch. med. Wochenschr., 2040, 1911. — Neuberger, Münch. med. Wochenschr., 2220, 1911.
Fabr.: Farbenfabr., vorm. Bayer & Co., Leverkusen.
Preis: 1 Fl. Mk. 5,50. K. 6,70.

Sapalkol ist ein weicher Seifenbrei, der einen hohen Gehalt an Alkohol besitzt. Die Komposition eignet sich als Vehikel für Ol. Rusci, Resorzin, Salizylsäure, Ichthyol, Tumenol etc. Die Behandlung von Hautkrankheiten, wie Pityriasis, Seborrhoea, Psoriasis, Ekzem, Lichen simplex etc., ist mit den Sapalkolen sehr bequem. Nach kurzdauernder Verreibung verdunstet der Alkohol und das Medikament bleibt mit der milden, nicht reizenden Natronseife in den obersten Epidermisschichten zurück (Blaschko).

Literatur: Blaschko, Med. Klin., 50, 1906.
Fabr.: Wolff, Breslau.
Preis: Tube 40 g Mk. 0,50. Mit Zusätzen von Acid. salicylic. Ol. Rusci, Naphthol, Schwefel, Tumenol, Anthrasol, Ichthyol etc. Mk. 0,75—1,25.

Sapolan ist eine schwarzbraune, in nächster Nähe nach Ichthyol riechende **Salbe**, die sich sehr leicht in die Haut verreiben läßt und aus $2^{1}/_{2}$ Teilen einer speziell extrahierten und fraktioniert destillierten Rohnaphtha, $1^1/_2$ Teilen Lanolin und 3—4% wasserfreier Seife besteht.

In der Wirkungsweise und Zusammensetzung nähert es sich den Teerpräparaten, zeichnet sich aber vor diesen durch seine Reizlosigkeit aus (Lesser). Das reine Sapolan erzeugt Follikulitis und Furunkel, weshalb man es am besten mit Zinkoxyd vermischt appliziert (Appel). Die ihm innewohnenden juckstillenden Eigenschaften kann man durch Zusatz von Aq. plumbica āā erhöhen.

Das Mittel findet vorteilhafte Verwendung bei den chronischen Formen des Ekzems. Beim akuten Ekzem ist es nur dann angezeigt, wenn das Nässen bereits beseitigt ist (Lesser, Mraček). Ferner bewährte es sich bei Pruritus (Lesser), bei frischer Psoriasis (Sellei) und bei Herpes praeputialis, Herpes Zoster und Verbrennungen (Appel), wogegen es bei parasitären Hautkrankheiten und alter Psoriasis wirkungslos blieb (Sellei). Nach Appel zeigte es gute schmerzlindernde Eigenschaften bei blasen- und pustelbildenden Hautkrankheiten (Sapolan. 30,0, Zinc. oxyd. 20,0, Aq. plumb. 50,0).

Literatur: Mracek, Zentralbl. f. d. ges. Therap., 7, 1900. — Lesser, Therap. d. Ggw. 11, 1900. — Sellei, Orvosi Hetilap, 33, 1901, rf. Schmidts Jahrb., 272, 242, 1901. — Appel, Deutsch. med. Wochenschr., 2, 1902.

Sulfidal ist ein kolloidaler Schwefel mit 25% Eiweißkörpern, der als Krätzmittel bei einfacher Anwendung eine sichere Wirkung besitzt (Winkler und eigene Erfahrungen). Das Mittel wird gut vertragen, reizt die Haut nicht (Nevinny) und wird an 3—4 Tagen hintereinander aufgetragen.

Literatur: Nevinny, Berl. klin. Wochenschr., 42, 43, 1908. — Winkler, Dermat. Wochenschr., 333, 1913.
Fabr.: v. Heyden, Radebeul.
Preis: 10 g Mk. 0,45. 40 Tabl. à 0,5 g K. 1,50.

Sulfoform, Triphenylstibinsulfid, ist eine aus weißen Kristallen bestehende Schwefelantimonverbindung, welche die Eigenschaft besitzt, schon durch gelinde chemische Eingriffe, ja schon beim Ausscheiden aus ihren öligen oder alkoholischen Lösungen Schwefel abzuscheiden und daher von Kaufmann für dermatologische Zwecke herangezogen wurde, da von Schwefel in statu nascendi eine besonders intensive Wirkung zu erwarten war. Mit Erfolg versuchte Joseph das Mittel bei Alopecia seborrhoica in Form der 10% Salbe (Sulfoform 1,0, Ol. Rosarum gtts. 2, Vaselin. american. alb. 9,0), Schneider in 10% öliger Lösung. Nach Einreiben der Kopfhaut mit Oliven- oder Rizinusöl und folgender Reinigung mit Seifenspiritus und Wasser wird die Salbe abends auf den 4. Teil des Kopfes, an den folgenden Tagen auf den übrigen drei Vierteln eingerieben, sodann der Turnus wiederholt. Morgens wird mit neutraler Seife gewaschen und eine Lösung von Resorcin. 1,0, Spiritus Lavandulae und Rosmarini āā 50,0 aufgeträufelt. Weiter fand Sulfoform Verwendung in 5—20% Salbe bei Impetigo simplex und Pityriasis rosea (Joseph), bei Sycosis non parasitaria, parasitärem und chronischem trockenen Ekzem, Impetigo contagiosa und Skabies (Sternthal), sowie in Form von Sulfoformöltampons bei Metritis und Parametritis (Bauer).

Literatur: Joseph, Dermat. Zentralbl., 1, 2, 1910. — Kaufmann, Biochem. Zeitschr., 67, 1910. — Schneider, Dermat. Zentralbl., 7, 1911. — Bauer, Zentralbl. f. Gynäk., 20, 1912. — Sternthal, Dermat. Wochenschr., 162, 1913. — Joseph, ebendort, 255, 1913.

Tannobromin ist eine Dibromtannin-Formaldehydverbindung, welche sich als ein hellbraunes bis rötliches Pulver repräsentiert, das gut in Alkohol, Kollodium, sowie in alkalischen Flüssigkeiten, aber kaum in Wasser löslich ist. Der Bromgehalt beträgt 30%.

Die Kollodiumlösung des Tannobromins kommt als **Frostinbalsam** gegen Frostbeulen in den Handel. Von Saalfeld wurde Tannobromin gegen Haarausfall empfohlen, gleichviel ob derselbe mit Steigerung oder Herabsetzung der Fettsekretion einherging. In weit vorgeschrittenen Fällen konnte allerdings nur Milderung, keine Heilung erzielt werden. Bei helleren Haaren kann das Präparat wegen Verfärbung derselben nicht angewendet werden. Bei vermindertem Fettgehalt gibt man das Mittel in einer Vaselinsalbe (1:30), der man etwas Salizylsäure (0,5—0,75 g) und Lac sulfuris (1:30 Salbenmasse) hinzufügen kann.

Literatur: Saalfeld, Therap. Monatsh., 4, 1905.

Thigenol ist das Natriumsalz der Sulfosäure eines synthetisch dargestellten Sulfoöles, welches 10% Schwefel organisch gebunden enthält. Es ist eine braune, dick sirupöse, geruch- und fast geschmacklose, in Wasser, verdünntem Alkohol und Glyzerin völlig lösliche Flüssigkeit, welche rasch auf der Haut zu einer nicht klebenden Decke eintrocknet und die Wäsche nicht beschmutzt (Neumann, Saalfeld).

Wirkung: Das völlig ungiftige Mittel besitzt antiseptische und resorptionsbefördernde, sowie juckreiz- und schmerzstillende Eigenschaften (Jaquet, Neumann) und ein gutes Desodorisierungsvermögen (Brings). Intern genommen übt es die therapeutischen Wirkungen des Kreosots und Guajakols aus, ohne deren ungünstige Eigenschaften zu teilen (Mendelsohn). Es setzt die Fäulnisvorgänge im Darm herab, regelt die Darmperistaltik, beschränkt den Eiweißzerfall und wirkt als ausgesprochenes Stomachikum.

Nebenwirkungen: Die Einpinselung des reinen Präparates wird von der Haut nicht immer vertragen und die angeregte profuse Sekretion kann leicht Intertrigo erzeugen (Neumann, Jaquet). Vereinzelt wurde schon nach 25% Salbe Auftreten eines heftigen Juckreizes beobachtet (Köszéghy-Winkler).

Indikationen und Dosierung: Thigenol findet in der Dermatologie, sowie in der Gynäkologie, Chirurgie und Phthiseotherapie erfolgreiche Verwendung. Es erwies sich entsprechenden Falles dem Ichthyol in vieler Beziehung überlegen (Brings, Flatau). Im besondern wird das Präparat empfohlen bei Ekzem (selbst der Kinder) rein oder in 20% Salbe (Jaquet, Neumann, Brings, Silberstein, Merckel, Pacyna, Krupp, Klingmüller), bei Seborrhöe in 10—20% Salbe oder spirituöser Lösung, die aber bei lichtem Haare nicht benützt werden soll (Saalfeld, Pacyna), bei Rosacea, Nasen- und Gesichtsröte, Sykosis, Frostbeulen und Skabies in folgender Verschreibung: Thigenol 5,0—10,0, Aqu. dest., Spirit. āā 12,5 g (Saalfeld, Porias), bei Urtikaria in 10% spirituöser Lösung (Bloch), bei Gonorrhöe in 2% Lösung (Jaquet), bei gonorrhoischer Endo-, Para- und Perimetritis, entzündlichen Adnexerkrankungen, Fissura ani und Pruritus ani et vulvae in 10—20% Glyzerinlösung (Neumann, Merckel, Savinel), bei Mittelohrentzündung und Ekzem der Ohrmuschel (Urbantschitsch) und als Bäderzusatz bei Gelenksrheumatismus, wobei auf 1 Bad 50 g geschabte Seife und 100 g Thigenol gegeben werden (Köszéghy-Winkler). Intern wird das Mittel angewendet bei Skrofulose (Mendelsohn), bei Furunkulose (Königschmied), sowie bei Bronchiektasie in Dosen von 0,25 g in Gelatinekapseln oder 3 mal täglich 30 Tropfen einer $1/3$% Lösung in Aq. menth. piperit. (Silberstein). Im Handel kommt auch noch die Thigenolseife mit 10% Thigenol vor, die mit Nutzen bei Hautkrankheiten zu gebrauchen ist.

Literatur: Jaquet, Deutsch. med. Wochenschr., 10, 1902. — Merckel, Münch. med. Wochenschr., 48, 1902. — Flatau, ebendort, 52, 1902. — Saalfeld, Therap. Monatsh., 4, 1903. — Silberstein, Ärztl. Zentralztg., 8, 1903. — Urbantschitsch, Monatsschr. f. Ohrenheilk., 11, 1903. — Neumann, Deutsch. Ärzteztg., 19, 1903. — Hönigschmied, Wien. med. Presse, 37, 1903. — Mendelsohn, Deutsch. Ärzteztg., 2, 1904. — Pacyna, Neue Therapie, 4, 1904. — Köszéghy-Winkler, ebendort, 6, 1904. — Porias, Wien. klin. Rundsch., 16, 1904. — Brings, ebendort, 18, 1904. — Bloch, Deutsch. Ärzteztg., 23, 1904. — Krupp, Petersburg. med. Wochenschr., 36, 1904, rf. Deutsch. med. Wochenschr., Lit. Beil., 41, 1904. — Savinel, Gaz. des hôpit., 106, 1904, rf. ebendort, 41, 1904. — Klingmüller, Deutsch. med. Wochenschr., 29, 1905.

Fabr.: Hoffmann-La Roche & Co., Basel-Grenzach.
Preis: 10 g Mk. 0,65. K. 0,75. Thigenol-Glyzerin 20% Fl. 100 g Mk. 1,—. K. 1,25.
Thigenol-Ovules Sch. m. 6 St. Mk. 3,20. K. 4,—. Thigenolseife 1 St. Mk. 0,80. K. 1,—.

Thiodin, Tiodine, Thiosinaminäthyljodid, sind weiße Kristalle mit 46—49% organisch gebundenem Jod, die sich schwer in Alkohol, in jedem Verhältnisse in Wasser lösen. Das Mittel wird so wie Thiosinamin und Fibrolysin verwendet, um Narbengewebe, gleichviel welcher Prozeß der Narbenbildung vorangegangen ist, zu lockern, zu erweichen und in seiner Schrumpfung aufzuhalten. Von Weiß wurde es bei metasyphilitischen Affektionen des Zentralnervensystems, besonders bei Tabes dorsalis empfohlen. Hiebei entfaltet nach Spaltung des Präparates in seine Komponenten das Jod seine spezifische antitoxische Wirkung, während das Allylsulfokarbamid das gewucherte Gliagewebe auflockert und so die leitungsunfähig gewordenen Nervenbündel und Fasern wieder funktionstüchtig macht. Speziell die subjektiven Beschwerden schwinden in kurzer Zeit (Zweig). Ferner wird von Patschke und Travaglino über gute Erfolge bei Arteriosklerose der Hirnarterien berichtet und von Brik der Nutzen der Tiodineinjektionen bei Strikturen, Indurationen des Corpus cavernosum und Prostatahypertrophie rühmend hervorgehoben. Man gibt entweder 2 mal täglich 0,1 g in Pillen oder 1 ccm der 10—20% Lösung jeden 2. Tag subkutan oder intramuskulär. Im Handel befindet es sich in kleinen Ampullen à 1 cm³ mit 0,2 g Tiodin.

Literatur: Weiß, Wien. med. Wochenschr., 317, 1907. — Zweig, Deutsch. med. Wochenschr., 11, 1908. — Brik, Wien. med. Wochenschr., 48, 1911. — Patschke, Deutsch. med. Wochenschr., 1513, 1911. — Travaglino, Therap. Monatsh., 235, 1913.
Fabr.: Depot Dr. Bloch, St. Ludwig.
Preis: 60 Pillen à 0,05 g Mk. 3,50. 12 Amp. à 1,1 ccm Mk. 4,50.

Thiol stellt ein dunkelbraunes bis schwarzes, neutrales Gemisch von Schwefelkohlenwasserstoffen dar, welches ca. 12% Schwefel enthält (Gerbsmann). Thiol ist leicht löslich in Wasser, besser in Alkohol und Äther, am schnellsten in Alkalien. Im Handel erscheint es als Thiol. liquidum und Th. siccum. Ersteres (mit 40% Trockensubstanz) ist ein auf der Haut zu einem elastischen Überzug eintrocknender, angenehm riechender und leicht abwaschbarer Firnis, der keine Flecke in der Wäsche macht; letzteres stellt ein braunes, angenehm riechendes Pulver von etwas bitterlichem Geschmacke dar.

Wirkung: Dem Thiol kommen keratoplastische, gefäßverengernde, antiseptische, austrocknende und juckreizmildernde Eigenschaften zu (Jegormin). Nach Kolbassenko absorbiert es infolge seiner dunklen Farbe, ähnlich wie Ichthyol, sämtliche Lichtstrahlen des Spektrum und wirkt, auf die Haut gestrichen, verderblich auf den Pockenerreger ein, der in einem gewissen Stadium seiner Entwicklung der Lichtwirkung als einer Lebens- und Entwicklungsbedingung bedarf.

Nebenwirkungen: Nur ganz vereinzelt wurde bald schwindende Rötung der Haut beobachtet (Jordan). Der Geruch und die Schwarzfärbung der Haut belästigen die Kranken nicht.

Indikationen: Von durchaus günstiger Wirkung zeigte sich das Präparat bei Ekzem, und zwar bei den akuten Formen (Jordan, Gerbsmann, Leredde), bei schweren Brandwunden (Jegormin), bei Seborrhöe mit Pruritus (Leredde), bei Erysipel (Iwanoff) und bei Variola (Kolbassenko). Sehr verwendbar zeigte es sich ferner in der Gynäkologie (Leredde), wo es bei Erkrankungen des parauterinen Zellgewebes und der Adnexe resorptionsbefördernde und schmerzstillende Wirkung entfaltet (Koslenko).

Dosierung: Als Streupulver sowie in 25—30% Lösung, wie auch in 5—20% Salbe benützt.

Literatur: Jordan, Allg. med. Zentralztg., 101, 1899. — Gerbsmann, Therap. d. Ggw., 2, 1900. — Koslenko, Allg. med. Zentralztg., 2, 1903. — Kolbassenko, Die Heilkunde,

5, 1903. — Jegormin, Allg. med. Zentralztg., 35, 1903. — Iwanoff, Deutsch. Medizinalztg., 55, 1903. — Leredde, Fortschr. d. Med., 8, 1905.
Fabr.: Riedel, Berlin.
Preis (f. Thiol. liquid.): 10 g Mk. 0,70. K. 0,85.

Thiosinamin ist ein substituierter Harnstoff, in welchem 1 Wasserstoffatom einer Amidogruppe durch den Allylrest vertreten ist, also Allylsulfocarbamid oder Allylsulfoharnstoff (Hartz). Es stellt einen zu den Senfölen gehörigen Körper dar und bildet farblose, bitter schmeckende, in reinem Zustande geruchlose Prismen, die leicht in Alkohol und Äther, schwerer in Wasser löslich sind (Juliusberg).

Wirkung: Das Thiosinamin ist als ein für den Gesamtorganismus unschädlicher Stoff anzusehen (Lewandowsky), welcher, in den Blutkreislauf gebracht, die Eigenschaft besitzt, Narben verschiedenster Art weich und beweglich zu machen. Nach den Untersuchungen Richters findet nach Einverleibung des Allylthioharnstoffes zuerst eine Verminderung der Leukozyten statt, der nach einigen Stunden eine ständige Zunahme folgt, bis nach 2—3 Stunden der normale Zustand erreicht ist, welcher wieder in kurzer Zeit einer beträchtlichen Hyperleukozytose Platz macht. Unter dem Einflusse des Mittels wird also in den zellarmen, straffen Bindegewebsfasern eine Proliferation von Bindegewebszellen angeregt, so daß ein lockeres, zellreicheres Gewebe entsteht. Damit wäre die Dehnbarkeit des Narbengewebes erklärt. Die Dehnung muß jetzt natürlich durch mechanische Hilfe erzeugt werden (Sachs, Wolf).

Nebenwirkungen: Nach längerem Gebrauche trat Appetitverlust, Benommenheit und Gefühl von Mattigkeit auf (van Hoorn), sowie Kopfschmerz, manchmal schon am Tage nach der Injektion (Kircz). Vereinzelt wurde urtikariaartiges Exanthem (Békéß), mehrtägige Polyurie (Mertens), knoblauch- oder rettichartiger, mehrere Stunden anhaltender Geruch der Exhalationsluft beobachtet (Mendel). Direkt mit der Applikationsart des Mittels zusammenhängende unerwünschte Begleiterscheinungen waren: kurz dauerndes Brennen an der Injektionsstelle (Hartz), Auftreten eines mehrtägigen Meteorismus nach Injektion in die Bauchdecken (v. Tabora), Reizerscheinungen bei Benützung der von Unna empfohlenen Thiosinaminpflastermulle und -seifen (Juliusberg, Lewandowski, Mendel) und starke Schmerzen nach Benützung alkoholischer Lösungen zu den Injektionen (Kircz, Offergeld, Mellin, Mendel). Das Auftreten von Hautanästhesien und Parästhesien, wie es Glas in einem Falle sah, ist wahrscheinlich auf die Läsion des entsprechenden Hautnerven zurückzuführen. Von Brinitzer wurde in einem Falle von diffuser Sklerodermie nach jeder Injektion Fieber konstatiert. Hiebei dürfte es sich um eine ausgesprochene Idiosynkrasie gehandelt haben. Grosse berichtet über einen 54 jährigen Kranken, welcher nach mehrwöchiger Behandlung nach der letzten Injektion, Fieber, Herzschwäche, Anurie und körperlichen und geistigen Verfall zeigte, welcher Zustand erst nach 4 Wochen in Heilung überging.

Indikationen: Das von v. Hebra im Jahre 1892 in die Therapie eingeführte Mittel wurde anfangs nur zur Lupus- und Keloidbehandlung benützt (van Hoorn, Scholz, Unna, Juliusberg, Hanszel, Mohr), wird aber jetzt bei allen narbigen Zuständen der Haut und des inneren Körpers empfohlen. So benützen es im besonderen Unna zur Beseitigung der Pockennarben, Mellin und Boseck zur Behandlung der Kontrakturen nach Brandwunden, Juliusberg und Remete, wie auch Boseck bei Harnröhrenstrikturen, Pollak bei Verätzung des Ösophagus, Glas bei Rhinosklerom Roos bei Endokarditis, Mellin, Lengemann, Teschemacher, Wolf und Jellinek bei Dupuytrenscher Kontraktur und Friedländer bei pleuritischen Adhäsionen. Sehr häufig wird es bei Ösophagus- und Pylorusstenosen, vorwiegend benigner Natur, in Anwendung gebracht (Téleky, Hartz,

Glogner, Halasz, Schneider, Kircz, Sachs, van Leersum), doch soll es hier, wo ja der Erfolg oft erst nach 5—6 Monaten kenntlich wird, nicht allzu lange gebraucht werden, da man sonst den zur Operation geeigneten Zeitpunkt verpassen kann (Baumstark). Ohne Erfolg verwendete es hiebei Wolf, der das Mittel bei Narben an inneren Organen überhaupt für wirkungslos erklärt. Weiter ist es angezeigt bei Schwerhörigkeit, wenn dieselbe durch Unbeweglichkeit der Gehörknöchelchenkette bedingt ist, sowie bei Verwachsungen des Trommelfelles oder des Hammers mit der Paukenhöhlenwand nach chronischen Eiterungen, endlich bei Tubenverengerung (Hirschland, Boseck). Schließlich leistete es noch gute Dienste in der Augenheilkunde bei Katarakten und iritischen Verwachsungen, wobei es die Homatropinmedikation wesentlich unterstützt (Lewandowski), sowie bei postneuritischer Bindegewebsbildung im Sehnerv (Grunert), ferner bei parametralen Strangbildungen (Vogelsanger), wie als präparatorisches Mittel vor Operationen und als narbenerweichendes Mittel nach denselben, wenn die Narbe die Ursache der postoperativen Beschwerden ist (Lewandowski).

Kontraindiziert ist das Präparat nach Téleky und Lewandowski dann, wenn die Möglichkeit vorliegt, daß der akute oder eben abgelaufene Prozeß durch ein Wiederaufflammen dem Organismus Gefahr bringen könnte, z. B. bei frischer Keratitis, Spitzenschwiele, Karies, ferner bei frischen Entzündungen irgendwelcher Art (Wolf) und bei Ablatio retinae und Glaskörpertrübungen (Grunert). Ein mehr weniger absprechendes Urteil fällen Mankiewicz und Lexer über das Thiosinamin, da es nur vorübergehende Erfolge zeitige, während nach Baumstark, Doevenspeck und Offergeld überhaupt mehr Mißerfolge als Heilungen zu verzeichnen sind.

Dosierung: Vor allem muß man sich stets vor Augen halten, daß das Thiosinamin für sich allein gewöhnlich keine Heilung erzeugen kann, sondern nur geeignet ist, die Behandlung von Narben durch mechanische Dehnung (Massage, Bougierung) zu erleichtern (Glas, Téleky, Vogelsanger). Die Verabreichung per os ist als wirkungslos aufgegeben und auch die Anwendung in Salbenform und als Klysma kommt kaum in Betracht. Am häufigsten wird es in 15% alkoholischer Lösung oder in 10—20% wäßriger Glycerinlösung (v. Tabora) benützt und subkutan appliziert, da bei intrakutaner Anwendung Hautnekrose eintreten kann (Remete), bei intravenöser aber Gefahr der Thrombenbildung besteht (Hirschland). Die gebräuchliche Verschreibung ist: Thiosinam. 10,0, Glycerin. 20,0 ad Aq. dest. 100,0. Nachdem das Mittel vom Blute her wirkt, ist es ganz gleichgültig, wo es injiziert wird. Am geeignetsten scheinen die Extremitäten oder die Haut zwischen den Schulterblättern zu sein. Man injiziert jeden 2. Tag eine Pravazspritze voll und massiert dann die Stelle (v. Tabora). In das Narbengewebe direkt soll nicht injiziert werden, doch möglichst nahe demselben (Mellin, Offergeld). Von Unna wird noch die Verwendung des Mittels in Form von 10 bis 20—30% Pflastermull und als Seife in folgender Verschreibung empfohlen: Thiosin. 0,5—1,0—2,0: Sapo unguinosus (überfettete Kaliseife) 10,0.

Nochmals sei darauf hingewiesen, daß die Injektion alkoholischer Lösungen schmerzhaft ist, die der wäßrigen Glyzerinlösungen aber nicht. Dafür haben diese wieder den Nachteil, daß aus ihnen das Thiosinamin zum Teile auskristallisiert und sie daher vor jedesmaliger Anwendung erwärmt werden müssen (Offergeld).

Literatur: v. Hebra, Monatsschr. f. prakt. Dermat., 15, 1892. — Békéß, Arch. f. Kinderheilk., 439, 1895. — Van Hoorn, rf. Zentralbl. f. inn. Med., 43, 1896. — Unna, Monatsheft f. prakt. Dermat., 12, 1899. — Scholz, Deutsch. med. Wochenschr., 24, 1901. — Juliusberg, ebendort, 33/35, 1901. — Téleky, Wien. klin. Wochenschr., 8, 1902. — Lewandowski, Therap. d. Ggw., 10, 1903. — Glas, Wien. klin. Wochenschr., 11, 1903. — Roos, Therap. d. Ggw., 11, 1903. — v. Tabora, Therap. d. Ggw., 2, 1904. — Lewandowski, ebendort, 3, 1904. — Glogner, ebendort, 7, 1904. — Hartz, Deutsch. med. Wochenschr., 8, 1904. — Halász, Monatsschr. f. Ohrenheilk., 11, 1904. — Lengemann, Deutsch. med. Wochenschr., 13, 1904. — Baumstark, Berl. klin. Wochenschr., 24, 1904. — Richter, Wien. med. Wochen schr., 28, 1904. — Mankiewicz, rf. in Mercks Jahresber. 1904. — Hanszel, Wien. klin. Wochenschr., 1, 1905. — Mendel, Therap. Monatsh., 2, 1905. — Kircz, Therap. d. Ggw., 2, 1905. — Hirschland, Arch. f. Ohrenheilk., 2/3, 1905. — Lexer, Deutsch. med. Wochenschr., 4, 1905. — Remete, Zentralbl. f. Krankh. d. Harn- u. Sexualorg., 4, 1905. — Mellin, Deutsch. med. Wochenschr., 5, 1905. — Friedländer, Wien. klin. Rundschau, 6, 1905. — Doevenspeck, Therap. d. Ggw., 6, 1905. — Mendel, ebendort, 8, 1905. — Schneider, Korrespondenzbl. f. Schweiz. Ärzte, 11, 1905. — Offergeld, Münch. med. Wochenschr., 37, 1905. — Mohr, Therap. Monatsh., 1, 1906. — Teschemacher, ebendort, 1, 1906. — Pollak, Therap. d. Ggw., 3, 1906. — Brinitzer, Berl. klin. Wochenschr., 4, 1906. — Vogelsanger, Deutsch. med. Wochenschr., 5, 1906. — Jellinek, Wien. klin. Wochenschr., 28, 1906. — Grunert, 33. Versamml. d. ophthalm. Gesellsch. zu Heidelberg, 1906, rf. in Münch. med. Wochenschr., 50, 1906. — Boseck, Münch. med. Wochenschr., 48, 1906. — Sachs, Therap. d. Ggw., 1, 1907. — Wolf, Arch. f. klin. Chir., 1, 1907. — Van Leersum, rf. in Münch. med. Wochenschr., 8, 1907. — Grosse, Münch. med. Wochenschr., 17, 1908.

Tribrom-β-Naphthol ist ein grauweißes, kristallinisches Pulver vom Schmelzpunkt 155^0, das sich leicht in Alkohol, Äther, Benzol, Azeton und Alkalien löst. Die $0,5\%$ alkoholische Lösung bewährte sich nach Lehmann bestens als Händedesinfektionsmittel, doch bekamen manche damit arbeitende Personen nach 4 Wochen ein urtikariaartiges Exanthem.
Literatur: Lehmann, Beitr. z. klin. Chir., 47, 1911.

Tumenolum (venale) ist eine dunkelgelbe, dicke Flüssigkeit, die in Wasser fast unlöslich, leicht löslich in Fetten ist und aus einer Mischung von Tumenolsulfon (Tumenolöl), einem dicken, dunklen, in Äther vollkommen löslichen Öl, und Tumenolsulfosäure (Tumenolpulver), einem dunklen wasserlöslichen Pulver, besteht. Dem Tumenol werden von Neisser gute austrocknende, entzündungswidrige und Überhornung bewirkende Eigenschaften zugeschrieben. Es stellt also eine Bereicherung unseres Arzneischatzes gegen Ekzem und Hautjucken dar. In neuerer Zeit wird an Stelle der genannten Tumenolpräparate, die sich alle wegen ihrer zähen Konsistenz schwer zu Salben verarbeiten lassen, das Tumenolammonium in Anwendung gebracht. Dasselbe enthält $1,4\%$ an Tumenol gebundenes Ammonia, reagiert vollständig neutral und stellt eine dunkelbraune, ölige Flüssigkeit von nicht unangenehmem Geruch dar, welche beliebig in Wasser löslich ist, sich leicht gießen und zu Salben verreiben läßt. Das Mittel hinterläßt in der Wäsche keine Flecke (Klingmüller).
Indikationen: Es wird bei akutem, stärker nässenden und stark entzündeten Ekzem, in konzentrierterer Form auch bei chronischem Ekzem, sowie bei parasitären Dermatosen, Pruritus und Prurigo erfolgreich angewendet (Klingmüller, Kraus, Wohrizek).
Dosierung: Das Mittel kommt als $5-20\%$ Salbe oder Pasta, sowie alle $10-20\%$ alkoholische Lösung (zum Bepinseln) und mit Alkohol (im Verhältnisse 33 : 100) als Bäderzusatz zur Benützung.
Literatur: Neisser, Deutsch. med. Wochenschr., 45, 1891. — Klingmüller, Med. Klinik, 36, 1905. — Kraus, Dermat. Zentralbl., 3, 1906. — Wohrizek, Therap. d. Ggw., 3, 1907.
Fabr.: Höchster Farbwerke.
Preis: 10 g Mk. 0,85. K. 1,10.

Vasenol ist eine neue Arzneimittelgrundlage für Salben, Pasten, Puder und Injektionsflüssigkeiten.
Vasenolum spissum ist eine Vaselinemulsion mit 25% Wasser und stellt eine gelblichweiße, äußerst geschmeidige, leicht abwaschbare Masse von salbenartiger Konsistenz dar, die nicht ranzig wird und absolut geruchlos ist. Es ist imstande, ohne die salbenartige Konsistenz zu verlieren, bis zu 100% Wasser aufzunehmen und kann daher mit sehr gutem Erfolge in der Ekzemtherapie verwendet werden (Lengsfeld).
Vasenolum liquidum ist eine reinweiße Paraffinölemulsion mit $33^1/_3\%$ Wassergehalt. Es stellt ein neutrales, unbegrenzt haltbares Liniment dar, welches sich mit festen und flüssigen Medikamenten jeder Art leicht

kombinieren läßt. In folgender Verschreibung bewährte es sich nach Ludwig bei Verbrennungen und krustösen Prozessen: Acid. boric. 3,0, Liquor. alumin. acetic. 10,0, Aq. calcis 40,0, Vasenol. liquid. 50,0. — In reinem Zustande wird es verwendet zum Schlüpfrigmachen von Instrumenten, sowie als Vehikel für Injektionsflüssigkeiten für die Urethra und zum Beschicken von Tampons jeder Art mit heilenden oder ätzenden Medikamenten bei Kolpitis und Metritis.

Vasenolpuder ist ein Fettpuder, welcher 10% Vasenol fein verteilt in einer Pulverkomposition enthält und bei nässendem Ekzem, Wundsein der Kinder und Intertrigo zu empfehlen ist (Lengsfeld, Wohrizek). In Verbindung mit Formalin ist der Puder ein ganz vortreffliches Mittel gegen Fußschweiß, das an Einfachheit der Anwendung und Sicherheit der Wirkung die meisten anderen Mittel übertrifft. Dabei ist er sehr billig und eignet sich daher für den Massenverbrauch (Fischer). Im Gegensatze zu den Ausführungen Fischers hält Villaret die Bekämpfung des Schweißfußes mit Formaldehyd für ungeeignet. Es ist das Mittel wohl wirksam, aber es werden dadurch die Schweißdrüsen, also wesentliche Teile der Haut, zerstört. Nur für die Desinfizierung der Beschuhung hält Villaret die Formaldehydpräparate geeignet.

Vasenolum mercuriale enthält $33^{1}/_{3}\%$ Quecksilber in feinster Verteilung, läßt sich ungemein leicht verreiben und ist daher als ein schätzenswertes Präparat zur Vornahme der Inunktionskur zu bezeichnen (Thimm, Lengsfeld).

Literatur: Lengsfeld, Dermat. Zentralbl., 8, 1905. — Thimm, ebendort, 8, 1905. — Ludwig, Münch. med. Wochenschr., 14, 1905. — Fischer, ebendort, 20, 1905. — Villaret, ebendort, 34, 1905. — Wohrizek, Therap. d. Ggw., 3, 1907.
Fabr.: Dr. A. Koepp, Leipzig.
Preis: 10 g Mk. 0,15.

Vasogen. Unter Vasogenen versteht man oxygenierte Vaseline, d. h. einfache Kohlenwasserstoffe, welche mit Sauerstoff imprägniert sind. Das oxygenierte Vaselin ist eine schwach alkalisch reagierende, mit Wasser eine beständig weiße Emulsion bildende, gelbbraune, dickflüssige Masse von spezifischem Geruch und Geschmack (Laaser). Die oxygenierten Vaseline besitzen in noch höherem Grade als die einfachen Vaseline die Fähigkeit, Arzneisubstanzen aufzunehmen und werden von der Haut und Schleimhaut schnell resorbiert (Friedländer). Das reine Vasogen ist in fester Form den besten Salbengrundlagen an die Seite zu stellen (Suchannek). Zur Verwendung kommen folgende Präparate:

a) Kampfer - (Chloroform) Vasogen wird nach Goldmann in Verbindung mit Salizylvasogen zur Behandlung des Muskelrheumatismus verwendet.

b) Guajakolvasogen. Dasselbe wird in $10-20\%$ Konzentration in Form von Einpinselungen bei Pruritus vulvae (Seligmann), sowie zur Nachbehandlung bei chirurgisch behandelten Fällen von Nasenschleimhautlupus angewendet (Bergeat, Suchannek).

c) Ichthyolvasogen ist eine schwarzbraune Flüssigkeit von Ichthyolgeruch und kommt als 6% und 10% Präparat in den Handel. Es wird mit gutem Erfolge bei typhlitischen und perityphlitischen Entzündungsprozessen (Frieser), bei Ozaena (Suchannek), bei chronischen Gelenksaffektionen, Neuralgien, Ischias und Muskelrheumatismus (Edlefsen, Burnet), bei Tripperrheumatismus (Leistikow), bei Dysmenorrhöe (Oswiecimski), sowie bei schwerer Akne, seborrhoischem Ekzemen der Kopfhaut mit komplizierender Lymphangitis und Furunkeln, bei Erythema multiforme und nodosum, bei Erysipel und Pernionen, sowie exulzeriertem Karzinom (Ullmann) gebraucht. Unmittelbar nach den Einreibungen tritt eine bedeutende schmerzstillende Wirkung ein. Bei internem Gebrauch war kein Erfolg zu sehen (Edlefsen).

d) **Jodoformvasogen** stellt eine bräunlich gelbe Flüssigkeit dar, in welcher das Jodoform nicht emulgiert, sondern vollständig gelöst erscheint (Ullmann). Das Präparat enthält $1^1/_2\%$ Jodoform und wird bei Nasen- und Ohreneiterungen (Laaser), bei Gingivitis und Stomatitis mercurialis, sowie Gumma (Ullmann), weiter zur Behandlung tuberkulöser Drüsen und Fistelgänge (Suchannek) und überall in der Zahnheilkunde angewendet (Zins), wo man eines kräftigen sekretionsbeschränkenden Mittels bedarf, wie bei Pulpaüberkappung, Wurzelbehandlung usw.

e) **Jodvasogen** wird als 6%, 10% und 20% Präparat dargestellt und ist dem Jodkali, sowie der Jodtinktur und den Jodsalben an Intensität der Wirkung entschieden überlegen (Suchannek, Frieser), da es reines Jod in Lösung enthält, rasch in die Haut und Schleimhaut eindringt und die Körpersäfte nicht erst, wie beim Jodkali, das Jod abspalten müssen (Friedländer). Es wird innerlich und äußerlich gut vertragen und macht keine Nebenerscheinungen (Bernstein). Das Mittel bewährte sich als kräftiges Derivans und Resorbens bei akuten und chronischen entzündlichen Affektionen wie Lymphdrüsenschwellung, Orchitis, Epididymitis (Ullmann, Friedländer), bei chronischer Polyarthritis, Neuralgien, Ischias (Goldmann, Floras, Bernstein, Friedländer, Frieser), bei Arteriosklerose (Kleist, Floras, Kionka), bei bronchialen Affektionen (Kionka, Bernstein), bei Pleuritis exsudativa und Scrophulosis (Kionka, Floras, Friedländer, Bernstein), bei Lues (Kleist, Floras, Kionka, Bernstein), bei Reizzuständen der Ileocoecalgegend (Frieser), bei Mastitis (Floras), bei Erkrankungen der Nasen-Rachenraumes, des Kehlkopfes (Laaser), bei skrofulösem Ekzem der Kinder (Friedländer), bei Periostitis alveolaris, Ulzerationen der Portio und Vagina, bei parametralen Exsudaten (in Form von Tampons), sowie bei Struma (Kionka). Bei Brechneigung mit Appetitlosigkeit wird es innerlich angewendet (Friedländer) und zwar dreimal täglich 5 bis 20 Tropfen der 6% Lösung, $1/_2$ Stunde nach den Mahlzeiten, mit einigen Löffeln Wasser oder Wein verdünnt. Zur Einreibung werden täglich zweimal 3—5 g benützt.

f) **Kreosotvasogen** (20%) kommt bei tuberkulösen Lungenaffektionen und bei Behandlung tuberkulöser Ulcera zur Benützung (Suchannek, Bernstein). Nach den Einreibungen verlieren die Kranken öfters den Appetit und klagen über Kreosotgeschmack im Munde (Bayer, Bernstein).

g) **Mentholvasogen** erwies sich recht nützlich bei juckenden Dermatosen (Suchannek) und ist sehr zu empfehlen zur Erweichung von Zeruminalpfröpfen (Breitung).

h) **Naphtholvasogen** (10%) stellt ein hellbraunes, klares, durchsichtiges, etwas ammoniakalisch riechendes, rotes Lackmuspapier schwach bläuendes Präparat dar, das sich auch bei monatelangem Stehen nicht verändert und bei Ekzemen mykotischer Natur, Seborrhoea sicca, Herpes tonsurans, Pityriasis versicolor, Pediculosis und Scabies angezeigt erscheint (Ullmann).

i) **Quecksilbervasogen** kommt als $33^1/_3\%$ und 50% Präparat, bereits in Kapseln verpackt, im Handel vor und ist angezeigt bei chronischem Ekzem (Hutschnecker), vor allem aber zur Durchführung der Schmierkur (Philippson, Ullmann). Hiebei zeigt es sich, daß das Mittel rascher und vollkommener in die Haut eindringt als die graue Salbe und daher nur durch 10 bis 15 Minuten verrieben werden muß. Mit der rascheren Resorption und intensiveren Wirkung steht das frühzeitige Eintreten der Salivation und das häufigere Auftreten von Stomatitis mercurialis im Zusammenhang (Philippson, Ullmann).

k) **Salizylvasogen** (10%) wird erfolgreich bei chronischer Polyarthritis in Form 2—3 mal täglicher Einreibung und folgendem Verband gebraucht (Goldmann).

l) **Schwefelvasogen** ($3^0/_0$) ist eine hellbraune, geruchlose Flüssigkeit, die mit reinem Vasogen und anderen Vasogenpräparaten leicht mischbar ist und bei Akne, Sycosis barbae und Sycosis parasitaria, Herpes, Pityriasis, sowie Ekzema seborrhoicum empfohlen wird (Ullmann).

m) **Teervasogen** enthält $25^0/_0$ Ol. Fagi empyreumaticum gelöst und stellt ein etwa ebenso großen Teerölgemengen in der Konsistenz und im Geruch gleichkommendes, nur etwas lichteres und durchaus homogenes, nicht sedimentierendes Präparat dar, das bei Ekzema chronicum, Seborrhoea, Psoriasis und Lichen ruber planus benützt wird (Ullmann).

Literatur: Bayer, Deutsch. med. Wochenschr., 39, 1894. — Breitung, Deutsch. Medizinalztg., 60, 1895. — Philippson, Therap. Monatsh., 2, 1896. — Bergeat, Münch. med. Wochenschr., 52, 1896. — Kleist, Berl. klin. Wochenschr., 9, 1897. — Laaser, Allg. med. Zentralztg., 15, 1897. — Zins, Odont. Blätter, 9, 1898. — Friedländer, Berl. klin. Wochenschr., 21, 1898. — Oswiecimski, Wien. klin. therap. Wochenschr., 23 1898. — Ullmann, Münch. med. Wochenschr., 23/24, 1898. — Hutschnecker, Wien. med. Wochenschr., 34, 1898. — Floras, Deutsch. med. Wochenschr., 5, 1899. — Suchanneck, Therap. Monatsh., 7, 1899. — Kionka, Therap. d. Ggw., 9, 1899. — Edlefsen, Therap. Monatsh., 1, 1900. — Leistikow, Monatsh. f. prakt. Dermat., 12, 1900. — Bernstein, Medycyna, 35, 1901, rf. Therap. d. Ggw., 8, 1902. — Seligmann, Deutsch. med. Wochenschr., 9, 1902. — Goldmann, Therap. d. Ggw., 9, 1903. — Frieser, Therap. Monatsh., 11, 1903. — Burnet, Fortschr. d. Med., 21, 1904.

Fabr.: Pearson & Co., Hamburg.
Preis: 10 g Mk. 0,20. Jodvasogen 10 g Mk. 0,30.

Vasol. Die Vasole sind medizinische Präparate von seifenartigem Charakter wie die Vasogene und enthalten an Stelle der gangbaren Kali- oder Natronseifen Ammonseifen, und zwar neutrale, überfettete Ammonseifen. Die Hauptmasse der Vasole wird durch ein Mineralfett repräsentiert, der Ammonseifengehalt ist relativ gering.

Die Vasole entfalten eine ausgesprochene keratoplastische Wirkung. Bei Kompressenapplikation tritt eine stärkere, unvermeidliche Lokalwirkung ein, die bei jenen Kompositionen ansteigt, deren medikamentöse Zusätze den Seifenreiz unterstützen (Salizylsäure, Kampfer), die aber bei anderen wieder gerade durch die medikamentösen Zusätze gemildert wird (Jod, Jodoform, Petrosulfol).

Nachstehende Präparate sind von Meitner geprüft und empfohlen worden:

a) **Chloroform-Kampfer-Vasol**, aus flüssigem Vasol, Chloroform und Kampfer zu gleichen Teilen bestehend, stellt eine dunkelweingelbe, leicht bewegliche Flüssigkeit mit charakteristischem Geruche dar, welche bei Ischias, Lumbago, Neuralgien, rheumatischen Beschwerden und Mastodynie angezeigt erscheint.

b) **Jodoformvasol** ($2^0/_0$) ist eine dunkelrotbraune, ölige Flüssigkeit von spezifischem Geruche. Das Mittel bewährte sich bei Höhlenwunden (Mastitis, kalter Abszeß), bei Phlegmonen und Panaritien und zeigte spezifische Wirkung bei tuberkulösen Prozessen.

c) **Jodvasol** ($7^0/_0$) ist eine schwarzbraune, ölige und klare Flüssigkeit von schwachem Jodgeruch, der nach Verreibungen auf der Haut intensiver wird. Das Präparat leistete gute Dienste bei Exsudaten in den Gelenkshöhlen, Pleuritis, Periostitis, bei Drüsenschwellungen und bei beginnender Mastitis, versagte aber bei tuberkulösen Knochen- und Gelenksprozessen. Bei neuralgischen und rheumatischen Beschwerden wirkt es schmerzstillend.

d) **Petrosulfol-Salizyl-Vasol** s. Rheumasol sub Antipyretica.

e) **Petrovasol, Petrosulfol-Vasol** ($10^0/_0$) stellt eine schwarzbraune, etwas zähe Flüssigkeit von teerartigem Geruche dar und ist angezeigt bei chronischem und frischem trockenen Ekzem, bei Sycosis barbae, bei Ulcus cruris, das keine Heilungstendenz zeigt, bei Brandwunden, speziell zweiten Grades, wobei es schmerzstillend und granulationsfördernd wirkt, weiter bei Erysipel und Pruritus, als Resorbens bei Extravasaten in Sehnenscheiden und endlich in Form von Tampons bei Metritis, Para- und Perimetritis und Beckenexsudaten (Habel).

f) **Quecksilbervasol** ist eine ziemlich weiche Salbenform, die etwas lichter als die offizinelle, graue Salbe ist, sich leichter als diese verreiben läßt und in gleicher Weise verwendet wird.

g) **Salizylvasol** (10%) repräsentiert sich als eine dunkelgoldgelbe Flüssigkeit, welche ölig, leichtflüssig und absolut geruchlos ist. Sie erscheint bei durchfallendem Lichte vollkommen klar, zum Beweise, daß die in ihr enthaltene Salizylsäure völlig gelöst ist. Das Präparat ist angezeigt bei Gelenksrheumatismus, Ischias, Neuralgien und Lumbago. Sobald sich nach Einreibungen leichtes Brennen und Schuppen der Haut zeigt, ist das Zeichen zum Aussetzen der Medikation gegeben.

Literatur: Habel, Wien. klin. Rundsch., 20, 1898. Meitner, Reichsmedizinalanz., 19, 1904. — Meitner, ebendort, 10, 1905.

Augenkrankheiten.

Für die Therapie der Erkrankungen der äußeren Teile des Auges, der Konjunktiva und Kornea, kommen vorwiegend jene Mittel in Betracht, die als entzündungshemmend, als Adstringentia, Antiseptica etc. Verwendung finden. Es sind dies vor allem das Zinksulfat (Collyrium adstringens luteum), Kupfersalze u. a., ferner gewisse unlösliche Quecksilberverbindungen, gelbes Quecksilberoxyd, weißes Quecksilberpräzipitat, das in Form feiner, nach besonderem Verfahren hergestellter Salben (Schweißinger, Ebaga) Verwendung findet, desgleichen Calomel. Zur Aufhellung von Hornhauttrübungen, speziell bei Pannus trachomatosus, dient das näher besprochene Jequiritol, das Dionin, das ebenfalls lokale Ödembildung der Lider (Chemosis conjunctivae) hervorruft, sowie das Peronin.

Eine große Bedeutung, namentlich in der operativen Augenpraxis, haben die lokalen Anästhetika (s. d.). In Kombination mit ihnen ist speziell auch hier das Adrenalin (s. d.) von Bedeutung, besonders wegen seiner konstriktorischen Wirkung auf die bei der Konjunktivitis erweiterten Konjunktivalgefäße.

Für Verengerung und Erweiterung der Pupille kommen jene bewährten alten Mittel in Betracht, die die nervösen Endapparate im Sphinkter und Dilatator pupillae beeinflussen, pupillenverengernd durch Erregung des autonomen Okulomotorius: das Physostigmin (Eserin), das außerdem durch Herabsetzung des intraokularen Druckes bei der Glaukomtherapie von Bedeutung ist, pupillenerweiternd durch Okulomotoriuslähmung: das Atropin und seine Ersatzpräparate. Die Stoffe, die durch Beeinflussung des Sympathikus Änderung der Pupillenweite bedingen, kommen praktisch für diesen Zweck nicht in Betracht.

Die Erregbarkeit der Netzhautelemente läßt sich wie die Funktion anderer Sinnesorgane durch Strychnin steigern.

Die Zahl der neuen Arzneimittel dieses Kapitels ist mit Rücksicht auf die stets bewährte Brauchbarkeit der alten recht gering.

Cuprocitrol, Cuprum citricum, ist ein grünes, feines, leichtes Pulver, das sich nur wenig in Wasser löst und 35,2% Kupfergehalt besitzt.

Wirkung: Das Mittel wirkt mit derselben Raschheit und Nachhaltigkeit wie Lösungen von Cuprum sulfuricum oder Argent. nitricum, hat aber vor diesen den großen Vorzug, daß es keine wesentlichen Schmerzen und Reizerscheinungen hervorruft und auch keinen Ätzschorf macht. Auch in denjenigen Fällen, welche seiner Heilwirkung nicht zugänglich waren, hat es niemals Schaden gemacht (v. Arlt).

Nebenwirkung: Nach Applikation des Mittels kann vorübergehend Rötung und Tränenfluß auftreten (Bock).

Indikationen und Dosierung: Das Cuprocitrol wird in 5—10% Salben, die in Zinntuben dispensiert werden, zur Behandlung des Trachoms empfohlen. Von diesen Salben wird 2—3 mal täglich ein kleiner Tropfen auf ein Glasstäbchen gebracht, in den Konjunktivalsack eingelegt und bei geschlossenen Lidern $1/2$ Minute massiert. Die Augen dürfen 1 Stunde nach der Einreibung nicht gewaschen werden (v. Arlt). Das Verfahren wird auch von Bock und Cerviček bei Trachom warm empfohlen. Die Salbenbehandlung hat vor dem Blausteine den Vorteil, daß sie keine energische Tiefenwirkung ausübt und infolgedessen keine Narbenbildung veranlaßt. Der wohltätige Einfluß macht sich bereits nach 3—4 Wochen bemerklich, die Unebenheiten verflachen sich, die Konjunktiva wird dünner und blässer und der Tarsalrand schärfer (Cerviček). Nach Bock soll es von hervorragend günstiger Wirkung in vorgeschrittenen Fällen mit beginnender Narbenbildung und gleichzeitigem Pannus sein.

Literatur: v. Arlt, Wien. klin. Wochenschr., 18, 1902. — Cervicek, Der Militärarzt, 19, 1902. — Bock, Wochenschr. f. Therap. u. Hyp. d. Auges, 20/21, 1903.

Preis: In Tuben à 30, 20, 10 u. 5 g K. 3,—, 2,40, 1,80, 1,20.

Eumydrin, Atropinum methylo-nitricum, ist ein gut kristallisiertes, weißes, geruchloses, in Wasser und Alkohol leicht, in Äther und Chloroform schwer lösliches Pulver, welches vollkommen luftbeständig ist und bei 163° C schmilzt.

Wirkung: Das Eumydrin ist 50 mal weniger giftig als Atropin, entfaltet aber auch eine 10 mal geringere pupillenerweiternde Wirkung als dieses (Goldberg). Die 1—2% Lösung bewirkt nach 10—25 Minuten eine Pupillenerweiterung, die nach weiteren 20—25 Minuten ihren Höhepunkt erreicht, etwa 12 Stunden anhält und dann sich wieder langsam zurückbildet (Lindenmeyer).

Während Atropin und Belladonnapräparate in ihrer physiologischen und pharmakologischen Wirkung auf das Nervensystem sehr ungleichartig sind, oft toxischen Effekt ohne therapeutischen Nutzen hervorrufen, ihre Anwendung daher nur unter großer Vorsicht möglich ist, kann man das Eumydrin auch dort anwenden, wo gegen diese Präparate Idiosynkrasie besteht. Auch kann man größere Dosen geben, da eine Kumulativ- oder Nebenwirkung schwererer Natur nicht zu befürchten ist (Erbe, Engländer, Haas, Kostin). Gewöhnung scheint nur nach interner Anwendung zu erfolgen (Tauszk). In Dosen von 1—2,5 mg, dreimal täglich gegeben, wirkt es schmerzstillend und, mit Alkalien verbunden, die Säureproduktion des Magens herabsetzend (Hirschler und Schönheim).

Nebenwirkungen: Nach Instillationen beobachtet man kurz dauerndes Brennen (Lindenmeyer), vereinzelt auch Trockenheit im Rachen, Schluckbeschwerden und Kopfschmerzen (Erbe, Jonas). Fast stets war eine geringe Steigerung der Pulsfrequenz zu konstatieren, doch nie so stark, daß über stärkeres Herzklopfen geklagt worden wäre (Erbe).

Indikationen: Eumydrin wird in der Augenheilkunde angewendet bei Reizzuständen des Auges, Iritis, Synechien (Lindenmeyer) und bei Hornhautgeschwüren (Fejér), doch erscheint es für die Sprechstundenpraxis wegen der lang anhaltenden Wirkung auf die Pupillen und die Akkommodation nicht geeignet (Kostin).

Innerlich wird das Mittel als das beste und zuverlässigste Mittel gegen die Nachtschweiße der Phthisiker (Erbe, Tauszk, Engländer, Jonas), weiter bei funktionellen sekretorischen und sensiblen Neurosen des Magens

(Haas), bei Ulcus ventriculi (Hirschler und Schönheim), bei Gallengangkolik und bei hartnäckigem Ileus, Appendicitis (Hagen), bei spastischer Obstipation (Zweig), schließlich bei Asthma (Pertik, Goldschmidt) empfohlen.

Dosierung: Intern gibt man das Mittel in Dosen von 0,001—0,0025 bis 0,004 g 1—3 mal täglich in Pulvern oder Pillen, auch in Lösung oder Suppositorien. In der Ophthalmologie genügen 1—2% Lösungen, doch kann man zur Erzielung stärkerer Wirkungen auch 5% (Fejér), ja selbst 10% Lösungen (Lindenmeyer) ohne Schaden verwenden. Gegen asthmatische Anfälle verwendet man es in Sprayform (Goldschmidt) in folgender Verschreibung: Alypin. nitric. 0,3, Eumydrin 0,15, Glycerin. 7,0, Aq. dest. 25,0, Ol. Pin. Pumil. gttm. I. — 10 g dieser Lösung werden mit 8—10 Tropfen Adrenalin in den Sprayapparat gegeben.

Literatur: Erbe, Inaug.-Diss., München 1903. — Goldberg, Die Heilk., 3, 1903. — Lindenmeyer, Berl. klin. Wochenschr., 47, 1903. — Engländer, Przeglad lekarski, 38, 1904, rf. Therap. Monatsh., 12, 1904. — Tauszk, Wien. klin. Rundsch., 52, 1904. — Hagen, Die Heilk., 1, 1905. — Fejér, ebendort, 3, 1905. — Haas, Therap. d. Ggw., 3, 1905. — Jonas, Wien. klin. Wochenschr., 4, 1905. — Kostin, Wien. med. Presse, 39, 1905. — Hagen, Deutsch. Arch. f. klin. Med. 4/5, 1906. — Hirschler und Schönheim, Wien. med. Presse, 46, 1907. — Zweig, Klin. therap. Wochenschr., 776, 1907. — Pertik, Gyogyaszat, 5, 1910. — Goldschmidt, Münch. med. Wochenschr., 43, 1910.

Fabr.: Farbenfabr., vorm. Bayer & Co., Leverkusen.
Preis: 0,1 g Mk. 0,45. K. 0,65.

Euphthalmin (Schering) ist das salzsaure Salz des Oxytoluylmethylvinyldiacetonalkamins, das chemisch dem β-Eucain, in seiner Wirkung dem Homatropin nahe steht. Es stellt ein weißes, krystallinisches Pulver dar, welches bei 183° C schmilzt und sich leicht in Wasser löst. Die Lösungen lassen sich sterilisieren und halten sich dann lange unzersetzt.

Wirkung: Die wichtigste und beachtenswerteste Erscheinung, welche das Mittel erzeugt, ist die durch Paralyse der Enden des Nerv. oculomotor. herbeigeführte, konstant eintretende Mydriasis. Dieselbe beginnt nach 20—30 Minuten, erreicht nach 60—80 Minuten ihren Höhepunkt und verschwindet nach 3—6 Stunden (Treutler, Vossius, Cipriani, Hinshelwood, Schultz), hingegen hören die Störungen in der Akkommodation schon nach 1—2 Stunden auf (Vinci). Es reizt weder die Hornhaut, noch die Konjunktiva und kann als ein vollkommen unschädliches Mydriatikum bezeichnet werden (Cipriani).

Indikationen: Euphthalmin ist ein souveränes Heilmittel bei akuter und chronischer Iritis (Cipriani) und wird vorteilhaft zu diagnostischer Pupillenerweiterung verwendet, während zur objektiven Refraktionsbestimmung dem Homatropin der Vorzug zu geben ist (Schultz). Da es wie Atropin die Wirkung des Pilokarpins und Eserins und auch die Magensekretion aufhebt, läßt es sich vielleicht auch anderweitig an Stelle von Atropin verwerten (Mironescu).

Dosierung: Zur Erzeugung der Mydriasis genügen 2—3 Tropfen einer 2% Lösung. Durch 5—10% Lösungen wird leichtes, nach einer Minute schwindendes Brennen erzeugt (Treutler). Will man die Mydriasis erhöhen, so gibt man vorher einen Tropfen einer 1% Holocainlösung ins Auge (Hinshelwood).

Literatur: Treutler, Klin. Monatsbl. f. Augenh., 9, 1897. — Vossius, Deutsch. med. Wochenschr. 38, 1897. — Schultz, Arch. f. Augenh., 2, 1899. — Vinci, Therap. Monatsh., 12, 1899. — Hinshelwood, Brit. med. journ., Sept. 1899, rf. Münch. med. Wochenschr., 49, 1899. — Cipriani, Wien. med. Wochenschr., 46, 1900. — Mironescu, rf. Therap. Monatsh., 7, 1905.

Fabr.: Chem. Fabr., vorm. E. Schering, Berlin.
Preis: 0,1 g Mk. 0,45. K. 0,90.

Jequiritol und **Jequiritolserum** (Römer).

Jequiritol, ein reines Hornhautmittel, ist ein aus dem Samen von Abrus precatorius gewonnenes Abrinpräparat, welches in Lösung gebracht und sterilisiert, mit 50% Glycerin versetzt und auf einen stets gleichbleibenden bestimmten physiologischen Wirkungswert eingestellt wird. Es erscheint in 4 verschieden starken Lösungen im Handel.

Jequiritolserum ist ein nach Behringschem Prinzip hergestelltes Heilserum, welches lokal oder subkutan appliziert, die Jequiritolwirkung schnell und sicher zu paralysieren vermag. Zur Konservierung ist es mit $1/4\%$ Phenol versetzt.

Wirkung: Die Jequiritytherapie des Trachoms hatte in der Ophthalmologie eine Zeit lang eine große Rolle gespielt, mußte aber verlassen werden, weil die Anwendung des Jequirityinfuses eine exakte Dosierung der Entzündung unmöglich machte. Das neue von Römer empfohlene Verfahren beruht auf der schon 1890 von Ehrlich gemachten Entdeckung, daß man Tiere mit Abrin immunisieren kann und daß solche Tiere eine spezifisches Antitoxin bilden. Das alte Präparat konnte aber wegen leicht eintretender Zersetzung hiezu nicht verwendet werden, während das neue Mittel, Jequiritol, allen diesbezüglichen Anforderungen gerecht wird.

Römer zeigte nun, daß man mittelst steigender Dosen Jequiritol ohne Gefahr für das Sehvermögen und die Gesundheit der Tiere eine Reihe künstlicher Entzündungen im Auge hervorrufen kann, wobei die Tiere endlich immun werden und sich ein spezifisches Antitoxin bildet. Weiter fand er, daß das Jequiritolserum in ein Auge geträufelt, in welchem eine Jequiritolentzündung besteht, der entzündeten Konjunktiva das Gift entzieht und die Entzündung zur Heilung bringt.

Das Wesen der neuen Therapie besteht also darin, daß man durch Jequiritolbehandlung eine Entzündung der Konjunktiva erzeugt, die bei ihrer Rückbildung zur Aufsaugung vorhandener Trübungen führt. Durch steigende Dosen kann man diese Entzündungen sich mehrmals wiederholen lassen, bis der gewünschte Erfolg eintritt.

Das klinische Bild der Reaktion gestaltet sich nach Hirota, Kraus u. a. folgendermaßen: Die Lider sind ödematös geschwollen, an der Bindehaut befinden sich zarte kruppöse Membranen, dabei bestehen Lichtscheu, Tränenfluß und Schmerzen. Außerdem stellt sich perikorneale Injektion und leichte Chemosis, sowie deutliche Durchtränkung der Hornhaut ein. Ist die Entzündung zu stark, so werden mehrmals täglich einige Tropfen des Jequiritolserum eingeträufelt, worauf die Entzündung nicht mehr weiter fortschreitet, sondern schnell zurückgeht. Rasch aufeinanderfolgende Verabreichung des Jequiritols muß kumulative Wirkung hervorbringen (Best) und ist daher zu unterlassen.

Nebenwirkungen: Einmal wurde von Best (auch von Schoen) eine Tränensackentzündung beobachtet, die bei schneller Steigerung der Dosis entstanden war und auf Serum nicht mehr zurückging, einmal von Krauß Bildung eines kleinen Abszesses am unteren Lide und zweimal erysipelartige Hautaffektionen in der Umgebung des behandelten Auges.

Indikationen: Jequiritol ist das beste Mittel zur Aufhellung von Hornhauttrübungen, gleichviel auf welcher Basis sie beruhen (Römer, Best). Das Mittel ist in der Hand des Arztes ungefährlich. Die genaue Dosierbarkeit und Möglichkeit einer gleichmäßigen Steigerung der Abrinwirkung bei Vermeidung von dauernden Schädigungen des Auges sind die großen Vorzüge des Mittels (Salffner, Hummelsheim). Im besonderen ist die Jequiritoltherapie angezeigt vor allem bei altem Pannus trachomatosus mit narbig degenerierter Bindehaut, gleichviel ob der Pannus dichter oder dünner, reichlicher oder spärlicher vaskularisiert ist (Hoor, Katičič, Hummelsheim, Seefelder, Schoen), bei Pannus lymphaticus, sowie Trübungen, Flecken und Narben nach allen Entzündungen der Hornhaut (Hoor) oder Verletzungen derselben (Katičič). Während von Kraus und Hummelsheim auch frische Fälle von interstitieller Keratitis der Jequiritoltherapie unterzogen werden, namentlich wenn andere Behandlungsarten im Stiche lassen, hält Best und Seefelder dieselbe hier nicht für fähig, nutzbringend zu wirken. Kontraindikationen für die Anwendung des Präparates bilden nach Hoor alle eitrigen Prozesse der Hornhaut (Infiltrate, Geschwüre, Abszesse, lymphatische Effloreszenzen), frische Trübungen der Hornhaut, frischer Pannus trachomatosus und lymphaticus, nach Seefelder auch Erkrankungen der Tränenwege.

Dosierung: Das Jequiritol wird in 4 facher, immer um das 10 fache steigender Konzentration ausgegeben und mit dem Serum in einem praktischen Bestecke in den Handel gebracht. Zunächst ist die therapeutische Anfangsdosis zu bestimmen. Von der Lösung No. 1 werden ein oder mehrere Tropfen ins Auge geträufelt. Tritt keine Entzündung ein, so verwendet man nach 24 Stunden die Lösung No. 11 usw., bis die erste Entzündung da ist. Nach Abklingen derselben gibt man stärkere Dosen.

Mit der Anzahl der entzündlichen Reaktionen nimmt auch die Immunität zu, bis schließlich auch die stärksten Dosen ohne Wirkung bleiben.

Literatur: Römer, Graefes Arch. f. Ophthal., 1, 1901. — Krauß, Zeitschr. f. Augenh., 5, 1901. — Hummelsheim, ebendort, 4, 1902. — Salffner, Arch. f. Augenh., 4, 1902. — Best, Deutsch. med. Wochenschr., Vereinsbeil., 33, 1902. — Katicic, Allg. med. Zentralztg., 64, 1902. — Hoor, rf. in Mercks Jahresber. 1903. — Hirota, ebendort 1904. — Hummelsheim, Ophthal. Klinik, 15, 1904. — Seefelder, Klin. Monatsbl. f. Augenh., 1905. — Schoen, Hospitalstidende, 37, 1905, beide rf. in Mercks Jahresber. 1905.

Fabr.: E. Merck, Darmstadt.

Sophol ist eine Verbindung von Formaldehydnukleinsäure mit Silber, welche von v. Herff an Stelle von Protargol als bestes, zuverlässigstes und am wenigsten reizendes Prophylaktikum der Blenorrhoea neonatorum empfohlen wurde. Nur in 10% der Fälle treten geringe Reizerscheinungen auf (v. Herff, Bondi). Zur Anwendung kommt die 5—10% Lösung, welche als 2 Tage frisch bereitet werden soll (Hofstätter). Die Herstellung der Lösungen soll bei gewöhnlicher Temperatur unter Vermeidung von Wärme vorgenommen und dieselben sodann vor Licht geschützt aufbewahrt werden. — Es genügt 1 oder mehrere Tropfen der 5—10% Lösung auf die geschlossenen Lider oder die inneren Augenwinkel zu träufeln und die Lider durch leichten Zug zu öffnen. Die günstigen Beobachtungen v. Herffs werden übereinstimmend bestätigt (Gallatia, Grünbaum, Hannes, Hörder, Zeman, Lehle, Jaschke).

Literatur: v. Herff, Gynäk. Rundschau, 19, 1907. — Gallatia, Wien. med. Wochenschr., 6, 1908. — v. Herff, Zentralbl. f. Gynäk., 42, 1908. — Bondi, Zeitschr. f. Augenheilk., 6, 1909. — v. Herff, Münch. med. Wochenschr., 47, 1909. — Grünbaum, ebendort, 15, 1910. — v. Herff, ebendort, 37, 1910. — Hannes, Zentralbl. f. Gynäk., 1, 1911. — Hofstätter, Gynäk. Rundschau, 11, 1911. — Zeman, ebendort, 21, 1911. — Hörder, Münch. med. Wochenschr., 31, 1911. — Jaschke, Berlin. Klin., 292, 1912. — Lehle, Münch. med. Wochenschr., 2161, 1912.

Fabr.: Farbenfabr., vorm. Bayer & Co., Leverkusen.

Preis: 10 Tabl. à 0,25 g Mk. 0,90. K. 1,—.

Terminol ist eine Salbe, welche Cuprum citricum in einer Mischung mit Alapurin (= Adeps lanae) und Chesebrough-Vaseline in der feinen Verteilung der Schweissingerschen Augenfalben enthält und haltbar in Zinntuben geliefert wird. Es wird gleich Cuprocitrol bei trockenem Trachom verwendet, leistet aber nicht mehr als die altgewohnten Mittel (Walter).

Literatur: Walter, Wochenschr. f. Therap. u. Hyg. d. Aug., 4, 1911.

Fabr.: Schmiedichen, Bremen.

Preis: Tube m. 30 g Salbe Mk. 2,—. Kassenpackung 15 g Mk. 1,20.

Stoffwechselkrankheiten.

a) Gicht.

Gewisse ähnliche Symptome der Gicht und des Gelenksrheumatismus waren seit jeher äußerer Anlaß dafür, die beiden rein empirisch als nahestehend zu betrachten und jenes Moment, das für uns hier in erster Linie in Frage kommt, die fast gleichwertige medikamentöse Therapie der beiden Symptomkomplexe, läßt es berechtigt erscheinen, zunächst unbekümmert um die letzten ätiologischen Momente die in Frage kommenden therapeutischen Maßnahmen gemeinsam zu besprechen.

Der Begriff der Gicht findet ja nicht nur in Laienkreisen, sondern auch vielfach in Ärztekreisen keine scharfe Abgrenzung gegenüber den rein rheumatischen Erkrankungen und die, wie erwähnt, fast gleichartige Therapie mag mit daran schuld sein. Die Wandlungen, die unsere Anschauungen über Wesen und Ursache dieser Krankheitsgruppen im Laufe der Jahre durchgemacht haben, können hier naturgemäß keine genaue Besprechung finden und wir müssen uns nur auf die wichtigsten und begründetsten Anschauungen beschränken.

Die Beziehung der Gicht zur Anomalie im Purinhaushalte kann als feststehende Tatsache gelten. Die Ansichten über das Wesen dieser Anomalie dagegen bewegen sich in scharfen Gegensätzen. Symptomatisch äußerst sich das Wesen der Gicht, was den Purinstoffwechsel betrifft, zunächst darin, daß die Menge der im Harn ausgeschiedenen Harnsäure geringer ist und nur während, bzw. nach dem gichtischen Anfall eine Steigerung erfährt.

Garrod nahm deshalb eine pathologische Retention von Harnsäure im Organismus an, zumal er auch deren Auftreten im Blute feststellen konnte. Später haben dann Brugsch und Schittenhelm die Ansicht vertreten, daß das Wesen der Gicht in einer Anomalie des Purinstoffwechsels bestehe. Die Harnsäure werde normalerweise wenigstens zu einem Teil im Organismus weiter fermentativ abgebaut und dieser fermentative Prozeß erfahre bei der Gicht eine Störung, so daß es zu einer Vermehrung der Harnsäure im Organismus komme. Die dritte letzte Epoche in den Ansichten über die Ätiologie der Gicht ist beherrscht von den Arbeiten Wiechowskis und seiner Schüler. Wiechowski führte den endgiltigen Beweis, daß die Harnsäure das Endprodukt des Purinstoffwechsels beim Menschen und den anthropoiden Affen darstellt. Sie erfährt keinen weiteren Abbau (außer bei den anderen Säugetieren, wo sie weiter zu Allantoin oxydiert wird). Da also normalerweise kein weiterer Abbau vorhanden ist, kann naturgemäß die Ursache der Gicht nicht eine Störung dieses Abbaues sein. Auch die Ansicht, daß im normalen Blut keine Harnsäure vorhanden ist, sondern stets nur bei der Gicht auftritt, konnte widerlegt werden (Baß), so daß tatsächlich heute nur angenommen werden kann, daß durch bisher noch nicht bekannte Ursachen eine Retention von Harnsäure bzw. der Urate im Organismus erfolgt, als deren Begleiterscheinungen die bei der Gicht auftretenden Symptome auftreten. Die Ursache dieser Retention ist sicherlich eine äußerst komplizierte. Physiologisch-chemische Zustandsänderungen spielen dabei wahrscheinlich mit anderem eine bedeutende Rolle und eben aus diesem Grunde kann sich heute die Therapie der Gicht nur immer noch auf eine symptomatische Behandlung erstrecken. Die Diätvorschriften, welche den Genuß von Fleisch einschränken, um die Bildung der Harnsäure und der exogen zugeführten Purinstoffe zu behindern, haben naturgemäß auch nur symptomatische Bedeutung.

Ausgehend von der Ansicht, daß die Symptome der Gicht durch die im Körper kreisende und in den Gelenken abgelagerte Harnsäure hervorgerufen seien, versuchte man Stoffe in Anwendung zu bringen, welche in vitro Harnsäure bzw. Urate leicht in Lösung bringen. Vielleicht gehe ein ähnlicher Prozeß auch im Organismus vor sich, wodurch eine raschere Eliminierung der Harnsäure erfolgen könnte. Diesem Zwecke entsprechen zunächst die alkalischen Wässer, Alkalien (Uricedin), die Lithiumsalze, das Piperazin und seine Präparate, das Lycetol, Lysidin, die Chinasäure und ihre

Präparate, Urol, Urocol etc. Die dieser Therapie zugrunde liegende Annahme hat sich als Irrtum erwiesen. Eine Lösung der Urate und gesteigerte Eliminierung erfolgt nicht. Die trotzdem günstige klinische Wirkung dieser Präparate muß andere Ursachen haben. Sie werden vielleicht mit mehr Erfolg bei Harnsteinen (s. d.) verwendet werden können.

Ebenfalls rein symptomatisch ist die Wirkung des Colchicins, das seit langem in der Therapie der Gicht eine große Rolle spielt. Beim akuten Anfall soll ihm eine sichtlich gute Wirkung zukommen.

Eine Vermehrung der Harnsäureausscheidung wurde mit Sicherheit bei der Salizylsäurewirkung nachgewiesen, trotzdem kommt ihr bei der Therapie der Gicht keine solche Bedeutung zu wie beim Rheumatismus, wo sie eine direkt spezifische Wirkung zu besitzen scheint. Gerade die Salizylsäure stellt sozusagen das Bindeglied dar zwischen den Gichtmitteln und den Antirheumaticis und so wurden in Hinkunft alle Mittel, die sich bei einer der beiden Krankheitsgruppen bewährt hatten, stets und gewöhnlich auch mit Erfolg bei der andern Gruppe angewendet. Unterschiede in der Verwertbarkeit bestehen dagegen zwischen den einzelnen chronischen und akuten Formen, wobei überhaupt zu berücksichtigen ist, daß die meisten Mittel bei den chronischen Krankheitsformen einen schwereren Angriffspunkt haben als bei den akuten. Wie die Salizylsäure, so finden fast alle anderen in der Gruppe der Antipyretika besprochenen Präparate als Gichtmittel Verwendung. Es soll ihrer noch in weiteren Zusammenhange Rechnung getragen werden. Die erste Stelle unter den Gichtmitteln — und wir können wohl sagen auch unter den Antirheumaticis — nimmt gegenwärtig das Atophan ein, die Phenylcinchoninsäure. Die experimentellen Beobachtungen Nikolaiers und Dohrns, daß durch Atophan die Harnsäureausscheidung eine enorme Steigerung erfährt, waren Anlaß dafür, das Präparat auch bei Gicht und bei Rheumatismus zu prüfen und der Erfolg war ein bedeutender. Die Art und das Wesen der Wirkung des Atophans sollen im speziellen beim Atophan näher besprochen werden. Dasselbe gilt von der Radiumemanation und vom Thorium X. (s. d.). Wie aus dem speziellen Teil zu ersehen ist, ist der Einfluß dieser beiden letztgenannten Mittel auf den Purinstoffwechsel ein ganz kolossaler. Mehr als beim Radium entspricht die Wirkung des Atophans den gesetzten Zielen der Gichttherapie, insofern als die Harnsäurebildung einerseits eingeschränkt, anderseits die gebildete Harnsäure rasch aus dem Organismus eliminiert werden kann. Der eigentliche Wert aller dieser Präparate scheint aber in einer andern Eigenschaft gelegen zu sein, in der von Wiechowski und Starkenstein festgestellten antiphlogistischen und antineuralgischen Wirkung. Diese ist eklatant von spezifisch therapeutischem Wert bei Neuralgien, bei Ischias und sie scheint auch die therapeutische Basis für die Behandlung des akuten Gelenkrheumatismus und der Gicht darzustellen. Diese Wirkung teilt das Atophan auch mit der Radiumemanation und wir können wohl behaupten, daß der mehr oder minder eklatante Wert der andern, als Gichtmittel verwendeten Antipyretica ebenfalls von dem Grade ihrer analgetischen und antiphlogistischen Wirkung abhängig ist. Der Grad dieser Wirkung dürfte jedenfalls für die Wahl eines Mittels aus dieser Gruppe von entscheidender Bedeutung sein und, soweit experimentelle und klinische Untersuchungen in dieser Beziehung vorliegen, steht das Atophan gewiß, was Wirkung einerseits und das Fehlen von Nebenwirkung anderseits anlangt, an erster Stelle. In Frage kommt ev. noch seine Kombination mit einem der anderen Antipyretika, besonders dem Aspirin, Collargol (Hahn). Da die hierher gehörenden neuen Arzneimittel aus der Gruppe der Antipyretika an anderen Orten ausführlich besprochen werden, beschränken wir uns hier auf die ausführliche Besprechung des Atophans, während die ebenfalls hierher gehörige Radiumemanation bei der Leukämie ausführlichere Behandlung fand.

Atophan, 2-Phenylchinolin- 4-Carbonsäure ist ein gelbliches Pulver, das in Wasser fast unlöslich ist, löslich dagegen in Alkalien und beim Erwärmen auch in stärkeren Säuren. Sein Geschmack ist etwas bitter.

Wirkung: Das Atophan verdankt seine Einführung in die Praxis den experimentellen Untersuchungen von Nikolaier und Dohrn, welche nach innerlicher Darreichung des Mittels eine enorme Steigerung der Harnsäureausscheidung beobachteten. Aus diesem Grunde empfahlen sie das Mittel der klinischen Prüfung bei der Gicht und gleich die ersten Versuche ergaben eine ausgezeichnete Wirkung desselben bei der Gicht sowie beim Gelenkrheumatismus (Tschernikow und Magat, Weintraud). Diese günstige Wirkung hat seither in einer großen Anzahl von Arbeiten fast ausnahmslose Bestätigung gefunden. Nach den ersten experimentellen Mitteilungen von Nikolaier und Dohrn hat dann Starkenstein das Mittel im Tierversuche weiter studiert. Ausgehend von den für alle Untersuchungen in der Harnsäurefrage grundlegend gewordenen Befunden Wiechowskis, daß im Tierversuch beim Säugetier, entsprechend der Harnsäure beim Menschen, die Allantoinausscheidung untersucht werden muß, verfolgte Starkenstein diese unter dem Einfluß des Atophans und fand, daß dieselbe entgegen der Harnsäure beim Menschen vermindert wird.

Fast alle weiteren Publikationen, die wir in vollständiger Zusammenstellung folgen lassen, beschäftigen sich auch mit der theoretischen Erklärung dieser eigenartigen Wirkung.

Weintraud kam zur Auffassung, daß der Angriffspunkt die Nieren sind und daß eine Partialfunktion derselben — die Harnsäureausscheidung — ganz elektiv von dem Mittel beeinflußt wird. Die Herabsetzung des Harnsäurespiegels im Blute und in den Geweben, die dadurch zustande kommt, führt erst sekundär zu einer gesteigerten Harnsäurebildung aus dem endogenen und, wenn solches mit der Nahrung zugeführt wird, aus dem exogenen Purin, indem von den zur Verfügung stehenden Harnsäurevorstufen eine größere Quote als sonst zur Harnsäurebildung verwendet wird. Daher scheidet auch der Gesunde, selbst bei purinfreier Kost unter Atophangebrauch mehrere Tage wesentlich größere Harnsäuremengen aus als sonst. Nach Brugsch ist die Harnsäure ausscheidende Wirkung etwas Sekundäres und die primäre Wirkung in der Harnsäure mobilisierenden Eigenschaft des Atophans zu suchen. Skorczewski wieder sucht die Wirkung auf eine Oxydationsstörung im Organismus zurückzuführen, nachdem eine solche auch von Starkenstein durch den Befund der verminderten Allantoinausscheidung festgestellt worden war. Doch ist dieselbe nach den guten klinischen Erfahrungen nützlich. Von praktischer Bedeutung ist ferner der Einfluß, den das Atophan auf die Diurese ausübt. Dieselbe erfährt eine Steigerung (Tschernikoff und Magat), welche so groß sein kann, daß für Gichtkranke die Gefahr des Eintrittes von Nierenkoliken besteht (Weintraud). Man muß daher nach Weintraud sorgen, daß die abgeschiedene Harnsäure den Organismus in gelöster Form verläßt. Dies kann man dadurch erreichen, daß man den Kranken reichlich Flüssigkeit nehmen läßt und ihm außerdem täglich 5—10 g Natr. bicarb. gibt. Dadurch nimmt der nach Atophandarreichung sauer werdende Harn alkalische Reaktion an und die kristallinische Ausscheidung der Harnsäure in Form von Nieren- oder Blasenkonkrementen wird hintangehalten.

Frank und Bauch hatten feststellen können, daß intravenös injizierte Harnsäure beim normalen Menschen nur langsam und unvollständig ausgeschieden wird, während die Ausscheidung unter dem Einflusse von Atophan rascher und nahezu vollständig erfolgt.

Frank und Przedborski haben weiter untersucht, wie die Harnsäureausscheidung normalerweise und unter Atophanwirkung verläuft, wenn dem Körper Hypoxanthin oder Nukleinsäure per os zugeführt wurde; sie fanden, daß sich unter den genannten Bedingungen mehr Harnsäure gewinnen läßt, als in der atophanfreien Vorperiode. Es handele sich also nicht nur um eine Steigerung der Harnsäureausscheidung, sondern um einen wesentlich ergiebigeren Umsatz der exogen zugeführten harnsäurebildenden Materialien. Diese Beeinflussung des exogenen Purinstoffwechsels durch Atophan erklären die Autoren derart, daß der Abbau der Nukleinsäure, welcher an sich zwei gangbare Wege zur Verfügung haben soll, einseitig in die Richtung der Harnsäure gedrängt wird.

Das rasche Abklingen der Atophanwirkung beim Gesunden macht es wahrscheinlich, daß auch der normale Mensch im Körper Harnsäure retiniert (vgl. auch Deutsch, Wiechowski). Auf die rasche Eliminierung dieser retinierten Harnsäure nimmt nun Atophan wesentlichen Einfluß und diese Wirkung hört naturgemäß dann auf, wenn keine Harnsäure mehr im Körper zur Verfügung steht, was gewöhnlich schon nach 2—3 Tagen der Fall ist. Beim Gichtiker dagegen, der Harnsäure in viel größerem Maße retiniert und demgemäß auch viel größere Depots in den Geweben (nicht in den Tophi) besitzt, hält die Atophanwirkung auch viel länger an und die Harnsäureausscheidung ist bei diesem auch bei protrahierter Atophandarreichung stets über die Norm gesteigert.

Ungeklärt ist bisher noch die Frage, wo der Angriffspunkt des Atophans für diese geschilderte Wirkung gelegen ist, ob es sich dabei um eine Nierenwirkung handelt oder ob der Angriffspunkt des Atophans diesseits der Nieren in den Geweben gelegen ist. Von größter Wichtigkeit für die Entscheidung dieser Frage ist das Verhalten der Blutharnsäure. Handelt es sich um eine Nierenwirkung, dann würde zu erwarten sein, daß bei bestehender Urikämie eine Verminderung der Blutharnsäure eintritt, sicherlich aber keine Vermehrung des normalen Wertes. Dies müßte dagegen der Fall sein, wenn es sich bei der Atophanwirkung um eine Wirkung auf die Harnsäuredepots handeln würde, und zwar in dem Sinne, daß diese mobilisiert und ausgeschieden würden. Dies würde zu einer Steigerung des physiologischen Harnsäurewertes im Blute führen.

Die bisherigen Versuche über diesen Punkt der Diskussion haben bisher zu recht widersprechenden Resultaten geführt. Während Zuelzer und Plehn eine Verminderung der Blutharnsäure beim Gichtiker feststellen konnten, fanden Dohrn, sowie Retzlaff und Brugsch dieselbe vermehrt, Deutsch dagegen konnte ebenso wie Baß eine Vermehrung des Harnsäuregehaltes des Blutes nicht konstatieren, Baß sogar eine Verminderung, was für eine Nierenwirkung des Atophans sprechen würde.

Als letzte zusammenfassende Untersuchung über die Wirkung des Atophans auf den Purinhaushalt sei die Arbeit von Starkenstein erwähnt, der in einer langen Versuchsperiode (Selbstversuche bei purinfreier Diät) sowie in Untersuchungen an Kaninchen und Hunden, und durch das Studium der Atophanwirkung auf die harnsäurebildenden und harnsäurezerstörenden Fermente eine Reihe von Anhaltspunkten fand, die weiteren Aufschluß über die Atophanwirkung geben. Erweitert wurden diese Versuche durch den Vergleich der Wirkung von Atophan, Kalziumchlorid und Radiumemanation.

Die Versuche ergaben, daß wir beim Atophan zweierlei Wirkungen unterscheiden müssen: 1. eine eliminierende auf die im Körper vorhandene Harnsäure, sowohl die endogene als die exogene. 2. Am Tage nach der Atophanaufnahme erfolgt eine Senkung der Harnsäureausscheidung unter die Norm, die auch trotz Atophanaufnahme nach längerem Gebrauch des Mittels in Erscheinung treten kann, der Ausdruck einer hemmenden Wirkung des Atophans auf die Bildung von Purinen.

Eine ähnliche Wirkung wie das Atophan auf den Purinstoffwechsel zeigt auch das Kalzium. Es hemmt ebenfalls die Harnsäureausscheidung beim Menschen und die Allantoinausscheidung beim Säugetier als Folge einer Beeinflussung der harnsäurebildenden Fermente. Außerdem hemmt Kalzium auch die Ausscheidung der Harnsäure und ist so imstande, wenn es gleichzeitig mit Atophan verabreicht wird, auch das durch Atophan bedingte Plus der Harnsäureausscheidung vollständig auszugleichen. Am folgenden Tage addieren sich noch die beiden hemmenden Wirkungen von Atophan und Kalzium und bewirken auf diese Weise eine starke Hemmung der Harnsäureausscheidung, die in einem Falle bis auf 0,06 g pro die herabgedrückt werden konnte (Starkenstein).

Radiumemanation bedingt beim Menschen gelegentlich eine Steigerung der Harnsäureausscheidung, die wahrscheinlich eine Folge von vermehrter Bildung ist, bedingt durch gesteigerten Kernzerfall. Dementsprechend ruft Radiumemanation auch beim Tiere eine Steigerung der Allantoinausscheidung hervor.

In diesem Sinne steht Radiumemanation in einem gewissen Gegensatze zu dem als Gichtmittel ausgezeichnet verwendbarem Atophan. Ob neben dieser Wirkung der Radiumemanation auf den Kernzerfall auch eine beschleunigende Wirkung auf die Ausscheidung der Harnsäure besteht und ob andere Momente, die von klinischer Seite festgestellte günstige Wirkung der Emanation bei der Gicht sowie bei einer Reihe von anderen Erkrankungen bedingen, ist bisher noch nicht festgestellt.

Die pharmakologischen Eigenschaften und Wirkungen, die das Atophan — von der Beeinflussung des Purinhaushaltes abgesehen — ausübt, waren Gegenstand ausführlicher Untersuchungen durch Wiechowski und Starkenstein. Aus den dort mitgeteilten Befunden sei erwähnt, daß Atophan imstande ist, antipyretisch und antiphlogistisch zu wirken: Subkutan injiziert, erniedrigt es die normale Körpertemperatur bei Versuchstieren um mehrere Grade. — Der Eintritt der Senfölchemosis beim Kaninchen wird durch vorherige Atophandarreichung verhindert. Auch die Dioninchemosis beim Menschen erfährt dadurch eine Abschwächung (Salus). Die temperaturherabsetzende Wirkung wurde auch in pathologischen Fällen beim Menschen festgestellt bei Gelenksrheumatismus (Oeller) und bei septischen Prozessen (G. Hahn). Nach Klemperer spielt speziell beim Heileffekt des Atophans beim Gelenksrheumatismus die Harnsäuremobilisierung keine wesentliche Rolle, vielmehr handle es sich auch hier um eine komplizierte antiphlogistisch-analgetische Wirkung.

Die pharmakologischen Wirkungen des Atophans fanden im vorstehenden eine ausführliche Besprechung, weil sie vielleicht den Schlüssel darstellen zu einer allgemeineren Erklärung der therapeutischen Wirkung von antipyretisch-analgetisch-antiphlogistisch wirkenden Stoffen.

Nebenwirkungen: Zuweilen wird nach Atophangebrauch über Magendrücken, saures Aufstoßen und Diarrhöen geklagt (Deutsch, Retzlaff), ganz vereinzelt Auftreten von Urtikaria (Weintraud, Porges), oder eines juckenden scharlachartigen Exanthems (v. Müller), sowie einmal Fieber bis 39° nach mehrtägiger intermittierender Darreichung (v. Müller) beobachtet.

Indikationen: Die ausgezeichnetsten Erfolge sind bei akuter Gicht zu verzeichnen (Deutsch, Zuelzer, Retzlaff, Weintraud, Oeller). Nach Georgiewsky ist die Wirkung wohl keine anhaltende, doch erfolgt auf neuerliche Gaben immer wieder Besserung. Auch prophylaktisch ist das Atophan hier von Vorteil (Retzlaff).

Weniger wirksam erwies sich das Atophan bei chronischer Gicht (Deutsch, Zuelzer, Weintraud), doch wird auch hiebei vereinzelt über günstige Resultate berichtet (Richter, Plehn). Gute Erfolge sind weiter zu erzielen beim akuten Gelenksrheumatismus (Tschernikow und Magat, Georgiewsky,

Heller, Neukirch, Oeller), selbst wenn die intensivste Salizyltherapie versagt hatte, ferner bei harnsaurer Diathese, bei frischen Neuralgien (Zuelzer), bei Ischias (Hirschberg, Weintraud), ganz besonders bei Lumbago (Weintraud), weniger bei chronischem Gelenksrheumatismus (Tschernikow und Magat, Heller, Arning). Bei septischen Prozessen wirkt es in großen Dosen temperaturherabsetzend (Hahn).

Kontraindiziert ist Atophan in Fällen, wo schon Steinbildung in den Harnwegen vorliegt (Weintraud).

Dosierung: Meist genügen 3 g pro die (Bendix), doch kann man selbst bis zu 10 g im Tage ohne nachteilige Folgen verabreichen. Skorczewski empfiehlt im Beginne der Darreichung kleine, die Harnsäureausfuhr nicht überschreitende Dosen. Auf 1 g Atophan gibt man zweckmäßig in 200 g Wasser $1/4$—$1/2$ Teelöffel Natrium bicarbonicum (Retzlaff, Neukirch). Ist nach 2—3 tägiger Anwendung keine Wirkung eingetreten, soll man 3—4 Tage mit der weiteren Darreichung aussetzen und erst dann wieder durch 2 bis 3 Tage Dosen von 3—5 g versuchen (Weintraud). Für Patienten, denen Atophan Magenbeschwerden verursacht, empfiehlt sich die Verabreichung per rectum in Form der Atophansuppositorien. In letzter Zeit werden zwei Abkömmlinge des Atophans in den Handel gebracht, das Novatophan und Isatophan.

Novatophan, Methyl-phenyl-chinolin-Carbonsäure, schmeckt im Gegensatze zu Atophan nicht bitter und bildet ein gelblichweißes, geschmackloses, in Wasser unlösliches, in Alkohol, Äther und Benzol lösliches Pulver, das bei Gicht mit gutem Erfolge gereicht wurde (Bendix), die Wirkung des Atophans aber kaum erreicht.

Isatophan, Methoxy-phenyl-chinolin-Carbonsäure, ist ein geschmackloses, dem Atophan und Novatophan klinisch gleichwertiges Präparat, das ein gelbes, kristallinisches, in Wasser nicht, wohl aber in Alkohol und auch in Alkalien lösliches Pulver darstellt. (Siehe auch Acitrin.)

Literatur: Nicolaier und Dohrn, Deutsch. Arch. f. klin. Med., 93, 1908. — Tschernikow und Magat, Charkower med. Journ., April 1910. — Weintraud, Therap. d. Ggw., März 1911. — Heller, Berl. klin. Wochenschr. 12, 1911. — Georgiewsky, Russki Wratsch, 14, 1911. — Georgiewsky, Deutsch. med. Wochenschr., 22, 1911. — Starkenstein, Arch. f. experiment. Path. u. Pharm., Bd. 65, 3. u. 4. Heft, 1911. — Weintraud, Verhandl. d. deutsch. Kong. f. inn. Med., 1911. — Bauch, Inaug.-Diss., Heidelberg 1911. — Frank und Bauch, Berl. klin. Wochenschr., 32, 1911. — Fromherz, Biochem. Zeitschr., 35. Bd., 5. u. 6. Heft, 1911. — Zuelzer, Berl. klin. Wochenschr., 47, 1911. — Skórczewski und J. Sohn, Wien. klin. Wochenschr., 49, 1911. — Frank, Med. Klin., 50, 1911. — Deutsch, Münch. med. Wochenschr., 50, 1911. — Richter, Deutsch. med. Wochenschr., 51, 1911. — Schittenhelm und Schmid, Sammlung zwangloser Abhandlungen herausgeg. v. Prof. Albu (Berlin), 2. Bd., Heft 7, S. 48—50. — Tschernikow, Russki Wratsch, 2, 1912. — Plehn, Deutsch. med. Wochenschr., 3, 1912. — Weintraud, Therap. Monatsh., Jan. 1912. — Retzlaff, Deutsch. med. Wochenschr., 9, 1912. — Dohrn, Münch. med. Wochenschr., 10, 568, 1912. — Dohrn, Zeitschr. f. klin. Med., 74, 1912. — Lüthje, Jahreskurse f. ärztl. Fortbildung, März 1912. — Wiechowski, Münch. med. Wochenschr., 22, 1912. — Meidner, Therap. d. Ggw., April 1912. — Frank, Verhandl. d. deutsch. Kong. f. inn. Med. 1912. — Skórczewski u. J. Sohn, Wien. klin. Wochenschr., 16, 1912. — Dohrn, Biochem. Zeitschr., 43, 240. — Feulgen, Inaug.-Diss., Kiel 1912. — Arning, Arch. f. Dermat. u. Syph., 13. Mai 1912. — Bach und Strauß, Münch. med. Wochenschr., 31, 1912. — Skórczewski und J. Sohn, Zeitschr. f. exper. Path. u. Therap., 11. — Skórczewski, Zeitschr. f. exper. Path. u. Therap., 11. — Bendix, Therap. d. Ggw., Juli 1912. — Brugsch, Berl. klin. Wochenschr., 34, 1912. — Neukirch, Therap. Monatsh., September 1912. — Frank und Przedborski, Arch. f. experim. Path. u. Pharmak., 68, 349. — Rösler und Jarczyk, Deutsch. Arch. f. klin. Med., 107, 573. — Woadwark, St. Bartholomews Hospital Journ., September 1912. — Hirschberg, Therap. Monatsh., Oktober 1912. — Frank, Beiheft zur „Med. Klin.", 10. Heft, 1912. — Merzbach, Long Island Medical Journal, Oktober 1912. — Skórczewski und J. Sohn, Extrait du bulletin de l'academie des sciences de Cracovie, November 1912. — Oeller, Med. Klin., 50, 1912. — Retzlaff, Zeitschr. f. exper. Path. u. Therap., 12. — Schittenhelm und Ullmann, Zeitschr. f. exper. Path. u. Therap., 12, 351. — George L. Kahlo, The Therapeutic Gazette, Dezember 1912. — Robert Cruet, Librairie J. B. Baillière et Fils, Paris. — Starkenstein und Wiechowski, Prag. med. Wochenschr., 1913. — Müller, Mitteilungen der Gesellsch. f. inn. Med. u. Kinderheilk. in Wien, 3, 1913. — Kobsarenko, Terapewtitscheskoje Oborenie, 9, Mai 1913. — Friedeberg, Fortschritte d. Med., 12, 1913. — Fasiani, Arch. di farmacologia sperim. e science aff. 14, 1912. — Biberfeld, Berl. klin. Wochenschr., 16, 1913. — Dohrn,

Therapie der Gegenw., Mai 1913. — Skórczewski, Przeglad Lekarski, 9, 1913. — Richartz, Deutsch. med. Wochenschr., 20, 1913. — Klemperer, Verhandlung. d. deutsch. Kongr. d. inn. Med. 1913. — Klemperer, Therap. d. Ggw., Juni 1913. — Friedberg, Münch. med. Wochenschr., 21, 1913. — Biberfeld, Zeitschr. f. exper. Path. u. Therap., 26. Mai, 1913. — Hahn, Prag. med. Wochenschr., 26, 1913. — Weintraud, Ärztl. Festschrift zur Eröffnung des städtischen Kaiser Friedrich-Bades in Wiesbaden 1913. — Baß, Verhandlung d. deutsch. Kongr. f. inn. Med. XXX. Kongr. Wiesbaden 1913. — Abl, Verhandl. d. deutsch. Kongr. f. in. Med. XXX. Kongr. April 1913. — Kern, Jahrb. f. Kinderheilk. u. physische Erziehung Bd. 78, Heft 2, 1913. — Skórczewski, Zeitschr. f. exper. Path. u. Therap. 14, 113. — Folin and Lyman, Journal of Pharmacology and experimental Therapeutics Nr. 6, Vol. IV, Juli 1913. — v. Jaksch, Prag. med. Wochenschr., 29, Juli, S. 415. Vereinsberichte. — Heuer, Dissertation, Berlin, Juli 1913. — Jokl, Prag. med. Wochenschr., 33, August 1913.
Fabr.: E. Schering, Berlin.
Preis: 1 g Mk. 0,40, Tabl. 20 St. à 0,5 g Mk. 2.—.

Acitrin, ein Ester des Atophans, welcher wie dieses eine Steigerung der Harnsäureausscheidung beim Gichtiker erzeugt und klinisch dasselbe leisten soll wie Atophan (Pietrulla). Die Schwellungen und die Empfindlichkeit der Gelenke gehen zurück, die Tophi werden kleiner.
Literatur: Pietrulla, Deutsch. med. Wochenschr., 359, 1912. — Impens, Arch. internat. de pharmacodyn., 1913.
Fabr.: Farbenfabr., vorm. Bayer & Co., Leverkusen.
Preis: 20 Tabl. à 0,5 g Mk. 1,75. K. 2,20.

Chinasäure, Acidum chinicum, Tetraoxybenzoesäure, und ihre Derivate: Chinotropin, Sidonal, Urol, Urosin.

Das Ziel jeder Therapie der harnsauren Diathese ist, die vermehrte Bildung der Harnsäure im Körper hintanzuhalten oder die bereits gebildete Harnsäure aus dem Körper zu eliminieren. Letzteres erreichen wir durch Anregung der Diurese mit alkalischen Flüssigkeiten, während die Chinasäure nach den Untersuchungen von Weiß der ersten Anforderung zu entsprechen vermag (Sternfeld).

Lewandowsky unterzog die theoretischen Grundlagen speziell der Sidonaltherapie neuer Prüfung und kam zu folgenden Ergebnissen, die später seitens v. Lang bestätigt wurden: Die Chinasäure verwandelt sich im Körper zunächst in Benzoësäure, durch Vereinigung mit Glykokoll zu Hippursäure (Glykokollbenzoësäure), welche sich viel leichter löst als Harnsäure und daher auch leichter eliminiert wird. Nun besteht die Anschauung, daß die Harnsäure im Körper dadurch aufgebaut würde, daß sich Harnstoff mit Glykokoll verbindet, eine Synthese, die außerhalb des Körpers gelungen ist. Die Chinasäure wird nun in der Idee gegeben, daß sie das Glykokoll an sich reiße und also das Material für die Harnsäurebildung vermindere. Wenn das richtig ist, so müßte die Hippursäure um so viel vermehrt sein, als die Harnsäure vermindert ist. Dieses quantitative Verhältnis ist aber nicht vorhanden, die Verminderung der Harnsäure ist mitunter sehr schwankend. Zudem ist, wie Lewandowsky weiter betont, der synthetische Aufbau der Harnsäure im Körper, die unerläßliche Vorbedingung für die Annahme einer spezifischen Wirkung der Chinasäure, bisher nicht bewiesen. Die trotzdem von verschiedenen Seiten bei harnsaurer Diathese mit den Chinasäurepräparaten erzielten Heilwirkungen erklärt er aus der engen Verwandtschaft der Chinasäure mit der Salizylsäure (Monooxybenzoësäure), welcher bekanntlich beträchtliche schmerzstillende Eigenschaften innewohnen. Auch Minkowski hält die medikamentöse Beeinflussung durch die Chinasäurederivate für unsicher.

Die Kombination der Chinasäure mit anderen Mitteln erfolgte aus dem Grunde, weil sie stark sauer und schwer löslich ist. Nebenbei rechnete man auch auf die diuretische Wirkung der hinzugefügten Mittel: Urotropin, Piperazin, Lithium citricum und Harnstoff.
Literatur: Weiß, Deutsch. med. Wochenschr., Vereinsbeil., 243, 1899. — Lewandowsky, Therap. d. Ggw., 8, 1900. — Sternfeld, Münch. med. Wochenschr., 7, 1901. — v. Lang, Klin. therap. Wochenschr., 9, 1903. — Minkowski, Deutsch. med. Wochenschr., 11, 1905.
Preis: 10 g Mk. 1,30.

Chinasäurederivate:

1. **Chinotropin,** chinasaures Urotropin, ist ein in Wasser leicht lösliches Pulver, das bei Gicht, besonders bei Harnkonkrementen schon deshalb empfehlenswert ist, weil das Urotropin sich im Organismus zersetzt und Formaldehyd bildet, mit welchem die Harnsäure leicht lösliche Verbindungen eingeht (de la Camp).
Im Handel kommt das Präparat in zwei Stärken vor mit 73%, bzw. 80% Chinasäure und 27%, bzw. 20% Urotropin. Beide Verbindungen sind wasserlösliche, weiße, salzartige Körper, deren Lösungen einen säuerlichen Geschmack besitzen. Mit Zucker läßt sich eine angenehm schmeckende Limonade herstellen.
Literatur: De la Camp, Münch. med. Wochenschr., 30, 1901.

2. **Sidonal,** chinasaures Piperazin, ist ein weißes, in kaltem Wasser leicht lösliches Pulver, das erfolgreich bei Gicht angewendet wird. Die Menge der ausgeschiedenen Harnsäure vermindert sich nach Tagesgaben von 5—8 g um $40—50\%$. Dabei findet aber keine Retention derselben statt. Es bessern sich alle Beschwerden, der Harn wird klar, das Sediment schwindet. Nebenerscheinungen wurden nie beobachtet. Das Mittel erwies sich nicht allein bei den akuten, sondern auch den chronischen Formen der Gicht wirksam (Blumenthal und Lewin, Schlayer, Schmieden, Herrnstedt, Mylius, Lewandowsky, v. Rosenthal, Saalfeld). Auch prophylaktisch bewährte sich das Sidonal (Mylius). Über negative Resultate berichtet Klein.
Literatur: Blumenthal u. Lewin, Therap. d. Ggw., 4, 1900. — Schlayer, ebendort, 5, 1900. — Schmieden, ebendort, 6, 1900. — Herrnstedt, ebendort, 6, 1900. — Klein, ebendort, 6, 1900. — Lewandowsky, ebendort, 8, 1900. — Mylius, Therap. Monatsh., 12, 1900. — v. Rosenthal, ebendort, 6, 1901. — Saalfeld, Münch. med. Wochenschr., 16, 1901.
Fabr.: Chem. Werke, Charlottenburg.
Preis: R. m. 10 Tabl. à 1 g Mk. 6,—. K. 8,30.

3. **Sidonal-Neu,** Chinasäureanhydrid, wird mit recht gutem Erfolge in Tagesdosen von 10 g bei Gicht verwendet. Besonders hervorzuheben ist der günstige Einfluß auf die Schmerzen der Kranken (Huber und Lichtenstein).
Literatur: Huber u. Lichtenstein, Berl. klin. Wochenschr., 28, 1902.
Preis: R. m. 10 Tabl. à 1 g Mk. 2,50. K. 3,20.

4. **Urol,** Urea chinica, ist eine Verbindung von 1 Molekül Chinasäure mit 2 Molekülen Harnstoff, welche bei Gicht und Bildung harnsaurer Steine eines Versuches wert ist, da beiden Stoffen eine günstige Beeinflussung der Harnsäureausscheidung zukommt (v. Noorden, Frieser). Man gibt durch mehrere Wochen täglich 2—5 g, am besten in heißem Wasser gelöst (ungefähr 200 g), wovon die Hälfte morgens auf nüchternen Magen, die andere Hälfte abends genommen wird.
Literatur: v. Noorden, Zentralbl. f. Stoffwechsel- u. Verdauungskrankh., 17, 1901. — Frieser, Allg. med. Zentralztg., 48, 1902.
Fabr.: Dr. Schutz & Co., Bonn.
Preis: R. m. 10 Tabl. à 0,5 g Mk. 1,50. K. 1,80.

5. **Urolysin** besteht aus Citrozon, 10% Chinasäure und Pulvis aërophorus und wird erfolgreich bei Steinleiden angewendet (Rhoden).
Literatur: Rhoden, Zentralbl. f. d. ges. Therap., 8, 1904.

6. **Urosin,** chinasaures Lithium, kommt in Form von Tabletten, welche 0,5 g Chinasäure, 0,15 g Lithiumcitrat und 0,3 g Zucker enthalten, als Brausesalz (Urosin. effervescens) und in 50% Lösung für Fälle, wo Zucker kontraindiziert ist, in den Handel.
Es bewährte sich vorzüglich bei typischer, wie atypischer Gicht (Weiß, Craig, Sternfeld, Kölbl, v. Lang).

Als **Urosin-Kalk-Stahlwasser** benützte v. Lang die Lippspringer natürliche, alkalische, kalziumhaltige Stahlquelle mit einem Zusatz von $4^0/_{00}$ Urosin in Tagesgaben von $^1/_2$—1 Liter bei chronischer Gicht. Die übliche Dosis der Urosintabletten beträgt 6—8 Stück pro die.
Literatur: Weiß, 71. Naturforschervers., München 1899, rf. Deutsch. med. Wochenschr., Vereinsbeil., 243, 1899. — Sternfeld, Münch. med. Wochenschr., 7, 1901. — Kölbl, Med.-chir. Zentralbl., 17, 1901. — Craig, Deutsch. Medizinalztg., 24, 1901. — v. Lang, Wien. klin. therap. Wochenschr., 9, 1903. — Weiß, Berl. klin. therap. Wochenschr., 18, 1904.
Fabr.: Chininfabr. Zimmer & Co., Frankfurt a. M.
Preis: R. m. 10 u. 25 Tabl. à 0,5 g Mk. 1,50 u. 3,50. 1 g K. 0,25.

Citarin, anhydromethylenzitronensaures Natron, ist das Natronsalz der zweibasischen Anhydromethylenzitronensäure (Diformalzitronensäure) und stellt ein weißes, kristallinisches, etwas hygroskopisches, in Wasser sehr leicht (1 : 1) lösliches, in Alkohol und Äther fast unlösliches Pulver von nicht unangenehmem, schwach säuerlichen Geschmacke dar. Beim Erwärmen spaltet das Präparat Formaldehyd ab. Im Handel erscheint es in Form von Tabletten à 2 g.

Wirkung: Der Effekt des Mittels, dem von den meisten Beobachtern ein besonderer Platz unter den gebräuchlichen Gichtmitteln angewiesen wird, basiert darauf, daß die Zitronensäure im Blute zu Kohlensäure verbrannt und dadurch eine Erhöhung der Alkaleszenz des Blutes, sowie seiner Fähigkeit, die Harnsäure in Lösung zu erhalten, bewirkt wird (Leibholz). Am sichersten wirkt das Präparat, wenn es bei den ersten Anzeichen des Anfalles in großen Dosen gereicht wird, also schon, wenn der Harn sich dunkel färbt und ein allgemeines Gefühl von Schwere im Körper vorhanden ist (Fisch). Nach längerem Gebrauche scheint die Wirkung abzunehmen (Merkel).

Nebenwirkungen: Ziemlich häufig treten nicht lästiger Durchfall (Leibholz, Frisch, Prölß, Gernsheim, Brugsch), seltener vermehrter Harndrang (Friedeberg, Prölß), Magenstörungen, Appetitlosigkeit (v. Zeller, Friedeberg) und Kopfschmerzen auf (Leibholz, Brugsch). Auffallend ist, daß Kot und abgehende Winde sehr übelriechend sind (Prölß).

Indikationen: Das Citarin findet besonders bei den akuten Anfällen der echten Gicht Anwendung (Leibholz, v. Zeller, Thiele, Fisch, Wolff, Friedeberg, Hartmann, Prölß, Gernsheim, Neumann, Merkel, Weiß, Fertig, Rahn, Baaz, Solacz, Laengner, Szurek und Latkowski, Borek, Kryf). Bei chronischer Gicht ist es weniger sicher wirksam (v. Zeller, Friedeberg, Hartmann), doch kann es hier mit Bezug auf seine Wirksamkeit und Nichtwirksamkeit als Adjuvans für die Diagnose betrachtet werden (Wolff). Der Erfolg tritt gewöhnlich nach 20—30 Stunden ein (Prölß, Gernsheim) und ist von einem allgemeinen Wohlgefühle begleitet (Neumann). Zur Verstärkung der Wirkung läßt sich das Citarin zweckmäßig mit Aspirin (2 mal täglich 2 Tabletten à 0,5 g), sowie mit heißen Sandbädern kombinieren (Leibholz, Wolff, Friedeberg).

Weitere Indikationen für den Citaringebrauch sind chronische Arthritiden (v. Zeller, Beck) und Nephrolithiasis auf uratischer Basis (Floret). Auch bei Kopfschmerz auf Grundlage von uratischer Diathese erwies es sich als sehr brauchbar (Schneider). Von Neumann wurde bei Gichtkranken, die an mäßiger Albuminurie litten, unter Citarinmedikation eine Abnahme des Eiweißgehaltes des Harnes konstatiert und auch mit Erfolg in einem Falle von chronischer Nephritis versucht. In direktem Gegensatz zu fast allen Beobachtern steht Brugsch mit der Behauptung, daß das Mittel für die Gichttherapie völlig wertlos ist, da es weder einen akuten Anfall koupiere, noch den Anfall selbst günstig beeinflusse. Auch schmerzstillende und diuretische Eigenschaften konnten nicht wahrgenommen werden.

Dosierung: Im akuten Anfalle gibt man 4 mal, später nur 3 mal täglich eine Tablette zu 2 g in heißem Wasser gelöst, dem man dann kaltes oder ein Mineralwasser zusetzt.

Literatur: v. Zeller, Ärztl. Reformztg., 24, 1902. — Hartmann, Deutsch. Praxis, 18, 1903. — Thiele, Die ärztl. Praxis, 21, 1903. — Leibholz, Deutsch. med. Wochenschr., 39, 1903. — Fisch, ebendort, 49, 1903. — Prölß, Therap. Monatsh., 7, 1904. — Gernsheim, ebendort, 7, 1904. — Wolff, ebendort, 9, 1904. — Hartmann, Deutsch. Praxis, 12, 1904. — Weiß, Die Heilk., 12, 1904. — Friedberg, Zentralbl. f. inn. Med., 47, 1904. — Merkel, Deutsch. Arch. f. klin. Med., 1/4, 1905. — Floret, Deutsch. med. Wochenschr., 4, 1905. — Baaz, Zeitschr. f. ärztl. Fortb., 4, 1905. — Laengner, Therap. Monatsh., 6, 1905. — Fertig, Wien. med. Presse, 9, 1905. — Rahn, Allg. med. Zentralztg., 10, 1905. — Brugsch, Therap. d. Ggw., 12, 1905. — Neumann, Münch. med. Wochenschr., 13, 1905. — Solacz, Allg. Wien. med. Ztg., 39, 1905. — Beck, rf. in Mercks Jahresber. 1905. — Szurek u. Latkowski, Przegląd lekarski, 12, 1906, rf. in Therap. Bericht v. Fr. Bayer u. Co., 4, 1906. — Schneider, Prag. med. Wochenschr., 26, 1907. — Borek, Klin. therap. Wochenschr., 38, 1907. — Kryf, Allg. Wien. med. Ztg., 21, 1909.
Fabr.: Farbenfabr., vorm. Bayer & Co., Leverkusen.
Preis: 10 Tabl. à 2 g Mk. 2,60. K. 3,40.

Uricedin (Stroschein) ist ein gelbliches Salz, das zusammengesetzt ist aus $62,7\%$ Natriumzitrat, $29,6\%$ Natriumsulfat, $1,2\%$ Natriumchlorid, $1,3\%$ Natriumazetat, $1,5\%$ Natriumtartrat, $1,5\%$ Natriumpomat, $0,04\%$ Eisen, $0,8\%$ Extraktivstoffen und $1,17\%$ pektinsaurem Natrium. Es stellt einen Ersatz der bei Gicht gebräuchlichen Mineralwässer und Alkalien dar (Krakauer) und kann als wirkliches Heilmittel der Gicht bezeichnet werden (Holtz).

Wirkung: Es entfaltet ausgezeichnete harnsäurelösende und diuretische, sowie schmerzstillende Eigenschaften, hebt das Allgemeinbefinden, ohne die Magenverdauung zu stören, da es, mit Salzsäure zusammengebracht, dieselbe nur zum Teile bindet (Krakauer, Tirard). Abgesehen von leichten, nicht unangenehmen Durchfällen erzeugt es keine üblen Nebenwirkungen (Krakauer, Langstein).

Indikationen: Das Uricedin erwies sich bei akuter, wie chronischer Gicht wirksam (Langstein, Kohn, Holtz, Tirard, Krakauer). Auffallend rasch tritt eine günstige Beeinflussung bei Nierensteinkrankheit mit vorausgegangenen Nierenkoliken ein, ebenso bei Gallensteinkolik und bei allen Krankheitsformen der harnsauren Diathese (Krakauer).

Dosierung: Bei Beginn der Kur nimmt man in den ersten drei Tagen morgens auf nüchternen Magen, mittags und abends eine halbe Stunde vor den Mahlzeiten je 1 Teelöffel voll in warmem oder kaltem Wasser, vom 4. Tage an nur morgens einen Teelöffel voll oder mittags und abends je $1/2$ Teelöffel. Sobald der Harn alkalisch wird, setzt man die Medikation auf einige Tage aus. Ist der Harn stark sauer, so erhöht man die Dosis. Während der Kur sind Essig enthaltende Speisen und Getränke zu meiden, hingegen sind alle Fruchtsäuren (Zitronen, Obst) erlaubt.

Literatur: Langstein, Prag. med. Wochenschr., 45, 1894. — Holtz, Allg. med. Zentralztg., 23, 1895. — Kohn, Wien. med. Wochenschr., 45, 1897. — Krakauer, Die Gicht in ihren verschiedenen Formen, 4. Aufl., Berlin 1904. — Tirard, Lancet, Jänner 1905, rf. Münch. med. Wochenschr., 13, 1905.
Fabr.: J. E. Stroschein, Berlin.
Preis: R. m. 25 Tabl. à 0,5 g u. à 1,0 g Mk. 0,75 u. 1,25. K. 1,— u. 1,75.

Urocoltabletten bestehen aus 0,5 g Urol, 0,5 g Milchzucker und 0,001 g Colchicin und werden von Fuchs bei Gicht besonders warm empfohlen. Im akuten Anfalle gibt man 3—4 Tabletten pro die.
Literatur: Fuchs, Die Heilk., 3, 1905.
Fabr.: Dr. Schütz & Co., Bonn.
Preis: R. m. 10 Tabl. à 0,5 g Mk. 1,90. K. 2,40.

Als Ergänzung dieses Kapitels siehe auch: Blasen- und Nierenkrankheiten.

b) Rachitis, Osteomalacie.

Für die medikamentöse Therapie dieser auf Stoffwechselstörungen beruhenden Symptomkomplexe kommt wohl noch immer Phosphor in öliger

Lösung, am besten Phosphor-Lebertran in Betracht. Was die pharmakologische Wirkung therapeutischer d. h. kleinerer Dosen von elementarem gelben Phosphor betrifft, so dürfte diese in der Oxydationshemmung desselben gelegen sein. Es scheint, daß geringgradiger Sauerstoffmangel in der Zelle den Stoffwechsel anregt und dabei regeneratorischen Stoffansatz bedingt. Durch Phosphor-, Arsen- und Antimonverbindungen und schließlich durch Eisen und Quecksilber wird das Protoplasma der Zelle ebenfalls an der Verwertung des Sauerstoffs gehindert und darin dürfte auch die Stoffwechselwirkung dieser genannten Stoffe zu suchen sein (Löwi). Diese äußert sich in einem fördernden Einfluß auf Wachstum und Neubildung von Geweben. Besonders deutlich tritt dies am Knochensystem und in der Regeneration des Blutes zutage und dies war auch Anlaß dafür, elementaren Phosphor als Heilmittel bei regenerativen Prozessen im Knochensystem, also vor allem bei der Rachitis und Osteomalacie, zu verwenden. Ebenso deutlich wie beim Phosphor äußern sich diese anregenden Wirkungen beim Arsen und es wäre mit Rücksicht auf die hohe Tätigkeit und schwere Dosierbarkeit des Phosphors derselbe vielleicht mit Vorteil durch den sicherer dosierbaren Arsenik zu ersetzen (Meyer - Gottlieb).

Bei den hier erwähnten Krankheitsbildern spielen Anomalien im Phosphor- und Kalkstoffwechsel sicherlich eine große Rolle, es dürfte aber die Annahme auf Irrtum beruhen, das Phosphor als solcher durch chemische Umwandlung die Änderungen im Phosphorstoffwechsel hervorruft. Es handelt sich hier, wie ausgeführt wurde, um eine Elementarwirkung, die in gleicher Weise dem Phosphor und dem Arsen zukommt. Trotzdem besteht die Anschauung, daß man durch Zufuhr von Phosphorsäureverbindungen sowie durch Kalkzufuhr den in Wegfall gekommenen Phosphor bzw. Kalk ersetzen kann. Auf Grund dieser Anschauung wäre die therapeutische Verwendung von Phosphorverbindungen wohl a priori aufzulassen, denn die Phosphorsäurestoffwechsel verläuft bekanntlich derart, daß der gesunde Säugling, also der wachsende Organismus, allen zugeführten Phosphat-Phosphor verwertet, sowohl den anorganischen als auch den organischen, der assimiliert und zum zellulären Aufbau verwendet wird. Der kranke Säugling dagegen scheidet Phosphate im Harn aus, die Assimilationsfähigkeit ist gestört und weder anorganische noch organische Phosphate können angesetzt werden (Moll). Erst die Beseitigung des Grundleidens stellt die Assimilationsfähigkeit wieder her. Diese wird aber nicht durch Phosphatzufuhr erreicht. Beim Erwachsenen dagegen wird stets eine gewisse P_2O_5 Menge ausgeschieden, die jedoch aus den mit der Nahrung aufgenommenen Phosphaten wieder im Stoffwechsel ersetzt wird. Auf rein empirischer Grundlage nun ist aber die Therapie dazu gekommen, eine Reihe von organischen Phosphorverbindungen in die Therapie einzuführen und diese spielen vor allem als Nährmittel, als Tonika, Roborantia, namentlich bei Erkrankungen des Knochensystems eine große Rolle. Die experimentellen Untersuchungen des Phosphorstoffwechsels (Phosphorbilanz) unter dem Einfluß dieser Präparate haben für ihre Verwendung eigentlich keine Basis geschaffen, denn es zeigte sich, daß der in Form dieser Präparate zugeführte Phosphor fast vollständig in kurzer Zeit durch Harn und Fäces wieder eliminiert wird. Eine positive Phosphorbilanz wird meist nicht erreicht und so würde dies auch gar nicht dem eigentlichen therapeutischen Zwecke entsprechen. Keineswegs berechtigen jedoch die experimentellen Befunde dazu, sich der Verwendung von organischen Phosphorpräparaten gegenüber ablehnend zu verhalten. Die übereinstimmend günstigen klinischen Erfahrungen lassen im Gegenteil vermuten, daß die meisten der organischen Phosphorverbindungen wahrscheinlich als ganze molekulare Komplexe die roborierende und restituierende Wirkung äußern und es scheint speziell der organischen Komponente hinsichtlich der Verwertbarkeit dieser Präparate eine große Bedeutung zuzukommen, da die anorganischen Phosphorverbindungen meist unwirksam sind. (Siehe im speziellen Teile: Phytin). Den meisten der hiehergehörigen Präparate kommt nicht nur die Bedeutung von Arzneimitteln im engeren Sinne zu, sondern auch als Rekonstituentia, die besonders für Rekonvaleszente aller Arten von Krankheiten mit in Frage kommen. Von den vielen zu diesem Zweck verwendbaren Präparaten sollen hier zunächst die phosphorhaltigen besprochen werden, während Arsen und Eisenpräparate bei der therapeutischen Beeinflussung der Bluterkrankungen abgehandelt wurden. Weiter lassen wir hier auch im Zusammenhange mit diesem Kapitel die künstlichen Nährpräparate folgen.

Lecithin. Unter diesem Sammelnamen werden organische Phosphorverbindungen zusammengefaßt, welche man in den tierischen und pflanzlichen Geweben (im Nervensystem, Blut, Eigelb, Sperma, im Korn, Mais usw.) antrifft, deren Verlust zu vorübergehenden oder dauernden Störungen der Nervenzentra führt, und die in chemischer Hinsicht als Abkömmlinge der Glyzerinphosphorsäure zu bezeichnen sind.

Das in die Therapie eingeführte Lecithin ist ein Extrakt aus Eigelb und stellt stearinsaures Lecithin, demnach das Distearinoglycerophosphat des Cholins dar. Für therapeutische Zwecke soll nur absolut reines Lecithin verwendet werden. Vor allem soll es frei sein von dem ganz entgegengesetzt wirkenden Cholesterin und von allen Fettsäuren, da es ein sehr labiler Stoff ist und beim Aufbewahren in Gegenwart freier Fettsäuren in Zersetzung übergeht (Nerking).

Wirkung: Lecithin ist ein ausgezeichnetes Nährmittel, welches in Fällen schnellen Kräfteverfalles gute Dienste zu leisten imstande ist (Lancereaux und Paulesco). An der Hand exakter Stoffwechselversuche hat Büchmann nachgewiesen, daß Lecithinzufuhr den Eiweißansatz nicht begünstigt, daß es aber beim Ansatze speziell phosphorhaltigen Gewebes eine bedeutende Rolle spielt. Subkutan wie innerlich verabreicht übt es einen mächtigen Anreiz auf das Körperwachstum und die Gehirnentwicklung jugendlicher Individuen aus.

Indikationen: Das Lecithin ist bei verschiedenen funktionellen und organischen Nervenkrankheiten, in der Rekonvaleszenz nach akuten Krankheiten, bei Rachitis, Skrofulose, Neurasthenie, sowie bei durch Alter oder Exzesse herabgekommenen Personen wirksam (Sieffert, Danilewsky, Massacin, Martell, Frey). Auch bei Tuberkulose im ersten Stadium regt es den Appetit an, hebt die Körperkräfte und steigert das Körpergewicht. Den Prozeß selbst vermag es natürlich nicht aufzuhalten. Auch bei Diabetes, Nierenamyloid und Anämien, besonders sekundärer Natur (Levy), sowie gastrointestinalen Intoxikationen findet es nutzbringende Anwendung (Moricheau-Beauchant, Lancereaux und Paulesco, Schottin).

Dosierung: Das Lecithin ist nach Massacin schon in kleinen Dosen wirksam (0,05—0,3 g). Es wird entweder per os oder in subkutaner Injektion (täglich oder jeden 2. Tag) zu 0,05—0,1 g pro dosi verabfolgt. Zur subkutanen Applikation eignet sich am besten die 5% Lösung in Öl. Es kann auch mit Guajacol oder Lebertran kombiniert werden. Im Handel erscheint das „Lecithin Clin" zweckentsprechend in Form von Pillen à 0,05 g für Erwachsene oder in Form von Körnern für Kinder. Ein anderes ähnliches Präparat ist das „Ovolecithin Billon". Als bestes Präparat gilt das Lecithin. purissimum ex ovo (Merck), das 95—97% reines Lecithin enthält und in Alkohol und Äther vollkommen klar löslich ist. Dasselbe kommt im Handel vor als Lecithinschokolade (10% Verreibung mit Zucker und Kakao, so daß 1 Teelöffel 0,25 g Lecithin. purissimum entspricht), als Lecithin-Schokoladetabletten und Lecithinbonbons à 0,25 g, sowie als Lecithinemulsion in physiologischer Kochsalzlösung mit 10% Lecithingehalt in geschmolzenen Ampullen zu 2 und 5 ccm. Dieselbe wird subkutan und intramuskulär bei Psychosen gebraucht.

Eine von Bergell und Braunstein bei sekundären Anämien empfohlene Kombination ist das Bromlecithin, welches in Dosen von 3 mal täglich 2 Pillen à 0,1 g des 20% Präparates gereicht wird. Als Brompräparat hat es keine Wirkung. Durch besondere Billigkeit ausgezeichnet ist das Lecithin Richter, das in Tabletten à 0,05 g im Handel ist.

Literatur: Danilewsky, Neurol. Zentralbl., 8, 1900. — Lancereaux u. Paulesco, Bullet. de l'acad. de méd., 24, 1901. — Moricheau-Beauchant, Thèse de Paris, 1902, cf. Zentralbl. f. inn. Med., 49, 1902. — Sieffert, Therap. Monatsh., 11, 1903. — Frey, übers. S.-A. aus Budapesti orvosi Ujság, 29, 1903. — Massachin, Deutsch. Medizinalztg., 30, 1903. — Büchmann, Zeitschr. f. diätet. u. physik. Therap., 2/3, 1904. — Martell, Wien. med. Wochenschr., 6/9, 1904. — Bergell u. Braunstein, Therap. d. Ggw., 4, 1905. — Levy, Berl. klin. Wochenschr., 39, 1905. — Nerking, Münch. med. Wochenschr., 29, 1909. — Schottin, Med. Klin., 9, 1911. — Nerking, Allg. med. Zentralztg., 631, 1911.

Fabr.: Akt.-Ges. f. Anilinfabr. Berlin; Comar & Co., Paris; Apotheker Hadra, Berlin; E. Merck, Darmstadt; Weinreich, Berlin; Clin, Paris; Richter, Budapest.

Preise: Lecithin Agfa: Gl. m. 50 u. 100 Pillen à 0,05 g Mk. 2,— u. 3,25. K. 2,50 u. 4,50. 10 Amp. à 1 u. 2 ccm à 0,05 g u. 0,1 g Lec. Mk. 5.— u. 7,50. K. 5,80 u. 7,80. Lecithin Merck: Gl. m. granul. Schokolade 100 g Mk. 4,50. K. 5,60. Kart. m. 1 u. 5 Amp. à 2 ccm Mk. 1,20 u. 5,—. Lecithin Richter: Tabl. à 0,025 g, 0,05 g u. 0,1 g K. 4,—, 5,—, 7,—. Kassenpackung à 0,05 g K. 2,50.

Lecithol ist ein aus frischem Hühnereigelb hergestelltes Lecithin, das eine wachsweiche, bräunliche, eigentümlich nach Eigelb schmeckende und riechende Masse darstellt und ungefähr 4% Phosphor enthält. Das Präparat quillt im Wasser auf und löst sich in Chloroform, Äther, Alkohol und Ölen. In seiner Zusammensetzung ist es fast identisch mit reinem, synthetisch dargestelltem Lecithin. Es kann überall dort verwendet werden, wo mit dem typischen Krankheitsbilde allgemeine Ernährungsstörungen einhergehen, vorzugsweise also bei Rachitis, Anämie, Neurasthenie, Tuberkulose, Diabetes und Marasmus (Aufrecht).

Literatur: Aufrecht, Pharmaz. Ztg., 1, 1903.
Fabr.: Riedel, Berlin.
Preis: Gl. m. 50 u. 100 Gelatineperlen à 0,05 g Lecithin in 0,2 Öl Mk. 2,40 u. 4,40. K. 4,— u. 6,—. Sch. m. 100 Pill. à 0,05 g Mk. 2,80. K. 4,—. 8 Amp. à 0,05 g Lec. in 1 ccm Öl. Oliv. Mk. 4,80. K. 6,—.

Phytin ist ein rein dargestelltes organisches Pflanzenphosphat. Es ist das Kalzium-Magnesiumdoppelsalz der Inositphosphorsäure (Posternak, Winterstein, Neuberg, Starkenstein, Contardi, Anderson).

Wirkung und Indikationen: Phytin ist durch seinen hohen Gehalt an Phosphor (22,8%) ausgezeichnet und übt eine starke Wirkung auf den Stoffwechsel aus (Loewenheim, Gilbert und Posternak). Das Körpergewicht wird erhöht, der Zustand des Blutes verbessert, schließlich eine dynamometrisch bestimmbare Kraftzunahme herbeigeführt, so daß sich die Kranken angeblich „wie verjüngt und leistungsfähiger" fühlen. Auf Grund der einleitend zu diesem Kapitel erwähnten Annahmen findet es besonders bei nicht zu sehr vorgeschrittener Rachitis Anwendung (Fürst, Donath). Weiter wird es empfohlen bei allgemeiner Schwäche und Neurasthenie, Skrophulose und Tuberkulose (Schröder, Winterberg, Streffer, Peters, Weißmann, Donath), bei Barlowscher Krankheit (Rehn), sowie als Spezifikum bei nervöser Impotenz (Loewenheim, Wechsler, Kraus, Gilbert und Lippmann). Nach Donath ist Phytin ein kräftig appetitanregendes Mittel (klinische Beobachtungen). Diesbezügliche experimentelle Untersuchungen an Hunden ergaben unter Phytineinfluß eine doppelte Vermehrung der Magensaftsekretion, starke Steigerung der Gesamtproduktion an freier und gebundener Säure. Die Pepsinmenge blieb dagegen unverändert.

Die Prüfung der pharmakologischen Wirkung der Salze der Phytinsäure ergab, daß diese ausschließlich den Kalziumstoffwechsel betrifft (Starkenstein). Diese pharmakologische Wirkung ist durch Kalzium- und Magnesiumsalze vollkommen auszugleichen. Daraus resultiert vor allem die Tatsache, daß das Phytin, das Kalzium-Magnesiumdoppelsalz der Inositphosphorsäure, vollkommen ungiftig ist, was durch experimentelle Untersuchungen bestätigt wurde.

Als besonders pharmakologisch wirksam hat sich das Phytinnatrium erwiesen, das als Phytinum liquidum in den Handel kommt und in dieser Form ebenso wie als Fortossan in therapeutischer Verwendung steht.

Die erwähnte Beziehung zum Kalkstoffwechsel ist die einzig experimentell nachgewiesene pharmakologische Wirkung der Phytate und diese dürfte auch für die Erklärung der therapeutischen Wirkung von Bedeutung sein.

Es wäre möglich, daß durch Verschiebungen im Mineralstoffwechsel die klinisch beobachteten therapeutischen Effekte des Phytins, speziell des Phytinum liquidum bedingt sind. Der Grundgedanke für diese Vermutung wurde von Wiechowski (Balneologenkongreß Meran 1912) ausgeführt: Die Erkenntnis, daß es gelingt, durch chronische Zufuhr eines akut unwirksamen Salzgemisches die mineralische Zusammensetzung des Organismus zu verändern, kann nach Wiechowski für die Beurteilung der therapeutischen Mineralwasserwirkung von Bedeutung sein, aber vielleicht in unserem Falle auch für die Beurteilung der pharmakologischen und therapeutischen Phosphatwirkung. Genaue Mineralstoffwechseluntersuchungen werden diese ganz allgemein wichtige Frage erst definitiv lösen können.

Dosierung: Die übliche Dosis ist 1—2 g pro die bzw. 4 mal täglich 1 Kapsel à 0,25 g oder besser 3 mal täglich 5—10—20 Tropfen des Phytinum liquidum, je nach dem Alter des Kranken.

Fortossan: Ist die Verbindung des Phytinnatriums mit Milchzucker, die in der Kinderpraxis als Milchzusatz bei Rachitis, Skrofulose, bei spasmophiler Diathese (Klautsch) und in der Rekonvaleszenz verwendet wird.

Eisenphytin: s. d.

Literatur: Posternak, Comptes rendus des séances de la Société de Biologie, Oktober 1903. — Gilbert u. Posternak, L'oeuvre médico-chir., 36, 1903. — Schröder, Zeitschr. f. Tuberkulose u. Heilstättenwesen, 7, 1903. — Fürst, Zentralbl. f. Kinderheilk., 11, 1904. — Loewenheim, Berl. klin. Wochenschr., 47, 1904. — Gilbert u. Lippmann, Presse médicale, 73, 1904. — Wechsler, Allg. Wien. med. Ztg., 10, 1905. — Kraus, ebendort, 11, 1905. — Sugár, Arch. f. Ohrenheilk., 66, 1905. — Winterberg, Ärztl. Zentralztg., 29, 1905. — Rehn, Med. Klin., 28, 1906. — Schweitzer, Therap. Monatsh., 1, 1907. — Klautsch, Therap. Monatsh., 4, 1907. — Streffer, Therap. Neuheiten, April 1907. — Peters, Allg. med. Zentralztg., 9, 1908. — Weißmann, Therap. Monatsh., 470, 1908. — Donath, Wien. klin. Wochenschr. 1192, 1911. — Winterstein, Zeitschr. f. physiol. Chem., 58, 118, 1908. — Neuberg, Bioch. Zeitschr., 9, 560, 1908. — Starkenstein, Ebenda, 30, 56, 1910. — Contardi, Attidella R. Accad. dei Lincei, 18. — Starkenstein, Arch. f. exp. Path. u. Pharmak., 1914.

Fabr.: Ges. f. chem. Industrie (Ciba.), Basel.

Preis: Sch. m. 40 Kapseln à 0,25 g Mk. 3,—. K. 3,75. 20 Tabl. à 0,25 g K. 2,—. Phytin liquid. Tropfglas mit 20 g Mk. 1,20. K. 1,50. Chininphytin: Gl. m. 25 u. 50 Tabl. à 0,1 g Mk. 1,10 u. 2,—. K. 1,40 u. 2,50.

Protylin, eine Phosphoreiweißverbindung, die in die Klasse der Paranukleine gehört und ein gelblichweißes, fast geruch- und geschmackloses, wasserunlösliches Pulver darstellt. In Salzsäure löst sich das Präparat unter Spaltung und das Filtrat enthält Phosphorsäure. Auch in Alkalien ist Protylin löslich, mit konzentrierter Ammoniakflüssigkeit quillt es gelatinös auf. Es enthält 81 $^0/_0$ Eiweiß und 2,7 $^0/_0$ Phosphor (Schaerges).

Wirkung: Das Mittel wird vom Magensafte nicht angegriffen, aber vom Pankreassafte der tryptischen Verdauung unterworfen, ist daher auch für Fälle mit darniederliegender Magenverdauung angezeigt (Gnezda). Ausnahmslos wird nach Protylingebrauch Anregung des Appetites, Zunahme des Körpergewichtes und Steigerung des Hämoglobingehaltes wahrgenommen (Gnezda).

Nebenwirkung: Vereinzelt wird Auftreten leichter Leibschmerzen am 3.—4. Tage nach regelmäßiger Einnahme beobachtet (Gnezda).

Indikationen: Protylin stellt die Vereinigung eines ausgezeichneten Tonikum mit einem hochwertigen Nutriens dar (Gnezda, Siegmann, Götzl) und gestattet, auf die beste und bequemste Weise die Phosphordarreichung durchzuführen (Haberfeld, Gerhartz, Kornfeld, Wechsler, Neumann). Es ist daher überall dort angezeigt, wo es sich um die Zufuhr von Phosphor handelt, also bei Anämie, Rachitis, Skrofulose, Neurasthenie, Hysterie, Leukämie und Osteomalazie (Goldmann, Siegmann, Dorn, Bilgoraiski, Bartsch, Gallenga). Das Protylin verbindet sich auch mit Halogenen und Metallen. Auf diese Weise wurden Brom-, Jod- und Eisenprotylin dargestellt.

Bromprotylin ($4^0/_0$ organisch gebundenes Brom enthaltend) übt einen beruhigenden und kräftigenden Einfluß auf das Nervensystem, insbesondere auf die Herznerven aus, ist daher angezeigt bei Epilepsie und Hysterie (Goldmann, Schirkoff), sowie bei Basedowscher Krankheit (Siegmann, Bartsch, Nekowitsch).

Eisenprotylin ($2,3^0/_0$ Eisengehalt) steigert den Appetit, das Körpergewicht und den Hämoglobingehalt des Blutes. Es ist von günstigem Einflusse auf die Hämoglobinarmut (Siegmann) und übt eine geradezu spezifische Wirkung aus bei Rachitis und Hysterie mit anämischen Beschwerden (Bürger, Melli).

Dosierung: Protylin soll nicht mit den Speisen gekocht, sondern stets den fertigen Speisen unter Einrühren beigesetzt werden. Man gibt Erwachsenen nach Bilgoraiski 2—4 Kaffeelöffel pro die.

Literatur: Schaerges, Pharmaz. Zentralhalle, 1, 1903. — Gnezda, Deutsch. Ärzteztg., 9, 1903. — Goldmann, Ärztl. Zentralztg., 49, 1903. — Nekowitsch, Neue Therapie, 2, 1904. — Gerhartz, Therap. d. Ggw., 5, 1904. — Siegmann, Ärztl. Zentralztg., 6, 1904. — Bürger, Therap. Monatsh., 6, 1904. — Bilgoraiski, Wien. klin. Rundsch., 11/12, 1904. — Dorn, Deutsch. Ärzteztg., 12, 1904. — Schirkoff, Allg. med. Zentralztg., 17, 1904. — Haberfeld, Orvosi Hetilap, 36/37, 1904. — Kornfeld, Wien. med. Presse, 48, 1904. — Bartsch, Wien. klin. Rundsch., 48, 1904. — Wechsler, Allg. Wien. med. Ztg., 10, 1905. — Götzl, Österr. Ärzteztg., 17, 1905. — Melli, Gazz. degli osped., 154, 1905, rf. in Deutsch. med. Wochenschr., 2, 1906. — Gallenga, Il policlinico, März 1906. — Neumann, Münch. med. Wochenschr., 32, 1906.

Fabr.: Hoffmann, La Roche & Co., Basel-Grenzach.

Preis: Sch. m. 25 g Mk. 1,40. K. 1,75. 100 g Mk. 5,—. K. 6,25. Sch. m. 100 Tabl. à 0,25 g Mk. 2,—. K. 2,50. Brom- u. Eisenprotylin zu gl. Preisen.

c) Diabetes mellitus.

Eine spezifisch medikamentöse Therapie fehlt zurzeit noch vollständig. Diätetische Maßnahmen stehen zurzeit noch immer voran. Es wird vermutet, daß z. B. die Wirkung des Hafermehles weitgehender sein soll, als einer bloßen Diätvorschrift entsprechend, doch werden alle diese Anschauungen wohl noch weiterer Untersuchungen bedürfen. Die Diabetesmittel werden höchstens als unterstützende Momente bei der Bäder-Salztherapie in Frage kommen. Das gleiche gilt von den organotherapeutischen Versuchen.

Von größerer Bedeutung dürften jene Stoffe sein, die als Zuckersatz vom Diabetiker vertragen werden, die Zuckerausscheidung nicht erhöhen und ev. sogar verbrannt werden, somit als Energiequelle dienen können. In dieser Hinsicht sei **Hediosit** erwähnt.

Antimellin (Djoeatin) besteht im wesentlichen aus dem Extrakte der Jambulpflanze (Syzigium Jambolanum) und aus Salizylsäure und stellt ein Mittel dar, welches gegen Diabetes empfohlen wurde, aber nach den Untersuchungen von v. Noorden, Hirschfeld, Lenné und Studzinski sich als vollkommen wertlos erwies, da es auf die Zuckerausscheidung nicht den geringsten Einfluß ausübte.

Literatur: Lenné, Deutsch. med. Wochenschr., Therap. Beil., 10, 1899. — Hirschfeld, Deutsch. Medizinalztg., 101, 1900. — v. Noorden, Deutsch. Praxis, 1, 1901. — Studzinski, Deutsch. med. Wochenschr., 24/25, 1904.

Citrozon, Vanadiumcitrat, ist eine Kieselsäureverbindung mit Pulv. aërophorus, die die Eigenschaften der Kieselsäure in reinster Form mit dem Sauerstoff in Statu nascendi erzeugenden Vanadium verbindet. Es stellt ein gewebsstärkendes, den Stoffumsatz erhöhendes Medikament dar, welches besonders zur unterstützenden Behandlung der Tuberkulose und des Diabetes, sowie anämischer und kachektischer Zustände verwendet wird (Rhoden).

Die gebräuchliche Dosis des Brausesalzes ist 6—8 mal täglich 1 Kaffeelöffel voll in Wasser.

Literatur: Rhoden, Kongreß f. inn. Med., Wiesbaden 1902. — Rhoden, Deutsch. Medizinalztg., 88, 1903. — Rhoden, Zentralbl. f. d. ges. Therap., 8, 1904.

Diabeteserintabletten Nr. 1. bestehen aus einer Kombination der Salze des Trunečekschen Serums (s. d.) und Physostigmin. salicylic., derart, daß 2 Tabletten etwa 0,0006 g Eserin und dem Salzgehalte von 150 ccm Blutserum entsprechen.

Die Tabletten Nr. 2 enthalten außerdem auf 2 Tabletten noch 0,0001 g Atropin. Die Kalisalze der Trunečekschen Serums sind durch Natronsalze ersetzt und außerdem ist noch Calcium glycerinophosphoricum zugesetzt.

Von der Annahme ausgehend, daß ein großer Teil der Diabetesfälle auf Zirkulationsstörungen, namentlich im Bereiche der Pankreas- und der Darmgefäße beruhe, wie sie bei Arteriosklerose auftreten, versuchte Fränkel durch die tonisierende Kraft des Eserins, die bei hartnäckiger Obstipation noch durch Atropin verstärkt, in Verbindung mit den Salzen des Trunečekschen Serum den Diabetes günstig zu beeinflussen. Seine Erfolge waren recht gute. Auch Assmann, Friedmann, Huber und Markbreiter berichten in günstigem Sinne. Allgemein wird zugegeben, daß durch den Gebrauch der Tabletten die Toleranz gegen Kohlehydrate erhöht und der Zuckergehalt des Harnes zum Schwinden gebracht wird.

Dosis: Man gibt 3 mal täglich 2 Tabletten durch 2—3 Wochen, läßt dann eine Pause eintreten, um nachher die Behandlung fortzusetzen.

Literatur: Fränkel, Med. Klinik, 55/56, 1905. — Huber, Zentralbl. f. d. ges. Therap., 9, 1906. — Friedmann, Österr. Ärzteztg., 12, 1906. — Aßmann, Medico, 22, 1906. — Markbreiter, Wien. med. Presse, 36, 1906.
Fabr.: Natterer, München.
Preis: Gl. m. 25 Tabl. à 0,45 g oder 50 Tabl. à 0,0225 g Mk. 2,—. K. 2,50.

Glykosolvol, oxypropionsaures Theobromin-Trypsin, hat sich gleich Antimellin nach Kirstein, Kaufmann und Fleischer bei Diabetes durchaus als unwirksam erwiesen.

Literatur: Kirstein, Therap. d. Ggw., 6, 1899. — Kaufmann, Zeitschr. f. klin. Med., 3/6, 1903. — Fleischer, Therap. Monatsh., 10, 1905.

Globularin ist ein aus den Blättern von Globularia Alypum und Globularia vulgaris gewonnenes Glykosid und stellt ein braungelbes Pulver dar, das in Wasser und Alkohol löslich ist und als Ersatz des Coffeins bei Herz- und Nierenleiden, in Verbindung mit Globularetin, einem Spaltungsprodukt des Globularins, bei Rheumatismus, Gicht, Typhus und Morbus Brightii versucht worden ist. Nach Löwy wirkt das Globularin erregend auf die

Vasokonstriktion der Nierenarterien. Die hiedurch erzeugte lokale Ischämie verursacht beim normalen Menschen Blutdrucksteigerung und vorübergehende Oligurie, die beim Diabetiker länger anhält. Therapeutisch erwies es sich in leichten Fällen von Diabetes mellitus und insipidus in Dosen von 0,1 in 100 g Wasser pro die in bezug auf die Höhe der Harnmenge wirksam, während es die Glykosurie selbst und auch die Toleranz gegen Kohlehydrate nicht beeinflußt.

Literatur: Löwy, Prag. med. Wochenschr., 50, 1910.

Hediosit, Glykoheptonsäurelakton, ein Körper aus der Reihe der Heptosen von süßlichem Geschmack, ist in Wasser leicht löslich, reduziert Metalloxyde nicht und ist linksdrehend. Es wird auch vom Diabetiker bis zu 30 g vollständig verbrannt und setzt die Glykosurie herab (Rosenfeld, Kretschmer). Einmal wurde von Pringsheim auch eine nach Aussetzen des Mittels dauernd anhaltende Toleranzerhöhung gegenüber Kohlehydraten beobachtet. Fast immer treten Durchfälle und öfter Appetitlosigkeit unter der Hediositmedikation ein (Rosenfeld, Krauer, Lampé). Nicht beeinflußbar ist die Acidosis (Blum, Lampé).

Hediosit ist in Flaschen zu 50 und 100 g, sowie in Schachteln zu 20 Würfeln à 2,5 g im Handel und wird bei magenempfindlichen Personen in täglichen Dosen von 10 g oder alle 3—4 Tage in Gaben von 30 g auf 3 Portionen verteilt gereicht.

Literatur: Pringsheim, Therap. Monatsh., 657, 1911. — Rosenfeld, Berlin. klin. Wochenschr., 1313, 1911. — Rosenfeld, Deutsch. med. Wochenschr., 2189, 1911. — Blum, Therap. Monatsh., 237, 1912. — Lampé, Therap. d. Ggw., 244, 1912. — Kretschmer, Berlin. klin. Wochenschr., 2221, 1912. — Krauer, Deutsch. med. Wochenschr., 2416, 1912.
Fabr.: Höchster Farbwerke.
Preis: Gl. (50 g) Mk. 2,—. K. 2,60. 100 g Mk. 4,—. K. 5,20. Sch. m. 20 Würfeln à 2,5 g Mk. 2,—. K. 2,60.

Magolan, das Kalziumsalz der Anhydro-oxy-diamino-phosphorsäure, ist ein Antidiabetikum, das aus dem Samen von Lupinus arabicus gewonnen wird und ein weißes Kristallmehl darstellt, welches sich in Wasser, nicht aber in Alkohol und Äther löst. Vom Organismus wird es bei gleichzeitiger Darreichung organischer löslicher Phosphate resorbiert und in Monokalziumphosphat und phosphorsaures Diamin gespalten. Bei dem nach neueren Anschauungen bestehenden Parallelismus der Phosphor- und Zuckerausscheidung wurde die Frage aufgeworfen, ob nicht der Verlust an Phosphorsäure das pathologische Moment bei Diabetes und die Zuckerausscheidung nur ein sekundäres Symptom sei (Schwarz). Da unter Magolandarreichung eine Phosphorretention und gleichzeitig eine Abnahme der Zuckerausscheidung bis um 4% beobachtet wurde, erscheint die Darreichung des Mittels bei Diabetes eines Versuches wert.

Man gibt Magolan als Pulver oder in Pillen à 0,2 g. Die übliche Dosis beträgt 3 mal täglich 2 Pillen (für Kinder die Hälfte), welche in Mineralwasser verabfolgt werden, in dem eine Messerspitze eines Phosphates gelöst ist.

Literatur: Schwarz, Wien. klin. Rundschau, 795, 1906.

Saccharosolvol, ein Salizylsäure enthaltendes Präparat, ist ein unwirksames, bei der Behandlung des Diabetes ganz wertloses Geheimmittel, gleich Glykosolvol und Antimellin (Kaufmann).

Literatur: Kaufmann, Zeitschr. f. klin. Med., 3/6, 1903.

Senval, aus einem Pulver und einem Fluidextrakte bestehendes Geheimmittel, hat sich nach Fleischer und Goldmann gleichfalls durchaus nicht bewährt.

Literatur: Fleischer, Therap. Monatsh., 10, 1905. — Goldmann, ebendort, 12, 1905.

Künstliche Nährpräparate.

In neuerer Zeit haben sich die Ansichten über den Wert künstlicher Nährpräparate und die Grenzen ihrer Anwendung insoweit geklärt, daß man nunmehr darüber einig ist, daß sie einmal da, wo unsere gewöhnlichen Nahrungsmittel noch — und sei es auch nur in den subtilsten Zubereitungen — genommen werden können, keinerlei Anwendung verdienen, daß sie aber, ohne die gebräuchlichen Nahrungsmittel entbehrlich zu machen, eine wertvolle Unterstützung der Nahrung darstellen. Besonders ist dies der Fall, wenn es sich darum handelt, einen erkrankten Magen oder Darm zu schonen, unbesiegbarem Widerwillen gegen eine bestimmte Art der Nahrung Rechnung zu tragen, einen einzelnen Nährstoff, der in den gewöhnlichen Zubereitungen nicht ausgenützt werden kann, in passender Form darzubieten (Oppler, Lüders), oder wenn das Kauen und Schlucken erschwert ist (Klemperer). Für den Wert eines natürlichen wie künstlichen Nahrungsmittels überhaupt ist nicht der Kaloriengehalt allein maßgebend, vielmehr auf die mehr weniger große Resorptionsfähigkeit und Ausnützbarkeit das Hauptgewicht zu legen. Von einem guten künstlichen Nährpräparat müssen wir außerdem nach Heim verlangen,

1. daß es dem kranken Körper nur in geringster Menge zugeführt werden braucht,
2. daß es lange Zeit ohne Schädigung der Verdauung gegeben werden kann,
3. daß es einen angenehmen Geschmack besitzt oder geschmacklos ist,
4. daß nach seinem Gebrauche das Körpergewicht erhöht wird oder wenigstens erhalten bleibt,
5. daß es nicht zu teuer ist.

Als ideales Nährpräparat wäre also dasjenige zu bezeichnen, welches in angenehmster Form und in kleinster Menge den Kranken auf seinem Körpergewicht erhält (Klemperer).

I. Eiweißpräparate.
A. Fleischeiweißpräparate.

Dieselben zeichnen sich durch hohen Gehalt an Eiweiß aus. Den anfänglich dargestellten reinen Fleischpulvern folgten alsbald die Peptone und Alumosen, welche mittelst natürlicher und künstlicher Verdauung aus tierischen und pflanzlichen Elementen erzeugt sind (Lüders). Als Nährpräparate sind aber die Albumosen und Peptone unzweckmäßig, ihr Nährwert ist nicht größer als der des gewöhnlichen Eiweißes. Die Resorption derselben ist sogar schlechter als die des natürlichen Eiweißes (Voit). Hingegen können sich diese Präparate als Stomachika und leichte Laxantia nützlich erweisen, doch sind sie im Verhältnisse zu dem möglichen Erfolge enorm teuer. Gemeinsam ist ihnen, daß sie die Darmfäulnis weder erhöhen noch erniedrigen, die Ausscheidung der Ätherschwefelsäuren unbeeinflußt lassen und demnach ein fäulnisfördernder Effekt bei Darreichung derselben nicht zu befürchten steht (Lewin). In größeren Mengen gegeben wirken sie reizend auf den Darm ein.

Literatur: Voit, Münch. med. Wochenschr., 6, 1899. — C. Lewin, Zeitschr. f. diät. physik. Therap., 3, 1900. — Lüders, Die neueren Arzneimittel, Leipzig 1906.

Erepton ist ein künstlich verdautes Eiweißpräparat, welches zur rektalen Ernährung dient und durch mehrwöchige Verdauung von fettfreiem Fleisch mit Pankreas- und Darmpreßsaft gewonnen wird. Es stellt ein bräunliches, hygroskopisches, in Wasser leicht lösliches Pulver dar, das ca. 12% Stickstoff enthält und keine Biuretreaktion gibt.

Die Herstellung des Präparates erfolgte auf Grund des von Abderhalden erbrachten Nachweises, daß der tierische Organismus imstande ist, bis zu Aminosäuren abgebautes Fleischeiweiß in nutzbares Albumin umzuwandeln. Die Ausnützung des Ereptons ist nach den von Lallement und Groß angestellten Stoffwechselversuchen eine sehr gute; es wurde ein beträchtlicher N ansatz erzielt. Ein Übelstand ist nur, daß das Ereptonklysma nicht ganz reizlos ist und daher oftmals auch nicht für wenige Minuten behalten wird. Man verwendet bei Durchführung der rektalen Ernährung 2—3 Klystiere von je 250—300 ccm der 5% Lösung oder eine Mischung von 20 g Erepton und 20 g Milchzucker in 200 g Wasser 3 mal täglich. Brandenburg berichtet über gute Erfolge bei Magengeschwür, bei unstillbarem Erbrechen und bösartigen Neubildungen der Speiseröhre und des Magens.

Literatur: Brandenburg, Med. Klin., 16, 1911. — Lallement u. Groß, Therap. Monatsh., 127, 1913.
Fabr.: Höchster Farbwerke.
Preis: 100 g Mk. 5,—. K. 6,—.

Fortose ist ein hochprozentiges Eiweißpräparat aus animalischem Eiweiß, ohne Extraktivstoffe und stellt ein weißes, leicht lösliches Pulver von angenehmem, leicht salzigen Geschmack und an Peptonlösung erinnerndem Geruch dar. Nach Stoffwechselversuchen Bornsteins und nach klinischen Prüfungen ist es als ein bei Magen-Darmstörungen recht brauchbares, nicht reizendes Nährpräparat zu bezeichnen. Es entspricht nach Pickardt den Anforderungen, die man an ein gutes Nährmittel stellt, da es aus einwandfreiem Material bereitet ist, keinen auffälligen Geschmack hat, sich in den üblichen Vehikeln löst und auch in größeren Mengen keine Darmstörungen verursacht. Der Appetit wird meist günstig beeinflußt (Flatau).

Literatur: Pickardt, Med. Retorm, 148, 1911. — Bornstein, Med. Klin., 181, 1911. — Flatau, Allg. med. Zentralztg., 125, 1913.
Preis: Flac. K. 4,50.

Glutamin, Tannineiweiß, hergestellt aus Gerbsäure und dem aus Weizenmehl gewonnenen, wasserlöslichen Albumin, wird von Devaux in Dosen von 2—3 Tabletten à 0,3 g 3—5 mal täglich bei Darmtuberkulose empfohlen. Auch bei nichttuberkulösem Darmkatarrh trat nach 1—2 Tagen prompte Wirkung ein. Die Tabletten müssen vor dem Verschlucken zerkaut werden.

Literatur: Devaux, Münch. med. Wochenschr., 1727, 1911.
Fabr.: Dr. J. Roos, Frankfurt a. M.
Preis: 1 Röhrch. 24 St. à 0,3 g Mk. 0,60. K. 0,75.

Kalodal ist ein aus Fleisch dargestelltes Präparat, das 95% aufgeschlossene, leicht lösliche Eiweißstoffe in leicht assimilierbarer Form und außerdem geringe Mengen von Fleischsalzen, darunter namentlich Phosphate, Spuren von Eisen und 0,2% Chlornatrium enthält. Es stellt ein helles, gelblichbraunes Pulver dar, das sich leicht in Wasser löst und in Lösung fast ohne Geruch und Geschmack ist, sich leicht sterilisieren läßt und von Credé zur subkutanen Eiweißernährung empfohlen wurde. Die Injektion ist weder schmerzhaft, noch von üblen Folgen für den Organismus begleitet.

Zur Verwendung kommen 50 g einer 10% Lösung entweder für sich allein oder in Verbindung mit einer Kochsalzinfusion.

Literatur: Credé, Münch. med. Wochenschr., 9, 1904.
Fabr.: v. Heyden, Radebeul.
Preis: D. (50 g) Mk. 2,40. K. 2,85. 100 g Mk. 4,50. K. 5,30. R. m. 50 ccm steril. 10% Lösung Mk. 3,—. K. 4,—.

Riba ist ein aus Fischfleisch hergestelltes Albumosenpräparat, das wegen seiner guten Bekömmlichkeit und Resorbierbarkeit als Zumischung zu

Speisen von v. Noorden zur weiteren Nachprüfung empfohlen wurde. Virchow bezeichnet es nach an sich selbst angestellten Stoffwechselversuchen als das beste der bekannten Fleischeiweißpräparate. Störend wirkt bei Zusatz zu Milch oder klarer Fleischbrühe der lehmige, leicht bittere Geschmack. Es ist daher die Darreichung in dicken Suppen oder Pürrées oder der teelöffelweise Zusatz zu einem kleinen Glase Portwein zweckmäßiger.

Man verwendet das Präparat nach v. Noorden besonders bei Anämien, bei denen der Autor stärkere Eiweißzufuhr für nutzbringender hält als die Häufung stickstoffreien Mastmaterials. Da das Mittel aus Fischfleisch hergestellt ist, also wenig Purinkörper enthält, kann es auch Gichtikern gereicht werden. Die übliche Dosis beträgt 25—40 g pro die.

Literatur: v. Noorden, Berl. klin. Wochenschr., 1919, 1910. — Virchow, ebendort, 2246, 1910.
Fabr.: Riba-Werke, Berlin.
Preis: 100 g Mk. 2,50.

Somatose stellt ein gelbes, fast geschmack- und geruchfreies, in Wasser leicht lösliches Pulver dar, das über $90^0/_0$ lösliche Fleischeiweißstoffe (Albumosen) neben den für die Ernährung so wichtigen Salzen des Fleisches enthält.

Wirkung: Die Somatose soll nach Goldmann nur in medizinalen Mengen (3—4 Kaffeelöffel voll = 9—12 g pro die) als Beikost neben der üblichen Nahrung gegeben werden, denn nur diese Dosen werden gut vertragen und ausgenützt und begünstigen die Resorption der gleichzeitig zugeführten Nahrungsstoffe, während größere Mengen (schon 20 g) Diarrhöen (Voit, Franck), sowie lästiges Afterjucken hervorrufen (Neumann). Das Präparat stellt demnach mehr ein Roborans als ein Nährpräparat im eigentlichen Sinne des Wortes dar und findet als solches weitgehende Anwendung. Nach Voit vermögen die Albumosen nur als Stomachika und Laxantia infolge ihrer exzitierenden Wirkung auf die Sekretion und Peristaltik im Magendarmkanale Ersprießliches zu leisten.

Indikationen: Falls nicht unüberwindlicher Widerwillen gegen die Aufnahme der Somatose besteht (Schmidt), kann dieselbe Verwendung finden als appetitanregendes Mittel (Drews, Kornfeld, Wirz, Lewy, Ölberg), als Diätetikum bei Dyspepsien und Pädatrophien, selbst der Säuglinge (Wolf, Landau, Schramm, Federici), bei Kachexie nach der Schmierkur (Taube), allgemein als Kräftigungsmittel (v. Noorden, Kölbl, Kornfeld), speziell bei Hysterie, Chorea, Anorexia und Dyspepsia nervosa, sowie bei den gastrischen Krisen der Tabetiker (Hirschkron), bei Hyperemesis gravidarum (Dirmoser, Hirschkron), bei Anämie auch der Kinder (Weber, Kraus, Nied, Fuchs), wobei nebst Besserung des Allgemeinzustandes Erhöhung des Hämoglobingehaltes des Blutes eintritt (Kölbl, Fuchs, Maaßen), endlich in der Rekonvaleszenz nach Scharlach, Masern, Diphtherie, sowie bei chronischem Ekzem der Skrofulösen und selbst bei Spitzenkatarrhen (Grünwald).

Von besonderer Wichtigkeit ist der direkt stimulierende Einfluß, den die Somatose auf die Brustdrüsen stillender Frauen ausübt und der eine reichliche Sekretion der Muttermilch mit sich bringt, sowie die beim Stillen auftretenden Schmerzen beseitigt. Die gesteigerte Tätigkeit der Brustdrüsen tritt nach den üblichen Gaben (3—4 mal täglich 1 Teelöffel in warmer Milch, Kakao oder Haferschleim) eher ein als die Hebung des allgemeinen Ernährungszustandes (Drews, Taube, Lewy, Dengel, Joachim, Federici, Pollak). Es scheint auch empfehlenswert, die Somatose schon während der letzten Monate vor der zu erwartenden Niederkunft zu gebrauchen (Drews).

Dosierung: Erwachsene nehmen 4—5 Kaffeelöffel (12—15 g) täglich, Kinder erhalten je nach dem Alter 0,5—3,0—6,0 g (1—2 Kaffeelöffel voll) auf sämtliche Mahlzeiten verteilt.

In neuerer Zeit kommt auch eine „**flüssige Somatose**" in den Handel, welche eine angenehm schmeckende, gebrauchsfertige Form des pulverförmigen Präparates darstellt. Sie wird als „süße" und „herbe" Somatose erzeugt, von denen die erstere eine süßlich mild aromatische, letztere eine würzig nach Suppenkräutern schmeckende Flüssigkeit repräsentiert. Man soll aber nicht zu viel davon geben. Schmidt empfiehlt anfangs 2 Tee-, später bis zu 3 Eßlöffel täglich.

Literatur: Drews, Allg. med. Zentralztg., 5/6, 1894. — v. Noorden, Deutsch. Ärztcztg., 2, 1895. — Wirz, Therap. Monatsh., 11, 1895. — Weber, Ärztl. Zentralanz., 17, 1895. Kornfeld, Med. chir. Zentralbl., 43, 1895. — Schramm, Arch. f. Kinderheilk., 1/3, 1896. — Taube, Wien. klin. Rundsch., 16, 1896. — Drews, Zentralbl. f. inn. Med., 23, 1896. — Wolf, Wien. med. Wochenschr., 32, 1896. — Lewy, Medico, 51, 1896. — Dirmoser, Wien. med. Wochenschr., 8, 1897. — Ölberg, Wien. med. Presse, 23, 1897. — Kraus, Wien. allg. med. Ztg., 27/28, 1897. — Schmidt, Münch. med. Wochenschr., 47, 1897. — Nied, Wien. med. Blätter, 51, 1897. — Maaßen, Wien. med. Wochenschr., 1, 1898. — Drews, Zentralbl. f. inn. Med., 3, 1898. — Neumann, Münch. med. Wochenschr., 5, 1898. — Fuchs, Die Heilk., 8, 1898. — Joachim, Zentralbl. f. inn. Med., 10, 1898. — Landau, Die Heilk., 12, 1898. — Kölbl, Wien. klin. Rundsch., 38, 1898. — Dengel, Deutsch. Medizinalztg., 63, 1898. — Voit, Münch. med. Wochenschr., 6, 1899. — Kornfeld, Allg. med. Zentralztg., 31, 1899. — Grünwald, Ärztl. Zentralztg., 18, 1900. — Hirschkron, Wien. med. Presse, 47, 1900. — Goldmann, Berichte d. deutsch. pharm. Gesellsch., 2, 1901. — Franck, Therap. Monatsh., 12, 1901. — Pollak, ebendort, 7, 1906. — Federici, Stomaco, 1, 1906, rf. im Zentralbl. f. inn. Med., 43, 1906. — Schmidt, Münch. med. Wochenschr., 42, 1907.

Fabr.: Farbenfabr., vorm. Bayer & Co., Leverkusen.
Preis: 25 g, 50 g, 100 g Mk. 1,40, 2,65, 5,—. K. 2,—, 3,60, 7,—.

Eisensomatose ist ein hellbraunes, fast geruch- und geschmackloses Pulver, welches in Wasser leicht löslich ist und ca. 2% Eisen in organischer Bindung besitzt, das durch die Magensalzsäure nicht abgespalten wird (Marcuse).

Wirkung: Das Mittel vereinigt die kräftigende Wirkung der Somatose mit der eines guten Eisenpräparates (Roos). Schon nach kurzem Gebrauche steigt der Hämoglobingehalt des Blutes und die Zahl der roten Blutzellen und das Körpergewicht nimmt zu (Werner, Goldmann). Es schwärzt niemals die Zähne und erzeugt kein Erbrechen oder Magendrücken (Werner).

Nebenwirkung: In einigen Fällen ist bei Chlorose jugendlicher Individuen nach Gebrauch größerer Dosen Durchfall aufgetreten (Klein, Königstein).

Indikationen: Eisensomatose wird bei Chlorose, Anämie und Rachitis (Roos, Goliner, Panzer, Fuchs, Werner, Goldmann, Klein, Grünwald, Königstein, v. Matzner), bei der zuerst von v. Jaksch beschriebenen Anaemia infantum pseudoleucaemica (Klein), sowie bei Rekonvaleszenten, bei chronischen Katarrhen spezifischer Natur und bei skrofulösem Ekzem der Kinder erfolgreich verwendet (Grünwald).

Dosierung: Das Präparat soll vor der Darreichung stets in Lösung gebracht werden. Die Dosierung ist dieselbe wie bei der Somatose.

Literatur: Roos, Therap. Monatsh., 9, 1897. — Fuchs, Die Heilk., 8, 1898. — Goliner, Reichsmedizinalanz., 10, 1898. — Panzer, Wien. klin. Wochenschr., 25, 1898. — Goldmann, Allg. med. Zentralztg., 49, 1898. — Werner, Wien. med. Presse, 50, 1898. — Klein, Therap. Monatsh., 10, 1899. — Grünwald, Ärztl. Zentralztg., 18, 1900. — Königstein, Wien. med. Presse, 13/15, 1901. — v. Matzner, Die Heilk., 8, 1903.

Fabr.: Farbenfabr., vorm. Bayer & Co., Leverkusen.
Preis: 25 g Mk. 1,60. K. 2,30.

Tropon ist ein Gemisch aus $1/3$ tierischen und $2/3$ pflanzlichen Eiweißstoffen (König, Heim) und stellt ein feines, gelbbraunes, geruch- und geschmackloses Pulver dar, welches frei von Leim ist, sich in Wasser nicht löst und einen hohen Eiweißgehalt (99%, nach Lüders nur 83%) aufweist.

Wirkung: Das Mittel wird besser ausgenützt als Milch, wird vom Darme zum größten Teile resorbiert (nach Finkler gehen nur 5% unverdaut ab) und ist deshalb imstande, den Stickstoffbedarf zum größten Teile zu decken (Grün und Braun). Der Magendarmtrakt wird durch Tropon nicht gereizt, auch tritt selbst nach längerer Anwendung kein Widerwillen gegen seine Aufnahme ein (Strauß, Heim, Neumann). Es steht an Wirksamkeit anderen ähnlichen Mitteln nicht nach, hat aber vor denselben den Vorzug der Billigkeit.

Indikationen: Tropon ist überall angezeigt, wo es sich darum handelt, den Eiweißbestand des Körpers zu heben, also in der Rekonvaleszenz, bei appetitlosen, schwächlichen Kindern (Kunz und Kaup, Grün und Braun), bei Ulcus ventriculi, Perityphlitis, während des fieberhaften Zustandes bei Typhus und schwerer Phthise, bei Anämie und Hysterie, sowie bei Hyperemesis gravidarum (Finkler) und endlich dort, wo es sich um Herstellung eiweißreicher, wenig voluminöser, haltbarer Nahrung handelt, also für Verproviantierung von Schiffen oder der Armee im Felde (Kunz und Kaup, Fröhner und Hoppe).

Dosierung: Es wird am besten in Flüssigkeit gegeben, da es trocken schwer zu nehmen ist und bei manchen Personen eine unangenehme Geschmacksempfindung hinterläßt (König). Man kann bis zu 30 g pro die verabfolgen.

Literatur: Strauß, Therap. Monatsh., 5, 1898. — Finkler, Berl. klin. Wochenschr., 30/33, 1898. — Neumann, Münch. med. Wochenschr., 2, 1899. — Fröhner u. Hoppe, ebendort, 2, 1899. — König, rf. Zentralbl. f. inn. Med., 4, 1899. — Heim, Therap. Monatsh., 10, 1899. — Kunz u. Kaup, Wien. klin. Wochenschr., 19, 1899. — Grün u. Braun, Wien. med. Presse, 4/6, 1901. — Lüders, Die neueren Heilmittel, Leipzig 1906.
Fabr.: Tropon-Werke, Mülheim.
Preis: 100 g u. 250 g Mk. 0,60, 1,40. K. 1,20, 2,80.

Eisentropon besteht aus 50% Tropon und 2,5% Eisen in organisch gebundener, wasserlöslicher Form. Es übt nach Winterberg und Braun infolge seines Gehaltes an gut resorbierbaren Eiweißkörpern auf die allgemeinen Ernährungsverhältnisse einen günstigen Einfluß aus. Üble Nebenerscheinungen fehlen vollständig. Bei Blutkrankheiten läßt sich Ansteigen des Körpergewichtes, des Gehaltes an Hämoglobin und der Zahl der roten Blutkörperchen feststellen (Sonnemann). Es wird bei rachitischen und skrofulösen Kindern, sowie bei an Ulcus ventriculi Leidenden in Dosen von 1 Kaffeelöffel voll 3 mal täglich am besten in Schokolade gereicht.

Literatur: Winterberg u. Braun, Wien. klin. Rundschau, 27, 1901. — Sonnemann, Therap. Monatsh., 5, 1906.
Fabr.: Tropon-Werke, Mülheim.
Preis: Dose à 100 g Mk. 1,85. K. 3,50.

B. Pflanzeneiweißpräparate.

Dieselben enthalten aus Pflanzenzellen isoliertes Eiweiß und erscheinen besonders für Diabetiker angezeigt. Bei einigen dieser Präparate ist außerdem noch der Lecithingehalt gegenüber ähnlichen Mitteln, sowie der niedrige Preis hervorzuheben (Lüders).

Aleuronat ist ein graugelbliches Pulver, das in Wasser unlöslich, in kleinen Mengen geschmacklos ist, in größeren einen etwas kratzenden Geschmack aufweist. Der Eiweißgehalt des Präparates beträgt 84%.

Die Ausnützbarkeit desselben ist gut, nach Virchow besser als die des Fleisches. Es wird von Hasenbäumer für Magen- und Nervenkranke, Bleichsüchtige und Schwangere empfohlen.

Zur Bereitung des Aleuronatgebäckes soll man dem Mehle höchstens 15% des Präparates zusetzen.

Literatur: Hasenbäumer, Allg. med. Zentralztg., 4, 1902. — Virchow, ebendort, 51, 1902.
Fabr.: R. Hundhausen, Hamm.
Preis: Karton 200 g u. 500 g Mk. 1,—. 1,80.

Glidin (Dr. Klopfer) ist ein gereinigtes Pflanzeneiweißpräparat, das nicht auf ausschließlich chemischem Wege erzeugt wird, sondern aus einem natürlichen Produkte, d. i. feinstem Weizenmehle, durch ein besonderes mechanisches Verfahren, eine Kombination des Zentrifugen- und Auswaschsystemes, gewonnen wird. Infolgedessen behält das Präparat die gewünschten ursprünglichen Eigenschaften des Weizenmehles. Es ist natives, genuines Lecithineiweiß, das beim Gebrauche im Wasser leicht aufquillt und sich dann genau so verhält, wie das ursprüngliche Weizenkorneiweiß.
Glidin enthält $81,22\%$ verdauliches Eiweiß und ca. 1% Lecithin. Es stellt ein fein gemahlenes, gelblichweißes Pulver dar, das als Kraftnahrung für Gesunde, wie auch als Krankenkost verwendet wird. Es wird leicht assimiliert, fördert den Aufbau von Körpersubstanz und wirkt als spezifisches Nervenkräftigungsmittel (Theimer, Bergell). Da das Präparat, pur genommen, bei manchen Kranken schon in kleinen Dosen hohes Sättigungsgefühl und bis zur Übelkeit gesteigerten Widerwillen erzeugt, empfiehlt Bergell die Darreichung einer Mischung von Glidin (1000), Kakaopulver (300) und Rohrzucker (200). In dieser Form kann es lange Zeit ohne Widerstand genommen werden. Reizzustände des Darmes werden nach Glidingebrauch nie beobachtet.
Indikationen: Besonders wirksam ist es bei konsumierenden Krankheiten wie Tuberkulose und Neurasthenie (Theimer, Klopfer). Nach zahlreichen eigenen Beobachtungen steigert sich nach kurzem Gebrauche die Eßlust, während die Unruhe und besonders die Schlaflosigkeit schwinden, so daß bald ein Gefühl von hohem körperlichen Wohlbehagen eintritt. Auch bei chronischer Nephritis beobachteten wir denselben günstigen Effekt. Da in dem Präparate keine Nukleine enthalten sind, erscheint es auch dort angezeigt, wo mit Rücksicht auf die Harnsäurebildung eine Einschränkung des Fleischgenusses geboten erscheint (Bergell). Endlich wird es zur Herstellung der Diabetikerbrote benützt (Weißbein, Bergell).
Dosierung: Man gibt täglich 25—40 g, wobei bemerkt sei, daß das Kochen der mit Glidin vermischten Speisen vermieden werde, da sonst das Eiweiß koaguliert. Nach 6 tägiger Anwendung läßt man zweckmäßig eine 10—14 tägige Pause eintreten.
Literatur: Weißbein, Berlin. klin. Wochenschr., 26, 1903. — Bergell, Med. Klinik, 36, 1905. — Bergell, ebendort, 41, 1905. — Theimer, Wien. med. Presse, 47, 1906.
Fabr.: Dr. Klopfers Weizenstärkefabr., Dresden.
Preis: 1 Paket à 200 g K. 2,80.

Roborat ist ein aus dem Getreidekorn hergestelltes Eiweißpräparat und repräsentiert sich als ein feines, weißes, völlig geschmackloses Pulver, das neben Eiweiß große Mengen natürlichen Phosphors in Form des Lecithins enthält (1%). Der Eiweißgehalt beträgt $97—98\%$.
Wirkung: Roborat wird gut vertragen, fast vollständig (bis zu 95%) selbst von Kranken, die keine freie Salzsäure im Magen haben, ausgenützt (Löwy und Pickardt) und dabei als vollständig reizlos befunden. Es verursacht keine nennenswerte Vermehrung der Darmfäulnis, da es weder Bakterien noch Fermente enthält, die zu Gärungen im Magendarmkanal Veranlassung geben können (Laves, Cohn), setzt die Bildung der Harnsäure herab (Laves, Rosenfeld) und kann sehr lange gegeben werden, ohne auf Widerwillen seitens der Kranken zu stoßen oder Verdauungsstörungen hervorzurufen (Cohn).
Indikationen: Roborat wird bei allen Schwächezuständen infolge von überstandenen akuten und chronischen Erkrankungen, wie bei Skrofulose und Blutarmut verwendet (Schürmayer, Schlesinger), wobei es Besserung des Blutbefundes, Hebung des Körpergewichtes und Regelung der Verdauung, sowie Steigerung des Appetits herbeiführt. Bei Tuberkulose wird es von Cohn und in allen Fällen, wo es zu einer Retention von Phosphor kommen

soll, also bei Rachitis und Neurasthenie, von Rosenfeld empfohlen. Auch zur Dauerverproviantierung für Kriegszwecke und Sportsübungen, sowie als Nahrung für Diabetiker und Vegetarianer (Laves, Jacobson, Wanke), wie für Nervenkranke (Flatau, Wanke) ist es mit Vorteil zu verwenden.
Dosierung: Roborat kann sowohl per os, als per clysma gegeben werden (Löwy und Pickardt), läßt sich mit Eisen, Kreosot und Kola kombinieren und eignet sich zur Herstellung von Genußmitteln, wie Roboratschokolade und Roboratcakes (Schürmayer).

Literatur: Laves, Münch. med. Wochenschr., 39, 1900. — Loewy u. Pickardt, Deutsch. med. Wochenschr., 51, 1900. — Schlesinger, Zeitschr. f. diätet. u. physik. Therap., 5, 1901. — Schürmayer, Therap. Monatsh., 10, 1901. — Rosenfeld, Zeitschr. f. diätet. u. physik. Therap., 4, 1902. — Cohn, Therap. d. Ggw., 5, 1902. — Jacobson, Deutsch. med. Wochenschr., 18, 1902. — Flatau, ebendort, 31, 1902. — Wanke, Ärztl. Rundsch., 52, 1902.
Fabr.: H. Niemoller, Gütersloh.
Preis: 250 g Mk. 2,50. K. 3,50.

Sarton ist ein aus der japanischen Sojabohne hergestelltes Pulver oder Püree, welches fast von dem ganzen Kohlehydratgehalte derselben und von ihrem unangenehmen Nachgeschmack befreit ist. Mit Butter und Fleischbrühe läßt sich unter Zusatz von Salz und Gewürz aus 80 g eine wohlschmeckende Suppe herstellen, welche, 1—2 mal in der Woche gereicht, dem Diabetiker die erwünschten Hülsenfrüchte im Rahmen seiner Nahrung bietet, dabei in leichteren Fällen die Zuckerausscheidung gar nicht alteriert und auch in mittelschweren Fällen gut vertragen wird (v. Noorden).
Literatur: v. Noorden, Therap. d. Ggw., 4, 1910.
Fabr.: Farbenfabr., vorm. Bayer & Co., Leverkusen.

Tutulin, in Österreich **Tritin** genannt, ist ein chemisch reines, homogenes, aus Cerealien gewonnenes Pflanzeneiweiß, das ohne irgendwelche Chemikalien hergestellt wird, daher keinerlei Beimischung enthält. Es ist frei von Kleber, aber reich an Lecithin, unbegrenzt haltbar und steril und stellt ein feines, gelblichweißes, geruch- und geschmackloses Pulver dar.
Das Tutulin, das sich als ein Nutriens und appetitanregendes Mittel bewährte, wird von Fürst als das beste unter den vegetabilischen Eiweißpräparaten bezeichnet. Eiweißgehalt: 87%.
Man gibt Erwachsenen 3 mal täglich einen Teelöffel voll, Kindern die Hälfte. Auch für die rektale Ernährung scheint es sehr geeignet zu sein.
Literatur: Fürst, Deutsch. Ärzteztg., 18, 1905.
Fabr.: Althen & Mende, Halle.
Preis: 125 g, 500 g, Mk. 1,—, 3,—.

C. Milcheiweißpräparate

sind aus dem Eiweißstoffe der Milch hergestellt und enthalten Kasein in löslicher Form. Vor den Albumosen und Peptonen haben sie den Vorteil, den Magen und Darm nicht zu belästigen, selbst wenn sie längere Zeit gegeben werden. Dabei zeichnen sie sich durch leichte Resorbierbarkeit und gute Ausnützbarkeit aus (Lüders).
Sie sind nicht nur imstande, den Stickstoffverbrauch vollkommen zu decken, sondern können noch zum Ansatze von Körpereiweiß führen. Wegen des Mangels an Extraktivstoffen können sie auch Gichtkranken verabreicht werden (Caspari).
Literatur: Caspari, Zeitschr. f. diätet. u. physik. Therap., 5, 1899. — Lüders, Die neueren Heilmittel, Berlin 1906, p. 291.

Biosin ist ein Eiweiß-Eisen-Lecithinpräparat, das aus Milchkasein bereitet wird und ein unlösliches, graubraunes, angenehm schmeckendes Pulver ohne Geruch darstellt. Es enthält $0,24\%$ Eisen in organischer Bindung und $6,5\%$ trockenes Eigelb = $1,2\%$ Lecithin. Es wird von gesunden und kranken Personen gerne genommen und findet bei Blutarmut und Abmagerung in Dosen von 20—100 g pro die Verwendung (Heim, Marx, Blümel, Mennig, Müller, v. Oefele, v. Noorden).

Dosierung: Man gibt es in Dosen von 20—30 g, kann aber auch bis zu 100 g pro die steigen.

Literatur: Heim, Berl. klin. Wochenschr., 22, 1904. — v. Noorden, ebendort, 22, 1904. — Müller, Medieo, 52, 1904. — Marx, Deutsch. med. Wochenschr., 1, 1905. — Blümel, Zeitschr. f. Krankenpflege, 3, 1905. — Mennig, Deutsch. Ärzteztg., 15, 1905. — Müller, Die med. Woche, 37, 1905. — Marx, Therap. Monatsh., 12, 1906. — v. Oefele, Deutsch. med. Presse, 17, 1906.
Fabr.: Bioson-Werk, Bensheim
Preis: 500 g Mk. 3,—.

Eukasin, ein saures Ammoniaksalz des Kaseins, ist ein weißes Pulver von fein griesartigem Aussehen ohne besonderen Geschmack und mit schwachem Milchgeruch. Mit kaltem Wasser gemischt, quillt es leicht auf und backt dann zu einer gallertartigen Masse zusammen. Schüttet man es zu kochendem Wasser, so entsteht eine gleichmäßige, hellweiße Trübung.

Die Stickstoffausscheidung ist während des Eukasingebrauches etwas vermehrt, die Harnsäureausscheidung vermindert (Baginsky und Sommerfeld), weshalb das Präparat besonders für Arthritiker und Personen mit erhöhter Harnsäureausscheidung empfohlen wird (Salkowski). Es erzeugt keinerlei Verdauungsbeschwerden, speziell niemals, wie die Somatose, Durchfälle (Cohn). Das Mittel wird gut (bis zu 95%) ausgenützt und stellt ein sehr konzentriertes Nährpräparat dar. Der Nährwert von 100 g Eukasin ist gleich dem von 400 g Rindfleisch (Goldmann).

Man gibt es am besten in Suppe, Kakao oder Schokolade, nicht aber in Bier oder Wein. Die übliche Dosis beträgt 2—3 mal täglich 1 Eßlöffel voll.

Literatur: Salkowski, Deutsch. med. Wochenschr., 15, 1896. — Cohn, Zentralbl. f. inn. Med., 28, 1896. — Baginsky u. Sommerfeld, Therap. Monatsh., 10, 1897. — Goldmann, Wien. med. Wochenschr., 12, 1898.
Fabr.: Dr. Fr. Fehlhaber & Co., Berlin-Weißensee.
Preis: 100 g Mk. 0,60. K. 0,95.

Milchsomatose ist ein aus dem Eiweiß der Milch hergestelltes, der Fleischsomatose ähnliches Präparat, welches mit 5% Tannin versetzt ist, da es in erster Linie für Kranke mit geschwächten Verdauungsorganen vorgesehen ist. Die Milchsomatose stellt ein gelbliches, fast geruch- und geschmackloses Pulver dar, welches in Wasser löslich ist und selbst in größeren Dosen ohne irgendwelche Nebenwirkungen auf den Darm vertragen wird (Schmidt). Manchmal besteht Widerwillen gegen das Mittel, welches hauptsächlich bei chronischen Erkrankungen des Verdauungsapparates, wie solche bei Anämie, Neurasthenie, nervöser Dyspepsie, Tuberkulose und Typhus auftreten, verwendet wird (Schmidt, Zum Busch, Oberländer).

Das Präparat wird nur in gelöstem Zustande in öfteren kleinen Einzeldosen (3—4 Teelöffel pro die) gereicht.

Literatur: Schmidt, Münch. med. Wochenschr., 47, 1897. — Zum Busch, Die Heilk., 7, 1898. — Oberländer, Inaug.-Diss., Bonn 1898.
Fabr.: Farbenfabr., vorm. Bayer & Co., Leverkusen.
Preis: 25 g, 50 g, 100 g Mk. 1,60, 3,—, 5,75.

Nutrose ist der chemisch reine, in lösliche Form gebrachte Eiweißstoff der Kuhmilch und stellt ein weißes, geschmack- und geruchloses, griesförmiges Pulver mit 90 Gewichtsprozenten an reinem Eiweiß dar, das in kaltem und heißem Wasser, in Milch, Suppe etc. leicht löslich ist. Es besitzt vor der Milch den Vorzug, das Eiweiß ohne die vielleicht lästige Beigabe des Milchzuckers und des Fettes verabfolgen zu können (Oppler). Das Präparat bietet einen vollkommenen Ersatz für Fleisch und Milch und gestattet, die Milchrationen kleiner zu machen bzw. ganz auszusetzen, was speziell für diejenigen Fälle Bedeutung hat, wo Widerwille gegen die Milchaufnahme besteht oder durch dieselbe, wie bei Tuberkulose, Diarrhöen erzeugt werden (Buxbaum).

Die Nutrose wird im Darm gut ausgenützt, der Stickstoffbedarf des Organismus kann mit dem Mittel allein ohne sonstige Eiweißzufuhr gedeckt werden. Es wird nach v. Noorden in demselben Maße resorbiert wie geschabtes Rindfleisch, wird aber besser als dieses vertragen und macht niemals die geringsten Beschwerden (Pariser, Bornstein).

Indikationen: Nutrose findet bei konsumierenden Krankheiten, Kachexien, bei Krebs, Anämie, Diabetes, Tuberkulose, Magendarmerkrankungen, besonders wenn die Magensalzsäure fehlt oder vermindert ist, bei allen fieberhaften Krankheiten und als Nährklysma bei Pylorusstenose Anwendung. Bei Infektionskrankheiten der Kinder und bei Brechdurchfall wird sie als sicher und reizlos wirkendes und obstipierendes Diaeteticum empfohlen (v. Noorden, Stüve, Freudenthal).

Dosierung: Man gibt die Nutrose in Dosen von 30—40 g pro die. Das Präparat soll niemals direkt in die Flüssigkeit geschüttet werden, da sich sonst Klümpchen bilden, sondern man verrührt 1 Tee- oder Eßlöffel voll in einem Teil der zum Genusse fertigen Nahrung zu einem gleichmäßigen Brei und füllt dann erst die Flüssigkeit auf.

Literatur: v. Noorden, Berl. klin. Wochenschr., 11/20, 1896. — Bornstein, Deutsch. Medizinalztg., 50, 1896. — Stüve, Berl. klin. Wochenschr., 51, 1896. — Oppler, Therap. Monatsh., 4, 1897. — Bornstein, Berl. klin. Wochenschr., 8, 1907. — Buxbaum, Ärztl. Zentralanz., 31, 1897. — Freudenthal, Die ärztl. Praxis, 14/15, 1898. — Pariser, Deutsch. med. Wochenschr., 12, 1902.
Fabr.: Höchster Farbwerke.
Preis: 100 g Mk. 2,25. K. 2,80.

Plasmon (Siebolds Milcheiweiß) besteht hauptsächlich aus Eiweißkörpern, die aus der Magermilch gefällt sind und stellt ein weißes, geruch- und geschmackloses, in heißem Wasser leicht lösliches, unbegrenzt haltbares Pulver mit $72—75\%$ Kaseingehalt dar. Es kann infolge seiner Löslichkeit allen Speisen hinzugefügt werden, wird fast vollständig resorbiert, sehr gut ausgenützt (Bloch) und ist nach Casparis Stoffwechselversuchen für die Eiweißmast sehr geeignet. Im Darmkanal verhält es sich reizlos (Praußnitz, Meitner). Es ist als Säuglingsnahrung bei Unterernährung der Kinder, aber nicht in zu frühem Lebensalter, auch nicht in zu großen Mengen angezeigt (Tittel, Oswald). Sobald Unruhe oder Verstopfung eintritt, ist es auszusetzen. Nachfolgende Diarrhöe ist bereits ein Zeichen der Selbsthilfe des Darmes und ein Beweis, daß zuviel gegeben worden ist. Weiter ist das Präparat bei Tuberkulose (Bloch), harnsaurer Diathese und verschiedenen Magen-Darmkrankheiten (Silberstein, Oswald), sowie als ein sehr wertvolles Nahrungsmittel für Gesunde und zur Verproviantierung bei Schiffs- und Feldausrüstungen empfohlen worden (Praußnitz, Virchow, Müller, Flesch, Neumann). Eigene Erfahrungen bei unterernährten, blutarmen Personen bestätigen die günstigen Berichte; leider stellte sich bei längerer Darreichung unbesiegbarer Widerwille gegen die weitere Aufnahme des Mittels ein, weshalb von der Benützung Abstand genommen werden mußte.

Literatur: Caspari, Zeitschr. f. diätet. u. physik. Therap., 5/6, 1899. — Bloch, ebendort, 6, 1899. — Praußnitz, Münch. med. Wochenschr., 26, 1899. — Virchow, Therap. Monatsh., 1, 1900. — Oswald, Zeitschr. f. diätet. u. physik. Therap., 3, 1900. — Flesch, Klin. therap. Wochenschr., 33, 1900. — Müller, Münch. med. Wochenschr., 52, 1900. — Tittel, Therap. Monatsh., 3, 1901. — Meitner, Med. chir. Zentralbl., 30, 1901. — Neumann, Arch. f. Hyg., 1, 1902. — Silberstein, Reichsmedizinalanz., 4, 1905.
Fabr.: Plasmon-Ges. Neubrandenburg.
Preis: Karton 100 g Mk. 0,60. K. 1,20.

Sanatogen besteht aus 95% Kasein und 5% glyzerinphosphorsaurem Natrium und stellt ein trockenes, weißes Pulver ohne Geruch und Geschmack dar, das in kaltem Wasser leicht aufquillt und sich in heißem Wasser sofort zu einer milchigen Flüssigkeit auflöst. Trotzdem es nicht in der Hitze sterilisiert ist, ist es außerordentlich keimarm und erfüllt damit eine der wichtigsten Bedingungen, die man an ein Nährmittel zu stellen berechtigt ist (Klopstock).

Wirkung: Das Sanatogen geht nicht nur völlig ohne Rest in den Organismus über, um teils im Stoffwechsel verbrannt zu werden, resp. teils als Ersatzmittel für abgebaute Zellenteile einzutreten, teils zur Gewebsneubildung verwendet zu werden, sondern es bewirkt auch, daß die Ausnützung der außerdem gereichten Nahrung eine bessere und intensivere wird. Seine indirekte Wirkung ist also die eines Nährpulvers. Übersteigt die zugeführte Menge den Bedarf, der für das Gleichgewicht im Körperhaushalte genügt, dann tritt bedeutende Vermehrung der lebenswichtigen Substanzen und der Eiweißsubstanz des Organismus ein (Gumpert). Es wird stets gern genommen, erregt auch bei längerer Darreichung keinen Widerwillen und wird selbst von Säuglingen gut verdaut und ausgenützt (Meitner, Fromm, Uscinski), besser per os (97,5%) als per clysma (77—81%), für welch letztere Applikationsart es infolge seiner Löslichkeit ganz gut geeignet erscheint (Vis und Treupel, Steiner, Hoppe).

Das Sanatogen beeinflußt den Appetit sehr günstig, ruft Vermehrung des Hämoglobingehaltes hervor und beseitigt die nervösen Beschwerden der Neurastheniker (Rybiczka).

Indikationen: Im besonderen findet das Sanatogen Empfehlung bei Blutkrankheiten, nervösen Depressionszuständen, sowie Erkrankungen des Magen-Darmtraktes wie Hyperchlorhydrie und Gastritis chronica acida (Rybiczka, Rodari), bei Krampfneurosen des Kindesalters (Auerbach, Wohrizek), bei psychischen Krankheitsformen, die mit körperlicher Erschöpfung einhergehen, besonders bei Hemmungs- und Angstzuständen (Steiner, Sickinger und Probst), bei Hysterie und Neurasthenie (Poszvék, Damman, Westheimer), bei Rachitis, wo es alle ähnlichen Mittel, wie den Phosphorlebertran, weit übertrifft (Schwarz, Benaroya, Poszvék), bei Darmtuberkulose (Strobinder), wie bei chronischen Schwächezuständen und fieberhaften Erkrankungen, speziell beim Unterleibstyphus (Ewald), endlich als Nachkur bei Behandlung der Syphilis (Bloch, Westheimer), und bei Lungentuberkulose (Starloff und eigene Beobachtungen). In letzter Zeit fand es als wohltätiges Roborans bei sexueller Neurasthenie Empfehlung (Meißner, Westheimer).

Dosierung: Man verordnet pro Mahlzeit 1 Teelöffel voll in Suppe, Milch oder Gemüse.

Literatur: Vis u. Treupel, Münch. med. Wochenschr., 9, 1898. — Auerbach, Therap. Monatsh., 9, 1899. — Fischer u. Beddies, Allg. med. Zentralztg., 25, 1899. — Schwarz, Deutsch. med. Wochenschr., 5, 1900. — Rybiczka, Münch. med. Wochenschr., 11, 1900. — Sickinger u. Probst, Wien. med. Presse, 23, 1900. — Steiner, Deutsch. med. Wochenschr., 50, 1901. — Meitner, Allg. med. Zentralztg., 103, 1902. — Fromm, Zentralbl. f. Kinderheilk., 3, 1903. — Strobinder, Allg. Wien. med. Ztg., 17, 1903. — Lewitt, Deutsch. med. Wochenschr., 43, 1903. — Poszvék, Heilmittel-Revue, 7, 1904. — Klopstock, Zeitschr. f. diätet. u. physik. Therap., 7, 1904. — Benaroya, Deutsch. Ärzteztg., 15, 1904. — Uscinski, Medycyna, 15, 1904, rf. Deutsch. med. Wochenschr., 21, 1904. — Hoppe, Münch. med. Wochenschr., 51, 1904. — Ewald, Zeitschr. f. diätet. u. physik. Therap., 10, 1905. — Bloch, Med. Klin., 18, 1905. — Gumpert, ebendort, 41, 1905. — Meißner, Therap. Monatsh., 5, 1906. — Wohrizek, Therap. d. Ggw., 3, 1907. — Rodari, Therap. Monatsh., 7, 1907. — Dammann, Med. Klin., 39, 1907. — Westheimer, Med. Klin., 47, 1908. — Starkloff, Zeitschr. f. Tuberk., 6, 1911.

Fabr.: Bauer & Co., Berlin SW 48.
Preis: Karton 50 g Mk. 1,65. K. 2,40. 100 g Mk. 3,20. K. 4,60. 250 g Mk. 7,70. K. 10,70.

D. Eiereiweißpräparate.

Lecin ist eine eisenreiche Verbindung des Hühnereiweißes, löslich gemacht durch kolloidales Eisenhydroxydnatriumsaccharat. Es ist ein wohlschmeckendes, gut verträgliches und ausnützbares Präparat, das den Appetit anregt und nicht teuer ist (Laves). Im Handel erscheint es gelöst (mit konservierenden Zusätzen) oder als Pulver in Form leicht löslicher Tabletten.

Literatur: Laves, Fortschr. d. Med., 35, 1906.
Fabr.: Dr. E. Laves, Hannover.
Preis: Fl. 220 g Mk. 1,20.

Nährstoff Heyden ist ein aufgeschlossenes, in Wasser lösliches, nicht koagulierbares Hühnereiweißpräparat, welches ein feines, leicht gelbliches Pulver, mit eigenartigem an Leim erinnernden Geruch und Geschmack darstellt. Das Eiweiß des aus frischen Eiern erzeugten Präparates scheint aus Albumosen zu bestehen. Es wird bei Schwächezuständen und chronischen Leiden mit Unterernährung verwendet, wobei es nach Meitner und v. Hauschka auf den Appetit und die Zunahme des Körpergewichtes günstig einwirkt.

Kontraindiziert ist das Mittel bei fieberhaften Krankheiten (v. Hauschka). Als bestes Corrigens des Geruches und Geschmackes erwies sich Suppe oder Milch.

Literatur: v. Hauschka, Ärztl. Rundsch., 50, 1899. — Meitner, Ärztl. Zentralztg., 37/38, 1900.
Fabr.: v. Heyden, Radebeul.
Preis: 25 g, 50 g, 100 g Mk. 0,90, 1,75, 3,25. K. 1,10, 2,15, 4,20.

Protogen, Methylenalbumin, ist ein durch Einwirkung von Formaldehyd auf Hühnereiweiß erhaltenes, gelbes, voluminöses, in heißem Wasser lösliches Pulver, das selbst in der Hitze nicht koaguliert. Es ist ein bekömmliches und gut ausnützbares Präparat, welches auch per clysma (60 g pro die in 2 Klysmen) verabreicht werden kann (Deucher).

Literatur: Deucher, Berl. klin. Wochenschr., 48, 1896.
Fabr.: Höchster Farbwerke.

II. Kohlehydratpräparate.

Diese können wohl nicht die Bedeutung der Eiweißpräparate beanspruchen, erleichtern aber bisweilen die Ernährung und sind besonders als Zusatz zur Kindernahrung verwertbar. Sie sind hergestellt durch äußerst feines Vermahlen der Getreide- und Leguminosensorten mit möglichster Ausscheidung des Faserstoffes und eventueller Vorbereitung (Aufschließung) ihrer Saccharifikation. Hieher gehören die fein verteilten Kindernährmehle von Kufeke, Knorr, Maizena, Quäcker Oats, Mondamin, Arrow-root usw., sowie die aufgeschlossenen Mehle, welche durch Erhitzen so präpariert sind, daß ihre Kohlehydrate zum größten Teil dextrinisiert, daher leichter verdaulich sind und auch als Ersatz der natürlichen Nahrung des Säuglings verwendet werden können. Ein vollwertiges Ersatzmittel der Frauenmilch muß folgenden Anforderungen gerecht werden:

1. soll es seiner chemischen Zusammensetzung nach der Frauenmilch so entsprechen, daß es unter voller Ausnützung seiner Nährstoffe ohne belästigende Rückstände vom kindlichen Magen und Darme verdaut und verwertet wird,
2. muß es bei der Zubereitung eine homogene, leichtflüssige Nahrung geben, die dem Kinde auch im Geschmacke zusagt,
3. muß die Zubereitung so einfach sein, daß auch weniger intelligente Personen dieselbe ohne weitschweifige Anleitung erlernen können. (Greder, Ärztl. Rundsch., Nr. 45, 1902.)

Fucol, ein Ersatzmittel des Lebertrans, welches aus frischen, jodhaltigen Algen des Meeres (Laminaria digitata, Laminaria saccharina, Fucus serratus und vesiculosus etc.) gewonnen wird. Dieselben werden geröstet, gemahlen, ausgepreßt und mit geeigneten fetten Ölen (auf 10 Teile gerösteter Algen 90 Teile) vermischt. Es resultiert eine hellgelbe, klare, ölige Flüssigkeit ohne den widerlichen Geruch des Lebertrans und von angenehmem Geschmack mit 0,005 % Jod in einer noch unbekannten organischen Verbindung (Seyler).

Wirkung: Das Fucol besitzt eine höhere Emulsionsfähigkeit als Lebertran und wird auch leichter resorbiert. Das Mittel ist gut bekömmlich und erzeugt niemals Verdauungsstörungen (Loewenheim, Weißmann). Das Aussehen der Kranken wird ein frischeres. Der Appetit hebt sich und damit auch die Körperkräfte (Neumann, Müller, Hackl).

Indikationen: Das Fucol wird bei Rachitis, Skrofulose, Tuberkulose, in der Rekonvaleszenz und bei Blutarmut (Neumann, Hackl, Tarasch, Limpert), sowie als Unterstützungsmittel der Hetoltherapie empfohlen (Weissmann).

Dosierung: Man verabreicht es Erwachsenen in Dosen von drei Eßlöffeln pro die, Kindern je nach dem Alter in Tagesdosen von einem Tee- bis zu drei Kinderlöffeln.

Literatur: Loewenheim, Therap. Monatsh., 3, 1904. — Hackl, Ärztl. Rundsch., 1, 1905. — Neumann, Therap. d. Ggw., 2, 1905. — Müller, Deutsch. Praxis, 3, 1905. — Seyler, Allg. med. Zentralztg., 14, 1905. — Weißmann, Ärztl. Rundsch., 33, 1905. — Tarasch, Limpert, rf. in Mercks Jahresber. 1905.
Fabr.: Karl Fr. Töllner, Bremen.
Preis: Fl. $^1/_2$ l Mk. 2,—.

Kufekes Kindermehl, seit 1886 in die Therapie eingeführt, ist ein hochdextriniertes Kindermehl und stellt ein feines, bräunlichgelbes Pulver mit schwach süßlichem, an Malz erinnerndem Geschmack und angenehmem Geruch dar, das durch große Haltbarkeit und stabile Zusammensetzung ausgezeichnet ist. Der Verdauung des Säuglings ist dadurch vorgearbeitet, daß die unlösliche Stärke des Weizenmehles durch Diastase vollständig in ihre löslichen Modifikationen, Dextrin und Traubenzucker, überführt ist (Klautsch, Buchsbaum). Der Zuckergehalt ist gegenüber ähnlichen Präparaten sehr gering. Mit Wasser verrührt und durch 15—20 Minuten gekocht, erzeugt das Mehl eine malzartig schmeckende, bräunliche Suppe, die sehr gut mit Kuhmilch gemischt werden kann (Buchsbaum).

Kufekes Mehl erscheint angezeigt zur Ernährung der gesunden Säuglinge vom 2. Halbjahre an, während der Ablaktation, sowie bei kranken Säuglingen bei Eiweißfäulnis im Darmtrakte infolge Überfütterung oder unzweckmäßiger Ernährung (Buchsbaum, Schweiger, Weigert), bei Sommerdiarrhöe (Epstein), bei Magendarmaffektionen jeder Art (Dorn, Klautsch, Wallbach), speziell bei Dickdarmkatarrh (Deutsch), bei Enteritis follicularis, Fettdiarrhöe und Brechdurchfall (Weigert, Buchsbaum, Peer), bei infektiösen Darmkatarrhen (Klautsch), endlich bei Rachitis, Tuberkulose, hereditärer Lues, fieberhaften Erkrankungen und in der Rekonvaleszenz bei Kindern wie auch bei Erwachsenen (Deutsch, Freudenberg, Münz, Moeller).

Kontraindiziert ist die Darreichung des Mehles bei Darmstörungen, die infolge von zu stark kohlehydrathaltiger Nahrung entstanden sind, (Weigert).

Literatur: Epstein, Der prakt. Arzt, 16, 1899. — Schweiger, Die Heilk., 8, 1902. — Deutsch, Ärztl. Standesztg., 1, 1903. — Wallbach, Die ärztl. Praxis, 3, 1903. — Weigert, Der Kinderarzt, 4, 1903. — Dorn, Deutsch. Ärzteztg., 7, 1903. — Buchsbaum, Ärztl. Standesztg., 6, 1904. — Klautsch, Zeitschr. f. Kinderheilk., 11, 1904. — Peer, Ärztl. Zentralztg., 24, 1904. — Freudenberg, Der Kinderarzt, 12, 1906. — Münz, Allg. med. Zentralztg., 1, 1907. — Moeller, Therap. d. Ggw., 2, 1907.
Fabr.: R. Kufeke, Bergedorf.
Preis: Probedose 140 g Mk. 0,60. 400 g Mk. 1,40. K. 2,—.

Nutrol, Nural, besteht im wesentlichen aus künstlichen Verdauungsprodukten der Kohlehydrate (Dextrin, Dextrose, Maltose), ferner aus Mineralstoffen, freier Säure, zwei Fermenten, dem animalischen Pepsin und dem aus der Ananasfrucht bekannten vegetabilischen Bromelin, aus Stickstoffsubstanzen und Wasser. Das Nutrol stellt eine zähe, hellgelbe, sirupartige Flüssigkeit dar, welche in Wasser löslich ist und mit demselben eine limonadenartig schmeckende Lösung gibt.

Wirkung: Kleine mit der gewöhnlichen Nahrung verabreichte Mengen des Präparates bewirken eine rationellere Ausnützung des zugeführten Eiweißes, selbst bei Verdauungsstörungen (Beddies und Fischer, Neumann, Reinl). Es hebt infolge seines säuerlichen, pikanten Geschmackes den Appetit und die Verdauung und sichert eine schnelle Zunahme des Körpergewichtes, weshalb es mehr als ein vorzügliches Genußmittel und nur indirekt als Nährmittel bezeichnet werden kann (Beddies und Fischer).

Indikationen: Nutrol ist bei nervöser Dyspepsie, bei Krebs und fieberhaften abzehrenden Leiden angezeigt (Sinapius).

Dosierung: Man läßt bei Verdauungsschwäche einen Eßlöffel voll in einem halben Glase kalten oder lauwarmen Wassers zugleich mit sonstiger Nahrungsaufnahme oder kurz nach derselben nehmen. Vor vielen Pepsinweinen hat Nutrol den Vorzug, ganz alkoholfrei zu sein (Sinapius).

Literatur: Beddies u. Fischer, Allg. med. Zentralztg., 10, 1893. — Sinapius, Reichsmedizinalanz., 26, 1896. — Neumann, Münch. med. Wochenschr., 5, 1898. — Reinl, Med. chir. Zentralbl., 39, 1903.
Fabr.: Klewe & Co., Dresden A.
Preis: Fl. 500 g Mk. 3,—. K. 4,50.

Theinhardts lösliche Kindernahrung ist aus den Eiweißstoffen der Kuhmilch hergestellt, welche durch ein dem Pflanzenreich entnommenes und unschädliches Ferment in eine leicht verdauliche Form gebracht sind. Das Präparat stellt ein amorphes, hellbraunes Pulver von kräftigem Geruche und leicht süßlichem Geschmacke dar, der dem des gewöhnlichen, geriebenen Zwiebackes ähnelt. Es löst sich leicht in heißem Wasser, doch kommt es vor, daß bei höheren Konzentrationsgraden nach der Mischung mit Milch und bei Abkühlen am Boden der Saugflasche ein geringer, brauner Bodensatz entsteht. Die Reaktion der fertigen Lösung ist neutral (Lilienfeld).

In 1 kg der Trockensubstanz sind enthalten 165 g Eiweiß (davon 90% verdaulich), 55 g Fett, ca. 750 g Kohlehydrate, wovon 57% ohne weiteres löslich sind (Dextrin, Trauben- und Milchzucker), während der Rest durch Kochen in eine leicht resorbierbare Form überführt wird, endlich 34 g Mineralstoffe, darunter 14 g Phosphorsäure, resp. 23 g Kalziumphosphat (Schickler). Durch diese zweckmäßige Zusammensetzung ist auch dem Übelstande der meisten Kindernährmehle abgeholfen, welche das Stärkemehl in einem sehr hohen Prozentsatze unausgenützt im Stuhle erscheinen lassen (Lilienfeld).

Wirkung: Das Mittel wird sehr gerne genommen, gut vertragen und vermag, als Zusatz zur verdünnten Kuhmilch, dieselbe verdaulicher zu machen und das durch die Verdünnung gesetzte Nährdefizit auszugleichen (Kraus). Selbst in der Verdauungskraft stark herabgekommene Kinder bewältigen noch verhältnismäßig große Quantitäten desselben, ohne im Stuhle auch nur Spuren unverdauter Stärke aufzuweisen (Freudenberg). Der Appetit steigert sich und damit ist natürlich auch stets eine beträchtliche Gewichtszunahme verbunden (Boltenstern).

Indikationen: Theinhardts Präparat ist das erste in Frage kommende Mittel, wenn Kuh- oder Muttermilch aus irgend einem Grunde nicht zu verwenden ist (Vehmayer, Freudenberg, Beuthner, Bendix, Manasse, Jacob, Wolff). Es bewährte sich schon von der 2. oder 3. Lebenswoche an als Nahrungsmittel des gesunden Säuglings (Lilienfeld, Graetzer, Hirt, Fürth), sowie frühzeitig geborener, atrophischer oder anämischer Kinder (Freudenberg, Rohmer, Greder, Jacob, Preuß, Spitzer), als diätetisches Therapeutikum bei Sommerdiarrhöe (Schürmayer, Michels, Spitzer), bei Brechdurchfall, wo das Präparat anfangs nur mit einem Abguß von Reiswasser, erst nach Sistieren des Erbrechens wieder mit Milch zubereitet wird (Baum, Freudenberg, Rohmer, Schweitzer, Spitzer, Kraus), bei Fettdiarrhöe und chronischen Verdauungsstörungen (Hirt), sowie in der Rekonvaleszenz nach fieberhaften Krankheiten (Jacob). Wo natürlich eine Idiosynkrasie gegen Nährmehle überhaupt vorliegt, also bei mangelhafter Pankreassekretion, ist auch von der Darreichung dieses Präparates abzusehen (Schweitzer).

Dosierung: Die dem Lebensalter des Säuglings entsprechende Menge des Mehles (von 1 Kaffeelöffel pro dosi im ersten Lebensmonate angefangen) wird mit dem gehörigen Quantum heißen Wassers unter stetem Umrühren aufgelöst, bis sich keine Klümpchen mehr zeigen. Die so entstandene Suppe wird einige Minuten aufgekocht, sodann unter stetigem Umrühren das entsprechende Quantum Milch zugesetzt und die Mischung noch einmal aufgekocht, womit dieselbe trinkfertig ist. Zappert empfiehlt den Zusatz kleiner Quantitäten Zucker, um das Mittel dem Kinde noch schmackhafter zu machen.

Literatur: Schickler, Berl. klin. Wochenschr., 14, 1895. — Graetzer, Zentralbl. f. Kinderheilk. 11, 1897. — Baum, Der Kinderarzt, 1, 1898. — Lilienfeld, Ärztl. Monatsschr., 1, 1898. — Freudenberg, Der Frauenarzt, 155, 1898. — Rohmer, Deutsch. Ärzteztg., 1, 1899. — Vehmayer, Allg. med. Zentralztg., 47, 1899. — Bendix, Deutsch. Ärzteztg., 7, 1900. — Beuthner, Die med. Woche, 22, 1900. — Boltenstern, Ärztl. Rundsch., 36, 1900. — Zappert, Wien. klin. Wochenschr., 51, 1900. — Manasse, Reichsmedizinalanz., 17, 1901. — Jacob, Der Kinderarzt, 11, 1902. — Schürmayer, Deutsch. Praxis, 19, 1902. — Greder, Ärztl. Rundsch., 45, 1902. — Hirt, Die med. Woche, 3, 1903. — Preuß, Deutsch. Ärzteztg., 13, 1903. — Schweitzer, Deutsch. Medizinalztg., 73, 1903. — Kraus, Zentralbl. f. d. ges. Therap., 3, 1904. — Michels, Die ärztl. Praxis, 12, 1904. — Wolff, Wien. klin. therap. Wochenschr., 37, 1904. — Fürth, Med. Klinik, 26, 1905. — Spitzer, Ärztl. Rundsch., 29, 1905.

Fabr.: Dr. Theinhardts Nährmittelges. Stuttgart-Cannstadt.
Preis: 500 g K. 3,—.

III. Mischnährpräparate.

Diese repräsentieren eine vollkommene Nahrung, da sie sämtliche für den Organismus notwendigen Nährstoffe enthalten, leicht resorbiert und bestens ausgenützt werden.

Eulactol, ein aus Vollmilch und Pflanzeneiweiß bereitetes Nährpräparat, das aus $33,25\%$ Eiweiß, $46,3\%$ Fett, $14,3\%$ Kohlehydraten und $4,3\%$ Salzen besteht. Es ist leicht verdaulich und resorbierbar, reizt weder Magen noch Darm und hat so wenig eigenen Geschmack, daß derselbe leicht zu verdecken ist.

Das Präparat eignet sich daher als Zusatz zu anderer Nahrung in Fällen, in welchen bei geringer Nahrungsaufnahme eine gehaltsreichere Nahrung geboten werden soll. Es wurde in der Kinderpraxis bei diarrhoischen Erkrankungen und Rachitis empfohlen (Meitner, Buxbaum, Frieser, Görges). Man gibt es in Milch oder Kakao in Dosen von 1 Teelöffel 3 mal täglich.

Literatur: Meitner, Wien. med. Blätter, 1, 1900. — Frieser, Klin. therap. Wochenschr., 6, 1900. — Görges, Therap. Monatsh., 7, 1900. — Buxbaum, Wien. med. Presse, 17, 1900.
Fabr.: Rhein. Nährmittelwerke, Cöln.
Preis: D. 75 g, 125 g, 250 g Mk. 1,30, 2,10, 4,—.

Hygiama wird aus kondensierter Milch unter Zusatz von besonders präparierten Zerealien und teilweise entfettetem Kakao hergestellt und repräsentiert sich als ein feines, bräunliches Pulver, das in heißem Wasser löslich ist und in Aussehen und Geschmack an Kakao erinnert. Es besteht aus 21% Eiweiß, 10% Fett, 60% Kohlehydraten, davon 49% löslich, $3,5\%$ Mineralstoffen, darunter über 1% Phosphorsäure, und $4,75\%$ Wasser.

Hygiama ist ein vorzügliches Nährpräparat und Diaetetikum, das die Wertschätzung, deren es sich infolge seiner leichten Verdaulichkeit, Schmackhaftigkeit, guten Ausnützbarkeit und Verträglichkeit erfreut, vollauf verdient (v. Noorden, Klautsch, Meyer, Toch, Klemperer, Lebbin, Aronsohn, Schlesinger, Schürmayer, v. Szaboky, Marcuse). Es wird selbst bei Appetitlosigkeit und schwer affiziertem Magen und Darm, wo andere als flüssige Nahrung ausgeschlossen ist, ohne Anstand genommen und vertragen (Hempt). Es erscheint also, um mit v. Noorden zu sprechen, vorzüglich geeignet „um bei darniederliegender Ernährung einige Kalorien einzuschleichen". Im besonderen wird Hygiama empfohlen bei Erkrankungen des Darmes und des Magens, bei Ulcus ventriculi (Elsner), bei Brechdurchfall, zur Kräftigung der Wöchnerinnen und zur Verbesserung der Milch stillender Frauen (Römer), bei Hyperemesis gravidarum und beim Erbrechen der Hysterischen (Baum, Freudenberg, Wiedemann), bei Lungentuberkulose (Stüve, Keibel, Spitzer und eigene Beobachtungen), sowie in der Rekonvaleszenz und bei fieberhaften Erkrankungen, insbesondere Typhus (Stüve, Meyer). Auch in der Kinderpraxis wird Hygiama viel und gerne verwendet bei Kinderdyspepsien und Anämien (Kraus und eigene Beobachtungen).

Kontraindiziert ist Hygiama bei Diabetes mellitus.

Dosierung: Man gibt täglich 3 Eßlöffel voll, gewöhnlich mit Milch oder Wasser aufgekocht. Auch für Nährklystiere ist das Präparat geeignet.

Literatur: Römer, Ärztl. Rundsch., 13, 1895. — Stüve, Berl. klin. Wochenschr., 20, 1896.—v. Noorden, ebendort, 11/20, 1896. — Baum, Der Kinderarzt, 1, 1898. — Freudenberg, Reichsmedizinalanz., 25, 1898. — Klautsch, ebendort, 25, 1900. — Toch, Prag. med. Wochenschr., 24, 1901. — Meyer, Ärztl. Rundsch., 43, 1901. — Schlesinger, Ärztl. Praxis, 6, 1902. — Klemperer, Therap. d. Ggw., 7, 1902. — Aronsohn, Deutsch. Ärzteztg., 11, 1902. — Hempt, Wien. med. Presse, 43, 1902. — Lebbin, Allg. med. Zentralztg., 60, 1902. — Schürmayer, Deutsch. Praxis, 4, 1903. — Kraus, Therap. Monatsh., 12, 1903. — Keibel, ebendort, 2, 1904. — v. Szaboky, Wien. med. Presse, 32, 1904. — Marcuse, Zeitschr. f. diätet. u. physik. Therap., 5, 1905. — Wiedemann, Deutsche Praxis, 17, 1905. — Spitzer, Wien. med. Presse, 50, 1906. — Elsner, Therap. d. Ggw., 2, 1908.

Fabr.: Dr. Theinhardts Nährmittelges. Stuttgart-Cannstadt.
Preis: 500 g Mk. 2.50. K. 4.50. Tabl. 20 St. à 5,0 g Mk. 1.—. K. 1.50.

Odda, ein von v. Mering hergestelltes Nährmittel für Säuglinge, in welchem die Kohlehydrate aus verschiedenen Bestandteilen (Milch- und Rohrzucker, Maltose, Dextrin, Stärke) zusammengesetzt und teils durch Diastase in lösliche Produkte umgewandelt, teils durch Backen aufgeschlossen sind. An Stelle der Kuhbutter, die den meisten Kindermehlen beigesetzt ist und den Darmkanal reizt, sind Eidotterfett und Kakaobutter zu gleichen Teilen eingetreten. Diese Fettarten bergen keinerlei Gefahr für den Organismus in sich, da sie keine flüchtigen Fettsäuren enthalten und keine Neigung zur ranzigen Zersetzung zeigen (v. Mering).

Odda ist ein gelblichbraunes Pulver, das aus 5% Wasser, $14,5\%$ Eiweiß, 6% Fett, $0,4\%$ Lecithin, $71,5\%$ Kohlehydraten und $2,1\%$ Mineralstoffen, darunter $0,53\%$ Kalk und $1,1\%$ Phosphorsäure, besteht. Das Präparat gestattet, bei leichter Verdaulichkeit und guter Bekömmlichkeit den Nährwert der zugeführten Nahrung beträchtlich zu erhöhen (Schlesinger), und ist sowohl bei gesunden, als auch bei magendarmkranken Kindern angezeigt (Goliner).

Es kann nicht nur als Zusatz der Nahrung, sondern vorübergehend (5 bis 6 Tage lang) sogar als ausschließliche Nahrung mit Erfolg verabreicht werden (Brüning). Das Hauptfeld der Benützung erblickt Müller bei Kindern, welchen man im 7.—8. Lebensmonate einen Zusatz zur Milch geben will. Die Beobachtungen von Müller und Schlesinger, daß manche Kinder die Oddanahrung verweigerten, weil ihnen der Geschmack nicht zusagte, kann ich nach eigenen Erfahrungen, besonders nach längerer Darreichung, bestätigen. Hierin teilt das Präparat das Schicksal aller auch der besten Nährpräparate, deren Darreichung manchmal wegen bestehender Idiosynkrasie zur Unmöglichkeit wird (Müller).

Dosierung: Man bereitet mit 120 g auf 1 l Wasser eine Suppe, die als solche oder mit Milch versetzt dem Kinde gegeben wird. Die Dosis variiert natürlich je nach dem Alter und Zustande des Kindes.

Für Erwachsene (Magenleidende, Rekonvaleszenten und Unterernährte) bringt die Fabrik ein ähnliches Präparat „**Odda M. R.**", in den Handel, welches im Vergleiche zur Kindernahrung einen höheren Eiweiß- und Fettgehalt aufweist und das mir als gutes Diaeteticum, vorübergehend sogar als ausschließliches Nahrungsmittel sehr gute Dienste in einem Falle von Drüsentuberkulose leistete, bei dem fast alle andere Nahrung refüsiert wurde. Auch Steiner konnte diese Wirkungen nach jeder Richtung hin bestätigen.
Literatur: v. Mering, Therap. Monatsh., 4, 1902. — Brüning, ebendort, 7, 1902. — Goliner, Der Kinderarzt, 12, 1902. — Müller, Therap. Monatsh., 7, 1903. — Schlesinger, Med. Klinik, 6, 1905. — Steiner, Reput. d. prakt. Med., 10, 1907.
Fabr.: Deutsch. Nährmittelwerke, Berlin.
Preis: Büchse 400 g Mk. 1,40. K. 2,10.

Visvit besteht aus Ei, Milch, Hämoglobin-Albumin und Zerealien, also aus animalen und vegetabilen Stoffen und besitzt den Charakter der gemischten Kost. Es ist ein feines, voluminöses Pulver von hellgelblichem Aussehen, leichtem Malzgeruch und recht angenehm indifferentem Geschmack, das selbst bei längerem Genuß in Milch, Tee, Kakao, Kaffee oder Suppe keine Spur von Widerwillen erzeugt (Fürst).

Wirkung und Indikationen: Es ist leicht assimilierbar, vollkommen und restlos verdaulich und reizt weder Magen noch Darm oder Nieren. Stoffwechselversuche an Hunden ergaben eine deutliche Stickstoff- und Phosphorretention während der Fütterung mit Visvit (Nevinny).

Infolge des eigenartig kombinierten Gehaltes an Stoffen von höchstem Nährwert in großer Reinheit, konzentrierter Form und in natürlichen Verbindungen vereinigt es alle Vorzüge der gemischten Kost, eignet sich daher besonders für entkräftende Zustände des Kindesalters, wie Unterernährung, fieberhafte und konsumierende Krankheiten, Rekonvaleszenz, sowie für Erwachsene bei Tuberkulose, Hysterie, Anämie, Arteriosklerose, Diabetes, eventuell kombiniert mit einer zweckmäßigen Eisenkur (Rosenthal, Maaß).

Dosierung: Man rührt das Mittel kaffeelöffelweise mit etwas Flüssigkeit an und gibt dann erst unter Umrühren das betreffende warme Getränk zu. Tagesdosis ist 50 g.
Literatur: Fürst, Schmidts Jahrbücher, 7, 1906. — Maaß, Med. Klinik, 28, 1906. — Nevinny, Wien. klin. Rundsch., 39, 1906. — Rosenthal, Berl. klin. Wochenschr., 48, 1906.
Fabr.: Goedecke & Co., Berlin.
Preis: Karton 100 g Mk. 3,—. K. 3,60. 250 g Mk. 7,25. K. 8,70. 500 g Mk. 14,—. K. 17,—.

IV. Milchpräparate.

Hieher gehören die als Ersatz der Muttermilch empfohlenen Präparate, wie die Albumosenmilch, Backhausenmilch, Buttermilch, Buttermilchkonserve, Kefir und Kumys, Mufflers Kindernahrung, Pfundts Säuglingsnahrung, Lactoserve, Pegnin und Soxhlets Nährzucker, welch letztere Mittel zur Zubereitung einer leicht verdaulichen Säuglingsnahrung dienen.

Eiweißmilch, ein von Finkelstein und Meyer in der Säuglingsernährung eingeführtes Diaetetikum, welches in der Weise hergestellt wird, daß das Kasein und Fett aus 1 Liter Vollmilch ausgefällt und in $^1/_2$ l Buttermilch und $^1/_2$ l Wasser suspendiert wird.

Wirkung: Die Eiweißmilch hat den Zweck, schädliche Gärungen im Darmkanal durch Herabsetzung des Gehaltes an leicht vergärendem Milchzucker und an Molkensubstanzen, welche die Gärung begünstigen, sowie durch Anreicherung mit Eiweiß, welches der Gärung im Darmkanal entgegenwirkt, hintanzuhalten.

Indikationen: Man verwendet die Eiweißmilch bei Durchfällen, wenn Frauenmilch nicht zur Verfügung steht, also bei Dyspepsie, Enterokatarrh,

Cholera infantum und Dekomposition (Finkelstein und Meyer, Beck). Bei Kindern unter einem Jahre ist sie nicht zu empfehlen.
Dosierung: Man gibt die Eiweißmilch bis zum Eintritte spärlicher, trockener Entleerungen ohne Zusatz (etwas Saccharin ist allenfalls gestattet). Nach Eintritt seltenerer Stuhlentleerungen gibt man etwas Zucker oder Mehl, bzw. ein Kindermehl. Der Zusatz soll von $1^1/_2$ g langsam auf 5 g ansteigen. Niemals soll Milch- oder Streuzucker als Zusatz verwendet werden. — Bei Dyspepsie und Atrophie gibt man zunächst 6 Stunden Tee und Saccharin und beginnt dann mit 300 g Eiweißmilch auf 5—6 Mahlzeiten verteilt. Sodann kann man auf 180—200 g pro Kilo Körpergewicht steigen und etwas Zucker, bei älteren Säuglingen 10 g Mehl zusetzen. Bei Enterokatarrh und Cholera infantum reicht man durch 12—24 Stunden Tee, dann 10 mal 5 g Eiweißmilch pro die mit viel Tee, später täglich um 50 g Eiweißmilch mehr, bis fester Stuhl erfolgt. Sodann gibt man täglich 100 g mehr, bis man auf 200 g pro kg Körpergewicht angelangt ist. Die Dauer der Kur beträgt gewöhnlich 6 bis 8 Wochen.

Literatur: Finkelstein u. Meyer, Jahrb. f. Kinderheilk., 525, 683, 1910. — Beck, ebendort, 315, 1912.
Fabr.: Töpfer, Böhlen.
Preis: Dose zu 125 g Mk. 0,35, zu 350 g Mk. 0,75. Kiste mit 25 u. 50 Fl. à $^1/_4$ l Mk. 10,50 u. 17,—.

Lacto ist ein aus Kasein und dem Serum entfetteter Milch hergestelltes Milchnährpräparat und stellt ein teigartiges Produkt von hellbrauner Farbe dar, das in wäßriger Lösung nach Fleischbrühe schmeckt und nach geröstetem Brot riecht. Es ist keimfrei, unbegrenzt haltbar und in warmem Wasser leicht löslich. Es besitzt hohen Nährwert und kann, da in ihm Xanthin und Purinderivate nicht enthalten sind, auch bei Arteriosklerose, Herz- und Nierenleiden benützt werden, ohne Schädigungen der Nieren oder des Gefäßapparates hervorzurufen. Da das Präparat ziemlich reich an Phosphor ist, findet es bei Rachitis und Stoffwechselerkrankungen der Kinder Verwendung, außerdem noch bei Unterernährung, Anämie und Chlorose (Delavilla).
Man gibt es entweder in Lösung oder mit grünem Gemüse vermischt oder in Form von Nährklysmen in Dosen von 2—3 Kaffeelöffel voll pro die.
Literatur: Delavilla, Wien. klin. Wochenschr., 703, 1906.

Lactoserve ist ein an Stelle der in der Therapie der Darmerkrankungen und Ernährungsstörungen im Säuglingsalter eine wichtige Rolle spielenden Buttermilch als Dauerpräparat eingeführtes Mittel, das überall und zu jeder Zeit die bequeme Bereitung einer Buttermilch gestattet. Es wird dadurch hergestellt, daß pasteurisierte Milch (1 Teil Vollmilch, 2 Teile Magermilch) der Säuerung mittelst Milchsäurebazillen unterworfen wird. Bei einem bestimmten Grade der Säuerung wird bei 50° C im Vakuum zur Trockne eingedampft, der Trockenrückstand gemahlen und mit Zuckermehl und Pflanzeneiweiß vermischt.
Lactoserve ist ein angenehm säuerlich riechendes Pulver von weißlicher Farbe, welches mit Wasser verrührt oder geschüttelt eine der frischen Buttermilch ähnliche, angenehm schmeckende Emulsion gibt, vor derselben aber den Vorzug der gleichen Beschaffenheit, Unschädlichkeit, des höheren Nährwertes und der bequemeren Herstellung besitzt.
Das Mittel ist überall dort zu empfehlen, wo eine einwandfreie frische Buttermilch nicht zu haben ist (Kassel).
Literatur: Kassel, Berl. klin. Wochenschr., 29, 1905.
Fabr.: Boehringer & Söhne, Waldhof-Mannheim.
Preis: Dose K. 2,40.

Larosan, Kaseinkalzium, stellt ein lockeres, geschmackloses, weißes, in heißer Milch leicht lösliches Pulver dar, welches von Stoeltzner als einfacher Ersatz der Eiweißmilch empfohlen wurde. Durch Zusatz von 2 g

Larosan zu einer Mischung von gleichen Teilen Milch und Wasser läßt sich eine Nahrung herstellen, die sich bei Ernährungsstörungen der Säuglinge ebensogut wirksam erwies wie die Eiweißmilch.

Literatur: Stoeltzner, Münch. med. Wochenschr., 290, 1913.
Fabr.: Hoffmann-La Roche, Basel-Grenzach.
Preis: 10 Sch. à 10 g K. 2,75.

Pegnin. Mit diesem Namen wird ein von v. Dungern in die Therapie eingeführtes Labferment bezeichnet, welches allen Anforderungen in bezug auf Keimfreiheit und Unschädlichkeit entspricht und die Fähigkeit besitzt, die Kuhmilch für den Säugling und auch für den Erwachsenen leicht verdaulich zu machen. Es stellt ein feines, weißes Pulver dar, das sich leicht in Wasser und Milch löst und die letztere sofort zur Gerinnung bringt, diese Eigenschaft aber unter dem Einflusse höherer Temperatur verliert.

Es verhindert also das v. Dungernsche Verfahren die schädliche, klumpenförmige Gerinnung des Kaseins der Milch im Magen, es wird vielmehr dasselbe schon in äußerst fein verteiltem Zustande dem Magen zugeführt und ist daher leicht verdaulich und unschädlich.

Die vollkommen unverdünnte Milch wird zuerst eine halbe Stunde in ganz reinen und nicht ganz vollen Glasgefäßen gekocht, dann auf 37^0 C abgekühlt und in diesem Zustande das Pegnin zugesetzt (9 g pro Liter), worauf die Milch in wenig Minuten gerinnt. Sodann wird vier Minuten lang geschüttelt, bis die Gerinnsel geschwunden sind und nur ganz feine Flöckchen suspendiert bleiben. Die Milch ist jetzt gebrauchsfertig und darf nicht mehr stark erhitzt werden (v. Dungern, Sigel, Hönigschmied). Die gebrauchsfertige Milch kann nun mit abgekochtem Wasser verdünnt werden, doch gestattet das Verfahren, selbst Vollmilch ohne Nachteil zu verabfolgen.

Die Assimilation der gelabten Kuhmilch ist selbst bei pathologischen Magendarmverhältnissen eine ganz vorzügliche (Langstein). Auch wird dieselbe sogar von Säuglingen im zartesten Alter ausnahmslos gut vertragen (v. Dungern).

Indikationen: Die gelabte Milch ist als Nahrungsmittel angezeigt bei gesunden wie magenkranken Kindern (v. Dungern, Langstein, Trumpp, Siegert, Hirschfeld, Levy, Fischl, Hönigschmied, Sintenis, Wohrizek), bei Hyperazidität und Ulcus ventriculi (Fischl), bei Tuberkulose, wenn gewöhnliche Milch Durchfall erzeugt (Levy), endlich bei chronischer Gastritis, Achylia gastrica und bei Neurosen des Magens (Sigel).

Literatur: v. Dungern, Münch. med. Wochenschr., 48, 1900. — Langstein, Jahrb. f. Kinderheilk., 55, 1901. — Siegert, Münch. med. Wochenschr., 29, 1901. — Trumpp, Würzb. Abhandl., 1, 1902. — Hirschfeld, Deutsch. med. Wochenschr., 36, 1902. — Fischl, Münch. med. Wochenschr., 1, 1903. — Levy, Deutsch. med. Wochenschr., 23, 1903. — Sigel, Berl. klin. Wochenschr., 1, 1904. — Hönigschmied, Die Heilk., 7, 1904. — Sintenis, Deutsch. Praxis, 8, 1904. — Wohrizek, Therap. d. Ggw., 3, 1907.
Fabr.: Höchster Farbwerke.
Preis: Gl. 100 g Mk. 2,—. K. 2,50.

Soxhlets Nährzucker ist ein weißes, wenig hygroskopisches Pulver, das sich in Wasser leicht löst, nach Weißbein nur $1/4$ mal (nach Angabe der darstellenden Fabrik nur $1/9$ mal) so süß ist wie Rohrzucker und einen an Malzextrakt erinnernden Geschmack besitzt. Das Präparat stellt eine Dextrin-Maltose-Milchzuckermischung dar, der ein schwacher Säuregrad und ein Gehalt an löslichen Kalksalzen, sowie an Chlornatrium (2%) verliehen wurde.

Wirkung: Da die Milch beim Sterilisieren zum Teile die Fähigkeit verliert, durch das Labferment des Magens zu gerinnen, weil hiebei ein Teil der gelösten Kalksalze unlöslich wird, sucht Soxhlet dies durch den Zusatz geringer Mengen saurer Kalksalze zu verhindern. Zur Beseitigung der Chlorarmut der Kuhmilch, der Ursache der geringen Säureproduktion im Magen, dient der Zusatz von Kochsalz, wodurch eine leichtere Verdaulichkeit des Kaseins bewirkt wird (Weißbein).

Nebenwirkung: In seltenen Fällen treten Aufstoßen oder sonstige Magenbeschwerden ein (Neumann). Erwähnt sei auch die verhältnismäßig häufig zu beobachtende obstipierende Wirkung des Mittels (Rommel, Brüning).

Indikationen: Das Präparat wird vornehmlich verwendet bei dyspeptischen und atrophischen Zuständen der Säuglinge (Klautsch, Frucht, Weißbein, Moro, Georges, Rommel, Finkelstein, Neumann, Brüning, Wohrizek), bei Rachitis (Peters), sowie bei älteren Kindern als diätetisches Genußmittel, endlich bei Erwachsenen in Form des Nährzuckerkakaos (Soxhlet) bei Magen- und Darmkranken sowie Rekonvaleszenten (Goliner).

Dosierung: Für die Bereitung der Säuglingsmilch während der ersten Lebensmonate wird 1 Teil Kuhmilch mit 2 Teilen einer 10% Nährzuckerlösung versetzt. Allmählich kann man bis auf das Doppelte der Dosis steigen. Diese Milch-Nährzuckermischungen werden dann in üblicher Weise im Soxhletapparat sterilisiert. Tritt Obstipation ein, so setzt man statt Nährzucker einen Teil Rohrzucker hinzu (Neumann).

Der Nährzuckerkakao besteht aus 6 Teilen Nährzucker und 1 Teil Kakaopulver und stellt ein leicht resorbierbares Kohlehydrat dar.

Literatur: Frucht, Münch. med. Wochenschr., 2, 1902. — Klautsch, Zentralbl. f. Kinderheilk., 7, 1902. — Weißbein, Deutsch. med. Wochenschr., 30, 1902. — Georges, Das Kind im ersten Lebensjahre, Berlin 1902. — Moro, Klin. therap. Wochenschr. 5, 1903. — Finkelstein, Therap. d. Ggw., 5, 1903. — Rommel, Münch. med. Wochenschr., 6, 1903. — Brüning, Berl. klin. Wochenschr., 39, 1903. — Neumann, Deutsch. med. Wochenschr., 46, 1903. — Goliner, Neuer med. Generalanz., 5, 1904. — Wohrizek, Therap. d. Ggw., 3, 1907. — Peters, Deutsch. Medizinalztg., 81, 1908.
Fabr.: Nährmittelfabr. München-Pasing.
Preis: D. 500 g Mk. 1,80. K. 2,80.

Yoghurt ist eine in den Balkanländern und in der Türkei schon lange gebräuchliche Sauermilch, welche durch ein Ferment, Maya, hergestellt wird. Dieses Ferment, eine Reinkultur des Bacillus lactis aërogenes, bewirkt, in beträchtlichen Mengen in den Darm gebracht, eine Zurückdrängung, bzw. Beseitigung schädlicher Darmbewohner, namentlich des Bacterium coli und darin liegt der therapeutische Wert des Yoghurt (Löbel, Strzysowski, v. Kern).

Die Herstellung geschieht folgendermaßen: Gewöhnliche Milch wird etwas eingedampft, in einen Topf gebracht und, sobald die Temperatur auf 50^0 C gesunken ist, mit Maya versetzt und in kühler Jahreszeit an einem warmen Orte aufbewahrt. Nach 8—12 Stunden ist die Masse reif. Weniger dicht als eine Puddingmasse besitzt Yoghurt einen säuerlichen Wohlgeschmack und wird entweder so wie er ist oder mit Zucker überstreut mit Brot genossen.

Das Präparat wird in allen Fällen empfohlen, wo man eine Autointoxikation vom Darm aus vermutet (Mertinet, Combe), sowie als Prophylaktikum gegen Appendizitis (Kotschi). Bei membranöser Enteritis ist es nicht zu empfehlen, bei schleimiger Enteritis ist es nutzlos (Combe).

Literatur: Mertinet, Presse médicale, 18, 1906. — Kotschi, Reichsmedizinalanzeiger, 23, 1906. — Löbl, Therap. d. Ggw., 3, 1907. — Strzyzowski, Therap. Monatsh., 10, 1907. — v. Kern, Zeitschr. f. klin. Med., 1/3, 1909. — Combe, Med. Klin., 19, 1909.
Fabr.: Barkowski-Berlin. — Hygien. Laborat. Wilmersdorf, — Lab. f. Therapie, Dresden. — Raupenstrauch, Wien II. — Fragner-Prag.
Preis: Sch. f. 20 Port. Mk. 2,—. 10 g Mk. 3,—. Tabl. 36 Tabl. Mk. 3,—. 1 Röhre (f. 1 Woche) K. 2,50.

V. Fettpräparate.

Dieselben erscheinen besonders bei Kachexien angezeigt und sind bei Herz-, Leber- und Nierenkranken kontraindiziert.

Gadiol, ein neues Lebertranpräparat, das durch Zusatz von ätherischen Ölen bekömmlicher und auch im Sommer haltbarer sein soll als der gewöhnliche Lebertran (Bruck).
Literatur: Bruck, Med. Klin., 256, 1913.
Fabr.: Vial & Uhlmann, Frankfurt a. M.
Preis: Fl. 250 g Mk. 2,25.

Morrhuol, Gaduol, ist ein aus dem Lebertran gewonnener, Phosphor, Jod und Schwefel enthaltender Körper, der das wirksame Prinzip darstellen soll. Es ist eine braune Flüssigkeit von 0,93 spezifischem Gewichte und wird an Stelle des Lebertrans in Dosen von 0,2—0,5 g in Kapseln, 4 mal täglich verabreicht (Arends).
Literatur: Arends, Neue Heilmittel etc., Berlin 1905.
Fabr.: E. Merck, Darmstadt.
Preis: Tabl. à 0,02 K. 2,—.

Olintal ist eine mit 0,5% Menthol und 0,5% Kampfer versetzte flüssige Myrrhenseife, die angenehm riecht, alkalisch reagiert, wasserunlöslich ist und intern wie extern bei Phthise und Diphtherie gebraucht wird (Schenk). Man gibt intern Erwachsenen 4 mal täglich 1 Eßlöffel voll in einem Glase Zuckerwasser, Kindern 20—50 Tropfen auf Zucker oder in Zuckerwasser und zum Inhalieren oder Gurgeln $1/2$ Teelöffel voll auf 1 Glas Wasser. Bei Kindern, die nicht gurgeln können, verwendet man es in Sprayform.
Literatur: Schenk, Zentralbl. f. inn. Med., 32, 1910.
Fabr.: Apotheker v. d. Driesch, Aachen.
Preis: Fl. 100 g Mk. 1,25.

Ossin Stroschein, ein Ölalbuminat des Lebertrans, stellt eine lösliche, homogene, vollkommen geruchlose und leicht resorbierbare sirupdicke Flüssigkeit von süßlichem, nicht unangenehmen Geschmacke und schwachsaurer Reaktion dar, welche sich auch dem Aussehen nach von reinem Lebertran unterscheidet. Ossin ist leicht emulgierbar und unbegrenzt haltbar, auch sind kleinere Dosen als wie beim gewöhnlichen Lebertran erforderlich (Aufrecht). Das Ossin wird aus den löslichen Bestandteilen frischer Hühnereier, direkt importiertem Lofoten-Dorsch-Lebertran, Zucker und Menthol hergestellt, welch letzterer Zusatz, durch seine antifermentative Wirkung, seinen Geruch und Geschmack für das Präparat von großem Vorteil ist (Klautsch). Es findet bei Rachitis und Skrophulosis in Dosen von 1 Teelöffel 3 mal täglich, $1/2$ Stunde vor der Mahlzeit gereicht, erfolgreiche Verwendung (Goldmann). Nebenerscheinungen fehlen vollständig.
Literatur: Aufrecht, Deutsch. Medizinalztg., 49, 1901. — Goldmann, Zentralbl. f. Kinderheilk., 9, 1904. — Klautsch, Repertör. d. prakt. Med., 1, 1905.
Fabr.: J. E. Stroschein, Berlin.
Preis: Fl. 100 g Mk. 0,75. K. 1,25.

Rachisan, ist ein sehr kunstvoll zusammengesetztes Mittel, welches Lebertran, freie Fettsäuren, Jod, Lecithin, Nukleine, eine Eisen-Mannit-Eigelbverbindung, Glyzerin, Alkohol, Wasser und 0,05% Phosphor enthält und als Ersatzmittel des Phosphorlebertrans bei Rachitis verwendet wird (Weißmann, Lungwitz, Wahle, Scharff). Man gibt täglich dreimal 10 g.
Literatur: Weißmann, Zentralbl. f. inn. Med., 21, 1908. — Lungwitz, Therap. d. Ggw., 3, 1908. — Wahle, Therap. Rundsch., 43, 1908. — Scharff, ebendort, 48, 1908.
Fabr.: Degen & Kuth, Düren.
Preis: Fl. 350 g Mk. 3,—.

Organtherapie.

Die Organtherapie in der weitesten Fassung des Begriffes greift auf Jahrtausende zurück und ging von der Vorstellung aus, ein krankgewordenes

Organ durch Zuführung des betreffenden gesunden zu heilen. Mit diesen Vorstellungen hat natürlich die Organtherapie, so weit sie auf wissenschaftlicher Basis beruht, nichts zu tun. In diesem Sinne geht sie zurück auf die Beobachtung Brown Sequards (1890), daß der Hoden junger, kräftiger, potenter Tiere imstande sei, dem alternden Organismus in geistiger und körperlicher Hinsicht gewissermaßen Jugendkräfte zu verleihen. Brown Sequard entwickelte auch als erster die Theorie von der inneren Sekretion gewisser Organe, die er mit seiner eben erwähnten Beobachtung im Einklang zu bringen suchte und seither sind die Begriffe Organtherapie und innere Sekretion eng miteinander verknüpft und stehen wohl auch in einem Abhängigkeitsverhältnis. Ausgehend von der erwähnten Beobachtung stellt Brown Sequard die Theorie auf, daß jedes Organ außer seiner nach außenhin erfolgenden Sekretion auch eine innere Sekretion besitzt. Für eine ganze Reihe von Organen blieb diese Anschauung bis heute hypothetisch, sie ist dagegen erwiesen bei den sog. Drüsen mit innerer Sekretion, den Drüsen ohne Ausführungsgang. Aus diesen kann man meist wirksame Extrakte isolieren, die bestimmte physiologische Wirkung äußern, und man schloß daraus, daß diesen Extrakten auch als physiologischen Sekretionsprodukten die gleiche Rolle zukomme. Dabei handelt es sich aber nicht um Stoffe, die an Ort und Stelle wirken, sondern die erst in die Blutbahn übertreten, vom Orte ihrer Entstehung aufbrechen und weiter wandern und an einem vom Orte ihrer Entstehung entfernten Organ ihre Wirkung entfalten. Starling bezeichnet diese Stoffe als Hormone ($\dot{o}\varrho\mu\acute{a}\omega$ ich erwecke, errege). Eine auffällige Beobachtung ist es, daß die Drüsen mit innerer Sekretion meist dualistische Organe darstellen (Alfred Kohn) und daß immer die eigentliche Drüse mit innerer Sekretion vom Bau des Epithelkörpers vergesellschaftet ist mit einem andern damit eng verbundenen Organ. Aber gerade aus dem nicht drüsigen Anteil konnten fast in allen Fällen die wirksamen Stoffe isoliert werden, so das Adrenalin aus dem Mark der Nebenniere, Pituitrin aus dem Infundibularteile der Hypophyse, das Thyreoidin aus dem nicht drüsigen Anteil der Schilddrüse usw. Eben aus diesem Grunde vermutete man, daß die sog. Organextrakte identisch sind mit den wirksamen Stoffen der betreffenden Drüsen, daß ihr Übertritt in die Blutbahn zu den physiologisch notwendigen Vorgängen gehöre und daß ihr Wegfall die Ursache vieler schwerer Ausfallserscheinungen darstelle. Man suchte daher durch Zufuhr der betreffenden Organe die in Wegfall gekommene Organfunktion zu ersetzen. Es unterliegt jedoch heute keinem Zweifel mehr, daß nicht der sezernierende Teil der dualistischen Organs das lebenswichtige Organ darstellt, sondern daß in dieser Hinsicht gerade dem anderen Teil, der eigentlichen Drüse, dem Epithelkörper, die größte Bedeutung zukommt. Dies gilt für die Nebennierenrinde, für die Parathyreoidea, für die Neurohypophyse usw. Zweifellos bestehen zwischen den beiden Anteilen der dualistischen Organe innere Beziehungen, doch gerade diese bedürfen noch weitestgehender Aufklärung.

Die Ausfallserscheinungen, die bei Störung der inneren Sekretion beobachtet werden, können zweierlei Ursachen haben. Es kann das „innere Sekret" der betreffenden Drüse entweder selbst auf den normalen Ablauf des Stoffwechsels aktiven Einfluß nehmen, es kann aber andersseits auch dazu dienen, das giftige Sekret anderer Drüsen zu entgiften und dadurch ein Gleichgewicht zu erhalten. So scheinen mehrfache Wechselbeziehungen zwischen den einzelnen Drüsen mit innerer Sekretion zu bestehen. Wir kommen hierauf bei Besprechung der einzelnen Organpräparate noch zurück.

Ohne Rücksicht auf die Funktion der inneren Sekretion (direkte oder indirekte entgiftende Wirkung) hat sich nun die Organtherapie im wahren Sinne des Wortes als eine Substitutionstherapie ausgebildet, mit dem einzigen Ziele „die in Wegfall gekommene Funktion durch Zufuhr des betreffenden

Organs zu ersetzen". Die Organe, die hiebei hauptsächlich in Frage kommen sind die Drüsen mit innerer Sekretion.

Wollen wir gleich aus den bisherigen diesbezüglichen Erfahrungen ein Resumée ziehen, so müssen wir sagen, daß mit geringen Ausnahmen die Organtherapie als Substitutionstherapie fast vollkommen versagte. Man beschränkte sich nicht allein auf die Drüsen mit innerer Sekretion, sondern hat, ausgehend von der Vermutung Brown Sequards, daß jedes Organ außer der äußeren noch eine innere Sekretion besitze, fast aus allen Organen des tierischen Organismus „Organpräparate" dargestellt. Man kann wohl sagen, daß bisher bloß die Schilddrüse den Erwartungen entsprochen hat.

Alle diese Untersuchungen haben aber trotzdem großen Wert erlangt, insofern als sie zur Entdeckung einer Reihe pharmakologisch wirksamer Stoffe führten, als deren Typus wir zunächst nur das Adrenalin und das Pituitrin erwähnen wollen. Die Wirkung dieser Stoffe ist eine äußerst vielseitige und man kam deshalb bald dazu, statt der Organe selbst die Organsäfte therapeutisch zu verwenden (Opotherapie).

Die auf diese Weise gewonnenen Heilmittel sind wertvoll und unentbehrlich geworden, sie sind vielleicht auch imstande, gewisse Symptome, die beim Wegfall der betreffenden Drüsen in Erscheinung treten, wirksam zu bekämpfen, sie sind aber weit davon entfernt, für die verlorengegangene Funktion Ersatz zu bieten, bzw. die Ausfallserscheinungen irgendwie zu heilen. Es ist daher vollkommen unberechtigt, derartige aus Organpräparaten gewonnene Stoffe bei der Besprechung der Organpräparate zu behandeln. Ihr Wirkungsgebiet liegt anderweitig und soll auch bei den betreffenden Kapiteln abgehandelt werden. So stellt das Adrenalin heute kein Ersatzmittel für verlorengegangene Nebennierenfunktion dar, wohl aber ein äußerst wertvolles Arzneimittel für die therapeutische Beeinflussung von Herz- und Kreislaufstörungen. Ähnliches gilt vom Pituitrin, das nicht bei Hypophysenerkrankungen, wohl aber in der Gynäkologie zu großer Bedeutung gelangt ist.

Bleibenden Wert als Organpräparate haben im Sinne der Organtherapie als Substitutionstherapie eigentlich nur die Schilddrüsenpräparate erlangt, denn nur bei diesen ist man irgendwie berechtigt, von erfolgter Heilung zu sprechen. Im folgenden ist daher den Schilddrüsenpräparaten auch der erste Platz eingeräumt. Der Vollständigkeit halber folgen sodann die übrigen Organe, bei denen von einer Störung der inneren Sekretion gesprochen werden kann und die aus diesem Grunde daher auch als Organpräparate in den Handel gebracht wurden.

---

1. Schilddrüse. Für die Organtherapie der Schilddrüse im Sinne einer Substitutionstherapie muß als oberster Grundsatz gelten, daß keineswegs alle Schilddrüsenerkrankungen der Organtherapie zugänglich sind, sondern daß dadurch oft entgegengesetzte Wirkung erzielt werden kann. Wohl keine Organtherapie gebietet bei der Verordnungsweise und ganz besonders bei der Überwachung der therapeutischen Wirkung derartige Vorsicht wie das Schilddrüsenpräparat.

Wir müssen uns bei dieser Therapie an den Grundsatz halten, daß die Schilddrüsenstoffe spezifische Heilmittel für alle jene Krankheitszustände bilden, welch durch ein Fehlen oder ungenügende Funktion der Schilddrüse entstanden sind. Die Schilddrüsentherapie basiert auf den Experimenten Vassales, die ergaben, daß Zufuhr von Schilddrüsensubstanz imstande ist, die Ausfallserscheinungen, die nach Schilddrüsenexstirpation in Erscheinung treten, zu beseitigen. Die spezifische Wirkung der Schilddrüsenpräparate ist zweifellos in direktem Zusammenhang mit deren Jodgehalt. Das Jod kommt in der Schilddrüse an Eiweiß

Organtherapie. 211

gebunden vor und findet sich in der kolloiden Masse, die die geschlossenen Follikel der Drüse erfüllen. Dieses Schilddrüsenkolloid ist nach Oswald ein Gemenge von zwei Eiweißkörpern, Thyreoglobulinen. Der eine Eiweißkörper ist jodhaltig; durch Kochen mit Salzsäure spaltet sich derselbe ab. Es ist das der von Baumann als Thyreoidin und später als Jodothyrin bezeichnete Körper. Nach Oswald ist dieses ein besonderer Atomkomplex im Jodthyreoglobulin, dem großen Eiweißmolekül der Schilddrüse, nach v. Fürth dagegen stellt es ein durch die Säurewirkung bei der Darstellung aus dem Jodeiweiß der Schilddrüse entstandenes melanoidinartiges Kondensationsprodukt dar. Die Wirkung des Jodthyreoglobins ist von seinem Jodgehalte abhängig. Der zweite Eiweißkörper der Schilddrüse ist jodfrei und phosphorhaltig und besitzt den Charakter eines Nukleoproteids. Dieser soll bei Besprechung der Organtherapie des Morb. Basedowii Erwähnung finden.

Die Schilddrüsentherapie ist zunächst indiziert bei einer Reihe von Krankheiten, welche durch ein Fehlen oder durch ungenügende Funktion der Schilddrüse entstanden sind. Es sind dies vor allem die Kachexia strumipriva, bei der die Schilddrüsentherapie prophylaktisch große Dienste leistet. Die ununterbrochene Zufuhr von Schilddrüsenpräparaten per os kann das Auftreten der Kachexie verhindern und den vollständigen Ausfall der Schilddrüse vollgültig auf Jahre und Jahrzehnte ersetzen. Aussetzen der Schilddrüsentherapie, auch nur für einen Tag, kann zum sofortigen Auftreten der Krankheitserscheinungen führen. Ebenso erfolgreich war die Schilddrüsentherapie beim Myxödem, ganz besonders beim infantilen Myxödem sowie beim Kretinismus, wobei nicht nur die Symptome der Erkrankung allmählich schwanden, sondern auch das Längenwachstum deutlich gefördert wurde. Ein weiteres Indikationsgebiet stellt der als Hypothyreosis bezeichnete Krankheitszustand dar.

Im Vordergrund der physiologischen Wirkung des Jodothyrins und aller Schilddrüsenpräparate überhaupt steht die Beeinflussung des **Stoffwechsels.** Diese äußert sich in einer starken Zunahme des Eiweißverbrauchs. Es wird das Organeiweiß angegriffen und auch bei reichlicher Zufuhr von Fett und Kohlehydraten kommt es zu sichtlicher Abmagerung. Nur durch entsprechend reichliche Zufuhr von Eiweiß kann hier ein Gleichgewichtszustand geschaffen werden. Gleichzeitig mit dem Eiweißzerfall kommt es auch zu ausgedehntem Fettschwund und zu vermehrter Flüssigkeitsausfuhr, welcher Faktor namentlich bei myxödematösen und fetten Personen zu einem Gewichtsverlust von mehreren Kilo per Woche Anlaß geben kann. Diese Wirkungen führten zur Anwendung der Schilddrüsenpräparate als Entfettungsmittel. Ihre Erfolge sind besonders in jenen Fällen eklatant, wo die Adipositas konstitutionellen Ursprungs ist, weniger bei Personen, bei denen sie durch Überernährung und sitzende Lebensweise hervorgerufen ist. In allen Fällen jedoch stellt Schilddrüsenbehandlung ausschließlich zum Zweck der Abmagerung eine gefährliche therapeutische Maßnahme dar, eben wegen der starken Einschmelzung des Organeiweißes und es erscheint hier besonders wegen der gefährlichen Nebenwirkungen von seiten des Herzens, wegen Glykosurie und neurasthenischer Zustände große Vorsicht und Kontrolle des Arztes geboten.

Die für therapeutische Zwecke in Betracht kommenden Schilddrüsenpräparate sind entweder getrocknete Schilddrüsen von Schafen oder Kälbern oder flüssige und trockene Extrakte (Pulver und Tabletten), schließlich das Jodothyrin selbst, meist in Mischung mit Zucker.

Kontraindiziert erscheinen alle Schilddrüsenpräparate bei den mit **Hyperthyreoidismus** einhergehenden Krankheitssymptomen, also vor allem bei **Morbus Basedowii.** Bei dieser Krankheit steht gewiß auch die Schilddrüse im Mittelpunkte der Krankheitsursache. Es handelt sich um eine Funktionsanomalie der Schilddrüse und zwar im Sinne einer Funktions-

14*

zunahme. Die Schilddrüse ist vergrößert, die Sekretion gesteigert und es treten daher alle jene Erscheinungen auf, die wir auch durch Jodothyrinzufuhr auslösen können, jene Symptome, die wir als Zeichen des erhöhten Reizzustandes des Sympathikus ansehen können: Exophthalmus, Tachykardie, gesteigerte vasomotorische Erregbarkeit, vermehrte Schweißsekretion, vermehrte Wärmebildung. Als weiterer Beweis für die gesteigerte Funktion und Sekretion der Schilddrüse kann die Steigerung des Stoffwechsels angesehen werden, die Abmagerung der Basedowkranken, anderseits gesteigertes Längenwachstum etc. und ganz besonders die ausgezeichneten chirurgischen Erfolge, die durch Verkleinerung des Drüsenvolumens, sowie durch Einschränkung der Blutzufuhr, die Schilddrüsensekretion einschränken und damit auch die geschilderten Symptome der gesteigerten Schilddrüsensekretion beseitigen.

Aus all diesen Gründen erscheint selbstverständlich beim Morbus Basedowii die Therapie mit den erwähnten Schilddrüsenpräparaten vollkommen kontraindiziert. Die Mißerfolge der organtherapeutischen Versuche mit Schilddrüsen bei Basedowikern und die dabei eingetretene Verschlimmerung sind hiefür die beste Bestätigung. Schilddrüsentherapie beim Hyperthyreoidismus konnte sich nur beschränken auf die Zufuhr des oben erwähnten jodfreien phosphorhaltigen Nukleoproteids des Schilddrüsenkolloids, das nach den Versuchen von Tschikste an der Klinik Kocher nach subkutaner Zufuhr sichtliche Besserung der Basedow-Symptome hervorrufen soll.

Es besteht ferner die Annahme, daß das Serum thyreopriver Individuen Giftstoffe enthält, welche die Krankheitserscheinungen auslösen und man dachte daran, dieses Serum zu verwenden, um die beim Hyperthyreoidismus vor sich gehende Steigerung der spezifischen Sekrete zu paralysieren. Auf dieser Annahme basiert die Serumtherapie des Morbus Basedowii. Ein solches Serum, das von thyreoidektomierten Hammeln stammt, ist das Antithyreoidin Moebius. Ein Produkt, das ähnlichen therapeutischen Zwecken dient, ist die Milch von thyreopriven Ziegen und ein aus dieser Milch dargestelltes Dauerpräparat, das Rodagen. Die Darstellung dieser Präparate basiert auf der Annahme, daß das Gift aus dem Blut der thyreopriven Individuen auch in die Milch übergeht. Schließlich sei erwähnt, daß auch Thymus (s. d.) zur Therapie des Morbus Basedowii verwendet wurde.

Gründlich verschieden von Ausfallserscheinungen nach Schilddrüsenexstirpation sind diejenigen, die nach Entfernung der Glandulae parathyreoidae (Epithelkörperchen) auftreten. Erkrankungen derselben sowie ihre Exstirpation und ihre Mitentfernung bei Kropfexstirpationen ist die Ursache der Tetanie (Tetania parathyreopriva) und bildet als solche die Grundlage einer Organtherapie dieser Krankheit.

Transplantationen von Epithelkörperchen haben bei der Tetanie zu günstigen Erfolgen geführt und man versuchte daher auch eine Substitutionstherapie bei Erkrankungen der **Glandulae parathyreoldeae** durch Zufuhr des Organs oder von Extrakten desselben. Die Erfolge stehen weit hinter den bei der Schilddrüsentherapie zurück. Bessere Erfolge als mit Parathyreoidpräparaten hat man durch Verabreichung von Schilddrüsenpräparaten erzielt, ohne daß man bisher eine Erklärung dafür angeben konnte. Zu den ätiologischen Momenten der Tetanie wurde auch der Kalkstoffwechsel in Beziehung gebracht, der durch die Störungen der inneren Sekretion der Glandulae parathyreoidae pathologische Veränderungen erfahren soll. Diesbezügliche Untersuchungen, die allerdings bisher zu keinen übereinstimmenden Resultaten führten und die Frage noch als unentschieden gelten lassen müssen, führten dazu, bei der Tetanie Kalksalze therapeutisch zu verwerten. Es wurde milchsaures und essigsaures Kalzium in 5%iger Lösung intravenös, subkutan und per os einverleibt und danach Verschwinden der Symptome der parathyreopriven Tetanie im Experimente beobachtet.

Die günstige Wirkung der Kalksalze bei Tetanie können wohl ihrer allgemein sedativen Wirkung bei Krämpfen zugeschrieben werden, Erfahrungen, die wir besonders den Untersuchungen der Schule H. H. Meyers verdanken. Die Notwendigkeit der Annahme eines ursächlichen Zusammenhangs der Tetanie mit Anomalien des Kalkstoffwechsels erscheint somit nicht gegeben.

Schilddrüsenpräparate:

a) **Thyreoidin,** getrocknete Schilddrüsensubstanz, ist ein grobes, graugelbes, eigentümlich riechendes Pulver, das an Stelle der frischen Schilddrüsensubstanz verwendet wird.

Wirkung: Die Schilddrüsendarreichung kann einerseits den Mangel der Funktion der Schilddrüse ersetzen, anderseits eine schnelle Verkleinerung der hypertrophischen Drüse herbeiführen (Sacchi). Der Schilddrüsenextrakt erwies sich als starkes Stimulans für den Stoffwechsel und vermehrt alle Ausscheidungen der Kranken, insbesondere die Wasser- und Kohlensäureausscheidung (Easterbrook). Bei der Behandlung der Struma mit Thyreoidin bilden sich namentlich die weichen Formen, die einfachen Hyperplasien, Adenome und Kröpfe der Pubertätsjahre zurück, während die festen Kröpfe unbeeinflußt bleiben (Angerer). Vor Rezidiven schützt aber die Kur nicht. Bei Fettsucht schwindet unter Schilddrüsenanwendung der Panniculus zunächst am Halse, dann am Thorax, am spätesten am Abdomen und den unteren Extremitäten. Die erzielte Abnahme des Körpergewichtes kann bis zu $1^1/_2$ kg per Woche betragen (Hiebl), doch soll sie derart geregelt werden, daß sie in 14 Tagen $1/_2$ kg nicht übersteigt (Briquet). Bewunderungswürdige Erfolge lassen sich in der Behandlung des endemischen Kretinismus erzielen. Zunächst tritt Steigerung des Längenwachstums, Verlust des schwammigen, gedunsenen Aussehens, der kretinischen Physiognomie und des Kropfes ein, später Besserung des Allgemeinbefindens, Hebung des Appetits, der geistigen Regsamkeit und des Sprech- und Hörvermögens (v. Wagner-Jauregg). Von vielen Autoren wurden in 20—50% der Fälle nach Thyreoidingebrauch alimentäre Glykosurie nachgewiesen, was Mawin nur für seltene Fälle zugibt.

Nebenwirkungen: Am häufigsten werden nach Thyreoidingebrauch Pulsbeschleunigung (über 120 in der Minute), mäßige Temperaturerhöhung, reichliche Transpiration, Tremor der Arme, nicht unbeträchtliche Abmagerung (Haškovec, Stabel) und vermehrte Diurese (Weiß), seltener Schwindel, Kopfschmerzen, Herzklopfen, Müdigkeit, ziehende Schmerzen und geringer Appetit (Angerer, Preisach, Hiebl, Wagner), vereinzelt Hautjucken, Diarrhoen, Speichelfluß, Urtikaria (Ebstein), vorübergehend Erbrechen (v. Eysselt), endlich sexuelle Impotenz (Rivière) beobachtet. Einmal trat nach mehrmonatlichem Gebrauche eine Psychose auf, die nach Aussetzen des Mittels wieder schwand (Ferrarini) und zweimal eine Neuritis optica (Coppez, Albertsberg). Die gastrischen Beschwerden nach Genuß frischer Drüsensubstanz lassen sich mit Sicherheit auf die leichte Fäulnis derselben zurückführen (Stabel).

Indikationen: Die Schilddrüsentherapie erwies sich von sehr großem Nutzen bei Struma (Haškovec, Angerer, Stabel, Sacchi, Blum, Jaenicke) und bei Myxödem (Hager, Wagner, Bramwell, Mazzo, Gordon, Barabia, Pikowsky, Knöpfelmacher, Christiani, Haenel, Levi und Rothschild u. a.), weiter bei angeborenem Blödsinn, sporadischem (Alt) und endemischem Kretinismus (v. Wagner-Jauregg, v. Eysselt). Nutzlos war sie bei Morbus Basedowii (Stabel). Vielseits findet Thyreoidin Empfehlung zur Behandlung der Fettleibigkeit (Leichtenstern und Wendelstädt, Hager, Hiebl, Biquet, Rheinboldt, Mladejowski, Lorand, Stern, v. Eysselt, Wagner, Pariser, Richter). Zu unbefriedigenden Resultaten kam hiebei u. a. Ebstein, der nachwies, daß die Gewichtsabnahme inkonstant war, manchmal ganz ausblieb und nicht nur Fett- sondern auch

Eiweißverlust erfolgte. Vereinzelt wird das Präparat noch empfohlen in Dosen von 0,6—1,2 g pro die bei puerperaler Eklampsie (Nicholson, Fothergill, Baldowsky), bei Tetanie (Preisach), bei chronischem, unheilbarem Irresein (Easterbrook), bei schmerzhafter Dysmenorrhöe (Stinson), beim Pruritus der Ikterischen (Gilbert und Herscher), bei Dyspepsien Tuberkulöser, bei welchen gewöhnlich eine Atrophie der Schilddrüse nachweisbar ist (Allaria), selbst bei Arteriosklerose, wo es anderen Mitteln überlegen sein soll und dem Nitroglyzerin vorzuziehen ist (Starr). Gute Erfolge wurden durch Oophorektomie und Thyreoideadarreichung erzielt bei Mammakarzinom (Edmunds, Beatson) und durch letztere allein bei Uteruskarzinom (Beaver), ferner bei inoperablem Karzinom der Haut und des Unterhautzellgewebes, wobei Jones Besserung des Allgemeinbefindens und Verschwinden der Neubildung beobachtete. Nach seiner Vorstellung wird durch den gesteigerten Eiweißstoffwechsel die Lebensdauer der Karzinomzelle verkürzt und durch die Förderung fibröser Bindegewebszellen-Neubildung der Karzinomzelle der günstige Boden für die Weiterentwicklung entzogen. Diesing berichtet über günstige Erfolge bei Magenkarzinom. Weiter findet das Thyreoidin Anwendung bei abnormen menstruellen Blutungen in der Zeit der Menopause (Perlsee), bei Enuresis (Comby), bei asthmatischen Erscheinungen (Levi und Rothschild), bei Dementia praecox (Levison) und bei Sklerodermie (Roques). Sehr günstige Erfolge wurden bei Erbrechen der Schwangeren erzielt (Siegmund, Koreck). Zur Bekämpfung der Serumkrankheit verwendet es Hodgson. Er reicht mit oder nach der Seruminjektion bei Diphtherie je nach dem Alter des Kindes 0,075—0,3 g in 4—6 Dosen. Auch pathologische Veränderungen der Mamma und der Milz wurden günstig beeinflußt (Jaenike). Das Heufieber tritt unter Gebrauch von Schilddrüsentabletten milder auf (Heymann).

Kontraindikationen sind hohes Alter, Arteriosklerose, Albuminurie und Glykosurie (Weiß). Ferner ist die Darreichung zu meiden bei stillenden Frauen, da beim Säugling bald Zeichen von Thyreoidinvergiftung auftreten (Bramwell). Mäßige Grade von Herzinsuffizienz bilden keine Gegenanzeige.

Dosierung: Die Schilddrüse wurde anfänglich häufiger in frischem Zustande gegeben und zwar 3—5—10 g rohe Schafsschilddrüse pro die und den Trockenpräparaten vorgezogen (Angerer, Hager, Stabel, Cunningham). Heute hingegen ist wohl die Verwendung der Trockenpräparate (Tabletten von Burroughs, Wellcome und Co., Merck, Armour und Co., Poehl, Bayer und Co.) die allgemein übliche (Magnus-Levy, Hiebl, Mawin, Jaenike, Briquet). Den wirksamen Bestandteilen einer ganz frischen Schilddrüse mittlerer Größe entsprechen ungefähr 0,4 g Thyreoid. siccatum. Die Maximaldosis pro die beträgt 5 Tabletten, doch findet man mit viel kleineren Dosen das Auslangen. Die Darreichung darf nur unter ärztlicher Kontrolle und nicht kontinuierlich erfolgen. Bei Eintritt von Kumulationserscheinungen, als deren sicherstes Zeichen die Pulsbeschleunigung anzusehen ist (100—110 Pulse), ist von der weiteren Darreichung Abstand zu nehmen (Pariser). Es erscheint zweckmäßig, nach 1 Woche eine Pause von 3—4 Tagen einzuschalten (Weiß). Subkutan gibt man das Präparat nur ausnahmsweise, wenn die Darreichung per os nicht möglich ist und eignet sich hiefür am besten das Thyreoidin. depuratum Notkin. Bei Myxödem und Kretinismus kann man kleine Dosen (alle zwei Tage, später täglich 1 Tablette (Merck) à 0,1 g oder $^1/_2$ englische Tablette à 0,324 g Schilddrüsensubstanz) jahrelang verabfolgen (v. Wagner-Jauregg, v. Eysselt). Bei Erbrechen der Schwangeren reicht man das Präparat einige Stunden vor den schlimmsten Brechzeiten auf leeren Magen und zwar morgens um 5 oder $^1/_2 6$ Uhr im Bette, dann um 9 Uhr und eine halbe Stunde vor dem Mittag- und Abendessen. Bei Beginn der Kur sind größere Dosen notwendig, speziell die Morgendosis soll nicht unter 0,3 g betragen (Siegmund). Bei Fettsucht gibt Mladejowsky Pillen, welche pro Stück 0,05 g Thyreoidin - Merck, 0,5 g Theobromin. natriosalicyl, 0,0025 g Podophyllin, 0,025 g Chinin. hydrochlor. und 0,005 g Extract. Cascarae Sagradae enthalten. Man reicht morgens auf nüchternen Magen 3—6 Stück und läßt kurze Zeit darauf ein alkalisches Wasser trinken (Lorand). Bei jugendlicher Adipositas verordnet Stern zur Vermeidung von Nebenwirkungen täglich 3—4 Pillen folgender Verschreibung: Natr. Kakodylici 0,0005, Adonidin. 0,002, Glandular. thyreoid. sicc. pulv. 0,05, tal. dos. Nr. 50. — Ein Mittel zur Verhütung des Thyreoidismus ist die Solutio Fowleri, deren Darreichung mit jeder Schilddrüsenkur kombiniert werden sollte (Rivière). Ewald verordnet zu gleichem Zwecke 2—6—8 mg Acid. arsenicos. p. die.

Literatur: Leichtenstern u. Wendelstädt, Deutsch. med. Wochenschr., 50, 1895. — Haškovec, Wien. med. Wochenschr., 43/44, 1895. — Hager, Deutsch. Ärzteztg., 1, 1896. — Preisach, Zentralbl. f. inn. Med., 2, 1896. — Angerer, Münch. med. Wochenschr., 4, 1896. — Stabel, Berl. klin. Wochenschr., 5, 1896. — Sacchi, Riform. med., 47/49, 1896, rf. Zentralbl. f. inn. Med., 34, 1896. — Magnus-Levy, Deutsch. med. Wochenschr., 31, 1896. — Hiebl, Wien. med. Presse, 37, 1897. — Mawin, Berl. klin. Wochenschr., 52, 1897. — Easterbrook, Lancet, August 1898, rf. Zentralbl. f. inn. Med., 14, 1899. — Cunningham, rf. ebendort, 32, 1898. — Weiß, Wien. med. Wochenschr., 41, 1898. — Ebstein, Deutsch. med. Wochenschr., 1/2, 1899. — Ewald, Therap. d. Ggw., 9, 1899. — Blum, Zentralbl. f. inn. Med., 18, 1899. — Bramwell, ebendort, 42, 1899. — Ferrarini, Riform. med. 282, 1899, rf. ebendort, 16, 1900. — Rievière, in Nitzelnadels Therap. Jahrb., 193, 1899. — Wagner, Klin. Monatsblatt f. Augenheilk., 7, 1900. — Jaenicke, Zentralbl. f. inn. Med., 2, 1901. — Coppez, La Presse méd. Belge, 3, 1901. — Allaria, Rivista critica de clin. med. 3, 1902. — Briquet, Journ. de méd., 24, 1902, rf. Zentralbl. f. inn. Med., 43, 1902. — Stinson, Semaine médicale, 31, 1902, rf. in Mercks Jahresber., 1902. — Gilbert-Herscher, Presse médicale, 63, 1902, rf. in Mercks Jahresber., 1902. — Beatson, Brit. med. journ., Oktober 1902, rf. in Mercks Jahresber., 1902. — Beaver, ebendort, 2144, 1902, rf. in Mercks Jahresber., 1902. — Nicholson, ebendort, 2180, 1902, rf. in Mercks Jahresber., 1902. — Edmunds, Lancet, 4100, 1902, rf. in Mercks Jahresber., 1902. — Strasser, Arch. f. Derm. u. Syph., 1/2, 1903. — Fothergill, Medical chronicle, März 1903. — Starr, Med. Record, Juli, 1903, rf. in Mercks Jahresber., 1903. — Albertsberg, Klin. therap. Wochenschr., 26, 1903. — Baldowsky, Wratschebnaja Gazeta 1, 1904, rf. in Mercks Jahresber., 1904. — Bramwell, Deutsch. Medizinalztg., 7, 1904. — Alt, Münch. med. Wochenschr., 28, 1904. — v. Wagner-Jauregg, Wien. klin. Wochenschr., 30, 1904. — Mazzo, rf. in Mercks Jahresber., 1904. — Gordon, rf. in Mercks Jahresber., 1904. — Barabia, rf. in Mercks Jahresber., 1904. — Pikowsky, rf. in Mercks Jahresber., 1904. — Knöpfelmacher, Wien. med. Presse, 9, 1905. — Christiani, Semaine médicale, 10, 1905. — Haenel, Münch. med. Wochenschr., 33, 1905. — Rheinboldt, Berl. klin. Wochenschr., 24, 1906. — v. Wagner-Jauregg, Wien. klin. Wochenschr., 2, 1907. — v. Eysselt, Zentralbl. f. inn. Med., 8, 1907 (Ref.). — Heymann, Berlin. klin. Wochenschr., 13, 1907. — Perlsee, Prag. med. Wochenschr., 24, 1907. — Mladejowsky, Wien. med. Wochenschr., 22, 1907. — Levy u. Rothschild, Münch. med. Wochenschr., 33, 1907. — Roques, Annal. de derm. et de syphil., 7, 1910. — Eysselt v. Klimpelly, Wien. med. Wochenschr., 7—14, 1910. — v. Wagner, Wien. klin. Wochenschr., 11, 1910. — Lorand, Wien. med. Wochenschr., 14—15, 1910. — Stern, Berlin. klin. Wochenschr., 30, 1910. — Comby, Klin. therap. Wochenschr., 36, 1910. — Levy u. Rothschild, Gazette des hôpitaux, 58, 1910. — Levison, Hospitalstidende, 1116, 1910. — Siegmund, Zentralbl. f. Gynäk., 1349, 1910. — Pariser, Zeitschr. f. ärztl. Fortbild., 3, 1911. — Richter, Therap. Monatsh., 5, 1911. — Hodgson, Lancet, 373, 1911. — Jones, Brit. med. journ., 432, 1911. — Diesing, Med. Klin., 458, 1911. — Koreck, Deutsch. med. Wochenschr., 2035, 1912.

Fabr.: D. Freund u. Dr. Redlich, Berlin; Hof-Apoth. Dresden; Prof. Dr. v. Poehl & Söhne, Petersburg; Schwanen-Apoth. Köln.

Preis: Fl. 50 T. à 0,1 g Mk. 1,80. K. 2,20. à 0,2 g Mk. 2,40. K. 2,90. à 0,3 g Mk. 3,—. K. 3,60. à 0,5 g Mk. 4,20. K. 5,—. 4 Amp. à 2 ccm Mk. 4,—. K. 4,70.

b) **Thyrojodin,** Jodothyrin, ist der im Jahre 1895 von Baumann isolierte wirksame Bestandteil der Schilddrüse, der einen vollwertigen Ersatz derselben darstellt und vor dem frischen Präparate den Vorzug der exakten Dosierung und unbegrenzten Haltbarkeit besitzt. Das Präparat wird zwecks bequemerer Dosierung in Form einer Milchzuckerverreibung in den Handel gebracht und stellt in dieser Form ein feines, gelblichweißes Pulver mit Milchzuckergeschmack dar. In 1 g des Präparates sind 0,3 mg Jod enthalten, welche Menge dem durchschnittlichen Jodgehalte von 1 g frischer Hammeldrüse entspricht.

Wirkung: Die Stoffwechselversuche, welche von Treupel bei maligner Struma angestellt wurden, haben ergeben, daß nach Jodothyringebrauch die Harnmenge sowie die Quantität des gleichzeitig ausgeschiedenen Stickstoffes zunehmen und mit der gesteigerten Stickstoffausscheidung eine Körpergewichtsabnahme (auf Kosten des zerfallenden Körpereiweißes) verbunden sei. Aus diesen Befunden schließt er, daß das Jodothyrin tatsächlich der wirksame Bestandteil der Schilddrüse sei. Als weiteren Beleg dafür kann man die Tierversuche Hofmeisters ansehen, der durch Injektion schwacher, alkalischer Jodothyrinlösungen Tetanie beseitigte, welche nach totaler Thyreoidektomie aufgetreten war, während Jodnatrium die Tetanie unbeeinflußt ließ. Daß das Jodothyrin durch die Brustdrüsen stillender Frauen ausgeschieden wird, schließt Bang aus der günstigen Beeinflussung einer Struma bei einem säugenden Kinde.

Nebenwirkungen: Die gewöhnlich vorkommenden Erscheinungen seitens des Herzens und des Nervensystems dürften nach v. Vamossy und Vas in erster Linie auf den Ptomaingehalt des Präparates, die nach längerem, intensivem Gebrauche auftretenden Nebenwirkungen auf die plötzlichen Veränderungen des Stoffwechsels infolge des schnellen Abschmelzens eiweißhaltiger Substanzen und gesteigerter Fettverbrennung zurückzuführen sein. Im besonderen wurden nach Jodothyringebrauch beobachtet: Kopfschmerzen, Schwindelanfälle, Herzklopfen, Zittern, vorübergehende Albuminurie und Glykosurie (Hennig), weiter Verminderung der geistigen Kapazität, Schwäche, Müdigkeit, Vermehrung der Pulsfrequenz, Arhythmie, Erbrechen, Übelkeit, Erhöhung der Diurese und Abnahme des Körpergewichtes (Paschkis und Groß).

Indikationen: Das Jodothyrin wird mit Nutzen verwendet bei Myxödem (Magnus-Levy, Lanz, Ewald), bei idiopathischer Tetanie (Levy-Dorn), bei kretinischen Kindern (Quincke, Roos), bei Struma, insbesondere den parenchymatösen Formen, die schon nach wenig Tagen abnehmen, während die Zysten und kolloiden Partien unbeeinflußt bleiben (Roos, Lanz, Hennig, Mabille, Ewald), ferner bei Fettsucht (Grawitz, Hennig, Weiß, Ewald), bei Behandlung der Psoriasis (Roos, Paschkis und Groß) und der Arteriosklerose (Roos). Unbeeinflußt blieb die Basedowsche Krankheit. Negativen Erfolg bei Tetanie verzeichnet Notkin, bei Psoriasis Lanz.

Dosierung: Um die Nebenwirkungen des Jodothyrins zu paralysieren, empfahl Mabille und später Ewald Arsen in Form der Solut. Fowleri gleichzeitig mit dem Schilddrüsenpräparate zu verabfolgen. Die übliche Dosis des Jodothyrins beträgt 1,0—1,5 g, entsprechend 3—5 Tabletten à 0,3 g pro die, mit Unterbrechungen nach einigen Tagen zu verabreichen. Bei Obesitas sind manchmal höhere, manchmal, wenn die Abmagerung zu rasch eintritt, niedrigere Dosen angezeigt. Bei Strumabehandlung sind 1,5 g pro die erforderlich.

Literatur: Roos, Zeitschr. f. phys. Chemie, 1, 1896. — Levy-Dorn, Therap. Monatsh., 2, 1896. — Treupel, Münch. med. Wochenschr., 6, 1896. — Grawitz, ebendort, 14, 1896. — Hennig, ebendort, 14, 1896. — Baumann, ebendort, 17, 1896. — Hofmeister, Deutsch. med. Wochenschr., 22, 1896. — Magnus-Levy, ebendort, 31, 1896. — Paschkis u. Groß, Wien. klin. Rundsch., 36/39, 1896. — Notkin, Wien. klin. Wochenschr., 43, 1896. — Baumann u. Goldmann, Münch. med. Wochenschr., 47, 1896. — Lanz, Therap. Monatsh., 11, 1897. — Bang, Berl. klin. Wochenschr., 25, 1897. — v. Vamossy u. Vas, Münch. med. Wochenschr., 25, 1897. — Weiß, Wien. med. Wochenschr., 41, 1898. — Mabille, Bulletin de Therapeutique, 5, 1899. — Ewald, Therap. d. Ggw., 9, 1899. — Quincke, Deutsch. med. Wochenschr., 49/50, 1900. — Roos, Münch. med. Wochenschr., 39, 1902.
Fabr.: Farbenfabr. vorm. Fr. Bayer & Co., Leverkusen.
Preis: R. m. 20 St. à 0,2 g Mk. 3,50. K. 4,10.

c) **Thyraden,** Extract. thyreoideae (Haaf). Da die frische Schilddrüse nicht immer bequem zu haben ist, sich auch leicht zersetzt und dem Kranken bald Widerwillen einflößt, ging man zunächst an die Verwendung vorsichtig getrockneter Drüsen. Doch diese erzeugten öfters durch eintretende Zersetzung üblen Geruch und unangenehme Nebenwirkungen. Von C. Haaf jun. wurde nun eine verbesserte Methode der Extraktion der Schilddrüse angegeben, durch welche ein Extrakt gewonnen wird, der alle wirksamen

Bestandteile (sowohl das Thyreoantitoxin Fränkel, als auch das Thyreojodin Baumann) enthält und durch guten Geruch und Geschmack, Ungiftigkeit und gleichmäßige Wirksamkeit ausgezeichnet ist. Der Extrakt ist auf den doppelten Gehalt an frischer Drüse eingestellt (1 Teil Thryaden = 2 Teilen frischer Drüse) und kommt in Tabletten à 0,3 g in den Handel. Über günstige Resultate mit diesem Präparate berichten Stabel bei Struma parenchymatosa und Kretinismus, Zinn bei Fettsucht und Cnopf bei Schilddrüsenkachexie. Bei Benützung zu starker Dosen können Schwächegefühl in den Beinen, Blutandrang, Herzklopfen, Schlaflosigkeit, seltener Verdauungsstörungen auftreten. Die übliche Dosis beträgt 1,0—1,5—5,0 g = 6—9—30 Tabletten.
Literatur: Cnopf, Münch. med. Wochenschr., 22, 1897. — Zinn, Berl. klin. Wochenschr., 27, 1897. — Stabel, ebendort, 33/35, 1897.
Fabr.: Knoll & Co., Ludwigshafen.
Preis: Fl. m. 30 St. à 0,15 g Mk. 1,—. K. 1,25.

d) **Thyroglandin** ist ein Schilddrüsenpräparat, welches aus ausgewählten gesunden Drüsen durch Mazerieren in kaltem Wasser gewonnen wird. Hiedurch wird zunächst das lösliche Jodoglobulin extrahiert. Dieses gibt dann mit dem durch weiteres Verfahren eliminierten Thyrojodin das Thyroglandin. Dasselbe ist ein steriles Pulver, das in Kapseln oder Tabletten zu 0,2—0,3 g gegeben wird und von Mac Lennan mit Erfolg bei Adipositas versucht wurde.
Literatur: Mac Lennan, Brit. med. journ., Juli 1898, rf. Zentralbl. f. inn. Med., 38, 1899.

e) **Thyroprotein**, ein titriertes Extrakt, das in konzentrierter Form die wirksamen Bestandteile der normalen Schilddrüse enthält.
Jede Tablette wiegt 0,13 g und enthält Thyroprotein in 3 Stärken:
a) $1\% = 0,0013$ g
b) $2\% = 0,0026$ g
c) $5\% = 0,0065$ g
Fabr.: Parke, Davis & Co., London.
Preis: 50 Tabl. K. 7,—. 6 Amp. à 1 ccm K. 3,90. 12 Amp. à 1 ccm K. 7,—.

Thyreoidserum (Möbius), **Antithyreoidin** (Möbius) ist das Blutserum von Hammeln, denen man ca. 6 Wochen vor dem ersten Aderlaß die Schilddrüse exstirpiert hat. Behufs Konservierung ist dasselbe mit einem Zusatze von $0,5\%$ Karbolsäure versehen. Bei entsprechender Aufbewahrung ist es unbegrenzt haltbar.
Wirkung: Das Serum dient zur Bekämpfung des Morbus Basedowii. Von der Voraussetzung ausgehend, daß die Basedowsche Krankheit wirklich eine Vergiftung des Körpers durch die pathologisch funktionierende Schilddrüse ist, muß eine rationelle Therapie darin bestehen, entweder die krankhafte Sekretion einzuschränken oder das gebildete Gift zu neutralisieren. Die Einschränkung erreicht man durch Verkleinerung der sekretorischen Oberfläche (partielle Resektion), die Neutralisierung dadurch, daß man das im Blute Basedowkranker zirkulierende Gift unschädlich macht durch die Einverleibung eines Serums von Tieren, die man zuvor durch Entfernung der Schilddrüse myxödemartig krank gemacht hat, da man sich nach Möbius die Basedowsche Krankheit durch Hyper-, das Myxödem durch Dyssekretion der Schilddrüse entstanden denkt (Hempel). In dieser Erwägung hat Burghart und Blumenthal das Serum thyreoidektomierter Hunde eingespritzt und Lanz seinen Kranken die Milch entkropfter Ziegen zu trinken gegeben. Das Möbiussche Serum ruft Verkleinerung des Kropfes, Besserung des Allgemeinbefindens, Abnahme der Pulszahl und Zunahme des Körpergewichtes hervor (Möbius, Burghart und Blumenthal, Thienger). Der Exophthalmus blieb unbeeinflußt (Thienger). Über durchwegs günstige Resultate bei Morbus Basedowii berichten Schultes, Möbius, Rosenfeld, Jasionek, Adam, Burghart und Blumenthal, Boerma, v. Leyden,

Indemans, Peters, Dürig, Thienger, Alexander, Lomer, Christens, Morré, Eulenburg, Stein, Stransky, Schüler und Aronheim, Hager, Gevers Leuven, Mayer, Galli-Valeris und Rochaz, Laser und Ruhino, während Rattner nur bezüglich der psychischen Zustände und der subjektiven, nicht aber der objektiven Symptome Besserung eintreten sah und Heinze das Serum auf Grund seiner Erfahrungen bei Basedow für unwirksam erklärt. Mit Nutzen wurde das Mittel auch in Kombination mit Karlsbaderwasser verwendet bei Diabetes. Es verminderte die Glykosurie, besserte die Schlaflosigkeit und gestaltete das Allgemeinbefinden günstig (Lorand, Erben). Unter gleichzeitiger Phosphortherapie verwendete es Hoffmann bei Osteomalazie, Römheld mit sehr günstigem Effekte bei Jodbasedow.

Nebenwirkungen kamen selten zur Beobachtung, gewöhnlich nur nach größeren fortgesetzten Gaben und bestanden in heftigen Kopfschmerzen, Kreuzschmerzen, Mattigkeit, Übelkeit, Gedächtnisschwäche und im Wiederauftreten unregelmäßiger und beschleunigter Herzaktion (Dürig, Alexander).

Dosierung: Das Serum kommt in Gläsern mit 10 ccm Inhalt und in Tabletten à 0,5 = 10 Tropfen des flüssigen Präparates in den Handel. Anfangs versuchte es Möbius subkutan, erzielte aber damit keine befriedigenden Resultate, dagegen sah er bei interner Darreichung vielversprechende Erfolge. Er verordnete 5 g Serum jeden 2. Tag in 1 Eßlöffel voll Wein. (Antithyreoid. 5,0, Vin. Tokay 20,0, Aq. dest. 100,0.) Indemans empfiehlt die Anwendung ganz kleiner, allmählich steigender Dosen (3 mal täglich 5, später 10 Tropfen), während Alexander Dosen von 40 bis 50 g hintereinander verabfolgte, dann aussetzte und bei Wiederkehr der Symptome wieder 40 g gab, eventuell die Behandlung mit Kohlensäurebädern kombinierte.

Literatur: Burghart u. Blumenthal, Deutsch. med. Wochenschr., 38, 1899. — Möbius, Schmidts Jahrb., Bd. 273, 1, 1901. — Schultes, Münch. med. Wochenschr., 20, 1902. — Lanz, ebendort, 4, 1903. — Möbius, ebendort, 4, 1903. — Burghart u. Blumenthal, Therap. d. Ggw., 7, 1903. — Adam, Münch. med. Wochenschr., 9, 1903. — Rosenfeld, Deutsch. med. Wochenschr., 20, 1903. — Lorand, Entstehung d. Zuckerkrankh. etc., Berlin 1903. — v. Leyden, Med. Klinik, 1, 1904. — Jasioneck, Med. Woche, 37, 1904. — Hempel, Münch. med. Wochenschr., 1, 1905. — Thienger, ebendort, 1, 1905. — Boerma, Ärztl. Rundsch., 1, 1905. — Indemans, Deutsch. Medizinalztg., 1, 1905. — Peters, Münch. med. Wochenschr., 11, 1905. — Morré, Reichsmedizinalanz., 18, 1905. — Lomer, Münch. med. Wochenschr., 18, 1905. — Dürig, ebendort, 18, 1905. — Christens, Deutsch. Medizinalztg., 25, 1905. — Alexander, Münch. med. Wochenschr., 29, 1905. — Eulenburg, Deutsch. med. Wochenschr., 44a, 1905. — Stein, Wien. med. Wochenschr., 48, 1905. — Schüler, Deutsch. Medizinalztg., 83, 1905. — Aronheim, Wien. klin. Rundsch., 4, 1906. — Stransky, Wien. med. Presse, 10/11, 1906. — Hager, Münch. med. Wochenschr., 15, 1906. — Heinze, Deutsch. med. Wochenschr., 19, 1906. — Aronheim, Münch. med. Wochenschr., 32, 1906. — Gevers Leuven, ebendort, 32, 1906. — Mayer, ebendort, 49, 1906. — Rattner, Neurol. Zentralbl., 5, 1907. — Lorand, Therap. d. Ggw., 11, 1907. — Hoffmann, Zentralbl. f. Gynäk., 18, 1908. — Erben, Prag. med. Wochenschr., 36, 1908. — Galli-Valerio u. Rochaz, Therap. Monatsh., 364, 1909. — Römheld, Med. Klin., 49, 1910. — Laser, Münch. med. Wochenschr., 689, 1911. — Rubino, Berlin. klin. Wochenschr., 528, 1913.
Fabr.: E. Merck, Darmstadt.
Preis: Gl. m. 10 ccm Mk. 6,—. K. 7,50. R. m. 20 Tabl. Mk. 6,—. K. 7,50.

Degrasin ist ein Schilddrüsenpräparat von höchster Konzentration und Reinheit, welches bei Entfettungskuren ohne unangenehme Folgeerscheinungen mit Vorteil verwendet wurde (Rheinboldt).
Literatur: Rheinboldt, Zeitschr. f. klin. Med., 5/6, 1906.
Fabr.: D. Freund u. D. Redlich, Berlin.
Preis: Karton m. 40 Tabl. Mk. 4,—. K. 4,80.

Rodagen ist ein von entkropften Tieren, besonders Ziegen, durch Alkoholfällung aus der Milch gewonnenes Präparat, dessen Verwendung bei Morbus Basedowii oftmals sichtbaren Nutzen brachte (Burghart und Blumenthal, Kuhnemann, Kirnberger, Fischer) und nur vereinzelt erfolglos blieb (Sigel). Die günstige Beeinflussung des Krankheitsbildes besteht in sehr bald einsetzender Körpergewichtszunahme, Abnahme des Halsumfanges,

Verminderung des Herzklopfens und Zurückbildung des Exophthalmus. Auch der Tremor und die Schlaflosigkeit schwinden allmählich (Kuhnemann).

Man gibt es in.Dosen von 3 mal täglich 2,0 g. Da es wegen zeitweilig eintretender Einwirkung auf das Herz nicht ständig gereicht werden kann, empfiehlt Kirnberger es alternierend mit dem sulfanilsauren Natron (5—10 g) zu geben. Nach Magnus weigerten sich die Kranken öfters das Mittel wegen schlechten Geschmackes zu nehmen.

Literatur: Burghart u. Blumenthal, Therap. d. Ggw., 7, 1903. — Kirnberger, ebendort, 10, 1903. — Sigel, Berl. klin. Wochenschr., 1, 1904. — Kuhnemann, Münch. med. Wochenschr., 10, 1904. — Magnus, Zentralbl. f. inn. Med., 45, 1905. — Fischer, Münch. med. Wochenschr. 32, 1906.
Fabr.: Ver. chem. Werke, Charlottenburg.
Preis: R. m. 10 T à 2 g Mk. 3,—. K. 5,—.

Parathyreoidin (Glandulae parathyreoideae siccatae), wird aus den Nebenschilddrüsen von Kindern hergestellt und, da die Nebenschilddrüsen-Insuffizienz als die Ursache der Tetanie angesehen wird, gegen diese Erkrankung angewendet (Erdheim, Hagenbach, Saiz, Marinesco, Löwenthal und Wiebrecht). Die von den angeführten Autoren erzielten guten Resultate fanden jedoch bei der Nachprüfung durch Escherich und Pineles keine Bestätigung. Man gibt von den im Handel befindlichen Tabletten mit 0,1 g Trockensubstanz täglich 2 Stück. Bircher verabfolgte bei Kropfoperationen, wobei das Mitentfernen der Nebenschilddrüse niemals ganz zu vermeiden ist, gegen die darnach auftretenden Tetanieerscheinungen 3—4 mal täglich 3 Tabletten, bis die Symptome ausblieben.

Literatur: Erdheim, Zieglers Beiträge, 3, 1904. — Marinesco, Semaine medicale, 289, 1905. — Pineles, Deutsch. Arch. f. klin. Med., 491, 1906. — Hagenbach, Mitteil. a. d. Grenzgeb. d. Med. u. Chir., 2, 1907. — Escherich, Jahrb. f. Kinderheilk., 449, 1907. — Löwenthal u. Wiebrecht, Med. Klin., 1012, 1907. — Saiz, Wien. klin. Wochenschr., 1322, 1908. — Bircher, Med. Klin., 44, 1910.
Fabr.: Dr. Freund u. Dr. Redlich, Berlin.
Preis: Fl. 100 St. K. 6,—.

2. Thymus. Von Erkrankungen der Thymus kommen zunächst in Betracht: Asthma thymicum und Mors thymica. Der früher als Ursache derselben angenommenen mechanischen Druckwirkung kommt wohl keine pathogenetische Bedeutung zu. In den meisten Fällen von sog. Thymuserkrankungen handelt es sich nicht um spezielle pathologische Änderungen dieser Drüse, sondern um eine allgemeine Konstitutionsanomalie, Status thymicolymphaticus, bei der Hyperplasie der Thymus verbunden ist mit Anomalien der inneren Sekretion der Schilddrüse (gleichzeitiger Hyperthyreoidismus) und gelegentlich auch der Nebennieren (Hyperplasie des Adrenalsystems und Morbus Addisonii). Gerade bei diesen Konstitutionsanomalien zeigen sich deutlich die Wechselbeziehungen der genannten drüsigen Organe. Es handelt sich hier vielleicht um eine fehlerhafte Anlage und mangelhafte Entwicklung einer Reihe von Hormonorganen während des Embryonallebens, das später zu einer polyglandulären Insuffizienz führt (Biedl).

Therapeutische Versuche durch Substitutionstherapie mit Thymuspräparaten führten hier zu keinem Ziele, dagegen konnte durch Behandlung der gleichzeitigen Schilddrüsenanomalien (Verabreichung von Schilddrüsenpräparaten) Besserung erzielt werden. Aus ähnlichem Grunde wurde dann umgekehrt versucht, den Hyperthyreoidismus (Morbus Basedowii) durch Thymuspräparate günstig zu beeinflussen.

3. Nebennieren. Die subakut und chronisch auftretenden Ausfallserscheinungen nach Wegfall der Nebennierenfunktion stellen im allgemeinen das Symptombild des Morbus Addisonii dar. Substitutionstherapie war sowohl durch Transplantation des Organs sowie durch Organo- und Opotherapie

(Verabreichung von Nebennierenpräparaten sowie von Adrenalin) versucht worden. Die Resultate sind im allgemeinen als negativ zu bezeichnen. Nur vereinzelt wird von Besserung gewisser Symptome nach längerer Therapie berichtet. Es wäre falsch, anzunehmen, daß hier dem Adrenalingehalt der Nebenniere bei der Behandlung des Morbus Addisonii irgend eine Bedeutung zukomme. Wahrscheinlicher ist der Sitz therapeutischer Kräfte in der Nebennierenrinde, die jedoch bisher noch nicht erschlossen sind. Nebennierenpräparate selbst und die heutzutage vorwiegend verwendeten, rein dargestellten Nebennierenextrakte, sowie ganz besonders die daraus gewonnenen wirksamen Körper: das Adrenalin, gehören heute zu den wertvollsten Mitteln unseres Arzneischatzes. Sie dienen jedoch nicht der Substitutionstherapie bei Erkrankungen der Nebennieren, sondern kommen fast ausschließlich bei Erkrankungen des Herzens und des Kreislaufs in Betracht und sind daher auch in diesen Kapiteln ausführlich behandelt.

4. **Hypophyse.** Die Beziehung der Hypophyse zu gewissen Krankheitssymptomkomplexen, vor allem zur Akromegalie, zum Riesenwuchs, sowie zur Adipositas cerebrogenitalis, können wohl als sicher erwiesen gelten. Dabei handelt es sich bei den beiden erstgenannten Krankheitsbildern um Erscheinungen von gesteigerter Hypophysenfunktion, um Hyperpituitarismus, beim letzt erwähnten Symptomkomplex dagegen um mangelhafte Drüsenfunktion, um Hypopituitarismus. Nur für die letztere kommt daher eine Organsubstitutionstherapie in Betracht, während bei der ersteren chirurgische Eingriffe, Entfernung der Hypophysentumoren, häufig zum Ziele führen. Pathogenetisch kann wohl für die meisten der genannten Krankheitsbilder nicht die Hypophyse allein verantwortlich gemacht werden, sondern auch hier stehen andere endokrine Drüsen mit ihr in Wechselbeziehungen und wechselseitige Störungen der innersekretorischen Tätigkeit dieser Drüsen sind wohl auch für das Zustandekommen der Krankheitsbildet mitverantwortlich zu machen. So kann besonders eine Beziehung der Hypophysentätigkeit zu der der Keimdrüsen als sicher erwiesen gelten.

Organtherapeutisch finden Hypophysenpräparate Verwendung, die aus getrockneten Drüsen, Vorder- und Hinterlappen zusammen, dargestellt werden. (Hypophysis cerebri siccata.) Auch hier ist zu berücksichtigen, daß dem Vorderlappen wohl die Bedeutung einer Drüse mit innerer Sekretion zukommt, daß dagegen der wirksame Extrakt aus dem Hinterlappen, dem Infundibularteil, gewonnen wird. Es ist dies das Hypophysin, Pituitrin, Glanduitrin, Pituglandol, deren therapeutische Bedeutung besonders auf gynäkologischem Gebiete gelegen ist und dort auch Besprechung findet.

5. **Keimdrüsen.** Kastrationsversuche haben gezeigt, daß die innersekretorische Tätigkeit der Keimdrüsen zu einer Reihe von anderen Drüsen mit innerer Sekretion in Beziehung steht. In diesem Sinne machten sich auch die Ausfallserscheinungen bei Störung der innersekretorischen Tätigkeit der betreffenden Organe geltend. Substitutionstherapie mit den verschiedenen hierher gehörenden Präparaten hat wohl in keinem Falle zu Erfolgen geführt. Zumindest sind die Resultate nicht eindeutig. Größere Bedeutung könnte die Organtherapie der Keimdrüsen erlangen in Hinsicht auf die Wechselbeziehungen zwischen den Drüsen mit innerer Sekretion, als deren typisches Beispiel vielleicht die Anregung der Milchsekretion durch Plazentaextrakt gelten kann (Basch).

6. **Pankreas.** Exstirpation des Pankreas führt bekanntlich zur Glykosurie und den Erscheinungen des Diabetes mellitus. Der Zusammenhang der Pankreaserkrankungen und des Diabetes wurde auch beim Menschen durch zahlreiche Sektionsbefunde bestätigt. Es war naheliegend, hier eine Pankreas-

substitutionstherapie in Anwendung zu bringen, jedoch waren die Erfolge sehr gering. Man erklärt die Ausfallserscheinungen durch das Fehlen eines glykolytischen Fermentes. Es ist nicht unwahrscheinlich, daß die negativen Resultate der diesbezüglichen Organtherapie darauf beruhen, daß es nicht gelingt, das Pankreashormon in entsprechender Vollwertigkeit an den Ort seiner Funktion zu bringen. Da die Fermente des Pankreas noch weiter große Bedeutung im Stoffwechsel, im Fett- und Eiweißabbau haben, so finden sie auch bei derartigen Störungen Anwendung.

Wie einleitend erwähnt wurde, besteht seit Brown Sequard die Anschauung, daß jedes Organ außer seiner äußeren auch eine innere Sekretion besitzt und daß ihr Wegfall auch die Ursache von Ausfallserscheinungen darstellen kann. Diese Annahme gilt besonders für die Niere (Urämie). Ohne daß ein wesentlicher therapeutischer Erfolg zu verzeichnen wäre, wurden doch von den verschiedensten Organen Organpräparate in den Handel gebracht.

Asthmolysin ist eine Kombination von Nebennierenextrakt mit Hypophysenextrakt, welche in wäßriger Lösung in sterilen Ampullen in den Handel kommt. Dieselben enthalten 0,0008 g Nebennierenextrakt und 0,04 g Hypophysenextrakt. Von Weiß wurde das Präparat subkutan mit Erfolg bei Asthma angewendet.
Literatur: Weiß, Deutsch. med. Wochenschr., 1789, 1912.
Fabr.: Dr. Kade, Berlin.
Preis: Karton m. 12 Amp. Mk. 4,50.

Cerebrin, Opocerebrin (Poehl). Die normale Nervensubstanz (das Hirn des Schafes und besonders der Bulbus cerebri dieses Tieres) enthält Substanzen, welche einer Infektion mit Wut, Tetanus, epileptogenen Toxinen, Alkaloiden und andern Giften wirksam entgegentreten, weshalb es nach Babes gerechtfertigt erscheint, die Hirnsubstanz zur Behandlung von Nervenerkrankungen zu verwenden, bei welchen eine Intoxikation mit besonderer Lokalisation in den Nervenzentren anzunehmen ist. So hat Krokiewicz und v. a. Kaninchengehirnemulsion bei Tetanus (siehe Tetanusserum) erfolgreich angewendet, Kowalski mit derselben Substanz Heilung bei Lyssa erzielt. Mit günstigem Erfolge wurde ein Extrakt aus der Hirnsubstanz, das Opocerebrin, von Lion, Eulenburg und Pantschenko bei Erregungszuständen der Epileptiker gegeben. Auch Meyers und Zanoni sahen in der Mehrzahl der Fälle nach Cerebrindarreichung günstige Beeinflussung der genuinen Epilepsie, bestehend in Abnahme der Anfälle und Besserung der Stimmung im Gegensatze zu der nach Bromgaben eintretenden Apathie. Resultatlos waren die von Zapinski, Beljakow, Kaplan und Probst angestellten Versuche.

Dosierung: Die Wirkung erfolgt bei subkutaner Einverleibung rascher wie beim internen Gebrauche. Innerlich gibt man jeden dritten Tag 1,8 g (= 6 Tabletten à 0,3 g) pro dosi et die, morgens auf nüchternen Magen, bei Lion 0,2—0,3 g pro dosi, 0,4—0,6 g pro die durch einige Monate, daneben noch 2—3 g Brom. Subkutan verwendet man jeden 2. oder 3. Tag 2 ccm der in Ampullen eingeschlossenen, gebrauchsfertigen Lösung. Unter dem Namen Arsenocerebrin verwendet Lion eine Kombination von Natriumkakodylat mit Extract. cerebri bei Epilepsie in Form von subkutanen Injektionen (3—6 mal wöchentlich 2 ccm).

Literatur: Kowalski, Klin. therap. Wochenschr., 5, 1900. — Babes, ebendort, 24/25, 1900. — Lion, Deutsch. med. Wochenschr., 50, 1902. — Eulenburg, ebendort, 50, 1902. — Pantschenko, Revue de Thérap., 24, 1902, rf. in Mercks Jahresber., 1902. — Beljakow, Wratsch, 2, 1902, rf. in Mercks Jahresber., 1902. — Kaplan, Medicinskoe Oboshrenie, 4, 1902, rf. in Mercks Jahresber., 1902. — Zanoni, Gazz. degli osped., 141, 1902, rf. Zentralbl. f. inn. Med., 35, 1903. — Meyers, rf. ebendort, 34, 1903. — Krokiewicz, Klin. therap. Wochen-

schr., 6, 1903. — Probst, Psychiatr. neurol. Wochenschr., 29, 1903. — Zapinsky, Medycyna, 16, 1904, rf. Therap. Monatsh., 7, 1905. — Eulenburg, Therap. d. Ggw., 11, 1906. — Lion, Berlin. klin. Wochenschr., 1420, 1911.
Fabr.: v. Poehl & Söhne, Petersburg.
Preis: Pulver Fl. 15 g Mk. 2,80. 50 Tabl. à 0,1 g Mk. 1,80. 4 Amp. à 2 ccm Mk. 4,—. K. 4,70.

Cerebrum-Tabl.:
Fabr.: Freund u. Redlich, Berlin.
Preis: 100 Tabl. à 0,3 g Mk. 2,—. K. 2,40.
Fabr.: Merck, Darmstadt.
Preis: Gl. m. 50 u. 100 Tabl. à 0,1 g Mk. 1,70 u. 3,20. K. 3,— u. 4,20.
Ferner von Burroughs, Wellcome & Co. in London.

Mammin (Poehl) wird in Pulverform und Tabletten zu innerlichem Gebrauche (0,2—0,5 g, 3—4 mal täglich), sowie in Lösung zu subkutaner Anwendung (2 ccm pro die) bei Fibromyomen des Uterus und verschiedenen Frauenkrankheiten empfohlen.
Fabr.: v. Poehl & Söhne, Petersburg.
Preis: Pulver 15 g Mk. 2,80. K. 3,30. 30 g Mk. 5,20. K. 6,20. 50 Tabl. à 0,1 g Mk. 1,80. K. 2,20. 4 Amp. à 2 ccm Mk. 4,—. K. 4,70.

Medulla ossium rubra (Merck), getrocknetes Knochenmark, wird aus dem roten Knochenmark der Rumpfknochen von Rindern gewonnen und entspricht 1 Teil des Präparates ungefähr 5 Teilen des frischen Markes. Die im Handel befindlichen Tabletten enthalten 0,1 g der getrockneten Substanz. Das Mittel wurde zunächst von englischen Ärzten erfolgreich bei Anämie und Chlorose versucht, ferner bei Leukämie, Pseudoleukämie, Rachitis, Osteomalazie, in neuerer Zeit bei Hyperazidität (Walko) sowie bei Dermatitiden und Pellagra (Leredde, Ariò) in Anwendung gezogen. Man gibt im allgemeinen 0,2 g pro die.
Literatur: Walko, Wien. klin. Wochenschr., 1461, 1907. — Leredde, Ario u. v. a. zit. in Mercks Jahresber. 1908.
Fabr.: E. Merck, Darmstadt.
Preis: 100 Tabl. à 0,1 g K. 6,50.

Nephrin, Renaden, Nierenextrakt, dient zur Behandlung der akuten und chronischen Nephritis. Frische Schweinsnieren werden sofort nach ihrer Herausnahme aus dem Körper in destilliertem Wasser ausgewaschen, im Mörser zerkleinert und in warmer physiologischer (0,7%) Kochsalzlösung mazeriert und filtriert. Das Filtrat ist von nicht unangenehmem Geschmacke und besitzt keine toxischen oder üblen Nebenwirkungen.

Man gibt es in Dosen von einigen 100 g pro die. Albumen und Zylinder schwinden, die Diurese steigt und urämische Zustände verlieren sich (Arullani). Die Steigerung der Diurese wird nicht auf dem Wege erhöhter Gefäßspannung, sondern durch allgemeine Entgiftung, sowie spezifischen Reiz auf die Epithelien der gewundenen Kanälchen erzeugt. Auch ein laxierender und schweißtreibender Effekt war deutlich erkennbar (Choupin).
Literatur: Choupin, Revue de médic., 1/2, 1905, rf. Zentralbl. f. inn. Med., 8, 1906. — Arullani, Riforma med. 31, 1905, rf. ebendort, 8, 1906.
Fabr.: Knoll & Co., Ludwigshafen.
Preis: 30 Tabl. à 0,25 g Mk. 1,—. K. 1,20.

Ovariinum siccatum (Merck). Für die innere Sekretion der Ovarien spricht die Tatsache, daß sich infolge des natürlichen oder durch die Kastration bewirkten Ausfalles der Menstruation eine Reihe von Beschwerden, hauptsächlich auf dem Gebiete des Nervensystemes, geltend machen. Die Versuche, mit getrockneten Ovarien diese Beschwerden zu beseitigen, ergaben zufriedenstellende Erfolge (Mond, Mainzer, Landau, Senator, Spillmann, Saalfeld und Etienne). Nervöse Erscheinungen im Klimakterium, die bereits vor Eintritt der Menopause bestanden, werden natürlich nicht beeinflußt (Hirschberg). Nebenwirkungen, wie Temperatur- und Pulssteigerungen, sowie Unterleibs-, Nieren- und Kopfschmerzen sind selten (Spillmann und Etienne). Das Ovariin ist aus dem gesamten Ovarium der Kühe dargestellt. Die Ovarien werden unter möglichster Befreiung von Fett und unter aseptischen Kautelen bei einer 40^0 C nicht übersteigenden Temperatur getrocknet. Im Handel erscheint das Präparat in Tabletten à 0,1 g, von denen 15 Stück ungefähr einer frischen Drüse entsprechen. Man gibt pro die 0,8—4,5 g.

Vom **Ovaraden** (Knoll & Co.), das mit Milchzucker für 1 g = 2 g frischer Ovariensubstanz eingestellt ist, gibt man 2,0 g pro dosi, 6,0 g pro die. Ovaradentriferrin sind Ovaradentabletten à 0,3 g mit 0,1 g Triferrin, welche bei Frauen, denen die Genitalien operativ entfernt wurden, ferner bei natürlicher und künstlicher Klimax, bei Amenorrhöe und Dysmenorrhöe (Prochownick, Walter, Otto), bei Chlorose und ovarialen Funktionsstörungen, sowie sekundären Anämien nach Abortblutungen (Offergeld, Kahane), endlich bei sexueller Neurasthenie mit Frigidität (Kuhnow) gute Dienste leisteten. Man gibt 2 Stück pro die nach den Mahlzeiten und kann bis zu 200 Stück in einem Zyklus verbrauchen.

Beim **Ovarin** (Poehl) entspricht 1 Teil des Präparates 5 Teilen frischer Drüse. Hievon werden 0,2—0,5 g, 3—4 mal täglich, verordnet.

Oophorin wird in Dosen bis zu 15 Tabletten à 0,5 g gegeben bei Ekzem und Akne im Klimakterium, bei antizipierter Klimax, bei Chlorose (Nitzelnadel, Senator, Saalfeld), bei Hyperemesis gravidarum (Stella), bei weiblicher Neurasthenie (Vidal), bei Angina pectoris (Geißler), bei Epilepsie (Toulouse und Marchand, Bodon), bei Morbus Basedowii (Seeligmann) und bei Osteomalazie (Senator, Latzko und Schnitzler). Löwy und Richter, sowie Thumim fanden, daß die Substitution des durch Kastration ausgefallenen Organes mittels Oophorin auch funktionell substituierend wirke, also den Sauerstoffverbrauch steigere und den Fettansatz vermindere, ohne daß ein Eiweißzerfall herbeigeführt werde.

Literatur: Mond, Münch. med. Wochenschr., 14, 1896. — Mainzer, Deutsch. med. Wochenschr., 24, 1896. — Landau, Berlin. klin. Wochenschr., 25, 1896. — Stella, Semanie medicale, 44, 1896. — Spillmann u. Etienne, Therap. Wochenschr., 50, 1896. — Bodon, Deutsch. med. Wochenschr., 727, 1896. — Senator, ebendort, 109, 1897. — Latzko u. Schnitzler, Deutsch. med. Wochenschr., 587, 1897. — Saalfeld, Berlin. klin. Wochenschr., 1898. — Seeligmann, Klin. therap. Wochenschr., 1156, 1898. — Löwy u. Richter, Berlin. klin. Wochenschr., 50, 1899. — Toulouse u. Marchand, Presse medicale, 72, 1899. — Nitzelnadel, Therap. Jahrb., 189, 1899. — Thumim, Therap. d. Ggw., 10, 1900. — Geißler, Semaine medicale, 86, 1900. — Vidal, Presse médicale, 173, 1900. — Hirschberg, Münch. med. Wochenschr., 25, 1908. — Prochownick, Zentralbl. f. Gynäk., 46, 1909. — Kahane, Heilk., 12, 1911. — Kuhnow, Frauenarzt, 434, 1911. — Offergeld, Deutsch. med. Wochenschr., 1172, 1911. — Walther, Münch. med. Wochenschr. 2562, 1911. — Otto, Der Frauenarzt, 438, 1912.

Fabr. u. Preise: Oophorin (Freund u. Redlich). Preis Gl. m. 50 u. 100 Tabl. à 0,3 g Mk. 2,50, 4,50. K. 3,—. Ovaraden (Knoll & Co.) Gl. m. 30 Tabl. à 0,25 g Mk. 1,—. K. 1,20. Ovaria-Tabl. (Merck) Gl. m. 50 u. 100 Tabl. à 0,5 g Mk. 2,50 u. 4,60. K. 4,— u. 6,—. Ovadin (Roche) 50 Tabl. K. 5,—. Tabul. ovarii (Richter) 100 Tabl. K. 4,—.

Pankreashormon wurde von Zuelzer aus dem Pankreas von Hunden und Pferden hergestellt und von Forschbach bei Diabetes mellitus und insipidus, jedoch erfolglos, versucht. Nach intravenöser Applikation zeigte sich Fieber, Erbrechen, jagender Puls und Stomatitis mit schwerem Herpes labialis.

Literatur: Zuelzer, Deutsch. med. Wochenschr., 32, 1908. — Forschbach, ebendort, 47, 1909.

Pankreon, ein neues Pankreaspräparat, ist ein graurötliches, geruchloses Pulver, von angenehm herben, nußartigem Geschmack, welches durch Einwirkung von Gerbsäure auf Pankreatin gewonnen wird, in Wasser und verdünnten Säuren unlöslich ist, sich dagegen schon bei leicht alkalischer Reaktion löst. Es enthält sämtliche pankreatische Enzyme und ist frei von septischen Produkten (Klautsch).

Wirkung: Vom Magensafte wird das Pankreon selbst im Verlaufe von Stunden (nach Köppern bis zu 5 Stunden) nicht angegriffen und kann daher einerseits bei fehlender Salzsäuresekretion in dem durch den Speichel schwach alkalischen Mageninhalte, andererseits aber bei sonst normaler Magenreaktion im Darme die Verdauung der Ingesta unterstützen (Loeb). Es übt einen günstigen Einfluß aus auf die gestörte Fettverdauung, nicht aber auf die Verdauung des Eiweiß und der Kohlehydrate (Fischer und Hoppe).

Indikationen: Es ist bei allen Arten von Stoffwechsel- und Verdauungsanomalien angezeigt (Gockel, Lenné). Besonders schnell wurde oft langjährig bestehende Diarrhöe gebessert. Hervorragende Dienste leistet es bei der Achylia gastrica (Loeb, Köppern), gleichviel ob dieselbe durch anatomische Veränderungen der Magenschleimhaut, d. h. durch Gastritis atrophicans, durch toxische oder nervöse Einflüsse hervorgerufen wurde, ferner bei allen Formen von Dünndarmkatarrh, nervöser Dyspepsie und Atonie (v. Kluczycki), auch bei chronischer und nervöser Diarrhöe (Köppern), bei Icterus catarrhalis, Magenkarzinom, Anorexie der Tuberkulösen, sowie im Rekonvaleszentenstadium nach Typhus (Schweiger). Auch als Digestivum findet es Empfehlung, um die Milch verträglicher zu machen (Koch, Klautsch). Bei Verdacht auf Pankreas-Diabetes ist es geeignet, nicht nur die Steatorrhöe, sondern auch die Glykosurie günstig zu beeinflussen und so die Diagnose zu sichern (Wegele). Über günstige Erfolge bei Pankreasdiabetes berichten Salomon, Köppern und Brugsch.

Dosierung: Man gibt nach Gockel bei vorhandener Magensalzsäure $1/4$—$1/2$ Stunde vor, bei Salzsäuremangel während oder nach dem Essen 0,3 bis 0,5 g dreimal täglich (Kindern nur 0,1 g) mit 100 ccm Wasser. Als Digestivum empfiehlt Klautsch, den Säuglingen 0,1—0,2 g dreimal täglich in die Flasche zu geben. Es erscheint für diese Zwecke als Pankreonzucker mit Milchzucker gemischt in Form von Tabletten (0,05 g Pankreon und 0,2 g Zucker) im Handel. Die Tabletten werden fein gepulvert und in die erwärmte Milch gegeben.

Vom **Pankreaden** (Kalle & Co.) entspricht 1 Teil 2 Teilen frischer Drüse. Man gibt dieses Präparat in Einzeldosen von 1,0—4,0 g und in Tagesdosen von 10—15 g.

Literatur: Gockel, Zentralbl. f. Stoffwechsel- u. Verd.-Krankh., 11, 1900. — Loeb, Münch. med. Wochenschr., 31, 1901. — Salomon, Berl. klin. Wochenschr., 3, 1902. — Wegele, Fortschr. d. Med., 10, 1902. — Lenné, Deutsch. med. Wochenschr., 11, 1902. — Köppern, Therap. d. Ggw., 11, 1902. — v. Kluczycki, Med. chir. Zentralbl., 31, 1902. — Schweiger, Die Heilk., 12, 1903. — Koch, Therap. Monatsh., 9, 1905. — Klautsch, Fortschr. d. Med., 21, 1903. — Brugsch, Therap. d. Ggw., 8, 1906. — Fischer u. Hoppe, Münch. med. Wochenschr., 53, 1907.
Fabr.: Rhenania, Aachen.
Preis: Karton m. 25 Tabl. Mk. 1,40. K. 1,75.

Pankreatin. purum absolutum.
Fabr.: Merck, Darmstadt.
Preis: 1 g Mk. 0,05. K. 0,10.

Pankreastabletten.
Preis: 50 Tabl. K. 1,50.

Sekretinextrakt wird aus der Schleimhaut des Duodenums von Schweinen durch Kochen mit 0,4 % Salzsäure und nachfolgende Neutralisation mit Natronlauge hergestellt. Da es die Leistung des Pankreas steigern soll, kann es in Dosen von 30 ccm 3 mal täglich nach den Mahlzeiten bei Diabetes jugendlicher Personen versucht werden (Forster).

Literatur: Forster, Med. Klin., 16, 1907.

Spermin (Poehl) ist eine aus den Testikeln junger Tiere dargestellte Base, welche die Eigenschaft besitzt, sowohl die Oxydationsprozesse des

Organismus zu fördern, als auch die Blutalkaleszenz zu heben (Bubis, Salomon). Spermin ist daher angezeigt bei allen Inanitionszuständen, bei Stoffwechselanomalien, sowie bei Erkrankungen des Nervensystems, bei Impotenz, auch bei Herzschwäche und Intoxikationen (Salomon, Hirsch, v. Poehl, Paschkis u. v. a.). Von Filips wurde die interessante Beobachtung gemacht, daß sich die kumulative Wirkung der Digitalis nicht einstellt, wenn gleichzeitig Sperminum Poehl verabreicht wird. Das Spermin kommt als Spermin. Poehl pro injectione (2% sterilisierte physiologische Lösung des Spermin-Chlornatrium-Doppelsalzes) und als Essentia Spermini Poehl (5% aromatisierte alkoholische Lösung desselben Salzes) im Handel vor. Die übliche Dosis per os beträgt 20—30 Tropfen 3—4 mal täglich. Zweckmäßig wird zur Erhöhung der Wirkung der Genuß alkalischer Mineralwässer empfohlen (Bubis).

Literatur: Bubis, Therap. Monatsh., 1/2, 1896. — Hirsch, St. Petersb. Wochenschr., S.-A. aus 7, 1897. — Filips, Zentralbl. f. inn. Med., 17, 1899. — Salomon, Berl. klin. Wochenschr., 34, 1899. — v. Poehl, 18. Kongr. f. inn. Med., Wiesbaden 1900, rf. Therap. d. Ggw., 4, 1900. — Paschkis, Agenda therapeutica, 41, 1902.
Fabr.: Dr. v. Poehl & Söhne, Petersburg.
Preis: Sch. m. 4 Tub. à 1,0 g Mk. 8,—. Sch. m. 4 Amp. Mk. 8,—. K. 9,30.

Spleniferrin ist ein aus getrockneter Milzpulpa des Rindes hergestelltes Präparat, dessen blutbildende Wirkung durch Zusatz von an Eiweiß gebundenem Eisen erhöht wurde. Es ist ein in Geruch und Geschmack an Blut erinnerndes, schokoladefarbenes Pulver, das in gewöhnlichen Lösungsmitteln unlöslich ist. Es wurde bei einer Reihe von anämischen, kachektischen und tuberkulösen Zuständen mit gutem Erfolge verwendet (Rhoden).

Dosierung: Man gibt anfangs 2, nach 8 Tagen 3 Pillen à 0,1 g dreimal täglich, $^{1}/_{4}$ Stunde nach der Mahlzeit. Während der Kur, welche durch 3 bis 4 Wochen anzudauern hat, ist der Genuß stark saurer Speisen zu meiden.

Literatur: Rhoden, Deutsch. med. Wochenschr., Therap. Beil., 12, 1899.

Stagnin ist ein aus der Milz frisch geschlachteter Pferde durch Verreibung mit alkalischer $0,91\%$ Kochsalzlösung unter aseptischen Kautelen hergestelltes Organpräparat, das sich als gelblichbraunes, in Wasser leicht lösliches Pulver repräsentiert und nach den Untersuchungen von Landau und Hirsch eine ausgesprochen blutstillende Wirkung speziell bei Menorrhagien besitzt (Rosenfeld). Die Wirksamkeit dürfte auf einer Erhöhung der Gerinnungsfähigkeit des Blutes beruhen. Man verabfolgt das Mittel in Form glutäaler Injektionen (pro die 1 Pravazspritze). Besonders günstig werden kapillare, weniger gut arterielle Blutungen beeinflußt. Auch bei Lungenblutungen und Aneurysmen hatten die Stagnininjektionen recht befriedigende Ergebnisse zur Folge (Rosenfeld).

Literatur: Landau u. Hirsch, Berl. klin. Wochenschr., 22, 1904. — Rosenfeld, Deutsch. med. Wochenschr., 30, 1906.

Herabsetzung der Schmerzempfindung.

1. Periphere Anästhesie.

Die Arzneimittel dieser Gruppe, deren Hauptvertreter das **Kokaïn** ist, gehören zu unsern wertvollsten Arzneimitteln. Die Tatsache, daß durch sie kleinere Operationen ohne Narkose schmerzlos ausgeführt werden können, charakterisiert ihre große Bedeutung. Ihr hoher Wert ist darin gelegen, daß sie die peripheren sensiblen Nerven ohne vorhergehende Erregung elektiv lähmen. Kokain dient deshalb der regionären Anästhesie. Erst nach Resorption größerer Mengen treten allgemeine Vergiftungserscheinungen auf, die sich vorwiegend in zentraler Erregung äußern (Kokainrausch). Mit Vorteil wird aus diesem Grunde Kokain mit Adrenalin kombiniert, da infolge der vasokonstriktorischen Wirkung des letzteren die Resorption des Kokains verhindert und so nachfolgenden Vergiftungserscheinungen vorgebeugt wird. Nach Beobachtung einiger amerikanischer Forscher bedingt jedoch gerade diese Kombination die Gefahr der Kokainvergiftung, was aber die größere Zahl der praktischen Beobachtungen nicht bestätigen konnte.

Die Formen, in denen Kokain zur peripheren Anästhesie verwendet wird, sind die Oberflächenanästhesierung, subkutane und kutane Injektion und die Lumbalanästhesie. Das Bestreben, Ersatzpräparate des Kokains zu schaffen, war hier von idealem Erfolge begleitet. Durch die Ermittlung der Konstitution des Kokains als „Benzoylmethylekgonin" und genauere Untersuchung dieser Verbindung wurde festgestellt, daß die Anwesenheit des Benzoylrestes für die anästhesierende Wirkung unbedingt notwendig ist und weiterhin ergaben die Untersuchungen Einhorns, daß überhaupt den basischen Estern der Benzoësäure anästhesierende Eigenschaften zukommen. Auf Grund dieser Feststellungen wurden die Aminobenzoë- und Oxybenzoësäureester untersucht und als Orthoform, Anästhesin etc. in den Arzneischatz aufgenommen. Weiter wurden die Benzoësäuren durch Aminoalkohole substituiert und so entstanden das Novocain, das Alypin, das Stovain u. a. Sie alle sind im speziellen Teile ausführlich behandelt.

Die Kokainersatzpräparate sind vielfach von etwas geringerer anästhesierender Wirkung, aber dafür auch von geringerer Giftigkeit und aus diesem Grunde haben sie sich in der praktischen Medizin fast durchwegs bewährt.

Für die Oberflächenanästhesie finden sie alle auch als Pasten, Salben etc. Verwendung, doch ist zu berücksichtigen, daß sie nur bei direktem Kontakt mit den sensiblen Nerven diese Wirkung entfalten können, bei Oberflächenanästhesie also nur in jenen Fällen, wo die Nervenendigungen bloßliegen: bei Wunden und auf Schleimhäuten. Die Anwendung auf der intakten Haut dagegen ist zwecklos.

Acoin, Para-anisyl-monophenetil-guanidin-chlorhydrat, ist ein wasserlösliches, kristallinisches Pulver, das, weit weniger giftig als Kokain, dasselbe in schwachen Lösungen zu ersetzen vermag.

Wirkung: Es ist ein gutes Lokalanästhetikum (Darier, Daconto), doch steht der Verwendung konzentrierter Lösungen seine Ätzwirkung im Wege (Trolldenier). Um blutleer zu operieren, kann man die gebräuchliche Lösung mit Adrenalin kombinieren. Die Lösungen müssen, weil leicht zersetzlich, alle 3—4 Tage frisch bereitet werden.

Nebenwirkung: Kraus beobachtete unbedeutende Schwellung an der Injektionsstelle.

Indikationen: Das Acoin wurde zuerst von Darier, später von Stasinski und Kraus in der Augenheilkunde verwendet, um subkutane oder subkonjunktivale Injektionen stark reizender Substanzen (Sublimat, Jod) absolut schmerzlos zu machen. Bei gesunder Konjunktiva kann das Acoin das Kokain wohl nicht ersetzen, übertrifft es jedoch ungefähr 10 mal an Intensität der Wirkung bei traumatischen Verletzungen oder Verbrennungen, wenn die obere Epithelschicht zerstört ist (Darier). Zur Anästhesie zwecks Vornahme kleinerer Operationen empfiehlt es Daconto. Die Kombination des Mittels mit Kokain schlägt Kraus für die Anästhesierung des Auges, Bab für die Zahnheilkunde vor.

Dosierung: Darier injiziert vor oder mit der Injektion reizender Substanzen 1—2 Spritzen einer 1% Lösung. Daconto fügt dieser Lösung noch

0,8 g Natr. chlor. hinzu. Nach Kraus zeigt sich folgende, eventuell noch mit einigen Tropfen 1 $^0/_{00}$ Adrenalin versetzte Lösung wirksam: Acoin. 0,025, Coc. hydrochl. 0,05, Sol. natr. chlor. (0,75 $^0/_0$) ad 5,0, nach Bab für Zahnoperationen: Acoin 0,5, Coc. hydrochl. 0,5, Natr. chlor. 0,8, Acid. carbol. 0,2, Aq. dest. ad 100,0. Bei septischen Hornhautgeschwüren (zum Schmerzlosmachen der subkonjunktivalen Kochsalzinjektion) erscheint nach vorausgegangener Reinigung mit 0,2 $^0/_{00}$ Sublimat, Abschaben des Geschwürsgrundes und der infiltrierten Ränder, Betupfen des Geschwüres mit Jodtinktur folgende Verschreibung empfehlenswert: Acoin 1,0, Coc. hydrochlor. 2,0, Atrop. sulf. 0,5, Natr. chlor. 5,0, Aq. steril. dest. ad 100,0. Die Lösungen, bei deren Herstellung man warmes Wasser meiden soll (Trolldenier), müssen in dunkelblauen Gefäßen aufbewahrt werden, die mit Salpetersäure gründlich gereinigt, mit destilliertem Wasser nachgespült und durch $^1/_2$-stündiges Kochen sterilisiert worden sind (Daconto).

Literatur: Trolldenier, Therap. Monatsh., 1, 1899. — Stasinski, Therap. d. Ggw., 5, 1901. — Darier, Deutsch. med. Wochenschr., 14, 1902. — Bab, Journal f. Zahnh., 1, 1903. — Daconto, Deutsch. Zeitschr. f. Chir., 5/6, 1903. — Kraus, Münch. med. Wochenschr. 34, 1903.

Fabr.: v. Heyden, Radebeul.
Preis: Tabl. à 0,05 g in Röhrch. zu 50 St. Acoinöl Gl. 5 g Mk. 1,50. — 1 g K. 0,45.

Aether chloratus, Äthylchlorid, Chloräthyl, Monochloräthan, Kelen, ist eine durch Einwirken von Salzsäure auf Äthylalkohol erhaltene, farblose, ätherisch riechende Flüssigkeit von brennendem Geschmacke, die in Alkohol leicht löslich ist.

Wirkung: Auf die Haut gespritzt, bindet es durch rasche Verdunstung derart die Wärme, daß die betreffende Stelle gefriert und unempfindlich wird. Bei Erzeugung allgemeiner Narkose zu chirurgischen und zahnärztlichen Zwecken zeigt das Mittel gewisse Vorzüge, wie schnellen Eintritt der Narkose, schnelles Erwachen, Fehlen eines Exzitationsstadium, sowie sonstiger unangenehmer Nebenwirkungen höheren Grades (Herrenknecht). Wegen der kleinen erlaubten Dosis ist es nur bei kurz dauernden Eingriffen zu allgemeiner Narkose zu verwenden (Maas, Behr). Die Narkose ist in 15—20 Sekunden komplett, dauert 15—20 Minuten, kann jedoch mit Hilfe von Chloroform beliebig lang fortgesetzt werden. Um das Gelingen der Narkose zu sichern, ist die Inhalation atmosphärischer Luft möglichst auszuschließen. Es darf auch nur in geringer Menge aufgegossen werden und soll eine Maske mit Inhalationsventil benützt werden (Breuerscher Korb), um das Einatmen konzentrierter Dämpfe zu vermeiden. Sobald die Kranken unruhig werden, soll nicht aufgegossen werden, bis man sich am Exspirationsventil überzeugt hat, daß kein Äthylchlorid mehr ausgeatmet wird (Seifert). Bei eventuell notwendiger Verlängerung der Narkose soll kein Chloräthyl mehr verwendet werden, sondern die eingeleitete Narkose mit Äther oder Chloroform weiter geführt werden (Herrenknecht).

Nebenwirkung: Selten tritt stärkere Excitation auf. Tritt jedoch eine solche oder Zyanose des Gesichtes im Verlaufe der Narkose ein, so ist der Korb sofort zu entfernen und das Gesicht mit einem nassen Tuche abzureiben (Seitz). Vereinzelt wird bei längeren und tieferen Narkosen Brechreiz, Erbrechen und vermehrte Salivation beobachtet (Herrenknecht). Über Todesfälle berichten Lotheissen und Seitz, letzterer bei einem Kranken, der unter lokaler Anwendung von Chloräthyl einen Zahn extrahieren ließ, wobei Chloräthyl auch inhaliert wurde, was eine Lähmung der Hirnrinde und Oblongata zur Folge hatte. Herrenknecht konnte 1904 unter 18—20 000 Narkosen über 5 Todesfälle berichten, von denen aber nur einer mit Sicherheit auf das Mittel selbst zurückgeführt werden konnte, während Maas 1907 über 30 in der Literatur bekannt gewordene Todesfälle berichtet, weshalb er es als Inhalationsanästhetikum an Gefährlichkeit dem Chloroform gleichstellt.

15*

Indikationen: Das Präparat wird vielseits als Inhalations- wie Lokalanästhetikum empfohlen (Pircher, Wiesner, Lotheissen, König, Winkler, Herrenknecht u. v. a. bes. französische Ärzte, [zit. bei Merck]). Nach Mc. Cardic eignet es sich zur Einleitung der Äthernarkose, nach Bossart zu ausgedehntem Gebrauche in der Zahnheilkunde und nach Büdinger für die Behandlung der Warzen.

Dosierung: 5—10 g genügen, um eine Narkose von 5—8 Minuten zu erzielen, doch ist es angezeigt, öfters die Maske zu lüften und Luft atmen zu lassen.

Literatur: Pircher, Wien. klin. Wochenschr., 21, 1898. — Wiesner, Wien. med. Wochenschr., 28, 1899. — Winkler, Neue Heilmittel etc., Wien 1899. — Lotheissen, Münch. med. Wochenschr., 18, 1900. — König, Inaug.-Diss., Bern, 1900. S. A. — Seitz, Korresp.-Blatt f. Schweiz. Ärzte, 4, 1901. — Merck, Jahresber. 1901, 1902, 1903. — Herrenknecht, Äthylchlorid u. Äthylchloridnarkose, Leipzig 1904, rf. in Deutsch. med. Wochenschr., 48, 1904. — Seifert, Würzburger Abhandl., 1, 1904. — Mc. Cardic, Brit. med. journ. 17. März 1906, rf. Münch. med. Wochenschr., 27, 1906. — Bossart, Schweizer Vierteljahrsschr. f. Zahnheilk., 4, 4906. — Maas, Therap. Monatsh., 6, 1907. — Herrenknecht, Münch. med. Wochenschr., 49, 1907. — Büdinger, Münch. med. Wochenschr., 1896, 1909. — Behr, Berl. klin. Wochenschr., 67, 1911.

Fabr. u. Preis: Dr. Bengué, Paris; Tube mit Klappverschluß (50 g) Mk. 2,50. K. 3,60. Desgleichen Präparate der Fabriken: Gilliard, Paris (Kelen); Dr. Henning, Berlin; E. Merck, Darmstadt; Pictet & Co., Wilmersdorf; Riedel, Berlin; Robisch, München; Speier u. Karger, Berlin; Dr. Thilo & Co., Mainz, in Röhren mit Hebel- oder Schraubenverschluß. Geringe Preisdifferenzen.

Alypin ist ein Glyzerinabkömmling u. zw. das Monochlorhydrat des Benzoyl-1,3tetramethyldiamino-2äthylisopropylalkohols. Es ist ein weißes, außerordentlich leicht in Wasser, aber auch in Alkohol lösliches Kristallpulver, das bitter schmeckt und bei 169° C schmilzt. Die Lösungen reagieren neutral, lassen sich leicht sterilisieren und können mit Adrenalin, bzw. Suprarenin zur Erzeugung von Ischämie kombiniert werden.

Wirkung: Es ist ein vollkommenes Ersatzmittel für Kokain (Impens, Lohnstein, Bayer), besitzt aber geringere Toxizität als dieses, kann daher in größeren Dosen verwendet werden (Seifert). Es verursacht keine Ischämie, keine Mydriasis, keine Erhöhung des intraokularen Druckes oder Akkommodationsstörung (Impens, Köllner, Königshöfer, Landolt), besitzt aber eine dem Kokain zumindest gleiche anästhesierende Kraft, welche durch Zusatz von kleinen Mengen Suprarenin enorm gesteigert werden kann (Braun). Die Anästhesie tritt nach 2—3 Minuten (1—2 Tropfen der 2% Lösung) ein und hält 10 bis 15 Minuten an (Königshöfer).

Nebenwirkung: Das Alypin reizt nach Beobachtungen von Neustätter leicht die Augen und erzeugt keine vollkommene Gefühllosigkeit. Eine ausgesprochene Reizwirkung und Gewebsschädigung am Applikationsorte (Gangrän nach Anwendung einer 5% Lösung in endermatischer Injektion haben Braun, Stutzin und Fleissig beobachtet. Es erscheint also für Gewebsinjektionen nicht geeignet. Nach Verwendung der 2% Lösung wird manchmal über Brennen geklagt, das aber nicht stärker ist, als nach Gebrauch einer gleich starken Kokain- oder 1% Holocainlösung (v. Sicherer). Ältere Lösungen scheinen stärkeres Brennen zu verursachen (Kraus). Vorübergehende Hornhauttrübungen beobachtete Landolt, Kopf- und Nackenschmerzen nach Anwendung des Mittels zur Lumbalanästhesie Baisch. Kurzwelly sah bei dieser Anwendungsform bei einer wegen diabetischer Gangrän ausgeführten Operation am nächsten Tage schweres Coma und führte einen Todesfall auf die medullare Alypinanästhesie zurück. Als Nachteil der Alypinanwendung in der Augenheilkunde bezeichnet Herford die entsprechende Hyperämie, die auch durch Adrenalin nicht vollkommen aufgehoben werden kann, sowie die oft recht erheblichen Blutungen bei Iridektomie, die er auf Alypinwirkung zurückführt.

Indikationen: Alypin ist zur Lokalanästhesie, besonders zur Anästhesierung von Schleimhäuten sehr geeignet und wird in der kleinen Chirurgie und Zahnheilkunde (Finder, Ruprecht, Gilles, Baumgarten, Sternberg, Venus, Stutzin, Hamm, Fleissig, Eisert, Peters, Fischer), sowie zur Vornahme chirurgischer Eingriffe in der urologischen Praxis (Seifert, Stotzer, Peckert, Joseph und Kraus, Lohnstein, Drucker), hauptsächlich aber in der Augenheilkunde (Impens, v. Sicherer, Seeligsohn, Gebb, Köllner, Jacobsohn, Koll, Kirchner, Kauffmann, Zimmermann, Landolt, Kraus, Castresana, Weil, Wintersteiner, Haass, Borbely, Herford) verwendet. Für rhinolaryngologische und otiatrische Zwecke empfiehlt es Finder, Katz, Bürkner, Raoult und Pillement in 5—10% Lösung. Nach Braun, Arnd, Stoll ist es für die Medullaranästhesie mit Vorteil zu verwenden, da es sich gut mit Suprarenin kombinieren läßt, während Kurzwelly von seiner Verwendung abrät, da nur 46% der Kranken von Neben- und Nachwirkungen frei blieben. Bei postoperativem Erbrechen, sowie prophylaktisch vor der Narkose empfiehlt Wanietschek die Darreichung von 5—6 Tropfen einer 5% Lösung, ebenso Laufer bei dem Erbrechen der Nephritiker. Gute Dienste leistet es beim Reizhusten der Phthisiker in Kombination mit Heroin(Laufer), in 10% Salbe bei der Behandlung schmerzhafter Geschwüre (Preis).

Kontraindiziert ist das Mittel überall, wo der Bulbus auch nur geringe ziliare Reizerscheinungen zeigt (Kraus).

Dosierung: Zur Lokalanästhesie in subkutaner Applikation genügen 0,5—1,5 g einer 2% oder 3% Lösung. Für urologische Zwecke wird nach Joseph und Kraus die 1—4%, in der Zahnheilkunde die 2% Lösung verwendet. Zur Vornahme von schmerzlosen Ätzungen in der Nasenschleimhaut genügt nach Seifert die viermalige Applikation von 10% oder die einmalige Anwendung einer 20% Lösung (Finder). In der Augenheilkunde benützt man die 2% oder 5% Lösung (v. Sicherer, Köllner), von der schon 1 Tropfen eine rasche zur Vornahme von Operationen genügende Anästhesie der Kornea liefert. Zur Medullaranästhesie gebraucht man die 2% Lösung (Braun, Stolzer). Der von verschiedenen Seiten empfohlene Zusatz von Adrenalin hält Schleich, wenigstens für seine Infiltrationsanästhesie, für überflüssig und bedenklich. Nur bei Zahnextraktionen kann der Zusatz benützt werden (1—2 ccm einer 1% Alypinlösung mit 3—5 Tropfen einer 1‰ Suprareninlösung), was auch Bubenhofer bestätigt. Schleich verwendet 3 verschieden starke Lösungen: Alypin., Cocain. ää 0,1—0,05—0,005 : Morph. 0,001, Natr. chlorat. 0,2, ad aq. dest. 100,0.

Literatur: Impens, Arch. f. Physiol., 1/2, 1905. — v. Sicherer, Ophthalm. Klinik, 16, 1905. — Landolt, Wochenschr., f. Therap. u. Hyg. d. Auges, 16, 1905. — Impens, Deutsch. med. Wochenschr., 29, 1905. — Seifert, Deutsch. med. Wochenschr., 34, 1905. — Seeligsohn, ebendort, 35, 1905. — Stotzer, ebendort, 36, 1905. — Weil, Allgem. med. Zentralztg., 36, 1905. — Gebb, Ärztl. Rundsch., 39, 1905. — Neustätter, Münch. med. Wochenschr., 42, 1905. — Braun, Deutsch. med. Wochenschr., 42, 1905. — Köllner, Berl. klin. Wochenschr., 43, 1905. — Peckert, Deutsch. zahnärztl. Wochenschr., 43, 1905. — Joseph und Kraus, Deutsch. med. Wochenschr., 49, 1905. — Königshöfer, ebendort, 50, 1905. — Jacobsohn, Wochenschr. f. Therap. u. Hyg. d. Auges, 52, 1905. — Baisch, Beitr. z. klin. Chir., 1, 1906. — Finder, Berl. klin. Wochenschr., 5, 1906. — Koll, Zeitschr. f. ärztl. Fortbild., 6, 1906. — Ruprecht, Monatsschr. f. Ohrenheilk., 6, 1906. — Kirchner, Ophthalm. Klinik, 7, 1906. — Kauffmann, Ärztl. Rundsch., 9, 1906. — Zimmermann, Klin. Monatsbl. f. Augenheilk., 9, 1906. — Lohnstein, Deutsch. med. Wochenschr., 13, 1906. — Landolt, Wochenschr. f. Therap. u. Hyg. d. Auges, 16, 1906. — Bayer, Ärztl. Reformztg., 17, 1906. — Stutzin, Deutsch. med. Presse, 18, 1906. — Gilles, Zahnärztl. Rundsch., 22/23, 1906. — Kraus, Münch. med. Wochenschr., 29, 1906. — Castresana, rf. ebendort, 30, 1906. — Baumgarten, Wien. klin. Rundsch., 36, 1906. — Katz, Deutsch. med. Wochenschr., 36, 1906. — Sternberg, Ärztl. Rundsch., 38, 1905. — Wintersteiner, Wien. klin. Wochenschr., 45, 1906. — Haas Wochenschr. f. Therap. u. Hyg. d. Auges, 50, 1906. — Wanietschek, Prag. med. Wochenschr., 50, 1906. — Venus, Wien. klin. Rundsch., 51, 1906. — Raoult u. Pillement, rf. Münch. med. Wochenschr., 2, 1907. — Drucker, Urologia, 2, 1907. — Kurzwelly, Beitr. z. klin. Chir., 3, 1907. — Bürkner, Berlin. klin. Wochenschr., 14, 1907. — Laufer, Reichsmedizinalanz., 17, 1907. — Preis, Orvosi Hetilap, 28, 1907. — Borbely, Pester med. chir. Presse, 31, 1907. — Herford, Charité-Annalen, 595, 1907. — Schleich, Zeitschr. f. ärztl. Fortb., 1, 1908. — Arnd, Die Heilkunde, 3, 1908. — Stoll, Med. Klinik, 4, 1909. — Bubenhofer, Münch. med. Wochenschr., 42, 1909. — Fleissig, Med. Klinik, 5, 1910. — Peters, Deutsch. zahnärztl.

Rundsch., 10, 1910. — Hamm, Deutsch. med. Wochenschr., 25, 1910. — Eisert, Zahnärztl.
Rundsch., 30, 1910. — Fischer, Deutsch. med. Wochenschr., 38, 1910.
Fabr.: Farbenfabr., vorm. Bayer & Co., Elberfeld.
Preis: 1 g Mk. 0,90. K. 1,50.

Anaesthesin (Ritsert), Paraamidobenzoësäureäthylester, ist ein weißes, feines, geruch- und geschmackloses Pulver vom Schmelzpunkte $89,5^0$ C, welches sich in kaltem Wasser nur sehr wenig (1 : 800), etwas besser in warmem Wasser, leicht in Alkohol, Äther, Benzol, Chloroform, Fetten und ätherischen Ölen löst. Es ist auch in Lösung lichtbeständig und vollkommen ungiftig. Die Lösungen lassen sich, ohne Zersetzung zu erleiden, sterilisieren (Rammstedt). Bei längerem Kochen, sowie Erwärmen mit verdünnten Ätz- oder kohlensauren Alkalien spaltet sich das Anästhesin in para-Amidobenzoësäure und Alkohol.

Wirkung: Das Mittel, welches bereits 1890 von Ritsert entdeckt wurde, später in Vergessenheit geriet und seit 1902 wieder mehr benützt wird, wurde von Binz und Kobert pharmakologisch geprüft, wobei sich ergab, daß es, in kleinen und mittleren Dosen angewendet, auf den Tierkörper keinerlei schädigenden Einfluß ausübt.

Es wurde daraufhin von v. Noorden klinisch geprüft und hierbei in 3% Lösung oder in Pulverform als das beste, unschädliche Lokalanaesthetikum für den Kehlkopf erklärt. Das Präparat wirkt lähmend auf die frei liegenden Nervenendigungen. Die schmerzstillende Wirkung tritt jedesmal nach wenigen Minuten ein (Lengemann). Zur induralen Anästhesie ist das Mittel durchaus ungeeignet, da es eben nur auf frei liegende Nervenstämme wirkt (Henius) und sich nicht mit Adrenalin kombinieren läßt (Lotheissen).

Nebenwirkung: Wenn das Anästhesin innerlich nicht in Oblaten gegeben wird, so kann, da die Anästhesie der Zunge und des Gaumens mit einem Gefühle des Taubseins und Ameisenlaufens beginnt, dadurch selbst Erbrechen erzeugt werden (Reiß). Nach Einstäuben in den Bindehautsack beobachtete Kuhnt starken Tränenfluß und Stechen, Spieß Auftreten eines hartnäckigen Ekzems und Rammstedt leichte Schmerzen 3—5 Stunden nach Vornahme von Operationen unter Anwendung von Anästhesin.

Indikationen: Innerlich wird es verwendet bei verschiedenen Formen der Gastralgie, besonders bei Ulcus ventriculi (Kennel), bei Erbrechen infolge akuten oder chronischen Magenkatarrhes (Reiß), als Prophylaktikum gegen die Seekrankheit (Schliep) und extern in der Chirurgie (Rammstedt, Lotheissen, Hönigschmied), in der Rhino-Laryngologie (Kassel, Hartmann) besonders bei tuberkulösen Geschwüren und großen Granulationsflächen vor dem Einblasen eines Pulvers oder Tuschieren mit Lapis (Lotheissen, Hübner), bei schmerzhaften furunkulösen Entzündungen des Gehörganges und bei Otitis media (Hübner), sowie beim nervösen, diabetischen und arthritischen Pruritus (Haug, Lorand, Freund), bei Nebenhöhlenempyem (Glas), bei Erysipel anstatt der Alkoholtherapie (Henius), bei Heufieberkonjunktivitis (Kuhnt und beim gewöhnlichen und nervösen Schnupfen (Spiert, Haug). Endlich bei der Kompressionsbehandlung des Ulcus cruris (Fackelmann).

Dosierung: Innerlich genügen 0,5—0,75 g, 2 mal täglich in Oblaten vor dem Essen zu nehmen (Kennel), doch beobachtete Reiß selbst nach Einnahme von 8 g keine üblen Zufälle. Gegen die Seekrankheit empfiehlt Schliep 1—2 g in den ersten Stunden der Fahrt zu verabreichen. Äußerlich kann es je nach Bedarf aufgepudert werden, da es so gut wie unlöslich ist. Bei schmerzhaften Hauterkrankungen, Geschwüren, verschiedenen Formen der Stomatitisbei Hautjucken genügt eine 10% lanolinierte Salbe (v. Noorden, Henius, Lorand, Hönigschmied, Freund). Für die Kehlkopftherapie empfiehlt Kassel folgende Mischung: Anaesthes. 20,0, Menthol. 10,0—20,0, Ol. oliv. 100,0. Dieselbe ist am besten mittels gewöhnlichen Dampfinhalators in den

Kehlkopf zu bringen, doch sollen Augen und Nase zur Vermeidung der Mentholwirkung bedeckt werden. Nach Pollatschek bewährte sich folgende Verschreibung: Menthol. 1,5, Pulv. gumm. arab., Ol. amygdal. dulc., Aq. dest. āā 10,0 Mf. emulsio; adde Anaesthesin. 3,0—5,0, Spir. Vini concentr. 40,0, Aq. dest. 65,0. Bei Nebenhöhlenempyem benützt Glas: Anaesthesin., Gummi arabic. āā 5,0, Aq. dest. 20,0 und brachte diese Kombination mittelst Wattepinsels in die Höhlen.
Fabr.: Dr. E. Ritsert, Frankfurt a. M.
Preis: 1 g Mk. 0,20. K. 0,35. Auch in Form von Bonbons. 1 Dose = 37 Stück Mk. 1,—.

Anaesthesin. hydrochloricum, das salzsaure Salz des Anästhesins ist im Verhältnisse 1 : 10 wasserlöslich und wirkt in 0,25% Lösung außerordentlich anästhesierend. Die 1% Lösung erzeugt bei sub- wie intrakutaner Einspritzung heftiges Brennen an der Einstichstelle. Die anästhesierende Wirkung wird durch Zusatz von etwas Chlornatrium verstärkt, noch mehr durch geringe Mengen Morphin. Dunbar empfiehlt folgende Lösung: Anaesthes. hydrochl. 0,25, Natr. chlor. 0,15, Morph. hydrochl. 0,015, Aq. dest. 100,0, am besten intrakutan zu applizieren. Lotheissen benützt die 2% Lösung.
Fabr.: Höchster Farbwerke.
Preis: wie bei Anästhesin.

Cocainolpräparate sind Arzneikompositionen, welche Anästhesin (gewöhnlich 10%) als wirksamen Faktor enthalten. Im Handel kommen vor Cocainollanolin, Cocainolstreupulver (mit und ohne Dermatol), sowie Cocainol-Magentabletten (à 0,2 Anästhesien), die bei Hyperästhesie des Magens sehr wirksam sind, und Cocainolsuppositorien. Geyer berichtet über sehr günstige Erfolge mit diesen Präparaten bei Brandwunden, Unterschenkelgeschwüren, schmerzhafter Angina, Magenaffektionen und Genitalleiden.
Literatur: Binz u. Kobert, Berl. klin. Wochenschr., 17, 1902. — v. Noorden, ebendort, 17, 1902. — Dunbar, Deutsch. med. Wochenschr., 20/22, 1902. — Kassel, Therap. Monatsh., 7, 1902. — Lengemann, Zentralbl. f. Chir., 22, 1902. — Geyer, Reichsmedizinalanz., 23, 1902. — Rammstedt, Zentralbl. f. Chir., 38, 1902. — Spieß, Münch. med. Wochenschr., 39, 1902. — Hartmann, Therap. d. Ggw., 1, 1902. — Kennel, Berl. klin. Wochenschr., 52, 1902. — Glas, Wiener klin. Wochenschr., 1, 1903. — Henius, Therap. d. Ggw., 1, 1903. — Haug, Arch. f. Ohrenh., 3/4, 1903. — Pollatschek, Therap. d. Ggw., 9, 1903. — Lorand, Deutsch. Praxis, 15, 1903. — Hönigschmied, Die Heilkunde, 2, 1904. — Schliep, Deutsch. med. Wochenschr., 10, 1904. — Lotheissen, Wien. klin. Rundsch., 44, 1904. — Reiß, Therap. d. Ggw., 5, 1905. — Kuhnt, Deutsch. med. Wochenschr., 34, 1905. — Freund, Therap. d. Ggw., 6, 1906. — Fackelmann, Allg. med. Zentralztg., 32, 1911. — Hübner, Therap. Monatsh. 121, 1912.

Anästhol, Anästhyl, ist eine Mischung von 5 Teilen Äthylchlorid und 1 Teil Methylchlorid, die schon nach wenig Sekunden völlige lokale Anästhesie erzeugt (Fischer) und bes. in der Zahnheilkunde zur Vornahme von Extraktionen und auch größeren Operationen in der Mundhöhle Verwendung findet (Ritter, Schreiber, Benninghoven). Infolge des niedrigen Siedepunktes tritt Verdunstung wie Wirkung viel schneller ein als z. B. nach Chloräthyl allein, zugleich wird ein viel tiefer eindringender Effekt hervorgerufen (Schreiber). Man darf aber nicht früher operieren, als bis das Operationsfeld vereist ist. Nach Fischer kann man mit seiner Hilfe jede äußere Wunde ohne Schmerzen und nachteilige Folgen verbinden, da durch die Kälte die Blutung gestillt und eine beträchtliche antibakterielle Wirkung hervorgerufen wird. Das Anästhol kommt in Röhren mit Blitzverschluß in den Handel.
Literatur: Ritter, Zahnärztl. Rundsch., 397, 1900. — Schreiber, Zahnärztl. Wochenschr., Juli 1901. — Benninghoven, D. Zahnkunst, 46, 1902. — Fischer, Ther. d. Ggw., 1, 1905.
Fabr.: Dr. Speier & v. Karger, Berlin S. 59.
Preis: R. m. Metallverschluß 50 g Mk. 2,50, mit Blitzverschluß 2,80.

Andolin ist ein in der Zahnheilkunde benütztes kokainfreies Lokalanästhetikum von der Zusammensetzung: β-Eucain. 0,5, Stovain. 0,75, Suprarenin.

hydrochl. 0,008, Solution. physiologic. ad 100, die in Ampullen à 2 ccm in den Handel gebracht wird. — Die Mischung hat unbeschränkte Haltbarkeit und entfaltet eine gute, langanhaltende und in die Tiefe gehende Wirkung. 8 Minuten nach Injektion von 0,5—1,0 ccm in das Zahnfleisch wird das Gebiet unempfindlich. Dabei sind Nachschmerzen auch nicht nach Injektion in entzündetes Gewebe beobachtet worden (Mayer, Hulisch). Auch in der Dermatologie und Urologie fand das Mittel Verwendung (Wolff, Mayer).
Literatur: Wolff, Allgem. med. Zentralztg., 9, 1906. — Hulisch, Berlin. zahnärztl. Halbmonatsschr., 2, 1907. — Mayer, Monatsschr. f. prakt. Dermat., 12, 1907.
Preis: Karton m. 10 Amp. à 1 ccm K. 3,60, 2 ccm K. 4,80.

Cycloform, Isobutylester der para-Amidobenzoësäure, ist ein weißes, kristallinisches Pulver, das bei 65° schmilzt, in Wasser schwer, in Alkohol und Äther leicht löslich ist.

Wirkung: Das Cycloform ist ein durchaus unschädliches, reizloses und die Heilung nicht verzögerndes Wundanästhetikum (Strauß), dessen großer Vorzug in seiner Schwerlöslichkeit in Wasser liegt. Dadurch wird volle lokale Wirkung bedingt und sind Resorptionserscheinungen ausgeschlossen (Impens, Werner). Die anästhesierende Wirkung des Mittels ist bedeutend, es entfaltet auch fäulniswidrige und geringe, das Wachstum der Bakterien hemmende Eigenschaften, ätzt aber nicht und schädigt auch nicht das Protoplasma (Impens).

Nebenwirkungen: Vereinzelt wird über erhöhten Wundschmerz nach Gebrauch der Cycloformsalbe geklagt (Most).

Indikationen und Anwendung: Cycloform wird in Pulverform und in 5 und 10% Salbe bei äußerlichen Wunden und Geschwüren, schmerzhaften Granulationen, schmerzhaftem Ulcus cruris verwendet (Most, Strauß, Werner, Zeller, Saar). Übelriechende und schmierig belegte Wunden erhielten unter der Cycloform-Pulverbehandlung und sterilem Verband schon nach einigen Tagen ein besseres Aussehen, die Wunden reinigten sich, die Sekretion nahm ab und es bildeten sich neue Granulationen (Most). Saar empfiehlt bei schmerzhaften Beinhautgeschwüren dieselben zuerst mit H_2O_2 zu reinigen, dann Cycloform in dünner Schicht aufzupudern und darüber eine mit Lanolin bestrichene Kompresse zu legen. Weitere Verwendung fand das Mittel bei juckendem Ekzem in 10%, bei hartnäckigem Prurigo in 5% Salbe (Bircher), bei Verbrennungen 2. und 3. Grades (Bircher, Zeller), bei der Behandlung von Kotfisteln, zur Beseitigung der lästigen Hautreizung durch die Darmsekrete und zur Beseitigung der Schmerzen (Bircher), bei den Schluckbeschwerden im Gefolge der Kehlkopftuberkulose, wobei nach einer Einblasung von Cycloformpulver bereits nach wenig Minuten das Schlucken ohne Schmerzen ermöglicht wird (Rosenberg, Bosse), ferner bei inoperablem Rektumkarzinom, Hämorrhoiden, Analfissuren, Pruritus ani in 20% Salbe oder in Suppositorien à 0,3 g (Wyß, Zeller), bei beginnendem Dekubitus (Zeller), endlich in der Zahnheilkunde nach Zahnextraktionen, um den Nachschmerz und Schwellungen zu verhüten (Körner), bei Zahnfleischentzündung durch Periostitis und Ostitis (Dependorf). Für eine zweckmäßige Cycloform-Wundsalbe gibt Werner folgende Vorschrift: Cycloform. 32,5, Naftalan. 225,0, Lanolin. anhydric. 175,0, Olei oliv. 97,5, Zinc. oxyd. 100,0, Acid. boric. 50,0.

Literatur: Wyß, Arch. f. Verd.-Krankh., 5, 1910. — Impens, Therap. d. Ggw., 8, 1910. — Most, Die Heilkunde, 241, 1910. — Zeller, Med. Klinik, 1784, 1910. — Werner, Münch. med. Wochenschr., 2004, 1910. — Strauß, Münch. med. Wochenschr., 2643, 1910. — Dependorf, Deutsch. zahnärztl. Wochenschr., 20, 1911. — Bircher, Med. Klin., 223, 1911. — Rosenberg, Deutsch. med. Wochenschr., 409, 1911. — Bosse, Zentralbl. f. inn. Med., 593, 1911. — Körner, Deutsch. Monatsschr. f. Zahnheilk., 838 1911. — Saar, Allg. med. Zentralztg., 654, 1912.

Fabr.: Farbwerke, vorm. Bayer & Co., Elberfeld.
Preis: 1 g = K. 0,35.

Desalgin, eine von Schleich eingeführte Kombination von Chloroform mit einem Eiweißstoff, welche einen ziemlich konstanten Gehalt von annähernd 25% Chloroform in trockenem Zustande besitzt und ein graues, amorphes, fein verteiltes Pulver — gleichsam kolloidales Chloroform in fester Form — darstellt. Das Mittel leistete in Dosen von 3—4 mal je 1 Messerspitze voll für sich oder in Tee, Milch, Mineralwasser gute Dienste bei Gallensteinkolik, bronchitischen Zuständen aller Art und als Analgetikum bei Menstrualbeschwerden, Neuralgien, tabischen Beschwerden und Magenkrämpfen.

Literatur: Schleich, Therap. d. Ggw., 138, 1909.
Fabr.: Vertriebsges. Schleichscher Präparate, Berlin.
Preis: R. m. 10 g Mk. 2,50. K. 3,—. 20 g Mk. 4,50. K. 5,40.

Eucain.

1. **Alpha-Eucain,** salzsaurer Methyl-benzoyl-tetramethyl-γ-oxypiperidincarbonsäure-methylester, ist in Wasser schwer, in Alkohol, Äther, Chloroform und Benzol leicht löslich. Aus der ätherischen Lösung scheidet es sich in großen glänzenden Kristallen ab. Im Handel kommt nur das salzsaure Salz vor, das sich als weißes, körniges Pulver von stark bitterem Geschmack repräsentiert. Es löst sich langsam in kaltem, rasch in heißem Wasser und kann, ohne sich zu setzen, sterilisiert werden (Ornstein).

Wirkung: Es ist ein prompt wirkendes Anaesthetikum (Vinci), welches weniger giftig, daher ungefährlicher als Kokain ist und als Ersatz für dasselbe verwendet werden kann. Eine isosmotische erwärmte Lösung anästhesiert ebenso gut als eine gleichprozentige Kocainlösung (Simon). Es paralysiert die Gefäßnerven vollkommen und setzt die Erregbarkeit der motorischen Nerven herab (Cipriani). Das Zustandekommen der Anästhesie ist daher in der Regel von leichter Hyperämie und geringen Reizerscheinungen begleitet. Es erzeugt aber weder Mydriasis noch Akkommodationsparese (Vinci). Weiter besitzt das Präparat eine leichte antibakterielle Wirkung, die dem Kokain fehlt.

Nebenwirkung: Bei Verwendung des Alpha-Eucain in der Zahnheilkunde beobachteten Wolf, Turner und Ornstein nach jeder Injektion der 3—10% Lösung Schwellung der Weichteile, die nicht schmerzhaft war und nach 1—2 Tagen verschwand, Witzel drei sehr schwere Fälle von Kollaps schon nach $^1/_4$ Spritze und Ornstein Kitzel im Halse und Schlingbeschwerden, hervorgerufen durch das künstlich erzeugte Ödem am weichen Gaumen und Mundhöhlenboden. Schwerere Vergiftungserscheinungen wie Bewußtlosigkeit, klonische Zuckungen, kaum fühlbaren Puls, beschreibt Turner in einem Falle. Bei Verwendung in der Augenheilkunde konstatierte Vollert starkes, 1 bis 2 Minuten lange anhaltendes Brennen, verbunden mit Tränenträufeln, Blepharospasmus, starker Füllung der Ziliar- und Konjunktivalgefäße, sowie leichte Akkommodationsparese und Pupillenerweiterung und Vinci Hyperämie der Konjunktiva. Nach Zystoskopien, bei denen es eine dem Kokain gleichkommende Anästhesie erzeugt, beobachtete Görl Brennen in der Blase und als Folge der hyperämisierenden Wirkung starke Blutung nach dem Eingriff. Bei Verwendung des Präparates zur Erzeugung der Spinalanalgesie traten zu Beginn der Analgesie als Nebenwirkungen auf: Übelkeiten, Erbrechen, Parese des Sphincter ani, Dermographismus, Erectio penis, sowie nach 3—6 Stunden Kopfschmerzen und Temperaturerhöhung (Jedlička).

Indikationen: In der Chirurgie, in der Zahn- und Augenheilkunde als Lokalanästhetikum, doch sollen Injektionen in entzündetes Gewebe nicht vorgenommen werden, da hiedurch große Schmerzen erzeugt werden (Ornstein). Sehr wirksam erwies es sich in Dosen von 1—2 g einer 3% Lösung zur Überwindung von Spasmus des Ösophagus und des Rektums (Bayer), sowie zur Erzeugung der Spinalanalgesie (Jedlička).

Dosierung: Für Lokalanästhesie 2—5%, für die Vornahme der Zystoskopie die $^1/_2$% Lösung. Bei Injektionen in den Lumbalsack rät Jedlička soviel Flüssigkeit abzulassen, als später injiziert wird. Das Präparat läßt sich wirksam mit Adrenalin (1:20000) kombinieren (Simon).

Literatur: Wolff, Vierteljahrschr. f. Zahnh., 512, 1896. — Witzel, ebendort, 512, 1896. — Vollert, Münch. med. Wochenschr., 22, 1896. — Vinci, Berl. klin. Wochenschr., 27, 1896. — Görl, Therap. Monatsh., 8, 1896. — Ornstein, Vierteljahrschr. f. Zahnh., 193, 1897. — Turner, ebendort, 243, 1897. — Vinci, Therap. Monatsh., 2, 1897. — Bayer, ebendort, 4, 1898. — Cipriani, ebendort, 6, 1898. — Jedlicka, Sbornik, 3, 1901., rf. Therap. d. Ggw., 4, 1901. — Simon, Münch. med. Wochenschr., 29, 1904.

2. Beta-Eucain

ist das salzsaure Salz des Benzoyl-Vinyl-Diacetonalkamins und stellt ein farbloses, bei $138°$ C schmelzendes Kristallpulver dar, das sich in Wasser zur Zimmertemperatur in $3^1/_2$—4% löst. Durch Erwärmen können auch höherprozentige Lösungen hergestellt werden, doch scheidet sich beim Erkalten wieder ein Teil des Präparates in Kristallen aus, die, ohne Beeinträchtigung der Wirkung, durch Erwärmen wieder gelöst werden können. Die Lösungen lassen sich, ohne daß Zersetzung eintritt, sterilisieren und sind ohne Zusatz von Antisepticis haltbar.

Wirkung: Das β-Eucain ist ein reizloses Lokalanästhetikum, welches ein gutes Ersatzmittel des Kokains abgibt. Es wirkt weniger toxisch als dieses und α-Eucain, verursacht keine Depression der Herztätigkeit (Lohmann, Poole) und ruft nur unbedeutende Gefäßerweiterung hervor, beeinflußt aber die Pupillenweite und Akkommodation nicht, setzt den Tonus des Augapfels nicht herab und erhält die Hornhaut intakt (Marcinowski). Durch Zusatz von Adrenalin wird die Wirkung erheblich verstärkt (Simon, Stoll). Wichtig ist, daß die Lösungen von annähernd isotonischer Konzentration im Vergleiche zu den Körpersäften sind und zum Gebrauche auf Bluttemperatur gebracht werden (Marcinowski). Auch das β-Eucain besitzt gleichwie α-Eucain eine leicht antibakterielle Wirkung.

Nebenwirkung: Die Infiltrationsanästhesie mit β-Eucain ist in vielen Fällen mit einem meist unbedeutenden, brennenden Nachschmerz verbunden, welcher durch feuchte Verbände verhütet oder beseitigt werden kann (Lohmann). Bei Verwendung zur Medullarnarkose, für die es sich nach Engelmann und Schwarz als Kokainersatz nicht besonders eignet, wurde von letzterem Übelkeit, Erbrechen, Kopfschmerz und erhöhte Temperatur, außerdem von Silbermark mehrmals Kollaps, Singultus, Muskelzittern und auffällige Abkürzung der analgetischen Periode beobachtet. Von Kraus wird ein Fall von β-Eucainvergiftung geschildert, der fast unmittelbar nach der Injektion von 10 ccm einer 2% Lösung zur Vornahme der internen Urethrotomie schwere Erscheinungen (Ohnmacht, Atemnot, lallende Sprache und Zittern) zeigte.

Indikationen: Als Anästhetikum in der Augenheilkunde — ausgenommen die iritischen Prozesse — empfehlen das Mittel Silex und Marcinowski, zur Erzeugung von regionärer und Infiltrationsanästhesie Lohmann und Freund, letzterer in Kombination mit Adrenalin. Mit Vorteil gebrauchten Lange, Opitz und Gallatia Einspritzungen direkt in die Gegend des Nerven bei Ischias. Zur Erzeugung der Medullarnarkose ist es besonders in den Fällen angezeigt, wo Komplikationen des Herzens, der Lungen, der Nieren oder Schwäche des Patienten den Gebrauch des Chloroforms verbieten (Fink). Als

Kontraindikation für die Verwendung des Mittels ist nach Silbermark das Alter unter 10 Jahren anzusehen, doch ist noch bis zu 16 Jahren, sowie bei Potatoren große Vorsicht am Platze.

Dosierung: Zu augenärztlichen Zwecken wird die 2% Lösung (4 Tropfen innerhalb 5 Minuten vor der Operation einzuträufeln), zur Infiltrationsanästhesie die 4—5% Lösung verwendet. Von Freund wird für die Erzeugung von Lokalanästhesie die subkutane, bzw. submuköse Injektion von 9 Teilen einer 1% β-Eucainlösung und 1 Teil einer 1‰ Adrenalinlösung empfohlen. Nach 10 Minuten ist völlige Anämie und Anästhesie eingetreten. Lohmann verwendete zu diesem Zwecke die 10% Lösung. Zur Eucainisierung des Rückenmarkes gebraucht Fink die 5% sterilisierte Lösung in einer Dosis von 2—3 ccm. Zur Behandlung der Ischias nach Lange sind 70—100 ccm einer 1‰ Lösung in 8‰ Kochsalzlösung direkt in die Gegend des Nerven zu injizieren. Die Lösungen sollen stets auf Körperwärme gebracht und bis zu 1% Lösungen mit 0,8%, bei stärkerer Konzentration mit 0,6% Kochsalz versetzt sein.

Literatur: Silex, Deutsch. med. Wochenschr., 6, 1897. — Lohmann, Therap. Monatsh., 9, 1897. — Poole, New York med. News, Oct. 1899, rf. Zentralbl. f. inn. Med., 10, 1900. — Engelmann, Münch. med. Wochenschr., 44, 1900. — Schwarz, Zentralbl. f. Chir., 9, 1901. — Fink, Prag. med. Wochenschr., 14/15, 1901. — Marcinowski, Deutsch. Zeitschr. f. Chir., 45, 417, 1902. — Simon, Münch. med. Wochenschr., 29, 1904. — Silbermark, Wien. klin. Wochenschr., 46, 1904. — Freund, Zentralbl. f. Gynäk., 48, 1904. — Lange, Münch. med. Wochenschr., 52, 1904. — Kraus, Deutsch. med. Wochenschr., 2, 1906. — Opitz, Klin. therap. Wochenschr., 14, 1907. — Gallatia, Gynäk. Rundsch., 21, 1907. — Stoll, Med. Klin., 4, 1909.

3. Beta-Eucainum lacticum, das milchsaure Salz des β-Eucain, ist ein weißes, nicht hygroskopisches, bei 155° C schmelzendes Pulver, welches sich leicht in Wasser, aber schwer in Alkohol löst. Die wäßrige Lösung ist schwach alkalisch.

Wirkung: Das milchsaure Eucain erzeugt weder Hyperämie noch Ischämie, sondern nur an Ort und Stelle eine Anästhesie. Es läßt sich vorteilhaft mit der wirksamen Nebennierensubstanz kombinieren und ruft dann neben der Anästhesie noch Ischämie und Abschwellung der Gewebe hervor (Langgaard, Pennington). Vor dem salzsauren Salze hat es den Vorzug der leichteren Wasserlöslichkeit, doch ist sein Eucaingehalt etwas geringer als der des Chlorhydrates. Die Lösungen sind vollkommen reizlos und lassen sich sterilisieren.

Indikationen: Das Eucainlaktat ist heute nahezu das beliebteste Eucainpräparat und findet in der Augen- und Zahnheilkunde, in der Chirurgie, wie in der Oto-Rhinologie Verwendung (Katz, Langgadar, Meyer). Meyer benützte es u. a. mit Vorteil bei reflektorischem Asthma bronchiale. Hier erleichtert es, auf die erregenden Teile der Nasenschleimhaut appliziert, für Stunden die Atemnot.

Dosierung: In der Augen- und Zahnheilkunde werden die 2 bis 3% Lösungen, für regionäre Anästhesie 2—5%, und für Nase, Rachen und Ohr die 10—15% Lösungen benützt. Zur Erzeugung der Infiltrationsanästhesie genügt eine 0,12% Lösung. Allen Lösungen ist wie beim β-Eucain Kochsalz zuzusetzen.

Literatur: Langgaard, Therap. Monatsh., 8, 1904. — Katz, ebendort, 8, 1904. — Meyer, ebendort, 5, 1905. — Pennington, ebendort, 6, 1905.
Fabr.: Chem. Fabr., vorm. E. Schering, Berlin.
Preis: 1 g Mk. 0,70. 0,1 g K. 0,15. Soloids Burr. Welc. & Co., London: 25 St. à 0,05 g K. 3,70.

Eusemin ist eine Lösung von 0,0075 g Cocain, muriat. und 0,00005 g Adrenalin. hydrochl. in 1 ccm physiologischer Kochsalzlösung, die völlig steril und bei sicherem Luftabschluß fast unbegrenzt haltbar ist. Die gute Verwendbarkeit des Präparates als Lokalanästhetikum in der Zahnheilkunde wird von Ahrenfeldt, in der Augenheilkunde von Cohn, Ideler, Neuhann und Meisen, in der Rhinologie von Littaur bestätigt.

Literatur: Cohn, Wochenschr. f. Therap. u. Hyg. d. Auges, 8, 1904. — Ahrenfeldt, Zahnärztl. Rundsch., 26/27, 1906. — Ideler, Therap. Monatsh., 361, 1907. — Littaur, Deutsch. med. Wochenschr., 29, 1909. — Neuhann, Med. Klin., 780, 1912. — Meisen, ebendort, 504, 1913.
Fabr.: H. Rosenfeld, Charlottenburg.
Preis: 20 Ampullen à 1 ccm oder 12 Amp. à 2 ccm Mk. 4,—. K. 5,—.

Holocain, para-diaethoxyäthenyl-diphenylamidin, ist ein im Wasser und Alkohol unlösliches Kristallpulver vom Schmelzpunkte 121° C. Das salzsaure Holocain, welches das Handelsprodukt bildet, löst sich bis zu 2% in kaltem, leichter in heißem Wasser, aus dem es beim Erkalten auskristallisiert. Die wäßrige Lösung reagiert neutral, wird durch Kochen nicht verändert und schmeckt etwas bitter.

Wirkung: Es wirkt bei Einträufelungen in den Kornealsack besser als Kokain, vor welchem es den Vorteil besitzt, daß es keine Mydriasis erzeugt und die Akkommodation nicht lähmt. Das Hornhautepithel wird nicht geschädigt. Die erzeugte Anästhesie ist größer als die nach Kokain, doch teilt es die Gefahr der allgemeinen Intoxikation mit diesem, ja sie ist beim Holocain vielleicht noch etwas größer (Hasket Derby). Die 1% Lösung ist ein kräftiges Antiseptikum und wirkt nach Heinz direkt bakterizid, man braucht daher die Lösungen nicht sterilisieren, doch vertragen dieselbe auch die Sterilisation, ohne an Wirkung einzubüßen. Die toxische Dosis beträgt nach Heinz 0,01 g, während sie für Kokain 0,05 g und für Eucain 0,075 g ist; das Holocain ist somit ein stark giftiger Körper.

Nebenwirkung: Übereinstimmend wird angegeben, daß es vorübergehende Rötung der Konjunktiva und Brennen beim Einträufeln erzeugt (Guttmann, Loewenstamm, Kuthe, Winselmann, Heinz).

Indikationen und Dosierung: Zur Anästhesierung der Kornea und Konjunktiva genügen 2—3 Tropfen der 1% Lösung. Die Wirkung beginnt $\frac{1}{2}$—1 Minute nach dem Einträufeln und erreicht nach 2—3 Minuten den Höhepunkt, ist aber noch nach 10 Minuten nachweisbar (Hirschfeld). Zirn benützte die 1% Lösung ($\frac{1}{2}$—1 Pravazspritze) auch zu subkutanen Injektionen zur Erzeugung von Anästhesie behufs Vornahme von Lidoperationen, Brandt für Zahnoperationen, doch gibt Legrand an, daß dabei Angstgefühl und Blässe des Gesichtes auftrete.

Literatur: Heinz, Zentralbl. f. prakt. Augenh., 3, 1897. — Winselmann, Klin. Monatsbl. f. Augenh., 5, 1897. — Hirschfeld, ebendort, 5, 1897. — Loewenstamm, Therap. Monatsh., 5, 1897. — Guttmann, Deutsch. med. Wochenschr., 11, 1897. — Kuthe, Zentralbl. f. d. prakt. Augenh., 12, 1897. — Legrand, rf. in Vierteljahrschr. f. Zahnh., 14, 351, 1898. — Hasket Derby, Arch. f. Ophthalmol., 1, 1899. — Zirn, Zentralbl. f. prakt. Augenh., 5, 1901. — Brandt, Zahnärztl. Rundsch., 468/69, 1901.
Fabr.: Höchster Farbwerke.
Preis: 1 g Mk. 0,80. 0,1 g K. 0,15.

Nirvanin, salzsaurer Diäthylglycocoll-para-amido-orthooxybenzoesäuremethylester, ist ein weißes, wasserlösliches Pulver, dessen Lösungen neutral reagieren, infolgedessen sie sich besonders zur subkutanen Injektion eignen.

Wirkung: Das Mittel ruft eine langdauernde Anästhesie der sensiblen Nerven hervor, läßt jedoch die motorischen Nerven intakt. Es besitzt weiters kräftige antiseptische Eigenschaften. Im Vergleiche zum Kokain ist es 10 mal weniger giftig und 4 mal billiger als dieses (Einhorn und Heinz). Das Mittel ist also als ungefährlich zu bezeichnen. Die Anästhesie, die stets prompt eintritt und 1 Stunde anhält, geht soweit in die Tiefe, daß selbst Eingriffe in Sehnen und Knochen vollkommen schmerzlos gemacht werden können (Luxenburger).

Nebenwirkung: Dünne Schleimhäute, wie die der Harnröhre und die der Konjunktiva (dicke Schleimhaut wird, wenn sie unverletzt ist, überhaupt nicht beeinflußt), reagieren gewöhnlich mit Brennen (Einhorn und Heinz). Submukös in die Gingiva appliziert, ruft es vorübergehende, gänzlich schmerzlose Zahnfleischschwellung hervor (Bonnard, Marcus).

Indikationen: Das Mittel wird vornehmlich in der Zahnheilkunde verwendet (Rotenberger, Marcus, Port, Bonnard), erwies sich aber auch zur Erzeugung der Schleichschen Anästhesie für die kleine Chirurgie wertvoll (Luxenburger).

Dosierung: Zur submukösen Injektion wird die 2—5% Lösung benützt. Als Lösungsmittel ist die physiologische Kochsalzlösung angezeigt, da hiedurch auch die unbedeutenden Nebenerscheinungen ausgeschaltet werden.

Nach der Injektion soll man wenigstens 5 Minuten warten, ehe man zur Extraktion schreitet (Port). Bei empfindlichem Dentin genügt Betupfen mit 10% Lösung. Als Ätzpaste erscheint nach Marcus folgende Verschreibung empfehlenswert: Acid. arsenic. 1,0, Nirvanin. 1,0, Lanolin. q. s. ut fiat pasta. Zur Schleichschen Anästhesie wird die 2% Lösung verwendet. Zu beachten ist, daß alle Lösungen stets frisch bereitet werden.

Literatur: Einhorn und Heinz, Münch. med. Wochenschr., 49, 1898. — Rotenberger, Deutsch. zahnärztl. Wochenschr., 38, 1898. — Marcus, ebendort, 39, 1898. — Port, ebendort, 56, 1899. — Luxenburger, Münch. med. Wochenschr., 1/2, 1899. — Bonnard, rf. in Vierteljahrschr. f. Zahnheilk., 16, 177. 1900.

Novocain, das von Einhorn und Uhlfelder synthetisch dargestellte Monochlorhydrat des Para-amido-benzoyl-diäthyl-amino-äthanol, stellt ein weißes kristallinisches Pulver dar, welches bei 156° C schmilzt und, ohne Zersetzung zu erleiden, bis auf 120° C erhitzt werden kann. Es ist in kaltem Wasser im Verhältnisse 1:1 zu einer neutral reagierenden Flüssigkeit löslich. In kaltem Alkohol löst es sich im Verhältnisse 1:30. Ätzende und kohlensaure Alkalien fällen aus wäßrigen Lösungen die freie Base aus, weshalb die mit Sodalösung sterilisierten Injektionsspritzen vor dem Aufziehen einer Novocainlösung mit sterilisiertem Wasser oder physiologischer Kochsalzlösung ausgespült werden sollen. Mit Natriumbicarbonat läßt sich die wäßrige Lösung ohne Trübung mischen.

Wirkung: Das Novocain besitzt dieselbe Wirkung auf periphere sensible Nerven wie Kokain. Die 0,25% Lösung reicht zur Anästhesierung selbst dicker Nervenstämme (Ischiadicus) aus. Die Zirkulation und Respiration wird durch das Mittel nicht beeinflußt, auch die Herztätigkeit leidet nicht. Es ruft keine Mydriasis, keine Akkommodationsstörung und keine Erhöhung des intraokularen Druckes hervor, ist also in bezug auf Reizlosigkeit als ideal zu bezeichnen (Braun, Danielsen, Heinecke und Läwen, Sonnenburg, Luke). Nach Untersuchungen von Biberfeld, Gebb und Cieszynski ist es 5—6 mal weniger giftig als Kokain und 2—3 mal weniger als Stovain. Die anästhesierende Potenz ist wohl geringer als die des Kokain (nach Liebl ungefähr $^2/_3$ derselben), doch wird dies durch den Umstand ausgeglichen, daß es sich ausgezeichnet mit Adrenalin, bzw. mit Suprarenin oder Epirenan kombinieren läßt, wodurch die Anästhesie wesentlich erhöht und verlängert wird (Heinecke und Läwen, Sonnenburg, Liebl, Stoll), weil durch den Suprareninzusatz selbst bei Anwendung kleinster Dosen eine geringe lokale Gefäßkontraktion und dadurch Verlangsamung der Resorption erzeugt wird (Liebl). Versager werden mitunter bei Lumbalanästhesie nach Novocain, ebenso wie auch nach anderen ähnlichen Mitteln beobachtet. Die Anästhesie tritt nicht ein, wenn der Liquor mit Blut vermischt ist, wenn man bei der Punktion von der Mittellinie abweicht, wenn die Nadel durch Gewebsstückchen verstopft ist, so daß kein Liquor abfließt, wenn die Injektionsflüssigkeit durch langes Stehen unbrauchbar geworden ist, wenn durch die im Instrumentenkocher vorhandene Soda das Anästhetikum unwirksam gemacht ist (also sorgfältigst Berührung der Injektionsflüssigkeit mit Soda vermeiden!), endlich bei einer Reihe von psychischen Zuständen und bei Fettleibigen (Busse). Eine Erhöhung der Anästhesie kann man, wie Groß im Tierversuche nachgewiesen hat, durch mit Alkali versetzte Lösungen herbeiführen. Für die Praxis kommt hiebei das Natr. bicarb. in Betracht.

Nebenwirkungen: Dieselben treten vornehmlich nach Gebrauch des Mittels zur Erzeugung der Lumbalanästhesie hervor. Hiebei haben wir zwischen allgemeinen Giftwirkungen unmittelbar nach der Injektion und Nachwirkungen (postoperativen Erscheinungen) zu unterscheiden.

Zu ersteren gehören das Auftreten von Übelkeiten, Erbrechen, Erscheinungen von Herzschwäche (kleiner Puls, Blässe, kalter Schweiß), Angstgefühl, Bewußtlosigkeit, Amaurose, ja Kollapsen schwerer Art (Baisch,

v. Bruns, Heineke und Läwen, Busse, Lindenstein, Henking); zu letzteren heftige Kopfschmerzen, die durch mehrere Tage anhalten, Rücken- und Nackenschmerzen, weniger heftiges Erbrechen, seltener Temperaturanstiege und Empfindlichkeit der Dornfortsätze der Halswirbelsäule (Braun, Sonnenburg, v. Bruns, Heineke und Läwen, Landow, Busse, Lindenstein, Henking). Vereinzelt wurde noch Inkontinenz der Blase und des Mastdarmes (Busse), Parese der unteren Extremitäten, leichte Schmerzen an der Injektionsstelle (Henking) und einmal symmetrische Gangrän der Fersen, die am 2. Tage nach der Operation eintrat und durch keine Behandlung aufzuhalten war (Goldmann), sowie Herabsetzung des Blutdruckes beobachtet (Busse).

Diese Nebenwirkungen, welche Sonnenburg und Opitz eher als Operationsschock denn als Giftwirkung auffassen, treten nach Novocain 2½ mal so oft auf als nach Stovain (v. Bruns), vielleicht weil viel größere Dosen zur Erzeugung der Wirkung notwendig sind, als z. B. bei Alypin und Stovain (Baisch), welche Präparate vom Novocain aber wieder durch die länger anhaltende Wirkung und das Fehlen der Gefäßerweiterung übertroffen werden (Blondel).

Kurzdauerndes Unwohlsein und Schwindelanfälle nach Injektionen zwecks Vornahme zahnärztlicher Operationen beobachtete Cieszynski, Brennen nach Einträufeln ins Auge Gebb und Augenmuskellähmungen, sowohl Abduzens- als Trochlearislähmungen, Landow, Löser, Henking, Lindenstein, Busse, Groß. Als Gegenmittel gegen die Nachwirkungen empfiehlt Busse mehrmals täglich 0,3 Pyramidon oder eine erneute Lumbalpunktion. Über Todesfälle nach Lumbalanästhesie mit Novocain berichten Risch (2 Fälle unter 315 Anästhesien unter plötzlichem Atemstillstand und Herzkollaps) und Busse (1 Fall infolge plötzlicher Blutdrucksenkung).

Indikationen: Im Novocain besitzen wir nach Liebl, Schmidt, Lang, Stein, Dietze und Fischer einen für die Zwecke der Lokalanästhesie vollwertigen Kokainersatz. Der hiebei 4—5 Stunden nach den Injektionen auftretende Wundschmerz wird von den Kranken als sehr gering bezeichnet. Danielsen, Stein und Lindenstein verwendeten es erfolgreich zur Schleichschen Infiltration, zur direkten subkutanen Injektion, besonders aber zur Erzeugung von Schleimhautanästhesie, die speziell für Zahnextraktionen von Wichtigkeit ist (Sachse, Euler, Fischer, Luniatschek, Misch, Klein, Cieszynski, Bünte und Moral). In der Urologie wird es zur Anästhesierung der Harnröhre und Harnblase (Luke), in der Augenheilkunde in 5—10% Lösung zur Instillation in den Bindehautsack verwendet (Gebb, Hoppe, Siegrist, Wicherkiewicz), wobei als sehr angenehm empfunden wird, daß es die Akkommodation durchaus nicht stört. In der Ohrenheilkunde wird es von Haug warm empfohlen. Kratz lobt die lokalanästhetische Wirkung bei der Behandlung von Endometritis und Abortus. Es genügen 20 ccm einer Lösung von 1 Tablette in 25 g einer physiologischen Kochsalzlösung, um eine genügende Anästhesie zur Vornahme des Curettements zu erzeugen. Große Bedeutung besitzt das Mittel infolge seiner im großen und ganzen nicht gefährlichen Nebenwirkungen für die Rückenmarksanästhesie (Braun, Heineke und Läwen, Sonnenburg, Hermes, Opitz, v. Bruns, Busse, Stein, Goldmann, Lindenstein, Veit, Füster, Sieber). Nach einer Angabe von Mayer zeigt es sich auch gut verwendbar als schmerzlindernder bzw. schmerzaufhebender Zusatz zu intramuskulären Quecksilberinjektionen, doch nicht mit Sublimat, mit dem es eine Fällung gibt, sondern mit Sublamin, in dem es sich klar löst.

Kontraindiziert ist seine Verwendung zur Erzeugung der Lumbalanästhesie bei septischen Erkrankungen, bei denen nach Erfahrungen von Sonnenburg und Hermes (1 Todesfall) die Gefahr besteht, daß sich von der Injektionsstelle aus eine eiterige Meningitis entwickelt, ferner bei großer

Fettleibigkeit und schlechter Pulsfüllung (Busse), sowie bei Lues im Übergange vom primären zum sekundären Stadium (Lindenstein), bei schwerer Allgemeinkachexie und bei Individuen unter 15 Jahren (Füster), bei nervösen Personen mit Neigung zu Kopfschmerz und bei Anämischen (Busse).
Dosierung: Für die Schleichsche Infiltrationsmethode und direkte Injektionen wird die $1^0/_0$, für Erzeugung von Schleimhautanästhesie die 5 bis $10^0/_0$ Lösung benützt. Für Leitungsanästhesie genügen nach Schmidt 3—5 ccm einer $1^0/_0$, eventuell einer $1/_4$—$1/_2^0/_0$ Lösung. Auf 10 ccm wurden stets 5—8 Tropfen einer $1^0/_{00}$ Lösung von Suprarenin. hydrochlor. oder boricum zugesetzt. Für Zahnextraktionen wird die $2^0/_0$ Lösung verwendet, von der 1—5 ccm mit entsprechender Menge Nebennierenlösung eingespritzt werden (Sachse). Für zahnärztliche Zwecke werden übrigens von der darstellenden Fabrik eigene Novocain-Suprarenin-Tabletten in den Handel gebracht, welche 0,02 g Novocain, 0,0001 g Suprarenin. boricum und 0,009 g Kochsalz enthalten. Eine solche Tablette wird in 1—2 ccm Wasser gelöst und dadurch eine 1—$2^0/_0$ Lösung erhalten. Vor dem Einstiche anästhesiert Cieszynski noch die Schleimhaut durch Auflegen eines mit $20^0/_0$ Novocain getränkten Bäuschchens (10—15 Sekunden lang), um auch den Einstichschmerz zu lindern. Fischer setzt auf 50 ccm der Lösung noch 0,033 g Thymol zu, um die Haltbarkeit und Wirksamkeit der Lösung zu erhöhen, die nach dem öfteren Öffnen des Fläschchens leiden könnte. Auch plädiert er für Verringerung der Suprareninmengen. Die gewöhnliche Menge, die zur Erzeugung einer Lumbalanästhesie bis zum Rippenbogen erforderlich ist, beträgt 0,12—0,15 g. Die danach eintretende Anästhesie reicht aber nicht immer gleich hoch. Sie kann bei einzelnen Personen sich selbst bis zum Kinnansatz erstrecken und Tonus der beiden Hände erzeugen. Benötigt man nur eine Anästhesie des Dammes, so dürfte 0,1 g des Mittels genügen. Empfehlenswert für diesen Zweck sind die gebrauchsfertigen, sterilisierten, in zugeschmolzenen Glastuben erhältlichen Lösungen. Jede Tube enthält 2 ccm einer $10^0/_0$ Lösung mit 5 Tropfen einer $1^0/_{00}$ Solutio suprarenin. boric. und 0,018 g Kochsalz. Hiervon werden $1^1/_2$ ccm (= 0,15 g Novocain) benützt. Die Technik ist die übliche: Einstich zwischen 2. und 3. Lumbalwirbel, Abfließenlassen von Liquor cerebrospinalis, sodann Aufziehen von 3—4 ccm Liquor in die Spritze, die dann mit dem Mittel zurückinjiziert werden. Die Anästhesie tritt nach 3—5 Minuten ein und hält 1—2 Stunden an. Nach Henking soll der Patient nach der Injektion in steile Beckenhochlagerung gebracht werden. Von Läwen, der wie Groß fand, daß die Anästhesie früher eintritt und länger anhält bei Verwendung einer Lösung von Novocain, der Chlornatrium und Natriumbicarbonat zugesetzt ist, wird folgendes Mischungsverhältnis empfohlen:

Natr. bicarb. purissim.   0,15—0,20—0,25—0,15
Natr. chlorat.   0,10—0,20—0,50—0,50
Novocain   0,60—0,75—1,00—0,50
Aq. dest. steril.   30,0—50,0—100,0—100,0.

Literatur: Braun, Deutsch. med. Wochenschr., 42, 1905. — Sachse, Deutsch. zahnärztl. Wochenschr., 45, 1905. — Schmidt, Münch. med. Wochenschr., 46, 1905. — Danielsen, ebendort, 46, 1905. — Biberfeld, Med. Klinik, 48, 1905. — Heineke und Läwen, Deutsch. Zeitschr. f. Chir., 80, 180, 1905. — Gebb, Arch. f. Augenh., 55, 1/2, 1906. — Baisch, Beitr. z. klin. Chir., 1, 1906. — v. Bruns, ebendort, 2, 1906. — Haug, Arch. f. Ohrenheilk., 1/2, 1906. — Luniatschek, Österr. Zeitschr. f. Stomatol., 2, 1906. — Heineke u. Läwen, Beitr. z. klin. Chir., 1/2, 1906. — Mayer, Dermatol. Zeitschr., 3, 1906. — Misch, Österr.-ung. Vierteljahrschr. f. Zahnh., 3, 1906. — Luke, Monatschr. f. Harnkrankh. u. sex. Hyg., 3, 1906. — Cieszynski, Deutsch. Monatschr. f. Zahnh., 4, 1906. — Liebl, Münch. med. Wochenschr., 5, 1906. — Fischer, Deutsch. Monatschr. f. Zahnh., 6, 1906. — Sonnenburg, Deutsch. med. Wochenschr., 9, 1906. — Löser, Med. Klinik, 10, 1906. — Hermes, ebendort, 13, 1906. — Hoppe, Die ärztl. Praxis, 16, 1906. — Opitz, Münch. med. Wochenschr., 18, 1906. — Euler, Deutsch. zahnärztl. Wochenschr., 20, 1906. — Wicherkiewicz, Wochenschr. f. Therap. u. Hyg. d. Aug., 20, 1906. — Sonnenburg, Gedenkschr. f. Leuthold, Berlin 1906. — Landow, Münch. med. Wochenschr., 30, 1906. — Lang, Deutsch. med. Wochenschr., 35, 1906. — Busse, Münch. med. Wochenschr. 38, 1906. — Schmidt, ebendort, 46, q906. — Lindenstein, Deutsch. med. Wochenschr., 45, 1906. — Fischer, Deutsch. zahnärztl.

Wochenschr., 50, 1906. — Dietze, Münch. med. Wochenschr., 50, 1906. — Stein, ebendort, 50, 1906. — Henking, ebendort, 50, 1906. — Blondel, Allg. Wien. med. Ztg., 1, 1907. — Klein, Österr.-ung. Vierteljahrschr. f. Zahnh., 1, 1907. — Siegrist, Klin. Monatsbl. f. Augenh., 1, 1907. — Goldmann, Zentralbl. f. Chir., 2, 1907. — Veit, Beitr. z. klin. Chir., 3, 1907. — Füster, Deutsch. Zeitschr. f. Chir., 1/3, 1907. — Lindenstein, Beitr. z. klin. Chir., 3, 1908. — Risch, Zentralbl. f. Gynäk. 1909 (S. A.). — Stoll, Med. Klin., 4, 1909. — Busse, Therap. d. Ggw., 5, 1909. — Sieber, Münch. med. Wochenschr., 10, 1099. — Bünte u. Moral, Deutsch. Monatsschr. f. Zahnheilk., 2, 1910. — Kratz, Zentralbl. f. Gyn., 22, 1910. — Groß, Münch. med. Wochenschr., 39, 1910. — Läwen, ebendort, 39, 1910.
Fabr.: Höchster Farbwerke.
Preis: 1 g Mk. 0,65. K. 1,10.

Orthoform, para-amido-meta-oxybenzoësaure-methylester, ist ein weißes, langsam und wenig wasserlösliches Pulver.

Wirkung: Es wirkt stark und anhaltend lokal anästhesierend, doch kommt die analgetische Wirkung nur dann zum Ausdruck, wenn ein Substanzverlust vorliegt, somit bloßliegende Nerven direkt von dem Mittel beeinflußt werden können. Außerdem besitzt das Orthoform noch bakterizide und sekretionsbeschränkende Eigenschaften, während ihm die gefäßkontrahierende Wirkung des Kokains fehlt (Einhorn und Heinz, Fink, Hanszel, Neumayer und Graul). Sämtliche Orthoformsalze besitzen in wäßriger Lösung saure Reaktion, sind daher für subkutane Injektion unbrauchbar (Einhorn und Heinz).

Nebenwirkungen: Manchmal ruft das Mittel schon in kleinen Mengen Hauterkrankungen und mehr oder weniger unangenehme Störungen des Allgemeinbefindens hervor. Homburger hält es für wahrscheinlich, daß es durch Einwirkung der alkalischen Wundsekrete und der Wärme zersetzt wird, eine Verseifung eintritt, der Ester sich abspaltet und die Säure die Ursache der Reizwirkung bildet. Bei stark sezernierenden Wunden treten Reizerscheinungen weniger leicht auf, als bei solchen mit geringer Sekretion, dafür ist aber bei ersteren auch die Anästhesie von kürzerer Dauer. Im alkalischen Sekrete löst sich eben das Orthoform rasch auf und wird dann von der Gaze oder der Wunde aufgesaugt. Der Eintritt der unangenehmen Erscheinungen fällt in manchen Fällen damit zusammen, daß der schmerzstillende Einfluß des Mittels plötzlich nachläßt. Dies ist der Zeitpunkt, wo man mit demselben ganz oder teilweise aussetzen soll (Heermann). Friedländer bezeichnet das Orthoform als ein Anaestheticum dolorosum und teilt die beobachteten Intoxikationserscheinungen ein in allgemeine und lokale, bei letzteren noch a) Erythembildung, starke Reizung und Schwellung in der Nähe der Applikationsstelle, b) Ekzembildung, c) Gangräneszierung unterscheidend. Er sowie Ruhemann schildern einen Fall mit allgemeinem Exanthem, das mit Ödem und Bläschenbildung kombiniert war, Heermann einen solchen ohne Blasenbildung. Auch von Gumbinner wurden Blasen von Hirsekorn- bis Bohnengröße, die eine trübe, pestilenzialisch riechende Flüssigkeit enthielten, ziemlich häufig beobachtet. Seltener treten lokale und allgemeine Ekzeme oder Störungen des Allgemeinbefindens, wie Schwindel, Nausea, Erbrechen und Fieber auf (Graul). Gangränöse Hautveränderungen, sowie Auftreten von stark brennenden Plaques, die sich über den ganzen Körper verbreiteten und aus denen sich nachher Blasen entwickelten, beobachtete Dubreuilh. Über Gewebsnekrosen berichten ferner noch Asam und Wunderlich, über Quaddelbildung Schröppe, über unangenehmes Brennen auf den Schleimhäuten Kionka, über Auftreten eines papulösen roten Exanthemes im Gesichte, am Nacken, Rumpf und Extremitäten mit leichtem Fieber und Kopfschmerzen, Schmidt bei einem Kranken, der an einem schmerzhaften variiösen Geschwüre litt und durch 2 Wochen zweimal täglich reichlichst mit dem Mittel behandelt worden war. Gleichzeitig kehrten die im Anfange der Behandlung geschwundenen Schmerzen in furchtbarer Intensität wieder, so daß Morphium gegeben werden mußte.

Indikationen: Mit Ausnahme von Neuralgien, wo das Mittel versagte, da es nur lokal wirkt, bewährte es sich überall dort, wo es auf frei liegende Nervenendigungen einwirken kann, daher bei jeder Art von Substanzverlust (Neumayer). Ungeeignet sind also überhaupt alle schmerzhaften Affektionen bei intakter Haut und Schleimhaut. Ebenso kann die Wirkung ausbleiben, wenn große Mengen nekrotischen Gewebes in einem Geschwüre mechanisch das Hingelangen des Orthoforms zu den Nervenendigungen verhindern (Kionka). Nekrotische Gewebsstücke sind daher ebenso wie stagnierendes Sekret zu entfernen (Homburger). Besonders gerühmt wird das Mittel bei tuberkulösen Kehlkopferkrankungen (Tovölgyi, Kassel, Zander), wenn es gelingt, die Geschwüre ganz damit zu bedecken. Auf die Heilung derselben hat es aber keinen Einfluß. Unangenehm bemerkbar macht sich hiebei nur der Umstand, daß es austrocknende Wirkung entfaltet (v. Zander). Gegen Papilla fissurata verwendet es mit bestem Erfolge Le Maire (Aufpinseln einer alkoholischen Lösung und Bedecken mit einer trockenen Kompresse), das Entstehen derselben wird aber bei prophylaktischem Gebrauche des Mittels nur selten verhindert. Bei blutenden oder sezernierenden Fissuren der Brustwarzen ist es überhaupt nicht angezeigt, da es reizt und das Entstehen einer Mastitis direkt begünstigt. Weiter findet Orthoform aber noch eine vorteilhafte Anwendung in der Behandlung der Syphilis, um die subkutanen Quecksilberinjektionen schmerzlos zu gestalten (Löb), ferner in der Zahnheilkunde, um das Schmerzgefühl nach der Extraktion herabzusetzen (Boennecken), sowie (in erwärmter Lösung) zur Beseitigung von Zahnschmerzen, die durch bloßliegende Pulpa eines kariösen Zahnes verursacht werden (Hildebrand), endlich in der Rhinologie (Fink, Hanszel), bei Keuchhusten und bei Schnupfen, vorausgesetzt, daß keine Idiosynkrasie gegen das Mittel besteht (Spieß).

Dosierung: Es wird entweder rein oder mit Talk oder Amylum verdünnt als Streupulver, sowie in öliger 5—10% Lösung verwendet. Für die Syphilisbehandlung empfiehlt Löb einer 10% Mischung von Hydrargyrum salicylicum mit Paraffin 5—10% Orthoform zuzusetzen, um die Injektion schmerzlos zu gestalten. Bei Larynxtuberkulose bewährte sich an Stelle des reinen Orthoforms, das oft stundenlanges Brennen hervorrief: Orthoform. Jodoformogen. āā 5,0, Cocain. muriatic. 1,0, Magist. bismut. 10,0 (Heryng), oder eine Orthoformemulsion 25:100 Ol. oliv. (Kassel), oder Menthol. 5,0, Ol. amygd. dulc. 1,25. Orthoform. 2,25 S. Hievon bei festgeschlossenen Stimmbändern 1,5—2,5 g zu verwenden (Heryng). In Form 2% Salben benützt das Präparat Homburger.

Orthoform-Neu, Meta-Amido-para-oxybenzoesäure-methylester, ist ein feines geruch- und geschmackloses Pulver, das sich in Wasser und Äther sehr schwer, in Alkohol und siedendem Benzol leicht löst und bei 142° C schmilzt.

Wirkung: Es macht wie Kokain alle peripheren, sensiblen Apparate (Nervenendigungen und Nervenstämme), mit denen es in direkte Berührung gebracht wird, unempfindlich. Außerdem wirkt es schwach antiseptisch und ist in gebräuchlichen Dosen für den Organismus unschädlich.

Indikationen und Dosierung wie beim Orthoform.

Literatur: Einhorn u. Heinz, Münch. med. Wochenschr., 34, 1897. — Neumayer, ebendort, 44, 1897. — Loeb, Monatsh. f. prakt. Dermat., 1, 1898. — Kassel, Therap. Monatsh., 10, 1898. — Fink, Ärztl. Praxis, 20, 1898. — Klausner, Münch. med. Wochenschr., 42, 1898. — Hildebrand, Deutsch. med. Wochenschr., 48, 1898. — Hanszel, Wien. klin. Wochenschr., 49, 1898. — Einhorn u. Heinz, Münch. med. Wochenschr., 49, 1898. — Kionka, Therap. d. Ggw., 1, 1899. — Asam, Münch. med. Wochenschr., 8, 1899. — Le Maire, rf. Therap. d. Ggw., 10, 1899. — Schröpe, St. Petersburger med. Wochenschr., 12, 1899. — Wunderlich, Münch. med. Wochenschr., 40, 1899. — v. Zander, Charité-Annalen, 23, 1899. — Friedländer, Therap. Monatsh., 12, 1900. — Gumbinner, ebendort, 3, 1901. — Heermann, ebendort, 3, 1901. — Homburger, ebendort, 10, 1901. — Spieß, Münch. med. Wochenschr., 15, 1901. — Graul, Deutsch. med. Wochenschr., 24, 1901. — Boennecken, Prag. med.

Wochenschr., 37, 1901. — Heryng, Gazeta lekarska, 39, 1901, rf. Therap. d. Ggw., 2, 1902. — Dubreuilh, rf. Therap. Monatsh., 2, 1902. — Tovölgyi, Therap. d. Ggw., 3, 1902. — Schmidt, Montreal. med. journ., 3, 1906, rf. in Therap. Monatsh. 606, 1907.
Fabr.: Höchster Farbwerke.
Preis: 1 g Mk. 0,30. K. 0,40.

Orthonal, ist eine Kombination einer 0,5% Kokain- und einer 0,75% Alypinlösung mit 6% einer Adrenalinlösung von 1:10,000, welche den Zweck hat, die Dosis des Kokains herabzusetzen und damit dessen Gefahren zu vermindern und von Moses in der kleinen Chirurgie zur Infiltrations- und Leitungsanästhesie mit Nutzen gebraucht wurde.
Literatur: Moses, Deutsch. med. Wochenschr., 2138, 1911.

Propäsin, Para-amido-benzoesäurepropylester, ist ein weißes, kristallinisches Pulver, das bei 73—74° schmilzt und sich leicht in Alkohol, Äther und Chloroform, schwer und mit neutraler Reaktion in Wasser löst. Mit Mineralsäuren und Essigsäure bildet es Salze, die aber leicht wieder in Ester und Säure zerfallen. Bei längerem Kochen mit Alkalien wird es verseift.

Das Mittel findet äußerlich und innerlich anstatt Kokain als Lokalanästhetikum Verwendung. Es wird in 15% Salbe empfohlen bei schmerzhaftem Ulcus cruris (Stürmer und Lüders, v. Boltenstern), Hämorrhoiden (v. Boltenstern) und Erysipel (Kluger), in Form von Einblasungen bei Larynxtuberkulose (Perl) und innerlich in Form der Propäsinpastillen à 0,012 g Propäsin bei allen schmerzhaften Erkrankungen des Mundes, Rachens usw., besonders bei sekundär-syphilitischen Schleimhautaffektionen und Stomatitis mercurialis (Stürmer und Lüders), in Form der Trochisci à 0,02 bei Hustenreiz und als Pulver in Oblaten kurz vor der Speiseaufnahme bei Magenschmerzen im Gefolge des Ulcus ventriculi (Kluger, Perl), bei Erbrechen infolge von Gastritis, bei Seekrankheit und Hyperemesis gravidarum (Kluger, Lüders, v. Boltenstern), endlich in lokaler Applikation in der Zahnheilkunde zur Bekämpfung der Schmerzen nach Zahnoperationen (v. Boltenstern). Zur subkutanen Anwendung ist das Propäsin wegen seiner geringen Löslichkeit im Wasser nicht geeignet (Kluger).

Unter dem Namen **Dipropäsin** ist ein weißes, geschmackloses, kristallinisches Pulver im Handel, in welchem 2 Moleküle Propäsin enthalten sind, die durch eine CO-gruppe miteinander verbunden sind. Das Pulver ist wohl in Äthylalkohol, aber nicht in Wasser löslich, wirkt an sich nicht anästhesierend, sondern erst in physiologischer, alkalischer Lösung, in der es das wirksame Propäsin abspaltet. Es ist daher als schmerzlinderndes Mittel bei Darmaffektionen gedacht und wird als Pulver, Schüttelmixtur oder in Tabletten à 0,5 g in Dosen von 0,5—2,0 g gereicht (Kluger).
Literatur: Stürmer u. Lüders, Deutsch. med. Wochenschr., 53, 1908. — Perl, Med. Klin. 50, 1909. — Kluger, Therap. Monatsh., 76—78, 1909. — v. Boltenstern, Deutsche Ärzteztg., 264, 1912. — Lüders, Klin. therap. Wochenschr., 680, 1912.
Fabr.: Fritsche & Co., Hamburg.
Preis: 1 g Mk. 0,25. K. 0,40. Lösung: 30 g Mk. 1,50. Salbe: 1 Tube Mk. 1,50.

Stovain, salzsaures Dimethylamino-benzoyl-dimethyläthylcarbinol, wurde von dem französischen Chemiker Fourneau synthetisch dargestellt und von Reclus in die Praxis eingeführt. Es stellt kleine, weiße, glänzende Schüppchen dar, die sich leicht im Wasser lösen und bei 175° C schmelzen. Die wäßrigen Lösungen lassen sich sterilisieren und werden selbst durch einstündiges Kochen nicht verändert. Zu beachten ist, daß es durch alle Alkaloidreagentien aus seinen Lösungen ausgefällt wird. Mit Jod, Sublimat etc. darf es also nicht zusammengebracht werden und ebenso sorgfältig ist die Berührung mit Alkalien zu vermeiden, da die geringsten Spuren eines Alkali die Base verändern. Die Spritze darf daher nur in destilliertem Wasser ausgekocht werden.

Wirkung: Stovain besitzt eine mindestens ebenso stark anästhesierende Wirkung wie das Kokain und eine stärkere als die bisher empfohlenen Ersatzmittel für dasselbe, scheint aber viel weniger giftig zu sein als das Kokain und kann daher in höherer Dosis angewendet werden (Reclus). Lokalanästhesie, wie Lumbalanästhesie, die sich bis zum Rippenbogen erstreckt, tritt nach Gebrauch der $^{1}/_{2}$—$1^{0}/_{0}$igen Lösung schon nach 1—4 Minuten ein und dauert ca. 20 Minuten, bzw. 1—1$^{1}/_{2}$ Stunden (Finkelnburg). Zur Vermeidung des lästigen Kotabganges und zur Ruhigstellung des Darmes während der Operation empfehlen Roith und Penkert die Kombination mit der Skopolamin-Morphium-Narkose. Nach Aufhören der lokalanästhetischen Wirkung tritt wohl auch Wundschmerz auf, doch ist derselbe viel schwächer als nach Kokain (Schiff). Das Stovain erzeugt keine Vasokonstriktion mit den bedrohlichen Erscheinungen der Gehirnanämie und übt einen tonisierenden Einfluß auf das Herz aus. Es soll auch gute, antiseptische Eigenschaften besitzen. Die Instillationen ins Auge sind schmerzhafter als die mit Kokain, die Anästhesie weniger vollständig und von kürzerer Dauer als nach Kokaingebrauch.

Nebenwirkungen: Die sauer reagierenden Lösungen reizen bei subkutaner und endermatischer Anwendung und schädigen das Gewebe. Bei sehr starken Verdünnungen tritt dies weniger hervor. In 5—10%-iger Lösung erzeugt das Präparat Gangrän (Sinclair, Mc. Kenzie, Chiene). Außerdem werden die unter der Einwirkung derselben stehenden Gewebe stark hyperämisch und bluten heftig nach der Durchschneidung, weshalb es für Gewebsinjektionen nicht geeignet erscheint (Braun). In Kombination mit Adrenalin beobachtete Gangränbildung Luke und Foisy, schwere allgemeine Vergiftung Trautenroth, mehr weniger schwere Nierenaffektionen, die aber stets zur Ausheilung kamen Oelsner. Nach Verwendung des Stovains zur Erzeugung der Lumbalanästhesie haben wir wieder unmittelbar oder bald nach der Injektion auftretende Nebenwirkungen und postoperative Nachwirkungen zu unterscheiden.

Zu ersteren gehört das Auftreten von Erbrechen, Übelkeit, Blässe des Gesichtes, Kleinerwerden und Verlangsamung des Pulses, von oberflächlicher Atmung und Ohnmachtsanfällen (Caplescu-Poenaru, Kendirdjy und Burgaud, Tillmann, Tuffier, Sonnenburg, Hermes, Deetz, Becker, Bacher, Hohmeier, Pochhammer, Steiner, Baisch, Freund). Die mehrmals beobachtete starke Pulsverlangsamung und Atemstillstand führt Himmelheber darauf zurück, daß die Stovainwirkung bis zum unteren Abschnitt des Halsmarkes vordringt und dadurch die Nervi accelerantes cordis und intercostales lähmt. Als Ursache des zu hohen Hinaufsteigens des Anästhetikums sieht er die zu schnell vorgenommene Rückenlagerung nach der Beckenhochlagerung, Pressen und Erbrechen an.

Ausgesprochene Kollapse beobachteten Bier, Hermes, Oelsner, Ellerbrock, Münchmeyer, Schläfrigkeit und Müdigkeit Becker.

Als Nachwirkungen wurden gefunden sehr lang anhaltende und heftige Kopfschmerzen, Nackenstarre und Gefühl von Steifheit in den Gliedmaßen (Sonnenburg, Hermes, Deetz, Becker, Pochhammer, Chiene, v. Bruns), Atembeschwerden (Saxtorph, Ellerbrock), halbseitige Sensibilitäts- und Motilitätsstörungen (Deetz, Becker, Steiner, Dönitz), Auftreten von Formelementen im Harne, wie sie für Nephritis charakteristisch sind, doch ohne bleibende Nierenschädigung (Schwarz), Präcordialangst (Reclus), Schmerzen an der Einstichstelle, mäßige Temperatursteigerung, Harnverhaltung (Herescu, Becker, Hohmaier, Baisch, Jonnesco und Jiano) und endlich öfters Abduzenslähmung oder -parese, welche zwischen dem 4. und 11. Tag nach der Operation auftrat und 1 bis 6 Wochen bestehen blieb (Roeder, Deetz, Becker, Bacher, Löser, Ach, Schroeter, Parhon und Goldstein), selten Fazialis- und Hypoglossuslähmung (Oelsner). Die Augenmuskellähmungen führt Spielmeyer zurück auf eine von ihm nach Anwendung größerer Dosen (0,1—0,12 g)

beobachtete Veränderung in den großen polygonalen Zellen im Vorderhorn des Rückenmarkes, also auf eine Entartung der motorischen Ganglienzellen.
— Von Meyer wird über Auftreten von multiplen, symmetrischen flachen Geschwüren auf der Bauchhaut 3 Tage nach der Rachistovainisation berichtet.

Indikationen: Zur Lokalanästhesie in $1/2$—1—2%iger Lösung (Mc. Kenzie, Varvaro). Leider ist es ein ausgesprochener Nachteil, daß das Mittel hiebei nicht mit Adrenalin, bzw. Suprarenin kombiniert werden kann. Setzt man nämlich einer Stovainlösung wirksame Nebennierensubstanz zu, so wird nicht einmal die Stovainhyperämie unterdrückt, sondern nur verringert (Braun) und die Injektionsstellen können gangränös werden (Luke, Foisy). Das Stovain wird daher hauptsächlich für die Medullaranästhesie verwendet, für welche Narkoseart es einen großen Fortschritt bedeutet (Braun, Sonnenburg, Kendirdjy, Heineke und Läwen). Besonders seitens französischer Ärzte wird diese Verwendung des Stovains rühmend hervorgehoben (Reclus, Tuffier, Huchard, Kendirdjy und Burgaud), doch liegen nun auch von deutschen und anderen Autoren viele, größtenteils günstige Berichte vor (Bier, Heineke und Läwen, Sonnenburg, Cernezzi, Schiff, Tillmann, Caplescu-Poenaru, Klien, Deetz, Krecke, Zwintz, Goldscheider, Kugel, Ostwalt, Poth, Fischer, Lang, v. Bruns, Varvaro, Penkert, Dönitz, Baisch, Steiner, Pochhammer, Schwarz, Saxtorph, Becker). Nicht ganz zufrieden waren mit dem Mittel Herescu und Preindlsberger, der das Tropacocain vorzieht.

Die Vorteile der Lumbalanästhesie mit Stovain sind mannigfach (zit. nach Becker).

1. Man kann alte, herabgekommene Leute dem Verfahren unterziehen.
2. In Kriegszeiten kann man leicht größere Mengen eines nicht veränderlichen und sterilisierten Anästhetikums mit sich führen und ohne Assistenz arbeiten.
3. Während der Operation kann man vom Kranken selbst die Einwilligung zu eventuellen weiteren, schweren Eingriffen erhalten.
4. Man kann unbeschadet zur allgemeinen Betäubung übergehen.
5. Es resultiert eine nicht unerhebliche Zeitersparnis, da die Anästhesie schon nach wenigen Minuten eintritt.

Als Nachteile sind zu bezeichnen: Die nicht ganz einfache Technik, der Umstand, daß die Methode ihre Grenzen hat, da Operationen im Gesichte, an Brust und Armen, nach Bier selbst Laparotomien ausgeschlossen sind, und endlich die erwähnten Nachwirkungen und die Versager, bzw. unvollständigen Anästhesien.

Kinder sind dem Verfahren überhaupt nicht zu unterziehen (Bier). Von Penkert, Krönig und Gauß wurde dasselbe mit dem Skopolamin-Dämmerschlaf kombiniert.

Zu subkutanen und subkonjunktivalen Injektionen wird das Mittel in Verbindung mit Kokain von Lapersonne, in Verbindung mit Eucain und Adrenalin von Narewski empfohlen. Auch in der Rhinologie findet es Anwendung (Meyer), sowie in der Behandlung hartnäckiger Neuralgien (Ischias) in Form tiefer, in die unmittelbare Nähe des Nerven erfolgender Injektionen (Huchard).

Kontraindikationen: Als solche bezeichnet Chaput hohes Alter über 65 Jahre, Kachexien, Anämien, Infektionen, Albuminurie, Diabetes, Syphilis und Erkrankungen des Zentralnervensystemes, Münchmeyer Alter unter 7 Jahren und hochgradige Nervosität. Bei septischen Krankheiten aller Art besteht Gefahr, daß sich von der Injektionsstelle aus (bei Lumbalpunktion) eine eitrige Meningitis entwickelt (Hermes). Unter den 367 Fällen von Lumbalanästhesie an der Sonnenburgschen Klinik kam es auf diese Weise zu einem Todesfall. Ferner berichten über Todesfälle nach Rachistovainisation Deetz, Hohmeier, Freund und Veit, Münchmeyer.

Dosierung: Für die Rückenmarksanästhesie verwenden Sonnenburg und Hermes die in zugeschmolzenen, 2 ccm fassenden Glastuben erhältliche, sterile Mischung von 0,08 g Stovain, 0,00025 g Adrenalin und 0,0022 g Chlornatrium und benützen davon 0,03 bis 0,07 g Stovain. Nach 4—8 Minuten tritt 1—1$^{1}/_{2}$ stündige Anästhesie von einer derartigen Intensität ein, daß man selbst Laparotomien ausführen kann (Sonnenburg). Die Maximaldosis für Eingriffe unter den Weichen beträgt nach Kendirdjy 0,05 g für kleinere Eingriffe am Damme und den äußeren Genitalien (Zirkumzision) 0,03 g. Die Dosis von 0,08 sollte überhaupt nicht überschritten (Krönig und Gauß) und das Nebennierenpräparat erst unmittelbar vor dem Gebrauche zugesetzt werden. Nach Cernezzi ist für subkutane Injektionen die $^{1}/_{2}$% Lösung angezeigt. Auf 3 ccm einer solchen fügt er einen Tropfen der 1%$_{00}$ Adrenalinlösung hinzu. Chaput benützte eine 1% Lösung von Stovain mit Kokain (im Verhältnisse 3:1) in sterilisierten Ampullen, Tillmann benützt die Lumbalanästhesie bei schwerer Ischias, um durch gewaltsame Beugung mechanische Dehnung vornehmen zu können, während Huchard dafür die tiefen Gewebsinjektionen in Vorschlag brachte. Um das zu hohe Hinaufdringen des Anästhetikums im Duralsacke und die hiedurch erzeugten Nebenwirkungen zu verhindern, ist die Injektion nur langsam auszuführen und gut zu überwachen, eventuell eine Nachpunktion vorzunehmen, etwas Liquor abzulassen und mit physiologischer Kochsalzlösung nachzuwaschen. Bei nicht genügender Narkose soll man überhaupt nicht operieren, auch nicht durch eine Inhalationsnarkose nachzuhelfen versuchen (Himmelheber). Von Interesse ist ferner die Mitteilung von Jonnesco und Jiano, daß nach Zusatz geringer Mengen von Strychnin ($^{1}/_{2}$—1 mg auf eine Injektion) eine ganz vollständige Anästhesie erzeugt wird und jegliche Nebenwirkung ausgeschaltet wird. Für subkonjunktivale Injektionen eignet sich die Verbindung mit Kokain im Verhältnisse 2:1, für rhinolaryngologische Zwecke die 5 bis 20%ige Lösung (Meyer). Auch in der Zahnheilkunde wird es vielfach angewendet (Narewski).

Literatur: Lapersonne, Presse médicale, 30, 1904. — Reclus, rf. Münch. med. Wochenschr., 35, 1904. — Huchard, ebendort, 35, 1904. — Foisy, Tribune médic., 37, 1904 — Meyer, Therap. Monatsh., 5, 1905. — Sonnenburg, Deutsch. med. Wochenschr., 9, 1905. — Cernezzi, Riforma medica, 10, 1905. — Heineke u. Läwen, Deutsch. Zeitschr. f. Chir., 180, 1905. — Tuffier, Wien. klin. therap. Wochenschr., 15, 1905. — Kendirdjy u. Burgaud, Allg. med. Zentralztg., 24, 1905. — Tillmann, Berl. klin. Wochenschr., 34, 1905. — Herescu, Revista de chirurg., 4, 1905, rf. Münch. med. Wochenschr., 34, 1905. — Schiff, Deutsche med. Wochenschr., 35, 1905. — Preindlsberger, Allg. med. Zentralztg., 42, 1905. — Braun, Deutsche med. Wochenschr., 42, 1905. — Sinclair, The journ. of cutan. diseases, Juli 1905, rf. Therap. Monatsh., 11, 1905. — Bier, 34. Kongreß f. Chir., April 1905, rf. Therap. d. Ggw., 7, 1905 u. Deutsch. med. Wochenschr., 23, 1905. — Goldscheider, Therap. d. Ggw., 12, 1905. — Caplescu-Poenaru, Spitalul, 19/20, 1905, rf. in Schmidts Jahrb., 1, 1906. — Luke, Scott. med. and surgic. journ., August 1905, rf. in Zentralbl. f. inn. Med., 9, 1906. — Baisch, Beitr. z. klin. Chir., 1, 1906. — Hohmeier, Deutsch. Zeitschr. f. Chir., 1—3, 1906. — Ostwalt, Berl. klin. Wochenschr., 1, 1906. — Laewen, Beitr. z. klin. Chir., 2, 1906. — v. Bruns, ebendort, 2, 1906. — Chiene, Scott. med. and surgic. journ., 3, 1906, rf. in Zentralbl. f. inn. Med., 28, 1906. — Zwintz, Wien. med. Presse, 5, 1906. — Krecke, Münch. med. Wochenschr., 6, 1906. — Trautenroth, Deutsch. med. Wochenschr., 7, 1906. — Kugel, Klin. therap. Wochenschr., 7, 1906. — Finkelnburg, Münch. med. Wochenschr., 9, 1906. — Löser, Med. Klinik, 10, 1906. — Klien, Deutsch. med. Wochenschr., 12, 1906. — Hermes, Med. Klinik, 13, 1906. — Poth, ebendort, 15, 1906. — Roeder, Münch. med. Wochenschr., 23, 1906. — Pochhammer, Deutsch. med. Wochenschr., 24, 1906. — Chiene, Med. Chronicle, März 1906, rf. Münch. med. Wochenschr., 27, 1906. — Deetz, Münch. med. Wochenschr., 28, 1906. — Becker, ebendort, 28, 1906. — Freund, Deutsch. med. Wochenschr., 28, 1906. — Dönitz, Münch. med. Wochenschr., 28, 1906. — Becker, ebendort, 28, 1906. — Deetz, ebendort, 28, 1906. — Mc. Kenzie, Brit. med. journ., 12. Mai 1906, rf. ebendort, 33, 1906. — Lang, Deutsch. med. Wochenschr., 35, 1906. — Steiner, Orvosi Hetilap, 37, 1906. — Fischer, Deutsch. Medizinalztg., 38, 1906. — Schroeter, Inaug.-Diss., Königsberg 1906. — Veit, Beitr. z. klin. Chir., 3, 1907. — Penkert, Münch. med. Wochenschr., 4, 1907. — Oelsner, Deutsch. Zeitschr. f. Chir., 4—6, 1907. — Varvaro, Il Policlinico, Juni 1906, rf. ebendort, 6, 1907. — Parhon u. Goldstein, Spitalul, 11/12, 1907. — Schwarz, Tjidschr. voor Geneesk., 17, 1907, rf. ebendort 21, 1907. — Roith, Münch. med. Wochenschr., 19, 1907. — Narewski,

Zahnärztl. Rundschau, 19, 1907. — Himmelheber, Münch. med. Wochenschr., 21, 1907. — Penkert, ebendort, 25, 1907. — Krönig und Gauß, ebendort, 40/41, 1907. — Chaput, Presse medicale, 753, 1907. — Münchmeyer, Beitr. z. klin. Chir., 2, 1908. — Spielmeyer, Münch. med. Wochenschr., 31, 1908. — Ellerbroock, Therap. Monatsh., 235, 1908. — Mayer, Beitr. z. Geburtsh. u. Gynäk., 1, 1909. — Jonnesco u. Jiano, Ärztl. Rundschau, 4, 1909.
Fabr.: Poulenc-Frères, Paris. — Riedel, Berlin.
Preis: 20 Tabl. à 0,02 g K. 5,—. 1 g Mk. 0,75. 10 g K. 4,70.

Subcutin, der paraphenolsulfosaure Äthylester der Paraamidobenzoesäure also paraphenolsulfosaures Anästhesin, ist ein feinnadelförmiges kristallinisches Pulver, das in kaltem Wasser zu 1%, in solchem von 35—40° C zu $2,5\%$ löslich ist und bei 195° C schmilzt. Die Lösungen sind haltbar und können sterilisiert werden.

Wirkung: Das Subcutin ist ebenso ungiftig wie Anästhesin und erwies sich als ein von schädlichen Nebenwirkungen freies Anästhetikum, welches in Substanz oder Lösung auf der Zunge ein taubes Gefühl erzeugt und gegenüber Typhus- und Cholerabazillen entwicklungshemmende Eigenschaften entfaltet.

Dosierung: Unter dem Namen „**Subcutol**" empfiehlt Becker für Schleichsche Anästhesie und schmerzlos vorzunehmende Zystoskopie eine 1%ige Subcutinlösung (Subcutin. 0,8—1,0, Natr. chlor. 0,7, Aq. dest. 100,0). Von Avellis wird als Mundwasser bei Soor, Aphthen, Stomatitis, Gingivitis, Diphtherie, Pharyngitis etc. die 2% Lösung (1—2 Eßlöffel auf ein Glas Wasser) empfohlen.

Literatur: Becker, Münch. med. Wochenschr., 20, 1903. — Avellis, Zeitschr. f. Laryng. etc., 1, 1909.
Fabr.: Dr. E. Ritsert, Frankfurt a. M.
Preis: 10 g Mk. 2,60. 10 Amp. à $2^1/_2$ ccm K. 3,60. 20 Tabl. K. 1,50.

Tropacocainum hydrochl., das salzsaure Salz des Benzoyl-Pseudotropins, welches 1891 durch Giesel in der auf Java vorkommenden Kokapflanze entdeckt wurde, bildet weiße, in Wasser leicht lösliche Kristalle vom Schmelzpunkte 271° C.

Wirkung: Es hat sich als ein dem Kokain nicht nur ebenbürtiges, sondern dieses sogar übertreffendes Lokalanästhetikum erwiesen, welches dieses auch bei der Schleichschen Infiltrationsanästhesie vollkommen zu ersetzen vermag (Hattyasy, Bauer, Zander, Reissenbach, Fried, Bloch, Vogel, Triesch, Levy, Mathes, Ribolla). Auch zur Erzeugung der medullaren Narkose ist es sehr geeignet (Kopfstein, Neugebauer, Schwarz, Kamann, Kozlowsky, Rydygier jun., Füster, Stolz, Colombani, v. Karas, Preindlsberger, Bloch, Völker, Koder, Kümmel, Bier, Slajmer, Bosse, Franceschi, Ach, Thorbecke, Goldschwend, Gilmer, Baum, Seitz, Preindlsberger, Tomasczewski, v. Hippel, Acconci). Das Tropacocain diffundiert sehr gut und ist wenig giftig (Schwarz). Die Anästhesie tritt früher als nach Kokain, aber nicht so sicher ein, die verursachte Hyperämie ist geringer als bei diesem (Hattyasy). Es zersetzt sich nicht, wirkt leicht antiseptisch, greift das Hornhautepithel nicht an, beeinträchtigt nicht die Akkommodation und ruft keine Mydriasis hervor (Hilbert).

Nebenwirkungen: Bei Verwendung des Mittels als Lokalanästhetikum in der Zahnheilkunde beobachtete Hattyasy in einigen Fällen Pupillenerweiterung, selbst einen gewissen Grad von Betäubung, Schwindel, Ohnmacht und Schwachwerden des Pulses, Bauer ödematöse Schwellung in der Umgebung der Einstichstelle.

Bedeutender sind die Nebenerscheinungen, welche bei Anwendung des Tropacocains zur Erzeugung der Medullaranästhesie auftreten.

Hiebei kamen zur Beobachtung Kopfschmerzen namentlich bei Alkoholikern, Erbrechen, Fieber, Kollaps besonders bei Kranken, die bei relativ hoher Beckenhochlagerung operiert worden waren (Kopfstein, Schwarz, Völker, Rydygier jun., Goldberg, Slajmer), bald schwindende motorische Lähmungen, bzw. Paresen der unteren Extremitäten und Temperaturanstieg auf 39,5° C (Neugebauer, Füster), sowie nicht zu unterdrückendes Zittern beider unterer Extremitäten (Schwarz), Abduzensparese (Ach), Albuminurie (Hartleib, Tomasczewski), die nach 1—3 Tagen schwand, fast ausnahmslos Pulsverlangsamung (Colombani), unfreiwillige Defäkation (Acconci) und einmal ein epileptischer Anfall zufolge zu hoher Dosis (Slajmer).

Indikationen: Das Mittel wird in der Zahnheilkunde zur Vornahme schmerzloser Extraktionen, sowie kleinerer Operationen verwendet. Die Anästhesie tritt schon nach 3—5 Minuten ein (Zander). Auch in der Augenheilkunde findet es Empfehlung (Hilbert). Die hiebei mit der Anästhesie auftretende Hyperämie wird durch Zusatz von 1 % Natr. chlorat. verringert oder ganz beseitigt. Die ausgedehnteste Verwendung aber findet es in der Chirurgie und Gynäkologie, wie auch am Geburtsbette zur Erzeugung der Lumbalanästhesie (Kamann, Stolz). Angezeigt ist dieselbe bei älteren Leuten mit Herz-, Nieren- und Lungenkrankheiten, bei welchen eine Allgemeinnarkose zu irgend welchen Befürchtungen Anlaß gibt, ja selbst bei Arteriosklerose und schwerem Diabetes (Slajmer). In Verbindung mit dem Skopolamin-Morphin-Dämmerschlaf hält Jaschke das Tropacocain für das geeignetste Präparat zur Erzeugung der medullaren Narkose. Die erzeugte Analgesie ist vollkommen und tritt 5—10 Minuten nach dem nicht besonders schmerzhaften Einstiche auf. Sie hält wenigstens eine halbe Stunde an (Völker) und schreitet vom untersten Sakralsegment zu den Dorsalsegmenten empor. Das Erlöschen erfolgt in umgekehrter Reihenfolge, so daß also der Genital- und Analgegend am frühesten unempfindlich wird und es am längsten bleibt (Stolz). Todesfälle wurden unter dieser Art Narkose dreimal beobachtet. Über einen Fall (aus der Bierschen Klinik) berichtet Dönitz, über zwei weitere Urban. Injiziert wurden hiebei 0,13, bzw. 0,06, und 0,05 g. Die Wirkung ist manchmal nicht ausreichend oder bleibt ganz weg. Dann muß zur Inhalationsnarkose gegriffen werden. Es genügt aber dann ein kleines Quantum zur Einleitung oder Erhaltung der Betäubung (Stolz). Bei dringenden Operationen ist demnach die Inhalationsnarkose doch eher anzuraten (Kopfstein). Bezüglich der unteren Altersgrenze, bei welcher die Lumbalanästhesie angewendet werden kann, betonen Füster und Colombani, daß man dieselbe bis zur Pubertät unterlassen solle, während Franceschi und v. Arlt selbst bei Kindern unter 10 Jahren auch nach Verwendung größerer Dosen keine Vergiftungserscheinungen wahrnahmen.

Kontraindiziert ist die Anwendung des Tropacocains in der Zahnheilkunde bei Entzündungsprozessen mit Ödem oder Abszeßbildung, weil hiebei noch die Spannung vermehrt und großes Schmerzgefühl hervorgerufen würde. Als Gegenanzeige für die spinale Anästhesie kann abgesehen von septisch-pyämischen Prozessen (Acconci) nur das Operationsfeld angenommen werden. Alles, was unterhalb des Nabels liegt, kann mit Hilfe des Tropacocains operiert werden (Rydygier). Vorsicht ist vonnöten bei sehr ausgebluteten Personen mit schlechtem Allgemeinbefinden und raschem, kleinem Puls (Schwarz).

Dosierung: Zur Lokalanästhesie wird die 3—5 % Lösung mit Chlornatrium gebraucht (Tropacoc. hydrochl. Merck 2,5, Natr. chlorat. 0,3, Aq. dest. 50,0). Für die Medullarnarkose werden 0,05—0,08 g verwendet, doch schwanken hier die Angaben in bedeutenden Grenzen. Während Neugebauer als höchste zulässige Dosis 0,06 g bezeichnet, ging Franceschi ohne Schaden bis auf 0,1—0,15 g (!). Auch Goldschwend bezeichnet als Normaldosis 0,12 g und erteilte damit selbst bei schwersten Laparatomien sehr befriedigende Resultate. Oehler setzte auf 1 ccm der 5 % Lösung 1 Tropfen der 1 ‰ Suprareninlösung zu, doch wird dadurch die anästhesierende und anämisierende Wirkung des Mittels nur wenig erhöht (Stoll). Große Dosen erhöhen die Dauer und Intensität der Wirkung, größere Flüssigkeitsmengen die Ausdehnung der Analgesie (Stolz). In der Überzeugung, daß die Nebenwirkungen des Tropacocains nicht durch die giftigen Eigenschaften des Mittels, sondern durch den mechanischen und chemischen Reiz auf die Rückenmarkshäute hervorgerufen werden, injizierte zuerst Kozlowski, später auch Stolz, Völker, Koder und Thorbecke in Spinalflüssigkeit gelöstes Tropacocain. Man hält ein sterilisiertes, trockenes, kleines und graduiertes Gefäß, das mit 0,05 g Tropacocain beschickt ist, unter die Einstichstelle an der Lumbalgegend und fängt darin 5 ccm Zerebrospinalflüssigkeit auf. Die so gewonnene 1% Lösung wird wieder in den Lumbalsack zurückbefördert und so eine von Nebenwirkungen freie Anästhesie erzeugt. Gegen diesen Modus wendet sich Colombani, da er zu kompliziert und wegen eventueller Infektionsmöglichkeit zu gefährlich sei. Wichtig ist im allgemeinen richtige Dosierung, tadellose Technik und peinlichste Asepsis, sowie Fernhalten aller reizenden Mittel von der Haut, wie Anästhesierung der Einstichstelle und Bepinseln der Haut mit Jodtinktur (Tomasczewski). — Zum Schlusse sei noch einer speziellen, von Bloch mitgeteilten Verwendung des Tropacocains gedacht. Derselbe benützte es in Form der Schleichschen Infiltration sowohl in therapeutischer als in diagnostischer Beziehung bei Behandlung rheumatischer Affektionen und konnte oft durch eine einzige Injektion in das durch Druckempfindlichkeit gekennzeichnete Schmerzgebiet völlige Heilung bei akuten, subakuten und chronischen Affektionen erzielen. Ein negativer Erfolg schließe Rheumatismus unbedingt aus.

Literatur: Hattyasy, Vierteljahrschr. f. Zahnh., 161; 1896. — Hilbert, Opthalmol. Klinik, 11, 1899. — Bauer, Vierteljahrschr. f. Zahnh., 346, 1900. — Zander, Deutsche zahnärztl. Woehenschr., 128 1900. — Bloch, Wien. zahnärztl. Wochenschr., 2/3, 1901. — Reissenbach, Deutsch. zahnärztl. Ztg., 5, 1901. — Fried, Deutsche zahnärztl. Wochenschr., 156, 1901. — Schwarz, Zentralbl. f. Chir., 9, 1901. — Kopfstein, Wien. klin. Rundschau, 49, 1901. — Neugebauer, Wien. klin. Wochenschr., 50/52, 1901. — Vogel, Vierteljahrschr. f. Zahnh., 71, 1902. — Schwarz, Münch. med. Wochenschr., 4, 1902. — Kozlowski, Przegląd lekarski, 4, 1902, rf. in Mercks Jahresber. 1902. — Kamann, Münch. med. Wochenschr., 19, 1902. — Bloch, Deutsch. med. Wochenschr., 24, 1903. — Preindlsberger, Wien. med. Wochenschr., 34, 1903. — Triesch in Mercks Jahresber. 1903. — Rydygier jun., Przegląd lekarski, 7, 1904, rf. in Deutsch. med. Wochenschr., 10, 1904. — Mathes, Deutsch. zahnärztl. Wochenschr., 18, 1904. — Levy, ebendort, 18, 1904. — Füster, Beitr. z. klin. Chir., 1, 1905. — Ribolla, Stomatologia, 3, 1905, rf. in Mercks Jahresber. 1905. — Stolz, Arch. f. Gynäkol., 3, 1905. — v. Karas, Wien. med. Wochenschr., 20/21, 1905. — Colombani, Wien. klin. Wochenschr., 21, 1905. — Völker, Münch. med. Wochenschr., 33, 1905. — Koder, Wien. med. Wochenschr., 37, 1905. — Franceschi, Allg. med. Zentralztg., 42/43, 1905. — Slajmer, Wien. med. Presse, 22/23, 1906. — Dönitz, Münch. med. Wochenschr., 28, 1906. — Schwarz, Wien. klin. Wochenschr., 30, 1906. — Baisch, Deutsch. med. Wochenschr., 38, 1906. — Defranceschi, rf. in Münch. med. Wochenschr., 39, 1906. — Kümmel, Med. Klinik, 43, 1906. — Bier, ebendort, 43, 1906. — Urban, Wien. med. Wochenschr., 51/52, 1906. — Oehler, Beitr. z. klin. Chir., 1, 1907. — Bosse, Deutsch. med. Wochenschr., 5, 1907. — Thorbecke, Med. Klin., 14, 1907. — Ach, Münch. med. Wochenschr., 33, 1907. — Goldschwend, Wien. klin. Wochenschr., 37, 1907. — Gilmer, Baum, Seitz, Münch. med. Wochenschr., 38, 1907. — Preindlsberger, Wien. klin. Rundschau, 46, 1907. — Hartlieb, Münch. med. Wochenschr., 5, 1908. — Strauß, Med. Klin., 6, 1908. — Tomasczewski, Deutsch. med. Wochenschr., 51, 1908. — Stoll, Med. Klin., 4, 1909. — Colombani, Wien. klin. Wochenschr., 39, 1909. — v. Arlt, Münch. med. Wochenschr., 28, 1910. — Slajmer, Beitr. z. klin. Chir., 67, 1910. — v. Hippel, Fortschr. d. Med., 175, 1911. — Goldberg, Zentralbl. f. Chir., 648, 1912. — Jaschke, Zentralbl. f. Gynäk., 1355, 1912. — Acconci, Deutsche med. Wochenschr., 1816, 1912. Fabr.: E. Merck, Darmstadt.

Preis: 0,1 g Mk. 0,55. K. 0,40. 10%ige Lösung in 0,6% NaCl 1 g K. 0,80. Tabloids Burr. Welcome & Co., London. 12 St. à 2 mg K. 1,90.

2. Zentral lähmende Mittel.

Die Mittel dieser Gruppe gehören ebenso wie die im folgenden besprochenen Antipyretika zu denen, deren Zahl in stetem Steigen begriffen ist. Trotzdem wir viel Gutes in dem bereits Vorhandenen besitzen, sind die Neuerscheinungen doch stets zu begrüßen. Denn von den Mitteln dieser Art soll der Arzt stets eine große Auswahl zur Verfügung haben. Dies erstens aus dem Grunde, weil gerade hier die Gewöhnung an ein Mittel eine große Rolle spielt, daher oft die Notwendigkeit eintritt, mit dem Mittel wechseln zu müssen, um noch Wirkungen zu erzielen und zweitens gerade aus dem entgegengesetzten Grunde: wegen Gefahr der Gewöhnung. Dies gilt besonders vom Morphium. Auch hier ist eine entsprechend große Auswahl speziell bei der Therapie des Morphinismus von Bedeutung. Schließlich wird man bei reicherer Auswahl auch der individuell verschiedenen Empfindlichkeit besser Rechnung tragen können.

Aus allen diesen Gründen wird es für den Arzt wertvoll sein, die Mittel dieser Klasse in zusammengehörigen Gruppen vereinigt zu finden. Die Namen der neuen Mittel lassen die chemische Zugehörigkeit zu einer entsprechenden Gruppe meist nicht erkennen und doch ist gerade hier die Art und der Grad der pharmakologischen Wirkung für die Auswahl des Mittels mitbestimmend, desgleichen für die erwähnte notwendige Abwechslung.

Die Mittel, die zur Erzeugung allgemeiner Narkose bei größeren Operationen Verwendung finden, sind immer noch das Chloroform und der Äther. Neue Arzneimittel spielen hier eine geringe Rolle, denn alle Versuche, die Inhalationsnarkose zu verdrängen, scheiterten an der Tatsache, daß eben keine andere Narkose so leicht unterbrochen werden kann, wie die Inhalationsnarkose.

Was sich als neuere Bestrebungen auf dem Gebiete der Narkose besonders geltend machte, sind die Versuche der kombinierten Narkose. Es erlangte vor allem das Bestreben größere Bedeutung, durch Kombination verschiedener Narkotika einerseits die narkotische Wirkung zu steigern, andererseits die so häufig beobachteten Nebenwirkungen besonders auf Herz und Atmung zu beseitigen. Rein empirisch hat man bald nach der Einführung der Narkose versucht, eine Mischung zweier oder mehrerer Narkotika zu verwenden. Es entstanden so die englische Mischung, die Alkohol-, Chloroform-, Äthermischung, die Billrothsche Mischung und andere. Die Beobachtung lehrte, daß bei Verwendung derartiger Mischungen der narkotische Effekt ein ganz ausgezeichneter war und daß dabei die Gefahr der Herz- und Atemlähmung wesentlich geringer wurde.

Praktische Erfahrungen hatten ergeben, daß man mit ganz geringen Mengen von Äther imstande ist, vollständig ausreichende Narkose zu erzielen, wenn man mehrere Stunden vorher Schlafmittel, z. B. Chloralhydrat oder Veronal, verabreicht. Wenn wir zwei Narkotika der Alkohol-Chloroformreihe in Mengen inhalieren lassen, die an sich unwirksam sind, so erreichen wir dennoch infolge der Addition der beiden gleichartig wirkenden Stoffe vollständige Narkose. Von besonderem Interesse ist es, daß eine Verstärkung der Narkose auch durch pharmakologisch different wirkende Stoffe, wie z. B. durch Morphium und Skopolamin erreicht werden kann und zwar handelt es sich dabei nicht nur um eine Addierung, sondern sogar um eine Potenzierung der Wirkung. Wir verdanken alle diese schönen Beobachtungen und die Versuche ihrer Aufklärung besonders Gottlieb und seinen Schülern, Madelung, dann Bürgi, Kochmann, Straub und seinen Schülern, Fühner und anderen.

Die Kombination Morphin-Skopolamin hat sich auf dem Gebiete der Arzneikombinationen als eine der interessantesten erwiesen und auch gewisse therapeutische Bedeutung erlangt. Morphin- und Skopolaminmischung ist imstande, in einer an sich vollständig unwirksamen Dosis, kombiniert mit einer ebenfalls unwirksamen Ätherdosis, Narkose hervorzurufen. Es kommt dabei zweifellos zu einer Vertiefung des Gesamteffektes. Auch die an sich kaum anästhesierende Wirkung des Lachgases ist imstande, nach Vorbehandlung mit Morphin-Skopolamin, Narkose hervorzurufen, während eine Verstärkung der Lachgaswirkung durch Narkotika der Alkohol-Chloroformreihe, d. h. also durch Substanzen, die im Sinne der Meyer-Overtonschen Theorie gleichsinnig wirken, nicht erfolgt. Auch hier führt also die Kombination mit einem Mittel mit anderem Angriffspunkt zu einer Potenzierung der Wirkung. Die Kombination von Morphin mit Skopolamin bietet aber nicht nur in Verbindung mit anderen Arzneistoffen, sondern, wie schon erwähnt, an und für sich großes Interesse. Dosen dieser beiden Stoffe, die allein nur schwach oder gar nicht wirken, bewirken in Kombination eine derart tiefe Narkose, wie sie selbst durch weit größere Gaben der einzelnen Alkaloide für sich allein nicht zu erzielen ist. Es wurde daher von dieser Kombination vielfach therapeutisch Gebrauch gemacht und die Morphin-Skopolaminnarkose nach Schneiderlin - Korff ist geradezu als Ersatzmittel der Inhalationsanästhesie empfohlen worden. Dies ließ sich jedoch nicht durchführen. Wie ausgeführt wurde, kann die erwähnte Kombination in Verbindung mti einem Anästhetikum mit gewissen Vorteilen verwendet werden, ganz verdrängen ließ sich die Inhalationsnarkose aber nicht, denn es stellte sich bald heraus und ließ sich auch experimentell belegen, daß Skopolamin in solchen Dosen, wie es in Verbindung mit Morphin zur Erreichung der vollständigen Narkose notwendig ist, viel größere Schädigung mit sich bringt, als die Inhalationsanästhesie selbst.

Wir können folgende Formen kombinierter Narkose anführen:

Narkose nach Fraenkel mit der Billrothschen Äther-Chloroform-Alkoholmischung, nachdem 15 Minuten vorher 1 ccm einer Mischung von Morph. hydrochl. 0,15, Atropin. sulf. 0,015, Chloralhydrat 0,25, Aq. dest. 20,0 subkutan injiziert wurde.

Narkose nach Rowell, mit Billrothmischung beginnen, nach dem Verschwinden der oberflächlichen Reflexe mit Äther fortsetzen.

Narkose nach Schleich mit den temperierten Siedegemischen I, II, III (Äthylchlorid, Äther, Chloroform).

Narkose nach Ludeck, Teweles und Lenz. Ätherrausch, das Stadium zwischen Exzitation und beginnender Toleranz.

Narkose nach Wohlgemuth. Inhalation eines Chloroform-Sauerstoffgemisches.

Narkose nach Witzel, Äthertropfennarkose, zwischendurch einige Tropfen Chloroform zur Vertiefung der Narkose.

Narkose nach Meltzer. Ätherinsufflationsmethode mittelst eines in die Trachea eingeführten Katheters. Man kommt mit besonders kleinen Äthermengen aus, wenn man vorher etwas Magnesiumsulfat in 25%iger Lösung subkutan injiziert.

Narkose nach Schneiderlin - Korff. Skopolamin-Morphiumnarkose. Am Tage vorher eine Probedosis von 0,0002—0,0005 g Scopolamin. hydrobromic. und 0,015—0,03 Morphium hydrochl., dann $1-1^1/_2$ Stunden vor der Operation 0,0015 Scopolam. und 0,05 Morph. Narkose dauert 1 Stunde.

Scopolaminum hydrobromicum, ein Alkaloid aus der Wurzel von Scopolia atropoides, bildet wasserhelle, in Wasser und Alkohol lösliche, rhombische Tafeln.

Wirkung: Das Mittel gehört insoferne in diese Gruppe, weil es imstande ist, bei bestehenden Aufregungszuständen die Erregung der motorischen Zentren zu beseitigen und dadurch beruhigend zu wirken. Skopolamin ist in gewisser Beziehung dem Atropin nahestehend; während dieses aber, wie es bei Vergiftungen vorkommt, eine stark erregende Wirkung auf das Zentralnervensystem äußert, tritt schon bei kleinen Gaben von Skopolamin eine primär lähmende Wirkung in Erscheinung, die sich besonders bei bestehenden übermäßigen Erregungen zeigt. Daher seine ausgezeichnete Verwendbarkeit bei Geistes- und Nervenkrankheiten mit Aufregungszuständen.

Durch kleine Gaben wird der Blutdruck infolge Reizung des vasomotorischen Zentrums gesteigert, durch große Gaben dagegen stark erniedrigt, der Puls wird durch kleine Gaben nicht wesentlich gegen die Norm verändert, nur nach größeren Dosen tritt durch Vagusreizung eine Verringerung der Pulsfrequenz und Größerwerden der Pulselevationen ein. Die Erregbarkeit der Großhirnrinde für faradische Ströme wird herabgesetzt. Die Respiration wird nicht beeinträchtigt, die Speichel-, Schleim- und Schweißsekretion erscheint aufgehoben (wie beim Atropin). Bei lokaler Anwendung (Instillationen ins Auge) tritt Mydriasis und Akkommodationslähmung ein (Kochmann). Infolge der Blutdrucksteigerung nach Skopolaminnarkose kann während der Operation eine exakte Blutstillung vorgenommen werden (Volkmann). Kumulative Wirkung wurde nicht beobachtet (Rosenfeld). Der Zusatz von Morphium gleicht die unangenehmen Nebenwirkungen des Skopolamins aus, weshalb man das Mittel niemals ohne Morphium geben soll (Friedländer).

Nebenwirkungen: Nach Verwendung des Mittels als Mydriatikum beobachtete Forster Schwindel, Trockenheit im Halse, Übelkeit, Blutandrang zum Kopfe, schwachen und beschleunigten Puls, schließlich Zyanose, Delirien und Konvulsionen, wahrscheinlich als Ausdruck einer Idiosynkrasie, Bumke tagelang anhaltende Mydriasis. Als Sedativum und Hypnotikum benützt, hatte es Schlafsucht, Kollaps (Windscheid), Schwindel, Schwinden des Bewußtseins, Sopor, Konvulsionen und Lähmungsgefühl im ganzen Körper (Fuckel, Rosenfeld), mitunter recht hochgradiges Durstgefühl (Busse, Kretz) und nach höherer Dosis vorübergehende Atemlähmung zur Folge (Faust). Todesfälle nach Skopolaminnarkose beobachteten Blos, Witzel, Rys, Flatau, Ely, Rinne u. a., in der Literatur findet Roith (1905) insgesamt unter ca. 4000 Narkosen 18 Todesfälle, von denen nach Ansicht der betreffenden Autoren nur 4 als nicht der Narkose zur Last fallend gerechnet werden dürfen. Allerdings erklären Stein und Rotter, daß die Hauptursachen der gefährlichen Nebenwirkungen nicht in dem Mittel, sondern in individuellen Differenzen der Patienten (Intoleranz gegen eine Narkose überhaupt) zu suchen seien. Im Gefolge der Skopolamin-Morphinnarkose wurden weiter noch beobachtet Zyanose und Herzarhythmie (Blos, Preller), Erbrechen (Kochmann, Kreuter, Ziffer), lang anhaltende Hinfälligkeit nach der Narkose (Stolz), langer Nachschlaf, motorische Unruhe und Verwirrungszustände (Bonheim, Wiesinger, Busse), endlich allgemeine Reflexsteigerung und Auftreten des Babinskireflexes sehr bald nach der Injektion (Link).

Indikationen: Das Skopolamin wird hauptsächlich (in Verbindung mit Morphium) zur Schneiderlin-Korffschen Narkose verwendet. Vorteile derselben sind Gefahrlosigkeit bei richtigem Ausprobieren, Wegfallen des psychischen Shocks und der postnarkotischen Erscheinungen, sowie der Umstand, daß der Narkotiseur überflüssig wird, insbesondere sei die Zahl der postoperativen Pneumonien zurückgegangen (Grimm) und die Gefahr der Inhalationsnarkose infolge der geringen benötigten Äther- und Chloroformmenge sehr gering geworden (Sick), Nachteile, daß das Eintreten der Wirkung bezüglich Zeit und Intensität so verschieden ist, daß unter Umständen Zeit verloren geht, ferner die notwendige Kontrolle der Atmung nach der Narkose, der lange Nachschlaf und manchmal auftretende motorische Unruhe mit Verwirrungszuständen (Schneiderlin, Roith, Bonheim). Entgegen den zahlreichen Anhängern der Skopolamin-Morphinnarkose für die geburtshilfliche und chirurgische Praxis (Schneiderlin, Schicklberger, Kochmann, Bloch, Grevsen, Volkmann, Korff, Hartog, Bonheim, Wiesinger, Ziffer, Puschnig, Weingarten, Dirk, Gauß, Krönig, Kümmel, Hoffmann, Voigt, Terrier, Jalaguier, Walter, Hirsch, Psaltoff, Korff, Brüstlein, Eckert, Neuber, v. Hippel, Sick, Otto,

Kümmel), wird mehrseits wegen der Gefahren und Mißerfolge vor derselben gewarnt (Flatau, Wild, Wartapetian, Landau, Monod). Zahradnicky tadelt, daß die Narkose erst $1^1/_2$—2 Stunden nach der Injektion beginne, Stolz hält das Verfahren zur Vornahme größerer Operationen für ungeeignet, da die erzielten Wirkungen niemals mehr als oberflächliche Gehirnrindenlähmungen bei erhaltener Reflextätigkeit waren und die Operationen daher nicht sicher auszuführen sind.

Für die Behandlung der Psychosen (subkutan, da per os unwirksam) empfiehlt das Skopolamin Rosenfeld. Besonders wirksam zeigte es sich ferner bei Paralysis agitans und allen Tremorarten (mit Ausnahme der hysterischen), sowie bei Hyperidrosis der Phthisiker (Windscheid, Bumke), bei Delirium tremens, wo es dem Chloralhydrat und Morphium weit überlegen ist (Liepelt), als Mydriatikum in Kombination mit Kokain, wobei es raschere und stärkere Wirkung als Atropin hervorruft (Großmann, Salomonsohn), ferner bei der Bekämpfung des Erbrechens der Schwangeren (Baisch), bei Eklampsie (Osterloh), bei Tetanus (Hotz) und zur Bekämpfung des Morphinismus und Alkoholismus (Friedländer, Riewel). Über eine neue Narkoseart, den Skopolamin-Morphin-Dämmerschlaf, also eine Halbnarkose, die in der geburtshilflichen Praxis angewendet werden soll, wird von Gauß sehr günstig berichtet. Er verwendet dazu eine 0,03% Skopolamin- und 2% Morphinlösung und gibt zuerst $1^1/_2$—2 ccm von ersterer und 1 ccm von letzterer Lösung. Ist nach 2—3 Stunden die Merkfähigkeit der Kranken für neue Eindrücke noch völlig vorhanden, so gibt man noch 0,5—1 ccm der Skopaminlösung (ohne Morphium), eventuell nach dem gleichen Intervall nochmals dieselbe Dosis, bis der Dämmerschlaf eintritt. Wichtig ist, daß die Lösungen stets frisch sind. Trübungen und Flocken zeigen schlechte Lösungen an. Unter dieser Narkose verläuft die Geburt entweder ganz oder nahezu schmerzlos. Der Geburtsverlauf wird nicht wesentlich beeinflußt, die Wehen- und Plazentarperiode wird weniger, stärker die Bauchpresse beeinträchtigt. Unangenehm ist das öftere Auftreten von Asphyxie der Kinder (Lehmann, Avarffi). Das Gaußsche Verfahren wird für die physiologische Geburt von Hocheisen verworfen, von Avarffi speziell für die Privatpraxis als ungeeignet erklärt, da danach öfter Abschwächung, ja vollständiges Sistieren der Bauchpresse auftreten kann, von vielen Seiten aber sehr gerühmt (Cremer, Baß, Penkert, Krönig, Preller, Mayer, Kleinertz, Veit, Bosse, Straßmann). Zu beachten ist hiebei, daß die Kreißende in regelmäßigen Intervallen schmerzhaft empfundene, kräftige Wehen hat. Günstig lauten auch die Berichte über die Kombination des Skopolamin-Morphin-Dämmerschlafes mit Lumbalanästhesie (Busse, Penkert, Kionka, Hocheisen, Holzbach, Korff, Janson, Hirsch, Mannsfeld). Besonders angezeigt erscheint diese Narkoseart, wenn die Inhalationsnarkose kontraindiziert ist.

Kontraindiziert ist die Anwendung der Skopolamin-Morphinnarkose bei allen Operationen im Gesichte, in der Mundhöhle und den Respirationsorganen wegen Aspirationsgefahr (Kreuter), bei hochgradiger Nervosität und Aufgeregtheit (Busse), bei allen Zirkulations- und Atmungsstörungen, allgemeiner Schwäche, primärer und sekundärer Wehenschwäche, Fieber, akuten Anämien, vorzeitigem Blasensprung (Preller, Bosse, Klauber), bei Eklampsie (Hochseisen) und bei Personen unter 16 Jahren (Lindenstein). Während im allgemeinen Volkmann und Sick überhaupt keine Gegenanzeige für die Schneiderlin-Korffsche Narkose kennen, geben Kochmann und Caro an, daß dieselbe nur bei Personen in gutem Ernährungszustande mit gesundem Herzen und gesunden Atmungsorganen angewendet werden solle. Bei Hysterie und Neurasthenie, sowie bei Morbus Basedowii wird sie besser unterlassen (Zadro). Herzfehler sind nach Kümmel keine Gegenanzeige, doch ist Vorsicht mit der Dosierung geboten und sind höchstens Dosen von 0,6—0,8 mg zu verwenden.

Dosierung: Zur Skopolamin-Morphinnarkose wird nach Korff von der Lösung (Scopolamin. hydrobrom. 0,01, Morph. muriat. 0,25, Aq. dest. coct. 10,0) je $^1/_3$ Pravazspritze $2^1/_2$, $1^1/_2$ und $^1/_2$ Stunde vor der Operation verabfolgt, im ganzen also 0,001 g Skopolamin und 0,025 g Morphin gegeben. In besonders schmerzhaften Momenten der Operation könnte man die Narkose durch Einatmen einiger Tropfen Chloroform oder Äther verstärken (Korff, Volkmann). Die Altersgrenzen für die Vornahme dieser Narkoseform sind 13, bzw. 85 Jahre. Andere Autoren benützen größere Dosen. So verabreicht Volkmann 4 Stunden vor der Operation 0,0012 g Skopolamin und 0,15 g Morphin, nach 2 Stunden dieselbe Dosis nochmals und $^1/_4$ Stunde vor der Operation 0,0003 g Skopolamin und 0,005 g Morphin. Damit erzielte er eine auf 3—8 Stunden sich erstreckende Narkose. Hartog applizierte in subkutaner Injektion 1—2 mal 0,0005—0,001 g Skopolamin und 0,01—0,02 g Morphin. Ziffer verwendete folgende Lösung: Scopolam. 0,005, Morph. mur. 0,1, Aq. dest. 10,0 und gab davon je 1 Pravazspritze $2^1/_4$, $1^1/_4$ und $^1/_4$ Stunde vor der Operation. Nach Verabreichung von 20—30 g Chloroform bestand dann tiefe Narkose. Korff empfiehlt in letzter Zeit die Anwendung kleinerer Dosen (0,0001—0,0003 g Scopol. + 0,005—0,015 Morph.) als schmerzlinderndes und hypnotisches Mittel, wenn bei schmerzhaften, inoperablen Tumoren, bei Tabes oder bei Geburten das Morphium allein versagt. — Die toxische Dosis bei Geisteskranken beträgt 0,0006—0,005 g, doch rät Windscheid bei 0,0001 zu beginnen und allmählich auf höchstens 0,0004 g p. dosi zu steigen. Nach Rosenfeld und Liepelt kann man bei Psychosen zweimal täglich 0,0004 bis 0,0005 g verabfolgen (am besten nach dem Essen) und damit eine beruhigende Wirkung für 3—5 Stunden hervorrufen. Als Mydriatikum vermag das Mittel in 1—3% Lösung genügende, selbst bei starkem Sphinkterenkrampf anhaltende Pupillenerweiterung zu erzeugen (Großmann, Salomonsohn). Bei Tetanus gibt man dreimal täglich 1 mg (Hotz), gegen Eklampsie in dreistündigen Pausen 1—3 Spritzen einer Lösung von Scopolamin. 0,005, Morph. hydrochl. 0,1 ad aq. dest. 20,0 (Osterloh). Zur Bekämpfung des Morphinismus und Alkoholismus empfiehlt Riewel durch 1 Woche innerlich $^1/_2$—1 mg mit kleinen Dosen Atropin und Strychnin mehrmals des Tages, sodann 2—3 Tage lang Dosen, die ein leichtes Delirium erzeugen.

Im allgemeinen ist zu beachten, daß die Lösungen des Skopolamins nie älter als 2—3 Tage sein sollen und daß zu ihrer Herstellung nicht die Tabletten sondern das Pulver verwendet werde. Das Skopolamin ist nämlich ein sehr labiler Körper, der das Komprimieren mit anderen Stoffen, wie sie bei der Bereitung der Tabletten unerläßlich sind, nicht verträgt (Laurendeau und Cremer, Lindenstein). Busse glaubt im Gegensatze hiezu, daß frische Lösungen eine geringere narkotische Kraft besitzen als ältere. Nach 8 Tagen gewinne die Lösung bedeutend an Wirksamkeit.

Literatur: Großmann, Therap. Wochenschr., 3, 1895. — Forster, Med. News, Sept. 1896, rf. Zentralbl. f. inn. Med., 5, 1897. — Fuckel, Therap. Monatsh., 12, 1896. — Windscheid, Deutsch. Arch. f. klin. Med., 277, 1899. — Schneiderlin, Ärztl. Mitteil. aus u. für Baden, 31. Mai, 1900. — Rosenfeld, Therap. d. Ggw., 7, 1901. — Blos, Beitr. z. klin. Chir., 3, 1902. — Bumke, Münch. med. Wochenschr., 47, 1902. — Witzel, ebendort, 48, 1902. — Schicklberger, Wien. klin. Rundschau, 51, 1902. — Kochmann, Therap. d. Ggw., 5, 1903. — Schneiderlin, Münch. med. Wochenschr., 9, 1903. — Wild, Berl. klin. Wochenschr., 9, 1903. — Bloch, Münch. med. Wochenschr., 26, 1903. — Flatau, ebendort, 28, 1903. — Grevsen, ebendort, 32, 1903. — Stolz, Wien. klin. Wochenschr., 41, 1903. — Korff, Münch. med. Wochenschr., 46, 1903. — Volkmann, Deutsch. med. Wochenschr., 51, 1903. — Hartog, Allg. med. Zentralztg., 1, 1904. — Salomonsohn, Zentralbl. f. Augenh., 2, 1904. — Liepelt, Berl. klin. Wochenschr., 15, 1904. — Bonheim, Deutsch. med. Wochenschr., 20, 1904. — Wiesinger, ebendort, 36, 1904. — Wartgarten, Inaug.-Diss., Gießen 1904. — Ziffer, Monatsschr. f. Geburtsh. u. Gynäk., 1, 1905. — Dirk, Deutsch. Medizinalztg., 2, 1905. — Rotter, ebendort, 2, 1905. — Zahradnicky, Allg. Wien. med. Ztg., 5, 1905. — Voigt, Monatsschr. f. Geburtsh. u. Gynäk., 12, 1905. — Puschnig, Wien. klin. Wochenschr., 16, 1905. — Wartapetian, Ärztl. Rundschau, 17, 1905. — Rys, Casop. lek. ceskych, 18, 1905, rf. Schmidts Jahrb., 1, 1906. — Landau, Deutsch. med. Wochenschr., 8, 1905. — Stein, Deutsch. Medizinalztg., 29, 1905. — Roith, Münch. med. Wochenschr., 46, 1905. — Korff, ebendort, 52, 1905. — Krönig, ebendort, 52, 1905. — Monod, Presse médicale, 60, 1905. —

Laurendeau, ebendort, 93, 1905. — Cremer, rf. in Mercks Jahresber. 1905. — Gauß, Arch. f. Gynäk., 3, 1906. — Lehmann, Zeitschr. f. Geburtsh. u. Gynäk., 2, 1906. — Kümmel, Deutsch. med. Wochenschr., 3, 1906. — Link, Zeitschr. f. klin. Med., 3, 1906. — Cremer, Heilmittelrevue, 5, 1906. — Hoffmann, Münch. med. Wochenschr., 10, 1906. — Penkert, ebendort, 14, 1906. — Krönig, Deutsch. med. Wochenschr., 17, 1906. — Jalaguier, Klin. therap. Wochenschr., 19, 1906. — Terrier, Münch. med. Wochenschr., 19, 1906. — Walther, ebendort, 19, 1906. — Hirsch, ebendort, 29, 1906. — Hocheisen, ebendort, 37/38, 1906. — Busse, ebendort, 38, 1906. — Korff, Berl. klin. Wochenschr., 51, 1906. — Psaltoff, rf. Zentralbl. f. inn. Med., 1, 1907. — Grimm, Beitr. z. klin. Chir., 1, 1907. — Gauß, Münch. med. Wochenschr., 4, 1907. — Preller, ebendort, 4, 1907. — Penkert, ebendort, 4, 1907. — Ely, rf. Zentralbl. f. inn. Med., 5, 1907. — Kreuter, Münch. med. Wochenschr., 9, 1907. — Baß, ebendort, 11, 1907. — Baisch, Berl. klin. Wochenschr., 11, 1907. — Hocheisen, Münch. med. Wochenschr., 11, 1907. — Holzbach, ebendort, 11, 1907. — Janson, Psych. neurol. Wochenschr., 25, 1907. — Korff, Berlin. klin. Wochenschr., 51, 1907. — Hirsch, Wien. klin. Rundschau, 52, 1907. — Mannsfeld, ebendort, 1, 1908. — Sick, Deutsch. Zeitschr. f. Chir., 1/3, 1908. — Kionka, Therap. d. Ggw., 8, 1908. — Osterloh, Münch. med. Wochenschr., 11, 1908. — Veit, Therap. Monatsh., 12, 1908. — Meyer, Zentralbl. f. Gyn., 21, 1908. — Krönig, Deutsch. med. Wochenschr., 23, 1908. — Kleinertz, Zentralbl. f. Gyn., 42, 1908. — Caro, Berlin. klin. Wochenschr., 246, 1908. — Hotz, Deutsch. med. Wochenschr., 534, 1908. — Lindenstein, Münch. med. Wochenschr., 2064, 1908. — Kümmell, Therap. d. Ggw., 5, 1909. — Busse, ebendort, 5, 1909. — Avarffi, Gynäk. Rundschau, 9, 1909. — Zadro, Wien. klin. Wochenschr., 13, 1909. — Friedländer, Münch. med. Klin., 15, 1909. — Rinne, Deutsch. med. Wochenschr., 3, 1910. — Kümmell, Klin. Monatsbl. f. Augenheilk., 4, 1910. — Riewel, Therap. Monatsh., 5, 1910. — Sick, Deutsch. med. Wochenschr., 9, 1910. — Otto, Med. Klin., 10, 1910. — Faust, Deutsch. med. Wochenschr., 11, 1910. — Kretz, Med. Klin., 40, 1910. — Korff, ebendort, 2, 1911. — Neuber, Zeitschr. f. ärztl. Fortb., 12, 1911. — Straßmann, Berl. klin. Wochenschr., 23, 1911. — Klauber, Münch. med. Wochenschr., 41, 1911. — v. Hippel, Fortschr. d. Med., 229, 1911. — Bosse, Berl. Klin., 272, 1911. — Brüstlein, Zentralbl. f. Chir., 345, 1911. — Eckert, ebendort, 857, 1911. — Gauß, Med. Klin., 2355, 1911.
Fabr.: E. Merck, Darmstadt.
Preis: 0,01 g Mk. 0,10.

Scopomorphin ist eine Mischung von 0,0012 g Scopolamin. hydro brom. (Riedel) und 0,03 g Morphin auf 2 ccm Aq. destill., welche in zugeschmolzenen Ampullen aus braunem Jenaer Glas in den Handel kommt und zur Total- und Halbnarkose nach Korff und Gauß, sowie als Analgetikum und Sedativum benützt wird. Eine Ampulle wird für drei Injektionen verwendet (3, $1^{1}/_{2}$ und $^{3}/_{4}$ Stunden vor Beginn der Operation).
Fabr.: Riedel, Berlin.
Preis: Karton m. 5 Amp. à 1 ccm u. 2 ccm Mk. 2,— u. 2,40.

a) Narkotika.

An der Spitze aller schmerzherabsetzenden Mittel steht das **Morphium**. Sein großer Wert ist darin gelegen, daß schon die kleinsten Gaben schmerzstillend wirken. Die Wirkung ist mit zunehmender Dosis zentral herabsteigend. Die kleinsten Dosen lähmen bloß die schmerzempfindlichen Großhirnpartien, größere Dosen greifen auf das Mittelhirn und schließlich auf die Medulla oblongata über und bedingen dadurch eine nachteilige Beeinflussung des Atemzentrums, ein Moment, dem bei der Morphiumtherapie stets Aufmerksamkeit geschenkt werden muß.

Außer dem Morphium, bzw. seiner Salze, findet auch das **Opium** als Beruhigungs- und schmerzstillendes Mittel weitestgehende Anwendung.

Morphium, das wichtigste Alkaloid des Opiums, ist in der Droge zu ungefähr $10-15\%$ enthalten und entspricht mehr als 50% der in der Droge enthaltenen Gesamtsumme an Alkaloiden. Trotz der Reindarstellung, trotz der glänzenden Dosierbarkeit war das Morphium doch nicht imstande, das Opium aus der Praxis zu verdrängen, ja es wird das Opium bekanntlich vielfach dem Morphium vorgezogen, einmal wegen seiner milderen Wirkung, anderseits wegen der verschiedentlichen Wirkungsweise des freien Alkaloids gegenüber der gleichen Menge in der Droge. Man beobachtete frühzeitig, daß die Wirkung des Morphins durch die anderen Nebenalkaloide des Opiums beeinflußt wird und zwar wird die typische Morphinwirkung einerseits verstärkt, anderseits aber auch in ihrem Wesen modifiziert. Wir wissen z. B., daß die stopfende Wirkung schon bei Opiumdosen eintritt, die bedeutend weniger auf das Sensorium einwirken als die entsprechenden Mengen Morphin.

Die Art und Weise, wie die eigentliche Morphinwirkung durch die Kombination mit den Nebenalkaloiden des Opiums beeinflußt wird, war Gegenstand ausführlicher Untersuchung durch Gottlieb und seine Schüler und diese Untersuchungen hatten zunächst ergeben, daß an und für sich unwirksame Gaben der Nebenalkaloide und gleichfalls an sich noch unwirksame kleine Morphindosen sich zu einer toxischen Wirkung summieren können. Wir sehen hieraus, daß sich verschiedene Körper in an sich unwirksamen Dosen in der Kombination miteinander zu einem stark wirksamen Arzneigemisch vereinigen lassen, ein Moment, das für die Arzneikombination überhaupt von größter Bedeutung ist.

Wie bei der Digitalisdroge, so sind auch im Opium eine Menge von Ballaststoffen enthalten, die auch hier vielfach einer regelmäßigen, gleichartigen Wirkung entgegenarbeiten und es führte auch hier das Bestreben, die Gesamtsumme der Alkaloide in gleichartig wirkender Form zu besitzen, zur Schaffung eines für die Praxis sehr wertvollen Präparates, zum Pantopon. Sein Wert liegt vor allem darin, daß wir hier die qualitative und quantitative Summe der Opiumalkaloide in reiner, subkutan injizierbarer Form vor uns haben.

Das Wesen der beiden erwähnten Fragen: warum das Opium und seine Zubereitungen stärker — und was besonders wichtig ist — anders wirkt als die entsprechenden Mengen Morphin, hat durch die wertvollen Untersuchungen Straubs und seiner Schüler weitgehende Aufklärung gefunden. Straub konnte feststellen, daß die Steigerung der reinen Morphinwirkung im Opium in erster Linie durch die Anwesenheit von Narkotin bewirkt wird. Dieses ist in der im Opium enthaltenen Menge an sich fast wirkungslos, dabei aber imstande, die Morphinwirkung wesentlich zu potenzieren. Die Kombination von Morphin mit Narkotin ist aber weiterhin auch die Ursache der Modifizierung der Morphinwirkung. Wie sehr durch die Kombination mit Narkotin die typische Morphinwirkung geändert wird, das läßt sich am deutlichsten im Experimente an der Katze zeigen.

Bekanntlich wirkt Morphin bei der Katze nicht beruhigend, sondern führt zu einer Art Exzitation, in der das Tier tobt und schließlich an Erschöpfung zugrunde gehen kann. Gibt man aber mit dem Morphin oder vorher der Katze Narkotin, so tritt statt der Exzitation Beruhigung und Schläfrigkeit ein. Es zeigt also speziell dieser Fall, daß Narkotin imstande ist, die narkotische Wirkung des Morphins zu steigern, allerdings in einer ungleichmäßigen Weise und hierin liegt die große Bedeutung dieser Arzneikombination für die Praxis. Während nämlich durch reines Morphin ebenso wie das übrige Zentralnervensystem auch das Atemzentrum betroffen und in seiner Erregbarkeit herabgesetzt und schon von therapeutischen Dosen eingeschläfert wird, wird durch Morphin in der Kombination mit Narkotin die Erregbarkeit des Atemzentrums wesentlich weniger beeinflußt, in therapeutischen Dosen kaum geändert. Straub gibt für diese Erscheinung die Erklärung, daß anscheinend durch das Narkotin die Verteilung des Morphins derart geändert wird, daß das Großhirn mehr, das Atemzentrum weniger bekommt.

Die Kombination des Morphins mit Narkotin hat naturgemäß auch praktische Bedeutung und es ist Straub gelungen, die beiden Körper miteinander, ebenso wie dies im Opium der Fall ist, an Mekonsäure zu binden, und er schuf so ein Doppelsalz, das Morphin-Narkotin-Mekonat, welches dem therapeutisch-optimalen Mischungsverhältnis 1 Morphin $+$ 1 Narkotin entspricht. Dieses Präparat kam unter dem Namen Narkophin in den Handel.

Wie hier, so hat das Morphin auch in vielen anderen Fällen von Arzneikombinationen als Komponente der Arzneigemische eine große Bedeutung erlangt.

Während die beiden besprochenen Mittel Skopolamin und Morphin jedes allein als Beruhigungs- und schmerzstillendes Mittel Verwendung finden, ist die Kombination der beiden Mittel für diese Zwecke nicht verwendbar, da sie in dieser Kombination tiefe Narkose hervorrufen. Wir kommen darauf bei der Besprechung der Narkosearten noch zurück.

Durch Änderung einzelner Atomgruppen im Molekül des Morphins gelangt man zu einer Reihe von Ersatzpräparaten, welche aber meist schwächer wirken als das Morphin und daher mit Vorteil zur Reizmilderung, so als Hustenmittel etc., Verwendung finden. Eine Ausnahme hievon macht das Heroin, das stärker wirkt als das Morphin selbst. Diese Ersatzpräparate sind das Kodein, der Methylester, das Dionin, der Äthylester, das Peronin, der Benzoylester, das Heroin, der Diazetylester des Morphins.

Codeonal ist ein Mischnarkotikum, bestehend aus $11,76\%$ Codein. diaethylbarbituricum und $88,24\%$ Natr. diaethylbarbituricum, welches in Tabletten in den Handel kommt, die je 0,02 g, bzw. 0,15 g der genannten Komponenten enthalten. Die Tabletten sind mit einer dünnen Schichte Zucker überzogen und mit einer Spur Pfefferminzöl versetzt (Bachem).

Das Mittel besitzt hypnotische und sedative Eigenschaften. Gewöhnung wurde bisher nicht beobachtet. Im allgemeinen wird es gut vertragen, nur selten tritt — bei bestehenden Magenaffektionen — nach der Einnahme Erbrechen und Magenschmerz auf (Gaupp).

Die volle Schlafwirkung wird mit 2 Tabletten erzeugt, nur in schweren Fällen gibt man eine dritte. Der Schlaf hält 6—7 Stunden an und wird gelegentlich als bleiern bezeichnet. Man kann das Mittel auch in Form von Einläufen oder Suppositorien verabfolgen. Die Anwendung empfiehlt sich, wenn man gezwungen ist, bei einem Kranken längere Zeit Schlafmittel zu reichen, zur Abwechslung mit anderen Mitteln (Gaupp). Das Codeonal bewährte sich als Hypnotikum bei Schlaflosigkeit infolge von Schmerzen, Husten und anderen körperlichen Beschwerden (Beyerhaus, v. Oy, Lomnitz, Mann) und als Sedativum bei Melancholie, weniger bei manischen, katatonischen, hysterischen und paralytischen Erregungszuständen (Beyerhaus).

Literatur: Bachem, Berl. klin. Wochenschr., 260, 1912. — Gaupp, ebendort, 306, 1912. — Beyerhaus, Deutsch. med. Wochenschr., 405, 1912. — v. Oy, Med. Klin., 1991, 1912. — Lomnitz, Med. Reform, 134, 1913. — Mann, Münch. med. Wochenschr., 474, 1913.
Fabr.: Knoll & Co., Ludwigshafen.
Preis: R. m. 10 Tabl. à 0,17 g Mk. 1,25. K. 1,60.

Dionin, das salzsaure Salz des Äthylmorphins, ist ein weißes, kristallinisches Pulver von mäßig bitterem Geschmacke, das in Wasser und Alkohol sehr leicht löslich ist.

Wirkung: Das Dionin besitzt die narkotischen und sedativen Eigenschaften des Morphins, ohne dessen nachhaltige Nebenwirkungen aufzuweisen (Schmidt, Lewitt). Es besitzt exquisit schmerzlindernde Wirkung (Bloch), die manchmal entschieden die des Kodeins (Schröder, Valleriani), manchmal sogar die des Morphiums übertrifft (Thumen). Es kann daher mit Recht als ein brauchbares Ersatzmittel für Morphium und Kodein bezeichnet werden (Janisch). Das Präparat ist relativ ungiftig, vertieft die Respiration, läßt den Blutdruck und die Körpertemperatur unbeeinflußt und besitzt ausgesprochene hypnotische Eigenschaften (Krajewski, Winterberg). Es beseitigt oder lindert wenigstens den quälenden Hustenreiz der Tuberkulösen und verschafft ihnen Erleichterung, da es die Expektoration nicht hindert (Schröder, Janisch). In der Augenheilkunde fand es infolge seiner lokalanästhetischen Eigenschaften, ohne dadurch eine Beeinflussung der Pupillenweite zu zeigen, Eingang (Graefe, Lewitt). Schon nach wenigen Tagen tritt hierbei Gewöhnung ein, so daß die nach den anfänglichen Instillationen sehr starken Reizerscheinungen ungefähr nach der 5. Einträufelung nicht mehr auftreten (Graefe, Axenfeld). Als Ersatzmittel des Kokains ist es aber in der Ophthalmologie doch nicht zu verwenden, da es wohl Schmerzen beseitigt, aber nicht die Sensibilität herabsetzt (Hinshelwood). Bei interner Darreichung scheint Gewöhnung nicht einzutreten, ebensowenig kumulative Wirkung (Bornikoel, Lewitt, Valleriani, Winterberg). Wegen seiner leichten Löslichkeit entfaltet es rasch seine Wirkung und eignet sich deshalb und wegen der neutralen Reaktion seiner Lösungen auch zur subkutanen Applikation (Bloch).

Nebenwirkungen: Vereinzelt werden bei interner Darreichung erschwerte Expektoration, Übelkeit sowie Neigung zu Obstipation beobachtet (Schröder, Schlesinger, Winterberg), weiter Erbrechen (Langes) und vermehrte Schweißsekretion (Schröder). Nach subkutaner Applikation trat nach $1/4-1/2$ Stunde ein nicht sehr lästiges, nach kurzer Zeit wieder schwindendes Jucken, nach größeren Dosen (über 0,03 g pro dosi) Müdigkeit (Fromme, Zirkelbach, Kramolin) und vorübergehende Verwirrtheit auf (Schlesinger). Vereinzelt wurden Quaddelbildungen gesehen (Kramolin, Pleßner). Nach Einblasen des Pulvers in die Nase beobachtete Stiel manchmal Niesen und Kopfschmerzen, wenn zuviel Pulver in den oberen Teil der Nase gelangte, selten kurz dauernden bitteren Geschmack im Munde.

Beim Gebrauche des Mittels in der Augenheilkunde tritt häufig sofort nach der Applikation heftiges Niesen ein (Graefe), so daß seine Anwendung bei allen den Bulbus eröffnenden Operationen und bereits perforierenden Verletzungen desselben zu verwerfen ist. Eine regelmäßig auftretende Erscheinung bei Instillationen ins Auge ist die Dioninophthalmie (Wolffberg, Graefe, Lewitt, Axenfeld). Dieselbe nimmt nach Wolffberg folgenden Verlauf: Bei der Einbringung des Mittels in den Konjunktivalsack, einerlei in welcher Dosis, einerlei in welcher Form, entsteht eine Lymphstauung, die sich unter mäßigem Brennen und leichtem Tränenfluß zuerst als kleinmaschige Injektion über die ganze Conjunctiva bulbi et palpebrarum erstreckt. Die Kornea gewinnt an spiegelndem Glanz und wird bald mehr minder anästhetisch. Diese Erscheinungen sind die Einleitung zu einer sich unmittelbar anschließenden, stürmischen, sogar bedrohlichen Ophthalmie. Vornehmlich bei lymphatischen Individuen scheint sie sehr stark zu sein. Die Injektion verbindet sich mit Auflockerung des Epithels der Conjunctiva tarsi palpebr., während auf der Conjunctiva bulbi netzförmige Lymphgefäße hervortreten, die eine eigentümliche, wellige Spiegelung veranlassen. Der Rand der Plica semilunaris und die Lider beginnen wulstartig zu schwellen, die Venen der Lider und der Umgebung des Auges treten geschlängelt hervor. Dann stellt sich Chemosis und Ödem der Lider ein, so daß das Auge nur noch gewaltsam geöffnet werden kann. Die Chemosis, die oft unter starken Schmerzen eintritt, hält eine $1/2-24$ Stunden an, wird aber nach $1^{1}/_{2}$ Minuten schon nur mehr als drückendes Gefühl im Auge empfunden. Allmählich senkt sich der wäßrige Inhalt der ödematösen und chemotischen Teile in die untere Übergangsfalte und die Wange. Wolffberg verwendet diese Erscheinungen therapeutisch mit Erfolg bei solchen Augenerkrankungen, bei denen man seit jeher Nutzen von subkonjunktivalen Injektionen gesehen hat. Bei Iritis arteriosclerotica wie überhaupt bei Personen mit schwächlichen Gefäßen ist Vorsicht geboten. Adam sah zweimal bei Iritis arteriosclerotica Blutungen auftreten.

Indikationen: Als hustenreizmilderndes und schmerzstillendes Mittel wird das Dionin in ausgedehntem Maße bei Laryngitis, Tracheitis, Bronchitis acuta und chronica, bei Phthise, Emphysema und Asthma bronchiale verwendet (Janisch, Kramolin, Pleßner, Bornikoel, Schmidt, v. Boltenstern, Langes, Zirkelbach, Hoff, Meitner, Thumen, Scherer, Kurtz, Rahn, Deutsch, Valleriani). Vielseits wird es als ein gutes Keuchhustenmittel empfohlen, das die Beschwerden bald lindert, wenn es auch nicht imstande ist, den Krankheitsprozeß selbst abzukürzen (Bloch, Schmidt, Gottschalk, Weigl, Rahn, Lichtgarn, Deutsch). Als Antalgetikum ist es bei Ischias und Tabes dem Morphium gleich zu setzen (Pleßner, Bornikoel) und ist auch bei schmerzhaften Affektionen des Magendarmtraktes, wie bei Gastralgien, Koliken, Magenkarzinom und allen von Erbrechen und Diarrhöe begleiteten Magendarmkrankheiten, sowie nervösen Magenbeschwerden erfolgreich zu verwenden (Meitner, Thumen, Rahn, Schlesinger). Weiter bewährte sich Dionin in der gynäkologischen Praxis bei schmerzhafter Menstruation, bei allen schmerzhaften Entzündungen des Beckens, sowohl des Para- und Perimetriums als auch der Adnexe und bei den Schmerzen im Gefolge der malignen Neubildungen des Uterus (Bloch, Walter, Franke), dann bei Blasenreizung nach Erkältung, sowie bei chronischem Blasenkatarrh nach Gonorrhöe oder Steinbildung (Rahn), endlich bei Morphiumentziehungskuren zur Bekämpfung der Ausfallserscheinungen (Fromme, Pleßner, Valleriani) und als Prophylaktikum gegen Morphinismus (Pleßner, J. Haines, Schlesinger, Reif). Als Schlafmittel, speziell bei nervöser Schlaflosigkeit der Morphinisten, findet das Präparat ebenfalls mehrseits Empfehlung (v. Kétly, Bornikoel, Valleriani, Meitner), ebenso als Beruhigungs- und Schlafmittel bei Geisteskranken (Meltzer), bei Melancholie, insbesondere bei dekrepiden und gegen Morphium empfindlichen Personen (Ransohoff, Rahn) und bei psychischer Erregtheit, die mit Kongestionen des Gehirns einhergeht, sowie in allen Fällen von Steigerung des sexuellen Triebes, z. B. bei paroxysmaler Onanie (Maëwski), doch ist es unwirksam bei Aufregungszuständen nicht ängstlicher Natur und bei Kranken, bei welchen vorwiegend Sensationen das hervorstechendste Symptom bilden (Ransohoff). Schließlich sei des Nutzens des Dionins bei nervösem Kopfweh (Neufeld) und bei Diarrhöen gedacht, die mit schmerzhaftem Tenesmus verbunden sind (Winterberg). Stiel rühmt es als schleimhautquellendes Mittel bei Ozaena, bei welcher Affektion es die Sekretion verringert und Borkenbildung einschränkt. In der Ophthalmologie wird es verwendet, wenn man Schmerzen lindern, die Mydriasis begünstigen und die Resorption von Exsudaten beschleunigen will. Man benützt es also bei Hornhautgeschwüren mit und ohne Infiltration, mit und ohne Hypopyon, bei Keratomalazie der Neugeborenen, bei den verschiedensten Läsionen der Kornea, Sklera und Konjunktiva, bei Iritis, Iridozyklitis, Glaskörpertrübungen und Chorioretinitis (Wolffberg, Graefe, v. Arlt, Bloch, Jänner, Gottschalk, Luniewski, Fuchs, Surow, Hinshelwood, Axenfeld, Kayser, v. Arlt, Ischreyt, Reif, Zirm, Adam, Orth, Wolffberg), bei Pannus trachomatosus vasculosus, sowie im Anfange und am Ende einer Keratitis parenchymatosa, nicht aber am Höhepunkte der Krankheit (Nimi, Darier), endlich bei Netzhautabhebungen in Kombination mit subkonjunktivalen Kochsalzinjektionen (Darier). Bei Glaukom- oder Staroperation kann man durch vorhergehende Dioninapplikation eine derartige Unempfindlichkeit des Operationsfeldes erzielen, daß die Chloroformnarkose überflüssig wird, doch ist es besser, bei gewissen Glaukomformen das Mittel nicht zu verordnen (Senn), da durch Dionindarreichung die Eserinwirkung aufgehoben werden kann. Durch Kombination von Atropin und Dionin sind nach Beobachtungen v. Arlt's überraschende Erfolge bei sehr alten und breiten Synechien zu erzielen, wenn man beide Mittel hintereinander in Substanz in den Bindehautsack einbringt und die Kranken eine Weile im Dunkeln sitzen läßt. Sylla und v. Arlt fanden, daß bei Hornhautgeschwüren der Heileffekt des Jodoforms durch vorausgehende Einstäubung von Dionin wesentlich erhöht wird.

Kontraindiziert ist das Präparat bei alten Leuten, die an Arteriosklerose leiden.

Dosierung: Man verabreicht Dionin intern in ähnlichen Dosen wie Morphium, also 0,015 g 2—3 mal täglich oder 0,03 g auf einmal am Abend. Die maximale Tagesdosis beträgt 0,1—0,15 g. Auch subkutan verwendet man dieselben Mengen. Bei Keuchhusten gibt man den Kindern soviel mg pro die, als das Kind Jahre zählt und kann hiebei das Mittel zweckmäßig mit Kreosotal kombinieren (Deutsch). — Bei Magenschmerzen verordnet man innerhalb einer halben Stunde 3 mal 15 Tropfen in folgender Präskription: Dionin. 0,4, Aq. Lauroceras. 20,0. — Bei Morphiumentziehungskuren dienen zum Ersatze von 0,02—0,04 g Morphium, 0,05—0,08 g Dionin, doch soll die Tagesdosis hiebei 0,4—0,6 g nicht überschreiten (Fromme). Gegen Morphinismus wird das Mittel von Schlesinger mit Skopolamin kombiniert. Am 1. Tag gibt er 2—4 mal je 1 ccm einer Lösung von 0,3 g Dionin + 0,00025 g Scopolamin. hydrobromic. + 0,2 g Morphin in 10 g Wasser, am 3. Tag nur mehr 0,02—0,03 g Morphin, am 8.—10. Tag kann dasselbe schon ganz weggelassen werden und sodann auch Dionin und Skopolamin, ohne Abstinenzerscheinungen zu erzeugen, ausgesetzt werden.

Äußerlich wird das Mittel zur Anfertigung von Suppositorien mit 0,03 bis 0,04 g oder zur Herstellung von Vaginalkugeln (Dionin. 0,03, Ammon. sulfoichthyol. 0,2, Butyr. Cacao 2,0) verwendet (Frank). Zu Instillationen benützt man die 10% Lösung und kann derselben bei Iritis und Iridocyclitis Atropin (auf 10 ccm: 0,02—0,05 g Atropin) oder Pilocarpin (auf 10 ccm: 0,05 g), bzw. Eserin. sulfuricum (auf 10 ccm: 0,02 g) hinzufügen. Zu Pinselungen der Nasenschleimhaut bei Ozaena gebracht man die 5—10% Lösung, zu Einblasungen eine Mischung mit Borsäure im Verhältnis 1:10.

Literatur: Schröder, Therap. d. Ggw., 3, 1899. — Bloch, Therap. Monatsh., 8, 1899. — Schlesinger, Zentralbl. f. d. ges. Therap., 12, 1899. — Fromme, Berl. klin. Wochenschr., 14, 1899. — Ransohoff, Psych. Wochenschr., 20, 1899. — Korte, Therap. Monatsh., 1, 1899. — Janisch, Münch. med. Wochenschr., 51, 1899. — Meltzer, ebendort, 51, 1899. — Graefe, Deutsch. med. Wochenschr., Therap. Beil., 1, 1900. — Pleßner, Therap. Monatsh., 2, 1900. — Bornikoel, Therap. d. Ggw., 4, 1900. — Wolffberg, Therap. Monatsh., 5, 1900. — Walter, Zeitschr. f. prakt. Ärzte, 7/8, 1900. — v. Kétly, Therap. d. Ggw., 8, 1900. — Kramolin, Therap. Monatsh., 10, 1900. — Hoff, Wien. med. Wochenschr., 47, 1900. — Langes, Therap. Monatsh., 7, 1901. — v. Boltenstern, Allg. med. Zentralztg., 15/16, 1901. — Lewitt, Deutsch. med. Wochenschr., 20, 1901. — Gottschalk, Ärztl. Rundsch., 31, 1901. — Schmidt, Ärztl. Zentralztg., 34, 1901. — Zirkelbach, Orvosi Hetilap, 37, 1901. — Maëwski, Deutsch. Medizinalztg., 45, 1901. — Luniewski, Die Heilk., 2, 1902. — Kurtz, Therap. d. Ggw., 3, 1902. — Scherer, Therap. Monatsh., 3, 1902. — Frankl, ebendort, 6, 1902. — v. Arlt, Wochenschr. f. Therap. u Hyg. d. Auges, 51, 46, 1902. — Bloch, Die Heilk., 11, 1902. — Surow, Wochenschr. f. Therap. u. Hyg. d. Auges, 33, 1902. — Jänner, Allg. Wien. med. Ztg., 35, 1902. — Neufeld, Ärztl. Rundsch., 44, 1902. — Gottschalk, Wochenschr. f. Therap. u. Hyg. d. Auges, 48, 1902. — Weigl, Wien. klin. Rundsch., 48, 1902. — Krajewski, Morphium und seine Derivate, Petersburg 1902. — Nimi, Ophthalmol. Klinik, 8, 1903. — Thumen, Klin. therap. Wochenschr., 12, 1903. — Wolffberg, Wochenschr. f. Therap. u. Hyg. d. Auges, 34, 1903. — Fuchs, Wien. klin. Rundsch., 38, 1903. — Meitner, Allg. med. Zentralztg., 51, 1903. — Deutsch, Zentralbl. f. Kinderheilk., 3, 1904. — Rahn, Therap. Monatsh., 5, 1904. — Darier, Ophthalmol. Klinik, 13, 1904. — Hinshelwood, Brit. med. journ., 2261, 1904, rf. Deutsch. med. Wochenschr., 21, 1904. — Lichtgarn, Allg. med. Zentralztg., 39, 1904. — v. Arlt, Wochenschr. f. Therap. u. Hyg. d. Auges, 13, 1905. — Valleriani, Rassegna sanitaria di Roma, 20, 1905, rf. in Mercks Jahresber. 1905. — Winterberg, Med. chir. Zentralbl., 24, 1905. — Axenfeld, Deutsch. med. Wochenschr., 47, 1905. — Hinshelwood, Brit. med. journ., 12. Mai 1906. — Haynes, J., Mercks Report, 9, 1907. — Stiel, Therap. Monatsh., 12, 1907. — Senn, Wochenschr. f. Therap. u. Hyg. d. Aug., 23, 1907. — v. Arlt, ebendort, 25, 1907. — Kayser, ebendort, 32, 1907. — Ischreyt, Petersb. med. Wochenschr., 35, 1908. — Sylla, Wochenschr. f. Therap. u. Hyg. d. Aug., 14, 1909. — v. Arlt, ebendort, 32, 1909. — Schlesinger, Deutsch. med. Wochenschr., 1, 1910. — Adam, Münch. med. Wochenschr., 7, 1910. — Reif, Med. Klin., 9, 1910. — Zirm, Wochenschr. f. Therap. u. Hyg. d. Aug., 37, 1910. — Wolffberg, ebendort, 103, 1911. — Orth, ebendort, 330, 1911.

Fabr.: E. Merck, Darmstadt.

Preis: 0,1 g Mk. 0,30. K. 0,50. R. m. 25 Tabl. à 0,03 g Mk. 2,20. 25 Tabl. à 0,01 g K. 1,40. Tabloids Burr. Welcome & Co., London: 25 St. à 0,5 mg K. 1,90.

Heroinum hydrochloricum, salzsaurer Morphindiessigsäureester, ist ein weißes, kristallinisches, geruchloses Pulver von bitterem Geschmacke und neutraler Reaktion. Es ist in Wasser außerordentlich leicht löslich (1:2) und schmilzt bei 230—231° C.

Wirkung: Das Heroin besitzt nach Dresers ausführlichen Untersuchungen einen spezifischen Einfluß auf die Atmungsorgane. Die Atemfrequenz sinkt, dafür wird das Volumen jedes einzelnen Atemzuges größer, es wird mit jedem Atemzuge mehr Luft und mit größerer Energie in die Lungen eingezogen, also die Arbeitsleistung erhöht. Der Sauerstoffverbrauch und die Kohlensäureproduktion wird herabgesetzt, doch findet eine Abnahme der Empfindlichkeit des Atmungszentrums gegenüber der Sauerstoffverarmung und Kohlensäureüberladung nicht statt, wie es nach Morphiumgenuß der Fall ist, wohl aber gegenüber der mechanischen Dehnung der Lungen. Das Herz und der Kreislauf werden durch Heroin nicht schädlich beeinflußt (Dreser, Strube, Winternitz, Leo, Nied, Herwirsch). (Von Santesson wird allerdings, im Gegensatze zu diesen Beobachtungen, behauptet, daß die Atemzüge nicht tiefer, sondern deutlich flacher werden.) Die Wirkung des Heroins ist qualitativ der des Kodeins gleich, quantitativ derselben aber überlegen (Dreser, Strube).

Eine allgemeine schmerzlindernde Wirkung kommt dem Mittel nicht zu (Floret, Jacobi) und auch der hypnotische Effekt, den Strube, Winternitz und Bougrier feststellten, wird von anderen Beobachtern teils völlig negiert, teils, im Vergleiche mit Morphium und Kodein, als wesentlich geringer bezeichnet (Turnauer, Crha, Mayor, Helbich). Am besten tritt derselbe noch bei subkutaner Applikation hervor (Turnauer). In Lösung auf die Schleimhäute der oberen Luftwege gebracht, verursacht Heroin Herabsetzung der Sensibilität (Ligowski). Während einerseits betont wird, daß Gewöhnung an das Mittel nicht eintritt (Herwirsch, Pollak), geben andere Autoren an, daß sich die Wirkung bald verliert (Leo) und die Dosen nach einiger Zeit erhöht werden müssen (Jacobi), ja daß, wohl langsamer als nach Morphium, Angewöhnung eintritt und plötzliches Entziehen nach längerem Gebrauche Erscheinungen eines leichten Morphinismus macht (Stadelmann, Grinjewitsch, Becker, Crha).

Nebenwirkungen: Die Toleranz gegenüber Heroin ist verschieden. Während manchmal schon Gaben von 0,005 g Vergiftungserscheinungen hervorrufen, fehlen diese anderseits sogar nach 0,05 g (Jacobi). Vereinzelt wurden nach Heroinmedikation beobachtet leichte Schwindelanfälle und Kopfschmerzen (Floret, Rosin, Turnauer, Wiesner), Ohnmacht (Harnack, Turnauer), Übelkeit und Erbrechen (Rosin, Leo, Kropil, Pollak, Grinjewitsch, Helbich), starker Schweißausbruch (Wiesner), leichte Obstipation und rauschähnlicher Zustand (Bougrier), Urtikaria (Becker), sowie Myosis und Pulsbeschleunigung (Pollak).

Indikationen: Das Heroin ist ein außerordentlich prompt und zuverlässig wirkendes Mittel zur Bekämpfung des Hustens und des Hustenreizes, in erster Linie bei Entzündungen der oberen und unteren Luftwege, sowohl akuten, wie chronischen Formen. Die Wirkung tritt 5—30 Minuten nach der Einverleibung des Mittels ein und hält 4—6 Stunden an. Demgemäß wird das Mittel hauptsächlich bei Bronchitis, Laryngitis, Phthisis, Hämoptoë, Pleuritis, auch bei Asthma und Katarrh der Emphysematösen erfolgreich angewendet (Strube, Floret, Turnauer, Weiß, Leo, Holtkamp, Brauser, Nied, Pollak, Jacobi, Combemale und Huriez, Grinjewitsch, Crha, v. Szabóky, Helbich). Weiter wird dasselbe empfohlen bei Keuchhusten (Holtkamp, Hintner, Helbich), in Verbindung mit Antipyrin bei den schmerzhaften Neuralgien, welche manchmal nach Influenza zurückbleiben (Witthauer), zur Beruhigung bei allgemeiner Nervosität und nervöser Schlaflosigkeit (Holtkamp, Wiesner), endlich unter gleichzeitiger Darreichung von Jodpräparaten bei Herzkrankheiten, besonders bei Insuffizienz der Aortaklappen, die auf Grund von Rheumatismus und

Atheromatosis entstanden ist, weniger bei Störungen im kleinen Kreislaufe, sowie bei Arteriosklerose mit stenokardischen Beschwerden (Weiß, Pawinski, Levy, Crha, Fraenkel). Auch die Beschwerden im Verlaufe des Morbus Basedowii werden günstig beeinflußt (Ullmann, Pawinski, Crha). Gute Erfolge erzielte Wiesner durch subkutane Applikation des Mittels bei Alkoholikern vor der Narkose. In lokaler Anwendung bewährte es sich bei para- und perimetrischen Entzündungen, Adnexerkrankungen (Mirtl) und inkurablen karzinomatösen Erkrankungen (Elischer), endlich in Form von Pinselungen bei tuberkulösen Kehlkopfgeschwüren (Ligowski, Hatsch). Zum Schlusse sei noch der erfolgreichen, nur von Seifert negierten, Verwendung des Heroins als Anaphrodisiakum bei Pollutionen, sexueller Neurasthenie mit Spermatorrhöe, sowie schmerzhaften Erektionen bei Gonorrhöe und Phimosenoperation — innerlich oder in Form von Suppositorien — gedacht (Strauß, Heins, Becker, Crha, Engeln, Higier).

Kontraindikationen: Das Heroin soll nicht angewendet werden bei Bronchitis und Phthisis mit feuchten Rasselgeräuschen, da dasselbe den Hustenreiz unterdrückt und so zur Sekretanhäufung in den Bronchien führt (Witthauer), ferner infolge seines sehr geringen Effektes bei asthmatischen und emphysematösen Zuständen (Krebs) und wegen schlechter Verträglichkeit bei Kranken mit Arteriosklerose und solchen mit weit vorgeschrittener Tuberkulose (Combemale und Huriez). Als Schlafmittel hat es sich ebenfalls nicht bewährt (Brauser). Direkt zu warnen ist vor der Verwendung bei Morphiumentziehungskuren, da sich an Stelle des Morphinismus ein weit schwieriger zu bekämpfender Heroinismus einstellt (Rodet, Sollier, Page).

Dosierung: Allgemein wird die Verwendung kleinster Dosen empfohlen. Ohne Grund soll man nicht über 0,005 g pro dosi hinausgehen (Witthauer, Gerhardt, Pollak), häufig dürften schon 0,003 g genügen (Stadelmann), wiewohl auch höhere Dosen, z. B. 0,05 g dreimal täglich durch 5 Tage oder 0,005 g dreimal täglich durch $1^1/_2$ Monate (Klink) ohne Nachteil vertragen wurden. Mit entsprechender Vorsicht ($^1/_4$—$1^1/_2$ mg) kann man das Mittel selbst Kindern (Runkel) und Greisen (Gessing) verabfolgen. Um Magenstörungen zu vermeiden, empfiehlt Seifert das Heroin stets nach der Mahlzeit zu geben. Zur Erzielung der anaphrodisischen Wirkung sind höhere Dosen (0,01 g!) notwendig. Bei Kompensationsstörungen verordnet Ullmann Heroin. hydrochlor. 0,06—0,1, Pulv. folior. digital. 1,5, Chinin. muriat. 2,0, Succi et Extract. Liquiritiae q. s. ad pilul. Nr. XXX. S. 2—4 mal täglich 1 Pille. In Lösung gibt man 6—8 Tropfen der 1% Lösung (nach Crha gleichwertig 15 Tropfen einer 2% Kodeinlösung). Die subkutane Darreichung empfehlen Turnauer, Eulenburg, Hatsch und Fraenkel.

Literatur: Dreser, Therap. Monatsh., 9, 1898. — Floret, ebendort, 9, 1898. — Strube, Berl. klin. Wochenschr., 45, 1898. — Weiß, Die Heilk., 5, 1899. — Rosin, Therap. d. Ggw., 6, 1899. — Floret, Therap. Monatsh., 6, 1899. — Winternitz, ebendort, 9, 1899. — Turnauer, Wien. med. Presse, 12, 1899. — Eulenburg, Deutsch. med. Wochenschr., 12, 1899. — Leo, ebendort, 12, 1899. — Holtkamp, ebendort, 14, 1899. — Mirtl, Wien. klin. Rundsch., 25, 1899. — Waincier, Wratsch, 25, 1899, rf. Therap. d. Ggw., 10, 1899. — Harnack, Münch. med. Wochenschr., 27, 1899. — Santesson, ebendort, 42, 1899. — Klink, ebendort, 42, 1899. — Brauser, Deutsch. Arch. f. klin. Med., 1/2, 1900. — Wiesner, Deutsch. Ärzteztg. 3, 1900. — Pollak, Wien. klin. Wochenschr., 3, 1900. — Gerhardt, Therap. d. Ggw., 5, 1900. — Witthauer, Die Heilk., 5, 1900. — Herwirsch, Therap. gaz., Nov. 1899, rf. Zentralbl. f. inn. Med., 15, 1900. — Stadelmann, Deutsch. Ärzteztg., 18, 1900. — Hintner, Münch. med. Wochenschr., 20, 1900. — Nied, Deutsch. med. Wochenschr., 27, 1900. — Bougrier, Zentralbl. f. inn. Med., 27, 1900. — Kropil, Allg. med. Zentralztg., 40, 1900. — Krebs, Deutsch. Medizinalztg., 68, 1900. — Runkel, Inaug.-Diss., Bonn 1900. — Pawinski, Die Heilk., 1, 1901. — Levy, ebendort, 4, 1901. — Ullmann, Zentralbl. f. d. ges. Therap., 5, 1901. — Ligowsky, Die Heilk., 5, 1901. — Witthauer, Münch. med. Wochenschr., 23, 1901. — Jacobi, Wien. med. Wochenschr., 40/43, 1901. — Elischer, Die Heilk., 2, 1902. — Heins, Therap. Monatsh., 5, 1902. — Strauß, Münch. med. Wochenschr., 36, 1902. — Combemale u. Huriez, rf. Schmidts Jahrb., 245, 1902. — Rodet, Revue de thérap. med. chir., 9, 1902, rf. in Mercks Jahresber. 1902. — Grinjewitsch, rf. Therap. d. Ggw., 2, 1903. — Mayor, Therap. Monatsh., 5/6, 1903. — Crha, Die Heilk., 5, 1903. — Engeln, Ärztl. Rundsch., 14,

1903. — Gessing, Deutsch. Medizinalztg., 39, 1903. — Hatsch, ebendort, 39, 1903. — Becker, Berl. klin. Wochenschr., 47, 1903. — Seifert, Würzb. Abhandl., 1, 1904. — Higier, Neurol. Zentralbl., 6, 1904. — v. Szabóky, Allg. Wien. med. Ztg., 19, 1904. — Helbich, Wien. med. Presse, 52, 1904. — Page, Tribune médicale, 26, 1905, rf. in Mercks Jahresber. 1905. — Sollier, Presse médicale, 89, 1905, rf. in Mercks Jahresber., 1905. — Fraenkel, Therap. Monatsh., 1, 1912.
Fabr.: Farbenfabr., vorm. Bayer & Co., Elberfeld.
Preis: 0,1 = Mk. 0,25. K. 0,40.

Laudanon. Unter diesem Namen wurden von Faust Gemische von Opiumalkaloiden (Laudanon I und II) in die Therapie eingeführt, in welchen die narkotische Wirkung des Morphiums am meisten gesteigert, die Wirkung auf das Atmungszentrum am meisten abgeschwächt ist. Dieselbe enthalten die salzsauren Verbindungen des Morphiums (10 Teile), Narkotins (6, bzw. 2 Teile), Papaverins (2, bzw. 0,1 Teil), Kodeins (1 Teil), Thebains (0,5 Teile) und des Narceins (0,5, bzw. 0,1 Teil), sowie Milchzucker (6,3 Teile).
Die Präparate werden in doppelter Menge wie Morphium gereicht.
Literatur: Faust, Münch. med. Wochenschr., 2490, 1912.
Fabr.: C. H. Boehringer & Söhne, Nieder-Ingelheim.
Preis: Gl. m. 20 Tabl. à 0,01 g Mk. 1,20. Sch. m. 6 Amp. à 0,02 g Mk. 1,80.

Morphosan, Morphinbrommethylat, bildet mattglänzende, weiße Nadeln, die sich leicht in Wasser lösen (bei 15° aber nur im Verhältnis 1:20, so daß bei niedriger Temperatur ein Teil wieder auskristallisiert und sich erst beim Einstellen in heißes Wasser wieder löst). In Äthyl- und Methylalkohol ist Morphosan schwer löslich, in Azeton, Chloroform und Äther unlöslich. Im Gegensatz zu Morph. hydrochl. wird es auch in wäßriger Lösung durch Ammoniak nicht gefällt.

Wirkung: Es entfaltet schmerzstillende, hustenlindernde, beruhigende und schlafbringende Eigenschaften und ist in niedrigen medizinalen Gaben ungiftig und dem Morphium qualitativ gleich, wird aber quantitativ um das Zehnfache von demselben übertroffen, so daß es in 10 fach höherer Dosis angewendet werden muß (Hirschlaff).

Nebenwirkung: Gelegentlich bei höheren Dosen leichtes Erbrechen, manchmal geringe Schläfrigkeit und Betäubung, sowie leichte Stuhlverstopfung, die nach längerem Gebrauch ins Gegenteil umschlagen kann (Hirschlaff).

Indikationen sind die des Morphiums. Es eignet sich auch zu Morphium-Entziehungskuren, da es bald mit dem Harne aus dem Organismus ausgeschieden wird, sich mit den Gehirnlipoiden zu verankern.

Dosierung: Die Maximaldosis für Erwachsene beträgt 0,75—1,0 g pro die, für Kinder 0,3 g. Innerlich gibt man Erwachsenen 0,05—0,2 g, Kindern 0,02—0,1 g in Pulvern oder in 5% Lösung. Subkutan werden 2—5 ccm einer 5% Lösung injiziert.
Literatur: Hirschlaff, Therap. Monatsh., 514, 583, 1908.
Fabr.: Riedel, Berlin.
Preis: 0,1 g Mk. 0,20. K. 0,40.

Narcophin ist eine Kombination von Morphium, dem Hauptalkaloid des Opiums, mit einem zweiten, an sich kaum wirksamen Alkaloid, dem Narkotin, das in wechselnder Menge in den Opiumpräparaten enthalten ist. Straub hat gefunden, daß durch Zusatz des Narkotins zum Morphium im Verhältnis 1:1 die narkotische Wirkung des Morphiums erheblich gesteigert, dafür aber die Erregbarkeit des Atemzentrums herabgesetzt wird. Diese Beobachtung führte zur Herstellung des Narcophins aus den beiden Alkaloiden und der im Opium enthaltenen Mekonsäure. Das leicht lösliche Präparat stellt also einen Morphiumersatz dar und wird analog wie Morphium verwendet. In den Handel kommt es als Pulver, in Tabletten à 0,015 g und in Ampullen mit 3% steriler Lösung. — In Verbindung mit Skopolamin bewährte es sich als vorbereitendes Narkotikum zur Einleitung von Inhalationsnarkosen, sowie der Lumbalanästhesie, doch soll hiebei der Eintritt der narkotischen Wirkung etwas verzögert sein (Straub, Schlimpert, Reichel). Man gibt 0,03 g Narcophin mit 0,0003 g Scopolamin. hydrobrom. 3 und 2½ Stunden vor der Operation. Eisner verwendet das Mittel mit bestem Erfolge beim Husten der Phthisiker, v. Staleswki bei Gallensteinkolik, Jaschke zur Herabsetzung der Schmerzhaftigkeit von Wehen, wobei es allerdings öfters auf der Höhe der Wirkung zu einem Nachlaß der Wehentätigkeit kam, welche aber durch Pituitrin wieder jedesmal verstärkt werden konnte. Die übliche Dosis beträgt hiebei 0,03 = 1 ccm der 3% Lösung subkutan, da hiebei nach Zehbe der Effekt viel rascher eintritt als nach der oralen Einverleibung. Die Dosen für die innerliche Verabreichung betragen nach Zehbe und Eisner 1 Tablette oder 15—25 Tropfen einer 2—3% Lösung dreimal täglich.

Literatur: Straub, Münch. med. Wochenschr., 1542, 1912. — Zehbe, ebendort, 1543, 1912. — Schlimpert, ebendort, 1544, 1912. — v. Stalewski, Therap. d. Ggw., 11, 1912. — Jaschke, Münch. med. Wochenschr., 72, 1913. — Eisner, Therap. Monatsh., 353, 1913. — Reichel, Münch. med. Wochenschr., 638, 1913. — Meißner, Biochem. Zeitschr. 1914. — Straub, Ibid.
Fabr.: C. F. Boehringer Söhne, Waldhof-Mannheim.
Preis: Gl. m. 20 Tabl. à 0,15 g Mk. 1,20. Karton m. 5 u. 10 Amp. à 1,1 einer 3%igen Lösung Mk. 1,50 u. 2,80. K. 2,00 u. 3,60.

Pantopon ist ein von Sahli in die Therapie eingeführtes Mittel, welches die Chlorhydrate aller Opiumalkaloide im Verhältnis enthält, wie sie im Opium vorkommen. Es ist ein bräunlich gefärbtes, in Wasser mit brauner Farbe lösliches Pulver. Die Lösungen können in Siedehitze sterilisiert werden, ohne sich zu zersetzen. 1 g Pantopon entspricht 5 g Opium = 0,5 g Morphium und 0,4 g Nebenalkaloiden, im ganzen also 0,9 g Gesamtalkaloid.

Wirkung: Das Pantopon wird an Stelle des Morphiums verwendet als Narkotikum, Hypnotikum und antiperistaltisch wirkendes Mittel von sehr rascher Wirkung (Sahli, Rodari, Pertik). Die hypnotische Wirkung wurde im Tierversuche experimentell festgestellt und hiebei auch die Beobachtung gemacht, daß es das Atemzentrum weniger beeinflußt als das Morphium, auf die Zirkulation aber fast gar keinen Einfluß ausübt (Wertheimer-Raffalovich, Löwy, Bergien). Bei längerem Gebrauch tritt Angewöhnung ein, man muß daher mit der Dosis langsam, aber stetig steigen (Haymann).

Nebenwirkungen: Dieselben sind nach ausgedehnten eigenen Versuchen im allgemeinen sehr selten. So beobachtete vereinzelt Leipoldt Auftreten von starkem Durstgefühl und intensiver Schweißsekretion, Voigt stärkere Verengerung der Pupillen und ein dem Cheyne-Stokesschen Atmen ähnliches Phänomen, Haymann Erregungszustände, Schwindel, sehr selten Brechreiz, Brunn und Diwawin Erbrechen. Klausner sah nach subkutaner Injektion ein intensiv rotes, in Handtellergröße um die Einstichstelle lokalisiertes Erythem auftreten, das sich binnen wenig Minuten rasch ausbreitete, nach 10 Minuten den Höhepunkt erreichte und nach 1—2 Stunden wieder verschwand.

Indikationen: Pantopon wurde vielfach und mit gutem Erfolge allein oder mit Skopolamin kombiniert zur Herbeiführung des Dämmerschlafes in der Geburtshilfe, sowie zur Einleitung von Inhalationsnarkosen selbst bei Kindern und Herzkranken verwendet (Jaeger, Brüstlein, Gräfenberg, Heimann, Aulhorn, Leipoldt, Brunn, Simon, Zeller, Kolde), doch wird hiebei von Haeberlin wegen einmal beobachteter Herabsetzung der Erregbarkeit des Atmungszentrums zur Vorsicht gemahnt, was auch bei Alkoholikern und meningitischen Zuständen angezeigt erscheint (Fleischner). Als Antidiarrhoikum selbst bei tuberkulösen Durchfällen und den profusen Diarrhöen im Verlaufe des Typhus empfehlen das Mittel Ewald, Mitterer, Döblin, Piket und Zollinger, als Sedativum bei Erregungszuständen, weniger bei Melancholie Haymann, Hallervorden und Tomaschny, als Hustenreiz milderndes Mittel bei Kehlkopf- und Lungentuberkulose Pertik und Piket. Da es sich leichter als Morphium wieder entziehen läßt, wird es von Dornblüth zu Morphium-Entziehungskuren verwendet. Guten aber nur vorübergehenden Erfolg sah Kretschmer unter Pantoponmedikation bei Diabetes. Schließlich sei noch der Verwendung des Mittels bei Hyperemesis gravidarum gedacht (Stolz).

Kontraindikationen: Da das Pantopon die Magensekretion steigert, ist seine Verwendung bei Ulcus ventriculi, Gastritis acida und nervöser Hyperazidität kontraindiziert (Rodari). Will man es hiebei aber dennoch anwenden, dann empfiehlt sich die Kombination mit Atropin(Atropini 0,01, Pantopon. 0,2, Aq. Lauroceras. 10,0. S. 2—3 mal täglich 10—15 Tropfen). Weitere Gegenanzeigen sind Alkoholismus, schwere Erkrankungen des Herzens und der Lungen, sowie vorgerücktes Alter (Diwawin).

Dosierung: Die übliche Dosis ist die doppelte Morphindosis, somit innerlich 0,01—0,02 g pro dosi in Pillen oder Pulvern oder 0,05—0,06: 200,0 aq. dest. in Mixturen, schließlich subkutan 1 ccm der 2% Lösung (Sahli, Ewald). Kinder unter 9 Monaten sollen es überhaupt nicht erhalten, ältere Kinder soviel Tropfen einer Lösung von 0,2 g Pantopon in 10 g Wasser und 12 g Mixtur. gummosa, als sie Jahre zählen, doch sollen 10 Tropfen pro dosi nicht überschritten werden. Auch soll nur eine Dose im Tage gereicht werden (Piket). Zur Herbeiführung des Dämmerschlafes gibt man $1/2$—1 ccm der 2% Lösung subkutan in der Eröffnungsperiode und gleichzeitig 0,0002—0,0003 g Skopolamin. In der Austreibungsperiode soll es nicht gegeben werden. Wichtig ist, daß die Lösungen stets frisch bereitet werden.

Literatur: Sahli, Therap. Monatsh., 1, 1909. — Rodari, ebendort, 540, 1909. — Hallervorden, Therap. d. Ggw., 5, 1910. — Heimann, Münch. med. Wochenschr., 7, 1910. — Sahli, ebendort, 25, 1910. — Brüstlein, Korrespondenzbl. f. Schweiz. Ärzte, 26, 1910. — Rodari, Klin. therap. Wochenschr., 26, 1910. — Wertheimer-Raffalovich, ebendort, 37, 1910. — Haymann, Münch. med. Wochenschr., 43, 1910. — Löwy, ebendort, 46, 1910. — Bergien, ebendort 46, 1910. — Jaeger, Zentralbl. f. Gynäk. 1504, 1910. — Gräfenberg, Deutsch. med. Wochenschr., 1569, 1910. — Ewald, Berlin. klin. Wochenschr., 1609, 1910. — Pertik, Deutsch. med. Wochenschr., 1661, 1910. — Haymann, Münch. med. Wochenschr., 2, 1911. — Tomaschny, Neurol. Zentralbl., 3, 1911. — Brunn, Zentralbl. f. Chir., 3, 1911. — Zollinger, Korrespondenzbl. f. Schweiz. Ärzte, 10, 1911. — Aulhorn, Münch. med. Wochenschr., 12, 1911. — Simon, ebendort, 32, 1911. — Haeberlin, ebendort, 33, 1911. — Rodari, Schweiz. Rundsch. f. Med., 105, 1911. — Döblin, Therap. Monatsh., 216, 1911. — Leipoldt, Lancet, 368, 1911. — Mitterer, Therap. d. Ggw., 383, 1911. — Voigt, Therap. Monatsh., 601, 1911. — Dornblüth, Deutsch. med. Wochenschr., 697, 1911. — Fleischner, Münch. med. Wochenschr., 1263, 1911. — Zeller, ebendort, 1355, 1911. — Kolde, ebendort, 1449, 1911. — Diwawin, Zentralbl. f. Chir., 51, 1912. — Piket, Klin. therap. Wochenschr., 1345, 1912. — Klausner, Münch. med. Wochenschr., 2169, 1912. — Kretschmer, Berlin. klin. Wochenschr., 2221, 1912. — Stolz, Zentralbl. f. Gynäk., 90, 1913.

Fabr.: Hoffmann, La Roche & Co., Basel-Grenzach.

Preis: Tropfglas (10 ccm 2%ige Lösung) Mk. 1,60. K. 2,—. 20 Tabl. à 0,01 g Mk. 1,60. K. 2,—. Sch. m. 3, 6 und 12 Amp. à 1,1 ccm 2%ig Mk. 1,20, 2,40, 4,—. K. 1,50, 3,—, 5—. Pantopon-Skopolamininjektionen 6 Amp. à 1,1 g Mk. 3,—. K. 3,75.

Paracodin, Dihydrocodein, soll nach Fraenkel eine raschere und intensivere Wirkung als Kodein haben und schon in kleinen Gaben leichte narkotische Eigenschaften entfalten. Es kommt in Betracht in Fällen, bei denen Kodein keine genügende Herabsetzung des Hustenreizes erwirkt oder wenn man es abwechselnd mit Kodein reichen will. Die übliche Dosis beträgt 0,025 g dreimal täglich.

Literatur: Fraenkel, Deutsch. med. Wochenschr., 522, 1913.

Pellotinum (hydrochloricum) ist ein Alkaloid aus Anhalonium Williamsi, einem am Hochplateau von Mexiko ziemlich häufig vorkommenden Cactus, das sich leicht aus der Pflanze darstellen läßt. Es kristallisiert in wasserhellen harten Tafeln von bitterem Geschmacke, die in Wasser schwer, hingegen leicht in Alkohol, Äther, Azeton und Chloroform löslich sind. Mit Säuren bildet es gut kristallisierende Salze. Am reinsten erhältlich und für die Praxis verwendbar ist das Pellotin. hydrochlor.

Wirkung: Der Angriffspunkt des Pellotins ist das nervöse Zentralorgan, daher es der pharmakologischen Gruppe des Morphins anzugliedern wäre (Heffter). Nach einer Gabe von 0,02 g entsteht Müdigkeit und Schläfrigkeit, nach 0,04—0,06 g tritt die volle hypnotische Wirkung ein (Jolly). Bei Warm- und Kaltblütern aufs Herz geträufelt ruft es in kleinen Dosen Bradykardie, in größeren Stillstand des Herzens hervor (Pincussohn).

Nebenwirkungen: Als solche wurden beobachtet Schwindel, Wärmegefühl im Kopfe, allgemeine Unruhe vor dem Einschlafen (Jolly), Übelkeit und Eingenommensein des Kopfes (Pilcz), sowie vereinzelt schon nach 0,01 g schwerer Kollaps (Langstein).

Indikationen: Von Pilcz wird das Pellotin als ein nicht absolut zuverlässiges, aber immerhin brauchbares Schlafmittel bezeichnet. Es kommen 0,05—0,08 g an hypnotischem Effekt ungefähr 1 g Trional oder 1,5 g Chloralhydrat gleich (Jolly). Indiziert ist es bei reiner Agrypnie, Paralyse, Manie, Amentia, Dementia senilis und Paranoia. Bei aufgeregten Kranken scheint es zu versagen.

Dosierung: Intern in Dosen von 0,04—0,06 g, subkutan genügen gewöhnlich 0,02 g.

Literatur: Heffter, Therap. Monatsh., 6, 1896. — Jolly, Deutsch. med. Wochenschr., 24, 1896. — Langstein, Prag. med. Wochenschr., 40, 1896. — Pilcz, Wien. klin. Wochenschr., 48, 1896. — Pincussohn, Berlin. klin. Wochenschr., 2, 1907.
Fabr.: Böhringer & Söhne, Waldhof-Mannheim.

Peronin ist das chlorwasserstoffsaure Salz des Benzylmorphins und bildet ein schmutzigweißes, voluminöses, geruchloses Pulver von bitterem Geschmacke, welches in kaltem Wasser schwer, in heißem hingegen in jedem Verhältnisse leicht löslich ist. Unlöslich ist es in Säuren, konzentriertem Alkohol und Chloroform.

Wirkung: Es ist ein hustenlinderndes Mittel, das Herz und Digestionsapparat nicht beeinflußt (Eberson). Da es beruhigens wirkt, hat es namentlich nachts einschläfernden Effekt und steht unter den Hypnoticis zwischen Morphium und Paraldehyd (Meltzer), während es in seiner sonstigen Wirkung dem Kodein ähnlich ist (Stampfl).

Nebenwirkungen: Leichtes Brennen in der Luftröhre und Auftreten kopiösen Schweißes beobachteten Nowak und Meltzer, Kopfschmerzen und Hautjucken Stampfl, unbedeutende Schlafsucht Eberson. Da das Mittel schnell ausgeschieden wird, verschwinden auch alle durch Peronin hervorgerufenen Nebenwirkungen schon nach 1—2 Stunden (Meltzer).

Indikationen und Dosierung: Es wird bei quälendem Husten in Pulvern zu 0,01—0,02 g (3—4 mal täglich), besser aber in Lösung oder in Pillen verabreicht. Die Maximaldosis pro dosi beträgt 0,05 g, pro die 0,15 g. Wegen des bitteren Geschmackes und Brennens im Kehlkopfe gibt man es zweckmäßig in Oblaten.

Literatur: Eberson, Therap. Monatsh., 12, 1897. — Nowak, Therap. Wochenschr., 21, 1897. — Stampfl, Therap. Monatsh., 2, 1898. — Meltzer, ebendort, 6, 1898.
Fabr.: E. Merck, Darmstadt.
Preis: 0,1 g K. 0,40. Gl. m. 100 Tabl. à 0,02 g Mk. 4,50. K. 6,—. 50 Tabl. Mk. 2,50. K. 3,60.

b) Hypnotika (Schlafmittel im engeren Sinne).

Der Arzt wird im allgemeinen den Zustand des Patienten berücksichtigen müssen und beachten, daß eine Reihe von Schlafmitteln besonders wegen ihrer Wirkung auf Herz und Kreislauf für gewisse Patienten ausgeschaltet werden muß. Es ergaben die Erfahrungen die Regel, daß vor allem die halogenhaltigen Mittel mehr auf Herz und Gefäße einwirken als die halogenfreien Verbindungen. Dazu kommt noch die Wirkung gewisser Verbindungen auf den Magen, ein Umstand, der bei magenempfindlichen Patienten der Anwendung dieser Mittel Schwierigkeiten entgegensetzt. Das Bestreben, neue, bessere Mittel auf diesem Gebiete zu schaffen, galt daher vor allem der Beseitigung dieser störenden Nebenwirkungen.

Von dem genannten Gesichtspunkte aus gehören also zunächst die chlorhaltigen Hypnotika in eine Gruppe zusammen: die Gruppe des **Chloralhydrats**.

Chloralamid, Chloralum formamidatum, ist ein Additionsprodukt von Chloral und Formamid und stellt farblose Kristalle dar, die sich in 20 Teilen kalten Wassers und $1^{1}/_{2}$ Teilen $96^{0}/_{0}$ Alkohols lösen. Zur Lösung dürfen weder heiße noch warme Flüssigkeiten verwendet werden, da sich das Präparat bei 60^{0} C zersetzt. Der Geschmack des Chloralamides ist schwach bitter, nicht ätzend und kann durch ein Korrigens leicht verdeckt werden. Das Mittel hat sich als ein gutes und ungefährliches Hypnotikum bei Erregungszuständen leichteren Grades, bei Neurasthenie, bei Agrypnie infolge körperlicher Leiden (Phthise), endlich bei Schlaflosigkeit infolge von Alkoholmißbrauch erwiesen, dessen Wirkung bereits nach ca. 30 Minuten eintritt und 6—9 Stunden anhält. Es besitzt nach zahlreichen Beobachtungen weder kumulative Wirkung, noch tritt Angewöhnung ein. In Verbindung mit Brom empfehlen es englische Ärzte gegen die Seekrankheit.

Nebenwirkungen treten nach Seifert sehr leicht ein und wurde vereinzelt Schwindel, Übelkeit, selbst Kollaps (Winkler), außerdem Nephritis, Exanthem, Melliturie und Kopfschmerzen (Seifert) beobachtet.

Dosierung: Das Mittel kann per os und per clysma in Tagesdosen von 2—4 g verabreicht werden.

Literatur: Winkler, Neue Heilmittel etc., Wien 1899. — Seifert, Würzburger Abhandl., 1, 1900. — Seifert, ebendort, 1, 1904.

Chloralose, Anhydroglycochloral, bildet feine, farblose, sehr bitter schmeckende Nadeln, die sich in kaltem Wasser zu $0,5^{0}/_{0}$, leichter in heißem, sehr leicht in Alkohol und Äther lösen.

Das Mittel wurde von Richet und Henriot als gutes Hypnotikum empfohlen und erwies sich bei Neurasthenie, Melancholie, Tabes, selbst bei Maniakalischen, Epileptikern und Alkoholikern von vortrefflicher schlafmachender Wirkung. Der Schlaf tritt nach $1/_{2}$—3 Stunden ein (Thomas). Die unangenehmen Nebenwirkungen des Chlorals auf das Herz, sowie dessen kumulative Wirkung sollen ihm fehlen (Winkler).

Nebenwirkungen: Von Poulet wurden Koma, Zuckungen, ja eklamptische Krämpfe nach Gebrauch des Mittels beobachtet.

Kontraindiziert ist es bei Hysterie, Delirium tremens, multipler Neuritis, bei alten und geschwächten Personen (Winkler), sowie bei Herzkranken, da es öfters Schwindel und Herzstörungen erzeugt (Bradbury).

Dosierung: Die gebräuchliche Dosis beträgt 0,1—0,4 g, eher noch weniger, da nach größeren Dosen Erregungszustände auftreten (Thomas).

Literatur: Thomas, rf. im Zentralbl. f. inn. Med., 5, 1896. — Winkler, Neue Heilmittel etc., Wien, 1899. — Bradbury, zit. bei Seifert, Würzburg. Abhandl., 1, 1900. — Poulet, zit. ebendort, 1, 1904.

Chloreton, Azeton-Chloroform, ist das Trichlorsubstitutionsprodukt des tertiären Isobutylalkohols, dessen $1^{0}/_{0}$ wäßrige Lösung als Aneson oder Anesin bekannt ist. Das Chloreton stellt weiße, nach Kampfer riechende und schmeckende Kristallnadeln dar, die sich in Wasser schwer, in Alkohol und Glyzerin leichter lösen. Bis zu $50^{0}/_{0}$ ist es in Ölen löslich (Jaquet).

Wirkung: Es wird von amerikanischen Ärzten als Hypnotikum und Sedativum verwendet und entfaltet nebenbei auch lokalanästhetische und antiseptische Eigenschaften (Martinet). Es wirkt ähnlich wie Chloral, ist aber viel gefährlicher als dieses und ungefähr $2^{1}/_{2}$ mal so giftig als Chloralhydrat (Impens). Durch Pinselungen mit der öligen Lösung kann man eine ziemlich anhaltende Herabsetzung der Empfindlichkeit der Schleimhäute erzielen (Jaquet).

Nebenwirkungen: Auftreten von Brennen im Augenblicke der Pinselung (Jaquet), vereinzelt Nausea nach interner Verabreichung (Coppelletti) und Auftreten von Stupor, der aber wenige Stunden nach Aussetzen des Mittels schwindet (Wynter).

Indikationen und Dosierung: Es wird mit Nutzen als Sedativum und Hypnotikum (Dewar), speziell bei Geisteskranken (Coppelletti) verwendet. Jaquet empfiehlt es gegen Schluckweh bei Angina, geschwürigen Prozessen des Kehlkopfeinganges und der Epiglottis, Wheder, Fawcitt und Welsh zur Bekämpfung der Seekrankheit. Nach Bickle vermag man mit dem Mittel auch das postoperative Erbrechen zu stillen. Als Antispasmodikum bewährte es sich bei Tetanus (Hobbs und Peterson), als Spezifikum bei Chorea (Wynter), als gutes Lokalanästhetikum und Desinfiziens bei Zahnkaries (Martinet).

Dosierung: Als Hypnotikum in Dosen von 1,0—2,0 g, doch soll man bei alten Leuten, sowie bei Arteriosklerose nicht über 1 g gehen. Man kann es auch in Lösung verordnen: Chloreton. 5,0, Tctr. cort. aurant. 20,0, Mucilag. gumm. arab. 30,0, Syrup. aromat. 20,0, Aq. naphae ad 150,0, S. Nach Bedarf 1 Eßlöffel voll.

Zu Pinselungen ist die 10—20% ölige Lösung angezeigt. Bei Zahnkaries verordnet Martinet Chloreton., Camphor., āā 2,0, Tctr. Cinnamom. 0,5, Ol. Cajeput. 5,0. — Bei Seekrankheit ist anfangs 0,6 g, später 3 stündlich 0,3 g bis zum Nachlassen der Nausea zu geben (Welsh). Bei Tetanus appliziert man nach der Injektion von Serum einige Tage hintereinander 2—3 mal im Laufe von 24 Stunden je 2,4 g Chloreton in Olivenöl per rectum (Hobbs), bei Chorea empfiehlt Wynter Dosen von 0,3 g in Petroleumemulsion, mit Glyzerin versüßt, anfangs 4—6 stündlich, später seltener und in geringerer Menge. Im Durchschnitte genügt es, diese Medikation durch 9 Tage fortzusetzen.

Literatur: Dewar, Therapeut. Gaz., Febr. 1900, rf. Therap. Monatsh., 11, 1900. — Impens, Therap. Monatsh., 8, 1901. — Coppelletti, Riform. med., 227/278, 1901, rf. Zentralbl. f. inn. Med., 12, 1902. — Bickle, Therap. Gazette, Okt. 1902, rf. in Mercks Jahresber. 1903. — Wheder, Lancet, 4148, 1903, rf. in Mercks Jahresber. 1903. — Fawcitt, ebendort, 41/49, 1903, rf. in Mercks Jahresber. 1903. — Jaquet, Ärzte-Korresp.-Blatt f. Schweiz. Ärzte, 21, 1904. — Martinet, Therap. Monatsh., 115, 1908. — Wynter, ebendort, 442, 1908. — Peterson, Brit. med. journ., 2521, 1909. — Hobbs, ebendort, 1402, 1910. — Welsh, Lancet, 1699, 1911.
Fabr.: Parke, Davis & Co., London.
Preis: Gl. m. 10 g K. 3,20. Kapseln à 0,3 g 25 St. K. 2,90.

Dormiol, Dimethyläthylcarbinolchloral, Amylenchloral, ist eine wasserhelle, ölige Flüssigkeit von stechend mentholartigem Geruche und kühlendbrennendem Geschmacke, der aber nicht so sehr stört wie der des Chlorals oder Amylhydrates und auch leichter zu verbessern ist (Dornblüth). Mit Wasser gibt es zunächst eine milchige Emulsion, aus der es sich nach und nach wieder ausscheidet (Meltzer, v. Kétly). Mit Alkohol, Äther und fetten Ölen ist es in jedem Verhältnisse mischbar.

Wirkung: Der hypnotische Effekt des Dormiols richtet sich nach den Graden der psychischen Erregung. Die schlafmachende Wirkung, welche von dem in dem Mittel enthaltenen Chloral ausgeht und durch die zweite Komponente, das gleichfalls hypnotisch wirkende Amylen, verstärkt wird (Barsch), tritt nach 10—40 Minuten ein und hält durchschnittlich 6 Stunden an (Holz). Es ist ungiftig und unschädlich (Bodenstein, Stern) und schädigt speziell weder das Herz und Gefäßsystem, noch die Respiration, wie das Chloralhydrat. Auch der Darm wird nicht angegriffen, ja es übt auf die gesteigerte, schmerzhafte peristaltische Darmbewegung einen beruhigenden Einfluß aus (Munk). Der erzeugte Schlaf ist erfrischend und dem natürlichen gleichwertig. Das Erwachen wird von keinerlei üblen Nebenerscheinungen begleitet. Es besitzt keine kumulative Wirkung (v. Kétly), und Angewöhnung bleibt entweder ganz aus (Holz, Wild) oder tritt erst sehr spät ein (Sommer).

Nebenwirkung: Manchmal klagen die Kranken über Magendrücken (Munk, Wild) und Reizerscheinungen seitens des Magens (Meltzer), welche nach Darreichung des Mittels in Lösung häufiger zu sein scheinen, als beim Gebrauche von Kapseln (Wild). Ziemlich oft werden Kopfschmerzen, Schwindel, unangenehme Träume, seltener Erbrechen, Übelkeit, Durchfall und Leibschmerzen beobachtet (Wild). Lapinski berichtet, daß die Kranken am Tage nach dem Einnehmen des Mittels träge und somnolent waren und die Dosis wegen Angewöhnung nach kurzem Gebrauche erhöht werden mußte. Sehr störend erwies sich der schlechte Geschmack des Präparates (Tendlau, Lapinski).

Indikationen: Sowohl bei Geistesgesunden als Geisteskranken entfaltete das Dormiol bei Mangel stärkerer Erregungszustände und Schmerzen gute hypnotische Wirkung (Meltzer, Peters, Königshöfer, Frieser, Tendlau, Fuchs, Dehio, Fischer, Schultze, Dornblüth, Wild, Hoppe, Fürst, Bodenstein, Sommer, Combemale und Camus, Wederhake). Im besonderen empfiehlt es Schultze bei Melancholie, Depression und Hypochondrie, Tendlau bei Herzkranken, bei denen von der Verabreichung von Chloralhydrat Abstand genommen werden muß, Peters, Königshöfer und Baroch bei Hysterie und Neurasthenie, Holz bei Delirium tremens, endlich Hoppe und Baroch beim Status epilepticus, wo bei diesen die Anwendung von Chloralhydrat mit Rücksicht auf bestehende Kreislaufstörungen verbietet und Königshöfer bei Insomnie infolge psychischer Erregung vor Augenoperationen. Von Wederhake wurde die Beobachtung gemacht, daß es die Nachtschweiße der Phthisiker beschränke und zeitweise ganz beseitige. Bei Asomnie im Kindesalter benützen es erfolgreich Fuchs und Fürst. Unwirksam ist es bei heftigen Schmerzen oder intensiven Erregungen, wobei es nur in Verbindung mit schmerzstillenden Mitteln Schlaf herbeiführen kann (Stern).

Dosierung: Man verabfolgt das Mittel in Gelatinekapseln à 0,5 g. Zur Herbeiführung der Wirkung genügen 0,5—1,5—2,0 g. Zu geringe Dosen bleiben unwirksam. Die Maximaldosis pro die beträgt nach v. Kétly 6 g, doch ist es zwecklos über 3 g pro die hinauszugehen, da das Mittel überhaupt versagt, wenn es in dieser Dosis keinen Effekt hervorbringt (Dehio). Es kann auch in 10% Lösung mit einem Geschmackskorrigens (Lapinsky, v. Kétly) oder in einer der folgenden Verschreibungen angewendet werden: Potionis gummos. 120,0, Syr. cort. aurant. 20,0, Dormiol. 10,0. S. 1—2 Eßlöffel voll zu nehmen (Frieser) oder: Dormiol., Mucilag. gumm. arab., Syrup. simpl. āā 40,0, Aq. dest. 120,0. S. wie vorher (Pollatschek). Bei Epileptikern wird es von Hoppe per rectum appliziert (2—3 Eßlöffel einer Lösung von 5,0: 75,0 Aq. dest. in $^1/_4$—$^1/_3$ Liter Wasser). Auch für Kinder scheint diese Applikationsart die empfehlenswertere zu sein. Die Einzelgabe beträgt hier 0,2 g (Fuchs). Zur subkutanen Verwendung scheint das Dormiol nicht geeignet, da es starke lokale Reizung, ja sogar Gangrän veranlassen kann (Pollatschek).

Literatur: Meltzer, Deutsch. med. Wochenschr., 18, 1899. — Pollatschek, Therap. Leistungen des Jahres 1899, 70. — Schultze, Neurol. Zentralbl. 6, 1900. — v. Kétly, Therap. d. Ggw., 8, 1900. — Königshöfer, Die ophthalmol. Klinik, 9, 1900. — Peters, Münch. med. Wochenschr., 14, 1900. — Frieser, Ärztl. Zentralztg., 23, 1900. — Dehio, Psych. Wochenschr., 37, 1900. — Tendlau, Fortschr. d. Med., 44, 1900. — Holz, Inaug.-Diss., Königsberg, 1900. — Dornblüth, Ärztl. Monatsschr., 1, 1901. — Fischer, Deutsch. Praxis, 4, 1901. — Munk, ebendort, 5, 1901. — Bodenstein, Deutsch. Ärzteztg., 19, 1901. — Combemale u. Camus, übers. S. A. aus L'écho med. du Nord, Mai 1901. — Stern, übers. S. A. aus Wratschebnaja Gazeta, 35, 1901. — Fürst, Deutsch. Medizinalztg., 91, 1901. — Barsch, Allg. med. Zentralztg., 3, 1902. — Hoppe, Münch. med. Wochenschr., 17, 1902. — Wild, Deutsche Praxis, 21, 1903.

— Fuchs, Heilmittel-Revue, 4, 1904. — Lapinski, Medycyna, 24, 1904, rf. in Therap. Monatsh., 2, 1905. — Sommer, Zentralbl. f. Nervenheilk. u. Psych., 169, 1904. — Wederhake, Therap. Monatsh., 7, 1905. — Baroch, Allg. med. Zentralztg., 12, 1907.
Fabr.: Kalle & Co., Biebrich.
Preis: Sch. m. 6 u. 25 Kaps. à 0,5 g Mk. 0,75 u. 2,—. K. 1,— u. 2,50.

Eglatol ist eine Mischung von Chloralhydrat, Antipyrin, Koffein und Methylurethan und stellt eine mit Alkohol mischbare, in Wasser nur zum Teil lösliche, farblose Flüssigkeit dar. Das Mittel wird als Nervinum und Hypnotikum empfohlen, doch ist es nach dem Urteile von Harnack sehr fraglich, ob die Zusammensetzung desselben eine glückliche ist, da mit dem schlafmachenden Chloralhydrat das exzitierende, schlafverscheuchende Koffein verbunden ist. Von Blumenthal wurde es in Dosen von 0,5—1,0 g pro dosi et die gegen Schlaflosigkeit versucht, jedoch nicht immer wirksam befunden.
Literatur: Blumenthal, Med. Klin., 21, 1908. — Harnack, Deutsch. med. Wochenschr., 36, 1908.
Fabr.: Goedecke & Co., Berlin.
Preis: Sch. m. 20 Kaps. à 0,5 g Mk. 2,—. K. 2,50.

Hypnal, Chloralhydrat-Antipyrin, ist ein weißes, kristallinisches Pulver, das sich in 10—11 Teilen Wasser und $3^1/_2$ Teilen Alkohol zu einer farblosen, neutral reagierenden Flüssigkeit löst und bei 67^0 C schmilzt. Der Chloralhydratgehalt beträgt 45%, der an Antipyrin 55%.

Es ist ein mildes, in den meisten Fällen sicher wirkendes Schlafmittel bei Aufregungszuständen von Geisteskranken, beginnendem Delirium tremens, Chorea, sowie bei essentieller Schlaflosigkeit (Filehne). Die Wirkung tritt nach 10—30 Minuten ein. Schädliche Nebenwirkungen fehlen. Gewöhnung tritt nicht ein (Herz), doch war die Wirkung unsicher und blieb oft ganz aus (Ehrke).

Da es nahezu geschmacklos ist, kann man es in wäßriger Lösung, ev. mit Syr. cort. aur. oder einer aromatischen Tinktur versetzt geben.

Die Tagesdosis beträgt 1—2 g.
Literatur: Herz, Inaug.-Diss., Breslau 1892. — Filehne, Berl. klin. Wochenschr., 5, 1893. — Ehrke, rf. Therap. d. Ggw., 10, 1906.

Isopral, Trichlorisopropylalkohol, ist ein in makroskopischen Prismen schön kristallisierter Körper, der bei 49^0 C schmilzt, äußerst leicht, ähnlich wie Kampfer, schon bei gewöhnlicher Temperatur sublimiert und in Wasser, Alkohol und Äther löslich ist. Isopral besitzt einen kampferartigen Geruch und aromatischen, etwas stechenden Geschmack.

Wirkung: Das Mittel, welches von Impens geprüft und in die Therapie eingeführt wurde, besitzt ausgezeichnet schlafmachende Wirkung und hat vor anderen Hypnoticis den Vorzug der prompten und reinen Wirkung bei geringster Gefährlichkeit (Muthmann, Frey). Es steht dem Veronal in gleicher Dosis an Wirksamkeit nach (Wassermeyer), ist dem Trional gleich, nach Urstein sogar überlegen, und übertrifft hierin das Chloralhydrat um das Doppelte (Impens, Mangelsdorf). Der Schlaf tritt $^1/_2$—1 Stunde nach dem Einnehmen ein und dauert 5—7—10 Stunden (Ehrke). Nach dem Erwachen fühlen sich die Kranken wohl, wie nach natürlichem Schlaf (Mendl, Carusi). Der Isopralschlaf ist begleitet von einer Verlangsamung der Atmung (Muthmann, Morselli), einer Herabsetzung der Frequenz und Spannung des Pulses, sowie einer geringen Temperaturerniedrigung (Morselli). Es ist daher die Darreichung bei bestehenden Herz- oder Gefäßveränderungen zu vermeiden, um nicht gefährliche Zustände auszulösen (Ehrke). Angewöhnung an das Mittel, sowie Eintreten von kumulativer Wirkung wurde nicht beobachtet (Urstein, Mendl, Pisarski, v. Szentkiralyi).

Nebenwirkungen: Auftreten von intensivem Kopfschmerz kam öfters zur Beobachtung (Raimann, v. Szentkiralyi, Pisarski, Tauszk), seltener Schwindel, Gefühl von Schwere in den Gliedern, anhaltende Schläfrigkeit nach dem Erwachen, Gefühl wie nach einem Alkoholrausch (Pisarski, Wassermeyer), ganz vereinzelt auch Übelkeit, Erbrechen, Brennen im Ösophagus und Auftreten einer Urtikaria (Pisarski). Daß das Isopral für das Herz nicht ganz gleichgiltig ist und auch den Magen leicht belästigt, bestätigen die Erfahrungen von Mendl, Maaß, Raimann. Von Förster wurden nach perkutaner Applikation des Mittels rasch schwindende Parästhesien und Gefühl von Taubsein in den Extremitäten, von Burkhardt stärkere Erregungszustände nach dem Erwachen bei intravenöser Applikation beobachtet.

Indikationen: Das Isopral wird vielseits als ein prompt wirkendes Hypnotikum empfohlen (Urstein, Mendl, Eschle, Raimann, Muthmann, Ransohoff, Selka, Arnoux, Kreß, Förster, Pini, Wassermeyer, Klatt, Mangelsdorf, Opitz, Mayer, Montagnini, Frey, Mohilla, v. Szentkiralyi). Es ist angezeigt bei Agrypnie infolge von funktionellen und organischen Erkrankungen des Nervensystems, weiter bei melancholischen und depressiven Zuständen (Urstein), bei nervöser Schlaflosigkeit (Eschle), bei Dementia praecox, besonders im Endstadium (Ransohoff, Muthmann), bei Kranken mit dauernder oder periodisch auftretender motorischer Unruhe, selbst bei Manischen (Ransohoff, Mangelsdorf), ferner bei Behandlung der Insomnie der Morphinisten im Stadium der Abstinenz (Mendl, Pisarski), bei an Schmerzen leidenden Tabikern (Tauszk), beim Status epilepticus und paralyticus, bei Tic général und Chorea (Wassermeyer).

Unwirksam ist es bei furibunden Erregungszuständen, bei Delirien sowie starken psychischen Beschwerden und Unruhe im Zimmer (Urstein, Muthmann, Pisarski). Bei schmerzhaften Affektionen blieb die Wirkung hinter der des Opiums und Morphiums zurück (Eschle). Eine neue Indikation stellte Dünnwald auf. Er applizierte nach einem Reinigungsklystier 3 bis 4 g per rectum ungefähr 1 Stunde vor der Entbindung, um die Schmerzhaftigkeit der Wehen herabzusetzen, eine Methode, die sich besonders bei Krampfwehen und bei Erstgebärenden bewährte. In der Austreibungsperiode darf das Mittel nicht gegeben werden.

Mertens kombinierte die Isopraldarreichung mit der Chloroformnarkose. Er gab nach einem Reinigungsklystier 0,1 g Isopral pro kg Körpergewicht rektal (auf 0,1 Isopral setzte er 0,1 g Äther zu und ergänzte die Lösung mit 50% Alkohol bei Kindern auf 25 g, bei Erwachsenen auf 50 g). Die Chloroformnarkose soll 1 Stunde nach der Einverleibung des Isoprals beginnen. Diese kombinierte Narkose hat den Vorteil, daß der Kranke noch vor der Narkose einschläft und von den zur Operation nötigen Maßnahmen nichts sieht und hört. Das Exzitationsstadium kommt ganz in Wegfall, außerdem ist weniger Chloroform nötig, die Kranken erbrechen nicht und schlafen meist den ganzen Tag durch. Von Burkhardt wurde die 1,5% Lösung in Ringerscher Flüssigkeit intravenös in einer Dosis von 40 ccm zur Narkose verwendet, jedoch nur, wenn keine nachweisbare Herzschädigung vorhanden war.

Kontraindiziert ist Isopral bei Herzerkrankungen und allen Fällen von Herzschwäche (Mendl, Raimann).

Dosierung: Die wirksame Einzeldosis beträgt 0,5—1,0 g, kann aber bei gesundem Gefäßsystem unbedenklich auf 3 g gesteigert werden. Am schnellsten wirkt es in Lösung, am angenehmsten zu nehmen ist es in Form der Tabletten, die man aber bei leerem oder krankem Magen zu geben vermeiden soll (Urstein, Muthmann). Über 1 g soll man nur bei psychisch stark erregten Personen gehen (Pisarski). Neuestens wurde von Förster mit gutem Erfolge die perkutane Applikation des Isoprals versucht (Ol. Ricin., Alcoh. absol., āā 10,0, Isopral 30,0, S. Zur Einreibung) und hiebei

Dosen von 3—5 g wirksam befunden. Die Haut ist nach der Einreibung mit Guttaperchapapier zu bedecken. Die verwendeten Lösungen sollen womöglich stets frisch bereitet sein.
Literatur: Impens, Therap. Monatsh., 9/10, 1903. — Urstein, Therap. d. Ggw., 2, 1904. — Raimann, Die Heilk., 3, 1904. — Mendl, Prag. med. Wochenschr., 6, 1904. — Eschle, Fortschr. d. Med., 6, 1904. — Muthmann, Münch. med. Wochenschr., 32, 1904. — Montagnini, Allg. med. Zentralztg., 35, 1904. — Mohilla, Ärztl. Zentralztg., 40, 1904. — Ransohoff, Psych. neurol. Wochenschr., 48, 1904. — Selka, Pharm. u. therap. Rundsch., 1, 1905. — Arnoux, Wien. med. Presse, 4, 1905. — Frey, Therap. Monatsh., 7, 1905. — Pisarski, ebendort, 8, 1905. — Klatt, Die Heilk., 11, 1905. — Maaß, Berl. klin. Wochenschr., 14, 1905. — Kreß, ebendort, 16, 1905. — Förster, Münch. med. Wochenschr., 20, 1905. — Pini, Deutsch. Praxis, 21, 1905. — Wassermeyer, Berl. klin. Wochenschr., 37, 1905. — Tauszk, Wien. med. Blätter, 52, 1905. — Morselli, Deutsch. Medizinalztg., 90, 1905. — v. Szentkiralyi, Wien. klin. Rundsch., 2, 1906. — Mangelsdorf, Inaug.-Diss., Leipzig 1905. — Montagnini, Ärztl. Zentralztg., 32, 1906. — Mayer, Wien. klin. therap. Wochenschr., 41, 1906. — Dünnwald, Deutsch. med. Wochenschr., 48, 1906. — Ehrke, Deutsch. Medizinalztg., 61, 1906. — Opitz, Inaug.-Diss., Rostock 1906. — Carusi, Riform. medica, 45, 1906. — Wassermeyer, Berl. klin. Wochenschr., 31, 1909. — Mertens, Arch. f. klin. Chir., 3, 1911. — Burkhardt, Münch. med. Wochenschr., 15, 1911.
Fabr.: Farbenfabr., vorm. Bayer & Co., Leverkusen.
Preis: 20 Tabl. à 0,5 g Mk. 2,50. K. 3,—.

Viferral, ein neues Polychloral, ist ein weißes Pulver von stark bitterem Geschmacke, welches nach vorhergehendem Sintern bei 150—155° C schmilzt. In kaltem Wasser löst es sich nur langsam, in siedendem leicht und vollständig. Von schwach mit Salzsäure angesäuertem Wasser, also unter ähnlichen Verhältnissen, wie sie im menschlichen Magen vorhanden sind, wird es nicht angegriffen, weshalb auch eine Umwandlung in Chloralhydrat im Magen ausgeschlossen ist (Witthauer und Gärtner).
Wirkung: Das Viferral hat die guten hypnotischen Eigenschaften des Chloralhydrats, doch keine von dessen unangenehmen Nebenwirkungen. Der durch Viferral erzeugte Schlaf ist tief und erquickend, das Einschlafen erfolgt meist rasch. Bei längerem Gebrauche scheint eine gewisse Gewöhnung einzutreten, weshalb es nicht zu lange Zeit hintereinander gegeben werden soll. Zirkulations- und Verdauungsorgane werden niemals ungünstig beeinflußt.
Nebenwirkung: Ausnahmsweise tritt geringer Kopfdruck nach dem Erwachen auf (Witthauer und Gärtner).
Indikationen: Es kann bei allen Formen nervöser Insomnie, vorausgesetzt, daß nicht stärkere Aufregungszustände oder Schmerzen bestehen, sowie bei Krankheiten des Herzens und der Gefäße ohne Gefahr gereicht werden. Besonders wirksam erwies sich das Präparat bei Hysterie und Neurasthenie (Quastler, Mackh), bei Geisteskranken scheint die Wirkung unsicher (Ehrke).
Dosierung: Da der Geschmack des Viferral nicht angenehm ist, wird es stets in Oblaten gegeben. Will man es in Form von Tabletten nehmen lassen, so empfiehlt es sich, danach Wasser, am besten mit Zitronensäure versetzt, nachtrinken zu lassen. Die Minimaldosis beträgt 0,75—1,0 g und ist bei ungenügender Wirksamkeit auf 1,5—2,0 g zu erhöhen.
Literatur: Witthauer u. Gärtner, Therap. Monatsh., 3, 1905. — Quastler, Wien. ärztl. Zentralztg., 35, 1905. — Ehrke, rf. Therap. d. Ggw., 10, 1906. — Mackh, Münch. med. Wochenschr., 31, 1906.
Fabr.: Dr. Rieche & Co., Bernburg.
Preis: R. m. 10 Tabl. à 0,5 g Mk. 1,—. K. 1,50.

An der Spitze der Mittel der zweiten Gruppe mit geringer Nebenwirkung auf andere Organfunktionen steht der **Paraldehyd**, zweifellos eines unserer besten Schlafmittel, dem nur den unangenehme Geruch für eine allgemeine Anwendung hinderlich ist. Man gibt ihn in Dosen von 3—6 g.
Mit besten Erfolgen — ohne wesentliche Nebenwirkungen — finden ferner eine Reihe von Mitteln als Hypnotika Anwendung, die einerseits Carbaminsäureester darstellen — repräsentiert durch das Urethan —, dann die

Sulfoverbindungen, **Sulfonal**, **Trional** und **Tetronal**, und die Verbindungen vom Typus des **Veronals**. Ihre Vorteile und Anwendungsform sind aus der folgenden Zusammenstellung ersichtlich.

Ein großer Teil der Schlafmittel, der Narkotika und Hypnotika findet allein oder in Kombination mit Analgeticis und Antipyreticis Verwendung gegen **Seekrankheit**. Ihr Erfolg ist wohl kein durchschlagender. Dagegen hat nach Erkenntnis der Seekrankheit als eines zur Vagotonie gehörenden Symptomkomplexes die Anwendung von **Atropin** großen Erfolg gezeitigt (**Přibram, Fischer**). Man injiziert 1 mg Atropin. sulfuric. subkutan. Der Erfolg ist meist prompt und anhaltend.

Adalin, Bromdiäthylacetylharnstoff, ist ein weißes, kristallinisches, fast geruchloses, ein wenig bitter schmeckendes Pulver, das bei 116⁰ schmilzt, in kaltem Wasser nur wenig, etwas mehr in heißem Wasser und in Olivenöl löslich ist.

Wirkung: Das Adalin ist nach **Impens** ein mittelstarkes, infolge seiner langsamen Resorption etwas ungleich wirkendes Hypnotikum, das bei seiner geringen Toxizität eine gefahrlose therapeutische Anwendung ermöglicht. Es ist ein Narkotikum der Fettreihe, wie Bromural und Neuronal, und nicht als ein Brompräparat anzusehen. Die schlafmachende Wirkung des Mittels ist nach **Walter** sicherer als die des Veronals und Trionals, dabei ist es weit weniger giftig. Die Ausscheidung des Adalins, das im tierischen Organismus gespalten wird, erfolgt im Harn in organischer und zum Teile in anorganischer Bindung ziemlich rasch (**Impens**). Von Wichtigkeit sind die sedativen Eigenschaften des Adalins in kleinen Dosen bei mittelschweren Reizzuständen (v. **Ehrenwall, Gudden**). Bei schwerer Erregtheit versagt es (**Glombitza**). Angewöhnung tritt nicht ein, doch wird bei längerer Darreichung höherer Dosen eine gewisse Unregelmäßigkeit in der Wirkung beobachtet und scheint deren Intensität nachzulassen (**Finkh**).

Nebenwirkungen: Einen Fall von Adalinvergiftung nach 18 Tabletten à 0,5 g beschreibt v. **Hueber**. Es traten 24 Stunden anhaltende Bewußtlosigkeit und 30 stündiger Schlaf, sowie heftige Schmerzen sämtlicher Muskel auf. Vereinzelt wurden unangenehme Erscheinungen seitens des Magens und Darmes (**Beyerhaus**) und nach sehr hohen Dosen Schläfrigkeit am nächsten Tage beobachtet.

Indikationen: Im allgemeinen wird Adalin als Schlafmittel gegeben, wenn schwach wirkende Hypnotika versagen und stärkere nicht angewendet werden dürfen (**Tiling**). Über die hypnotische Wirkung bei Schlaflosigkeit infolge Übererregbarkeit des nervösen Zentralorganes, infolge von Aufregung, Angst und Sorgen, sowie bei mäßig erregten Geisteskranken berichtet eine große Reihe von Autoren in günstigem Sinne (**Fleischmann, Schaefer, Flatau, Kalischer, Pelz, Hennes, Memelsdorf, Kempner, Singer, Rehm, Fröhlich, v. Boltenstern, Traugott, Hirschfeld, Scheidemantel, Eulenburg, Beyerhaus, Salomonski, Weiß, Reiß, Lowinsky, Jennicke, Hoppe und Seegers, Kaiser, Raschkow, Förster, Fromm, Gudden, Skutetzky, v. Ehrenwall**).

Als Hypnotikum für Kinder wird es von **Kobrak** empfohlen, zur Bekämpfung der Unruhe und quälenden Organgefühle und Schlaflosigkeit bei Morphiumentziehungskuren von **Juliusberg**. Als Beruhigungsmittel bei Angst- und Erregungszuständen verwendeten es **Neisser** und **Glombitza**, bei depressiv Erregten **König**, bei Geisteskranken **Finkh**, bei Bronchialasthma **Walter** und **Tiling** und vor Zahnoperationen **Memelsdorf**.

Kontraindikationen bilden nach v. **Ehrenwall** stärkere Erregungen auf psychischem und größere Schmerzen auf körperlichem Gebiete.

Dosierung: Man gibt Adalin als Hypnotikum in Dosen von 0,75—1,5 g, als Sedativum in solchen von 0,3—0,5 g. Bei Geisteskranken müssen die

Dosen höher genommen werden, nach Finkh bis zu 3 g pro die in 4—5 Portionen. Will man rasche Wirkung herbeiführen, dann soll das Mittel in warmer Flüssigkeit genommen werden, will man sedativ wirken, ist es in kaltem Wasser zu nehmen, um die Wirkung möglichst hinauszuschieben (v. Ehrenwall). Als wirksame Verschreibung bewährte sich in letzterem Falle: Natr. salicyl., Adalin. ää 0,5, Phenacetin. 0,25, Sacchari 0,3 (Neisser).

Literatur: Fleischmann, Med. Klinik, 1859, 1910. — Finkh, ebendort, 1860, 1910. — Impens, ebendort, 1861, 1910. — Flatau, Deutsch. med. Wochenschr., 2425, 1910. — Schaefer, Münch. med. Wochenschr., 2659, 1910. — Kalischer, Neurol. Zentralbl., 1, 1911. — Pelz, Zeitschr. f. Neurol., 4, 1911. — Hennes, ebendort, 4, 1911. — Memelsdorf, Deutsch. zahnärztl. Wochenschr., 6, 1911. — Kempner, Neurol. Zentralbl., 6, 1911. — Hoppe und Seegers, Therap. d. Ggw., 10, 1911. — Froehlich, Berlin. klin. Wochenschr., 18, 1911. — Reiß, Psych. neurol. Wochenschr., 18, 1911. — Kaiser, Zahnärztl. Rundsch., 26, 1911. — Förster, Psych. neurol. Wochenschr., 28, 1911. — von Boltenstern, Deutsch. Ärzteztg., 33, 1911. — Kobrak, Med. Klinik, 43, 1911. — Fromm, Deutsche med. Wochenschr., 45, 1911. — Raschkow, ebendort, 49, 1911. — Rehm, Therap. d. Ggw., 164, 1911. — Singer, ebendort, 190, 1911. — Lowinski, ebendort, 240, 1911. — Neisser, Therap. Monatsh., 243, 1911. — Traugott, Berlin. klin. Wochenschr., 300, 1911. — Hirschfeld, ebendort, 341, 1911. — Eulenburg, Med. Klinik, 387, 1911. — Scheidemantel, Münch. med. Wochenschr., 407, 1911. — Jennicke, Psych. neurol. Wochenschr., 466, 1911. — Beyerhaus, Deutsch. med. Wochenschr., 589, 1911. — Salomonski, ebendort, 637, 1911. — Weiß, Münch. med. Wochenschr., 1399, 1911. — König, Berlin. klin. Wochenschr., 1835, 1911. — Juliusberg, Deutsch. med. Wochenschr., 1989, 1911. — v. Hueber, Münch. med. Wochenschr., 2615, 1911. — Skutetzky, Prag. med. Wochenschr., 11, 1912. — Gudden, Münch. med. Wochenschr., 83, 1912. — Impens, Therap. d. Ggw., 158, 1912. — v. Ehrenwall, Therap. Monatsh., 253, 1912. — Glombitza, Münch. med. Wochenschr., 307, 1912. — Tiling, Therap. Monatsh., 711, 1912. — Walter, Wien. klin. Wochenschr., 1006, 1912.

Fabr.: Farbenfabr., vorm. Bayer & Co., Leverkusen.
Preis: 10 Tabl. à 0,5 g Mk. 1,75. K. 2,—.

Aleudrin, der Carbaminsäureester des αα-Dichlorisoprophylalkohols, stellt eine weiße, geruchlose, schön kristallisierende Substanz dar, welche sich leicht in Alkohol, Benzol, Chloroform, Äther, Azeton, Glyzerin und fetten Ölen löst.

Wirkung: Das Mittel wird als Hypnotikum und Sedativum verwendet, seine tödliche Dosis ist nach Tierversuchen, welche Maas an Silberfischen angestellt hat, das 26 fache der einschläfernden. Beim Menschen erzeugen 0,5 g gewöhnlich eine ausgesprochene Beruhigung und häufig eine Linderung bestehender Schmerzzustände, Dosen von 1,0—1,5 g nach vorhergehendem normalen Ermüdungsgefühl Schlaf (Maas). Die Wirkung tritt nach 20 bis 30 Minuten ein und der Schlaf hält 4—7 Stunden an (Topp). Nebenwirkungen und Kumulation sind bisher nicht beobachtet worden, wohl aber manchmal Versager (Gutowitz, Flamm).

Indikationen und Dosierung: Das Aleudrin wird als Schlafmittel in Anwendung gebracht bei Dementia praecox, Angstpsychosen, seniler Demenz, manisch depressivem Irresein und Melancholie (Flamm) und als Sedativum bei Nerven- und Geisteskranken, auch wenn sie von stärkeren Schmerzen geplagt werden, wie z. B. bei Neuralgien, den lanzinierenden Schmerzen der Tabiker, bei Alkoholdelir und den Aufregungszuständen nach Entziehungskuren in Dosen von dreimal täglich 0,5 g in Tabletten (Topp).

Literatur: Maas, Med. Klinik, 1231, 1912. — Gutowitz, ebendort, 1911, 1912. — Topp, Berl. klin. Wochenschr., 2230, 1912. — Flamm, Deutsch. med. Wochenschr., 2311, 1912.
Fabr.: Dr. Beckmann, Berlin SW. 61.
Preis: 10 Tabl. à 0,5 g Mk. 1,75.

Aponal, der Carbaminsäureester des tertiären Amylalkohols, ist ein mildes und schnell wirkendes Hypnotikum, das aber keine schmerzstillenden und sedativen Eigenschaften besitzt. Die hypnotische Kraft des Mittels ist der des Amylenhydrats sehr ähnlich, aber seine Wirkung tritt etwas später ein, was mit der Wasserunlöslichkeit desselben und der dadurch bedingten langsameren Resorption zusammenhängt (Huber). Bei Schmerzen reicht seine Wirkung nicht aus (Yonge). Auf 1—2 g tritt nach 20—30 Minuten leichter, ruhiger Schlaf ein, der jedoch nicht so tief ist als z. B. der

Veronalschlaf. Höhere Dosen als 1—2 g erzeugen rauschartige Zustände (Huber).

Man gibt das Aponal sowohl bei einfacher Insomnie (Huber, Yonge, Simonstein, Buttermilch) als auch bei Schlaflosigkeit der Manischen und bei Dementia praecox (Kürbitz).

Literatur: Huber, Med. Klinik, 1236, 1911. — Kürbitz, Psych. neurol. Wochenschr., 24, 1912. — Simonstein, Allg. med. Zentralztg., 133, 1912. — Buttermilch, ebendort, 253, 1912. — Yonge, Zentralbl. f. d. ges. Therap., 494, 1912.
Fabr.: Chininfabriken Zimmer & Co., Frankfurt a. M.
Preis: R. m. 10 Tabl. à 1 g Mk. 3,30. K. 4,25.

Bromural ist ein α-Monobromisovalerianylharnstoff und bildet weiße, fast geschmacklose Nädelchen, die in heißem Wasser, Äther, Alkalien und Alkohol löslich sind, sich aber nur schwer in kaltem Wasser lösen. Der Schmelzpunkt liegt bei 145° C.

Wirkung: Die Bromuralwirkung beruht nicht auf der Abspaltung von Brom im Organismus, es kommt ihm also keine Bromwirkung, sondern eine Molekülwirkung zu, weshalb es nicht mit Bromalkalien zu vergleichen ist (Takeda). Es ist ein leichtes Hypnotikum, ohne die den neueren Schlafmitteln zumeist anhaftenden narkotischen Neben- und Nachwirkungen. Von Sollmann und Hatcher wurde experimentell festgestellt, daß es eine die Atmung verlangsamende und vertiefende Wirkung entfaltet, von Runck auf die schweißhemmende Wirkung aufmerksam gemacht, die wohl verschieden stark, bei Anwendung genügender Dosen stets hervortritt. Anscheinend wird auch die Absonderung der Bronchialschleimhaut dadurch beschränkt. Der hypnotische Effekt tritt 5—25 Minuten nach dem Einnehmen ein, der Schlaf dauert 3—5 Stunden und ist dem natürlichen Schlafe ähnlich (Krieger und van den Velden, Runck). Infolge des raschen Zerfalles des Präparates im Organismus und seine schnelle Ausscheidung tritt auch bei fortgesetztem Gebrauche keine Angewöhnung oder Kumulation ein. Wenn die Schlaflosigkeit durch heftige Schmerzen oder stärkere krankhafte Erregtheit bedingt ist, versagt das Mittel.

Nebenwirkung: Von Barabas wurde leichte Bromakne beobachtet.

Indikationen: Die Anwendung scheint beschränkt auf Fälle leichter, nervöser Schlafbehinderung, doch sollte das Mittel auch bei schwereren (peripher oder zentral bedingten) Schlafstörungen versucht werden, ehe man zu den merkbar narkotischen Mitteln greift (Saam, Nemerad, Vecsey, Linke, Grendi, Gasparini, Porter, Bellini, Bodenstein, Klinkenberg, Zacharias, Bernstein, Regensburg). Besonders bewährte es sich zur Einleitung des Schlafes bei älteren Personen (Erb, v. Leyden, Rabow, Buttersack). Ferner findet es Anwendung bei epileptiformen Krämpfen (Linke, Schäfer), in Kombination mit Chinin. tannicum bei Keuchhusten, mit Phosphorlebertran oder Phosphaten gegen Stimmritzenkrampf rhachitischer Kinder, bei Entwöhnung von Säuglingen, bei schwer zahnenden Kindern, die infolge des mangelnden Schlafes körperlich herunterkommen (Ziehen, Mampell, Cozollino), bei Seekrankheit (Perrenon, Hoffmann, Heinicke, Reinsch) und als schweißbeschränkendes Mittel (Runck). Als Sedativum kann es mit Nutzen versucht werden bei Migräne und Neurasthenie (Renz), bei Kopfschmerzen, Schwindelanfällen, Ohrensausen, Herzklopfen und Anorexie als Begleiterscheinungen der Hysterie, Arteriosklerose, Chlorose und Myocarditis (Josephsohn, Schäfer), bei Gallensteinkolik, Neuralgien, besonders Ischias (Nemerad), gegen Morphinismus, Pruritus und andere juckende Hautkrankheiten, sowie die schmerzhaften Erektionen der Gonorrhoiker (Hensel) und endlich zur Bekämpfung der Folgen nach übermäßigem Haschischgenuß (Lipa-Bey).

Kontraindiziert ist es bei Schlafwiderständen schweren Grades, wie schwerer Unruhe, Reizerscheinungen, Delirien, Husten, hohem Fieber,

Urämie und Inkompensationen verschiedener Art (Krieger und van den Velden, Runck).

Dosierung: Es kommt in Tabletten à 0,3 g in den Handel und genügen 1—2 Stück zur Herbeiführung der Wirkung. Man läßt die Tabletten zweckmäßig in Wasser, in dem sie leicht zerfallen, nehmen oder in einer Tasse heißen Zuckerwassers. Bei Seekrankheit gibt man bei Beginn der Reise vor der ersten größeren Mahlzeit je nach der Konstitution Dosen von 0,3—0,6 g, als Nervenberuhigungsmittel in der Zahnheilkunde reicht man das Mittel $^1/_2$ Stunde vor Beginn der Behandlung (Dietrich), bei hysterischer Anorexie vor jeder Mahlzeit in Dosen von 1 Tablette durch mehrere Monate (Schäfer).

Literatur: von Leyden, Fol. therap., 3, 1907. — Krieger und van den Velden, Deutsch. med. Wochenschr., 6, 1907. — Erb, W., Therap. d. Ggw., 6, 1907. — Saam, Pharm. Zentralhalle, 8, 1907. — Linke, Therap. Neuheiten, 8, 1907. — Rabow, Therap. Monatsh., 11, 1907. — Runck, Münch. med. Wochenschr., 15, 1907. — Buttersack, Deutsch. mil.-ärztl. Zeitschr., 20, 1907. — Barabas, Orvosok lapjá, 42, 1907. — Perrenon, New Yorker med. Monatsschr., 2, 1908. — Bodenstein, Heilmittel-Revue, 5/6, 1908. — Hensel, Mercks Archiv, 7, 1908. — Lipa Bey, Arch. f. Schiffs- u. Tropenhyg., 15, 1908. — Hoffmann, Münch. med. Wochenschr., 48, 1908. — Klinkenberg, Deutsch. Medizinalztg., 56, 1908. — Grendi, Gazz. degli osped., 95, 1908. — Gasparini, ebendort, 107, 1908. — Cozollino, ebendort, 121, 1908. — Vécsey, Wien. klin. Wochenschr., 229, 1908. — Ziehen, Deutsch. med. Wochenschr., 581, 1908. — Sollmann und Hatcher, Allg. med. Zentralztg., 582, 1908. — Nemerad, ebendort, 695, 1908. — Mampell, Med. Klin., 952, 1908. — Renz, Deutsch. Medizinalztg., 968, 1908. — Runck, Berlin. klin. Wochenschr., 1143, 1908. — Porter, Heusler, Bellini, rf. Schmidts Jahresber., 1909. — Heinicke, Therap. Rundsch., 44, 1909. — Zacharias, Deutsch. Medizinalztg., 63, 1909. — Bernstein, Modern. Psychiatr., Mai 1909. — Dietrich, Deutsch. zahnärztl. Wochenschr., 4, 1910. — Josephsohn, Allg. med. Zentralztg., 5, 1910. — Schäfer, Fortschr. d. Med., 23, 1910. — Regensburg, Zentralbl. f. d. ges. Therap., 12, 1911. — Takeda, Arch. internat. de pharm. et de therap., 203, 1911. — Schäfer, Therap. d. Ggw., 143, 1912. — Reinsch, Zentralbl. f. d. ges. Therap., 337, 1912.

Fabr.: Knoll & Co., Ludwigshafen.
Preis: R. m. 20 Tabl. à 0,3 g Mk. 2,—. K. 2,50.

Hedonal, Methylpropylcarbinolurethan, im Jahre 1899 von Dreser geprüft und empfohlen, ist ein weißes Kristallpulver von eigentümlich brennend pfefferminzartigem Geschmack und schwach aromatischem Geruch. Es schmilzt bei 76° C, siedet bei 215° C und ist nicht löslich in kaltem, schwer in warmem (37°) Wasser, leicht löslich in kochendem Wasser und in 50% Alkohol.

Wirkung: Die schlafmachende Wirkung des Mittels ist gleich der des Sulfonals und Chlorals (Schlüter), ist aber nicht sicher und erschöpft sich bald (Nawratzky und Arndt, Müller). Der erzeugte, ungefähr 20 bis 30 Minuten nach der Darreichung eintretende Schlaf hält 5—7 Stunden an, ist ruhig, vertieft sich allmählich, wird aber niemals außergewöhnlich fest (Raimann, Schuster). Ein Exzitationsstadium geht dem Eintritte des Hedonalschlafes nicht voraus. Atmung, Blutdruck und Temperatur bleiben unbeeinflußt (Goldmann), hingegen wird häufig eine derart erhöhte Diurese wahrgenommen, daß der Schlaf dadurch unterbrochen werden kann (Nawratzky und Arndt). Dieser diuretische Effekt, den manche Autoren überhaupt nicht feststellen konnten (Benedict, Thaly), tritt nach Fraczkiewicz nur bei gesunden Nieren und größeren Gaben ein. Das Erwachen aus dem Hedonalschlafe erfolgt ohne Schwierigkeit und ohne Folgezustände (Menz). Selbst längere Zeit und in hohen Dosen genommen, birgt es keine besonderen Gefahren für den Organismus (Eschle). Kumulative Wirkung ist bisher nicht beobachtet worden (Rausche), wohl aber schnelle Gewöhnung, welche nach kurzem Gebrauche Erhöhung der Dosis erforderte (Ennen, Sternberg).

Nebenwirkungen: Bis über den nächsten Tag anhaltende Schlaflosigkeit beobachteten Benedict und Lederer, bitteres Aufstoßen und Übelkeit, ja selbst Erbrechen Nawratzky und Arndt, Müller, Lederer, Hepner, Schüller, Fedoroff, Schwindel, Kopfschmerz, Eingenommensein des Kopfes und eine Art Taumelgefühl nach dem Erwachen Nawratzky und Arndt, Hepner, Sternberg, Brochocki, Benommenheit Hepner, motorische Unruhe Müller, endlich Taubheit und Ohrensausen Brochocki. Über besonders erhöhte, vielleicht durch Idiosynkrasie bedingte Diurese wird von Müller und Meißner berichtet. Nach intravenöser Injektion wurde bei zu rascher Infusion Atemstillstand und leichte Zyanose beobachtet (Fedoroff, Page).

Indikationen: Hedonal ist in allen Fällen von Schlaflosigkeit wirksam, bei denen subjektives Bedürfnis nach Schlaf vorhanden ist, der Eintritt desselben aber durch psychische Alterationen von mäßiger Stärke verzögert oder verhindert wird (Müller). Es ist deshalb von sicherer Wirkung bei Insomnie im Gefolge von Hysterie und Neurasthenie (Benedict, Lenz, Thaly, Eulenburg, Tendlau, Rausche, Klopfer), bei funktionellen Psychosen, wie Melancholie, Amentia, Paranoia und progressiver Paralyse (Raimann), bei Halluzinationen und Affektzuständen, hier wohl in größerer Dosis vonnöten (Arndt) und bei seniler Demenz (Ennen). Über gute Erfolge bei der Eklampsie Gebärender, bzw. Entbundener berichtet Popoff. Im Stiche ließ das Mittel bei essentieller Schlaflosigkeit mit großer Aufgeregtheit (Thaly), sowie bei starken Schmerzen (Heichelheim, Sternberg, Hepner, Fraczkiewicz), wo es, selbst in größerer Dosis verabfolgt, keine oder nur vorübergehend gute Wirkung entfaltet (Müller, Rausche). Hingegen wird es dort empfohlen, wo der Gebrauch des Paraldehydes wegen seines Geruches und Geschmackes, der des Chloralhydrates wegen seiner Wirkung auf das Herz und die Atmung unstatthaft ist und der längere Gebrauch eines Hypnotikum nötig wird (Schüller, Benedict), sowie als Schlafmittel eine Stunde vor der Chloroformnarkose, um den psychisch erregten, schlaflosen Patienten zu beruhigen (Marburger). Auch Podhoretzky und Krawkoff treten für die Hedonal-Chloroformnarkose ein, da dieselbe gewisse Vorteile sichert, wie z. B. rascheren Eintritt des Schlafes, geringeren Chloroformverbrauch, keine schädliche Beeinflussung des Herzens, bedeutend selteneres Erbrechen und Ausschaltung der seelischen Aufregung der Kranken vor der Operation. Gegen diese Art der Narkose wendet sich Mintz, weil die schlafmachende Wirkung manchmal ausbleibt, öfters aber ausgesprochene Pulsschwäche eintritt. Einmal wurde sogar Synkope als Folge dieser Narkose beobachtet.

Nachdem Fedoroff im Tierversuche nachgewiesen hatte, daß Hedonal bei intravenöser Applikation ungefährlich sei und gut vertragen werde, versuchte er mit Erfolg die intravenöse Hedonalnarkose beim Menschen. Er gab zunächst 1 Stunde vor der Operation 3—4 g in Gummischleim rektal und direkt vor der Operation 250—500 g einer 0,75% Lösung in warmer physiologischer Kochsalzlösung intravenös. Wenn Totalanästhesie eingetreten ist und die Reflexe erloschen sind, wird der Zufluß verlangsamt, so daß man mit weiteren 50—100 g die Narkose aufrecht halten kann. Nach der Operation schlafen die Leute meist 6—12 Stunden (Page).

Wichtig ist, daß man nicht zu rasch infundiere, ungefähr 50—60 ccm per Minute. Die Narkose tritt in 5—8 Minuten ein und hat den Vorzug, daß Herz und Atmung regelmäßig bleiben und Exzitationserscheinungen und postoperative Beschwerden ausbleiben. Von Sidorenko und Page werden die guten Erfolge Fedoroffs bestätigt.

Kontraindiziert ist die intravenöse Hedonalnarkose bei gröberen Herz- und Lungenläsionen, nur mit Vorsicht ist sie bei Arteriosklerose gestattet (Page).

Dosierung: Zur Erzielung eines sicheren Effektes sind 1,5 bis 2,0 g erforderlich. Die Verabreichung ist nur per os möglich, da das Mittel infolge seiner Schwerlöslichkeit subkutan nicht gegeben werden kann (Sternberg). Wegen des schlechten Geschmackes empfiehlt es sich, das Pulver in Oblaten oder nach Müller in folgender Verschreibung zu geben: Hedonal. 6,0, Spirit. vin. dil., Syrup. cinnamom. āā 30,0, Ol. carvi aether. gtts. II. S. 1 Eßlöffel voll zu nehmen. Auch in Klysmenform wurde Hedonal vereinzelt mit Nutzen verabreicht (Schuster). Bei starken Schmerzen empfiehlt Benedict die Kombination mit Antineuralgicis.

Literatur: Goldmann, Bericht. d. deutsch. pharmaz. Ges., 4, 1900. — Nawratzky und Arndt, Therap. Monatsh., 7, 1900. — Benedict, Therap. d. Ggw., 9, 1900. — Eschle, Therap. Monatsh., 10/12, 1900. — Menz, Die Heilk., 11, 1900. — Raimann, ebendort, 13, 1900. — Ennen, Psych. Wochenschr., 18, 1900. — Eulenburg, Deutsch. med. Wochenschr., 23 1900. — Schuster, ebendort, 23, 1900. — Lenz, Wien. klin. Rundschau, 35, 1900. — Schlüter, Deutsch. med. Wochenschr., 48, 1900. — Heichelheim, ebendort, 49, 1900. — Brochocki, Wien. klin. therap. Wochenschr., 4, 1901. — Arndt, Therap. Monatsh., 4, 1901. — Sternberg, Zeitschr. f. Krankenpfl., 5, 1901. — Müller, Münch. med. Wochenschr., 10, 1901. — Meißner, Die med. Woche, 11, 1901. — Schüller, Wien. klin. Wochenschr., 23, 1901. — Thaly, Pest. med. chir. Presse, 41, 1901. — Marburger, Prag. med. Wochenschr., 51/52, 1901. — Hepner, ebendort, 51, 1901. — Tendlau, Fortschr. d. Med., 5, 1902. — Rausche, Münch. med. Wochenschr., 4, 1903. — Fraczkiewicz, Therap. Monatsh., 11, 1903. — Lederer, Wien. klin. therap. Wochenschr., 16, 1904. — Podhoretzky, Deutsch. med. Wochenschr., 50, 1904. — Mintz, Zentralbl. f. Chir., 3, 1905. — Klopfer, Therap. Berichte, 7, 1906. — Popoff, Wratschebnaja Gazeta, 1, 1909. — Fedoroff, Zentralbl. f. Chir., 9, 1910. — Sidorenko, ebendort, 37, 1910. — Krawkoff, Therap. Monatsh., 444, 1910. — Fedoroff, Therap. d. Ggw., 268, 1911. — Page, Lancet, 1258, 1912.

Fabr.: Farbenfabr., vorm. Bayer & Co., Elberfeld.
Preis: 1 g Mk. 0,25. K. 0,35. 10 Tabl. à 1 g Mk. 2,—.

Luminal, Phenyläthylbarbitursäure, ist ein weißes, etwas bitter schmeckendes, in Wasser zu etwa $1^0/_{00}$ lösliches Pulver. Die Salze des Luminals sind in Wasser hingegen sehr gut löslich.

Wirkung: Das Luminal ist ein ausgezeichnetes, relativ harmloses Schlafmittel. Störend ist dabei vielleicht nur, daß die Wirkung bei gewöhnlicher Dosierung erst 1—2 Stunden nach der Einnahme eintritt. Bei sehr hohen Dosen scheint sich dieses Intervall etwas abzukürzen (Raecke). Ein Exzitationsstadium geht nicht voraus (Loewe). Der Spielraum zwischen der wirksamen und der tödlichen Dosis ist im Tierversuch nicht zu eng bemessen. Der Blutdruck wird von kleinen Dosen in geringem Maße, von größeren beträchtlich herabgesetzt, die Atemfrequenz wird vermindert, das Volumen der einzelnen Atemzüge vermehrt. — Die Ausscheidung geschieht durch die Nieren in unverändertem Zustande, nur ein gewisser Teil wird wahrscheinlich im Organismus zerstört. An Wirksamkeit ist Luminal dem Veronal überlegen und dabei fehlt ihm die krampfmachende Wirkung dieses Schlafmittels (Bachem, Goldstein). Gewöhnung scheint ziemlich rasch einzutreten (Loewe, Gregor).

Nebenwirkungen: Bei empfindlichen Personen wurde manchmal Mattigkeit, Unfähigkeit sich am Morgen nach Gebrauch des Mittels zu erheben und unsicherer Gang (Rosenfeld, Gregor, Mörchen), nach längerer Darreichung rauschartige Zustände, vereinzelt auch Übelkeit und Erbrechen, Arzneiexantheme (Loewe) und einmal auch plötzlicher Verfall mit Herzschwäche (Gregor) beobachtet. Nach subkutaner Anwendung sah König nekrotische Erscheinungen an der Einstichstelle, einmal auch Exanthem und Fieber, Fürer Blasenbildung auftreten. Vermeiden lassen sich diese nicht allzu häufigen Nebenwirkungen dadurch, daß man mit kleinen Dosen von 0,2 g beginnt und erst dann zu höheren Dosen übergeht, wenn man die Toleranz des Kranken für das Mittel kennt (Gregor).

Indikationen: In erster Linie dient Luminal als Schlafmittel auch bei schwerer Insomnie von Geistesgesunden und Geisteskranken (Rosenfeld, Dockhorn, König, Löwe, Sioli, Raecke, Graeffner, Eder, Wetzel, Schäfer, Juliusburger, Geißler, Goldstein, Moerchen). Wertvoll erscheint es, besonders wenn Brom im Stiche läßt oder ausgesetzt werden muß, bei der Behandlung der Epilepsie, wobei es, ohne ein spezifisch wirksames Mittel darzustellen, die Anfälle vermindert (Kino, Geymayer, Hauptmann).

Dosierung: Man gibt das Luminal innerlich in Dosen von 0,2—0,3 g bei gewöhnlicher Agrypnie, in solchen von 0,3—0,4 g bei mäßigen Erregungszuständen und von 0,6—0,8 g bei stärkerer motorischer Unruhe. Bei Phthisikern kommt man schon mit der kleinen Dosis von 0,1 g aus (Eder). Stets soll nach 4—5 tägigem Gebrauch das Mittel für 2 Tage ausgesetzt und dem Kranken reichlich Getränke unter Zusatz von 1—2 g Natr. bicarbon. zugeführt werden, um die Ausscheidung des noch zirkulierenden Luminals zu beschleunigen und kumulierende Wirkung hintanzuhalten (Graeffner). Bei Epilepsie verabreicht Kino 0,3—0,4 g täglich, geht aber nach eingetretener Besserung oder, sobald sich eine gewisse Schlaftrunkenheit einstellt, zurück auf 0,1 bis 0,15 g. Für die subkutane Anwendung eignet sich am meisten das Luminal-Natrium, weil es in Wasser sehr gut löslich ist. Man verwendet 20% Lösungen und gibt davon 2 ccm, also 0,4 g Luminalnatrium. Bei Männern kann man die Dosis etwas höher bemessen. Juliusburger ging sogar bis 1,2 g, ohne Schädigungen zu sehen. Wichtig ist, daß man tief in das Unterhautzellgewebe hinein injiziere (Fürer). Auch zur rektalen Applikation entweder in wäßriger Lösung als Klysma oder in Form von Suppositorien eignet sich das Luminalnatrium besser als Luminal. Die übliche Dosis beträgt 0,4—0,5 g.

Literatur: Eder, Therap. d. Ggw., 258, 1912. — Rosenfeld, ebendort, 361, 1912. — Kino, ebendort, 403, 1912. — Gregor, Therap. Monatsh., 413, 1912. — Moerchen, Zeitschr. f. d. ges. Neurol. u. Psych., 517, 1912. — Raecke, Med. Klin., 865, 1912. — Geißler, Münch. med. Wochenschr., 922, 1912. — Wetzel, Berl. klin. Wochenschr., 937, 1912. — Graeffner, ebendort, 939, 1912. — Juliusburger, ebendort, 940, 1912. — Impens, Deutsch. med. Wochenschr., 945, 1912. — Loewe, ebendort, 947, 1912. — Goldstein, ebendort, 987, 1912. — Schaefer, Berlin. klin. Wochenschr., 1038, 1912. — Dockhorn, Med. Klinik, 1274, 1912. — Sioli, Münch. med. Wochenschr., 1374, 1912. — Geymayer, Klin. therap. Wochenschr., 1499, 1912. — Fürer, Münch. med. Wochenschr., 1670, 1912. — König, Berlin. klin. Wochenschr., 1883, 1912. — Hauptmann, Münch. med. Wochenschr., 1907, 1912.

Fabr.: Farbenfabr., vorm. Bayer & Co., Leverkusen.
Preis: 10 Tabl. à 0,1 g Mk. 1,—. K. 1,20. 10 Tabl. à 0,3 g Mk. 2,25. K. 2,80.

Medinal, das Mononatriumsalz der Diäthylbarbitursäure, ist ein weißes, kristallinisches Pulver von bitterem und laugigem Geschmack, das sich in Wasser von 20° C im Verhältnis von 1:5 löst, woraus sich verschiedene Vorteile für therapeutische Zwecke ergeben.

Wirkung und Indikationen: Das Medinal ist ein milde wirkendes Schlafmittel, welches in üblicher Dosis $^1/_2$ Stunde nach dem Einnehmen einen 7—8 Stunden dauernden Schlaf erzeugt. Besonders prompt ist nach den meisten Beobachtungen die Wirkung bei subkutaner Applikation, nur Winternitz fand dieselbe nach oraler Darreichung stärker. Das Mittel findet Empfehlung bei Schlaflosigkeit aus verschiedener Ursache, auch bei schlaflosen Geisteskranken, bei Epilepsia nocturna und bei Delirium tremens (Steinitz, Fischer und Hoppe, Winternitz, Munk, Licudi, Becker, Wendt, v. d. Porten, Möller). Nach Munk ist ihm aber bei subkutaner Anwendung das Hyoscin weit überlegen. Im besonderen wird das Mittel gerühmt bei stenokardischen und asthmatischen Anfällen (Ebstein), bei Seekrankheit (Galler), wobei ihm allerdings von Schepelmann wegen seiner auch von Frank bestätigten brechenerregenden Wirkung das Veronal vorzuziehen ist und bei Keuchhusten (Rosenfeld).

Nebenwirkungen: Die erwähnte brechenerregende Wirkung (Schepelmann, Frank), Eingenommensein des Kopfes und Kopfschmerzen in 32% der Fälle (Licudi).

Dosierung: Per os soll das Medinal stets in Lösung gegeben werden, in Dosen von 0,3—1,0 g für die subkutane Injektion erscheint die 10% Lösung, für die rektale die Darreichung als Klysma oder in Suppositorien empfehlenswert. Geisteskranken soll man nicht unter 1 g verabfolgen (Wendt). Bei Seekrankheit gibt Galler in 24 Stunden zweimal 0,5 g in möglichst wenig Wasser, bei Keuchhusten verordnet Rosenfeld Medinal., Antipyrin. āā 0,7, Aq. destill. 80,0, Elixir. e succ. Liquirit. ad 100,0. S. 3—4 mal täglich 10 ccm.

Literatur: Steinitz, Therap. d. Ggw., 12, 1908. — Fischer u. Hoppe, ebendort, 12, 1908. — Winternitz, Med. Klin., 31, 1908. — Munk, ebendort, 48, 1908. — Winternitz, Münch. med. Wochenschr., 50, 1908. — Ebstein, ebendort, 3, 1909. — Steinitz, ebendort,

41, 1909. — Licudi, Berlin. klin. Wochenschr., 45, 1909. — Becker, Therap. Monatsh., 417, 1909. — Galler, Therap. d. Ggw., 2, 1910. — Möller, Med. Revue, 8, 1910. — v. d. Porten, Therap. d. Ggw., 270, 1910. — Wendt, Therap. Monatsh., 599, 1910. — Rosenfeld, Berlin. klin. Wochenschr., 1686, 1911. — Frank, Klin. therap. Wochenschr., 38, 1912. — Schepelmann, Die Seekrankheit, W. Rothschild, Berlin 1912.
Fabr.: Chem. Fabr., vorm. E. Schering, Berlin.
Preis: R. m. 10 Tabl. à 0,5 g Mk. 1,80. K. 2,50. Sch. m. 5 Supposit. à 0,5 g Mk. 2,25. K. 2,70.

Neuronal, Bromdiäthylacetamid, ist ein weißes, kristallinisches Pulver, das bei 66—67° C schmilzt, sich leicht in Alkohol, Äther, Benzol und Öl, aber schwer (im Verhältnisse 1:115) in Wasser löst. Es besitzt einen bitteren, etwas kühlenden Geschmack, der an Menthol erinnert und enthält 41 % Brom.

Wirkung: Das Präparat übt einen guten hypnotischen Effekt aus, welcher ungefähr dem des Trionals gleichkommt, den des Dormiols und Chloralhydrates aber übertrifft (Siebert). Es muß jedoch im Vergleiche zum Trional (und auch Veronal) in höherer Dosis gegeben werden (Becker). Kumulative Wirkung ist aber trotzdem nicht zu befürchten (Weifenbach, Schulze, Bresler, Becker, Euler, Marie und Pelletier, Dreyfus, Heinicke). Der Schlaf tritt nach ungefähr 30 Minuten ein und ist ruhig, gleichmäßig und angenehm (Stroux). Nach Bumke besitzt es auch gute sedative Eigenschaften und vermag die erhöhte Erregbarkeit ähnlich wie Brom herabzusetzen.

Nebenwirkungen, die vereinzelt beobachtet werden, sind unbedeutend und schwinden mit Aussetzen des Mittels (Weifenbach). Die Klagen über den schlechten Geschmack, über Brennen im Halse, in der Speiseröhre, über Sodbrennen und Aufstoßen können hintangehalten werden, wenn man nach Einnehmen des Pulvers etwas warmes Wasser nachtrinken läßt (Siebert, Schultze und Fuchs, Bleibtreu). Relativ häufig werden weiter beobachtet Gefühl von Eingenommensein des Kopfes, Schwindelanfälle am nächsten Morgen (Schulze, Siebert, Dreyfus, Wickel), Übelkeit und Erbrechen (Bresler, Siebert, Schulze, Stroux, Euler, Heinicke, Wickel), leichter Durchfall (Weifenbach, Euler), seltener und nur bei längerer Anwendung Sprachstörungen und leichte Gehstörungen, Auftreten von krankhaften chemischen Bestandteilen oder Formelementen im Harn, sowie vorübergehende Pulsbeschleunigung (Seige). Ein urtikariaartiges Exanthem, welches nach 0,5 g am nächsten Morgen auftrat, wurde bisher einmal von Schulze wahrgenommen.

Indikationen und Dosierung: Neuronal ist in Dosen von 0,5—1,0 g bei leichter, in solchen von 0,5—1,5—2,0 g bei schwerer Agrypnie (auch bei Epileptikern) gut wirksam (Schultze und Fuchs, Siebert, Stroux, Rixen, Raschkow, Wickel, Wendelstadt, Gerlach, Seige). Es bewährte sich ferner bei Erregungszuständen Imbeziler, bei Melancholie und bei manisch-depressiven Kranken (Becker, Dreyfus, Allendorf). Versagt hat das Mittel, wie die meisten Hypnotika, bei Zuständen stärkerer Erregung, sei sie paralytischen, katatonen, manischen oder hysterischen Ursprunges (Raschkow) und bei den Schmerzen der Tabetiker (Bleibtreu). Als Sedativum benützte es Bumke bei Chorea, Paralysis agitans, Myoklonie, selbst bei Epilepsie, bei welcher es aber nach Gerlach und Wickel das Bromkali nicht zu ersetzen vermag, Seige bei klimakterischen Beschwerden.

Literatur: Siebert, Psych. neurol. Wochenschr., 10, 1904. — Schultze u. Fuchs, Münch. med. Wochenschr., 25, 1904. — Stroux, Deutsch. med. Wochenschr., 41, 1904. — Rixen, Münch. med. Wochenschr., 48, 1904. — Schulze, Therap. d. Ggw., 1, 1905. — Euler, Therap. Monatsh., 4, 1905. — Raschkow, Pharmakol. u. therap. Rundsch., 8, 1905. — Bleibtreu, Münch. med. Wochenschr., 11/15, 1905. — Raschkow, Wien. klin. Rundsch., 16, 1905. — Bresler, Psych. neurol. Wochenschr., 18, 1905. — Becker, ebendort, 18, 1905. — Weifenbach, Zentralbl. f. Nervenheilk. u. Psych., 182, 1905. — Marie u. Pelletier, Bull. général de thérap., Juli 1905, rf. im Zentralbl. f. inn. Med., 7, 1906. — Dreyfus, Therap. Monatsh., 5, 1906. — Wendelstadt, Med. Klinik, 16, 1906. — Gerlach, Münch. med. Wochenschr., 21,

1906. — Wickel, Psych. neurol. Wochenschr., 21, 1906. — Heinecke, Med. Klinik, 22, 1906.
— Bumke, ebendort, 27, 1906. — Allendorf, Inaug.-Diss., Rostock, 1906. — Seige, Deutsche
med. Wochenschr., 1828, 1912.
    Fabr.: Kalle & Co., Biebrich.
    Preis: R. m. 10 Tabl. à 0,5 g Mk. 1,50. K. 1,80.

Paraldehyd, ein polymerisierter Äthylaldehyd, wird von Bumke als ein angenehm und sicher wirkendes Mittel gegen verschiedene Arten von Schlaflosigkeit benützt. Probst erblickt in dem Präparate das unschädlichste aller Schlafmittel und zieht es dem Sulfonal, Trional usw. vor.

Wirkung: Paraldehyd bewirkt in Dosen von 3—6 g ohne vorhergehende Erregung nach 3—15 Minuten einen 5—8 stündigen Schlaf, aus dem Erwachen wie aus natürlichem Schlafe erfolgt. Er schadet selbst in großen Dosen nicht, da die Hauptmenge unverändert durch die Lungen, die Haut und den Harn aus dem Körper ausgeschieden wird. So berichtet Saward von einer an progressivem Uteruskarzinom leidenden, 43 jähr. Kranken, welche aus Versehen 30 g nahm und bei der sich, trotzdem der Mißgriff erst 7 Stunden später entdeckt wurde, abgesehen von geringen Störungen seitens des Herzens und der Atmung, keinerlei schädliche Folgen zeigten. Ähnlich berichten auch Raimann und Probst, welch letzterer Fälle angibt, in denen Kranke 50, 60 ja einmal sogar 150 g (!) pro die einnahmen und nicht zugrunde gingen. Interessant ist die von Raimann konstatierte Aufhebung der Darmfäulnis nach Anwendung des Mittels. Die Angewöhnung an den Paraldehydgebrauch läßt sich durch zeitweiliges Aussetzen oder Wechsel des Medikamentes verhüten. Erst nach monatelangem Gebrauche oder wenn auf einmal sehr große Mengen genommen werden, kommt es zu einer Intoxikation, dem Paraldehydismus, welcher einen dem Alkoholdelir ähnlichen Zustand darstellt, aber nach Entziehung des Mittels bald wieder vorübergeht (Bumke, Probst). Lungen-, Herz- und Nierenkrankheiten geben keine Gegenanzeige für den Gebrauch des Mittels ab. Sehr störend ist der unangenehme Geschmack, der sehr schwer zu decken ist und der Geruch der Exhalationsluft, der ebenfalls nicht beseitigt werden kann. Selten auftretende

Nebenwirkungen des Paraldehyds sind Gefühl von Trockenheit im Schlunde, brennendes Durstgefühl, Übelkeit, Brechneigung, Kopfschmerz, Schwindel, Taumeln, Unsicherheit auf den Füßen, leichte Delirien und Unregelmäßigkeit des Pulses (Seifert).

Indikationen: Abgesehen von seiner Anwendung als Schlafmittel wird es in Dosen von 2—3 g $^1/_2$—1 Stunde vor der Einleitung der Chloroformnarkose empfohlen, um diese gefahrloser zu gestalten.

Dosierung: Als zweckmäßigste Dosis empfiehlt Bumke eine einmalige Dosis von 3—6 g in süßem Tee. Erforderlichenfalls kann man bis auf 24 g pro die steigen. Die offizinelle Maximaldosis beträgt 10 g pro die.

    Literatur: Raimann, Wien. klin. Rundsch., 19/22, 1899. — Saward, Lancet, Sept. 1902, rf. Zentralbl. f. inn. Med., 12, 1903. — Bumke, Münch. med. Wochenschr., 47, 1902. — Probst, Monatsschr. f. Psych. u. Neurol., 2, 1903. Seifert, Würzb. Abh. 1, 1904.
    Preis: 100 g K. 1,90.

Proponal, ein Homologes des Veronal, ist Dipropylmalonylharnstoff und bildet eine farblose, kristallinische Substanz, welche bei 145° C schmilzt, sich schwer in kaltem, besser in siedendem Wasser, leicht in Alkohol und verdünnten Alkalien löst. Die Lösung schmeckt schwach bitter.

Wirkung: Es besitzt wie das Veronal vorzügliche hypnotische Eigenschaften, nur in noch viel höherem Grade (Kalischer), so daß im Vergleiche mit diesem die halben Dosen genügen (Wunderer, Roemheld, Ziehen). Da es schneller als Veronal resorbiert wird, tritt auch der Effekt früher ein und zwar erfolgt schon nach $^1/_4$—$^1/_2$ Stunde ein guter Schlaf, der 6—8 Stunden anhält (Stein, Lilienfeld). Infolge der nebenbei auftretenden geringen schmerzlindernden Wirkung erscheint es auch bei Insomnie, die mit geringen

Schmerzen verbunden ist, von Nutzen. Gewöhnung tritt hier wie bei allen anderen Hypnoticis auch allmählich ein.

Nebenwirkungen sind bisher fast nicht beobachtet worden (Fischer und v. Mering), insbesondere beeinträchtigt es gar nicht die Herztätigkeit (Ehrke). Von Schirbach wurde einmal nach 10 tägigem Gebrauch von 0,3 g Erbrechen beobachtet.

Indikationen: Das Proponal ist ein Ersatzmittel für Veronal und kann mit diesem alternierend gereicht werden. Da sich seine Wirksamkeit aber bald erschöpft, soll man mit der Dosierung sehr vorsichtig sein (Mörchen). Es erwies sich sowohl bei einfacher Schlaflosigkeit, wie auch bei leichter Unruhe, manchmal selbst bei stärkerer Erregung wirksam (Schirbach, Stiefler). Mit Erfolg wurde es bei einer Reihe von Geisteskrankheiten (Strobl, Bumke, Bresler, Wunderer), wie auch bei Epileptikern im Status epilepticus (hier allerdings nur per clysma) angewendet (Hoppe). Bei Delirium tremens scheint es die Wirkung der Dauerbäder zu unterstützen (Stiefler).

Dosierung: Es wird in Pulvern unter Nachtrinken von Wasser oder Tee, sowie in Tabletten verordnet und genügen 0,15—0,2 g vollständig zur Herbeiführung des hypnotischen Effektes, nur bei sehr Erregten sind manchmal 0,4 g (Stein), eventuell sogar 0,5 g (Lilienfeld), selten noch höhere Dosen notwendig.

Literatur: Fischer u. v. Mering, Med. Klinik, 52, 1905. — Roemheld, Therap. d. Ggw., 4, 1906. — Kalischer, Neurol. Zentralbl., 5, 1906. — Ehrke, Psych. neurol. Wochenschr., 6, 1906. — Bresler, ebendort, 6, 1906. — Hoppe, ebendort, 6, 1906. — Stein, Prag. med. Wochenschr., 10, 1906. — Lilienfeld, Berlin. klin. Wochenschr., 10, 1906. — Mörchen, Münch. med. Wochenschr., 16, 1906. — Wunderer, Wien. med. Presse, 22, 1906. — Bumke, Med. Klinik, 27, 1906. — Schirbach, Deutsch. med. Wochenschr., 39, 1906. — Strobl, Pest. med. chir. Presse, 52, 1906. — Ziehen, Deutsch. med. Wochenschr., 583, 1908. — Stiefler, Klin. therap. Wochenschr., 3, 1909.
Fabr.: Farbenfabr., vorm. Bayer & Co., Leverkusen.
Preis: 10 Tabl. à 0,2 g Mk. 3,60. K. 4,50.

Trional, Diäthylsulfonmethyläthylmethan, bildet farblose, rhombische Blättchen vom Schmelzpunkte bei 76^0 C, die sich in Alkohol und Äther leicht, in Wasser schwer lösen und ziemlich schlecht schmecken.

Wirkung: Das Trional gehört nicht zu jenen narkotischen Substanzen, welche unter allen Umständen Schlaf erzwingen, es unterstützt vielmehr nur das natürliche Schlafbedürfnis und ruft dasselbe, wo es fehlt, hervor, ohne hiebei Appetit, Verdauung, Atmung oder Herztätigkeit schädlich zu beeinflussen. Der Trionalschlaf ist ruhig, tief und erfrischend (Köster).

Nebenwirkungen: Es sind Fälle von akuten und chronischen Trionalvergiftungen beobachtet worden; bei ersteren traten Somnolenz, Halluzinationen und Sprachstörungen auf (Berger, Goldmann), bei letzteren können verschiedenartige Erscheinungen in den Vordergrund treten. So beschreibt Gierlich einen Fall, wobei ein Morphinist durch 2 Monate täglich $1^1/_2$ g Trional zu sich nahm und sich danach enorme Ataxie, Tremor, Flimmern vor den Augen und Ohrensausen, psychische, von schweren Reizzuständen unterbrochene Depression, Gedächtnisschwäche, sowie Störungen der Sprache und Schrift einstellten, welche Erscheinungen sich erst nach Aussetzen des Mittels besserten. Vogel beobachtete intensive Herzschwäche, ausgeprägte nephritische Erscheinungen und Koliken, Kämpfer Angst- und Erregungszustände mit Herzklopfen und v. Mering Somnolenz am Tage nach Einnahme des Mittels. Hart sah nach 9 wöchiger Tagesgabe von 1 g kolikartige Schmerzen, Erbrechen, Hämatoporphyrinurie, Albuminurie und schmerzhaftes Gürtelgefühl auftreten. Über tödlich verlaufene chronische Intoxikationen berichten Geill und Rosenfeld.

Indikationen: Das Trional wird bei verständiger und vorsichtiger Anwendungsweise als eines der besten Schlafmittel der Gegenwart bezeichnet

(Beyer, Köster, Kämpfer, v. Mering u. a.). Da man stets daran denken muß, daß es infolge der möglichen unvollständigen Ausscheidung kumulative Wirkung entfalten kann, ist bei längerem Gebrauche die Dosis zu reduzieren, eventuell einige Tage mit der Darreichung ganz zu pausieren (Gierlich). Nach Köster ist das Mittel bei allen Formen der Schlaflosigkeit angezeigt; nur bei Alkoholdeliranten, sowie bei heftigen Schmerzen erscheint es als wirkungslos kontraindiziert.

Dosierung: Man gibt am besten 1,0—1,5 g, in einer Tasse warmer Flüssigkeit verrührt, kurz vor dem Schlafengehen, da der Schlaf fast unmittelbar nach der Darreichung, höchstens $1/2$—1 Stunde später eintritt. Bei längerem Gebrauche empfiehlt sich zur Anregung der Diurese, bzw. des Stuhlganges der tägliche Genuß von 1—2 Flaschen eines Kohlensäuerlings, um kumulative Wirkung hintanzuhalten.

Literatur: Berger, Münch. med. Wochenschr., 40, 1895. — Goldmann, ebendort, 4, 1895. — Beyer, Deutsch. med. Wochenschr., 1, 1896. — Köster, Therap. Monatsh., 3, 1896. — v. Mering, ebendort, 8, 1896. — Gierlich, Neurol. Zentralbl., 17, 1896. — Kämpfer, Therap. Monatsh., 2, 1897. — Geill, ebendort, 7, 1897. — Vogel, Berl. klin. Wochenschr., 40, 1899. — Rosenfeld, ebendort, 20, 1901. — Hart, rf. Zentralbl. f. inn. Med., 22, 1901.
Fabr.: Farbenfabr., vorm. Bayer & Co., Leverkusen.
Preis: 10 Tabl. à 0,5 g Mk. 0,65. K. 1,—.

Veronal, Diäthylmalonylharnstoff, Diäthylbarbitursäure, besteht aus kleinen, wasserhellen, bei 191^0 C schmelzenden, schwach bitter schmeckenden, geruchlosen Kristallen, die sich in ungefähr 12 Teilen kochenden und 145 Teilen kalten Wassers (20^0) lösen. Es bildet leicht lösliche Alkalisalze, was für seine Resorption im Darme besonders wichtig ist.

Wirkung: Der hypnotische Effekt des Veronals, welcher der paralysierenden Wirkung desselben auf das Zentralnervensystem zuzuschreiben ist, übertrifft nach Rosenfeld den des Trionals. Die Wirkung tritt nach usueller Dosierung in $1/2$—$3/4$ Stunden nach dem Einnehmen ein und hält bis zu 11 Stunden an (Fischer, Lilienfeld, Stein, Weber). Ungelöstes Veronal wird durch den alkalischen Darminhalt rasch gelöst, gelöstes schnell resorbiert. Die Ausscheidung, die recht langsam vor sich geht, beginnt bald nach der Aufnahme (Kleist). Schädigender Einfluß auf das Blut wurde nicht wahrgenommen, wohl aber Erweiterung der Nierengefäße und infolgedessen manchmal Polyurie konstatiert (Kleist). Eine Reizung der Nieren selbst findet nicht statt. Bei vielen Patienten war eine Zunahme des Körpergewichtes nachzuweisen (Mendel und Kron, Würth, Wiener), was nach Trautmann auf die eiweißsparende Eigenschaft des Veronals zurückzuführen ist. Nachwirkungen nach Aussetzen des Mittels waren fast nicht zu beobachten, ebenso scheint Gewöhnung auszubleiben (Mendel und Kron, Poly). Kumulative Wirkung tritt sehr selten ein (Weber, Pisarski, Kreß), jedenfalls ist aber zur Verhütung derselben für guten Stuhlgang zu sorgen, da die Ausscheidung, wie erwähnt, hauptsächlich durch den Darm erfolgt (Hampke). Im Tierversuche konnte Gröber feststellen, daß Veronal lähmend auf die Bauchgefäße und damit blutdruckerniedrigend wirkt, weshalb er von seiner Anwendung bei Schädigung der Gefäßfunktion u. a. bei Typhus abrät.

Nebenwirkungen: Relativ häufig wird nach gutem Schlafe Eingenommensein des Kopfes, Gliederschwere und taumelnder Gang beobachtet (Mendel und Kron, Wiener, Würth, v. Husen, v. Kaan, Laudenheimer, Jolowicz, Klieneberger, Hampke, Klausner), weiter, oft schon nach verhältnismäßig kleiner Dosis, Kopfschmerzen, Schwindelgefühl, Übelkeit und Erbrechen (Rosenfeld, Berent, Mendel und Kron, Jolly, van Bremen, Pisarski, Geiringer). Seltener wurde Schlafsucht, bzw. übermäßig langdauernder Schlaf wahrgenommen (Rosenfeld, Sigel, Abraham, Klieneberger), mehrfach aber Exantheme verschiedenster Art (masernähnliche, pemphigus- und urtikariaartige) mit und ohne Abschuppung

(Lilienfeld, Würth, Hald, Jordan, v. Kaan, Clarke, Davids, Hampke, Wolters, Möller, Klausner), einmal, nebst Gefühl von Trockensein und Kratzen im Schlunde, Entleerung eines blutroten Harnes beobachtet, welcher reichlich Eiweiß, Erythrozyten und spärlich gekörnte Zylinder enthielt (Topp). Vereinzelt wird über Herzstörungen wie Oppressionsgefühl, Präkordialangst, Schwächegefühl geklagt (Senator, Alter), auch liegt eine Beobachtung von chronischem Veronalismus vor (Hoppe), welche bei einem 26jährigen Alkoholiker während der Entziehungskur gemacht wurde. Von Neumann wird ein Fall mitgeteilt, bei welchem nach Einnahme von 3,5 g transitorische Glykosurie auftrat. Über akute schwere Veronalvergiftungen, sich äußernd in Unruhe, Angstgefühl, Doppeltsehen, Erbrechen, schwachem und aussetzendem Pulse, Streckbewegungen, Gelenks- und Gliederschmerzen, Delirien und Koma, berichten Gerhartz, Hald, Clarke und Nienhaus. Als Folgen des gewohnheitsmäßigen Veronalmißbrauches beschreibt Laudenheimer motorische Unsicherheit und Schwäche, Oligurie und rauschartige Veränderungen des Bewußtseins. Von Ehrlich, Umber, Mörchen, Zörnleib, Schneider wird über Selbstmordversuche mit Veronal unter Verwendung von 11—15 g berichtet, wobei durch 48 Stunden völlige Harnretention, beschleunigte Herztätigkeit, oberflächliche, frequente Atmung, Zyanose, klonische Zuckungen an den Extremitäten, Delirien und Lichtstarre der erweiterten Pupillen beobachtet wurde.

Indikationen: Das Veronal gilt als ein nahezu unfehlbar wirkendes Schlafmittel, das die bisher gebräuchlichen an Intensität der Wirkung übertrifft (Fischer und v. Mering, Lilienfeld, Wiener, Pfeiffer u. a.). Es ist angezeigt bei einfacher Schlaflosigkeit (Fischer, Schüle, Stein, Harnack, Beyer, v. Leyden), bei Morphium- und Alkohol-Entziehungskuren (v. Kaan), bei den verschiedensten hysterischen Zuständen und bei Alkoholismus (Rosenfeld, Möller), bei neurasthenischer, klimakterischer und periodischer Depression, Erschöpfungspsychosen, bei akuter halluzinatorischer Verwirrtheit (Weber), bei seniler Depression, akuter Manie, Melancholie, Paranoia acuta und chronica, Dementia paralytica und Dementia senilis (Fischer, Aronheim, van Husen, Ehrke, Burmeister, Opitz, Marie). Besonders gute Erfahrungen machten Berent und Umber bei beginnendem Delirium tremens, Combemale bei multipler Sklerose, Flatau, Liebl, Fischer und Hoppe bei Epilepsie. Ein Beweis für die relative Unschädlichkeit und Ungefährlichkeit des Mittels ist die Verwendung des Veronals als Hypnotikum und Sedativum in der Kinderpraxis (Pfeiffer, Münz, Schiffer). Von Fränkel wurde es mit gutem Erfolge bei Darmaffektionen von Kindern und bei Pertussis gegeben. Ulrici benützte das Mittel in Dosen, welche zur schlafmachenden Wirkung genügten, gegen die Nachtschweiße der Phthisiker, wobei er weder Nebenwirkungen, noch Angewöhnung beobachtete, welche Wahrnehmungen von Szurek und Latkowski bestätigt wurden. Da das Präparat die Herztätigkeit nicht beeinflußt, ist seine Verabreichung auch bei Herzfehlern gestattet (Prölß).

Bei heftigem Schwangerschaftserbrechen erzielten Rowland, Reich und Herzfeld mit Veronal (2 g einem Nährklysma zugesetzt) gute Erfolge, bei Bekämpfung der Seekrankheit Schepelmann, Barnett, Fehrmann, Wolfram, Pauly, Meyer und Citron. Wolfram konstatierte, daß die unangenehmen Folgen einer Morphiuminjektion vermieden werden, wenn man $^1/_2$ Stunde vorher Veronal per os darreicht. Hiebei sind 0,5 g imstande, die Nebenwirkungen von 0,03 g Morphium zu paralysieren, ohne daß die schmerzlindernde Wirkung des Morphiums beeinträchtigt würde. Von Strauch und Pokotilo wird es als Hilfsmittel bei der Äther- und Chloroformnarkose verwendet und 1 g eineinhalb bis zwei Stunden vor der Operation gereicht.

Unwirksam ist das Veronal in allen Fällen, in denen die Insomnie durch Schmerzen welcher Art immer hervorgerufen wird (Poly, v. Kaan, Jolowicz). Der Schlaf läßt sich in diesen Fällen auch durch höhere Dosen nicht erzwingen und ist in solchen Fällen die Kombination mit schmerzberuhigenden Mitteln empfehlenswert (v. Kaan). Besondere Vorsicht im Gebrauche ist bei schweren, nervösen Agrypnien, wie sie im Verlaufe der Hysterie und Neurasthenie auftreten, angezeigt, da die Medikation in diesen Fällen leicht zu einem habituellen Abusus führen kann (Kreß).

Dosierung: Die gebräuchliche Dosis bei einfacher Schlaflosigkeit ist 0,5 g (Fischer und v. Mering, Lotsch, Jolly), doch muß man bei einigermaßen erregten Kranken die Dosis bis auf 2 g (in dosi refracta) erhöhen. Am raschesten wirkt das Veronal, wenn man es in einem Glase Wein oder in heißem Tee verabfolgt (Lilienfeld, Pisarski). Wegen der immerhin möglichen kumulativen Wirkung empfiehlt es sich, das Mittel nicht anhaltend hintereinander oder in größerer Menge zu geben. Es soll öfter mit der Darreichung ganz ausgesetzt oder es soll mit anderen Schlafmitteln alternierend verabfolgt werden (Mendel und Kron). Die höchste Tagesdosis gibt Abraham mit 1,5 g an, doch berichtet u. a. Berent, daß er 3,5 g, einmal selbst 8,0 g in 24 Stunden ohne Schaden verabreicht habe. Bei Schlaflosigkeit, die durch Schmerzen hervorgerufen ist, leistet die Kombination mit Morphium (0,003 g subkutan oder per os) gute Dienste. Soll ein längeres Verweilen des Mittels im Organismus infolge ungeregelter Darmtätigkeit verhindert werden, so gibt man vorher ein Abführmittel (Heinrich). In der Kinderpraxis verordnet man das Veronal in Dosen von 0,025 bis 0,075 g ein- bis zweimal täglich und betrachtet als einzige Gegenanzeige für die Darreichung nur das Auftreten andauernder Mattigkeit und Schläfrigkeit nach der Medikation.

Infolge seiner leichten Löslichkeit in warmen Flüssigkeiten eignet sich das Veronal, speziell für die Kinderpraxis, auch zur rektalen Applikation (0,5 g). Bei Keuchhusten bewährte sich folgende Verschreibung: Veronal. 1,5, Aq. dest. 120,0, Syr. Althaeae 20,0. S. 2stündlich 1 Kinderlöffel voll, oder nach Münz: Veronal., Antipyrin. āā 1,0, Aq. dest. 100,0, Syr. Cinnamom. 20,0, S. Morgens, mittags, 1 Stunde vor dem Schlafengehen und direkt vor dem Einschlafen je 1 Teelöffel voll. Jedenfalls ist die Darreichung in Lösung die am meisten zu empfehlende, da das Mittel in Lösung am raschesten resorbiert und wieder ausgeschieden werden kann (Cohn, Jopp). Bei Epilepsie verordnet Flatau 3 mal täglich 0,2 g bei Kindern von 3—10 Jahren, doch ist bei längerer Darreichung Vorsicht geboten, wenn sich die Nieren als funktionsschwach erweisen. Bei Schwangerschaftserbrechen gibt Reich und Herzfeld 0,12—0,18 g mehrmals täglich, gegen Seekrankheit Schepelmann bei drohendem Sturm 0,5 g, bei schon ausgebrochener Krankheit 0,5—1,0 g in heißem Tee oder bei stetem Erbrechen 1,0—1,5 g rektal. Von Interesse ist die Beobachtung v. Noordens, daß 0,3 g Veronal mit 0,25 g Phenacetin ebenso stark hypnotisch wirken wie 0,6 g Veronal für sich allein. Bei Schlaflosigkeit infolge von Hustenreiz kombiniert er das Phenacetin-Veronal noch mit 0,025—0,03 g Codein. phosphoric. — Auch Baer berichtet über das Gemisch, das unter dem Namen Veronacetin bekannt ist, günstig.

Literatur: Fischer u. v. Mering, Therap. d. Ggw., 3, 1903. — Rosenfeld, ebendort, 4, 1903. — Schüle, Therap. Monatsh., 5, 1903. — Berent, ebendort, 6, 1903. — Fischer, ebendort, 6, 1903. — Würth, Psych. neurol. Wochenschr., 8, 1903. — Trautmann, Therap. d. Ggw., 10, 1903. — Lotsch, Fortschr. d. Med., 19, 1903. — Poly, Münch. med. Wochenschr., 20, 1903. — Lilienfeld, Berl. klin. Wochenschr., 21, 1903. — Jolly, ebendort, 21, 1903. — Wiener, Wien. med. Presse, 24, 1903. — Aronheim, Die med. Woche, 31, 1903. — Mendel u. Kron, Deutsch. med. Wochenschr., 34, 1903. — Gerhartz, Berl. klin. Wochenschr., 40, 1903. — Weber, Deutsch. med. Wochenschr., 40, 1903. — Sigel, Berl. klin. Wochenschr., 1, 1904. — Laudenheimer, Therap. d. Gegenw., 1, 1904. — Clarke, Lancet, 4195, 1903, rf. Therap. Monatsh., 3, 1904. — Heinrich, Der Frauenarzt, 6, 1904. — van Husen, Psych. neurol. Wochenschr., 6, 1904. — Münz, Neue Therapie, 7, 1904. — Kleist, Therap. d. Ggw., 8, 1904. — Euler, Therap. Monatsh., 9, 1904. — v. Kaan, ebendort, 9, 1904. — Pisarski, ebendort, 10, 1904. — Pfeiffer, Deutsch. med. Wochenschr., 20, 1904. — Jolowicz, ebendort,

22, 1904. — van Bremen, ebendort, Literaturbeil., 22, 1904. — Schiffer, ebendort, 25, 1904. — Davids, Berl. klin. Wochenschr., 31, 1904. — Senator, Deutsch. med. Wochenschr., 31, 1904. — Jordan, Brit. med. journ., März 1904, rf. Zentralbl. f. inn. Med., 37, 1904. — Stein, Prag. med. Wochenschr., 41/42, 1904. — Ulrici, Therap. Monatsh., 12, 1904. — Abraham, Zentralbl. f. Psych. u. Nervenh., 170, 1904. — Hald, ebendort, 173, 1904. — Prölß, Therap. Monatsh., 2, 1905. — Fraenkel, Deutsch. med. Wochenschr., 6, 1905.—Kreß, Therap. Monatsh., 9, 1905. — Alter, Münch. med. Wochenschr., 11, 1905. — Hoppe, Deutsch. med. Wochenschr., 24, 1905. — Beyer, Berl. klin. therap. Wochenschr., 29, 1905. — Klieneberger, Münch. med. Wochenschr., 32, 1905. — Harnack, ebendort, 47, 1905. — Geiringer, Wien. klin. Wochenschr., 47, 1905. — Szurek u. Latkowski, Przegląd lekarski, 1/2, 1906. rf. im Therap. Bericht von Friedr. Bayer u. Co., 4, 1906. — Mörchen, Therap. Monatsh., 4, 1906. — Ehrke, Psych. neurol. Wochenschr., 8, 1906. — Ehrlich, Münch. med. Wochenschr., 12, 1906. — Combemale, Deutsch. Medizinalztg., 14, 1906. — Wolfram, Ärztl. Mitteil., 28, 1906. — Burmeister, Klin. therap. Wochenschr., 47, 1906. — Zörnlaib, Wien. med. Wochenschr., 50, 1906. — Umber, Münch. med. Wochenschr., 51, 1906. — Hampke, Inaug.-Diss., Leipzig 1906. — Opitz, Inaug.-Diss., Rostock 1906. — Schneider, Prag. med. Wochenschr., 2, 1907. — Schepelmann, Therap. Monatsh., 3, 1907. — v. Leyden, Fol. therap., 3, 1907. — Rowland, Zentralbl. f. i. Med., 6, 1907. — Schepelmann, Therap. Monatsh., 8, 1907. — Strauch, Zentralbl. f. Chir., 9, 1907. — Nienhaus, Korrespondenzbl. f. Schweiz. Ärzte, 11, 1907. — Pokotilo, Zentralbl. f. Chir., 18, 1907. — Topp, Therap. Monatsh., 16, 1276, 1907. — Cohn, ebendort, 275, 1907. — Barnett, Brit. med. journ., 2448, 1907. — Flatau, Therap. d. Ggw., 2, 1908. — Wolters, Med. Klin., 6, 1908. — Neumann, Berlin. klin. Wochenschr., 37, 1908. — Reich u. Herzfeld, Therap. Monatsh., 354, 1908. — Fehrmann, Arch. f. Schiffs- und Tropenhyg., 5, 1909. — Fischer u. Hoppe, Münch. med. Wochenschr., 28, 1909. — Liebl, Med. Klin., 45, 1909. — Möller, Berlin. klin. Wochenschr., 52, 1909. — Wolfram, Therap. Monatsh., 11, 1910. — Pauly, Berlin. klin. Wochenschr., 11, 1910. — Schepelmann, Therap. Monatsh., 12, 1910. — Klausner, Fortschr. d. Med., 107, 1910. — Meyer, Therap. Monatsh., 332, 1910. — Gröber, Biochem. Zeitschr., 1, 1911. — v. Noorden, Therap. d. Ggw., 6, 1911. — Marie, Arch. de neurol., Juni 1911. — Citron, Berlin. klin. Wochenschr., 36, 1911. — Schepelmann, Klin. therap. Wochenschr., 40/51, 1911. — Baer, Münch. med. Wochenschr., 472, 1912.

Fabr.: E. Merck, Darmstadt; Farbenfabr., vorm. Bayer & Co., Leverkusen.
Preis: Veronal und Veronalnatr.: 10 Tabl. à 0,5 g Mk. 2,25. K. 3,—.

c) Sedativa.

Der Gruppe der Schlafmittel schließen sich die Sedativa an, Beruhigungsmittel für das Zentralnervensystem. Die praktisch größte Bedeutung unter diesen haben die Bromidia, speziell in der Therapie der Epilepsie. Im Tierexperiment gelingt es nur bei Meerschweinchen durch Bromsalze Narkose hervorzurufen (Januschke und Inaba), bei anderen Tieren eine Herabsetzung der zentralen Erregbarkeit (Kampferinjektionen machen nach vorhergehender Bromnatriuminjektion keine Krämpfe).

Die beruhigende Wirkung beim Menschen tritt besonders bei der Behandlung nervöser Erregungszustände deutlich in Erscheinung (Epilepsie). Der Ansicht, daß die Bromwirkung in einer Chloridverdrängung bestehe, wird von Januschke auf Grund der Tierexperimente widersprochen. Daß aber zwischen Bromwirkung und Chloranwesenheit im Organismus gewisse Beziehungen bestehen, geht aus mehrfachen Beobachtungen hervor. Die Bromnatriumwirkung sei nicht eine Wirkung der Brom- sondern der Bromidionen. Bromipin, Bromural, Adalin, Neuronal sind nach den genannten Untersuchungen Januschkes bromhaltige, lipoidlösliche Narkotika ohne eigentliche Bromidwirkung.

Für die Bromkuren eignet sich sowohl auf Grund klinischer wie auch experimenteller Erfahrungen ganz besonders die Erlenmeyersche Mischung (Bromkalium, Bromnatrium zu gleichen Teilen, Bromammonium in der halben Menge).

Schließlich seien hier eine Reihe meist übelriechender Stoffe erwähnt, die als „Nervenmittel" bei allgemein gesteigerter sensibler und motorischer Empfindlichkeit des Nervensystems, besonders bei Hysterie, Anwendung finden. Rein empirisch fanden für diese Zwecke der Asant (Asa foetida) und die Baldrianpräparate Verwendung. Aus dem Oleum Valerianae, dem ätherischen Öle der Baldrianwurzel, wurden das Borneol (der Kampferreihe angehörig) und die Bornylester verschiedener Fettsäuren dargestellt, besonders solche der Isovaleriansäure, desgleichen deren Menthylester etc. Sie besitzen nach Kionka eine lähmende Wirkung auf das Zentralnervensystem. Die als Adamon, Bornyval, Gynoval, Valyl etc. im Handel befindlichen Präparate dieser Reihe sind im folgenden ausführlich besprochen.

Eine allgemein lähmende Wirkung äußern auch die Magnesiumsalze. Subkutane Injektion von Magnesiumsulfat oder -chlorid ruft bei Kaninchen das Bild der Narkose hervor. In der Human-Therapie hat sich das Magnesiumsulfat besonders bei Tetanus und Strychninvergiftung als Antagonist bewährt. Auf seine Verwendbarkeit in Kombination mit Äther zur allgemeinen Narkose (Meltzer) wurde bereits hingewiesen.

Adamon, Dibromdihydrozimtsäureborneolester, ist ein weißes, fast geruch- und geschmackloses Kristallpulver, das bei 75^0 schmilzt und sich in heißem Alkohol, Äther, Chloroform und Tetrachlorkohlenstoff, nicht aber in Wasser löst. Der Bromgehalt beträgt ca. $35^0/_0$.

Wirkung und Indikationen: Das Mittel wird gut vertragen und im Organismus unter Ausscheidung von anorganischem Brom langsam umgesetzt. Es besitzt nur sedative, keine hypnotische Wirkung und wird verwendet bei leichteren Erregungszuständen, nervöser Tachykardie, bei Neurasthenie und Hysterie, bei Menstruations- und Schwangerschaftsbeschwerden (Bogner, v. Rad, Gudden), sowie gegen die schmerzhaften Erektionen und gehäuften Pollutionen im akuten Stadium der Gonorrhöe (Frank, Stulz, Treitel).

Dosierung: Die gebräuchliche Dosis beträgt 3—5 mal täglich 0,5 g in Pulvern oder in Tabletten, welche nach den Mahlzeiten in Tee oder heißer Limonade genommen werden sollen. Gegen schmerzhafte Erektionen der Gonorrhoiker gibt man 2 Tabletten à 0,5 g zwischen 5 und 6 Uhr abends, 2 Stück eine halbe Stunde vor dem Schlafengehen.

Literatur: Bogner, Med. Klin., 64, 1912. — v. Rad, Therap. d. Ggw., 93, 1912. — Stulz, ebendort, 576, 1912. — Frank, Deutsch. med. Wochenschr., 2309, 1912. — Gudden, Med. Klin., 137, 1913. — Treitel, Berl. klin. Wochenschr., 168, 1913.
Fabr.: Farbenfabr., vorm. Bayer & Co., Leverkusen.
Preis: 20 Tabl. à 0,5 g Mk. 1,75. K. 2,—.

Bornyval, der Isovaleriansäureester des Borneols, enthält die beiden wirksamen Bestandteile des Baldrianöles, das Borneol und die Baldriansäure und stellt eine wasserklare, aromatische zugleich nach Baldrian und Kampfer riechende und schmeckende Flüssigkeit dar, welche in Alkohol und Äther in jedem Verhältnisse löslich, hingegen in Wasser unlöslich ist (Siedler).

Wirkung: Das Mittel ist ein hervorragendes Analeptikum und Nervinum und wird als das beste der modernen Baldrianpräparate bezeichnet (Boß, Guttmann), weil es neben der Baldriansäure noch den Borneolkampfer (Borneol) enthält, eine Kampferart, die auch in Dryobalanops Camphora sich findet, die pharmakologischen Wirkungen des gewöhnlichen Kampfers besitzt (Boß) und daher als Dauerpräparat anzusehen ist (Beerwald). Die offizinellen Baldrianpräparate haben eine ganz ungleichmäßige Wirkung, was darauf zurückzuführen ist, daß sie sich sehr leicht zersetzen, ein Nachteil der dem Bornyval nicht anhaftet (Kochmann). Sein fast spezifischer Einfluß auf nervöse Herzbeschwerden beruht auf Reizung der Vasokonstriktoren und der sich daraus ergebenden Blutdrucksteigerung (Steiner).

Nebenwirkungen: Die Bornyvalkapseln erregen manchmal Aufstoßen, was die Kranken dann veranlaßt, das Mittel nicht weiter zu gebrauchen, wiewohl diese Nebenwirkung durch einige Schluck Milch schnell beseitigt werden kann (Uibeleisen, Levy, Seifert, Wollenberg, Krogh, Steiner,

Mendelsohn, Dammann). Niemals ist Erbrechen oder Übelkeit, ganz ausnahmsweise einmal Brennen im Magen beobachtet worden (Engels, Peters). Indikationen: Das Mittel beeinflußt die verschiedensten nervösen Beschwerden sehr günstig, wobei allerdings auch Suggestion viel zur Sache tut, z. B. bei den psychischen Erregungen, denen Sänger und Musiker zuweilen unterworfen sind (Linhart). Insbesondere ist es bei nervösen Herzbeschwerden (Angina pectoris, Herzklopfen), sowie bei Beschwerden infolge von Klappenfehlern, Dilatation und bei Arteriosklerose, endlich bei Herzbeschwerden nach traumatischer Neurose zu empfehlen (Hirschlaff, Kochmann, Levy, Toff, Boß, Beerwald, Friedberg, Mendelsohn, Peters, Herzfeld, Linhart, Bianchini). Weiter wirkt es vorzüglich bei hysterischen und neurasthenischen Zuständen, besonders bei sexueller Neurasthenie (Uibeleisen, Friebel, Kochmann, Engels, Levy, Schuhmann, Schöffler, Maramaldi, Krogh, Boß, Bruno, Brings, Witt, Merzbach, Peters, Kohn, Götzel, Rattner, Lohmann, Elsäßer, Sternberg, Ljubowski, Hey, Ivečič, Teufel, Dammann, Nigoul, Ewald, Lustwerk, Callivoka), bei traumatischen Neurosen, Chorea, manchen Formen der Epilepsie und den Folgeerscheinungen des chronischen Alkoholismus (Kochmann, Engels, Pfister), bei klimakterischen und dysmenorrhoischen Beschwerden, sowie bei nervösen Kongestionszuständen, bei psychischen Alterationen der Schwangeren, bei nervösem Asthma (Kochmann, Rahn, Guttmann, Lindhardt, Abraham, Nigoul, Schütte), endlich bei Melancholie (Beerwald, Callivoka). Nicht bewährt hat es sich bei Hyperemesis und Migräne (Engels), ganz versagte das Mittel in den seltenen Fällen, wo Idiosynkrasie gegen dasselbe vorlag (Levy), bei chlorotischer Amenorrhöe, bei Mangel an Libido und Voluptas, sowie bei Impotentia virilis (Abraham).

Dosierung: Man verabreicht das Bornyval, das in roten Gelatineperlen à 0,25 g in den Handel kommt, zweckmäßig in Dosen von 1—2 Stück 3 mal täglich nach der Mahlzeit.

Literatur: Hirschlaff, Allg. med. Zentralztg., 47, 1903. — Siedler, Pharmaz. Ztg., 76, 1903. — Kochmann, Deutsch. med. Wochenschr., 2, 1904. — Uibeleisen, Deutsch. Praxis, 3, 1904. — Engels, Therap. Monatsh., 5, 1904. — Friebel, Wien. med. Presse, 28, 1904. — Seifert, Würzb. Abhandl., 1, 1904. — Steiner, Schmidts Jahrb., 6, 1905. — Boß. Med. Klinik, 7, 1905. — Wollenberg, Deutsch. Praxis, 8, 1905. — Guttmann, Österr. Ärzteztg., 9, 1905. — Rahn, Allg. med. Zentralztg., 10, 1905. — Levy, Therap. d. Ggw., 10, 1905. — Friedberg, ebendort, 10, 1905. — Witt, Repert. d. prakt. Med., 12, 1905. — Krogh, Deutsch. Praxis, 14, 1905. — Schuhmann, Fortschr. d. Med., 18, 1905. — Toff, Pharmakol. u. therap. Rundsch., 19, 1905. — Schöffler, Deutsch. Medizinalztg., 20, 1905. — Bruno, Deutsch. Praxis, 23, 1905. — Beerwald, Allg. med. Zentralztg., 23, 1905. — Maramaldi, Allg. Wien. med. Ztg., 41, 1905. — Brings, Deutsch. Medizinalztg., 101, 1905. — Merzbach, Fortschr. d. Med., 1, 1906. — Pfister, Deutsch. Ärzteztg., 1, 1906. — Elsäßer, Zeitschr. f. Tuberkulose, 3, 1906. — Mendelsohn, Deutsche Ärzteztg., 4, 1906. — Herzfeld, Sachverständigenztg., 4, 1906. — Kohn, Die Heilk., 8, 1906. — Peters, Münch. med. Wochenschr., 9, 1906. — Götzel, Österr. Ärzteztg., 14, 1906. — Lohmann, Med. Klinik, 20, 1906. — Lindhardt, Deutsch. Praxis, 23, 1906. — Sternberg, Allg. med. Zentralztg., 30, 1906. — Rattner, Deutsch. med. Wochenschr., 41, 1906. — Dammann, Therap. d. Ggw., 6, 1907. — Abraham, ebendort, 9, 1907. — Hey, Wien. klin. Rundschau, 13, 1907. — Ivecic, Med. Blätter, 13, 1907. — Linhart, Fortschr. d. Med., 14, 1907. — Bianchini, Therap. Rundsch., 15, 1907. — Teufel, Med. Klin., 18, 1907. — Nigoul, Deutsch. Medizinalztg., 21, 1907. — Ewald, Fol. therap., 2, 1908. — Schütte, Therap. Monatsh., 140, 1908. — Lustwerk, Allg. med. Zentralztg., 773, 1908. — Callivoka, ebendort, 10, 1910.

Fabr.: Riedel, Berlin.
Preis: D. m. 25 Perlen à 0,25 g Mk. 1,85. K. 2,25.

Neubornyval, Iso-valerylglykolsäureester des Borneols, ist eine farblose, fast geruchlose Flüssigkeit, die sich mit Wasser nicht mischt, wohl aber mit Alkohol, Äther, Benzol und fetten Ölen.

Das Mittel ist gegen saure Flüssigkeiten widerstandsfähiger als Borneol, passiert dementsprechend den Magen unverändert und wird erst im Darme unter Wasseraufnahme in seine Bestandteile zerlegt. Ein Unterschied in der pharmakologischen Wirkung gegenüber Borneol besteht nicht, ein Vorzug ist der weit schwächere Geruch und infolgedessen die geringere Belästigung des Magens. Vereinzelt wird leichtes Wärmegefühl nach dem Einnehmen beobachtet.

Die Indikationen sind die des Bornyvals (Rigler). Man gibt 2—4 mal täglich 1—3 Perlen à 0,25 g mit Milchkaffee oder Zuckerwasser.
Literatur: Rigler, Münch. med. Wochenschr., 249, 1913.

Bromalin ist die chemische Verbindung des Hexamethylentetramin (Formin) mit Bromäthyl, wäre also als Bromäthylformin (Hexamethylentetraminbromäthylat) anzusprechen. Es stellt farblose Blättchen oder ein weißes, kristallinisches, sich in Wasser sehr leicht lösendes Pulver dar. Es ist ein Ersatzmittel für Bromkali, besonders für diejenigen Fälle, in denen längerer Genuß von Bromsalzen mehr weniger hartnäckige Hautaffektionen hervorgerufen hat. Im Tierversuche konnten Bermann und Bilinski nachweisen, daß das als Bromalin eingeführte Brom im Organismus vollständig zur Wirkung kommt. Der Bromgehalt des Mittels beträgt 32,13%, es muß also gegenüber anderen Präparaten doppelt so hoch dosiert werden. Das Mittel ruft nur selten Intoxikationserscheinungen hervor. Akne tritt wohl häufig auf, doch erreicht sie nie die Intensität wie nach Einnahme der entsprechenden Menge Bromkali (Kollarits). Einmal beobachtete Laudenheimer profuse Diarrhöe. Empfohlen wurde das Präparat bei leichter Epilepsie, bei Neurasthenie, besonders bei Kranken, die zur Bromakne neigen (Bermann und Bilinski). Der allgemeinen Anwendung steht der gegenüber Bromkali 10 mal höhere Preis im Wege. Die voluminösen Pulver (2 g), sowie der manchen Kranken widerliche Geschmack der Lösung sind weitere Übelstände des Mittels.
Literatur: Laudenheimer, Therap. d. Ggw., 7, 1900. — Kollarits, ebendort, 3, 1901. — Bermann u. Bilinski, Therap. Monatsh., 4, 1910.
Fabr.: E. Merck, Darmstadt.
Preis: Gl. m. 50 Tabl. Mk. 5,50 u. 10,—. K. 7,— u. 12,50.

Bromglidin ist ein an Brom gebundenes Pflanzeneiweiß und stellt ein bräunliches, geruch- und fast geschmackloses Pulver dar, das in Wasser schwer löslich ist und in Tabletten à 0,5 g in den Handel kommt. Infolge der langsamen Abspaltung des Broms im Organismus ist es von den unangenehmen Nebenerscheinungen der Bromsalze frei. Die physiologische Wirkung scheint im Verhältnis zum Bromgehalt intensiver zu sein. Die Ausscheidung setzt zu Beginn stärker ein als diejenige des Bromkali (Boruttau). Das Mittel findet Empfehlung bei Epilepsie (Peters, Eulenburg, Altvater, Dammann), sowie bei Neurasthenie und Hysterie (Altvater). Man gibt es am besten in Milch nach den Mahlzeiten in Dosen von 0,5—1,0 g mehrmals täglich.
Literatur: Peters, Deutsch.'Ärzteztg., 13, 1908. — Eulenburg, Med. Klin., 32, 1908. — Boruttau, Deutsche med. Wochenschr., 44, 1908. — Dammann, Repertor. d. prakt. Med., 7, 1909. — Altvater, Münch. med. Wochenschr., 36, 1909.
Fabr.: Dr. Volkm. Klopfer, Dresden-Leubnitz.
Preis: R. m. 25 Tabl. Mk. 2,—. K. 2,50.

Bromipin ist eine Verbindung von Brom mit Sesamöl. Es kommt als 10% und 33⅓% Präparat in den Handel. Ersteres stellt eine hellgelbe, dickliche, ölige Flüssigkeit dar, die in Wasser und Alkohol unlöslich ist, sich aber in Äther, Chloroform und Benzol leicht löst und bei starkem Schütteln eine weißliche Emulsion bildet. Letzteres bildet ein zähes, dickes Öl von hellbrauner Farbe, das wegen seiner zähen Konsistenz sich nur sehr schwer nehmen läßt. Man verordnet es daher in Kapseln à 2,0 g.

Wirkung: Das Bromipin entfaltet die gleiche Wirksamkeit wie die gebräuchlichen Bromsalze, doch ohne deren Nebenwirkungen zu besitzen (Gareis). Die Wirkung tritt wohl langsamer ein, ist aber dafür anhaltend (Meier). Es bringt sogar schon bestehenden Bromismus zur Heilung (Moller, Böckelmann). Das Mittel passiert den Magen unzersetzt, wird erst im Darme resorbiert und daher bei Darreichung per os gut vertragen (Frensdorf, Thumen). Infolge seines hohen Gehaltes an Sesamöl ist das Bromipin dem Lebertran nicht nur äußerlich ähnlich, sondern auch innerlich tatsächlich ebenbürtig, so daß es als hochwertiges Nährmittel selbst zu Mastkuren verwendet werden kann (Laudenheimer). Auch von Moller wird der kräftigende Einfluß des Mittels hervorgehoben.

Nebenwirkungen: Dieselben sind selten und gering und können vermieden werden, wenn man sprunghafte Steigerungen der Dosis unterläßt (Böckelmann). Gutartige, geringe Bromakne tritt vereinzelt auf, ebenso etwas säuerliches Aufstoßen (Laudenheimer, Diehl). Der vielen Kranken unangenehme, ölige Geschmack läßt sich durch Pfefferminzöl oder Verordnung in Kapseln verdecken (Hesse). Depression tritt nur nach größeren Dosen ein (Böckelmann).

Indikationen: Das Bromipin ist bei allen Zuständen angezeigt, welche die Anwendung eines Bromsalzes nützlich erscheinen lassen und eine dauernde Bromkur erfordern. Dementsprechend wird das Präparat hauptsächlich bei Epilepsie verwendet, wobei es die Erregungszustände verringert, den Schlaf bessert und die Anfälle seltener und kürzer werden läßt (Lorenz, Kothe, Frieser, Laudenheimer, Freiberg, Wolff, Bratz, Moller, Gareis, Hönigschmied, Thumen, Levy, Eulenburg, Losio, Kalischer, Diehl). Ferner wird es empfohlen bei Keuchhusten, Eclampsia infantum und Bronchialdrüsen- und Hirnhauttuberkulose der Kinder (Wassing, Rahn), bei Migräne (Kalischer), bei neurasthenischen und hysterischen Zuständen, beim nervösen Herzklopfen (Hesse, Thumen, Hirschkron, Neumunz), bei den schmerzhaften Erektionen der Gonorrhoiker (Thumen) und bei Chorea (Hirschkron). Von Thumen wurde es mit Erfolg bei Frostbeulen versucht. Mit Unguent. emolliens oder Ol. Ricini āā eingepinselt lindert es das hiebei so lästige Jucken. Sugàr gab es mit Erfolg bei dem im Verlaufe des chronischen Mittelohrkatarrhes auftretenden Ohrensausen.

Kontraindikationen bestehen eigentlich nicht. Es erwies sich nur nutzlos bei Paralysis agitans, wo es ganz ohne Einfluß auf die Zuckungen gegeben wurde (Hönigschmied).

Dosierung: Das $33^1/_3\%$ Präparat wird in Kapseln mit 2 g Inhalt (2—6 Stück pro die), das 10% in entsprechend höherer Dosis (bei Erwachsenen bis zu 40 g pro die) gegeben. Kindern unter einem Jahre gibt man soviel Gramm pro die, als sie Monate zählen; älteren entsprechend mehr. Für die interne Verabreichung empfiehlt Merck folgende Verschreibung: Bromipin. (10%) 100,0, fiat c. vitello ovorum Nr. II. l. a. emulsio, dein adde Cognac. 15,0, Menthol. 0,15. S. 3—4 Eßlöffel voll täglich. Um Reizerscheinungen seitens des Magens auszuschließen, wird vielseits, selbst für Kinder, die Applikation per rectum empfohlen (Moller, Rahn, Thumen, Kothe, Eulenburg, Burmeister). Während der Darreichung sollen Alkoholika, Kaffee und Tee strenge vermieden werden (Diehl). In neuerer Zeit wurden Tabletten aus festem Bromipin, Bromipin. solidum saccharatum, hergestellt, die sich besonders für die Frauen- und Kinderpraxis eignen. Sie enthalten pro Stück 1,2 g Bromipin ($33^1/_3\%$), entsprechend 0,4 g Brom oder einem Teelöffel des 10% Präparates und sind durch eine Rille leicht in 2 Teile zu teilen.

Literatur: Frensdorf, Der prakt. Arzt, 5, 1900. — Kothe, Neurolog. Zentralbl., 6, 1900. — Laudenheimer, Therap. d. Ggw., 7, 1900. — Hesse, Allg. med. Zentralztg., 21, 1900. — Frieser, Klin. therap. Wochenschr., 21, 1900. — Lorenz, Wien. klin. Wochenschr., 44, 1900. — Merck, Jahresber., 1900. — Bratz, Monatsschr. f. Psych. u. Neurol., 2, 1901. — Wolff, Allg. med. Zentralztg., 35, 1901. — Freiberg, Medico, 44, 1901. — Wassing, ebendort, 12, 1902. — Rahn, Therap. d. Ggw., 1, 1903. — Moller, Klin. therap. Wochenschr., 3, 1903. — Hönigschmied, Ärztl. Rundsch., 6, 1903. — Gareis, Münch. med. Wochenschr., 16, 1903. — Levy, Ärztl. Rundsch., 16, 1904. — Thumen, Deutsch. Medizinalztg., 21, 1904. — Hirschkron, Allg. Wien. med. Ztg., 45, 1904. — Meier, Allg. med. Zentralztg., 25, 1905. — Böckelmann, Ärztl. Rundsch., 27, 1905. — Eulenburg, Therap. d. Ggw., 11, 1906. —

Burmeister, Klin. therap. Wochenschr., 47, 1906. — Sugàr, Klin. therap. Wochenschr., 38, 1907. — Losio, Deutsch. Medizinalztg., 2, 1908. — Neumunz, Klin. therap. Wochenschr., 14, 1908. — Eulenburg, Med. Klin., 32, 1908. — Kalischer, Zeitschr. f. ärztl. Fortb., 3, 1911. — Diehl, Monatsschr. f. Psych. u. Neur. Bd. 29, 1911.
Fabr.: E. Merck, Darmstadt.
Preis: 10%ig: 50 Gelatinekapseln à 1 g Mk. 2,—. K. 3,20. à 2 g Mk. 3,—. K. 4,—. $33^{1}/_{3}$%ig: 50 Gelatinekapseln à 1 g Mk. 4,—. K. 5,—. à 2 g Mk. 6,60. K. 7,50. Ferner in Tabletten, sowie in Flakons zu 100, 250 u. 500 g.

Bromocoll, eine Dibromtanninleimverbindung, ist ein hellbraungelbes, geruch- und geschmackloses Pulver, das sich in Wasser und verdünnten Säuren nicht oder nur wenig, dagegen in alkalischen Flüssigkeiten leicht löst und etwa 20% Brom (also beträchtlich weniger als Bromkali), 10% Wasser, 30% Leim und 40% Tannin enthält.

Wirkung: Es übt den gleichen Einfluß wie die entsprechenden Gaben von Bromkali, ist aber von den unangenehmen Nebenwirkungen desselben frei, kann daher selbst in hohen Dosen und längere Zeit ohne Schaden verabreicht werden (Marx). Das Präparat passiert den Magen fast ungelöst und wird im Darme resorbiert. Es wird lange im Körper zurückbehalten, durch den Harn ausgeschieden und setzt, wie alle Brompräparate die Erregbarkeit der motorischen Zentren der Hirnrinde herab (Friedländer).

Nebenwirkungen: Nur ganz ausnahmsweise kommen geringe Akne oder sehr leichte nervöse Erscheinungen von Bromismus zum Ausbruche (Junius und Arndt, Reich und Ehrcke). Einmal wurde v. Notthaft nach Gebrauch einer 20% Salbe eine intensive Dermatitis beobachtet.

Indikationen: Das Bromocoll erscheint, per os gereicht, angezeigt bei Epilepsie, Herzneurosen und Neurasthenie, bei Konvulsionen, Melancholie und nervösem Kopfschmerz (Brat, Marx, Junius und Arndt, Sonntag, Friedländer, Hönigschmied, Reich und Ehrcke), in Salbenform bei lokalem und allgemeinem Pruritus cutaneus, Lichen ruber, Prurigo und Urtikaria als juckstillendes Mittel (Joseph, Ledermann, Junius und Arndt). Meier erhofft sich auch von subkutanen Injektionen (50 g einer 10% Lösung) bei Tetanus Erfolg.

Dosierung: Das Präparat kommt in Pulverform und in 10% Lösung, als Bromocoll. solubile, in den Gebrauch. Bei Epilepsie werden sehr hohe Dosen gegeben. Man beginnt mit 9 g und steigt rasch bis auf 50 g pro die. Für andere Zwecke genügen 3 mal täglich 0,5 g. Als juckreizmilderndes Mittel benützt man es in 10—20% Salben oder in folgender Schüttelmixtur zur Pinselung: Bromocoll. solubil. 5—20 g, Zinc. oxydat. 10 g, Amylum 30 g, Glycerin., Aq. dest. ää 100 g.

Literatur: Brat, Therap. Monatsh., 4, 1901. — Sonntag, ebendort, 4, 1901. — Friedländer, ebendort, 4, 1901. — Joseph, Dermat. Zentralbl., 7, 1901. — Junius u. Arndt, Fortschr. d. Med., 20, 1901. — Marx, Deutsch. med. Wochenschr., 23, 1901. — Reich u. Ehrcke, Therap. Monatsh., 2, 1902. — Ledermann, Fortschr. d. Med., 4, 1902. — Hönigschmied, Klin. therap. Wochenschr., 12, 1902. — v. Notthaft, Dermat. Zentralbl., Dez. 1902. — Meier, Allg. med. Zentralztg., 15, 18, 21, 1905. — Joseph, Wien. med. Presse, 23, 1905.
Fabr.: Akt.-Ges. für Anilinfabr., Berlin.
Preis: Karton m. 50 Tabl. à 0,5 g Mk. 2,75. K. 4,—.

Eubornyl, Bromisovaleriansäureester des Borneols, ist eine klare, sirupdicke, mit Wasser nicht mischbare und an der Luft sich bräunlich färbende Flüssigkeit von aromatischem Geruche und etwas süßlichem Geschmacke, die in Alkohol, Äther und Chloroform leicht löslich ist. Das Präparat läßt sich lange Zeit ohne Schaden aufbewahren und zersetzt sich erst bei starkem Erhitzen. Es kommt auch in Pillen à 0,1 g in den Handel und wird in steigenden Dosen von 2—6 Tropfen dreimal täglich oder 3—9 Pillen pro die als Ersatz des Lupulins bei schmerzhaften Erektionen im Gefolge der akuten Gonorrhöe, sowie bei Neurasthenie und Hysterie verwendet (Zingher, Allina).

Literatur: Zingher, Wien. klin. Rundsch., 39, 1908. — Allina, Therap. d. Ggw., 4, 1909.

Eucodin, Codeinum methylobromatum, bildet farblose, schöne Kristalle, die in Wasser leicht löslich sind. Die Lösung ist farblos, von neutraler Reaktion und bitterem Geschmacke. Die Untersuchungen Jacobys ergaben zunächst, daß das Mittel narkotische Eigenschaften besitzt. Es wurde daher von Schütze zur Beruhigung des Reizhustens der Phthisiker verwendet, wobei von manchen Kranken auch die Möglichkeit des leichteren Abhustens zugegeben wurde.

Gegenüber dem Kodeinphosphat zeichnet sich das Mittel durch geringere Giftigkeit aus, weshalb es in größeren Dosen verabreicht werden kann. Man gibt es entweder in Tablettenform (à 0,05 g, 3—4 Stück pro die) oder in Lösung (0,2 : 100 Aqu., tagsüber zu nehmen.)

Literatur: Jacoby, Med. Klinik, 9, 1905. — Schütze, ebendort, 9, 1905.
Fabr.: Riedel, Berlin.
Preis: R. m. 10 Tabl. à 0,05 g Mk. 1,10.

Eumenol ist ein aus der Wurzel Tang-kui, einer in China vorkommenden Araliacee, hergestellter Extrakt, welcher zur Regulierung und Erleichterung der Menstruation verwendet wird. Die Stammpflanze ist ein in China schon seit ältester Zeit bei Menstruationsstörungen hochgeschätztes Mittel und wurde von Hirth neuerdings in Deutschland eingeführt. Das von Heinz im pharmakologischen Institute zu München untersuchte Präparat ist durchaus ungiftig und ist vor allem kein Abortivum. Die Wirkung auf die Menstruation dürfte nach Bufalini wahrscheinlich auf ein in dem Mittel enthaltenes ätherisches Öl zurückzuführen sein, da das Destillat des Extraktes auf Frösche einen schwach sedativen Einfluß ausübt.

Nach Müller und Palm beschleunigt Eumenol die verzögerte, verstärkt die zu schwache Menstruation und lindert prämenstruale Schmerzen.

In höheren Dosen kann es bei empfindlichen Personen Kopfschmerzen erzeugen. Langes verordnete es hauptsächlich in Fällen von Dysmenorrhöe der Nulliparen und bei häufiger und starker Menstruation der Multiparen, wenn kein größerer organischer Defekt besteht.

Die gebräuchliche Dosis beträgt 1 Kaffee- bis 1 Eßlöffel voll, dreimal täglich, nach dem Essen.

Literatur: Müller, Münch. med. Wochenschr., 24, 1899. — Bufalini, rf. in Mercks Jahresber. 1901. — Langes, Therap. Monatsh., 7, 1901. — Palm, Münch. med. Wochenschr., 1, 1910.
Fabr.: E. Merck, Darmstadt.
Preis: 10 g Mk. 0,75.

Euporphin, Apomorphinum methylobromatum, besteht aus farblosen Nadeln oder Schuppen, die bei 180° C schmelzen und sich in Alkohol und Wasser leicht lösen. Die Lösungen sind gegen Luft und Licht weniger empfindlich als die des Chlorhydrates des Apomorphins.

Es wurde von Michaelis als Ersatzmittel des Apomorph. hydrochl. in die Therapie eingeführt und mit gutem Erfolge bei akuter und chronischer Bronchitis, Asthma, Pneumonie und selbst zeitweise bei Tuberkulose gegeben. Es ruft weniger Brechreiz als Apomorphin hervor, wirkt nicht so stark auf das Herz und kann daher länger als dieses ohne Schaden genommen werden (Bergell und Pschorr, Schütze). Seine weiteren Vorzüge sind die leichte Löslichkeit und die Möglichkeit, es mit anderen Medikamenten, z. B. Morphium, zu kombinieren (Euporphin. 0,05 : 180,0, Morph. 0,01, Syrup. simpl. ad 200,0).

Die Einzeldosis beträgt 0,005 g, die Tagesdosis 0,01—0,04 g (in Tabletten).

Literatur: Bergell u. Pschorr, Therap. d. Ggw., 6, 1904. — Michaelis, ebendort, 6, 1904. — Schütze, Berl. klin. Wochenschr., 12, 1906.
Fabr.: Riedel, Berlin.
Preis: 10 Tabl. Mk. 0,45. 0,1 g K. 1,15.

Gynoval, der Isovaleriansäureester des Isoborneols, ist eine farblose neutrale Flüssigkeit von eigenartig aromatischem Geruche, die in Wasser

sehr schwer, aber leicht löslich ist in Alkohol und Äther. Das Mittel besitzt typische Baldrianwirkung, hat aber vor den üblichen Baldrianpräparaten den Vorzug, daß es bis auf öfteres lästiges Aufstoßen (Hirschfeld, Raschkow) keine unangenehmen Nebenerscheinungen hervorruft.
Man gibt das Gynoval bei Herzneurosen (Hoefelmayr, Röchling, Hirschfeld, Froehlich, Siebold, Flatau), bei neurasthenischen, dysmenorrhoischen und klimakterischen Beschwerden (Röchling, Weißbart) und bei nervösen Magen- und Darmleiden, wie z. B. dem habituellen Erbrechen bei Eisenbahnfahrten (Froehlich, Aronsohn, Flatau). Die übliche Dosis beträgt 4—6 Gelatineperlen à 0,25 g, die in 2—3 Teilen nach den Mahlzeiten genommen werden sollen. Kurz nach der Einnahme ist die Darreichung eines heißen Getränkes zu empfehlen (Raschkow). Gegen die von Raschkow und Aronsohn empfohlene Darreichung in Geloduratkapseln, welche sich erst im Darme lösen und von dort resorbiert werden und demnach das lästige Aufstoßen hintanhalten sollen, wendet sich Silbermann mit der Begründung, daß dadurch eine Verzögerung der Wirkung herbeigeführt werde, was man gerade bei der symptomatischen Wirkung des Baldrians vermeiden müsse.

Literatur: Röchling, Die Heilkunde, 4, 1909. — Hoeflmayer, Deutsch. med. Wochenschr., 21, 1909. — Froehlich, ebendort, 36, 1909. — Hirschfeld, Berl. klin. Wochenschr., 1814, 1909. — Raschkow, Therap. Monatsh., 5, 1910. — Flatau, Therap. d. Ggw., 7, 1901. — Weißbart, Die Heilkunde, 12, 1910. — Silbermann, Therap. Rundsch., 15, 1901. — Siebold, Allgem. med. Zentralztg., 377, 1910. — Aronsohn, Med. Klin., 1389, 1911.
Fabr.: Farbenfabr., vorm. Bayer & Co., Leverkusen.
Preis: 25 Perlen à 0,25 g Mk. 1,75. K. 2,—.

Sabromin, dibrombehensaurer Kalk, also die dem Sajodin entsprechende Bromverbindung mit ca. 30% Brom, ist ein weißes, geruch- und geschmackloses Pulver, das in den üblichen Flüssigkeiten unlöslich ist.

Wirkung: Das von v. Mering und Fischer hergestellte Kalksalz dient als Ersatz der Bromalkalien. Im Magen wird es ganz oder zum Teile in die freie Dibrombehensäure verwandelt, die sich der Magenschleimhaut gegenüber völlig indifferent verhält und erst vom Darme aus resorbiert. Die Wirkung tritt nicht so rasch ein wie bei den Bromalkalien, ist aber andauernder (v. Mering).

Nebenwirkungen: Ganz vereinzelt treten Magendrücken oder Übelkeit (Hirschfeld), Hautausschläge und Bromakne auf (Kalischer, Eulenburg).

Indikationen: Hauptsächlich wird Sabromin verwendet bei Hysterie und Neurasthenie, leichten Erregungszuständen, Herzklopfen und nervöser Schlaflosigkeit (v. Mering, Schuster, Kroner, Hirschfeld, Schepelmann, Bittner), ferner bei Epilepsie, namentlich wenn Bromkali aus irgend einem Grunde nicht geeignet erscheint (Haymann, Eulenburg, Kalischer, Hirschfeld, Bratz und Schlokow, Froehlich, Mitterer, Schott), bei Chorea (Hirschfeld, Macht, Maetzke), endlich bei Morbus Basedowii und klimakterischen Beschwerden (Hirschfeld). Ohne Erfolg versuchte es Bittner bei Epilepsie.

Dosierung: Am besten gibt man das Mittel nach dem Essen, 2—3 mal täglich, in Dosen von 1 g (Tabletten à 0,5 g) oder nur abends 1—2 g eine Stunde nach dem Abendessen. Die Tabletten sollen zerkaut werden, da hiedurch die Resorption befördert wird.

Literatur: Schuster, Neurol. Zentralbl., 21, 1908. — v. Mering, Med. Klin., 38, 1908. — Kalischer, Deutsch. med. Wochenschr., 40, 1908. — Eulenburg, Med. Klin., 45, 1908. — Haymann, ebendort, 50, 1908. — Kroner, Therap. d. Ggw., 4, 1909. — Hirschfeld, ebendort, 6, 1909. — Bratz und Schlokow, Deutsch. med. Wochenschr., 27, 1909. — Schepelmann, ebendort, 50, 1909. — Froehlich, Therap. d. Ggw., 2, 1910. — Bittner, Prag. med. Wochenschr., 21, 1910. — Maetzke, Deutsch. med. Wochenschr., 30, 1910. — Mitterer, Klin. therap. Wochenschr., 44, 1910. — Schott, Deutsch. Medizinalztg., 49, 1910. — Macht, Deutsch. med. Wochenschr., 49, 1910.
Fabr.: Farbenfabr., vorm. Bayer & Co., Leverkusen und Höchster Farbwerke.
Preis: R. m. 20 Tabl. à 0,5 g Mk. 1,35. K. 1,70.

Sedobrol ist eine Kombination von Natr. bromat. mit Pflanzenextrakten, die in Tablettenform in den Handel kommt und zur Herstellung von Suppen dient. Der Zusatz von Pflanzenextrakten soll den Salzmangel verdecken. Das Sedobrol hat den Zweck, bei der Brombehandlung der Epilepsie die Bromdarreichung neben der Chlornatriumentziehung möglichst angenehm zu machen (Ammann, Maier). Auch bei Behandlung der Neurasthenie erwies es sich nützlich (Maier).

Man gibt das Mittel in einer Tagesdosis von 3 Tabletten (entsprechend 3 g Natriumbromid) und hat hiebei auf eine gute Mundpflege zu achten, um die durch Brom erzeugte, leichte Stomatitis und den üblen Geruch aus dem Munde zu beseitigen.

Literatur: Ammann, Therap. d. Ggw., 535, 1912. — Maier, Münch. med. Wochenschr., 1950, 1912.
Fabr.: Hoffmann, La Roche & Co., Basel-Grenzach.
Preis: D. m. 30, 60 und 100 Tabl. à 2 g Mk. 2,60, 4,80, 7,60. K. 3,25, 6,—, 9,50.

Trivalin (Overlach) ist die Vereinigung dreier, an die Valeriansäure gebundenen Nervina, nämlich des Morphins, Koffeins und Kokains. 1 ccm der gebrauchsfertigen Lösung enthält 0,01935 g Morph. valerianicum, 0,0037 g Coffein. valerian., und 0,00506 Cocain. valerian.

Es wird subkutan bei Epididymitis, Funiculitis, perakuter Prostatitis, Spermatocystitis und Polyarthritis gonorrhoica gegeben, um dem Kranken eine ungestörte Nachtruhe zu verschaffen (Bernecker). Auf $1/2$ ccm erfolgt nach $1/2$—1 Stunde ein ruhiger 5—6stündiger Schlaf. Die Dosis von 1 ccm soll man nicht überschreiten.

Literatur: Bernecker, Dermatol. Wochenschr., 1912.

Ureabromin, Bromkalziumharnstoff, ist ein weißes, kristallinisches, farb- und geruchloses, in Alkohol und Wasser leicht lösliches Pulver von kühlendem, etwas bitterem Geschmack mit $36^0/_0$ Bromgehalt.

Das Mittel ist leicht resorbierbar und trägt zur Anreicherung des Blutes an Kalksalzen bei. Es dient zur Behandlung der Epilepsie, kann aber nur während einer verhältnismäßig kurzen Zeit (6—8 Wochen) wertvolle Dienste leisten und muß dann eine Zeitlang durch Bromalkalien ersetzt werden (Fischer und Hoppe, Böhmig, Jach, Johannessohn). Es bewährte sich ferner bei Chorea (Böhmig), bei Herzneurosen, Neurasthenie und Hysterie (Johannessohn).

Man verordnet das Präparat in Dosen von 3 g pro die in Pulverform oder in einer Lösung von 40,0 : 300,0 aq. und läßt Erwachsene täglich 2—3 Eßlöffel, Kinder 2—3 Teelöffel nehmen. Rektal sind im Status epilepticus mindestens 4—6 g, intravenös ca. 4 g nötig.

Literatur: Fischer u. Hoppe, Berl. klin. Wochenschr., 1833, 1911. — Jach, Therap. d. Ggw., 10, 1912. — Böhmig, Psych. neurol. Wochenschr., 47, 1912. — Johannessohn, Deutsch. med. Wochenschr., 268, 1913.
Fabr.: Gehe & Co., Dresden.
Preis: R. m. 20 Tabl. à 1 g oder 10 Tabl. à 2 g Mk. 1,—. K. 1,50.

Valerianadialysat (Golaz) bewährte sich nach Ehrl als Herztonikum und Sedativum in Dosen von 20—30 Tropfen 3—4 mal täglich bei Herzneurosen, Neurasthenie und Hysterie.

Literatur: Ehrl, Med. Klinik, 415, 1913.
Fabr.: La Zyma, Aigle-Schweiz.
Preis: Fl. 15 g Mk. 1,25. K. 1,10. 50 g Mk. 2,50. K. 2,30.

Validol ist eine Mischung von Valeriansäurementholester mit $30^0/_0$ Menthol und stellt eine kristallklare, farblose, dicke, erfrischende und schwach bitter schmeckende und angenehm riechende Flüssigkeit dar. Die $10^0/_0$ Lösung von Camphora trita in Validol findet unter dem Namen Validolum camphoratum ähnliche Verwendung wie Validol selbst.

Wirkung: Das Präparat eignet sich ganz besonders zur Menthol-medikation, da es, bei Verhüllung der irritierenden Schärfe des Menthols, dessen Wirkung doch voll und ganz hervortreten läßt und dabei auch von schwachen und empfindlichen Kranken gut vertragen wird (Vertun). Es entfaltet lokale (peripherische) und resorptive (zerebrale), nämlich analeptische und reflexherabsetzende Wirkung (Schwersenski). Das Validol scheint im Magen in seine Bestandteile zu zerfallen, von denen das Menthol schon hier antifermentativ wirkt, während die Baldriansäure erst im Darme resorbiert und in die Zirkulation gebracht wird (Goldmann).
Nebenwirkungen wurden bisher nicht wahrgenommen.

Indikationen: Das Mittel wird allgemein als eines der hervorragendsten und zuverlässigsten Analeptika bei verschiedenen akuten und chronischen Schwächezuständen (Schwersenski, Kerner, Koepke, Meyer, Barberá, Klonk) und als vorzügliches Stomachikum bezeichnet (Cipriani, Schwersenski, Koepke). Besonders günstig wirkt es bei Hysterie mit intensiven, krampfartigen Schmerzen, bei Neurasthenie und Migräne (Vertun, Goldmann, Schwersenski, Meyer, Klonk), weiter bei Magenerkrankungen, wo es außer der lokalen noch reine reflexherabsetzende Wirkung entfaltet, da es die Sensibilität der Nervenendigungen der Magenschleimhaut verringert und das oft so lästige Druckgefühl, Aufstoßen und Erbrechen beseitigt. Es lassen sich daher vorzügliche Erfolge erzielen bei akuter Alkoholvergiftung („Kater"), bei Kollaps, Übelkeiten vor und nach der Narkose, beim Erbrechen der Schwangeren (Vertun, Schwersenski, Koepke, Ehebald), sowie bei der Seekrankheit (Scognamiglio, Koepke, Meyer) und bei Erschöpfungszuständen nach der Bromäthylnarkose (Block).

Wenn sich bei der Seekrankheit Herzschwäche mit schwachem Pulse einstellt, so erwies sich das Validol. camphoratum wirksamer, besonders wenn man es gleichzeitig auch lokal (Einreiben der Stirne und Einatmenlassen) anwendete (Brenning, Zingher). Bei Anorexie der Phthisiker hebt das Validol die Magenfunktionen in jeder Beziehung und vertreibt den Foetor ex ore (Cipriani). In der Augenheilkunde erwies es sich bei Flimmerskotom nützlich (Neustädter), indem es gleichzeitig das Skotom und die begleitenden Kopfschmerzen günstig beeinflußte. In der Zahnheilkunde wird es bei Stomatitiden (Isaac), sowie beim Abdrucknehmen empfohlen, wenn sich hiebei starker Brechreiz einstellt (Fischer). Im letzteren Falle wird Validol. camphorat. verwendet. Lokal findet es in Salbenform bei Behandlung gewisser Ekzeme, bei Pruritus und Prurigo, sowie bei Schnupfen erfolgreiche Anwendung (Schwersenski).

Kontraindiziert ist die Validoldarreichung in denjenigen Fällen von Erbrechen, wo dasselbe durch entfernter liegende reflektorische Ursachen bedingt ist, also z. B. bei Urämie, Meningitis, Morbus Addisonii und Crises gastriques (Schwersenski).

Dosierung: Die gewöhnliche Dosis für den inneren Gebrauch beträgt 5—10—15 Tropfen, dreimal täglich in Wein oder auf Zucker. Lokal wird es in 10—15% Salben oder (bei Schnupfen) rein angewendet (1 Tropfen in jedes Nasenloch). Bei gleichzeitiger Applikation auf die Stirne achte man auf die Augen! Zur Herstellung eines Mundwassers genügen 5 Tropfen auf ein Glas Wasser. (Stark schütteln!)

Fabr.: Chininfabr. Zimmer & Co., Frankfurt a. M.
Preis: 10 g Mk. 2,10. K. 2,50. Gl. m. 50 Perlen à 0,2 g Mk. 2,20. Sch. m. 10 Pralinées à 3 Tropf. Validol Mk. 1,40. K. 3,—.

Bromvalidol ist eine von Schwersenski empfohlene Mischung von Validol und Natr. bromat., welche in Tabletten (à 1 g Natr. bromat., 5 Tropfen Validol und 0,1 g Magnes. usta) in den Handel kommt und bei nervöser Überreiztheit durch berufliche Arbeit, sowie bei hartnäckigen hysterischen Zuständen im Beginne des Klimakteriums gegeben wird. Die

Dosis richtet sich nach dem Einzelfall und beträgt $^1/_2$—2 Tabletten, welche in kaltem Wasser zu nehmen sind.
Literatur: Scognamiglio, Giorhale internazionale di Med. pratica, 4/5, 1898, zit. nach Koepke (s. u.). — Vertun, Berl. klin. Wochenschr., 33, 1899. — Cipriani, Allg. med. Zentralztg., 75, 1899. — Goldmann, Deutsch. med. Wochenschr., Therap. Beil., 1, 1900. — Neustädter, Ophthalmolog. Klinik, 12, 1900. — Schwersenski, Therap. Monatsh., 5/6, 1901. — Isaac, Berl. klin. Wochenschr., 5, 1903. — Kerner, Klin. therap. Wochenschr., 29, 1903. — Fischer, Österr. zahntechn. Reform, 4, 1904. — Koepke, Therap. Monatsh., 6, 1904. — Ehebald, ebendort, 7, 1904. — Meyer, Deutsch. Ärzteztg., 19, 1904. — Klonk, Medical Herald, übers. S.-A., Febr. 1904. — Barberá, Revista Valenciana di Ciencias Medicas, übers. S.-A., Jänner 1904. — Brenning, Wien. med. Presse, 18, 1905. — Zingher, Med. chir. Zentralbl., 45, 1905.— Block, Deutsch. zahnärztl.Wochenschr., 6, 1906. — Schwersenski, Therap. Monatsh., 581, 1908.

Valisan, Monobromisovaleriansäure-Borneolester, ist eine wasserhelle Flüssigkeit von aromatischem Geruche und mildem Geschmack, von der Konsistenz des Glyzerins, welche sich in Alkohol, Äther und anderen organischen Lösungsmitteln, nicht aber in Wasser löst. Das Mittel kommt in Perlen à 0,25 g in den Handel und enthält 48,3 % Borneol, 26,5 % Isovaleriansäure und 25,2 % Brom. Es bewährte sich bei Neurasthenie und Hysterie, Angstneurosen der Onanisten, bei klimakterischen Beschwerden, Magenneurosen mit Übelkeit und Erbrechen, Hyperemesis gravidarum und bei Seekrankheit (Maeder, Dorn, Kuttner).

Die gebräuchliche Dosis beträgt 2 Kapseln 3 mal täglich nach dem Essen.
Literatur: Maeder, Therap. Monatsh., 524, 1908. — Dorn, Allg. med. Zentralztg., 33, 1909. — Kuttner, Therap. d. Ggw., 8, 1910.
Fabr.: Chem. Fabrik, vorm. E. Schering, Berlin.
Preis: Sch. m. 10 u. 30 Gelatineperlen à 0,25 g Mk. 0,90 u. 2,25. K. 1,25 u. 3,10.

Valyl, Valeriansäurediäthylamid, stellt eine eigentümlich nach Pfeffer riechende, wasserhelle und neutral reagierende Flüssigkeit dar, welche bei 210° C siedet, bis zu 4 % in Wasser, leichter in Alkohol und Äther löslich ist und, um es vor dem oxydierenden Einflusse der Luft zu schützen, in Form von Gelatinekapseln (à 0,125 g) in Flakons zu 25 und 50 Stück in den Handel kommt.

Wirkung: Die üblichen Baldrianpräparate sind in ihrer Wirkung unzuverlässig und in ihrem Gehalte an wirksamer Substanz außerordentlich verschieden. Die Infuse, Tinkturen, Extrakte usw. sind sehr leicht zersetzlich, verlieren nach kurzer Zeit ihre ursprüngliche neutrale Reaktion und werden sauer, womit eine Verminderung ihres therapeutischen Wertes Hand in Hand geht. Unter den modernen Baldrianpräparaten sind nach Kochmann die Amide der Baldriansäure am wenigsten leicht zersetzlich. Das Valyl ist daher als ein brauchbares Baldrianpräparat zu bezeichnen.

Es bewährte sich nicht nur bei nervösen Herzstörungen (Klemperer), sondern auch bei Geisteskranken (Alter) als ein ausgezeichnetes Nervinum, Antihysterikum und Hypnotikum, das trotz seines schlechten Geruches und Geschmackes ohne Nachteil in Kapseln genommen werden kann.

Nebenwirkung: Auf Schleimhäuten ruft Valyl eine eigentümliche örtliche Reizung (unangenehmes Brennen) hervor (Kochmann). Von manchen Kranken wird über brennendes Aufstoßen bald nach dem Schlucken geklagt (Klemperer, Alter), was man dadurch unterdrücken kann, daß man ungefähr 10 Minuten vor der Einnahme eine Messerspitze voll Natr. bicarbon. nehmen läßt.

Indikationen: Das Mittel wird mit gutem Erfolge angewendet bei den verschiedenen Formen der Hysterie und Neurasthenie, bei traumatischen Neurosen, Hemikranie und Neuralgien, bei Störungen während der Menstruation und im Klimakterium (Kionka und Liebrecht, Freudenberg, Klemperer, Goldmann, v. Voß, Kochmann, Ammelburg), bei Hyperemesis gravidarum (Goldmann) und bei Geisteskranken (Alter), endlich bei symptomatischem Ohrensausen, bei dem es entweder rasch bessernd oder gar nicht wirkt. Wenn hiebei der Erfolg nicht nach längstens 8 Tagen eingetreten ist, soll man von der weiteren Darreichung als zwecklos absehen (Knopf).

Dosierung: Man gibt von den Kapseln durchschnittlich 2 bis 3 Stück dreimal täglich, am besten während oder nach der Mahlzeit, niemals auf leeren Magen.

Literatur: Kionka u. Liebrecht, Deutsch. med. Wochenschr., 49, 1901. — Klemperer, Therap. d. Ggw., 1, 1902. — Freudenberg, Frauenarzt, 16. Mai 1902, S.-A. — Goldmann, Heilmittel-Revue, 1, 1904. — Kochmann, Deutsch. med. Wochenschr., 2, 1904. — Alter, Therap. d. Ggw., 3, 1904. — v. Voß, Zentralbl. f. Nervenheilk. u. Psych., 69, 1904. — Ammelburg, Ärztl. Zentralanz., 16, 1905. — Knopf, Therap. Monatsh., 2, 1906.
Fabr.: Höchster Farbwerke.
Preis: Gl. m. 25 Perlen à 0,125 g Mk. 2,—. K. 2,50.

Zebromal, Dibromzimtsäureäthylester, bildet ein weißes, kristallinisches Pulver, das sich in Alkohol und fetten Ölen löst, in Wasser fast unlöslich ist und 48% Brom enthält. Es wird anstelle der Bromalkalien in der Behandlung der Epilepsie verwendet (Ellinger und Kotake, Jödicke). Für die leichtesten Fälle genügen 1—2, für mittelschwere 3—4, für das Gros mit mehreren Anfällen in der Woche 4—7 Tabletten oder 2—5 g des Pulvers pro die.

Literatur: Ellinger u. Kotake, Arch. f. experim. Pathol. 87, 1911. — Jödicke, Münch. med. Wochenschr., 354, 1912.
Fabr.: E. Merck, Darmstadt.
Preis: Tabl. à 1 g 20 St. Mk. 2,30. K. 2,70. 100 St. Mk. 10,—. K. 12,—.

Analgetika, Antipyretika.

Die immer mehr zunehmende Erkenntnis vom Wesen des Fiebers als einer Reaktion des Zentralnervensystems auf das Eindringen von Fiebergiften, die Erkenntnis, daß das Fieber als solches unschädlich ist, ja sogar einen Heilfaktor darstellt, hat die moderne Arzneibehandlung dahin gebracht, nicht immer die Temperatursteigerung als solche zu bekämpfen, sondern nur gewisse Begleiterscheinungen des ganzen Symptomkomplexes. In diesem Sinne haben die Fiebermittel gegenüber früheren Zeiten eigentlich an Bedeutung verloren. Der Umstand jedoch, daß alle diese temperaturherabsetzenden Stoffe als erste Wirkung eine analgetische aufweisen, haben ihnen in ihrem Wesen als Analgetika eine um so größere Bedeutung verschafft. Das Anwachsen der Zahl der Arzneimittel aus der Gruppe der Antipyretika bzw. Analgetika entspricht dem praktischen Bedürfnisse. Ihr Hauptanwendungsgebiet als Kopfschmerzmittel beweist, wie verschieden die Wirkung derselben Stoffe bei verschiedenen Individuen ist und eben deshalb verlangen diese therapeutischen Maßnahmen eine spezielle individuelle Auswahl und dies wiederum ist von einem entsprechenden Reichtum des Arzneischatzes abhängig. Aus diesem Grunde ist hier jedes gute, neue Arzneimittel zu begrüßen.

Alle neuen Fiebermittel reihen sich den schon bestehenden 3 Gruppen von Antipyreticis an.

Die Temperaturregulation liegt im Gehirn. Für die Anregung der Wärmebildung sowie für die Abkühlung bestehen nach H. H. Meyer zwei Zentren, ein Wärme- und ein Kühlzentrum, die durch Kuppelung verbunden sind. Das Wärmezentrum scheint dem sympathischen, das Kühlzentrum dem autonomen System anzugehören. Das Wesentliche am Fieber ist nun die geänderte thermische Erregbarkeit dieser Zentren. Das Wärmezentrum ist im Fieber übererregbar, d. h., es ist erst durch eine höhere Temperatur als in der Norm zu beruhigen; es erfolgt Mehrbildung an Wärme und gleichzeitig zunächst verminderte Wärmeabgabe. Allmählich erst steigert sich mit der zunehmenden Wärmebildung auch die Wärmeabgabe. Mittel, welche das Fieber bekämpfen sollen, müssen daher die übererregten Wärmeregulierungszentren beruhigen. Dies ist auch der Fall: unsere Antipyretika sind Fiebernarkotika (Schmiedeberg). Der narkotische Charakter der Fiebermittel äußert sich auch in ihrer Wirkung auf die Großhirnrinde. Wie die anderen Narkotika, so lähmen auch die Antipyretika in geringem Grade die sensible Sphäre der Großhirnrinde. Infolge der lähmenden Wirkung auf das Wärmezentrum bedingen sie Temperaturherabsetzung. Größere Dosen können durch weitere Lähmung der Zentren der Medulla oblongata zu Kollaps führen. Die Güte und Brauchbarkeit eines Fiebermittels wird daher auch davon abhängen, daß die analgetische bzw. antipyretische Dosis von derjenigen, die zum Kollaps führt, einen möglichst breiten Abstand hat. In dieser Richtung bewegen sich die Bestrebungen bei der Schaffung neuer Antipyretika.

Wir können die Antipyretika in folgende Gruppen einteilen:
Chininpräparate: Als Spezifikum gegen Malaria stellt das Chinin eines unserer ätiologischen Heilmittel dar und beseitigt das Fieber durch Entfernung der Krankheitsursache. Bei anderen Fieberkrankheiten erfolgt die Herabsetzung der Temperatur durch Einschränkung des Stoffwechsels, durch Verminderung der Wärmebildung, in geringem Maße auch durch Beruhigung des Wärmezentrums. Die Verwendung des Chinins als Antipyretikum tritt heute gegenüber den Mitteln anderer Gruppen stark zurück. Der ungemein bittere Geschmack war Anlaß für die Darstellung von Chininersatzpräparaten, die in den unlöslichen Chininestern (Aristochin, Euchinin etc.) gefunden wurden. Die analgetische Wirkung des Chinins ist ungemein gering, und man versuchte daher diese Wirkung durch Verbindung mit Stoffen aus der Antipyrin- und Salizylsäuregruppe zu steigern (s. d.).

Aristochin, Dichininkohlensäureester, bildet ein absolut geschmackfreies, geruchloses, weißes Pulver, welches bei 189° C schmilzt und in Wasser vollkommen, in Äther fast unlöslich, hingegen leicht in Chloroform, Salzsäure und warmem Alkohol, schwer in kaltem Alkohol löslich ist. Unter allen bekannten Chininpräparaten enthält das Aristochin die größte Menge Chinin, nämlich 96,1% (Deutsch).

Wirkung: Das Mittel ist in der Wirkung dem salzsauren Chinin gleich und wird vorzüglich vertragen (v. Noorden). Es wird leicht resorbiert, entfaltet rasch seinen therapeutischen Effekt und belästigt nur sehr selten den Magen und Darm. Seine protozoentötende Wirkung ist doppelt so groß als die des reinen Chinins (Dreser).

Nebenwirkungen: Dieselben sind verhältnismäßig selten. Vereinzelt wurden nach Aristochindarreichung beobachtet: schnell vorübergehendes Hautjucken (Dresler), leichtes Ohrensausen, Schweißausbruch (Deutsch, Dresler), Appetitlosigkeit, Übelkeit, Erbrechen, sowie Exanthembildung (Bargebuhr, Baum), schließlich eklamptische Zustände (Stursberg).

Indikationen: Das Aristochin ist von spezifischer Wirkung bei Malaria (Baum, Mühlens, Allaria, Giordani) und speziell in der Kinderpraxis zu empfehlen (Engel). Viel gerühmt wird sein Nutzen bei Keuchhusten, bei welchem es sehr häufig eine wesentliche Abkürzung der Krankheitsdauer bedingt (Stursberg, Heim, v. Noorden, Dresler, Kittel, Swobada, Ungar, Hellmer, Bargebuhr, Binz, Giordani), sowie bei Asthma bronchiale, wo seine allgemein beruhigende Wirkung auf das reizbare Nerven-

system hervortritt und Husten, Atemnot, sowie die beschleunigte Herztätigkeit günstig beeinflußt werden (Dresler). Bei Neuralgien, besonders Supraorbitalneuralgien und Cephalgien wird es ebenfalls mehrseits empfohlen (Baum, Straß).
Dosierung: Für Erwachsene gilt als gebräuchliche Einzeldosis 0,5 bis 1,0 g, für Kinder 0,05—0,1—0,3 g. Bei Patienten mit ungenügend saurem Magensaft, wie bei Fiebernden, ist es angezeigt, schwache Salzsäurelösungen (nicht Zitronensäure!) nachtrinken zu lassen, um die Lösung des Mittels im Magen zu befördern (Dresler). Bei Pertussis gibt man Kindern unter einem Jahre dreimal soviel Zentigramme pro die als dieselben Monate zählen. Größere Kinder erhalten 0,2—0,3 g täglich in Milch oder Wasser.

Literatur: Dreser, Deutsche Ärzteztg., 5, 1902. — Heim, Pester med.-chir. Presse, 31, 1902. — Stursberg, Münch. med. Wochenschr., 45, 1902. — v. Noorden, Therap. d. Ggw., 1, 1903. — Ungar, Zentralbl. f. Kinderheilk., 4, 1903. — Baum, Die Heilkunde, 5, 1903. — Engel, Fortschr. d. Med., 5, 1903. — Kittel, Therap. Monatsh., 8, 1903. — Swoboda, Wien. klin. Wochenschr., 10, 1903. — Dresler, Therap. d. Ggw., 12, 1903. — Allaria, Med. Blätter, 14, 1903. — Mühlens, Deutsche med. Wochenschr., 35, 1903. — Dreher, Klin. therap. Wochenschr., 35, 1903. — Strauß, Wien. klin. Rundsch., 50, 1903. — Hellmer, Allg. Wien. med. Ztg., 10, 1904. — Bargebuhr, Deutsch. med. Wochenschr., 27, 1904. — Deutsch, Zentralbl. f. Kinderh., 3, 1905. — Binz, Berl. klin. Wochenschr., 15, 1906. — Giordani, rf. Zentralbl. f. inn. Med., 40, 1906.

Fabr.: Farbenfabr., vorm. Bayer & Co., Leverkusen.
Preis: 20 Tabl. à 0,5 g Mk. 5,10. K. 5,50. 10 Tabl. à 0,5 g Mk. 2,75.

Aurochin, p-amidobenzoesäureester des Chinins, ein bitterschmeckendes, in Wasser verhältnismäßig schwer lösliches Pulver, das aber durch Kochen mit der 10fachen Menge Wasser in Lösung gebracht werden kann. Das Mittel wird in 10—15% Lösung von Plehn intraglutäal oder rektal angewendet, letzteres namentlich dann, wenn die innerliche Verabreichung von Chinin wegen Erbrechens nicht angängig oder die intraglutäale Darreichung nicht möglich ist.

Indikationen sind dieselben wie die des Chinins, die Dosis ist um 25% höher zu bemessen.

Literatur: Plehn, Therap. d. Ggw., 12, 1911.

Euchinin, der Äthylkohlensäureester des Chinins, stellt ein weißes, zartes, sehr voluminöses Pulver dar, welches in Wasser schwer, in Alkohol und Äther, sowie Chloroform leicht löslich ist und bei 95° C schmilzt. Die Lösung besitzt alkalische Reaktion. Mit Säuren bildet Euchinin gut kristallisierbare Salze. Auf der Zunge ist es zunächst geschmacklos, erst nach längerem Verweilen macht sich ein bitterer Geschmack bemerkbar, der aber schwindet, wenn Milch oder Kaffee nachgetrunken wird. Das salzsaure Euchinin, welches gut wasserlöslich ist, schmeckt schlecht und hat einen sehr bitteren Geschmack, das gerbsaure Euchinin hingegen ist vollkommen geschmacklos (v. Noorden, Niedermayer).

Wirkung: Das Mittel stellt einen vollwertigen Ersatz des Chinins dar und wurde ebenso wirksam wie die besten bisher bekannten Chininsalze befunden. Ja selbst in Fällen, wo Chinin versagte oder eine Idiosynkrasie gegen dasselbe bestand, lassen sich mit Euchinin noch gute Erfolge erzielen. Ein Nachteil ist, daß es in großen — im Vergleiche zum Chinin doppelten — Dosen gegeben werden muß (Zangori), ein Vorteil, daß es fast ganz unschädlich und geschmacklos ist (Niedermayer, Deucher).

Nebenwirkungen: Von Hirnerscheinungen wurden, besonders nach größeren Dosen, Ohrensausen und Eingenommensein des Kopfes bemerkt (v. Noorden, Zangori, Neumann, Mori), doch beobachtete man dabei, daß diese Erscheinungen nach wiederholten Gaben sinken, während sie sich bei Chinindarreichung steigern (Levy). Weiter konstatierte Mori einmal Zittern der unteren Extremitäten, Erbrechen und Gefühl von Schwere im Magen, welche Erscheinungen zweifellos der Ausdruck einer Idiosynkrasie gewesen sind. Auch Levy berichtet über unangenehme Sensationen im Magen, die sich bei einer Chlorotischen nach zweitägiger Euchininmedikation einstellten. Endlich wurde von Levy einmal das Auftreten einer ausgebreiteten Urtikaria nach Gaben von 1 g dreimal täglich beobachtet.

Indikationen: Hauptsächlich wird das Euchinin zur Bekämpfung der Malaria und des Keuchhustens verwendet. Bei ersterer ist es speziell für jene Kranken, welche eine ausgesprochene Idiosynkrasie gegen Chinin besitzen, als souveränes Mittel zu bezeichnen (Montoro de Francesco, Panegrossi, Nicastro, v. Budberg). Auch bei Kindern, die an Malaria leiden, ist das Präparat indiziert (Lewkowicz, Aguilar). Als Prophylaktikum gegen das Sumpffieber nimmt das Euchinin einen hervorragenden Platz ein (Celli, Mori, Külz), hingegen ist es nicht imstande, Schwarzwasserfieber zu verhüten, da dasselbe nach Euchiningebrauch ebenso wie nach Chinindarreichung eintreten kann (Richter). — Bei Keuchhusten werden die Anfälle gemildert und die Zahl derselben verringert, die Krankheitsdauer dadurch abgekürzt (Niedermayer, Kassel, Steckel, Kramer, Kraus, Binz, Sior).

Versagt hat das Mittel als Antipyretikum bei Sepsis und Typhlitis, nach Neumann auch beim hektischen Fieber der Tuberkulösen, bei welchem es nur von Niedermayer wirksam befunden wurde, während es bei Typhus alle anderen Antipyretika übertrifft (Schweitzer). Schließlich sei noch der Verwendung des Euchinins als eines milden Amarum und Tonikum, sowie als Antineuralgikum gedacht (Levy).

Dosierung: Bei Keuchhusten soll möglichst frühzeitig mit der Medikation begonnen werden. Je nach dem Alter des Kindes verabfolgt man 0,06—0,1 g zwei- bis dreimal täglich (Kramer). Selbst Säuglingen kann man bis zu 0,2 g pro die in Form von Suppositorien geben. Bei älteren Kindern steigt man pro Jahr um 0,1 g, doch soll die Dosis von 0,7 g pro die nicht überschritten werden (Steckel). Auch Sior empfiehlt früh und abends soviel Dezigramme, als das Kind Jahre, bzw. soviel Zentigramme, als es Monate zählt. In schweren Fällen und bei ungenügender Wirkung kann man vorsichtig etwas mehr geben. Bei Malaria sind größere Gaben notwendig, jedenfalls nicht unter 1—1,2 g, die ungefähr 6 Stunden vor dem Anfalle genommen werden sollen (v. Budberg). Selbst Dosen von 6 g pro die wurden aber anstandslos ertragen. Vereinzelt steht Gray mit seiner Angabe, daß vom Euchinin kleinere Dosen als vom Chinin benötigt werden. Zur Durchführung der Prophylaxe gegen das Sumpffieber gibt Celli 0,5 g für Erwachsene, 0,25 g für Kinder in zwei Einzeldosen morgens und mittags kurz vor dem Essen. Er sah selbst nach monatelangem Gebrauche hiebei keine Nebenwirkungen auftreten. Im allgemeinen empfiehlt es sich, das Pulver in Oblaten, Suppe, Milch, Kakao oder Zuckerwasser zu geben (v. Noorden, Cassel).

Literatur: v. Noorden, Zentralbl. f. inn. Med., 48, 1896. — Gray, Brit. med. journ., Febr. 1898, rf. Zentralbl. f. inn. Med., 28, 1898. — Lewkowicz, Wien. klin. Wochenschr., 41, 1898. — Panegrossi, rf. Zentralbl. f. inn. Med., 41, 1898. — Niedermayer, Wien. med. Blätter, 45, 1898. — Zangori, Riform. med. 156, 1898, rf. Deutsch. med. Wochenschr., therap. Beil., 19, 1896. — Cassel, Therap. Monatsh., 4, 1899. — Neumann, ebendort, 10, 1899. — Celli, Zentralbl. f. Bakteriol. u. Parasitenk., 3, 1900. — Richter, Deutsch. med. Wochenschr., 23, 1900. — Montoro de Francesco, Deutsch. Medizinalztg., 28, 1900. — Celli, Zentralbl. f. Bakt. u. Parasitenk., 7, 1901. — Levy, Deutsche Praxis, 5, 1903. — Steckel, Wien. klin.-therap. Wochenschr., 23, 1903. — Kraus, Allg. Wien. med. Ztg., 5, 1904. — v. Budberg, St. Petersb. med. Wochenschr., 6, 1904. — Kramer, ebendort, 28, 1904. — Mori, Allg. med. Zentralztg., 42, 1904. — Nicastro, übers. S.-A. aus Gazzetta med. Lombarda, 3, 1904. — Aguilar, übers. S.-A. aus Revista Valenciana de Ciencias Médicas, 36, 1904. — Külz, Arch. f. Schiffs- u. Tropenhyg., 4, 1905. — Deucher, Zeitschr. f. klin. Med., 5/6, 1905. — Schweitzer, Pester med.-chir. Presse, 3, 1906. — Binz, Berl. klin. Wochenschr., 15, 1906. — Sior, Jahrb. f. Kinderheilk., 4, 1908.

Fabr.: Farbenfabr., vorm. Bayer & Co., Leverkusen.
Preis: 20 Tabl. à 0,5 g Mk. 3,20. K. 4,—.

Hydrochinin, Methylhydrocuprein, wird aus den Mutterlaugen der Chininfabrikation als ein weißes, kristallinisches Produkt gewonnen, das in seinen Eigenschaften dem Chinin ähnlich ist, sich wie dieses schwer in Wasser, leicht in Alkohol, Äther und Chloroform löst und die Thalleiochinreaktion gibt. Das salzsaure Salz bildet in Wasser und Alkohol leicht lösliche Kristalle und wird nach Morgenroth und Halberstädter in subkutaner Anwendung in dem Chinin entsprechenden Dosen erfolgreich zur Behandlung der Trypanosomiasis verwendet.
Literatur: Morgenroth u. Halberstädter, Berlin. klin. Wochenschr., 1558, 1911.

Insipin, ein Sulfat des Chinindiglykolsäureesters, ein fast geschmackloses, nur wenig in heißem Wasser oder heißem Alkohol lösliches Pulver mit einem Chiningehalt von 72%, das von Werner in Dosen von 0,2 g 6 bis 9 mal täglich bei Malaria empfohlen wurde.
Literatur: Werner, Deutsch. med. Wochenschr., 2008, 1911.
Fabr.: Farbenfabr., vorm. Bayer & Co., Leverkusen; Böhringer & Söhne, Waldhof-Mannheim; Chininfabr. Zimmer & Co., Frankfurt a. M.
Preis: Gl. m. 25 Tabl. à 0,25 g Mk. 2,25. K. 3,—.

Von der chemischen Struktur des Chinins ausgehend, suchte man zu neuen Antipyreticis zu gelangen. Man fand unter den Spaltungsprodukten des Chinins das Chinolin. Dieses wirkt stark antipyretisch, der antipyretischen Dosis liegt aber jene sehr nahe, welche Kollaps hervorruft. Man stellte daher weitere Chinolinderivate her, das Kairin und Thallin, die sich aber ebenfalls wegen ihrer hohen Giftigkeit nicht behaupten konnten. In der neuesten Zeit hat ein weiteres Chinolinderivat, das Atophan, die Phenylcinchoninsäure, auch als Antipyretikum große Bedeutung erlangt. Wir haben dieses schon bei der Behandlung der Gicht ausführlich besprochen und dort bereits die antipyretische und analgetische Komponente der Atophanwirkung erwähnt. Namentlich für den akuten Gelenkrheumatismus sowie für gewisse mit starkem Fieber einhergehende Infektionskrankheiten kommen diese Effekte sehr in Frage und es scheint überhaupt bei allen diesen Mitteln — vielleicht auch bei den Salizylaten — eine Kombination von antiphlogistischer, antipyretischer, analgetischer und einer Wirkung auf den Stoffwechsel (Purinstoffwechsel) das Wirkungsbild dieser Mittel zu charakterisieren. Wir verweisen hinsichtlich der näheren Ausführungen über diese Präparate, Acitrin, Atophan, Novatophan etc., auf das erwähnte Kapitel der Stoffwechselkrankheiten.

Das Antipyrin selbst gehört in die Gruppe der Pyrazolonderivate. Dieselben beruhigen wohl auch das Wärmezentrum, steigern aber besonders durch Erweiterung der Hautgefäße die Wärmeabgabe. In der kombinierten Wärmeregulation ist die ausgezeichnete antipyretische Wirkung dieser Stoffe zu suchen. Für die analgetische Wirkung, speziell für die Wirkung dieser Stoffe bei Kopfschmerzen, dürfte auch noch die Wirkung auf die Gehirngefäße in Betracht kommen, welche durch die meisten Analgetika ebenso wie die Hautgefäße erweitert werden (Wiechowski).

Die Nebenwirkungen dieser Mittel waren Anlaß für die Schaffung neuer Ersatzpräparate. Eine Wirkung auf das Herz hat Antipyrin sowie seine Derivate in den therapeutisch gebräuchlichen Dosen nicht. Größere Mengen jedoch können Kollaps und Herzschwäche hervorrufen. Besonders die beim Antipyrin beobachteten Nebenwirkungen (Exantheme etc.) suchte man durch Darstellung der Antipyrinderivate zu umgehen. Auch hier erfolgte zunächst eine Kombination mit Stoffen der noch zu besprechenden Salizylsäuregruppe (Salipyrin). Die Absicht, in geringen Dosen eine stärkere analgetische und antipyretische Wirkung mit Umgehung der Nebenwirkung zu erreichen, gelang jedoch glänzend durch die Darstellung des Pyramidons, das wohl zu unseren besten neuen Arzneimitteln gehört.

Astrolin, methyläthylglykolsaures Antipyrin, stellt ein farbloses Kristallpulver von schwachem Geruch und angenehm säuerlichem, an Zitronensäure erinnernden, daneben schwach bitteren, schnell verfliegenden Geschmack dar, das in Wasser, Alkohol und Chloroform leicht, in Äther schwer löslich ist.
  Es wird in Dosen von 1 g dreimal täglich gegen Neuralgien, Migräne und Kopfschmerzen angewendet.
    Fabr.: Riedel, Berlin.
    Preis: Sch. m. 8 Tabl. à 0,5 g Mk. 0,50. 10 g K. 0,90.

Eulatin, amidobrombenzoesaures Dimethylphenylpyrazolon, nach Zernicks Untersuchungen kein neuer chemischer Körper, sondern ein Gemisch aus Amido- und Brombenzoesäure mit Antipyrin, ist ein weißes, fast geruchloses, leicht säuerlich schmeckendes Pulver, das seine hauptsächlichste Anwendung bei Behandlung des Keuchhustens findet.
  Wirkung und Indikationen: Der Effekt der Eulatinmedikation setzt sich zusammen aus der expektorierenden Wirkung der Benzoesäure, der antispasmodischen des Broms und der Antipyrinwirkung. Bei Keuchhusten weicht der krampfartige Charakter der Hustenanfälle, der Schuld an dem häufigen Erbrechen trägt, bald einem lockeren Husten, die Zahl und Heftigkeit der Anfälle wird vermindert und bei frühzeitiger Anwendung die Krankheit dadurch abgekürzt (Friedmann, Fränkel, Baedeker, Weißmann, Souček, Hirschberg, Franke). Auch bei Bronchitis, die auf die gröberen Bronchien und Trachea beschränkt ist und bei Influenzabronchitis macht sich schon nach 1—2 Tagen Besserung und auffallendes Nachlassen des trockenen Hustens bemerkbar.
  Dosierung: Man gibt das Mittel entweder als Pulver 0,1—0,5 g drei- bis vierstündlich oder in Tabletten à 0,25 g 3—5 Stück oder als Mixtur mit etwas Sirup und eventuell Aqua laurocerasi.
    Literatur: Friedmann, Med. Klin., 43, 1908. — Fränkel, Berlin. klin. Wochenschr., 163, 1909. — Baedeker, Therap. Monatsh., 480, 1909. — Zernik, zit. nach Heubner, Therap. Monatsh., 621, 1909. — Weißmann, Allg. med. Zentralztg., 227, 1911. — Soucek, Österr. Ärzteztg., 219, 1911. — Hirschberg, Deutsche Medizinalztg., 47, 1912. — Franke, Allg. med. Zentralztg., 388, 1912.
    Fabr.: Dr. L. Östreicher, Berlin W. 30.
    Preis: R. m. 20 Tabl. à 0,25 g Mk. 1,25. K. 1,50.

Jodopyrin, Jodantipyrin, stellt farblose, völlig geruch- und geschmacklose, glänzende Nadeln dar, die in Wasser fast unlöslich sind, in kaltem Alkohol und Äther sich aber allmählich lösen. Es ist ein Antipyrin, in welchem der eine noch substituierbare Wasserstoff im Pyrazolonkerne durch Jod ersetzt ist.
  Das Jodopyrin entfaltet antipyretische, antirheumatische und antineuralgische Wirkung und wird von Junkers empfohlen bei Typhus und Tuberkulose, Rheumatismus, reiner Gicht und als Spezifikum bei Influenza, von Haink bei Kopfschmerzen der Luetiker, besonders im tertiären Stadium und von Weißmann bei Arteriosklerose. In Salbenform ist es ein sehr gutes Mittel gegen den Juckreiz bei Ekzem und anderen Dermatosen.
  Als Nebenwirkung zeigte sich hie und da profuser Schweiß, sowie Schnupfen, Konjunktivitis und Kratzen im Halse als Folge der Jodwirkung (Junkers).
  Dosierung: Man gibt 3—4 stündlich 1 g durch mehrere Tage. Für Kinder genügen 0,1—0,5 g. Es läßt sich längere Zeit ohne Nebenwirkungen geben, da vermutlich der Antipyrinkomponente einem eventuellen Jodismus entgegengewirkt (Weißmann). Zu dermatologischen Zwecken in 10% Salbe.
    Literatur: Junkers, Therap. Monatsh., 11, 1899. — Haink, ebendort, 12, 1906. — Weißmann, Ärztliche Rundschau, 38, 1907.
    Fabr.: C. Stephan, Dresden N. 6.
    Preis: Gl. m. 20 Tabl. à 0,3 g Mk. 1,25. K. 1,85.

Melubrin, phenyldimethylpyrazolonamidomethansulfonsaures Natrium, ist ein weißes kristallinisches Pulver, das sich in Wasser im Verhältnis 1 : 1, in Methylalkohol im Verhältnis 1 : 10, in Alkohol sehr schwer, in den sonstigen üblichen Lösungsmitteln fast gar nicht löst.

Wirkung: Es entfaltet eine starke antipyretische und antirheumatische Wirkung, was bei der Konstitution des Präparates, in welchem an Stelle des einen im Pyrazolonring noch verfügbaren H-Atomes amidomethansulfonsaures Natrium gesetzt ist, nicht überraschen kann (Loening, Krabbel, Neukirch). In mäßigen Dosen (2—4 g pro die) kann es längere Zeit ohne Schaden genommen werden.

Nebenwirkungen: Einmal wurde ein 2 Tage anhaltendes arzneiliches Exanthem (Krabbel), vereinzelt Übelkeit und Magenbeschwerden (Treber) beobachtet. Bei schlechten Kreislaufverhältnissen ist Vorsicht geboten (Loening).

Indikationen und Dosierung: Ausgezeichnete Erfolge lassen sich mit einer Dosis von 1—2 g 3—4 mal täglich bei akutem Gelenkrheumatismus erzielen (Loening, Krabbel, Müller, Riedel, Treber, Staffeld, Hoppe, Neukirch, Engelen, Schrenk), selbst wenn derselbe auf Natriumsalizylat schlecht reagierte. Besonders wertvoll ist es beim subakuten und chronischen Rheumatismus, da es hiebei in Mengen von 2—4 g täglich lange Zeit ohne Schaden gegeben werden kann (Neukirch). Beim Fieber der Phthisiker empfehlen sich niedrige Einzelgaben, da sonst die Temperatur unter jähem Schweißausbruch und Frostgefühl zu rasch absinkt (Hoppe). Man gibt hier zweckmäßig 0,5—1,0 g 3 mal täglich. Der schmerzstillende Effekt bei Ischias und den lanzinierenden Schmerzen der Tabiker wird von Loening, Treber und Hoppe hervorgehoben. Nach Riedel scheinen Erkrankungen des Respirationstraktes (Bronchitis, Pneumonie und Pleuritis) unter Melubrindarreichung leichter zu verlaufen und schneller abzuheilen.

Literatur: Loening, Münch. med. Wochenschr., 469, 537, 592, 1912. — Krabbel, Med. Klinik, 654, 1912. — Neukirch, Therap. Monatsh., 645 1912. — Engelen, Therap. d. Ggw., 360, 1912. — Riedel, Therap. d. Ggw., 5, 1912. — Müller, Reichsmedizinalanz., 676, 1912. — Hoppe, Berlin. klin. Wochenschr., 1040, 1912. — Schrenk, Deutsch. med. Wochenschr., 1588, 1912. — Staffeld, Münch. med. Wochenschr., 1810, 1912. — Treber, Med. Klin., 1833, 1912.
Fabr.: Höchster Farbwerke.
Preis: D. m. 20 Tabl. à 0,5 g oder 10 Tabl. à 1 g je Mk. 1,35. K. 1,60.

Migränin, Antipyrinum coffeino-citricum, ist ein Gemisch aus 85 Teilen Antipyrin, 9 Teilen Koffein und 6 Teilen Zitronensäure, welches in Wasser, sowie in Alkohol löslich ist und bei 107° C schmilzt.

Wirkung: Das Mittel entfaltet die Eigenschaften der Komponenten, aus denen es zusammengesetzt ist. Es erniedrigt also die Fiebertemperatur und unterstützt zugleich die Herzaktion, ist auch infolge seines Koffeingehaltes als Antineuralgikum und Analeptikum verwendbar.

Nebenwirkungen: Nach der üblichen Dosis von 1,1 g sah Henneberg stets Übelkeit und Brechreiz, einmal sogar Bewußtlosigkeit und Gefühl von Eingenommensein des Kopfes auftreten. Auch Goldschmidt beschreibt einen Fall, bei welchem nach 1,0 g Migränin schon nach wenig Minuten Unwohlsein mit Brechneigung, Fieber und eigentümliche Sensationen am ganzen Körper auftraten, welchen Erscheinungen am dritten Tage die Eruption eines Erythems und Bläschenbildung an Händen, Füßen und an der Vulva folgte. Weiter berichten Fränkel und Hoffmann über Auftreten von Exanthem schon nach kleinen Gaben. Levin schildert einen Fall von Vergiftung nach 1 g, charakterisiert durch Schwellungen und Schmerzen im Munde, Ausschlag im Gesichte, reichlicher Salivation, Auftreten von Bläschen an der Unterseite der Zunge und von miliaren roten Knötchen am äußeren Lippensaum.

Indikationen: Vor allem dient das Mittel als Spezifikum bei Migräne, bei den Kopfschmerzen der Alkohol-, Morphium- und Nikotinvergiftung, sowie bei Kopfschmerzen aus anderer Ursache, z. B. bei Morbus Brighti, Influenza etc. (Overlach, Bernheim, Ewald, Weiß). Weiter verdient es, bei Trigeminusneuralgien und Ischias versucht zu werden (Möller). Von Kraus wird es zur Behandlung des Asthmas empfohlen.

Dosierung: Overlach legt einen besonderen Wert auf die von ihm empfohlene Dosierung von 1,1 g pro dosi. Diese Gabe kann 1—2 mal täglich verabfolgt werden, entweder in Pulvern oder in Form von Tabletten zu 1,1 bzw. 0,37 g.

Literatur: Overlach, Deutsche med. Wochenschr., 47, 1893. — Ewald, Berl. klin. Wochenschr., 21, 1894. — Bernheim, Deutsche med. Wochenschr., 22, 1894. — Weiß, Wien. med. Blätter, 40/41, 1894. — Möller, Wien. klin. Rundsch., 16, 1897. — Goldschmidt, Zentralbl. f. inn. Med., 9, 1898. — Kraus, Therap. d. Ggw., 9, 1900. — Fränkel, Berl. klin. Wochenschr., 24, 1900. — Henneberg, Therap. Monatsh., 1, 1904. — Hoffmann, Münch. med. Wochenschr., 25, 1905. — Levin, Berl. klin. Wochenschr., 23, 1906.

Fabr.: Höchster Farbwerke.

Preis: Sch. m. 5 Tabl. à 1,1 g Mk. 1,20. K. 1,40. Fl. m. 20 Tabl. à 0,37 g Mk. 2,—. K. 2,10.

Pyramidon, Dimethylamidoantipyrin, Phenyldimethyl-dimethyl-amido-Pyrazolon, im Jahre 1893 von Stolz hergestellt, bildet kleine, glänzende, farblose Kristalle, welche bei 106—107° C schmelzen und sich in kaltem, besser in warmen Wasser, am leichtesten in solchem von 70° lösen. Auch in Alkohol und Benzol ist Pyramidon sehr leicht löslich.

Wirkung: Das Mittel entfaltet die gleiche Wirkung wie Antipyrin, übertrifft dasselbe aber ungefähr 3—4 mal an Intensität (Hirschkron). Auch setzt die Wirkung langsamer ein, verklingt dann auch langsamer, ist daher abstufbarer und milder als die des Antipyrins (Filehne, Köhler). Infolge der benötigten kleineren Dosen wird weder Magen noch Darm ungünstig beeinflußt (Hirschkron), noch Blut, Herz oder Nieren geschädigt (Pollak, Godlewski). Nach längerem Gebrauche wurde vereinzelt das Auftreten eines kirschroten Farbstoffes im Harne wahrgenommen (Gregor, Schulz), was wohl auf Zersetzung des Präparates im Organismus beruht und nicht als Vergiftungserscheinung oder als eine Folge einer abnormalen Veränderung des Organismus aufzufassen ist (Apert). Nicht unwahrscheinlich ist es, daß das Auftreten dieses roten Farbstoffes, welcher nach Kobert identisch ist mit der von Knorr gewonnenen, im Menschen fertig vorhandenen Rubazonsäure und durch die spektroskopische Untersuchung die Verwechslung mit Hämotoporphyrin völlig sicher ausschließt, ein Beweis dafür ist, daß das Mittel zur Wirkung gekommen ist, weil in diesem Falle die Färbung des Harnes schon nach kleinen Dosen eintritt, während sie sonst selbst nach größeren Gaben vermißt wird.

Nebenwirkungen: Von solchen kamen zur Beobachtung abnorme Schweißsekretion, Müdigkeit, Abgeschlagensein und Beklemmungsgefühl (Brandeis, Laudenheimer, Kobert, Boltenstern, Presslich, v. Krannhals, Schulz, Jacob, John), Kollapserscheinungen, wie kühler Schweiß, Zyanose, verfallenes Aussehen, kleiner Puls (Brandeis, Boltenstern, v. Krannhals, Blumenthal), einmal selbst Tod im Kollaps (Neißer, Hirsch), Erbrechen (Klatt, Neißer, v. Krannhals, Hödlmoser, Valentini, Henneberg, Hirsch) und urtikariaähnliche Exantheme (Bertherand, Schulz).

Indikationen: Pyramidon findet als zuverlässiges und relativ unschädliches Antipyretikum vielseitige Anwendung (Horneffer, Hirschkron, Franck), besonders beim hektischen Fieber der Tuberkulösen (Roth, v. Kétly, Pollak, Kobert, Köhler, Lublinski, Jakob, Schulz, Klatt), bei Influenza (Müller), bei Typhus abdominalis (Valentini, Byk, Sabarthez, Hödlmoser, Robitschek, Widenmann, Leick, Presslich, Jacob), endlich beim akuten Gelenksrheumatismus (Kirstein, Pauli). Als Antineuralgikum wird es empfohlen bei Kopfschmerzen aller Art, bei Migräne, bei Neuralgien chlorotischer Mädchen, bei Trigeminusneuralgie, Interkostalneuralgie, sowie bei den lanzinierenden Schmerzen der Tabiker, (Horneffer, Laudenheimer, Roth, Pohl, Laub, Kirstein, Hirschkron, Stadelmann und Jacob, Kraus, Munsch, Richter), bei Dysmenorrhöe und inoperablem Karzinom (Wolf), schließlich zur Abkürzung der Asthmaanfälle (Albrecht) und bei Schluckbeschwerden im Gefolge der Larynxtuberkulose (Jacob). Bei Ischias und Hysterie läßt das Mittel im Stiche (Müller), bei Diabetes ist es wegen Steigerung des Stickstoffumsatzes kontraindiziert (Robin und Bardet). Der Schmerz nach Applikation der Arsenpasta behufs Devitalisierens der Pulpa wird nach 10—20 Minuten durch kleine Gaben Pyramidon (0,4 g) beseitigt, ebenso der Schmerz nach Zahnextraktionen (Fuchs).

Dosierung: Nach 0,3 g zweimal, höchstens dreimal täglich wird die Temperatur nach zwei bis drei Stunden um 0,5—3,0° C herabgesetzt (Hirschkron). Als Antineuralgikum genügt die einmalige Gabe von 0,2—0,5 g. Am bequemsten ist die Darreichung in Tabletten à 0,1 g, von denen man bis zu 5 Stück auf einmal geben kann. Zweckmäßig läßt man 1—2 Tassen heißer Milch nachtrinken.

Salze des Pyramidons: Vielfache Verwendung finden auch die Salze des Pyramidons: das saure und neutrale kampfersaure, sowie das salizylsaure Pyramidon.

Die ersteren beiden Salze sind weiße Kristallpulver, welche bei 86° C schmelzen und sich in kaltem, wie warmen Wasser, in Alkohol und Äther leicht lösen. Dieselben besitzen gleichzeitig die antihidrotische Wirkung der Kampfersäure und die antipyretische des Pyramidons (Blumenthal). Es findet aber keine einfache Superposition der Wirkungen statt, sondern es erscheint die antihidrotische Wirkung der Kampfersäure bedeutend gesteigert und anderseits die Toxizität des Pyramidons bedeutend abgeschwächt, was wohl seinen Grund darin haben mag, daß die Pyramidonsalze leichter löslich sind als die Kampfer- bzw. Salizylsäure für sich allein, welche daher schlechter zur Resorption gelangen. Die kampfersauren Salze finden Verwendung in der Phthiseotherapie (Bertherand, Rahn, Tauszk). In Dosen von 0,3—0,6 —1,0 g vermindern und unterdrücken sie die Schweißsekretion und wirken günstig auf das Fieber ein.

Rahn empfiehlt beide kampfersauren Salze gleichzeitig zu verordnen und zwar das saure kampfersaure Pyramidon (Antihidrotikum) früh nüchtern und eine Stunde nach dem Mittagessen in Dosen von 0,6—1,0 g und das neutrale kampfersaure Salz (Antipyretikum) nach dem ersten Frühstück, vor dem Mittag- und Abendessen in Dosen von 0,4—0,8 g, abends gegen 9 Uhr beide zusammen. Bei Miliartuberkulose trat die antihidrotische Wirkung nicht ein, schlug sogar ins Gegenteil um, weshalb der Autor das saure kampfersaure Pyramidon als diagnostisches Hilfsmittel zur Erkenntnis der Miliartuberkulose ansieht. Tauszk beobachtete nach längerer Darreichung Appetitverminderung.

Das salizylsaure Pyramidon ist ein weißes, in Wasser, Alkohol und Äther leicht lösliches Kristallpulver vom Schmelzpunkte bei 74° C, das neben der antirheumatischen auch noch schmerzstillende Wirkung entfaltet.

Es findet Verwendung in der Behandlung rheumatischer Affektionen verschiedenster Art, steht aber hinter dem salizylsauren Natron bezüglich Intensität der Wirkung zurück (Bertherand). Nach Tauszk ist die Darreichung von ganz intensiven Schweißausbrüchen gefolgt. Fuchs empfiehlt es bei Trigeminusneuralgien. Die gebräuchliche Dosis beträgt 0,25—0,3 g dreimal täglich.

Literatur: Filehne, Berl. klin. Wochenschr., 48, 1896. — Horneffer, ebendort, 35, 1897. — Roth, Widn. klin. Wochenschr., 44, 1897. — Brandeis, Prag. med. Wochenschr., 44, 1897. — Laub, Allg. Wien. med. Ztg., 1, 1898. — Laudenheimer, Therap. Monatsh., 4, 1898. — Pohl, Wien. ärztl. Zentralanz., 19, 1898. — v. Kétly, Die Heilk., 10, 1899. — Kobert, Deutsch. Ärzteztg., S.-A., 1900. — Pollak, Wien. klin. Rundsch., 3, 1900. — Pauli, Zentralbl. f. d. ges. Therap., 3, 1900. — Gregor, Therap. Monatsh., 6, 1900. — Kirstein, In-.Diss., Berlin 1900. rf. in Deutsche med. Wochenschr., 37, 1902. — Lublinski, Therap. Monatsh., 10, 1901. — Hirschkron, Allg. med. Ztg., 12, 1901. — Bertherand, Zentralbl. f. inn. Med., 22, 1901. — Blumenthal, Deutsche med. Wochenschr., 26, 1901. — Stadelmann u. Jakob, ebendort, 26, 1901. — Köhler, Münch. med. Wochenschr., 50, 1901. — Robin u. Bardet, rf. in Mercks Jahresber. 1901. — Bertherand, Zentralbl. f. inn. Med., 1, 1902. — Albrecht, Therap. d. Ggw., 10, 1902. — Byk, Deutsch. med. Wochenschr., 3, 1903. — Wolf, Allg. med. Zentralztg., 5, 1903. — Valentini, Deutsche med. Wochenschr., 16, 1903. — Rahn, Deutsche Ärzteztg., 19, 1903. — Müller, Deutsche Praxis, 22, 1903. — Henneberg, Therap. Monatsh., 1, 1904. — Schulz, Zeitschr. f. Krankenpflege, 11, 1904. — Kobert, ebendort, 11, 1904. — Kraus, Allg. Wien. med. Ztg., 26, 1904. — v. Krannhals, Münch. med. Wochenschr., 49, 1904. — Hödlmoser, Wien. klin. Wochenschr., 5, 1905. — Franck, Die ärztl. Praxis, 6, 1905. — Tauszk Deutsche Praxis, 7, 1905. — Sabarthez, Arch. général. de Médic., S.-A. aus 7, 1905. — Apert, Zeitschr. f. angew. Mikroskopie, 12, 1905. — Klatt, Ärztl. Rundschau., 46, 1905. — Boltenstern, Neißer, zit. bei Klatt. — Godlewski, Progrès méd., 17, 1906. — Robitschek, Wien. med. Presse, 18 u. 27, 1906. — Widemann, Med. Klinik, 31, 1906. — Munsch, Ärztl. Mitteil., 35, 1906. — Fuchs, Zahnärztl. Rundsch., 7, 1907. — Leick, Münch. med. Wochenschr., 12, 1907. — Preßlich, Wien. med. Presse, 13, 1907. — Richter, Med. Klin., 28, 1908. — Jacob, Münch. med. Wochenschr., 1725, 1910. — Hirsch, Presse medicale, 573, 1912. — John, Münch. med. Wochenschr., 987, 1912.

Fabr.: Höchster Farbwerke.
Preis: Fl. m. 20 u. 100 Tabl. à 0,1 g Mk. 0,80 u. 3,—. K. 1, — u. 3,75. R. m. 10 Tabl. à 0,3 g Mk. 1,20. K. 1,50. Kampfersaures P. Fl. m. 25 Tabl. à 0,25 g Mk. 1,70. K. 2,—. Salizylsaures P. Fl. m. 21 Tabl. à 0,25 g Mk. 1,70. K. 1,80.

Trigemin, Dimethylamidoantipyrin(Pyramidon)-butylchloralhydrat, ist ein feines, weißes, schwach hygroskopisches Kristallpulver vom Schmelzpunkt 85° C. Es löst sich in zirka 64—65 Teilen kalten Wassers, ist schwer löslich in Äther, leicht in Alkohol und Benzol. Es besitzt einen zart aromatischen Geruch nach Art reifer Zuckermelonen (Overlach) und milden Geschmack. An der Luft erleidet es in Schachteln oder in Pulvern leicht Zersetzung, nimmt Wasser aus der Luft auf und verfärbt sich gelblichbraun, um schließlich zu einem braunen Brei zu werden, in welchem Zustande es nicht mehr verwendet werden darf (Müller).

Wirkung: Das Mittel besitzt die Fähigkeit, Schmerzen abzustumpfen oder aufzuheben und zwar speziell im Gebiete der direkten Hirnnerven. Bei den für die Therapie in Betracht kommenden Dosen zeigt es keine Wirkung auf das Herz oder den Magen (Overlach, Weißenberg). Gewöhnung an das Mittel tritt nicht ein, die Dosen müssen daher bei längerem Gebrauche nicht erhöht werden (Müller).

Nebenwirkungen: Vereinzelt wurde nach Gebrauch des Mittels Appetitlosigkeit (Wassermann), Übelkeit, Brennen im Magen, Erbrechen, manchmal wahrscheinlich infolge Spaltung in seine Komponenten, Betäubung und Schlaf (Hammer, Koennecke), endlich hie und da heftige Urtikaria nach Dosen von 0,5—1,5 g pro die beobachtet (Sigel).

Indikationen: Trigemin ist ein vorzügliches Mittel für intensive, plötzlich auftretende, nicht länger als 1—3 Tage anhaltende Schmerzzustände, z. B. Neuralgien und dysmenorrhoische Beschwerden (Müller). Im besonderen wird es empfohlen bei Trigeminusneuralgien, auch den chronischen Formen (Overlach, Müller, Hammer), bei Schmerzen der Tabiker (Hammer), bei Ziliarschmerzen jeder Art, wie bei schwerer Zyklitis, beim akuten Glaukomanfall (Birnbacher), bei heftigen Zahnschmerzen (Overlach), endlich bei Pulpitis und dem Nachschmerz nach Zahnextraktionen (Koennecke, Strauß, Masur).

Dosierung: Das Trigemin soll niemals auf leeren Magen gegeben werden. Am empfehlenswertesten ist die Darreichung in Gelatinekapseln oder Oblaten (Müller, Strauß, Weißenberg). Die von Overlach empfohlene Dosierung (0,6—0,75 g) scheint etwas zu hoch zu sein, für gewöhnlich genügen 0,25 g, ja beim weiblichen Geschlechte ruft schon 0,1 g prompte Wirkung hervor (Müller).

Literatur: Overlach, Berl. klin. Wochenschr., 35, 1903. — Koennecke, Deutsche zahnärztl. Wochenschr., 31, 1903. — Masur, ebendort, 25, 1903. — Sigel, Berl. klin. Wochenschr., 1, 1904. — Wassermann, Neue Therapie, 8, 1904. — Strauß, Zahnärztl. Rundsch., 9, 1904. — Birnbacher, Zentralbl. f. prakt. Augenh., 11, 1904. — Hammer, übers. S. A. aus Orvosi Hetilap, 16/17, 1904. — Weißenberg, Allg. med. Zentralztg., 46, 1904. — Müller, Münch. med. Wochenschr., 7, 1905.
Fabr.: Höchster Farbwerke.
Preis: Fl. m. 10 u. 20 Kapseln à 0,25 g Mk. 0,85 u. 1,50. K. 1,20 u. 1,80.

Ganz ähnlich wie die Pyrazolonderivate wirken die Anilinverbindungen. Für das Acetanilid (Antifebrin) suchte man wegen der destruktiven Wirkung auf die roten Blutkörperchen und Methämoglobinbildung, die schon in therapeutischen Dosen eintreten kann, nach Ersatzmitteln. Das Methylacetanilid stellt ebenso wie das Benzanilid keinen brauchbaren Ersatz dar. Wertvolle Ersatzpräparate dagegen sind die Paramidophenolderivate. Paramidophenol ist das Oxydationsprodukt des Anilins im Organismus. Durch Einführung der Äthylgruppe an Stelle des Hydroxylwasserstoffes gelangt man zum Phenetidin. Wird weiterhin auch noch der Wasserstoff der Amidogruppe durch einen Säurerest ersetzt, so erhält man durch den Essigsäurerest das Phenacetin, durch den Milchsäurerest das Lactophenin, durch den Zitronensäurerest das Citrophen, Stoffe, die den Anforderungen gut brauchbarer Antipyretika entsprechen.

Chinaphenin, Chininkohlensäurephenetidid, ist ein weißliches, ziemlich geschmackfreies Pulver, das sich schwer in Wasser, leicht in Alkohol, Äther, Chloroform, Benzol und Säuren löst und nach Mori einen Chiningehalt von 78% besitzt.

Wirkung: Es entfaltet annähernd dem Chinin. muriat. gleichkommende antipyretische und antineuralgische Eigenschaften, wird aber besser als dieses vertragen. Der Temperaturabfall erfolgt ohne nennenswerten Schweißausbruch, der Wiederanstieg ohne Schüttelfrost (v. Noorden).

Nebenwirkung: Hin und wieder tritt Ohrensausen auf (v. Noorden).

Indikationen: Mit Erfolg wurde es als Chininersatz bei Malaria (Mori), sowie als Antineuralgikum und Antispasmodikum bei Pertussis (v. Noorden) angewendet.

Dosierung: Als Antipyretikum, bzw. Antitypikum sind Dosen von 1,5—2 g zweckentsprechend. Bei Keuchhusten gibt man 0,15—0,2—0,3 g dreimal täglich in Milch oder Suppe.

Literatur: v. Noorden, Therap. d. Ggw., 1, 1903. — Mori, Gazz. degli osped., 23, 1903, rf. im Zentralbl. f. inn. Med., 33, 1903.

Citrophen, Paraphenitidinzitrat, zitronensaures Phenetidin, ist ein weißes, angenehm nach Zitronensäure schmeckendes Pulver, welches bei 181° C schmilzt, in kaltem, besser in siedendem Wasser löslich ist, daher nicht nur in Solution, sondern auch subkutan verabfolgt werden kann, was einen entschiedenen Vorzug vor Phenacetin und Lactophenin bedeutet. Im sauren Magensafte erfolgt die Spaltung in seine Bestandteile, welche schon 20 Minuten nach dem Einnehmen im Harne nachzuweisen sind (Boehm).

Wirkung und Indikationen: Das Citrophen hat sich als ein gutes, von Nebenwirkungen freies Antirheumatikum, Antineuralgikum und Antipyretikum erwiesen, dessen Verwendung angezeigt erscheint bei akuten und chronischen Rheumatismen, selbst bei erkrankten Herzen (Boehm, Hirschkron, Frieser, Kornfeld, Fuchs, Allerhand), bei fieberhaften Krankheiten, wie Influenza, Tuberkulose, Pneumonie, Typhus, Pleuritis usw., bei denen Dosen von 0,5—1 g eine mehrere Stunden anhaltende Temperaturerniedrigung von 1°—1,5° C hervorrufen (Heidingsfeld, Bolognesi,

Kornfeld, Goliner, Fuchs), endlich bei Migräne und Neuralgien verschiedenster Art (Schotten, Kornfeld), bei Gicht (Goliner), bei Ischias und lanzinierenden Schmerzen der Tabiker (Hirschkron), bei Epilepsie (Goliner) und bei Keuchhusten (Tittel, Schreiner).

Nebenwirkungen: Das Citrophen ruft leicht starke Schweiße hervor, was besonders bei Phthisikern unangenehm ist (Schotten, Bolognesi, Schreiner, Fuchs). Vereinzelt wurde heftiger Kopfschmerz, allgemeines Hitzegefühl und Ohrensausen, sowie am nächsten Tage auftretende Zyanose, welche durch Methämoglobinbildung hervorgerufen wurde, beobachtet (Schotten), einmal auch ein kollapsähnlicher Zustand nach 4 Pulvern zu 1 g (Goldschmidt). Heyde beobachtete 1 Stunde nach Einnahme von 1 g schwere Vergiftungserscheinungen (Idiosynkrasie gegen Phenetidin), wie Herzschwäche, Arythmie, Zyanose der Lippen, Fingerspitzen und Nägel, Schweißausbruch und durch 3 Tage anhaltende Hinfälligkeit.

Dosierung: In Pulvern zu 0,2—0,5—1,0 g drei-, vier-, sechsmal täglich. Kindern gibt man es entweder in Solution (0,5—4,0 : 70,0 Aq. + 30,0 Sirup) oder in Pulverform, wobei man dreimal täglich 0,15—0,2 g pro anno rechnet, 0,7 g pro dosi aber nicht überschreiten darf (Schreiner).

Literatur: Frieser, Klin. therap. Wochenschr., 24/25, 1899. — Boehm, Deutsch. Medizinalztg., 61, 1899. — Heidingsfeld, Allg. med. Zentralztg., 65, 1899. — Schotten, Therap. Monatsh., 5, 1900. — Kornfeld, ebendort, 9, 1900. — Hirschkron, ebendort, 10, 1900. — Tittel, Wien. med. Presse, 29, 1900. — Bolognesi, Therap. Monatsh., 12, 1901. — Goliner, Allg. med. Zentralztg., 61, 1901. — Schreiner, Therap. Monatsh., 6, 1903. — Fuchs, ebendort, 11, 1903. — Hildebrandt, Münch. med. Wochenschr., 1, 1905. — Allerhand, Wien. klin. Rundsch., 12, 1906. — Goldschmidt, Münch. med. Wochenschr., 23, 1907. — Heyde, Münch. med. Wochenschr., 33, 1907.

Fabr.: Dr. Roos, Frankfurt a. M.
Preis: Sch. m. 28 Tabl. à 0,25 g Mk. 1,—. K. 1,30.

Eupyrin, Vanillinäthylcarbonat-p-Phenetidin, kristallisiert in blaßgrünlich-gelben, sehr zart nach Vanille duftenden, völlig geschmacklosen Nadeln, welche in Wasser schwer, in Alkohol, Äther und Chloroform leicht löslich sind (Overlach).

Wirkung: Es kennzeichnet sich als ein entgiftetes Paraphenetidin, ist also vollkommen unschädlich und bewirkt so gut wie keine Methämoglobinbildung, jedenfalls eine weit geringere als Phenacetin.

Indikationen: Es hat sich als Antipyretikum recht gut bewährt und erzeugt durch seinen Vanillingehalt ein ausgesprochenes Gefühl der Erfrischung (Overlach, Porges). Als Antineuralgikum übt es keine besondere Wirkung (Overlach).

Dosierung: Am besten gibt man es in Substanz mit etwas Wasser in Dosen von 1,5—2,0 g pro dosi. Für Kinder genügen 0,3—0,5 g.

Literatur: Overlach, Zentralbl. f. inn. Med., 45, 1900. — Overlach, Therap. Monatsh., 1, 1901. — Porges, Wien. med. Blätter, 17, 1901.

Fabr.: Chininfabr. Zimmer & Co., Frankfurt a. M.
Preis: 1 g Mk. 0,35, 10 g Mk. 2,85.

Kephaldol ist angeblich ein Reaktionsprodukt, entstanden durch Einwirkung von Zitronen- und Salizylsäure auf Phenetidine. Es stellt ein gelblich-weißes Pulver dar, das in Wasser schwer, in Alkohol verhältnismäßig leicht löslich ist, schwach bitter schmeckt und bei 185^0 C sich zu zersetzen beginnt.

Es besitzt antipyretische, antineuralgische und antihidrotische Eigenschaften. Der Temperaturabfall erfolgt auf 0,5—1,0 g bereits nach einer halben Stunde, ausnahmslos unter mehr oder weniger starkem Schweiß. Als Antihidrotikum findet es bei Tuberkulose erfolgreiche Verwendung (Fritsch, Glück). Von Einhorn und Rosenthal werden die günstigen Erfahrungen, welche Fritsch mit dem Mittel machte, bestätigt. Es bewährte sich ferner beim akuten und noch mehr beim chronischen Muskelrheumatismus, als verläßliches Antipyretikum bei Typhus abdominalis und bei den

gastrischen Krisen im Verlaufe von Arteriosklerose der Mesenterialgefäße in Dosen von 0,5—1,0 g 2—4 mal täglich (Lill).
Nebenwirkung: Ganz vereinzelt beobachtete Fritsch Übelkeit und Erbrechen nach Gebrauch desselben.
Dosierung: Man gibt Kephaldol am besten in Oblaten oder als Mixtur mit größerem Sirupzusatz in Dosen von 2 g pro dosi und 5 g pro die, doch genügt gewöhnlich schon 1 g.

Literatur: Fritsch, Wien. klin. Wochenschr., 33, 1906. — Rosenthal, ebendort, 48, 1906. — Einhorn, Zentralbl. f. d. ges. Therap., 5, 1907. — Glück, Klin. therap. Wochenschr., 1138, 1909. — Lill, Med. Klin., 50, 1910.

Kryofin, Methylglykolsäurephenetidid, ist ein weißes, geruch- und geschmackloses, schwer in Wasser, besser in Alkohol, Äther und Chloroform lösliches Pulver, das bei 98—99° C schmilzt.

Wirkung und Indikationen: Es zeigte sich als Mittel in Dosen von 0,5 g als ein zuverlässiges Antipyretikum (Eichhorst, Schreiber, Bresler, Meitner u. a.) und vortreffliches Analgetikum. Speziell bei Ischias, Interkostalneuralgien und Lumbago sind sehr gute Erfolge erzielt worden (Eichhorst, Breitenstein). Von Wichtigkeit ist endlich sein beruhigender, direkt schlafbegünstigender Einfluß bei Fiebernden (Dornblüth, Bresler, Meitner).

Nebenwirkung: Bei manchen Kranken tritt der Temperaturabfall unter starkem Schweiße ein (Eichhorst, Bresler, Schreiber), vereinzelt wird Übelkeit, selbst Erbrechen, Stunden anhaltende Zyanose, ja schwerer Kollaps beobachtet (Eichhorst, Schreiber).

Dosierung: Die Einzelgabe beträgt 0,5—1,0 g, die Tagesdosis 2—3 g. Man läßt am besten das Pulver auf die Zunge schütten und etwas Wasser nachtrinken.

Literatur: Bresler, Therap. Monatsh., 10, 1897. — Eichhorst, Deutsch. med. Wochenschr., 17, 1897. — Schreiber, ebendort, 45, 1897. — Breitenstein, Therap. Monatsh., 3, 1900. — Dornblüth, Ärztl. Monatsschr., 8, 1900. — Meitner, Med.-chir. Zentralbl., 17, 1901.
Fabr.: Ges. f. chem. Industrie, Basel.
Preis: 1 g Mk. 0,25. K. 0,50.

Lactophenin, Paralactylphenetidin, unterscheidet sich vom Phenacetin dadurch, daß in ihm an Stelle des Radikals der Essigsäure das der Milchsäure getreten ist. Es bildet kleine, farb- und geruchlose, schwach bitter schmeckende Kristalle, welche bei 117—118° C schmelzen und sich schwer in kaltem, leichter in siedendem Wasser und in Alkohol lösen. Die Lösungen sind neutral.

Wirkung: Das Lactophenin entfaltet sehr gute antipyretische und antineuralgische, sowie hypnotische Witrkung. Zirkulation und Atmung werden im allgemeinen nicht gestört, ebensowenig die Verdauung (Francesco).

Nebenwirkungen: Von einigen Autoren wird über öfteres Auftreten von Ikterus nach verhältnismäßig größeren Dosen berichtet (Strauß, Wenzel, Witthauer, Laache). Seltener wurde Erbrechen (v. Jaksch, Jaquet), geringe Zyanose oder Alterationen der Herztätigkeit beobachtet. Strauß beschreibt 2 Fälle von Exanthem im Anschluß an die Lactopheninmedikation auftretend, Krönig und Fürbringer einen fast tödlichen Kollaps und Wefers einen Fall von Vergiftung (mit 0,5 g), die sich in Schwindelgefühl, starker Rötung und Pulsbeschleunigung manifestierte.

Indikationen: Das Mittel wurde seitens v. Jaksch zunächst zur medikamentösen Behandlung des Unterleibstyphus empfohlen, wobei es sowohl temperaturherabsetzende, als insbesondere auffallende beruhigende Wirkung entfaltete. Bestätigt werden diese Beobachtungen u. a. von Laquer, Francesco und in letzter Zeit durch v. Schuler. Weiter findet das Präparat Verwendung bei akutem Gelenkrheumatismus (Roth, Riedl,

Laquer, Witthauer), sowie bei Neuralgien, zumal bei Migräne, Lumbago, Ischias (Strauß, Laquer, Witthauer, Laache) und bei leichter Schlaflosigkeit (Strauß, Laquer), insbesondere der Geisteskranken (Cristiani).
Dosierung: Am besten gibt man das Lactophenin in Pulverform zu 0,5—0,75—1,0 g in Amylumkapseln eingeschlossen. Als Schlafmittel verabreicht es Cristiani bei allen Formen von Geistesstörung in Dosen von 1 bis 3 g in schleimigen Vehikeln.

Literatur: v. Jaksch, Zentralbl. f. inn. Med., 11, 1894. — v. Jaksch, Prag. med. Wochenschr., 11, 1894. — Jaquet, Korrespondenzbl. f. Schweiz. Ärzte, 9, 1894. — Strauß, Therap. Monatsh., 9/10, 1894. — Roth, Wien. klin. Wochenschr., 37, 1894. — Riedl, Zeitschr. f. Heilk., 1, 1895. — Krönig und Fürbringer, Berl. klin. Wochenschr., 46, 1895. — Wenzel, Zentralbl. f. inn. Med., 6, 1896. — Laquer, Allg. med. Zentralztg., 32, 1896. — Wefers, Therap. Monatsh., 10, 1897. — Witthauer, ebendort, 2, 1898. — Cristiani, Riform. med., 37, 1898, rf. im Zentralbl. f. inn. Med., 49, 1898. — Francesco, rf. Wien. klin. Wochenschr., 44, 1899. — v. Schuler, Berl. klin. Wochenschr., 41, 1902. — Laache, Deutsche med. Wochenschr., 42, 1904.
Fabr.: Boehringer & Söhne, Waldhof-Mannheim.
Preis: R. m. 10 Tabl. à 0,5 g Mk. 0,65. K. 0,80. 1 g K. 0,20.

Neraltein, p-Aethoxyphenylamidomethansulfonsaures Natrium, bildet weiße Kristalle, welche in kaltem Wasser (1 : 10) und in siedendem (1 : 1) löslich sind. Es ist ein dem Phenacetin nahestehendes Derivat des Paraphenetidins und besitzt antipyretische, antirheumatische und antineuralgische Wirkung. Der Blutdruck wird vorübergehend erhöht, der Puls kräftiger und langsamer. In der üblichen Dosis von 1—3 g pro die verursacht es keinerlei Störungen und besitzt auch keine kumulative Wirkung (Astolfoni). Es bewährte sich bei Rheumatismen, besonders gut bei dem in Gefolge von Schnupfen auftretenden Stirnhöhlenkopfschmerz, weniger deutlich war die febrifuge Wirkung (Skutetzky, Gottlieb).

Literatur: Astolfoni, Wien. klin. Wochenschr., 4, 1909. — Skutetzky, Wien. med. Wochenschr., 39, 1909. — Gottlieb, Zentralbl. f. inn. Med., 43, 1909.
Fabr.: Gehe & Co., Dresden.
Preis: R. m. 20 Tabl. à 0,5 g Mk. 1,—. K. 1,25. 10 Tabl. Mk. 0,55. K. 0,65.

Phenocollum hydrochloricum, Amidoacetparaphenetidinchlorhydrat, ist ein weißes, aromatisches, bitter salzig schmeckendes, in Wasser und Alkohol lösliches Kristallpulver.

Es entfaltet immer antifebrile Wirkung, während die antirheumatische und antineuralgische nicht konstant ist (Kramm). Sehr günstig lauten die Berichte über seine Verwendung bei Keuchhusten (Vargas, Tripold, Ostrowski) sowie bei Malaria.

Es empfiehlt sich, das Mittel in Lösung zu geben und zwar für Kinder bis zu 1 Jahr in 1%, bis zu 2 Jahren in $1\frac{1}{2}$% und für ältere Kinder in 3% Lösung (Phenocoll. hydrochl. 0,5—3,0, Decoct. Althaeae 90,0, Syrup. cerasorum 10,0. S. 2 stdl. 1 Teelöffel).

Literatur: Tripold, Wien. med. Presse, 44/45, 1892. — Vargas, Therap. Wochenschr., 1, 1896. — Kramm, Allg. med. Zentralztg., 57/58, 1899. — Ostrowski, Wratsch, 39, 1899, rf. Therap. d. Ggw., 2, 1900.
Fabr.: Chem. Fabr., vorm. E. Schering, Berlin.
Preis: 1 g Mk. 0,25. K. 0,40.

Als letzte Gruppe dieses Kapitels ist die Salizylsäure und ihre Derivate zu erwähnen. Verwendung findet zunächst das salizylsaure Natrium, dem die reizende Wirkung der freien Salizylsäure fehlt. Die temperaturherabsetzende Wirkung ist oft rasch und ausgiebig, der ausgedehnten Verwendung stehen aber die gerade hier so auffallend häufig beobachteten Nebenwirkungen entgegen. Diese Nebenwirkungen ähneln denen des Chinins (Schwerhörigkeit, Ohrensausen, Schwindel usw., eventuell Kollaps). Die Ursache der antipyretischen Wirkung ist wahrscheinlich ähnlicher Natur wie die des Antipyrins. Um die Nebenwirkungen auszuschalten oder doch zu verringern, hat man Salizylsäureverbindungen hergestellt, bei denen die Salizylsäure erst allmählich abgespalten wird (Salol). Stark reduziert sind die Nebenwirkungen bei erhaltener Salizylsäurewirkung bei der Azetylsalizylsäure — dem Aspirin. Die analgetische Wirkung der Salizylsäureverbindungen steht im allgemeinen gegenüber den anderen Analgeticis weit zurück. Am stärksten scheint sie beim Aspirin vorhanden zu sein. Dasjenige Indikationsgebiet, auf welchem sie sich dagegen immer noch als Spezifika behaupten, ist der Gelenksrheumatismus, bei dem aber auch die neueren Derivate, besonders die Azetylsalizylsäure, mit besserem Erfolge angewendet werden.

Da wir auch von der Salizylsäure wissen, daß sie die Harnsäure-Ausscheidung zu beeinflussen imstande ist, ferner beim Gelenkrheumatismus gewissermaßen als Spezifikum und gleichzeitig analgetisch und antipyretisch wirkt, also dieselbe Wirkung entfaltet, wie wir sie beim Atophan sehen, so kann dies wieder die Ansicht unterstützen, daß bei diesen Mitteln hinsichtlich ihrer Wirkung auf Fieber, Entzündung, Schmerz, Stoffwechsel, Rheumatismus, Gicht etc. ein inniger Zusammenhang besteht (Wiechowski und Starkenstein). Den als Antipyreticis verwendeten Salizylsäurepräparaten sind auch solche hier angereiht, die mehr eine spezifische Verwendung beim Gelenkrheumatismus finden.

Acetopyrin, eine Kombination der Azetsalizylsäure mit Antipyrin, ist ein weißes, schwach nach Essigsäure riechendes, kristallinisches Pulver, welches bei 64—65° C schmilzt und in kaltem Wasser schwer, etwas leichter in heißem Wasser und leicht in Alkohol, Chloroform und warmem Toluol löslich ist.

Wirkung: Das Mittel ist ein ausgesprochenes Antipyretikum, das keinerlei schädlichen Einfluß auf das Herz ausübt. In toxischer Dosis ist es ein Respirationsgift, in medizinalen Gaben verflacht es die Atmung (Zwintz). Die Zersetzung des Mittels erfolgt im Darme, wo es rasch absorbiert wird. Es belästigt den Magen in keiner Weise und ist auch von sonstigen Nebenwirkungen frei (de Moraes Miranda, Meitner). Der Temperaturabfall erfolgt langsam unter mäßiger Schweißsekretion. Manchmal ruft es etwas höhere Diurese, aber nie eine schädliche Einwirkung auf die Nieren hervor (Goldmann). Endlich ist noch hervorzuheben, daß dem Mittel auch ausgezeichnete antirheumatische und antineuralgische Wirkung zukommt.

Nebenwirkung: Bei Tuberkulösen tritt große Mattigkeit beim Abfall der Temperatur ein, jedoch ohne Erscheinungen eines wirklichen Kollapses (Winterberg und Braun). Mäßig erhöhte Schweißsekretion beobachtete Frieser. Ganz vereinzelt kommen Reizerscheinungen seitens des Digestionstraktes, wie Brechreiz und Erbrechen, vor (Spüller).

Indikationen: Als Antipyretikum bzw. Antirheumatikum ist das Mittel angezeigt bei Typhus abdominalis, Influenza (Goldmann, Winterberg und Braun), beim Fieber der Phthisiker (Frieser), bei akutem Gelenkrheumatismus, bei rheumatischen Affektionen der Pleura und des Perikards (Winterberg und Braun, de Moraes Miranda, Fuchs, Reichelt, Bolognesi, Meitner). Als schmerzstillendes Mittel bewährte es sich bei neuralgiformen Kopfschmerzen, Migräne, Ischias und Polyneuritis (Winterberg und Braun), sowie bei Pertussis und Asthma bronchiale (Braun).

Dosierung: Man gibt in 5 stündlichen Pausen 2—3 mal je 0,5 bis 1,0 g pro die, man kann aber bis 5 g pro die steigen.

Literatur: Winterberg und Braun, Wien. klin. Wochenschr., 39, 1900. — Bolognesi, Bulletin Général Thérapeut., März 1900. — Goldmann, Allg. Wien. med. Ztg., 14/15, 1901. — Frieser, Med.-chir. Zentralbl., 15, 1901. — Fuchs, Wien. klin. Rundsch., 38, 1901. — de Moraes Miranda, Dissert., Paris 1902. — Meitner, Petersburger med. Wochenschr., N. F. 4, 1903. rf. Schmidts Jahrb., 53, 1903. — Reichelt, Wien. med. Presse, 34, 1901. — Spüller, zit. bei Seifert, Würzb. Abhandl., 1, 1904. — Zwintz, Wien. med. Presse, 16, 1904. Braun, Med.-chir. Zentralbl., 2, 1905.

Fabr.: Hell & Co., Troppau.

Preis: R. m. 10 Tabl. à 0,5 g Mk. 0,65. à 1 g Mk. 0,95, je 25 Tabl. K. 0,85 u. 1,60.

Aspirin, Azetsalizylsäure, der Essigsäureester der Salizylsäure, bildet weiße Kristallnädelchen vom Schmelzpunkte 135° C, die sich in Wasser von 37° C zu 1% lösen. In Alkohol, Äther, kurz den üblichen organischen Lösungsmitteln ist es wie Salizylsäure leicht löslich, unterscheidet sich aber von dieser dadurch, daß in seiner alkalischen Lösung auf Eisenchloridzusatz keine Violettfärbung eintritt. Alkalien und Säuren führen sehr rasch die Zerlegung in seine Komponenten, Salizylsäure und Essigsäure, herbei, doch verläuft die Alkalispaltung viel rascher als die Säurespaltung, daher hiebei auch die Menge der abgespaltenen Salizylsäure vielmals größer ist, als bei der Säurespaltung (Dreser).

Wirkung: Das Aspirin, welches ein vollwertiges Ersatzprodukt für Salizylsäure darstellt, besitzt deren spezifische antirheumatische Wirkung, ist aber frei von dem schlechten Geschmacke und den unangenehmen Nebenwirkungen derselben (Dreser, Wobr). Die Desinfektionskraft gegenüber Hefepilzen ist geringer als die der Salizylsäure. In seiner leichten Spaltbarkeit zeigt sich das Aspirin auch dem Salol (einer an der Karboxylgruppe mit Phenol versetzten Salizylsäure) wesentlich überlegen. Kurze Zeit nach der Einverleibung des Aspirins tritt Salizylsäure im Harne auf und ist durch 12 Stunden dort nachweisbar. Ungespaltenes Aspirin wurde niemals aufgefunden. Da sich die Salizylwirkung wegen der zuvor nötigen Abspaltung der Säure aus dem Aspirinmolekül auf längere Zeit verteilt, sind Vergiftungserscheinungen durch plötzliche Überschwemmung des Körpers mit wirksamer Salizylsäure weniger zu befürchten (Dreser). Das Aspirin bewirkt auch Vermehrung der ausgeschiedenen Harnsäure, hingegen bleibt lokale Ätzung oder Reizung von Schleimhäuten, wie dies bei der Salizylsäure der Fall ist, aus. Da sich das Präparat in verdünnten Alkalien leicht löst, greift es den Magen nicht an, passiert ihn vielmehr nahezu unverändert und zerfällt erst im Darm in seine beiden Komponenten (Witthauer, Cybulski). Die Ausscheidung des per os aufgenommenen Aspirins mit dem Harne und in die Synovialflüssigkeit erfolgt viel langsamer als beim salizylsauren Natron, weshalb man bei der relativen Unschädlichkeit des Mittels den Organismus durch starke Gaben lange Zeit unter dem Einflusse des Medikamentes halten kann (Filippi und Nesti, Roch, Jeanneret und Lamunière). Die temperaturherabsetzende Wirkung des Aspirins konstatierten Thieme, Liesau und Nusch, die analgetische bzw. antineuralgische Witthauer, Friedeberg, Weil, Brunner, Valentin, Breuß, Ruhemann, Göth, Rezza und Merckel.

Nebenwirkungen: Am häufigsten sind solche beobachtet worden, welche der Salizylsäure zuzuschreiben sind, wie Ohrensausen (Witthauer, Neustätter, Heermann, Liesau, Valentin, Sigel), heftige Schweißausbrüche (Thieme, Gazert, Sigel, Worobjeff), Eingenommensein des Kopfes und selbst Delirien (Gazert). Relativ häufig treten Magenbeschwerden verschiedenen Grades von kurz dauerndem Magendrücken bis zu starker Übelkeit, sowie Schwindel und Erbrechen auf (Heermann, Borri, Gazert, Sigel, Manasse, Otto). Arzneiexantheme (urtikaria-, scharlach- und pemphigusartige) manchmal von Schwellung der Lider und Lippen, sowie der Schleimhaut der Mund- und Rachenhöhle, manchmal von Ödem der Haut des Kopfes, Gesichtes und Halses begleitet, sind oft schon nach geringen Dosen zu sehen (Borri, Hirschberg, Winckelmann, Gazert, Otto, Meyer, Eberson, Dietz, Thomson, Jacobaeus, Freund). Selten kamen zur Beobachtung Nierenreizungen (Borri, Brugsch), Blasentenesmus (Liesau) und Kollapserscheinungen (Gazert, Kropil, Worobjeff, Barnett). Vereinzelt bestand Idiosynkrasie gegen das Mittel (Brunner, Wohlgemuth, Ssawljew, Melchior, Graham, Klinger), welche sich im Auftreten von Urtikaria, Lidödem, Tränenfluß,

Schwellung der Mundschleimhaut und der aryepiglottischen Falten, Zyanose, Fieber und Zylindrurie äußerte.

Indikationen: Die ausgedehnteste Verwendung findet das Aspirin als Antirheumatikum, speziell beim akuten, weniger beim chronischen Gelenkrheumatismus, wobei nach Klemperer die bakterizide Eigenschaft der Salizylsäure für die bei Polyarthritis auftretenden Mikroorganismen nicht ohne Bedeutung ist (Friedeberg, Gazert, Görges, Kropil, Filippi und Nesti, Zimmermann, Wielsch, Gläßner, Roelig, Nusch, Rudolph, Brase, Pässler) und bei Pleuritis exsudativa und sicca (Thieme, Görges, Ssawljew, Nusch, Orvan). Als Antineuralgikum empfehlen es bei Ischias und Neuralgien Ruhemann, Brunner, Valentin, Dengel und Wall, bei Nierensteinkolik Hornung, bei Nephritis Päßler, bei frischer Influenza zur Beseitigung der Nervensymptome Grawitz und Gottschalk. Sehr günstig wird über den schmerzstillenden Einfluß des Aspirins bei inoperablem Karzinom berichtet (Witthauer, Weil, Breuß, Ruhemann, Göth, Merckel). Bei Bekämpfung des Fiebers der Phthisiker zeigte es sich schon in kleinen Dosen sehr wirksam (Thieme, Cybulski, Nusch, Orvàn). Von besonderen Indikationen sei noch erwähnt der akute Gichtanfall (Wolffberg, Merkel, Görges, Rudolph). In der Augenheilkunde bewährte es sich bei jenen Affektionen, welche im Verlaufe von Rheumatismus, Arthritis urica, Gonorrhöe oder deren Folgezuständen auftreten, sowie bei Trigeminusneuralgie (Wicherkiewicz), bei Glaucoma chronicum und haemorrhagicum, bei Iritis und Episkleritis (Wolffberg, Kirchner und Neustädter); in der Ohrenheilkunde bei den durch entzündliche Affektionen des äußeren und mittleren Ohres verursachten Schmerzen (Meier). Als juckreizstillendes Mittel findet es Empfehlung bei Prurigo, Ekzem und Skabies, sowie bei trockener Haut nach akuten Exanthemen (Rahn). Bei Dysmenorrhöe verwendet es Lehmann, bei schmerzhaften Wehen Rezza, bei Chorea minor Görges, Germonig und Wall, bei Keuchhusten Rudolph, als Spezifikum bei Schnupfen Rothenbiller und bei Diabetes mellitus v. Noorden und Williamson.

Von Maier wird es bei septischer Endometritis und puerperaler Septikämie, von Crofton bei Hyperemesis gravidarum, von Fetterolf lokal bei Angina follicularis gegeben.

Dosierung: Die gebräuchliche Einzelgabe für Erwachsene ist $1/2$—1 g, die Tagesgabe 2—5 g. Für Kinder genügen 0,3—0,5 g drei- bis viermal täglich. Beim Schwinden der rheumatischen Beschwerden ist die Dosis allmählich zu verringern. Gegen das hektische Fieber wird es in Dosen von 0,25 g zweimal täglich gereicht. Mit Nutzen verwendet hiebei Schröder folgende, unter dem Namen **Phthisopyrin** bekannte Tabletten: Aspirin. 0,1, Natr. arsenic. 0,00025, Acid. camphor. 0,1. S. 4—10 Stück pro die. Orvàn verordnet: Duotal. 10,0, Aspirin., Elaeosacchar. Menth. pip. ää 5,0. Divid. in dos. X. S. 2—3 Stück täglich.

Es empfiehlt sich, das Aspirin nur in Pulverform, nicht in Lösung zu geben, da es in Wasser nur schwer löslich ist und der Zusatz von Alkohol bei vielen Menschen Widerwillen hervorruft (Wohlgemuth). Am geeignetsten für die Darreichung sind die Tabletten zu 0,5 g. Dieselben sind vor dem Gebrauche zu zerkleinern und in Zuckerwasser zu nehmen, da man auf diese Weise das unverdaute Abgehen im Stuhle, wie auch Magenbeschwerden verhindert (Witthauer, Lehmann). Letztere werden auch hintangehalten durch Nachtrinken von Wasser, das mit einigen Tropfen Salzsäure versetzt ist (Rudolph). Bei Chorea empfiehlt Görges durch 5 Tage täglich dreimal je 1 g zu geben, 5 Tage zu pausieren und dann wieder durch 5 Tage je 3 g zu verabreichen usw. Wall konnte durch die 50% Lösung nach Monatsfrist die Anfälle zum Schwinden bringen, ohne daß unangenehme Nebenerscheinungen auftraten. Bei Keuchhusten gibt man nach Rudolph dreimal soviel

Zentigramme, als das Kind Jahre zählt und fügt einen Tropfen einer schwachen Morphium- oder Kodeinlösung hinzu. Als juckstillendes Mittel wird es von Rahn in 3% Lösung (in rektifiziertem Spiritus) benützt. Bei puerperaler Sepsis verabreicht Maier zweistündlich 0,25 g und kombiniert es zur Vermeidung von Kollaps mit Kampfer. Wichtig ist hiebei, daß das Mittel auch während der Nacht gegeben werde, bis völlige Entfieberung eingetreten ist. — Martinet empfiehlt zur Verhütung von Zufällen die gleichzeitige Verabreichung von 0,05—0,1 g Koffein mehrmals täglich. Bei Auftreten von Schwächezuständen ist der Kopf tief zu lagern und schwarzer Kaffee zu reichen. Bei Lokalbehandlung der Angina follicularis wird der Schleim von den Tonsillen mit einer Lösung von Natr. bicarbon. abgewischt und dann Aspirin 3 mal in 12 stündigem Intervall mit Pulverbläser aufgetragen.

Literatur: Dreser, Arch. f. d. ges. Physiol., 306, 1899. — Wohlgemuth, Therap. Monatsh., 5, 1899. — Witthauer, ebendort, 6, 1899. — Wolffberg, Wochenschr. f. Therap. u. Hyg. d. Auges, 47, 1899. — Gazert, Deutsches Arch. f. klin. Med., 1/2, 1900. — Ruhemann, Therap. d. Ggw., 3, 1900. — Weil, Allg. med. Zentralztg., 4, 1900. — Lehmann, Therap. d. Ggw., 4, 1900. — Roelig, Deutsche med. Wochenschr., 5, 1900. — Manasse, Therap. Monatsh., 6, 1900. — Wicherkiewicz, Wochenschr. f. Therap. u. Hyg. d. Auges, 6, 1900. — Grawitz, Deutsch. Ärzteztg., 6, 1900. — Witthauer, Therap. Monatsh., 10, 1900. — Friedeberg, Zentralbl. f. inn. Med., 15, 1900. — Valentin, Deutsch. Ärzteztg., 20, 1900. — Liesau, Deutsch. med. Wochenschr., 21, 1900. — Zimmermann, Berl. klin. Wochenschr., 27, 1900. — Dengel, ebendort, 27, 1900. — Brunner, Klin. therap. Wochenschr., 44, 1900. — Kropil, Zentralbl. f. inn. Med., 14, 1901. — v. Noorden, Deutsch. Praxis, 11, 1901. — Nusch, Münch. med. Wochenschr., 12, 1901. — Gottschalk, Deutsch. med. Wochenschr., 30, 1901. — Ssawljew, Allg. med. Zentralztg., 54, 1901. — Worobjew, rf. Therap. d. Ggw., 2, 1902. — Wobr, Die Heilkunde, 4, 1902. — Wielsch, Wien. med. Presse, 5, 1902. — Merckel, Münch. med. Wochenschr., 9, 1902. — Cybulski, Therap. d. Ggw., 9, 1902. — Kirchner, Ophthalmol. Klinik, 18, 1902. — Hirschberg, Deutsche med. Wochenschr., 23, 1902. — Lehmann, ebendort, 32, 1902. — Görges, Berl. klin. Wochenschr., 32, 1902. — Glaeßner, Klin. therap. Wochenschr., 51, 1902. — Filippi und Nesti, Allg. med. Zentralztg., 52, 1902. — Heermann, Therap. Monatsh., 5, 1903. — Otto, Deutsch. med. Wochenschr., 7, 1903. — Meyer, ebendort, 7, 1903. — Thieme, Therap. Monatsh., 9, 1903. — Breuß, Allg. Wien. med. Ztg., 11, 1903. — Schröder, Deutsche med. Wochenschr., 21, 1903. — Sigel, Berl. klin. Wochenschr., 31, 1903. — Neustätter, Münch. med. Wochenschr., 42, 1903. — Winckelmann, ebendort, 42, 1903. — Borri, Gazz. degli osped., 110, 1903, rf. Zentralbl. f. inn. Med., 18, 1904. — Thomson, Therap. Monatsh., 1, 1904. — Brugsch, Therap. d. Ggw., 2, 1904. — Rudolph, Münch. med. Wochenschr., 3, 1904. — Dietz, Deutsch. med. Wochenschr., Lit.-Beil., 3, 1904. — Rezza, ebendort, 6, 1904. — Eberson, Therap. Monatsh., 12, 1904. — Ruhemann, Deutsch. med. Wochenschr., 23, 1904. — Rothenbiller, Ärztl. Rundschau, 38, 1904. — Merckel, Deutsch. Arch. f. klin. Med., 1/4, 1905. — Germonig, Pharmakol. u. therap. Rundsch., 2, 1905. — Rahn, Allg. med. Zentralztg., 10, 1905. — Freund, Münch. med. Wochenschr., 15, 1905. — Barnett, Brit. med. journ., Juli 1905, rf. im Zentralbl. f. inn. Med., 52, 1905. — Päßler, Therap. d. Ggw., 2, 1906. — Brase, Med.-chir. Zentralbl., 9, 1906. — Williamson, Med. Chronicle, Mai 1906, rf. in Münch. med. Wochenschr., 34, 1906. — Roch, Jeanneret und Lamunière, Therap. Monatsh., 5, 1907. — Klemperer, Therap. d. Ggw., 6, 1907. — Hornung, Münch. med. Wochenschr., 12, 1907. — Maier, Münch. med. Wochenschr., 29, 1907. — Wall, Wien. med. Presse, 33, 1907. — Orvàn, Wien. med. Ztg., 38, 1907. — Martinet, Presse médicale, 714, 1907. — Crofton, Brit. med. journ., 2425, 1907. — Melchior, Therap. d. Ggw., 8, 1908. — Fetterolf, Revue de thérap., 24, 1908. — Graham, Klinger, zit. nach Mercks Jahresber., 192, 1912.
Fabr.: Für Aspirin: Farbenfabr., vorm. Bayer & Co., Leverkusen.
Preis: 20 Tabl. à 0,5 g Mk. 1,—. K. 1,20.
Fabr.: Für Acidum acetylo-salicylic.: Goedecke & Co., Berlin; Höchster Farbwerke; v. Heyden, Radebeul; Gehe & Co., Dresden.
Preis: R. m. 20 Tabl. à 0,5 g Mk. 0,50. K. 0,80.

Aspirin „löslich", das Kalziumsalz des Aspirins, enthält wasserfrei ca. 90% Aspirin und 10% Kalzium. Es ist ein weißes, in Wasser sehr leicht lösliches Pulver, das als solches und in Tabletten in den Handel kommt. Die Lösung ist relativ geschmackfrei, wirkt infolge der neutralen Reaktion weniger ätzend auf die Magenschleimhaut und ist frei von schädlichen Einwirkungen auf Magen und Nieren (Bercke), so daß es auch von empfindlichen Personen gut vertragen wird.

Die Indikationen und Dosierung sind dieselben wie bei Aspirin, nur darf die Lösung nicht zu lange aufbewahrt werden, da sie sich unter Bildung von Essigsäure zersetzt und saure Reaktion annimmt (Görges, Dengel).

Die Wirkung scheint manchmal etwas langsamer einzusetzen als nach Aspirinmedikation, ist aber der des Aspirins ebenbürtig. Das Mittel ist besonders geeignet für die Kinderpraxis (Lehmann, Eulenburg, Seiler). Man gibt zweckmäßig: Asp. löslich. 8,0, Aqu. dest. 175,0, Syr. Ceras. 15,0. S. 3—4 Eßlöffel täglich für Erwachsene, Kindern ebensoviele Kinderlöffel voll.

Literatur: Dengel, Med. Reform, 320, 1912. — Lehmann, Allg. med. Zentralztg., 375, 1912. — Eulenburg, Med. Klinik, 1210, 1912. — Görges, Deutsche med. Wochenschr., 1232, 1912. — Bercke, Berl. klin. Wochenschr., 1378, 1912. — Seiler, Deutsche med. Wochenschr., 2176, 1912.
Fabr.: Farbenfabr., vorm. Bayer & Co., Leverkusen.
Preis: 20 Tabl. à 0,5 g Mk. 1,—. K. 1,20.

Benzosalin, Benzoylsalizylsäuremethylester, ist ein esterifiziertes Salizylsäurederivat, welches ein weißes, in Wasser unlösliches, in Alkohol und Äther lösliches, bei 82° schmelzendes Pulver darstellt. Es wird als Ersatzmittel für Aspirin empfohlen, von welchem es sich dadurch unterscheidet, daß es nicht schon im Magen, sondern erst unter Einwirkung des Pankreassaftes im Darm gespalten wird (Livierato). Die unangenehme Salizylwirkung wird durch die Benzoesäure korrigiert (Freund).

Das Mittel wird mit gutem Erfolge als Antirheumatikum und Anodynum bei rheumatischen Affektionen, besonders bei Polyarthritis und Pleuritis exsudativa auf rheumatischer Grundlage (v. Bültzingsleben und Bergell, Ciuffini, Ganz, Weinberg, Bodenstein), sowie bei Polyneuritis alcoholica und bei anderen schmerzhaften Affektionen, z. B. Darmkarzinom (Weinberg, Ciuffini), endlich als Blasendesinfiziens an Stelle des Salols und wegen der darmdesinfizierenden und antizymotischen Wirkung der Salizyl- und Benzoesäure bei subakuten und chronischen Enteritiden, Darmtuberkulose, Typhus und Dysenterie empfohlen (Bodenstein).

Dosierung: Am besten in Tabletten à 0,5 in Dosen von 3—4 g pro die.

Literatur: v. Bültzingsleben und Bergell, Med. Klinik, 6, 1906. — Ganz, Med. Woche, 47, 1906. — Ciuffini, Riforma med., 49, 1906. rf. in Münch. med. Wochenschr., 13, 1907. — Weinberg, Wien. klin. therap. Wochenschr., 51, 1906. — Freund, Deutsch. med. Wochenschr., 9, 1907. — Bodenstein, Berl. klin. Wochenschr., 44, 1907.
Fabr.: Hoffmann-La Roche & Co., Basel-Grenzach.
Preis: R. m. 20 Tabl. à 0,5 g Mk. 0,80. K. 1,—.

Diaspirin, Succinylsalizylsäure, der Bernsteinsäureester der Salizylsäure, ist ein weißes, geruchloses, schwach säuerlich schmeckendes, kristallinisches Pulver mit ca. 77% Salizylsäure, das in Wasser und Äther schwer, in Alkohol, Azeton und warmem Eisessig leicht löslich ist.

Wirkung: Das Diaspirin, dessen Wirkung nur auf die Salizylsäure zurückzuführen ist, da ja die Bernsteinsäure keinen therapeutischen Effekt besitzt, hat vor Aspirin den Vorzug, daß es infolge seiner Schwerlöslichkeit im Magensafte fast ausschließlich im Darme gespalten wird und daher auch keine ätzende Wirkung auf die Magenschleimhaut entfalten kann. Es wird also besser vertragen als Aspirin. Die diaphoretische Wirkung ist nach Doberer stärker als nach Aspirin, setzt aber erst nach höheren Gaben ein (Kaminer).

Nebenwirkungen sind bisher nicht beobachtet worden.

Indikationen: Das Mittel wird empfohlen bei Muskel- und Gelenkrheumatismus, Influenza, Erkältungskrankheiten, sowie als Diaphoretikum bei Gallensteinkolik (Kaminer), bei Gicht (Doberer), bei beginnendem Schnupfen (Eysell) und als Schwitzmittel bei verschiedenen Augenleiden, wenn es sich darum handelt, die Regenbogenhaut neben der Atropinbehandlung durch Schwitzkuren von Exsudaten und toxischen Stoffen zu befreien, also z. B. bei akuter Iritis, bei den durch Influenza hervorgerufenen Bindehaut-

entzündungen, Augenmuskelparesen und retrobulbärer Neuritis, Glaskörpertrübung, Retinalblutung, exsudativer Chorioiditis, Skleritis, Episkleritis, sowie zur besseren Ausscheidung des Quecksilbers nach Schmierkuren und als Analgetikum bei Augenschmerzen, bei durch Eserin erzeugten Kopfschmerzen und bei Zahnschmerzen (Sylla).
Dosis: Mehrmals täglich 0,5—1,0 g bis zu 3,0 g pro die.
Literatur: Kaminer, Berl. klin. Wochenschr., 47, 1909. — Doberer, Ärztl. Reformztg., 10, 1910. — Sylla, Wochenschr. f. Therap. u. Hyg. d. Auges, 20, 1910. — Eysell, Münch. med. Wochenschr., 2031, 1912.
Fabr.: Farbenfabr., vorm. Bayer & Co., Elberfeld.
Preis: R. m. 20 Tabl. à 0,5 g Mk. 1,25. K. 1,80.

Diplosal, der Salizylsäureester der Salizylsäure, also eine Art konzentrierter Salizylsäure, bzw. ein Salol, bei dem die Karbolsäure oder ein Salipyrin, bei dem die Essigsäure durch Salizylsäure ersetzt ist. Nach Levy bilden 100 Teile Diaspirin durch Wasseraufnahme 107 g Salizylsäure. Es stellt ein weißes Kristallpulver dar vom Schmelzpunkte 147°, das in kaltem Wasser und verdünnten Säuren fast unlöslich, in verdünnten Alkalien löslich ist.

Wirkung: Das Diplosal ist ein gut verträgliches Ersatzmittel der Salizylsäure, das den Magen ohne Reizwirkung passiert und dessen Resorption vom Darme aus erfolgt, da es sich in verdünnten Alkalien unter Aufspaltung in Salizylsäure löst. Im Duodenalsafte erfolgt die Spaltung bereits in 2 bis 3 Minuten (Tocco). Die Resorption tritt rasch ein, ebenso die Ausscheidung, die bereits $1/2$—1 Stunde nach der Einnahme beginnt (Silva).

Nebenwirkungen: Im Tierversuch ist von Tocco allerdings erst nach höheren Dosen Nierenschädigung beobachtet worden. Beim Menschen wurde bisher ein schädigender Einfluß weder auf die Nieren noch auf den Magen wahrgenommen.

Indikationen: Das hauptsächlichste Anwendungsgebiet bilden rheumatische Affektionen, besonders bei magenempfindlichen Personen und bei solchen, welche profuse Schweißausbrüche nicht vertragen (Thür). Es erwies sich als wirksam bei akuter Polyarthritis, Muskelrheumatismus, ferner bei Ischias, Pleuritis, Pericarditis exsudativa und Arthritis gonorrhoica (Minkowski, Levy, Strauch, Thür, Schulze, Silva, Fried, Barbier), ferner bei Angina (Braun) und bei Zystitis, Pyelitis, gonorrhoischer und nicht gonorrhoischer Urethritis (Minkowski, Strauch, Schwenk). Erfolglos war die Anwendung bei chronischem Rheumatismus (Schulze).

Dosierung: Man gibt es in Einzeldosen von 1 g 3—6mal täglich in Milch oder Haferschleim (Levy) oder mit Hollundertee (Braun).

Literatur: Minkowski, Therap. d. Ggw., 9, 1908. — Levy, Med. Klin., 46, 1908. — Thür, Wiener med. Wochenschr., 14, 1909. — Schulze, Fortschr. d. Med., 33, 1909. — Strauch, Therap. Monatsh., 75, 1909. — Barbier, Fol. therap., 1, 1910. — Fried, Wiener klin. Rundsch., 25, 1910. — Silva, Zentralbl. f. inn. Med., 1125, 1910. — Braun, Deutsche Medizinalztg., 13, 1911. — Schwenk, Deutsche med. Wochenschr., 90, 1912. — Tocco, Therap. Monatsh., 671, 1912.
Fabr.: Boehringer & Söhne, Waldhof-Mannheim.
Preis: R. m. 20 Tabl. à 0,5 g Mk. 1,25. K. 1,45.

Ervasin, Azetylparakresotinsäure, ein Homologes der Azetylsalizylsäure, bildet prismatische Kristalle vom Schmelzpunkt 140—142°, welche in Alkohol, Äther und Chloroform leicht, in Wasser nur wenig löslich sind.

Wirkung: In therapeutischer Hinsicht kommt das Ervasin dem Aspirin gleich, reizt aber seltener Magen und Nieren. Es wird im allgemeinen selbst in hohen Dosen gut vertragen (Rautenberg).

Nebenwirkungen: Vereinzelt tritt Brechreiz auf, geringe Albuminurie erst bei längerem Gebrauch hoher Dosen (Rautenberg).

Indikationen: Bei akutem und subakutem Gelenk- und Muskelrheumatismus (Rautenberg, Richter), sowie bei Influenza und Neuralgien (Ehrlich).

Dosierung: In leichten Fällen 0,5 g, in schweren 1 g 4—5 mal täglich.
Literatur: Rautenberg, Med. Klin., 568, 1912. — Ehrlich, Deutsche Medizinalztg., 688, 1912. — Richter, Berl. klin. Wochenschr., 1807, 1912.
Fabr.: Goedecke & Co., Berlin.
Preis: Gl. m. 20 Tabl. (Gelonida) à 0,5 g K. 1,30. Ervasin-Kalzium gl. Preis.

Ester-Dermasan ist eine überfettete Salbenseife, die 10% freie Salizylsäure enthält und mit Salizylsäureestern gesättigt ist. Das Präparat stellt also ein verstärktes Rheumasan dar (s. d.).

Wirkung und Indikationen: Es erwies sich bei akutem Muskelrheumatismus und Arthritis deformans als schmerzstillendes Mittel. Durch die Sättigung des Rheumasan mit Salizylsäureestern wird der Gesamtsalizylgehalt erhöht und die Möglichkeit einer schnelleren und intensiveren Resorption des Salizyls gegeben (Pfeiffer). Nach Wolff und Frieser bewährte sich das Präparat auch bei chronischen Peri- und Parametritiden, sowie chronischer Oophoritis als Anodynum. Fränkel berichtet über günstige Beeinflussung der Psoriasis.

Nebenwirkungen: Nach Müller können die Salizylseifen, -salben und -öle niemals in ernstliche Konkurrenz treten mit den unverdünnt oder in 50% Lösung zur Anwendung gelangenden Salizylestern, da nach ihrer Anwendung leicht erhebliche Hautreizungen entstehen. So berichtet Pfeiffer über Auftreten eines pustulösen Ekzems und eines miliariaähnlichen Exanthems. Leichte Schweißausbrüche, gewöhnlich zwei Stunden nach der Anwendung, werden nicht störend empfunden.

Dosierung: Zu einer einmaligen Einreibung verwendet man 5—10 g, doch darf dieselbe nicht zu stark gemacht werden und sind vor einer erneuten Einreibung alle noch an der Haut haftenden Reste sorgfältig zu entfernen. Bei Adnexerkrankungen wird eine Gelatinekapsel mit 5 g Esterdermasan durch einen Wattetampon vaginal an der entsprechenden Stelle fixiert und 24—30 Stunden dort belassen (Wolff).

Literatur: Pfeiffer, Therap. d. Ggw., 6, 1903. — Wolff, Berl. klin. therap. Wochenschr. 5, 1904. — Fraenkel, Deutsch. med. Wochenschr., 31, 1904. — Müller, ebendort, 37, 1904. — Frieser, Ärztl. Zentralztg., 2, 1905.
Fabr.: Dr. Reiß, Charlottenburg.
Preis: Tube (31 g) Mk. 1,25. K. 1,50.

Glycosal, Monosalizylsäureglyzerinester, ist ein weißes, leichtes Kristallpulver, das bei 76° C schmilzt und in heißem Wasser leicht, in kaltem nur zu 1% löslich ist. Mit Glyzerin ist das Präparat mischbar. In Alkohol löst es sich leicht, weniger in Äther und Chloroform. Von Ätzalkalien und kohlensauren Alkalien wird es leicht verseift.

Wirkung: Das Mittel besitzt die antirheumatischen und antiseptischen Eigenschaften der Salizylate, hat aber diesen gegenüber den Vorzug, daß es den Magen unzersetzt passiert, denselben daher nur wenig oder gar nicht belästigt (Ratz, Schober). Erst im alkalischen Darmsafte wird es durch Verseifung gespalten und allmählich resorbiert, um dann die Salizylwirkung zu entfalten.

Nebenwirkung: Über das Auftreten fast nie fehlender, mehr weniger profuser Schweiße nach reichlicher Einpinselung berichten Bloch, Ratz und Schober. In einzelnen Fällen wurden außerdem leichtes Hautjucken, Schwindelgefühl, leichte Kopfschmerzen, sowie Ohrensausen und vorübergehende Schwerhörigkeit (Ratz, Kollmann), endlich Brechneigung, sogar Erbrechen beobachtet (Schober). Die Mehrzahl der Kranken klagt bei Applikation per os über den schlechten Geschmack des Mittels (Schober).

Indikationen: Im allgemeinen wird das Glycosal als eminentes Antirheumatikum bezeichnet und mit besonderem Erfolge bei akutem Gelenk- und Muskelrheumatismus, bei Arthritiden selbst schweren Grades (Zeigan, Bloch, Kollmann, Ratz, Wobr), bei Pleuritis exsudativa (Schober), sowie bei neuralgischen Beschwerden angewendet. Mit Rücksicht auf die spezifische antirheumatische Wirkung erscheint es begreiflich, daß ein vollständig negativer Effekt unbedingt gegen Rheumatismus spricht (Bloch). Auffallend ist, daß bei Glycosalgebrauch selten Rezidive auftreten (Schober). Nach Wobr leistet es auch bei Lungentuberkulose gute Dienste, da die Pleuritiden, die im Verlaufe dieser Erkrankung auftreten, sehr milde verlaufen. Über die schmerzstillende Wirkung bei Dysmenorrhöe, Karzinom, kariösen Zähnen, Periostitis nach Zahnextraktionen und nach dem Einlegen von Arsenplomben berichtet Ketterer. Herzerkrankungen bilden keine Kontraindikation für die Verwendung (Ratz).

Dosierung: Man verwendet das Glycosal intern, sowie in perkutaner und rektaler Darreichungsform. Intern gibt man es in Dosen von 0,5—1,0 g dreimal täglich, wobei sich zur Vermeidung von Reizerscheinungen empfiehlt, das Pulver in gut verschlossenen Oblaten zu verabfolgen (Ratz). Zur Einreibung benützt man nach Kollmann eine 30% spirituöse, nach Bloch eine 20% Glycosal-Collodiumlösung. Um das Auskristallisieren des Glycosals beim Verdunsten des Alkohols zu verhindern, setzt man nach Zeigan der Lösung etwas Glyzerin zu (Glycosal. 200,0, Spirit. vin. 1000,0, Glycerin. 20,0, S. 50—100 g täglich einzupinseln). Auch die 20% Salbe (mit Unguent. Paraffini) erwies sich als sehr nützlich. Zur Erhöhung der Wirkung kann man die erkrankten Stellen nach der Einpinselung, bzw. Einreibung mit Watte bedecken oder mit Billrothbattist dicht umhüllen.

Da zur Erzielung einer ausgiebigen Wirkung unter Umständen große Dosen nötig sind, die den Magen immerhin belasten, erscheint für solche Fälle auch die rektale Applikation in folgender Verschreibung angezeigt: Rp. Glycosal. 4,0—6,0—10,0, Mucilagin. gumm. arabici, Aq. dest. āā 100,0, Tctr. Opii simpl. gtts. V—X—XX. S. Gut umgeschüttelt zu 2 Klistieren zu verwenden.

Literatur: Ratz, Therap. Monatsh., 9, 1903. — Bloch, ebendort, 9, 1903. — Zeigan, Berl. klin. Wochenschr., 12, 1903. — Wobr, Die med. Woche, 45, 1903. — Kollmann, Wien. klin. Rundsch., 52, 1903. — Schober, Inaug.-Diss., Halle 1904. — Ketterer, Dissertation, Freiburg i. Br., 1906.
Fabr.: E. Merck, Darmstadt.
Preis: R. m. 10 Tabl. à 1; Mk. 1,30. K. 2,—.

Hydropyrin besteht der Hauptsache nach aus Lithiumazetylsalizylat mit Spuren des Natriumsalzes der Salizylsäure und stellt ein in Wasser sehr leicht lösliches, angenehm säuerlich schmeckendes Pulver dar (Fränkel), das unter dem Einflusse der Luft sehr leicht zersetzlich ist. Spiegel konnte sogar feststellen, daß es sich bereits in der verschlossenen Originalpackung in einem deutlichen Zersetzungszustand befindet, der nach gelegentlicher Berührung mit der Luft fortschreitet.

Wirkung: Von Boruttau wurde nachgewiesen, daß Hydropyrin im Darm und Blute Salizylsäure abspaltet und so die Wirkung der Salizylate entfaltet. Seine Giftigkeit ist geringer als die des Natriumsalizylates, es schädigt die Nieren weniger als Aspirin, dem es sonst annähernd gleichwertig ist (Tippelskirch). Das Mittel wird schnell resorbiert, zeigt auf Herz- und Atmungsorgane keinerlei nachteilige Wirkung und erwies sich als ein prompt wirkendes Antipyretikum, das in kurzer Zeit die Temperatur und Pulszahl herabsetzt (Roth). Der Temperatursturz kann nach Fickler nach 0,5 g bis zu 2°, nach 1 g bis zu 3° C betragen.

Nebenwirkungen: Mehr weniger starke Schweißausbrüche nach der raschen Temperaturherabsetzung sind nicht selten (Fickler).

Indikationen und Dosierung: In Dosen von 0,5 g 2stündlich entfaltet es die spezifische Salizylwirkung bei Muskel- und Gelenkrheumatismus und lindert die Schmerzen bei Arthritis deformans (Fickler, Löb, Roth). Weiter bewährte es sich bei exsudativer Pleuritis (Tauszk, Fickler), wobei die Aufsaugung des Exsudates so rasche Fortschritte machte, daß eine Punktion unnötig wurde (Blum), ferner bei Cholelithiasis (Tauszk), Neuralgien, Migräne (Tauszk, Löb, Roth), endlich bei Dysmenorrhöe entweder in Tabletten (à 0,5 g) 1—2 stündlich 1 Stück oder in Lösung 5 : 150, eventuell unter Zusatz von 0,1 Dionin, davon 1—2 stündl. 1 Eßlöffel (Löb, Fickler, Hirschberg). Die schmerzstillende Wirkung ist auch bei Salpingitis, Oophoritis und Parametritis nach 3 mal täglich 2 Tabletten deutlich (Hirschberg). Wegen der leichten Wasserlöslichkeit kann Hydropyrin auch per rectum gegeben werden (Möller).

Literatur: Tauszk, Budapesti Orvosi Ujsag, 49, 1907. — Fickler, Deutsch. med. Wochenschr., 48, 1910. — Boruttau, Deutsche med. Wochenschr., 73, 1911. — Möller, Berl. klin. Wochenschr., 255, 1911. — Löb, Zentralbl. f. d. ges. Therap., 337, 1911. — Tippelskirch, Therap. d. Ggw., 397, 1911. — Spiegel, Deutsch. med. Wochenschr., 458, 1911. — Fränkel, Deutsche med. Wochenschr., 1750, 1911. — Roth, Med. Klinik, 107, 1912. — Blum, Zentralbl. f. d. ges. Therap., 339, 1912. — Hirschberg, Berl. klin. Wochenschr., 1090, 1912.
Fabr.: Hydropyrin Grifa: Dr. M. Haase & Co., Berlin NW. 52.
Preis: R. m. 20 Tabl. à 0,5 g Mk. 1,—. K. 1,20. Hydropyrin: Richter, Budapest. 20 Tabl. à 0,5 g K. 1,20. 10 Tabl. K. 0,65.

Kalmopyrin, Kalziumazetylsalizylat, ein weißes, etwas nach Kreide schmeckendes, in Wasser leicht lösliches Pulver, das im wasserfreien Zustande 10% Kalzium und 90% Azetylsalizylsäure enthält. Es wird wie Azetylsalizylsäure gebraucht, vor der es den Vorzug der leichteren Löslichkeit besitzt, weshalb es für die Kinderpraxis empfehlenswert erscheint. Es wirkt schmerzstillend bei Polyarthritis, Lumbago, sowie bei den Schmerzen der Tabiker und Krebskranken (Klier, Lewin). Die gebräuchliche Dosis beträgt 0,5 bis 1,0 g 3 mal täglich.

Literatur: Klier, Therap. d. Ggw., 309, 1911. — Lewin, Therap. d. Ggw., 509, 1912.
Fabr.: G. Richter, Budapest.
Preis: 20 Tabl. à 0,5 g K. 1,—.

Mesotan, Salizylsäuremethyloxymethylester, ist eine gelbliche, schwach aromatisch riechende, klare, ölartige Flüssigkeit vom Siedepunkt 162^0 C. Es ist schwerer als Wasser, löst sich in diesem nur wenig, ist aber leicht mit den bekannten organischen Lösungsmitteln, sowie mit Öl mischbar. Sein Salizylgehalt beträgt 71%. Es wird durch wäßrige Alkalien und Wasserdampf gespalten und erleidet schon durch die Feuchtigkeit eine allerdings langsame Zersetzung.

Wirkung: Es dient als Ersatzmittel für das Gaultheriaöl (Methylester der Salizylsäure), welches wie seine nächsten Verwandten trotz ausreichender Resorbierbarkeit wegen seines penetranten, bei vielen Menschen Kopfschmerzen erzeugenden Geruches nicht verwendet werden kann (Floret). Das Mesotan ist durch sehr große Resorptionsfähigkeit und leichte Spaltbarkeit ausgezeichnet, die Belästigung des Geruchsinnes durch die Mesotandämpfe ist nicht erheblich. Appetitstörungen, Kopfschmerzen, Ohrensausen, kurz die Begleiterscheinungen der gewöhnlichen Salizylmedikation, treten fast gar nie auf (Ruhemann). Schon eine halbe Stunde nach der Anwendung zeigt der Harn bereits schwache Salizylreaktion, die bald sehr ausgeprägt wird (Reichmann).

Nebenwirkungen: Sehr häufig werden nach Mesotangebrauch Hautreizungen beobachtet, welche Röder mit einer direkten Einwirkung des Salizylpräparates auf die sensiblen Nervenendigungen zu erklären sucht. So kann es zu Ekzembildung kommen (Floret, Aronsohn, Ruhemann) oder zu Dermatitiden, die von heftigem Jucken, starken Entzündungserscheinungen und selbst Blasenbildung begleitet sind (Roder, Kayser, Litten, Wohl, Sembritzky, v. Zeller, Berliner, Sigel, Caro, Niedner, Jacobaeus, Müller, Couper, Wills). Ohrensausen und Schwindel beobachteten v. Criegern und Gröber, eine dreitägige Nierenreizung Brugsch.

Indikationen: Das Mesotan hat sich bei ausgesprochenen Rheumatosen als ein außerordentlich zuverlässiges, angenehmes und meist auch prompt schmerzstillendes Mittel erwiesen (v. Zeller). Am besten wirkt es bei akutem und chronischem Muskelrheumatismus (Floret, Posselt, Petretto, Zeigan, Dreser, Meyer, Gröber, Meißner, Rahn, Haagner, Kieffer und Pautz, Wollner, Weiß, Weil), während bei Gelenkrheumatismus nur die akuten und subakuten Formen besonders günstig, weniger die chronischen Formen beeinflußt werden (Röder, Liepelt, Reichmann). Bei rheumatischen Gelenk- und Sehnenscheidenerkrankungen, sowie Pleuritis auf rheumatischer Grundlage wird es mit Erfolg verwendet von Posselt, bei den Nachtschweißen der Phthisiker, wohl nur mit beschränktem Effekte von Straß, bei Erysipel von Ruhemann und Pautz, bei Pruritus cutaneus und Hyperidrosis von Sembritzky und Tausig. Auch dort, wo eine direkte Beeinflussung der Krankheit an sich nicht stattfindet, treten die schmerzlindernden Eigenschaften zutage, wie bei tuberkulöser Pleuritis sicca und Fungus des Handgelenkes (Frankenburger). Verstärkt wird nach Liepelt der therapeutische Effekt des Mesotans durch die Kombination mit Aspirin, was von Frank mit gutem Resultate bei Behandlung der rheumatischen Iritis versucht wurde. Vollständig versagt hat das Mittel beim Tripperrheumatismus (Liepelt) und bei Neuralgien (Petretto), weshalb es bei Schmerzen, deren Natur zweifelhaft ist, geradezu differentialdiagnostisch verwertet werden kann (Kropil).

Dosierung: Reines Mesotan soll nie verwendet werden, da es zu leicht Hautreizung hervorruft. Gewöhnlich wird es zu gleichen Teilen mit Olivenöl (Röder, Kayser, Liepelt, Korach, Caro, Jacobaeus, Weiß) verwendet, vereinzelt wird der Zusatz von Rizinusöl (Reichmann), von amerikanischem Vaselin im Verhältnisse 5 : 15 (Ruhemann) oder auch von Alcohol absolutus, bzw. Äther oder eine 20% Salbenmischung mit etwas Stearin empfohlen (Feilchenfeld). Im allgemeinen ist zu beachten, daß man das Mittel nur aufpinseln oder leicht auf die betreffenden Hautstellen streichen, nicht einreiben soll, daß man die Applikationsstellen im Umkreise der schmerzhaften Partie regelmäßig wechsle, wasserundurchlässige Stoffe zum Verbande meide und bei Auftreten von Hautröte stärkeren Grades die Medikation unterbreche. Das Mittel soll stets gut verschlossen aufbewahrt werden; das zur Mischung verwendete Öl soll weder ranzig noch wasserhaltig sein, um Zersetzung hintanzuhalten (Weil).

Literatur: Reichmann, Therap. d. Ggw., 12, 1902. — v. Zeller, Ärztl. Reformztg., 24, 1902. — Floret, Deutsch. med. Wochenschr., 42, 1902. — Röder, Münch. med. Wochenschr., 50, 1902. — Ruhemann, Deutsch. med. Wochenschr., 1, 1903. — v. Crieger u. Gröber, Die Heilk., 2, 1903. — Dreser, Therap. Monatsh., 3, 1903. — Meyer, Allg. med. Zentralztg., 6, 1903. — Zeigan, Berl. klin. Wochenschr., 12, 1903. — Kropil, Wien. med. Presse, 13, 1903. — Liepelt, Berl. klin. Wochenschr., 16, 1903. — Posselt, Deutsch. Medizinalztg., 21, 1903. — Meißner, Die med. Woche, 24, 1903. — Frankenburger, Münch. med. Wochenschr., 30, 1903. — Kayser, ebendort, 38, 1903. — Aronsohn, Deutsch. med. Wochenschr., 44, 1903. — Litten, ebendort, 47, 1903. — Straß, Wien. klin. Rundsch., 50, 1903. — Wohl, Deutsche med. Wochenschr., 51, 1903. — Sembritzky, ebendort, 52, 1903. — Sigel, Berl. klin. Wochenschr., 1, 1904. — Brugsch, Therap. d. Ggw., 2, 1904. — Berliner, Monatsh. f. prakt. Darmat., 3, 1904. — Tausig, Allg. Wien. med. Ztg., 6, 1904. — Caro, Therap. d. Ggw., 6, 1904. — Weil, Münch. med. Wochenschr., 7, 1904. — Jacobaeus, Therap. Monatsh., 12, 1904. — Niedner, Münch. med. Wochenschr., 15, 1904. — Feilchenfeld, ebendort, 20, 1904. — Korach, ebendort, 34, 1904. — Müller, Deutsche med. Wochenschr., 37, 1904. — Petretto, Wien. klin. Rundsch., 37, 1904. — Reichmann, Die Heilk., 2, 1905. — Frank, Deutsche Medizinalztg., 6, 1905. — Rahn, Allg. med. Zentralztg., 10, 1905. — Kieffer, Therapeutic. Gaz., März 1905, rf. Therap. Monatsh., 10, 1905. — Haagner, Wien. med. Presse, 16, 1905. — Ruhemann, Deutsche med. Wochenschr., 19, 1905. — Couper, Brit. med. journ., April 1905, ref. im Zentralbl. f. inn. Med., 29, 1905. — Pautz, Deutsche med. Wochenschr., 31, 1905. — Wills, Brit. med. journ., 2312, 1905, ref. in Mercks Jahresber. 1905. — Wollner, Wien. med. Presse, 52, 1905. — Weiß, Med. Klinik, 2, 1907. — Weil, Münch. med. Wochenschr., 9, 1911.

Fabr.: Chem. Fabr., vorm. Bayer & Co., Elberfeld.

Preis: 10 g Mk. 1,10. K. 1,65. 1 Tube Mesotancrème Mk. 0,90. K. 1,20.

Novaspirin, Disalizylsäureester der Methylenzitronensäure, ist ein weißes, kristallinisches, leicht säuerlich schmeckendes, in Wasser und säurehaltigen Flüssigkeiten fast unlösliches, in Alkohol, Äther und Chloroform leicht lösliches Pulver. In alkalischen Flüssigkeiten wird es beim Erwärmen auf 37° verseift und in seine Komponenten zerlegt. Der Gehalt an Salizylsäure beträgt 62%.

Wirkung: Das Novaspirin wird im allgemeinen besser vertragen als Aspirin, da keine Abspaltung der Salizylsäure im Magen stattfindet. Die Wirkung ist anhaltender, weil es infolge der langsameren Abspaltung und Eliminierung länger im Organismus bleibt, die Salizylsäure daher besser ausgenützt wird (Schönheim). Während 0,5 g Aspirin in 20 Stunden ausgeschieden werden, dauert die Ausscheidung von 0,75 Novaspirin 48 bis 72 Stunden. Eine weitere Folge der langsamen Umsetzung des Mittels ist, daß weder profuse Schweiße noch Ohrensausen danach auftreten (Liebmann, Schönheim). Nephritis und Herzaffektionen bilden keine Gegenanzeigen des Mittels (Ruhemann, Floret, Witthauer), das unter allen gegenwärtig gebräuchlichen Salizylpräparaten die geringsten Schädigungen im tierischen Organismus erzeugt (Gmeiner).

Indikationen und Dosierung: Novaspirin wirkt in Dosen von 1 g 4—6 bis 8 mal täglich vorzüglich bei allen rheumatischen Affektionen (Liebmann, Ruhemann). Da seine Wirkung schwächer ist als die des Aspirins, beginnt Lehmann die Behandlung des akuten Gelenkrheumatismus mit Aspirin und gibt Novaspirin erst nach Schwinden des Fiebers und der größten Schmerzen. Als vorzügliches schmerzstillendes Mittel bewährte es sich nach Merckel in Dosen von 0,5—1,0 bei inoperablen und rezidivierendem Uteruskarzinom, Menstrualkoliken junger Mädchen und schmerzhaften Nachwehen, nach Floret bei den Schmerzen der Tabiker, bei Para- und Perimetritis, Adnexerkrankungen, bei Ulcus ventriculi, nach Hagemann bei Cholelithiasis. Von Gresič verabreichte das Asthma bronchiale mit gutem Erfolge 1 g nach Eintreten des Anfalles und wiederholte die Gabe nach 2 Stunden, eventuell mit 0,01 Morphin. Besonders angezeigt erscheint das Mittel bei Influenza, die mit stärkeren Schmerzen der Muskeln und Nerven einhergeht, ferner bei leichter Schlaflosigkeit bei Neurasthenie und Hysterie, wenn Opiate und andere Hypnotika vermieden werden sollen, bei neuralgischen Zahnschmerzen (bis zu 6 Tabletten à 0,5 g) und bei Hyperazidität (Koerner). Bei chronischen Durchfällen verordnet Koerner Novaspirin. 0,5, Extr. Opii 0,02 3 mal täglich. Schönheim gibt 0,3—0,5 g Novaspirin 3 mal täglich gegen das Fieber der Phthisiker. Bei Urticaria acuta und chronica, Lichen ruber planus, Pruritus senilis und Erythema multiforme entfaltet das Mittel gute juckreizstillende Wirkung und bringt die Symptome zum Schwinden. In der Kinderpraxis empfiehlt es Hartmann. Bezüglich der Darreichung ist hervorzuheben, daß die Tabletten auf keinen Fall trocken zerkaut, sondern stets mit einer größeren Menge warmen Wassers verabreicht werden (Dengel).

Literatur: Liebmann, Wien. klin. Wochenschr., 7, 1907. — Dengel, Med. Klin., 17, 1907. — Merckel, Münch. med. Wochenschr., 27, 1907. — Schönheim, Wien. med. Presse, 46, 1907. — Witthauer, Berl. klin. Wochenschr., 76, 1907. — Ruhemann, Med. Klin., 113, 1907. — Floret, Deutsche Medizinalztg., 202, 1907. — Lehmann, Deutsche med. Wochenschr., 385, 1907. — v. Gresic, Klin. therap. Wochenschr., 4, 1908. — Gmeiner, Folia urologica, 7, 1908. — Hartmann, Wien. med. Ztg., 9, 1910. — Koerner, Therap. Monatsh., 279, 1910. — Hagemann, Therap. d. Ggw., 192, 1912.
Fabr.: Farbenfabr., vorm. Bayer & Co., Leverkusen.
Preis: 20 Tabl. à 0,5 g Mk. 1,50. K. 1,80.

Perrheumal ist eine auf Veranlassung von Sießkind, Wolffenstein und Zeltner hergestellte Kombination von Azetylsalizylsäure und tertiärem Trichlorbutylalkohol, welche bei Fehlen von schädlichen Reizwirkungen eine ausgezeichnete schmerzstillende Wirkung bei Muskel- und Gelenkrheumatismen, Lumbago und gonorrhoischer Arthritis entfaltet und als

10% Salbe mehrmals im Tage gut eingerieben wird. In der Nacht und bei bettlägerigen Kranken erhält der Patient einen Schutzverband.
Literatur: Sießkind, Wolffenstein u. Zeltner, Berl. klin. Wochenschr., 346, 1913.

Rheumasan ist eine überfettete Seifencrême, welche 10% freie Salizylsäure enthält, einen angenehmen Geruch besitzt, in der therapeutischen Verwendung sauber, leicht resorbierbar und unbegrenzt haltbar ist.

Wirkung und Indikationen: Das Mittel wird zur äußeren Applikation bei rheumatischen Leiden verwendet. Die Resorption erfolgt sehr rasch, der Harn zeigt schon nach wenigen Stunden Salizylreaktion. Vier Stunden nach ihrem ersten Auftreten ist dieselbe wieder verschwunden (Köbisch).

Rheumasan ist indiziert bei Muskel- und chronischem Gelenkrheumatismus, Lumbago, Ischias, sowie Schmerzen der Tabiker (Zeigan, Köbisch, Neufeld, Fränkel), endlich bei Tylosis palmaris (Mayer).

Nebenwirkungen: Unangenehm ist der beim Verreiben intensiv werdende Geruch, der vielen Patienten widerlich ist (Behr). Bei öfterer Applikation können Hautreizungen, sowie Appetitlosigkeit, Fieber und Kopfschmerzen auftreten (Köbisch, Behr). Vereinzelt wurde das Auftreten von Eiweiß im Harne beobachtet.

Dosierung: Man soll die betreffenden Stellen täglich nur einmal einreiben und hiebei 5—10 g verwenden. Zur Erhöhung der Resorptionsfähigkeit der Haut ist dieselbe vorher mit Alkohol und Äther zu reinigen. Auf den so behandelten Flächen ist das Mittel dann kräftig einzureiben, ein leichter Watteverband darüber zu legen und 12 Stunden zu belassen.

Literatur: Zeigan, Berl. klin. Wochenschr., 12, 1903. — Köbisch, Deutsch. med Wochenschr., 38, 1903. — Mayer, Dermatol. Monatsh., 5, 1904. — Behr, Therap. Monatsh., 5, 1904. — Fränkel, Berl. klin. Wochenschr., 28, 1904. — Neufeld, Österr. Ärzteztg., 13, 1905.
Fabr.: Dr. Reiß, Charlottenburg u. Wien VI/2.
Preis: Tube 62 g Mk. 2,—. K. 2,50. Kassenpackung: Tube 30 g Mk. 0,90. K. 1,25.

Rheumatin, das neutrale, salizylsaure Salz des Salochinins, bildet weiße, fast geschmacklose Nadeln, die keinen Geruch besitzen, bei 179° C schmelzen und sich in Wasser sehr schwer lösen. Der Salizylgehalt des Präparates beträgt ca. 50%.

Wirkung und Indikationen: Das Mittel wird wegen seiner antirheumatischen, bzw. antineuralgischen Wirkungsweise bei akutem Gelenkrheumatismus, selbst bei schwersten Fällen, sehr empfohlen (Overlach, Hönigschmied, Sigel). Weiter findet das Präparat Verwendung bei Trigeminusneuralgie, den lanzinierenden Schmerzen der Tabiker, sowie als Analgetikum bei inoperablem Karzinom (Overlach, Pieper). Die Vorzüge des Rheumatins, namentlich für längeren Gebrauch, sind seine völlige Geschmacklosigkeit und seine Neutralität gegenüber Magen, Herz und Nieren. Tritt nach mehrtägigem Gebrauch keine Wirkung ein, so soll man von der weiteren Darreichung absehen (Sigel).

Ein in jeder Hinsicht absprechendes Urteil über das Mittel, das schlecht vertragen wird, fällt Litten.

Nebenwirkungen: Vereinzelt wurden Ohrensausen, Schwerhörigkeit, Schwindel (Litten), sowie nicht übermäßige Schweißausbrüche und urtikariaartige Exantheme beobachtet (Sigel).

Dosierung: Nach Overlach gebe man dreimal täglich je 1 g, setze am 4. Tage aus, reiche sodann 4 Tage lang je 4 g und pausiere am 5. Tag usw. Als Einzelgabe gilt im allgemeinen 1 g, als Tagesgabe 3—4 g.

Literatur: Overlach, Zentralbl. f. inn. Med., 33a, 1901. — Litten, Deutsche med. Wochenschr., Vereinsbeil., 41, 1901. — Pieper, Therap. d. Ggw., 5, 1902. — Hönigschmied, Ärztl. Zentralztg., 26/27, 1902. — Sigel, Berl. klin. Wochenschr., 31, 1903. — Sigel, ebendort, 1, 1904.

Salen ist eine Mischung des Methyl- und Äthylglykolsäureesters der Salizylsäure. Der Methylester bildet weiße Kristalle vom Schmelzpunkte 28—29⁰ C, der Äthylester solche vom Schmelzpunkte 38—39⁰ C. Die Mischung beider dagegen erstarrt erst bei —5 bis —10⁰ C, daher das Salen bei gewöhnlicher Temperatur eine ölige Flüssigkeit darstellt. Dieselbe ist leicht in Alkohol, Benzol und Rizinusöl, schwer in Olivenöl, am leichtesten in einem Gemisch beider Ölarten oder einem solchen von gleichen Teilen Chloroform und Olivenöl löslich. Die Lösung ist absolut geruch- und völlig reizlos und haltbar.

Salen ist bei rheumatischen Affektionen der verschiedensten Art angezeigt und ist 2—3 mal täglich an den betreffenden Stellen einzureiben. Dieselben sind sodann mit Watte oder Flanell zu umbinden (Peltzer, Kraus). Die $33^1/_3 \%$ Salbe ist unter dem Namen „Salenal" im Handel und hat sich nach eigenen Versuchen als reizloses Antirheumatikum sehr gut bewährt.

Literatur: Peltzer, Fortschr. d. Med., 6, 1906. — Kraus, Allg. Wien. med. Ztg., 32, 1908.
Fabr.: Ges. f. chem. Industrie, Basel.
Preis: 1 Tube Salenal Mk. 1,10. K. 1,40.

Salimenthol ist der Salizylsäureester des Menthols und stellt eine fast farblose, ölige, nahezu geschmacklose, angenehm riechende Flüssigkeit dar, die in Wasser unlöslich, mit Alkohol, Äther und Chloroform sowie mit fetten Ölen in jedem Verhältnisse mischbar ist. Das Präparat besteht aus annähernd gleichen Teilen Salizylsäure und Menthol und vereinigt die antirheumatische Wirkung der Salizylsäure mit der anästhesierenden des Menthols (Keller). Die mit Menthol veresterte Salizylsäure zerfällt erst im alkalischem Magensafte in ihre Komponenten. — Von Nebenwirkungen wurde bisher nur einmal von Keller ein vorübergehendes Erythem nach äußerer Anwendung beobachtet. Es wird bei akutem Gelenk- und Muskelrheumatismus, bei Ischias, Neuralgien und Zahnschmerzen usw. als desinfizierendes und schmerzlinderndes Mittel verwendet (Reicher, Komlósi und eigene Erfahrungen). Das Mittel ist völlig reizlos und beschmutzt die Wäsche nicht. Es wird innerlich in Kapseln à 0,25 g (pro die 3—6 Kapseln), wie in Tropfen, 3—4 mal 10—15 Tropfen und äußerlich unter dem Namen Samol als 25% Salbe verwendet.

Literatur: Reicher, Therap. Monatsh., 6, 1906. — Komlósi, Österr. Ärzteztg., 10, 1906. — Keller, Therap. d. Ggw., 6, 1909.
Fabr.: Dr. Scheuble u. Hochstetter, Hamburg.
Preis: 1 Tube Samol. 25 g Mk. 1,50. G 50 g Mk. 2,50. K. 2,— u. 3,10. Kassenpackung Tube 25 g Mk. 1,25. K. 1,30. Salimenthol-Kohle-Tabletten: R. m. 20 Tabl. Mk. 1,50. K. 1,60.

Salipyrin, Antipyrinum salicylicum, ist ein weißes, herbsüßes, in heißem Wasser, Alkohol, Chloroform und Benzol lösliches Kristallpulver, welches als Antipyretikum speziell bei Influenza (Mosengeil, Dornblüth), ferner als Antirheumatikum und Antineuralgikum verwendet wird (Lohmann). Als Beruhigungsmittel bei Menstruationsbeschwerden, dann bei drohendem Abortus und Menorrhagien wurde es zuerst gewürdigt von Zurhelle, weiter von Kayser und Orthmann.

Nebenwirkungen: Von solchen kamen nach Seifert zur Beobachtung Kopfschmerzen, Sodbrennen, Erbrechen und Exantheme verschiedener Art, weiter Blässe des Gesichtes, Zyanose, Trismus, Bewußtlosigkeit, unregelmäßige Atmung wie bei Eklamptischen mit Verlangsamung des Pulses (Scharfe), Herzklopfen, Atemnot, heftige Schweiße und Angstgefühl (Dumstrey), Schwerhörigkeit und Ohrensausen (Schwabach, Lewin), endlich Schlingbeschwerden, Durstgefühl und Trockenheit der Zunge (Lewin).

Dosierung: Das Salipyrin wird in Einzelgaben von 1 g entweder als Schüttelmixtur oder als Pulver gegeben. Die Tagesdosis beträgt 3—6 g.

Literatur: Zurhelle, Deutsche Medizinalztg., 69, 1892. — Dornblüth, Deutsche med. Wochenschr., 44, 1893. — v. Mosengeil, Deutsche Medizinalztg., 98, 1893. — Kayser,

Deutsche med. Wochenschr., S. A. 1893. — Orthmann, Berl. klin. Wochenschr., 7, 1895. — Scharfe, Therap. Monatsh., 3, 1903. — Dumstrey, Deutsche med. Wochenschr., 43, 1903. — Lohmann, Deutsch. Medizinalztg., 102, 1903. — Schwabach, Deutsche med. Wochenschr., 11, 1904. — Lewin, zit. bei Schwabach. — Seifert, Würzburger Abhandl., 1, 1904.
Fabr.: Riedel, Berlin.
Preis: R. m. 10 Tabl. à 0,5 g u. 1 g Mk. 0,60 u. 1,—. K. 0,75 u. 1,20.

Salit, der Salizylsäureester des Borneols, eines Reduktionsproduktes des gewöhnlichen Kampfers, ist eine braune, ölige Flüssigkeit, welche im Wasser unlöslich, in Alkohol wenig, in Benzol, Äther und fetten Ölen in jedem Verhältnis löslich ist. Durch Alkalien und nach der Einverleibung in den menschlichen Organismus wird das Präparat in Borneol und Salizylsäure gespalten.

Nebenwirkungen: Salit ist wie Mesotan imstande, Hautreizungen bis zur Ekzembildung hervorzurufen, doch sind dieselben nicht so heftig, auch nicht so häufig wie bei diesem (Müller). Von Toff wird zur Vermeidung dieses Übelstandes empfohlen, die einzureibende Fläche zunächst mit warmen Wasser, Seife und Alkohol zu reinigen, da man sonst durch Hineinreiben von Unreinlichkeiten in die Haut Reizungen erzeugen kann, die man dann ausschließlich auf Rechnung des Mittels setzt.

Indikationen und Dosierung: Das Präparat wird bei rheumatischen Erkrankungen und Neuralgien mit gutem Erfolge in einer Mischung mit gleichen Teilen Öl angewendet. Es wird zweimal täglich aufgepinselt oder eingerieben und die Stellen dann mit Billrothbattist und Watte bedeckt (Müller, Toff, Schmidt).
Literatur: Müller, Münch. med. Wochenschr., 15, 1904. — Toff, Spitalul, 22, 1905, rf. Schmidts Jahrb., 2, 1906. — Schmidt, Deutsch. med. Wochenschr., 3, 1906.
Fabr.: v. Heyden, Radebeul.
Preis: Fl. verdünnt (35 g) Mk. 1,30. 10 g K. 0,90.

Salochinin, der Salizylsäureester des Chinins, ist ein geschmack- und geruchloses, weißes Kristallpulver vom Schmelzpunkte 130° C. In Wasser ist es vollkommen unlöslich, in Alkohol und Äther relativ schwer löslich. Sein Gehalt an freier Chininbase beträgt 73,1% (Overlach, Tauszk).

Wirkung: Das Salochinin ist nach Overlach ein von unangenehmen Nebenerscheinungen freies Chininpräparat, welches ausgezeichnete febrifuge und schmerzstillende Eigenschaften besitzt und dem die gleiche deletäre Kraft gegenüber Mikroorganismen zukommt, wie dem einfachen Chinin.

Nebenwirkungen: Nach Hönigschmied treten hie und da durch die Salizylkomponente erzeugte Nebenerscheinungen, wie leichte Schwerhörigkeit und Ohrensausen, seltener Übelkeiten (Tauszk) auf.

Indikationen: Es bewährte sich als Antipyretikum bei Typhus und Influenza (Overlach, Wateff). Die Erfolge bei Malaria sind nahezu ebensogut wie bei reiner Chininmedikation (v. Koloszváry, Sternberg), hingegen läßt das Mittel bei akuten Gelenkrheumatismus im Stiche (Litten). Im besonderen findet es noch Verwendung bei Ischias, selbst veralteten Fällen, sowie bei profusen Menorrhagien, gleichviel ob mit oder ohne Menstrualkolik einhergehend (Overlach, Hönigschmied) und endlich als Antineuralgikum bei Trigeminusneuralgie (Tauszk, Hönigschmied).

Dosierung: Nachdem 2 g Salochinin ungefähr 1 g Chinin entsprechen (Overlach, Litten), so gebe man bei Typhus, Influenza usw. Dosen von 1—2 g (etwas Salzsäurelimonade, aber nicht Zitronensäurelimonade nachtrinken lassen!), bei Malaria 3 Stunden vor dem zu erwartenden Anfall 2 g.
Literatur: Overlach, Zentralbl. f. inn. Med., 33a, 1901. — Litten, Deutsche Medizinalztg., 90, 1901. — Tauszk, Klin. therap. Wochenschr., 1, 1902. — v. Koloszváry, Die Heilkunde, 9, 1902. — Sternberg, Ärztl. Zentralztg., 23, 1902. — Hönigschmied, ebendort, 26/27, 1902. — Wateff, rf. Deutsch. med. Wochenschr., 35, 1903.
Preis: 1 g Mk. 0,50. 20 Tabl. à 0,5 g K. 4,30.

Salophen, Salizylsäureparaamidophenylazetylester, stellt kleine, kristallinische, geruch- und geschmacklose, in Alkohol und Äther leicht lösliche

Blättchen dar, welche 51% Salizylsäure enthalten und bei 187—188° C schmelzen.

Wirkung: Da das Mittel durch Säuren nicht gespalten wird, passiert es den Magen unzersetzt und ruft keine Magenstörungen hervor. Im alkalisch reagierenden Darme spaltet es sich langsam in seine beiden Komponenten, so daß die Salizylwirkung eine kontinuierliche ist, die im Körper befindliche Salizylmenge aber doch niemals so groß wird, daß sie unangenehme Einflüsse auf Magen- und Nervensystem ausüben kann (Drews).

Nebenwirkungen: Trotzdem das Mittel im allgemeinen gut vertragen wird, wurden hie und da profuse Schweiße mit Mattigkeit, Eingenommensein des Kopfes, Schwindel, Ohrensausen, Übelkeit und Pulsverlangsamung beobachtet (Seifert). Einmal wurde von Fröhlich (zit. bei Seifert) ein urtikariaartiges Exanthem wahrgenommen.

Indikation und Dosierung: In Dosen von 0,5—1,0 g pro dosi und 4—6 g pro die bewährte sich das Salophen als ein gutes Antirheumatikum, Antineuralgikum und Analgetikum (Hitschmann, Caminer, Koch, Köster, Hennig, Richy). Es fand weiter erfolgreiche Verwendung bei Chorea, sowie in 5—10% Salbe bei gewissen von Jucken begleiteten Hautaffektionen (Drews, Mosler). Gegen Pruritus empfiehlt es Wannemacker in Tagesgaben von 3—5 g.

Literatur: Hitschmann, Wien. klin. Wochenschr., 49, 1892. — Caminer, Therap. Monatsh., 10, 1892. — Koch, Deutsche med. Wochenschr., 18, 1893. — Köstner, Therap. Monatsh., 1, 1894. — Hennig, Münch. med. Wochenschr., 36, 1895. — Drews, Therap. Monatsheft, 1, 1898. — Wannemacker, Wien. med. Blätter, 9, 1898. — Mosler, Deutsch. med. Wochenschr., 35, 1898. — Richy, die Heilkunde, 2, 1899. — Seifert, Würzburger Abhandl., 1, 1900.

Fabr.: Farbenfabr., vorm. Bayer & Co., Leverkusen.
Preis: 10 Tabl. à 0,5 g Mk. 1,—. K. 1,30.

Spirosal, Monosalizylsäureester des Äthylenglykols, ist eine fast farblose, nahezu geruchlose Flüssigkeit, die mit Alkohol, Äther, Chloroform in jedem Verhältnisse, ferner mit 15 Teilen Olivenöl und 110 Teilen Wasser und mit Fetten und Vaselin zu gleichen Teilen mischbar ist.

Wirkung: Das Mittel erscheint für die perkutane Salizyltherapie rheumatischer Affektionen geeignet (Schönheim, Gardemin), wird von der Haut besser vertragen als Mesotan und wirkt schnell und prompt. Nach $1\frac{1}{2}$—2 Stunden ist es bereits im Harne nachweisbar. Es entfaltet einen hervorragenden schmerzstillenden Effekt, meist schon nach der ersten Einpinselung.

Nebenwirkung: Von Koch und Schultz wurde einmal das Auftreten roter Flecke nach einmaliger Einpinselung beobachtet.

Indikationen und Dosierung: Das Mittel wird unverdünnt oder mit Spiritus rectificatus bei akutem und chronischem Gelenkrheumatismus erfolgreich zu Einreibungen verwendet (Gardemin, Schönheim, Lehmann, Frankenburger, Ruhemann, Haagner, Dengel, Koch und Schultz, Klein, Walter, Ruschkow). Durch kleine Gaben Aspirin oder Novaspirin kann die Wirkung wesentlich unterstützt werden (Gardemin, Ruhemann, Haagner). ebenso durch Stauungstherapie (Koch und Schultz). Gute Erfolge ließen sich auch bei Ischias erzielen (Weiß, Lehmann, Dengel), während bei gonorrhoischen Gelenkerkrankungen nicht viel zu erwarten ist. Bei Furunkulose des äußeren Gehörganges wird die Einführung eines mit Spirosalspiritus getränkten Gazestreifens mehrmals täglich empfohlen (Lubinski, Sag). — Der Alkoholmischung ist im allgemeinen der Vorzug zu geben, da das reine Spirosal bei niedriger Temperatur leicht erstarrt und dann zum Gebrauch erst verflüssigt werden muß (Lubinski).

Literatur: Schönheim, Wien. med. Presse, 46, 1907. — Gardemin, Deutsch. med. Wochenschr., 49, 1907. — Lehmann, Therap. d. Ggw., 8, 1908. — Ruhemann, Berl. klin. Wochenschr., 23, 1908. — Haagner, Allgem. Wiener med. Ztg., 28, 1908. — Frankenberger, Münch. med. Wochenschr., 36, 1908. — Koch u. Schultz, Therap. Monatsh., 3, 1909. —

Weiß, Heilkunde, 3, 1909. — Lubinski, Therap. d. Ggw., 10, 1909. — Dengel, Deutsche med. Wochenschr., 14, 1909. — Lehmann, Berl. klin. Wochenschr., 15, 1909. — Walter, Heilkunde, 2, 1910. — Sàg, Budapesti Orvosi Ujsàg, 7, 1910. — Klein, Deutsche med. Wochenschr., 48, 1910. — Ruschkow, Berl. klin. Wochenschr., 52, 1910.
Fabr. Farbenfabr., vorm. Bayer & Co., Leverkusen.
Fabr.: Farbenfabr., vorm. Bayer & Co., Leverkusen.
Preis: 1 Flasche Mk. 1,50. K. 2,10.

Außerhalb der genannten drei Gruppen stehend finden noch als Analgetika bzw. Antipyretika Verwendung:

Methylenblau, Tetramethylthioninum hydrochloricum, bildet grüne, glänzende Kristalle, welche leicht in kaltem und heißem Wasser, schwerer in Alkohol löslich sind.

Wirkung: Abgesehen von der spezifischen chemischen Affinität zu den Zellkernen und Nervenendigungen entfaltet das Methylenblau noch ausgezeichnete, spezifische Wirkung gegenüber Malaria, weiter antineuralgische und antiseptische, nach Strizower sogar hämostatische und nach Bodoni hypnotische Eigenschaften. Die Ausscheidung erfolgt durch die Nieren und den Schweiß, der Harn ist daher stets grün- bis dunkelblau gefärbt (Guttmann und Ehrlich, Röttger). Darauf wie auf die Blaufärbung des Stuhles (Riskin, Röttger) sind die Kranken aufmerksam zu machen.

Nebenwirkungen: Am häufigsten kamen bei der internen Verabreichung zur Beobachtung Strangurie, Nieren- und Blasenschmerzen (Klemperer, Riskin, Röttger, Guttmann und Ehrlich), erhöhte Diurese (Schindler), Schmerzen im Epigastrium, Übelkeit und Erbrechen (Klemperer, Riskin, Saizeff und Toporkoff), endlich Parästhesien und Schwindelgefühl (Schindler).

Bei subkutaner Applikation, welche mit sehr heftigen Schmerzen verbunden war, kam es trotz größter Asepsis zu Infiltraten der Einstichstelle (Riskin). Das Auftreten der Strangurie, wie auch die Nebenerscheinungen seitens des Digestionsapparates können hintangehalten werden durch Verwendung chemisch reinen Methylenblaus oder durch Zusetzen der dreifachen Menge von Pulvis nucis moschatae (Röttger, Guttmann und Ehrlich, Riskin, Mühlens, Saizeff, und Toporkoff).

Indikationen: Von Wichtigkeit ist seine Verwendung bei Malaria (Guttmann und Ehrlich, Röttger, Riskin, Ollwig, Mühlens, Noguerra), besonders für die Fälle, bei denen Chinin absolut nicht vertragen wird. Hier stellt es den zurzeit besten Chininersatz dar (Koch). Es nützt selbst dort, wo Kranke die Malaria aus den Tropen mitgebracht haben und wegen Disposition zu Schwarzwasserfieber kein Chinin nehmen durften (Koch). Ausführliche Untersuchungen über die Veränderung der Malariaparasiten bei Methylenblaudarreichung sind von Iwanoff angestellt worden. Derselbe fand, daß am meisten die Halbmonde, weniger die erwachsenen und Sporulationsformen, gar nicht die jungen Formen (Sporen) angegriffen werden. Das Methylenblau wirkt wesentlich auf das Protoplasma, das Chinin hingegen hauptsächlich auf den Kern, das Chromatin, weshalb auch die Jugendformen, die sehr wenig Plasma besitzen, unempfindlich gegen Methylenblau, sehr empfindlich gegen Chinin sind, die erwachsenen Formen, besonders die Halbmonde durch ersteres völlig zerstört, durch letzteres nur wenig beeinflußt werden. Hierdurch lassen sich bestimmte Indikationen für die Verwendung des Mittels bei Malaria feststellen, so daß dasselbe nicht als ein bloßes Ersatzmittel des Chinins anzusehen ist, wenn dieses aus irgend einem Grunde kontraindiziert ist.

Die günstige antineuralgische Wirkung des Präparates betont Schindler, den hypnotischen, bzw. beruhigenden Effekt in der psychiatrischen Praxis Saizeff und Toporkoff.

Von speziellen Indikationen seien erwähnt: Die Verwendung bei Maltafieber (Audibert und Rouslacroix), bei Ischias (Klemperer), bei akuten und chronischen Affektionen der Harnwege, bei katarrhalischer Entzündung der Blase, bei tuberkulösen Erkrankungen derselben, bei Cystitis gonorrhoica subacuta (Bialobrzeski, Horovitz), bei heftigen, unstillbaren Diarrhöen der Phthisiker, sowie lokal bei tuberkulösen Geschwüren in Kombination mit Milchzucker (Rénon und Geraudel), bei Ozäna (Bonnet), bei infektiösen Ophthalmien (Rollet), bei Augenkomplikationen durch Variola (Painblau-Taconnet, Combemale-Deléarde), bei Otitis media suppurativa chronica und den übelriechenden Otorrhöen des Kindesalters (Gautier), zu diagnostischen Zwecken, um die Permeabilität der Nieren zu konstatieren (Pedenko, Fischer) und zur Ausführung der Sahlischen Desmoidreaktion (Kühn), um die sekretorische Funktion des Magens zu prüfen. Hierbei wird ein mit feinstem Rohkatgut verschlossenes, eine Methylenblauperle enthaltendes Kautschukbeutelchen nach dem Mittagessen gegeben. Nur wenn genügend Pepsin und Salzsäure im Magen vorhanden ist, kann das Katgut gelöst werden, die Methylenblauperle austreten und Blaufärbung des Harnes veranlassen. Schließlich sei noch der Verwendung des Mittels in der mikroskopischen Färbetechnik, besonders zur Herstellung der bei der Färbung der Spirochaete pallida benötigten Giemsalösung Erwähnung getan.

Dosierung: Methylenblau wird am besten in Kapseln zu 0,05—0,1 g mehrmals täglich gegeben. Bei Erbrechen und Intoleranz des Magens empfiehlt sich die subkutane Anwendung (0,05 : 1 ccm aq. dest.). Bei Malaria kann man nach Koch und Noguera bis zu 1,0 g pro die geben, bei Zystitiden genügt 0,3—0,4 g pro die in Oblaten oder Pillen. Als Antineuralgikum wird es in gleicher Dosis per os und subkutan verabfolgt. So gibt z. B. Klemperer bei Ischias 3—6 mal täglich 0,1 g. In der Augenheilkunde werden zu Instillationen und subkonjunktivalen Injektionen 0,2—0,3% Lösungen verwendet, ebenso in der Oto-Rhinologie. Als Beruhigungsmittel wird es in Dosen von 0,03—0,09 g subkutan, als Hypnotikum in intramuskulärer Injektion in Dosen von 0,08—0,1 g appliziert (Bodoni).

Literatur: Guttmann u. Ehrlich, Berl. klin. Wochenschr., 39, 1891. — Strizower, Wien. klin. Wochenschr., 1, 1896. — Röttger, Deutsch. med. Wochenschr., 15, 1896. — Schindler, Berl. klin. Wochenschr., 46, 1896. — Koch, Deutsch. med. Wochenschr., 5, 1899. — Klemperer, Therap. d. Ggw., 2, 1900. — Ollwig, Zeitschr. f. Hyg. u. Infektionskrankh., 2, 1900. — Riskin, Therap. d. Ggw., 3, 1900. — Bodoni, Zentralbl. f. inn. Med., 28, 1900. — Koch, Deutsche med. Wochenschr., 49/50, 1900. — Iwanoff, ebendort, 18, 1901. — Gautier, Semaine médicale, 43, 1901, rf. in Mercks Jahresber. 1901. — Bollet, Presse médicale, 65, 1901, rf. in Mercks Jahresber. 1901. — Bonnet, ebendort, 81, 1901, rf. in Mercks Jahresber. 1901. — Horovitz, Zentralbl. f. d. ges. Therap., 2, 1903. — Géraudel, Münch. med. Wochenschr., 8, 1903. — Mühlens, Deutsch. med. Wochenschr., 35, 1903. — Rénon, Presse médicale, 1903. — Bialobrzeski, Deutsch. Medizinalztg., 74, 1903. — Saïzeff u. Toporkoff, rf. in Therap. d. Ggw., 4, 1904. — Pedenko, Wratschebnajag., 13, 1904, rf. Mercks Jahresber. 1904. — Fischer, Münch. med. Wochenschr., 14, 1904. — Painblau-Taconnet, Combemale-Deléarde, rf. in Mercks Jahresber. 1904. — Sahli, Korrespondenzbl. f. Schweiz. Ärzte, 8/10, 1905. — Giemsa, Deutsche med. Wochenschr., 26, 1905. — Kühn, Münch. med. Wochenschr., 50, 1905. — Noguera, rf. in Mercks Jahresber., 1905. — Audibert u. Rouslacroix, Therap. Monatsh., 251, 1911 (Ref.).

Maretin, Carbaminsäure-m-Tolylhydracid, ist ein weißes, geschmackloses, kristallinisches Pulver vom Schmelzpunkte 183—185° C, welches in kaltem Wasser schwer, leichter in siedendem Wasser löslich ist.

Wirkung: Das Mittel wird als wirksames Antipyretikum bei Behandlung des Fiebers der Tuberkulösen empfohlen, da es die Temperatur langsam herabsetzt und keinen schädigenden Einfluß auf die Respirations-, Zirkulations- und Digestionsorgane ausübt (Barjansky, Elkan, Helmbrecht, Kaupe, Henrich, Elsässer, Calabrese, Steinhauer, Lazarus). Von verschiedenen Autoren wird aber der sichere antipyretische Effekt angezweifelt und über verschiedene Nebenwirkungen berichtet (Litten, Benfey,

Krönig, Mai) und dringend vor der Verwendung bei Tuberkulose gewarnt (Pisarski, Port, Zille, Koch, Krebs, Heubner).

Nebenwirkungen: Eine häufige, nach Litten ausnahmslos zu beobachtende Begleiterscheinung der Maretindarreichung ist das Auftreten von profusen Schweißen, was namentlich bei ohnehin schwitzenden Phthisikern schwer in die Wagschale fällt (Barjansky, Helmbrecht, Mai, Henrich, Attanasio). Von Kirkovič, Zille, Koch und Schmitz wurde subikterische Verfärbung der Sklera, der Haut und des Harnes wahrgenommen, was Schmitz durch das Auftreten eines absolut unschädlichen Farbstoffes zu erklären versucht, der nach Maretindarreichung durch Oxydation des Maretins im Organismus entsteht. Über Eintritt einer kollapsartigen Temperaturerniedrigung bis auf 33,8° C wird von Mai, über ausgesprochenen Kollaps von Barjanski, Sommer und Zille, über Auftreten seröser Diarrhöen ohne Kolikschmerzen von Rénon und Verliac berichtet. Von einer Reihe von Autoren (Percival, Port, Pitini, Heubner) wird darauf hingewiesen, daß Maretin nach längerer Verabreichung Anämie erzeugt. Schon nach kleinen wiederholten Dosen kann es eine sehr beträchtliche Schädigung des Blutes nach Art einer schweren anämischen Erkrankung hervorrufen, da die Anämie erzeugende und die wirksame Dosis nicht weit auseinander liegen (Heubner), was experimentell auch im Tierversuche von Pitin festgestellt wurde. Dieser schon früher von anderen Autoren (Percival, Port) ebenfalls beobachtete schädliche Einfluß auf das Blut läßt das Mittel trotz anderseitiger Empfehlung und Anerkennung seiner antipyretischen Eigenschaften kaum als brauchbar erscheinen.

Indikationen und Dosierung: Beim Fieber der Tuberkulösen gibt man das Mittel in Dosen von 0,2—0,5 g 1—2 mal täglich am besten in Form der Tabletten zu 0,25 und 0,5 g (Koch, Kühnel, Tollens, Rénon und Verliac, Dreser, Senator, Schmitz). Es fand ferner bei akutem, fieberhaften Gelenkrheumatismus (Sobernheim, Kirkovič, Ulrich), bei Typhus, Influenza, Septikämie (Barjansky, Ulrich, Percival) und als Antineuralgikum (Kirkovič) Empfehlung.

Literatur: Barjansky, Berl. klin. Wochenschr., 23, 1904. — Litten, Deutsche med. Wochenschr., Vereinsbeil., 26, 1904. — Kaupe, ebendort, 27, 1904. — Helmbrecht, ebendort, 30, 1904. — Elkan, Münch. med. Wochenschr., 30, 1904. — Henrich, Therap. Monatsh., 3, 1905. — Ulrich, Die Heilkunde, 5, 1905. — Mai, Klin. therap. Wochenschr., 12, 1905. — Sobernheim, Deutsche med. Wochenschr., 15, 1905. — Kirkovic, Wien. klin. Wochenschr., 37, 1905. — Krönig, Med. Klinik, 42, 1905. — Benfey, ebendort, 46, 1905. — Pisarski, Klin. therap. Wochenschr., 47, 1905. — Steinhauer, Deutsche med. Wochenschr., 49, 1905. — Lazarus, ebendort, 49, 1905. — Koch, Ärztl. Rundsch., 2, 1906. — Kühnel, Wien. klin. Wochenschr., 2, 1906. — Sommer, Therap. Monatsh., 3, 1906. — Elsässer, ebendort, 6, 1906. — Calabrese, Riform. med., 18, 1906, rf. in Deutsch. med. Wochenschr., 24, 1906. — Rénon et Verliac, Bullet. général de thérap., 7, 1906. — Attanasio, rf. in Münch. med. Wochenschr., 49, 1906. — Tollens, Deutsch. med. Wochenschr., 8, 1907. — Percival, Münch. med. Wochenschr., 35, 1907. — Port, Deutsche med. Wochenschr., 35, 1907. — Krebs, Münch. med. Wochenschr., 44, 1907. — Koch, ebendort, 44, 1907. — Zille, Gazz. degli osped., 144, 1907. — Senator, Therap. d. Ggw., 11, 1908. — Dreser, Med. Klin., 44, 1908. — Schmitz, Fortschr. d. Med., 48, 1910. — Pitini, Therap. Monatsh., 2, 1911, Referat. — Heubner, ebendort, 6/8, 1911.

Fabr.: Farbenfabr., vorm. Bayer & Co., Leverkusen.
Preis: 20 Tabl. à 0,1 g Mk. 1,25. 10 g K. 3,60.

Roob Sambuci. Es ist die Hollundersalse aus Fructus Sambuci. Durch Untersuchungen von verfälschtem Portwein, der als altes Volksheilmittel bei genuinen Neuralgien, besonders bei Ischias, eine prompte schmerzlindernde Wirkung äußerte, fand H. Epstein als Träger dieser Wirkung das Roob Sambuci. Das auffallende ist die äußerst rasche Heilung. Bei frischen Fällen tritt der Effekt schon nach 10—12 Minuten ein, bei älteren Fällen müssen die Gaben durch 3—5 Tage genommen werden und zwar stets 20—30 g in einer 20%igen Alkohollösung. Tritt keine Besserung ein, dann ist die Form keine genuine, verschlimmert sich der Schmerz, dann liegt bestimmt Neuritis

vor. Epstein resumiert diese Schlüsse aus den Beobachtungen an 48 Fällen. Über weitere günstige klinische Beobachtungen berichtet R. H. Jokl.
Literatur: Epstein, H., Prager med. Wochenschr., 75, 1914.
Preis: 100 g K. 0,85.

Antiseptika.

Antiseptika sind Stoffe, die Mikroorganismen töten oder wenigstens in ihrem Wachstum hemmen sollen. Je nach der Art der Verbindung werden auch an die Brauchbarkeit derselben verschiedene Anforderungen gestellt werden. Zu berücksichtigen sind zunächst zwei Hauptmomente: Da es sich darum handelt, das Zellenprotoplasma im Bakterienleibe zu schädigen, können alle Zellgifte diesem Zwecke dienen. Dadurch besteht aber Gefahr, auch die Zellen des Organismus zu schädigen und eben dadurch wird die Anwendung der Antiseptika eine bedingte. Für die Verwendung der Antiseptika zur inneren Desinfektion sind nur jene Momente maßgebend, die im Kapitel der Chemotherapie angeführt werden: spezifische Beziehungen zwischen dem Desinfiziens und dem Mikroorganismus, wodurch das Verhältnis der Organotropie zur Parasitotropie ein günstiges wird.

Am wenigsten zu berücksichtigen sind die organotropen Wirkungen der Desinfizientien bei ihrer Verwendung außerhalb des Organismus.

Ganz im allgemeinen ist die Güte eines Desinfektionsmittels abhängig von seiner Durchdringungskraft, von der Schnelligkeit des Eindringens in den Bakterienleib. Diese ist besonders stark bei den lipoidlöslichen Stoffen vorhanden.

Außer der Durchdringungskraft kommt weiter in Betracht die Fähigkeit des betreffenden Mittels, die äußeren Zellschichten zu zerstören. Im allgemeinen handelt es sich dabei um die Zerstörung von Eiweiß: Eiweißfällung und Eiweißlösung.

Die meisten Reaktionen der Antiseptika, speziell die der Schwermetalle, Säuren und Alkalien sind Jonenreaktionen und dementsprechend ist die Wirkung auch abhängig vom Grade ihrer Dissoziation in Lösungen. Das beste Beispiel, dies zu erläutern, sind die als Desinfektionsmittel verwendeten Quecksilbersalze. Man hielt die desinfektorische Wirkung derselben abhängig von der Menge des löslichen Quecksilbers. Maßgebend ist aber nur der Grad der elektrolytischen Dissoziation. Es ist Sublimat ($HgCl_2$) in Hg und Cl-Ionen dissoziiert. Kaliumquecksilbercyanid dagegen in K-Ionen und Quecksilbercyan-Ionen. Daher rührt die bedeutend höhere Desinfektionskraft des Sublimats.

Eben wegen der Dissoziation der Salze spielt auch der Zusatz von anderen Salzen zum Desinfiziens eine große Rolle. So ist z. B. in den Sublimatpastillen auch Kochsalz enthalten. Dieses ist stark dissoziiert und drängt nach dem Massenwirkungsgesetz die Dissoziation des Sublimats zurück, schwächt daher dessen Desinfektionskraft.

Bei der Desinfektion außerhalb des Organismus wird man möglichst wirksame Desinfizientia zu verwenden suchen, doch gibt es eine Reihe von Momenten, die daneben zu berücksichtigen sind: Billigkeit (wegen der meist notwendigen großen Mengen) und möglichst niedrige Grade von Giftigkeit für den Menschen, damit der damit operierende Laie keiner besonderen Gefahr ausgesetzt sei. Aus diesen Gründen stehen noch immer Kalk, Eisensalze etc. in dieser Gruppe an der Spitze. Die größte Bedeutung für äußere Desinfektion hat der Formaldehyd erlangt, der in den verschiedensten Formen zur Anwendung gelangt. Wir erwähnen von den allgemein gebräuchlichen die Wohnungsdesinfektion mittelst Paraformaldehyd, der bei der trockenen Destillation in einer hiezu geeigneten Lampe (Äskulap, Hygiea) zu Formaldehyd gespalten wird.

Billig und ausgiebig gestaltet sich die Desinfektion von Wohnräumen durch Verwendung einer Mischung von Kaliumpermanganat und Formaldehyd (Roubitschek).

Sehr bequem und äußerst wirksam ist das Autanverfahren.

Autan ist ein schweres, weißes Pulver, das aus einer Mischung von polymerisiertem Formaldehyd und Metallsuperoxyden in bestimmtem Verhältnisse besteht. Bei Gegenwart von Wasser sind diese Superoxyde imstande, den Paraformaldehyd zu entpolymerisieren und zwar unter gleichzeitiger bedeutender Temperatursteigerung des Gemisches, wodurch außer dem Formaldehyd auch Wasserdampf entwickelt wird, der in die Luft übergeht. Durch Vermischen einer entsprechenden Menge Autan mit Wasser soll es daher möglich sein, soviel Formaldehyd und Wasserdampf zu erzeugen, daß eine ausreichende Oberflächendesinfektion von Wohnräumen zustande kommt (Eichengrün, Hammerl, Frank, Proskauer und Schneider, Krombholz, Galli-Valerio, A. Weiß, Kolle, Gernsheim, Lemaire, Schmitz, Sternberg). Nach Untersuchungen von Wesenberg läßt sich ein Raum von 50 ccm bei Verbrauch von 1400 g Autan nach 6—7stündiger Einwirkung sicher desinfizieren. An Seidenfäden angetrocknete Staphylokokken, Diphtherie- und Typhusbazillen werden sicher getötet (Tomarkin und Heller), selbst Milzbrandsporen erwiesen sich nicht mehr als entwicklungsfähig (Selter). Unbedingt nötig zur Erreichung eines guten Ergebnisses ist die Abdichtung der Räume (Nieter, Galli-Valerio). Im Vergleiche zur Formolzerstäubung ergibt sich nach Hammerl eine zweifellose Minderwertigkeit des Autanverfahrens. Ein unleugbarer großer Vorteil ist es aber, daß kein Apparat und keine Heizvorrichtung nötig ist, da sich die Gase selbsttätig beim Übergießen des in einem großen Blechgefäße befindlichen Autans mit dem gleichgroßen Volumen Wasser bilden, ferner daß es nicht feuergefährlich ist und die Möbel nicht beschädigt (Kirchgaesser und Hilgermann, Sternberg).

Literatur: Wesenberg, Hygien. Rundsch., 22, 1906. — Eichengrün, Zeitschr. f. angew. Chemie, 33, 1906. — Eichengrün, Pharmazeut. Post, 40, 1906. — Selter, Münch. med. Wochenschr., 50, 1906. — Nieter, Hygien. Rundsch., 3, 1907. — Tomarkin u. Heller, Deutsche med. Wochenschr., 6, 1907. — Hammerl, Münch. med. Wochenschr., 23, 1907. — Kirchgaesser und Hilgermann, Frank, Proskauer und Schneider, Klin. Jahrb., 1, 1907. — Sternberg, Hyg. Rundsch., 17, 1907. — Lemaire, Gaz. médicale belge, 18, 1907. — Weiß, A., Wien. med. Wochenschr., 24, 1907. — Gernsheim, Med. Klin., 36, 1907. — Schmitz, Deutsch. med. Wochenschr., 40, 1907. — Kolle, Über Wohnungsdesinfektion, Bern 1907, A. Franke. — Krombholz, Wien. klin. Wochenschr., 12, 1908. — Galli-Valerio, Therap. Monatsh., 132, 1908.

Fabr.: Bayer u. Co. Elberfeld.
Preis: Für 20 cbm Desinfektionsraum K. 3,75. Mk. 3,50.

Festoform ist ein 40prozentiger unbegrenzt haltbarer Formaldehyd, der durch Zusatz von zirka 2% Stearinseife zu einer festen Masse umgearbeitet worden ist. Das Präparat wird nach Xylander über der Spiritusflamme zum Verdampfen gebracht und so zur Desinfektion geschlossener Räume verwendet.

Literatur: Xylander, Arbeiten a. d. kaiserl. Gesundh.-Amte, Berlin, 1907.

Bei der Desinfektion der Haut wird die Desinfektion vor operativen Eingriffen und die antiseptische Behandlung von Hautkrankheiten zu unterscheiden sein. Was das erstere anlangt, so ist heute nach weitgehenden Erfahrungen der Jodtinktur der erste Platz anzuweisen (Grossich). Bezüglich der antiseptischen Behandlung der Hautkrankheiten sei auf dieses spezielle Kapitel verwiesen. Dasselbe gilt von den Desinfektionsmitteln, die bei der **Mundpflege** und bei der Behandlung von **Magen- und Darmkrankheiten** sowie des **Urogenitalapparates** in Anwendung kommen und bei den betreffenden Abschnitten besprochen sind. Was ihre Wirkungsweise im allgemeinen anlangt, so kommt, wie erwähnt, meist die **Destruktion des Eiweißes** in Betracht, das durch Säuren und Schwermetalle gefällt, durch Alkalien gelöst wird. (Ähnliches Verhalten wie bei der Ätzwirkung.)

Eine große Rolle spielen ferner die **Oxydationsmittel**, besonders **Wasserstoffsuperoxyd, Kaliumpermanganat** etc. Mehrfach dürfte auch eine spezifische Wirkung der ganzen Verbindung in Frage kommen. Dies gilt besonders vom **Kalium chloricum** (s. Mundpflege). Schließlich ist noch zu berücksichtigen, daß vielen Metallen neben der antiseptischen Wirkung auch eine adstringierende zukommt, so daß **Entzündungshemmung** und **Desinfektion** vielfach gemeinsam als Heilfaktor bei den Metallen in Frage kommt. Vorwiegend gilt dies von den Schwermetallsalzen und überhaupt von den meisten der zur Desinfektion der Harnwege verwendeten Arzneimittel.

Eine strenge Sonderung der Antiseptika für die verschiedenen Verwendungsweisen läßt sich nicht durchführen, da sie mehr oder weniger allgemein vielseitige Anwendung erfahren. So sind die meisten Mittel, die der **Händedesinfektion, der Desinfektion von Instrumenten** etc. dienen, auch für die Zwecke der antiseptischen Wundbehandlung in Verwendung.

Wir haben in den Kapiteln der **Mundpflege, Magen- und Darmkrankheiten, Erkrankungen der Haut,** und des **Urogenitalapparates** eine Reihe von Heilmitteln besprochen, die vorwiegend spezifischen, antiseptischen Zwecken dienen. Es wurde jedoch auch erwähnt, daß viele von diesen auch anderweitig zur Desinfektion verwendet werden.

Im folgenden werden nun die übrigen neuen **Antiseptika** besprochen, die vorwiegend der antiseptischen **Wundbehandlung** dienen, von denen aber sonst ebenfalls das gleiche für sonstige vielseitige Verwendbarkeit gilt. Dieses weitere Indikationsgebiet ist aus dem speziellen Teile ersichtlich.

Acetozon, Benzoson, Benzoylazetylperoxyd, ist ein Derivat von Wasserstoffsuperoxyd, von dem es sich aber in bezug auf Wirkung namentlich auf keimtötende Eigenschaften wesentlich unterscheidet. Es schmilzt bei 37^0 C. — Durch Alkalien und organische Substanzen wird es zersetzt. Im Wasser ist Acetozon im Verhältnisse 1 : 10 000—1000, in Öl hingegen bis zu 3% löslich. Schwer löslich ist es in Alkohol, leicht in Äther und Chloroform, doch zersetzen sich alle diese Lösungen nach und nach.

Wirkung: Das Acetozon wirkt selbst nicht oxydierend, wohl aber seine wäßrige Lösung. Es ist ein Antiseptikum von ganz außerordentlicher Kraft. Auf Herz- und Atmungsorgane wirkt es in keiner Weise schädlich, auf Nieren ist es von kaum merkbarem Effekte.

Indikationen: Bei interner Applikation gegen Catarrh. gastrointest., Amöbendysenterie, Cholera, äußerlich bei Infektionen des Auges (Einträufeln einer $1^0/_{00}$ Lösung, 2 stl. 1 Tropfen), bei Rhinitis (Zerstäuben einer $1/2\%$ Lösung), auch bei Gonorrhoea, Ulcus molle, sowie in der kleinen Chirurgie wirksam.

Dosierung: Gewöhnlich wird für den inneren Gebrauch die $1^0/_{00}$ wäßrige Lösung verwendet (Wasdin, Abt und Lackner, Harris). Die Lösung soll aber nicht gleich nach dem Essen genommen werden, da sie durch organische Stoffe zersetzt wird. Für die Wundbehandlung empfehlen sich

stärkere Verdünnungen. Als Streupulver gibt man es $1\%_{00}$—$1\%_{0}$ig mit Borsäure und Talk, ebenso stark verdünnt als Salbe.
Literatur: Wasdin, Therapeut. Gazette, 5, 1902, rf. in Mercks Jahresbericht 1903. — Abt u. Lackner, ebendort, 10, 1902. — Harris, ebendort, 10, 1903.
Fabr.: Parke, Davis & Co., London.
Preis: Fl. 25, 10, 1 g K. 36,40, 15,10, 2,—.

Actol, milchsaures Silber, ist ein weißes, geruchloses und nahezu geschmackloses Pulver, das in dunklen Gefäßen fast unbegrenzt haltbar ist. Es ist sowohl in Wasser, als in eiweißhaltigen Flüssigkeiten löslich.

Wirkung: Bei Berührung mit infizierten Nährböden entfaltet Actol eine selbst das Sublimat weit übertreffende antiseptische Kraft, ohne im geringsten giftig auf den Organismus einzuwirken. Infolge seiner leichten Wasserlöslichkeit wirkt es aber auch eiweißkoagulierend, d. h. leicht ätzend auf die Wundoberfläche, ist daher als Wundstreupulver nicht zu verwerten (Winkler, Schill).

Nebenwirkung: Bei Injektionen ruft es kurz dauerndes Brennen an der Injektionsstelle hervor, in Pulverform angewendet reizt es die Schleimhaut der Nase und des Kehlkopfes zu Niesen und Husten (Schill).

Indikationen: Zu desinfizierenden Lösungen in der Wundbehandlung, zu Injektionen bei Milzbrand und Erysipel. In der Kriegschirurgie fand es in Form von Tamponaden bei verschiedenen Verletzungen oder von Bädern (1 : 2000), besonders bei Knochen- und Gelenkschußverletzungen Anwendung (Meyer). Von Hille wurde es zu Ausspritzungen eröffneter Pulpahöhlen gebraucht.

Dosierung: Zur Bereitung desinfizierender Lösungen für chirurgische Zwecke (Zahnwurzelbehandlung) in $0{,}5\%_{00}$ Konzentration, zu Gurgel- und Spülwässern 1 Teelöffel einer 2% Lösung auf ein Glas Wasser, zur Injektion 0,3—1,0 g : 100,0—200,0, endlich zur Herstellung von Silberseide und Silberkatgut in 1% Lösung (Winkler). Das Actol kommt auch in Tabletten zu 0,2 g in den Handel.

Literatur: Hille, Österr.-ung. Vierteljahrsschr. f. Zahnheilk., 581, 1897. — Winkler, Neue Heilmittel etc., Wien 1899. — Schill, Therap. Monatsh., 3, 1899. — Meyer, Deutsch. militärärztl. Zeitschr., 11, 1899.
Fabr.: v. Heyden, Radebeul.
Preis: R. à 10 St. à 0,2 g K. 5,—. 1,0 g K. 0,55.

Airol, das von Ludy in die Praxis eingeführte Bismuthum oxyjodatogallatum, ist ein graugrünes, feines, voluminöses, geruch- und geschmackloses, vollständig lichtbeständiges Pulver. In gewöhnlichen Lösungsmitteln unlöslich, löst es sich leicht in Natronlauge und verdünnten Mineralsäuren. Durch längeres Behandeln mit kaltem Wasser zersetzt es sich nach und nach und geht in eine noch basischere Wismutoxyjodidverbindung von geringerem Jodgehalte über. Dieser Übergang erfolgt bei Benützung von warmem Wasser rascher, sofort aber mit heißem oder kochendem Wasser.

Wirkung: Es verbindet die heilungsfördernde Wirkung des Dermatols mit der antiseptischen Wirkung des Jodoforms. Infolge seines Wismutgehaltes wirkt es auch austrocknend. Es ist relativ ungiftig und reizlos (Merlin, Veiel, Bruns, Wölfler). In Verbindung mit warmen Körpersäften spaltet es sofort kleine Teile von Jod ab (Haegler). Auf wunde Stellen gebracht, verschwindet die grünliche Farbe des Pulvers und wird unter Abgabe von Jod gelb. Von Merkel, Haegler u. a. wird es als das beste Trockenantiseptikum und bester Jodoformersatz bezeichnet.

Nebenwirkung: Aemmer beobachtete einmal eine Wismutintoxikation, charakterisiert durch hochgradige Stomatitis mit Schwarzfärbung der Mundschleimhaut und leichter Nausea. Nach Nießen erzeugt es bei der Tripperbehandlung manchmal Reizerscheinungen seitens der Blase, nach Friedländer, der es zu Janetschen Spülungen verwendete, Schmerzen und leichte Schleimhautschwellung. Als Streupulver angewendet, rief es hie und da leichtes Brennen oder vermehrtes Wärmegefühl während der ersten Stunden hervor (Haegler). Ekzembildung wurde vereinzelt von v. Lesser und Kionka beobachtet. Spiegel (zitiert bei Seifert) sah einmal bei Ulcus molle ein Ödem des Penis und Blasenbildung, bei einem Panaritium eine bis auf den Unterarm reichende Dermatitis auftreten.

Indikationen: Vor allem als Wundantiseptikum in Form von Streupulver (v. Bruns, Wölfler, Veiel, Merkel), sowie als Salbe, Paste, als Airolcollodium, auch als Airolgaze (Haegler). Bei tuberkulösen Prozessen verwendet Haegler und Aemmer die 10% Emulsion (mit Aq. dest. oder Ol. olivar. und Glycerin ää). Gerühmt wird es von Cerato infolge seiner vorzüglichen Wirkung auf die Diarrhöen bei Pellagra. Vielseits empfohlen ist es bei Behandlung der Gonorrhöe (Nießen, Friedländer, Taußig), bei Ulcus molle, bzw. Nachbehandlung operierter Bubonen (Löblowitz). Als Jodoformersatz in der Augenheilkunde verwendet es Herrnheiser, speziell bei Trachom Taußig, bei gonorrhoischer Augenblennorrhöe Bernheimer, bei Hornhautgeschwüren Fischer.

Von Kutvirt wird es als diagnostisches Hilfsmittel bei kariösen Ohrenentzündungen gebraucht. Tritt nämlich nach Einlegen eines Airoltampons in den äußeren Gehörgang Schwarzfärbung desselben auf, so gestattet dies einen Schluß auf Ergriffensein des Knochens. Hervorgerufen wird diese Schwarzfärbung durch die Bildung von Schwefelkohlenstoff seitens mancher Bakterien, die es unter normalen Umständen nicht tun.

Dosierung: Als Streupulver, 5%—10% Salbe oder Paste, 5%—10% Collodium, 10% Emulsion (s. oben), als Gaze. Für die Tripperbehandlung empfiehlt Nießen Airol. 10,0, Glycerin. 70,0, Aq. dest. 30,0 zur einmal täglichen Injektion von 5—10 ccm nach vorausgegangener Borsäurespülung. Für Janetsche Spülungen wird die $1/2\%$—1% Emulsion gebraucht. In der Augenheilkunde verwendet Herrnheiser für genähte Wunden folgende Pasta Airol. 5,0, Liniment. exsicc. Pick, Bol. alb. ää 10,0. — Intern wird es bei Pellagra in Dosen von 0,03 bis 0,04 g drei- bis viermal täglich durch 1 bis 2 Wochen gereicht.

Literatur: Haegler, Beitr. z. klin. Chir., 1, 1895. — Veiel, Wien. klin. Rundsch., 42, 1895. — Taußig, Wien. med. Presse, 41, 1896. — Merlin, Wien. med. Blätter, 40, 1896. — Merkel, Münch. med. Wochenschr., 7, 1896. — Löblowitz, Arch. f. Dermat. u. Syphilis, 2, Bd. 38. — Aemmer, Korrespondenzbl. f. Schweizer Ärzte, 16, 1897. — Wölfler, Prager med. Wochenschr., 36, 1897. — v. Bruns, Beitr. z. klin. Chir., 2, 1898. — Nießen, Münch. med. Wochenschr., 12, 1898. — v. Lesser, Deutsche med. Wochenschr., 1, 1899. — Cerato, rf. in Zentralbl. f. inn. Med., 37, 1899. — Kionka, Therap. d. Ggw., 4, 1899. — Friedländer, Deutsche Ärzteztg., 23, 1900. — Seifert, Würzburger Abhandl., 1, 1900. — Herrnheiser, Deutsche Praxis, 8/9, 1901. — Kutvirt, rf. in Deutsche med. Wochenschr., 31, 1904. — Bernheimer, Klin. Monatsbl. f. Augenh., 2/3, 1906. — Fischer, Zentralbl. f. prakt. Augenh., 8, 1906.
Fabr.: Hoffmann-La-Roche, Basel-Grenzach.
Preis: 1 g Mk. 0,15. K. 0,20. 10 g Mk. 1,30. K. 1,70.

Almatein, ein Kondensationsprodukt von Hämatoxylin und Formaldehyd, stellt ein dunkelrotes, geruch- und geschmackloses Pulver dar, das in Wasser unlöslich, in Alkohol und Alkalien leicht löslich ist.

Wirkung: Das Amaltein ist ein gutes und ungiftiges Ersatzmittel des Jodoforms. Es entfaltet infolge seines Gehaltes an Formaldehyd antiseptische, infolge des Hämatoxylingehaltes adstringierende Wirkung. Innerlich genommen passiert es unverändert den Magen und wird erst im Darme in seine Komponenten gespalten.

Indikationen: Das Mittel findet äußerlich Verwendung in der kleinen Chirurgie bei reinen und infizierten Wunden und bewährte sich besonders gut bei Brandwunden (Venus, Skutetzky, Mazel, Werndorff), bei tuberkulösen Fisteln und als Knochenplombe (Werndorff), ferner bei Ekzem, Ulcus cruris, Herpes zoster (Venus), bei Bartholinitis, Vaginitis, Zervix-

katarrh und Dekubitus infolge des Tragens von Pessarien (Roubitschek). Innerlich wird Almatein als Antidiarrhoikum bei akutem und chronischem Darmkatarrh, bei katarrhalischer Gelbsucht (Mazel, Tennenbaum) und bei den schmerzhaften Diarrhöen der Schwangeren (Ertl) empfohlen.
Anwendungsweise: Innerlich gibt man 4—6 g pro die, am besten in Tabletten à 0,5 g. Äußerlich verwendet man es als Pulver für sich oder mit indifferenten Pudern als Streupulver, in 20% Salbe, als Gaze bei Epistaxis, als Suppositorium bei Hämorrhoidalblutung und zur Einschränkung profuser Sekretion bei tuberkulösen Fisteln, sowie zu Knochenplomben in 1% Lösung in Glyzerin.

Literatur: Venus, Zentralbl. f. Chir., 17, 1908. — Werndorff, Münch. med. Wochenschr., 3, 1909. — Roubitschek, Gynäk. Rundsch., 19, 1909. — Skutetzky, Wien. med. Wochenschr., 39, 1909. — Tennenbaum, Zentralbl. f. inn. Med., 305, 1909. — Ertl, Die Heilkunde, 4, 1910. — Mazel, Allg. mil.-ärztl. Ztg. (Med. Klin.), 45, 1910.
Fabr.: Lepetit, Dollfus & Ganser, Mailand.
Preis: 1 R. à 10 St. K. 0,85.

Alsol ist essigweinsaure Tonerde, Aluminium aceticotartaricum. Es bildet farblose, glänzende, gummiartige Stücke von kristallinischem Aussehen, welche schwach nach Essigsäure riechen und sich in weniger als den gleichen Teilen Wassers langsam auflösen. Die Lösungen sind unbegrenzt haltbar. Der Geschmack der klaren Lösung ist schwach säuerlich, gleichzeitig etwas adstringierend und erheblich angenehmer, als der der essigsauren Tonerde. Es enthält (in der zuerst von Athenstädt dargestellten Form) 30% Essigsäureanhydrid und 27% Weinsäureanhydrid, beide an Tonerde gebunden. Es ist in gut verschlossenen Gefäßen aufzubewahren.

Wirkung: Es gilt als ein vielseitig verwendbares Antiseptikum und Adstringens (Frieser, Herber, Hönigschmied, Lieven, Silberstein). Im Alsol sind nach Aufrecht die antiseptischen Eigenschaften der essigsauren Tonerde erheblich gesteigert. Das Alsol ist nicht giftig, es ätzt nicht, macht in der Wäsche keine Flecke und greift Gummischläuche nicht an. Es eignet sich als Ersatz des giftigen Bleiessigs und des weit schwächeren Liquor aluminii acetici. Nebenwirkungen wurden keine beobachtet.

Indikationen: Es wird zur Behandlung der Gonorrhöe verwendet, weiter als Gurgelwasser zur lokalen Behandlung syphilitischer Schleimhauterkrankungen des Mundes und des Rachens (Hönigschmied, Lieven, Herber), zum Bepinseln kruppöser und diphtheritischer Beläge, sowie zu Umschlägen und feuchten Verbänden in der chirurgischen und augenärztlichen Praxis (Hönigschmied, Seifert), in 2% Lösung zu Verbänden bei Behandlung der Otitis (Rupprecht), bei Erosionen, Scheidenkatarrhen, Endometritis und Adnexerkrankungen (Pinner und Siegert), bei Abortus und Metrorrhagien zur Blutstillung (Hanau und Pinner), bei beginnendem Dekubitus und intertriginösem Ekzem (Schüle).

Dosierung: In 0,5—1% Lösung zur Behandlung der Gonorrhöe, zu Umschlägen und als Gargarisma. Als Mundwasser empfiehlt Lieven folgende Komposition: Liquor. Alsoli· (50%) 32,0, Thymol. 0,05, Spirit., Glycerin. āā 50,0, Ol. Menth. pip. gtts. XX. Aq. flor. Aurant. ad 200,0. S. 1 Teelöffel auf ¼ l Wasser. Bei Augenerkrankungen benützt Pick ¼% bis ½% Lösungen. Die Alsolgaze kommt speziell für die gynäkologische Praxis in Betracht und wird nach Hanau und Pinner zur Blutstillung verwendet (2—3 maliges Tamponieren), wenn andere Mittel erfolglos blieben. Im Handel kommt Alsol in 50% Lösung als Liquor Alsoli und in Salbenform als Alsolcrème vor.

Literatur: Hönigschmied, Therap. d. Ggw., 2, 1900. — Aufrecht, Deutsch. Ärzteztg., 4, 1900. — Frieser, Wien. klin. Rundsch., 32, 1900. — Rupprecht, Monatsschr. f. Ohrenheilk., 12, 1902. — Lieven, Münch. med. Wochenschr., 3, 1903. — Pick, Therap. Monatshefte, 7, 1903. — Herber, Zahnärztl. Rundsch., 21, 1904. — Seifert, Würzburger Abhandl., 1, 1904. — Silberstein, Heilmittelrevue, 11, 1906. — Pinner u. Siegert, Med. Klin., 52, 1908. — Schüle, Therap. d. Ggw., 4, 1909.

Fabr.: Athenstädt & Redeker, Hemelingen.
Preis: Fl. 500 g Mk. 2,50. K. 3,75. Kassenpackung 20 g Mk. 0,30. Alsol-Crème (70 g)
Tube Mk. 0,90. K. 1,25.

Amyloform ist eine chemische Verbindung von Formaldehyd und Stärke. Es ist ein weißes, äußerst feines, vollständig geruchloses und ungiftiges Pulver, welches sich beim Verreiben mit den Fingern etwas sandig anfühlt. Es ist in allen bekannten Lösungsmitteln unlöslich, läßt sich aber gut und gleichmäßig mit Fett vermengen und zersetzt sich selbst bei Erhitzen auf 180° C nicht. Im lebenden Organismus wird es unter Freiwerden von Formaldehyd und Abspaltung von Stärke ununterbrochen bis zur völligen Zersetzung resp. Resorption zerlegt.

Wirkung: Das Amyloform ist ein energisch wirkendes, desodorisierendes und sekretionsbeschränkendes Antiseptikum, welches nach den Erfahrungen von Longard, Gerlach u. a. dem Jodoform in keiner Weise nachsteht, jedoch frei ist von dessen unangenehmen Nebenwirkungen. Es verhindert die Zersetzung der Wundsekrete, bildet aber keine trockene Kruste mit demselben, weshalb es auch nie zur Eiterretention Veranlassung gibt (Classen). Die mit gangränösen Gewebsteilen bedeckten Wunden werden geruchlos erhalten, eiternde Wunden rasch gereinigt und die Vernarbung beschleunigt (Heddaeus, Cipriani).

Nebenwirkung: Besonders üble Erfahrungen wurden niemals gemacht (Longard, Heddaeus, Iwanoff), nur wenn größere Wundflächen mit dem Pulver bestreut wurden, klagten die Kranken über ein leichtes Brennen, das aber bald wieder schwand (Heddaeus).

Indikationen: Es findet nach Schlieben, Vargas u. v. a. bei frischen, nicht eiternden Wunden, Riß-, Schnitt- und Quetschwunden, sowie bei eiternden Wunden, Phlegmonen, Unterschenkelgeschwüren, Abszessen und Furunkeln, bei Omphalitis der Neugeborenen und Verbrennungen Verwendung. Cipriani empfiehlt es nebstbei noch bei Rhagadenbildung der Brüste, Bongartz bei Ulcus molle und Lepa als Spezifikum gegen Schnupfen.

Dosierung: Gewöhnlich als Streupulver rein oder als Schnupfmittel mit Amyl. oryzae āā. — Meyer empfiehlt besonders die Verwendung der Amyloformgaze.

Literatur: Longard, Therap. Monatsh., 10, 1896. — Classen, Ibidem, 1, 1897. — Bongartz, Münch. med. Wochenschr., 22, 1897. — Heddaeus, Ibidem, 12, 1899. — Meyer, Die ärztl. Praxis, 14, 1900. — Cipriani, Monatsh. f. prakt. Dermat., 8, 1901. — Vargas, Die med. Woche, 13, 1901. — Schlieben, Allg. med. Zentralztg., 50, 1901. — Lepa, Ibidem, 4, 1902. — Gerlach, Therap. Monatsh., 10, 1902. — Iwanoff, Die med. Woche, 36, 1903.
Fabr.: L. Gans, Frankfurt a. M.
Preis: 1 g Mk. 0,10.

Anogon, das Hg-Salz der Jodoxybenzolparasulfonsäure (= Sozojodolsäure), stellt ein äußerst feines, mikrokristallinisches, schwefelgelbes Pulver dar mit 48% Hg und 30,7% Jod. Es ist in gewöhnlichen Lösungsmitteln unlöslich. Das in Öl suspendierte Präparat verträgt die Sterilisierung bei 100° ohne Zersetzung. Das Anogon wird zur Injektionstherapie der Syphilis in Form der 10% Suspension in Olivenöl verwendet. 6—8 intramuskuläre Injektionen von 1 ccm in Zwischenräumen von 5—8 Tagen sollen nach Glaser genügen, um die syphilitischen Erscheinungen zum Schwinden zu bringen. Die Injektionen werden im allgemeinen gut vertragen, nur einige Kranke klagten über heftige Schmerzen während einiger Tage, gelegentlich wurden auch derbere Infiltrate, niemals aber Abszedierung beobachtet. Besonders geeignet erscheint die sekundäre Syphilis, sowie das Ulcus durum für die Anogonbehandlung.

Literatur: Glaser, Deutsche med. Wochenschr., 257, 1911.
Fabr.: H. Trommsdorf, Aachen.
Preis: Gl. 10 ccm Mk. 2,50.

Antiformin ist eine Mischung von Alkalihyperchlorit und Alkalihydrat und bewährte sich in 10% Lösung zur Hände-, in 1% Lösung zur Schleimhautdesinfektion (Klebs), ferner als Desodorisierungsmittel von Exkrementen im Krankenzimmer (Czerny), sowie zur Desinfektion des Stuhles (Uhlenhuth und Xylander). Bei flüssigen Stühlen gibt man in die Leibschüssel vorher 50 g einer 10% Lösung und vermischt dieselbe innig mit den Fäzes, feste Exkremente werden mit der Lösung übergossen. Nicht geeignet ist das Mittel zur Sputumdesinfektion, da es wohl die Eigenschaft besitzt, die meisten Bakterien in wäßriger Lösung aufzulösen, die Tuberkelbazillen aber unbeeinflußt läßt, weil es nicht imstande ist, die Fettwachshülle derselben zu durchdringen (Uhlenhuth und Xylander). Auf dieser Eigenschaft beruht das Uhlenhuthsche Anreicherungsverfahren zum leichteren Nachweis der Tuberkelbazillen, welche Methode seitens einer großen Reihe von Autoren (Mayer, Görres, Hoffmann, Lagrèze, Schulte, Krüger, Merkel, Sachs-Mücke, Teleman, Bierotte, Reicher, Koslow, Beitzke, Skutetzky) eine übereinstimmend günstige Beurteilung erfahren hat. Die Ausführung der Methode gestaltet sich kurz folgendermaßen: 10 ccm Sputum werden mit der gleichen Menge reinen oder 50% Antiformins versetzt, geschüttelt und $\frac{1}{2}$ Stunde bis zur Homogenisierung stehen lassen. Sodann werden 20 ccm Brennspiritus zugesetzt und nach 24 Stunden zentrifugiert. Die nun klare, überstehende Flüssigkeit wird rasch abgegossen, das gesamte Sediment auf ein Deckgläschen gebracht, mit Eiweißlösung fixiert und in üblicher Weise das Präparat angefertigt.

Literatur: Uhlenhuth u. Xylander, Berl. klin. Wochenschr., 29, 1908. — Meyer, Tuberculosis, 2, 1909. — Hoffmann, Med. Klin., 2, 1909. — Görres, Zeitschr. f. klin. Med., 2, 1910. — Lagrèze, Deutsch. med. Wochenschr., 2, 1910. — Klebs, Korresp.-Bl. f. Schweiz. Ärzte, 5, 1910. — Schulte, Med. Klin., 5, 1910. — Krüger, Münch. med. Wochenschr., 5, 1910. — Merkel, Münch. med. Wochenschr., 5, 1910. — Sachs-Mücke, Deutsch. med. Wochenschr., 7, 1910. — Teleman, Deutsch. med. Wochenschr., 19, 1910. — Bierotte, Berl. klin. Wochenschr., 19, 1910. — Reicher, Med. Klin. 21, 1910. — Koslow, Berlin. klin. Wochenschr., 25, 1910. — Beitzke, Berl. klin. Wochenschr., 31, 1910. — Skutetzky, Wien. med. Wochenschr., 35, 1910. — Czerny, Berl. klin. Wochenschr., 450, 1912.

Fabr.: Knorr, Charlottenburg.
Preis: 10 g M. 0,10.

Antituman ist chondroitinschwefelsaures Natrium.

Von der Erfahrung ausgehend, daß gewisse Gewebsteile des menschlichen Körpers, wie Arterienwand und Knorpelanteil der Rippen in der Regel von Krebs verschont bleiben, stellte Oestreich Versuche mit dem Mittel an. Er injizierte täglich 1—2 mal 0,1 g Antituman in wäßriger steriler Lösung subkutan, stieg in der zweiten Woche auf 0,2 g und setzte nach 4—6 Wochen mit der Behandlung aus. Es trat wohl kaum Heilung, aber doch eine gewisse günstige Beeinflussung der Neubildung ein und er empfiehlt, die Methode vor allem bei inoperablen Fällen sowie nach operativer Behandlung zu versuchen. Nachteilige Wirkungen sind niemals aufgetreten, nur machte sich 1—2 Stunden nach der Injektion ein heftiges ca. eine Stunde anhaltendes Brennen in den krebsig erkrankten Teilen bemerkbar.

Literatur: Oestreich, Berl. klin. Wochenschr., 37, 1910.
Fabr.: Riedel, Berlin.
Preis: 1 Amp. à 4 ccm Mk. 2,—. K. 2,50.

Anusol ist jodresorzinsulfonsaures Wismut. Es wirkt desinfizierend, zugleich aber auch auf entzündete, hyperämische oder nässende und eiternde Flächen austrocknend, adstringierend und stark granulationsbildend, wie auch in geringem Grade schmerzstillend. Es wird in Form von Stuhlzäpfchen gegen verschiedene Erkrankungen der Mastdarmschleimhaut (gegen Hämorrhoiden geradezu als Spezifikum empfohlen) verordnet. Nach eigenen Erfahrungen am Krankenbette erscheinen diese Angaben der darstellenden Fabrik etwas übertrieben.

Preis: 10 Supposit. M. 3.—. K. 4,—.

Argentol, Argentum chinaseptolicum, eine Verbindung des Silbers mit Oxychinolinsulfonsäure, ist ein gelbes Pulver, das sich in Wasser schwer löst, ganz reizlos und ungiftig ist. Es kann leicht verteilt und verstäubt werden. Es ist eine so labile Verbindung, daß es mit Wasser gekocht, direkt Silber in höchst feiner Verteilung abzuspalten vermag.

Wirkung: Bei Berührung mit septischen Substanzen spaltet sich Oxychinolin ab, das ausgesprochene antiseptische Eigenschaften besitzt, während anderseits das zugleich in Freiheit gesetzte Silber seine therapeutische Wirkung zu entfalten vermag. Es entwickelt ferner hämostatische Eigenschaften, befördert die Granulationsbildung und ist ein gutes Desodorans (Merck).

Dosierung: In der Wundbehandlung als Streupulver und als Salbe (Winkler), sowie in Mucilago-Emulsion als Einspritzung bei Gonorrhöe (Arends, Winkler). Als Wundheilmittel geschieht die Verwendung derart, daß man das Argentol in Substanz mittelst Gazebausches auf die zu behandelnde Stelle bringt und mit dem Verbande fixiert. Cipriani empfiehlt das Mittel noch als Darmantiseptikum in einer Tagesdosis bis zu 1,0 g.

Literatur: Cipriani, Allg. med. Zentralztg., 68, 1899. — Winkler, Neue Heilmittel etc., Wien 1899. — Mercks Jahresber. pro 1900 u. 1901. — Cipriani, Deutsche Medizinalztg., 2, 1901. — Arends, Neue Arzneimittel, Berlin 1905.

Argyrol ist eine Milcheiweißverbindung mit Silber. Es ist nach Darier die ideale Silberverbindung, denn es enthält 30% Silber. Es wirkt nicht allein kaustisch, sondern übt auch eine beruhigende Wirkung auf die entzündete Schleimhaut aus.

Argyrol wird angewendet bei eitrigen Lidhautentzündungen, bei Tränensackerkrankungen und Blenorrhoea neonatorum (Darier) in Form häufiger, in schweren Fällen stündlich wiederholter Einträufelungen während des Tages und der Nacht und bei Amöbendysenterie (Thornburgh) in Einläufen von 1 Liter einer 1% wäßrigen Lösung.

Literatur: Darier, Therap. Monatsh., 1, 1907 (Ref.). — Thornburgh, Military Surgeon, 1, 1908.

Aristol, Dithymoldijodid, von Eichhoff und Lassar 1890 in die Therapie eingeführt, ist ein ziegelrotes, voluminöses Pulver, von eigenartigem schwachen Geruche, ungefähr 45% Jod enthaltend. Es ist unlöslich in Wasser und Glyzerin, löslich in Alkohol, leichter in Äther, Chloroform und fetten Ölen. Die Lösungen sollen unter Vermeidung höherer Temperatur bereitet werden, da sonst Zersetzung eintritt und sind in gefärbten Gläsern aufzubewahren.

Wirkung: Aristol zeichnet sich durch beträchtliche antiseptische Eigenschaften aus, wirkt bei Brandwunden schmerzstillend, bringt Wunden rasch und glatt zur Vernarbung und ist dabei frei von toxischen Nebenwirkungen. Es beschränkt die Wundsekretion, befördert die Epithelbildung (Meyer).

Indikationen: Vor allem bei Brandwunden mit überraschendem Erfolge verwendet, weiter bei Lupus, tuberkulösen und varikösen Geschwüren, Psoriasis, parasitären Ekzemen (Eichhoff, Seifert, Neißer, Meyer, Daxenberger), dann bei Ohren-, Nasen- und Rachenkrankheiten, in neuester Zeit bei Heufieber (Fink), sowie jeder Form von Coryza nervosa, schließlich bei Metritiden und Kolpitiden und als Aristolöl bei Gonorrhöe, Hämorrhoiden, kalten Abszessen, Gelenk- und Drüsentuberkulose, bei Fissuren und zum Beölen von Kathetern und Fingern (Daxenberger).

Dosierung: Als Streupulver rein oder mit Borsäure (3,3 : 10) zu Einblasungen bei Mittelohreiterung und Aufpudern beim Kopfekzem der Kinder, als $5\%-10\%$ Salbe bei Brandwunden, als $5\%-10\%$ Aristol-Collodium oder Aristol-Traumaticin und in Form von Suppositorien, sowie als Aristolöl (10% Lösung in Olivenöl) mit 5—6 schichtigem Mull zu Verbänden bei Verbrennung, Verätzung, Ekzem, Psoriasis, bei Plastiken, zu Pinselungen bei Haut- und Schleimhautrissen, zu Einträufelungen ins Auge bei Verbrennung und Verätzung, zu Injektionen bei kalten Abszessen, intrauterin bei Endometritis, urethral bei Gonorrhöe, rektal bei Hämorrhoiden.

Literatur: Eichhoff, Monatsh. f. prakt. Dermat., 2, 1890. — Seifert, Wien. klin. Wochenschr., 18, 1890. — Neißer, Berl. klin. Wochenschr., 19, 1890. — Fink, Therap. Monatshefte, 4, 1904. — Fink, Therap. d. Ggw., 4, 1906. — Daxenberger, Die Heilkunde, 2, 1908. — Meyer, Therap. Monatsh., 7, 1908.
Fabr.: Farbenfabr., vorm. Bayer & Co., Elberfeld.
Preis: 1 g Mk. 0,40. K. 0,65.

Asterol ist ein gut wasserlösliches, neutrales Quecksilberdoppelsalz (parasulfophenylsaures Quecksilberammoniumtartrat). Es stellt ein rötlichweißes Pulver dar, dessen Lösungen in heißem Wasser nach dem Erkalten völlig klar bleiben. Die Lösungen halten sich aber nur 4—5 Tage. Der Hg-Gehalt beträgt ungefähr 10%—11%, ist also beiläufig 6 mal geringer als der des Sublimates, welchem geringen Hg-Gehalte auch seine geringe Giftigkeit entspricht (Karcher).

Wirkung: Das Asterol hat eine bedeutende bakterizide Kraft und büßt dieselbe auch in eiweißhaltigen Lösungen nicht ein. Besonders hervorzuheben ist seine Tiefenwirkung. Es ätzt nicht und greift nicht wie Sublimat die Instrumente an, macht dieselben auch nicht schlüpfrig wie Lysol und zeichnet sich gegenüber Karbol durch seine Reizlosigkeit aus (Steinmann, Bentrup, Friedländer, Manasse, Gropler). Während das Mittel von den genannten Autoren als geeigneter Ersatz für Sublimat empfohlen wird, fällte Vertun ein absprechendes Urteil über dasselbe; er sieht einen Mangel des Präparates darin, daß sein Hg-Gehalt ein so geringer ist, daß man mit zu stark konzentrierten Lösungen arbeiten müsse, um dieselbe Wirkung, wie mit Sublimat, zu erzielen. Auch greife es die Instrumente nicht viel weniger als Sublimat an. Boer findet auch, daß es anderen Mitteln (Sublimat, Sozojodolquecksilber) nachsteht und nur dort zu verwenden sei, wo man eine mildere Wirkung wünscht. Karcher und Vertun betonen, entgegen den Mitteilungen Steinmanns, daß das Asterol doch eine allerdings weit hinter der verdünnten Sublimatlösung zurückstehende, eiweißfällende Eigenschaft besitze.

Nebenwirkung: Vereinzelt klagten die Kranken über Brennen, wenn die Lösung auf Wunden gebracht wurde (Bentrup).

Indikationen: Zu Desinfektionszwecken, Waschen der Hände, der Instrumente, zum Reinigen von Wunden, zu antiseptischen Umschlägen. Besonders geeignet scheint es nach Friedländer zur Behandlung von Blasenkrankheiten, nach Bentrup für die Therapie des Erysipels und von Lymphangitiden. Für die Behandlung der Gonorrhöe ist es ohne Bedeutung.

Dosierung: Zu Desinfektionszwecken und Umschlägen in $0,2\%$ bis 0.5% Lösung, zu Blasenspülungen in $0,5\%$ Lösung, auch zur Injektionskur bei Syphilis in derselben Stärke (Boer). Im Handel erscheint es auch in Tabletten à 2,0 g, die mit geringen Eosinmengen versetzt sind.

Literatur: Steinmann, Berl. klin. Wochenschr., 11, 1899. — Bentrup, Deutsch. med. Presse, 18, 1899. — Vertun, Berl. klin. Wochenschr., 20, 1899. — Karcher, Deutsche Ärzteztg., 7, 1900. — Friedländer, Ibidem, 8, 1901. — Manasse, Therap. Monatsh., 7, 1901. — Boer, Wien. med. Wochenschr., 31—34, 1902. — Gropler, Neue Therapie, 5, 1903. — Seifert, Würzburger Abhandl., 1, 1904.
Fabr.: Hoffmann, La Roche & Co., Basel-Grenzach.
Preis: 1 g Mk. 0,10. K. 0,15.

Bacillol ist ähnlich wie das Lysol ein Teerdestillationsprodukt. Das wirksame Prinzip desselben sind die Kresole, welche nach Angabe der darstellenden Fabrik zu 52% im Bacillol enthalten sind (Merck). Es ist eine dunkelbraune Flüssigkeit von öliger Konsistenz, sehr schwachem kreosotartigen Geruche und alkalischer Reaktion. Es stellt eine Auflösung von Teerölen in Seife dar und besitzt ein ausgezeichnetes Lösungsvermögen. In Wasser ist es bei jeglicher Temperatur und in jedem beliebigen Verhältnisse lösbar. Mit destilliertem Wasser gibt Bacillol eine klare Lösung, mit gewöhnlichem Wasser tritt infolge von Verseifung der Kalkbestandteile eine Trübung ein. Wirkung: Bacillol ist schon in 1%—2% Lösung ein vortreffliches Desinfiziens. Instrumente werden durch Bacillol nicht beschädigt. Es macht diese und auch Hände nicht so schlüpfrig und glatt wie Lysol, dem es bezüglich seiner Desinfektionskraft ebenbürtig zur Seite zu stellen ist (Cramer, Werner und Pajič).

Nebenwirkung: Werner und Pajič fanden, daß Scheidentampons, welche mit Bacillollösung getränkt sind, schmerzhaftes Brennen hervorrufen. Nach Desinfektion von Wohnräumen durch Bacillol, dessen eigenartiger Geruch den desinfizierten Räumen sehr lange anhaftet, stellt sich bei den darin untergebrachten Personen mitunter leichter Kopfschmerz ein (Myrdacz).

Indikationen: Zu feuchten Verbänden bei infizierten Wunden, zu Blasen- und Scheidenspülungen, sowie zur Desinfektion von Instrumenten, Nähmaterial, Drains und weichen Kathetern, welche hiedurch nicht brüchig werden (Werner und Pajič). Von Myrdacz wird es zur Desinfektion von Aborten, Latrinen, Pissoirs und Senkgruben empfohlen. Auch in der Veterinärmedizin hat es ausgebreitete Verwendung gefunden.

Dosierung: In 1% Lösung zum feuchten Verband, in $0,5\%$ bis 1% Lösung zu Scheiden- und Blasenspülungen, zur Sputumdesinfektion (Cramer), sowie in 5% Lösung zur Desinfektion von Aborten (Myrdacz).

Literatur: Werner und Pajic, Wien. klin. Rundsch., 5, 1901. — Cramer, Münch. med. Wochenschr., 41, 1901. — Mercks Jahresbericht 1901. — Myrdacz, Handbuch f. Militärärzte 13. Nachtrag für 1903, pag. 32.
Fabr.: Bacillol-Werke, Hamburg.
Preis: Fl. 250 g Mk. 0,80. K. 1,20. 500 g Mk. 1,20. K. 1,80.

Benzoylsuperoxyd ist eine beständige, sich nicht verflüchtigende, geruchlose Substanz, deren Kristalle in Wasser nur wenig, besser in Alkohol löslich sind. Man kann es als ein H_2O_2 betrachten, in welchem jedes der beiden Wasserstoffatome durch ein Benzoylradikal ersetzt ist. Es wird aber im Gegensatze zu Wasserstoffsuperoxyd nicht unter Bildung von gasförmigem Sauerstoff zersetzt. Lokale Reizwirkungen fehlen. Im Körper wird es zu Benzoesäure reduziert. Auf Mikroorganismen wirkt es nicht tötend, wohl aber wachstumshemmend ein (Loevenhart).

Indikationen: Es wird verwendet bei Brandwunden, bei welchen es den Schmerz beseitigt, bei hochgradig infizierten Wunden, bei Behandlung variköser Geschwüre und gewisser Hautkrankheiten in Pulver- oder Salbenform, sowie in Lösung.
Literatur: Loevenhart, Therap. Monatsh., 8, 1905.

Boroform, ein Kondensationsprodukt von Formaldehyd mit dem Natriumsalz der Glyzerinborsäure, wird in $1/2$—3% Lösung, die völlig klar, ungiftig und stark bakterizid ist und schwach nach Formaldehyd riecht, als externes Desinfiziens verwendet (Million). Es greift weder Hände noch Instrumente an.
Literatur: Million, Zentralbl. f. d. ges. Therap., 113, 1913.
Fabr.: Philipp Röder, G. m. b. H., Wien.
Preis: Fl à 1000 g, 500 g, 250 g, 100 g K. 4,60, 2,80, 1,60, 0,80.

Carbenzym ist eine Pflanzenkohle, welche steriles Trypsin absorbiert hat. Die Herstellung des Mittels erfolgte aus der Beobachtung von Falk und Sticker, daß besonders Pflanzenkohle imstande sei, Fermente zu absorbieren, deren Wirkung von der Kohle leicht auf verschiedene Eiweißlösungen übermittelt wird. Im Tierversuch fanden die genannten Autoren bei Injektion des Mittels günstige Beeinflussung von Tumoren. Beim Menschen gaben sie es bei Laparotomierten und konnten hiebei bei dreistündlicher Verabreichung von 1 Tablette die Beschwerden, welche durch Ansammlung von Gasen entstehen, wesentlich herabsetzen. Zur Heilung fistulöser Gänge verwendeten sie eine Verreibung von Carbenzympulver, mit 0,5% Sodalösung. — Bei inoperablen bösartigen Neubildungen bewirkten subkutane Injektionen öfters in kurzer Zeit umfangreiche Einschmelzung und Resorption größerer Tumoren, ohne natürlich Heilung herbeizuführen. Ferner erzielte Zur Verth bei chirurgischer Tuberkulose durch Injektion einer dünnen Aufschwemmung, Rotky bei Hyperazidität und starken auf tuberkulöser Grundlage beruhenden Durchfällen Besserung. Unbeeinflußt blieben Flatulenz, Magenblutungen und Obstipation. Man gibt intern 3—5 Tabletten, subkutan eine Verreibung von 0,5 Carbenzym mit 10 ccm einer 0,5% sterilen Sodalösung. Äußerlich benützt man es als Streupulver bei schlecht heilenden Wunden.

Literatur: Falk u. Sticker, Münch. med. Wochenschr., 1, 1910. — Zur Verth, ebendort, 1, 1910. — Rotky, Therap. Monatsh., 10, 1910.
Fabr.: Dr. Freund u. Dr. Redlich, Berlin.
Preis: Gl. m. 25 Tabl. à 0,3 g Mk. 1,50. K. 1,80.

Chininum hydrochloricum ist ein stark wirkendes Antiseptikum, welches gegenüber pathogenen Keimen eine stärkere Wirkung als Karbolsäure und Formaldehyd entfaltet (Marx). Es steht ungefähr in der Mitte zwischen diesem und Sublimat. Ferner bewährte es sich als treffliches Hämostatikum bei parenchymatösen Blutungen. Von Lenzmann und Napp wurde es in Form von intravenösen Injektionen zur Behandlung der sekundären Syphilis, der Lues maligna und gummöser Geschwüre angewendet. Primäraffekte werden nur wenig beeinflußt. Über gute Erfolge bei M. Basedowii berichten Lancereaux und Paulesco.

Nebenwirkungen: Nach Injektion von 3—5 g einer 10% Lösung beobachtete Salomon Aufregungszustände mit folgender Ohnmacht und Atemnot.

Dosierung: Für frische Wunden eignen sich am besten Tampons, die mit einer 1% Lösung getränkt sind (Chin. hydrochl. 5,0, Spir. rectif. 15,0, Aq. dest. ad 500,0). — Zur intravenösen Injektion verwendet man eine 10% Lösung in physiologischer Kochsalzlösung, welche vor dem Gebrauche zu erwärmen ist, falls sich das Chinin ausgeschieden haben sollte. Lenzmann kombinierte sein Verfahren noch mit intramuskulären Injektionen von Chininnukleinat. Bei Morbus Basedowii genügen 1—1,5 g auf 3 Portionen in $^1/_4$ stündlichen Intervallen.

Literatur: Marx, Münch. med. Wochenschr., 16, 1902. — Lenzmann, Deutsch. med. Wochenschr., 10, 1908. — Napp, ebendort, 21, 1908. — Salomon, Münch. med. Wochenschr., 34, 1908. — Lancereaux u. Paulesco, Deutsch. Medizinalztg., 99, 1908.

Chininum lygosinatum, von Prof. Fabinyi in Klausenburg entdeckt, ist eine Verbindung des Chinins mit Diorthooxydibenzolazeton. Es stellt ein fein verteiltes, orangegelbes, weiches, amorphes Pulver dar, welches vollkommen geruchlos ist, auf Wunden gut haftet, mit lauem Wasser aber wieder leicht zu entfernen ist. Es löst sich in Wasser von 12° C gar nicht oder nur sehr gering (1 : 400—600), besser in heißem oder siedendem Wasser, aber auch hier nur in starker Verdünnung. Rasch löslich ist es in absolutem Alkohol, mit dem es eine weißlichgelb gefärbte Lösung bildet. Wird dieser Lösung ungefähr die gleiche Menge Wasser zugesetzt, so fällt das Pulver momentan wieder aus (Fürth). Auch in Schwefeläther, Salz- und Schwefelsäure löst es sich in erheblicher Verdünnung gut.

Wirkung und Indikationen: Neben der antiseptischen kommt dem Mittel eine bedeutende blutstillende Wirkung zu, dabei ist es ein treffliches Desodorans, vollkommen reizlos und ohne irgendwelche Nebenwirkungen (Hevesi, Szendrö, Török). Es ist ein vorzügliches Mittel bei Eiterungen jeder Art. Die profusen Absonderungen schwinden, die Wunden werden wie mumifiziert, trocken und reaktionslos (Szendrö). Prompt wirkt es bei Nasenbluten, während es bei tuberkulösen Geschwüren keinen Erfolg hat (Fürth). Gute Resultate erzielte v. Török bei Ulcus molle, doch weist es nach Szendrö bei venerischen Geschwüren keine besonderen Vorzüge gegenüber den anderen gebräuchlichen Mitteln auf.

Dosierung: Es wird in Substanz oder in Form des mit dem Mittel imprägnierten Organtins (20—30%) verwendet.

Literatur: Hevesi, Zentralbl. f. Chir., 40, 1902. — Szendrö, Wien. med. Wochenschr., 40, 1902. — v. Török, Deutsche med. Wochenschr., 44, 1903. — Fürth, Pharmakol. u. therap. Rundsch., 12, 1905.

Chinosol, phenolfreies oxychinolinsulfosaures Kalium, ist ein kristallinisches, eigenartig nach Safran riechendes, gelbes, in Wasser leicht lösliches Pulver. Beim Auflösen tritt unter Aufnahme von Wasser fast augenblicklich eine Umlagerung in dem Sinne ein, daß sich neutrales Oxychinolinsulfat und Kaliumsulfat bildet, welches auch Bestandteil des Alauns ist. Es mag daher wohl das Kaliumsulfat als das wirksame styptische Prinzip des Chinosols angesehen werden (Nottebaum). In alkalischen Lösungen zersetzt sich das Chinosol sofort. Die Lösungen bereitet man am besten in Porzellanschalen oder Glasschalen, da bei Berührung mit Metallen eine Verfärbung und ein Niederschlag entsteht.

Wirkung: Chinosol ist ein gutes Antiseptikum (Bonnema). Neben seinem hohen antibakteriellen Werte, der dem des Sublimates nicht nachsteht und seiner Ungiftigkeit spricht für das Mittel noch die der Sublimatlösung diametral gegenüberstehende Wirkung, daß es Blutgerinnsel in den Schleimhautfalten momentan löst, während Sublimat sie fixiert. Endlich ist das Chinosol auch ein treffliches Styptikum (Leudesdorf, Nottebaum). Auf seiner antibakteriellen Wirkung und seinen adstringierenden Eigenschaften beruht wohl auch seine sekretionsbeschränkende Wirkung, doch sind hiefür stärkere Lösungen notwendig (Nottebaum). — Entgegen den günstigen Berichten beobachtete David selbst in starken Chinosollösungen Ansätze von Schimmel, weshalb er dem Mittel kein Vertrauen entgegenbringt. Auch Giovanni fand, daß es dem Sublimat bedeutend nachstehe und kaum der Karbolsäure gleichkomme. Hände und Wäsche werden durch Chinosol gelb gefärbt, doch kann diese Färbung leicht mit Wasser wieder entfernt werden. Messer werden in der Lösung stumpf und schwarz, gut vernickelte Instrumente aber nicht angegriffen.

Nebenwirkung: Bei interner Verabreichung konstatierte Macgregor Auftreten von Diarrhöen, Nottebaum Kopfschmerzen und Schwindelgefühl. Bei äußerlicher Applikation tritt bei empfindlichen Personen schon nach Gebrauch einer 2% Lösung leichte Rötung und Schmerzhaftigkeit auf (Kipp).

Indikationen: Es findet Verwendung in der Chirurgie zur Händedesinfektion, Desinfektion der Dejekte, sowie zur Wundbehandlung (Nottebaum), als Gurgelwasser bei Angina und Laryngitis (Beddies und Tischer), zu Injektionen ins Unterhautzellgewebe bei Karbunkel (Kipp). Von Müller wird es bei Lepra (innerlich und äußerlich), von Cipriani bei Lungentuberkulose und Milzbrand, von Lorch zur Behandlung der Cholera asiatica empfohlen.

Dosierung: Intern gibt man es in Dosen von 0,33 g dreimal täglich nach der Mahlzeit (Macgregor, Müller, Cipriani) oder in Lösung: Chinosol. 1—1,5, Aq. dest. 150, Syr. aurant, 30, S. stündlich 1 Eßlöffel voll, äußerlich zur Wundbehandlung als Verbandwasser in 1‰—2‰, bei eiternden Wunden in 0,5‰—1‰ Lösung, als Mundwasser in 0,5‰ und zu Injektionen bei Karbunkel in 1% Lösung.

Literatur: Beddies u. Tischer, Allg. med. Zentralztg., 59/60, 1896. — Bonnema, Therap. Monatsh., 12, 1896. — Giovanni, Deutsche med. Wochenschr., 37, 1897. — Müller, Wien. med. Presse, 49, 1897. — Cipriani, Allg. med. Zentralztg., 7, 1898. — Leudesdorf, Ärztl. Rundsch., 10, 1900. — Macgregor, Lancet, Juli 1899, rf. im Zentralbl. f. inn. Med.,

18, 1900. — Nottebaum, Deutsch. med. Wochenschr., 33, 1901. — Kipp, Allg. med. Zentralztg., 27, 1902. — David, Prag. med. Wochenschr., 17, 1903. — Lorch, Deutsche Ärzteztg., 17, 1908.
Fabr.: Fritsche & Co., Hamburg.
Preis: 10 g Mk. 1,25. K. 1,65. R. m. 12 Tabl. à 1 g Mk. 1,—.

Dymal wird als Nebenprodukt bei der Fabrikation der Auerschen Glühlichtstrümpfe gewonnen und besteht nach Berliner im wesentlichen aus Didymsalizylat neben Cer- und Lanthansalizylat.

Es ist ein feines, rosaweißes, geruchloses Pulver, das sich nicht zusammenballt und sich mit dem Pinsel gut aufstreuen läßt.

Wirkung: Dymal ist ein ungiftiges und reizloses, antiseptisches Mittel, welches die Sekretion beschränkt, die Wunden gut austrocknet und zur Heilung bringt (Munk, Diego, Fiore u. a.). Ein Nachteil ist, daß es die Schmerzen nicht im geringsten lindert (Stock).

Nebenwirkung: Bei Insufflationen in die Nase reizt es leicht die Schleimhaut (Munk).

Indikationen: Als Trockenantiseptikum bei verschiedenen Hautkrankheiten (Kopp, Roth), speziell bei Intertrigo und Hyperhidrosis (Stock), auch bei Verbrennungen, Ulcus cruris, Erfrierungen und Hautgangrän (Kopp, Berliner) gut verwendbar. Für die trockene Ekzembehandlung eignet es sich nicht (Stock), da es Krusten bildet, die künstlich entfernt werden müssen. Munk verwendete es als gutes Wundheilmittel in der kleinen Chirurgie, Sellei mit Erfolg bei Ekthyma und Ekzem in Salbenform.

Dosierung: Als Streupulver in der dermatologischen und chirurgischen Praxis, sowie als 5%—10%, nach Sellei sogar als 20% Salbe.

Literatur: Kopp, Therap. Monatsh., 2, 1901. — Roth, Pester med.-chir. Presse, 44, 1901. — Munk, Therap. Monatsh., 1, 1903. — Sellei, Monatsh. f. prakt. Dermat., 9, 1903. — Stock, Therap. d. Ggw., 7, 1903. — Diego, La Medicina Práctica, übers. S.-A. aus 25, 1904. — Fiore, Rassegna sanitaria di Roma, übers. S.-A. aus 7, 1904. — Berliner, Allg. med. Zentralztg., 639, 1912.
Fabr.: Chininfabr. Zimmer & Co., Frankfurt a. M.
Preis: 1 g Mk. 0,15. 10 g Mk. 1,30.

Eston ist ein basisches $^2/_3$ Aluminiumazetat, bei welchem 2 von den vorhandenen 3 Valenzen des Tonerdehydrates durch Essigsäure gesättigt sind. Es stellt ein feines, weißes, gegen Licht und Luft völlig indifferentes und unbegrenzt haltbares Pulver mit kaum schwachsäuerlichem Geruch dar. Es greift die Wäsche nicht an und macht keine Flecke. In Wasser ist es so gut wie unlöslich, in stärkeren Säuren löst es sich langsam und unvollständig, leichter in alkalischen Flüssigkeiten.

Wirkung: Unter dem Einfluß von wasserhaltigen, speziell alkalischen Flüssigkeiten, wie Blut, Eiter, spaltet es andauernd und ganz langsam die lösliche Form der essigsauren Tonerde ab und entfaltet daher in milder Form die antiseptische, adstringierende, reizlose und heilende Wirkung des Liquor. aluminii acetici, verbunden mit der aufsaugenden und austrocknenden Wirkung eines porösen Pulvers (Saalfeld).

Indikationen und Dosierung: Das Mittel wird in Form von Puder ebenso wie die weiter unten besprochenen Präparate, das Formeston und Subeston, dann verwendet, wenn man eine austrocknende Wirkung erzeugen will. Bei Dermatosen, wobei sonst eine Salbenbehandlung kontraindiziert ist, können Salben von Eston mit wasserhaltigem Lanolin als Kühlsalben gebraucht werden. Jedenfalls sollen an behaarten Stellen nur Salben zur Anwendung kommen (Saalfeld).

Beim Formeston ist nur 1 Valenz mit Essigsäure, die zweite mit Ameisensäure gesättigt, während die dritte wie beim Eston frei bleibt. Es ist von stärkerer Wirkung als Eston, spaltet sich rascher in seine Komponenten und hat vor Eston den Vorzug, daß die Ameisensäure an und für sich schon antiseptische Eigenschaften besitzt.

Beim Subeston ist nur 1 Valenz mit Ameisensäure gesättigt und die antiseptische und adstringierende Wirkung nicht so intensiv wie bei den 2 anderen Präparaten (Saalfeld).

Man benützt Eston im besonderen mit gutem Erfolge bei Fußschweiß, Ulcus molle, Ulcus cruris, chronischem Ekzem und Dekubitus als 10 bis 20 bis 50% Puder oder als 10—20% Salbe (Taußig, Klautsch, Schütte). Bei Frostbeulen verordnet Klautsch Perueston in folgender Verschreibung: Eston. 15,0, Balsam. Peruvian. 100,0. Tannin. 0,2, Ol. Terebinth. 3,0, Vaselin. 70,0.

Literatur: Saalfeld, Therap. Monatsh., 412, 1907. — Taußig, Österr. Ärzteztg., 12, 1907. — Klautsch, Deutsch. med. Presse, 16, 1907. — Schütte, Med. Klinik, 34, 1907.
Fabr.: Chem. Werke Friedländer, Berlin.
Preis: 10 g Mk. 0,30.   Eston-Streupulver (Heine, Köpenick) D. 150 g 50% Mk. 1,—.
K. 1,20.

Euguform, Äthylmethylendiguajakol, ein von Dr. Spiegel hergestelltes, azetyliertes Kondensationsprodukt von Guajakol und Formaldehyd, bildet ein fein verteiltes, fast geruchloses, amorphes, grauweißes Pulver, welches in Wasser fast unlöslich, wenig in Alkohol, gut in Azeton löslich ist.

Wirkung: Seine antiseptische Wirksamkeit beruht auf der durch die Körpersäfte hervorgerufenen Zerlegung in seine Bestandteile, Guajakol und Formaldehyd. Es wirkt reinigend und austrocknend, sowie desodorisierend, granulationsfördernd und schmerzstillend. Schwarz rühmt es als guten Ersatz für Jodoform. Nebenwirkungen wurden bisher nicht beobachtet.

Indikationen: Es eignet sich zur Wundbehandlung und zur Behandlung des Ulcus molle (auf Primäraffekte ist es ohne Einfluß), Ulcus cruris, Herpes, sowie tuberkulöser Geschwüre und Fisteln (Maaß, Cisielski, Luxenhofer, Vanicky, Bering, Lotheissen). Ausgedehnte Verwendung findet es ferner in der Therapie der Hautkrankheiten z. B. bei Prurigo, Lichen simpl. chron., Pruritus ani (Joseph), Pruritus senilis (Jacobson), Lupus vulgaris (Cisielski) und Ekzem, welches von lästigem Juckreiz begleitet ist (Weil).

Dosierung: Als Wundstreupulver in Substanz, als 5%—10% Salbe, 5%—10% Öl- oder Glyzerinemulsion, sowie als 5%—10% Gaze (Vanicky) Joseph hat die 50% Lösung (in Azeton) als Euguform. solubile mit gutem Erfolge in der Behandlung des Prurigo, Lichen und Pruritus als juckreizlinderndes und anästhesierendes Mittel in folgender Zusammenstellung verwendet: Euguf. solub. 10,0, Zinc. oxyd., Amyl. āā 20,0, Glycerin. 30,0, Aq. dest. ad 100,0. — S. Tüchtig zu schütteln und 2—3 mal täglich aufzupinseln. Wohrizek empfiehlt die 5—10% Pasta gegen die Schweiße der Rachitiker.

Literatur: Maaß, Deutsch. med. Wochenschr., 20, 1901. — Cisielski, Dermatol. Zentralbl., 6, 1901. — Luxenhofer, Die ärztl. Praxis, 11, 1903. — Weil, Die med. Woche, 16, 1903. — Joseph, Deutsche med. Wochenschr., 4, 1904. — Vanicky, Arch. f. klin. Chir., 2, 1904. — Lotheissen, Zentralbl. f. Chir., 25, 1904. — Jacobson, Therap. Monatsh., 7, 1904. — Bering, Therap. d. Ggw., 7, 1904. — Schwarz, Prager med. Wochenschr., 11, 1905. — Wohrizek, Therap. d. Ggw., 3, 1907.
Fabr.: Chem. Fabrik, Güstrow.
Preis: P. 10 g Mk. 0,90.

Europhen, Isobutylorthokresoljodid, ist ein gelbliches, spezifisch leichtes, schwach nach Safran riechendes, amorphes Pulver, welches in Wasser unlöslich ist, sich jedoch leicht in Alkohol, Äther, Chloroform und fetten Ölen löst. Der Jodgehalt beträgt ca. 28%. — In trockenem Zustande ist das Europhen beständig, mit Wasser auf ca. 70° C erwärmt, spaltet es freies Jod ab. Diese Abscheidung wird bei Gegenwart von Alkali noch erleichtert. Auf dem Kontakt mit alkalischer Feuchtigkeit bei erhöhter Temperatur, also Blutwärme, beruht seine Wirkung.

Wirkung: Es ist ein geeigneter Jodoformersatz, da es frei ist von dessen unangenehmen Nebenwirkungen. Es zeichnet sich durch bedeutende sekretionsbeschränkende und die Epithelbildung befördernde Eigenschaften aus (Trnka) und besitzt beträchtliche antiseptische und schmerzstillende Wirkung.

Indikationen: Sein Hauptanwendungsgebiet bilden venerische und syphilitische Erkrankungen (Rosenthal, Saalfeld, Meißner, Richter, Bornemann), wertvoll ist es bei Behandlung von Brandwunden (Siebel), endlich wird es noch in der kleinen Chirurgie bei Schnittwunden, Abszessen, Frostbeulen, Furunkel, Unterschenkelgeschwür etc. verwendet (Trnka, Nied, Eckstein, Lewitt), sowie für die Therapie gewisser Hautkrankheiten, z. B. bei Lepra (Goldschmidt), bei pustulösen Ausschlägen, Follikulitiden und Verbrennung herangezogen (Saalfeld, Lewitt). In der Otiatrie und Rhinologie empfehlen das Mittel v. Szoldrski, Petersen und Lieven, in der Augenheilkunde bei schweren infektiösen Prozessen, auch bei schwerem Ulcus serpens neben den sonstigen operativen Eingriffen Pick.

Dosierung: Es kommt entweder als Streupulver, als 5—10% Puder oder Salbe, als Collodium oder in öliger Lösung zur Verwendung. Als Streupulver bei Genitalaffektionen empfiehlt es in neuerer Zeit wieder Saalfeld mit Acid. bor. subtil. pulv. ää oder im Verhältnisse 1:4—9.

Literatur: Petersen, Münch. med. Wochenschr., 30, 1891. — v. Szoldrski, ebendort, 43, 1891. — Siebel, Berl. klin. Wochenschr., 8, 1892. — Rosenthal, ebendort, 11, 1892. — Trnka, Wien. med. Wochenschr., 18/32, 1893. — Lieven, Deutsche med. Wochenschr., 16, 1893. — Goldschmidt, Therap. Monatsh., 4, 1893. — Saalfeld, ebendort, 11, 1895. — Nied, Wien. klin. Rundsch., 14, 1897. — Saalfeld, Therap. Monatsh., 3, 1900. — Eckstein, Wien. med. Presse, 37, 1907. — Richter, Dermat. Zentralbl., 2, 1908. — Bornemann, ebendort, 2, 1908. — Meißner, Berlin. klin. Wochenschr., 35, 1908. — Lewitt, Zentralbl. f. d. ges. Therap., 113, 1909. — Pick, Therap. Monatsh., 182, 1910.
Fabr.: Farbenfabr., vorm. Bayer & Co., Elberfeld.
Preis: 1 g Mk. 0,40. K. 0,65.

Formicin ist Formaldehydazetamid und stellt eine wasserklare, dickliche, sirupähnliche Flüssigkeit dar, welche schwach nach Säuren riecht, etwas bitter schmeckt und 33% Formaldehyd enthält. — Das spezifische Gewicht beträgt 1,13—1,15. Es ist in Äther unlöslich, mit Wasser und Alkohol mischbar und beginnt, auf 37° erwärmt, Formaldehyd abzuspalten.

Wirkung: Formicin besitzt stark desinfizierende und desodorisierende Eigenschaften. Die gebräuchlichen Lösungen greifen Metallinstrumente nicht an.

Nebenwirkung: Manchmal tritt bei Verwendung der 5% Lösung anstatt der Jodoformglyzerin-Emulsion mehr oder weniger starkes Brennen auf (Bartholdy).

Dosierung: Bei tuberkulösen Gelenksaffektionen, tabischen Gelenksentzündungen, Rheumatismen, kongenitaler Lues und Trauma in 1—2% Lösung. Bei Zystitis sind Spülungen mit 2% Lösung angezeigt, ebenso bei stinkendem Ulcus cruris und Empyem. Als Dauerdesinfektionsmittel kommt es in Form von Umschlägen mit 1% Lösung zur Vorbereitung für eine Operation, zur Händedesinfektion in 5% Lösung (Füth) zur Anwendung.

Literatur: Bartholdy, Deutsch. med. Wochenschr., 40, 1905. — Füth, Münch. med. Wochenschr., 26, 1907.

Glutol, Formaldehydgelatine, ist ein grobkörniges, geruchloses, weißes Pulver, das selbst im heißen Wasser unlöslich ist und durch Säuren und Alkali unter gewöhnlichen Verhältnissen nicht gespalten wird. — Es ist stets sorgfältig aufzubewahren, um es vor Beimengung von Bakterien zu schützen, da sonst dieselben die Entgasung des Formaldehyds übernehmen und damit das wirksame Agens zum Entweichen bringen, noch ehe es zur Verarbeitung durch die Körperzellen gelangt ist. Es empfiehlt sich daher, das Glutol in gutverschlossenen Glasgefäßen aufzubewahren und gelegentlich einige Tropfen Formaldehyd hinzuzufügen (Schleich).

Wirkung: Die an sich nicht antiseptische Gelatineverbindung wirkt im Kontakte mit lebendem Gewebe durch die kontinuierliche Entwicklung werden, wenn man die Gelatinekapseln in Formalin härtet, da sie sich dann erst im Darm auflösen (Heile). Vereinzelt wurde auch vermehrte Darmsekretion (Katarrh) konstatiert (Heile, Röhmann). Von Urbantschitsch wurden öfters üble Erscheinungen seltens des Nervensystemes beobachtet und wird daher zur Vorsicht gemahnt.

Indikationen: Isoform wird angewendet zur Wundbehandlung und Desinfektion, zur Imprägnation von Verbandmaterial, als Desodorans bei jauchigen Wunden (Heile, Mikulicz), bei Ulzerationen des männlichen Genitales, bei der Trockenbehandlung der weiblichen Gonorrhöe und bei Urethrovaginitis der Kinder (Asch), sowie zur Behandlung von Blasenaffektionen und Psoriasis (Necker, Weik), in der oto- und rhinologischen Praxis, namentlich bei chronischen Mittelohreiterungen (Remien, Urbantschitsch, Heine), bei Stomatitis mercurialis (Siebert), in der Zahnheilkunde an Stelle des Jodoforms (Hahn) und endlich als Antiseptikum des Magen- und Darmtraktes (Galli-Valerio, Hoffmann). Doch wird hiebei von vielen Seiten (Heile, Röhmann) Vorsicht anempfohlen, von Urbantschitsch direkt gewarnt, da darnach Nekrosen der Leber, Milz und Niere nachgewiesen werden können.

Kontraindiziert ist es bei großen Wundflächen und bei allen Blutungen (Urbantschitsch).

Dosierung: Zur Wundbehandlung gewöhnlich in 2—3% Glyzerinemulsion. Zur Blasendesinfektion in 2—3% Lösung. Bei granulierenden Wunden in einer 2—3% Salbe. Bei Ulcus molle hat das 50% Isoformpulver als solches oder 10% (mit Talk oder phosphorsaurem Kalke verdünnt) als 50% Glyzerinpaste oder 10% Vaselin verwendet werden (Weik). In ausgezeichneter Weise eignet es sich zur Herstellung von Gaze (1—10%). Für die Trockenbehandlung der weiblichen Gonorrhöe und der Urethrovaginitis infantum kommen Isoformstäbchen mit 5—10—20% Isoform zur Anwendung, von welchen bei ersterer 2 mal täglich 1 Stäbchen in die Urethra, bei letzterer alle 3—4 Tage 1 Stäbchen in die Vagina eingeführt wird. Zur Verhütung der Stomatitis mercurialis, wie zur Zahn- und Mundpflege überhaupt ist die Saluferin-Zahnpaste von Siebert empfohlen, welche 5% Isoform und 10% Sapo Kalinus enthält. Nach den drei Hauptmahlzeiten sollen die Zähne mit 2 g dieser Pasta abgebürstet werden. Intern gibt man es vor größeren Operationen des Magens und Darms in Gelatinekapseln und zwar in Dosen von 2,0—4,0 g, eine halbe bis vier Stunden vorher.

Literatur: Heile, Volkmanns Samml. klin. Vortr., 388, Leipzig 1904. — Heile, 76. Naturforschervers., Breslau 1904, rf. in Deutsch. med. Wochenschr., 41, 1904. — Röhmann, Allg. med. Zentralztg., 51, 1904. — v. Mikulicz, ebendort, 51, 1904. — Müller, Medico, 7, 1905. — Weik, Med. Klinik, 19, 1905. — Galli-Valerio, Therap. Monatsh., 5, 1905. — Hoffmann, Berl. klin. Wochenschr., 26, 1905. — Meier, Allg. med. Zentralztg., 27, 1905. — Hahn, Deutsche zahnärztl. Wochenschr., 36, 1905. — Necker, Deutsch. med. Wochenschr., 38, 1905. — Heine, Zeitschr. f. Ohrenheilk., 2, 1906. — Hoffmann, Mitteil. a. d. Grenzgeb. d. Med. u. Chir., 5, 1906. — Remien, Allg. med. Zentralztg., 8, 1906. — Winterberg, Med. Klinik, 8, 1906. — Heile, Deutsche med. Wochenschr., 35, 1906. — Siebert, ebendort, 7, 1907. — Urbantschitsch, Wien. klin. Rundsch., 8, 1907. — Siebert, Therap. Monatsh., 11, 1908. — Asch, Zentralbl. f. Gynäk., 12, 1910.
Fabr.: Höchster Farbwerke.
Preis: 10 g Mk. 1,40. K. 2,—.

Itrol, Argentum citricum purissimum, ist ein weißes, geruchloses, äußerst feines Pulver, das sich in Wasser im Verhältnisse 1:3800 löst. Es ist lichtempfindlich und muß daher sorgfältig vor dem zersetzenden Einflusse des Lichtes bewahrt werden. Die Lösungen sollen nicht über 30° C erwärmt werden.

Wirkung: Itrol, das von Credé als eines der wirksamsten Antiseptika empfohlen wurde, wirkt in der oben angeführten Verdünnung entwicklungshemmend und abtötend auf alle Spaltpilze, ohne Fällungen und Gerinnungen zu veranlassen, dabei hat es vor dem Argent. nitr. noch den Vorzug seiner werden, wenn man die Gelatinekapseln in Formalin härtet, da sie sich dann erst im Darm auflösen (Heile). Vereinzelt wurde auch vermehrte Darmsekretion (Katarrh) konstatiert (Heile, Röhmann). Von Urbantschitsch wurden öfters üble Erscheinungen seltens des Nervensystemes beobachtet und wird daher zur Vorsicht gemahnt.

Indikationen: Isoform wird angewendet zur Wundbehandlung und Desinfektion, zur Imprägnation von Verbandmaterial, als Desodorans bei jauchigen Wunden (Heile, Mikulicz), bei Ulzerationen des männlichen Genitales, bei der Trockenbehandlung der weiblichen Gonorrhöe und bei Urethrovaginitis der Kinder (Asch), sowie zur Behandlung von Blasenaffektionen und Psoriasis (Necker, Weik), in der oto- und rhinologischen Praxis, namentlich bei chronischen Mittelohreiterungen (Remien, Urbantschitsch, Heine), bei Stomatitis mercurialis (Siebert), in der Zahnheilkunde an Stelle des Jodoforms (Hahn) und endlich als Antiseptikum des Magen- und Darmtraktes (Galli-Valerio, Hoffmann). Doch wird hiebei von vielen Seiten (Heile, Röhmann) Vorsicht anempfohlen, von Urbantschitsch direkt gewarnt, da darnach Nekrosen der Leber, Milz und Niere nachgewiesen werden können.

Kontraindiziert ist es bei großen Wundflächen und bei allen Blutungen (Urbantschitsch).

Dosierung: Zur Wundbehandlung gewöhnlich in 2—3% Glyzerinemulsion. Zur Blasendesinfektion in 2—3% Lösung. Bei granulierenden Wunden in einer 2—3% Salbe. Bei Ulcus molle kann das 50% Isoformpulver als solches oder 10% (mit Talk oder phosphorsaurem Kalke verdünnt) als 50% Glyzerinpaste oder 10% Vaselin verwendet werden (Weik). In ausgezeichneter Weise eignet es sich zur Herstellung von Gaze (1—10%). Für die Trockenbehandlung der weiblichen Gonorrhöe und der Urethrovaginitis infantum kommen Isoformstäbchen mit 5—10—20% Isoform zur Anwendung, von welchen bei ersterer 2 mal täglich 1 Stäbchen in die Urethra, bei letzterer alle 3—4 Tage 1 Stäbchen in die Vagina eingeführt wird. Zur Verhütung der Stomatitis mercurialis, wie zur Zahn- und Mundpflege überhaupt ist die Saluferin-Zahnpasta von Siebert empfohlen, welche 5% Isoform und 10% Sapo Kalinus enthält. Nach den drei Hauptmahlzeiten sollen die Zähne mit 2 g dieser Pasta abgebürstet werden. Intern gibt man es vor größeren Operationen des Magens und Darms in Gelatinekapseln und zwar in Dosen von 2,0—4,0 g, eine halbe bis vier Stunden vorher.

Literatur: Heile, Volkmanns Samml. klin. Vortr., 388, Leipzig 1904. — Heile, 76. Naturforschervers., Breslau 1904, rf. in Deutsch. med. Wochenschr., 41, 1904. — Röhmann, Allg. med. Zentralztg., 51, 1904. — v. Mikulicz, ebendort, 51, 1904. — Müller, Medico, 7, 1905. — Weik, Med. Klinik, 19, 1905. — Galli-Valerio, Therap. Monatsh., 5, 1905. — Hoffmann, Berl. klin. Wochenschr., 26, 1905. — Meier, Allg. med. Zentralztg., 27, 1905. — Hahn, Deutsche zahnärztl. Wochenschr., 36, 1905. — Necker, Deutsch. med. Wochenschr., 38, 1905. — Heine, Zeitschr. f. Ohrenheilk., 2, 1906. — Hoffmann, Mitteil. a. d. Grenzgeb. d. Med. u. Chir., 5, 1906. — Remien, Allg. med. Zentralztg., 8, 1906. — Winterberg, Med. Klinik, 8, 1906. — Heile, Deutsche med. Wochenschr., 35, 1906. — Siebert, ebendort, 7, 1907. — Urbantschitsch, Wien. klin. Rundsch., 8, 1907. — Siebert, Therap. Monatsh., 11, 1908. — Asch, Zentralbl. f. Gynäk., 12, 1910.

Fabr.: Höchster Farbwerke.
Preis: 10 g Mk. 1,40. K. 2,—.

Itrol, Argentum citricum purissimum, ist ein weißes, geruchloses, äußerst feines Pulver, das sich in Wasser im Verhältnisse 1:3800 löst. Es ist lichtempfindlich und muß daher sorgfältig vor dem zersetzenden Einflusse des Lichtes bewahrt werden. Die Lösungen sollen nicht über 30^0 C erwärmt werden.

Wirkung: Itrol, das von Credé als eines der wirksamsten Antiseptika empfohlen wurde, wirkt in der oben angeführten Verdünnung entwicklungshemmend und abtötend auf alle Spaltpilze, ohne Fällungen und Gerinnungen zu veranlassen, dabei hat es vor dem Argent. nitr. noch den Vorzug seiner

Reizlosigkeit und Ungiftigkeit. Es wirkt außerdem kräftig adstringierend und sekretionsbeschränkend.

Nebenwirkung: Manchmal Schmerzen erzeugend nach Einblasungen bei Trachom, wahrscheinlich durch den mechanischen Reiz hervorgerufen (Meyer). Es empfiehlt sich daher, das Auge vorher zu kokainisieren. Ein Nachteil des Mittels ist, daß es die Wäsche braun färbt und ein zu langsames Desodorisierungsvermögen besitzt.

Indikationen: Zu Ausspülungen von Körperhöhlen, zur Desinfektion der Hände, sowie von Wunden, wie auch als Gurgelwasser (Credé, Meyer). In dem Hauptanwendungsgebiete, der Augenheilkunde, wird Itrol besonders von Červiček empfohlen, der es nach vorhergehender Abwaschung der Bindehaut mit 3% Borsäure bei Conjunctivitis blennorrh. verwendet. Er hatte bei 124 Fällen in 65% der Fälle Aufhören der Sekretion beobachtet. Bei trachomatöser, katarrhalischer und lymphatischer Konjunktivitis zog es v. Arlt in Anwendung, bei Trachom Bock, der die ausgezeichnete Wirkung bei Trachom mit sehr reichlicher Absonderung und bei großen Phlyktänen besonders hervorhebt. In der Behandlung der Gonorrhöe des Weibes und des Mannes wird es von Werler und Woyer gerühmt.

Dosierung: Zu chirurgischen Zwecken in Lösungen von 1:4000 bis 10 000 (zur Herstellung der Lösung eignen sich die Tabletten mit 0,2 g Itrol besonders gut), als Itrolvaseline 0,5—2,0:100,0, zu Gurgelwässern und Umschlägen in Lösungen von 1,0—5,0:10,000 (Schill, Werler). In der Augenheilkunde als Pulver zum Einstäuben, in Lösungen 1,0:4000—6000 (Červiček, Luciani) oder 2—3 Tropfen einer Schüttelmischung von 3,0—6,0:200,0 (Schill). Zur Gonorrhöebehandlung empfiehlt Werler 4 mal täglich Einspritzungen mit 0,025:200,0, später 0,03—0,05:200,0. Woyer spült die Scheide und den Zervikalkanal zunächst mit Itrollösung aus und führt 2 bis 3 mal wöchentlich Itrolstäbchen in die Zervix ein, wo sie durch einen Tampon festgehalten werden. (Argent. citr. 2,5, Cer. alb. 1,5, Ol. Cacao 9,0 ad XXX bacill.)

Literatur: Credé, Zentralbl. f. Chir., 43, 1896. — Werler, Berl. klin. Wochenschr., 16. 1898. — Schill, Therap. Monatsh., 3, 1899. — Meyer, Deutsche militärärztl. Zeitschr., 11, 1900. — Luciani, in Mercks Jahresber. 1900. — Woyer, Münch. med. Wochenschr., 42, 1901. — Cervicek, Der Militärarzt, 19 u. 20, 1902. — v. Arlt, Wien. klin. Wochenschr., 18, 1902. — Bock, Allg. med. Zentralztg., 36, 1902.
Fabr.: v. Heyden, Radebeul.
Preis: 1 g Mk. 0,30. K. 0,50.

Jodofan, Monojododioxybenzaldehyd, ist ein rötlich gelbes, kristallinisches, für die Wundbehandlung fein gepulvertes, nicht hygroskopisches Präparat ohne Geruch und Geschmack. Es ist unlöslich in den üblichen Agentien und wird durch Wundsekrete zersetzt, wobei Jodformol abgespalten wird (Piorkowski) und die rote Farbe in eine dunkelgraue übergeht.

Wirkung: Jodofan ist ein kräftiges Desinfiziens mit antibakteriellen und desodorisierenden Eigenschaften, das sehr rasch die Nährböden in einer der Entwicklung der Bakterien ungünstigen Weise beeinflußt (Piorkowski). Dabei ist es aber für den menschlichen Organismus vollkommen reizlos (Eisenberg).

Indikationen: Das Hauptanwendungsgebiet ist die kleine Chirurgie (Inzisionswunden, Furunkel, Panaritien, Atherome), doch findet es auch vielfach in der Dermatologie bei nässendem Ekzem, Brandwunden und varikösen Geschwüren, bei ulzerösen und erosiven Prozessen an den äußeren Genitalien des Mannes, sowie in der Gynäkologie Verwendung (Eisenberg, Gerstle, Aßmy, Allina).

Dosierung: Als Streupulver und in Form der 10% Gaze, sowie in Form einer Emulsion bei Behandlung der Rippenkaries (Allina).

Literatur: Allina, Therap. d. Ggw., 7, 1907. — Gerstle, Med. Klinik, 9, 1907. — Eisenberg, Münch. med. Wochenschr., 12, 1907. — Piorkowski, Berlin. klin. Wochenschr., 20, 1907. — Aßmy, Fortschr. d. Med., 17, 1908.
Fabr.: Goedecke & Co., Berlin.
Preis: 10 g Mk. 1,75.

Jodolen, eine Jodol-(Tetrajodpyrrol-)Eiweißverbindung, ist ein gelbliches, staubfeines, trockenes, geruch- und geschmackloses Pulver, das in gewöhnlichen Lösungsmitteln unlöslich ist. Es enthält ca. 86% Jodol und kann vor Luft geschützt (in gut verkorkten Röhren) auf 100—105° C erhitzt werden, ohne sich zu zersetzen (Merck).

Wirkung: Es bewährte sich im äußerlichen Gebrauche als ein gutes, reizloses Antiseptikum, dagegen ist es bei innerer Anwendung nicht imstande, die Jodalkalien zu verdrängen (Sommerfeld).

Nebenwirkung: Es ruft, innerlich genommen, gleich den Jodalkalien die Erscheinungen des Jodismus hervor (Jordan).

Indikationen: Als Jodoformersatz bei Operationswunden, Geschwüren, weichem Schanker, Papeln (Sommerfeld), doch hat es sich nach Péchy bei venerischen Geschwüren als nicht genügendes Desinfiziens erwiesen. Innerlich wurde das Mittel von Jordan bei tertiärer Syphilis empfohlen.

Dosierung: Als lokales Wundstreupulver äußerlich; in Dosen von 2,0 g durch 6—10 Tage innerlich.

Literatur: Sommerfeld, Arch. f. Dermat. u. Syph., 1, 1900. — Mercks Jahresber. f. 1900 u. 1901. — Jordan, Monatsh. f. prakt. Dermat., 12, 1901. — Péchy, Orvósi Hetilap, 43, 1901, zit. bei Merck.
Fabr.: Kalle & Co., Biebrich.

Limonen (Eulimen), ein in vielen ätherischen Ölen enthaltenes Terpen, das gewöhnlich aus dem ätherischen Öle der Orangenschalen oder aus dem Kümmelöl gewonnen wird. Es stellt ein wasserhelles, optisch aktives, dem Zitronenöl ähnlich riechendes Präparat dar, welches von Zickgraf bei allen, mit übelriechendem Auswurf einhergehenden Lungenprozessen, bei denen bisher Terpentin zur Verwendung kam, in Dosen von 10—20 Tropfen auf Zucker oder in Wasser 3 mal täglich gegeben wurde. Ferner empfiehlt der Autor das Mittel als Stomachikum, als Zusatz zu Narkosegemischen und als Geruchskorrigens für Antiseptika.

Literatur: Zickgraf, Münch. med. Wochenschr., 20, 1910.
Fabr.: Schimmel u. Co. Miltitz.
Preis: 100 g M. 1.—.

Loretin, Metajodorthooxychinolinanasulfosäure, ist ein blaßgelbes, geruchloses, kristallinisches, in Wasser und Alkohol schwer, in anderen Lösungsmitteln fast unlösbares Pulver von bitterem Geschmacke. Es kann, ohne sich zu zersetzen, auf 180° C erhitzt werden.

Wirkung: Loretin übt eine starke antiseptische Wirkung gegen verschiedene pathogene Keime aus, kann daher als Ersatzmittel des Jodoforms bezeichnet werden, um so mehr als ihm dessen unangenehme Nebenerscheinungen fehlen. Besonders wirksam ist es bei Ekzem.

Dosierung: Es wird als Streupulver rein oder mit Talk, Amylum oder Magnesia usta gebraucht, ferner als 5—10% Kollodium, Salbe oder in Form der Loretingaze.

Das Natriumsalz, welches farblose, wasserlösliche Kristalle bildet, dient in 1—4—6% wäßriger Lösung zum Auswaschen von Wunden, sowie zu Injektionen bei Gonorrhöe (Korff).

Literatur: Korff, Münch. med. Wochenschr., 28, 1905.
Preis: 10 g M. 1,95.

Griserin ist nach Zerniks Untersuchungen nichts anderes als das langbekannte Loretin (Metajodorthooxychinolinanasulfosäure), welches durch Zusatz von Alkalien, ohne daß es den Charakter einer Säure verlor, leichter löslich und für den inneren Gebrauch geeigneter gemacht worden ist. Er wies nach, daß es lediglich ein mechanisches Gemisch von Loretin und 4,25% Natr. carb. sicc. oder wahrscheinlich 6,75% Natr. bicarb. bildet. Das Griserin, das seinen Namen von seinem „Neu-Entdecker" Richard Griese hat, wurde von Küster, der es äußerst günstig beurteilte, in die Therapie eingeführt.

Wirkung: Küster bezeichnete das Griserin als ein inneres Desinfiziens welches vollkommen ungiftig ist, durch Nieren, Haut und Schleimhäute ausgeschieden wird und alle krankmachenden Keime tötet. Es besitzt eine leicht abführende Wirkung, desinfiziert zuerst Magen und Darm und soll bei allen Infektionserkrankungen wirksam sein, besonders bei Phthisikern. Bei diesen setze es das Fieber herab, bringe Husten, Auswurf und Nachtschweiße zum Schwinden, hebe den Appetit, woraus wieder eine dauernd sich steigernde Gewichtszunahme resultiere. Auch Steiner teilt günstige Erfahrungen mit. Speziell hebt dieser Autor die hohe, bakterizide Eigenschaft des Griserins hervor. Eine 2% Lösung habe dieselbe Wirkung wie 3% Karbolsäure.

Nebenwirkungen: Den Beobachtern günstiger Erfolge steht eine Reihe von Autoren gegenüber, die dem Griserin jeden Heilwert absprechen und von beträchtlichen Nebenwirkungen berichten. Zu negativen Ergebnissen bezüglich der Frage der inneren Desinfektion durch das Griserin kamen Petruschky, Friedberger und Öttinger, Posner, Deneke und Schomburg. Brühl und Vlach warnen direkt vor dem Mittel. Hildebrandt konnte experimentell nachweisen, daß die Empfehlung als inneres Desinfiziens nicht zu begründen sei. Markl und Nardini, sowie Ritter schließen sich dieser ungünstigen Beurteilung an. Huhs stellte fest, daß dem Griserin nicht der geringste therapeutische Effekt auf die Tuberkulose oder eines ihrer Symptome zuzusprechen sei.

Die häufigst beobachtete Nebenwirkung waren heftige, zuweilen schmerzhafte Durchfälle (Deneke, Schomburg, Vogel), Leibschmerzen, Appetitverminderung und damit verbundene Gewichtsabnahme ohne jede Beeinflussung des Fiebers bei Tuberkulösen (Brühl), bitteres Auftreten und Magendrücken, welches sich allerdings durch Natr. bicarb. leicht beseitigen ließ (Mahner-Mons, Vogel). Der Auswurf nahm eine breiige, zähe Beschaffenheit an, was die Kranken oft recht unangenehm empfanden (Deneke). Von Vlach wurde zweimal Albuminurie und einmal starke Verschlimmerung einer chronischen Nephritis gesehen.

Indikationen: Küster empfahl das Mittel bei allen Infektionskrankheiten, speziell Lungenkrankheiten. Steiber verwendete es außerdem noch bei Ulcus cruris mit gutem Erfolge. Die günstigen Erfahrungen von Mahner-Mons erstrecken sich auf Lungentuberkulose, Struma, Syphilis und Skrofulose. Ohne Erfolg versuchte es Vogel bei Zystitiden.

Dosierung: Es wird in Kapseln zu 0,2—0,3—0,5 g, am besten möglichst nüchtern morgens und abends gegeben (Mahner-Mons). Zu vermeiden ist die gleichzeitige Darreichung von Metallpräparaten, namentlich Eisenmitteln.

Literatur: Küster, Berl. klin. Wochenschr., 43, 1904. — Zernik, Apothekerztg., 92, 1904, rf. Deutsch. med. Wochenschr., 51, 1094. — Petruschky, Berl. klin. Wochenschr., 50, 1904. — Schomburg, ebendort, 1, 1905. — Vogel, Zentralbl. f. d. Krankh. d. Harnu. Sexualorg., 1, 1905. — Hildebrandt, Münch. med. Wochenschr., 1, 1905. — Posner, Berl. klin. Wochenschr., 2, 1905. — Vlach, Prag. med. Wochenschr., 2, 1905. — Deneke, Münch. med. Wochenschr., 3, 1905. — Huhs, Beitr. z. Klinik d. Tuberk., 3, 1905. — Brühl, Münch. med. Wochenschr., 8, 1905. — Friedberger u. Öttinger, Berl. klin. Wochenschr., 7 u. 8, 1905. — Steiner, Repertorium d. prakt. Med., 4, 1905. — Mahner-Mons, Allg. med. Zentralztg., 7, 1905. — Markl u. Nardini, Berl. klin. Wochenschr., 20, 1905. — Ritter, ebendort, 22, 1905.

Lysargin, Argentum colloidale, ist ein mit Hilfe gewisser neuer von Prof. Paal aufgefundener Eiweißprodukte, der Protalbin- und Lysalbinsäure,

dargestelltes kolloidales Silberpräparat mit 80—83% Gehalt an metallischem Silber. Es bildet nach Mitteilung der darstellenden Fabrik prachtvoll stahlblau glänzende Lamellen, welche sich leicht und sehr reichlich in Wasser lösen. Die Lösungen sind klar, gut filtrierbar, in dünner Schicht von braungelber Farbe, besitzen aber selbst kaum Färbekraft, so daß also Flecke aus der Haut oder der Wäsche leicht zu entfernen sind. Die Lösungen sind luft- und lichtbeständig, nur direkte Sonnenbestrahlung führt Zersetzung herbei. Metalle werden durch die Lösungen nicht angegriffen.
Die Lösungen sollen filtriert und im Dampfbade sterilisiert werden.
Wirkung: Eine hervorragende bakterizide Wirkung besitzt das Mittel nicht, wohl aber eine entwicklungshemmende. Die Lösungen reizen und ätzen nicht und verhalten sich gegenüber organischen Säften (Blut, Lymphe usw.) indifferent. Lysargin ist erheblich ungiftiger als irgendwelche andere Silberverbindungen und steht den Collargol an Wirksamkeit nicht nach, ist aber in der Anwendung angenehmer, weil der jähe Temperaturanstieg nach der Injektion wegfällt (Weißmann).

In Salbenform wird es von der Haut aus resorbiert, vorübergehend in den Organen abgelagert und mit den Fäzes eliminiert. Intravenös angewendet, erfolgt die Verteilung im Organismus rascher und wird eine rasche und ausgesprochene Leukozytose hervorgerufen, subkutan ist es nicht zu verwenden, da durch die Eiweißkomponente die Gefahr der Abszeßbildung vorhanden ist.

Dosierung: Vielfach verwendbar in der Chirurgie in 1% Lösungen zu Spülungen und Waschungen, mit Sacchar. lact. 1 : 30 als Streupulver bei Flächenwunden. Zu Umschlägen und Gurgelwässern genügen schon Lösungen von 1 : 5—10,000. Auch in der Gynäkologie, Dermatologie und Ophthalmologie findet es erfolgreich Verwendung in 1—2% Salben, Pasten und Stäbchen. Bei Sepsis und Pyämie entweder perkutan als Salbe (1—2 g 2—3 mal täglich) oder intravenös (5—15 ccm einer 1—2% Lösung). Die Salbe kann ferner bei Masern, Scharlach und infektiöser Angina versucht werden. Per os gibt man es in 1% Lösung (3—4 Eßlöffel täglich) bei infektiösen Magen- und Darmkrankheiten, bei Autointoxikation infolge von Magen- und Darmatonie. Endlich scheint sich auch die Verwendung als Klysma (50—100 ccm einer 1% Lösung) zu empfehlen.

Literatur: Weißmann, Therap. Monatsh., 235, 1907.

Lysoform, im Jahre 1899 von Dr. Stephan hergestellt, ist eine mit Formaldehyd nahezu gesättigte, alkoholische Seifenlösung (Straßmann, Pfuhl). Es wird hergestellt, indem ein hauptsächlich Olein enthaltendes Öl mittelst Kalilauge verseift und die fertige Seife mit Formaldehyd verflüssigt wird (Nagelschmidt). Es ist eine hellgelbe, klare, schwach alkalisch reagierende Flüssigkeit von ölartiger Konsistenz mit leicht aromatischem Geruch. In Wasser und Alkohol ist es in jedem Verhältnisse löslich. In destilliertem Wasser löst es sich klar, in Leitungswasser unter mäßiger Trübung. Beim Schütteln schäumen die Lösungen stark und machen durch ihre seifenartige Beschaffenheit ein Einfetten der Finger und Instrumente unnötig. Letztere werden durch Lysoform nicht angegriffen, auch Wäsche und Kleider nicht beschädigt.

Wirkung: Das Mittel besitzt eine vielfach erprobte antiseptische Wirkung, welche wohl nicht an die des Sublimats heranreicht, aber doch annähernd der des Formalins gleichkommt. Gewöhnliche Eiterkokken, die Bazillen des grünen Eiters und Typhusbazillen werden durch 1—3 stündige Einwirkung von 1% Lösung abgetötet (Pfuhl). Dasselbe konstatierte Symanski bei an Seidenfäden eingetrockneten Milzbrandsporen, die durch 8 stündige Einwirkung einer 3% Lösung abgetötet wurden. Die große desodorisierende Kraft betonen Pfuhl und Galli-Valerio. Übereinstimmend wird angegeben, daß das Mittel weniger ätzt und wesentlich weniger giftig ist als Lysol und Karbol (Zlatogorow). Symanski fand auch, daß die alkoholischen Lösungen eine größere bakterizide Kraft besitzen als die wäßrigen.

Nebenwirkungen: Dieselben sind gering, selbst nach mißbräuchlicher Verwendung großer Dosen. So berichtet Mode von einer Gebärenden, welche aus Versehen anstatt Ergotinlösung 1 Eßlöffel unverdünnten Lysoforms zu sich nahm, aber bis auf unangenehmen Geschmack und geringes Brennen im Schlunde keine Erscheinungen zeigte.

Indikationen: Zur Händedesinfektion empfehlen es Straßmann und Vertun, während Ahlfeld, Cramer und Hammer es für ungeeignet erklären, weil es in der wünschenswerten Frist von 3—5 Minuten eine zu geringe Kraft entfaltet. Simons benützte es erfolgreich bei Affektionen der weiblichen Blase und Harnröhre.

Dosierung: Für die Händedesinfektion genügt eine 2—3%, für Blasen- und Scheidenspülungen eine 1% Lösung. Für die Desinfektion von Verbandstoffen ist Lysoform nicht geeignet (Pfuhl).

Literatur: Straßmann, Therap. d. Ggw., 8, 1900. — Simons, Allg. med. Zentralztg., 66, 1900. — Ahlfeld, Zentralbl. f. Gynäk., 51, 1900. — Symanski, Deutsche med. Wochenschr., therap. Beil., 27, 1901. — Cramer, Münch. med. Wochenschr., 41, 1901. — Vertun, ebendort, 46, 1901. — Hammer, Zentralbl. f. Gynäkol., 17, 1902. — Nagelschmidt, Therap. Monatsh., 9, 1902. — Galli-Valerio, ebendort, 9, 1903. — Mode, ebendort, 6, 1904. — Zlatogorow, Allg. med. Zentralztg., 31, 1908.
Fabr.: Lysoformges., Berlin.
Preis: Fl. 50 g Mk. 0,35. K. 0,50. 100 g Mk. 0,65. K. 0,80. 500 g Mk. 2,20. K. 2,80. 1000 g Mk. 3,50. K. 4,60.

Lysol, in Seife gelöstes Rohkresol, ist eine dicke, braune, teerartig riechende, in Wasser klar lösliche Flüssigkeit.

Wirkung und Dosierung: Es wird in 1—3% Lösung als Antiseptikum und Desinfiziens besonders in der Gynäkologie und Zahnheilkunde verwendet, fand auch intern als appetitanregendes Mittel in Form von Pillen (Lysol. 5,0, Succ. liquir., Pulv. liquirit. q. s. ut fiant pil. No. 50, S. 1—2stündlich 1 Stück) Verwendung (Burger).

Nebenwirkung: Nach mißbräuchlicher Anwendung unverdünnten Lysols wurden verschiedenartige Hautreizungen und bei Aufnahme per os schon nach verhältnismäßig geringen Mengen selbst tödlich verlaufende Vergiftungen beobachtet. So sahen Saalfeld und Bergel nach äußerer Verwendung unverdünnten Lysols starke, brennende Schmerzen, Ödem und Bildung von Blasen mit blutigem Inhalte, Thomson nach einer Scheidenspülung mit verdünnter Lösung ein stark juckendes universelles Exanthem, Hartigan nach Verabfolgung eines Klysmas ($^3/_4$ l einer 0,5% wäßrigen Lösung) bei Dysenterie schweren Kollaps mit letalem Ausgange nach 4 Stunden. Zahlreich sind die Berichte über Vergiftungen mit Lysol (Herzog, Aßfolg, Tausch, Liepelt, Fries, Lange). Die Vergiftungserscheinungen waren in leichteren Fällen Erbrechen, kardiovaskuläre Störungen, Kopfschmerz, Schwindel und Brennen im Halse, in schwereren Fällen Erbrechen, Bewußtlosigkeit bis Koma schwersten Grades, Auftreten einer toxischen Nephritis, die unter dem Bilde einer Glomerulonephritis zur Urämie führen kann, Zyanose, erschwerte Respiration und Krämpfe. Bei allen Lysolvergiftungen findet man selbst noch nach vielen Stunden typischen Lysolgeruch in der Atemluft und im Mageninhalt. Die anatomischen Veränderungen sind meist nur gering. Schon im Jahre 1902 konnte Tausch über 20 durch die Literatur bekannt gewordene Fälle von Lysolvergiftung berichten, von denen 10 Fälle tödlich endeten, darunter 15 Fälle mit 7 Todesfällen bei mißbräuchlichem inneren Gebrauch des Mittels. In letzter Zeit berichtet Puppe über zwei Selbstmorde mittelst Lysols, Harbitz über einen Todesfall bei einem Kinde, das versehentlich 1 Kaffeelöffel voll reinen Lysols erhielt

Ausführliche Literaturnachweise darüber enthält die Arbeit von Friedländer.

Literatur: Saalfeld, Therap. Monatsh., 6, 1896. — Bergel, ebendort, 7, 1896. — Herzog, Wien. klin. Rundsch., 33, 1899. — Hartigan, Brit. med. journ., Nov. 1900, rf. im Zentralbl. f. inn. Med., 7, 1901. — Aßfolg, Therap. Monatsh., 1, 1902. — Tausch, Berl. klin. Wochenschr., 34, 1902. — Liepelt, ebendort, 25, 1903. — Lange, Therap. d. Ggw., 7, 1904. — Fries, Münch. med. Wochenschr., 16, 1904. — Thomson, Therap. Monatsh., 7, 1904. — Burger, Münch. med. Wochenschr., 9, 1905. — Puppe, Deutsche med. Wochenschr., 11, 1906. — Harbitz, Norsk Magazin, 7, 1906, rf. Münch. med. Wochenschr., 44, 1906. — Friedländer, Therap. Monatsh., 536, 593, 1908.
Fabr.: Schülke & Mayr, Hamburg.
Preis: Fl. 100 g Mk. 0,50. K. 0,70. 250 g Mk. 1,—. K. 1,40. 500 g Mk. 1,50. K. 2,—. Kassenpackung: 100 g Mk. 0,35. 250 g Mk. 0,70.

Mastisol ist eine Lösung von Mastix und Benzol, welche von v. Oettingen im letzten russisch-japanischen Kriege in ausgedehntestem Maße bei Schuß- und Quetschwunden, sowie Verletzungen aller Art zur Fixierung des aseptischen Verbandmateriales verwendet wurde. Die Umgebung der Wunde wird ohne Rücksicht auf den Grad der Verschmutzung und ohne vorherige Reinigung bis dicht an den Rand der Wunde mit Mastisol bestrichen, wobei alle auf der Haut befindlichen Bakterien fixiert und dadurch in ihrer Entwickelung gehemmt und unschädlich gemacht werden. Auf die Wunde kommt sodann das aseptische Verbandmaterial, das sofort unverschieblich festhaftet. Ferner kann das Mastisol als Ersatz der Heftpflasterstreifen bei Extensionsverbänden angewendet werden. Über günstige Erfahrungen mit dieser Klebeflüssigkeit berichten Mazel, dessen Arbeit ein ausführliches Literaturverzeichnis enthält, Neugebauer, Voos, Börner und Haist.

Literatur: Mazel, Wien. med. Wochenschr., 20, 21, 1911. — Neugebauer, Wien. klin. Wochenschr., 379, 1911. — Voos, Münch. med. Wochenschr., 688, 1911. — Haist, Deutsch. militärärztl. Zeitschr., 757, 1911. — Börner, Münch. med. Wochenschr., 2272, 1911.
Fabr.: Gebrüder Schubert, Berlin.
Preis: Fl. 80 g Mk. 3,50. K. 3,50. K. P. Fl. 10 g Mk. 1,—. K. 0,90.

Morbicid ist ein Formaldehydpräparat, das nach Töpfer bei geringer Giftigkeit und Ätzwirkung an Desinfektionskraft dem Formalin ungefähr gleich, dem Lysoform um das 2—3 fache überlegen ist und sich besonders zur Wäschedesinfektion eignen dürfte. Wäsche von Tuberkulösen wird durch die 1% Lösung in 12, durch die 20% Lösung in 8 Stunden vollkommen unschädlich gemacht.

Literatur: Töpfer, Deutsche med. Wochenschr., 35, 1908.
Fabr.: Schülke & Mayr, Hamburg.
Preis: Fl. 100 g Mk. 0,60. 250 g Mk. 1,25. 500 g Mk. 2,—.

Noviform, Tetrabrombrenzkatechinwismut, ist ein gelbes, völlig geruch- und geschmackloses Pulver von sehr feiner Konsistenz, das in Wasser unlöslich ist, sich in organischen Lösungsmitteln leicht löst und 33% Wismutoxyd enthält. Durch Erhitzen auf 110° (aber nicht höher!) läßt es sich sterilisieren, also auch in strömendem Wasserdampf (Borovanszky).

Wirkung: Das Mittel entfaltet eine gute antiseptische Wirkung, welche auf der Abspaltung von Brenzkatechin beruht und besitzt außerdem sekretionsbeschränkende und desodorisierende Eigenschaften, stellt somit einen brauchbaren Ersatz für Jodoform dar (Lamers, Cammert, Million, Luksch, Michaelis). Gegenüber Xeroform hat es den Vorzug, daß es mit den Wundsekreten keine Krusten bildet (Luksch). Es ist völlig reizlos.

Indikationen und Anwendungsweise: Als Jodoformersatzmittel in Form von Streupulver, 10% Gaze, 10% Emulsion mit Olivenöl, in Stäbchen und als 5—10—20% Salbe vielfach in der Chirurgie benützt bei infizierten Wunden, Furunkel, Karbunkel, Abszessen, Panaritien (Koder, Borovanszky, Million, Most), ferner bei Behandlung der Brandwunden, Intertrigo (Lamers), Ulcus cruris (Cammert, Koder) und in der Augenheil-

kunde bei Blepharitis ulcerosa und Conjunctivitis simplex (Liebermann, Clausen).
Literatur: Liebermann, Deutsche med. Wochenschr., 11, 1912. — Koder, Wien. med. Wochenschr., 29, 1912. — Clausen, Zeitschr. f. Augenheilk., 295, 1912. — Most, Zentralblatt f. d. ges. Therap. 393, 1912. — Luksch, ebendort, 393, 1912. — Borovanszky, Med. Klinik, 992, 1912. — Lamers, ebendort, 1834, 1912. — Million, Münch. med. Wochenschr., 1852, 1912. — Cammert, Med. Klin., 1912, 1912. — Michaelis, Berl. klin. Wochenschr., 1940, 1912.
Fabr.: v. Heyden, Radebeul.
Preis: 1 g K. 0,15. 10 g K. 1,30. Streuflasche 5 g Mk. 0,80.

Novojodin ist Hexamethylentetramin-Dijodid mit gleichen Teilen Talkpulver und stellt ein lockeres, hellgelbes, völlig geruchloses, in allen Lösungsmitteln fast unlösliches Pulver dar, das sich leicht mit fetten Ölen, flüssigem Paraffin, Glyzerin und Kollodium zu 10—20% Suspensionen verarbeiten läßt.

Wirkung und Indikationen: Novojodin ist ein reizloses, ungiftiges Streupulver, welches granulationsbefördernd, austrocknend und sekretionsvermindernd wirkt (Friedländer). — Sehr geeignet ist es zur Behandlung von tuberkulösen Fisteln (Friedländer, Drachter, v. Forster), ferner von Ulcus molle, vereiterten Drüsen, inzidierten Bubonen und Ulcus cruris (Bohac), von Ulcus corneae serpens, Lidrandentzündung und Tränensackeiterung (Wicherkiewicz) und zur Behandlung von Analfissuren, kalten Abszessen, endlich von Endometritis, Vaginitis und Zervixkatarrh (v. Zumbusch, Fieber, Polland, Katholicky).

Dosierung: Man verwendet es in Form der 20—33% Gaze, als 3% Vaginalkugeln, 4% Suppositorien, in Form von Urethralstäbchen, bei kalten Abszessen in 20% Emulsion in Olivenöl und in der Augenheilkunde als Streupulver mit gleichen Teilen Milchzucker unter eventuellem Zusatz von 2% Novocain.

Literatur: v. Zumbusch, Wien. klin. Wochenschr., 18, 1910. — Fieber, Zentralbl. f. Chir., 19, 1910. — v. Forster, Wien. med. Wochenschr., 30, 1910. — Polland, Münch. med. Wochenschr., 32, 1910. — Katholicky, Wien. klin. Rundsch., 46, 1910. — Wicherkiewicz, Heilkunde, 5, 1911. — Drachter, Zentralbl. f. Chir., 34, 1911. — Bohac, Klin. therap. Wochenschr., 747, 1911. — Friedländer, Med. Klin., 1458, 1911.
Fabr.: Dr. Scheuble & Hochstetter, Hamburg.
Preis: 1 g K. 0,15. 10 g K. 1,30. Streubüchse 12 g Mk. 0,75. 30 g Mk. 1,50.

Phenostal, Diphenylorthooxalester, ist eine Karbolsäure in fester Form, die in Tabletten in den Handel kommt und nach Hoffmann, Küster und Jung die 4—6fache Desinfektionswirkung im Vergleiche mit Karbol besitzt. Das Mittel scheint besonders für militärische Zwecke zur Mitnahme ins Feld geeignet (Moldovan). Es eignet sich zur Instrumentendesinfektion; da die 3% Lösung jedoch Instrumente aus Nickel, Stahl und Messing angreift, empfiehlt Schmidt den Zusatz von etwas Natriumbikarbonat, um die das Metall schädigende Oxalsäure zu neutralisieren. Nach Moldovan wird aber dadurch die desinfizierende Komponente der Oxalsäure aufgehoben. Zur Wundbehandlung und Händedesinfektion scheint es wenig geeignet. Jung verwendet das Mittel zu Einlagen bei gangränösen und pulpitischen Zähnen.

Literatur: Hoffmann, Med. Klinik, 2, 1909. — Jung, Deutsche zahnärztl. Ztg., 6, 1909. — Schmidt, Deutsche militärärztl. Zeitschr., 17, 1909. — Moldovan, Desinfektion, 487, 1909. — Küster, Zentralbl. f. Bakt. etc., 576, 1909.
Fabr.: Schülke & Mayr, Hamburg.
Preis: R. à 15 St. à 1 g Mk. 0,60. K. 0,80. Blechhülse 30 St. à 5 g Mk. 1,60. K. 2,—.

Phenyform ist ein Kondensationsprodukt des Phenols und des Formaldehyds und stellt ein gelbliches, geruchloses, spezifisch sehr leichtes, steriles Pulver dar, das in Wasser, Äther, Benzin und Chloroform unlöslich, dagegen in Alkalien und Ammoniak löslich ist.

Wirkung: Phenyform ist ein völlig ungiftiger Körper (Schuftan) und kommt an antibakteriellen Eigenschaften dem Jodoform gleich

(Stephan), außerdem emtfaltet es desodorisierende Kraft. Seine bakteriziden Eigenschaften verdankt es der Fähigkeit, sich unter dem Einflusse tierischer Sekrete und Gewebssäfte in seine Komponenten zu zerlegen.

Nebenwirkung: Bei längerer Anwendung des Mittels ist öfter ein Stillstand in der Granulationsbildung zu konstatieren, so daß zu Jodoform und anderen Mitteln gegriffen werden mußte, auch zeigten die Granulationen öfter grauweiße Verfärbung, wie nach Ätzung mit Karbolsäure (Brenning).

Indikationen: In der Chirurgie, bei induriertem Bubo, bei Ulcus molle et durum, Abszessen, Balanitis, Ekzem und Gonorrhöe des Weibes und des Mannes (Zeuner).

Art der Anwendung: Als Streupulver rein oder mit Zinkoxyd (1 : 3) vermischt (Brenning), als Phenyformgaze zur Blutstillung und in Form von Urethralstäbchen oder Einblasen des Pulvers in die Urethra nach vorhergehendem Urinieren bei Gonorrhöe.

Literatur: Schuftan, Therap. Monatsh., 5, 1906. — Schuftan, ebendort, 9, 1906. — Stephan, ebendort, 11, 1906. — Brenning, Allg. med. Zentralztg., 43, 1906. — Zeuner, Berl. klin. Wochenschr., 791, 1907.

Preis: 10 g Mk. 0,80.

Scharlachrot, Amidoazotoluolazo-β-Naphthol, ist ein dunkelrotbraunes Pulver, das in Wasser unlöslich, in kaltem Alkohol, Azeton, Äther und Benzol löslich ist. Besser ist die Löslichkeit bei Siedetemperatur, nur in Chloroform löst es sich schon bei gewöhnlicher Temperatur leicht auf und zwar im Verhältnis 1 : 15. Auch in Fetten und fetten Ölen ist es leicht löslich, etwas weniger in Vaselin und Paraffin.

Das Mittel kommt in Form der **Scharlachrotsalbe** zur Anwendung. Dieselbe beschleunigt erheblich die Überhäutung granulierender Flächen, weshalb das Präparat, das bisher nur mikroskopischen Zwecken diente, von Fischer auch zu therapeutischen Zwecken empfohlen wurde. Gewöhnlich wird die 8% Salbe benützt (Schmieden, Kähler, Krajca, Strauß, Pein, Morawetz, Hayward, Schopf u. v. a.), und zwar in folgender Verschreibung: Rp. Scharlachrot 8,0, tere cum oleo chloroform. usque ad solut., adde Vaselin. 100,0.

Da die Salbe Reizerscheinungen macht, darf sie nicht länger als einen Tag auf der Wunde liegen bleiben (Schmieden, Morawetz) und soll sodann durch Borsalbe, Dermatolgaze etc. ersetzt werden. Von Gurbski wurden bei Verwendung der 8% Salbe bei einem 11jähr. Kinde mit Brandwunden Vergiftungserscheinungen, wie Schwindel, Kopfschmerz, Erbrechen, Bauchschmerzen, Lippenzyanose, Eiweißspuren im Harne, Fieber bis 39,1 und Pulsbeschleunigung beobachtet. Nach Entfernung des Verbandes schwanden wohl die Erscheinungen, aber der Vorfall zeigt, daß man bei Kindern mit dem Mittel recht vorsichtig sein soll. Wehner verwendet von vornherein nur die 4% Salbe, die man ohne Bedenken auch 3 Tage liegen lassen kann und Heermann 5% Salbenmischungen.

Im besonderen fand das Mittel Empfehlung bei Ulcus cruris (Morawetz, Hayward, Wehner), bei Brandwunden, Ulcus molle, Furunkulose, ausgedehntem, nässenden Ekzem (Strauß, Pein), bei großen, alten Trommelfellperforationen (Heermann), bei follikulären Erosionen und Ektropien der Zervix und des Orifiziums (Schopf), bei Augenaffektionen, die mit starker Einschmelzung der Hornhaut verbunden sind, bei denen also eine möglichst rasche Gewebsneubildung erwünscht ist, bei Ulcus corneae serpens, bei Hornhautfisteln und -geschwüren im Anschlusse an Keratitis neuroparalytica (Wolfrum und Cords), endlich zur Nachbehandlung nach Radikaloperationen am Mittelohr, wobei es von Pavia mit Acid. boric. (1 : 9) nach Abtupfen der Höhle mit Watte und Kauterisation zu üppigen Granulationen anfangs täglich, später jeden 2.—4. Tag, eingeblasen wird. Zur Epithelisierung größerer Hautdefekte empfiehlt Michaelis eine Mischung, bestehend aus 10,0

Amidoazotoluol, 20,0 Zinkperhydrol ad 100,0 Bismut. subnitr., mittelst Pulverbläsers in feiner Lage auf die Wunde zu stäuben und darüber einen sterilen, trockenen Verband zu legen.

Um Anilinvergiftungen zu vermeiden, hat Curschmann Versuche mit einem Amidoazotuluol angestellt, bei welchem die Amidogruppe azetyliert ist und dieses, **Azodermin** genannte Präparat, im Tierversuche ungiftig befunden.

Das Azodermin ist ein gelblichrotes Pulver, das in Alkohol und Äther schwerer löslich ist als Amidoazotoluol und dessen färbende Kraft geringer ist als die des Scharlachrots. In $8^0/_0$ Salbe bewährte es sich beim Ulcus cruris und namentlich bei Verbrennungen.

Als weitere Ersatzpräparate des Scharlachrot sind **Pellidol** und **Azodolen** zu erwähnen.

Pellidol ist das Diacetylderivat des Amidoazotoluols und stellt ein blaßrotgelbes Pulver dar, das fast keinerlei Färbekraft besitzt, in Wasser unlöslich, in Äther, Alkohol, Eisessig, Vaselin und anderen organischen Lösungsmitteln löslich ist. Mit $20^0/_0$ Salbe erzielte Bendix glänzende Erfolge beim krustösen Gesichtsekzem der Kinder. Die Salbe wird messerrückendick auf eine Gesichtsmaske gestrichen, die aus mehreren Lagen hydrophilen Mulls besteht. Nach 6—8 Stunden ist die Salbe von der Haut aufgenommen und die Borken zum größten Teile abgelöst, worauf die Maske erneuert wird.

Das Azodolen ist ein Gemisch von Pellidol und Jodolen und wurde von Retzlaff, Decker und Bantlin zur Epithelisierung größerer Wundflächen bei luetischen Geschwüren und Brandwunden mit Erfolg verwendet.

Literatur: Fischer, Münch. med. Wochenschr., 42, 1906. — Schmieden, Zentralbl. f. Chir., 6, 1908. — Köhler, Med. Klinik, 22, 1908. — Krajca, Münch. med. Wochenschr., 38, 1908. — Wolfrum u. Cords, ebendort, 5, 1909. — Morawetz, Therap. Monatsh., 9, 1909. — Heermann, Deutsch. med. Wochenschr., 22, 1909. — Hayward, Münch. med. Wochenschr., 36, 1909. — Pein, Therap. d. Ggw., 3, 1910. — Strauß, Deutsche med. Wochenschr., 19, 1910. — Gurbski, Zentralbl. f. Chir., 1550, 1910. — Pavia, Therap. d. Ggw., 47, 1911. — Michaelis, Med. Klinik, 140, 1911. — Curschmann, Therap. Monatsh., 717, 1911. — Wehner, Deutsche med. Wochenschr., 1081, 1911. — Schopf, Pest. med. chir. Presse, 47, 1912. — Retzlaff, Deutsche med. Wochenschr., 1984, 1912. — Decker, Med. Klinik, 1990, 1912. — Bantlin, Münch. med. Wochenschr., 2107, 1912. — Bendix, Therap. Monatsh., 350, 1913.

Fabr.: Grübler, Leipzig; Dr. A. Brettschneiders Ap., Berlin. Azodermin „Agfa": Fabr. A.-G. f. Anilinfabr., Berlin. Azodolen: Fabr. Kalle & Co., Biebrich. Pellidol: Fabr. Kalle & Co., Biebrich.

Preis: 50 g Mk. 1,75, 100 g Mk. 3,—.

Sozojodolsäure, Dijodparaphenolsulfonsäure, stellt eine Verbindung von $52,8^0/_0$ Jod, $20^0/_0$ Phenolrest und $7^0/_0$ Schwefel in Form der Sulfosäure dar. Sie erscheint in Form kleiner prismatischer Nadeln, die sich in Alkohol, Wasser und Glyzerin leicht lösen. Die Sozojodolsäure bildet mit Kalium, Natrium und Ammonium kristallisierte Salze, verbindet sich aber auch mit Metallen, z. B. Zink, Quecksilber, Aluminium, Plumbum.

Die Sozojodolsäure selbst findet selten Verwendung, ist aber auch in $2—3^0/_0$ Lösung als Antiseptikum gebraucht worden (Winkler).

Eines verbreiteten Gebrauches aber erfreuen sich die Salze der Sozojodolsäure wegen ihrer beträchtlichen antibazillären Kraft (Schwarz), wenn auch hier absprechende Urteile, besonders bezüglich der bakteriziden Wirkung der neutralen Salze, gefällt wurden (Behring, Hueppe). Übereinstimmend wird betont, daß die Sozojodolpräparate alle guten Eigenschaften des Jodoforms vereinigen, ohne dessen bekannte Schädlichkeiten zu besitzen (Langgaard, Spirig, Segel).

1. **Kalium sozojodolicum**, „schwer lösliches Sozojodol" ist ungiftig und in Wasser schwer, in Alkohol gar nicht löslich. Es kristallisiert in dicken, farblosen Prismen, ist vollkommen geruchlos und wird als guter Jodoformersatz verwendet. Thoman empfiehlt es mit Talk āā als Streu-

pulver oder als Kollodium zu chirurgischen Zwecken. Bei venerischen Geschwüren und ulzerierender Adenitis, sowie bei syphilitischen Geschwüren verwendet es Koch und Schwimmer, bei Brandwunden Ostermayer, bei Ozäna, selbst in veralteten Fällen, Seifert und Fritsche und schließlich in der Zahnheilkunde Hartmann.

2. Hydrargyrum sozojodolicum ist ein äußerst feines, lockeres, pomeranzengelbes Pulver, welches sich in Wasser fast gar nicht, aber leicht in Chlornatriumlösung auflöst. Es enthält 32% Hg.

Indikationen: Es wird innerlich und subkutan bei Lues, auch bei hereditärer (Tausig, Schwarz) als 2—5% Salbe bei tuberkulösen und luetischen Geschwüren (Thoman), 1% bei weichen Geschwüren, Sklerosen und Ulcus cruris (Koch, Witthauer), 2% bei Pannus trachomatosus (Chiapella) benützt. Klamann empfiehlt es nicht nur für syphilitische, sondern auch für andere Eiterungsprozesse, namentlich des Mittelohres. In 4% Lösung gebraucht es Bjelilowsky bei Augenblenorrhöe, Fritsche in Form von Insufflationen (1 : 10—20) bei Lues des Kehlkopfes und der Nase. Für die subkutane Quecksilberbehandlung verordnet es Schwimmer folgendermaßen: Hydr. sozojodol. 0,8, commisce cum aqua dest. 5,0, adde Kal. jod. 1,6, Aq. dest. ad 10,0. M. filtra, S. Subkutanlösung. Hievon wird wöchentlich 1 Injektion in die Glutäalgegend gegeben. Für den innerlichen Gebrauch empfiehlt er Hydrarg. sozojodol. 1,0, Laudan. pur. 0,2, Extr. Gentian. q. s. ut fiant pil. No. XXX. S. mittags und abends 1 Stück.

3. Natrium sozojodolicum, „leicht lösliches Sozojodol", ist das Natriumsalz der Dijodparaphenolsulfosäure und wird in Form weißer, langer, dünner, nadelförmiger Kristalle gewonnen, welche leicht in Wasser, schwer in Alkohol löslich und absolut geruchlos sind. Der Geschmack ist anfangs adstringierend, dann süßlich. Die 2% Lösung genügt, um die Entwicklung der Eiterkokken zu unterbrechen (Langgaard, Lübbert). Weniger energisch ist sein Einfluß auf Fäulnisbakterien und Schimmelpilze. Die 4% Lösung kommt an Desinfektionskraft dem 2—3% Karbol gleich (Siecke). Innerlich genommen, wird es unverändert durch den Harn ausgeschieden, ohne Jod im Körper abzuspalten, worauf eben seine Ungiftigkeit beruht (Siecke). Es nimmt nach Dräer, der insbesondere die Einwirkung der Sozojodolsäure auf die Löfflerschen Diphtheriebazillen genau prüfte, unter allen in Betracht kommenden pulverförmigen Antisepticis den ersten Rang ein.

Nebenwirkung: Manchmal wurde über heftiges Brennen nach Aufstreuen des Pulvers auf Unterschenkelgeschwüre unmittelbar nach dem Verbande geklagt (Koch, Thoman). Bei Einblasung reagiert die Nasenschleimhaut (wie oft schon nach Anwendung ganz indifferenter Pulver) mit vermehrter Sekretion, Niesen, Tränenfluß und Stirnschmerzen (Dräer).

Indikationen, Dosierung: In der Wundbehandlung als 10—20% Streupulver oder 20% Salbe, in 2½% Lösung zur Desinfektion (Thoman, Schwimmer), bei akuter und chronischer Gonorrhöe in 1—2%, nach Bjelilowsky selbst 4—6% Lösung zu Einspritzungen, auch in der Rhino- und Laryngologie vielfach als Streupulver benützt. Bei Skarlatina empfiehlt es Siecke direkt als Spezifikum gegen die skarlatinöse Angina in Form der 1—2 stündlichen Einblasungen. Intern gibt er es in 5% Lösung. Schwarz verordnet es bei Diphtherie in Kombination mit Flores sulfur. zur Insufflation in die Nasen- und Rachenhöhle (Natr. sozojodol. subtiliss. pulver. 3,0, Flor. sulf. 6,0, Saccharin. 1,0). Auch Baginsky verwendete es bei skarlatinösen Rachenaffektionen mit gutem Erfolge. Gouladze und Pollak gebrauchten es bei Behandlung der Balanitis, Erosionen und Ulcera mollia, doch nicht in fein gepulverter Form, sondern als grobzerkleinertes Pulver. Das fein gepulverte Präparat reizt nämlich die ulzeröse Oberfläche des Schankers und hält, da sich nach Bestreuung der Wundfläche mit feingepulvertem Sozojodolnatrium eine teigartige Masse bildet, auch den Granulationsprozeß und die Vernarbung längere Zeit auf.

4. **Zincum sozojodolicum,** stellt ein weißes, geruchloses Pulver dar, das gleichfalls infolge seiner ausgezeichneten, antiseptischen Eigenschaften vielfache Verwendung findet. Koch und Schwimmer empfehlen es bei akuter und chronischer Gonorrhöe in 0,5—1% Lösung dreimal täglich zu injizieren. Für Brandwunden, sowie zur Behandlung von Ekzem und varikösen Geschwüren eignet sich sehr gut die 5—10% Salbe (Thoman). Zur Insufflation bei tuberkulösen Affektionen des Rachens und Kehlkopfes verordnet es Fritsche in Form von 2—4—6% Tropfen, bei Konjunktivitis Bjelilowsky und schließlich empfiehlt Hecht die 0,5% Lösung zum Einträufeln bei Schnupfen der Kinder.

Literatur: Fritsche, Therap. Monatsh., 6, 1888. — Langgaard, ebendort, 9, 1888. — Seifert, Münch. med. Wochenschr., 47, 1888. — Lübbert, Fortschr. d. Med., 22 u. 23, 1889. — Thoman, Wien. klin. Rundsch., 38, 1889. — Ostermayer, Deutsche med. Wochenschr., 41, 1889. — Hartmann, Deutsche Monatschr. f. Zahnh., 9, 1890. — Behring, Zeitschr. f. Hyg., 1890. — Schwimmer, Wien. klin. Wochenschr., 26, 1891. — Koch, ebendort, 43 u. 44, 1891. — Witthauer, Münch. med. Wochenschr., 34, 1892. — Klamann, Allgem. med. Zentralztg., 49, 1892. — Hueppe, Berl. klin. Wochenschr., 4—7, 1893. — Spirig, Zentralbl. f. Bakteriol., 7, 1893. — Dräer, Deutsche med. Wochenschr., 27 u. 28, 1894. — Schwarz, Wien. klin. Wochenschr., 43, 1895. — Bjelilowsky, St. Petersb. med. Wochenschr., 5, 1897, S.-A. — Chiapella, Supplementheft zum Zentralbl. f. Augenh., 1897. — Siecke, Zentralbl. f. Kinderh., 10, 1899. — Baginsky, Therap. d. Ggw., 6, 1900. — Segel, Wien. med. Blätter, 45, 1900. — Gouladze, Deutsche Medizinalztg., 81, 1903. — Tausig, Med. Klinik, 6, 1907. — Schwarz, Therap. Monatsh., 6, 1908. — Pollak, Prag. med. Wochenschr., 13, 1909.

Substitol ist ein aus dem Blute gesunder Tiere nach Abscheiden der Erythrozyten aus dem Serum gewonnenes Fibrin, dessen wirksame Fermente durch vorsichtiges Trocknen erhalten blieben.

Es ist befähigt, den typischen Symptomenkomplex der akuten aseptischen Entzündung mit Leukozytose und Bindegewebsneubildung hervorzurufen. Das Präparat ist steril, haltbar und stets gebrauchsfertig (Bergel).

Es wird in Dosen von 0,4—0,5 g in 8—10 g physiologischer Kochsalzlösung subkutan eingespritzt, was mit leichter Temperaturerhöhung und lokalem Ödem verbunden ist und kommt in Betracht bei inoperablen Rezidiven von Mammakarzinom, bei mangelhaft heilenden, schlecht granulierenden Wunden und bei Verbrennungen zur Unterstützung der Anheilung transplantierten Gewebes (Bergel).

In Form der Substitolemulsion bewährte es sich bei Lupus und kalten Abszessen.

Das **Afermol** ist ein unter ähnlichen Kautelen wie Substitol bereitetes, getrocknetes und pulverisiertes Serum, welches zur Behandlung stark sezernierender, schmierig belegter Oberflächenwunden, sowie offener Höhlenwunden dient.

Literatur: Bergel, Med. Klin., 3, 1907, Deutsch. med. Wochenschr., 9, 1908. — Bergel, ebendort, 15, 39, 1909. — Bergel, Med. Klinik, 42, 1909. — Bergel, ebendort, 6, 1910.

Sublamin, Quecksilbersulfat-Äthylendiamin, bildet in Wasser und Glyzerin leicht, in Alkohol schwer lösliche, weiße Nadeln und hat einen Quecksilbergehalt von ca. 44%, so daß also $1^2/_3$ g Sublamin denselben Hg-Gehalt besitzen wie 1 g Sublimat.

Wirkung: Es wird als guter Ersatz für Sublimat empfohlen, steht demselben an Desinfektionskraft durchaus nicht nach, hat aber vor demselben den Vorzug, daß es leichter löslich, weniger giftig und vollkommen reizlos ist (Krönig und Blumberg, Schuftan, Engels, Schenk und Zaufal, Imre, Blumberg). Es besitzt weiter die schätzenswerte Eigenschaft, Eiweißlösungen nicht zu koagulieren (selbst nicht in 1—2% Konzentration), übertrifft daher das Sublimat an Tiefenwirkung. Auch mit

Seifenlösung gibt das Sublamin keine Fällung. Nickelinstrumente werden weder bei niedriger Temperatur, noch bei Hitze angegriffen. Ihre Desinfektionskraft bewahren die Lösungen wenigstens 10 Wochen lang (Scordo).

Nebenwirkungen, als Reizerscheinungen der Haut sich äußernd, nur bei Verwendung hochkonzentrierter Lösungen, sowie nach subkutaner und intramuskulärer Applikation.

Indikationen: Zunächst ist es als Händedesinfektionsmittel zur Anwendung empfohlen worden (Krönig und Blumberg, Danielsohn und Heß, Scordo). Absprechend äußert sich diesbezüglich Schäffer, nach dessen Ansicht ein Mittel überhaupt nur dann als Händedesinfektionsmittel in Betracht kommen kann, wenn es in nicht zu starker Konzentration in 5—10 Minuten Bakterien zu töten vermag. Daß die Sublaminwaschungen allein für die Händedesinfektion nicht genügen und mit Alkoholwaschungen verbunden werden müssen, betonten übrigens auch schon Danielsohn und Heß, sowie Fürbringer. Für die Syphilistherapie wird es von Friedländer und Mendel empfohlen, in der Augenheilkunde bewährte es sich bei eiternder Bindehautentzündung, Blenorrhoea neonatorum, sowie Trachom (Imre). Bei Herpes tonsurans verwendete es mit gutem Erfolge in $1^0/_{00}$ Lösung Gottheil. Ausgedehnte Anwendung findet das Sublamin in der gynäkologischen und urologischen Praxis und schließlich in der mikroskopischen Technik als Fixierungsmittel (Veiel und Klingmüller).

Dosierung: Für die Händedesinfektion in $2—3^0/_{00}$ Lösung, für die Praxis zur Desinfektion nach Besuch von Patienten mit ansteckenden Krankheiten in $1^0/_{00}$ Lösung. Für Vaginalspülungen wird gleichfalls die $1^0/_{00}$, für Blasen- und Harnröhrenspülungen die $0,2^0/_{00}$, zur Instillation bei Augenkrankheiten die $0,5^0/_{00}$ Lösung benützt. Bei der Syphilisbehandlung wird es subkutan, intramuskulär und endovenös verwendet. Zur Subkutanapplikation, welche wegen Schmerzhaftigkeit und lokaler Reizerscheinungen kaum angewendet wird (Mendel), gebraucht man die $2^0/_0$, für die am häufigsten gebrauchte Art der Verwendung, die intramuskuläre (glutäale), wie auch die endovenöse, die $3,4^0/_0$ oder die mit $0,6^0/_0$ Kochsalzlösung gemengte $1^0/_0$ Lösung (Friedländer, Mendel). Zu histologischen Untersuchungen dient die $5^0/_0$ Lösung.

Literatur: Krönig u. Blumberg, Münch. med. Wochenschr., 29 u. 30, 1900. — Schenk u. Zaufal, ebendort, 45, 1900. — Krönig, Deutsche med. Wochenschr., Vereinsbeil., 34, 1902. — Fürbringer, ebendort, 37, 1902. — Danielsohn u. Heß, ebendort, 37, 1902. — Engels, Arch. f. Hyg., 4, 1912. — Blumberg, Münch. med. Wochenschr., 37, 1902. — Schuftan, Inaug.-Diss., Berlin 1902. — Gottheil, Med. news, 16, 1903, rf. in Therap. Monatsh., 1, 1904. — Friedländer, Deutsche Ärzteztg., 4, 1903. — Mendel, Therap. Monatsh., 4, 1903. — Imre, Die Heilk., 9, 1903. — Klingmüller u. Veiel, Zentralbl. f. allg. Pathol. u. path. Anat., Bd. 14, 1903, S.-A. — Schäffer, Therap. Monatsh., 11, 1904. — Scordo, Zentralbl. f. Bakt., 3, 1907.
Fabr.: Chem. Fabrik vorm. E. Schering, Berlin.
Preis: R. m. 10 St. à 1 g Mk. 0,75. K. 1,—.

Superoxyde.

1. **Ektogan**, ein weißes, in Wasser fast unlösliches Pulver, ist ein Zinksuperoxyd, von welchem leicht ein Sauerstoff-Atom abgespalten werden kann. Es ätzt nicht, reizt nicht und ist leicht sterilisierbar. Unter Einwirkung von Säuren erleidet es eine Zersetzung unter Bildung von Zinksalz, Ozon und Wasserstoffsuperoxyd. Bei Berührung mit Eiter findet Sauerstoffentwicklung statt und zwar langsam und anhaltend, weshalb es besonders für einen Dauerverband geeignet ist (Chaput).

Wirkung: Es ist sowohl für die allgemeine Wundbehandlung als für dermatologische Zwecke als ein sehr verwendbares äußeres Antiseptikum zu bezeichnen (Frenkel, Friedländer).

Nebenwirkung: Herxheimer hat zweimal leichte Hautreizung bei Anwendung der 10% Zinksuperoxydseife gesehen, weshalb die Anwendung durch mehrere Tage unterbleiben mußte.

Indikationen: Bei frischen aseptischen und infizierten Wunden, bei alten Brandwunden, Ekzemen (Chaput, Frenkel, Isaksohn), bei Ulcus cruris (Schwarz, Bab), bei Psoriasis (Herxheimer, Sack), bei weichem und hartem Schanker, Balanitis, Herpes (Friedländer), sowie in der Zahnheilkunde zur Pulpabehandlung an Stelle der von Witzel empfohlenen Schwefelsäure-Natriumperoxydbehandlung (Herber).

Dosierung: In Pulverform, mit Talk āā, als 5%—10% Salbe sowie als Ektogangaze anstatt der gewöhnlichen aseptischen oder Jodoformgaze bei Uterus- oder Vaginalverbänden (Chaput). Auch eine 10% Seife findet häufig Anwendung.

Das Ektogen kommt als 45% und 60% ZnO_2 im Handel vor und kann stets durch Zusatz von Zinkoxyd entsprechend verdünnt werden.

Literatur: Chaput, Bullet. et Memoires de la Société de Chir., 15, 1904, S.-A. — Herxheimer, Deutsche med. Wochenschr., 5, 1904. — Sack, ebendort, 10, 1904. — Frenkel, Deutsche Ärzteztg., 1, 1904. — Frenkel, Allg. med. Zentralztg., 11, 1904. — Isaksohn, Fortschr. d. Med., 31, 1904. — Herber, Zahnärztl. Rundsch., April 1904, S.-A. — Schwarz, Medico, 41, 1904. — Bab, Berl. klin. Wochenschr., 45, 1905. — Friedländer, Therap. d. Ggw., 10, 1906.
Fabr.: Kirchhoff & Neirath, Berlin.
Preis: 50 g Mk. 1,—.

2. Hopogan ist Magnesiumsuperoxyd und wirkt durch frei werdenden Sauerstoff antifermentativ bei abnormen Gärungszuständen des Verdauungskanals. Es hat sich in Pulverform (in Oblaten zu nehmen!) oder in Tabletten als ein wirkungsvolles Darmantiseptikum bewährt (Gilbert und Jomier, Stauder, Isaksohn). Trotz der energischen antiseptischen Wirkung verursacht es keine Vergiftungsgefahr, da der aktive Sauerstoff, der beim Zusammenkommen mit Säure im Magen frei wird, im Momente seiner Wirkung schwindet und eine harmlose Magnesiumverbindung zurückbleibt (Frenkel). Nach Robin zeigte es sich auch bei Diarrhöen (selbst der Phthisiker) in keratinierten Pastillen als gutes Antidiarrhoikum. Bei Zystitis sah Bab nur Milderung der subjektiven Symptome, keine durchgreifende Besserung. In Handel ist das Hopogan in 2 Stärken (15% und 25%—30%) vorhanden.

Die gebräuchliche Dosis beträgt 1,5—3,0 g Pulver oder 6—12 Tabletten à 0,25 g.

Literatur: Gilbert et Jomier, Compt. rendus de la Société de Biologie, 11, 1904, S.-A. — Robin, Bullet. de la Société de Thérapie, 6, 1904, S.-A. — Frenkel, Allg. med. Zentralztg., 11, 1904. — Stauder, Münch. med. Wochenschr., 35, 1904. — Isaksohn, Fortschr. d. Med., 31, 1904. — Bab, Berl. klin. Wochenschr., 45, 1905.
Fabr.: Kirchhoff & Neirath, Berlin.
Preis: Tbl. R. à 25 u. 100 St. à 0,4 g Mk. 1,50, Mk. 3,—. K. 1,90, K. 3,80.

3. Zinkperhydrol, Zinksuperoxyd oder -peroxyd, ist ein weißes, in Wasser unlösliches Pulver, das aus 50% Zinkperoxyd und 50% Zinkoxyd besteht. Mit Säuren bildet es Wasserstoffsuperoxyd, das die desinfizierende und antibakterielle Wirkung des Präparates bedingt (Merck). Es ist ein durchaus ungiftiges, nicht reizendes Wundpulver, welches als solches oder in Salben- oder Pastenform bei aseptischen und infizierten Wunden (speziell bei Ulcus cruris und Ulcus molle, sowie bei subakuten und akuten, auf chemischem oder mechanischem Wege herbeigeführten Dermatitiden und bei Brandwunden) gute Dienste leistet (Mayer). Bei Ulcus molle ätzt Müllern-Aspegren zunächst mit Chlorzink und streut dann in dünner Schicht Zinkperhydrol darauf. Bei Ulcus cruris, Brandwunden, Panaritien, Abszessen, Furunkel und Karbunkel bewährte sich die 25%, bei kleinen Schnitt- und Rißwunden die 10% Salbe (Hauschmidt).

Nebenwirkungen wurden bisher nicht beobachtet (Wolffenstein, Jacoby).

Literatur: Mercks Jahresber. pro 1904. — Wolffenstein, Therap. Monatsh., 11, 1905. — Jacoby, ebendort, 12, 1905. — Mayer, Dermatol. Zeitschr., 6, 1907. — Müllern-Aspegren, Dermatol. Zentralbl., 7, 1910. — Hauschmidt, Fortschr. d. Med., 2, 1911.
Fabr.: E. Merck, Darmstadt.
Preis: Gl. 50 g Mk. 3,35.

Syrgol ist eine Kombination von Argentum colloidale mit Albumosen und stellt ein in Wasser lösliches, in feinen, glänzenden, schwarzen Blättchen kristallisierendes, lichtempfindliches Präparat dar. In wäßriger Lösung verträgt dasselbe eine kurz dauernde Erhitzung im Wasserbade auf Siedetemperatur.

Es wird in 0,1—0,3 % Lösung bei Gonorrhöe nach jeder Miktion eingespritzt. Die Schwellungen und Entzündungen schwinden rascher als nach Gebrauch anderer Silberpräparate, so daß in 4—6 Wochen die Gonorrhöe geheilt ist (Kollbrunner). In 3 % Lösung wird das Mittel bei Blenorrhoea neonatorum, in 2 % bei trachomatösem Follikularkatarrh und in 1 % bei chronischer Blepharo-Konjunktivitis und Dakryozystoblenorrhöe verwendet (Wolffberg).

Literatur: Kollbrunner, Münch. med. Wochenschr., 1024, 1909. — Wolffberg, Wochenschr. f. Therap. u. Hyg. d. Auges, 238, 1912.

Tryen, Para-jod.-orthooxysulfo-oxyzyklohexatrienpyridin, ist ein gelbes, vollkommen geruchloses Pulver, das bereits in kurzer Zeit unzersetzt im Harne nachweisbar ist, daher auch keinen Jodismus erzeugt. Die 10—20 % Tryengaze ist als Ersatz der Jodoformgaze von Abel zur Tamponade bei Abortus und als Erweiterungsmittel des Uterus verwendet worden.

Bei Vaginakatarrhen gonorrhoischen Ursprunges, speziell bei Gonorrhöe der Kinder, bewährte sich die Einführung von Tryen-Kakaobutter-Stäbchen.

Literatur: Abel, Berlin. klin. Wochenschr., 2490, 1912.

Vioform, Jodchloroxychinolin, ist ein graugelbes, voluminöses Pulver, welches geruch- und geschmacklos ist. Es ist lichtbeständig und verändert sich weder in feuchter Luft noch durch mehrstündiges Erhitzen auf 140° C, kann daher vollständig sterilisiert werden, ohne an Wirksamkeit einzubüßen. Es löst sich kaum in Wasser, besser in Alkohol, besonders in kochendem, am besten in Schwefeläther, kochendem Essigäther und kochendem Eisessig. Sein Schmelzpunkt liegt bei 173—176° C. Es schmilzt ohne Zersetzung (Helfritz).

Wirkung: Das Vioform ist ein gutes Ersatzmittel des Jodoforms. Seine bakteriziden Eigenschaften sind stärker, als die des Jodoforms, dabei reizt es, auch in großen Dosen angewendet, die Haut in keiner Weise und erzeugt keine Ekzeme. Seine desodorisierende Kraft ist ebenfalls bedeutend (Wehrle, Tavel). Es erzeugt eine gute Trockenlegung der Wunde, verhindert die Infektion in Fällen, wo eine solche nach Lage der Wunde leicht möglich wäre und wirkt auch heilungsfördernd nach Operation tuberkulöser Erkrankungen. Bei diesen ist es dem Jodoform ebenbürtig, bei Behandlung aller nichttuberkulösen Erkrankungen übertrifft es dasselbe (Krecke). Blake bezeichnet es nach den Erfahrungen an der v. Schedeschen Klinik als das langersehnte Idealersatzmittel des Jodoforms.

Nebenwirkung: Heuß sah einmal eine vesikuläre Dermatitis nach Vioformgebrauch.

Indikationen: Für alle Zwecke, mit Ausnahme der Injektionen (z. B. bei konservativer Behandlung tuberkulöser Gelenkerkrankungen) als Jodoformersatz (Wehrle, Blake). Gegen die Verwendung bei Knochentuberkulose spricht sich Montigel aus, da es die Eiterung nicht hemmt, sondern sie eher fördert, indem es stark chemotaktisch wirkt und nur träge Granulationsbildung anregt, wodurch die Heilung verzögert wird.

Dosierung: Entweder als Streupulver oder häufiger als Gaze (10 %), sowie nach Alexander in Form einer Vioform-Wismutsalbe (bei Pemphigus).

Rp. Vioform. 4,0—6,0, Bism. subnitr. 9,0, Lanolin. 70,0, Ol. oliv. ad 100,0. Die Vioformgaze entspricht allen Anforderungen, welche Schmieden an eine gute Verbandgaze stellt. Sie entfaltet antibakterielle, speziell antituberkulöse, sowie austrocknende und blutstillende Wirkung, ist ungiftig und geruchlos, erzeugt kein Ekzem, zersetzt sich nicht und ist vortrefflich sterilisierbar, ein absolutes Postulat speziell für ein Verbandmittel, welches Militär-Sanitätszwecken dienen soll.

Literatur: Tavel, Deutsche Zeitschr. f. Chir., 6, 1900. — Schmieden, ebendort, 5—6, 1901. — Krecke, Münch. med. Wochenschr., 33, 1901. — Blake, Inaug.-Diss., Bonn 1902. — Wehrle, Supplement zum Korrespondenzbl. f. Schweiz. Ärzte, 20, 1903. — Heuß, zit. bei Seifert, Würzb. Abhandl., 1, 1904. — Helfritz, Apothekerztg., 93—94, 1904. — Alexander, Therap. d. Ggw., 3, 1905. — Montigel, Schmidts Jahresber. Bd. 294, 2, 1907.
Fabr.: G. f. chem. Industrie (Ciba), Basel.
Preis: Streudose Mk. 0,75. K. 0,90.

Vulnoplast ist ein Verbandpflaster, welches aus drei Schichten besteht, die miteinander in feste Verbindung gebracht sind. Die unterste mit der Wunde in Berührung kommende Schicht besteht aus einer 10% Protargol und 5% Xeroform enthaltenden Gelatine. Dadurch bleibt die Mischung steril und entfaltet desinfizierende, epidermisierende und austrocknende Wirkung. Die zweite Lage enthält eine Watteschichte zum Aufsaugen der Wundabsonderung und die dritte ist eine klebende luftdurchlässige Deckschicht, welche das ganze Pflaster zusammenhält (Benario).

Zur Behandlung mit Vulnoplast eignen sich alle Fälle der kleinen Chirurgie (Benario), ja selbst bei Laparotomien, bei denen allerdings über demselben noch eine Schichte steriler Gaze oder Watte kommen muß, bewährte sich der neue Verband (Müller).

Literatur: Benario, Münch. med. Wochenschr., 38, 1904. — Müller, Therap. Monatsh. 6, 1905.
Fabr.: Vulnoplast-Ges., Bonn.

Xeroform, Tribromphenolwismut, ist ein feines, gelbes, neutrales, geschmackloses Pulver, fast ungiftig, lichtbeständig und von schwachem Phenolgeruch. Es ist unlöslich und wird durch starke Säuren, sowie durch Alkalien, besonders in der Wärme, zerlegt in das antibakterielle Tribromphenol ($49,5\%$) und in das adstringierende Wismutoxyd (ca. 50%). Es kann leicht sterilisiert werden, da es sich selbst bei 120^0 C noch nicht zersetzt. Im Vergleiche zu Jodoform ist es um die Hälfte voluminöser, stellt sich im Gebrauche daher billiger, da es im Preise diesem ungefähr gleichkommt (Heuß, Thurnwald).

Wirkung: Es entfaltet eine starke antibakterielle, antifermentative, daneben austrocknende und granulationsbefördernde Wirkung und kann daher sowohl als vorzügliches Darmantiseptikum als auch als ausgezeichnetes Wundantiseptikum und gleichzeitiges Adstringens empfohlen werden (Heuß, Thurnwald). Hervorzuheben ist noch seine vollständige Reizlosigkeit (Thurnwald) und die wahrscheinlich durch den Phenolgehalt bedingte juckreizlindernde und schmerzstillende Wirkung (Heuß, Toff). Die granulationsbefördernde Wirkung steht hinter der des Jodoforms zurück, da nach Thurnwald das Mittel nicht imstande ist, für sich allein stark belegte Ulzera zu reinigen. Auch die sekretionsbeschränkende Wirkung ließ zu wünschen übrig.

Nebenwirkungen sind bisher nicht beobachtet worden.

Indikationen: Es wird in der Chirurgie, Gynäkologie und Geburtshilfe an Stelle des Jodoforms verwendet (Heuß, Bayer, Grünfeld, Kaiser, Beuttner u. a. v.). Zahlreiche Berichte liegen über die Verwendung in der Therapie der Haut- und Geschlechtskrankheiten vor. Speziell bei venerischen Erkrankungen wird es empfohlen von Metall, Paschkis, Thurnwald, Blanche de la Roche, bei Verbrennungen von Metall und Pfeiffenberger, bei allen nässenden Ekzemen von Ehrmann, Thurnwald, Pfeiffenberger, bei Ulcus cruris von Nied und Cebe, bei Pemphigus acutus von Haeubler und bei nässendem Ekzem der Kinder und Pruritus von Toff. In der Oto-Rhinologie wird es zur Behandlung chronischer Erkrankungen des Mittelohres, sowie als Deckpulver bei Operationswunden angewendet (Passow, Somers und Hanszel). Glänzend wirkt es ferner bei ekzematösen Prozessen der Horn- und Bindehaut (Friedland, Wicherkiewicz, Herrnheiser), wo es wie Kalomel in den Bindehautsack eingestreut oder als Salbe verwendet wird, bei Ulcus corneae (Marcinowski), bei Ophthalmoblenorrhoea neonatorum (Wolffberg) und bei Hypopyon-Keratitis (Zirm). In der Zahnheilkunde dient es in Pastenform zur Füllung von Wurzelkanälen (Beuttner). Als Darmantiseptikum gebrauchten es, speziell bei Magengeschwür, Beuttner und Dieminger.

Dosierung: Intern drei- bis viermal täglich in Pulvern zu 0,5 g in Oblaten. Extern als Streupulver, 5—10% Salbe oder Paste und als 10% Gaze.
Literatur: Heuß, Therap. Monatsh., 3, 1896. — Beyer, Wien. med. Blätter, 52, 1896. — Grünfeld, ebenda, 1 u. 3, 1897. — Nied, Wien. therap. Wochenschr., 26, 1897. — Metall, Wien. med. Presse, 39, 1897. — Paschkis, Wien. klin. Rundsch., 42, 1897. — Kaiser, Med.-chir. Zentralbl., 4, 1898. — Ehrmann, Wien. med. Blätter, 22, 1898. — Friedland, Wien, med. Presse, 22, 1898. — Marcinowski, Therap. Monatsh., 7, 1898. — Wicherkiewicz, Wochenschr. f. Therap. u. Hyg. d. Auges, 32 u. 49, 1898. — Wolffberg, ebendort, 32, 1898. — Thurnwald, Wien. med. Wochenschr., 44, 1898. — Beuttner, Wien. med. Presse, 47, 1898. — Hanszel, Wien. klin. Wochenschr., 49, 1898. — Zirm, ebendort, 9, 1899. — Passow, Therap. d. Ggw., 9, 1899. — Somers, Wien. med. Presse, 39, 1899. — Haeubler, Deutsch. med. Wochenschr., 33, 1900. — Herrnheiser, Deutsche Praxis, 8, 1901. — Pfeiffenberger, Wien. med. Wochenschr., 10, 1902. — Dieminger, Allg. med. Zentralztg., 61, 1902. — Blanche de la Roche, ebendort, 6, 1904. — Toff, ebendort, 1, 1905. — Cebe, ebendort, 3, 1905. Fabr.: v. Heyden, Radebeul.
Preis: Streudose (5 g) Mk. 0,75. K. 1,60.

Zimmtsäureallylester, eine farblose, mit Alkohol und Fetten mischbare Flüssigkeit, welche Blos bei tuberkulösen Fisteln mit gutem Erfolg angewendet hat. Bei einfachen Fisteln wird das Präparat mittels Tampons, bei verzweigten Fisteln mit Beckscher Wismutpasta appliziert. Die Füllung der Fisteln erfolgt einmal in 1—2 Wochen.
Literatur: Blos, Klin. therap. Wochenschr., 1240, 1911.

Infektionskrankheiten.

Serumtherapie.

Für die spezifische Therapie der Infektionskrankheiten kommen in erster Linie die Sera in Betracht. Sie stellen ein großes Kontingent unserer neuen Arzneimittel dar. Im speziellen soll jedes der bekannten Sera und der damit gemachten Erfahrungen besprochen werden, doch dürfte eine allgemein einleitende Besprechung auch als Richtschnur dafür dienen, inwieweit man von der Serumtherapie bei den Infektionskrankheiten therapeutischen Erfolg zu erwarten hat.

Wir teilen die Sera ein in antitoxische und in antibakterielle.

Eine Reihe von pathogenen Mikroorganismen bildet im tierischen Körper „Toxine", deren Haupteigenschaften darin bestehen, selbst die Bildung von Gegengiften, von „Antitoxinen", zu veranlassen. Antitoxine entgiften die Toxine. Injiziert man einem Tier, meist werden Pferde verwendet, eine bestimmte, nicht tödliche Menge von Toxin, so ruft das die Bildung von Antitoxin hervor. Dasselbe reichert sich im Blutserum dieses Tieres an. Dieses Serum kann daher als Heilserum bei der betreffenden Infektionskrankheit verwendet werden. Man bezeichnet ein solches Serum als „antitoxisches". Infiziert man einen Organismus mit einer bestimmten Bakterienart, so kann dieser Mikroorganismus die Bildung von Stoffen hervorrufen, die die Bakterien selbst töten oder auflösen. Ein mit diesen Schutzstoffen angereichertes Serum bezeichnet man als „antibakterielles". Der therapeutische Effekt der Serumtherapie soll die Erzielung einer Immunität sein. Wird ein Körper durch eine Bakterienart infiziert, so bildet er während des Krankheitsverlaufes selbst Antikörper, die dem betreffenden Organismus eine dauernde Immunität verleihen. Statt durch Bakterien kann man im Organismus auch durch Injektion des Toxins die Bildung von Antitoxin anregen. Man bezeichnet diesen Vorgang als aktive Immunisierung. Injiziert man einem infizierten Organismus aber schon die fertig gebildeten Antikörper (passive Immunisierung), so erreicht man meist nur eine vorübergehende Immunität.

Das letztere Verfahren ist meist das bei Infektionskrankheiten gebräuchliche. Da aber die dabei erreichte Immunität nur sehr kurze Zeit andauert, wurde nun von Behring der Versuch gemacht, bei Diphtherie neben dem fertigen Antitoxin gleichzeitig etwas Toxin zu injizieren, wobei sich durch die Kombination der aktiven und passiven Immunisierung eine nachhaltigere Immunität erreichen läßt. Therapeutische Versuche wurden nun, wie erwähnt, mit antitoxischen und mit antibakteriellen Seris unternommen. Nur wenige der antitoxischen, kein einziges aber der antibakteriellen haben sich bewährt.

Therapeutisch bewährt haben sich das Diphtherie- und Dysenterieserum, das Schlangengiftserum, ferner das Botulismusserum und vielleicht noch als Prophylaktikum das Tetanusserum, sämtliche nur hinsichtlich der antitoxischen Komponente. Von antibakteriellen Seris sind im Handel: Cholera- und Typhussera, Strepto-, Staphylo-, Pneumokokkensera und Pestsera.

Im Tierversuche wirken alle diese Sera gegen die Infektion, daher gegen die Vermehrung der Bakterien. Der Choleraprozeß beim Menschen ist eigentlich keine allgemeine Infektion, sondern zunächst eine lokale Vermehrung der Bakterien im Darm. Dabei erfolgt eine Läsion des Epithels und erleichterte Resorption der von den Bazillen gebildeten Gifte. Schon im Tierversuch ist das Choleraserum gegen die Infektion unwirksam. Es ist also auch beim Menschen kein Erfolg davon zu erwarten.

Auch bei Typhus handelt es sich zunächst um keine allgemeine Infektion, sondern um eine lokale Vermehrung der Bazillen in Milz und Drüsen und dann erst um eine Einschwemmung ins Blut. Nun ist aber das normale Menschenblut schon sehr bakterizid und diese bakterizide Kraft wird im Verlauf der Infektion noch ungeheuer gesteigert.

Weitere Injektion von Typhusserum führt also eigentlich keine neue Komponente ein und bewirkt folglich auch gar keinen sichtlichen therapeutischen Effekt. Man führt nur mit dem Typhusserum das ein, was schon in großen Mengen vorhanden ist. Eine antitoxische Wirkung des Typhusserums gibt es eigentlich nicht. Wenn Typhussymptome in Erscheinung treten, ist aber wahrscheinlich das Typhusgift schon von den Zellen gebunden, so daß selbst für den Fall, daß eine antitoxische Komponente des Typhusimmunserums da wäre, ein therapeutischer Effekt nicht mehr zu erwarten wäre.

Gegen Streptokokkeninfektion zeigen selbst polyvalent hergestellte Sera keine polyvalente Wirkung, sondern es könnte höchstens im Ausnahmsfall einmal ein Streptokokkenserum auf einen bestimmten Stamm passen und die Infektion spezifisch beeinflussen. Die sog. Streptokokkeninfektion ist ebenfalls nur ganz ausnahmsweise eine echte Infektion, meist handelt es sich um eine Vergiftung, die aber weder durch ein Toxin noch durch ein Endotoxin hervorgerufen wird. Die Streptokokkenimmunsera besitzen nun nicht die allergeringste Wirkung gegen die durch die Streptokokken erzeugte Vergiftung. So ist z. B. das Aronsonsche Serum auch gegen die durch den Aronsonschen Stamm hervorgerufene Vergiftung vollständig unwirksam. Es ist nur imstande, die Infektion zu verhindern. Diese hier erörterten Punkte gelten auch für andere Infektionen (E. Weil).

Wirkung der Diphtheriesera. Das Gift der Diphtheriebazillen erzeugt eine lokale Nekrose und in diesem nekrotischen Gewebe wächst dann der Diphtheriebazillus als Saprophyt weiter. Dort erzeugt er sein Gift, aber die Nekrose schreitet immer weiter vor und aus den nekrotischen Partien wird das gebildete Gift resorbiert. Wenn man das antitoxische Serum injiziert, neutralisiert man das Gift. Dadurch wird die weitere Nekrosebildung gehemmt, die Membranen lösen sich, der Diphtheriebazillus kann nicht weiter wachsen und wird von den auch schon normalerweise vorhandenen antibakteriellen Schutzstoffen des Organismus unschädlich gemacht. Es handelt sich also im Falle des Diphtheriebazillus um einen **Saprophyten mit Toxinbildung**. Die Antiserumtherapie kann folglich nur dem Weiterwachstum des Bazillus Einhalt tun, die Schäden aber, die das resorbierte Gift bereits hervorgerufen hat, wie Gaumensegellähmung, Nephritis etc. können durch das Antiserum nicht mehr beeinflußt werden.

Die vorstehende Einleitung wird die eventuelle Wahl eines antitoxischen oder antibakteriellen Serums bestimmen können. Unabhängig von diesem entsprechend präzisierten Standpunkt sind im folgenden die anderweitigen Anschauungen über die Serumtherapie und die damit gemachten Erfahrungen unter Angabe der entsprechenden Literatur wiedergegeben.

Antistreptokokkenserum ist ein antibakterielles Serum, bei welchem in der Herbeiführung der Immunität und Heilung die Körperzellen eine wichtige Rolle spielen. Die im Blute kreisenden Streptokokken werden durch dasselbe zunächst in ihrer Virulenz geschwächt und dann durch die Körperzellen, vor allem durch die Leukozyten, überwunden. Es ist also von der Anwendung des Antistreptokokkenserums nur dann mit voller Erfolg zu erwarten, wenn der Organismus noch genügend Kräfte besitzt, um diese Arbeit zu überwinden (Menzer). Man muß es daher so frühzeitig als möglich anwenden, wenn man Mißerfolge hintanhalten will und soll es noch über den Zeitpunkt der Heilung hinaus applizieren (Anderson).

Es ist bei allen durch Streptokokken hervorgerufenen Erkrankungen angezeigt, sowie bei solchen, bei denen eine sekundäre Streptokokkeninfektion eine wichtige Rolle spielt, also bei Scharlach, akutem Gelenkrheumatismus, Angina und septischen Prozessen, wie allgemeine Sepsis, Endokarditis, Puerperalfieber, ferner bei der Streptokokkeninfektion der Phthisis pulmon., bei Erysipel usw. Ein besonderes Augenmerk ist auf die Anwendung genügend hoher Dosen im Anfange der Behandlung zu legen (10—60 ccm eines 20 fachen Serums, also eines Serums, das in 1 ccm 20 Immunisierungseinheiten [20 I. E.] enthält). Die Injektion erfolgt tief unter die gut gereinigte und sterilisierte Haut zwischen den Schulterblättern, in die seitliche Bauchwand oder die Oberschenkel (Aronson). Im besonderen wurden gute Resultate erzielt bei Puerperalfieber (Vinay, Gouin, Sainsbury, Richmond, Maisey, Blumberg, Wilson, Martin, Steinhauer), bei ulzeröser Endokarditis, wobei einmal in 59 Injektionen 1030 ccm injiziert wurden und nach 2 Monaten Heilung mit Insuffizienz der Pulmonalklappen erfolgte (Washbourn), bei welcher jedoch Rogers keine günstigen Resultate erzielte. Ferner bewährte es sich bei Pocken (Lindsay), bei Gesichtserysipel (Murrell, Martigny), bei septischer Pneumonie, Empyem und Pyopneumothorax (Bateman), endlich bei perniziöser Anämie (Elder). Als häufig auftretende störende Begleiterscheinungen der Serumbehandlung werden Exantheme beschrieben (Washbourn, Blumberg).

Die zurzeit in Verwendung stehenden Antistreptokokkensera sind nach der Art ihrer Herstellung in zwei Gruppen zu sondern.

Bei der einen Gruppe (Serum von Tavel, Moser, Menzer, Paltauf und den Farbwerken Höchst a. M.) werden grundsätzlich nur solche Kulturen zur Immunisierung der Tiere verwendet, welche direkt von menschlichen Streptokokkenerkrankungen ohne jede Tierpassage auf künstlichen Nährböden in Reinkultur gezüchtet waren, wobei die Annahme maßgebend war, daß eine häufige Tierpassage den Charakter der Kultur wesentlich ändere und eine derartig künstlich modifizierte Kultur auch besondere Modifikationen von Immunstoffen hervorbringen müsse, durch welche wohl die modifizierte Kultur, aber nicht die Originalstämme beeinflußt werden könnten (Ruppel).

Bei der zweiten Gruppe (Serum von Marmorek, Aronson) werden hingegen nur solche Kulturen zur Immunisierung verwendet, deren Virulenz durch eine lange Reihe von Tierpassagen künstlich hochgetrieben war.

1. Serum Aronson.

In demselben sind zwei Arten von Antikörpern enthalten, deren eine durch die eben geschilderte Art der Immunisierung gewonnen wird und zahlenmäßig festgestellt werden kann, was bisher bei der zweiten Quote nicht gelungen ist, die durch Vorbehandlung der Pferde mit direkt von schweren Affektionen des Menschen ohne Tierpassage gezüchteten Streptokokken gewonnen wird. Das jetzt abgegebene Serum ist mindestens ein 20 faches Normalserum, 1 ccm enthält also 20 Immunisierungseinheiten, wobei man unter Normalserum ein solches versteht, von dem 0,01 ccm eine Maus vor einer schweren Infektion mit hochvirulenten Streptokokken (10 bis 100 fach tödliche Minimaldosis) schützt. 1 ccm hievon enthält 1 Immunisierungseinheit. Zur Konservierung ist das Serum mit $0,4\%$ Trikresol versetzt. Die Wirksamkeit desselben bleibt mindestens 1 Jahr lang unverändert. Die Berichte über die mit diesem Serum erzielten Erfolge sind verschieden. So hatte Meyer mehr negative (11 Fälle) als positive (5 sichere, 2 nicht ganz einwandfreie Fälle) Resultate. Im allgemeinen sind größere Dosen, z. B. 60 + 45 + 60 ccm an 3 aufeinander folgenden Tagen injiziert, wirkungsvoller als kleinere. Die besten Erfolge wurden bei puerperaler Sepsis erzielt (Mainzer, Fraenkel, Opfer, Hoffmann, Hanel, Grochtmann, Klein), weniger befriedigende bei Scharlach (Mendelsohn, Ganghofner). Hier starben die malignen Fälle alle; nur die Rachenerscheinungen zeigten eine auffallende Besserung. Komplikationen wurden nicht verhindert, waren aber verhältnismäßig selten. Gegenanzeigen für die Verwendung bilden größere Entzündungen seröser Häute, vor allem des Perikardium und der Pleura (Meyer), sowie Herzaffektionen (Mendelsohn). Unter den Nebenerscheinungen sind vor allem die Spritzexantheme zu erwähnen, die in 32% aller Fälle auftreten (Mendelsohn, Opfer) und lokaler wie allgemeiner Natur sein können. Erstere traten am 1.—4. Tag, letztere am 6.—17. Tage nach der Injektion auf. Gelenkaffektionen waren in 10% aller Fälle zu beobachten (Mendelsohn).

Fabr.: Chem. Fabr., vorm. E. Schering, Berlin.
Preis: 10 ccm Mk. 5,—. K. 6,—.

2. Höchster Antistreptokokkenserum

ist ein nach dem Tavelschen Prinzipe hergestelltes Serum, das in drei Füllungen im Handel erscheint, mit 25, 50 und 100 ccm, entsprechend 500, 1000 und 2000 I. E. Es besitzt keinen der üblichen konservierenden Zusätze, ist aber trotzdem absolut keimfrei und durch ein besonderes Verfahren haltbar gemacht. Es wäre nach Ruppel bei allen reinen Streptokokkeninfektionen und bei solchen Krankheiten anzuwenden, bei denen Streptokokken erfahrungsgemäß eine sekundäre Rolle spielen. Über günstige Erfolge mit diesem Serum berichtet Meyer. Heilung mehrerer desolater Fälle von septischer Perityphlitis beobachtete Schwerin.

Fabr.: Höchster Farbwerke.
Preis: 10 ccm Mk. 3,80. K. 4,80.

3. **Marmoreks Serum** wird durch Immunisierung von Pferden mit Streptokokken gewonnen, die durch Tierpassage zu einem hohen Grade von Virulenz herangezüchtet waren. Auch dieses Serum hat verschiedene Beurteilung erfahren. So erzielte Baginsky mit demselben eine Herabsetzung der Mortalität bei Scharlach von 24,9% auf 14,6%. Als ein mächtig, wenn auch nicht direkt spezifisch wirkendes Mittel bei Puerperalfieber bezeichnen es Pilcer und Eberson. Auch Blumberg und Steinhauer hatten hiebei günstige Resultate, während sich Funk direkt ablehnend gegen die Verwendung des Serums verhält und Fehling und Landouzy es als unverläßlich bezeichnen. Eine günstige Beurteilung erfuhr es weiter bei Septikämie (Coleman und Wakeling, Ausset und Rouzé), bei Osteomyelitis (Wijnhoff) und bei schwerer Entzündung des Wurmfortsatzes (Maßlowsky). Auch dieses Serum weist die üblichen Begleiterscheinungen, lokale und allgemeine Exantheme, Auftreten örtlicher Schmerzen und Abszeßbildung an der Injektionsstelle auf (Wijnhoff, Kerez, Blumberg, Pilcer und Eberson).

4. **Menzers Streptokokkenserum** ist ein nach Tavelschem Prinzipe hergestelltes Serum, also durch Immunisierung größerer Tiere nur mit Streptokokken, welche frisch vom Menschen gezüchtet sind und keine Tierpassage zur Steigerung der Virulenz erfahren haben. Es wurde zunächst zur Behandlung des Gelenkrheumatismus, als einer Streptokokkeninfektion, verwendet (Menzer, Schäfer, Ratzeburg), wobei aber natürlich nicht erwartet werden kann, daß es im akuten Stadium Fieber und Gelenkaffektion koupiere, da es doch immerhin eine lokale Reaktion hervorruft. Es ist daher mehr bei Behandlung der subakuten und subchronischen Fälle (Schmidt, Bibergeil), sowie für die chronischen Formen (Menzer) angezeigt, wobei es namentlich bei letzteren im Vergleiche mit den bisherigen Methoden der Behandlung und vor allem für die Heilung der Endokarditis günstigere Chancen herbeizuführen scheint. Von Menzer wird auch hervorgehoben, daß nach erfolgreicher Behandlung keine Rezidive auftreten. Natürlich ist bei chronischen Fällen nur dann ein Erfolg zu erwarten, wenn der Prozeß noch nicht durch Entzündung der Synovialmembran zu fibrinösen, ja knöchernen Verbindungen der gegenüberliegenden Gelenkflächen und zu völliger Ankylose geführt hat (Bibergeil). Mit Erfolg wurde das Menzersche Serum weiter verwendet bei Scharlach (Heubner), bei Erysipel mit Abszeßbildung (Schäffer), im Puerperium (Bumm, Burckhard, Fromme, Martin, Schulze, Bewersdorff, Müller, Ungar), bei Panaritien der Sehnenscheiden, fortschreitenden Phlegmonen, bei Perityphlitiden, endlich als Prophylaktikum gleich nach der Geburt, wenn Verdacht auf Infektion besteht (Menzer), sowie zur anteoperativen Immunisierung (Fromme). Bezüglich der Kontraindikationen für die Verwendung ist zu berücksichtigen, daß das Serum chronisch entzündliche Herde zur akuten Entzündung bringt und durch Erzeugung fieberhafter Reaktionen eine gewisse Kraftleistung des zu behandelnden Organismus erfordert, weshalb Perikarditis, Pleuritis mit größerem Exsudate, große Schwäche, hohes Alter, vorgeschrittene Arteriosklerose und starke Stenosierung eines Herzostium (Menzer), sowie das Vorhandensein multipler Eiterherde (Meyer, Fromme) eine Gegenanzeige bilden.

Von Nebenwirkungen wird zuweilen leichte Reizung an der Injektionsstelle, leichte Drüsenschwellung, in $1/3$—$1/2$ aller Fälle Exanthem (Menzer, Schaefer) und mehr weniger häufig schwere Prostration (Sinnhuber, Menzer) beobachtet. Bezüglich der Dosierung empfiehlt Menzer 5 ccm als Einzeldosis, zwei- bis dreitägig einmal zu applizieren und nach Verabfolgung von 30 ccm eine mehrtägige Pause eintreten zu lassen.

Fabr.: E. Merck, Darmstadt.
Preis: 5 ccm K. 3,50.

5. Mosers polyvalentes Scharlachserum wird gewonnen durch Immunisierung von Pferden, denen ein Gemisch lebender Streptokokken injiziert wurde, welche aus dem Herzblute gestorbener Scharlachkranker erhalten und in Bouillon weiter gezüchtet worden sind. Nach monatelanger Behandlung wird dann den Tieren das Serum entnommen und ohne Karbolzusatz den Scharlachkranken möglichst im Laufe der drei ersten Krankheitstage injiziert. Prophylaktisch erwies sich das Serum in Dosen von 15—20 ccm wirksam (Szekeres). Die einmalige Dosis beträgt 100—200 ccm. Die Störungen des Zentralnervensystems schwinden in kurzer Zeit, ebenso das Exanthem. Temperatur und Puls zeigen rapiden Abfall (Moser, Pospischill, Escherich, v. Bókay, Kolly, Menschikoff, Bukowski, Troitzki und Eminet, Zuppinger, Winocouroff, Posselt, Schick, Szekeres). Die Sterblichkeit sank auf 7—9 % und die Heilwirkung war um so größer, je früher gespritzt wurde (Escherich, Fedinski). Weniger erfreuliche Erfahrungen machten Jarsmy und Mickiewicz. Auch Quast hatte keine eigentlichen Erfolge zu verzeichnen, meint aber, daß man in verzweifelten Fällen unbedingt zum Serum greifen sollte. Garlipp und Moltschanoff fanden, daß weder die schwere Allgemeininfektion noch die septische Komplikation, noch die Nephritis verhindert oder gelindert wurden. Das Serum hat vorwiegend antitoxische Wirkung (Egis und Langovoy, Szekeres).

An Nebenwirkungen wurden beobachtet: Abszeßbildung, transitorisch merkliche Albuminurie an dem der Injektion folgenden Tage, doch sonst keine Nierenreizung, Serumexantheme in 53—58 % aller Fälle, zwischen dem 6. und 16. Tage auftretend und gewöhnlich das Bild einer Urtikaria oder eines Erythema multiforme zeigend (v. Bókay, Bukowsky, Zuppinger, Garlipp, Troitzki, Eminet, Egis und Langovoy) schließlich vorübergehende Gelenkschmerzen und vereinzelt Ödem und allgemeine Adenitis (Menschikoff), einmal eitrige Otitis (Troitzki).

6. Paltaufs Streptokokkenserum auf die gleiche Weise wie das Tavelsche Serum hergestellt und verwendet (Peham, Burkard).
Fabr.: Serotherapeut. Inst. Wien.

7. Tavels Antistreptokokkenserum. Zu dessen Darstellung werden nur menschenpathogene Streptokokken verwendet und zwar möglichst verschiedene, welche direkt aus menchlichen Affektionen ohne Tierpassage gewonnen sind. Tavel legt auf die Polyvalenz seines Serums deshalb großen Wert, weil nach bekannten Untersuchungen menschliche Erkrankungen gleicher Art durch verschiedene Streptokokkenstämme hervorgerufen sein können. Er empfiehlt das Serum bei Wochenbettkomplikationen, Erysipel, Pneumonien usw. (20—30 ccm als Anfangsdosis und weitere Applikation von 10 ccm täglich bei leichten und mittelschweren, von 20 ccm bei schweren Fällen). Als Nebenerscheinung sah Tavel manchmal großflockige, konfluierende Exantheme einige Tage nach der Injektion auftreten.

Literatur: Baginsky, Berl. klin. Wochenschr., 16, 1896. — Aronson, ebendort, 32, 1896. — Vinay, rf. im Zentralbl. f. inn. Med., 50, 1896. — Gouin, rf. im Zentralbl. f. inn. Med., 50, 1896. — Sainsbury, rf. im Zentralbl. f. inn. Med., 50, 1896. — Coleman u. Wakeling, Brit. med. journ., Sept. 1896, rf. im Zentralbl. f. inn. Med., 10, 1897. — Ausset u. Rouzé, rf. ebendort, 10, 1897. — Funk, rf. ebendort, 10, 1897. — Wijnhoff, rf. Zentralbl. f. inn. Med., 19, 1897. — Kerez, Korr.-Bl. f. Schweizer Ärzte, 9, 1898. — Washbourn, Lancet, Sept. 1897, rf. im Zentralbl. f. inn. Med., 13, 1898. — Richmond, ebendort, 13, 1898. — Maisey, Lancet, Aug. 1899, rf. Therap. d. Ggw., 10, 1899. — Lindsay, rf. Münch. med. Wochenschr., 26, 1899. — Rogers, Lancet, Juni 1899, rf. im Zentralbl. f. inn. Med., 23, 1900. — Murrell, ebendort, Juni 1899, rf. im Zentralbl. f. inn. Med., 23, 1900. — Martigny, Montreal med. journ., Nov. 1899, rf. im Zentralbl. f. inn. Med., 23, 1900. — Blumberg, Berl. klin. Wochenschr., 6, 1900. — Blumberg, ebendort, 5, 1901. — Batemann, rf. im Zentralbl. f. inn. Med., 13, 1901. — Elder, rf. im Zentralbl. f. inn. Med., 13, 1901. — Menzer, Zeitschr. f. klin. Med., 109, 1902. — Menzer, Therap. d. Ggw., 7, 1902. — Tavel, Klin. therap. Wochenschr., 28—33, 1902. — Wilson, Brit. med. journ., Mai 1902, rf. Zentralbl. f. inn. Med., 38, 1902. — Moser, Wien. klin. Wochenschr., 41, 1902. — Meyer, Zeitschr. f. diät. u. phys. Therap., 1, 1903. — Steinhauer, Deutsche med. Wochenschr., 12, 1903. — Pospischill, Wien. klin. Wochenschr.,

15, 1903. — Escherich, ebendort, 23, 1903. — Menzer, Münch. med. Wochenschr., 26, 1903. — Heubner, ebendort, 27, 1903. — Fehling, ebendort, 33, 1903. — Moser, Wien. med. Wochenschr., 44, 1903. — Schmidt, Berl. klin. Wochenschr., 49, 1903. — Mainzer, Deutsche med. Wochenschr., 50, 1903. — Tavel, ebendort, 50/51, 1903. — Sinnhuber, Charité-Annalen, 18. Jahrg., 1903. — v. Bòkay, Deutsche med. Wochenschr., 1, 1904. — Landouzy, zit. bei v. Bòkay. — Schaefer, Therap. d. Ggw., 3, 1904. — Grochtmann, Deutsche med. Wochenschr., 10, 1904. — Pilcer u. Eberson, Therap. Monatsh., 10, 1904. — Peham, Wien. klin. Wochenschr., 15, 1904. — Bumm, Münch. med. Wochenschr., 25, 1904. — Maßlowsky, Rußky Wratsch, 29, 1904, rf. Münch. med. Wochenschr., 4, 1905. — Menzer, Münch. med. Wochenschr., 33, 1904. — Fraenkel, Deutsche med. Wochenschr., 33, 1904. — Opfer, ebendort, 33, 1904. — Menzer, Berl. klin. therap. Wochenschr., 44, 1904. — Hoffmann, Deutsche med. Wochenschr., 46, 1904. — Bibergeil, Berl. klin. therap. Wochenschr., 50, 1904. — Menzer, Deutsche militärärztl. Zeitschr., 2, 1905. — v. Bòkay, Jahrb. f. Kinderheilk., 3, 1905. — Klein, Berl. klin. Wochenschr., 3, 1905. — Burckhard, Reichsmedizinalanz., 3, 1905. — Kolly, Djetskaja Medycyna, 3, 1904, rf. Münch. med. Wochenschr., 4, 1905. — Winocouroff, Jahrb. f. Kinderh., 5/6, 1905. — Meyer, Berl. klin. Wochenschr., 8, 1905. — Mendelsohn, Deutsche med. Wochenschr., 12, 1905. — Ganghofner, ebendort, 14/15, 1905. — Quast, ebendort, 25, 1905. — Menschikoff, Rußky Wratsch, 25, 1905, rf. Münch. med. Wochenschr., 35, 1905. — Jaßny u. Mickiewicz, rf. ebendort, 35, 1905. — Ruppel, Med. Klinik, 27/28, 1905. — Zuppinger, Wien. klin. Wochenschr., 44, 1905. — Hanel, Deutsche med. Wochenschr., 45, 1905. — Bukowsky, Wien. klin. Wochenschr., 48, 1905. — Garlipp, Med. Klinik, 51, 1905. — Fromme, Münch. med. Wochenschr., 1, 1906. — Meyer, Therap. d. Ggw., 1/2, 1906. — Burkard, Arch. f. Gynäk., 3, 1906. — Martin, Berl. klin. Wochenschr., 29, 1906. — Schulze, Med. Klinik, 42, 1906. — Schwerin, Deutsche med. Wochenschr., 46, 1906. — Troitzki u. Eminet, rf. im Zentralbl. f. inn. Med., 49, 1906. — Schäffer, Der prakt. Arzt, 1—2, 1907. — Egis u. Langovoy, Jahrb. f. Kinderheilk., 5, 1907. — Moltschanoff, ebendort, 5, 1907. — Posselt, Wien. med. Wochenschr., 10, 1907. — Bewersdorff, Münch. med. Wochenschr., 30, 1907. — Müller, ebendort, 13, 20, 1908. — Fedinski, Jahrb. f. Kinderheilk., 1—2, 1910. — Ratzeburg, Therap. d. Ggw., 3, 1910. — Ungar, Münch. med. Wochenschr., 5, 1910. — Schick, Therap. Monatsh., 258, 1912. — Szekeres, Wien. klin. Wochenschr., 914, 1912.

Crotalin ist das aus den Giftdrüsen der Klapperschlange (Crotalus adamantus) gewonnene und nach einem bestimmten Verfahren präparierte Gift, das in wäßriger Lösung in Ampullen in verschiedenen Stärkegraden in den Handel kommt und bei Schlangenbissen, nach neueren Versuchen aber auch bei Epilepsie erfolgreich gebraucht wird (Fackenheim, Spangler). Man gibt wöchentlich eine Injektion subkutan und geht allmählich von der schwächsten zur stärksten Lösung über. Beim Gebrauch des gefährlichen Mittels ist große Vorsicht nötig.

Als Nebenwirkung beobachtete Spangler heftige Lokalreaktion mit anhaltenden Schmerzen, die mit der Zahl der Injektionen aber immer geringer wird.

Literatur: Fackenheim, Münch. med. Wochenschr., 1872, 1911. — Spangler, rf. in Mercks Jahresber., 238, 1912.

Diphtherieheilserum Behring ist ein antitoxisches Serum, welches von Pferden durch allmähliche Immunisierung gegen das Diphtheriegift gewonnen wird, die Bazillen selbst also nicht angreift, sondern nur das Gift derselben neutralisiert (Wassermann).

Wirkung: Die Wirksamkeit des Heilserums ist wesentlich eine lokale, gegen den örtlichen Krankheitsprozeß auf der Schleimhaut des Respirationstraktes gerichtete. Die Erfolge sind um so eklatanter, je früher es angewendet wird, doch hängt die Prognose in erster Linie immer vom Grade der bestehenden Allgemeininfektion ab (Wieland). Die Wirkung des Serums ist langsam. Nach 48 Stunden bis 8 Tagen beginnt der Fieberabfall, die Begrenzung und Abstoßung der Membranen, sowie die Rückbildung der Drüseninfiltrationen, doch ist die erlangte Immunität nur von verhältnismäßig kurzer Dauer, so daß schon nach wenigen Wochen Neuinfektionen möglich sind (Schwarz, Wieland, v. Gerloczy, Aaser). Der Krankheitsprozeß gelangt durch die Serumbehandlung viel schneller zur Heilung als ohne dieselbe, was den großen Vorteil hat, daß das Krankheitsgift nicht so lange auf Herz und Nieren einwirken, daher auch keine bedeutenderen Verheerungen anrichten kann (Rubens). Auch sind heute die postdiphtherischen Lähmungen, die durch die Einwirkung des Toxins auf die Nervenendigungen entstehen, bei weitem seltener geworden als früher (Rubens), ebenso die Notwendigkeit eines operativen Eingriffes, da bei rechtzeitiger Anwendung des Serums anscheinend ein Weiterschreiten des Prozesses auf den Larynx verhütet wird (Wesener, Börger). Bei bereits bestehendem Trachealkrupp ist allerdings der Wert der Serumbehandlung ein problematischer (Wesener). Die umfangreichen statistischen Nachweise ergeben mit unzweifelhafter Sicherheit ein bedeutendes Sinken der Mortalität seit Einführung der Serumbehandlung (Schwarz, Cuno, Shurly, Pesina, Pulawski u. v. a.), wobei sich natürlich die Höhe derselben stets nach dem Zeitpunkte richtet, wann mit den Injektionen begonnen wurde. Wurde schon am 1. Krankheitstage gespritzt, so war die Mortalität 0%, am 2. Tage $0,9\%$, vom 3. Tage an $11,6\%$, vom 7. Tage an 50% (Aaser). Im besonderen verzeichnet Kobler, selbst unter Hinzurechnung der schwersten Fälle 12%, Börger 8%, Mc. Collum $4,99\%$, Bundt 7% Mortalität. Nach Länderstatistiken ist z. B. in Österreich die Sterblichkeit bei Diphtherie von $37,14\%$ auf $23,8\%$ (Jelinek), in Rumänien von $41—63\%$ auf $12—15\%$ (Felix sen.) gesunken. Das Behringsche Serum ist also jedenfalls als ein äußerst wertvolles, wenn auch kein absolut, d. h. in jedem Falle echter Diphtherie gleich sicher zum Ziele führendes Mittel anzusehen. Der großen Zahl der Anhänger der Serumbehandlung steht Kassowitz ziemlich vereinzelt als Gegner gegenüber. Derselbe erklärt die günstige Sterblichkeitsziffer nicht als geeignet, den Wert der Serumbehandlung zu erhärten, da sich die Kurven der Diphtheriemortalität schon vom Jahre 1889 an in absteigender Richtung bewegen.

Indikationen: Das Mittel ist bei allen durch den Löfflerschen Bazillus hervorgerufenen Affektionen angezeigt und sind die besten Erfolge bei langsam verlaufenden Fällen zu erwarten. Je rascher und toxischer der Verlauf, desto geringer die Chancen auf Heilung (Wieland).

Unzweifelhaft feststehend ist der Wert des Heilserums als Prophylaktikum. In den üblichen Dosen (s. unten) appliziert gewährt es wenigstens für drei Wochen sicheren Schutz vor Infektion. Huber hat es auch bei epidemischer Zerebrospinalmeningitis empfohlen und hiebei ohne schädliche Folgen mit gutem Resultate 1500—2000 Immunisierungseinheiten nach vorausgegangener Lumbalpunktion in den Rückenmarkskanal eingespritzt.

Nebenwirkungen: Fast regelmäßige Begleiterscheinungen der Injektionen sind Exantheme und Gelenkaffektionen, die sog. Serumreaktion, deren Abwesenheit (infolge vasomotorischer Lähmung?) von Rolleston direkt als ungünstiges Zeichen betrachtet wird. Die Exantheme treten bald seltener (Pürkhauer, Schwarz, v. Gerloczy, Auerbach, Kobler, Clessin, Oberwinter, Gottstein, Blake), bald häufiger in $^1/_4$—$^1/_3$ aller Fälle (Börger, Aaser, Adolf, Rauschenbusch, Mc. Collom) auf, ja Rolleston beobachtete sie in 82% aller Fälle. Um dieselben weniger häufig zu machen, empfiehlt Berg das Serum durch ein sehr feines Chamberlandfilter zu filtrieren. Nach Cobbet gehen aber hiebei 30% des Antitoxinwertes verloren, weshalb der Vorschlag Bergs nicht zu empfehlen ist. Nach Hartung werden die Hautaffektionen eingeteilt in Früh- und Spätexantheme, je nachdem sie bis zum Ende der 3. Woche oder später auftreten, weiter in lokale und allgemeine. Letztere werden wieder unterschieden als Serum-Urtikaria diffuse Serumerytheme, Scharlach-, Masern- und Rötelnexantheme und polymorphe Serumexantheme. Tritt ein scharlachähnlicher Ausschlag bereits, in den ersten fünf Tagen nach der Injektion auf, so entpuppt er sich gewöhnlich als echte Skarlatina (Leiner). Das Zustandekommen dieser Hauteruptionen erklärt Berg durch die Einverleibung des tierischen Blutserums und nicht durch die irritativen Elemente des Serums, welche durch die Kapillaren und Drüsen der Haut ausgeschieden werden. Winselmann setzt sie, sowie die Gelenk- und Muskelentzündungen, auf Rechnung einer Mischinfektion und Caiger will sie auf schlechte Dosierung oder Idiosynkrasie zurückgeführt wissen. Gelenkschwellungen beobachteten Pürkhauer, Auerbach, Kobler, Adolf, Gottstein, Cuno, kurzdauernde Gelenkschmerzen Blake, Mc. Collom, Rolleston. Ziemlich häufig, nach v. Gerloczy in $30,8\%$ aller Fälle, tritt Albuminurie auf (Gottstein, Rolleston), seltener wirkliche Nephritiden (Schwarz, Oberwinter, Aaser). Vereinzelt kam zur Beobachtung Urämie (Bell), 24stündige Harnverhaltung (Clessin), Neigung zu starkem Schweiß (Rolleston), sowie Schwindel und Ohnmacht (Rauschenbusch, Oberwinter). Todesfälle nach Anwendung des Heilserums und durch dieses bedingt sahen Krückmann, Saward und Gerlach.

Dosierung: Das Behringsche Serum wird überall unter staatlicher Kontrolle hergestellt und von verschiedener Seite in den Verkehr gebracht. In Österreich bedient man sich des Paltaufschen, in Deutschland auch noch des von E. Merck oder des von den Höchster Farbwerken und der Scheringschen Fabrik erzeugten, gewöhnlich (100—200—400fachen) und hochwertigen (500—1000fachen) Serums. In 1 ccm können also 100 bis 1000 Antitoxineinheiten (A. E.) enthalten sein. Das Serum ist mit $0,5\%$ Karbolsäure versetzt und soll vor Licht geschützt aufbewahrt werden. Nach Chiadini behält es durch 2 Jahre seine Wirksamkeit vollkommen, nach 3 Jahren ist dieselbe bedeutend herabgesetzt und nach 4 Jahren hat es sie ganz verloren. Gewöhnlich wird das Serum subkutan unter die Brust- oder Bauchhaut eingespritzt, doch hat Cairns auch bei intravenöser Applikation selbst übermäßig hoher Dosen (20 000—35 000 A. E.) ohne bedenkliche Nebenerscheinungen gute Erfolge erzielt. Campbell O'Donell verabfolgt es, sobald die subkutane Darreichung aus irgend einem Grunde nicht durchführbar ist, per os oder per rectum. Zur Erzielung eines Erfolges genügen bei rechtzeitiger Applikation in leichten bis mittelschweren Fällen 1500—3000 A.E. (Oberwinter, Hoesch). Von Blühdorn wurde das Serum in Dosen bis zu 9000 A. E. intramuskulär, öfter auch intravenös mit sehr gutem Erfolge injiziert ev. in den nächsten Tagen eine Reinjektion gemacht. Ausnahmsweise kann unter Anwendung höherer Dosen auch noch an einem späteren Krankheitstage ein günstiges Resultat erzielt werden. So berichtet Cioffi über einen am 12. Tage gespritzten Fall, der unter Verabfolgung von 6000 A. E. geheilt wurde. Prophylaktisch darf man nur schwache Dosen geben (Rauschenbusch) und genügen zur Erzielung eines 2—3wöchigen Schutzes 200—500 A. E., ein Quantum, das selbst von kleinen Kindern gut vertragen wird und keine gefährlichen Begleitzustände hervorruft (Rubens, Rosenstock, Slawyk, Wieland, Shaw, Aaser, Wesener, Ibrahim). Die gegen die Präventivimpfung geltend gemachten Einwürfe, daß durch dieselbe Krankheitserscheinungen hervorgerufen würden und der gewährte Schutz zu kurzdauernd sei, sind nicht stichhaltig, da die Schädigungen ganz geringfügig sind, der Schutz aber andere Maßnahmen (Isolierung, Desinfektion) überflüssig macht (Sevestre). Nach Netters (zit. bei Sevestre) traten unter 34 350 solcherart Behandelten nur $6\%_{00}$ Infektionen auf und darunter kein Todesfall.

Literatur: Wesener, Münch. med. Wochenschr., 37/38, 1895. — Schwarz, Wien. klin. Wochenschr., 43, 1895. — Rubens, Deutsche med. Wochenschr., 46, 1895. — Pürkhauer, Münch. med. Wochenschr., 48, 1895. — Börger, Deutsche med. Wochenschr., 52, 1895. — Adolf, ebendort, 3, 1896. — Kobler, Wien. klin. Wochenschr., 4/5, 1896. — Rubens, Therap. Monatsh., 4, 1896. — Gottstein, ebendort, 5, 1896. — Krückmann, ebendort, 6, 1896. — Clessin, Münch. med. Wochenschr., 7, 1896. — Auerbach, Zentralbl. f. inn. Med., 18, 1896. — v. Gerloczy, Wien. klin. Rundsch., 21/24, 1896. — Aaser, rf. im Zentralbl. f. inn. Med., 36, 1896. — Bell, rf. ebendort, 36, 1896. — Cuno, Deutsche med. Wochenschr., 52, 1896. — Hartung, Jahrb. f. Kinderh., 83, 1896. — Wieland, Korr.-Bl. f. Schweizer Ärzte, 5, 1897. — Rauschenbusch, Berl. klin. Wochenschr., 32, 1897. — Cioffi, rf. im Zentralbl. f. inn. Med., 38, 1897. — Slawyk, Deutsche med. Wochenschr., 6, 1898. — Cobbet, rf. im Zentralbl. f. inn. Med., 19, 1899. — Berg, Med. record, Juni 1898, rf. ebendort, 19, 1899. — Jelinek, Zentralbl. f. d. ges. Therapie, 5, 1901. — Mc. Collom, rf. im Zentralbl. f. inn. Med., 16, 1901. — Shurly, rf. ebendort, 16, 1901. — Shaw, rf. ebendort, 26, 1901. — Blake, rf.

ebendort, 48, 1901. — Campbell O' Donell, Brit. med. journ., Mai 1901, rf. Mercks Jahresber., 1901. — Pesina, rf. Therap. d. Ggw., 2, 1902. — Kassowitz, Therap. Monatsh., 5, 1902. — Kassowitz, ebendort, 10, 1902. — Felix sen., Spitalul., 5, 1902, rf. Zentralbl. f. inn. Med., 31, 1902. — Saward, Brit. med. journ., April 1902, rf. Zentralbl. f. inn. Med., 38, 1902. — Leiner, Wien. klin. Wochenschr., 43, 1902. — Wassermann, Deutsche med. Wochenschr., 44, 1902. — Sevestre, rf. Zentralbl. f. inn. Med., 50, 1902. — Chiadini, Gazz. degli osped., 60, 1902, rf. in Mercks Jahresber., 1902. — Cairns, Lancet, 4138, 1902, rf. in Mercks Jahresber., 1902. — Bundt, Therap. d. Ggw., 3, 1903. — Gerlach, Therap. Monatsh., 4, 1903. — Wieland, Habilitationsschr., rf. Zentralbl. f. inn. Med., 5, 1903. — Rosenstock, Die Heilk., 9, 1903. — Pulawski, Deutsche med. Wochenschr., 28 1903. — Winselmann, ebendort, 50, 1903. — Oberwinter, ebendort, 51/52, 1903. — Caiger, Brit. med. journ., 2284, 1904, rf. Deutsche med. Wochenschr., 43, 1904. — Ibrahim, Deutsche med. Wochenschr., 11, 1905. — Wesener, Münch. med. Wochenschr., 12, 1905. — Aaser, Berl. klin. Wochenschr., 38, 1905. — Huber, New-York med. news, April 1905, rf. Zentralbl. f. inn. Med., 39, 1905. — Rolleston, Practitioner, May 1905, rf. Zentralbl. f. inn. Med., 39, 1905. — Hoesch, Deutsche med. Wochenschr., 1683, 1911. — Blühdorn, Münch. med. Wochenschr., 1266, 1912.

Fabr. und Preis:

I. Behring-Ehrlichs Diphtherie-Heilmittel (Farbwerke Höchst a. M.).

a) 400 faches.

Nr.				
0 à 0,5 ccm	= 200 I. E.	= 0,65 K
I. à 1,5 ,,	= 600 ,,	= 1,60 ,,
II. à 2,5 ,,	= 1000 ,,	= 2,60 ,,
III. à 3,75 ,,	= 1500 ,,	= 3,70 ,,

b) 500 faches, hochwertiges.

Nr.				
0 à 1 ccm	= 500 I. E.	= 1,75 K
II. à 2 ,,	= 1000 ,,	= 3,20 ,,
III. à 3 ,,	= 1500 ,,	= 5,00 ,,
IV. à 4 ,,	= 2000 ,,	= 6,40 ,,
VI. à 6 ,,	= 3000 ,,	= 9,30 ,,

II. Diphtherie-Heilserum „Merck", 300—500 Antitoxin-Einheiten in 1 ccm (E. Merck, Darmstadt).

Nr. 0 = 200 I. E. = 0,70 Mk.	Nr. 3 = 1500 I. E. = 5,25 Mk.
,, 1 = 600 ,, = 2,10 ,,	,, 4 = 2000 ,, = 7,00 ,,
,, 2 = 1000 ,, = 3,50 ,,	,, 6 = 3000 ,, = 10,50 ,,

III. Diphtherieserum der österreichischen staatlichen Anstalt (Krankenanstalt Rudolfstiftg., Wien III).

a) Gewöhnliches (Inhalt 8—10 ccm).

| Nr. 0 = 300 I. E. = 0,90 K |
| ,, 1 = 700 ,, = 1,80 ,, |
| ,, 2 = 1000 ,, = 2,60 ,, |
| ,, 3 = 1500 ,, = 4,00 ,, |

b) Hochwertiges Serum (Inhalt 2—5 ccm).

| A = 1000 I. E = 4,00 K |
| B = 1500 ,, = 5,00 ,, |
| C = 2000 ,, = 6,00 ,, |

Dysenterie-Heilserum. Nachdem in dem Shiga-Kruseschen Stäbchen der spezifische Erreger der epidemischen Dysenterie gefunden war, lag der Gedanke nahe, den Menschen künstlich gegen diese Krankheit zu immunisieren. Die ersten Versuche in dieser Hinsicht stellte Shiga an (1897 bis 1900). Er verwendete ein bakterizides Serum, welches er von einem mit Dysenterie-Mikrobenkulturen immunisierten Pferde erhalten hatte. Das Serum übte den wohltätigsten Einfluß auf Stuhlentleerung und Tenesmus sowie Krankheitsdauer aus und setzte die Mortalität auf die Hälfte herab. Dieselben Ergebnisse erzielte Kruse mit seinem bakteriziden Serum. Auch Jehle heilte zwei Fälle von Dysenterie mit Kruseserum. Das Serum nach Rosenthal wird erhalten durch Immunisierung zweier Pferde mit Kulturen und Toxin, es besitzt daher nicht nur bakterizide, sondern auch antitoxische Eigenschaften. Es wirkt wohltuend auf die objektiven wie subjektiven Symptome. Tenesmus und Schmerzen beruhigen sich schon am Ende der ersten 24 Stunden, der Stuhl wird seltener, das Blut schwindet aus den Fäzes und die Mortalität sinkt auf die Hälfte (Kanel). Namentlich frische Fälle bazillärer Dysenterie werden günstig beeinflußt (Irimescu, Rudnik, Dragosch, Vaillard und Dopter, Karlinski, Kraus). Wird das Serum schon in den ersten drei Tagen der Erkrankung angewendet, so tritt nach 1—2 Tagen Genesung ein. Die übliche Dosis beträgt 20—40 ccm d. i. 1—2 Fläschchen.

Als Nebenwirkungen werden ziemlich oft Erytheme, Urtikaria, seltener Gelenkschmerzen beobachtet (Rosenthal, Kanel, Dragosch).

Literatur: Kruse, Deutsche med. Wochenschr., 1, 1901. — Shiga, ebendort, 43/45, 1903. — Rosenthal, ebendort, 19, 1904. — Kanel, rf. Münch. med. Wochenschr., 15, 1905. — Jehle, Münch. med. Wochenschr., Vereinsber. 2, 1906. — Irimescu, Zentralbl. f. inn. Med., 27, 1906. — Dragosch, rf. ebendort, 49, 1906. — Vaillard u. Dopter, rf. ebendort

49, 1906. — Rudnik, Wien. klin. Wochenschr., 51, 1906. — Karlinski, ebendort, 51, 1906.
— Kraus, Deutsche med. Wochenschr., 450, 1912.
Fabr.: Höchster Farbwerke u. Serotherap. Instit., Wien.
Preis: 1 Fl. à 10 ccm u. 20 ccm K. 5,— u. 9,50.

Meningokokkenserum (Jochmann) ist ein polyvalentes Serum, das von Pferden oder Ziegen durch intravenöse Applikation langsam steigender Dosen von Kulturen des Diplococcus meningitis intracellularis gewonnen wird (Kolle und Wassermann). Das Serum besitzt außer agglutinierenden Eigenschaften nicht unbeträchtliche Schutzkräfte und wird erfolgreich zur Bekämpfung der epidemischen Genickstarre verwendet (Jochmann, Ruppel, Schöne, Schmidt, Levy, Wassermann, Arnold, Göppert, Bloch, Schepelmann, Skutetzky). Unter 21 Kranken, welche von Schöne behandelt wurden, reagierten mit sofortiger Genesung, 6 ebenfalls mit Genesung, aber erst nach Verabfolgung größerer oder intralumbaler Injektionen, 5 Kranke reagierten gar nicht. Unter 66 überhaupt beobachteten Erkrankungen ergab sich bei den mit Serum Behandelten eine Mortalität von 27%, gegenüber 53% bei den nicht Behandelten.

Von Nebenwirkungen beobachtete Schöne schnell vorübergehende Albuminurie, Hautaffektionen, Gliederschmerzen und transitorischen Temperaturanstieg, Arnold Lähmung der Blase und des Mastdarmes und Schepelmann ein Serumexanthem in Form einer quälenden Urtikaria sowie Herzschwäche, die sich allerdings leicht beeinflussen ließ.

Dosierung: Anfangs subkutane oder intramuskuläre, später und mit besserem Erfolge intralumbale Injektionen von 20—40 ccm des Serums, hierauf Tieflagerung des Kopfes durch 12—24 Stunden, bei stärkerem Hirndruck ev. Lumbalpunktionen. Wichtig ist, daß möglichst frühzeitig genügend große Dosen wiederholt eingespritzt werden. Die beste Applikationsart ist die lumbale Injektion. Es werden zuerst durch Lumbalpunktion ca. 30 bis 40 ccm Liquor abgelassen und sodann 20—30 ccm Serum eingespritzt (Wassermann, Arnold, Bloch, Jochmann, Skutetzky). Zwischen zwei Injektionen soll ein Zwischenraum von nicht mehr als 3—4 Tagen sein, da sonst Nebenwirkungen auftreten können (Arnold, Skutetzky).

Außer dem Jochmannschen Serum (E. Merck, Darmstadt) bringen noch die Farbwerke Höchst a. M. ein Trockenserum in Fläschchen à 2,5 g (Schutzdosis 0,5 g) in den Handel. Dieses Serum wird in den Fläschchen in 25, bzw. 5 g kalten sterilisierten Wassers gelöst und ausschließlich subkutan appliziert. Über günstige Erfolge mit diesem Serum berichtet Ruppel. Die Verwendungsweise des Wiener Serums von Paltauf ist gleich der des Jochmannschen Serums.

Literatur: Kolle u. Wassermann, Deutsche med. Wochenschr., 16, 1906. — Jochmann, ebendort, 20, 1906. — Ruppel, ebendort, 34, 1906. — Schöne, Therap. d. Ggw., 2, 1907. — Schmidt, Deutsche militärärztl. Zeitschr., 10, 1907. — Wassermann, Deutsche med. Wochenschr., 39, 1907. — Levy, ebendort, 4, 1908. — Arnold, Zentralbl. f. inn. Med., 17, 1908. — Göppert, Therap. Monatsh., 9, 1910. — Bloch, Deutsche Medizinalztg., 19, 1910. — Schepelmann, Wien. klin. Wochenschr., 118, 1911. — Jochmann, Deutsche med. Wochenschr., 1633, 1911. — Skutetzky, Prag. med. Wochenschr., 25, 1912.
Fabr.: E. Merck, Darmstadt; Höchster Farbwerke. Serotherap. Inst. Wien III.
Preis: R. m. 0,25 g Mk. 0,80. K. 1,—. Karton m. 4 R. à 0,25 g Mk. 2.90. Ampullen à 10 ccm Mk. 3,80, à 25 ccm Mk. 7,65. Fläschchen à 10 ccm Mk. 3,80. Jochmannserum 10 ccm Mk. 6.—.

Milzbrandserum wird aus dem Blute von mit Milzbrandkulturen vorbehandelten Tieren (Esel, Meerschweinchen) gewonnen. Im Handel kommt das nach Sclavo und das nach Sobernheim dargestellte Serum vor, von denen letzteres hauptsächlich in der Veterinärmedizin zu prophylaktischen Impfungen an großen Viehbeständen in ausgedehntestem Maße Verwendung findet. Sobernheim hat festgestellt, daß sich durch kombinierte Behandlung (Simultanimpfung) der Tiere mit Milzbrandserum und Milzbrandbakterien, also Erzielung aktiver und passiver Immunität, ein sicherer Schutz gegen die

Infektion mit Milzbrandsporen erzielen läßt. Über erfolgreiche Verwendung beim Menschen berichtet Wilms, der es in Dosen von 20 ccm intravenös verabreichte. Das Serum nach Sclavo wird zu diesem Zwecke häufiger, bereits seit dem Jahre 1897, verwendet.

Wirkung: Auffallend ist der sehr bald bemerkliche, günstige Einfluß auf das Allgemeinbefinden, den kritischen Temperaturabfall und die Beeinflussung des Pulses und der Atmung. Der lokale Prozeß wird erst später verändert (Mendez). Über rasche Heilerfolge berichten u. a. Sclavo, der unter 95 behandelten Fällen nur 2 Todesfälle verzeichnet, ferner Alpago-Novella, Liscia, Mancini, Cigognani, Alghero und Mendez, aus dessen Statistik eine Mortalität von 4,2 $\%$ gegenüber 20—40 $\%$ der früheren Perioden hervorgeht, endlich Bandi, Corsini, Lockwood und Andrews, Stretton und Rugni.

Nebenwirkung: Die nach den Injektionen erfolgende Temperatursteigerung betrachtet Sclavo als wertvolles Zeichen für eine günstige Prognose. Vereinzelt wird über Auftreten von Urtikaria (Cigognani) oder Erythemen in der Umgebung der Einstichstelle berichtet (Sclavo).

Dosierung: Die schon anfangs der Erkrankung behandelten Pusteln schwinden sehr rasch, doch werden auch später in Angriff genommene schwere Fälle, die sonst eine triste Prognose geben, günstig beeinflußt. Am schnellsten erfolgt die Wirkung nach intravenöser Applikation, für welche auch erheblich kleinere Dosen genügen. Für die subkutane Einspritzung sind nach Sclavo 40—50 ccm in 4—5 Stichen zu verabfolgen.

Literatur: Sclavo, Sperimentale, 4, 1899, rf. Zentralbl. f. inn. Med., 23, 1900. — Mendez, rf. ebendort, 5, 1900. — Liscia, rf. ebendort, 5, 1901. — Sclavo, Berl. klin. Wochenschr., 19, 1901. — Alpago-Novella, rf. Zentralbl. f. inn. Med., 26, 1901. — Cigognani, Gazz. degli osped., 114, 1901, rf. ebendort, 3, 1902. — Sobernheim, Berl. klin. Wochenschr., 22, 1902. — Mancini, Riform. med., 85, 1902, rf. Zentralbl. f. inn. Med., 48, 1902. — Mendez, Zentralbl. f. Bakteriol., 3, 1904. — Bandi, ebendort, 3, 1904. — Sclavo, rf. Zentralbl. f. inn. Med., 6, 1904. — Sobernheim, Deutsche med. Wochenschr., 27, 1904. — Alghero, Gazz. degli osped., 106, 1904, rf. Deutsche med. Wochenschr., 39, 1904. — Corsini, ebendort, 145, 1904, rf. ebendort, 52, 1904. — Lockwood u. Andrews, Brit. med. journ., Jänner 1905, rf. Zentralbl. f. inn. Med. 16, 1905. — Wilms, Münch. med. Wochenschr., 23, 1905. — Stretton, Lancet, Mai 1905, rf. Zentralbl. f. inn. Med., 52, 1905. — Rugni, Gazz. degli osped., 15,1 1905, rf. Münch. med. Wochenschr., 15, 1906.
Fabr.: Höchster Farbwerke.
Preis: Fl. 20 u. 10 ccm K. 12,80 u. 7,20.

Pestserum nach Yersin hat sich in großen Dosen frühzeitig angewendet von spezifischem Einfluß bei Beulenpest gezeigt (Roux, Monod, Lignières). Es entfaltet bakterizide wie antitoxische Wirkung und soll nach Cairns bei leichteren Fällen subkutan in das Lymphgefäß des Bubo, bei schweren subkutan und auch intravenös appliziert werden. Bei weit vorgeschrittenen Fällen ist das Mittel ohnmächtig (Roux). Nach Klemperer und Clemow hat es sich aber in der Therapie überhaupt nicht bewährt.

Pestserum nach Haffkine wird nicht als Heilmittel gegen bereits erfolgte Infektion, sondern nur als Prophylaktikum verwendet. Die Dosis schwankt zwischen 5 und 20 ccm, welche subkutan verabreicht werden. Unmittelbar nach der Einspritzung tritt manchmal starke Reaktion mit stechenden Schmerzen an der Injektionsstelle, mittelhohem Fieber und empfindlicher Schwellung der Drüsen der Achselhöhle und des Halses ein (Christie). Das Urteil über den Wert dieses Serums lautet übereinstimmend günstig (Clemow, Klemperer, Christie, Forsyth, Miller, Simpson). So z. B. berichtet Forsyth über 30 000 geimpfte Fälle, von denen nur 329 erkrankten, wobei sich eine Mortalität von 15,1 $\%$ gegenüber 50—90 $\%$ bei nicht Geimpften ergab.

Auch die Erfolge mit dem **Pestserum** von Lustig sind nach Choksy nicht ungünstig.

Literatur: Monod, rf. im Zentralbl. f. inn. Med., 10, 1897. — Roux, Gaz. des hôpit., 11, 1897. — Klemperer, Therap. d. Ggw., 11, 1899. — Clemow, Lancet, Mai 1899, rf. Zentralblatt f. inn. Med., 5, 1900. — Choksy, ebendort, Juli 1900, rf. ebendort, 28, 1901. — Christie, Brit. med. journ., Okt. 1901, rf. ebendort, 5, 1901. — Liegnières, Annal. de l'inst. Pasteur, Okt. 1900, rf. ebendort, 8, 1902. — Forsyth, Lancet, Dez. 1903, rf. ebendort, 41, 1904. — Miller, ebendort, Dez. 1903, rf. ebendort, 41, 1904. — Cairns, Therap. Monatsh., 5, 1904. — Simpson, Practitioner, Dez. 1905, rf. Münch. med. Wochenschr., 13, 1906.

Pneumokokkenserum (Römer) ist ein polyvalentes, bakterizides Serum, welches von Pferden, Rindern und Schafen gewonnen wird, die mit zahlreichen Stämmen direkt vom Menschen gezüchteter Pneumokokken vorbehandelt sind.

Wirkung: Nach Römer gelingt es, mit diesem Serum Kaninchen und Affen gegen Pneumokokken derartig zu immunisieren, daß eine Impfung von höchst virulenten Kokken an der Hornhaut der genannten Tiere keine Entzündung mehr hervorruft. Weiter ist es im Tierversuche, wie in einer Reihe klinischer Fälle gelungen, das in der Entwicklung befindliche Ulcus erpens corneae aufzuhalten. Nach Knauth wird bei Behandlung der fibrinösen Pneumonie mit dem Serum vornehmlich das Allgemeinbefinden, ferner auch Puls, Atmung, Temperatur und Auswurf günstig beeinflußt. Auf die Krise und die lokale Ausbreitung des Prozesses bleiben die Seruminjektionen ohne Einfluß.

Nebenwirkungen: Unruhe des Kranken, Zyanose, Dyspnöe, schlechter Puls, Abnahme der Leukozytenmenge (Miesowicz), Serumexantheme (Dorendorf), Temperatursteigerung (Gebb).

Indikationen: Die Anwendung des Pneumokokkenserums empfiehlt sich zunächst prophylaktisch bei allen Hornhautverletzungen, um dem Entstehen eines Ulcus serpens vorzubeugen (Römer). Günstig berichten weiter über erfolgreiche Anwendung des Serums bei frischem Ulkus zur Nedden und Paul, Zeller, Mayweg und Sattler, sowie Castresana, Helbron, Vossius, Axenfeld und Gebb. Bei stark vorgeschrittenen Fällen ist wenig zu erhoffen (zur Nedden, Paul). Befriedigende Resultate erzielte Wanner durch die Römersche Simultanmethode d. h. durch die gleichzeitige Behandlung mit abgetöteter Kultur und Serum (1 ccm Kultur und 10 ccm Serum subkutan). Über erfolgreiche Anwendung des Serums bei fibrinöser Pneumonie liegen Mitteilungen von Paeßler, Knauth, Lindenstein, Tauber und Winkelmann vor. Namentlich bewährte es sich bei Pneumonie im Kindesalter (Crux, Monti, Krische). Auch bei Pneumokokkensepsis im Anschlusse an Pneumonie hatte es vorzügliche Wirkung (Rodenwaldt). Zu einem ablehnenden Urteil bezüglich des Heilwertes bei kruppöser Pneumonie kam Dorendorf.

Dosierung: Für gewöhnlich genügt für die subkutane oder intraglutäale Applikation ein Quantum von 10 ccm. Nur bei abnorm langer Krankheitsdauer ist die Dosis zu wiederholen. Herzschwäche ist hiebei keine Gegenanzeige für die Anwendung (Krische).

Von Merck-Darmstadt wird ein neues, stärkeres und im Tierversuche auf gleichmäßige Wirkung eingestelltes Pneumokokkenserum in den Handel gebracht, welches von Landmann bei Pneumonie und als Prophylaktikum bei drohender hypostatischer und Alterspneumonie sowie als Heilmittel bei Ulcus corneae serpens erfolgreich benützt wurde.

Die Heildosis beträgt 400, die prophylaktische 200 I. E.

Das Deutschmannserum bewährte sich nach v. Hippel bei Ulcus serpens in Dosen von 2—4 ccm pro injectione. Auch bei schwerer Iritis mit starker Exsudation wurde dadurch ein brauchbares Sehvermögen erzielt. Keinen Erfolg brachte es bei Uveitis serosa, Glaskörperinfektion, skrofulöser Entzündung der Hornhaut und Bindehaut, Keratitis parenchymatosa und Episkleritis.

Literatur: Römer, v. Graefes Arch. f. Ophthalm., 1, 1903. — zur Nedden, rf. in Mercks Jahresber. pro 1904. — Paul, rf. in Mercks Jahresber. pro 1904. — Zeller, rf. in Mercks Jahresber. pro 1904. — Paeßler, Deutsche med. Wochenschr., Vereinsb., 51, 1904.

— Mayweg u. Sattler, Wochenschr. f. Therap. u. Hyg. d. Aug., 2, 1905. — Paeßler, Deutsch. Arch. f. klin. Med., 3/4, 1905. — Castresana, Wochenschr. f. Therap. u. Hyg. d. Auges, 8, 1905. — Knauth, Deutsche med. Wochenschr., 12, 1905. — Wanner, Württemb. med. Korr.-Bl., 30, 1905. — Lindenstein, Münch. med. Wochenschr., 39, 1905. — Winckelmann, ebendort, 1, 1906. — Vossius, Med. Woche, 6, 1906. — Axenfeld, Münch. med. Wochenschr., 6, 1906. — Tauber, Wien. klin. Wochenschr., 11, 1906. — Helbronn, Berl. klin. Wochenschr., 21, 1906. — Miesowicz, Klin. therap. Wochenschr., 38, 1906. — Crux, Deutsche med. Wochenschr., 16, 1908. — Römer, ebendort, 34, 1908. — Krische, Med. Klin., 44, 1908. — Landmann, Deutsche med. Wochenschr., 48, 1908. — Monti, Arch. f. Kinderh., 1, 1909. — Rodenwaldt, Deutsch. med. Wochenschr., 50, 1909. — v. Hippel, Arch. f. Ophthalm. ,72, 1910, rf. in Therap. Monatsh., 208, 1910. — Gebb, Arch. f. Augenh., 144, 191, 1912. — Dorendorf, Med. Klin., 1579, 1912.
Fabr.: Merck, Darmstadt.
Preis: Gl. m. 100 u. 200 I. E. Mk. 4,— u. 8,—. Sächs. Serumwerk, Dresden: Amp. à 10 ccm Mk. 4,30.

Staphylokokkenserum wurde von Apping erfolgreich in einem Falle von kryptogenetischer Sepsis verwendet, als sich Injektionen von Streptokokkenserum unwirksam erwiesen. Deshalb vertritt er die Ansicht, bei unbekannter Natur der Eitererreger beide Sera zu verwenden.

Literatur: Apping, St. Petersb. med. Wochenschr., 13, 1900, rf. Therap. d. Ggw., 4, 1901.

Tetanus-Antitoxin, Tetanus-Heilserum wird so wie das Diphtherieserum von Pferden gewonnen. Zu diesem Zwecke werden Tetanusbazillen auf flüssigem Nährboden in Reinkultur gezüchtet. Die von Bazillen und Sporen sorgfältig befreiten Kulturflüssigkeiten werden Pferden in allmählich gesteigerter Dosis subkutan appliziert. Nach erreichter Immunisierung wird den Pferden unter aseptischen Kautelen das Blut entzogen und ohne Schwierigkeit dauernd keimfreies Serum gewonnen. Dasselbe enthält als konservierenden Beisatz 0,5 % Karbolsäure. Die im Handel befindlichen festen Präparate werden durch Eintrocknen des Heilserums bei niedriger Temperatur im luftverdünnten Raume hergestellt. Das Serum kommt in Fläschchen mit 100 Antitoxineinheiten als Heildosis und mit 20 A. E. als Schutzdosis in den Handel.

Wirkung: Das Heilserum ist das einzige bislang bekannte, spezifische Heilmittel bei der Tetanuserkrankung. Es unterliegt keinem Zweifel, daß eine genügend hohe Dosis, rechtzeitig angewendet, mit voller Sicherheit große Mengen Tetanusgift unschädlich macht und zwar wahrscheinlich nicht durch Zerstörung oder Neutralisierung des Giftes, sondern dadurch, daß es die Zellen des Organismus für das Gift unempfindlich macht. Nicht zu beeinflussen ist natürlich die deletäre Wirkung, welche das Gift bereits auf die Ganglienzellen der motorischen Nervenkerne ausgeübt hat (Sahli). Den Anhängern der Serumbehandlung des Tetanus (Wendling, Engelmann, Homa, Ascoli, Jaenicke, Pfeiffer, Hellwig, Frotscher, Gerber, Wallstabe, Wallace, Grünberger, Hock, Kentzler, Federschmidt u. a.) steht eine Reihe von Autoren infolge der beobachteten Mißerfolge und unsicheren Wirkung skeptisch gegenüber (Farrant, Macartney, Ullrich, Müller, v. Schuckmann, di Gasparo, Glaser, Tourneau, Suter, Urban, Friedländer, Mandry). Einstimmig wird hingegen der Wert der prophylaktischen Serumapplikation bei eiternden Wunden (Suter, Lotheisen), wie bei Verdacht auf puerperalen Tetanus während einer Endemie (Kraus) anerkannt. Im allgemeinen wurde die Mortalität bei Tetanus seit Einführung der Serumbehandlung beträchtlich herabgesetzt. Beim traumatischen Tetanus wird die Prognose durch die Injektionen erheblich verbessert, aber nicht beim puerperalen (Kraus).

Nebenwirkung: Regelmäßig tritt Urtikaria nach den Injektionen auf (Kraus, Pinatelle, Rivière und Kentzler), manchmal starke Temperatursteigerung (Wendling) oder schmerzhafte Gelenkaffektionen, selten geringe Albuminurie (Pinatelle und Rivière).

Dosierung: Nach v. Behring soll die Behandlung nicht später als 30 Stunden nach Erkennen der ersten Tetanussymptome eingeleitet werden. Die auf einmal verwendete Dosis darf nicht unter 100 A. E. betragen. Von Wichtigkeit ist es ferner, das Serum in der Umgebung der Infektionsstelle zu applizieren. In neuerer Zeit wurden an Stelle der subkutanen Injektionen die subduralen mittelst Quinckescher Lumbalpunktion vorgeschlagen (v. Leyden). Man läßt 10—20 ccm Spinalflüssigkeit abfließen und injiziert dasselbe Quantum Serum sehr langsam (2 ccm in der Minute) nach. Auch diese Methode hat bereits zahlreiche Anhänger gefunden (Schultze, D'Ancona, Holub). Rollin fand hiebei unter 20 publizierten Fällen 75 % Heilung. Küster bezeichnet als wirksamste Injektionsart die intraneurale und wenn bereits allgemeine Krämpfe (Trismus) eingetreten sind, die spinale, welche auch mehrmals wiederholt werden kann.

Zur Herabminderung der Reflexerregbarkeit wird Urethan in Dosen von 10 g pro die empfohlen (Kraus, Grünberger). Die heute am meisten verwendeten Sera sind das von Tizzoni-Cattani und von v. Behring. Qualitativ sind dieselben gleich, quantitativ aber verschieden, da das erstere 5 mal schwächer als das letztere ist. Der Vollständigkeit halber sei bezüglich der Therapie des Tetanus noch das von Krokiewicz empfohlene Verfahren erwähnt, bei traumatischem Tetanus subkutan Kaninchengehirn-Emulsion einzuspritzen. Es wird stets ein ganzes Gehirn verwendet, ohne daß erhebliche Nebenwirkungen (vereinzelt Eiterherde an der Injektionsstelle) auftraten. Von den 16 ihm aus der Literatur bekannt gewordenen Fällen wurden 13 geheilt.

Literatur: Sahli, Mitteil. aus Kliniken u. Instituten d. Schweiz, III. Reihe, Heft 6, rf. Zentralbl. f. inn. Med., 27, 1896. — Macartney, Zentralbl. f. inn. Med., 34, 1896. — Farrant, Lancet, März 1896, rf. Zentralbl. f. inn. Med., 50, 1896. — Wendling, Wien. klin. Wochenschr., 11, 1897. — Engelmann, Münch. med. Wochenschr., 32/34, 1897. — Kraus, Therap. d. Ggw., 51, 1899. — Ascoli, Zentralbl. f. inn. Med., 35, 1899. — Schultze, Wien. med. Blätter, 38, 1899. — Kraus, Zeitschr. f. klin. Med., 37, 1899. — v. Behring, Deutsche med. Wochenschr., 2, 1900. — Homa, Wien. klin. Wochenschr., 48, 1900. — v. Leyden, Therap. d. Ggw., 8, 1901. — v. Leyden, Deutsche med. Wochenschr., 29, 1901. — Ullrich, Mitteil. a. d. Grenzgeb. d. Med. u. Chir., 1/2, 1902. — Pfeiffer, Zeitschr. f. Heilk., 2, 1902. — Di Gasparo, Therap. d. Ggw., 3, 1902. — D'Ancona, Gazz. degli osped., 141, 1901, rf. Zentralbl. f. inn. Med., 8, 1902. — Jaenicke, Deutsche med. Wochenschr., 12, 1902. — Müller, Deutsche Ärzteztg., 18, 1902. — Krokiewicz, Klin. therap. Wochenschr., 6, 1903. — Hellwig, Deutsche med. Wochenschr., 7, 1903. — v. Schuckmann, ebendort, 10, 1903. — Frotscher, ebendort, 10, 1903. — Gerber, ebendort, 26, 1903. — Holub, Wien. klin. Wochenschr., 31, 1903. — Glaser, Deutsche med. Wochenschr., 44, 1903. — Wallstabe, ebendort, 1, 1904. — Rollin, Zeitschr. f. diät. u. phys. Therap., 2, 1904. — Wallace, ebendort, 2, 1904. — Tourneau, Deutsche med. Wochenschr., 10, 1904. — Pinatelle u. Rivière, Gaz. des hôpit., 26, 1903. rf. Deutsche med. Wochenschr., 12, 1904. — Suter, Arch. f. klin. Chir., 75, 113, 1905. — Grünberger, Prag. med. Wochenschr., 18, 1905. — Hock, Časop. lek. česk., 19, 1906, ref. Deutsche med. Wochenschr., 26, 1906. — Lotheisen, Wien. klin. Wochenschr., 24, 1906. — Friedländer, Wien. klin. therap. Wochenschr., 32, 1906. — Kentzler, Berl. klin. Wochenschr., 38, 1906. — Küster, Therap. d. Ggw., 2, 1907. — Mandry, Beitr. z. klin. Chir., 3, 1907. — Urban, Münch. med. Wochenschr., 8, 1907. — Federschmidt, ebendort, 23, 1907.

Typhusbehandlung.

a) **Antityphusextrakt** (Jeż) ist eine Flüssigkeit, welche durch Verreibung von Milz, Knochenmark und Thymus kräftig immunisierter Kaninchen mit Pepsin, Jod und Glyzerin hergestellt und eßlöffelweise, im Anfange zweistündlich, später 3 mal täglich verabreicht wird (Jeż). Das Präparat ist auch in großen Dosen unschädlich und wirkt, ohne ein Heilserum im eigentlichen Sinne des Wortes zu sein, günstig auf die Temperatur und den Puls, sowie die Harnabsonderung, daher auch auf die Ausscheidung der Toxine und die nervösen Symptome Typhuskranker ein (Kluk-Kluczycki, Jeż, Sibaldi, Eichhorst, Casardi, Pometta, Einhorn, Du Mesnil de Rochemont). Eine wirklich schützende Wirkung kommt dem Mittel nicht zu (Walker), was auch von Ker in 12 schweren Fällen festgestellt wurde.

Literatur: Jež, Wien. med. Wochenschr., 8, 1899. — Eichhorst, Therap. Monatsh., 10, 1900. — Jež u. Kluk-Kluczycki, Wien. klin. Wochenschr., 4, 1901. — Pometta, Wien. med. Zeitung, 28, 1901. — Walker, Journ. of pathol. and bact., Nov. 1901, rf. Zentralbl. f. inn. Med., 17, 1902. — Sibaldi, Gazz. degli osped., 11, 1903, rf. Deutsche med. Wochenschr., 8, 1903. — Casardi, ebendort, 35, 1903, rf. Zentralbl. f. inn. Med., 48, 1903. — Du Mesnil de Rochemont, Therap. Monatsh., 1, 1904. — Einhorn, Zeitschr. f. diät. u. phys. Therap., 7, 1904. — Jež, Wien. klin. therap. Wochenschr., 51, 1905. — Ker, Edinb. med. journ., Juli 1906, rf. Zentralbl. f. inn. Med., 45, 1906.

b) **Typhusserum** (Chantemesse), aus dem Blute von mit Typhuskulturen vorbehandelter Tiere gewonnen, bewährte sich nach den Mitteilungen von Chantemesse und Josias vorzüglich, besonders wenn es in den ersten 7 Tagen zur Anwendung gebracht wurde. Es übt eine spezifische, rapide und energische Wirkung auf die Milz, das adenoide Gewebe und Knochenmark aus und setzt die Mortalität auf 4% herab (Chantemesse, Brunon).

Literatur: Chantemesse, Méd. moderne, 53, 1902, rf. Zentralbl. f. inn. Med., 30, 1903. — Josias, ebendort, 17, 1903, rf. Zentralbl. f. inn. Med., 30, 1903. — Chantemesse, Presse médicale, 86, 1904. — Brunon, Sitzung d. Académie de méd., 20. Febr. 1906, rf. Münch. med. Wochenschr., 14, 1906.

Anmerkung: Zu prophylaktischen Impfungen gegen Typhus empfiehlt Gaffky die Einführung kleiner Mengen bei 65° C abgetöteter Typhusbazillen. (1. Injektion 1 Öse = 2 mg, nach 6—11 Tagen 3 Ösen Agarkulturen in Kochsalzlösung aufgeschwemmt). Eine allgemeine Gesundheitsstörung wurde danach nicht beobachtet. Die allgemeine und lokale Reaktion war nach 48 Stunden abgelaufen und wurde dadurch ein guter Impfschutz erzielt (Kolle). An Stelle der empfohlenen Agarkulturen verwendet Wright Bouillonkulturen und fand unter den so Geimpften mindestens eine zweifache Verminderung der Krankheitsfälle, manchmal noch eine viel höhere, sowie bedeutende Herabsetzung der Mortalität gegenüber nicht Geimpften. Der erzielte Impfschutz erstreckte sich bis zum Ende des 2. Jahres (Nattan-Larvier). Bestätigt werden diese günstigen Angaben von Foulerton, ablehnend äußert sich diesbezüglich Crombie.

Literatur: Foulerton, Lancet, Juni 1900, rf. Zentralbl. f. inn. Med., 10, 1901. — Wright, ebendort, Juli 1900, rf. ebendort, 28, 1901. — Wright, ebendort, April 1902, rf. ebendort, 45, 1902. — Crombie, ebendort, Mai 1902, rf. ebendort, 45, 1902. — Wright, ebendort, Sept. 1902, rf. ebendort, 7, 1903. — Nattan-Larvier, Presse médicale, 98, 1904. — Gaffky, Klin. Jahrbuch, 2, 1905. — Kolle, ebendort, 2, 1905.

Bakterienpräparate.

Antimeristem, Cancroidin (Schmidt), ist eine sterile Auspressung des Rasens einer mit dem Schmidtschen Parasiten der malignen Tumoren infizierten Mukorkultur, welche als spezifisches Mittel gegen die Krebserkrankung empfohlen wurde. Die Methode basiert auf der Vorstellung eines parasitären Ursprunges des Karzinoms, die aber noch höchst anfechtbar ist, wie denn auch die von Schmidt angegebenen protozoenartigen Lebewesen von anderer Seite nicht nachgewiesen werden konnten (v. Wasielewski und Wulker). Da es außerdem auch nicht gelungen ist, an großen Versuchsreihen mit dem angeblichen Parasiten bei Mäusen u. Ratten Tumoren zu erzeugen, fällt auch die theoretische Grundlage für die Antimeristembehandlung des Karzinoms. Wenn trotzdem von einzelnen Autoren, wie von Schmidt selbst über volle oder wenigstens teilweise Erfolge berichtet wird (Neander, Jenssen, Aronsohn), so findet dies seine Erklärung darin, daß das Antimeristem auf jeden Entzündungsherd einwirkt, indem es ihn zur Einschmelzung und Resorption bringt. Es kann dabei gelegentlich auch einmal, wenn eine große Entzündungszone einen kleinen Karzinomherd umgibt, dieser ausgestoßen werden und ein Rezidiv ausbleiben, ein Vorgang, der auch ohne Antimeristem hie und da zu beobachten ist (Kolb). Die überwiegende Mehrzahl der Autoren verhält sich daher ablehnend gegen das Mittel, das keinesfalls spezifische Wirkung besitzt, nicht imstande ist, das Wachstum des Karzinoms aufzuhalten oder Metastasenbildung zu verhüten (Winkler, Czerny, Küll, Nosek, Hauser, Beresnegowsky, Kolb, Sick).

Literatur: Neander, Deutsche med. Wochenschr., 5, 1908. — Winkler, Med. Klinik, 44, 1909. — Jenssen, Deutsche med. Wochenschr., 16, 1910. — Czerny, Zentralbl. f. Chir., 31, 1910. — Küll, Med. Klin., 36, 1910. — Aronsohn, Beresnegowsky, Zeitschr. f. Krebsforschung, 9, 1911. — Schmidt, Zeitschr. f. ärztl. Fortbildung, 649, 1911. — Kolb, Münch. med. Wochenschr., 1076, 1911. — Sick, ebendort, 1251, 1911. — Hauser, Med. Klin., 1389, 1911. — Nosek, Wien. klin. Wochenschr., 1666, 1911. — v. Wasielewski u. Wülker, Münch. med. Wochenschr., 421, 1912. — Kolb, Berl. klin. Wochenschr., 793, 1912.

Histopin ist ein von Wassermann hergestellter wäßriger Schüttelextrakt von Staphylokokken-Reinkulturen, der alle wirksamen Immunstoffe gelöst enthält und bei vollkommener Sterilität infolge Zusatzes eines Schutzkolloids dauernd haltbar ist. Das Präparat kommt in Form einer Gelatinelösung und einer Lanolinsalbe in den Handel und findet bei Furunkulose, Impetigo, Pemphigus vulgaris, Ekzem, Akne und Blepharitis Anwendung (Max Joseph, Bernheim). Es wird 1 ccm der Gelatine mittelst eines Wattabäuschchens auf die Umgebung des Krankheitsherdes verteilt. Die Prozedur wird durch 14 Tage morgens und abends, dann durch 8 Tage nur abends wiederholt.

Literatur: Max Joseph, Deutsche med. Wochenschr., 208, 1913. — Bernheim, Therap. Monatsh., 423, 1913.
Fabr.: Nitritfabr. A.-G., Köpenick.
Preis: Gelatine, Tropfglas 10 g Mk. 3,50. K. 4,50.

Nastin ist ein von Deycke und Reschad aus Reinkulturen von Leprabazillen, die auf Milch gezüchtet wurden, hergestellter reiner Fettstoff, den sie als Glyzerinester einer hochmolekularen Fettsäure ansprechen. Durch die subkutane Einverleibung dieses Fettstoffes läßt sich eine aktive Immunisierung erwarten, welche gegen dieselbe Fettsubstanz der Leprabazillen gerichtet ist, also die Pathogenität derselben aufhebt (Deycke und Reschad). Das Mittel dient zur Behandlung der Lepra (Deycke, Kupffer). In leichten Fällen soll es äußerliche Krankheitssymptome und Bazillen zum Schwinden bringen, in schweren nur selten Besserung herbeiführen. Ohne bemerkenswerten Erfolg versuchten das Mittel Lenz und Thompson. Treten ernstliche Reaktionserscheinungen, schmerzhafte Indurationen usw. nach den Injektionen auf, dann soll von der Fortsetzung dieser Behandlung Abstand genommen werden, bis alle Erscheinungen geschwunden sind (Deycke und Reschad).

An Stelle des Nastins wird jetzt unter dem Namen „Nastin B" eine Vereinigung von Nastin mit Benzoylchlorid in den Handel gebracht. Das Nastin wird in Dosen von 5 mg—1 cg wöchentlich einmal subkutan injiziert, also $1/2$—1 Spritze einer 1 % Lösung mit sterilem heißen Olivenöl.

Literatur: Deycke u. Reschad, Deutsche med. Wochenschr., 3, 1907. — Deycke, Monatschr. f. prakt. Dermatol., 11, 1909. — Lenz, Arch. f. Schiffs- u. Tropenhyg., 12, 1909. — Kupffer, Zentralbl. f. d. ges. Therap., 311, 1909. — Thompson, Brit. med. journ., 2566, 1910. — Deycke, Münch. med. Wochenschr., 2260, 1911.

Pyocyanase ist ein durch Autolyse aus Bakterienleibern gewonnenes proteolytisches Enzym, das stark bakterizide Eigenschaften besitzt, in Pulverform dargestellt, aber nur in wäßriger Lösung von verschiedener Stärke angewendet wird (Zucker, Schapiro, Pringsheim). Nach neueren Tierversuchen wird von Isabolinsky allerdings die bakterizide Wirkung bezweifelt.

Wirkung und Indikationen: Die Untersuchungen von Emmerich und Löw haben ergeben, daß in den meisten Flüssigkeitskulturen von Bakterien trotz des Vorhandenseins geeigneter und genügenden Nährmaterials allmählich ein Stillstand in der Entwicklung der Kulturen eintritt, was auf die Entstehung enzymartiger Stoffe beruht, die von den Bakterien selbst gebildet werden und die schließlich die Bakterien wieder auflösen. Diese bakteriolytischen Enzyme können nun entweder konforme oder heteroforme sein, je nachdem sie nur die eigene Bakterienart oder auch andere aufzulösen vermögen. Der wenig pathogene Bac. pyocyaneus bildet nun ein heteroformes Enzym, die Pyocyanase, die in vitro Diphtheriebazillen, Staphylo- und Streptokokken teils im Wachstum zu hemmen, teils sogar aufzulösen vermag. Nach Raubitschek und Ruß ist indes die bakterizide Wirkung nicht auf das Vorhandensein eines Fermentes zurückzuführen, da der wirksame Körper unabhängig von der Temperatur und Reaktion seine bakterizide Kraft entfaltet, weder durch Ammonsulfat noch durch Alkohol fällbar ist und außerdem eine bei Fermenten niemals beobachtete hohe Widerstandsfähigkeit gegen Kochen besitzt, sondern beruht vielmehr auf einem thermostabilen, in Alkohol, Äther, Benzin, Benzol, Petroläther und Chloroform löslichen Körper, dessen Natur — ob Lipoid oder bakterizide Seife — noch chemisch näher zu bestimmen ist. Im Tierkörper wirkt die Pyocyanase bakterientötend bei Milzbrand, Streptokokken etc. Darauf fußend regte Emmerich zunächst die Lokalbehandlung des diphtheritischen Rachenprozesses mit Pyocyanase an, wobei auch von Zucker eine günstige Beeinflussung des lokalen Prozesses und weiterhin des Allgemeinbefindens beobachtet wurde. Natürlich darf die gleichzeitige Verwendung von Heilserum nicht verabsäumt werden. Besonders in den Fällen dürfte die Pyocyanase als Adjuvans willkommen und wirksam sein, die von Anfang an septischen Charakter zeigen. Es erfolgt niemals eine Ablösung der Belege in größeren Teilen oder gar in toto, sondern vielmehr ein gleichmäßiges Abschmelzen von den Rändern und der Oberfläche her (Zucker). Mit dem Schwinden der Belege gehen natürlich auch die subjektiven Erscheinungen zurück (Mühsam, Büllmann, Saar, Fackenheim, Weil, Groß und Ban). In Fällen von ausgesprochener Bazillenpersistenz und chronischer Diphtherie gelang es jedoch nicht, die Bazillen durch Pyocyanase zu vernichten (Schlippe). Weiter wird das Präparat empfohlen bei Grippe der Kinder (Micrococcus catarrhalis Pfeiffer) und bei Meningitis cerebrospinalis (Escherich, Jehle), bei letzterer auch prophylaktisch (Jehle). Bei infektiösen Augenerkrankungen fand Löwenstein, daß Strepto- und Staphylokokken im Bindehautsack meist gut mit Pyocyanase zu entfernen sind, Gonokokken nur im Frühstadium der Erkrankung. Elschnig benützt das Präparat zur Keimfreimachung des anscheinend normalen, aber pathogene Mikroorganismen enthaltenden Bindehautsackes, was durchschnittlich in $7^1/_2$ Tagen durch täglich zweimaliges Berieseln der Bindehaut mit dem Mittel gelingt. Er protestiert aber energisch gegen die Verwendung bei Ulcus serpens corneae, gegen welche Affektion die Pyocyanase von Heilborn, Arens und Bodeewes sehr empfohlen wurde. Gute Erfolge wurden weiter erzielt bei Angina (Trautmann, Guttmann, Schulhof), bei Rachenkatarrh mit Meningokokken im Nasen-Rachenraum (Pröhl), bei Pyorrhoea alveolaris (Lohmann, Reich), ebenso bei akuter Entzündung des Zahnfleisches und der Mundschleimhaut. Nur vorübergehende gute Beeinflussung wurde bei Behandlung der akuten, subakuten und chronischen Gonorrhöe gesehen, wahrscheinlich infolge der geringen Tiefenwirkung des Mittels (Hofbauer, Spatz). Dasselbe Ergebnis hatten die Heilversuche bei Ozäna (Wolff). Nach Aussetzen des Mittels schwindet die Besserung. Günstiger scheinen die Resultate bei Ulcus molle zu sein (Hatzfeld, Spatz).

Von Nebenwirkungen wurden manchmal Erbrechen und heftige Diarrhöen (Zucker), vereinzelt vorübergehender Kollaps (Escherich) beobachtet. Nach versuchsweise angewendeten Subkutaninjektionen traten neben lokalen Erscheinungen (Rötung, Schwellung, Schmerzen) allgemeine auf, wie Änderungen der Temperatur, Kopfschmerzen, Pulsbeschleunigung, Schwindel, Übelkeit, Erbrechen (Bermbach) und erysipelartige Entzündung der Haut (Kren).

Dosierung: Der Rachen wird 2—3 mal täglich mit der Lösung (2—3 g) besprayt; bei Meningitis werden 3—5 ccm intradural appliziert, gleichzeitig auch in den Nasenrachenraum 5—10 Tropfen unverdünnter Pyocyanase in jedes Nasenloch eingegossen (Escherich).

Literatur: Emmerich u. Löw, Zeitschr. f. Hyg. u. Infektionskrankh., 1, 1899 u. 1901. — Zucker, Arch. f. Kinderheilk., 2, 1906. — Escherich, Wien. klin. Wochenschr., 25, 1906. — Jehle, Münch. med. Wochenschr., 29, 1906. — Jehle, Wien. klin. Wochenschr., 1, 1907. — Emmerich, Münch. med. Wochenschr., 45—46, 1907. — Raubitschek u. Ruß, Zentralbl. f. Bakteriol., 1, 1908. — Bermbach, Münch. med. Wochenschr., 3, 1908. — Mühsam, Deutsche med. Wochenschr., 6, 1908. — Hofbauer, Zentralbl. f. Gynäk., 6, 1908. — Fackenheim, Therap. Monatsh., 8, 1908. — Kren, Wien. klin. Wochenschr., 8, 1908. — Schapiro, Hyg. Rundsch., 8, 1908. — Schlippe, Deutsche med. Wochenschr., 14, 1908. — Wolff, Med. Klin., 33, 1908. — Saar, Deutsche med. Wochenschr., 36, 1908. — Büllmann, Med. Klin., 39, 1908. — Löwenstein, Klin. Monatsbl. f. Augenh., 385, 1908. — Weil, Deutsche Zeitschr. f. Chir., 65, 1908. — Arens, Wochenschr. f. Therap. u. Hyg. d. Auges, 1, 1909. — Grosz u. Ban, Münch. med. Wochenschr., 4, 1909. — Pröhl, Deutsche militärärztl. Zeitschr., 5, 1909. — Lohmann, Arch. f. Zahnheilk., 6, 1909. — Trautmann, Münch. med. Wochenschr., 11, 1909. — Heilborn, Wochenschr. f. Therap. u. Hyg. d. Auges, 25, 1909. — Reich, Deutsche zahnärztl. Wochenschr., 32, 1909. — Pringsheim, Med. Klinik, 44, 1909. — Hatzfeldt, Therap. Monatsh., 11, 1910. — Spatz, Wien. med. Wochenschr., 40, 1910. — Guttmann, Fortschr. d. Med., 46, 1910. — Bodeewes, Wochenschr. f. Therap. u. Hyg. d. Auges, 286, 1911. — Elschnig, ebendort, 321, 1911. — Arens, ebendort, 329, 1911. — Schulhof, Med. Klinik, 1274, 1911. — Isabolinsky, Zentralbl. f. Bakt., 532, 1913.

Fabr.: Sächs. Serumwerk u. Inst. f. Bakter., Dresden.

Preis: Gl. m. 10 ccm Mk. 1,60. K. 1,90. 50 ccm Mk. 7,20. K. 8,65. 100 ccm Mk. 13,60. K. 16,50. Karton mit 10 Amp. à 1 ccm Mk. 4,—. K. 4,75.

Typhusdiagnosticum (Ficker) ist eine leicht getrübte, sterile Flüssigkeit, welche eine Aufschwemmung abgetöteter Typhusbazillen darstellt und bei Aufbewahrung an einem kühlen und dunklen Orte bis zu einem Jahre haltbar ist, ohne an Wirksamkeit zu verlieren (Skutetzky). Das Präparat wird zur Vornahme der Gruber - Widalschen Reaktion (Agglutinationsphänomen) verwendet und ermöglicht, dieselbe ohne Zuhilfenahme des großen Apparates, den die Reaktion mit lebenden Bazillen verlangt (Brutschrank, lebende Typhuskultur, Mikroskop) anzustellen. Da die Reaktion es gestattet, die Typhusdiagnose in kurzer Zeit verläßlich zu stellen, empfiehlt sich das Präparat für jeden praktischen, insbesondere aber den Militärarzt im Kriege wie im Frieden, da die Frühdiagnose das erste Postulat für die Einleitung zielbewußter Maßnahmen zur Hintanhaltung der Weiterverbreitung der Krankheit darstellt. Die erzeugende Fabrik (E. Merck) bringt das Diagnostikum mit einem sehr praktischen Besteck in den Handel.

Über die Brauchbarkeit des Mittels liegt eine große Reihe größtenteils günstiger Beobachtungen vor (Meyer, Skutetzky, v. Radzikowski, Martinek, Spilka, Ehrsam, Curtius, Gramann, Clamann, Walter, Falta, Blum, v. Filing, Güttler, Kien, Scheller, Flatau und Wilke, Selter, Eichler, Sadler, Sehrwald, Schottelius, Kirstein, Klemens). Die Reaktion ist einfach in der Ausführung und steht an Verläßlichkeit der ursprünglichen Gruber - Widalschen Reaktion kaum nach.

Neben dem Typhusdiagnosticum bringt die Firma Merck auch noch ein **Paratyphusdiagnosticum A** (für Brion - Kaysersche Bazillen) und ein **Paratyphusdiagnosticum B** (für Schottmüllersche Bazillen) in den Handel, welche mit dem Fickerschen Präparate als vorzügliche Behelfe den praktischen Arzt in den Stand setzen, die drei typhoiden Erkrankungen sicher zu diagnostizieren.

Literatur: Ficker, Berl. klin. Wochenschr., 45, 1903. — Meyer, ebendort, 7, 1904. — Skutetzky, Zeitschr. f. Heilk., 8, 1904. — v. Radzikowski, Wien. klin. Wochenschr., 10, 1904. — Martinek, Deutsche militärärztl. Zeitschr., 10, 1904. — Spilka, Zentralbl. f. Bakteriol. u. Parasitenk., 10/11, 1904. — Ehrsam, Münch. med. Wochenschr., 15, 1904. — Curtius, Zeitschr. f. Medizinalbeamte, 17, 1904. — Gramman, Deutsche med. Wochenschr., 22, 1904. — Clamann, ebendort, 28, 1904. — Walter, ebendort, 33, 1904. — Falta, Klin. therap. Wochenschr., 39, 1904. — Blum, Münch. med. Wochenschr., 41, 1904. — v. Filing, ebendort, 48, 1904. — Güttler, Berl. klin. Wochenschr., 51/52, 1904. — Kien, Therap. Monatsh., 1, 1905. — Scheller, Zentralbl. f. Bakteriol., 1, 1905. — Flatau u. Wilke, Münch. med. Wochenschr., 3, 1905. — Selter, ebendort, 3, 1905. — Eichler, ebendort, 3, 1905. — Sadler, Berl. klin. Wochenschr., 3, 1905. — Sehrwald, Deutsche med. Wochenschr., 7, 1905. — Schottelius, Münch. med. Wochenschr., 15, 1905. — Klemens, Berl. klin. Wochenschr., 40, 1905. — Kirstein, Deutsche Medizinalztg., 83, 1905.

Fabr.: Merck, Darmstadt.

Vakzintherapie.

Unter Vakzinebehandlung versteht man eine aktive Immunisierung des schon infizierten Organismus mit abgetöteten Bakterien (Vakzinen). Man hat beobachtet, daß durch Einführung steigender Mengen solcher Keime schneller Schutzstoffe erzeugt werden, als dies im Krankheitsherde selbst der Fall ist. Therapeutisch versucht wurden Staphylokokken-, Streptokokken-, Typhus-, Koli-, Gonokokken-, Pneumokokken-, Tuberkelbazillen- und Maltafiebervakzine. — Die Herstellung gestaltet sich folgendermaßen: Zahlreiche Bakterienstämme verschiedener Provenienz werden gemischt in physiologischer Kochsalzlösung aufgeschwemmt und mit etwas Phenol versetzt. Dann wird solange auf 60—70° erwärmt, bis die Bakterien sicher abgetötet sind.

Tritt nach einer Injektion stärkere Reaktion ein (Störung des subjektiven Wohlbefindens, Fieber, Schmerz und Schwellung der Injektionsstelle), dann wird die nächste ohne Steigerung der Dosis wiederholt. Die Pausen zwischen den Injektionen betragen 2—4 Tage. Ist man bei der Höchstdosis angelangt, genügt eine Injektion alle 8—14 Tage.

Im allgemeinen wurden günstige Erfolge erzielt mit Staphylokokkenvakzine (Opsonogen), mit Gonokokkenvakzine (Arthigon), weniger mit Tuberkelbazillenvakzine und Typhusvakzine, während bezüglich der übrigen Vakzine die Berichte ungünstig lauten (Wolff-Eisner, Noeggerath, Wolfsohn.)

Arthigon (Bruck), eine fabriksmäßig aus verschiedenen Gonokokkenstämmen hergestellte Vakzine, enthält 20 Millionen Keime in 1 ccm. Bruck hält es für wahrscheinlich, daß die Vakzine nach Art des Tuberkulins wirkt, indem sie eine die Heilung begünstigende spezifische Reaktion des gonorrhoischen Gewebes auslöst. Je früher die Behandlung einsetzt, desto besser sind die Ergebnisse. Kontraindiziert ist dieselbe bei fiebernden Kranken, zwecklos bei alten gonorrhoischen Veränderungen (Schindler). Man beginnt mit 0,5 ccm in intraglutäaler Injektion. Heinsius berichtet über günstige Erfolge bei weiblicher Gonorrhöe, Schultz, Simon und Bruck über gute Resultate bei gonorrhoischer Epididymitis und gonorrhoischer Gelenkentzündung, während die Gonorrhöe der Harnröhre selbst keine Besserung erkennen ließ (Simon, Schultz, Köhler).

Opsonogen ist eine polyvalente Staphylokokkenvakzine mit 100 Mill. Keimen in 1 ccm, die bei Akne, Furunkulosis und Sycosis coccogenes mit Erfolg gebraucht wurde (Saalfeld, Odstrcil, Zweig). Man injiziert 0,5—3 ccm subkutan.

Literatur: Bruck, Deutsche med. Wochenschr., 11, 1909. — Schindler, Berl. klin. Wochenschr., 31, 1910. — Saalfeld, Med. Klinik, 335, 1911. — Heinsius, Therap. Monatsh., 454, 1911. — Noeggerath, ebendort, 484, 1911. — Wolff-Eisner, Berl. klin. Wochenschr., 1222, 1286, 1911. — Köhler, Wien. klin. Wochenschr., 1564, 1911. — Schultz, Deutsche med. Wochenschr., 2331, 1911. — Merck, Jahresber., 448, 1912. — Simon, Münch. med. Wochenschr., 521, 1912. — Odstrcil, Wien. med. Wochenschr., 908, 1912. — Wolfsohn, Berl. klin. Wochenschr., 2312, 1912. — Bruck, Therap. Monatsh., 181, 1913. — Zweig, Deutsch. med. Wochenschr., 204, 1913.

Fabr. u. Preise: Arthigon: Fabr.: Chem. Fabrik, vorm. E. Schering, Berlin. Preis: Fl. 6 ccm. Mk. 6,—. K. 7,50. Gonokokkenvakzine: Höchster Farbw.: Karton m. je 2 Amp. à 1 ccm m. 5, 10, 15, 25 u. 50 Mill. Keimen Mk. 9,60. Ferner von: Kaiser-Friedrich Apotheke, Berlin; E. Merck, Darmstadt; Sächs. Serumwerk, Dresden. Von denselben Firmen: Pneumokokken- und Streptokokkenvakzine.

Tuberkulose.

Daß die Tuberkulose einer Antitoxinbehandlung unzugänglich ist, beruht darauf, daß der Tuberkelbazillus ein Gewebsparasit ist. Er verändert das Gewebe in spezifischer Weise (ähnlich wie dies bei Lues der Fall ist). Auch die Miliartuberkulose ist eigentlich nur eine generalisierte Gewebserkrankung, keine Einschwemmung der Infektionskeime ins Blut.

Die Tuberkulinbehandlung ruft auf spezifischem Wege lokale Reaktionserscheinungen, Entzündungserscheinungen hervor. Dadurch wird der chronische Prozeß in einen akuten übergeführt, was nach bisher bestehenden Erfahrungen oft von Heilung gefolgt sein kann. Der akut entstandenen Entzündung kommt dabei jedenfalls eine große Bedeutung als Heilungsmoment zu.

Für die Therapie der Tuberkulose kommen weiter eine Reihe von Mitteln in Betracht, die mehr symptomatische Bedeutung haben und zum Teil bei den Erkrankungen der Atmungsorgane, zum Teil hier besprochen sind. (S. auch den allgemeinen Teil: Chemotherapie.)

Die spezifische Therapie der Tuberkulose.

A. Alttuberkuline.

1. **Tuberculinum Kochi (Alt-Tuberkulin)**, im Jahre 1890 von Robert Koch entdeckt, ist eine bräunliche Flüssigkeit, die durch Eindampfen von Tuberkulosekulturen bei mäßiger Temperatur gewonnen wird. Nachdem die Kulturflüssigkeit auf $^1/_{10}$ ihres Volumens konzentriert ist, werden die Bazillen durch Filtration entfernt (Petruschky). Das Präparat ist unbegrenzt haltbar, wenn es vor dem Einflusse des direkten Sonnenlichtes geschützt wird.

Wirkung: Das Tuberkulin übt sowohl auf die Umgebung des erkrankten Gewebes als auch auf dieses selbst einen unmittelbaren Einfluß aus (örtliche Reaktion). Die allgemeine Reaktion, die unter plötzlicher Temperatursteigerung und einer Reihe von Intoxikationserscheinungen auftritt, ist als Nebenwirkung zu bezeichnen und kann durch Antipyrin und ähnliche Mittel verhütet werden, ohne daß die örtliche Reaktion dadurch irgendwie modifiziert würde (Neißer).

Von sonstigen Nebenwirkungen erwähnt Neißer das Auftreten von Tuberkulin-Exanthemen, aber nur bei sicher Tuberkulösen, Lüdke vereinzelt Auftreten der Diazoreaktion im Harne oder geringen Ikterus.

Indikationen: Das Tuberkulin wird als Heilmittel wie als diagnostischer Behelf verwendet. Unbestritten ist seine Bedeutung als diagnostisches Hilfsmittel, die Zahl der Fehldiagnosen nicht bedeutend (Beck, Franz, Bandelier, Mastri, Petruschky, Freimuth, v. Michel, Rembold, Gervaerts und Wildiers, Low, Birnbaum, Löwenstein), Gesunde reagieren nur ganz selten, häufiger Syphilitiker (Franz).

Bezüglich der Tuberkulinbehandlung ist es wichtig, dieselbe dem Krankheitsgrade anzupassen und überhaupt schon in der Auswahl der Fälle sorgfältig vorzugehen. Vor allem sind Mischformen auszuschließen und auch in Fällen von reiner Lungentuberkulose ist nur dann Erfolg zu erhoffen, wenn die Erkrankung noch keine zu großen Bezirke ergriffen hat (Remboldt). Bei beginnender Tuberkulose wird rasche Heilung (Jaquerod, Römisch) und bei noch nicht allzusehr vorgeschrittenen Fällen rasche Besserung erzielt (Römisch, Adler, Jeßler, Hammer). Wertvoll für die Beurteilung der Tuberkulinbehandlung sind die Mitteilungen von Goetsch, dessen Erfahrungen auf 10 Jahre zurückreichen und der unter 175 Behandelten 71% geheilte Fälle nachweist. Erklärlich wird dieses Resultat, wenn man hört, daß nur bei 40% der Kranken Bazillen nachgewiesen wurden, während die übrigen Fälle nur eine prompte Reaktion zeigten. Petruschky hatte unter 54 Fällen „geschlossener" Tuberkulose, die mit Hilfe des Tuberkulins diagnostiziert wurden, 100% und bei 38 Fällen „offener" Tuberkulose 40%

Heilung. Bei Hauttuberkulose, speziell beim Lupus, ist die Tuberkulinbehandlung allein wohl nicht imstande, zum Ziele zu führen, ist aber als Mitfaktor von Bedeutung, ja beim Schleimhautlupus erscheint eine andere Methode überhaupt nicht am Platze (Neißer). Auch Nourney und Holdheim berichten hierüber in günstigem Sinne. Bei Tuberkulose der Kornea und des Uvealtraktes erzielte v. Hippel in allen Fällen Heilung, auch Adam hatte hier günstige Resultate, wohingegen v. Michel hiebei vor dem Tuberkulin geradezu warnt, da er bei Iritis tuberculosa schwere lokale Reaktion (Aufschießen zahlreicher neuer Knötchen) und in einem Falle von Tränensacktuberkulose eine lebensgefährliche Pneumonie auftreten sah.

Bei Kehlkopftuberkulose ist es ebenfalls wegen der mitunter stürmischen Reaktionserscheinungen nur mit großer Vorsicht anzuwenden (Kobrak). Ohne ernstliche Schädigung und bei einiger Vorsicht ohne Gefahr können Kinder einer Tuberkulinkur unterzogen werden (Ganghofner, Raudnitz, Engel, Sahli, Schloßmann). Schließlich sei noch auf den großen Wert hingewiesen, den das Tuberkulin als Unterstützungsmittel der Anstaltsbehandlung besitzt (Ritter) und seiner Verwendung bei Paralyse gedacht, welche von v. Wagner angeregt und von Pilcz an einem größeren Material geübt wurde. Wenn also auch heute noch keine völlige Übereinstimmung über den Wert der Tuberkulintherapie erzielt ist, so nimmt die Zahl der Gegner der Methode doch immer mehr ab. So finden wir in den letzten Jahren neben der großen Zahl der Anhänger (Schröder, Mitulescu, Brown, Pielicke, Erdmann, Holdheim, Weicker, Kraus, Ortner, Hirsch, v. Leube, Moritz, F. Müller, Soltmann, Heubner u. v. a.) nur mehr wenige Gegner der Methode (Köhler, Meißen, Eichhorst).

Als direkte Kontraindikationen für die Anwendung des Tuberkulins, selbst als diagnostischen Behelfes, sind Fieber, sei es noch so gering, Nachtschweiße und Blutungen anzusehen (Moeller, Kayserling, Jaquerod, Lüdke).

Zu diagnostischen Zwecken wird die Subkutaninjektion, die v. Pirquetsche Kutanreaktion, die Wolff-Eisnersche (Calmettesche) Ophthalmoreaktion und die v. Morosche Salbenprobe angewendet.

Die Subkutaninjektion wird als die souveränste diagnostische Methode bezeichnet (Bandelier und Roepke, Hamburger, Schütz und Vidéky, Monti, A. Neißer) und nur vereinzelt werden Bedenken gegen dieselbe geäußert, da Schädigungen mitunter bei aller Vorsicht nicht auszuschließen sind (v. Müller, Meißen).

Die v. Pirquetsche Hautimpfung, deren spezifische Bedeutung, Ungefährlichkeit und Verwendbarkeit auch bei Fiebernden Schlaepfer, Daels und Czerny feststellten, besteht darin, daß die vorher desinfizierte Haut mit 1 Tropfen reinen oder 25% Alttuberkulins benetzt und mit einer Impfnadel leicht geritzt wird. Unmittelbar nach der Impfung entsteht eine leichte Rötung, die bald wieder schwindet und bei tuberkulösen Personen nach mehreren Stunden eine mehr weniger starke Rötung, welche an der Stelle der gleichzeitig vorgenommenen Kontrollimpfung mit Glyzerinkarbolsäure (5% Glyzerin und 0,1% Karbolsäure) ausbleibt. Die Reaktion schwindet nach einigen Tagen. Die Verwendbarkeit der Methode wird vielseits bestätigt (Moro und Doganoff, Lenhartz, Goebel, Junker, Freund, Reuschel, Siegert, Morgenroth, Grüner), von anderen Nachprüfern, als nicht spezifisch und nicht beweisend, absprechend beurteilt (Engel und Bauer, Schröder, Ziesché, Kritz, Ganghofner, Blumenfeld). Zurückhaltend äußern sich über ihren Wert bei Hauttuberkulose Bandler und Kreibich, sowie Nagelschmidt. Von Schleißner wird ihr mehr prognostische als diagnostische Bedeutung zugeschrieben. Bandelier und Roepke, Wolff-Eisner und Stadelmann erklären sie für zu fein, da sie jeden schon völlig abgelaufenen und für den Menschen irrelevanten tuberkulösen

Prozeß anzeigt. Auch läßt sie mitunter in zweifelhaften Fällen im Stiche (Hirschler) und führt andererseits bei nicht tuberkulösen Prozessen, wie chronische Nephritis, stark positive Reaktion herbei (Caccia). Zu beachten ist, daß die Reaktion negativ ausfällt bei Miliartuberkulose, tuberkulöser Meningitis und allgemeiner Kachexie.

Die Wolff-Eisnersche Ophthalmoreaktion, als deren Entdecker in der ausländischen Literatur Calmette bezeichnet wird, besteht darin, daß ein Tropfen einer $1-4\%$ Lösung von Alttuberkulin in den Bindehautsack eingeträufelt wird. Das verwendete Tuberkulin soll nicht glyzerinhaltig sein, da nicht ganz reines Glyzerin reizende Substanzen enthält, welche Blepharitis und Konjunktivitis erzeugen können. Auch sollen Lösungen, welche schon mehrere Stunden der Luft ausgesetzt waren, nicht mehr gebraucht werden. Der Patient ist anzuweisen, nach der Einträufelung nicht die Augenlider zusammenzupressen, da sonst das Tuberkulin wieder herausgepreßt wird und das Auge nicht zu reiben. Die positive Reaktion, welche nach 8—24 bis 48 Stunden auftritt, besteht anfangs in einer Rötung der Konjunktiva und Caruncula lacrimalis des tuberkulinisierten Auges, der sich Tränenfluß und Ansammlung eines fibrinösen Exsudates im Bindehautsacke anschließt. Der Zustand hält 2—3, selten 5—6 Tage an und das Auge muß während dieser Zeit gegen das Eindringen von Infektionsstoffen geschützt und wiederholt mit 3% Borsäurelösung gewaschen werden. Die typische Reaktion zeigt nach Wolff-Eisner eine behandlungsbedürftige Tuberkulose an.

Gegenanzeigen dieser Methode bilden Augenaffektionen und auch abgelaufene tuberkulöse Augenerkrankungen.

Als Nebenwirkungen der Ophthalmoreaktion beobachteten Polland, Wiens und Günther hartnäckige Konjunktivitis und Hornhautgeschwüre, Schrumpf Keratitis parenchymatosa und Siegrist Auftreten miliarer Knötchen in der Conjunctiva bulbi am gesunden Auge. Diese Nebenwirkungen sind nach Schultz-Zehden auf übertriebene hohe Dosen oder schlechte Präparate zurückzuführen, weshalb Teichmann mit Recht nachdrücklich fordert, daß nur gute Präparate verwendet und die Gegenanzeigen strenge beobachtet werden.

Auch bei der Wolff-Eisner-Probe finden wir neben Anhängern der Methode (Franke, Mainini, Blümel und Clarus, Blum, Schröder und Kaufmann, Schenk, Levy, Schenk und Seiffert, Fabian und Knopf, Hammerschmidt, Hörrmann) Autoren, welche dieselbe direkt verwerfen (Eisen, Köhler, Wiens und Günther, Collin, Plehn, Waldstein, Klieneberger) oder doch mehr weniger Bedenken gegen dieselbe äußern (Stoll, Gaupp). Von Dembinski, Fehsenfeld und Burkhardt wird sie für weniger beweiskräftig gehalten als die Subkutanmethode. Wegen ihrer Gefährlichkeit wird sie heute wohl nur ausnahmsweise angewendet.

Die Morosche Salbenprobe ist weniger empfindlich als die v. Pirquetsche Reaktion, geht aber mit ihr parallel. Da sie auch bei nicht tuberkulösen Erkrankungen positiv ausfallen kann (Moro), kommt ihr keine unbedingte Beweiskraft zu. Die 50% Salbe oder auch reines Alttuberkulin wird auf einer 5 cm im Durchmesser messenden Hautstelle des Bauches oder der Brust eingerieben. Nach wenigen Stunden bis 1—2 Tagen entsteht bei vorhandener Tuberkulose eine mehr weniger starke Knötchenbildung und Rötung des Hautbezirkes. Empfehlenswert scheint die von Schmidt geübte Modifikation zu sein, welcher 1 Tropfen Tuberkulin mit der Kuppe des Zeigefingers auf einem kleinen Hautbezirk verreibt und die Stelle sodann mit Leukoplast deckt. — Die Methode nach Moro findet namentlich im Kindesalter häufige Verwendung (Bandelier und Roepke, Heinemann, Wetzell, Lejeune). Bei Erwachsenen hat sie sich nach Kanitz weniger bewährt.

Dosierung: Die Einzeldosis ist so gering als möglich zu gestalten, um eben noch eine erkennbare lokale Reaktion zu erzielen. Große Dosen sind wegen der manchmal eintretenden üblen Nebenwirkungen als unzulässig zu bezeichnen (Cornet). Um überhaupt die Empfindlichkeit und Empfänglichkeit eines Individuums zu prüfen, muß man mit der Dosis sprungweise vorgehen. Man beginne also mit $^1/_{10}$ mg und steigt dann auf 1—5—10 mg (Neißer, Moeller und Kayserling). Wenn bei dieser Injektionsreihe keinerlei Reaktion auftritt, dann besteht kein Verdacht auf Tuberkulose. Als Reaktion ist hiebei nach Moeller und Kayserling schon eine Temperatursteigerung um 0,5° C anzusehen. Die Tuberkulinbehandlung nimmt Goetsch folgendermaßen vor: Anfangsdosis $^1/_{10}$ mg. Wird diese Dosis nicht reaktionslos vertragen, dann Injektion von nur $^1/_{100}$ mg, und wenn auch diese Dosis noch Beschwerden hervorruft, als „Vorkur" Injektionen von $^1/_{100}$—$^1/_{10}$ mg „Neues Tuberkulin T. R.". Die Dosen werden dann allmählich gesteigert. Wenn 1 mg T. R. ohne Beschwerden vertragen wird, beginnt man die Kur mit Alttuberkulin und zwar mit $^1/_{10}$ mg (Rosenberger). Die Kur gilt als beendet, wenn 1 g Alttuberkulin ohne jede Fieberreaktion vertragen wird. Die zweite Injektion darf erst dann gemacht werden, wenn die eingetretene Fieberreaktion völlig abgelaufen und das Allgemeinbefinden des Kranken ein unverändert gutes ist. Die Injektionen sind unter entsprechenden Vorsichtsmaßregeln unschädlich (Franz, Adler, Rembold) und können selbst bei Kindern ausgeführt werden (Ganghofner).

Erwähnt sei noch, daß Freymuth bei Verabreichung des Tuberkulins in Form von keratinierten Pillen die gleichen diagnostischen Erfolge wie mit den subkutanen Injektionen erzielt hat, während Löwenstein selbst nach 100—200 g per os verabreichten Tuberkulins keine Reaktion sah. Die stomachale Verwendung von Tuberkulin zu kurativen Zwecken, über welche neuerlich Krause und Hort günstig berichteten, erscheint aber nicht gerechtfertigt und aus dem Grunde unzweckmäßig, weil das Pepsin des Magens die Wirksamkeit des Tuberkulins beeinträchtigt und eine Resorption vom Darme aus nicht wahrscheinlich, jedenfalls aber nicht genau zu berechnen ist (Köhler, Lissauer, Möllers und Heinemann, Pfeiffer und Trunck).

Auch die rektale Anwendung in Form von Suppositorien (Lissauer) und die intrarektale Einspritzung (Calmette und Breton) sowie die mit der Darreichung eines Arsenpräparates kombinierte intravenöse Injektion (Mendel) haben bisher keine Fürsprecher gefunden.

Literatur: Beck, Deutsche med. Wochenschr., 9, 1899. — Cornet, Die Tuberkulose, Wien 1899. — Neißer, Therap. d. Ggw., 1, 1900. — Goetsch, Deutsche med. Wochenschr., 25, 1901. — Rembold, Zeitschr. f. Hyg. u. Infektionskrankh., 26, 2. — Bandelier, Deutsche med. Wochenschr., 20, 1902. — Franz, Wien. med. Wochenschr., 36—38, 1902. — Römisch, Münch. med. Wochenschr., 47, 1902. — Adler, ebendort, 46, 1902. — Moeller u. Kayserling, Zentralbl. f. inn. Med., 10, 1903. — v. Hippel, Arch. f. Ophthalm., 1, 1904. — v. Michel, Deutsche med. Wochenschr., Vereinsbeilage 39, 1904. — Freymuth, Nourney, Holdheim, rf. Vereinsbeilage d. Deutsch. med. Wochenschr., 41, 1904, aus d. 74. Versamml. deutsch. Ärzte u. Naturforscher, Breslau 1904. — Petruschky, Berl. Klinik, 188, 1904. — Mastri, Gazz. degli osped., 118, 1904, rf. Münch. med. Wochenschr., 6, 1905. — Gervaerts u. Wildiers, rf. ebendort, 7, 1905. — Low, Scott. med. and surgical journ., May 1905, rf. ebendort, 33, 1905. — Jaquerod, Über d. Internat. Tuberkulose-Kongreß, Paris, 1905, rf. ebendort, 47, 1905. — Birnbaum, Hegars Beitr. z. Geburtsh. u. Gynäk., 3, 1906. — Ganghofner, Jahrb. f. Kinderheilk., 5, 1906. — Köhler, Zeitschr. f. diät. u. phys. Therap., 7, 1905. — Lüdke, Zeitschr. f. Tuberkulose, 2, 1906. — Löwenstein, ebendort, 4, 1906. — Schröder, Beitr. z. Klinik d. Tuberkulose, 4, 1906. — Mitulescu, Zeitschr. f. Tuberkul., 3—4, 1906. — Ganghofner, Jahrb. f. Kinderheilk., 5, 1906. — Brown, Tuberkulosis, 9, 1906. — Sahli, Korrespondenzbl. f. Schweizer Ärzte 12—13, 1906. — Jeßler, Prag. med. Wochenschr., 16, 1906. — Hammer, Münch. med. Wochenschr., 48, 1906. — Löwenstein, Zeitschr. f. Tuberkul., 1, 1907. — Roemisch, Münch. med. Wochenschr., 3, 1907. — Engel, Beitr. z. Klinik d. Tuberkul., 3, 1907. — Birnbaum, Das Kochsche Tuberkulin in der Gynäk. u. Geburtsh., Berlin 1907. — Meißen, Zeitschr. f. Tuberkul., 4, 1907. — Köhler, ebendort, 4, 1907. — Eisen, Beitr. z. Klin. d. Tuberkul., 4, 1907. — v. Pirquet, Therap. Monatsh., 11, 1907. — Erdmann, Münch. med. Wochenschr., 14, 1907. — Calmette, Echo med. du Nord, 25, 1907. — v. Pirquet, Wien. med. Wochenschr., 28, 1907. — Moro u. Doganoff, Wien. klin. Wochenschr., 31, 1907. — Lissauer, Deutsche med. Wochenschr., 33, 1907. — Raudnitz, Prag. med. Wochenschr., 34, 1907. — Engel u. Bauer, Berl. klin. Wochenschr., 37, 1907. — v. Pirquet, Wien. klin. Wochenschr., 38, 1907. — Bandler u. Kreibich, Deutsche med. Wochenschr., 40, 1907. — Nagelschmidt, ebendort, 40, 1907. — v. Pirquet, Med. Klinik, 40, 1907. —

Czerny, Allg. med. Zentralztg., 45, 1907. — Schenk u. Seiffert, Münch. med. Wochenschr., 46, 1907. — Lenhartz, ebendort, 48, 1907. — Franke, Deutsche med. Wochenschr., 48, 1907. — Hirschler, Wien. med. Presse, 49, 1907. — Weicker, Wien. med. Wochenschr., 49—50, 1907. — Köhler, Deutsche med. Wochenschr., 50, 1907. — Holdheim, Med. Klinik, 50, 1907. — Blümel u. Clarus, ebendort, 50, 1907. — Mainini, Münch. med. Wochenschr., 52, 1907. — Wiens u. Günther, ebendort, 52, 1907. — Adam, Med. Klinik, 54, 1907. — Wolff-Eisner, Zeitschr. f. Tuberkul., 1, 1908. — Blum, Münch. med. Wochenschr., 2, 1908. — Schröder u. Kaufmann, ebendort, 2, 1908. — Dembinski, Zeitschr. f. Tuberkul., 2, 1908. — Stoll, Korrespondenzbl. f. Schweiz. Ärzte, 2, 1908. — Holmboe, Zeitschr. f. Tuberkul., 2, 1908. — Schläpfer, Beitr. z. Klin. d. Tuberkul., 2, 1908. — Daels, Med. Klinik, 2, 1908. — Schenk, Deutsche med. Wochenschr., 2, 1908. — Levy, ebendort, 3, 1908. — Pfeiffer u. Trunck, Zeitschr. f. Tuberkul., 3, 1908. — Krause, ebendort, 3, 1908. — Meißen, ebendort, 3, 1908. — Wetzel, Beitr. z. Klin. d. Tuberkul., 3, 1908. — Pielicke, Berl. klin. Wochenschr., 3, 1908. — Calmette, Tuberkulosis, 4, 1908. — Caccia, ebendort, 4, 1908. — Goebel, Münch. med. Wochenschr., 4, 1908. — Schleißner, Prag. med. Wochenschr., 7—8, 1908. — Schultz-Zehden, Therap. Monatsh., 4, 1908. — Siegrist, ebendort, 4, 1908. — Köhler, Zeitschr. f. Tuberkul., 4, 1908. — Junker, Münch. med. Wochenschr., 5, 1908. — Moro, ebendort, 5, 1908. — Stadelmann u. Wolff-Eisner, Deutsche med. Wochenschr., 5—7, 1908. — Gaupp, ebendort, 7, 1908. — Reuschel, Münch. med. Wochenschr., 7—8, 1908. — Plehn, Deutsche med. Wochenschr., 8, 1908. — Burckhardt, Korrespondenzbl. f. Schweizer Ärzte, 8, 1908. — Hort, Lancet, Jänner 1908. — Calmette u. Breton, Société de Biol., Paris, Feber, 1908. — Waldstein, Prag. med. Wochenschr., 9, 1908. — Heinemann, Münch. med. Wochenschr., 11, 1908. — Hamburger, Wien. klin. Wochenschr., 12, 1908. — Klieneberger, Deutsche med. Wochenschr., 18, 1908. — v. Müller, ebendort, 22, 1908. — Freund, Wien. med. Wochenschr., 23, 1908. — Hammerschmidt, Med. Klinik, 23, 1908. — Ziesché, Berl. klin. Wochenschr., 25, 1908. — Teichmann, Med. Klin., 26, 1908. — Hörrmann, Münch. med. Wochenschr., 26, 1908. — Fehsenfeld, ebendort, 26, 1908. — Morgenroth, ebendort, 26, 1908. — Grüner, Wien. klin. Wochenschr., 27, 1908. — Polland, ebendort, 28, 1908. — Kanitz, ebendort, 28, 1908. — Köhler, Deutsche med. Wochenschr., 29, 1908. — Ritter, ebendort, 29, 1908. — v. Pirquet, ebendort, 30, 1908. — Fabian u. Knopf, Berl. klin. Wochenschr., 34, 1908. — Wiens u. Günther, Münch. med. Wochenschr., 36, 1908. — Schütz u. Vidéky, ebendort, 37, 1908. — Lejeune, Berl. klin. Wochenschr., 39, 1908. — Siegert, Deutsche med. Wochenschr., 39, 1908. — Kraemer, Wien. med. Presse, 39, 1908. — Monti, Wien. klin. Wochenschr., 41, 1908. — Ganghofner, ebendort, 41, 1908. — Schrumpf, Münch. med. Wochenschr., 43, 1908. — Moro, Med. Klinik, 43, 1908. — Kobrak, ebendort, 43, 1908. — Hamburger, Münch. med. Wochenschr., 1, 1909. — Mendel, ebendort, 1, 1909. — Blumenfeld, Wien. med. Presse, 1—2, 1909. — Kritz, Med. Klin., 5, 1909. — Schröder, Zeitschr. f. Tuberk., 6, 1909. — Schloßmann, Deutsche med. Wochenschr., 7, 1909. — Bandelier u. Roepke, Lehrb. d. spez. Diagnostik u. Therap. d. Tuberkul., 2. Aufl., Würzburg 1909, A. Stuber. — Krauß, Ortner, Hirsch, v. Leube, Moritz, F. Müller, Soltmann, Heubner, Eichhorst, Umfrage in d. Med. Klin., 5, 1910. — Pilcz, Therap. Monatsh., 262, 1911 (Ref.). — Möllers u. Heinemann, Deutsche med. Wochenschr., 1825, 1911. — Neißer, A., Strahlentherapie, 17, 1913. — Petruschky, Grundriß d. speziell. Diagnostik u. Therapie der Tuberkulose. Leipzig 1913, F. Leineweber.
Fabr.: Höchster Farbwerke.
Preis: 1 ccm Mk. 1,50, 5 ccm Mk. 4,20.

2. Tuberkulin Béraneck setzt sich nach Béraneck aus extrazellulären Toxinen (T.B. = Toxines bouillons) und intrazellulären (T.A. = Acidotoxines) zusammen. Erstere enthalten nur das Produkt der Umwandlung der Tuberkelbazillen, letztere Auszüge aus dem Protoplasma derselben mit 1% Phosphorsäure. — In vitro besitzt dieses Präparat bakterizide Eigenschaften, beim Tierversuche wie beim Menschen zeitigte es kurative und präventive Erfolge. Es soll direkt in die tuberkulösen Herde eingespritzt werden, um dort eine lokale Reaktion (Phagozytenbildung) und in weiterer Folge bakteriolytische Substanzen zu erzeugen. Besonders wirksam sei es, wenn keine Mischinfektion vorliege, bei nichtfiebernden und nicht allzu geschwächten Personen (Pischinger, Humbert). Bei beginnender Tuberkulose wird es auch von Sahli bevorzugt, weil es die spezifischen toxischen Substanzen der Kultur möglichst unverändert und vollständig enthält, andere toxische Substanzen des Nährbodens aber ausschließt. In günstigem Sinne berichten auch Dluski und Guillermin, während Landmann die Wirksamkeit des Präparates anzweifelt.

Dosierung: Die Behandlung beginnt mit der Injektion von $1/10$ ccm der schwächsten von den 13 verschiedenen Lösungen, deren jede doppelt so stark ist als die vorhergehende. Die Injektionen sind 2 mal wöchentlich am Thorax zu machen, die Dosis jedesmal um $1/4$—$1/2$ Teilstrich einer Pravazspritze zu erhöhen, wenn keine Reaktion auftritt. Absolute Maximaldosis ist 1 ccm der stärksten Lösung, doch soll auch dann die Kur noch fortgesetzt werden, so lange sich der Zustand bessert (Sahli).

Literatur: Béraneck, rf. in Münch. med. Wochenschr., 47, 1905 — Sahli, Korrespondenzbl. f. Schweizer Ärzte, 13, 1906. — Pischinger, Münch. med. Wochenschr., 45, 1906. — Humbert, rf. im Zentralbl. f. inn. Med., 9, 1907. — Deuski, Beitr. z. Klin. d. Tuberkul., 1, 1908. — Sahli, ebendort, 4, 1908. — Landmann, ebendort, 4, 1908. — Guillermin, Revue med. de la Suisse, 7, 1908.
Fabr.: Labor. Neuenburg, Schweiz.
Preis: 1 ccm Mk. 0,25—0,30.

3. **Tuberkulin Denys** ist das unerhitzte Filtrat der Tuberkelbazillen-Bouillonkultur (Bouillon filtré).

4. **Tuberkulol Landmann** wird erzeugt durch Extraktion der Tuberkelbazillen bei schrittweise steigender Temperatur von 40—100° in glyzerinhaltiger physiologischer Kochsalzlösung und Einengung der verschiedenen Extrakte zusammen mit der unerwärmten, von den Bakterien abfiltrierten Kulturbrühe bei 37° im Vakuum.

Literatur: Landmann, Zentralbl. f. Bakt., 27, 1900.

5. **Tuberkulin Rosenbach.** Seine Darstellung beruht auf der Beobachtung, daß Trichophyton holosericum album die Tuberkelbazillen in ihren Kulturen zum Zerfall bringt, in der Weise, daß die giftigen, labileren Bestandteile umgewandelt oder zerstört werden, die stabileren, immunisierenden Elemente hingegen erhalten bleiben (Bandelier und Röpke). Auf 6—8 Wochen alte Kulturen werden Partikelchen des genannten Pilzes gebracht. Derselbe entwickelt sich bei 20—22° C und hat nach 10—12 Tagen den größten Teil der Tuberkelbazillenkultur mit weißem Luftmycel überzogen. Tuberkelbazillen und Pilzkultur werden nun vom Nährboden getrennt, mit einer Glyzerin-Karbolsäurelösung versetzt, zerrieben, filtriert und mit der ebenfalls filtrierten Nährbodenflüssigkeit vereinigt, das Volumen auf das 10fache der Pilzmasse eingestellt und dem fertigen Tuberkulin noch $1/2\%$ Karbolsäure hinzugefügt.

Bei örtlicher Anwendung (bei Lupus) ist die hervorstechendste Erscheinung eine akute Entzündung. Zwölf Stunden nach der Injektion in die tuberkulösen Teile ist der chronische Herd in eine akute phlegmonöse Entzündung verwandelt, welche das tuberkulöse Gewebe derb infiltriert und einen erheblichen Erguß in die erkrankten Hohlräume herbeiführt. Das Exsudat ist mehr weniger von polynukleären Leukozyten getrübt und kann gewöhnlichem Eiter gleichen. Die örtlichen Erscheinungen sind von Fieber bis 39°, Mattigkeit und Kopfschmerzen gefolgt, welche nach ca. 8 Tagen abklingen, nach neuen Injektionen immer schwächer auftreten und schließlich ganz ausbleiben.

Die besten Erfolge sind mit dem Präparat bei Lupus erzielt worden (Rosenbach), doch wurden auch bei Lungentuberkulose sehr beachtenswerte Resultate erzielt (Rosenbach, Curschmann). Das Präparat besitzt den Vorteil, daß man mit der Dosis rasch fortschreiten und höhere Dosen anwenden kann (Curschmann). Es wird subkutan und intramuskulär (Kohler und Plant) appliziert.

Literatur: Rosenbach, Deutsche med. Wochenschr., 1513, 1553, 1910. — Kohler u. Plant, Zeitschr. f. klin. Med., 179, 1912. — Curschmann, Therap. Monatsh., 456, 1912 (Ref.).
Fabr.: Kalle u. Co., Biebrich.
Preis: 1 ccm Mk. 1,50.

6. **Albumosefreies Tuberkulin** nach Jochmann ist ein spezifisch wirksames Tuberkulinpräparat, das aus einer albumosefreien Kulturflüssigkeit unter Vermeidung höherer Temperaturen hergestellt wird und nur solche eiweißartige Stoffe enthält, welche Stoffwechselprodukte oder autolytische Leibessubstanzen des Tuberkelbazillus darstellen. Es zeigt sub- und intra-

kutan die charakteristischen Reaktionen. Bei therapeutischer Verwendung erwies es sich als ein mildes Präparat mit nur geringen Nebenerscheinungen, weshalb es für die ambulante Behandlung geeignet erscheint. Nach Jochmann und Möllers richtet man sich mit der Dosierung nach dem Ausfall der Pirquetschen Reaktion und beginnt, wenn diese stark ist, mit $^1/_{10}$ mg, wenn hingegen schwach, oder auch, wenn schon andere Tuberkulinkuren vorangegangen sind, mit einer größeren Anfangsdosis. Bei niedrigen Dosen kann man zweimal wöchentlich injizieren und relativ schnell zu höheren Dosen übergehen, ohne Fieber zu erzeugen. Die Maximaldosis liegt bei 1500—2000 mg. Auffallend ist bei der Mehrzahl der behandelten Fälle die Zunahme des Körpergewichtes.

Literatur: Jochmann u. Möllers, Deutsche med. Wochenschr., 1297, 1911.
Fabr: Höchster Farbwerke.
Preis: 1 ccm Mk. 2,40, 5 ccm Mk. 9,35.

7. **Endotin** ist nach Gabrilowitsch die isolierte spezifische Substanz des Alttuberkulins und wurde von Gordon zur Behandlung der Tuberkulose empfohlen. Durch Behandlung des Alttuberkulins mit Alkohol, Xylol, Äther, Chloroform und nachfolgendes Dekantieren und Zentrifugieren und schließlich durch Behandlung mit heißer unverdünnter Lauge gelingt es, sämtliche Eiweißkörper aus dem Alttuberkulin zu entfernen, so daß allein die spezifische Substanz übrig bleibt, ohne daß das Mittel hiedurch geschädigt würde. Diese Endotinsubstanz ruft kein Fieber, keine Allgemeinerscheinungen hervor, bewirkt aber bei tuberkulösen Individuen eine typische Herdreaktion. Gordon erzielte mit dem Präparate bei Lungentuberkulose auch sehr schweren Grades günstige Resultate, während Koch von dem Mittel keine besonderen Erfolge sah und auch Hinze, Jochmann und Möllers dasselbe anderen Präparaten in keiner Weise überlegen fanden.

Literatur: Gabrilowitsch, Zeitschr. f. Tuberkul., 1, 1907. — Gordon, Deutsche med. Wochenschr., 1746, 1910. — Jochmann u. Möllers, ebendort, 2141, 1910. — Koch, Münch. med. Wochenschr., 2761, 1910. — Hinze, Deutsche med. Wochenschr., 1601, 1911.

8. **Perlsuchttuberkulin** ist analog dem Kochschen Alttuberkulin von Karl Spengler aus Perlsuchtbazillen hergestellt und von demselben mit sehr gutem Erfolge selbst bei Fiebernden und für unheilbar geltenden Fällen verwendet worden.

Literatur: Spengler, C., Deutsche med. Wochenschr., 31, 1904, 31 u. 34, 1905, 9, 1907.

9. **Filtrase** ist ein Tuberkulin, das die gewöhnliche Toxine des Tuberkelbazillus enthält und von Haentjens erfolgreich benützt wurde.

Literatur: Haentjens, Nederl. Tijdsch. v. Geneesk., 24, 1907 u. Tuberkulosis, 6, 1909.

10. **Tulase** (v. Behring) ist ein durch Behandlung der Tuberkelbazillen mit Chlorsalz hergestelltes Vollpräparat, welches von Collin bei Augentuberkulose mit befriedigendem Resultate angewendet wurde, heute aber nur mehr historisches Interesse hat.

Literatur: Collin, Med. Klin., 5, 1908.

11. **Tuberkulin-Test** ist ein von Calmette zur Herstellung der Lösung für die Ophthalmoreaktion empfohlenes Trockenpulver-Tuberkulin. Dasselbe kommt in Röhrchen mit 0,005 g in den Handel, welches Quantum mit 10 Tropfen sterilen Wassers eine 1% Tuberkulinlösung gibt. Citron und Treupel warnen indes vor diesem Präparate, da es unsicher wirkt, reizt und das Verfahren diskreditieren kann.

Literatur: Treupel, Münch. med. Wochenschr., 2, 1908. — Citron, Deutsche med. Wochenschr., 8, 1908.

B. Neutuberkuline.

1. **Neues Tuberkulin Koch, Tuberculinum T. R.**, wird durch mechanische Zertrümmerung und Zerreibung getrockneter Tuberkelbazillen zu einem staub-

feinen Pulver erhalten, in welchem weder mikroskopisch noch durch das Tierexperiment intakte Bazillen nachzuweisen sind. Die zerriebenen Bazillen werden mit Wasser aufgeschwemmt und die Aufschwemmungen zentrifugiert. Es entsteht eine klare, schwachgelb gefärbte Flüssigkeit und ein weißer Bodensatz, welcher getrocknet, neuerlich verrieben, mit Wasser versetzt und zentrifugiert wird. Bei öfterer Wiederholung dieses Vorganges wird die Gesamtmenge der Bazillen in eine Reihe leicht opalisierender Lösungen überführt, welche unter sich völlig gleichartig sind und die unlöslichen Bazillenbestandteile in feinster, emulsionartiger Verteilung enthalten. In 1 ccm des Tuberkulin T. R. sind 10 mg fester Substanz enthalten.

Indikationen: Die Ansichten über den Wert des Tuberkulins T. R. sind sehr divergent. Es soll mehr leisten als das Alttuberkulin und das Zustandekommen einer spezifischen bakteriellen Immunität, wie sie Koch in möglichst frühzeitigem Stadium der Tuberkulose herzustellen bestrebt war, erhoffen lassen (Buchner). Besonders gute Resultate wurden bei Gelenktuberkulose (Eve) und bei Knochentuberkulose (Raude), sowie bei Lupus erzielt (Bussenius, Doutrelepont, Scheuber), doch vermag es bei Lupus weder völlige Heilung zu bringen, noch Rezidive nach Abschluß der Behandlung zu verhindern (Porges). Gering waren die Erfolge bei Larynxtuberkulose (Herzfeld), besser bei unkomplizierter, bazillärer Lungentuberkulose, wenn die Kranken fieberfrei und in gutem Allgemeinzustande waren (Baudach, Peters, Starck, Spengler, Krüger). Ungünstige Resultate erzielten Müller bei tuberkulöser Erkrankung des Mittelohres, Burghart und Jež bei Tuberkulose innerer Organe.

Nebenwirkungen: Dieselben treten gegenüber dem Alttuberkulin in weit höherem Maße ein (Wörner). Häufig waren Verschlechterung des Zustandes — Vergrößerung des Dämpfungsbezirkes, Zunahme des Sputums und der Bazillen (Jež) und sehr stürmische Reaktion mit Schüttelfrost, abnormen Temperatursteigerungen und Gewichtsabnahme — erhöhte Pulsfrequenz, Magendarmstörungen, sowie nervöse Erscheinungen wie·Schwindel, Müdigkeit und Kopfschmerzen zu beobachten (Schröder, de la Camp, Bussenius, Pfeiffer). Auch bedeutendere lokale Reizerscheinungen, Abszeßbildung, Urtikaria und Herpes traten öfter schon nach sehr kleinen Dosen auf (Baudach, Freymuth, Leick, de la Camp, Huber, Scheuber). Einmal beobachtete Rosenberger schon nach $1/1000$ mg T. R. ($1/500$ mg war nicht vertragen worden) eine bedrohliche Hämoptöe. Einzelne Autoren fanden die verwendeten Fläschchen nicht steril (v. Nencki), ja es wurden unter anderen Mikroorganismen zweimal lebende Tuberkelbazillen vorgefunden (Schröder).

Dosierung: In der Regel beginnt man mit $1/500$ mg fester Substanz, zu welchem Zwecke man 0,1 ccm des neuen Tuberkulins mit 500 ccm einer sterilen physiologischen Kochsalzlösung versetzt, so daß in 1 ccm die gewünschte Anfangsdosis enthalten ist. Man kann zur Verdünnung auch 20% Glyzerinwasser verwenden. Die Verdünnungen halten sich, wenn an kühlem und dunklem Orte aufbewahrt, durch 14 Tage. Trübe Verdünnungen, bei denen sich ein Bodensatz gebildet hat, der sich beim Schütteln nicht wieder löst, sind von der Verwendung auszuschließen.

Die Einspritzungen werden im allgemeinen alle 2 Tage vorgenommen, die Dosis nur langsam gesteigert. Ehe neuerdings injiziert wird, muß die Temperatur zur Norm zurückgekehrt sein. Bei 5 mg fester Substanz angelangt soll nur zweimal wöchentlich gespritzt werden. Die Behandlung ist zu Ende, wenn 20 mg fester Substanz reaktionslos vertragen werden. Nach Krause, Calmette und Guérin wirkt es bei interner Verabreichung ebenso gut wie bei subkutaner.

Literatur: Huber, Berl. klin. Wochenschr., 7, 1897. — Burghart, ebendort, 7, 1897. — Raude, ebendort, 7, 1897. — Koch, Deutsche med. Wochenschr., 14, 1897. — Buchner,

Berl. klin. Wochenschr., 15, 1897. — Pfeiffer, Zeitschr. f. prakt. Ärzte, 15, 1897. — v. Nencki, Therap. Wochenschr., 23, 1897. — Bussenius, Deutsche med. Wochenschr., 28, 1897. — Schröder, Münch. med. Wochenschr., 29, 1897. — Wörner, Deutsche med. Wochenschr., 30, 1897. — Doutrelepont, ebendort, 34, 1897. — Herzfeld, ebendort, 34, 1897. — Baudach, ebendort, 34, 1897. — Leick, ebendort, 34, 1897. — De la Camp, ebendort, 34, 1897. — Müller, ebendort, 34, 1897. — Jeż, Wien. med. Wochenschr., 31, 1897. — Spengler, Deutsche med. Wochenschr., 36, 1897. — Peters, Münch. med. Wochenschr., 45, 1897. — Scheuber, Prager med. Wochenschr., 4/5, 1898. — Freymuth, Therap. Monatsh., 6, 1898. — Eve, Lancet, 1897, rf. Zentralbl. f. inn. Med., 13, 1898. — Porges, Wien. klin. Wochenschr., 15, 1898. — Stark, Münch. med. Wochenschr., 17, 1898. — Rosenberger, Zentralbl. f. inn. Med., 19, 1903. — Krause, Deutsche Praxis, 14, 1906. — Calmette u. Guérin, Echo med. du Nord, 23, 1906. — Krüger, Münch. med. Wochenschr., 26, 1906.

Fabr.: Höchster Farbwerke.
Preis: Fl. à 1 ccm u. 5 ccm K. 10,50 u. K. 52,—.

2. **Neu-Tuberkulin-Koch** (Bazillenemulsion) ist eine Aufschwemmung pulverisierter Tuberkelbazillen in Wasser mit Zusatz gleicher Teile Glyzerin. In 1 ccm des Präparates sind 5 mg pulverisierter Bazillen enthalten. Bei der Herstellung dieses neuen Präparates ging Koch von der Erwägung aus, daß in dem Vorhandensein von Agglutininen im Blute kein diagnostisches Merkmal für das Vorhandensein von Tuberkulose, sondern im Gegenteil von Schutzstoffen gegen die Tuberkelbazillen zu erblicken sei. Die Höhe des Agglutinationsgrades des Blutserums eines Kranken ist daher nicht für die Intensität der Erkrankung, sondern für die der vorhandenen Immunität desselben charakteristisch. Mit den gebräuchlichen Tuberkulinpräparaten ist das Agglutinationsvermögen des Blutserums Tuberkulöser nicht zu steigern, was wohl darauf zurückzuführen sein dürfte, daß das Tuberkulin T. R. nur einen Teil der Bazillenleiber enthält. Die löslichen toxischen und infolgedessen reaktionserregenden Bestandteile der Tuberkelbazillen waren ja bei der Herstellung des Tuberkulin T. R. sorgfältig entfernt worden. Im neuen Präparate ist nun die gesamte Leibessubstanz der Tuberkelbazillen in einer zur Applikation geeigneten Form enthalten.

Als Anfangsdosis gibt man 0,0025—0,005 mg Bazillensubstanz. Die Verdünnung kann man folgendermaßen herstellen: In einem Originalfläschchen sind 5 mg Bazillensubstanz in 1 ccm enthalten. Man nimmt davon mittelst graduierter Pipette 0,1 ccm und verdünnt mit 9,9 ccm einer 0,8 % Kochsalzlösung auf 1 : 100, davon wird analog (auf 1 ccm Verdünnung 9 ccm Kochsalzlösung) auf 1 : 1000 verdünnt, so daß in 1 ccm 0,005 mg Bazillensubstanz enthalten sind. Die übliche Anfangsdosis erzeugt selten Nebenerscheinungen, so daß man sie rasch um das 2—5fache steigern kann. Die höchste Dosis ist mit 0,03 mg Bazillensubstanz erreicht (Krause). Es ließen sich in allen Stadien der Tuberkulose schöne Erfolge erzielen. Das Fieber wurde ausnahmslos beseitigt, und die katarrhalischen Erscheinungen wurden geringer (Pöppelmann, Elsässer, Krause). Von Erdmann wird über gute Erfolge bei Augentuberkulose berichtet, doch ist zu beachten, daß mit geringen Dosen begonnen werde, der Anstieg vorsichtig und die Behandlung langdauernd sei. Davids verwendet hiebei als Anfangsdosis $1/500$ mg und steigt allmählich bis zu 1 mg.

Kontraindiziert ist die Verwendung bei fiebernden Kranken, sekundärer Darmtuberkulose, florider und Miliartuberkulose (Pöppelmann). Nach Jürgens lassen weder theoretische Betrachtungen noch klinische Erfahrungen eine heilende Wirkung des Tuberkulins erkennen. Aus seinen Tierversuchen ließ sich feststellen, daß wohl das Blutserum der Tiere ein erhöhtes Agglutinationsvermögen erlangte, aber in keinem Falle eine Immunität der Tiere gegen Tuberkulose oder nur ein Stillstand der Erkrankung zustande kam. Auch beim Menschen war dasselbe zu beobachten. Daraus schließt Jürgens, daß die Agglutininbildung in keiner nachweisbaren Beziehung zur Immunität steht.

Phthisoremid ist eine Mischung von Kochs Bazillenemulsion mit indifferentem Öl, die zum innerlichen Gebrauche in Gelatineperlen in 2 Stärken in den Verkehr kommt (stärkere und schwächere Füllung) und von Köhler in Tagesdosen von 1—4 Kapseln gegeben wurde.

Literatur: Koch, Deutsche med. Wochenschr., 48, 1901. — Jürgens, Berl. klin. Wochenschr., 34, 1905. — Pöppelmann, ebendort, 36, 1905. — Elsässer, Deutsche med. Wochenschr., 48, 1905. — Krause, Münch. med. Wochenschr., 52, 1905. — Erdmann, ebendort, 14, 1907. — Davids, Arch. f. Ophthal., 2, 1908. — Köhler, Münch. med. Wochenschr., 4, 1909.
Fabr.: Höchster Farbwerke.
Preis: Fl. à 1 ccm u. 5 ccm K. 1,60 u. K. 5,60.

C. Bakteriotherapeutische Präparate nach Klebs:

1. **Tuberculocidin**, Antiphthisin, Sozalbumose, ist ein Selektionsprodukt aus Tuberkelbazillenkulturen, das antitoxische und immunisierende Bestandteile enthält.

2. **Tuberculocidin Te-Ce** ist eine $1^0/_0$ Lösung der bakteriziden und antitoxischen Substanzen der Tuberkelbazillen und ruft selbst in großen Dosen weder Fieber noch andere Erscheinungen hervor (Klebs). Das Präparat wird auch in $2^0/_0$ Lösung und in Tabletten zu 0,5 g in den Handel gebracht. Über günstige Erfolge selbst bei vorgeschrittener Tuberkulose berichten Taylor und Klebs.

3. **Tuberkelprotein** stellt den löslichen Inhalt der Tuberkelbazillen dar und wirkt vorzugsweise immunisierend.

4. **Selenin** ist ein mit Hilfe von Wasserstoffsuperoxyd aus Kulturen des Diplococcus semilunaris gewonnenes Antitoxin. Dieser Diplococcus findet sich in fast allen Fällen von aktiv werdender Tuberkulose in den Lymphdrüsen, der erkrankten Haut und den Innenorganen und verhindert vielfach die Wirkung des Tuberculicidin Te-Ce. Bei solchen Mischformen soll daher 1 ccm Selenin 2—3 mal täglich dem Te-Ce in Wasser zugesetzt oder auch allein mit Wasser gereicht werden; selbst äußerlich angewendet soll es wirksam sein. Den günstigen Einfluß der Tuberculocidin-Seleninbehandlung bei nicht allzuweit vorgeschrittenen Fällen von Tuberkulose bestätigt Wolf. Besserungen erzielte Krüger in allen Fällen von Urogenitaltuberkulose. Auch Jessen berichtet über ermutigende Erfolge bei beginnender Tuberkulose. Das Allgemeinbefinden bessert sich, der Auswurf wird geringer, die Schweiße hören auf und das Körpergewicht nimmt zu. Bei vorgeschrittenen Fällen trat öfters erhebliche Temperatursteigerung, einmal immer wiederkehrende Blutung auf. Die Temperatursteigerungen waren von Schwäche, Appetit- und Schlaflosigkeit, sowie Schweißausbrüchen begleitet.

Klebs empfiehlt bei der Behandlung die Darreichung möglichst hoher Dosen. Er gibt die Präparate stomachal oder rektal. Die subkutane Einverleibung ist zu vermeiden. Vom Selenin ist um so mehr zu geben, je mehr entzündliche Erscheinungen (Skrophuloderma, Ekzem, Lupus etc.) vorhanden sind. Man gibt Erwachsenen 3 Tropfen Te-Ce und 10 Tropfen Selenin 2 mal täglich in Wasser und steigt um je 1, bzw. 5 Tropfen auf 1 ccm Te-Ce und 2 ccm Selenin zweimal täglich. Kinder erhalten entsprechend weniger.

Literatur: Taylor, Médicine, 7, 1895, rf. Zentralbl. f. inn. Med., 34, 1896. — Jessen, Zentralbl. f. inn. Med., 23, 1902. — Krüger, Zentralbl. f. Krankh. d. Harn- u. Sexualorgane, 6, 1903. — Klebs, Die kausale Therap., 1, 1904. — Wolf, ebendort, 8, 1904. — Klebs, Med. Klinik, 49, 1905. — Klebs, Therap. Rundsch., 2, 1907. — Klebs, Deutsche med. Wochenschr., 15, 1907.

D. Tuberkulin Friedmann.

Der Autor bedient sich eines nach Schildkrötenpassage avirulenten Tuberkelbazillenstammes, der durch Vermeidung aller mechanischen, chemischen und thermischen Reize oder Prozeduren nichts an seinen wirksamen Antigenen eingebüßt hat. Das Präparat soll unschädlich sein und wird 1—3mal, selten öfter, in größeren Intervallen intramuskulär und intravenös eingespritzt. Die intramuskuläre Injektion erzeugt ein Infiltrat, von dessen Resorption der Erfolg der Kur abhängt. Fehlt die Resorption, so kann es zur Entzündung und Abszeßbildung kommen.

Die neuesten Mitteilungen über den Wert des Präparates lauten übereinstimmend ungünstig. Das Mittel ist ohne Bedeutung für den tuberkulösen Prozeß und seine Anwendung selbst unter sorgfältiger Auswahl der Patienten und strikter Befolgung der von Friedmann gegebenen Gebrauchsanweisung für die Kranken höchst gefährlich. Vor allgemeiner Anwendung wird von den meisten Autoren gewarnt.

Literatur: Friedmann, Berl. klin. Wochenschr., 2214, 1912.

E. Tuberkulo-Mucin Weleminsky.

Durch eine eigenartige Züchtungsmethode und gleichzeitige ununterbrochene Auslese unter den einzelnen Kulturen ist es Weleminsky gelungen, einen Tuberkelbazillenstamm in acht Jahren so weit zu verändern, daß unter seinen Stoffwechselprodukten koagulables Eiweiß und vor allem Mucin auftrat. Die mucinhaltige durch Papierfiltration von den Bazillen befreite und durch Karbolzusatz sterilisierte Bouillon — das Tuberkulomucin — ergab im Tierversuche eine deutliche Beeinflussung der Tuberkulose. Nachdem vorerst ausgedehnte therapeutische Versuche an tuberkulösen Kühen angestellt worden waren, die ein ganz ausgezeichnetes Resultat ergaben, wurde es auch bei menschlicher Tuberkulose angewendet und hiebei als ein spezifisch wirksames Mittel befunden und zwar sowohl bei chirurgischer Tuberkulose als auch bei Tuberkulose der Lungen aller drei Stadien (Pachner, Poduschka). Umfangreiche eigene Versuche am Material der internen Abteilung des Prager Garnisonsspitales, über welche kurz auf der 85. Naturforscherversammlung in Wien 1913 referiert wurde, sowie die gleichfalls dort berichteten Beobachtungen von Götzl und Weiß stellten die Wirksamkeit des Präparates außer allen Zweifel. Das Präparat wird in einer Anfangsdosis von 4—6—10 mg bei Erwachsenen und 2 mg bei Kindern subkutan injiziert. Es tritt eine mehr weniger intensive Stichreaktion (Rötung und Schwellung bis zu Hühnereigröße) auf, welche nach einigen Tagen schwindet. Ferner stellt sich eine Allgemeinreaktion, bestehend in leichtem Temperaturanstieg und Mattigkeit, sowie Herdreaktion (vermehrter Husten und Auswurf) ein, welche Erscheinungen höchstens 1—2 Tage anhalten.

Tritt nach der Anfangsdosis keine ausgiebige Stichreaktion ein, so erhöht man die Dosis um das Doppelte, bis das Individuum reagiert. Bei dieser Dosis (falls schon nach der 1. Injektion deutliche Stichreaktion eingetreten ist, bei der Anfangsdosis), bleibt man dann während der ganzen Kur, die bei wöchentlich einmal erfolgender Injektion auf 10—12 Wochen zu bemessen ist. Es zeigt sich gewöhnlich schon nach der 1. Woche deutliche subjektive Besserung. Bei allen fiebernden Kranken beginnt die Temperatur zu sinken, um nach 3—4 Wochen normal zu werden und zu bleiben, der Appetit steigt, das Körpergewicht nimmt beträchtlich zu (bis zu 15 kg in 10 Wochen). Später erfolgt der Rückgang der physikalischen Erscheinungen. Hohes Fieber und Hämoptöe bilden keine Gegenanzeige für die Mucinbehandlung. Bezüglich der Beantwortung der Frage der Dauerheilung ist die Beobachtungsdauer noch zu kurz, doch sind die bisherigen Erfahrungen auch in dieser Hinsicht vielversprechend und ist das Präparat als eine wertvolle Bereicherung unseres Rüstzeuges im Kampfe gegen die Tuberkulose zu bezeichnen.

Literatur: Weleminsky, Prag. med. Wochenschr., 14, 1912. — Weleminsky, Berl. klin. Wochenschr., 28, 1912. — Pachner, Beitr. z. Klin. d. Tuberkul., 138, 1913. — Poduschka, Wien. klin. Wochenschr., 6, 1913. — Götzl, Weiß, Skutetzky, Verhandlungen der 85. Naturforscherversammlung in Wien 1913.

F. Serumbehandlung der Tuberkulose:

1. **Tuberkuloseserum Maragliano** wird unter Maraglianos Leitung in Genua hergestellt und kommt in zugeschmolzenen Tuben mit 1,5 und 10 ccm Inhalt in den Handel. Es ist das Serum von Pferden, welche mit Toxalbuminen und Proteinen der Tuberkulosebazillen geimpft sind.

Wirkung: Das im Serum enthaltene Antitoxin vermindert die Toxizität des Blutes bei Tuberkulösen, neutralisiert die im Blute kreisenden Toxine der Tuberkelbazillen und ändert so in günstiger Weise den Boden, auf dem sich der Tuberkelbazillus festgesetzt hat. Die natürlichen Abwehr- und Verteidigungskräfte, über welche der Körper noch verfügt, können sich so besser entfalten. Es folgt also dadurch, daß der Widerstand des Organismus gehoben wird, aus der zunächst antitoxischen Wirkung des Serums allmählich auch eine bakterizide (Figari und Lattes, Livierato). Das Serum kann auf alle spezifischen Symptome der Tuberkulose günstig einwirken und stellt an die Leistungsfähigkeit des Kranken keine besonderen Ansprüche. Selbst in vorgeschrittenen Fällen erwies es sich als unschädlich (Carlucci, Hager).

Nebenwirkungen: Öfters werden flüchtige Erytheme, Urtikaria (Maragliano, Ulrich), entzündliche Infiltrate des subkutanen Bindegewebes mit Fieber, sowie Drüsenschwellungen, die nicht schmerzten, auch nicht vereiterten, beobachtet (Ulrich, de Renzi).

Indikationen: Die besten Resultate sind bei einfacher, umschriebener Tuberkulose ohne erhebliches Fieber zu erzielen (de Renzi). Es tritt fast ausnahmslos allmähliche Hebung des Appetites, Vermehrung des Körpergewichtes und Besserung des Allgemeinzustandes ein, weshalb der Serumtherapie der Vorzug vor der medikamentösen Behandlung zu geben ist (Carlucci, de Renzi).

Besonders gute Ergebnisse (unter 171 Fällen 44 geheilte, 76 gebesserte, 39 stationär gebliebene, 12 verschlimmerte) erzielten Figari und Lattes. Weiter berichten in günstigem Sinne Monteverdi, Domenico, Soriani, Calasuonno, Paoli und Barbieri, Giordano, Rapallo, Maragliano, Hock, Massini, Piola und Ceci. Auch Ulrich, der dem Mittel eine besondere Einwirkung auf die Bazillen abspricht, verwendet es erfolgreich in leichten Fällen von Lungentuberkulose. Endlich erwies es sich von günstigem Einflusse bei Lupus, wo es auf die betreffenden Stellen aufgepinselt wird (Hager), bei Drüsentuberkulose (Ricci) und bei tuberkulösen Gelenkentzündungen (Ghedini), bei welchen es direkt in die erkrankten Gelenke eingespritzt werden soll.

Dosierung: Nach Maragliano genügt es, bei langsam verlaufenden, gering fiebernden Fällen jeden 2. Tag 1 ccm einzuspritzen. Bei starkem Fieber, wenn eine Beeinflussung nach 1 ccm nicht erfolgt, spritzt man jeden 2. Tag 5—10 ccm ein. Ist das Fieber auf rein tuberkulöser Basis beruhend, so überwindet man es durch das Serum. Wenn nach einem Monat kein Stillstand der Erkrankung erfolgt, ist eine weitere Behandlung nutzlos.

Literatur: Maragliano, Riforma med., 288, 1895, rf. Zentralbl. f. inn. Med., 27, 1896. — de Renzi, ebendort, 8, 1896, rf. ebendort, 43, 1896. — Carlucci, Med. record, 15, 1896, rf. Zentralbl. f. inn. Med., 43, 1896. — Hager, Münch. med. Wochenschr., 31, 1897. — Ulrich, Therap. Monatsh., 10, 1898. — Monteverdi, Gazz. degli osped., 96, 1901, rf. Zentralbl. f. inn. Med., 44, 1901. — Figari u. Lattes, ebendort, 117, 1901, rf. ebendort, 47, 1901. — Maragliano, ebendort, 151, 1901, rf. ebendort, 16, 1902. — Domenico, ebendort, 84, 1902, rf. ebendort, 50, 1902. — Calasuonno, ebendort, 70, 1904, rf. Deutsche med. Wochenschr., 27, 1904. — Soriani, ebendort, 124, 1904, rf. ebendort, 45, 1904. — Ricci, ebendort, 127, 1904, rf. ebendort, 46, 1904. — Ghedini, ebendort, 16, 1905, rf. Münch. med. Wochenschr., 29, 1905. — Paoli u. Barbieri, ebendort, 154, 1905, rf. Münch. med. Wochenschr., 15, 1906. — Giordano, ebendort, 4, 1906, rf. Münch. med. Wochenschr., 15, 1906. — Rapallo, ebendort, 5, 1906, rf. Münch. med. Wochenschr., 15, 1906. — Hock, Časopis lek. cesk., 19, 1906, rf. Deutsche med. Wochenschr., 26, 1906. — Maragliano, Berl. klin. Wochenschr., 43—45, 1906. — Livierato, Gazz. degli osped. 51, 1906, rf. Münch. med. Wochenschr., 40, 1907. — Massini, ebendort, 108, 1906. — Piola, ebendort, 129, 1906. — Ceci, ebendort, 153, 1906.

2. Tuberkuloseserum Marmorek wird durch besondere Behandlung der Tuberkelbazillen gewonnen. Es stellt ein Toxin dar, welches mit dem Kochschen Tuberkulin nicht identisch ist.

Wirkung: Dasselbe scheint nach den Erfahrungen des Darstellers besonders für akute Fälle geeignet zu sein, doch wird auch bei vorgeschrittener Lungentuberkulose sowohl das Allgemeinbefinden, als auch der lokale Krankheitsherd günstig beeinflußt. Marmorek brachte sogar chirurgische Tuberkulosen, die schon mehrfach operativ behandelt waren, zur Heilung, wobei käsiger Eiter resorbiert wurde, die Drüsenpakete sich verkleinerten und lange offen gebliebene Fisteln sich schlossen.

Die Wirkung des Marmorekserums scheint antitoxischer Natur zu sein (Latham, Frey). Unter seiner Anwendung schwindet das Fieber, hebt sich Appetit und Allgemeinbefinden, der Husten wird weniger quälend und der Auswurf, wenn auch anfangs manchmal vermehrt, wird leichter herausbefördert. Am langsamsten werden natürlich die anatomischen Prozesse beeinflußt, doch ist auch hier die Einwirkung unzweifelhaft. Die Dämpfungen hellen sich auf und die Rhonchi nehmen ab (Rothschild und Brunier, Frey).

Nebenwirkungen: Häufig trat starke lokale Reaktion an der Einstichstelle (Ödem) auf und zwar bei fetteren Personen intensiver als bei mageren (Montalti, Jaquerod, Röver), selten kam es zu Abszeßbildung (Marmorek). Serumexantheme und rheumatoide Schmerzen beobachteten Jaquerod, van Huellen, Latham und Bassano, schweren Kollaps mit Zyanose, dem Bilde der Chloroformasphyxie vergleichbar Helmboe und Levin. Gelenkschmerzen, hohes Fieber, Erbrechen, Kopfschmerz und Urtikaria beobachteten nach Subkutaninjektionen Sokolowski und Dembinski, Gehirnödem Baer und ungünstigen Einfluß auf Darm, Nieren und Herz Kaufmann. Nach rektaler Applikation trat einmal ein ziemlich heftiger Kolikanfall und hartnäckiger Durchfall auf (Ullmann).

Indikationen: Das Mittel scheint bei vorsichtiger Anwendung gefahrlos zu sein (Latham, Frey) und einen spezifischen Einfluß speziell auf frische Fälle auszuüben (Jaquerod, Marmorek, Steinsberg, Müller, Stéphanie, Lewin, Hoffa). Besonders günstig werden reine Tuberkulosen (Frey, Schenker, A. Elsaesser, Feldt, Levin, Steinsberg, Angelo) und Tuberkulose der Knochen, Drüsen und Gelenke beeinflußt (Bassano, Ullmann, van Huellen, Röver, Hoffa, Hymans und Daniel, Glaeßner, Strauß, Frey). Bei exsudativer Pleuritis kommt es schnell zu Abnahme des Exsudates (Marmorek).

Guten Erfolg erzielte auch noch Schwartz bei Bindehauttuberkulose und Weil, Wein, Thorspecken, und Jereslav bei Kehlkopftuberkulose. Negative Resultate brachten die Versuche von Baer, Stadelmann und Benfay, Krokiewicz und Engländer, Mann, Hodesmann, Holmboe, Hymans und Daniel, Preleitner, Ganghofner, Grüner, Köhler und Kroner bei Lungentuberkulose und die von Friedjung bei Basilarmeningitis. Direkt den Allgemeinzustand schädigend war es bei skrofulösen Augenerkrankungen (Bock). In schweren Fällen von Lungentuberkulose scheint es die Disposition zu Blutungen zu steigern (Kroner).

Dosierung: Marmorek empfiehlt oftmals und in größeren Mengen einzuspritzen. Die übliche Einzeldosis beträgt 5 ccm. Die rektale Applikation — besonders bei Frauen und Kindern — wird von Ullmann, Röver, Hoffa, Steinsberg und Pfeiffer und Trunk angewendet. Eine besondere

Wirkung ist indeß bei dieser Applikationsform nicht erkenntlich (Sokolowski und Dembinski). Die subkutane Injektion soll durch 3 Wochen jeden 2. Tag vorgenommen werden, dann hat eine Pause von 3—4 Wochen einzutreten. Gleichzeitig mit Bazillenemulsion verwendet es M. Elsaesser, doch bezweifelt er die spezifische Wirkung, glaubt vielmehr, daß die günstige Wirkung, welche andere Autoren beobachteten, dem Gehalte des Serum double an Streptokokkenantitoxin zuzuschreiben ist.

Literatur: Marmorek, Berl. klin. Wochenschr., 48, 1903. — Rothschild u. Brunier, Progrès méd., 17, 1904. — Montalti, ebendort, 18, 1904. — Marmorek, Lancet, März 1904, sämtlich rf. Zentralbl. f. inn. Med., 43, 1904. — Latham, ebendort, April 1904, rf. ebendort, 43, 1904. — Jaquerod, Revue de Médicine, Juni 1904, rf. ebendort, 43, 1904. — Frey, Münch. med. Wochenschr., 44, 1904. — Baer, Friedjung, Deutsche med. Wochenschr., Vereinsbeil. 38, 1904. — Schwartz, ebendort, 34, 1905. — Frey, Wien. klin. therap. Wochenschr., 42, 1905. — Bassano, Lancet, Sept. 1905, rf. Münch. med. Wochenschr., 46, 1905. — Müller, Wien. med. Wochenschr., 48/49, 1905. — Stéphanie, Progrès médic., 25, 1905, rf. Zentralbl. f. inn. Med., 8, 1906. — Röver, Beitr. zur Klinik d. Tuberk., 3, 1906. — Marmorek, Med. Klinik, 3, 1906. — Van Huellen, Deutsche Zeitschr. f. Chir., 1—3, 1906. — Stadelmann u. Benfay, Berl. klin. Wochenschr., 4, 1906. — Lewin, ebendort, 4, 1906. — Holmboe, rf. Zentralbl. f. inn. Med., 6, 1906. — Hoffa, Berl. klin. Wochenschr., 8, 1906. — Krokiewicz u. Engländer, Wien. klin. Wochenschr., 11, 1906. — Ullmann, ebendort, 22, 1906. — Steinsberg, Wien. med. Presse, 41, 1906. — Mann, Wien. klin. Wochenschr., 42, 1906. — Hoffa, Berl. klin. Wochenschr., 44, 1906. — Hodesmann, Inaug.-Dissertat., Leipzig 1906. — Ullmann, Zeitschr. f. Tuberkulose, 2, 1907. — Ullmann, Zeitschr. f. Tuberk., 2, 1906. — Feldt, ebendort, 3, 1906. — Levin, Berl. klin. Wochenschr., 4, 1906. — Ullmann, Wien. klin. Wochenschr., 22, 1906. — Steinsberg, Wien. med. Presse, 41, 1906. — Angelo, Gaz. degli osped., 120, 1906. — Hoffa, Tuberkulosis, 3, 1907. — Pfeiffer u. Trunk, Zeitschr. f. Tuberk., 4, 1907. — Elsaesser, A., ebendort, 4, 1907. — Weil, Progres medical, 20, 1907. — Baer, Münch. med. Wochenschr., 34, 1907. — Bock, Wien. med. Wochenschr., 38, 1907. — Schenker, Münch. med. Wochenschr., 43, 1907. — Hymans u. Daniel, Berl. klin. Wochenschr., 48/49, 1907. — Ullmann, Zeitschr. f. Tuberk., 1, 1908. — Holmboe, ebendort, 2, 1908. — Frey, ebendort, 2, 1908. — Sokolowski u. Dembinski, ebendort, 2, 1908. — Köhler, ebendort, 2, 1908. — Kaufmann, Beitr. z. Klin. der Tuberk., 3, 1908. — Glaeßner, Deutsche med. Wochenschr., 29, 1908. — Grüner, Wien. klin. Wochenschr., 3, 1908. — Strauß, Münch. med. Wochenschr., 42, 1908. — Ganghofner, Wien. klin. Wochenschr., 3, 1909. — Preleitner, Wien. med. Wochenschr., 8, 1909. — Wein, ebendort, 10/11, 1909. — Kroner, Zeitschr. f. phys. u. diät. Therap., 11, 1909. — Jereslaw, Deutsche med. Wochenschr., 15, 1909. — Glaeßner, ebendort, 17, 1909. — Thorspecken, ebendort, 18, 1909. — Glaeßner, Zeitschr. f. Tuberk., 455, 1910. — Köhler, ebendort, 577, 1910.

Nicht spezifische Mittel zur Tuberkulosebehandlung.

Cellotropin, Monobenzoylarbutin, gewonnen durch Einwirken von Benzoylchlorid auf Arbutin, ist ein weißes, neutral reagierendes, geruchloses, kristallinisches Pulver, das leicht bitter schmeckt und bei $184,5^0$ C schmilzt. Es ist wenig in kaltem, besser in warmen Wasser löslich. Es geht zum größten Teile unzersetzt in die Blut- und Lymphbahn über, wo es unter Einwirkung der Drüsensäfte zersetzt wird und durch Anregung der Drüsensäfte zur Vermehrung der Enzyme beiträgt. Diese sollen auf das lebende Plasma einwirken und so die Bildung der Alexine begünstigen (Vilmar, Kapp, Weiß). Besonders günstig ist die Einwirkung auf tuberkulöse Erkrankungen und zwar um so günstiger, je früher die Behandlung begonnen wurde. Die Wirkung scheint vornehmlich auf einem für die Tuberkelbazillen deletären Einfluß zu beruhen. Sekundäre Wirkungen sind: Abnahme des Hustens, der Sekretion, der Nachtschweiße, Zunahme des Appetits und des Körpergewichtes und Besserung des Allgemeinbefindens (Meitner, Weiß, Silberstein, Kapp). Akut verlaufende Infektionen, die rasch zum Gewebszerfall und zur Kavernenbildung führen, werden nicht beeinflußt (Meitner).

Es wird in Dosen von dreimal täglich 0,3—0,5 g bei Lungentuberkulose verwendet, wobei ihm von Vilmar und Silberstein eine direkte Einwirkung auf die Bazillen zugeschrieben wird.

Literatur: Vilmar, Reichsmedizinalanz., 16—18, 1904. — Kapp, Med. Rundsch., 21, 1904. — Mercks Jahresber. 1904. — Silberstein, Der Frauenarzt, 6/7, 1905. — Meitner,

Die med. Woche, 8/9, 1906. — Meitner, Reichsmedizinalanz., 12, 1906. — Weiß, Die Heilk., 1, 1907.
Fabr.: H. Fingelberg Nachf., Andernach.
Preis: Gl. m. 10 g Mk. 2,50. K. 3,20. 25 g Mk. 5,—. K. 6,20. 50 g Mk. 9,—. K. 11,—.

Duotal, Guajacolum carbonicum, der Kohlensäureäther des Guajacols, ist ein weißes, geruch- und geschmackloses Pulver, unlöslich in Wasser, schwer löslich in Alkohol und fetten Ölen, leicht löslich in Äther und Chloroform. Das Guajacol ist hier an die schwächste aller Säuren gebunden, nämlich an Kohlensäure, daher im Organismus am leichtesten abspaltbar. Duotal enthält ca. 90,5 % absorbierbares Guajacol. Es wird innerlich zu 0,5 g in Oblaten nach dem Mittagessen (allmählich steigend auf 4,0—5,0 g pro die) bei Tuberkulose angewendet (Pollak). Bei nicht spezifischen, katarrhalischen Affektionen hatte bei Erwachsenen Nied, bei Kindern Hock gute Erfolge. Seitens englischer Ärzte wurde es auch als Darmantiseptikum bei Typhus empfohlen (Winkler). Liaschenko gibt es in Dosen von 0,05—0,2 g 3 mal täglich bei chronischen Enteritiden der Kinder mit Darmfäulnis, hingegen ist es kontraindiziert bei allen akuten gastrointestinalen Affektionen, die mit Erbrechen, Magen- und Leibschmerzen, sowie flüssigen Stühlen einhergehen. Als störende Nebenwirkung verzeichnet Seifert hie und da Verschlechterung des Appetits.

Literatur: Hock, Wien. med. Blätter, 49, 1896. — Nied, Allg. Wien. med. Ztg., 22, 1897. — Winkler, Neue Heilmittel etc., Wien 1899. — Seifert, Würzb. Abhandl., 1, 1900. — Pollak, Wien. klin. Wochenschr., 3, 1900. — Liaschenko, Semaine medicale, 370, 1910.
Fabr.: Farbenfabr., vorm. Bayer & Co., Leverkusen; v. Heyden, Radebeul.
Preis: R. m. 20 Tabl. à 0,3 u. 0,5 g Mk. 0,90 u. Mk. 1,40. K. 1,—.

Elbon, Cinnamoyl-para-oxyphenylharnstoff, sind leichte, weiße, geruch- und geschmacklose Nadeln, die in Wasser schwer, auch in Alkohol, Azeton und fetten Ölen nur wenig löslich sind. Die Löslichkeit in Fett bedingt, daß das Mittel vom Organismus leicht aufgenommen wird. Im Organismus zerfällt das Elbon in Zimtsäure, bzw. Benzoesäure. Beide Produkte besitzen antizymotische und antipyretische Eigenschaften und führen bei Phthisikern zu einer ruhigen und zuletzt dauernden Fieberremission, zu Einschränkung der Sekretion und dadurch zu einer anhaltenden Euphorie (Minnich). Man gibt 3—4 g (3 stündlich 1 g) und schränkt die Dosis nach und nach ein.

Literatur: Minnich, Beitr. z. Klinik d. Tuberk., 2, 1911.
Fabr.: Ges. f. chem. Industrie (Ciba) Basel.
Preis: Gl. m. 10 u. 20 Tabl. à 1 g Mk. 1,75. Mk. 3,20. K. 2,20. K. 4,—.

Fumiform. Von der Beobachtung ausgehend, daß verschiedene Tuberkulosen durch Asphaltdämpfe in einer Asphaltfabrik sehr günstig beeinflußt wurden, stellte Floer mit einer Kombination von reinem Asphalt mit Benzoe und Myrrhe Versuche an. Diese Kombination — das Fumiform — kommt in Tabletten à 2 g in den Handel, die auf eigenen Apparaten im geschlossenen Zimmer, in welchem die Kranken 1—2 Stunden verweilen müssen, verdampft werden. Die Räucherung soll aber nicht übertrieben werden, da sich sonst vorübergehend Kopfschmerzen einstellen können. Da die Dämpfe keinen Hustenreiz erzeugen, kann man das Verfahren auch bei Hämoptoe anwenden. Nach Pick übt die Asphaltinhalation einen intensiven Reiz auf die Magenschleimhaut aus und regt dadurch den Appetit an. — In weiterer Folge bessern sich Expektoration und Nachtschweiße. Auch bei Pertussis kann Fumiform gute Dienste leisten (Floer).

Literatur: Floer, Therap., d. Ggw., 405, 1909. — Pick, Allgem. med. Zentralztg., 368, 1911.

Guacamphol ist der Kampfersäureester des Guajacols und stellt ein geschmack- und geruchloses, weißes Pulver dar, das in Wasser und den gewöhnlichen Lösungsmitteln nicht löslich ist. Auch vom Magensafte wird es nicht angegriffen und zerfällt erst durch Einwirkung des alkalischen

Darmsekretes in seine Komponenten, Guajacol und Kampfersäure (Stadelmann).

Wirkung und Indikationen: Das Guacamphol wird mit Erfolg gegen die Nachtschweiße der Phthisiker angewendet (Lasker, Stadelmann, Kaminer, v. Kétly, Nikolski). Die Kampfersäure stellt den antihidrotisch wirkenden Teil des Präparates dar und genügen schon Dosen von 0,2—0,5 g, um die Schweißsekretion zum Schwinden zu bringen oder doch wesentlich zu vermindern. Das Mittel entfaltet eine ziemlich lange Nachwirkung und ist vollkommen unschädlich (Stadelmann). Es übertrifft den Formaldehyd, wie auch Atropin und Agaricin hinsichtlich seiner Wirksamkeit (Kaminer).

Dosierung: Man gibt 8—10 Abende hintereinander 0,2—0,5 g.

Literatur: Lasker, Deutsche Ärzteztg., 17, 1900. — Kaminer, Therap. d. Ggw., 4, 1901. — Stadelmann, Deutsche med. Wochenschr., 23, 1901. — v. Kétly, Die Heilk., 10, 1902. — Nikolski, Wien. med. Presse, 3, 1907.

Guajacetin, brenzkatechin-monoazetsaures Natrium, gewonnen durch die Einführung der Karboxylgruppe in die Methylgruppe des Guajacols, woraus eine Brenzkatechinmonoazetsäure entsteht, ist ein weißes, ungiftiges, in Wasser lösliches, in Alkohol unlösliches Pulver.

Wirkung, Indikationen: Es findet Verwendung in der Phthiseotherapie und wird nach mehrfachen Beobachtungen stets gerne genommen und gut vertragen (Strauß, Dakure, Baß, Margoniner). Es wirkt günstig auf den Husten und Appetit ein (Baß), bessert die Blutqualität und vermindert eventuellen Eiweißgehalt des Harnes (Dakura). Die sichere antipyretische Wirkung und Abnahme der Nachtschweiße hebt Kubasta hervor.

Nebenwirkung: Vereinzelt wurde nach Einnahme des Mittels Abnahme des Appetits, Übelkeit, Erbrechen, Leibschmerzen und Durchfall, einmal auch Kopfschmerz, Schwindel und auffallendes Schwächegefühl beobachtet (Strauß).

Dosierung: In Dosen von 0,5 g mehrmals täglich.

Literatur: Strauß, Zentralbl. f. inn. Med., 25, 1896. — Dakura, Wien. klin. Rundsch., 51, 1897. — Kubasta, Wien. med. Presse, 18, 1898. — Baß, Prag. med. Wochenschr., 51, 1898. — Margoniner, Fortschr. d. Med., 30, 1908.

Fabr.: Dr. Fr. Fehlhaber & Co., Weißensee.

Preis: 1 g K. 0,45, 10 g K. 3,40, 100 Tabl. à 0,5 g K. 8,80. Gl. m. 12, 25 u. 50 Tabl. à 0,5 g Mk. 1,30, 2,60, 4,60.

Guajacol, Brenzkatechinmonomethyläther, ist als G. absolutum und G. purissimum cristallisatum im Handel. Ersteres ist eine Flüssigkeit von charakteristischem Geruche, die in Wasser schwer, in Alkohol und Äther leicht löslich ist. Letzteres bildet farblose, prismatische Kristalle von aromatischem Geruche und vom Schmelzpunkte bei 33° C. Dieselben sind schwer in Wasser, leicht in Alkohol, Äther, Ätzkalilösungen und fetten Ölen löslich.

Wirkung, Indikationen: Es wird innerlich als Antiphthisikum, speziell bei beginnender Nieren- und Blasentuberkulose (Schüller) an Stelle des Kreosots, sowie als Antipyretikum bei Typhus gegeben, ja selbst bei Diabetes versucht (Clemens, Cormick). Sehr häufig wird es in Form der Einreibung, bzw. Aufpinselung angewendet (Schramkow). Bei Epididymitis benützte es Goldberg, eine Beeinflussung der Lungentuberkulose durch epidermale Applikation versuchte Lawroff. Über gute Erfolge bei kutaner Verwendung berichtet Hecht bei Gelenkrheumatismus, Pleuritis serosa rheumatica und tuberculosa, Ridge bei Variola, Hecht außerdem noch bei Herpes Zoster und Neuralgien. In subkutaner Form verwendete es André bei Periostitiden an Stelle des Kokain. Bei Applikation auf die äußere Haut wird die Temperatur unter Schweißausbruch herabgesetzt.

Diese Temperaturherabsetzung erreichte ihr Maximum nach ungefähr drei Stunden, dann steigt die Temperatur unter Schüttelfrost wieder zur früheren Höhe (Schramkow).

Nebenwirkungen: Bei der kutanen Anwendung ergeben sich häufig Klagen über Schwächegefühl, Ohrensausen und Betäubung, ja nach einer Dosis von 3,0 g trat sogar einmal Kollaps ein (Schramkow). Zur Vermeidung dieser Übelstände empfiehlt es sich, die bepinselten Stellen mit einem impermeablen Verband zu bedecken, um die Verdunstung des Guajacols zu verhüten. Bei subkutaner Verwendung beobachtete André Lokalerscheinungen, Schorfbildung, wenn die Lösung des Guajacols anstatt in Ol. oliv. in Ol. amygd. dulc. erfolgt war.

Dosierung: Intern 0,1—0,4 g 3—5 mal täglich in Wein oder Kognak oder 10—20 Tropfen pro die. Als Antipyretikum bei Typhus 0,1—0,3 g viertelstündlich. Extern verwendete Goldberg eine Salbe in folgender Verschreibung: Guajacol. purissim. 5,0, Lanolin, Resorbin. āā 10,0, zwölfstündlich einzuschmieren, so daß das Ganze in 3—4 Tagen verbraucht ist. Ridge pinselte die mit Pocken bedeckten Hautstellen 4 stündlich mit einer Lösung in Olivenöl (1 : 80), Hecht empfiehlt eine 10% Salbe in Verbindung mit Acid. salicyl., André verwendet eine ölige Lösung von derartiger Konzentration, daß 1 ccm der Lösung 0,05 g Guajacol enthält, und Hecht eine 10—20% Verdünnung mit Vaselin, Lanolin, Glyzerin, Mixt. oleosa balsamica oder Ung. ichthyolicum unter Zusatz von etwas Menthol oder Jod als Anästhetikum.

Literatur: Clemens, Allg. med. Zentralztg., 12, 1894. — Schramkow, Therap. Wochenschr., 31, 1896. — André, rf. in österr.-ung. Vierteljahrschr. f. Zahnh., 100, 1896. — Goldberg, Zentralbl. f. inn. Med., 14, 1900. — Lawroff, rf. in Therap. d. Ggw., 5, 1902. — Ridge, Brit. med. journ., 2213, 1903, rf. in Mercks Jahresber. 1903. — Cormick, rf. im Zentralbl. f. inn. Med., 5, 1904. — Hecht, Münch. med. Wochenschr., 9, 1905. — Schüller, Mitteil. a. d. Grenzgeb. d. Med. u. Chir., 1 u. 2, 1905. — Hecht, Therap. d. Ggw., 7, 1909. Preis: 10 g Mk. 0,50. K. 0,60.

Guajacose ist eine flüssige, aromatisierte Somatose, welche ca. 5% Calcium sulfoguajacolicum enthält und hauptsächlich bei Lungenspitzenkatarrhen, sowie bei chronischen Bronchialkatarrhen als Unterstützungsmittel auch bei vorgeschrittener Tuberkulose mit Nutzen verwendet wird. Die Nachtschweiße und der Hustenreiz der Phthisiker, der Appetit und das Körpergewicht, somit das Allgemeinbefinden der Kranken wird günstig beeinflußt.

Nebenwirkungen sind nicht beobachtet worden. Die guten Erfahrungen einer Reihe von Autoren (Götte, Haager, Brühl, Dorn, Elkan, Pollak, Jungbluth, Daniel) bestätigen eigene Beobachtungen.

Literatur: Götte, Therap. d. Ggw., 3, 1909. — Haager, Münch. med. Ztg., 29, 1910. — Brühl, Therap. Monatsh., 333, 1910. — Dorn, Allg. med. Zentralztg., 1, 1911. — Elkan, Therap. d. Ggw., 4, 1911. — Pollak, Med. Blätter, 47, 1911. — Jungbluth, Med. Klinik, 264, 1911. — Daniel, Berl. klin. Wochenschr., 1975, 1912.
Fabr.: Vorm. Bayer & Co., Leverkusen.
Preis: Fl. 125 g Mk. 3,—. K. 4,—.

Hetokresol, Cinnamylmetakresol, ist ein weißes, kristallinisches Pulver, das in Wasser, Öl, Glyzerin unlöslich, in Alkohol schwer, in Äther leicht löslich ist. Es läßt sich nicht sterilisieren, da es bei 100° C zu einer schmierigen gelben Masse zerfällt.

Wirkung und Indikationen: Das Hetokresol ist wie Hetol ungiftig, entfaltet antiseptische Wirkung und wird für die Behandlung offener tuberkulöser Wunden, sowie als Unterstützungsmittel der intravenösen Hetolinjektionen bei Urogenital- und Drüsentuberkulose verwendet (Landerer, Niehues, Payr, Frieser). Die mit Hetokresol behandelten Wunden bleiben zunächst trocken, am Ende der ersten Woche sind sie mit lebhaft roten, leicht blutenden Granulationen bedeckt, die keinerlei tuberkulösen Charakter zeigen.

Dosierung: Es wird entweder in Pulverform oder in ätherischer Lösung benützt. Zu Blasenspülungen gebraucht Landerer die mit 0,7% Kochsalzlösung versetzte 1—5%ige Lösung. Fistelgänge im Gefolge der Tuberkulose der Geschlechtsorgane werden mit Hetokresoljodoform (2 oder 1 Teil Hetokresol: 1 Teil Jodoform: 8 Teile Wasser) ausgespritzt, Abszesse gespalten, ausgeschabt und mit Hetocresol auf Mull tamponiert.

Literatur: Landerer, Die Behandlung der Tuberkulose mit Zimtsäure, Leipzig 1898. — Nitzelnadel, Therap. Jahrbuch, 174, 1899. — Frieser, Med.-chir. Zentralbl. 23, 1900. — Payr, Wien. klin. Wochenschr., 31, 1900. — Niehues, Münch. med. Wochenschr., 42, 1900.
Fabr.: Kalle & Co., Biebrich a. Rh.
Preis: 1 g K. 0,50.

Hetol, chemisch reines Natrium cinnamylicum, bildet ein weißes, geruchloses Pulver von schwach süßlich-alkalischem Geschmack. In kaltem destillierten Wasser löst es sich klar und farblos zu 5%, in siedendem sehr leicht zu ca. 20%. Physiologische Kochsalzlösung löst es in der Kälte zu höchstens 3%. Die wäßrigen Lösungen reagieren schwach alkalisch und sind durch Kochen sterilisierbar. Nicht oder schlecht sterilisierte und schlecht aufbewahrte Lösungen erleiden leicht Zersetzung unter Entwicklung von starkem Leuchtgasgeruch.

Wirkung: Die Tatsache, daß Perubalsam tuberkulöse Prozesse günstig beeinflußt, hat Landerer dazu geführt, diesen in Emulsion intravenös dem Kranken zuzuführen. Als den wirksamsten Bestandteil des Perubalsams nahm er die Zimtsäure an, aus welcher durch Kochen mit Natr. bicarb. das Natriumsalz — Hetol — gewonnen wird. Die Behandlung mit Hetol ist imstande, unkomplizierte Tuberkulose jeder Art, also Fälle ohne Fieber und ohne größere Zerstörungen bei noch einigermaßen erhaltenem Kräftezustand mit großer Sicherheit zur Heilung zu bringen (Landerer). Das Hetol ruft, wenn es direkt in die Blutbahn gebracht wird, eine Hyperleukozytose und eigenartige Veränderung der tuberkulösen Herde (Vernarbung), wie sie der Spontanheilung entspricht, hervor. Es kommt zu einer aseptischen Entzündung um die tuberkulösen Herde, die zur Umwallung und Durchwachsung des Tuberkels erst mit Leukozyten, dann mit jungem Bindegewebe und jungen Gefäßen, weiterhin zur bindegewebigen Abkapselung, zur Aufsaugung der käsigen Massen, schließlich zur narbigen Schrumpfung, sowie zur interstitiellen Pneumonie führt (Landerer, Krause). Dieser Vorgang erfolgt aber nur nach Anwendung kleiner Dosen; nach größeren entsteht eine starke Leukozyteninfiltration der tuberkulösen Herde, Koagulationsnekrose und Erweichung der Herde, wodurch das Tuberkelgift frei wird, in den Kreislauf gelangt und durch den Körper verbreitet wird (Krokiewicz). Im allgemeinen wird bereits nach den ersten Injektionen das subjektive Befinden besser, der Appetit steigt, Husten und Nachtschweiße nehmen ab (Guttmann), dabei ist die Methode vollständig unschädlich und bei richtiger Dosierung ungefährlich (Landerer, Gidionsen, Amrein, Cohn, Prym, Weißmann). Ohne also das Hetol als ein Spezifikum zu bezeichnen, kann man sagen, daß die Hetolbehandlung neben dem Klima und den hygienisch-diätetischen Kuren zur Heilung der Tuberkulose führen kann (Heußer). Um bezüglich der eingetretenen Heilung volle Sicherheit zu erhalten, empfiehlt Fischer nach Beendigung der Kur eine Probe mit Tuberkulin zu machen und zu beobachten, ob diese reaktionslos verläuft.

Nebenwirkungen: Ab und zu kamen Verschlechterungen im objektiven und subjektiven Zustande, Mattigkeit, Schlaflosigkeit, nervöse Erregungen und Depressionszustände zur Beobachtung (Gidionsen, Krämer und Ewald), Fieber, Bangigkeit, Zyanose, kalter Schweiß und Kleinheit des Pulses (Azmanova und Gidionsen), Abnahme des Körpergewichtes (Gidionsen), endlich am seltensten geringe Lungenblutungen (Heußer und Schrage).

Indikationen: In erster Linie sollen der Hetolbehandlung fieberfreie Fälle von einfacher und unkomplizierter Tuberkulose im Beginne der Erkrankung zugeführt werden, da diese die meiste Aussicht auf Heilung zeigen (Landerer, Krokiewicz, Hessen, Franck, Pollak, Hödlmoser, Rys, Katzenstein, Heußer, Krause, Brasch, v. Tovölgyi, Schrage, Heggs, Blum, Weißmann u. a.). Speziell diejenigen Fälle, bei denen spontane Kapselbildung und Neigung zur Schrumpfung der Tuberkel nachgewiesen ist, geben eine günstige Prognose, da das Hetol diese Vorgänge lebhaft unterstützt (Guttmann). Vereinzelt wird auch über gute Erfolge bei chronischer und vorgeschrittener Tuberkulose berichtet (Siegel, Blum, v. Tovölgyi, Goldschmidt und Knobel). Auch bei Hodentuberkulose, die nach Landerer keine gute Prognose für die Hetolbehandlung gibt, sowie in einem Falle von Zungentuberkulose mit gleichzeitiger Erkrankung der Lungen und der Haut des Nackens erzielte Lassar Heilung, bzw. Besserung, desgleichen Fehde bei Sehnenscheidentuberkulose. Hier erwiesen sich aber nur die Injektionen am Orte der Erkrankung, nicht die intravenöse Applikation wirksam. Bei fibrinöser Pneumonie setzt die Hetolbehandlung bei zeitgerechter Anwendung und richtiger Dosierung das Fieber herab, bewirkt leichte Lösung, erleichtert die Atmung und verhütet die schwere Allgemeininfektion (Krone).

Endlich findet das Hetol in der Augenheilkunde Empfehlung bei Herpes der Hornhaut und bei tieferen Geschwüren derselben, bei Uveitis verschiedener Ätiologie und verschiedener klinischer Erscheinungsform, besonders bei Kerato-Uveitis auf tuberkulöser Grundlage, bei rezidivierender Skleritis (Pflüger), bei Keratitis parenchymatosa (Cohn), in Form von Einträufelung der 1% Lösung in die Konjunktiva und bei zentraler Chorioiditis (Urbahn). Im allgemeinen ist der Heilwert der Hetolbehandlung noch nicht übereinstimmend klar gelegt und sind die Angaben bezüglich des Heilwertes noch recht schwankend. Während z. B. Landerer 51—58% Heilungen nachweist, berichtet Hödlmoser nur über 22,2% und Ewald über 8—10% entschiedener Besserungen. Krokiewicz beobachtete in der Hälfte der Fälle Verschlimmerung oder Exitus letalis. Überhaupt negative Resultate, abgesehen von vereinzelten Besserungen, erzielten Wolff, Staub, Gidionsen, Amrein, Cohn und Prym. Nach Sigel läßt das Mittel manchmal bei Fällen im Stiche, die für die Behandlung geeignet erscheinen und liefert gerade da gute Ergebnisse, wo nach Landerer von der Behandlung abzusehen war. Vollständig verworfen wird das Hetol von Klemperer.

Kontraindikationen für die Methode geben starkes Fieber und Hämoptöe (Landerer, Krokiewicz, Cantorowicz, Sigel, Ewald), pneumonieartige Prozesse (Landerer, Rys), Kranke mit reduziertem Allgemeinbefinden, sowie der Auflösung entgegengehende Patienten (Landerer, Blum). Nur mit Vorsicht darf es bei Eiweiß- oder Zuckergehalt des Harnes angewendet werden (Rys).

Dosierung: Das Hetol kommt in gebrauchsfertigen sterilisierten Phiolen in 1—2—5% Lösung in den Handel. Werden die Lösungen vom Arzte oder Apotheker zubereitet, so sind sie zu filtrieren, 5 Minuten lang zu sterilisieren und in dunklem Glase aufzubewahren. Vor dem Gebrauche sollen sie durch 3 Minuten nochmals aufgekocht werden. Schwierig ist es, die richtige Dosierung für den Kranken zu finden, da jeder Fall seine individuelle Dosis hat. Je schwächer der Kranke, je höher die Temperatur, desto kleiner muß die Dosis sein. Landerer empfiehlt mit $^1/_2$—1 mg zu beginnen und jeden 2. Tag um $^1/_2$—$2^1/_2$ mg zu steigen. Als Maximaldosis gibt er 25 mg an. Am häufigsten wird die intravenöse Applikation nach Landerers Vorschrift in die Armvene ausgeführt. Die Injektionen rufen keinerlei Reaktion an Ort und Stelle hervor. Bei Kindern mit noch kleinen Lungenblutgefäßen und bei anämischen Frauen gibt es Pflüger und Franck glutäal. Intramuskulär in den Trizeps verwendet es Katzenstein (0,3 ccm einer 1% Lösung, also 0,003 g, bis 0,3 ccm einer 5% Lösung = 0,015 g). Diese wie die subkutane Applikationsart sind aber äußerst schmerzhaft (Weißmann). Bei Behandlung der Augenkrankheiten wird das Mittel subkonjunktival appliziert (Pflüger). Per os empfiehlt Krone die Kombination des Hetols mit Sanguinal in Pillen à 0,001 Hetol. Die Kranken beginnen mit 1 Stück und nehmen jeden 3. Tag um 1 Pille mehr, steigend bis auf 6 Stück.

Literatur: Landerer, Die Behandlung der Tuberkulose mit Zimtsäure, Leipzig 1898. — Hessen, Was leistet Prof. Landerers Zimtsäurebehandlung? Mannheim 1899. — Azmanova, Thèse, Nancy 1899, zit. bei Seifert, Würzburger Abhandlungen, 1, 1904. — Krokiewicz, Wien. klin. Wochenschr., 4, 1900. — Krämer, Therap. Monatsh., 9. 1900. — Ewald, Berl. klin. Wochenschr., 21 1900. — Gidionsen, Deutsch. Arch. f. klin. Med., 3/4, 1901. — Cantorowicz, Schmidts Jahrbücher, 8, 1901. — Klemperer, Therap. d. Ggw., 8, 1901. — Pollak, Wien. klin. Wochenschr., 9, 1901. — Hödlmoser, ebendort 9, 1901. — Pflüger, Klin. Monatsbl. f. Augenh., 9/10, 1901. — Staub, Korrespondenzbl. f. Schweizer Ärzte, 12, 1901. — Franck, Therap. Monatsh., 12, 1901. — Landerer, Berl. Klinik, 153, 1901. — Wolff, Deutsche med. Wochenschr., 28, 1901. — Heußer, Korrespondenzbl. f. Schweizer Ärzte, 1, 1902. — Krokiewicz, Klin. therap. Wochenschr., 2/3 1902. — Rys, Therap. d. Ggw., 5, 1902. — Katzenstein, Münch. med. Wochenschr., 33, 1902. — Landerer, Deutsche Medizinalztg., 40, 1902. — Krone, Medico, 40, 1902. — Krause, Berl. klin. Wochenschr. 42, 1902. — Amrein, Lancet, Juli 1902, rf. Zentralbl. f. inn. Med., 44, 1902. — Lassar, Münch. med. Wochenschr., 52, 1902. — Krone, ebendort, 9, 1903. — Cohn, Berl. klin. Wochenschr., 12, 1903. — Fischer, Korrespondenzbl. f. Schweizer Ärzte, 19, 1903. — Lassar, Allg. med. Zentralztg., 48, 1903. — Sigel, Berl. klin. Wochenschr., 1, 1904. — Blum, Therap. Monatsh., 6, 1904. — Brasch, Deutsche med. Wochenschr., 9, 1904. — v. Tovölgyi, Pester med. chir. Presse, 30/31, 1904. — Prym, Münch. med. Wochenschr., 44, 1904. — Schrage, ebendort, 44, 1904. — Heggs, Lancet, 4234, 1904, rf. Deutsche med. Wochenschr., 45, 1904. — Weißmann, Therap. Monatsh., 1, 1905 — Urbahn, Münch. med. Wochenschr., 25, 1905. — Fehde, Deutsche med. Wochenschr., 26, 1905. — Cohn, Münch. med. Wochenschr., 25, 1906. — Goldschmidt u. Knobel, Beitr. z. Klin. d. Tuberk., 2, 1907 u. 3, 1908. — Weißmann, Fortschr. d. Med., 3—4, 1909.

Fabr.: Kalle & Co., Biebrich.
Preis: Karton m. 12 Amp. à 1,4 ccm 1% Mk. 2,—. K. 2,65. 2% Mk. 2,—. K. 2,65. 5% Mk. 2,25. K. 2,80.

Hexamekol ist eine Kombination von Guajacol und Hexamethylentetramin (in 1 g sind 0,65 g Guajacol enthalten). Es stellt ein weißes, kristallinisches, nach Guajacol riechendes Pulver dar und wird als Salbe bei Schmerzen infolge von Pleuritis, Spondylitis, Lungentuberkulose und juckenden Hautaffektionen in Dosen von 2 g 1—2 mal täglich mit Gummihandschuhen an den schmerzenden Stellen eingerieben (Lüdin).

Literatur: Lüdin, Münch. med. Wochenschr., 1242, 1911.
Fabr.: Hoffmann-La Roche, Basel-Grenzach.
Preis: Sch. m. 12 Gelatinehülsen à 2 g Mk. 1,65. K. 2,50.

Histosan ist eine von Stierlin in die Therapie eingeführte Guajacol-Eiweißverbindung und stellt ein ungiftiges Pulver von hellbrauner Farbe und starkem Guajacolgeruch dar, das im sauren Magensafte unlöslich, in verdünnten Alkalien hingegen leicht löslich ist, daher vom Darme aus resorbiert werden kann.

Die Nebenwirkungen des Guajacols fehlen dem Präparate vollkommen.

Es kommt auch in Form eines Sirups in den Handel. Derselbe stellt eine helle, klare Flüssigkeit dar, besitzt einen scharfen, etwas brennenden Geschmack und wird gerne genommen. Das Präparat wird von Stierlin in der Behandlung nicht zu weit vorgeschrittener Tuberkulose anderen Guajacolderivaten vorgezogen. Ferner berichten in günstigem Sinne über den Gebrauch des Mittels bei Lungentuberkulose Friedmann, Rieß, Nevinny, Podloucky, Krüche, Lindenbaum, Rudnik und Beer. Wenn dasselbe auch keine Panacee gegen Tuberkulose darstellt, so beeinflußt es doch manche unangenehme Symptome der Krankheit (Husten, Expektoration, Appetitmangel) sehr günstig und kann daher als wertvolles Hilfsmittel in der Phthiseotherapie bezeichnet werden. Sehr günstig scheint es bei nicht tuberkulöser chronischer Bronchitis zu wirken (Huhs).

Dosierung: Man gibt es als Pulver (0,5 g 3—4 mal täglich), als Sirup (1 Kaffeelöffel voll 3—4 mal täglich) oder in Form von Tabletten (à 0,25 g), die aus 10% Histosan und 90% feinster Milchschokolade bestehen.

Literatur: Stierlin, Therap. Monatsh., 11, 1905. — Krüche, Ärztl. Rundsch., 28, 1906. — Rieß, Wien. med. Presse, 32, 1906. — Nevinny, Wien. klin. Rundsch., 32, 1906. — Rudnik, Wien. med. Blätter, 34, 1906. — Podloucky, Wien. klin. Rundsch., 34, 1906. — Friedmann, Med. Klinik, 39, 1906. — Lindenbaum, Ärztl. Zentralztg., 4, 1907. — Beer, Klin. therap. Wochenschr., 5, 1907. — Huhs, Therap. d. Ggw., 7, 1907.

Fabr.: Fabr. chem. Prod., Schaffhausen.
Preis: Pulver Sch. 25 g Mk. 4,—. Tabl. à 2,5 g Mk. 3,20.

Kreosotal, Kreosotum carbonicum, ein Gemisch der Kohlensäureäther des Guajacols und Kreosots, ist eine gelbe, honigartige, durchsichtige und völlig klare Flüssigkeit, welche den Geschmack eines fetten Öles und schwachen Geruch nach Buchenholzteer besitzt. Sie ist unlöslich in Wasser und Glyzerin, mischbar mit Äther und Alkohol und löslich in fetten Ölen. Die Spaltung in Kreosot und Kohlensäure tritt erst im Darm ein.

Wirkung: Kreosotal ist nicht nur ein direktes Desinfektionsmittel der Lunge, sondern auch ein Antipyretikum (Kirsch). Es ist frei von jeder Ätz- und Giftwirkung. Die günstige Wirkung speziell bei Pneumonie erklärt sich Friedemann durch die bakterizide oder entwicklungshemmende Wirkung des Kreosots auf den Erreger der kruppösen Pneumonie. Auch Toff hält dafür, daß aus dem Auftreten des durchdringenden Kreosotgeruches, den die Exhalationsluft bei Kreosotaltherapie annimmt, geschlossen werden kann, daß Kreosot durch die Lungen ausgeschieden wird und dadurch auf die in den Lungen befindlichen Mikroorganismen eine unmittelbare, antiseptische Wirkung ausübt.

Nebenwirkung: Magendrücken und Aufstoßen nach den ersten Dosen, welche die weitere Verwendung aber nicht in Frage stellen, da sie bald wieder verschwinden, beobachtete Reiner. Bei Kindern ruft Kreosotal in den ersten Tagen der Medikation häufig Erbrechen, manchmal schwere Durchfälle, nach größeren Dosen heftigen Widerwillen und Appetitlosigkeit hervor (Badt). Ausnahmslos tritt Grünfärbung des Harnes ein, der wie die Exhalationsluft Kreosotgeruch verbreitet (Reiner, Badt).

Indikationen: Vor allem ist Kreosotal in der Behandlung der Lungentuberkulose und der kruppösen Pneumonie, bei der schon 36 Stunden nach der Darreichung Entfieberung und Lösung eintritt, angezeigt (Jacob und Nordt, Hock, Kirsch, Toff, Reiner, Meitner, Crha, Hecht, Friedemann). Bei Typhus fand es erfolgreiche Verwendung durch Toff und Richter, bei den Komplikationen der Masernkranken empfahl es Meitner, Hock und Steiner, bei Influenzaepidemie Eberson, bei den hartnäckigen Diarrhöen auf skrofulöser Basis Hecht, endlich als Expektorans bei Bronchitis und leichter Bronchopneumonie Badt, wogegen es bei schwerer Broncho- und kruppöser Pneumonie direkt widerrät.

Dosierung: Für die Phthiseotherapie empfiehlt Jacob und Nordt folgendes Schema: dreimal täglich 5 Tropfen, jeden Tag um 3 Tropfen zu steigen bis auf dreimal täglich 25 Tropfen, auf welcher Höhe die Medikation dann 1—4 Wochen bleibt, dann wieder allmählich zurück auf dreimal täglich 10 Tropfen. Nach 8 Tagen neuerliches Ansteigen der Dosis. Für die Pneumoniebehandlung, die möglichst frühzeitig einzusetzen hat, sind erheblich größere Dosen empfohlen (Kirsch, Crha, Friedemann). Beliebt ist folgende Komposition: Kreosotal. 10,0, Cognac. 20,0, Syr. Althaeae 60,0. S. Gut schütteln und in 4 Portionen in 24 Stunden zu verbrauchen. Man kann das Mittel auch pur oder auf Staubzucker geben und läßt Tee, warme Milch oder Kaffee nachtrinken. Für Kinder empfiehlt Toff die Emulsio oleosa 1 : 100, stündl. 1 Kaffeelöffel voll. Für Kinder über 2 Jahre halb soviel Gramme pro 24 Stunden als das Kind Jahre zählt. Zur Erleichterung der

Dosierung rät Crha, die Flasche in warmem Wasser stehen zu lassen, da das Mittel dadurch dünnflüssiger wird.

Literatur: Reiner, Therap. Wochenschr., 37, 1895. — Hock, Wien. med. Blätter, 49, 1896. — Jacob u. Nordt, Charité-Annalen, 159—174 Berlin 1897 S.-A. — Steiner, Allg. med. Zentralztg., 74, 1900. — Eberson, Ärztl. Zentralztg., 27, 1900. — Meitner, Ärztl. Monatsschr., 10, 1900. — Toff, Deutsch. Medizinalztg., 1, 1901. — Richter, Berl. klin. Wochenschr., 5, 1901. — Meitner, Allg. med. Zentralztg., 7 u. 8, 1901. — Kirsch, Bericht des Graf Spork Spitales zu Kukus (Böhmen) 1902. — Friedemann, Therap. d. Ggw., 2, 1903. — Crha, Časopis ceskych lék., 17 u. 18, 1903, rf. in Therap. d. Ggw., 9, 1903. — Badt, Therap. d. Ggw., 9, 1903. — Toff, Zentralbl. f. Kinderh., 6, 1904. — Hecht, Therap. d. Ggw., 7, 1904.
Fabr.: v. Heyden, Radebeul; vorm. Bayer & Co., Leverkusen.
Preis: Fl. 25 g Mk. 1,25, 50 g Mk. 2,25.

Metakresolanytol, Metasol. Unter Anytol versteht man eine Lösung von ätherischen Ölen, Phenolen usw. in Anytin, d. i. Ichthyolsulfosäure in 33% wäßeriger Lösung. Metakresolanytol enthält 40% Metakresol und 60% Anytin.

Wirkung: Es entfaltet dieselben Eigenschaften wie Ichthyol und Karbolsäure. Die 3% Lösung wurde von Rosenbaum und Neumann mit manchem Erfolge (alle 2 Stunden durch 10 Minuten) bei Erysipel auf die entzündete Haut und deren Umgebung eingepinselt.

Nebenwirkung: Bei Erysipel belästigt der eigentümliche Geruch. Auf Schleimhäuten bringt es ein kurzdauerndes Brennen hervor (Neumann).

Literatur: Rosenbaum, Fortschr. d. Med., 16, 1902. — Neumann, Berlin. klin. Wochenschr., 29, 1907.

Monotal, der Methylglykolsäureester des Guajacols, ist ein farbloses Öl von aromatischem Geruche, das im Gegensatz zu Guajacol in Wasser nur wenig (zu $0,32\%$) löslich ist (Impens).

Wirkung: Es besitzt antiphlogistische und anästhesierende Eigenschaften, reizt weniger als Guajacol und entfaltet juckreizstillende Wirkung (Hecht). Bei der Verabreichung per os besteht bezüglich der Toxizität kein Unterschied gegenüber Guajacol.

Indikationen und Dosierung: Das Monotal findet in Form von Pinselungen, rein oder mit gleichen Teilen Olivenöl versetzt, in Dosen von 4—5 g pro die nutzbringende Anwendung bei Neuritiden und Neuralgien (Hecht), besonders bei der Pleurodynie und den Interkostalneuralgien der Phthisiker (Bader), bei den Schmerzen im Verlaufe der Pleuritis, ohne natürlich letztere objektiv zu beeinflussen (Hecht, Müller), bei Epididymitis gonorrhoica, ferner bei Arthritis deformans, Erythema nodosum, Tendovaginitis, Perikarditis und Parotitis, bei den Schmerzen der Krebskranken, bei Entzündung des Mittelohres und des äußeren Gehörganges (Hecht). Über den Nutzen des Monotals beim akuten Gelenkrheumatismus sind die Ansichten geteilt. Während Hecht und Göbel gute Erfolge erzielten, erwies es sich nach Müller als wirkungslos. Bader empfiehlt, die bepinselten Hautpartien 10 Minuten lang unbedeckt zu lassen, Hecht dagegen sieht als unbedingtes Erfordernis für eine günstige Wirkung die Bedeckung mit einem impermeablen Stoffe an.

Literatur: Hecht, Die Heilk., 1, 1907. — Impens, Therap. Monatsh., 2, 1907. — Müller, Allg. med. Zentralztg., 26, 1907. — Goebel, Die Heilk., 6, 1908. — Hecht, Zentralbl. f. d. ges. Therap., 225, 1908. — Bader, Therap. Monatsh., 380. 1909. — Hecht, ebendort, 517, 1909.
Preis: 10 g K. 0,80.

Pneumin ist ein Gemenge der Methylenverbindungen der im Buchenholzteere vorkommenden Phenole und zwar ihrer Ätheln, hauptsächlich Methylendiguajacol, Methylendikresol, Methylendiparakresol usw., welches durch Einwirken von Formaldehyd auf Kreosot erhalten wird. Es stellt ein gelbliches, geruch- und geschmackloses, in Alkohol, Äther leicht, in Wasser nicht lösliches Pulver dar.

Wirkung, Indikationen: Es findet in der Phthiseotherapie Verwendung (Werner, Margoniner, Ganz, Daus, Schweitzer) und hat einen entschieden günstigen Einfluß auf den Appetit (Eschbaum, Hamburger). Es kann längere Zeit, ohne den Magen zu schädigen, selbst in hohen Dosen gegeben werden (Silberstein) und bedarf keiner Korrigentien oder Umhüllungsmittel. Eine Veränderung des physikalischen Befundes bewirkte es nicht (Margoniner), doch bessert es Husten und Auswurf (Sigel). Die Wirkung läßt nach einiger Zeit nach. Im ganzen findet das Mittel häufig Verwendung als brauchbares Kreosotpräparat (Jacobson, Croner, Stern, Sigel), besonders als starkes Darmdesinfiziens (Bickel und Pincussohn).

Nebenwirkung: Margoniner beobachtete leichtes Brennen im Halse, das sich aber bald verlor und die weitere Verwendung nicht störte. Vereinzelt ruft es stärkeren Durchfall hervor, ist daher bei Enteritis tuberculosa zu widerraten (Eschbaum). Auch bei Kranken mit Hyperazidität ist es nicht angezeigt, da es hiebei öfter eine Steigerung der Schmerzen erzeugt.

Dosierung: Es wird in Dosen von 0,5 g drei- bis viermal täglich gegeben.

Literatur: Jacobson, Die med. Woche, 36, 1900. — Silberstein, ebendort, 3, 1901. — Margoniner, Therap. Monatsh., 2, 1903. — Sigel, Berl. klin. Wochenschr., 1, 1904. — Croner, Wien. klin. Wochenschr., 49, 1904. — Stern, Therap. Monatsh., 5, 1905. — Werner, Therap. d. Ggw., 2, 1906. — Margoniner, Med. Klinik, 14, 1906. — Bickel u. Pincussohn, Berl. klin. Wochenschr., 17, 1906. — Ganz, Prag. med. Wochenschr., 11, 1907. — Hamburger, Wien. med. Presse, 11. 1907. — Schweitzer, Therap. Monatsh., 207, 1907 (Ref.). — Daus, Beitr. z. Klin. d. Tuberk., 2, 1908. — Eschbaum, Münch. med. Wochenschr., 5, 1909.
Fabr.: Dr. Speier & v. Karger, Berlin.
Preis: Sch. m. 50 u. 100 Tabl. à 0,5 g Mk. 2,50 u. Mk 4,50. K. 3,— u. K 5,25.

Prophylacticum Mallebrein ist eine 25 % Lösung von chlorsaurem Aluminium. Wird dieselbe mit Schleimhäuten in Berührung gebracht, so verbindet sich das Aluminium mit den Eiweißkörpern der Schleimhautoberfläche. Die Ablagerung dieses Aliumniumalbuminates soll der durch etwaige Entzündung bewirkten Lockerung entgegenwirken. Gleichzeitig wird Chlorsäure frei, zerfällt in Cl und O, denen in statu nascendi eine sehr kräftige Desinfektionswirkung zukommt. Ähnliche Wirkungen finden in der Tiefe der Schleimhaut statt durch dahin gelangtes chlorsaures Aluminium (Jarosch).

Dieses von Mallebrein und Wasmer eingeführte Präparat wurde von Jarosch bei tuberkulösen Lungenprozessen angewendet und hiebei subjetkive und objektive Besserung erzielt. Es wird in einer Verdünnung von 25—30 Tropfen auf 3 Eßlöffel Wasser 2—3 mal täglich zum Gurgeln und Inhalieren verwendet.

Literatur: Mallebrein u. Wasmer, Zeitschr. f. Tuberkul., 225, 1912. — Jarosch, Deutsche med. Wochenschr., 1979, 1912.
Fabr.: Krewel & Co., Köln.
Preis: Fl. 90 g u. 250 g Mk. 2,—. M. 4,—. K. 3,—. K. 5,—.

Mesbé, ein Extrakt aus Sida rhombifolia Cubilguitziana, einer amerikanischen Malvacee, stellt ein wasserlösliches, dunkelbraunes dickflüssiges Gummiharz von intensiv bitterem Geschmack dar und soll an anorganischen Bestandteilen Kalium-, Kalzium- und Magnesiumsalze, ferner Aluminium, Mangan und Gerbsäure enthalten. Das Mittel wurde lokal, dann in Form von Inhalations- und Trinkkuren zur Behandlung von Tuberkulose empfohlen. Heermann berichtet über günstige Beeinflussung der Kehlkopftuberkulose, Spangenberg empfiehlt es bei Lungentuberkulose und Butzenberger bei chirurgischer Tuberkulose. Von den meisten Autoren wird aber das Mittel als erfolglos vollständig abgelehnt (Zink, Michejda, Röpke, Jarosch). Auch eigene Versuche mit Mesbé hatten ein völlig negatives Resultat.

Literatur: Heermann, Münch. med. Wochenschr., 1849, 1912. — Spangenberg, Reichsmedizinalanz. 1912 (S.-A.). — Zink, Münch. med. Wochenschr., 2732, 1912. — Mich-

ejda, Prag. med. Wochenschr., 112, 1913. — Butzengeiger, Münch. med. Wochenschr., 128, 1913. — Röpke, Deutsche med. Wochenschr., 150, 1913. — Jarosch, ebendort, 215, 1913. Fabr.: E. P. Dieseldorff, Berlin.
Preis: 1 Tube à 25 g K. 6,—.

Salokreol, der Salizylsäureester des Kreosots, stellt die verschiedenen Phenole des Buchenholzteeres, bzw. des Kreosots dar, welche mit Salizylsäure zu einem Ester vereinigt sind. Salokreol ist eine braune, ölige, neutrale, fast geruchlose Flüssigkeit, die in Wasser unlöslich, in Äther, Alkohol und Chloroform löslich ist.

Wirkung: Es entfaltet die Wirkungen seiner Komponenten. Die Resorption von der Haut aus (bei Einreibungen) erfolgt sehr rasch. Im Organismus erfolgt die Spaltung in Kreosot und Salizylsäure erst im Darme (Gnezda, Siegmann).

Nebenwirkung: Üble Nebenwirkungen sind bisher nicht beobachtet worden, doch dürfte vom Salokreol dasselbe gelten, was von den neueren Salizylpräparaten im allgemeinen gilt (Müller).

Indikationen: Es wird angewendet mit Mesotan bei Erysipel, rheumatischen Leiden, Anginen, Tonsillarabszeß und Lymphdrüsenschwellung (Gnezda, Siegmann, Müller, Pautz, Streffer, Hecht).

Dosierung: In Dosen von 5,0—10,0 g pro die 1—2 mal einzupinseln oder einzureiben. Vorher ist die Haut sorgfältig zu trocknen, da sich sonst eine Emulsion bildet, welche das Eindringen in die Haut verhindert.

Literatur: Gnezda, Deutsche Ärzteztg., 4, 1903. — Siegmann, Ärztl. Zentralztg., 10, 1904. — Müller, Deutsche med. Wochenschr., 37, 1904. — Pautz, Deutsche med. Wochenschr., 31, 1905. — Hecht, Therap. Monatsh., 1, 1907. — Streffer, Therap. Neuheiten 1907. Fabr.: v. Heyden, Radebeul.
Preis: Fl. 25 g u. 50 g Mk. 1,50 u. 3,—.

Sanosin. Auf seinen Reisen in Australien fand Schneider, daß die Eingeborenen im Nordwesten des Landes sich zur Heilung von Lungenkrankheiten einer Abkochung der Blätter und Wurzeln von Eucalyptus maculata citriodera mit gutem Erfolge bedienten. Dadurch angeregt stellte er eine Mischung her — das Sanosin — bestehend aus den gepulverten Blättern dieser Eukalyptusart, dem aus ihnen und den Wurzeln extrahierten spezifischen Öle, weiter aus Flores sulfuris und Carbo ligneus pulveratus. Es stellt dieses Gemisch ein grauschwarzes, amorphes Pulver von charakteristischem aromatischen Geruche dar, das im Handel in gut verschlossenen Glastuben in der Einzeldosis von 2,0 g vorkommt.

Wirkung: Man könnte das Mittel zu den Inhalationsantisepticis rechnen. Das Pulver wird auf eine mittelst Spiritus-Gasapparates zu erhitzende Chamotteplatte geschüttet und vergast. Die Kranken atmen die mit den Dämpfen (des gebildeten Schwefeldioxydes und ätherischen Öles) gemischte Luft nachtsüber ein. Es genügt, den Apparat 15 Minuten lang brennen zu lassen. Sommerfeld und Pleßner, sowie Behr und Kassel haben bei Tuberkulösen gute Erfahrungen damit gesammelt. Husten und Auswurf besserten sich, Nachtschweiße schwanden, Appetit und dadurch auch das Körpergewicht nahmen zu. Sommerfeld konnte sogar Abnahme des Dämpfungsbezirkes und der klingenden Rasselgeräusche feststellen. Soldin beobachtete bei Keuchhusten Abnahme der Anfälle. Als Nebenwirkung beobachtete Behr anfangs Erbrechen, Kopfschmerz und Temperatursteigerung.

Literatur: Sommerfeld, Berl. klin. Wochenschr., 23, 24, 1903. — Pleßner, Die Heilk., 7, 1903. — Behr, Berl. klin. Wochenschr., 46, 1903. — Kassel, Therap. Monatsh., 2, 1904. — Soldin, Klin.-therap. Wochenschr., 29, 1909.

Styracol, Guajacolzimtsäureäther, stellt lange, farblose, geruch- und geschmacklose Nadeln dar, welche bei 130^0 C schmelzen und sich in Alkohol und Chloroform, aber nicht in Wasser und verdünnten Säuren lösen. Es passiert daher den Magen unzersetzt, ohne denselben zu reizen oder zu belästigen und wird erst im alkalischen Darmsafte in seine Komponenten zerlegt und völlig resorbiert (Ulrici). Hier wirken dann beide Komponenten desinfizierend und fäulniswidrig. Es wird als inneres Desinfiziens und Antidiarrhoikum besonders in der Phthiseotherapie angewendet (Engels, Ulrici, Eckert).

Wirkung: Unter der Styracoltherapie bessert sich der Appetit, der. Allgemeinzustand, die Nachtschweiße werden geringer, ebenso Husten und Auswurf und die Expektoration wird trotz der Sekretionsbeschränkung erleichtert. Besonders wirksam erwies es sich bei Diarrhöen der Phthisiker (Engels, Meyer).

Dosierung: Für Kinder viermal täglich 0,25 g, für Erwachsene 3 bis 4 mal täglich 1,0 g am besten in Tabletten, welche aber gut zerkaut oder zerrieben werden sollen, damit sie nicht unverändert den Körper passieren. Bei Ausbleiben eines günstigen Erfolges nach der gebräuchlichen Dosis kann dieselbe versuchsweise unbedenklich gesteigert werden (Eckert).

Literatur: Engels, Therap. d. Ggw., 8, 1904. — Ulrici, Therap. Monatsh., 12 1905. — Eckert, Münch. med. Wochenschr., 41, 1905. — Meyer, Therap. d. Ggw., 4, 1906.
Fabr.: Knoll & Co., Ludwigshafen.
Preis: R. m. 15 Tabl. à 0,5 g Mk. 1,—. K. 1,25.

Sulfosot, kreosotsulfosaures Kalium, ein wohlfeiler Ersatz für das guajacolsulfosaure Kalium (Thiocol), enthält die wirksamen Bestandteile des Kreosots, das sind die Diphenole und deren Ester, in Form eines Kaliumsalzes. Da dasselbe sehr hygroskopisch ist, wird es in Form eines wasserlöslichen Sirups von brauner Farbe in den Handel gebracht. Dieser ist geruchlos, besitzt einen angenehmen, bitter-süßlichen Geschmack und kann, weil ohne Reizwirkung, ohne Zusatz verabreicht werden. Ein Kaffeelöffel voll enthält 0,4 g Kreosot (Zaeslein). Der Sirup erwies sich als ein brauchbares Mittel sowohl bei einfachen akuten und chronischen Bronchialkatarrhen, bei Asthma bronchiale und Emphysem, als insbesondere bei rezenten, wie inveterierten Formen von Tuberkulose (Goldmann, Schnirer, Lissau). Die gebräuchliche Dosis beträgt anfangs 2, später 3 Kaffeelöffel voll.

Literatur: Schnirer, Prag. med. Wochenschr., 41, 1899. — Lissau, Wien. med. Blätter, 40, 1899. — Goldmann, Wien. med. Presse, 36, 1900. — Zaeslein, Neue Therap. 1, 1904.
Fabr.: Hoffmann, La Roche & Co., Basel-Grenzach.
Preis: Fl. 150 g Mk. 1,60.

Thiocol, das Kaliumsalz der Orthoguajacolsulfosäure, ist ein Guajacol, in welchem 1 H-Atom ersetzt ist durch die Gruppe $SO_3 K$, es ist also ein Kaliumsulfoguajacolat. Die Nachteile des Kreosots, welche in seiner Flüssigkeit, Ätzwirkung, widrigem Geruch und Geschmack, sowie seiner Unlöslichkeit bestehen, haften auch seinem hauptsächlich wirksamen Bestandteile, dem Guajacol, welches zu 25% im Kreosot enthalten ist, an. Vermindert werden die oben erwähnten unangenehmen Erscheinungen erst durch die Veresterung des Kreosots und Guajacols. Diese Ester (Kreosotal, Duotal, Eosot, Geosot) haben nur minimale Giftwirkung, fast gar keine Ätzwirkung, während die sonstigen Eigentümlichkeiten mehr oder weniger erhalten geblieben sind. Die Wasserunlöslichkiet der Ester hat aber zur Folge, daß die Resorption nur eine ganz geringe ist, daß der größte Teil also unausgenützt verloren geht. Man war daher bestrebt, wasserlösliche Verbindungen des Guajacols herzustellen und so entstand das Thiocol und Guajasanol (Ott).

Das Thiocol hat einen Guajacolgehalt von 52% und stellt ein weißes, kristallinisches, geruchloses und schwach bitter schmeckendes Pulver dar. Es löst sich leicht in Wasser und besitzt keinerlei Ätzwirkung. Die 10% Lösung in Orangenschalensirup, unter dem Namen **Sirolin** und **Sorisin** bekannt, findet besonders häufige Verwendung (de Renzi und Boeri, Mendelsohn, Winternitz, Goldmann, Ölberg, v. Weißmayr, Fuchs, Braun, Brings, Markbreiter, Pollak, Kümmerling, Gasiorowski, Görges).

Wirkung: Das von Schwarz eingeführte Mittel vereinigt in sich die therapeutischen Effekte des Kreosots und Guajacols, ohne deren Nebenwirkungen hervorzurufen (Mendelsohn). Die Wasserlöslichkeit und Luftbeständigkeit des Präparates ermöglichen seine Anwendung in jeder Arzneiform (Roßbach). Die eklatanteste Wirkung ist die Hebung des Appetits, infolgedessen auch des Körpergewichts (Ott). Es beseitigt oder vermindert die Nachtschweiße der Phthisiker, wirkt auf Husten und Auswurf günstig ein (Roßbach, de Renzi und Boeri, Mendelsohn, Ott, Preininger, Lissau u. v. a.), setzt die Menge der Bazillen herab, so daß man geradezu von einer bakteriziden Wirkung sprechen kann (Walko, Schaerges, Tomarkin) und entfaltet eine ausgesprochene desinfizierende Wirkung auf die Bronchialschleimhaut, was Weinberg aus dem Verschwinden des oft vorhandenen fauligen Geruches des Sputum deduziert. Szabóky bezeichnet das Thiocol als das beste Ersatzmittel des Kreosots.

Nebenwirkungen: Abgesehen von den wenigen Fällen von Intoleranz, wobei das Mittel ausgesetzt werden mußte, wurde von Rossi, wie schon früher von de Renzi und Boeri, das Auftreten von leichten Diarrhöen konstatiert, wenn man höhere als grammige Dosen verwendete. Doch ließen sich dieselben leicht durch ein Adstringens beseitigen.

Indikationen: Das Mittel wird hauptsächlich in der Phthiseotherapie angewendet (de Renzi und Boeri, Roßbach, Frieser, Preininger, Walko, Mendelsohn, Winternitz, Goldmann, Morin) und zwar sowohl per os als per injectionem, welch letztere Form von Roßbach und Schnirer empfohlen wird. Während Szabóky der Verwendung im Anfangsstadium der Tuberkulose das Wort redet, äußerte das Mittel nach Fischer seine beste Wirkung bei mittelschweren Fällen. Bei beginnender Phthise war es von äußerst geringer Wirkung. Ganz versagt hat es bei vorgeschrittener Tuberkulose (Ott, Fischer). Über günstige Wirkung bei Pneumonie, besonders wenn das Mittel gleich im Anfange der Erkrankung in hohen Dosen (8,0—10,0 g) gegeben wird, berichten Eberson, Cerioli und Wohrizek. Ersterer sah in 11 Fällen 10 mal nach 48, einmal schon nach 24 Stunden kritischen Abfall der Krankheitserscheinungen. Als Antidiarrhoikum besonders bei subakuten und chronischen Enteritiden, sogar bei Säuglingen, gab es Schnirer. Mit gutem Erfolge verwendete es Polidoro bei Malaria und Malariakachexie, wie auch als Prophylaktikum. Über günstige Erfolge mit Sirolin bei Keuchhusten berichtet Rey, ähnlich auch Weinberg und Schnirer. Lokale Anwendung in Form von Einblasungen bei Larynxtuberkulose versuchte Fasano mit Erfolg; intern gibt es Schulhof bei subakut und chronisch verlaufenden infektiösen Gelenkentzündungen.

Dosierung: Gewöhnlich in Pulvern oder Pastillen à 0,5 g in Tagesdosen von 1,0—2,0—5,0 g, in größeren Gaben (s. oben) bei Pneumonie. Sirolin wird kaffeelöffelweise viermal täglich gegeben. Als Antidiarrhoikum gibt Schnirer dreimal 0,5 g pro die den Kindern folgende Mixtur: Thiocol. 0,5, Aq. dest. 50,0, Sirup. cort. aur. 10,0, S. 2 stündlich 1 Eßlöffel voll. Gegen Keuchhusten 0,3—0,6 Thiocol oder 4 Teelöffel Sirolin in 24 Stunden. Bei Malaria empfiehlt Polidoro 2,0—4,0 g 4 Stunden vor dem Anfalle in zwei Portionen in einstündigem Intervall. Subkutan kann es (2,0 g in 4,0 g Wasser von 38° C) ebenfalls versucht werden. Zur Einblasung benützt Fasano Thiocol. 0,1—0,15, Cocain. mur. 0,4, Acid. boric. 1,0. Von Sorisin und Sirolin gibt man 3 mal täglich einen Kaffeelöffel voll.

Literatur: Schwarz, Klin.-therap. Wochenschr., 19, 1898. — Roßbach, Therap. Monatsh., 2, 1899. — Walko, Prag. med. Wochenschr., 24, 1899. — Lissau, Wien. med. Blätter, 40, 1899. — de Renzi u. Bocri, Deutsche med. Wochenschr., 32, 1899. — Oelberg, Wien. med. Presse, 9, 1900. — Frieser, Therap. Monatsh., 12, 1900. — Goldmann, Wien. med. Presse, 13 u. 14, 1900. — Mendelsohn, Deutsche Ärzteztg., 21, 1900. — Fasano, Wien. klin. therap. Wochenschr., 23, 1900. — Braun, Wien. klin. therap. Wochenschr., 38, 1900. — Preininger, rf. in Therap. d. Ggw., 12, 1900. — Schnirer, Wien. klin. therap. Wochenschr., 32, 1901. — Winternitz, Deutsche Ärzteztg., 1, 1902. — Eberson, Ärztl. Zentralztg.,

8, 1902. — v. Weißmayr, Wien. klin. therap. Wochenschr., 8 u. 9, 1902. — Fuchs, Wien. klin. Rundsch., 21 u. 22, 1902. — Rey, Der Kinderarzt, 3, 1903. — Schaerges, Neue Therap., 4, 1903. — Fischer, Reichsmedizinalanz., 3 u. 4, 1903. — Ott, Deutsche Ärzteztg., 21, 1903. — Schnirer, Wien. klin. therap. Wochenschr., 50, 1903. — Polidoro, Neue Therap., 2, 1904. — Cerioli, ebendort, 12, 1904. — Weinberg, Ärztl. Zentralztg., 13, 1904. — Szabóky, Berl. klin. therap. Wochenschr., 42, 1904. — Morin, Therap. Monatsh., 1, 1905. — Pollak, Wien. klin. Wochenschr., 12, 1905. — Kümmerling, Wien. med. Wochenschr., 17, 1905. — Rossi, zit. bei Lubowski, Allg. med. Zentralztg., 18, 1905. — Gasiorowski, Die Heilk., 3, 1906. — Markbreiter, Wien. med. Blätter, 10, 1906. — Schulhof, Fortschr. d. Med., 9, 1906. — Brings, Wien. klin. Rundsch., 27/29, 1906. — Wohrizek, Therap. d. Ggw., 3, 1907. — Tomarkin, Zeitschr. f. Tuberk., 3/4, 1907. — Görges, Therap. Monatsh., 359, 1907.
Fabr.: Hoffmann-La Roche, Basel-Grenzach.
Preis: R. m. 10 u. 25 Tabl. à 0,5 g Mk. 1,—. u. Mk. 2,—. K. 1,25 u. K. 2,50.

Torosan ist ein Blutpräparat, dem etwas Guajacol zugesetzt ist, einerseits, um es aseptisch und steril zu erhalten, anderseits um die therapeutische Wirkung zu verstärken.

Es ist ein braunschwarzes Pulver, welches in Wasser und den gebräuchlichen Lösungsmitteln vollkommen unlöslich ist, einen unangenehmen bitterlichen Geschmack und an Kreosot erinnernden Geruch besitzt, den Magen unzersetzt passiert und erst im alkalischen Darmsaft gelöst und resorbiert wird.

Das Mittel wird von Winterberg und Weiß bei Tuberkulose empfohlen und soll hier sowohl die subjektiven als auch die objektiven Symptome günstig beeinflussen.

Dosierung: Man gibt es in Pulverform oder besser noch in Tabletten à 0,25 g (in einer Menge von 3—6 mal täglich je 2—4 Stück).
Literatur: Winterberg, Medico-technolog. Journ., 8, 1906. — Weiß, ebendort, 1906, S.-A.
Preis: Sch. m. 100 u. 50 Pillen K. 5.— u. K. 2,75. Sch. m. 100 Tabl. à 0,25 g K. 4.—.

Trikresol ist das wasserleere Gemisch des in vollkommener Reinheit isolierten Ortho-, Meta- und Parakresols. Es stellt eine wasserhelle, ganz klare Flüssigkeit vom spezifischen Gewichte 1,042—1,049 dar und löst sich zu 2,2—2,5 % klar in Wasser. Instrumente werden nicht angegriffen, Wäsche nicht gefärbt und die Hände nicht schlüpfrig wie nach Lysol. Eine 1 % Lösung entspricht einer 3 % Karbollösung. Es findet als Antiseptikum in der Augen- sowie der Zahnheilkunde Verwendung (Jackson) und wird seitens amerikanischer Ärzte (Gowan, Heidingsfeld) rein oder in Salbenform zur Behandlung der Alopecia areata empfohlen. Hiebei wird die befallene Stelle zuerst gründlich mit Benzin gereinigt und dann Trikresol auf der Kopfhaut mittelst Wattebausches in unverdünntem Zustande (im Gesichte in 50 % alkohol. Lösung) eingerieben. Das unmittelbar darnach auftretende Brennen dauert höchstens eine halbe Stunde. Zu Desinfektionszwecken genügt eine $1/2$—1 % Lösung (Seifert). Innerlich gibt es Vopelius in 2 stündl. Intervallen zu 10 bis 40 Tropfen bei tuberkulöser Bronchitis und Lymphosarkom.
Literatur: Vopelius, Ärztl. Rundsch., 26, 1896. — Gowan, Journ. of Cutaneous and Genito-Urinary diseases, May 1899, übers. S.-A. — Jackson, The ophthalmic Review, Juni 1902, übers. S.-A. — Heidingsfeld, The Cincinnati Lancet-Clinic., Sept. 1902, übers. S.-A. — Seifert, Würzb. Abhandl., 1, 37, 1904.
Fabr.: E. Schering, Berlin.

Chemotherapie.

Wir verstehen unter Chemotherapie nicht die therapeutische Beeinflussung von Krankheiten durch chemische Substanzen im weitesten Sinne, sondern nach der von Jacoby gegebenen Definition die Heilung der Krankheiten, die durch Einwirkung der chemischen Stoffe auf die Krankheitsursachen und ganz besonders auf die belebten Krankheitsursachen, die Krankheitserreger, zustande kommt. Chemotherapie ist somit ätiologische Therapie. Sie bedient sich jedoch nur chemisch wohldefinierter Körper und steht so im Gegensatz zur Serumtherapie dieser Krankheitsgruppen.

Die Bestrebungen der Chemotherapie gehen dahin, Stoffe zu finden, bei denen das Verhältnis von Organotropie zu Parasitotropie ein günstiges ist, d. h. vor allem solche, bei denen die Dosis therapeutica einen möglichst kleinen Bruchteil der Dosis toxica darstellt. Es handelt sich vorwiegend um Substanzen „mit spezifisch desinfizierenden Eigenschaften". Nach der Anschauung Ehrlichs sind die Angriffsstellen aller Heilstoffe bestimmte Rezeptoren der Zelle, die sogenannten Chemozeptoren, von denen jede einzelne Art auf bestimmte Gruppen von Arzneistoffen eingestellt ist.

Chemotherapeutische Versuche wurden bei einer Reihe von Infektionskrankheiten durchgeführt, praktische Verwendung haben jedoch nur eine beschränkte Anzahl von Heilmitteln für diese Zwecke gefunden und unter diesen sind eine Anzahl bereits älteren Datums. Mit Sicherheit sind spezifisch ätiotrope Heilwirkungen gewisser chemischer Stoffe gegen Protozoenkrankheiten festgestellt: So in erster Linie das Chinin gegen Malaria, Arsenverbindungen gegen Trypanosomenkrankheiten und gegen Lues, sowie auch gegen Malaria, ferner Quecksilber gegen Lues. Den Salizylaten wird hinsichtlich ihrer spezifischen Heilwirkung beim Gelenkrheumatismus auch eine ätiotrope Wirkung gegen den noch unbekannten Krankheitserreger zugeschrieben. Sicheres läßt sich gerade darüber noch nicht aussagen und sei mit Rücksicht auf die gleichartige Wirkung anderer Stoffe auf das bei der Therapie des Gelenkrheumatismus Gesagte verwiesen.

Hypothetisch ist auch die spezifisch desinfektorische Wirkung der Kreosotpräparate bei der Tuberkulose. Es ist unwahrscheinlich, daß die Konzentration dieser Stoffe im Blut und in den Geweben einen solchen Grad erreicht, daß eine Hemmung der Keimfortpflanzung oder gar eine Abtötung der Keime erfolgen würde. Die experimentellen Untersuchungen bieten für diese spezifische Therapie der Tuberkulose wohl keine Grundlage, die vielfachen günstigen klinischen Erfahrungen lassen aber vermuten, daß hier eine indirekte Wirkung vorliegt, die den Krankheitsablauf günstig beeinflußt. Diese Mittel sind im Kapitel „Tuberkulose" besprochen. Neuere chemotherapeutische Versuche erstrecken sich auf die Pneumokokkeninfektion. Morgenroth und Halberstädter fanden das Chinin und ganz besonders gewisse Derivate desselben, das Äthylhydrocuprein, wirksam. Auch dem Kampfer wird eine spezifische Wirkung auf die Pneumokokken zugeschrieben (Leo): Anwendung von Kampferwasser zu intravenösen Injektionen.

Chemotherapeutische Versuche bei malignen Geschwülsten haben vorläufig nur theoretisches Interesse.

Bei den im folgenden angeführten Heilmitteln dieser Gruppe wurden nun in erster Linie die **Arsenpräparate** berücksichtigt.

Am längsten bekannt ist die spezifisch desinfizierende Wirkung des Arseniks, der arsenigen Säure, gegen die Malariaparasiten. Die neueren Arbeiten auf diesem Gebiet, vor allem aber die Paul Ehrlichs und seiner Schüler, führten zur systematischen Darstellung einer Reihe neuer komplexer organischer Arsenverbindungen. Bei den komplexen Organmetallverbindungen, bei denen das betreffende Metall nicht in ionisierter Form vorhanden ist, treten nicht mehr die bekannten Giftwirkungen der betreffenden Metalle in Erscheinung, sondern es sind neue Giftwirkungen eigenartiger Natur, bei denen sich das Verhältnis der organotropen zur parasitotropen Wirkung immer günstiger gestaltet und sich durch Einführung bestimmter Atomgruppen noch weiter steigern ließ. Therapeutische Verwendung finden von solchen komplexen Arsenverbindungen die Kakodylsäure, das Atoxyl, Arsacetin und allen voran das Salvarsan. Zum Zustandekommen der Arsenwirkung im Körper ist notwendig, daß Arsen in 3-wertigem ungesättigten Zustand vorhanden ist. Ehrlichs Anschauung über die Wirkung der Arsenpräparate geht dahin, daß nicht die verwendeten Arsenverbindungen die Heilung bewirken, sondern andere aus ihnen entstehende Reduktionsprodukte, die selbst wieder stark reduzierend wirken. Nun stellen das Atoxyl und das Arsacetin eine 5-wertige Arsenverbindung dar und tatsächlich zeigen diese Stoffe auch im Reagensglas keine trypanozide Wirkung. Da aber eine solche Wirkung im Körper beobachtet wurde, so mußte angenommen werden, daß die Stoffe zu anderen Körpern mit dreiwertigem Arsenrest abgebaut werden. In vitro konnte nun Ehrlich auch aus der Arsanilsäure zwei Reduktionsprodukte erhalten, das Paraaminophenylarsenoxyd und das Diamidoarsenobenzol, die ebenso in vitro, wie in vivo, hohe trypanozide Wirkung besitzen.

Die weiteren Studien Ehrlichs auf dem Gebiete der Chemotherapie, speziell auf dem Gebiete der Darstellung organischer Arsenpräparate, galten der zielbewußten Änderung der untersuchten Moleküle. Es wurden immer mehr Tatsachen gewonnen, welche zeigten, inwieweit die Wirkung der chemischen Stoffe von ihrer Konstitution abhängig ist und durch Änderung der einzelnen Atomgruppen, durch Einführung neuer Gruppen wurden schließlich Stoffe von maximalster parasitotroper und geringer organotroper Wirkung erhalten, unter denen das Dioxydiamidoarsenobenzol, das Salvarsan, einen gewissen Markstein bedeutet.

Arrhénal, Methyldinatriumarseniat, bildet weiße, in Wasser leicht, in Alkohol wenig und in Äther, Benzol und Ölen nicht lösliche Kristalle, die bei 130—140° C schmelzen.

Wirkung: Das Mittel gibt überall da ausgezeichnete Resultate, wo Arsen angezeigt ist und zwar in viel kürzerer Zeit, als dies die Kakodylsalze und die Fowlersche Lösung erreichten (Gautier). Weiter hat es vor den Kakodylverbindungen den Vorzug, daß es sich auch per os, ohne Nebenwirkungen hervorzurufen, geben läßt und vor dem Chinin, daß den Appetit nicht beeinträchtigt und die roten Blutkörperchen nicht zerstört (Gautier).

Nebenwirkungen: Dieselben treten nach Thébault bei Verwendung unreiner Präparate und zu hoher Dosen auf. So beobachtete Chassevant Verdauungsstörung, Leber- und Nierenschmerzen, Gautier nach höheren Dosen Kopfkongestionen und Koliken. Vigenauds Untersuchungen ergaben, daß es oft Lungenkongestionen, ja Hämoptyse hervorruft.

Indikationen: Das Mittel wurde fast ausnahmslos von französischen Ärzten geprüft und empfohlen und hauptsächlich bei Malaria und Tuberkulose angewendet (Gautier, Bolognesi u. v. a.). Weiter wird es bei Psoriasis und anderen chronischen Hautkrankheiten (Gautier, Danlos), bei Chorea, Leukämie, Anämie, Drüsenschwellungen, Ekzem und Karzinomatose (Gautier), sowie bei Migräne (Chaumier) mit Nutzen gebraucht. Bei Lungentuberkulose ist es nur mit großer Vorsicht in Anwendung zu bringen (Vigenaud), Fieber und Hämoptyse bilden direkt eine Gegenanzeige (Le Gendre). Ein überhaupt absprechendes Urteil über das Mittel fällt Fraser, der das Arrhénal für eine ganz unwirksame Substanz hält, welche selbst in genügender Menge niemals die anerkannten und wohlumgrenzten Effekte des Arsens hervorzubringen imstande ist.

Dosierung: Man gibt es intern gewöhnlich in Dosen von 0,05 g pro die durch 4—5 Tage hintereinander oder auch subkutan in Dosen von 0,05—0,1 g. Letztere Anwendungsform empfiehlt Gautier bei Malaria.

Literatur: Gautier, Revue de thérap., 5, 1902, rf. Zentralbl. f. inn. Med., 47, 1902. — Gautier, Bullet. de l'acad. de médic., 8, 1902, rf. ebendort, 37, 1902. — Chaumier, Bullet. général de thérap., Juli 1902, rf. ebendort, 1, 1903. — Thebault, Bullet. général. de thérap., August 1902, rf. ebendort, 13, 1903. — Chassevant, rf. in Mercks Jahresber. 1902. — Fraser, Scottish med. and surg. journ., 3, 1903, rf. Zentralbl. f. inn. Med., 45, 1903. — Vigenaud,

Bolognesi, Le Gendre, Danlos, sämtlich rf. in Pollatschek, Therap. Leistungen des Jahres 1903, p. 31.
Fabr.: Andrian & Co., Paris.
Preis: K. à 10 Amp. K. 5,50.

Arsojodin, eine Mischung von Jodnatrium und arseniger Säure, welche in Pillen à 0,001 arseniger Säure (= 2 Tropfen Tinct. Fowleri) und 0,12 % Jodnatrium (= 0,096 reines Jod) im Handel ist und von Hirtz in der Hautpraxis überall dort empfohlen wird, wo Arsen gegeben werden soll.
Literatur: Hirtz, Wien. klin. Wochenschr., 29, 1908.
Fabr.: Apoth. zur Austria, Wien.
Preis: 100 Pillen Mk. 3,—. K. 3,20.

Argentarsyl ist eine Kombination von Argentum colloidale und Ferrum kakodylicum im Verhältnis von 0,05 : 10, welche Barcanovich gegen Malaria mit bestem Erfolg verwendete. Er konnte mit einmaliger Injektion von 10 ccm schwere akute Anfälle in 24 Stunden ohne Rezidive koupieren und das Blut frei von Plasmodien machen.
Literatur: Barcanovich, Münch. med. Wochenschr., 583, 1912.

Argentum atoxylicum ist das Monosilbersalz der Paraamidophenilarsensäure und enthält 23,1 % Arsen und 33,3 % Silber. Die 10 % Aufschwemmung in Olivenöl ist als Argatoxyl im Handel und kommt in Dosen von 3—5 g intramuskulär bei gonorrhoischen Gelenkerkrankungen (Blumenthal), sowie puerperaler Sepsis (Hirsch, Eisenberg, Rosenstein) mit gutem Erfolge zur Anwendung. Keinen Erfolg sah hiebei Kirchhoff.

Neuerdings wird das Argentum atoxylicum auch in einer 10 % Piperazinlösung für subkutane und intravenöse Applikation in den Handel gebracht und bei Karbunkel, Phlegmone, Puerperalfieber und Sepsis e causa ignota als bakterizides und Leukozytose anregendes Mittel empfohlen (Rosenstein).
Literatur: Blumenthal, Therap. d. Ggw., 388, 1911. — Hirsch, Med. Klin., 1084, 1911. — Eisenberg, Berl. klin. Wochenschr., 1643, 1911. — Kirchhoff, Zeitschr. f. Geburtsh. u. Gynäk., 493, 1912. — Hirsch, Deutsche med. Wochenschr., 560, 1912. — Rosenstein, ebendort, 1924, 1912.

Kakodylsäure und ihre Salze. Dieselbe stellt geruchlose, in Wasser und Alkohol leicht lösliche Kristalle dar. Sie entsteht durch Oxydation aus einer organischen Arsenikverbindung, dem Dimethylarsenik (Kakodyl) und hat den großen Vorzug, nur geringe Giftwirkung zu besitzen und so zu gestatten, dem Körper größere Mengen von Arsenik ohne Gefahr zuführen zu können (Gautier). Der Gehalt an arseniger Säure beträgt 72 %.

Die Wirkung, welche die Kakodylsäure im Organismus ausübt, besteht in einer Zellenreproduktion, Vermehrung der roten Blutkörperchen, Verjüngung der Gewebe und der Erzeugung einer außerordentlichen Widerstandsfähigkeit gegen krankmachende Einflüsse. In Berührung mit organischen Massen im Darmkanale wandelt sich die Kakodylsäure teilweise in Kakodylat, eine äußerst giftige Substanz von knoblauchartigen Geruche, um.

Nach Gautier soll man die Kakodylsäure nur subkutan, nicht per os oder per clysma verwenden, da dadurch Erscheinungen von Arsenizismus besser vermieden werden.

Praktische Verwendung haben nur die Salze der Kakodylsäure gefunden und hierunter am meisten das **Natrium kakodylicum,** Arsycodile. Dasselbe stellt ein amorphes, in Wasser leicht lösliches, sehr beständiges Pulver dar, welches nicht reizend auf die Darmschleimhaut wirkt, auch keine toxischen Eigenschaften entfaltet und daher lange Zeit in großen Dosen gegeben werden kann (Pollatschek). Das Mittel besitzt die guten Eigenschaften des Arsens und macht nur selten Nebenerscheinungen (Gautier, Rock).

Die Kakodylsäureverbindungen überhaupt regen den Appetit an, vermehren die Sekretionsprodukte, heben die Ernährung und den Tonus der

Gewebe, wodurch dem Eintritte von interkurrenten Infektionskrankheiten vorgebeugt wird (Gautier).

Nebenwirkungen: Dieselben treten wie bei der Kakodylsäure mehr bei der Aufnahme per os und per rectum als bei subkutaner Applikation zutage und bestehen in einem unangenehmen Druckgefühl im Epigastrium, Appetitverlust, zeitweiligen Darmstörungen und knoblauchartigem Geruch der Atemluft. Dieser eigenartige Geruch kommt bei einem Drittel der Behandelten vor (Gautier, Saalfeld). In einzelnen Fällen traten außerdem noch Übelkeiten, Aufstoßen, Nasen- und Lungenblutungen, Schweiße, Albuminurie, Schwindelgefühl und Kopfschmerzen (Rock), sowie entzündliche Hauterytheme auf (Danlos, Prockborow). Ein ungünstiges Urteil über alle Kakodylsalze überhaupt fällt Fraser, während Allard die erzielten Erfolge als auf suggestiver Wirkung beruhend erklärt.

Indikationen: Das kakodylsaure Natron wird erfolgreich verwendet bei verschiedenen chronischen Hautkrankheiten, wie Psoriasis und Lichen ruber planus (Gautier, Danlos, Gijselmann, Saalfeld, Mendel, Klinger), bei Leukämie, Chlorose und Anämie (Gautier, Widal, Hajem, Grasset, Simon, Graff, Mendel, Anelli, Rock, Dawes, Barlow, und Cumingham) und bei Tuberkulose ersten Grades, langsam fortschreitenden Formen 2. Grades und in beschränkten Fällen 3. Grades, wenn der Verlauf besonders torpid ist (Gautier, Widal, Jalaguier, Mendel, Rock). Schließlich seien noch die erfolgreichen Versuche der Arsycodiletherapie erwähnt bei Struma (Mendel), Chorea (Lannois), Diabetes (Mendel), Malariakachexie (Gautier, Billet) und bei Karzinom (Petrini, Renaut, Payne), sowie bei Syphilis (Oppenheim, Schirrmann, Suggett, Prockborow, Robin).

Kontraindiziert ist das Mittel bei Leberinsuffizienz, Leberkrebs und Ikterus (Gautier), erfolglos bei den erethischen Formen des 2. Stadiums und den meisten Fällen des 3. Stadiums der Tuberkulose (Jalaguier).

Dosierung: Man gibt das Präparat per os, subkutan und intravenös. Am meisten gebraucht wird es in subkutaner Applikation und hiebei die nach Gautierscher Vorschrift hergestellte Lösung verwendet: Natr. kakodyl. 6,4, Alcohol. carbolisat. ($10^0/_0$) gtts. X, Aq. dest. 100,0. S. Auf 100^0 C aufkochen und abfüllen in sterile Fläschchen. Im Handel kommt es in Glastuben mit 1 ccm dieser Lösung (= 0,05 Kakodylsäure) vor, welches Quantum der mittleren, einmaligen Dosis für einen Erwachsenen entspricht. Für den internen Gebrauch findet es in Form von Pillen mit 0,025 g Arsycodilegehalt Anwendung. Die übliche Dosis beträgt 1—2 Stück 1—2 mal täglich.

Nach Saalfeld kann man auch von einer sterilisierten $5^0/_0$ Lösung 10—25 Tropfen pro dosi und 40 Tropfen pro die verabfolgen. Nach einwöchigem Gebrauche ist eine Woche zu pausieren. Der intravenösen Injektion, als der wirksamsten Applikationsform, reden Mendel und Anelli das Wort. Mendel verwendet hiebei $50^0/_0$ Lösungen und steigert die Dosis bis zu 0,2 g pro die. Robin empfiehlt bei Hemiplegie infolge von Syphilis folgende Lösung: Natr. kakodylic. Hydrargyr. bijodati, Kal. jodali āā 0,1, Aq. dest. 10,0. Hievon anfangs Injektionen von 1 ccm, jeden Tag um 1 ccm (bis auf 5 ccm) steigend.

Außer dem Natrium kakodylicum kommen noch folgende Verbindungen der Kakodylsäure für praktische Verwertung:

a) **Ferrum kakodylicum**, ein graugelbes, amorphes, in Wasser, zumal beim Erwärmen leicht lösliches Pulver, das besonders bei Chlorose und Anämie, sowie bei Leukämie angezeigt erscheint (Gilbert und Lereboullet, Lalli, Senator, Frank, Barlow und Cumingham). Das Mittel wird 2—3 mal wöchentlich in Dosen von 0,03—0,1 g subkutan, nach Frank besser intravenös oder in Gaben von 0,05—0,3 g innerlich gegeben.

b) **Guajacolum kakodylicum,** eine rötlich-weiße Kristallmasse, die sich in Alkohol löst und eine nach molekularen Mengenverhältnissen dargestellte Mischung von Guajacol und Kakodylsäure repräsentiert. Es ist eine sehr wenig stabile Verbindung, deren Anwendung bei Tuberkulose daher trotz der ermutigenden Versuche von Barbary nicht empfehlenswert erscheint.

c) **Hydrargyrum kakodylicum** stellt weiße Kristalle der, die in Wasser leicht, in Alkohol schwer löslich sind. Dieses Präparat ist sehr giftig, die Injektionen ungemein schmerzhaft (Brocq), weshalb es zur Einführung in den Arzneischatz nicht geeignet erscheint, trotzdem von Giuffo selbst bei Verwendung hoher Dosen (täglich 1 Pravazspritze einer 2,5—5 % Lösung) keinerlei Nebenwirkungen konstatiert wurden. (Vgl. den Artikel „Corrosol".)

d) **Hydrargyrum jodokakodylicum,** das von italienischer und französischer Seite empfohlene Ersatzmittel der vorerwähnten Verbindung, scheint nach Löwenbach ein brauchbares Hilfsmittel zur Behandlung der Syphilis in ihren verschiedenen Formen zu sein.

e) **Magnesium kakodylicum** ist ein weißes, wasserlösliches Pulver mit 48 % Arsengehalt, welches von Burlureaux an Stelle des Natriumsalzes mit Erfolg verwendet worden ist. Die Anwendung geschah in Form subkutaner Injektionen ($1/2$—1 ccm einer 10—25 % Lösung).

Literatur: Danlos, Therap. d. Ggw., 8, 1899. — Gijselmann, Wien. klin. Wochenschr., 14, 1899. — Gautier, Sitzungsber. d. Acad. de médicine Paris, rf. Vereinsbeil. d. Deutsch. med. Wochenschr., 171, 1899. — Gautier, Semaine médicale 46, 1899, rf. Therap. d. Ggw., 1, 1900. — Pollatschek, Therap. Leistungen d. Jahres 1899, p. 39. — Widal, Semaine médicale, 10, 1900, rf. Therap. d. Ggw., 10, 1900. — Hajem, Grasset, ebendort, 10, 1900, rf. ebendort, 4, 1900. — Gilbert u. Lereboullet, Revue de Thérapeut., 16, 1900, rf. in Mercks Jahresber., 1900. — Simon, Zentralbl. f. inn. Med., 28, 1900. — Barbary, Pharm. Zentralhalle, 530, 1900, rf. in Mercks Jahresber. 1900 u. 1901. — Billet, Revue de Thérapeut., 18, 1900, rf. in Mercks Jahresber. 1900 u. 1901. — Renaut, ebendort, 7, 1900, rf. in Mercks Jahresber., 1900 u. 1901. — Petrini, Presse médicale, 66, 1900, rf. in Mercks Jahresber. 1900 u. 1901. — Graff, Therap. d. Ggw., 1, 1901. — Saalfeld, Therap. Monatsh., 6, 1901. — Lalli, La pediatria, 9/10, 1901, rf. Mercks Jahresber. 1902. — Lannois, rf. im Zentralbl. f. inn. Med., 29, 1901. — Brocq, Revue de Thérapeut., 15, 1901, rf. Mercks Jahresber. 1901. — Gautier, Bullet. de l'acad. de méd., 26/27, 1901, rf. im Zentralbl. f. inn. Med., 1, 1902. — Burlureaux, Presse médicale, 99, 1901. — Jalaguier, Lancet, Mai 1901, rf. Mercks Jahresber., 14, 1902. — Anelli, La semaine médicale, 31, 1901. — Mendel, Therap. Monatsh., 4, 1902. — Allard, Therap. d. Ggw., 11, 1902. — Fraser, Scott. med. and surgic. journal, Mai 1902, rf. Zentralbl. f. inn. Med., 49, 1902. — Löwenbach, Therap. Monatsh., 9, 1903. — Rock, Zentralbl. f. inn. Med., 10, 1903. — Giuffo, Riforma medica, 3, 1903, rf. Mercks Jahresber. 1903. — Klinger, Wien. med. Wochenschr., 5, 1904. — Frank, Allg. med. Zentralztg., 26, 1905. — Senator, ebendort, 26, 1905. — Oppenheim, Klin. therap. Wochenschr., 45, 1907. — Schirrmann, Suggett, Dawes, Prockborow, Barlow u. Cumingham, Robin, ref. in Mercks Jahresber. 1912, 324—326.

Atoxyl, Metaarsensäureanilid, ist ein weißes, geruchloses, schwach salzig schmeckendes Pulver, welches sich in Wasser bis zu 20 % löst. Die Lösung nimmt beim Stehen eine schwach gelbliche Farbe an. Das Atoxyl enthält ungefähr $1/2$ mal soviel Arsen wie die arsenige Säure, wirkt aber wahrscheinlich infolge der äußerst langsamen Zersetzung im Körper 40 mal weniger giftig als diese. (Schild).

Wirkung: Atoxyl ist ein wertvoller und vollkommener Ersatz der arsenigen Säure, vor welcher es nebst seiner Unschädlichkeit noch den Vorzug der leichteren Anwendbarkeit besitzt (Biringer). Bei Blutkrankheiten, sowie bei Tuberkulose äußert es einen entschieden tonisierenden Einfluß (Sigel). Bei Hautkrankheiten hat es dieselbe Wirkung wie jede Arsenbehandlung (v. Zeißl). Auf Spirochäten übt es einen schädigenden Einfluß aus und stärkt die Abwehrkräfte des Körpers (Uhlenhuth, Hoffmann und Weidanz).

Nebenwirkungen: Nach längerem Gebrauche tritt abendliches Frösteln, Schwindel, Kopfschmerz und Gefühl von Kratzen im Halse (Schild), Übelkeit, Kolik (Koch), neuralgische Schmerzen, Ikterus, Appetitmangel und Schwächegefühl (Watermann) ein. Nach interner Verabreichung macht sich schon nach kleinen Dosen Appetitstörung bemerkbar (Blumenthal). Die subkutane Injektion der üblichen 20% Lösung ist häufig von Schmerzen und Infiltrationen der Injektionsgegend, sowie über die Injektionsstelle hinausgehender Rötung gefolgt (Mendel). Einen Fall von schwerer Vergiftung bei Behandlung von Lichen ruber planus beobachtete Bornemann. Der Kranke erhielt während 2 Monate täglich 0,5—2 ccm der 20% Lösung in subkutaner Applikation, worauf sich zunächst die von Schild beschriebenen Nebenwirkungen einstellten. Später, als die Injektionen nach kurzer Pause wieder aufgenommen wurden, trat Sausen, Brausen und Rauschen in den Ohren, Herabsetzung des Hörvermögens, bohrender Schmerz in den Füßen, Nebelsehen und Abnahme der Sehschärfe bis zur völligen Amaurose auf, welch letztere noch nach dem Schwinden aller Erscheinungen (bei Aussetzen des Mittels) bestehen blieb.

Über Sehstörungen und Erblindung nach Atoxylgebrauch berichten Fehr, Herford, Nonne, Igersheimer, Paderstein, Knopf und Fabian, Birch-Hirschfeld. Koch hatte 22 Fälle von Erblindung unter seinen mit Atoxyl behandelten Schlafkranken. Bis 1910 waren bereits 80 Fälle von Amblyopie und Erblindung mitgeteilt worden. Die Sehstörung tritt gewöhnlich mehrere Wochen oder Monate nach Beginn der Injektionsbehandlung ein und macht dann trotz Aussetzen des Mittels rasche Fortschritte; nur selten wird dadurch Stillstand oder gar Besserung der Sehnervenerkrankung erzielt (Fehr). Die Prognose ist daher im allgemeinen sehr ungünstig. Nicht unerwähnt bleibe die Ansicht Hallopeaus, daß diese schweren Nebenwirkungen nur dem deutschen Präparate anhaften, während das französische bei richtiger Sterilisierung davon frei sei. Auch Yakimoff fand, daß man mit dem französischen Präparate ohne Bedenken bis 0,75—1,0 g gehen könne, während das deutsche schon in Dosen von 0,4 g sehr gefährlich sei.

Schlecht teilt einen Todesfall mit, welcher einen Syphilitiker betraf, der in 8 Tagen 2,4 g Atoxyl erhalten hatte.

Indikationen: Das Mittel ist überall dort am Platze, wo eine Arsenmedikation angezeigt ist, also bei verschiedenen Hautkrankheiten (Schild-Blumental, Oplatek), speziell bei Psoriasis, Lichen ruber acuminatus und planus (Biringer, v. Zeißl, Moller), bei Alopecia areata und Dermatitis herpetiformis (Biringer) und bei Furunkulose (Hoche). Weiter wird sein Nutzen hervorgehoben bei Anämie, Chlorose, Hysterie, Neurasthenie, Chorea (Mendel, Blumenthal, Arensberg, Schacht, Knopf und Fabian), bei Epilepsie (Moller), bei Tuberkulose, Skrofulose (Mendel, Rohden, Fuchs, Moller, Hallopeau, Lundie und Blaikie, Knothe), bei Diabetes (Fuchs), bei Pellagra, wobei es nach Babes und Vasiliu so sicher wirken soll, daß bei Ausbleiben einer günstigen Wirkung Zweifel an der Diagnose berechtigt seien (Babes, Vasiliu und Georghus, Campeanu), ferner bei Leukämie (Cohnheim), bei inoperablem Karzinom (Holländer und Pesci, Blumenthal), bei Lepra (Hallopeau), bei Rückfallfieber (Breinl und Kingborn, Glaubermann), im Tierversuch auch bei Framboesie (A. Neißer), bei Kala-Azar (Basseth-Smith), endlich bei Malaria (Grosch, Grigoriantz), besonders bei Chininidiosynkrasie (Georgopulos), schließlich bei Morbus Basedowii (Mendel).

Über die Atoxyltherapie der Lues (Lassar), welche auf Grund der von Uhlenhuth, Groß und Bickel gefundenen Tatsache der günstigen Beeinflussung der Hühnerspirillose durch Atoxyl versucht wurde, sind in der Literatur widersprechende Ansichten zutage getreten. Über günstige Wirkung bei maligner Lues berichten Uhlenhuth, Hoffmann und Roscher, Scherber, Neißer, Babesch, Knopf und Fabian, Sowade, bei frischer und gummöser Lues Chirivino, Kreibich und Kraus. Keineswegs ist das Atoxyl aber geeignet, das Quecksilber in der Syphilisbehandlung zu verdrängen, da es in kleinen Dosen keine genügenden Wirkungen entfaltet (Waelsch, Kreibich, Blumenthal, Nobl), in höheren Dosen aber den Kranken zu großen Gefahren aussetzt. Auch scheinen Rückfälle häufiger zu sein (Kreibich). In Fällen von tertiärer Lues, welche sich gegen Quecksilber und Jod refraktär verhalten, konnte mit Atoxyl öfter noch gute Wirkung erzielt werden (Tomasczewski, Spiethoff), ebenso bei metasyphilitischen Erkrankungen des Zentralnervensystems (Zweig) und bei Iritis syphilitica (Bargy). Auch als Tonikum bei der im Anschluß an Quecksilberkuren oft geschädigten Ernährung erwies sich Atoxyl von Nutzen (Mendel).

Zu negativen Resultaten und absprechenden Urteilen über den Wert der Atoxylbehandlung der Lues kamen Zieler, Curschmann, der direkt vor dem Mittel warnt, v. Zeißl, Bettmann, Mendel und v. Notthaft. Ohne Wirkung war es auch bei hereditär-syphilitischen Kindern (Lehndorff) und bei zerebraler Lues, Paralyse und tabischer Sehnervenatrophie (Spielmeyer, Watermann).

In größerer Übereinstimmung sind die Berichte über den spezifischen Einfluß des Atoxyls auf die Schlafkrankheit (Koch, Breinl und Todd, Breinl-Kinghorn, Schilling, Landsberger, Kopke, Yakimoff, Uhlenhuth, Hirsch, Löffler und Ruß, Martin, Beck, Kleine). R. Koch fand, daß man Menschen 10 Monate lang in bezug auf ihr Blut frei von Trypanosomen erhalten und dadurch bewirken kann, daß sie für die Infektion mit Glossinen und infolgedessen für die Ausbreitung der Krankheit ungeeignet, sonach ungefährlich werden. Je länger man einen Kranken behandelt, desto leichter gelingt es, ihn dauernd von Trypanosomen frei zu machen.

Kontraindikationen für die Verwendung bilden Herzfehler, da schon nach geringen Dosen Herzklopfen und Dyspnöe eintreten kann (Schild), ferner Optikuserkrankungen oder vorausgegangene Erkrankungen des Augeninnern, Sarkomatose und Karzinomatose (Igersheimer, Herford, Köster). Vorsicht ist bei Potatoren angezeigt (Köster).

Dosierung: Die Anfangsdosis beträgt 2 Teilstriche einer Pravazspritze einer 20% Lösung (= 0,04 g Atoxyl), bei der nächsten Injektion 4 Teilstriche usw. bis zur vollen Spritze (= 0,2 g). Die Injektionen werden in zweitägigen oder noch größeren Intervallen gegeben und zwar subkutan (Schild, Biringer), intramuskulär (v. Zeißl) oder endovenös (Mendel, Moller). Um die Schmerzen, welche die subkutane Injektion manchmal nach sich zieht, zu vermeiden, empfiehlt Pickardt vorher etwas Eucainlaktat (2—3 Teilstriche einer Pravazspritze einer 1,5% Lösung) einzuspritzen. Zur Darreichung os kombiniert Rohden das Atoxyl mit Ichthyolsalizyl in Form von Pillen, Mendel für die Behandlung des Morbus Basedowii mit Jodnatrium, als sogenanntes „Jodarsyl" in folgender Verschreibung: 1,0 Atoxyl. 4,0, Natr. jodat. ad 20,0 aq. dest. S. 2 ccm zu injizieren.

Für die Therapie der Trypanosomiasis empfiehlt Koch an 10 Tage in zwei aufeinanderfolgenden Tagen 0,5 g einer 20% Lösung subkutan, gegen Syphilis Lassar dreimal wöchentlich 0,5 g einer 10% Lösung, Scherber 1—3 ccm der 10% Lösung jeden 2. Tag in die Glutaei zu injizieren. Ein Zyklus beträgt 30 Injektionen. Bei Eintritt von bedenklichen Erscheinungen ist die Kur sofort zu unterbrechen. Die Gesamtdosis einer Kur soll nach Spiethoff 6,2 g nicht übersteigen. Stets sollen frische Lösungen verwendet werden, die im Dunkeln aufzubewahren sind und vor dem Gebrauch 1—2 Minuten lang aufgekocht werden sollen. Bei dem geringsten Anzeichen von Gelbfärbung ist die Lösung nicht mehr zu gebrauchen (Yakimoff). Für die intravenöse Applikation empfiehlt Mendel: 4,5 g Atoxyl ad 30,0 g aq. dest. Da ad vitr. nigr. Sterilisa! adde 0,2 g Chloreton. Als Tonikum bei Anämie gibt man per os täglich 2 mal nach der Mahlzeit 0,05 g, kombiniert mit Blaudscher Pillenmasse oder mit Ferrum lacticum (Arensberg) oder in steigender und fallender

Dosis 0,02—0,15—0,02 g intramuskulär (Schacht). In gleicher Weise gingen Holländer und Pesci bei inoperablem Karzinom vor und erzielten dadurch Stillstand der Geschwulst, Verkleinerung, Resorption und schließlich Verschwinden des Tumors. Bei Rückfallfieber ist ein Erfolg nur von größeren Einzeldosen (bis zu 2,5 g einer 20% Lösung) zu erwarten. Bei Malaria erwiesen sich Gaben von 0,3 g der 20% Lösung, 2 Stunden vor dem zu erwartenden Anfalle gegeben, von Nutzen (Grosch). Kleinere Dosen waren erfolglos (Sbisa). Bei Tuberkulose werden serienweise Injektionen (täglich oder in Zwischenräumen von einigen Tagen) in Dosen von 0,3—0,5 g der 20% Lösung empfohlen.

Literatur: Schild, Berl. klin. Wochenschr., 13, 1902. — Blumenthal, Die med. Woche, 15, 1902. — Rohden, Memoranda medica, 1, 1903. — Mendel, Therap. Monatsh., 4, 1903. — Biringer, ebendort, 8, 1903. — v. Zeißl, Münch. med. Wochenschr., 13, 1903. — Fuchs, Wien. med. Wochenschr., 17, 1903. — Sigel, Berl. klin. Wochenschr., 1 1904. — Moller, Berl. klin. therap. Wochenschr., 9, 33/34, 1904. — Pickardt, Ärztl. Praxis, 12, 1905. — Hoche, Deutsche med. Wochenschr., 14, 1905. — Bornemann, Münch. med. Wochenschr., 22, 1905. — Koch, Deutsche med. Wochenschr., 51, 1906. — Breinl u. Todd, Brit. med. journ., Jänner 1907. rf. in Münch. med. Wochenschr., 15 1907. — Schilling, Therap. Monatsh., 2, 1907. — Koch, R., Deutsche med. Wochenschr., 2, 1907. — Martin, Annal. de l'inst. Pasteur, 3, 1907. — Landsberger, Therap. d. Ggw., 3, 1907. — Uhlenhuth, Groß u. Bickel, Deutsche med. Wochenschr., 4, 1907. — Kopke, ebendort, 5, 1907. — Breinl u. Kingborn, ebendort, 8, 1907. — Holländer u. Pesci, Wien. med. Wochenschr. 11 1907. — Blumenthal, Med. Klin., 12, 1907. — Uhlenhuth, Berl. klin. Wochenschr., 12, 1907. — Curschmann, Therap. Monatsh., 12, 1907. — Yakimoff, Therap. d. Ggw., 16, 1907. — Hirsch, Med. Klin. 17, 1907. — Hallopeau, Bullet. général de thérap., 17, 1907. — Waelsch, Münch. med. Wochenschr., 19, 1907. — Grosch, Med. Klin., 20, 1907. — Lassar, Berl. klin. Wochenschr., 22, 1907. — Uhlenhuth, Hoffmann u. Roscher, Deutsche med. Wochenschr., 22, 1907. — Spielmeyer, Berl. klin. Wochenschr. 26, 1907. — Blumenthal, Deutsche med. Wochenschr., 26, 1907. — Babes u. Vasiliu, Berl. klin. Wochenschr., 28, 1907. — Zieler, Allg. med. Zentralztg., 31, 1907. — v. Zeißl, Wien. med. Presse, 33, 1907. — Löffler u. Ruß, Deutsche med. Wochenschr., 34, 1907. — Watermann, Berl. klin. Wochenschr., 35, 1907. — Glaubermann, ebendort, 36, 1907. — Neißer, A., Deutsche med. Wochenschr., 38, 1907. — Scherber, Wien. klin. Wochenschr., 39, 1907. — Uhlenhuth, Hoffmann u. Weidanz, Deutsche med. Wochenschr;, 39, 1907. — Bettmann, Münch. med. Wochenschr., 39, 1907. — Kreibich u. Kraus, Prag. med. Wochenschr., 40, 1907. — Cohnheim, Med. Klin., 41, 1907. — Nobl, Wien. klin. Wochenschr., 44, 1907. — Bargy, Clinique ophthalm., Oktober 1907. Chirivino, Riform. med., 49, 1907. — Fehr, Deutsche med. Wochenschr., 49, 1907. — Culpeanu, rf. in Mercks Jahresber. 1908. — Sbisa, Il. Morgagni, 2, 1908. — Babeschi, Spitalul, 3, 1908. — Yakimoff, Deutsche med. Wochenschr., 5, 1908. — Spiethoff, ebendort, 6, 1908. — Lehndorff, Wien. med. Wochenschr., 11, 1908. — Georgopulos, Münch. med. Wochenschr., 12, 1908. — Neißer, Deutsche med. Wochenschr., 35, 1908. — Tomasczewski, Münch. med. Wochenschr., 252, 1908. — Mendel, Therap. d. Ggw., 26, 1908. — Herford, Charité-Annalen, 440, 1908. — Zweig, Deutsche med. Wochenschr., 457, 1908. — v. Zeißl, Med. Klinik, 533, 1908. — Arensberg, Berl. klin. Wochenschr., 720, 1908. — Nonne, Med. Klinik, 757, 1908. — Bassett-Smith, Münch. med. Wochenschr., 886, 1908. — Schacht, Med. Klinik, 1419, 1908. — Igersheimer, Münch. med. Wochenschr., 2012, 1908. — Hoch, Beck, Kleine, ebd. a. d. Kais. Gesundheitsamte, 1, 1909. — Knopf u. Fabian, Berl. klin. Wochenschr., 3, 1909. — v. Notthaft, Deutsche med. Wochenschr., 5/6, 1909. — Babes, Vasiliu u. Georghus, Berl. klin. Wochenschr., 6, 1909. — Paderstein, ebendort, 22, 1909. — Küster, Fortschr. d. Med., 31, 1909. — Lang, Monatsh. f. prakt. Derm., 36, 1909. — Grigoriantz, Therap. Monatsh., 488, 1909. — Schlecht, Münch. med. Wochenschr., 972, 1909. — Sowade, Arch. f. Derm., 1, 1910. — Mendel, Therap. d. Ggw., 2, 1910. — Lundie u. Blaikie, Berl. klin. Wochenschr., 9, 1910. — Birch-Hirschfeld, Fortschr. d. Med., 929, 1910. — Knothe, Wien. klin. Wochenschr., 562, 1911.

Fabr.: Vereinigt. chem. Werke, Charlottenburg.
Preis: 1 g K. 1,10.

Arsazetin ist ein azetyliertes Atoxyl und stellt ein weißes Pulver dar, das sich in 10 Teilen kalten und 3 Teilen heißen Wassers löst und sich unzersetzt bei 100—130 Grad sterilisieren läßt.

Wirkung: Das Mittel ist 3—5 mal weniger giftig als Atoxyl, scheint aber eine größere trypanosomenschädigende Kraft zu besitzen als dieses (Ehrlich). — Seine Wirkung auf Syphilis ist lange nicht so sicher und anhaltend wie die des Quecksilbers (Heymann, Sowade).

Nebenwirkungen: Vereinzelt treten Magenstörungen nach den Arsazetininjektionen auf (Neißer), in nahezu allen Fällen Nierenreizungen

(Borchers), relativ häufig Schädigungen des Sehapparates bis zur völligen Erblindung (Ruete, Iversen, Judin, Oppenheim, Hammes).

Indikationen: Das Mittel ist gegen Trypanosomiasis (Ehrlich, Eckard), gegen Rekurrens (Iversen), gegen pseudoleukämische Drüsenaffektionen (Naegeli), gegen Psoriasis und Lichen ruber (Heinrich) und gegen Syphilis versucht worden. Hiebei zeigte sich, daß es bei primärer Lues nur ganz vereinzelt wirksam war, manchmal treten die sekundären Erscheinungen früher auf, als nach Hg-Kuren. Bei sekundärer und tertiärer Syphilis waren überhaupt keine Dauerwirkungen zu erzielen (Heymann, Jenssen). Bei syphilitischen Erkrankungen der Nägel, der Haut und bei Drüsenschwellungen war die Wirkung gut.

Kontraindiziert ist das Mittel bei allen Erkrankungen des Augeninnern.

Dosierung: Man kann das Präparat intern (5—8 Tropfen einer $10^0/_0$ Lösung) und subkutan (jeden 2.—4. Tag 0,5 g) geben. Die Augen müssen während der Behandlung ständig kontrolliert werden, da man nur so eine bleibende Schädigung hintanhalten kann (Eckard, Pflughöft). Große Vorsicht ist bei Alkoholikern und starken Rauchern am Platze, ebenso wenn eine Behandlung mit anderen Arsenpräparaten vorherging. Als Zeichen einer bestehenden Überempfindlichkeit, die zum Aussetzen des Mittels auffordern, bezeichnet Iversen Kolik, scharlachähnliche Exantheme, Bluterguß in die Skleren.

Literatur: Ehrlich, Berl. klin. Wochenschr., 9—12, 1907. — Neißer, Deutsche med. Wochenschr., 35, 1908. — Heymann, ebendort, 50, 1908. — Ruete, Münch. med. Wochenschr., 14, 1909. — Iversen, ebendort, 25, 1909. — Judin, Wochenschr. f. Therap. u. Hyg. d. Auges, 37, 1909. — Eckard, Deutsche med. Wochenschr., 1671, 1909. — Sowade, Arch. f. Derm. u. Syph., 1, 1910. — Naegeli, Therap. Monatsh., 2, 1910. — Eckard, Arch. f. Tropenhyg., 2, 1910. — Jenssen, Dermat. Zentralbl. 4, 1910. — Oppenheim, Berl. klin. Wochenschr., 5, 1910. — Hammes, Deutsche med. Wochenschr., 6, 1910. — Borchers, Münch. med. Wochenschr., 8, 1910. — Heinrich, Therap. Monatsh., 11, 1910. — Pflughöft, Münch. med. Wochenschr., 26, 1910. — Iversen, Petersb. med. Wochenschr., 30, 1910.

Fabr.: Höchster Farbwerke.

Preis: 0,1 g K. 0,10, 1 g K. 0,85.

Arsenophenylglycin, Spirarsyl, ist ein hellgelbes, in Wasser leicht lösliches Pulver, das wegen seiner leichten Zersetzlichkeit unter Luftabschluß in zugeschmolzenen Glasröhrchen aufbewahrt wird und zur Bekämpfung der Trypanosomiasis (Wendelstadt, Zupitza und v. Raven, Scherschmidt) und der Paralyse (Alt), sowie in $5^0/_0$ Salbe bei ekzematösem Pannus und Keratitis fascicularis (Grüter) versucht worden ist. Nach Wendelstadt genügen sehr kleine Dosen, um eine Heilwirkung herbeizuführen, so daß ein schädigender Einfluß auf die Augen hintangehalten werden kann. Trotzdem hat das Mittel aber gleich Atoxyl und Arsacetin, wie Zupitza und v. Raven berichten, zu ernsten Vergiftungen geführt und nach ihrer Ansicht in zwei Fällen zum tödlichen Ausgang Veranlassung gegeben. Die Hauptgefahr liegt nicht so sehr in der Höhe einer einmaligen Dosis, als vielmehr in der zu raschen mehrmaligen Wiederholung. Eine Doppelinjektion von je 1,5 g innerhalb zweier Tage soll ungefährlich sein, dieselbe Dosis hingegen in 10—15 Tagen in 4—6 Injektionen verabreicht, zu ernsten Störungen führen. Vereinzelt wurden nach den Injektionen Abszedierung, Magenschmerzen, Hautjucken und Exantheme, geringe Temperatursteigerung, Pulsbeschleunigung, fast immer starke Schwellungen an der Injektionsstelle beobachtet (Scherschmidt, Alt).

Literatur: Wendelstadt, Berl. klin. Wochenschr., 2263, 1908. — Grüter, Deutsche med. Wochenschr., 444, 1909. — Alt, Münch. med. Wochenschr., 1457, 1909. — Zupitza u. v. Raven, Berl. klin. Wochenschr., 33, 1910. — Scherschmidt, Deutsche med. Wochenschr., 292, 1911.

Atoxylquecksilber, Aspirochyl, wurde von Uhlenhuth und Manteufel in die Therapie der Syphilis eingeführt. Das Mittel scheint auf die klinischen Erscheinungen günstig einzuwirken. Ausgezeichnete Wirkung sahen Lesser und Mickley bei maligner Lues, Boethke bei ganz frischen Fällen von Lues. Auch Welander, Uhlenhuth und Mulzer und Lambkin hatten befriedigende Erfolge, ohne Vorzug vor anderen Hg-Präparaten fand es Bergrath und Blumenthal hält es infolge Aufnahme des Hg noch für giftiger als Atoxyl. Von Nebenwirkungen wurden einige Male große schmerzhafte Infiltrate nach den Injektionen, öfter Stomatitis, Flimmern vor den Augen (Welander), Spuren von Eiweiß im Harne, Kolik und Temperatursteigerung (Boethke) beobachtet.

Man verwendet das Hydrarg. atoxylicum in Form einer 10% Ölemulsion und injiziert intramuskulär 0,5 g, nach einer halben Woche wieder 0,5 g, nach demselben Zeitraum 1 g und sodann noch 4 mal in ganzwöchentlichen Intervallen 1 g.

Literatur: Uhlenhuth u. Manteufel, Med. Klin., 1651, 1908. — Blumenthal, ebendort, 1688, 1908. — Lesser, Monatsh. f. prakt. Derm., 159, 1909. — Mickley, Deutsche med. Wochenschr., 1785, 1909. — Boethke, Med. Klinik, 15, 1910. — Uhlenhuth, u. Mulzer Deutsche med. Wochenschr., 27, 1910. — Bergrath, ebendort, 37, 1910. — Lambkin, Lancet, 4505, 1910. — Welander, in Mercks Jahresber., 199, 1912.
Fabr.: E. Merck, Darmstadt.

Hektin ist das Natriumsalz der Benzolsulfon-para-amidophenylarsinsäure, also mit Atoxyl nahe verwandt, aber von geringerer Giftigkeit als dieses. Es stellt weiße Kristalle dar, die sich leicht in Wasser lösen und ist durch Erhitzen ohne Zersetzung sterilisierbar.

In Dosen von 0,8 g per os oder in Form von subkutanen Injektionen (jeden 2. Tag 1 ccm der 10% Lösung) bewährte es sich nach Balzer und Mouneyrat als brauchbares Unterstützungsmittel in der Therapie der malignen sekundären sowie tertiären Lues. Nach Applikation von 30 g läßt man eine 14 tägige Pause eintreten. Da es rasch zur Ausscheidung gelangt, sind kumulative Wirkungen nicht zu befürchten.

Literatur: Balzer u. Mouneyrat, Progrès médical, 27, 1909.

Neosalvarsan, das Natriumsalz der Dioxy-diamino-arsenobenzol-monomethansulfinsäure, ist ein gelbliches, eigentümlich riechendes, in Wasser mit neutraler Reaktion lösliches Pulver mit einem Gehalt von $21,7\%$ Arsen, so daß 1,5 g Neosalvarsan 1 g Salvarsan entsprechen.

Wirkung: Das Mittel erwies sich als Spezifikum gegen Spirillosen (Conseil), entfaltet im Tierversuch auf Trypanosomen eine stärkere Wirkung als Salvarsan (Stühmer), ist weniger toxisch als dieses (Schreiber, Conseil), dabei aber von ebenso rascher und prompter Wirkung (v. Marschalkó). Nach anderen Autoren (Heuck, Jordan, Dreyfus) erreicht es aber das Salvarsan an Wirksamkeit nicht, so daß ihm dieses, besonders bei Abortivkuren, vorgezogen wird (Krefting). — Vorzüge des Mittels gegenüber Salvarsan sind die leichte Löslichkeit, die neutrale Reaktion der Lösung, die Ausschaltung des Kochsalzes und der Natronlauge, ein Nachteil der Umstand, daß es leicht der Oxydation unterliegt (Gutmann, Kerl, Jordan, Grünberg).

Nebenwirkungen: In 10% der Fälle wurde nach den Injektionen beobachtet leichtes Fieber (Schreiber, Gutmann, Heuck, Simon, Wahle, Dreyfus), ziemlich häufig Arzneiexantheme (Stühmer, Gutmann, Heuck), in 3% der Fälle Übelkeit (Simon), in 4% Erbrechen (Heuck), Simon, Wahle, Dreyfus), seltener Kolik und Durchfall (Heuck, Simon), Verstopfung (Balzer), vereinzelt Kollaps (Stühmer, Stroscher), zerebrale Erscheinungen wie tonisch-klonische Krämpfe und stertoröses Atmen (Heuck, Simon), öfter Kopfschmerz (Simon) und einmal Nierenschädigung mit fast drei Tage anhaltende Anurie (Wahle). Von Busse und Merian wird über einen Todesfall berichtet, welcher 4 Tage nach der 2. Injektion von 0,6 g erfolgte und einen Sektionsbefund ergab, der dem von akuter Arsenvergiftung ähnelte.

Indikationen des Neosalvarsans sind dieselben wie die des Salvarsans. Es findet daher hauptsächlich Verwendung bei Syphilis, speziell bei Spätlues und Metasyphilis, wobei die Beurteilung eine ziemlich übereinstimmend günstige ist. Nur Wolff und Mulzer verhalten sich dagegen ablehnend wegen der häufigen Nebenwirkungen, der unangenehmen toxischen Erscheinungen und der zu geringen Wirkung. Bei Febris recurrens vermag es in 12 Stunden die Spirillen im Blute zu vernichten (Conseil). Auch bei Tertiana erwies es sich erfolgreich (Werner, Iversen und Tuschinsky), nicht aber bei Tropika (Werner).

Dosierung: Das Neosalvarsan wird intravenös und intramuskulär angewendet (Schreiber). Die subkutane Injektion ist zu widerraten, da sie Schmerzen und Infiltrate erzeugt. Versuchsweise applizierte es Wechselmann auch intralumbal ohne Nachteil. Er begann hiebei mit 1 ccm^3 einer Lösung von 0,9 : 1000 und stieg bis 7 ccm einer Lösung von 0,15 : 100.

Für die Bereitung der Lösungen ist es von Wichtigkeit, daß chemisch und bakteriologisch einwandfreies Wasser verwendet wird, die gesamte Glasapparatur aus Jenenser Glas bestehe (Dreyfus) und zu starkes Erwärmen der Lösungen vermieden werde (Stühmer). Die von Schreiber und Bernheim empfohlenen hohen Dosen (innerhalb 7 Tagen in 4 Injektionen ca. 6 g) werden vielfach widerraten (Wechselmann, Fabry, Gutmann, Kall, Dreyfus) und der Applikation kleiner Dosen, bei Männern 0,6—1,0 g, bei Frauen 0,45—0,8 g pro dosi, 2—4 mal in zweitägigen Pausen, das Wort geredet (v. Marschalkó, Heuck, Grünfeld, Iversen). Mehrfach wird die Kombinationbehandlung mit Quecksilber empfohlen (Touton, Fabry, Balzer).

Literatur: Heuck, Therap. Monatsh., 782, 1912. — Conseil, ebendort, 879, 1912 (Ref.). — Schreiber, Münch. med. Wcohenschr., 905, 1912. — Stühmer, Deutsche med. Wochenschr., 983, 1912. — Jordan, Dermat. Zeitschr., 992, 1912. — Bernheim, Deutsche med. Wochenschr., 1040, 1912. — Touton, Berl. klin. Wochenschr., 1117, 1912. — Grünfeld, Deutsche med. Wochenschr., 1176, 1912. — Fabry, Med. Klin., 1385, 1912. — Iversen, Münch. med. Wochenschr., 1436, 1912. — Wechselmann, Deutsche med. Wochenschr., 1446, 1912. — Gutmann, Berl. klin. Wochenschr., 1467, 1912. — v. Marschalkó, Deutsche med. Wochenschr., 1585, 1912. — Iversen u. Tuschinsky, Münch. med. Wochenschr., 1606, 1912. — Grünberg, ebendort, 1607, 1912. — Wolff u. Mulzer, ebendort, 1706, 1912. — Kall, ebendort, 1710, 1912. — Kerl, Wien. klin. Wochenschr., 1787, 1912. — Werner, Deutsch. med. Wochenschr., 2068, 1912. — Wechselmann, Münch. med. Wochenschr., 2099, 1912. — Krefting, Berl. klin. Wochenschr., 2130, 1912. — Stroscher, Münch. med. Wochenschr., 2161, 1912. — Simon, ebendort, 2328, 1912. — Busse u. Merian, ebendort, 2330, 1912. — Balzer, Presse medicale, 261, 1913. — Wahle, Münch. med. Wochenschr., 354, 1913. — Dreyfus, ebendort, 630, 1913.

Fabr.: Höchster Farbwerke.
Preis: Nr. I (0,15 g = 0,1 g Salvarsan) Mk. 1,65. K. 1,95. Nr. II (0,3 g = 0,2 g Salvarsan) Mk. 3,30. K. 3,90. Nr. III (0,45 g = 0,3 g Salvarsan) Mk. 4,95. K. 5,85. Nr. IV (0,6 g = 0,4 g Salvarsan) Mk. 6,60. K. 7,80. Nr. V (0,75 g = 0,5 g Salvarsan) Mk. 8,25. K. 9,75. Nr. VI (0,9 g = 0,6 g Salvarsan) Mk. 9,90. K. 11,70. Nr. X (1,5 g = 1 g Salvarsan) Mk. 15,—. K. 17,75. Nr. XX (3 g = 2 g Salvarsan) Mk. 28,50. K. 33,75. Nr. XXX (4,5 g = 3 g Salvarsan) Mk. 42,—. K. 49,50.

Salvarsan, Dioxy-diamido-arsenobenzolchlorhydrat, ist ein leicht zersetzliches, gelbes Pulver mit 34% Arsengehalt, das sich unschwer in Wasser mit saurer Reaktion löst.

Wirkung und Indikationen[1]): Das Mittel kommt in allererster Linie für die Behandlung der Syphilis in Betracht, bei welcher wenigstens in vielen Fällen quälende oder unbequeme Symptome nach einer einzigen Injektion beseitigt werden können. — Neben Syphilis wurden auch Framboesie (Strong,

---

[1]) Anmerkung: Bei der ins Ungeheure angewachsenen Literatur über Salvarsan ist es nicht möglich, auf die einzelnen Arbeiten zu rekurrieren und werden daher Interessenten auf die grundlegende Arbeit ,,Die experimentelle Chemotherapie der Spirillosen'' von Ehrlich u. Hata, die ,,Abhandlungen über Salvarsan'', gesammelt von Paul Ehrlich, die vortrefflichen Literaturverzeichnisse in den Merckschen Jahresberichten und die zusammenfassenden Arbeiten von v. Stockar, Halberstädter u. Wechselmann, sowie die ,,Technik der Salvarsanbehandlung'' von Tomaszewski verwiesen.

Koch), Kala-Azar (Christomanos), Malaria (Werner, Tuschinsky), Bilharzia (Joannides, Fulleborn und Werner, Looß), Morbus Banti (Schmidt), Rekurrens (Smirnoff), Chorea (Hahn), Variola, Lyssa (Tonin, Issabolinsky, Marras), Psoriasis, Lichen und Lepra (Montesanto) mit wechselndem Erfolg der Salvarsanbehandlung unterzogen.

Besonders gut wirksam ist das Salvarsan nach O. Kren bei Initialsklerosen mit negativer Wassermannscher Reaktion, bei denen es meist den Ausbruch der sekundären Erscheinungen zu verhindern imstande ist. Weniger energisch ist die Wirkung im Sekundärstadium der Lues, wo man kleinere Dosen längere Zeit verabreichen oder Salvarsan- mit der Quecksilberbehandlung kombinieren soll.

Günstig wirkt es wieder bei tertiärer und hereditärer Lues. Neurorezidive sind kaum häufiger als bei den nicht mit Salvarsan behandelten Fällen. Dieselben erfordern eine energische Salvarsan-Quecksilber-Therapie.

Kontraindikationen bilden alle Erkrankungen, die durch Blutdrucksteigerung gefährdet sind, wie Arteriosklerose, Aneurysma, Myodegeneratio, Nephritis, alle schweren nervösen Affektionen (Neurasthenie, Hysterie), alle Kranke, bei deren Beschäftigung starke Geräusche oder Detonationen vorkommen (Schlosser, Maschinisten, Chauffeure), alle nicht luetischen Erkrankungen des Mittelohres und des inneren Ohres, ferner alle disseminierten zur Erweichung neigenden Drüsenerkrankungen (Tuberkulose, Leprome), endlich alle Lokalisationen der Lues, bei welchen infolge der Jarisch - Herxheimerschen Schwellung lebensgefährliche Symptome herbeigeführt werden können wie Perichondritis oder Syphilome der Trachea (O. Kren), vorgeschrittene Degeneration des Zentralnervensystems, nicht syphilitische Kachexien und Arsenidiosynkrasie. Größte Vorsicht ist bei schwerer Paralyse und bei Optikusstörungen notwendig.

Nebenwirkungen: Lokale Reizerscheinungen, Fieber, Kopfschmerz, Erbrechen, Diarrhöen, Nervenlähmungen, Arsenzoster, Augenschädigungen, Ikterus, Nephritis, Retentio urinae usw. werden mehr weniger häufig beobachtet und sind nach Wechselmann zum großen Teile auf die Benützung nicht einwandfreien Wassers bei Bereitung der Lösungen und mangelhafte Technik zurückzuführen.

Die bisher nach Salvarsan beobachteten Todesfälle betreffen meist schwächliche oder von der Paralyse schon in hohem Grade geschädigte Personen und sind zum Teile ebenfalls mangelhafter Technik zuzuschreiben.

Dosierung und Applikation: Salvarsan wird heute fast ausschließlich intravenös, seltener intramuskulär oder subkutan angewendet. Die intravenöse Anwendung ist jedenfalls die einfachste und bequemste Methode und besitzt die rascheste Wirkung. Die anderen Methoden sind nur dann anzuwenden, wenn man eine Depotwirkung herbeiführen will, also bei chronischer Behandlung. Die übliche Dosis beträgt 0,5—1,0 g, die Höhe derselben hängt natürlich in erster Linie von der Empfindlichkeit des Kranken ab.

Für die Herstellung der Lösungen seien die wichtigsten Modifikationen in Kürze mitgeteilt.

Nach der ursprünglichen Ehrlichschen Angabe werden 0,4—0,5 g Salvarsan in 0,5—1 ccm Methylalkohol angerührt, mit Wasser gelöst, mit ca. 5 bis 8 ccm $^1/_{10}$ Normal-Natronlauge bis zur Sättigung gemischt und auf 25 bis 30 ccm Wasser aufgefüllt.

Citron und Mulzer haben, um den toxischen Wirkungen des Methylalkohols auszuweichen, Äthylalkohol vorgeschlagen. Das zur Injektion bestimmte Quantum kommt in eine sterile, 15 ccm fassende Rekordspritze und wird mit einigen Tropfen Alkohol angefeuchtet. Nun setzt man bis zur Marke 5 heißes, steriles Wasser zu, setzt den Kolben in die Spritze ein, legt den Befestigungsring herum und schüttelt gut durch. Es resultiert eine klare goldgelbe Lösung. Nun zieht man den Kolben wieder heraus und gibt unter ständigem Umschütteln 40 Tropfen einer 10% Aufschwemmung von Kalziumkarbonat in physiologischer Kochsalzlösung hinzu. Es entsteht eine dicke, rahmartige Emulsion, welche in die Glutäen eingespritzt wird. Alt gibt in ein niedriges Meßgefäß von 50 ccm die Einzeldosis Salvarsan und verrührt mit 10 g sterilen Wassers. Dann setzt er soviel sterile Normal-Natronlauge hinzu, bis nur ein ganz geringer Rest Salvarsan ungelöst bleibt; nun wird mit Wasser bis zu 20 ccm aufgefüllt und je 1 Spritze von 10 ccm tief in die Glutäalmuskulatur eingespritzt.

Die neutrale Lösung empfehlen Michaelis und Wechselmann. Zu ihrer Herstellung wird in einem 50 ccm fassenden Meßglas die gewünschte Einzeldosis (für Männer 0,6—1,0 g, für Frauen 0,45—0,5, für Kinder 0,2—0,3, für Säuglinge 0,02—0,1 g) in 16 ccm sterilen, sehr heißen Wasser gelöst, 3—5 ccm Normal-Natronlauge zugesetzt, gut umgerührt, dann 3 Tropfen einer 0,5% alkoholischen Phenolphthaleinlösung und soviel Normal-Essigsäure zugegeben, bis die rote Farbe der Flüssigkeit ins Farblose übergegangen ist, dabei entsteht eine feine gelbliche Suspension. Man gibt noch 1 Tropfen Natronlauge hinzu, so daß die Mischung einen rötlichen Ton annimmt und injiziert in die Glutäen.

Nach Jeßner wird die gewünschte Menge Salvarsan fein verrieben und mit der 4 fachen Menge einer sterilen, gesättigten (8%) Lösung von Natriumbikarbonat übergossen. Die Mischung braust unter CO_2-Entwicklung auf und wird bei weiterem sorgsamen Reiben zu einer feinsten Emulsion, die neutral oder spurenweise alkalisch ist. Sodann füllt man mit steriler physiologischer Kochsalzlösung in der 5 fachen Menge des Heilmittels auf und hat eine fertige 10% Emulsion, welche nochmals zu verreiben ist, ehe man sie in die Spritze aufzieht. Kromayer hat eine 10% Emulsion des unveränderten Salvarsans in Paraffinöl empfohlen und Schindler die Bereitung einer öligen Emulsion mit 25% Jodipin. Die 40% Salvarsanölemulsion, mit Jodipin und Lanolin hergestellt, ist unter dem Namen „Joha" bekannt und soll sich vorzüglich bewähren (Lindenheim, Schmitt, Stroscher, Steiger).

Für die intraglutäale Injektion wird die alkalische Lösung oder wie für die subkutane die Paraffinemulsion und Joha, für die intravenöse die neutrale Lösung bevorzugt.

Literatur (auszugsweise): Ehrlich u. Hata, Die experimentelle Chemotherapie der Spirillosen, Berlin 1910 J. Springer. — Ehrlich, Abhandlungen über Salvarsan, München 1911, J. F. Lehmann. — Tomaszewski, Die Technik der Salvarsanbehandlung, Berlin 1912, Georg Thieme. — Wechselmann, Der gegenwärtige Stand der Salvarsantherapie, Berlin 1912, O. Coblentz. — Mercks Jahresberichte, Darmstadt 1911, 1912, 1913. — Wechselmann, Therap. d. Ggw., 7, 1910. — Alt, Münch. med. Wochenschr., 11, 1910. — Wechselmann, Berl. klin. Wochenschr. 27 1910. — Michaelis, ebendort, 30, 33, 37, 1910. — Wechselmann, Deutsche med. Wochenschr., 30, 32, 37, 1910. — Ehrlich, Münch. med. Wochenschr., 35, 41, 1910. — Kromayer, Berl. klin. Wochenschr. 37, 39, 1910. — Citron u. Mulzer, Med. Klin., 39, 1910. — Ehrlich, ebendort, 42, 1910. — Jeßner, ebendort, 49, 1910. — Schindler, Berl. klin. Wochenschr., 52, 1910. — Wechselmann, ebendort, 13, 1911. — Wechselmann, Deutsche med. Wochenschr., 17, 1911. — Halberstaedter, Therap. Monatsh., 33, 1911. — Werner, ebendort, 172, 1911. — Strong, Münch. med. Wochenschr., 398, 1911. — Montesanto, ebendort, 511, 1191. — Schmidt, ebendort, 625, 1911. — v. Stokar, ebendort, 1304, 1911. — Joannides, Deutsche med. Wochenschr., 1551, 1911. — Hahn, ebendort, 1550, 1911, — Christomanos, ebendort, 1705, 1911. — Looß, ebendort, 70, 1912. — Fülleborn u. Werner, ebendort, 351, 1912. — Tuschinsky, ebendort, 548, 1912. — Schmitt, Münch. med. Wochenschr., 694, 1912. — Smirnoff, Deutsche med. Wochenschr., 748, 1912. — Schindler, ebendort, 948, 1912. — Stroscher, Münch. med. Wochenschr., 986, 1912. — Steiger, ebendort, 2000, 1912. — Lindenheim, Berl. Klin. 2178, 1912. — Koch, ebendort, 2482, 1912. — Kren, D., Wien. klin. Wochenschr., 133, 1913. — Tonin, Therap. Monatsh., 232, 1913 (Ref.). — Isabolinsky, Zeitschr. f. Imm. Forschung, Originale, 353, 1913. — Marras, Therap. Monatsh., 442, 1913 (Ref.).
Fabr.: Höchster Farbwerke.
Preis: R. à 0,1 g Mk. 1,90. K. 2,25. 0,2 g Mk. 3,80. K. 4,50. 0,3 g Mk. 5,70. K. 6 75. 0,4 g Mk. 7,60. K. 9,—. 0,5 g Mk. 8,65. K. 10,20. 1 g Mk. 15,—. K. 17,75. 2 g Mk. 28,50. K. 33,75. 3 g Mk. 42,—. K. 49,50.

Hinsichtlich der **Quecksilberbehandlung** der Lues müssen wir wohl auch eine spezifische desinfizierende Wirkung des Quecksilbers auf den Lueserreger annehmen. Es scheint darauf anzukommen, im Organismus eine gewisse Konzentration an Hg zu erreichen, die das Maximum dessen darstellt, was der Organismus an Hg aufnehmen kann, ohne Intoxikationserscheinungen zu zeigen. Diesem Zwecke genügt noch am meisten die Inunktionskur. Die Nachteile derselben bestehen in der umständlichen Ausführung, dem Beschmutzen der Wäsche, daher das vielseitige Bestreben, Ersatzmittel dafür zu schaffen.

Auch für die Quecksilberpräparate sucht man in neuerer Zeit organische Verbindungen darzustellen, doch ließ sich dadurch kein wesentlich besserer Erfolg erzielen. Große Vorteile scheinen die molekularen Quecksilberpräparate zu besitzen, die sich auch für Injektionen eigenen (Kontraluesin).

Asurol, Natrium-Mercuri-amido-oxyisobutyrosalizylat, mit 40,3% Hg, hat für die Behandlung der Syphilis den Vorzug, daß es als wasserlösliche Verbindung sich viel schneller im Organismus verteilt als Calomel und Quecksilbersalizylat, rasch resorbiert wird und die Zufuhr verhältnismäßig hoher Quecksilbermengen ohne dauernde Gesundheitsstörungen (Embolie) gestattet (Neißer, Schoeller und Schrauth, Hoffmann, v. Vereß, Bäumer, Mayer, Kunreuther, Lion).

Von Nebenwirkungen nach Asurolinjektionen wurden beobachtet: Zahnfleischschwellung und Stomatitis (Neißer, Hoffmann, Rock, Kunreuther), Darmkolik in 5% der Fälle und mitunter Abgang von blutigen Stühlen (Neißer, Hoffmann, Bäumer, Rock, v. Vereß, Lion), mehr weniger heftige Schmerzen an der Injektionsstelle (Hoffmann, Kunreuther), selten Fieber, vereinzelt Albuminurie, Urtikaria und Herpes Zoster (Rock). Für sich allein hält Neißer das Asurol für die Syphilisbehandlung nicht geeignet, wohl aber in Kombination mit Injektionen von grauem Öl. Mayer empfiehlt den Zusatz von 1,5% Alypin zu den 5 oder 10% Lösungen, Lion die Kombination mit Quecksilber und Salvarsan.

Die Lösungen sollen mit abgekochtem, sterilisierten Wasser bereitet sein und in dunklen Fläschchen mit Glasstopfen aufbewahrt werden. Kochsalzzusatz ist nicht zu empfehlen, da sich sonst Sublimat bildet (Neißer). Man soll mit kleinen Dosen von 1 ccm der 5% Lösung beginnen, dann jeden 2.—4. Tag 2 ccm injizieren. Für eine Kur genügen 12—15 Injektionen.

Literatur: Neißer, Therap. Monatsh., 627, 1909. — Schoeller u. Schrauth, ebendort, 631, 1909. — Bäumer, Therap. d. Ggw., 10, 1910. — v. Vereß, Die Heilkunde, 322, 1910. — Hoffmann, Med. Klinik, 1054, 1910. — Rock, Wien. klin. Wochenschr., 1197, 1910. — Kunreuther, Monatsh. v. f. prakt. Derm., 234, 1911. — Mayer, Berlin. klin. Wochenschr., 529, 1911. — Lion, Arch. f. Derm. u. Syph., 713, 1912.
Fabr.: Vorm. Bayer & Co., Leverkusen.
Preis: Sch. m. 10 Amp. à 2,2 ccm Mk. 5,—. K. 6,—.

Corrosol besteht aus den Quecksilbersalzen der Bernsteinsäure und Methylarsensäure, kombiniert mit Novocain, resp. β-Eucain und ist in Phiolen à 2 ccm, welche 0,0075 g Hg enthalten, im Handel. Das Mittel dient zur schmerzlosen Injektion von Quecksilber. Es wird jeden Tag oder jeden 2. 1 Phiole intraglutäal appliziert (Roth). Nach den Injektionen können manchmal stärkere, einige Stunden anhaltende Schmerzen und bedeutungslose, kleine Infiltrate an der Injektionsstelle auftreten.

Literatur: Roth, Pester med. chir. Presse, 211, 1907.
Fabr.: Dr. Egger, Budapest.
Preis: Kart. 10 Amp. K. 3,50.

Embarin ist eine $6\frac{2}{3}$% Lösung von Natrium mercurisalicylsulfonicum mit 0,5% Acoin. Die hellgelbe Flüssigkeit ist in Ampullen à 1,2 ccm im Handel. 1 ccm entspricht 0,03 g Quecksilber.

Abgesehen von schnell vorübergehender Temperatursteigerung kann man mit dem Präparat ohne besondere Störung in kurzer Zeit größere Hg-Mengen dem Organismus einverleiben und so eine energische Syphiliskur durchführen (Loeb). Man beginnt mit $0,6 = \frac{1}{2}$ Ampulle und injiziert, falls dies gut vertragen wird, eine Woche lang täglich, dann 2 Wochen lang jeden 2. Tag 1,2 ccm in das Unterhautzellgewebe des Rückens oder des Gefäßes. Es genügen gewöhnlich 15 Injektionen. Nach den jüngsten Publikationen sind auch nach Embarin mehrfach Vergiftungserscheinungen beobachtet worden.

Literatur: Loeb, Med. Klin., 1853, 1911.
Fabr.: v. Heyden, Radebeul.
Preis: 10 Amp. à 1,3 ccm Mk. 3,50.

Enésol, ein von französischen Autoren eingeführtes, wasserlösliches Quecksilberpräparat, das nach Coignet durch Einwirkung von 1 Molekül Methylarsinsäure auf 1 Molekül Mercurisubsalizylat entsteht und ein weißes, amorphes, gut verträgliches Pulver darstellt, das sich bis zu $4^0/_0$ in Wasser löst, unzersetzt sterilisieren läßt und $38,46^0/_0$ Hg- und $14,4^0/_0$ As-Gehalt besitzt. Metallinstrumente werden nicht angegriffen (Goldstein).

Wirkung: Die Geringfügigkeit lokaler Reizwirkung, sowie die auf den Arsengehalt zurückzuführenden tonisierenden und dynamischen Eigenschaften des Mittels, sowie die Möglichkeit der Einverleibung größerer Dosen von Quecksilber zeichnen dasselbe vor anderen antisyphilitischen Mitteln aus (Coignet, Habrich, Barbulescu).

Indikationen: Besonders geeignet erscheint das Mittel zur Behandlung maligner Frühformen der Syphilis, sowie für gummöse und ulzeröse Spätformen (Goldstein, Fränkel und Kahn), bei Lähmung der inneren Augenmuskeln, luetischer Myelitis und Hemiplegie (Frey) und schließlich bei Malaria tropica, gegen deren Rückfälle das Chinin häufig machtlos ist (Fleckseder). Bei Paralyse war es wirkungslos (Vorbrodt und Kafka).

Nebenwirkungen: Auffallend war bei einer Reihe von Kranken die durch das Präparat hervorgerufene sexuelle Exzitation, speziell bei Tabikern, die zu Erektionen und Pollutionen führte (Breton). Stomatitis mercurialis und Geschwürsbildung hinter den letzten Mahlzähnen beobachteten Goldstein und Porosz, Schmerzen und geringe Infiltrate Frey.

Dosierung: Es kommt in $3^0/_0$ Lösung in Ampullen zu 2,0 ccm (= 0,06 Enésol) in den Handel und wird in einer Dosis von 0,06 pro die intramuskulär injiziert. Nach Frey injiziert man alle 2 Tage 1 Ampulle und läßt nach 10 Tagen eine 10 tägige Pause eintreten. Die Injektionen sollen fortgesetzt werden, bis die Wassermannsche Reaktion negativ wird, wozu 20—30 Injektionen genügen (Fränkel u. Kahn).

Literatur: Coignet, Lyon médic., 23, 1904, rf. Therap. d. Ggw., 9, 1904. — Breton, Gaz. des hôpit., 79, 1904, rf Deutsche med. Wochenschr., 32, 1904. — Goldstein, Monatsh. f. prakt. Dermat., 7, 1905. — Habrich, Wien. klin. Rundsch., 14, 1905. — Barbulescu, Revista sanitara militara Nov. 1905 rf. Zentralbl. f. inn. Med., 9, 1906. — Porosz, Monatsh. f. prakt. Dermat., 12, 1908. — Fränkel u. Kahn, Med. Klin., 7, 1910. — Fleckseder, Wien. klin. Wochenschr., 36, 1910. — Frey, Berl. klin. Wochenschr., 1171, 1911. — Vorbrodt u. Kafka, ebendort, 106, 1912.
Fabr.: Comar & Co., Paris.
Preis: 10 Amp. à 2 ccm K. 4,25.

Hageen, ein Quecksilberseifenpräparat für die Inunktionskur der Syphilis, ist eine $33\frac{1}{3}^0/_0$ grauschwarze, leicht parfümierte Seifencrême, welche in graduierten Glastuben zu 30 g in den Handel kommt.

Man drückt 1—3 g aus der Tube auf die einzureibenden Körperteile und reibt die Masse zuerst mit wenig, dann mit etwas mehr Wasser gründlich durch 10—20 Minuten in die Haut ein. Nach Aßmy und Rave ist das Mittel der grauen Salbe an Wirksamkeit ebenbürtig.

Literatur: Aßmy u. Rave, Med. Klinik, 9, 1908.
Fabr.: Werner & Co., Berlin.
Preis: Grad. Tube (30 g) Mk. 0,80.

Hyrgol, Hydrargyrum colloidale, ist ein metallisch glänzendes, braunschwarzes, in Wasser leicht aufzulösendes Präparat von körniger Beschaffenheit. Seine Vorzüge sind die milde, nicht ätzende Wirkung, die Möglichkeit einer exakten Dosierung und leichte Resorbierbarkeit. Die Ausscheidung erfolgt langsam, weshalb die Wirkung eine nachhaltige ist (Werler). Es ist ein ebenso leistungsfähiges wie brauchbares Antisyphilitikum (Werler), ist aber auch im akuten Stadium der Nebenhodenentzündung, wie nach Ablauf der entzündlichen Erscheinungen für die Resorption der Verhärtungen und endlich bei Funiculitis gonorrhoica vonnutzen (Horwitz). Von Werler und Hohmann wird es in Form der 10% Salbe zur Inunktionskur, als 15% Collemplastrum für die Lokalbehandlung, in Form von Pillen (Hydrarg. colloid. 0,3, Argill. alb., Glycerin. ää q. s. ut fiant pil. No. XXX. S. 3 mal täglich 1—2 Stück) zum innerlichen Gebrauche, in 1—2% Lösung zum Pinseln und in Pulverform zur Behandlung der breiten Kondylome empfohlen. Zur Durchführung der Schmierkur werden für die ersten 3 Tage je 3 g und für den Rest je 4 g verwendet.

Literatur: Werler, Berl. klin. Wochenschr., 42, 1898. — Werler, Therap. Monatsh., 1/4, 1902. — Horwitz, Inaug.-Diss., Leipzig 1902, rf. in Mercks Jahresber. 1902. — Hohmann, Inaug.-Dissert., Berlin 1902, ref. in Mercks Jahresber. 1902.
Fabr.: v. Heyden, Radebeul.
Preis: 1 g Mk. 0,20. K. 0,30.

Kontraluesin besteht nach Richter aus einer Mischung von Sozojodol-Chinin-Salizylverbindungen, Sublimat, Arsen und molekularzerstäubtem Quecksilber und wird bei Syphilis intramuskulär injiziert. Klausner empfiehlt das Mittel bestens, da es sehr wirksam ist und unter 250 Injektionen, nur 3 mal Abszeßbildung und 4 mal Stomatitis verursachte.

Literatur: Richter, Derm. Wochenschr., 1218, 1912. — Klausner, Münch. med. Wochenschr., 62, 1913.

Mergal ist cholsaures Quecksilberoxyd und stellt ein gelblichweißes, im Wasser unlösliches Pulver dar, das sich aber bei Gegenwart von Chlornatrium oder anderen Alkalisalzen löst. Es enthält 23,3% Hg.

Wirkung: Mergal ist ein gutes internes Antiluetikum, das ebenso auf das Syphilisvirus einwirkt wie eine Schmier- oder Injektionskur (Boos, Saalfeld), ohne jedoch den Magendarmkanal oder die Nieren zu reizen. Die Aufnahme in das Blut und in die Körpersäfte erfolgt schnell, denn bereits nach 4 Stunden ist Quecksilber im Harne in erheblich größeren Mengen als nach einer Schmierkur nachweisbar. Auch bei längerer Anwendung übt es auf den Stoffwechsel keine ungünstige Wirkung aus (Varges, Ehrmann). Bezüglich der Dauer der Remanenz des Quecksilbers im Körper konnten Fürth und Höhne nur eine solche von 8 Tagen feststellen, weshalb sie das Mittel für energische, vor allem für erste Kuren nicht für ausreichend halten, während Nagelschmidt eine Remanenz bis zu 4 Monaten fand, es daher an Wirksamkeit den unlöslichen Quecksilbersalzen an die Seite stellt.

Nebenwirkung: Als Zeichen der einsetzenden Quecksilberwirkung ist nicht selten Stomatitis zu beobachten (Saalfeld, Keil), es ist daher nebst reizloser Diät eine sorgfältige Mundpflege während der Mergalkur erforderlich (Leistikow). Vereinzelt tritt Metallgeschmack im Munde und leichte Stuhlentleerung (Keil), selten heftige Kolik ein (Köhler).

Indikationen: Das Präparat ist angezeigt bei allen Formen der Syphilis und eignet sich vorzüglich zur chronisch-intermittierenden Behandlung im Sinne von Fournier-Neißer (Boß, Saalfeld, Leistikow, v. Zeißl, Kanitz, Hogge, Grünfeld, Zippert, Pöhlmann, Köhler, Rühl, Winter, Grünbaum, Touton). Ferner lassen sich mit Mergal gute Erfolge erzielen in der Nervenpraxis, besonders in den Frühstadien der Tabes und bei spezifischen Neuralgien (Fröhlich), dann bei infektiösen Iridozyklitiden,

Neuritis nervi optici (Meßmer), bei Glaskörpertrübungen, chronischen, trachomähnlichen Bindehautkatarrhen und skrofulösen Hornhauterkrankungen (Hand, Wicherkiewicz) sowie bei Gummen der Netzhaut (Rosenhauch).

Dosierung: Das Mittel kommt mit Tanninalbuminat gemischt in elastischen Gelatinkapseln (mit 0,05 g cholsaurem Quecksilber und 0,1 g Tanninalbuminat) in den Handel. Die Mergalkur ist sehr einfach und leicht und diskret durchführbar.

Man gibt die ersten 4—5 Tage dreimal täglich je eine Kapsel, vom sechsten Tage an je zwei Stück und richtet sich dabei natürlich nach der Toleranz des Kranken und der Schwere der Erscheinungen. Die Kapseln werden stets nach dem Essen gereicht. Die Behandlung soll 6—10 Wochen durchgeführt werden (Boß, Keil). Während der Kur ist der Genuß von rohem Obst, blähenden Gemüsen und abführenden Kompotten, sauren und fetten Speisen, Pfeffer, Senf, Rettig, Kaffee, Tabak und Alkohol zu meiden (Grünbaum). Bei milden bis mittelstarken Kuren empfiehlt Touton die Kombination mit Salvarsan.

Literatur: Boß, Med. Klinik, 30, 1906. — Saalfeld, Therap. Monatsh., 1, 1907. — Höhne, Arch. f. Dermat. u. Syph., 2—3, 1907. — Leistikow, Monatsh. f. prakt. Derm., 5, 1907. — Kanitz, Dermat. Zeitschr., 7, 1907. — Fröhlich, Therap. d. Ggw., 10, 1907. — Keil, Deutsche Medizinalztg., 15, 1907. — v. Zeißl, Med. Klinik, 15, 1907. — Varges, Fortschr. d. Med., 27, 1907. — Hogge, Deutsche Medizinalztg., 56, 1907. — Fürth, Österr. Ärzteztg., 1, 1908. — Ehrmann, Dermat. Zentralbl., 1, 1908. — Nagelschmidt, Dermat. Zeitschr., 3 1908. — Grünfeld, Arch. f. Dermat. u. Syph., 3, 1908. — Zippert, Repertor d. prakt. Med., 7 1908. — Meßmer, Therap. Monatsh., 10, 1908. — Köhler, Fortschr. d. Med., 28 1908. — Pöhlmann, Deutsche Medizinalztg., 66, 1908. — Rühl, Fortschr. d. Med. 8, 1909.— Wicherkiewicz, Wien. med. Wochenschr., 19, 1909. — Hand, ebendort, 19, 1909. — Winter, Fortschr. d. Med., 31, 1909. — Rosenhauch, Wochenschr. f. Therap. u. Hyg. d. Auges. 161, 1909. — Grünbaum, Fortschr. d. Med., 50—51, 1910. — Touton, Berlin. klin. Wochenschr., 13, 1913.
Fabr.: Riedel, Berlin.
Preis: Sch. m. 50 Kapseln Mk. 3 20. K. 4,—.

Merjodin, ein neues Quecksilberpräparat, das in Tabletten à 0,0025 Hg in den Handel kommt und mit demselben Erfolg wie eine schwache Schmierkur in der Syphilistherapie verwendet wird (Odstřcil, Erdös, Polland). Es kommt nach v. Zeißl dort in Frage, wo nach Salvarsan Rezidive auftreten oder die Salvarsan- bzw. subkutane Quecksilbertherapie nicht durchführbar ist. Man gibt es in Dosen von 3—6—12 Stück Tabletten pro die. Die Tabletten sollen gut zerkaut verschluckt werden. Treten Darmreizung, Durchfall oder Magenbeschwerden auf, ist das Mittel für einige Tage auszusetzen (Erdös). Für eine Kur braucht man 150—200 Tabletten. Sorgfältige Mundpflege ist natürlich auch hier notwendig.

Literatur: v. Zeißl, Wien. klin. Rundsch., 287, 1911. — Odstrcil, Klin. therap. Wochenschr., 604, 1911. — Erdös, Deutsche med. Wochenschr., 856, 1912. — Polland, Münch. med. Wochenschr., 590, 1913.
Fabr.: H. Trommsdorf, Aachen.
Preis: Gl. m. 50 T. à 0,25 g Mk. 2,50. K. 3,—.

Quecksilber-Velopural. Velopural ist eine Seife, welche unter Zusatz von Olivenöl zu einer homogenen Salbenmasse verarbeitet ist. Dieser Salbenseife wird nun mit Lanolin. anhydric. extinguiertes Quecksilber im Verhältnis 2 : 1 zugesetzt.

Das Mittel dient zur Inunktionsbehandlung der Syphilis, hat den Vorteil der Sauberkeit und des Ausbleibens von Hautreizungen (Bebert). Es wird zuerst trocken auf die Haut gebracht und durch Verreiben verteilt. Nach einigen Minuten, wenn die Verteilung nur noch schwierig erfolgt, gibt man wiederholt heißes Wasser hinzu und verreibt, bis nur ein matter grauer Schimmer auf der Haut zurückbleibt.

Literatur: Bebert, Fortschr. d. Med., 4 1907.
Fabr.: D. L. Cohn, Charlottenburg.
Preis: Grad. Tube 30 g Mk. 1,10.

Chemotherapie.

Im Anschluß an die Arsen- und Quecksilbertherapie der Syphilis mögen hier die gleichen therapeutischen Zwecken dienenden **Jodpräparate** besprochen werden. Um eine spezifisch ätiotrope Wirkung scheint es sich hier nicht zu handeln. Der therapeutische Effekt besteht in einer beschleunigten Rückbildung und Einschmelzung pathologischer Gewebsbildungen, also vorwiegend um einen symptomatischen Heileffekt. Außer bei Syphilis finden diese Präparate auch als Ersatz der Jodalkalien bei Arteriosklerose etc. Verwendung.

Eisensajodin, basisch jodbehensaures Eisen, ist ein rotbraunes, amorphes, fast geruch- und geschmackloses Pulver, das sich in Äther, Benzol und Chloroform löst, in Wasser und Alkohol aber unlöslich ist. Auch in festen Ölen ist es löslich und kann daher zur Bereitung von Jodeisenlebertran verwendet werden. Das Mittel kommt in Tabletten zu 0,5 g, entsprechend 0,12 g Jod und 0,03 g Eisen in den Handel. Da die Spaltung und Ausscheidung langsamer vor sich geht als bei den Jodalkalien, erscheint es für die Behandlung chronischer Krankheiten empfehlenswert und besonders geeignet bei hereditärer Lues der Kinder, die mit Hämoglobinmangel einhergeht, ferner für anämische und chlorotische Kinder mit skrofulösen Drüsenerkrankungen (Görges, Ruhemann, Brühl, Cohn, Dierbach), bei allgemeiner Fettsucht, Dysmenorrhöe, Arteriosklerose (Ruhemann), bei chronischer Laryngitis nodosa der Kinder, bei Struma und Bronchitiden (Meyer). Man gibt Kindern in der ersten Woche nach dem Mittagessen 1 Tablette, in der zweiten Woche 2 Stück, in der dritten 3 Stück und bleibt monatelang bei dieser Dosierung stehen (Brühl). Erwachsene erhalten bis zu 6 Tabletten im Tage. Lehmann verwendet bei Skrofulose eine Eisensajodinemulsion, die in 10 ccm genau 0,02 g Jod und 0,008 g Eisen enthält. Für Fälle wo außer der Jod- und Eisenwirkung noch eine Fettanreicherung erwünscht ist, einen Jodeisenlebertran von der Zusammensetzung der Emulsion.

Literatur: Görges, Deutsche med. Wochenschr., 36, 1910. — Ruhemann, ebendort, 37, 1910. — Meyer, Berl. klin. Wochenschr., 42, 1910. — Lehmann, Allg. med. Zentralztg. 551, 1910. — Cohn, Med. Klin., 1654, 1910. — Brühl, Therap. d. Ggw., 286, 1912. — Dierbach, Deutsche med. Wochenschr., 1651, 1912.
Fabr.: Vorm. Bayer & Co., Leverkusen.
Preis: R. m. 20 Tabl. à 0,5 g Mk. 2,25. K. 2,60.

Jodalbacid, ein jodhaltiges Spaltungsprodukt, welches bei der Einwirkung von Alkalien auf Jodeiweiß entsteht, stellt ein gelbliches, fast geruch- und geschmackloses Pulver dar, welches in Wasser unlöslich ist und ungefähr $10^0/_0$ Jod enthält.

Wirkung: Sein besonderer Wert liegt darin, daß das Jod so fest an das Eiweißmolekül gebunden ist, daß die Zerlegung nur langsam erfolgen kann. Dadurch wird eine Überschwemmung des Organismus mit Jod vermieden und damit das Eintreten des unangenehmen Jodismus hintangehalten. Da es langsame, aber protrahierte Wirkung entfaltet, eine vollkommene Ausnützung der dargereichten Dosis gestattet und gänzlich unschädlich ist, wird es dem Jodkali vielseits vorgezogen (Zuelzer, Brieß, Meißner). Nur Welander sieht in dem Präparat keine Vorzüge gegenüber dem Jodkali, da es in größerer Menge gegeben mit den Fäzes unzersetzt ausgeschieden wird und auch, soweit es resorbiert wird, wie die anderen Jodalkalien rasch zur Eliminierung gelangt.

Indikationen und Dosierung: Das Jodalbazid ist überall dort angezeigt, wo man keine längere Jodmedikation einleiten will und andere Jodpräparate nicht vertragen werden. Besonders gerühmt wird es bei Behandlung der sekundären und tertiären Syphilis (Zuelzer, Meißner, Lilienthal), nicht empfehlenswert ist es bei frischer Syphilis (Brieß). Zufriedenstellende Erfolge erzielte Morgenstern bei Psoriasis. Er beginnt mit 3 Pastillen à 0,5 g pro die, steigt alle 4 Tage um 1 Pastille bis auf 4 mal täglich 3 Stück und geht dann ebenso wieder zurück. Zur Syphilisbehandlung benützt man entweder das Pulver oder die Tabletten in einer Tagesdosis von 3—5 g. Geschwächten und in der Ernährung zurückgebliebenen Personen gibt man vorteilhaft die Jodalbacid-Schokoladetabletten.

Literatur: Zuelzer, Festschrift zu Ehren Picks, Wien 1898. — Brieß, Wien. med. Wochenschr., 15, 1900. — Lilienthal, Medico, 33, 1900. — Welander, Arch. f. Dermat. u. Syph., 1/2, 1901. — Morgenstern, Therap. d. Ggw. 6, 1901. — Meißner, Die med. Woche, 21, 1901.
Fabr.: L. W. Gans, Frankfurt a. M.
Preis: Sch. m. 24 u. 40 Tabl. à 0,5 g Mk. 1 50 u. Mk. 2,50. K. 2,— u. K. 3,—.

Jodglidine, eine Kombination des Glidins mit Jod, stellt ein dunkelgelbes, geruch- und fast geschmackloses Pulver mit 10% Jodgehalt dar.

Das Mittel wird gut vertragen, ist besser bekömmlich als die Jodalkalien. Ganz ausgeschlossen sind natürlich Jodnebenwirkungen aber auch hier nicht. Öfter wurde Jodschnupfen, mehrmals Jodakne, selten länger währende Dyspepsien, Hyperazidität und Stuhlunregelmäßigkeiten nach Jodglidingebrauch beobachtet (v. Notthaft).

Indikationen: Das Mittel wird als Jodpräparat empfohlen bei Syphilis (Boruttau, Mayer, v. Notthaft, Alexander, Flatau), bei Arteriosklerose, Asthma bronchiale, Emphysem, Angina pectoris, bei Struma und Morbus Basedow, bei Tabes mit Struma und bei Skrofulose (Hirsch, Steiner, Moeller, Schütte), bei Tuberkulose neben den sonstigen bewährten diätetisch-hygienischen Maßnahmen (Nieveling), schließlich als ein die diätetische Behandlung der Fettsucht unterstützendes Mittel (Boruttau).

Dosierung: Die Einzeldosis beträgt 0,5 g, die Tagesgabe 2—5 g. Bei Asthma empfiehlt Moeller 2 Tage lang 1—2 Tabletten à 0,5 g, am 3. und 4. Tag je 3 Tabletten in Milch nach den Mahlzeiten zu geben, sodann eine Pause von 3 Tagen eintreten zu lassen. Bei Lues verabreicht man 4—5 Tabletten pro die (Mayer). Empfindlichen Kranken verordnet man das Mittel in Oblaten.

Literatur: Boruttau, Deutsche med. Wochenschr., 37, 1907. — Moeller, Therap. d. Ggw., 6, 1908. — Mayer, Therap. Monatsh., 10, 1908. — Hirsch, Med. Klin., 13, 1908. — Schütte, Fortschr. d. Med., 27, 1908. — Steiner, Klin. therap. Wochenschr., 28, 1908. — v. Notthaft, Monatsh. f. prakt. Derm. 8, 1910. — Flatau, Fortschr. d. Med., 16, 1911. — Alexander, ebendort, 46, 1912. — Nieveling, Berl. klin. Wochenschr., 1973, 1912.
Fabr.: Dr. V. Klopfer, Dresden-Leubnitz.
Preis: R. m. 20 Tabl. Mk. 2,—. K. 2,50.

Jodipin ist eine von Winternitz im Jahre 1898 dargestellte Additionsverbindung von Jod und Sesamöl und repräsentiert sich als eine ölige, hellgelbe Flüssigkeit, welche in 2 Stärken (mit 10% und 25% Jodgehalt) in den Handel kommt. Das Mittel ist haltbar und zersetzt sich auch nach langem Stehen nicht (Frieser).

Wirkung: Die physiologischen Versuche von Winternitz und Frieser haben ergeben, daß das Jodipin bei innerlicher Darreichung unverändert durch Mund und Magen in den Darm gelangt, hier verarbeitet und wie andere Fette resorbiert wird. Geringe Mengen von Jod werden hier abgespalten oder gehen mit dem Stuhl fort, die Hauptmasse gelangt in den Körper und zirkuliert in feinster Verteilung mit dem Blute im Organismus, um im Laufe einiger Tage ihr Jod mit dem Harne als Jodkali auszuscheiden. Bei subkutaner Einverleibung scheint es lange Zeit an der Injektionsstelle liegen zu bleiben und kommt von hier aus erst allmählich in kleinen Dosen in den Kreislauf. Es wird also lange im Organismus zurückbehalten und entfaltet daher eine sehr protrahierte Wirkung (Kindler, Welander, Blank, Winternitz, Peters).

Die Darreichung per os eignet sich also zur Erzielung eines raschen Effektes, die subkutane für die Fälle, wo man eine langsame aber anhaltende

Wirkung hervorrufen will und Jodkali nicht vertragen wird (Klingmüller, Blanck, Stenner). Nach innerlicher Verabreichung kann man Jod im Harn bereits nach 10—25 Minuten, nach subkutaner erst in 52—58 Stunden nachweisen (Zirkelbach), hingegen ist es noch 10 Tage nachher im Harn zu konstatieren, während nach Jodkalimedikation bereits am dritten Tage jede Spur von Jod geschwunden ist (Frese). Die äußerliche Applikation von Jodipin ist nach Winternitz und Kindler nicht zu rechtfertigen, die rektale Anwendung infolge der zu geringen Ausnützung des Mittels nicht rationell.

Nebenwirkungen: Erscheinungen von Jodismus treten bei subkutaner Einverleibung des Mittels fast nie, häufiger bei innerlicher Darreichung auf (Lesser, Sellei). So wurde vereinzelt eine Beschleunigung der Darmperistaltik, nebst leichter Diarrhöe (Radestock, Cambiaso, Frey), Aufstoßen und Appetitlosigkeit (Wanke), geringer Jodschnupfen (Radestock), Jodakne (Radestock, Holzhäuser) und Kratzen im Halse, allgemeine Unruhe und auffallende Schlaflosigkeit schon nach 1 Kaffeelöffel 10% Jodipins beobachtet (Heermann). Nach subkutaner Darreichung sah Holzhäuser dreimal typischen Jodismus, Fischl leichtes Spannungs- und Druckgefühl und einmal regelmäßig Fieber nach der Injektion auftreten. Über schwerere Vergiftungserscheinungen (Durchfall und Erbrechen, Ödeme, Albuminurie) bei einer 42jährigen Frau, welche mit tertiärer Lues in Behandlung stand, berichtet Weiß. Bei Verabreichung höherer Dosen beobachtete Goldflamm in wenig Wochen Jodbasedow, weshalb er rät, das Mittel bei Struma, Basedow und Arteriosklerose nur mit Vorsicht anzuwenden. Häufig wird auch über den unangenehmen, öligen Geschmack des Präparates geklagt (Frese, Frieser, Wanke, Mayer), welcher aber durch Kauen einer Pfefferminztablette vollständig verdeckt werden kann (Schönbaum).

Indikationen: Das Anwendungsgebiet des Jodipins ist ungemein ausgedehnt. Es ist in allen Fällen angezeigt, wo Jodkali am Platze ist, besonders wenn eine lang anhaltende Wirkung erstrebt (Blanck) oder das Jodkali nicht vertragen wird (Frese, Kindler, Klingmüller). Es ist das erste Jodpräparat, welches die wirksame subkutane Jodeinverleibung in systematischen Kuren ermöglicht und findet dementsprechend vor allem in der Therapie der Syphilis (Radestock, Eulenburg, Dornblüth, Klar, Blanck, Thumen, Wolfsohn, Lesser, Fuchs, Tomaszewski, Peters, Stenner, Buß u. v. a.), speziell der tertiären Syphilis (Frieser, Baum, Ravasini, Fränkel, Friedländer) und Syphilis des Rektums (Feibes), sowie als Prophylaktikum zur Verhütung tertiärer Erscheinungen (Welander) Verwendung. Nachdem das Jodipin in die Milch der Stillenden übergeht, dürfte es auch für die Behandlung der hereditären Lues in Betracht kommen (Fischl). Gute Dienste leistete es ferner bei schweren septischen Erkrankungen (Sick), in der Therapie verschiedener Hautkrankheiten, speziell bei schwerem Scharlach (Daiber), bei Aktinomykose und Psoriasis (Rille, Kreibich, Feibes, Zilz), bei Impetigo (Hönigschmied) und bei Frostbeulen (Radestock). Weiter wird das Mittel empfohlen bei Asthma, Emphysem und chronischer Bronchitis (Frieser, Lichtgarn, Hönigschmied, Tomasczewski, Walser, Götzl, Mayer), bei Pleuritis (Moller), bei Arteriosklerose (Taussig, Schönbaum, Lichtgarn, Tomasczewski, Götzl, Braun, Gorbatow), bei Struma und Morbus Basedowii (Meyer, Helmke, Thumen, Lichtgarn, Mollo), bei den Erscheinungen der Skrofulose, wie Drüsenschwellungen, Ekzem u. dgl. (Hönigschmied, Helmke, Moller, Lichtgarn, Weclewski), bei Neuralgien, Ischias, Kinderkonvulsionen (Schuster, Hönigschmied, Feibes, Moller, Tomasczewski), bei Tabes dorsalis im Beginne der Erkrankung (Schuster, Fränkel), bei Fazialisparalyse (Rubinstein), bei trockenem Rachenkatarrh (Moller, Blumenthal), bei Bleikolik (Taussig), bei Aszites (Burger), bei gonorrhoischen und rheumatoiden Gelenkentzündungen (Schuster, Tomasczewski) und bei Gicht, wenn die üblichen Mittel im Stiche ließen (Falkenstein), ferner bei Leukorrhöe (Wodjagin) und bei Prostatitis (Richter, Fischel). Auch auf die eitrige Mittelohrentzündung übte es in Form von Einreibungen und Tampons, die mit dem Mittel getränkt sind, guten Einfluß (Thumen). In der Augenheilkunde findet es erfolgreiche Verwendung bei Erkrankungen, welche im Gefolge der konstitutionellen Syphilis auftreten, ferner bei Ulkus mit Hypopyon, Infiltration der Hornhaut, bei allen Glaskörpertrübungen, bei interstitieller, heredosyphilitischer Keratitis und skrofulöser Hornhautentzündung (v. Hymmen), bei Conjunctivitis ekzematosa (Lichtgarn), bei degenerierender Skleritis und bei Pupillenverschluß der Iritis plastica und serosa, gleichviel, ob diese Erkrankungen auf tuberkulöser, syphilitischer oder anderer Basis beruhen (Maurizi, Westhoff). Schließlich sei noch der Wert des Jodipins als diagnostisches Mittels zur Bestimmung der Motilität des Magens hervorgehoben (Werner, Winternitz, van Spanje). Man untersucht innerhalb einer Stunde nach Verabreichung von 2 g Jodipin ($10^0/_0$) den Speichel auf Jod, das unter normalen Umständen in dieser Zeit dort auftritt. Gibt die Untersuchung bei gleichzeitigem Fehlen von Ikterus ein negatives Resultat, so kann man auf eine motorische Mageninsuffizienz schließen, die durch Pylorusstenose oder Atonie der Magenmuskulatur hervorgerufen sein kann (van Spanje). Zur Vornahme dieser Prüfungen erscheint das von Déningès und Sabrazès hergestellte, sehr empfindliche Papier empfehlenswert.

Dosierung: Innerlich gibt man 2—3 mal täglich 1 Eßlöffel des $10^0/_0$igen Jodipins, für Kinder zweimal täglich $1/_2$ Eßlöffel voll (Feibes, Zirkelbach, Burger). Für die weit ausgedehntere Form der subkutanen Applikation wird das $10^0/_0$ige und auch das $25^0/_0$ige Präparat angewendet. Die gebräuchliche Dosis beträgt 1—2 mal täglich 10 ccm des $10^0/_0$igen (bei Kindern nur 1—2 ccm), oder einmal täglich 10 ccm des $25^0/_0$igen Jodipins. Doch werden auch größere Dosen ohne Nebenwirkung ertragen. So gab Fränkel 200 g in neun Tagen subkutan bei einem Luetiker ohne Nachteil. Die Injektionen werden am besten in die Haut des Rückens oder in das Gesäß gemacht (Pinkus). Die Jodipinlösungen sind vorher auf Körpertemperatur zu erwärmen. Die Einstichstelle mit Aether chloratus unempfindlich zu machen (Mayer). Die Kanülen der Spritzen sollen kein zu enges Kaliber haben und die Injektionen möglichst langsam vorgenommen werden. Die subkutane Applikation erscheint besonders dort angezeigt, wo man eine kurzdauernde Jodmedikation durchführen will (Hager). In der Augenheilkunde wird es innerlich, subkutan, in Form von Einträufelungen und subkonjunktivalen Injektionen verabfolgt (v. Hymmen). Als Klysma kann man 150—200 g verwenden (Frieser). Bei Prostatitis applizierte Richter mittelst Glyzerinspritze zweimal täglich 5 g eines Gemisches von $20^0/_0$igem Jodipin und Olivenöl zu gleichen Teilen, langsam bis auf reines Jodipin steigend. In neuester Zeit werden von der darstellenden Fabrik (E. Merck, Darmstadt) für die Fälle, wo eine protrahierte Jodmedikation angezeigt ist, die subkutane Applikation aber wegen der langen Dauer der Behandlung aus äußeren Gründen nicht durchführbar ist und auch die innerliche Darreichung wegen des öligen Geschmackes des Mittels auf Schwierigkeiten stößt, mit Zucker überzogene, gelblich gefärbte Jodipintabletten in den Handel gebracht. Dieselben bestehen aus einer nahezu geruchlosen und geschmacklosen Masse (Jodipinum solidum) und enthalten 0,2 g Jodipin ($25^0/_0$) = 0,05 Jod. Die Zuckerhülle dient mehr als konservierendes, denn als geschmackverbesserndes Mittel. Diese Tabletten dürften besonders für die Kinderpraxis von Wert sein. Man gibt 2—5 Stück pro dosi 1—3 mal täglich (Mayer, Weißmann).

Literatur: Frese, Münch. med. Wochenschr., 7, 1899. — Radestock, Therap., Monatsh., 11, 1899. — Kindler, Fortschr. d. Med., 46, 1899. — Fischl, Arch. f. Dermat. u. Syph., 1, 1900. — Schuster, Therap. d. Ggw., 5, 1900. — Holzhäuser, Therap. Monatsh., 8, 1900. — Zirkelbach, Therap. d. Ggw., 8, 1900. — Frieser, Wien. klin. Rundsch., 16, 1900. — Kling-

müller, Deutsche med. Wochenschr., 26, 1900. — Dornblüth, Klin. therap. Wochenschr., 35, 1900. — Eulenburg, Deutsche med. Wochenschr., 43, 1900. — Radestock, Wien. med. Presse, 51, 1900. — Klar, Deutsche Medizinalztg., 97, 1900. — Welander, Arch. f. Dermat. u. Syph., 1/2, 1901. — Baum, Therap. Monatsh., 6, 1901. — Werner, Wien. klin. Wochenschr., 7, 1901. — Wanke, Korrespondenzbl. d. allg. ärztl. Vereines f. Thüringen, 6/7, 1901, rf. Schmidts Jahrb., 160, 1901. — Meyer, Deutsche Ärzteztg., 14, 1901. — Cambiaso, Zentralbl. f. inn. Med., 14, 1901. — v. Hymmen, Ophthalmol. Klinik, 24, 1901. — Hönigschmied, Wien. ärztl. Zentralztg., 28, 1901. — Weiß, Ungar. med. Presse, 27/28, 1901. — Rille, Wien. klin. Wochenschr., 30/33, 1901. — Rubinstein, Medico, 34, 1901. — Hönigschmied, Wien. ärztl. Zentralztg., 41, 1901. — Schuster, Wien. med. Presse, 44, 1901. — Blanck, Die med. Woche, 49/50, 1901. — Dénigès u. Sabrazès, Münch. med. Wochenschr., 51, 1901. — Kreibich, Wien. klin. Wochenschr., 4, 1902. — Feibes, Therap. d. Ggw., 8, 1902. — Winternitz, Münch. med. Wochenschr., 11, 1902. — Sellei, Monatsh. f. prakt. Dermat., 12, 1902. — Taußig, Wien. med. Woccenschr., 29, 1902. — Helmke, Medico, 46, 1902. — Frey, Die Heilkunde, 1, 1903. — Moller, Klin. therap. Wochenschr., 3, 1903. — Blumenthal, Arch. f. Laryngologie, 3, 1903. — Heermann, Therap. Monatsh., 5, 1903. — Ravasini, Deutsche med. Wochenschr., 14, 1903. — Wolfsohn, Ärztl. Rundsch., 27, 1903. — Thumen, Allg. med. Zentralztg., 34, 1903. — Winternitz, Münch. med. Wochenschr., 29, 1903. — Lesser, Deutsche med. Wochenschr., 46, 1903. — Fuchs, Heilmittelrevue, 1, 1904. — Schuster, Therap. d. Ggw., 4, 1904 — Fränkel, Klin. therap. Wochenschr., 15, 1904. — Wodjagin, Allg. med. Zentralztg., 36, 1904. — Lichtgarn, ebendort, 39 1904. — Schönbaum, Berl. klin. therap. Wochenschr., 47, 1904. — van Spanje, rf. in Mercks Jahresber., 1904. — Stenner, Allg. med. Zentralztg., 2, 1905. — Pinkus, Med. Klinik, 6, 1905. — Richter, Monatsh. f. prakt. Dermat., 9, 1905. — Burger, Wien. klin. Rundsch., 19 1905. — Maurizi, rf. in Mercks Jahresber., 1905. — Tomasczewski, Münch. med. Wochenschr., 50, 1905. — Weclewski, Deutsche Medizinalztg., 90, 1905. — Peters, Inaug.-Dissert., Gießen, 1905. — Walser, Medico, 3, 1906. — Hager, Die Heilk., 8, 1906. — Mollo, Allg. Wien. med. Ztg., 47, 1906. — Götzl, Österr. Ärzteztg., 8, 1907. — Mayer, Wien. klin. Rundsch., 47, 1907. — Friedländer, Tol. therap., 3, 1908. — Braun, Med. Klin., 26, 1908. — Sick, Zentralbl. f. Chir., 31, 1908. — Weißmann, Wien. klin. Rundschau. — Falkenstein, Berl. klin. Wochenschr., 36, 1908. — Zilz, Österr. Vierteljahresschr. f. Zahnheilk., 4, 1910. — Buß, Therap. Monatsh., 12, 1910. — Westhoff, Wochenschr. f. Therap. u. Hyg. d. Aug., 32, 1911. — Gorbatow, Wratschebnaja gaceta, 41, 1911. — Daiber, Med. Klin., 376, 1911. — Goldflamm, Berl. klin. Wochenschr., 423, 1911. — Fischel, Münch. med. Wochenschr. 651, 1913.
Fabr.: E. Merck, Darmstadt.
Preis: Sch. m. 50 Tabl. à 0,2 g Mk. 2,50. K. 3,50.

Jodival, Monojodisovalerianylharnstoff, bildet weiße, schwach bitter schmeckende, nach Baldrian riechende Kristalle, die in kaltem Wasser fast unlöslich, etwas besser in heißem Wasser, sehr leicht in Alkohol löslich sind. Der Jodgehalt beträgt 47%.

Wirkung: Das Jodival wird als Ersatz der Jodalkalien verwendet, passiert den Magen ohne Veränderung, da die Magensäure darauf nicht einwirkt und löst sich erst im alkalischen Darmsaft (v. d. Eeckhout). Die Abspaltung beginnt hingegen erst im Kreislauf (Ernert).

Nebenwirkungen: Nach den meisten Autoren erzeugt das Mittel nur selten und im geringen Grade Jodismus (Runk, Ernert, v. Notthaft). Nur O. Loeb weist in seinen Besprechungen der das Präparat betreffenden Arbeiten immer wieder darauf hin, daß die Giftigkeit des Jodivals im Tierexperiment bewiesen sei, ihm es daher unverständlich erscheine, daß es überhaupt in den Arzneischatz aufgenommen wurde.

Indikationen: Das Mittel ist angezeigt bei Kranken, welche eine Idiosynkrasie gegen Jodkali haben (Pohlmann) und leistete gute Dienste bei Asthma und Emphysem, auch bei trockener Pleuritis (Runk, Bönning, Bayer), bei tertiärer Syphilis (Ernert, Sommerville, Hesse, Pohlmann, Bayer) namentlich bei Hautaffektionen, während es bei Nervensyphilis ungeeignet ist (v. Notthaft), ferner bei Skrofulose (Runk), bei Arteriosklerose (Ernert, Bönning, Westphal, Dorn), bei Kephalhämatom, interstitiellen oder artikulären Blutextravasaten bei Frakturen, Luxationen und Kontusionen, Lymphangoitis, Phlegmone, tuberkulösen Drüsenanschwellungen, Appendizitis, Osteomyelitis (Runk, Bönning, Bayer), endlich bei Ozaena (Reinsch) und Otitis media (Runk).

Dosierung: Man gibt innerlich 2—4 mal täglich 0,3 g, auch mit Diuretin kombiniert (Jodival 0,3 + Diuretin 0,5). Es kommt in Tabletten à 0,3 g in den Handel. Dieselben sollen mit etwas Wasser genommen werden.

Literatur: v. d. Eeckhout, Arch. f. exper. Pathol. u. Pharmak., 338, 1907. — Ernert, Pharmaz. Zentralhalle, 873, 1908. — Sommerville, Fol. therap. 4, 1909. — Runk, Fortschr. d. Med., 452, 1909. — v. Notthaft, Monatsh. f. prakt. Dermat., 8, 1910. — Bönning, Med. Klin., 1939, 1910. — Bayer, Therap. d. Ggw., 7, 1911. — Pohlmann, Berl. klin. Wochenschr., 43, 1911. — Westphal, Medico, 43, 1911. — Hesse, Deutsche med. Wochenschr., 444, 1911. — Pohlmann, Berl. klin. Wochenschr., 1939, 1911. — Reinsch, Zeitschr. f. ärztl. Fortbildg., 241, 1912. — Dorn, Allg. med. Zentralztg., 602, 1912.
Fabr.: Knoll & Co., Ludwigshafen.
Preis: R. m. 10 u. 20 Tabl. à 0,3 g Mk. 1,10 u. 2,—. K. 1,40 u. 2,50.

Jodocitin ist eine Kombination von Jod, Lezithin und Eiweiß, die in Form von Tabletten à 0,06 Jodgehalt im Handel ist. Das Mittel wird gut vertragen, erzeugt nur geringen Jodismus und wird als Ersatz der bekannten Jodmittel empfohlen bei Arteriosklerose und Syphilis, bei Skrofulose, Asthma bronchiale, Neuralgien und Apoplexien, auch bei Tabes und Paralyse (Neuberg, Isaak, Müller, Chrzelitzer, Jäger, Steiner). Die übliche Dosis beträgt 3 mal täglich 1 Tablette, bis auf 8 Stück pro die steigend. Die Tabletten werden während der Mahlzeit gereicht.
Literatur: Neuberg, Therap. d. Ggw., 359, 1911. — Müller, Zentralbl. f. d. ges. Therap., 395, 1911. — Isaak, Med. Klin., 1541, 1911. — Chrzelitzer, Dermat. Wochenschr., 168, 1912. — Jäger, Therap. d. Ggw., 191, 1912. — Steiner, Deutsche med. Wochenschr., 1371, 1912.
Fabr.: Dr. M. Haase & Co., Berlin.
Preis: R. m. 10 u. 20 Schokolade-T. Mk. 1,— u. 2,—.

Jodomenin, eine Jod-Wismut-Eiweißverbindung, stellt ein orangegelbes Pulver dar, das in Wasser, Alkohol und verdünnten Säuren unlöslich ist und kein Jod abspaltet. In alkalischen Flüssigkeiten wird es dagegen unter Bildung von Jodalkalien und Wismuteiweiß gespalten. Es passiert daher den Magen unzersetzt und liefert im Darme leicht resorbierbare Jodsalze (Friedmann). Das Mittel kommt in Tabletten à 0,5 g, entsprechend 0,06 g Jod in den Handel. Es wird, wiewohl es keine besonderen Vorzüge vor den Jodalkalien aufweist (Taege), für längere Jodmedikation empfohlen bei tertiärer Lues und bei luetischen Kindern (Friedmann, Cassel), sowie bei Arteriosklerose (Gumbert). Die übliche Dosis beträgt 1—2 Tabletten, 3 mal täglich, bei Lues das doppelte (Busch, Friedmann).
Literatur: Busch, Therap. d. Ggw., 4, 1908. — Cassel, ebendort, 7, 1908. — Friedmann, Berl. klin. Wochenschr., 11, 1909. — Gumbert, Therap. d. Ggw., 2, 1910. — Taege, Med. Klin., 39, 1910.
Fabr.: Joh. A. Wülfing, Berlin.
Preis: R. m. 25 Tbl. à 0,5 Mk. 2,—. K. 2,50.

Jodostarin, Taririnsäurejodid, bildet weiße, glänzende Kristallschuppen ohne Geruch und Geschmack mit 47,5 % Jodgehalt, die sich in Wasser gar nicht, wenig in kaltem, leicht in heißem Alkohol, in Äther, Chloroform und Benzol lösen. Die Lösungen sind lichtempfindlich und spalten schon nach kurzer Belichtung unter Braunfärbung Jod ab. Das Mittel kommt in Tabletten à 0,25 g (= 0,15 g Jodkali) in den Handel. — Es ist außerordentlich wenig giftig, wird erst im Darme gespalten, woselbst es zur Resorption gelangt. Die Ausscheidung von Jod dauert ungefähr doppelt so lang, wie nach Darreichung von Jodkali (Bachem, Saalfeld), wodurch eine protrahierte Wirkung erzielt wird. Bis auf geringen Jodschnupfen wurden noch keine unangenehmen Nebenerscheinungen beobachtet (Beck). Es wurde mit Nutzen von Saalfeld bei sekundärer und tertiärer Syphilis angewendet.
Literatur: Bachem, Münch. med. Wochenschr., 2161 1911. — Saalfeld, Deutsche med. Wochenschr., 1988, 1912. — Beck, Münch. med. Wochenschr., 2232, 1912.
Fabr.: F. Hoffmann-la Roche, Basel-Grenzach.
Preis: R. m. 10 u. 20 Tabl. Mk. 1,—. Mk. 1,60. K. 1,25. K. 2 —.

Jothion, Dijodhydroxypropan, ist ein Jodwasserstoffsäureester, der mit Alkohol, Chloroform, Äther, Benzol in jedem Verhältnisse mischbar ist, sich in Olivenöl und Glyzerin löst und eine gelbliche, ölige Flüssigkeit darstellt.

Jothion gilt als wertvolles, äußerlich anzuwendendes Ersatzmittel für Jodkali (Schindler, Finger, Lipschütz, Richartz). Es enthält ca. 80% organisch gebundenes Jod.

Wirkung: Schon nach 40—60 Minuten tritt nach Einreibung selbst kleiner Mengen Jodreaktion im Speichel und Harne auf (Schindler, Wesenberg, Witthauer). Bei wiederholter Einreibung wird es bis zu 50% von der Haut aus resorbiert. Es eignet sich also vollkommen zu perkutanen Applikationen (Auverny, Warschawsky, Pollio, Keibel, Braitmaier).

Nebenwirkungen: Bei einzelnen Personen ruft die Einreibung der verdünnten Substanz leicht vorübergehendes Jucken und Brennen hervor (Wesenberg, Ravasini und Hirsch). Magenverstimmungen treten ganz ausnahmsweise auf. Nach eigenen Beobachtungen hatte die Einreibung der 6%igen Salbe öfter Erythembildung zur Folge.

Indikationen: Als Jodkaliersatz bei Lues und Tabes, besonders wenn die innerliche Anwendung der Jodide nicht angezeigt erscheint. Recht günstig wirkte es bei den tertiären Prozessen der Mund- und Rachenschleimhaut (Schindler, Lipschütz, Volk, Spengler, Joseph und Schwarzschild, Nagelschmidt), sowie bei Arteriosklerose und chronisch entzündlichen Zuständen innerer Organe (Joseph und Schwarzschild), z. B. bei Prostatitis, hier in Form von Suppositorien à 0,2—0,3 g (Volk, Nagelschmidt, Wesenberg). Auch bei Lungentuberkulose, Emphysem, Pleuritis und Asthma soll es als schleimlösendes Mittel gute Dienste leisten (Richter) weiter bei gewissen, parasitären Hautkrankheiten, bei Struma (Haagner, Stamm) und Drüsenschwellungen, sowie in der Zahnheilkunde bei Gingivitis, Stomatitis ulcerosa und Periostitis alveolaris (Metnitz, Memelsdorf). Auch bei chronisch entzündlichen Prozessen und Exsudaten im weiblichen Genitaltrakt (Neuwirth, Müller, Leyden, Strachnow), gegen die Schmerzen bei Gelenksentzündungen, speziell tuberkulösen Gelenksaffektionen, und Gelenksrheumatismus, sowie gegen die Schmerzen und das Stechen bei kruppöser Pneumonie (Habicht, de Markosfalva, Hauser), ferner bei Erysipel, Blepharitis (1% Salbe), Nasenekzem (4% Salbe), bei Sykosis, zur Bekämpfung des Ohrensausens bei chronischem Mittelohrkatarrh und Sklerose (Krzyszkowski, Berliner) erwies es sich nützlich. Mit gutem Erfolge wird es weiter verwendet bei Glaskörpertrübung, allen Formen der Chorioiditis, Iritisrezidiven und Sehnervenatrophie (Zimmermann), bei Katarrhen und Schwellung der Nasenschleimhaut (Leyden, Mühsam) und bei Mastitis adolescentium (Stamm). Schließlich sei noch der Verwendung des Jothions als Hautdesinfiziens gedacht (Witthauer).

Dosierung: Das Mittel wird perkutan in 12% spirituöser oder 10 bis 15% öliger Lösung verwendet und in Dosen von 2—4 g pro die appliziert. Zur Vermeidung von Reizerscheinungen empfiehlt Schindler eine Salbe aus Jothion, Wachs und Lanolin ää. Dreser rät, lieber öfter kleinere, als auf einmal größere Dosen zu verwenden, da ein, wenn auch kleiner Teil des Jothion im Harne als organisch gebundenes Jod erscheint, das therapeutisch unwirksam ist. Als Resorbens von der Vagina aus verwendet Witthauer die 5—10% Glyzerinemulsion, zu Pinselungen der Nasenschleimhaut Leyden die 5% Glyzerinlösung.

Literatur: Finger, Wien. med. Wochenschr. 28, 1904. — Schindler, Prag. med. Wochenschr. 39, 1904. — Schindler, Die Heilk., 10, 1905. — Lipschütz, Arch. f. Dermat. u. Syph. 2/3, 1905. — Ravasini u. Hirsch, ebendort, 2/3, 1905. — Wesenberg, Therap. Monatsh., 4, 1905. — Volk, Die Heilk., 7, 1905. — Dreser, Berl. klin. Wochenschr., 23, 1905. — Joseph u. Schwarzschild, Deutsche med. Wochenschr., 24, 1905. — Richartz, Münch. med. Wochenschr. 49, 1905. — Müller, Die Heilk., 2, 1906. — Metnitz, Österr. Zeitschr. f. Stomatolog., 3, 1906. — Habicht, Allg. Wien. med. Ztg., 7, 1906. — Berliner, Therap. Monatsh., 9, 1906. — Spengler, Deutsche med. Wochenschr., 15, 1906. — Krzyszkowski, Allg. Wien. med. Ztg. 36, 1906. — Haagner, Wien. med. Presse, 46, 1906. — Berliner, Therap. Monatsh., 1, 1907. — Auverny, Riform. medic., 4, 1907. — de Márkosfalva, Wien. med. Presse, 13, 1907. — Neuwirth, Wien. med. Wochenschr. 17, 1907. — Zimmermann, Ophthalm. Klin., 22, 1907. — Pollio, Gazz. degli osped., 141. 1907. — Warschawsky,

Russky Wratsch., 1, 1908. — Witthauer, Zentralbl. f. Gynäk., 31, 1908. — Nagelschmidt, Therap. Monatsh. 9, 1909. — Braitmaier, Monatsh. f. prakt. Dermat., 9, 1909. — Keibel, Berl. klin. Wochenschr., 28, 1909. — Richter, ebendort, 34, 1909. — Leyden, Therap. Monatsheft, 2, 1910. — Memelsdorf, Zeitschr. f. Zahnheilk., 3, 1910. — Mühsam, Therap. d. Ggw., 11, 1910. — Stamm, Therap. Monatsh., 12, 1910. — Witthauer, Med. Klin., 31, 1910. — Wesenberg, Deutsche med. Wochenschr., 46, 1910. — Strachnow, Wien. med. Ztg., 16, 1911. — Hauser, Med. Klinik, 26, 1911.
Fabr.: Farbwerke vorm. Bayer & Co., Elberfeld.
Preis: 1 g Mk. 0,25. 10 g Mk. 2,50. K. 0,35 u. K. 3,—.

Laktojod, aus Jod und Milcheiweiß gewonnen, mit 5% Jod in so fester Bindung, daß schwache Alkalien und Säuren keine Abspaltung herbeiführen können. Die Verdauungssäfte des Magens und Darmes vermögen aber den größten Teil des Jods in ca. 2 Stunden im Brutschrank in anorganische Bindung überzuführen oder als lösliche organische Verbindung resorbierbar zu machen (Stanjeck). Es wird gerne genommen, gut vertragen, hat eine milde, dem Jodkali nahe kommende Wirkung und bessert den Ernährungszustand, da es bei den ziemlich großen Dosen, die nötig sind (3 mal täglich 5—10 g), auch als ein Nährmittel anzusehen ist.
Literatur: Stanjeck, Therap. d. Ggw., 4, 1909.

Lipojodin, Dijodbrassidinsäureäthylester, bildet feine, weiße Nadeln vom Schmelzpunkte 37^0, die sich leicht in Alkohol, Äther, Chloroform und fetten Ölen, nicht aber in Wasser lösen. In fester Form ist es im zerstreuten Tageslicht beständig, in gelöster Form zersetzt es sich unter Abscheidung von Jod. Der Jodgehalt beträgt 41%.
Das Mittel wird langsam resorbiert und nur zu einem geringen Bruchteile durch die Fäzes ausgeschieden, wenn es beim oder nach dem Essen genommen wird (Loeb und v. d. Velden). Man gibt es anstatt der üblichen Jodalkalien in Dosen von 0,3—1,5 g pro dosi und 5 g pro die.
Literatur: Loeb u. v. d. Velden, Therap. Monatsh., 4, 1911.
Fabr.: Ges. f. chem. Industrie (Ciba), Basel.
Preis: R. m. 10 u. 20 Tabl. à 0,3 g Mk. 1,—, Mk. 1,90. K. 1,25, K. 2,40.

Sajodin, das Kalziumsalz der Monojodbehensäure, die durch Anlagerung von Jodwasserstoff aus der Erukasäure des Rüböles entsteht, stellt ein geruch- und geschmackloses Pulver dar, welches am Lichte sich oberflächlich gelb färbt, ohne eine tiefergehende Zersetzung zu erfahren, im Wasser ganz unlöslich ist und beim Erhitzen Joddämpfe entwickelt (Fischer und v. Mering). Es enthält ungefähr 26% Jod, also dreimal weniger als Jodkali.
Wirkung: Das Mittel stellt einen vollwertigen Ersatz der Jodalkalien für den inneren Gebrauch dar, ist unschädlich, wird gut vertragen und gerne genommen. Es greift die Magenschleimhaut nicht an, ist gut und rasch resorbierbar und wird durch die Darmsekrete gespalten. Schon 24 Stunden nach der Einverleibung erscheint freies Jod im Harne zum Beweise, daß es zu keiner Retention und in weiterer Folge zu kumulativer Wirkung kommt (Fischer und v. Mering, Mayer, Koch). Nüchtern genommen, erfolgt die Resorption langsamer und die Ausscheidung geht schneller vor sich (Anacker), sonst wird das Jod auffallend langsam ausgeschieden (Abderhalden und Kautzsch, Frankenstein). Dort, wo Idiosynkrasie gegen Jodalkalien besteht, wird Sajodin anstandslos vertragen (Koch), ja schon bestehender Jodismus bildet sich dabei zurück.
Nebenwirkungen: Nur große Dosen dürften schließlich zu Erscheinungen von schwererem Jodismus führen (Mayer, Frankenstein), nach den üblichen kleinen Dosen wurde nur ganz ausnahmsweise Auftreten von unbedeutender, kurzdauernder Akne (Fischer und v. Mering, Roscher, Hager, Junker und Sußmann), sowie geringer Jodschnupfen und schwacher Jodgeschmack am Morgen beobachtet (Lublinski, Sußmann). Von Eschbaum wurden einmal am 20. Tage der Darreichung schwere Allgemeinerschei-

nungen von heftigem Jodismus gesehen, die aber mit Aussetzen des Mittels alsbald schwanden.

Indikationen: Sajodin wird mit dem besten Erfolge fast ausschließlich bei den Erscheinungen der tertiären Syphilis (Fischer und v. Mering, Mayer, Koch, Roscher, Eschbaum, Geronne, Gebb, Guszmann, Schwarz, Kohlbach, Neugebauer, Angelillo), vereinzelt auch noch bei Arteriosklerose und bei chronischem Bronchialkatarrh mit asthmatischen Anfällen, bei Emphysem, Myokarditis, chronischen Nervenkrankheiten, wie Tabes, Myelitis usw., ferner bei Ischias, bei Leberzirrhose mit Aszites, lymphatischer Leukämie und Schilddrüsenschwellung angewendet (Lublinski, Cramer, Hager, Gèronne, Junker, Datta, Tauszk, Gruß, v. Zeißl, Kuttelwascher, Frankenstein, Kohlbach, Hartmann).

Dosierung: Es wird infolge seiner Wasserunlöslichkeit als Pulver in Oblaten oder in Form von Tabletten gewöhnlich in der Dosis von 1 g dreibis viermal täglich verordnet, besonders, wenn man eine länger dauernde Jodbehandlung einleiten will. Die Tabletten sollen stets gut zerkaut und niemals auf nüchternen Magen gegeben werden, am besten eine Stunde nach dem Essen (Schwarz, Hartmann).

Literatur: Fischer u. v. Mering, Med. Klinik, 7, 1906. — Mayer, Dermat. Zeitschr. 3, 1906. — Koch, Therap. d. Ggw., 6, 1906. — Roscher, Med. Klinik, 7, 1906. — Lublinski, Therap. Monatsh., 7, 1906. — Cramer, Zeitschr. f. Krankenpfl., 7, 1906. — Hager, Die Heilk., 8, 1906. — Gèronne, Therap. d. Ggw., 12, 1906. — Guszmann, Die Heilk., 12, 1906. — Eschbaum Med. Klinik, 18, 1906. — Junker, Münch. med. Wochenschr., 35, 1906. — Datta, Gazz. degli ospedali, 98, 1906, rf. in Münch. med. Wochenschr., 6, 1907. — Sußmann, Therap. d. Ggw., 3, 1907. — Abderhalden u. Kautzsch, Zeitschr. f. exper. Pathol. u. Therap., 3, 1907. — Tauszk, Wien. med. Presse, 6, 1907. — Gruß, Ärztl. Reformztg., 15, 1907. — v. Zeißl, Wien. klin. Rundsch., 21, 1907. — Gebb, Med. Klin., 41, 1907. — Kuttelwascher, Prag. med. Wochenschr., 42, 1907. — Anacker, Inaug.-Dissert. Wiesbaden, 1907. — Angelillo, Gazz. degli ospedali, 114, 1907. — Hartmann, Therap. Monatsh., 1, 1908. — Neugebauer, Österr. Ärzteztg., 8, 1908. — Schwarz, Prag. med. Wochenschr., 13, 1908. — Frankenstein, Klin. therap. Wochenschr., 39, 1908. — Kohlbach, Wien. med. Ztg., 7, 1910. Fabr.: Vorm. Bayer & Co., Leverkusen.
Preis: R. m. 20 Tabl. à 0,5 g Mk. 2,—. K. 2,50.

Als Chemotherapeutikum bei septischen Infektionsprozessen hat das Collargol gewisse Bedeutung erlangt.

Collargol, argentum colloidale Credé, ist die kolloidale wasserlösliche Form des Silbers und besteht aus kleinen schwarzen Stücken, die auf dem Bruche metallischen Glanz zeigen. Es löst sich im Wasser im Verhältnisse 1:20 zu einer tiefdunkelbraunen, durchsichtigen Flüssigkeit, die sich weder durch monatelanges Stehen, noch durch Kochen zersetzt. Die Lösungen sind in braunem Glase aufzubewahren. Sie brauchen keine Sterilisierung, da sie sich selbst absolut steril halten. Die Brauchbarkeit der Lösung ist daran erkenntlich, daß sie beim Eintropfen in destilliertes Wasser eine braune, klare Flüssigkeit gibt. Ist die Lösung zersetzt, so wird das Wasser grau, trübe und setzt ab.

Wirkung: Es besitzt die antibakteriellen Eigenschaften aller Silberpräparate, doch ist nach Bayer die Wirkung mehr eine das Wachstum der Bakterien hemmende als bakterientötende.

Albrecht erklärt die Wirkung bei schwerer Intoxikation, die unter dem Bilde der septischen Allgemeininfektion verläuft, als eine katalytische, bestehend in erfolgreicher Adsorption, beschleunigter Oxydation und dabei Unschädlichmachung der Toxine. Rodsewicz und später Dunger untersuchten den Einfluß des Collargols auf das Blut und fanden, daß bei keiner Art der Verwendung dauernde Veränderungen der Blutzusammensetzung auftreten, wohl aber, daß jeder Applikation eine akute leukozytäre Reaktion folgt, die mit einer Hypoleukozytose beginnt und nach mehreren Stunden in eine Hyperleukozytose mit vorwiegender Vermehrung der polynukleären neutrophilen Leukozyten übergeht. Es werden also durch das kolloidale

Silber die normalen aber unzulänglichen Eigenschaften des Blutes enorm gesteigert (Wenkebach). Auf die Erhöhung der Diurese nach Einreibung mit Collargolsalbe haben Albrecht und Riehl hingewiesen. Das Collargol beeinflußt in günstigem Sinne Temperatur, Herztätigkeit und Allgemeinbefinden, allerdings meist nur vorübergehend (Rittershaus). Eine spezifische Wirkung schreibt Dworetzky dem Collargol auf Strepto- und Staphylokokken zu. Es neutralisiere gleichsam die Toxine der im Blute kreisenden Mikroorganismen, stelle also gewissermaßen ein metallisches Antitoxin dar.

Gegenüber den zahlreichen Beobachtern günstiger von keinen Nebenerscheinungen gefolgter Erfahrungen bei Anwendung von Collargol (Brumer, Vieth, Daxenberger, Credé, Dworetzky, Bayer, Geiringer, Wenkebach, Klotz, Manges, v. Baracz, Jaenicke, Rößler, Wolffberg, Bamberger, Georgi, Rodsewicz, Wagner, Behr, Camerer, Tarrasch, Neukirch, Coleman, Justi, Löbl, Feilchenfeld, Feldmann, Born, Weißmann, Ribadeau, Rocaz, Böckelmann, Rau u. a.) bringt eine Reihe anderer Beobachter Berichte über Versagen des Mittels, nur geringe oder unsichere Wirkung (Arnold). So hatte Tromsdorff bei seinen Tierversuchen durchaus negative Erfolge. Fehling sah bei Puerperalfieber von Anwendung der kolloidalen Silbersalbe keinen Erfolg, doch scheint ihm, daß den intravenösen Einspritzungen ein gewisser Heilwert innewohne. Cohn deduziert aus seinen Tierversuchen, daß das Collargol keinen Schutz gegen Infektion gebe, da es bald nach seiner Einverleibung unwirksame Niederschläge im Organismus bilde. Baginsky wendet sich gegen die Collargoltherapie bei Scharlach, da dadurch weder die Erkrankung irgendwie beeinflußt wird, noch Komplikationen verhindert werden.

Nebenwirkungen: Manges, noch mehr v. Baracz und Bonnaire beobachteten 3—6 Stunden nach intravenöser Collargolinjektion leichtes Frösteln, ja selbst Schüttelfrost. Fehde und Dunger führen die häufigen Temperatursteigerungen bis 40° und mehr auf die Intoxikation des Organismus durch die beim Leukozytenzerfall frei werdenden Fermente zurück. Rittershaus, sowie Manges berichten, daß Collargol im perivaskulären Gewebe unangenehme Infiltrationen und Nekrosen hervorrufe. Es ist daher wichtig, daß das Mittel stets genau in die Vene gespritzt werde. Rittershaus beobachtete auch in mehreren Fällen, unmittelbar der Injektion folgend, starke Zyanose und Dyspnöe als Zeichen einer Lungenembolie. Eine weitere Nebenwirkung ist das manchmal auftretende lästige Jucken nach der Injektion (Camerer). Neukirch sah einmal starke Schwellung des ganzen Armes mit furchtbaren 4 Tage anhaltenden Schmerzen, Tarrasch dreimal unter 9 Fällen ein Infiltrat an der Einstichstelle. Ekzem wurde nur einmal von Baginsky nach Verwendung von Unguentum Credé beobachtet. Um die nach intravenösen Injektionen auftretenden heftigen Allgemeinerscheinungen auszuschalten, empfiehlt Fehde nur 0,05 g zu injizieren, da sodann auch höhere Dosen bis 0,25 g keine Reaktion mehr auslösen.

Indikationen: Die Verwendung des kolloidalen Silbers ist eine vielseitige. Speziell benützt wird es bei septischen Erkrankungen (Puerperalprozessen, Perityphlitiden, Rückfallfieber etc.) in ausgedehntestem Maße (Vieth, Weißmann, Credé, Rittershaus, Dworetzky, Klotz, Ribadeau-Dumas, Jaenicke, Bong, Engel, Osterloh, Buberl, Karlinski, Waßmuth, Bonnaire, Ganz, Hocheisen, Cohn, Capitan, Ricci, Fabian und Knopf, Gennerich, Albrecht, Hirsch, Vogel, Trembur, Kausch, Fehde). Weiter wird es empfohlen bei gonorrhoischer Sepsis und gewissen gonorrhoischen Exanthemen, wie Erythema nodosum (Hermann) und gonorrhoischer Gelenksentzündung (Riebold, Gennerich, Fabian und Knopf, Ricci, Seidel), bei Erysipel (Born, Feldmann, Coleman, Credé, Rittershaus, Krämer), bei Milzbrand (Wagner, von Baracz, Schrage), bei septischer, bzw. gonorrhoischer Endokarditis (Wenkebach, Neukirch, Manges, Trembur), gegen die Nachschweiße der Phthisiker (Wilke), endlich bei Ophthalmia gonorrhoica und phlyktänulären Entzündungen (Schloßmann, Wolffberg, Daxenberger). Bei frischer Keratitis parenchymatosa ist aber die Salbe zu meiden (Feilchenfeld). Bei Trachom, eitriger Bindehautentzündung, Ulcus corneae serpens, Dacryocystitis und frischen Augenverletzungen wurden mit der $5^0/_0$ Lösung gute Erfolge erzielt von Rößler, Mayer, Daxenberger und Pawlow, bei Angina, Diphtherie und Scharlach von Justi, Rommel, Rocaz, Fehde und Seidel, bei Meningitis des Kindesalters von Daxenberger.

Weitere Indikationen sind Typhus (Seidel, Mironescu, Fehde), Cholera asiatica (Barbezieux und Picard), Bauchwassersucht (Riehl), Pneumonie (Capitan, Seidel), Lepra (Vergueira), akuter Gelenksrheumatismus (Witthauer), akute Mittelohrentzündung (Friedmann), Meningitis cerebrospinalis (Widal-Ramond, Seidel), Gonorrhoe (Gans), Zystitis und Pyelitis (Eisenreich). Behr verwendete es bei allen nichttuberkulösen, eitrigen Krankheitsprozessen der Lunge, da es unzweifelhaft imstande sei, die Zahl der Eitererreger im Sputum zu verringern. Sehr günstige Resultate erzielte Moosbrugger durch interne Darreichung bei Blinddarmentzündung, wenn die Krankheit im Beginne ist. Ist bereits Erbrechen vorhanden, so empfiehlt er die Einreibung oder Applikation in Klysmen. Zur Prophylaxe des Puerperalfiebers empfehlen es Credé und Camerer. Zu kriegschirurgischen Zwecken wird es für infizierte Wunden als Desinfiziens empfohlen von v. Oettingen.

Dosierung und Form der Anwendung: Die gebräuchlichste und wirkungsvollste Art der Applikation ist die intravenöse. Dieselbe zeitigt die besten Erfolge und ist, wenn nicht zu starker Fettpolster oder zu dürftiges Venennetz vorliegt oder Anämie besteht, stets auszuführen. Die subkutane Anwendung hat fast gar keinen Effekt und verbietet sich von selbst, da dadurch unerwünschte Nebenwirkungen (Zurückbleiben eines unresorbierbaren Silberdepots im subkutanen Gewebe) ausgelöst werden können. Soviel der umfangreichen Literatur zu entnehmen ist, wurde diese Art der Verwendung bei Milzbrand, bei dem durch perkutane und intravenöse Anwendung schon über 10 Fälle geheilt wurden, von Wagner und neben Darreichung von Alkohol, Milchsäure, Opium und intestinalen Antisepticis bei Cholera von Barbezieux und Picard herangezogen. Die Darreichung per os wird in neuester Zeit sehr warm von Moosbrugger empfohlen. Für die Applikation in Klysmen setzen sich Löbl und Böckelmann ein, da dieselben von jeder Warteperson ausgeführt werden können, nie schmerzhaft sind, auch nicht sonderlich belästigen. Dabei sind sie vollständig gefahrlos, man kann größere Mengen anwenden und das Mittel auf eine gut resorbierende Oberfläche bringen. Natürlich hat ein Reinigungsklistier vorauszugehen. Mir stehen in dieser Hinsicht selbst recht erfreuliche eigene Erfahrungen zu Gebote in einem Falle einer schweren durch Bacterium coli hervorgerufenen Sepsis (Skutetzky). Sehr beliebt und verbreitet ist ferner die Anwendung der kolloidalen Silbersalbe (**Unguentum Credé**), trotzdem diese Methode verschiedene Mängel aufweist. Das Mittel kommt auf eine relativ wenig resorbierende Oberfläche, die Wirkung setzt nicht rasch genug ein ist bei einigermaßen heftiger Infektion auch nicht von ausreichender Stärke (Löbl). Betreffs der Dosierung ist zu bemerken, daß das Mittel stets in ziemlich großen Dosen schon bei Beginn der Erkrankung angewendet werde und daß es, da das Silber rasch ausgeschieden wird, stets wieder von neuem zugeführt werde. Vereinzelt wurde noch die intralumbale Applikation (Widal-Ramond), die intramuskuläre (Capitan) und die intravesikale (Jeanbrau) angewendet.

Intern wird das Collargol bei möglichst leerem Magen und Nachtrinken von Wasser oder Tee in folgender Verschreibung gegeben: Collargol. 1,0 aq. dest. 200,0 halb-einstündlich 1 Eßlöffel voll, bei schwererer Störung des Allgemeinbefindens in doppelter Stärke (2,0: 200,0), davon stündlich 10 g zu geben. Gegen die Nachtschweiße der Phthisiker genügen 4 Eßlöffel der 1 % Lösung täglich. Brenner verordnet bei Pneumonie der Erwachsenen Pillen à 0,05 g täglich drei Stück, bei Kindern eine Lösung von 0,02—0,06: 20,0 Glyzerin und 30,0 Aq. dest. und läßt diese Menge tagsüber löffelweise nehmen. Bei tuberkulösen Mischinfektionen bewährte sich nach Kučera ein Pulvergemisch von 0,02 Collargol mit Goldschwefel, Natr. bicarb. und Dionin oder Kodein (3—8 Pulver pro die). Gewöhnlich wird das Mittel zur intravenösen Applikation verwendet und dazu die 2 % Lösung benützt. Hiervon werden 2—10 ccm, gewöhnlich 4—6 ccm, d. i. 0,08—0,12 g Collargol durch 8 Tage eingespritzt (Credé, Müllerheim, Ribadeau-Dumas). Doch wurden auch 1—2 Pravazspritzen einer 5 % Lösung ohne Nachteil gegeben (Tarrasch) oder 10—20 ccm einer 2 % Lösung (Fehling) oder 30 ccm einer 1 % Lösung (v. Baracz). Sehr wichtig ist hierbei, daß die Lösung täglich frisch bereitet und in siedendem Wasser sterilisiert werde und das Einfließenlassen in die Vene nur sehr langsam vor sich gehe (Gennerich, Albrecht, Kausch, Fehde).

Zur subkutanen Injektion verwenden Wagner die 2 %, Barbezieux und Picard 2—6 ccm einer 1 % Lösung.

Zur Applikation als Klysma gebraucht Löbl die 1 % Lösung und verabreicht täglich 100 g in 2 Dosen. Diese Medikation soll, wenn nötig, wenigstens durch 8 Tage, aber nicht länger als 14 Tage fortgesetzt werden. Gewöhnlich gibt man bei schweren Fällen 50—100 ccm einer 5 %, bei leichteren einer 2—3 % Lösung, 1—2 mal täglich und setzt, wenn das Klistier schlecht behalten wird, demselben noch 8—10 Tropfen Opiumtinktur hinzu (Witthauer, Seidel, Mironescu, Krämer, Boshardt, Hirsch, v. Meyer).

Außer diesen Anwendungsarten empfiehlt noch Justi bei Angina und Diphtherie Pinselungen mit 5 % wäßriger Lösung, was aber Bullmann nur bei nicht diphtheritischen Belägen für zweckmäßig hält, da die Collargollösung die Bazillen nicht tötet und das Ablösen der Beläge nur auf die mechanische Wirkung des Pinsels und die kolloidale Natur der Silberlösung zurückzuführen ist.

Vereinzelt wird das Collargol in 5 % Lösung mit Sassafraßschleim bei der Behandlung der Gonorrhöe (Gans), intravesikal in Dosen von 10—15 ccm der 1—5 % Lösung bei akuter Zystitis (Jeanbrau), intramuskulär bei Pneumonie in einer Menge von 2—4 ccm einer 2 % Lösung (Capitan) und intralumbal in Gaben von 5 ccm einer 1 % Lösung angewendet. Bei akuter Mittelohrentzündung empfiehlt Friedmann nach vorangegangener Reinigung mit 30 % Perhydrol das Einbringen von Tampons in den Gehörgang, die mit 5 % Collargollösung getränkt sind. Das Unguentum Credé, welches nach Art der grauen Salbe angefertigt ist und 15 % Argent. colloid., 10 % Schweinefett, etwas Wachs und Äther benzoatus enthält, wird an Stelle der Injektionen angewendet. Es genügen für eine einmalige Einreibung 3,0 g, für Kinder 1,0—2,0 g (Baginsky, Rommel). Credé verwendet die Salbe bei leichten Phlegmonen mit ausgezeichnetem Heileffekte, Gennerich bei den septischen Folgezuständen der Gonorrhoe, Riehl bei Bauchwassersucht, Stybr und Knauth bei Meningitis cerebrospinalis. Man muß die Salbe so lange verreiben, bis die Haut nicht mehr schwarz, sondern nur schmutzig, dabei aber gerötet und warm erscheint. Müllerheim gibt in seinem Sammelreferate über Collargol die höchste Einzelgabe mit 3,0 g, die Gesamttagesmenge mit 9,0 g an. — Für die Trachombehandlung empfiehlt Rößler täglich zweimalige Einreibung von je 1,0 g Unguent. Credé in der Schläfengrube und über dem Arcus superciliaris bis zum Ablauf der Reizerscheinungen, hierauf Pinseln der Konjunktiva mit 2—5 % Collargollösung einmal täglich und bei vollständiger Reizlosigkeit Abreiben der Follikel mit einem Collargolstift,

Chemotherapie. 437

für den er folgendes Rezept gibt: Collargol 3,0, Sacch. lact., Tragacanth., Oss. sepiae āā 1,0, Mucil. gumm. acac. gtts. III, Aq. destill., Glycerin. āā q. s. S. In braunem Glase aufzubewahren. Geradezu verblüffende Erfolge sah Wolffberg bei Ophthalmia gonorrhoica unter Anwendung von Unguent. Credé 10,0, Atropin. 0,05, davon ein halberbsengroßes Stück mittelst Glasstabes in den oberen Bindehautsack einzuführen. Schließlich wird das Argentumkolloid auch noch erfolgreich als Prophylaktikum gegen Puerperalfieber verwendet in Form von Collargolvaginalkugeln (Credé) oder als Salbe (Camerer). Für die Globuli gibt Credé an: Collargol. 0,5—1,0, Talc. pulv. 0,5—1,0, Öl. Cacao 19,0, f. glob. No. X.

Unter dem Namen **Elektrargol** und **Fulmargin** kommen auf elektrischem Wege durch Zerstäuben von chemisch reinem Silber in Aq. dest. hergestellte, feinkörnige, kolloidale Silberpräparate in den Handel, welche nach Engelen länger haltbar sein sollen als die auf chemischem Wege hergestellten und keinerlei unangenehme Nebenerscheinungen auslösen sollen.

Das Elektrargol wurde von Engelen hauptsächlich bei Erysipel, von Braendle bei Arthritis gonorrhoica in Form der intramuskulären Injektion (alle 2—3 Tage 10 ccm) angewendet. Asch benützte es zur Abortivbehandlung der Epididymitis gonorrhoica, indem er die erkrankten Teile des Nebenhodens punktierte und sodann 1—2 ccm Elektrargol einspritzte. Nach 1—3 Injektionen kann vollständige Restitutio ad integrum eintreten. Für längeren Gebrauch schlägt bei den septischen Folgezuständen der Gonorrhöe Gennerich die subkutane, Kluger bei Pleuropneumonien und Typhus die intravenöse Applikation des Elektrargols vor.

Dalfenberger empfiehlt das Präparat zur Einträufelung ins Auge bei infektiösen Hornhaut- und Bindehautaffektionen.

Literatur: Schloßmann, Therap. Monatsh., 5, 1899. — Brumer, Fortschr. d. Med., 20, 1900. — Baginsky, Therap. d. Ggw., 6, 1900. — Vieth, Allg. med. Zentralzgt., 6/7, 1901. — Daxenberger, Klin. therap. Wochenschr., 19, 1901. — Dworetzky, Ibidem, 35/36, 1901. — Credé, Berl. klin. Wochenschr., 37, 1901. — Fischer, Münch. med. Wochenschr., 47, 1901. — Geiringer, Wien. med. Presse, 5, 1902. — Bayer, Münch. med. Wochenschr., 8, 1902. — Wenkebach, Therap. d. Ggw., 2, 1902. — Klotz, Deutsche med. Wochenschr., 29, 1902. — Tromsdorff, Münch. med. Wochenschr., 31, 1902. — Manges, New York med. journ., Dez. 1902, rf. im Zentralbl. f. inn. Med., 14, 1903. — Schrage, Allg. med. Zentralzgt. 64, 1902. — Credé, Arch. f. klin. Med., 1/2, 1903. — v. Baracz, ebenda, 2, 1903. — Jaenike, Deutsche med. Wochenschr., 6, 1903. — Bong, Therap. Monatsh., 10, 1903. — Rommel, ebendort, 10, 1903. — Schmidt, Deutsche med. Wochenschr., 15, 1903. — Rößler, Wien. med. Wochenschr., 19, 1903. — Wolffberg, Deutsche med. Wochenschr., 32, 1903. — Fehling, Münch. med. Wochenschr., 33, 1903. — Bamberger, Berl. klin. Wochenschr., 34, 1903. — Tarrasch, Deutsche med. Wochenschr., 3, 1904. — Neukirch, ebendort, 8, 1904. — Camerer, Therap. d. Ggw., 2, 1904. — Löbl, Zentralbl. f. d. ges. Therap., 3, 1904. — Löbl, Therap. d. Ggw., 4, 1904. — Müllerheim, Deutsche med. Wochenschr., 7, 1904. — Georgi, Zeitschr. f. ärztl. Fortbildg., 20, 1904. — Rodsewicz, ebendort, 20, 1904. — Coleman, Med. Record, Nov. 1903, rf. Therap. Monatsh., 5, 1904. — Behr, Wien. klin. Rundsch., 29, 1904. — Wagner, Allg. med. Zentralzgt., 37, 1904. — Ritterhaus, Therap. d. Ggw., 7, 1904. — Justi, Münch. med. Wochenschr., 49, 1904. — Feilchenfeld, Therap. Monatsh., 9, 1904. — Feldmann Deutsche med. Wochenschr., 3, 1905. — Engel, Österr. Ärzteztg., 15, 1905. — Cohn, Wien. klin. therap. Wochenschr., 3, 1905. — Credé, Zentralbl. f. Gynäkol., 6, 1905. — Born, Therap. d. Ggw., 4, 1905. — Ribadeau-Dumas u. Bailleul, Journ. des Practiciens, 15, 1905, rf. in Therap. Monatsh., 7, 1905. — Karlinski, Die Heilk., 6, 1905. — Rocaz, rf. in Therap. Monatsh., 7, 1905. — Weißmann, Therap. Monatsh., 8, 1905. — Ritterhaus, Therap. d. Ggw., 11, 1905. — Rau, Therap. Monatsh., 12, 1905. — Hermann, Münch. med. Wochenschr., 36, 1905. — Moosbrugger, ebendort, 37, 1905. — Waßmuth, Deutsche med. Wochenschr., 49, 1905. — Osterloh, Deutsche Arch. f. klin. Med., 1/2, 1906. — Gans, Therap. Monatsh., 3, 1906. — Mayer, Zentralbl. f. prakt. Augenh., 3, 1906. — v. Oettingen, Münch. med. Wochenschr., 7, 1906. — Buberl, Wien. klin. Wochenschr., 10, 1906. — Tofohr, Deutsche med. Wochenschr., 24, 1906. — Böckelmann, Deutsche med.Wochenschr., 26, 1906. — Hocheisen, Med. Klinik, 31—34, 1906. — Riebold, Münch. med. Wochenschr., 32, 1906. — Wilke, Medico, 52, 1906. — Bonnaire, Presse médicale, 23, 1906. — Gans, Bulletin Médical, 2, 1907. — Cohn, Revista de chirurg., 2, 1907. — Dunger, Deutsch. Arch. f. klin. Med., 3/4, 1907. — Capitan, Schmidts Jahrb., 3, 1907 (Ref.). — Stybr, Münch. med. Presse, 8, 1907. — Knauth, Deutsche med. Wochenschr., 8, 1907. — Capitan, Bulletin médical, 13, 1907. — Widal-Ramond, Deutsche Medizinalztg., 21, 1907. — Dunger, Münch. med. Wochenschr., 36, 1907. — Friedmann, ebendort, 41, 1907. — Witthauer, Med. Klinik, 42, 1907. — Arnold, Zentralbl. f. i. Med., 43, 1907. — Pawlow, Vergueira, in Mercks Jahresber. 1908 (Ref.). — Ricci Policlinico, 2, 1908. — Seidel, Deutsche med. Wochenschr., 3, 1908.

— Bullmann, Med. Klin., 39, 1908. — Jeanbran, Presse médicale, 576, 1908. — Mironescu, Berl. klin. Wochenschr., 20, 1909. — Fabian u. Knopf, Berl. klin. Wochenschr., 30, 1909. — Kluger, Therap. Monatsh., 534 1909. — Albrecht, Med. Klinik, 1537, 1909. — Eisenreich, ebendort, 1538, 1909. — Kucera, Allg. militärärztl. Ztg., 2, 1910. — Brenner, La Pédiatrie pratique, Mars, 1910. — Riehl, Münch. med. Wochenschr., 21, 1910. — Albrecht, ebendort, 21 1910. — Daxenberger, Wochenschr. f. Therap. u. Hyg. d. Aug., 36, 1910. — Boshardt. Korrespondenzbl. f. Schweiz. Ärzte, 23, 1911. — Dalfenberger, Therap. Monatsh., 75, 1911 (Ref.). — Asch, Zeitschr. f. Urol., 87, 1911. — Gennerich, Berlin. klin. Wochenschr., 473, 1911. — Trembur, Münch. med. Wochenschr., 599 1911. — Barbezieux u. Picard, Presse médicale, 760, 1911. — Hirsch, Med. Klinik, 1084, 1911. — Vogel, ebendort, 1267, 1911. — Krämer, Münch. med. Wochenschr., 2300, 1911. — v, Meyer, Allg. med. Zentralztg., 331, 1912. — Braendle, Med. Klin., 437, 1912, Münch. med. Wochenschr., 811, 1912. — Kausch, Deutsche med. Wochenschr., 1635, 1912. — Fehde, Med. Klinik, 1951, 1912. — Engelen, Deutsche med. Wochenschr., 2414, 1912.
Fabr.: v. Heyden, Radebeul.
Preis: R. m. 50 Tabl. à 0,05 g Mk. 2,—. 20 Tabl. à 0,25 g Mk. 3,—.

Schließlich erwähnen wir hier noch die Nukleinsäure, welche eine das Collargol übertreffende leukotaktische Wirkung entfaltet und das kolloidale Palladium.

Acidum nucleinicum. Die Nukleinsäure übt nach den experimentellen Untersuchungen Boruttaus einen spezifischen Einfluß auf die Lymphzellen-Bildungsstätten (Lymphdrüsen, Milz, Thymus etc.) aus und hat daher in noch höherem Grade als Collargol die Fähigkeit, Hyperleukozytose und Erhöhung des opsonischen Index zu erzeugen (Chantemesse). Durch die Vermehrung der Leukozyten nimmt das Serum an phagozytärer Kraft zu und kann ein Schutz gegen die allgemeine Ausbreitung und das Eindringen der Streptokokken und ihrer weiteren Vermehrung gewährt werden (Henkel).

Indikationen: Das größte Interesse beanspruchen die erfolgreichen Versuche, welche Fischer und Donat bei der Behandlung der progressiven Paralyse mit Injektionen von Natrium nucleinicum angestellt haben. Fischer injizierte 0,5 g in 10% Lösung und verabfolgte einem Kranken bis zu 32 Injektionen, Donat gab in 5—7 tägigen Intervallen 50—100 ccm einer 2% Lösung in 2% steriler Kochsalzlösung. Tsiminakis, der auf Grund seiner guten Resultate sehr warm für die Methode eintritt, gibt zunächst 3 Salvarsaninjektionen à 0,3 g in Zwischenräumen von 8 Tagen und beginnt 20 Tage nach der letzten Injektion mit der Therapie, wie sie Donat angewendet hat. Der Zweck der Methode ist, durch Hyperthermie und Hyperleukozytose und die dadurch gesteigerte Oxydation, die bei der progressiven Paralyse sich bildenden giftigen Stoffwechselprodukte zu zerstören. Besonders geeignet sind nach Donat die Fälle im Initialstadium, namentlich wenn eine antiluetische Behandlung nicht mehr am Platze ist. Wenig günstig berichten über die Methode Lépine, der unter 17 Fällen nur einmal eine leichte Besserung eintreten sah, ferner Klieneberger, Löwenstein und Hussels. Befriedigende Resultate wurden weiter mit Nukleinsäureinjektionen erzielt bei akuter Verworrenheit und periodischem Irresein, bei Dementia praecox und Delirien auf degenerativer Basis (Lépine) und bei multipler Sklerose (Bondi). Auch bei Bekämpfung der Syphilis ist das Mittel nicht ohne Bedeutung (Stern).

Über gute Wirkung bei Behandlung des Erysipels, der Pneumonien, typhösen Peritonitis und des Scharlachs berichten Chantemesse, Moliakow und Blumenau, bei tuberkulösen Abzessen Goldenberg. Bei Rachitis übt das Mittel einen günstigen Einfluß auf den Knochenprozeß aus (Sittler). Infolge der diuretischen Wirkung, welche dem Natriumnukleinat innewohnt (Mesernitzky), kann es mit Aussicht auf Erfolg bei Leberzirrhose und Aszites angewendet werden. Wichtig ist es endlich als Prophylaktikum vor Operationen (Parlavecchio, v. Graff und Aschner).

Nebenwirkungen: Nach einigen Stunden tritt an der Injektionsstelle Schmerz, nach 24 Stunden leichte Anschwellung, Rötung, manchmal auch Fieber bis zu 40⁰ und Unwohlsein auf (Chantemesse, Fischer, Donat, Klieneberger, Tsiminakis).

Dosierung: Zur Verwendung kommt gewöhnlich das Natrium nucleinicum in Form von subkutanen Injektionen. Die sterile Lösung mit 0,05 g Natrium nucleinicum in 1 ccm ist unter dem Namen **Phagocytin**, das Calcium nucleinicum als **Ostauxin** im Handel. Letzteres scheint in Dosen von 0,5—1,0 g, mehrmals täglich in Milch oder Suppe gereicht, bei Skrofulose und Rachitis von Nutzen zu sein.

Literatur: Chantemesse, Klin. therap. Wochenschr., 25, 1907. — Sittler, Münch. med. Wochenschr., 29, 1907. — Stern, Med. Klinik, 32, 1907. — Henkel, Deutsche med. Wochenschr., 1935, 1908. — Parlavecchio, Arch. f. klin. Chir., 1, 1909. — Goldenberg, Münch. med. Wochenschr., 28 1909. — Fischer, Prag. med. Wochenschr., 29, 1909. — Boruttau, Therap. Monatsh., 305, 1909. — Donat, Wien. klin. Wochenschr., 1289, 1909. — Lépine, Lyon médicale 9, 1910. — Donat, Psych. neurol. Wochenschr., 15, 1910. — Hussels, Arch. f. Psych., 3, 1911. — Fischer, Med. Klinik, 321, 1911. — v. Graff u. Aschner, Zeitschr. f. d. ges. Therap., 355, 1911. — Donat, Berl. klin. Wochenschr., 555, 1911. — Löwenstein, ebendort 714, 1911. — Blumenau, Wratschebnaja Gazeta, 45, 1912. — Moliakow, Semaine médicale, 178, 1912. — Tsiminakis, Wien. klin. Wochenschr., 1913, 1912.

Leptinol ist eine Lösung von Palladiumhydroxydul in flüssigem Paraffin mit Wollfett als Schutzkolloid.

Von der Annahme ausgehend, daß die Metalle der Platingruppe im Kolloidzustand infolge ihrer Eigenschaft als Katalysatoren auch im Körper Verbrennungsvorgänge anregen können, und daß dann als Folge der erhöhten Oxydationsvergänge Zerfall von Körpersubstanz erfolge, stellte Kauffmann bei Fettsucht therapeutische Versuche mit dem Präparate an. Er gab durch längere Zeit subkutan 2 ccm = 50 mg Palladium und konnte dadurch Gewichtsabnahme erzielen.

Literatur: Kauffmann, Münch. med. Wochenschr., 525, 1913.

Vergiftungen.

Die allgemeinen therapeutischen Maßnahmen, die für die Therapie von Vergiftungen in Frage kommen, Magenspülung, Verabreichung von Brechmitteln, Abführmittel, Anregung der Diurese etc., haben durch die Einführung zweier Arzneistoffe eine wertvolle Bereicherung erfahren. Die Erfolge, die hinsichtlich der Entgiftung durch Tierkohle und Bolus alba zu verzeichnen sind, lassen es berechtigt erscheinen, die Anwendung derselben allen andern Maßnahmen bei Vergiftungen voranzustellen.

Die beiden Stoffe, Kohle und Bolus alba, gehören eigentlich weder als neue Stoffe noch wegen neuer Indikationsgebiete unter die neuen Arzneimittel, denn beide wurden schon vor Jahrzehnten in ähnlicher Weise wie jetzt in der Therapie verwendet. (Vgl. Literatur bei Adler.) In Ermangelung der Kenntnisse der physiologisch chemischen Gesetze, die bei der therapeutischen Verwendung dieser Stoffe eine große Rolle spielen, gerieten dieselben aber allmählich in Mißkredit und erst der Erforschung des Adsorptionsvorgangs verdanken sie ihre Wiedereinführung in die Medizin. Dieses Verdienst gebührt in erster Linie Wiechowski (Fortschritte der Medizin, 1900, Prag. med. Wochenschr., 1909), der die systematisch experimentelle Begründung der therapeutischen Anwendung der Tierkohle gegeben hat und zwar vor allem dadurch, daß Tiere, denen tödliche Dosen von Giften eingegeben wurden, bei Behandlung mit Tierkohle die Vergiftung überstanden, unter Umständen überhaupt keine Vergiftungserscheinungen zeigten, während unbehandelte Kontrolltiere zugrunde gingen. Man hatte wohl schon empirisch die adsorptive Wirkung der Kohle kennen gelernt, sie geriet aber vor allem deshalb in Mißkredit, weil man zwischen den einzelnen Kohlearten keinen Unterschied machte, tierische Kohle ebenso wie pflanzliche verwendete und aus diesem Grunde wahrscheinlich viele Mißerfolge zu verzeichnen hatte.

Es ist das Verdienst Wiechowskis auf die Unterschiede verschiedener Adsorptionsmittel namentlich in ihrem biologischen Verhalten hingewiesen zu haben. Daß Tierkohle im allgemeinen besser adsorbiert als Pflanzenkohle, das haben schon die chemisch technischen Versuche über ihre Verwendung zur Entfärbung etc. gelehrt. Die entscheidenden und für die Therapie so wichtigen Versuche Wiechowskis beziehen sich auf die verschiedene Adsorptionsfähigkeit der einzelnen Kohlearten zu Methylenblau und ihre Reversibilität im Organismus. Pflanzenkohle (offizinelle Lindenkohle) adsorbiert Methylenblau schon in vitro nur in geringem Grade. Feinere Pflanzenkohlen sowie Bolus alba adsorbieren Methylenblau derart, daß durch Auswaschen nichts von dem Farbstoff in Lösung gebracht werden kann. Im Magen-Darmtraktus dagegen wird der adsorbierte Stoff, das Methylenblau, wieder frei und geht in die Körpersäfte, in den Schweiß, in den Harn über. Auch gewisse minderwertigere Tierkohlearten zeigen diese Erscheinung. Belädt man dagegen Carbo animalis purissimus (verwendet wurde die Merksche) ad maximum mit Methylenblau, so bleibt dieses auch bei der Körperpassage irreversibel an die Kohle adsorbiert. **Daraus ist ersichtlich, daß man bei Verwendung von Kohle als Entgiftungsmittel nur diese geprüfte Tierkohle verwenden darf, da nur sie mit Sicherheit die Giftstoffe adsorbiert und nicht wieder freigibt** (s. auch Toxodesmin). Ebenso wie viele exogen in den Körper gelangte Gifte werden auch endogen gebildete Giftstoffe durch die Kohle adsorbiert und entgiftet, ein Moment, das die Kohle auch zu einem wertvollen Heilmittel bei inneren Krankheiten, bei Magen- und Darmerkrankungen, macht. Ihre Anwendungsweise und therapeutische Wirkung soll im speziellen besprochen werden.

Carbo animalis. Wie in der Einleitung zu diesem Kapitel bereits ausgeführt wurde, übertrifft hinsichtlich der Adsorptionskraft und der dadurch bedingten Heilwirkung die reine Tierkohle alle übrigen sonst verwendeten Adsorbentien. Nach dem man schon reichliche Erfahrungen über die Wirkung von Kohle gesammelt hatte — Verwendung gegen Dyspepsie, Kardialgie, Pyrosis, Magen- und Darmstörungen nervöser Natur, Meteorismus, exogene Intoxikationen etc. — (vgl. die ausführliche Zusammenstellung der Literatur bei O. Adler), hat Wiechowski einerseits durch systematische Untersuchungen verschiedener Kohlearten feststellen können, daß eine absolute Sicherheit in der Wirkung eigentlich nur die reinste Tierkohle „Carbo animalis purissimus" bietet. Er lenkte weiter das Augenmerk besonders auf die Verwendung der Tierkohle bei Vergiftungen und konnte auch eine Reihe von experimentellen Vergiftungen (Phenol, Strychnin, Phosphor u. a.) heilen, bzw. das Auftreten von Vergiftungssymptomen hemmen. Über die unfehlbare Wirkung der Tierkohle bei Pilzvergiftungen hat Secheyron berichtet. Systematische Untersuchungen der Tierkohle bei inneren Erkrankungen wurden in neuerer Zeit in größerem Umfang von O. Adler ausgeführt, der äußerst günstige Erfolge bei Gastroenteritiden, Diarrhöen etc. hatte. Ebenso erwies sich bei weiteren Untersuchungen ihre Anwendung bei Käse-, Fleisch- und Wurstvergiftungen, bei Pilzvergiftungen u. ä. äußerst wertvoll. Weiter wurde die Kohle bei Phosphorvergiftung, ferner bei Vergiftung mit Sublimat, Schweinfurtergrün, Opiumtinktur und Phlorogluzin angewendet, über deren günstige Erfolge ebenfalls Adler berichtet.

Auch bei äußeren Erkrankungen fand Kohle schon früher Verwendung, so bei eiternden Wunden als Zusatz zu antiseptischen Agenzien bei der antiseptischen Wundbehandlung (Hohn). In neuerer Zeit hat auch O. Muck günstige Erfolge mit der Tierkohlebehandlung bei Eiterungen und bei der Behandlung granulierender Knochenwunden beobachtet.

Wirkung: Ebenso wie bei Bolus alba hatte man auch die Wirkung der Tierkohle als eine „austrocknende" bezeichnet. Die Fortschritte auf dem Gebiete der Kolloidchemie und der physiologischen Chemie überhaupt haben über die Art dieser Wirkung mehr Aufschluß gebracht. Es handelt sich hier um Oberflächenwirkungen (Adsorptionserscheinungen), Vorgänge, welche auftreten, wenn sich in flüssigen Lösungen feste Körper von großer spezifischer Oberfläche befinden. Es geht dann an der Trennungsfläche eine Ansammlung des gelösten Stoffes vor sich. Die Größe der Ansammlung des gelösten Stoffes an dem festen Adsorbens ist wesentlich abhängig von der Natur des gelösten Stoffes und hiebei spielt die Oberflächenspannung eine entscheidende Rolle. Auf Grund dieser Gesetze ergibt sich, daß verschiedene Kohlen verschieden starke Adsorptionswirkungen haben und diese wurden für die Tierkohle als am stärksten ausgebildet nachgewiesen. Es kommt aber, wie erwähnt, auch die Natur des zu adsorbierenden Stoffes in Betracht. Man kann deshalb nicht erwarten, daß Tierkohle alles adsorbiert, daß sie also bei allen Giften Wirkung entfaltet.

In Unkenntnis derjenigen Stoffe, welche adsorbiert werden, empfiehlt es sich, bei allen in Frage kommenden Indikationen, also vor allem bei allen Vergiftungen, Tierkohle anzuwenden und sie zumindest mit den übrigen therapeutischen Maßnahmen zu kombinieren, da sie niemals schädlich, meist dagegen nützlich wirken wird. Beim Passieren der Kohle durch Magen und Darm nimmt sie lange im Darme liegen, so besteht die Möglichkeit, daß durch die vitalen Vorgänge doch wieder etwas von den gebundenen Stoffen frei wird, da die Adsorption ein reversibler Prozeß ist und daß diese Stoffe dann wieder in den Kreislauf gelangen. Aus diesem Grunde empfiehlt es sich, durch Anwendung eines Abführmittels das Adsorbens auch wieder rasch aus dem Körper zu eliminieren.

Dosierung: Da die Adsorbentien Bolus alba, Tierkohle etc. im allgemeinen gleichgiltige Stoffe sind, ist es angezeigt, gleich eine entsprechend große Dosis zu verwenden. Man gibt am besten von den erprobten reinen Kohlearten: Carbo animalis purissimus „Merck" oder Toxodesmin (s. d.) 5 g pro dosi, mehrmals täglich. Da das Kohlenpulver trocken schlecht zu nehmen ist, wird die zu verabreichende Dosis besser in wäßriger Suspension gereicht.

Man verwendet hierzu nach dem Vorschlage Wiechowskis am besten Bitterwasser, das auch gleichzeitig die rasche Eliminierung aus dem Organismus bewirkt. Im allgemeinen genügt es, wenn man in einem Viertelliter Bitterwasser 3 Eßlöffel Tierkohle suspendiert und dieses in zwei Portionen trinken läßt, dasselbe ev. öfter wiederholt.

Bei Vergiftungen empfiehlt es sich, mehrere Eßlöffel Kohle dem zur Magenspülung verwendeten Spülwasser zuzusetzen, da man hierdurch eine sichere Entfernung des Giftes aus dem Magen erreicht. Nachher gebe man Kohle weiter, um auch das in den Darm übergetretene, ev. dorthin wieder ausgeschiedene Gift (Morphin!) zu binden.

Indikationen: Das Hauptindikationsgebiet für Tierkohle sind die Vergiftungen. In Betracht kommen vor allem Pilzvergiftungen, Botulismus, (Käse-, Fleisch-, Wurstvergiftungen), Vergiftungen durch Alkaloide, vor allem Opium, Morphium, Strychnin, Belladonna, Atropin, Schierling etc. die meisten Metallvergiftungen, Phosphor, Arsenik und die häufigsten medizinalen Vergiftungen.

Es kommen ferner in Betracht Gastroenteritis und Enteritis acuta und chronica, Brechdurchfall der Säuglinge, Sommerdiarrhöe, Autointoxikationen,

Flatulenz und chronische Verdauungsbeschwerden (Hyperazidität), Typhus abdominalis und Paratyphus, Cholera asiatica (Bazillenträger!).

Ein weiteres Anwendungsgebiet für die Tierkohle ist die Mund- und Zahnpflege, wo sie ebenfalls wegen der starken Adsorptionskraft ausgezeichnete Dienste leistet, besonders bei Foetor ex ore, zur Mundspülung und bei gleichzeitiger Verabreichung per os. Schließlich findet sie noch äußerlich Verwendung als Adsorbens und Desodorans zu Verbänden bei Eiterungen, Ulcus cruris etc.

Literatur: Wiechowski, Fortschr. d. Med., 13, 1909, Prager med. Wochenschr. 1909. — Secheyron, Revue internat. d. méd. 1909. — Adler, Wien. klin. Wochenschr., 21, 1912., hier auch Literatur über frühere Arbeiten. — Muck, Münch. med. Wochenschr., 6, 1910.

Fabr.: E. Merck, Darmstadt.

Toxodesmin stellt ein Kohlepräparat dar, bei dessen Darstellung alle jene Erfahrungen, die in experimenteller und klinischer Hinsicht bei der Tierkohle gemacht worden sind, entsprechende Verwertung fanden.

Das Mittel entspricht in qualitativer Beziehung allen Anforderungen und ist wegen der angenehm dosierten Verpackung und wegen der absolut verläßlichen Wirkung allen anderen Kohlepräparaten vorzuziehen. Toxodesmin ist nach den Angaben von Wiechowski und Adler aus chemisch und biologisch geprüfter medizinaler Tierkohle dargestellt und hat folgende Zusammensetzung: 5 Teile geprüfter Tierkohle, $2^1/_2$ Teile $Na_2SO_4 \cdot 10\ H_2O$ und $2^1/_2$ Teile $MgSO_4 \cdot 7\ H_2O$. Das Präparat steht unter ständiger Kontrolle.

Hinsichtlich der Wirkung und Indikationen gilt das unter Carbo animalis Gesagte.

Das Mittel kommt in Schachteln mit 20 Päckchen zu 5 g in den Handel. Die übliche Dosis beträgt 1—4 mal täglich 5 g. Bei Vergiftungen gibt man entsprechend mehr und läßt zweckmäßig noch hohe Darmeinläufe mit Toxodesmin folgen.

Fabr.: Chem. Industrie „Amsterdam" in Ymuiden (Holland).
Preis: 1 Schachtel mit 20 Päckchen à 5 g Mk. 3,—.

Nachtrag.

Acetylin, geschützter Name für die Azetylsalizylsäuretabletten v. Heyden. In Blechdosen mit 20 und 40, in Glasröhren mit 20 Tabletten à 0,5 g.

Acitrin. compositum. Tabletten bestehend aus 0,5 g Azitrin und 0,0003 g Colchicin. 3—4 Tabletten täglich in Wasser zu nehmen, höchstens 6 Tabletten täglich.
Fabr.: Bayer & Co., Leverkusen.

Adigan, ein Digitalisextrakt, das durch Ausfällung mit Cholesterin seines Gehaltes an Digitonin und saponinartigen Substanzen beraubt worden ist. Infolgedessen keine Nebenwirkungen.
Fabr.: G. Richter, Budapest.

Aethylhydrocuprein s. Optochin.

Agobilin, Tabletten à 0,12 g Cholsäure und Salizylsäure, an Strontium gebunden und 0,04 g Phenolphthaleindiazetat. Cholagogon. Früh und abends je 2 Tabletten.
Fabr.: Gehe & Co., Dresden.
Preis: 20 Tabletten K. 2,20. Mk. 1,65.

Aluminium lacticum. 7%ige Lösung. Bleibt monatelang klar und unzersetzt. Ersatz für essigsaure Tonerde.
Fabr.: C. H. Boehringer & Söhne, Nieder-Igelheim.

Apyron, azetylsalizylsaures Lithium. $96,26\%$ Azetylsalizylsäure und $3,74\%$ Lithium.
Fabr.: I. A. Wülfing, Berlin.

Cadogel, ein aus Oleum Cadinum durch fraktionierte Destillation im Vakuum hergestelltes Teerpräparat, das mittels Spatel auf die Haut aufgestrichen wird. Darüber Mullverband.
Fabr.: A. G. Dr. v. Kereszty und Dr. Wolf, Budapest.

Cinnabarsana. Arsenquecksilberpasta zur Zellerschen Krebsbehandlung. Die mit Benzin gereinigte Geschwulst wird mit der Pasta bestrichen. Kleinere Geschwülste werden mit Kollodium überzogen, größere mit Gaze und Watte bedeckt. Alle 8—14 Tage wird die Pastenbehandlung wiederholt. Gleichzeitig wird innerlich **Nacasilicium,** eine Kombination kieselsaurer Salze, verabreicht. Letzteres ist nach erfolgter Heilung noch ein Jahr weiter zu nehmen. Nacasiliciumtabletten 0,25 g pro dosi.
Fabr.: C. H. Bruck, Stuttgart.
Preis: 300 Tabletten K. 7,60, 40 g Cinnabarsana K. 4,50.

Coagulen nach Kocher-Fonio. Blutstillungsmittel, aus Blut und blutbildenden Organen extrahierte gerinnungsfördernde Substanzen. Anwendung in 10%iger Lösung.
Fabr.: Ges. f. chem. Industrie, Basel.
Preis: Gl. zu 1 g Mk. 1,20 zu 2,5 g Mk. 2,50, zu 5 g Mk. 4,50, zu 10 g Mk. 8,—.

Dial (Ciba), Diallylbarbitursäure, Schlaf- und Beruhigungsmittel. Bei Psychosen 0,15—0,3 g, als sedative Dosis 3 mal 0,05—0,1 g, bei schweren Erregungszuständen ein bis zweimal 0,2 g.
Fabr.: Ges. f. chem. Industrie, Basel.
Preis: 12 Tabletten à 0,1 g Mk. 1,25.

Digimorval, Tabletten à 0,005 g Morphin, 0,005 g Digitalisblätterpulver, 3 Tropfen Mentholvalerianat.
Fabr.: I. Verfürth, München.

Digipan, ein nach Haas auf kaltem Wege gewonnenes Digitalispräparat, das physiologisch gegen die Digitalisblätter A des kaiserlichen Gesundheitsamtes eingestellt ist und die Aktiv-Glykoside der Digitalis enthält. Als Tropfen oder Tabletten innerlich oder subkutan, intramuskulär, intravenös oder rektal. 12—48 Tropfen mehrmals täglich, 144—192 Tropfen pro die. Tabletten 1—2—4 mehrmals täglich, 12—16 pro die.

Diogenal, Dibrompropyldiäthylbarbitursäure, ein feines, weißes, schwachbitter schmeckendes Kristallpulver, das in Wasser fast unlöslich und gegen Säure beständig ist. Es enthält 41,6 % Brom. Ein dem Veronal nahestehendes unschädliches Sedativum von geringerer narkotischer Wirkung. Als Sedativum 2—3 mal täglich 0,5—1 g. Als Hypnotikum im Mittel 1 g, in Tabletten à 0,5 g.
Fabr.: E. Merck, Darmstadt.

Glanduovin, Extr. ovariale, ein eiweißfreier Auszug aus Eierstöcken. Klare, hellgelbe Flüssigkeit in sterilen Ampullen à 1,1 ccm = 1 g Eierstockgewebe.
Fabr.: M. Haase & Co., Berlin.

Glykobrom, Glyzerid der bromierten Zimtsäure, weißes, amorphes, geschmackfreies Pulver, das bei 66—68⁰ schmilzt und ca. 50% Brom enthält. Unlöslich in Wasser, schwerlöslich in Alkohol, leicht in Äther und Chloroform. Ersatzmittel für Brompräparate.
Fabr.: G. Richter, Budapest.

Guipsine, dragierte Pillen, welche die wirksamen Bestandteile der Mistel, Viscum album (frz. Gui), enthalten. Als blutdruckherabsetzendes Mittel bei Arteriosklerose etc.

Hypamin (Aubing), steriler, haltbarer Infundibularextrakt, 1 ccm = 0,05 g frischer Substanz. In Ampullen zu 1,1, 2,6 und 10 ccm.
Fabr.: Chem. Fabrik Aubing bei München.

Infundubulum Hypophysis. Infundibulartabletten.
Fabr.: Dr. Freund & Dr. Redlich, Berlin.

Leukozon, Kalziumperborat, das durch Mischen mit annähernd gleichen Teilen Talk auf einen Gehalt von 5% aktiven Sauerstoff eingestellt ist. Als desinfizierendes Streupulver rein oder mit geeigneten Mitteln verdünnt.
Fabr.: Dr. H. Byk, Lehnitz-Berlin.

Menthospirin, dickflüssiger, hellgelber Azetylsalizylsäure-Mentholester. Gelatineperlen mit 0,25 g Inhalt. Bei Erkrankungen der Atmungsorgane 2—3 Perlen täglich.

Merlusan, Tyrosin-Quecksilber, Quecksilbereiweißverbindung, die erst im alkalischen Darmsaft gelöst wird. Soll 52,8% Hg enthalten. Dreimal täglich 1—2 Tabletten zu 0,03 g als Antiluetikum, zu Einspritzungen bei

Gonorrhöe in 0,5%iger Lösung, an Stelle der Silber- Eiweißpräparate. Ferner in Form der Schmelzbougies 0,5—1%ig, sowie als Tampons 1 : 1000.

Molkosan ist eine reine, gut geklärte, wiederholt erhitzte und mit Kohlensäure imprägnierte Molke, welche bei harnsaurer Diathese, bei chronischen Magen-Darmkatarrhen, bei Nephritis chronica und bei Pleuritis exsudativa, sowie als Diätetikum für Gesunde gegeben wird. Wird mit gleichen Teilen Wasser oder Milch und auch unverdünnt oder als Ersatz von Mineralwässern mit Fruchtsäften oder Wein gemengt genommen.
Fabr.: Erzherzogl. Zentralmolkerei, Teschen.

Neohexal ist das sekundäre Salz des sulfosalizylsauren Hexamethylentetramins.

Optochin, salzsaures Äthylhydrocuprein, Derivat eines Alkaloids der Chinarinde, das bei Malaria und Pneumonie indiziert ist und dem Chinin an Wirksamkeit überlegen sein soll.
Fabr.: Chininfabrik Zimmer & Co., Frankfurt a. M.

Pallidin (Fischer und Klausner), ein Auszug syphilitischer menschlicher Organe, der auf 60° C erhitzt und mit 0,5% Phenol versetzt in Gläsern zu 1 ccm in den Handel kommt. Als Diagnostikum für tertiäre Lues. Wird in die Haut des Oberarms geimpft. Im Verlaufe von 48 Stunden entsteht bei tertiärer Lues an der Impfstelle eine papulöse Reaktion.
Fabr.: E. Merck, Darmstadt.

Pantophisin, der jetzige Name für Hypophysol Poehl.

Pantopon-Atrinal, Pantopon-Atropinschwefelsäure. In Ampullen zu Injektionen, wie Pantopon.

Papaverin, neu in die Therapie eingeführtes Opiumkaloid. Es setzt den Tonus der glatten Muskulatur herab und wird als krampflösendes Mittel bei Krampf- und Reizzuständen im Bereiche des Verdauungstraktes, im akuten urämischen Anfall, ferner zur Differentialdiagnose zwischen Pylorospasmus und Pylorusstenose etc. verwendet. Dosierung: innerlich 0,04 bis 0,1 g pro dosi bis 0,5 g pro die, subkutan 0,04—0,12 g, intravenös 0,005 bis 0,04 g.
Fabr.: F. Hoffmann, la Roche u. Co., Basel-Grenzach.
Preis: 20 Tabletten à 0,04 g Papaverin hydrochl. Mk. 1,60. K. 2,—. Ampullen à 0,04 g Papaverin sulfuric. 3 St. Mk. 1,50, K. 2,—, 6 St. Mk. 2,40, K. 3,—, 12 St. Mk. 4,—, K. 5,—.

Pittylen-Zinkpuder. 2,5 g Pittylen, 7,5 g Talcum venetum, 2,5 g Zincum oxydatum, 1 Tropfen Oleum rosarum und Lykopodium ad 25 g.
Fabr.: Lingner, Dresden.

Riopan. Aus Rio-Ipecacuanha hergestelltes, feines, bräunliches, wasserlösliches Pulver, dessen Gehalt an Ipecacuanhaalkaloiden in Form ihrer Salze 50% beträgt. Daneben sind auch die therapeutisch mehr minder indifferenten Inhaltstoffe der Ipecacuanha, namentlich die sog. Ipecacuanhasäure, im Riopan enthalten. 1 Teil Riopan entspricht rund 20 Teilen Ipecacuanha-Wurzel. 1 Tablette entspricht einem Infus von 0,5 : 150,0. Nicht auf leeren Magen zu nehmen.
Fabr.: Dr. H. Byk, Lehnitz-Berlin.
Preis: 1 Originalröhre Mk. 0,85.

Sennax, ein Senna-Glykosid, dem neben einem anderen, von Tambach Senoid genannten, in Wasser unlöslichen Stoffe, die abführende Wirkung zuzuschreiben ist. Gelbliches, amorphes, in Wasser und verdünntem Weingeist leicht, in Alkohol und den meisten anderen organischen Lösungsmitteln schwer lösliches Pulver. Dient als Abführmittel und kommt als Milchzuckerverreibung des Glykosids in Pulverform, in Tabletten mit Schokoladezusatz und als Lösung in den Handel. Letztere mit Alkohol und Fruchtessenzen. Eine Tablette zu 0,3 g Sennax = 0,075 g des wirksamen Glykosids entspricht einem Kaffeelöffel voll Sennaxlösung. 1—2 Tabletten bzw. ein Kinderlöffel täglich abends. Kindern die Hälfte. Wirkung nach 8—10 Stunden Bei chronischer Verstopfung jeden 2. Tag zu verabreichen.

    Fabr: Knoll & Co., Ludwigshafen.
    Preis: 20 Tabletten K. 1,25, Sennaxlösung 60 g Mk. 2,—.

Synthalin, der Methylester des Piperonylatophans, bei Rheumatismus wie Atophan.

    Fabr: E. Schering, Berlin.

Arzneimittelverzeichnis.

Abrotanolpastillen 82.
Acetanilid 306.
Acetopyrin 310.
Acetozon 330.
Acetylin 443.
Acidol 65, 66.
Acidolpepsin 65, 66.
Acidum nucleinicum 438.
Acitrin 178.
— compos. 443.
Acoin 226.
Actol 331.
Adalin 272, 285.
Adamon 286.
Adhaesol 134.
Adigan 443.
Adonidin 4.
Adonis vernalis 4.
Adrenalchlorid 48.
Adrenalin 2, 35, 36, 48, 209.
Äther 249.
Aether chloratus 227.
Äthylchlorid 227.
Äthylhydrocuprein 443.
Afermol 356.
Afridol 134.
Afridolseife 135.
Agobilin 443.
Agurin 92.
Airol 331.
Aktinium 34.
Albargin 98.
Alboferrin 17.
Albumosefreies Tuberkulin 386.
Aleudrin 273.
Aleuronat 193.
Alkohol 2, 133.
Allosan 99.
Allradium 33.
Almatein 332.
Alpha-Eucain 233.
Alsol 333.

Alsolcrême 333.
Alttuberkulin 381.
Aluminium lacticum 443.
Alumnol 100.
Alypin 226, 228.
Amenyl 38.
Amphotropin 100.
Amylium nitrosum 3.
Amylnitrit 3.
Amyloform 334.
Anämin 17.
Anästhesin 122, 133, 226, 230.
Anästhesin. hydrochl. 231.
Anästhol 231.
Anästhyl 231.
Andolin 231.
Anesin 266.
Aneson 266.
Anogon 334.
Anthrasol 135.
Anthrasolseifen 135.
Antifebrin 306.
Antiformin 335.
Antileprol 134.
Antimellin 187.
Antimeristem 376.
Antiphthisin 390.
Antipyrin 300.
Antisklerosin 13.
Antisklerosintabletten 13.
Antistreptokokkenserum 363.
Antithyreoidin (Möbius) 212, 217.
Antituman 335.
Antityphusextrakt 375.
Anusol 335.
Aperitol 75.
Apomorphin 122.
Aponal 273.
Apyron 443.

Argatoxyl 410.
Argentamin 100.
Argentarsyl 410
Argentol 336.
Argentum atoxylicum 410.
— colloidale Credé 433.
— proteinicum 101.
Argonin 101.
Argyrol 336.
Arhéol 102.
Arhovin 102.
Aristochin 297.
Aristol 336.
Arrhénal 409.
Arsacetin 408, 415.
Arsan 28.
Arsenalboferrin 17.
Arsenferratin 20.
Arsenferratose 20.
Arsenglidine 28.
Arsenhämol 24.
Arsenige Säure 16, 408.
Arsenmetaferrin 25.
Arsenocerebrin 221.
Arsenogen 28.
Arsenophenylglycin 416.
Arsentriferrol 28.
Arsoferrin 29.
Arsojodin 410.
Arsycodile 410.
Arthigon 380.
Asa foetida 285.
Asferryl 29.
Aspirin 122, 310, 311.
— löslich 313.
Aspirochyl 416.
Asterol 337.
Asthmolysin 221.
Astrolin 301.
Asurol 421.
Athensa 17, 27.
Atophan 60, 122, 134, 173, 174, 300.

Atoxyl 408, 412.
Atoxylquecksilber 416.
Atrabilin 51.
Atropin 66, 81, 122, 167, 272.
Aurochin 298.
Autan 329.
Azeton-Chloroform 266.
Azetylsalizylsäure 310.
Azodermin 354.
Azodolen 354.

Bacillol 337.
Bazillenemulsion 389.
Benzol 34.
Benzosalin 314.
Benzoson 330.
Benzoylsuperoxyd 338.
Beta-Eucain 234.
— — lacticum 235.
Bierhefe 139.
Billrothmischung 249.
Bioferrin 17.
Biozyme 140.
Biosin 195.
Bismon 82.
Bismutose 82.
Blenal 103.
Blenaphrosin 103.
Blenolenicetsalbe 152.
Blutan 18.
Bolus alba 81, 83, 439.
— — sterilisata 84.
Boluskompressen 84.
— verbandschläuche 84.
— wundpasta 84.
Borax 60.
Borneol 285.
Bornyval 286.
Boroform 338.
Borovertin 104.
Bromalin 288.
Bromblutan 18.
Bromglidin 288.
Bromhämol 24.
Bromipin 285, 288.
Bromlecithin 184.
Bromocoll 290.
— solubile 290.
Bromoform 123.
Bromotan 136.
Bromprotylin 186.
Bromural 274, 285.
Bromvalidol 294.

Cadogel 443.
Calcium chloratum 150.
— lacticum 150.
Califig 76.
Calomel 74, 82, 167.
Calomelol 74.
Camphosan 104.
Cancroidin 376.
Carbenzym 338.
Carbo animalis 440.
Cellotropin 394.
Cerebrin 221.
Cerebrumtabletten 222.
Cerolin 140.
Chinaphenin 306.
Chinasäure 172, 178.
Chineonal 124.
Chinin 38, 122, 297.
Chininum hydrochloricum 4, 339.
— lygosinatum 339.
Chinolin 300.
Chinosol 340.
Chinotropin 178, 179.
Chloräthyl 227.
Chloralamid 266.
Chloralbacid 66
Chloralose 266.
Chlorammonium 122.
Chloreton 266.
Chloroform 249.
Chloroform-Kampfer-Vasol 166.
Cholelysin 71, 72.
— siccum 71.
Chologen 71.
Cinnabarsana 443.
Citarin 180.
Citrophen 306.
Citrozon 187.
Clavin 38.
Coagulen 443.
Cocainollanolin 231.
— Magentabletten 231.
— streupulver 231.
— suppositorien 231.
Codeonal 256.
Colchicin 173.
Collargol 433.
Collyrium adstringens luteum 167.
Convallaria majalis 4.
Convulsin 124.
Corrosol 421.
Coryfin 124.
Crotalin 367.

Crurin 136.
Cuprocitrol 167.
Cycloform 232.
Cymarin 5.
Cystopurin 104.

Degrasin 218.
Desalgin 233.
Diabeteserin 187.
Dial 444.
Dialysatum Herbae Adonidis vernalis 5.
— secalis cornuti 38.
Diaspirin 314.
Digalen 5.
Digifolin 7.
Digimorval 444.
Digipan 444.
Digipuratum 7.
Digistrophan 8.
Digitalinum verum 8.
Digitalis 3, 91, 93.
Digitalisdialysat 8.
Digitalisleim 9.
Digitalis Winckel „Corvult" 9.
Digitalon 9.
Digitalysatum 10.
Digitoxin cristallisatum 10.
Diogenal 444.
Dionin 122, 167, 256.
Diphtherieheilserum 367.
Diplosal 315.
Dipropäsin 242.
Dispnon 93.
Djoeatin 187.
Dormiol 267.
Droserin 122, 125.
Duotal 395.
Dymal 341.
Dysenterieserum 370.

Ebagasalben 167.
Eglatol 269.
Eisenchlorid 35.
Eisenhämol 24.
Eisenphytin 16, 19.
Eisenprotylin 186.
Eisensajodin 19, 425.
Eisensomatose 19, 192.
Eisentropon 193.
Eiweissmilch 204.
Ektogan 65, 357.
Elarson 29.
Elbon 395.

Elektrargol 437.
Embarin 421.
Emodin 75.
Empyroform 137.
Enésol 422.
Endotin 387.
Epicarin 137.
Epinephrin 51.
Epirenan 51.
Erepton 189.
Ergotinol 39.
Erlenmeyersche Mischung 285.
Erythrolum tetranitricum 3.
Ervasin 315.
Erystypticum 39.
Escalin 67.
Eserin 167.
Essentia Triferrini aromatica 28.
Ester-Dermasan 316.
Eston 122, 341.
Estoral 124.
Eubornyl 290.
Eucain 233.
Eucerin 138.
Euchinin 298.
Eucodin 291.
Eudermol 138.
Euferrol 19.
Eugallol 138.
Euguform 342.
Eukasin 196.
Eulactol 202.
Eulatin 301.
Eulimen 347.
Eumenol 291.
Eumydrin 168.
Eunatrol 72.
Euphthalmin 169.
Euphyllin 93.
Euporphin 291.
Eupyrin 307.
Euresol 139.
Europhen 342.
Eusemin 235.
Eustenin 94.
Exodin 76.
Extractum Aspidii spinulosi 89.
— Chinae Nanning 67.
— Thymi 122, 130.
— — saccharatum 130.
— Thyreoideae 216.

Faex medicalis 139.
Farnkrautwurzel 89.
Fermentum cerevisiae 139.
Fermocyl 141.
Ferratin 15, 20.
Ferratose 20.
Ferrichthol 147.
Ferripyrin 39.
Ferroglidin 21.
Ferropyrin 39.
Ferrum kakodylicum 411.
— lacticum 15.
— pomatum 15.
Fersan 21.
Festoform 329.
Fetron 143.
Fibrolysin 133, 143.
Filmaron 89.
Filmaronöl 89.
Filtrase 387.
Flores Cinnae 89.
— Kosso 89.
— sulfuris 75.
Folia Bucco 90.
— Digitalis titrata 3, 11.
— uvae ursi 90, 91.
Formaldehyd 60, 91, 328.
Formaminttabletten 60.
Forman 122, 125.
Formeston 341.
Formicin 343.
Fortoin 85.
Fortose 190.
Fortossan 185.
Frangol 76.
Fucol 199.
Fulmargin 437.
Fumiform 395.
Fungus secalis 36.
Furunculine 141.

Gadiol 208.
Gaduol 208.
Gallisol 73.
Gastrosan 67.
Gelatina sterilisata 35, 39.
Geloduratkapseln 85.
Givasan 61, 116.
Glanduitrin 45.
Glandulae parathyreoideae siccatae 219.
Glanduovin 444.
Glidin 195.

Globularin 187.
Glutamin 190.
Glutol 343.
Glycosal 316.
Glykobrom 444.
Glykosolvol 187.
Gomenol 126.
Gonosan 104.
Granatrinde 89.
Griserin 347.
Guacamphol 395.
Guajacetin 396.
Guajacol 396.
— aloferrin 17.
— kakodylicum 412.
— vasogen 164.
Guajacose 397.
Guipsine 444.
Gynoval 286, 291.

Hämatogen 23.
Hämatopan 23.
Hämogallol 23.
Hämol 23.
Hämoptan 23.
Hämorrhoisid 86.
Hämostan 43.
Hämostasin 51.
Hageen 422.
Hediosit 188.
Hedonal 275.
Hefepräparate 140.
Hegonon 106.
Hektin 417.
Helmitol 106.
Heroinum hydrochloricum 122, 256, 259.
Hetokresol 397.
Hetol 398.
Hetralin 107.
Heufieberserum 126.
Hexal 108.
Hexamekol 400.
Hexamethylentetramin 91, 114.
Histamin 37, 43.
Histopin 377.
Histosan 400.
Hoffmannstropfen 2.
Holocain 235.
Hopogan 65, 358.
Hormonal 80.
Hydrargyrum kakodylicum 412.
— jodokakodylicum 412.
— sozojodolicum 355.

Hydrastininum hydrochloricum syntheticum 43.
Hydrastisalkaloide 37.
Hydrochinin 300.
Hydropyrin 317.
Hygiama 202.
Hypamin 444.
Hyperol 64.
Hypnal 263.
Hypophysenpräparate 44.
Hypophysin 45.
Hypophysis cerebri siccat. pulverat. 44.
Hyrgol 423.

Ichthalbin 145.
Ichthargan 108.
Ichthoform 149.
Ichthynat 146.
Ichthyol 146.
Ichthyoleisen 147.
Ichthyolidin 97.
Ichthyolkalzium 148.
— vasogen 164.
Imid-azolyl-äthylamin 37, 43.
Individol 119.
Infundibulum Hypophysis 444.
Insipin 300.
Ipecacuanha 122.
Irrigal 118.
Isatophan 177.
Ischämin 51.
Isoform 344.
Isopral 263.
Istizin 77.
Itrol 345.

Jequiritol 164, 167.
— serum 169.
Jodalbacid 425.
Jodalboferrin 17.
Jodantipyrin 301.
Jodarsyl 414.
Jodbenzin 149.
Jodblutan 19.
Jodferratin 21.
Jodferratose 21.
Jodglidine 425.
Jodhämol 24.
Jodipin 426.
Jodival 429.
Jodocitin 430.

Jodofan 346.
Jodoformvasogen 165.
— vasol 166.
Jodolen 347.
Jodomenin 430.
Jodopyrin 301.
Jodostarin 430.
Jodothyrin 211, 215.
Jodquecksilberhämol 24.
Jodtinktur 60, 133, 150, 329.
Jodvasogen 165.
Jodvasol 106.
Joha 419.
Jothion 430.
Jungclausens Bandwurmmittel 90.

Kairin 300.
Kakodylsäure 408, 410.
Kalium chloricum 60.
— permanganat 59, 330.
— sozojodolicum 354.
Kalksalze 212.
Kalmopyrin 318.
Kalodal 190.
Kalzine 46.
Kalzium 176.
— salze 134, 150.
Kamala 89.
Kampfer 1, 408.
— Chloroform vasogen 164.
Kardiotonin 11
Katharol 62.
Kelen 227.
Kephaldol 307.
Kindernährmehle 199.
Kodein 122, 256.
Kodeonal 122.
Koffein 2.
Kohlensäureschnee 151.
Kokain 122, 133, 225.
Kollapsmittel 1.
Kolloidales Kalomel 74.
Koloquinthenextrakt 75.
Kontraluesin 421, 423.
Kopaivabalsam 91.
Kossam 86.
Kotarnin 37.
Kreosotal 401.
Kreosotvasogen 165.
Krotonöl 75.
Kryofin 308.
Kürbisextrakt 89.

Kufekes Kindermehl 200.
Kupferhämol 24.

Lactophenin 306.
Lacto 205.
Lactoserve 205.
Laktagol 117.
Laktojod 432.
Largin 109.
Larosan 205.
Laudanon 262.
Lecin 198.
Lecithin 183, 184.
— Perdynamin 25.
— puriss. ex ovo 183.
Lecithol 184.
Lenicet 152.
Lenigallol 153.
Leptinol 439.
Leukofermantin 152.
Leukozon 444.
Leukrol 118.
Levuretin 141.
Levurinose 141.
Liantral 153.
Limonen 347.
Linoval 154.
Lipojodin 432.
Liquor Alsoli 333.
— ferratini 20.
— ferri albuminati 15.
— Ferro - Mangani saccharati 22.
— Triferrini compositus 28.
Lobelin 122.
Loretin 347.
Luminal 277.
— Natrium 278.
Lycetol 97, 172.
Lysargin 348.
Lysidin 98, 172.
— bitartrat 98.
Lysoform 349.
Lysol 350.

Magnesium kakodylicum 412.
— perhydrol 60, 64.
— sulfat 286.
Magolan 188.
Mammin 222.
Maretin 326.
Marmorekserum 365.
Mastisol 351.
Mattan 154.

Medinal 278.
Medulla ossium rubra 222.
Melubrin 302.
Meningokokkenserum 371.
Mensan 46.
Menthol 122.
— vasogen 165.
Menthospirin 444.
Mergal 423.
Merjodin 424.
Merlusan 444.
Mesbé 403.
Mesotan 318.
Mesothorium 31.
Metaferrin 25.
Metakresolanytol. 402.
Metasol 402.
Methylenblau 325.
Migränin 302.
Milchsomatose 196.
Milzbrandserum 371.
Mineralwässer (Dürkheimer Maxquelle, Guberquelle, Levico, Roncegno) 16.
— (Kränchenbrunnen) 122.
Mitin 154.
Molkosan 445.
Monochloräthan 227.
Monotal 402.
Morbicid 351.
Morphium 81, 122, 254.
Morphosan 262.
Morrhuol 208.
Muiracithin 121.
Mutterkorn 36.
Mycodermin 142.

Nacasilicium 445.
Nafalan 154.
Naftalan 155.
Nährstoff Heyden 199.
Naphtholvasogen 165.
Narcophin 255, 262.
Nastin 377.
Natrium bicarbonicum 65.
— kakodylicum 410.
— nitrosum 3.
— oleinicum 72.
— sozojodolicum 355.
Nebennierenextrakt 46.
— präparate 36.

Neohexal 445.
Neosalvarsan 417.
Nephrin 222.
Neraltein 309.
Neubornyval 287.
Neuronal 279, 285.
Neutralon 68.
Neutuberkulin 389.
Neu-Urotropin 116.
Nirvanin 236.
Nitroglyzerin 3.
Novargan 110.
Novaspirin 320.
Novatophan 177.
Noviform 351.
Novocain 226, 237.
Novojodin 352.
Nukleogen 25.
Nural 200.
Nutrol 200.
Nutrose 196.

Odda 203.
— M. R. 204.
Oleum Ricini 75.
Olintal 208.
Oophorin 223.
Opium 81, 254.
Opocerebrin 221.
Opsonogen 380.
Optochin 445.
Orexin 65, 68.
Orthoform 226, 240.
— Neu. 241.
Orthonal 242.
Ortizon 64.
Ossin Stroschein 208.
Ostauxin 439.
Ovaraden 223.
Ovariinum siccatum M 222.
Ovarin 223.
Ovogal 73.
Ovolecithin 183.
Oxaphor 127.
Oxykampfer 122.

Pallidin 445.
Paltaufs Streptokokkenserum 366.
Pankreaden 224.
Pankreashormon 223.
— tabletten 224.
Pankreatinum purum absolutum 224.
Pankreon 223.

Pantophisin 445.
Pantopon 255, 263.
— Atrinal 445.
Papain 69.
Papaverin 445.
Paracodin 264.
Paragangline 51.
Paraldehyd 274, 280.
Paranephrin 51.
Parathyreoidin 219.
Paratyphusdiagnosticum 379.
Pegnin 206.
Pellidol 354.
Pellotinum 264.
Perdynamin 25.
— Kakao 25.
Pergenol 61.
Perhydrit 64.
Perhydrol 59, 61.
Peristaltikhormon 80.
Peristaltin 77.
Perlsuchttuberkulin 387.
Peronin 122, 167, 256, 265.
Perrheumal 320.
Pertussin 130.
Perueston 342
Peruol 156.
Peruscabin 156.
Pestserum 372.
Petrosulfol 156.
— salizylvasol 166.
— vasol 166.
Phagocytin 439.
Phenacetin 306.
Phenocollum hydrochloricum 309.
Phenolphthalein 75, 78.
Phenostal 352.
Phenyform 352.
Phosphor 181.
— Lebertran 182.
Phthisopyrin 312.
Phthisoremid 390.
Physostigmin 167.
Phytin 184.
— liquidum 185.
Pilka 122, 128.
Pilokarpin 38.
Pilulae Blaudii 15.
— laxantes 75.
— probilinae 74.
Pinosol 156.
Piperazin 98, 172.
Pittylen 156.

Pittylen-Zinkpuder 445.
Pituglandol 45.
Pituitrin 44, 209.
Plasmon 197.
Plazentaextrakt 117.
Pneumin 402.
Pneumokokkenserum 373.
Podophyllin 75.
Pollantin 122, 126, 128.
Polylaktol 117.
Prävalidin 128.
Propäsin 242.
Prophylaktikum Mallebrein 403.
Proponal 280.
Protargol 110.
Prothämin 26.
Protogen 199.
Protylin 185.
Purgatin 77.
Purgatol 77.
Purgen 78.
Pyocyanase 377.
Pyraloxin 157.
Pyramidon 300, 303.
— salze 304.
Pyran 129.
Pyrenol 129.

Quecksilbervasol 167.
— vasogen 165.
— velopural 424.

Rachisan 208.
Rachitol 52.
Rademanit 32.
Radiobadekapseln 33.
Radiofirmkompressen 34.
Radiogen 32.
Radiopyrin 33.
Radiozytin 33.
Radiozontabletten 33.
Radium 30, 60.
— emanation 31, 173, 176.
— karbon 33.
— keiltabletten 33.
— präparate 33.
Radix Graminis 90.
Regulin 79.
Renaden 222.
Renoform 52, 122.
Re-Präparate 32.
Resorbin 157.
Resorzin 82.

Rheolstäbchen 142.
Rheumasan 321.
Rheumatin 321.
Rhodalzi 65.
Riba 190.
Riopan 445.
Ristin 157.
Roborat 194.
Rodagen 218.
Roob Sambuci 327.

Sabromin 292.
Saccharosolvol 188.
Sajodin 432.
Salen 322.
Salenal 322.
Salizylsäure 309.
Salizylsaures Natron 309.
— Pyramidon 304.
Salizylvasogen 165.
— vasol 167.
Salimenthol 322.
Salipyrin 300, 322.
Salit 323.
Salochinin 323.
Salokreol 404.
Salol 82, 91.
Salophen 323.
Saluferin-Zahnpasta 345.
Salvarsan 408, 418.
Samol 322.
Sanatogen 197.
Sanguinal 26.
Sanosin 404.
Santal 91.
Santalol 91.
Santonin 89.
Santyl 112.
Sapalkol 157.
Sapolan 157.
Sarton 195.
Saures kampfersaures Pyramidon 304.
Saurs Fluidextrakt 130.
Schantes Thymiansirup 130.
Scharlachrot 353.
Scharlachserum 366.
Schwefelvasogen 166.
Schweissinger Salbe 167.
Scilla 4.
Scopolaminum hydrobromicum 250.
Scopomorphin 254.
Secalan 38.
Sedobrol 293.

Sekakornin 56.
Sekretinextrakt 224.
Selenin 390.
Semoritabletten 118, 119.
Senföl 133.
Sennalysatum 79.
Sennatin 79.
Sennax 445.
Senval 188.
Serothymin 130.
Serum Aronson 364.
Sidonal 178, 179.
— Neu 179.
Siebolds Milcheiweiß 197.
Sirolin 405.
Skammonium 75.
Skopolamin 249, 256.
Solutio arsenicalis Fowleri 16.
Solvin 131.
Somatose 191.
— flüssige 192.
Sophol 171.
Soxhlets Nährzucker 206.
Spermin 224.
Spirarsyl 416.
Spiritus aetheris 3.
Spirosal 324.
Spleniferrin 225.
Sorisin 405.
Sozalbumose 390.
Sozojodolsäure 354.
Stagrin 225.
Staphylokokkenserum 374.
Stovain 226, 242.
Strophantidialysat 12.
Strophantin 11.
Strophanton 12.
Strophantus 4.
Stypticin 38, 56.
Styptol 38, 56.
Styracol 404.
Subcutin 246.
Subcutol 246.
Subeston 342.
Sublamin 356.
Substitol 356.
Sulfidal 158.
Sulfoform 158.
Sulfonal 272.
Sulfosot 405.
Superoxyde 357.
Suprarenaden 52.
Suprarenalin 53.

Arzneimittelverzeichnis.

Suprareninum hydrochloricum 53.
Synthalin 446.
Syrgol 113, 359.
Syrupus Kolae compositus 27.

Takadiastase 66, 70.
Taeniol 90.
Tanargentan 86.
Tannalbin 86.
Tannigen 87.
Tannismut 87.
Tannobromin 158.
Tannoform 87.
Tannyl 88.
Tanocol 88.
Teervasogen 166.
Terminol 171.
Tetanus-Antitoxin 374.
— Heilserum 374.
Tetronal 272.
Thallin 300.
Theinhardts lösliche Kindernahrung 201.
Theocin 94.
— natrium aceticum 96.
Theolactin 96.
Thephorin 97.
Theophyllin 94.
Thigenol 159.
Thiocol 405.
Thiodin 160.
Thiol 160.
Thiosinamin 133, 161.
Thorium X 31, 33, 173.
Thymianpräparate 130.
Thymobromal 131.
Thymol 122.
Thymomel Scillae 131.
Thyraden 216.
Thyreoidin 209, 211, 213.
— depuratum 214.
Thyreoidserum 217.
Thyresol 113.
Thyroglandin 217.
Thyrojodin 215.
Thyroprotein 217.
Tierkohle 59, 66, 81, 439, 440.
Tinctura ferri 27.
— — mit Arsen 29.

Tinctura Stypticini 57.
Tiodine 160.
Ton 83.
Tonocainum suprarenale 54.
Tonogen. suprarenale 54.
Torosan 407.
Toxodesmin 81, 442.
Tribrom-ß-Naphthol 163.
Triferrin 27.
Triferrol 28.
Trigemin 305.
Trikresol 407.
Trional 272, 281.
Tritin 195.
Trivalin 293.
Tropacocainum hydrochloricum 246.
Tropon 192.
Truneceks anorganisches Serum 13.
Tryen 359.
Trygase 142.
Tubera Jalappae 75.
Tuberkelprotein 390.
Tuberkulin Beraneck 385.
— Denys 386.
— Friedmann 390.
— Koch 381.
— Rosenbach 386.
— Test 387.
— T. R. 387.
Tuberkulocidin 390.
— Te-Ce 390.
Tuberkulol Landmann 386.
Tuberkulo-Mucin Weleminsky 391.
Tuberkuloseserum Maragliano 392.
— Marmorek 393.
Tulase 387.
Tumenolum 162.
Tussol 131.
Tutulin 195.
Typhusdiagnosticum 379.
Typhusserum 376.
Tyramin 37, 59.

Unguentum Credé 435.
Ureabromin 293.

Uricedin 172, 181.
Urocol 173.
— tabletten 181.
Urol 173, 178, 179.
Urolysin 179.
Urosin 178, 179.
— Kalkstahlwasser 180.
Urotropin 114.
Uteramin 59.
Uzara 88.

Vaginol 119.
Valerianadialysat 293.
Validol 293.
Valisan 295.
Valyl 286, 295.
Vaporin 132.
Vasenolpuder 164.
Vasenolum 163.
— liquidum 163.
— mercuriale 164.
— spissum 163.
Vasogen 164.
Vasol 166.
Vasotonin 12.
Vermolin 90.
Veronacetin 284.
Veronal 272, 282.
Viferral 274.
Vioform 359.
Visvit 204.
Vulnoplast 360.

Wasserstoffsuperoxyd 330.

Xerase 142.
Xeroform 360.

Yoghurt 207.
Yohimbin 119.

Zebromal 296.
Zimtsäureallylester 361.
Zincum sozojodolicum 356.
Zinkhämol 24.
— perhydrol 65, 358.
— sulfat 167.
— superoxyd 358.
Zinol 100.
Zymin 142.

Krankheiten und Indikationen[1]).

Ablaktation der Kinder — Kufekes Kindermehl 200.
Ablatio retinae — s. Netzhautabhebung.
Abortus — Alsol 333, Clavin 38, Erystiptikum 39, Salipyrin 322, Sekakornin 56, Stypticin 57, Styptol 58, Tryen 359.
Abszeß — Amyloform 334, Europhen 343, Leukofermantin 152, Noviform 351, Perhydrol 63, Phenyform 353, Stypticin 57, Zinkperhydrol 358.
— **kalter** — Aristol 336, Jodoform-Vasol 166, Novojodin 352, Substitol 356.
— **pyämischer** — Perhydrol 62.
— **tuberkulöser** — Acid. nucleinic. 438.
Achylia gastrica — Pankreon 224, Pegnin 206.
— — **Diarrhoen bei** — Tannyl 88.
Adenitis, ulzerierende — Kalium sozojodol. 355.
Adenoide Wucherung — Renoform 52.
Adhäsionen, pleuritische, der Paukenhöhle etc. — Fibrolysin 144, Thiosinamin 161.
Adnexerkrankungen — Alsol 333, Dionin 258, Heroin 260, Ichthynat 146, Jothion 431, Novaspirin 320, Thiol 160.
Affektzustände — Hedonal 276.
Agrypnie — Adalin 272, Aleudrin 273, Aponal 274, Bromural 274, Codeonal 256, Dionin 258, Dormiol 268, Eglatol 269, Hedonal 276, Hypnal 269, Isopral 270, Lactophenin 309, Luminal 277, Medinal 278, Neuronal 279, Paraldehyd 280, Pellotin 265, Proponal 281, Sabromin 292, Syrup. Kolae compos. 27, Trional 282, Veronal 283, Viferral 271.
Akne — Afridol 135, Cerolin 140, Histopin 377, Ichthynat 146, Ichthyol-Vasogen 164, Kohlensäureschnee 151, Levurinose 141, Linoval 154, Mattan 154, Opsonogen 380, Pittylen 156, Schwefel-Vasogen 166.

Akromegalie — Hypophysis cerebri siccat. pulv. 44.
Aktinomykose — Jodipin 427.
Alkoholismus, akuter — Migraenin 303, Validol 294.
— **chronischer** — Aleudrin 273, Bornyval 287, Chloralamid 266, Chloralose 266, Skopolamin 252, Veronal 283.
Alopecia areata — Atoxyl 413, Trikresol 407.
— **seborrhoica** — Sulfoform 158.
Amenorrhoe — Amenyl 38, Liquor Ferro-Mangani sacch. 22, Ovaraden 223, Pituglandol 45.
Amentia — Hedonal 276, Pellotin 265.
Amoebendysenterie — Acetozon 330, Argyrol 336, Bolussalbe 84, Kossam 86.
Analstriktur — Fibrolysin 144.
Anämia — Alboferrin 17, Anämin 17, Arrhenal 409, Arsenferratose 21, Arsenogen 28, Asferryl 29, Atoxyl 413, Bioferrin 18, Blutan 18, Bromlecithin 184, Digipurat 7, Eisensajodin 425, Eisensomatose 192, Elarson 29, Euferrol 20, Ferratin 20, Ferrichthol 147, Ferroglidin 21, Fersan 22, Ferrum kakodyl. 411, Fucol 200, Hämatogen 23, Hämatopan 23, Hämogallol 23, Hämol 24, Hygiama 203, Ichthyolkalzium 148, Lacto 205, Lecithin 183, Lecithol 184, Liquor ferro-mangani sacch. 22, Medulla ossium rubra 222, Milchsomatose 196, Natrium kakodyl. 411, Nukleogen 25, Nutrose 197, Orexin 69, Ovaraden 223, Perdynamin 26, Prävalidin 128, Prothämin 26, Protylin 186, Rhodalzid 165, Riba 191, Roborat 194, Sanguinal 26, Sanatogen 198, Somatose 191, Spleniferrin 225, Syrup. Kolae compos. 27, Takadiastase 70, Triferrin 28, Tropon 193, Visvit 204.
— **alimentäre der Säuglinge** — Bioferrin 18.
— **infantum pseudoleukaemica** — Eisensomatose 192.

---

[1]) Um Mißverständnissen vorzubeugen sei hier nochmals erwähnt, daß die bei den einzelnen Krankheiten angeführten Arzneimittel nicht etwa allgemein gültige Indikationen darstellen; es sei deshalb immer auf den textlichen Zusammenhang verwiesen.

Anaemia perniciosa — Antistreptokokkenserum 363, Radiofirmkompressen 34, Thorium X 33.
Analfissur — Cycloform 232.
Aneurysma — Eustenin 94, Gelatine 41, Kalziumsalze 150, Stagnin 225.
Angina tonsillaris — Antistreptokokkenserum 363, Aspirin 312, Chinosol 340, Chloreton 267, Cocainolpräparate 231, Collargol 435, Lysargin 349, Pergenol 61, 435, Coryfinbonbons 125, Diplosal 315, Formaminttabletten 60, Lysargin 349, Pergenol 61, Perhydrol 63, Protargol 111, Pyocyanase 378, Rhodalzid 65, Salokreol 404.
— pectoris — Agurin 93, Bornyval 287, Digipurat 7, Dispnon 93, Eustenin 94, Jodglidine 426, Medinal 278, Oophorin 223, Pyrenol 129, Theocin 95, Thorium X 33, Vasotonin 13.
Angstneurosen d. Onanisten — Valisan 295.
Angstpsychosen — Aleudrin 273.
Ankylostomiasis — Gomenol 125, Täniol 90.
Anorexie — Orexin 69.
— nervöse — Somatose 191.
Antrumeiterung — Stypticingaze 57.
Aorteninsuffizienz — Digipurat 7, Heroin 260.
Apicitis — s. Spitzenkatarrh.
Apoplexie — Jodocitin 430.
Appendicitis — Collargol 435, Eumydrin 169, Jodival 429, Yoghurt 207.
Arteriosklerose — Antisklerosin 13, Bornyval 287, Bromural 274, Eisensajodin 425, Eustenin 94, Heroin 260, Hypophysis cerebri siccat. pulv. 44, Jodglidine 426, Jodipin 427, Jodival 429, Jodocitin 430, Jodomenin 430, Jodopyrin 301, Jodostarin 430, Jodothyrin 216, Jothion 431, Jod-Vasogen 165, Kephaldol 307, Lacto 205, Rhodalzid 65, Sajodin 433, Thiodin 160, Thyreoidin 214, Vasotonin 13, Visvit 204.
Arthritis chronica — Citarin 180, Fibrolysin 144, Ichthyol-Vasogen 164.

Arthritis deformans — Ester-Dermasan 316, Hydropyrin 317, Monotal 402.
— gonorrhoica — Argentum atoxylic. 410, Collargol 434, Elektrargol 437, Diplosal 315, Ichthyol 148, Ichthyol-Vasogen 164, Perrheumal 320, Trivalin 293.
— urica — Eukasin 196, Fibrolysin 144, Radiofirmkompressen 34, Thorium X 33.
Ascariden — Vermolin 90.
Ascites — Acid. nucleinicum 438, Adrenalin 50, Aperitol 76, Collargol 435, Jodipin 427.
Asthma bronchiale — Acetopyrin 310, Adalin 297, Adrenalin 49, Aristochin 297, Asthmolysin 221, Beta-Eucain. lactic. 235, Digalen 6, Dionin 257, Dispnon 93, Eumydrin 169, Euporphin 291, Extr. Thymi 130, Heroin 260, Jodglidine 426, Jodhämol 24, Jodipin 427, Jodival 429, Jodocitin 430, Jothion 431, Kalzine 46, Kalziumsalze 151, Medinal 278, Migränin 303, Nebennierenextrakt 47, Novaspirin 320, Prävalidin 128, Pyramidon 304, Pyrenol 129, Sajodin 433, Sulfosot 405, Thyreoidin 214, Vasotonin 13.
— cardiale — s. Angina pectoris.
— nervöses — Bornyval 287.
Atonia uteri — Sekakornin 56.
— ventriculi — Extr. Chinae Nanning 67, Formaminttabletten 60, Gastrosan 68, Lysargin 349, Pankreon 224, Papain 69.
— intestini — Exodin 76, Hormonal 80, Perhydrol 63.
Atherom — Jodofan 346.
Atrophie d. Kinder — Somatose 191, Soxhlets Nährzucker 207.
Augenblenorrhoe — s. Ophthalmoblenorrhoe.
Augenmuskelparese bei Influenza — Diaspirin 315.
Autointoxikation — Carbo animalis 441, Yoghurt 207.
Azidosis bei Diabetes — Magnesiumperhydrol 64.

Bakteriurie — Formaminttabletten 60, Helmitol 106, Urotropin 115.

Balanitis — Ektogan 358, Natrium sozojodol 355, Phenyform 353.
Bandwurm — s. Taenia.
Barlowsche Krankheit — Bioferrin 18, Phytin 184.
Bartholinitis — Almatein 332.
Bazillenruhr — Bolus alba 84.
Bettnässen — s. Enuresis.
Beulenpest — Pestserum 372.
Bilharzia — Salvarsan 419.
Bindegewebsneubildung, postneuritische, im Sehnerv — Thiosinamin 162.
Blasenkatarrh — Amphotropin 100, Arhéol 102, Arhovin 103, Camphosan 104, Cystopurin 104, Collargol 435, Dionin 258, Diplosal 315, Formicin 343, Gonosan 105, Helmitol 106, Hetralin 107, Hexal 108, Hopogan 358, Ichthargan 109, Methylenblau 326, Novargan 110, Perhydrol 63, Protargol 112, Santyl 112, Urotropin 115.
Blasenpolyp — Stypticin 57.
Blasenreizung nach Erkältung — Dionin 258.
Blasenschwäche — Adrenalin 50, Borovertin 104.
Blasensteine — Piperazin 98.
Blattern — s. Variola.
Blatternnarben — Kohlensäureschnee 151, Thiosinamin 161.
Bleichen d. Zähne — Perhydrol 63.
Bleichsucht — s. Chlorose.
Bleikolik — Jodipin 427.
Bleivergiftung, chronische — Arsenogen 28, Jodhämol 24.
Blennorrhoea neonatorum — s. Ophthalmoblennorrhoea neonat.
Blepharitis — Histopin 377, Ichthyol 148, Jothion 431, Noviform 352, Novojodin 352.
— ulcerosa — Lenicet 152, Protargol 111.
Blepharokonjunktivitis — Syrgol 359.
Blinddarmentzündung — s. Appendicitis.
Blödsinn, angeborener — Thyreoidin 213.
Blutarmut — s. Anämie.
Blutdrucksenkung, peritonitische — s. Peritonitis.
Blutextravasat — Jodival 429.

Blutleere, Erzeugung von, für Operationen — Suprarenin 53.
Blutungen der Blase — Adrenalin 49, Styptol 58.
— cholämische — Gelatine 41.
— der Gebärmutter — Adrenalin 49, Alsol 333, Erystyptikum 39, Gelatine 41, Hämostan 43, Mensan 46, Salipyrin 322, Salochinin 322, Stagnin 225, Stypticin 57, Styptol 58.
— — — atonische, post partum — Glanduitrin 45, Pituglandol 45, Pituitrin 44.
— — — in der Menopause — Thyreoidin 214.
— aus den Genitalien — Dialysatum secalis cornuti 38, Ferripyrin 39.
— aus Hämorrhoiden — Escalin 67.
— der Haut und Schleimhäute — Nebennierenextrakt 47.
— klimakterische — Styptol 58.
— des Larynx — Gelatine 41, Stypticinwatta 57.
— der Lungen — Adrenalin 48, Gelatine 41, Heroin 260, Hydrastinin. hydrochlor. synthet. 43, Nebennierenextrakt 47, Stagnin 225, Suprarenin 53.
— aus Magen und Darm — Ferripyrin 39, Gelatine 41, Nebennierenextrakt 47, Suprarenin 54.
— aus der Nase — Adrenalin 49, Chininum lygosinatum 340, Hämostasin 51, Hydrastinin. hydrochl. synthet. 430, Gelatine 41, Nebennierenextrakt 47, Renoform 52, Stypticin 57, Suprarenin 53.
— aus der Niere — Gelatine 41, Adrenalin 49.
— nach Operationen — Adrenalin 49.
— parenchymatöse — Chinin. hydrochloricum 339.
— aus der Prostata — Nebennierenextrakt 47, Stypticin 57.
— im Puerperium — Styptol 58.
— bei Typhus abdom. — Adrenalin 49, Tannalbin 86.
— bei Uterusgonorrhoe — Stypticin 57.
— venöse — Stypticin 57.
— nach Zahnextraktion — Ferri-

pyrin 39, Gelatine 41, Nebennierenextrakt 47, Ortizon 64, Stypticin 57.
Blutungen aus Zahnfleisch und Pulpa — Perhydrol 63.
— nach Zirkumzision, ritueller — Ferripyrin 39.
Blutverluste — Anämie 17, Bioferrin 18, Perdynamin 26.
Botriocephalus — Extract. Aspidii spinulosi 89.
Botulismus — Bolus alba 84, Carbo animalis 440.
Brandwunden — Almatein 332, Amyloform 334, Aristol 336, Azodermin 354, Azodolen 354, Benzoylsuperoxyd 338, Cocainolpräparate 231, Dymal 341, Ektogan 358, Europhen 343, Glutol 344, Ichthynat 146, Ichthyol 148, Jodofan 346, Kalium sozojodol. 355, Lenicet 152, Nafalan 154, Naftalan 155, Noviform 351, Protargol 111, Scharlachrot 353, Substitol 356, Thiol 160, Vasenolum liquidum 164, Zincum sozojodol. 356, Zinkperhydrol 358, Xeroform 360.
Brechdurchfall — Argentamin 101, Bismutose 83, Bolus alba 84, Carbo animalis 441, Hygiama 203, Kufekes Kindermehl 200, Tanargentan 86, Theinhardts lösliche Kindernahrung 201.
Brechneigung — Jodvasogen 165.
Bronchialasthma — s. Asthma bronchiale.
Bronchialdrüsentuberkulose d. Kinder — Bromipin 289.
Bronchiektasie — Prävalidin 128, Thigenol 159.
Bronchiolitis — Digipurat 7.
Bronchitis — Convulsin 124, Desalgin 233, Dionin 257, Eisensajodin 425, Eulatin 301, Euporphin 291, Forman 126, Gomenol 126, Heroin 260, Ichthyol 147, Jodipin 427, Kreosotal 401, Melubrin 302, Pertussin 131, Pyrenol 129, Prävalidin 128, Sajodin 433, Solvin 131, Sulfosot 405, Thymomel Scillae 131, Tussol 131.
Bursitis praepatellaris — Ichthynat 146.
Bronchopneumonie — Kreosotal 401.

Bubo, indurierter — Phenyform 353.
— inzidierter — Novojodin 352.
Catarrhus apicis — s. Spitzenkatarrh.
— intestini — s. Enteritis.
— ventriculi — s. Gastritis.
Cephalgie — Acetopyrin 310, Aristochin 298, Astrolin 301, Bromocoll 290, Diaspirin 315, Dionin 258, Pyramidon 304.
Chlorose — Alboferrin 17, Arsenogen 28, Asferryl 29, Atoxyl 413, Blutan 18, Bromural 274, Digipurat 7, Eisenhämol 24, Eisensajodin 425, Eisensomatose 192, Euferrol 20, Ferratin 20, Ferrichthol 147, Ferroglidin 21, Ferrum kakodyl. 411, Hämatogen 23, Hämatopan 23, Hämogallol 23, Hämol 24, Ichthyolkalzium 148, Kupferhämol 24, Lacto 205, Liquor Ferro-Mangani sacch. 22, Medula ossium rubra 222, Metaferrin 25, Natrium kakodylic. 411, Nukleogen 25, Oophorin 223, Orexin 69, Ovaraden 223, Perdynamin 26, Prothämin 26, Sanguinal 26, Syrup. Kolae compos. 27, Triferrin 28, Zinkhämol 24.
Choledochussteine — Chologen 72.
Choledochusverschluß, chronischer — Chologen 72.
Cholelithiasis — Cholelysin 71, Eunatrol 73, Hydropyrin 318, Novaspirin 320, Ovogal 73.
— larvierte — Chologen 72.
Cholera asiatica — Acetozon 330, Adrenalin 49, Carbo animalis 442, Chinosol 340, Collargol 435.
— infantum — Bolus alba 84, Eiweißmilch 205, Tannalbin 86, Tannoform 87.
— nostras — Bolus alba 84.
Cholezystitis — Cholelysin 71, Eunatrol 73, Gallisol 73.
Chorea — Alboferrin 17, Arrhénal 409, Arsenferratose 21, Aspirin 312, Atoxyl 413, Bornyval 287, Bromipin 289, Chloreton 267, Hypnal 269, Isopral 270, Natrium kakodyl. 411, Neuronal 279, Sabromin 292, Salophen 324, Salvarsan 419, Somatose 191, Syrup.

kolae compos. 27, Ureabromin 293, Zinkhämol 25.
Chorioiditis — Hetol 399, Jothion 431.
— exsudativa — Diasprin 315.
— haemorrhagica — Stypticin 57.
Chorioretinitis — Dionin 258.
Chylitis — Formaminttabletten 60.
Colitis membranacea — Aperitol 76.
Combustio — s. Brandwunden.
Congelatio — Dymal 341.
Conjunctivitis blenorrhoica — Argentamin 101, Itrol 346.
— catarrhalis — Argentamin 101, Itrol 346, Noviform 352, Perhydrol 62, Protargol 111, Pyraloxin 157, Sublamin 357, Zincum sozojodol. 356.
— ekzematosa — Jodipirin 428.
— Meibomiana — Perhydrol 62.
— phlyctaenulosa — Adrenalin 49, Collargol 435.
— purulenta — Collargol 435.
Coryza — s. Rhinitis.
Cyclitis — Atrabilin 51, Trigemin 305.

Dämmerschlaf, Erzeugung von — Pantopon 263, Skopolamin 251.
Dakryozystitis — Collargol 435.
Dakryozystoblenorrhoe — Syrgol 359.
Darmatonie — s. Atonia intestini.
Darmdyspepsie — Ovogal 73.
Darmkatarrh — s. Enteritis.
Darmlähmung nach Operationen — Hormonal 80, Sennatin 79.
Darmtuberkulose — s. Enteritis tuberculosa.
Dickdarmkatarrh, chronischer — Argentamin 101, Gelatine 41, Kufekes Kindermehl 200, Tannalbin 86, Tannoform 87.
Dünndarmkatarrh — Ovogal 73, Pankreon 224, Tannalbin 86, Tannoform 87.
Dekomposition — Eiweißmilch 205.
Dekubitus — Almatein 333, Alsol 333, Cystoform 232, Eston 342, Naftalan 155.
Delirium tremens — Aleudrin 273, Dormiol 268, Hypnal 269, Medinal 278, Paraldehyd 268, Skopolamin 252, Veronal 283.

Dementa paralytica — Veronal 283.
— praecox — Acid. nucleinic. 438, Aleudrin 273, Isopral 270, Thyreoidin 214.
— senilis — Aleudrin 273, Hedonal 276, Pellotin 265, Veronal 283.
Dentition, erschwerte — s. Zahnen, erschwertes.
Depressionszustände, nervöse — Adalin 272, Dormiol 268, Isopral 270, Sanatogen 198, Veronal 283.
Dermatitis herpetiformis — Atoxyl 413.
Dermatosen, gewerbliche — Anthrasol 135.
Desinfektion v. Aborten — Bacillol 338.
— d. Hände — Afridol 135, Antiformin 335, Asterol 337, Bolus alba 84, Chinosol 340, Formicin 343, Itrol 346, Jodbenzin 149, Lysoform 350, Sublamin 357, Tribrom-β-Naphthol 163.
— d. Haut — Jodbenzin 149, Jodtinktur 150.
— v. Instrumenten — Afridol 135, Asterol 337, Bacillol 338, Phenostal 352.
— v. Exkrementen — Antiformin 335, Chinosol 340.
— d. Wäsche — Morbicid 351.
— v. Wohnräumen — Autan 329, Festoform 329.
Desmoidreaktion nach Sahli — Methylenblau 326.
Desodorisierung v. Exkrementen — Antiformin 335.
Devitalisieren d. Pulpa — Pyramidon 304.
Diabetes insipidus — Globularin 188.
— mellitus — Antimellin 187, Antithyreoidin 218, Arsenogen 28, Aspirin 312, Atoxyl 413, Citrozon 187, Diabeteserin 187, Fermentum cerevisiae 140, Fermocyl 141, Globularin 188, Haematopan 23, Hediosit 188, Levuretin 18, Levurinose 141, Leukofermantin 152, Lecithin 183, Lecithol 184, Magolan 188, Natrium kakodyl. 411, Nutrose 197, Pankreashormon 223, Pantopon 264, Roborat 195, Sar-

ton 195, Sekretinextrakt 224, Visvit 204.
Diabetikerbrot, Herstellung v. — Glidin 194.
Diarrhoe — s. Enteritis.
— nervöse — Bismutose 83, Pankreon 224.
— schmerzhafte der Schwangeren — Almatein 333.
Diathese, harnsaure — Atophan 177, Chinasäure 178, Lycetol 98, Lysidin 98, Plasmon 197, Uricedin 181, Urotropin 115.
— spasmophile — Phytin 185.
Dilatatio ventriculi — s. Magenerweiterung.
Diphtherie — Adrenalin 49, Bolus alba 84, Collargol 435, Digipurat 7, Diphtherieheilserum 368, Formaminttabletten 60, Natrium sozojodol. 355, Olintal 208, Papain 70, Pergenol-Kautabletten 61, Perhydrol 63, Protargol 111, Pyocyanase 378, Subcutin 246.
Distorsion — Naftalan 155.
Drüsenschwellung — Jodvasol 166.
Drüsentuberkulose — Aristol 336, Jodoform-Vasogen 165, Odda M. R. 204.
Dupuytrensche Kontraktur — Fibrolysin 144, Thiosinamin 161.
Dysenterie — Aperitol 74, Benzosalin 314, Bismutose 83, Dysenterieheilserum 370, Tannalbin 86, Uzara 88.
Dysmenorrhoe — Adamon 286, Adrenalin 49, Amenyl 38, Aspirin 312, Bornyval 287, Desalgin 233, Dionin 258, Eisensajodin 425, Eumenol 291, Glycosal 317, Gynoval 292, Hydropyrin 318, Ichthyol-Vasogen 164, Leukrol 118, Liquor Ferro-Mangani sacch. 22, Mensan 46, Ovaraden 223, Pyramidon 304, Salipyrin 322, Santyl 113, Stypticin 57, Thyreoidin 214, Trigemin 305, Uzara 88, Yohimbin 286.
Dyspepsie — Bismutose 83, Chloralbacid 66, Sanguinal 26, Somatose 191, Tierkohle 440.
— chronische — Extr. Chinae Nanning 67.
— der Kinder — Eiweißmilch 204,

Hygiama 203, Soxhlets Nährzucker 207.
Dyspepsie, nervöse — Adrenalin 51, Extr Chinae Nanning 67, Milchsomatose 196, Nutrol 201, Pankreon 224, Somatose 191.
— nach Salizyl-, Jod- u. Hg-Gebrauch — Extr. Chinae Nanning 67.
— der Säuglinge — Bismon 82.
— der Tuberkulösen — Thyreoidin 214.

Eclampsia infantum — Bromipin 289.
Eklampsie — Hedonal 276, Pituglandol 45, Skopolamin 252, Thyreoidin 214.
Ekthyma — Dymal 341.
Ekzem — Almatein 332, Alsol 333, Anthrasol 135, Arhénal 409, Aristol 336, Aspirin 312, Boluswundpasta 84, Bromotan 136, Cycloform 232, Dymal 341, Ektogan 358, Empyroform 137, Eucerin 138, Eudermol 138, Euguform 342, Eston 342, Fetron 143, Histopin 377, Ichthalbin 146, Ichthoform 146, Ichthyol 148, Ichthyol-Vasogen 165, Jodofan 346, Jodopyrin 301, Jothion 431, Kupferhämol 24, Lenicet 152, Lenigallol 153, Levurinose 141, Liantral 153, Linoval 154, Loretin 347, Nafalan 154, Naftalan 155, Pellidol 354, Petrosulfol 156, Petrovasol 166, Phenyform 353, Pittylen 156, Protargol 111, Quecksilber-Vasogen 165, Sapalcol 157, Sapolan 158, Scharlachrot 353, Tannoform 88, Teer-Vasogen 166, Thigenol 159, Thiol 160, Tumenol 163, Validol 294, Vasenolpuder 164, Zincum sozojodol. 356.
— impetiginöses — Afridol 135.
— mykotischer Natur — Naphthol-Vasogen 165.
— seborrhoisches — Schwefel-Vasogen 166.
— der Skrofulösen — Eisensomatose 192, Jod-Vasogen 165, Somatose 191.
Emphysem — Dionin 257, Extr. Thymi 130, Heroin 260, Jodglidin 426, Jodipin 427, Jodival 429, Jothion 431, Pertussin 131, Präva-

lidin 128, Pyrenol 129. Sajodin 433, Stypticin 57, Sulfosot 405.
Empyem — Antistreptokokkenserum 363, Formicin 343.
— der Nebenhöhlen — Anästhesin 230, Argentamin 101.
Endokarditis — Antistreptokokkenserum 363, Collargol 434, Thiosinamin 161.
Endometritis — Alsol 333, Aspirin 312, Ferripyrin 39, Ichthyol 148, Novojodin 352, Perhydrol 62, Thigenol 159, Xerase 142.
Enteritis — Abrotanolpastillen 82, Almatein 333, Aperitol 75, Benzosalin 314, Bismon 82, Bismutose 83, Dionin 258, Escalin 67, Fortoin 85, Gastrosan 68, Helmitol 107, Hopogan 358, Ichthoform 149, Pankreon 224, Tannigen 87, Tannismut 87, Tannoform 87, Thiocol 406, Tierkohle 441, Zinkhämol 25.
— follicularis — Kufekes Kindermehl 200, Magnesiumperhydrol 64.
— infektiöse — Bismutose 83.
— der Kinder — Bismutose 83, Duotal 395, Eiweißmilch 204, Protargol 111.
— membranacea — Albargin 99.
— tuberculosa — Argentamin 101, Benzosalin 314, Bismutose 83, Carbenzym 339, Fortoin 85, Glutannin 190, Ichthoform 149, Methylenblau 326, Pantopon 263, Sanatogen 198, Tanargentan 86, Tannalbin 86, Tannigen 87, Tannoform 87, Tannyl 88.
Enteroptose — Purgen 78.
Entwöhnung von Säuglingen — Bromural 274.
Enuresis — Thyreoidin 214.
Epididymitis — Elektrargol 437, Guajacol 396, Hyrgol 423, Ichthyol 148, Jod-Vasogen 165, Monotal 402, Nafalan 155, Naftalan 155, Trivalin 293.
Epilepsie — Arsenferratose 21, Arsenocerebrin 221, Atoxyl 413, Bornyval 287, Bromalin 288, Bromglidin 288, Bromhämol 24, Bromipin 289, Bromocoll 290, Bromprotylin 186, Bromural 224, Cerebrin 221. Chloralose 266, Citrophen 307, Crotalin 367, Dormiol 268, Ferratin 20, Isopral 270, Kalziumsalze 151, Luminal 277, Medinal 278, Neuronal 279, Oophorin 223, Paraldehyd 281, Sabromin 292, Sedobrol 293, Ureabromin 293, Veronal 283.
Episkleritis — Aspirin 312, Atrabilin 51, Diaspirin 315.
Epistaxis — s. Blutungen der Nase.
Epitheliome — Kohlensäureschnee 151, Pyraloxin 157.
Erbrechen, habituelles, bei Eisenbahnfahrten — Gynoval 292.
— der Hysterischen — Hygiama 203.
— bei Magenkatarrh — Anästhesin 230, Dionin 258, Propäsin 242.
— postoperatives — Alypin 229, Chloreton 267.
— unstillbares, der Schwangeren — s. Hyperemesis gravidarum.
Erfrierung — s. Congelatio.
Erosionen — Alsol 333, Ichthalbin 146, Xerase 142, Zymin 142.
Erregungszustände — Adalin 272, Adamon 286, Chloralamid 266, Codeonal 256, Dionin 258, Hypnal 269, Neuronal 279, Pantopon 263, Paraldehyd 281.
Erschöpfungszustände — Euferrol 20, Lezithin-Perdynamin 25, Sanatogen 148, Veronal 283.
Erysipel, — Acid. nucleinic. 438, Actol 331, Anästhesin 230, Antistreptokokkenserum 363, — von Menzer 365, — von Tavel 366, Asterol 337, Collargol 434, Digipurat 7, Elektrargol 437, Fermentum cerevisiae 140, Ichthynat 146, Ichthyol 148, Ichthyol-Vasogen 164, Jothion 431, Mesotan 319, Metakresolanytol 402, Naftalan 155, Propäsin 242, Salokreol 404, Phiol 160.
Erysipeloid — Stypticingaze 57.
Erythema multiforme — Ichthyol-Vasogen 164, Novaspirin 320.
— nodosum — Collargol 434, Ichthyol-Vasogen 164, Monotal 402.
Exsudate in Gelenkhöhlen — Jod-Vasol 166.
Extravasate in Sehnenscheiden — s. Tendovaginitis.

Favus — Perhydrol 63.
Fazialisparalyse — Jodipin 427.
Fettleibigkeit — Aperitol 76, Degrasin 218, Eisensajodin 425, Fibrolysin 144, Jodglidine 426, Jodothyrin 216, Leptinol 439, Thyraden 217, Thyreoidin 213, Thyroglandin 217, Thorium X 33.
Fettdiarrhöe — Kufekes Kindermehl 200, Theinhardts lösl. Kindernahrung 201.
Fettstühle — Ovogal 73.
Fettsucht — s. Fettleibigkeit.
Fibromyome des Uterus — Mammin 222.
Fissuren — Aristol 336, Escalin 67, Novojodin 352.
Fissura ani — Aperitol 74, Ichthyol 148, Thigenol 148.
Fisteln — Almatein 332, Alumnol 100, Bromotan 136, Carbenzym 339, Euguform 322, Jodoform-Vasogen 165, Leukofermantin 152, Novojodin 352, Zimtsäureallylester 361.
Fleischvergiftung — s. Botulismus.
Flimmerskotom — Validol 294.
Fluor albus — Arhovin 103, Bolus alba 83, Lenicet 153, Leukofermantin 152, Leukrol 118, Xerase 142.
Foetor ex ore — Formaminttabletten 60.
Follikularkatarrh, trachomverdächtiger — Syrgol 359.
Follikulitis — Europhen 343, Ichthyol 148, Levurinose 141, Perhydrol 63.
Framboesie — Atoxyl 413, Salvarsan 418.
Frostbeulen — Bromipin 289, Epicarin 138, Eston 342, Euresol 139, Europhen 343, Frostbalsam 158, Ichthyol 147, Ichthyol-Vasogen 164, Jodipin 427, Naftalan 155, Thigenol 159.
Frühjahrskatarrh — Adrenalin 49, Protargol 111.
Funiculitis — Hyrgol 423, Trivalin 293.
Funktionsprüfung des Magens — Methylenblau 326.
— **der Niere** — Methylenblau 326.
Furunkel, Furunkulosis — Afridol 135, Amyloform 334, Anästhesin 230, Anthrasol 135, Atoxyl 413, Cerolin 140, Europhen 343, Fermentum cerevisiae 140, Histopin 377, Ichthynat 146, Ichthyol 148, Jodofan 346, Levuretin 141, Levurinose 141, Leukofermantin 152, Linoval 154, Mycodermin 142, Noviform 351, Opsonogen 380, Scharlachrot 353, Spirosal 324, Stypticin 57, Thigenol 159, Trygase 142, Zinkperhydrol 358.
Fuß-Schweiß — Tannoform 88, Vasenolpuder 164.

Gallensteinkolik — Bromural 274, Desalgin 233, Diaspirin 314, Eumydrin 169, Narcophin 263, Uricedin 181.
Gasgangrän (-phlegmone) — Perhydrol 62.
Gastralgie — Anästhesin 230, Dionin 258.
Gastrektasie — Extr. Chinae Nanning 67, Formaminttabletten 60, Magnesiumperhydrol 64, Papain 69.
Gastritis — Argentamin 101, Chloralbacid. 66, Pegnin 206, Sanatogen 198, Takadiastase 70.
Gastroenteritis — Acetozon 330, Carbo animalis 440, Fermentum cerevisiae 140, Ichthalbin 146, Levuretin 141.
Gaumenmandeloperation, zur Nachbehandlung der — Perhydrol 63.
Gefäßlähmung — Suprarenin. synthetic. 54.
Gelenksankylosen — Fibrolysin 144.
Gelenksentzündung, Jodipin 427, Jothion 431, Thiocol 406.
— **gonorrhoische** — s. Arthritis gonorrhoica.
Gelenkrheumatismus, akuter — Acetopyrin 310, Acitrin 178, Antistreptokokkenserum 363, 365, Aspirin 312, Atophan 176, Benzosalin 314, Citrophen 306, Collargol 435, Diaspirin 314, Digipurat 7, Diplosal 315, Ervasin 315, Eupyrin 301, Glycosal 316, Guajacol 396, Hydropyrin 317, Jothion 431, Kalmopyrin 318, Lactophenin 308, Maretin 327, Melubrin 302, Mesotan 319, Monotal 402, Neraltein

309, Novaspirin 320, Perrheumal 320, Pyramidon 304, Pyrenol 129, Radiofirmkompressen 34, Rheumatin 321, Salen 322, Salimenthol 322, Salipyrin 322, Salit 323, Salokreol 404, Salophen 324, Spirosal 324, Thigenol 159.
Gelenkrheumatismus, chronischer — Atophan 177, Jodvasogen 165, Lycetol 98, Rheumasan 321, Salicyl-Vasogen 165, Salizyl-Vasol 167, Spirosal 324.
Gelenktuberkulose — Aristol 336.
Geschwüre — Afermol 356, Alumnol 100, Alypin 229, Cycloform 232, Ichthargan 108, Ichthoform 149.
— der Hornhaut — Hetol 399.
— karzinomatöse — Adrenalin 49.
— des Kehlkopfes — Chloreton 267.
— luetische — Azodolen 354, Hydrarg. sozojodol. 355, Kalium sozojodol. 355, Xeroform 360.
— phagedänische — Perhydrol 62.
— tuberkulöse — Anästhesin 230, Argyrol 336, Euguform 342, Hydrarg. sozojodol. 355, Jodoform-Vasol 166, Kreosot-Vasogen 165, Methylenblau 326, Zincum sozojodol. 356.
Gicht — Acitrin 178, Aspirin 312, Atophan 176, Chinotropin 179, Citarin 180, Citrophen 307, Eupyrin 301, Ichthyolidin 97, Jodipin 428, Isatophan 177, Lycetol 98, Novatophan 177, Piperazin 98, Sidonal 179, Sidonal-Neu 179, Uricedin 181, Urocoltabletten 181, Urol 179, Urosin-Kalk-Stahlwasser 180.
Gingivitis — Cycloform 232, Formaminttabletten 60, Jodoform-Vasogen 165, Jothion 431, Pyocyanase 378, Subcutin 246.
Glaskörpertrübung — Diaspirin 315, Dionin 258, Jodipin 428, Jothion 431.
Glaukom — Adonidin 5, Adrenalin 50, Aspirin 313, Dionin 258, Piperazin 98, Trigemin 305.
Glossitis — Formaminttabletten 60.

Gonorrhöe der Kinder — Tryen 359.
— des Mannes — Acetozon 330, Airol 332, Albargin 99, Allosan 99, Alsol 333, Alumnol 100, Argentamin 101, Argentol 336, Argentum proteinic. 101, Argonin 102, Arhéol 102, Arhovin 103, Aristol 336, Arthigon 380, Blenal 103, Blenaphrosin 103, Collargol 435, Crurin 136, Cystopurin 104, Elektrargol 437, Gonosan 105, Hegonon 106, Hetralin 107, Ichthargan 108, Itrol 346, Largin 109, Natrium sozojodol. 355, Novargan 110, Perhydrol 63, Phenyform 353, Protargol 111, Pyocyanase 378, Santyl 112, Syrgol 359, Thigenol 159, Thyresol 113, Tonogen. suprarenale 54, Zincum sozojodol. 356.
— des Weibes — Albargin 99, Allosan 100, Alumnol 100, Isoform 345, Perhydrol 63, Rheolstäbchen 142, Zinol 100.
— schmerzhafte Erektionen bei — Adamon 286, Bromipin 289, Bromural 274, Eubornyl 290, Heroin 260.
Granulationen, schmerzhafte — Cycloform 232.
Grippe der Kinder — Pyocyanase 378.
Gummen der Netzhaut — Mergal 424.

Haarausfall — Tannobromin 158.
Hämatemesis — s. Blutungen des Magens.
Hämaturie — s. Blutungen der Blase und Niere.
Hämophilie — Coagulen 443, Gelatine 41, Kalziumsalze 150, Nebennierenextrakt 47, Suprarenin 53.
Hämoptoe — s. Blutungen der Lunge.
Hämorrhoiden — Adrenalin 49, Anusol 335, Aperitol 74, Aristol 336, Cerolin 140, Cycloform 232, Hämorrhoisid 86, Ichthalbin 146, Naftalan 155, Propäsin 242.
Halluzinationen — Hedonal 276.
Harnblasenatonie — Pituitrin 45.
Harnröhrenstriktur — Fibrolysin 144, Thiosinamin 161.

Haschischübergenuß — Bromural 274.
Hautgangrän — Dymal 341.
Hebosteotomie — Pituitrin 45.
Hemeralopie — Urotropin 115.
Hemikranie — s. Migräne.
Hemiplegie, syphilitische — Enésol 422.
Hepatitis interstitialis — Agurin 93, Fibrolysin 144.
Herpes — Boluswundpasta 84, Ektogan 358, Euguform 342, Schwefel-Vasogen 166.
— genitalis — Ichthyol 148, Sapolan 158.
— gestationis — Kalziumsalze 150.
— der Hornhaut — Hetol 399.
— tonsurans — Afridol 135, Epicarin 138, Eudermol 138, Pittylen 156, Naphthol-Vasogen 165.
— zoster — Almatein 332, Guajacol 396, Ichthyol 148, Naftalan 155, Sapolan 158.
Herzfehler — s. Vitium cordis.
— venöse Stase bei — Stypticin 57, Veronal 283.
Herzklopfen, nervöses — Bromipin 289, Bromocoll 290, Gynoval 292, Sabromin 292, Ureabromin 293, Valerianadialysat 293.
Herzneurose — s. Neurose des Herzens.
Herzschwäche —Kollapsmittel 1 — Adrenalin 50, Digipurat 7, Spermin 225, Suprarenin. synthetic. 54.
— Ödeme bei — Euphyllin 93.
Heufieber — Aristol 336, Kalziumsalze 151, Nebennierenextrakt 47, Paranephrin 52, Pollantin 127, Rhodalzid 65, Thyreoidin 214.
— -Konjunktivitis — Anästhesin 230, Suprarenin 53.
Hirnhauttuberkulose der Kinder — Bromipin 289.
Hordeolum — Fermentum cerevisiae 140, Linoval 154.
Hornhautfistel — Scharlachrot 353.
— -Geschwüre — Acoin 227, Dionin 258, Eumydrin 168, Perhydrol 62.
— -Trübung — Jequiritol 170.
— -Verletzungen — Jequiritol 170.

Hühneraugen — Fibrolysin 145.
Hydrokele — Adrenalin 50.
Hydrops, kardialer — Theocin 95, Theocin-Natrium aceticum 96, Thephorin 97.
Hypazidität — Acidol 66, Nutrose 197.
Hyperästhesie des Magens — Cocainolpräparate 231, Gastrosan 68.
Hyperazidität — Bismutose 83, Bolus alba 84, Carbenzym 339, Gastrosan 68, Magnesiumperhydrol 64, Medulla ossium rubra 222, Neutralon 68, Pegnin 206, Pergenol 61, Perhydrol 63.
Hyperchlorhydrie — Neutralon 68, Perhydrol 63, Sanatogen 198.
Hyperemesis gravidarum — Aspirin 312, Adrenalin 49, Erepton 190, Extr. Chinae Nanning 67, Hygiama 203, Oophorin 223, Orexin 69, Pantopon 264, Propäsin 242, Skopolamin 252, Somatose 191, Thyreoidin 214, Tropon 193, Veronal 283, Validol 294, Valisan 295, Valyl 295.
Hyperhidrosis — Anthrasol 135, Bolus alba 84, Dymal 341, Eston 342, Lenicet 152, Mesotan 319, Skopolamin 252.
Hypopyonkeratitis — Xeroform 361.
Hypotonie des Darmes — Hormonal 80.
Hysterie — Adamon 286, Arsenogen 28, Atoxyl 413, Bornyval 287, Bromglidin 288, Bromhämol 24, Bromipin 289, Bromprotylin 186, Bromural 274, Dormiol 268, Eubornyl 290, Hämatopan 23, Hedonal 276, Kalziumsalze 151, Liquor Ferro-Mangani sacch. 22, Novaspirin 320, Perdynamin 26, Protylin 186, Pyrenol 129, Sabromin 292, Sanatogen 198, Sanguinal 26, Somatose 191, Syrup. Kolae compos. 27, Tropon 193, Ureabromin 293, Valerianadialysat 293, Validol 294, Valisan 295, Valyl 295, Veronal 283, Viferral 271, Zinkhämol 25.

Ichthyosis — Eucerin 138.
Ikterus — Almatein 333, Hämatopan 23, Pankreon 224.

Ileus — Eumydrin 169, Hormonal 80, Ichthoform 149, Sennatin 79.
Impetigo — Crurin 136, Histopin 377, Ichthyol 148, Jodipin 427, Perhydrol 63, Sulfoform 158.
Impotenz, funktionelle — Muiracithin 121, Phytin 184, Spermin 225, Yohimbin 120.
Inanitionszustände — Spermin 225.
Induration des Corpus cavernosum — Thiodin 160.
Infiltrationsanästhesie — Beta-Eucain 234, — lacticum 235, Novocain 239, Orthonal 242.
Infiltration der Hornhaut — Jodipin 428.
Influenza — Acetopyrin 310, Aspirin 312, Citrophen 306, Diaspirin 314, Digipurat 7, Digitalinum verum 8, Ervasin 315, Eupyrin 301, Forman 126, Heroin 260, Kreosotal 401, Maretin 327, Migraenin 303, Novaspirin 320, Prävalidin 128, Pyramidon 303, Pyrenol 129, Salipyrin 322, Salochinin 323.
Inhalationsnarkose — Aether chloratus 228.
— kombinierte, mit — Hedonal 276, Isopral 270, Narcophin 263, Paraldehyd 280, Veronal 283.
Interkostalneuralgie — Kephaldol 308, Pyramidon 304, Pyrenol 129.
Intertrigo — Bolus alba 84, Dymal 341, Nafalan 155, Noviform 351.
Jodbasedow — Antithyreoidin 218.
Iridozyklitis — Dionin 259, Mergal 423.
Iritis — Aspirin 312, Atrabilin 51, Deutschmannserum 373, Diaspirin 314, Dionin 258, Eumydrin 168, Euphthalmin 169, Jodipin 428, Jothion 431, Mesotan 319.
Irresein, chronisch unheilbares — Thyreoidin 214.
— manisch depressives — Aleudrin 273.
— periodisches — Acid. nucleinic. 438.
Ischias — Acetopyrin 310, Aspirin 312, Atophan 177, Beta-Eucain 234, Bromural 274, Chloroform-Kampfer-Vasol 166, Citrophen 307, Dionin 258, Diplosal 315, Fibrolysin 144, Ichthynat 146, Ichthyol 148, Ichthyol-Vasogen 164, Jodipin 427, Jod-Vasogen 165, Kryofin 308, Lactophenin 309, Melubrin 302, Methylenblau 326, Migränin 303, Nafalan 155, Pyrenol 129, Rheumasan 321, Roob Sambuci 327, Sajodin 423, Salizyl-Vasol 167, Salimenthol 322, Salochinin 323, Spirosal 324, Stovain 244.

Kachexien — Nutrose 197, Sanguinal 26, Somatose 191, Spleniferrin 225.
Kala Azar — Atoxyl 413, Salvarsan 419.
Karbunkel — Argentum atoxylic. 410, Chinosol 340, Noviform 351, Zinkperhydrol 358.
Karzinom — Aktinium 34, Antimeristem 376, Antituman 335, Arrhénal 409, Atoxyl 413, Benzosalin 314, Dionin 258, Erepton 190, Ferripyrin 39, Glycosal 317, Ichthyol-Vasogen 164, Kalmopyrin 318, Mesothorium 33, Monotal 402, Natrium kakodyl. 411, Novaspirin 320, Nutrol 201, Nutrose 197, Pankreon 224, Protargol 111, Radium 33, Rheumatin 321, Substitol 356, Thorium X 33, Thyreoidin 214.
— inoperables — Adrenalin 49, Aspirin 312, Cycloform 232, Heroin 260, Perhydrol 62, Pyramidon 304, Rheumatin 321.
— stenosierendes des Ösophagus — Perhydrol 62.
— nach Röntgenbestrahlung — Fibrolysin 144.
Käsevergiftung — Carbo animalis 440.
Katarakt — Thiosinamin 162.
Katarrh der Leberwege — Ovogal 73.
— der Gallenwege — Ovogal 73, Pilulae probilinae 74.
Keloid — s. Narben.
Kephalhämatom — Jodival 429.
Keratitis fascicularis — Arsenophenylglycin 416.
— interstitialis — Jequiritol 170, Jodipin 428.
— neuroparalytica — Scharlachrot 353.

Keratitis parenchymatosa — Hetol 399.
— purulenta, scrofulosa und trachomatosa, Narben nach — Fibrolysin 144.
— trachomatosa — Ichthyol 148.
Keratosen, senile — Kohlensäureschnee 151.
Keuchhusten — Acetopyrin 310, Aristochin 297, Aspirin 312, Bromipin 289, Bromoform 123, Bromural 274, Chinaphenin 306, Chineonal 124, Citrophen 307, Convulsin 124, Dionin 258, Droserin 125, Euchinin 299, Eulatin 301, Fumiform 395, Gomenol 126, Heroin 260, Ichthyol 147, Medinal 278, Orthoform 241, Oxaphor 127, Paranephrin 52, Phenocoll 309, Pilka 128, Prävalidin 128, Pyrenol 129, Thymianpräparate 130, Thymomel Scillae 131, Thiocol 406, Tussol 131, Vaporin 132, Veronal 283.
Keratomalacie der Neugeborenen — Dionin 258.
Klimakterium, Beschwerden im — Adamon 286, Bornyval 287, Bromvalidol 294, Gynoval 292, Neuronal 279, Oophorin 224, Ovaraden 223, Ovariinum siccum 222, Sabromin 292, Valisan 295, Valyl 295.
Knocheneiterung, tuberkulöse — Bolus alba 83.
Knochentuberkulose — Vioform 359.
Koitus, suspekter, Prophylaktikum bei — Protargol 111.
Kollaps — Adrenalin 49, Epirenan 51, Suprarenin 53, Validol 294.
Kolpitis — Aristol 336, Fermentum cerevisiae 140, Ichthargan 108, Leukrol 118.
Kondylome — Crurin 136, Hyrgol 423.
Konservenvergiftung — Bolus alba 84, Carbo animalis 440.
Kontraktur nach Brandwunden — Thiosinamin 161.
Konvulsionen — Bromocoll 290, Jodipin 427, Kalziumsalze 151.
Konzeption, Verhütung der — Individol 119, Semoritabletten 119, Vaginol 119.
Kopfschmerz — s. Cephalgie.

Koronarsklerose — s. Angina pectoris.
Kotfistel — Cycloform 232.
Kotstauung — Ichthoform 149.
Krampfneurosen der Kinder — Sanatogen 198.
Kreislaufschwäche, bakteriotoxische — Adrenalin 49, Suprarenin. synthetic. 54.
Kretinismus — Jodothyrin 216, Thyraden 217, Thyreoidin 213.
Kurettement — Stypticin 57.

Laktation, mangelhafte — Hygiama 203, Laktagol 117, Polylaktol 117, Somatose 191.
Laryngitis — Chinosol 340, Coryfin 125, Dionin 257, Forman 126, Heroin 260, Papain 70, Protargol 111, Tussol 131.
— nodosa der Kinder — Eisensajodin 425.
Laryngospasmus — s. Stimmritzenkrampf.
Larynxtuberkulose — Heroin 260, Orthoform 241, Propäsin 242, Pyramidon 304.
Leberzirrhose — Acid. nucleinic. 438, Agurin 93, Digalen 6, Sajodin 433.
Lepra — Antileprol 134, Atoxyl 413, Chinosol 340, Collargol 435, Europhen 343, Ichthyol 148, Nastin 377, Salvarsan 419.
Leukämie — Allradium 33, Arrhénal 409, Atoxyl 413, Benzol 34, Ferrum kakodyl. 411, Medulla ossium rubra 222, Mesothorium 31, Natrium kakodyl. 411, Protylin 186, Rademanit 32, Radiogen 32, Radium 30, Radiumemanation 31, Re-Präparate 32, Sajodin 433, Thorium X 31.
Leukom — Fibrolysin 144.
Leukorrhoe — Argentamin 101, Jodipin 428.
Libido, mangelnde, der Frauen — Yohimbin 120.
Lichen ruber acuminatus — Atoxyl 413.
— — planus — Arsacetin 416, Arsenhämol 24, Atoxyl 413, Bromocoll 290, Epicarin 138, Ferrichthol 147, Natrium kakodyl. 411, Novaspirin 320, Salvarsan 419, Teervasogen 166.

Lichen scrophulosorum, — Empyroform 137.
— simplex chronicus — Eudermol 138, Euguform 342, Pittylen 156, Sapalkol 157.
— strophulus — Ichthalbin 146.
— urticatus der Kinder — Ferrichthol 147.
Lidhautentzündung, eitrige — Argyrol 336.
Lidnarben — Fibrolysin 144.
Lokalanästhesie — Acoin 226, Adrenalin-Kokain 50, Adrenalin-β-Eucain 50, Aether chloratus 227, Alypin 228, Anästhol 231, Anästhesin 230, Andolin 231, α-Eucain 233, β-Eucain 234, — lacticum 235, Chloreton 267, Eusemin 235, Holocain 236, Nirvanin 236, Novocain 238, Orthoform 240, — Neu 241, Paranephrin-Kokain 51, Propäsin 242, Stovain 244, Subcutin 246, Suprarenin 54, Tonogen 54, Tonocain 54, Tropacocain. hydrochl. 247.
Lues — s. Syphilis.
Lumbago — Atophan 177, Chloroform-Kampfer-Vasol 166, Kalmopyrin 318, Kryofin 308, Lactophenin 309, Naftalan 155, Perrheumal 320, Rheumasan 321, Salizyl-Vasol 167.
Lumbalanästhesie — s. Medullaranästhesie.
Lungenödem, akutes — Digalen 6.
Lungenspitzenkatarrh — siehe Spitzenkatarrh.
Lupus — Aristol 336, Eugallol 138, Euguform 342, Perhydrol 63, Substitol 356, Thiosinamin 161.
— erythematodes — Kohlensäureschnee 151.
Lymphangitis — Asterol 337, Jodival 429, Salokreol 404, Stypticingaze 57.
Lymphdrüsenschwellung — Arrhénal 409, Jod-Vasogen 165, Jothion 431.
Lymphogranulomatose — Thorium X 33.
Lymphosarkom — Ichthyol 148, Trikresol 407.
Lyssa — Salvarsan 419.

Magenatonie — s. Atonia ventriculi.
Magenerweiterung — s. Gastrektasie.
Magengeschwür — s. Ulcus ventriculi.
Magenkatarrh — s. Gastritis.
Magenneurosen — Eumydrin 168, Neutralon 68, Orexin 69.
Malaria — Argentarsyl 410, Aristochin 297, Arrhénal 409, Atoxyl 413, Chinaphenin 306, Enésol 422, Euchinin 299, Insipin 300, Methylenblau 325, Natrium kakodyl. 411, Neosalvarsan 418, Phenocoll 309, Salochinin 323, Salvarsan 419, Thiocol 406.
Maltafieber — Methylenblau 326.
Mandelentzündung — s. Angina tonsillaris.
Manie — Chloralose 266, Isopral 270, Pellotin 265, Veronal 283.
Marasmus — Lecithol 184.
Masern — Fermentum cerevisiae 140, Kreosotal 401, Lysargin 349, Perhydrol 63.
Mastitis — Jodoform-Vasol 166, Jod-Vasogen 165, Jod-Vasol 166, Perhydrol 63.
— adolescentium — Jothion 431.
Mastodynie — Chloroform-Kampfer-Vasol 166.
Medullaranästhesie—Alypin 229, α-Eucain 233, β-Eucain 234, Novocain 238, Stovain 244, Tropacocain 247.
— Vorbereitung zur — Narcophin 263.
Melaena neonatorum — Ferripyrin 39, Gelatine 41, Kalziumsalze 151.
Melancholie — Aleudrin 273, Bornyval 287, Bromocoll 290, Chloralose 266, Codeonal 256, Dionin 258, Dormiol 268, Hedonal 276, Isopral 270, Neuronal 279, Pantopon 263, Veronal 283.
Meningitis (serosa und purulenta) — Urotropin 115.
— cerebrospinalis — s. Zerebrospinalmeningitis.
Meningokokkenträger, Nasenspülung bei — Perhydrol 63.
Menorrhagie — s. Blutung aus der Gebärmutter.

Menses, profuse. — Gelatine 41, Hämostan 43, Hydrastinin, hydrochl. synthet. 43, Stypticintinktur 57, Styptol 58.
Menstrualkolik junger Mädchen — Novaspirin 320, Pyramidon 303.
Menstruationsbeschwerden — s. Dysmenorrhoe.
Menstruationsstörungen der Nulliparen — Eumenol 291, Valyl 295.
Metasyphilis — Thiodin 160.
Meteorismus — Carbenzym 338, Carbo animalis 440.
Metritis — Argentamin 101, Aristol 336, Ichthalbin 146, Ichthyol 148, Petrovasol 167, Sulfoform 158, Thigenol 159.
Metrorrhagie — s. Blutungen aus der Gebärmutter.
Migräne — Arrhénal 409, Astrolin 301, Bromipin 289, Bromural 274, Citrophen 307, Coryfin 125, Hydropyrin 318, Lactophenin 309, Migränin 303, Pyramidon 304, Validol 294, Valyl 295.
— angioparalytische — Adrenalin 51.
Milchkonservierung — Perhydrol 63.
Milzbrand — Actol 331, Chinosol 340, Collargol 434, Milzbrandserum 372.
Mittelohreiterung — s. Otitis media suppurativa.
Mittelohrentzündung — Ferripyrin 39, Thigenol 159.
Morbus Addisonii — Adrenalin 50, Nebennierenextrakt 47.
— Banti — Salvarsan 419.
— Basedowii — Antithyreoidin 217, Arsenferratose 21, Atoxyl 413, Chinin. hydrochlor. 339, Heroin 260, Hypophysis cerebri siccat. pulv. 41, Jodglidine 426, Jodipin 427, Kalzine 46, Oophorin 223, Rodagen 218, Sabromin 292, Thyreoidserum 217.
— maculosus Werlhofi — Gelatine 41.
Morphinismus — Adalin 272, Bromural 274, Isopral 270, Migränin 303, Skopolamin 252.
Morphium-Entziehungskur — Dionin 258, Morphosan 262, Pantopon 264, Veronal 283.

Morphium - Idiosynkrasie — Dispnon 93.
Motilitätsbestimmung des Magens — Jodipin 428.
Mückenstich — Eucerin 138.
Munddesinfektion — Pergenol 61.
Muskelrheumatismus — Atophan 176, Diaspirin 314, Diplosal 315, Ervasin 315, Ester-Dermasan 316, Glycosal 316, Hydropyrin 317, Ichthyol-Vasogen 164, Kampfer-Vasogen 164, Kephaldol 307, Mesotan 319, Perrheumal 320, Pyrenol 129, Rheumasan 321, Salimenthol 322, Salit 322.
Mycosis fungoides — Thorium X 33.
Myelitis — Enésol 422, Sajodin 433.
Myokarditis — Agurin 92, Bromural 274, Digalen 6, Digipurat 7, Euphyllin 93, Hypophysis cerebri siccat. pulv. 44, Sajodin 433, Strophantin 12, Syrup. Kolae comp. 27.
Myoklonie — Neuronal 279.
Myom, Blutung bei — Stypticin 57.
Myositis ossificans — Fibrolysin 144.
Myxödem — Jodothyrin 216, Thyreoidin 213.

Nachtschweiße der Phthisiker — s. Tuberkulose.
Nachwehen, schmerzhafte —. Novaspirin 320.
Naevus pigmentosus — Kohlensäureextrakt 151.
Narben — Fibrolysin 144 — Thiosinamin 161.
Nasendiphtherie — Bolus alba 83.
Nasenkatarrh — s. Rhinitis.
Nasenröte — Thigenol 159.
Nasenschleimhautlupus — Guajakol-Vasogen 164.
Nephritis — Aspirin 312, Digalen 6, Digifolin 7, Digipurat 7, Glidin 194, Kalziumsalze 150, Migränin 303, Nephrin 222, Strophantin 12, Theocin 95, Vasotonin 13.
Nephrolithiasis — Citarin 180, Piperazin 98, Uricedin 181.
Netzhautabhebung — Dionin 258.
Neuralgie — Aleudrin 273, Aristochin 298, Aspirin 312, Astrolin 301, Atophan 177, Bromural 274,

Chloroform-Kampfer-Vasol 166, Citrophen 307, Coryfin 125, Desalgin 233, Ervasin 315, Glycosal 317, Guajacol 396, Hydropyrin 318, Ichthyol-Vasogen 164, Jodipin 427, Jodocitin 430, Jod-Vasogen 165, Lactophenin 309, Monotal 402, Pyramidon 304, Radiofirmkompressen 34, Salimenthol 322, Salit 323, Salophen 324, Salizyl-Vasol 167, Trigemin 305, Valyl 295.

Neuralgie, spezifische — Mergal 423.

— traumatische — Fibrolysin 144.

Neurasthenie — Adamon 286, Arsenferratose 21, Arsenogen 28, Atoxyl 413, Bornyval 287, Bromalin 288, Bromglidin 288, Bromhämol 24, Bromipin 289, Bromocoll 290, Bromural 274, Bromvalidol 294, Chloralamid 266, Chloralose 266, Dormiol 268, Eubornyl 290, Ferratin 20, Glidin 194, Gynoval 292, Hämatogen 23, Hämatopan 23, Hedonal 276, Hetralin 107, Kalziumsalze 151, Lecitin 183, Liquor Ferro-Mangani sacch. 22, Milchsomatose 196, Novaspirin 320, Nukleogen 25, Perdynamin 26, Phytin 184, Protylin 186, Roborat 196, Sabromin 292, Sanatogen 198, Sanguinal 26, Sedobrol 293, Syrup. Kolae compos. 27, Triferrin 28, Ureabromin 293, Valerianadialysat 293, Validol 294, Valisan 295, Valyl 295, Viferral 271.

— sexuelle mit Frigidität — Oophorin 223, Ovaraden 223.

— sexuelle mit Spermatorrhöe — Heroin 260.

Neuritis — Monotal 402.

— nervi optici luetica — Mergal 424.

— retrobulbaris chronica — Diaspirin 315, Fibrolysin 144.

Neurosen, funktionelle — Arsenferratose 21, Euferrol 20. Syrup. Kolae compos. 27.

— des Herzens — Adamon 286, Gynoval 292, Pegnin 206, Valisan 295.

— des Magens — s. Magenneurose.

— traumatische — Bornyval 287, Valyl 295.

Nierenamyloid — Lecithin 183.

Nierenkolik — Aspirin 312, Lycetol 98, Piperazin 98.

Nierensteine — s. Nephrolithiasis.

Nikotinismus, Kopfschmerz bei — Migränin 303.

Noma — Formaminttabletten 60.

Obesitas — s. Fettleibigkeit.

Obstipation, einfache — Aperitol 75, Cerolin 140, Exodin 76, Fermentum cerevisiae 140, Frangol 76, Istizin 77, Peristaltin 77, Purgatin 77, Phenolphthalein 78, Sennalysat 79, Sennax 445.

— atonische — Ovogal 73.

— habituelle — Aperitol 75, Califig 76, Exodin 76, Hormonal 80, Regulin 79, Sennatin 79.

— spastische — Eumydrin 169.

Ödem, angioneurotisches — Ichthyol 147, Kalziumsalze 150.

Oesophagitis toxica, Dysphagie bei — Suprarenaden 52.

Ösophagusstenose — Fibrolysin 144, Thiosinamin 161.

Ohrenjucken, nervöses — Coryfin 125.

Ohrensausen — Radiofirmkompressen 34, Valyl 296.

Ohrenschmerz — Aspirin 312.

Ohrenstechen — Coryfin 125.

Omphalitis — Amyloform 334.

Onanie, paroxysmale — Dionin 258.

Oophoritis — Ester-Dermasan 316, Hydropyrin 318.

Ophthalmie, infektiöse — Collargol 435, Methylenblau 326.

Ophthalmoblennorrhoe, gonorrhoische — Airol 332, Argentamin 101, Blenolenicetsalbe 152, Hydrarg. sozojodol. 355, Largin 109, Perhydrol 62, Syrgol 113.

— neonatorum — Argyrol 336, Blenolenicetsalbe 152, Bolus alba 83, Protargol 111, Sophol 171, Sublamin 357, Syrgol 113, Xeroform 361.

Orchitis — Jod-Vasogen 165.

Osteomalacie — Antithyreoidin 218, Adrenalin 49, Medulla ossium rubra 222, Oophorin 223, Paranephrin 52, Pitugландol 45, Protylin 186.

Osteomyelitis — Ichthargan 109,

Jodival 429, Marmorekserum 365, Perhydrol 62.
Otitis externa — Ichthyol 148, Monotal 402.
— chronica sicca — Bromipin 289, Fibrolysin 144.
— media suppurativa — Alsol 333, Anästhesin 230, Collargol 435, Ferripyrin 39, Isoform 345, Jodipin 428, Jodival 429, Jothion 431, Leukofermantin 152, Methylenblau 326, Monotal 402, Mycodermin 142, Perhydrol 62.
Otosklerose — Fibrolysin 144, Jothion 431.
Ozaena — Bolus alba 83, Dionin 258, Estoral 125, Formaminttabletten 60, Ichthyol-Vasogen 164, Jodival 429, Methylenblau 326, Pyocyanase 378, Santyl 113.

Pachydermie — Eugallol 139.
Pachymeningitis haemorrhagica — Gelatine 41.
Pädatrophie — s. Atrophie der Kinder.
Panaritium — Jodofan 346, Jodoform-Vasol 166, Menzerserum 365, Noviform 351, Protargol 111, Stypticingaze 57, Zinkperhydrol 358.
Pannus, ekzematöser — Arsenophenylglycin 416.
— lymphatischer — Jequiritol 170.
— trachomatöser — Dionin 258, Hydrarg. sozojodol. 355, Jequiritol 170.
Papeln, syphilitische — Calomelol 74.
Papilla fissurata — Orthoform 241.
Pankreasdiabetes — Pankreon 224.
Paralyse, progressive — Acid. nucleinic. 438, Arsenophenylglycin 416, Hedonal 276, Isopral 270, Jodocitin 430, Nukleogen 25, Pellotin 265.
Paralysis agitans — Neuronal 279, Skopolamin 252.
Parametritis — Ester-Dermasan 316, Hydropyrin 318, Ichthalbin 146, Jod-Vasogen 165, Novaspirin 320, Petrovasol 166, Sulfoform 158, Thigenol 159.

Paranoia — Hedonal 276, Nukleogen 25, Pellotin 265, Veronal 283.
Paratyphus — Carbo animalis 442.
Parese der Darmmuskulatur — Purgen 78.
Parotitis — Monotal 402.
Pediculosis — Naphthol-Vasogen 165.
Pellagra — Airol 332, Atoxyl 413, Medulla ossium rubra 222.
Pemphigus — Ferrichthol 147, Histopin 377, Ichthargan 109, Vioform 359, Xeroform 360.
Perikarditis — Acetopyrin 310, Diplosal 315, Monotal 402, Strophantin 12.
Perimetritis — Ester-Dermasan 316, Novaspirin 320, Petrovasol 167.
Periostitis — Glycosal 317, Guajacol 396, Jod-Vasogen 165, Jod-Vasol 166, Jothion 431.
Peritonitis — Ichthoform 149.
— Blutdrucksenkung bei — Adrenalin 49, Epirenan 51.
— Darmlähmung bei — Sennatin 79.
— typhosa — Acid. nucleinic. 438.
Perityphilitis — Antistreptokokkenserum 364, 365, Collargol 434, Ichthyol-Vasogen 164, Tropon 193.
Perniones — s. Frostbeulen.
Pertussis — s. Keuchhusten.
Pharyngitis — Argentamin 101, Formaminttabletten 60, Jodipin 427, Papain 70, Subcutin 246.
Phlebitis — Nafalan 155.
Phlegmone — Amyloform 334, Argentum atoxylic. 410, Bolus alba 83, Jodival 429, Jodoform-Vasol 166, Menzers Serum 365, Perhydrol 62.
Phlyktänen — s. Conjunctivitis phlyctaenulosa.
Phosphaturie — Helmitol 106, Hetralin 107, Urotropin 115.
Phosphorvergiftung — Carbo animalis 440.
Phthise — s. Tuberkulose.
Pigmentmäler — Kohlensäureschnee 84.
Pityriasis rosea — Sulfoform 158.
— versicolor — Naphthol-Vasogen 165, Sapalkol 157, Schwefel-Vasogen 166.

Placenta praevia — Hypophysin 45, Pituitrin 44.
Pleuralgie — Monotal 402, Naftalan 155.
Pleuritis — Acetopyrin 310, Adrenalin 50, Aperitol 76, Aspirin 312, Benzosalin 314, Citrophen 306, Diplosal 315, Glycosal 316, Guajacol 396, Heroin 260, Hexamekol 400, Hydropyrin 317, Hypophysis cerebri siccat. pulv. 44, Jodival 429, Jodipin 427, Jod-Vasogen 165, Jod-Vasol 166, Jothion 431, Melubrin 302, Mesotan 319, Monotal 402, Naftalan 155, Pyrenol 129, Theocin 95, Theolactin 97.
— Schwartenbildung bei — Fibrolysin 144.
Pleurodynie — s. Pleuralgie.
Pneumonie — Acid. nucleinic. 438, Adrenalin 49, Antistreptokokkenserum 363, 366, Citrophen 306, Convulsin 129, Collargol 435, Digalen 6, Digifolin 7, Digipurat 7, Digitalin. verum 8, Elektrargol 437, Euporphin 291, Fermentum cerevisiae 140, Fibrolysin 144, Hetol 399, Jothion 431, Kampfer 1, Kreosotal 401, Pertussin 141, Pneumokokkenserum 373, Pyrenol 129, Solvin 131, Thiocol 406.
Pockennarben — s. Blatternnarben.
Pollutionen, krankhafte — Heroin 260, Styptol 58.
Polyarthritis — s. Gelenkrheumatismus.
— chron. progressiva primitiva — Fibrolysin 144.
Proktitis — Xerase 142.
Prostatahypertrophie — Borovertin 104, Camphosan 104, Thiodin 160, Urotropin 115.
Prostatitis — Blenaphrosin 103, Fibrolysin 144, Helmitol 106, Jodipin 428, Jothion 431, Tonogen suprarenale 54, Trivalin 293.
Prurigo — Bromocoll 290, Empyroform 137, Epicarin 138, Euguform 342, Naftalan 155, Pittylen 156, Tumenol 163, Validol 294.
Pruritus — Anästhesin 230, Anthrasol 135, Bromocoll 290, Bromural 274, Ichthalbin 146, Mesotan 319, Perhydrol 63, Petrovasol 166, Salophen 324, Sapolan 158, Tumenol 163, Validol 294, Xeroform 361.
Pruritus ani — Cycloform 232, Euguform 342, Guajakol-Vasogen 164, Pittylen 156, Thigenol 159.
— der Ikterischen — Thyreoidin 214.
— senilis — Euguform 342, Kalziumsalze 150, Novaspirin 320.
— vulvae — Bromotan 136, Suprarenin 53.
Pseudoleukämie — Arsacetin 416, Medulla ossium rubra 222.
Psoriasis — Anthrasol 135, Aristol 336, Arrhénal 409, Arsacetin 416, Arsenhämol 24, Atoxyl 413, Ektogan 358, Empyroform 137, Ester-Dermasan 316, Eugallol 138, Isoform 345, Jodalbacid 425, Jodhämol 24, Jodipin 427, Jodothyrin 216, Liantral 153, Naftalan 155, Pyraloxin 157, Salvarsan 419, Sapalkol 157, Sapolan 158, Teervasogen 166, Thorium X 33.
Psychosen — Kalziumsalze 151, Syrup. Kolae compos. 27.
Puerperalfieber — Antistreptokokkenserum 363—366, Argentum atoxylic. 410, Collargol 434, Digipurat 7.
Pulpabehandlung — Ektogan 358.
— -Überkappung — Jodoform-Vasogen 165.
Pulpitis — Trigemin 305.
Purpura haemorrhagica — Adrenalin 49, Ferrichthol 147, Gelatine 41, Kalziumsalze 150.
Pyämie — Lysargin 349.
Pyelitis — Camphosan 104, Collargol 435, Cystopurin 104, Diplosal 315, Helmitol 106, Hexal 108, Urotropin 115.
— calculosa — Urotropin 115.
Pyelonephritis — Cystopurin 104, Hexal 108.
Pylorusstenose — Fibrolysin 144, Magnesiumperhydrol 64, Nutrose 197, Thiosinamin 161.
Pyopneumothorax — Antistreptokokkenserum 369.
Pyorrhoea alveolaris — Pyocyanase 378.
Pyrosis — Carbo animalis 440.

Quecksilberproktitis — Zymin 142.

Quetschwunden — Amyloform 334, Mastisol 351, Protargol 111.

Rachenkatarrh — s. Pharyngitis.

Rachitis — Acid. nucleinic. 438, Alboferrin 17, Arsenogen 28, Blutan 18, Eisensomatose 192, Eisentropon 193, Eulactol 202, Fucol 200, Kufekes Kindermehl 200, Lacto 205, Lecithin 183, Lecithol 184, Medulla ossium rubra 222, Nukleogen 25, Olintal 208, Phytin 184, Protylin 186, Rachisan 208, Rachitol 52, Roborat 195, Sanatogen 198, Soxhlets Nährzucker 207.

Rekonvaleszenz — Alboferrin 17, Arsenferratose 21, Bioferrin 18, Eisensomatose 192, Euferrol 20, Fersan 22, Fucol 200, Hygiama 203, Kufekes Kindermehl 200, Nukleogen 25, Pankreon 224, Papain 69, Perdynamin 26, Sanguinal 26, Somatose 191, Soxhlets Nährzucker 207, Takadiastase 70, Theinhardts lösl. Kindernahrung 201, Tropon 193, Visvit 204.

Retinalblutung — Diaspirin 315.

Retroflexio uteri — Fibrolysin 144.

Rhagaden — Amyloform 334, Escalin 67.

Rhinitis (akute und chronische) — Acetozon 330, Amyloform 334, Anästhesin 230, Argentamin 101, Aspirin 312, Bolus alba 83, Coryfin 124, Estoral 125, Forman 147, Ichthalbin 146, Jothion 431, Neraltein 309, Orthoform 241, Paranephrin 52, Protargol 111, Renoform 52, Validol 294, Zincum sozojodol. 356.

— atrophicans simplex — Estoral 125.

— hypertrophicans chronica — Protargol 111.

— nervosa — Aristol 336.

— scrofulosa — Estoral 125.

— vasomotorica — Renoform 52.

Rhinopharyngitis — Estoral 125, Jod-Vasogen 165, Protargol 111, Pyraloxin 157.

Rhinosklerom — Thiosinamin 161.

Rippenkaries — Jodoform 346.

Rißwunden — Amyloform 334, Protargol 111, Zinkperhydrol 358.

Röntgendermatitis — Fibrolysin 144, Nafalan 155.

Rosacea — Ichthalbin 146, Ichthyol 147, Thigenol 159.

Rückfallfieber — Arsacetin 416, Atoxyl 413, Collargol 434, Necsalvarsan 418, Salvarsan 419.

Ruhr — s. Dysenterie.

Salpingitis — Hydropyrin 318.

Salvarsankur, Vorbehandlung zur — Fibrolysin 144.

Sarkom — Aktinium 34, Mesothorium 33, Radium 33, Thorium X 33.

Saturnismus — s. Bleivergiftung.

Schanker, harter — s. Ulcus durum.

— weicher — s. Ulcus molle.

Scharlach — Acid. nucleinic. 438, Antistreptokokkenserum 363 bis 366, Collargol 435, Fermentum cerevisiae 140, Formaminttabletten 60, Ichthyol 147, Jodipin 427, Lysargin 349, Natrium sozojodol. 355, Urotropin 116.

Scheidenkatarrh — s. Kolpitis.

Schilddrüsenkachexie — Thyraden 217.

Schlafkrankheit — s. Trypanosomiasis.

Schlaflosigkeit — s. Agrypnie.

Schlüpfrigmachen von Instrumenten — Vasenolum spissum 164.

Schnittwunden — Amyloform 334, Europhen 343, Zinkperhydrol 358.

Schnupfen — s. Rhinitis.

Schußverletzungen — Actol 331, Mastisol 351.

Schwächezustände, allgemeine — Anämie 17, Asferryl 29, Nährstoff Heyden 199, Phytin 184, Validol 294.

Schwangerschaftsbeschwerden, psychische — Bornyval 287.

Schwerhörigkeit — Thiosinamin 162.

Seborrhoe — Epicarin 138, Mattan 154, Naphthol-Vasogen 165, Sapalkol 157, Teer-Vasogen 166, Thigenol 159, Thiol 160.

Seekrankheit — Anästhesin 230, Atropin 272, Bromoform 123, Bromural 274, Chloralamid 266, Chloreton 267, Medinal 278, Orexin

69, Paranephrin 52, Propäsin 242, Validol 294, Valisan 295, Veronal 283.
Sehnenscheidenentzündung — Fibrolysin 144, Mesotan 319, Monotal 402, Petrovasol 166.
Sehnervenatrophie — Jothion 431.
Sepsis — Antistreptokokkenserum 363, 365, Argentum atoxyl. 410, Collargol 434, Lysargin 349, Staphylokokkenserum 374.
Septikämie — Aspirin 312, Maretin 327.
Serumkrankheit — Kalziumsalze 150, Thyreoidin 214.
Shok, chirurgischer — Adrenalin 49, Epirenan 51.
Skabies — Anthrasol 135, Epicarin 137, Eudermol 138, Naphthol-Vasogen 165, Peruol 156, Pittylen 156, Ristin 157, Sulfidal 158, Sulfoform 158, Thigenol 159.
— Juckreiz bei — Aspirin 312.
Skleritis — Diaspirin 315, Hetol 399, Jodipin 428.
Sklerodermie — Fibrolysin 144, Thyreoidin 214.
Sklerose, multiple — Acid. nucleinic. 438, Fibrolysin 144, Veronal 283.
Skorbut — Bioferrin 18, Gelatine 41, Liquor Ferro-Mangani sacch. 22.
Skrofuloderma — Protargol 111.
Skrofulose — Alboferrin 17, Arsenogen 28, Atoxyl 413, Blutan 18, Eisentropon 193, Fucol 200, Jodalboferrin 17, Jodferratose 21, Jodglidine 426, Jodhämol 24, Jodipin 427, Jodival 429, Jodocitin 430, Jod-Vasogen 165, Kupferhämol 24, Lecithin 183, Olintal 208, Perdynamin 26, Phytin 184, Prävalidin 128, Protylin 186, Roborat 194, Thigenol 159.
Sodbrennen — s. Pyrosis.
Sommerdiarrhöe — Carbo animalis 441, Kufekes Kindermehl 200, Theinhardts lösl. Kindernahrung 201, Tannigen 87.
Soor — Subcutin 246.
Spermatozystitis — Trivalin 293.
Spitzenkatarrh — Eisensomatose 192, Guajacolalboferrin 17, Somatose 191.

Spondylitis — Hexamekol 400.
Stauungsinsuffizienz des Magens, chronische — Magnesiumperhydrol 64.
Stärkedyspepsie — Takadiastase 70.
Stenokardie — s. Angina pectoris.
Stenose der Tränenwege — Fibrolysin 144.
Stimmritzenkrampf — Bromural 274.
Stirnhöhlenkatarrh — Renoform 52.
Stomatitis catarrhalis — Anästhesin 230, Formaminttabletten 60, Givasan 116, Pergenol 61, Rhodalzid 65, Subcutin 246, Validol 294.
— mercurialis — Formaminttabletten 60, Isoform 345, Jodoform-Vasogen 165, Kal. chloric. 60, Perhydrol 62, Propäsin 242, Saluferin-Zahnpasta 345.
— ulcerosa — Givasan 116, Jothion 431.
Strangbildung, parametrale — Thiosinamin 162.
Strikturen — Fibrolysin 144, Thiodin 160.
Struma — Eisensajodin 425, Griserin 348, Jodglidin 426, Jodipin 426, Jodothyrin 216, Jod-Vasogen 165, Jothion 431, Natrium kakodylic. 411, Sajodin 433, Thyraden 217, Thyreoidin 213.
Subinvolution des Uterus — Sekakornin 56, Stypticin 57.
Sublimatvergiftung — Carbo animalis 440.
Supraorbitalneuralgie — Aristochin 298.
Sykosis — Afridol 135, Anthrasol 135, Eudermol 138, Ichthyol 148, Jothion 431, Naftalan 155, Opsonogen 380, Petrosulfol 156, Petrovasol 166, Schwefel-Vasogen 166, Sulfoform 158, Thigenol 159.
Synechien — Dionin 258, Eumydrin 168, Fibrolysin 144.
Syphilis — Acid. nucleinic. 438, Alsol 333, Anogon 334, Arsacetin 416, Arsenogen 28, Asterol 337, Asurol 421, Atoxyl 413, Atoxylquecksilber 417, Blutan 18, Calomelol 74, Chinin. lygosinat. 339, Corrosol 421, Embarin 421, Ené

sol 422, Europhen 343, Formicin 343, Griserin 348, Hageen 422, Hektin 417, Hydrarg. sozojodol. 355, — jodokakodylicum 412, Hyrgol 423, Jodalbacid 425, Jodferratose 21, Jodglidine 426, Jodhämol 24, Jodipin 427, Jodival 429, Jodocitin 430, Jodolen 347, Jodomenin 430, Jodopyrin 301, Jodquecksilber-Hämol 24, Jod-Vasogen 165, Jothion 431, Kontraluesin 423, Kufekes Kindermehl 200, Kupferhämol 24, Mergal 423, Merjodin 424, Natrium kakodylic. 411, Neosalvarsan 418, Perdynamin 26, Propäsin 242, Quecksilber-Resorbin 157, Quecksilber-Vasogen 165, Quecksilber-Vasol 167, Quecksilber-Velopural 164, Sajodin 433, Salvarsan 418, Sanatogen 198, Sublamin 357.

Tabes dorsalis — Adrenalin 49, 50, Aleudrin 273, Chloralose 266, Citrophen 307, Desalgin 233, Dionin 258, Fibrolysin 144, Formicin 343, Isopral 270, Jodglidin 426, Jodipin 427, Jodocitin 430, Jothion 431, Kalmopyrin 318, Melubrin 302, Mergal 423, Novaspirin 320, Nukleogen 25, Protargol 111, Pyramidon 304, Rheumasan 321, Rheumatin 321, Rhodalzid 65, Sajodin 433, Skopolamin 253, Somatose 191, Trigemin 305.
Tachykardie, paroxysmale — — Strophantin 12.
— nervöse — s. Neurosen des Herzens.
Taenia — Filmaron 89, Jungclausens Bandwurmmittel 90.
Tendovaginitis — s. Sehnenscheidenentzündung.
Tenesmus alvi — Aperitol 74.
Tetanie — Hypophysis cerebri siccat. pulv. 41, Jodothyrin 216, Kalziumsalze 151, Parathyreoidin 219.
Tetanus — Bromocoll 290, Chloreton 267, Skopolamin 252, Tetanus-Antitoxin 374.
Tic général — Isopral 270.
Tonsillarabszeß — Salokreol 404.
Tracheitis — Dionin 257.
Trachom — Airol 332, Argentamin 101, Atrabilin 51, Collargol 435,

Cuprocitrol 168, Ichthargan 108, Ichthyol 148, Itral 346, Protargol 111, Sublamin 357, Terminol 171.
Tränensackerkrankungen — Argyrol 336.
Tränensackblennorrhoe — Perhydrol 26.
Trigeminusneuralgie — Alypin 312, Migränin 303, Pyramidon 304, Pyrenol 129, Rheumatin 321, Salochinin 323, Trigemin 305.
Trommelfellperforation — Scharlachrot 353.
Trypanosomiasis — Arsacetin 416, Arsenophenylglycin 416, Atoxyl 414, Hydrochinin 300.
Tripperrheumatismus — s. Arthritis gonorrhoica.
Tubenverengerung — Thiosinamin 162.
Tuberkulose — Arrhénal 409, Arsoferrin 29, Atoxyl 413, Bazillenemulsion Koch 389, Blutan 18, Cellotropin 394, Chinosol 340, Citrozon 187, Duotal 395, Endotin 387, Fersan 22, Filtrase 387, Formicin 343, Fucol 200, Fumiform 395, Glidin 194, Gomenol 126, Griserin 348, Guacamphol 395, Guajacetin 396, Guajacol 396, Guajacol. kakodylic. 412, Guajacose 397, Hämatopan 23, Hetokresol 397, Hetol 399, Hexamekol 400, Histosan 400, Hygiama 203, Ichthyol 147, Jodglidine 426, Jothion 431, Kreosotal 401, Kreosot-Vasogen 165, Kupferhämol 24, Lecithin 183, Lecithol 184, Milchsomatose 196, Natrium kakodylic. 411, Neues Tuberkulin Koch 388, Nutrose 197, Olintal 208, Oxykampfer 127, Papain 69, Pegnin 206, Perdynamin 26, Perlsuchttuberkulin 387, Phthisemid 390, Phytin 184, Pneumin 403, Plasmon 197, Prävalidin 128, Roborat 194, Sanatogen 198, Sanosin 404, Selenin 390, Styracol 405, Sulfosot 405, Takadiastase 70, Thiocol (Sirolin, Sorisin) 406, Torosan 407, Trikresol 407, Tropon 193, Tuberculocidin 390, Tuberkulin Koch 381, — Béraneck 385, — Denys 386, — Rosenbach 386, Tuberculo-Mucin Weleminsky 391, Tuberkuloseserum Mara-

gliano 392, — Marmorek 393, Tuberkulol 386, Visvit 204
Tuberkulose — Agrypnie bei — Chloralamid 266.
— Anorexie bei — Orexin 69, Pankreon 224, Validol 294.
— Fieber bei — Acetopyrin 310, Aspirin 312, Citrophen 306, Elbon 395, Eupyrin 301, Kephaldol 307, Maretin 327, Melubrin 302, Novaspirin 320, Phthisopyrin 312, Pyramidon 303.
— Nachtschweiße bei — Collargol 433, Dormiol 268, Eumydrin 168, Kampfersaures Pyramidon 304, Mesotan 319, Tannoform 88, Veronal 283.
— Reizhusten bei — Alypin 229, Dionin 256, Eucodin 291, Heroin 260, Narcophin 263, Pantopon 264, Pertussin 131.
— Streptokokkeninfektion bei — Antistreptokokkenserum 363.
Tylosis palmaris — Rheumasan 321.
Typhlitis — Ichthyol-Vasogen 164.
Typhus abdominalis — Acetopyrin 310, Antityphusextrakt 375, Benzosalin 314, Bismutose 83, Carbo animalis 442, Citrophen 305, Collargol 435, Duotal 395, Elektrargol 437, Euchinin 299, Guajacol 396, Hygiama 203, Hypophysis cerebri siccat. pulv. 44, Ichthalbin 146, Ichthyol 148, Ichthoform 149, Jodopyrin 301, Kephaldol 307, Kreosotal 401, Lactophenin 308, Maretin 327, Milchsomatose 196, Mycodermin 142, Pantopon 263, Pyramidon 303, Pyrenol 129, Salochinin 323, Sanatogen 198, Tropon 193, Typhusserum 376.
— — Vornahme der Widalschen Reaktion — Typhusdiagnosticum 379.

Übelkeit nach der Narkose — Validol 294.
Überfütterung der Säuglinge — Kufekes Kindermehl 200.
Ulcus corneae serpens — Airol 332, Collargol 435, Europhen 343, Novojodin 352, Perhydrol 62, Pneumokokkenserum 373, Scharlachrot 353.

Ulcus cruris — Almatein 332, Amyloform 334, Anästhesin 230, Anthrasol 135, Azodermin 354, Benzoylsuperoxyd 338, Cocainolpräparate 231, Crurin 136, Cycloform 232, Dymal 341, Ektogan 358, Eston 342, Euguform 342, Europhen 343, Formicin 343, Griserin 348, Hydrarg. sozojodol. 355, Ichthalbin 146, Jodofan 346, Linoval 154, Nafalan 155, Naftalan 155, Noviform 351, Novojodin 352, Perhydrol 63, Propäsin 242, Protargol 111, Scharlachrot 353, Xeroform 360, Zincum sozojodol. 356, Zinkperhydrol 358.
— durum — Anogon 334, Crurin 136, Ektogan 358, Hydrarg. sozojodol. 355, Phenyform 353.
— mit Hypopyon — Jodipin 428.
— molle — Acetozon 330, Airol 332, Argyrol 336, Chininum lygosinat. 340, Crurin 136, Ektogan 358, Eston 342, Euguform 342, Isoform 345, Jodolen 347, Hydrarg. sozojodol. 355, Natrium sozojodol. 355, Novojodin 352, Perhydrol 63, Phenyform 353, Pyocyanase 378, Scharlachrot 353, Tonogen. suprarenale 54, Zinkperhydrol. 358.
— ventriculi — Anästhesin 230, Bismutose 83, Eisentropon 193, Erepton 190, Escalin 67, Eumydrin 169, Hygiama 203, Nebennierenextrakt 47, Neutralon 68, Novaspirin 320, Pegnin 206, Propäsin 242, Sanguinal 26, Tropon 193, Xeroform 361.
Ulzerationen der Portio und Vagina — Jod-Vasogen 165.
Unterernährung — Lacto 205, Plasmon 197, Visvit 204.
Urämie — Adrenalin 49, Digipurat 7, Nephrin 222, Strophantin 12.
Uratsteine — Chinotropin 179, Urol 179, Urolysin 179.
Urethritis acuta — Camphosan 104, Diplosal 315.
— — Blutung bei — Stypticin 57.
— chronica — Eugallol 139.
Urethrovaginitis der Kinder — Isoform 345.
Urethrozystitis — Helmitol 106.
Urtikaria — Anthrasol 135, Bolus alba 84, Bromocoll 290, Fermen-

tum cerevisiae 140, Ferrichthol 147, Ichthalbin 146, Ichthyol 148, Kalziumsalze 150, Levurinose 141, Novaspirin 320, Pittylen 156, Thigenol 159.
Uveitis — Hetol 399, Fibrolysin 144.

Vaginalkatarrh — Irrigal 118, Tryen 359.
Vaginitis — Almatein 332, Alsol 333, Novojodin 352.
Variola — Antistreptokokkenserum 363, Fermentum cerevisiae 140, Guajacol 396, Ichthyol 148, Methylenblau 326, Salvarsan 419.
Venenentzündung — s. Phlebitis.
Verätzung des Ösophagus — Thiosinamin 161.
Vergiftungen — Carbo animalis 440, Toxodesmin 442.
Verproviantierung von Schiffen und der Armee im Felde — Roborat 195, Plasmon 197, Tropon 193.
Verruca — s. Warzen.
Verwachsungen, iritische — Thiosinamin 162.
Verwirrtheit, akute halluzinatorische — Acid. nucleinic. 438, Veronal 283.
Vitium cordis, inkompensiertes Agurin 92, Bornyval 287, Digalen 6, Digifolin 7, Strophantin 12, Syrup. kolae compos. 27.
Vulvitis, akute — Suprarenin 53.
Vulvovaginitis — Arhovin 103, Bolus alba 83, Ichthalbin 146, Irrigal 118, Protargol 111, Xerase 142, Zymin 142.

Warzen — Aether chloratus 228, Fibrolysin 145, Kohlensäureschnee 151.
Wehen, schmerzhafte — Aspirin 312, Isopral 270, Narcophin 263.
Wehenschwäche — Chinin 38, Clavin 38, Glanduitrin 45, Hypophysin 45, Pituglandol 45, Pituitrin 44.

Wundbehandlung Acetozon 310, Actol 331, Adhäsol 134, Airol 332, Almatein 332, Alsol 333, Amyloform 334, Argentol 336, Bacillol 338, Bolus alba 83, Carbenzym 339, Carbo animalis 441, Chinosol 340, Dymal 341, Ektogan 358, Euguform 342, Glutol 344, Isoform 345, Itrol 346, Jodofan 346, Jodolen 347, Lysargin 349, Lysol 350, Mastisol 351, Noviform 351, Novojodin 352, Pergenol 61, Perhydrol 62, Zinkperhydrol 358, Zymin 142.
Wundsein der Kinder — Vasenolpuder 164.
Wurstvergiftung — s. Botulismus.
Wurzelbehandlung — Actol 331, Jodoform-Vasogen 165, Perhydrol 63, Phenostal 352, Trikresol 407, Xeroform 361.

Zahnen, erschwertes — Bromural 274.
Zahnextraktion, Schmerz nach — Acoin 225, Cycloform 232, Pyramidon 304, Trigemin 305.
Zahnkaries — Glycosal 317, Rhodalzid 65.
Zahnschmerzen — Diaspirin 315, Novaspirin 320, Salimenthol 322, Trigemin 305.
Zerebrospinalmeningitis, epidemische — Collargol 435, Diphtherieheilserum 368, Hypophysis cerebri siccat. pulv. 44, Meningokokkenserum 371, Pyocyanase 378.
Zeruminalpfröpfe — Perhydrol 62, Menthol-Vasogen 165.
Zervixkatarrh — Almatein 333, Argentamin 101, Bolus alba 84, Novargan 110, Novojodin 352.
Zervixektropie — Scharlachrot 353.
Zervixerosion — Scharlachrot 353.
Zirkumzision, rituelle — Stovain 245.
Zurückhaltung der Eihäute — Sekakornin 56.
Zystitis — s. Blasenkatarrh.

Verlag von Julius Springer in Berlin.

Spezialitäten und Geheimmittel. Ihre Herkunft und Zusammensetzung. Eine Sammlung von Analysen und Gutachten. Zusammengestellt von Ed. Hahn und Dr. J. Holfert. Sechste, vermehrte und verbesserte Auflage, bearbeitet von G. Arends. 1906. In Leinwand gebunden Preis M. 6.—.

Handbuch der Arzneimittellehre. Zum Gebrauche für Studierende und Ärzte. Bearbeitet von Proff. DDr. S. Rabow und L. Bourget, Lausanne. Mit einer Tafel und 20 Textfiguren. 1897. In Leinwand gebunden Preis M. 15.—.

Arzneimittellehre für Studierende der Zahnheilkunde und Zahnärzte. Von Dr. med. Johannes Biberfeld, Privatdozent der Pharmakologie an der Universität Breslau. 1909.
Preis M. 4.—; in Leinwand gebunden M. 4.80.

Volkstümliche Namen der Arzneimittel, Drogen und Chemikalien. Eine Sammlung der im Volksmunde gebräuchlichen Benennungen und Handelsbezeichnungen. Zusammengestellt von Dr. J. Holfert. Siebente, verbesserte und vermehrte Auflage. Bearbeitet von G. Arends. 1914.
In Leinwand gebunden Preis M. 4.80.

Die aromatischen Arsenverbindungen. Ihre Chemie nebst einem Überblick über ihre therapeutische Verwendung. Von Dr. Hans Schmidt. 1912.
Preis M. 2.80; in Leinwand gebunden M. 3.40.

Anleitung zur Darstellung phytochemischer Übungspräparate für Pharmazeuten, Chemiker, Technologen u. a. Von Dr. D. H. Wester. Mit 59 Textfiguren. 1913.
Preis M. 3.60; in Leinwand gebunden M. 4.20.

Mikroskopie und Chemie am Krankenbett. Für Studierende und Ärzte bearbeitet von Professor Dr. Hermann Lenhartz, Direktor des Eppendorfer Krankenhauses in Hamburg. Sechste, wesentlich umgearbeitete Auflage. Mit 92 Textfiguren, 4 Tafeln und dem Bildnis des Verfassers. 1910.
In Leinwand gebunden Preis M. 9.—.

Einführung in die experimentelle Therapie. Von Dr. Martin Jacoby, fr. a. o. Professor an der Universität Heidelberg, zurzeit Leiter des Biochemischen Laboratoriums am Krankenhaus Moabit, Berlin. Mit 9 Kurven und zahlreichen Tabellen. 1910. Preis M. 5.—; in Leinwand gebunden M. 5.80.

Zu beziehen durch jede Buchhandlung.

Verlag von Julius Springer in Berlin.

Die Therapie des praktischen Arztes. Unter Mitwirkung hervorragender Fachgelehrter herausgegeben von Professor Dr. Eduard Müller, Direktor der Medizinischen Universitäts-Poliklinik zu Marburg. In drei Bänden. In Leinwand gebunden Preis zusammen ca. M. 26.—. Jeder Band ist auch einzeln käuflich.

I. Band: **Therapeutische Fortbildung 1914.** 1064 Seiten mit 180 z. T. farbigen Abbildungen im Text und auf 4 Tafeln. 1914.
In Leinwand gebunden Preis M. 10.50.

II. Band: **Rezepttaschenbuch** (mit Anhang). 671 Seiten. 1914.
In Leinwand gebunden Preis M. 6.40.

III. Band: **Diagnostisch-therapeutisches Taschenbuch.** ca. 900 Seiten. In Leinwand gebunden Preis ca. M. 9.— bis M. 10.—. (Erscheint im Herbst 1914.)

Von dem ersten Teil („Therapeutische Fortbildung") sollen je nach Bedarf — frühestens jedoch jährlich — Ergänzungsbände erscheinen, in denen weitere therapeutische Fragen, die für den praktischen Arzt von besonderem Interesse sind, behandelt werden sollen.

Anleitung zur Beurteilung und Bewertung der wichtigsten neueren Arzneimittel. Von Dr. J. Lipowski. Mit einem Geleitwort von Geh. Med.-Rat Professor Dr. H. Senator. 1908.   Preis M. 2.80; in Leinwand gebunden M. 3.60.

Die Arzneimittel-Synthese, auf Grundlage der Beziehungen zwischen chemischem Aufbau und Wirkung. Für Ärzte, Chemiker und Pharmazeuten. Von Dr. Sigmund Fränkel, a. o. Professor für medizinische Chemie an der Wiener Universität. Dritte, umgearbeitete Auflage. 1912.   Preis M. 24.—; in Halbleder gebunden M. 26.50.

Neue Arzneimittel und pharmazeutische Spezialitäten einschließlich der neuen Drogen, Organ- und Serumpräparate, mit zahlreichen Vorschriften zu Ersatzmitteln und einer Erklärung der gebräuchlichsten medizinischen Kunstausdrücke. Von G. Arends, Apotheker. Vierte, vermehrte und verbesserte Auflage. Neu bearbeitet von Dr. A. Rathje, Redakteur an der Pharmazeutischen Zeitung. 1913.
In Leinwand gebunden Preis M. 6.—.

Zu beziehen durch jede Buchhandlung.

MIX
Papier aus verantwortungsvollen Quellen
Paper from responsible sources
FSC® C105338

If you have any concerns about our products,
you can contact us on
ProductSafety@springernature.com

In case Publisher is established outside the EU,
the EU authorized representative is:
**Springer Nature Customer Service Center GmbH
Europaplatz 3, 69115 Heidelberg, Germany**

Printed by Libri Plureos GmbH
in Hamburg, Germany